HISTOLOGIE DER HAUTKRANKHEITEN

DIE GEWEBSVERÄNDERUNGEN IN DER KRANKEN HAUT UNTER BERÜCKSICHTIGUNG IHRER ENTSTEHUNG UND IHRES ABLAUFS

VON

DR. MED. OSCAR GANS

A. O. PROFESSOR AN DER UNIVERSITÄT HEIDELBERG
OBERARZT DER HAUTKLINIK

ERSTER BAND

NORMALE ANATOMIE UND
ENTWICKLUNGSGESCHICHTE · LEICHENERSCHEINUNGEN
DERMATOPATHIEN · DERMATITIDEN I

MIT 254 MEIST FARBIGEN ABBILDUNGEN

SPRINGER-VERLAG BERLIN HEIDELBERG GMBH

ISBN 978-3-7091-3147-3   ISBN 978-3-7091-3150-3 (eBook)
DOI 10.1007/978-3-7091-3150-3

MEINEM LEHRER

P. G. UNNA

ZUM 75. GEBURTSTAG

Vorwort.

Die medizinische Forschung strebt von der morphologischen Einzelarbeit mehr und mehr den großen Zusammenhängen zu, in der Hoffnung, auf diesem Wege das Wesen der krankhaften Veränderungen besser zu verstehen. Dieses Verständnis wird jedoch nie ohne Berücksichtigung der morphologischen Einzeltatsachen zu erreichen sein, wie sie in zahlreichen Befunden niedergelegt sind. Für die Dermatologie galt es sie kritisch sichtend zu einer „Histologie der Hautkrankheiten" zu verschmelzen und so ein Gesamtbild der krankhaften Gewebsveränderungen der Haut zu schaffen.

Mein Weg war damit grundsätzlich ein anderer als jener, der P. G. Unna — auf dessen Anregung dieses Buch entstand — zu seiner „Histopathologie der Hautkrankheiten" (Berlin, 1894) geführt hatte. Er konnte im wesentlichen die Ergebnisse eigener Untersuchungen zugrunde legen, ein Unternehmen, das bei der heutigen Ausdehnung unserer Kenntnisse weder möglich noch zweckmäßig erscheint. Jetzt mußte die eigene Stellungnahme stärker zurücktreten und naturgemäß wurde auch eine viel weitgehendere Loslösung von jenem grundlegenden Werke erforderlich, als dies ursprünglich beabsichtigt war. Trotzdem kann die eigene Auffassung nie völlig ausgeschaltet werden.

Wie stets in der Dermatologie, machte auch hier die Einteilung des Stoffes große Schwierigkeiten. Eine Betrachtung nach lediglich morphologischen Gesichtspunkten kommt heute nicht mehr in Frage. Es konnte sich daher nur um eine Einteilung auf kausalgenetischer Grundlage handeln. Die Vorarbeiten, die hier von pathologisch-anatomischer Seite, dann aber, in sinngemäßer Durchführung dieser Gedankengänge auch von dermatologischer Seite, zielbewußt erstmalig von Rost in seiner „Einteilung der Hautkrankheiten auf kausalgenetischer Grundlage" geleistet worden sind, Grundsätze, denen schon vorher Jesionek in seiner „Biologie der Haut" Rechnung getragen hat, mußten richtunggebend sein. — Der heutige Stand unseres Wissens gestattet jedoch keine wirklich befriedigende Einteilung. Dies um so weniger, als über die Zugehörigkeit so manchen Krankheitsbildes zu dieser oder jener Gruppe Meinungsverschiedenheiten bestehen und es sich oft nicht um eine einzige, sondern um einen Komplex von Ursachen handelt. Auf alle Fälle scheint mir aber eine Anordnung nach ätiologischen Gesichtspunkten vor der nach morphologischen den Vorteil zu besitzen, daß sie die Frage nach dem Wesen der Hautkrankheiten — dieser Grundlage jeglicher Krankheitserkenntnis — mehr in den Vordergrund rückt. Der Bedeutung dieser Frage habe ich auch dadurch Rechnung getragen, daß der ausführlich gehaltenen Schilderung der geweblichen Veränderungen und ihrer Verwertung in der Differentialdiagnose ein kurzer Abschnitt über die formale und kausale Genese angeschlossen wurde.

Die pathologische Histologie, als eine rein beschreibende Wissenschaft stets darauf angewiesen, bestimmte augenblickliche Zustandsbilder festzulegen, ist

an sich kaum berechtigt, formale oder gar kausalgenetische Richtlinien auf-
zuzeichnen. Während sie die letzteren überhaupt nur in engem Zusammenwirken
mit der ätiologischen Forschung andeuten kann, vermag sie den ersteren nach-
zuspüren, wenn ihr nur eine hinreichende Zahl von Augenblicksaufnahmen
zu Gebote steht, mit anderen Worten, wenn sie einen Krankheitsablauf in seiner
ganzen Entwicklung von Zeit zu Zeit im Mikroskop festhalten kann. Die Dermatologie ist wie kaum ein anderer Zweig der Medizin in der glücklichen Lage,
dies durchführen zu können. Daher ist wenigstens eine kurze Darstellung
der Pathogenese versucht worden.

Dankbar gedenke ich der wohlwollenden Ratschläge und Unterstützung
der Herren Prof. L. ASCHOFF-Freiburg und E. HOFFMANN-Bonn, sowie der
tatkräftigen Förderung, welche mir von seiten vieler Forscher zuteil wurde.
Sie haben mir wertvolle Gewebsschnitte in entgegenkommendster Weise zu
Prüfungs- und Vergleichszwecken zur Verfügung gestellt. Die Herkunft derartiger Abbildungen ist an entsprechender Stelle vermerkt.

Zu ganz besonderem Dank verpflichtet bin ich auch meinem hochverehrten
Lehrer, Herrn Prof. BETTMANN, der die Durchführung meiner Arbeit in jeder
Hinsicht unterstützt und mit seiner reichen Erfahrung gefördert hat.

Die Abbildungen sind von Frl. KÄTE HADLICH größtenteils nach Gewebsschnitten meiner Sammlung meisterlich und naturgetreu wiedergegeben; wo
fremde benutzt wurden, sei es aus Mangel an geeigneten eigenen, sei es aus
Ersparnisgründen mit Rücksicht auf bereits veröffentlichte Bildstöcke, ist die
Herkunft stets beigefügt. Unterschiede in Untersuchungsergebnissen histologischer Gewebsveränderungen kommen vielfach daher, daß beliebig heraus-
geschnittene Hautstückchen beschrieben sind, ohne Angabe des klinischen
Befundes, des Sitzes und des Zeitpunktes der Erkrankung, zu dem sie ent-
nommen wurden. Ich war bemüht, diese Fehler zu vermeiden und habe daher
der Beschriftung der Abbildungen möglichst genaue diesbezügliche Angaben
hinzugefügt. —

Der zweite Band wird voraussichtlich im nächsten Frühjahre erscheinen.
Er enthält als Abschluß der Dermatitiden die akuten Exantheme und Dermatomykosen; ferner die Dermatozoonosen, die übertragbaren lokalen Gewebsneubildungen, die angeborenen Entwicklungsstörungen der Haut und anschließend
die echten Geschwülste.

Der dritte Band, die allgemeine Histopathologie der Haut umfassend,
erscheint im Rahmen des Handbuchs der Haut- und Geschlechtskrankheiten.

Die Arbeit brachte mir vielerlei Anregung, der nachzugehen die gebotene
straffe Durchführung nicht erlaubte. Manch eigener Gedanke und Plan mußte
daher unausgeführt bleiben. Doch dieses Opfer wird nicht vergeblich gebracht
sein, wenn das Buch seinen Zweck erfüllt.

Heidelberg, im Juni 1925.

Oscar Gans.

Inhaltsverzeichnis.

I. Anatomie und Entwicklungsgeschichte.

Die Haut des Menschen (Integumentum commune) wird primär aus einer Verbindung des ektoblastischen Epidermisblattes mit dem Cutisblatt, das aus dem parietalen Mesoblast der Urwirbel hervorgeht, gebildet. Das Epidermisblatt trägt die Mutterzellen der Epidermis und ihrer Anhangsorgane; anfangs einschichtig, scheidet es sich sehr früh in eine Grund- und Deckschicht: das Stratum germinativum s. basale und das Periderm, die auf einer gemeinsamen Membrana limitans prima aufsitzen (BONNET).

Das Periderm, die äußerste Schicht der embryonalen Epidermis, besteht aus mehr oder minder abgeflachten Zellen, die etwa vom zweiten Schwangerschaftsmonat ab unter Neubildung kleinerer, aber sonst ganz ähnlicher Zellen — der ersten Anlage des bleibenden Stratum corneum — vom Stratum basale her nach und nach abgestoßen werden und mit zur Bildung der Vernix caseosa dienen.

Das Stratum germinativum, die Keimschicht, besteht aus einer niedrigen anfangs einreihigen Zellage, die sich sehr bald in eine aus Zylinderzellen aufgebaute Basalschicht und eine aus polygonalen, unregelmäßig geformten Zellen gebildete Intermediärschicht scheidet. Diese Intermediärschicht nimmt an Ausdehnung mehr und mehr zu und übertrifft mit dem Ende des Fötallebens als Stratum spinosum (Stachelschicht) alle anderen Strata an Ausdehnung. Schon vorher, um den siebten Fötalmonat herum, kommt es in den obersten Zellagen des Stratum spinosum allgemein zur Bildung eines zunächst einschichtigen Stratum granulosum (granulierte Schicht); seine Zellen enthalten, in der Peripherie weniger als in Kernnähe, Keratohyalin (WALDEYER), dessen Entstehung aus Kernsubstanz heute allgemein angenommen wird. Im Zusammenhange hiermit scheint auch die von CONE festgestellte starke Vermehrung des sichtbaren Fettes im Stratum granulosum gleichzeitig mit dem Auftreten degenerativer Veränderungen am Kern und dem Beginn der Keratohyalinbildung beachtenswert. Um dieselbe Zeit lassen sich auch die ersten Anzeichen der definitiven Verhornung feststellen; es besteht demnach ein zeitlicher Parallelismus in dem Auftreten des Keratohyalins und dem Beginn der Verhornung, ohne daß man deshalb von einer direkten Abhängigkeit der letzteren von der ersteren sprechen könnte (UNNA). Schon vorher, vom 5. Fötalmonat an (LEDERMANN) findet sich regelmäßig Fett in den tieferen Epithelschichten.

An der fertig ausgebildeten Hornschicht läßt sich neben dem Stratum granulosum, dessen Zellen reichlich Fett in feinster, gleichmäßig über den ganzen Zelleib verteilter Form enthalten, noch ein Stratum lucidum und ein Stratum corneum unterscheiden. Ersteres enthält, am reichlichsten in Handteller und Fußsohle, eine als Eleidin bezeichnete, nach CILIANO chemisch aus Albumin bestehende, meist in dicklicher Tropfenform in den Zellen auftretende Substanz; die Membran dieser Zellen besteht bereits aus fertigem Keratin (UNNA). Das Stratum lucidum zerfällt chemisch in zwei verschiedene Schichten, die infrabasale, glykogenhaltige und die basale, ölsäure- und eleidinhaltige. Auf das Stratum lucidum, das bei gewöhnlicher Färbung als gleichmäßig leuchtender heller Streifen erscheint, folgt das Stratum corneum, welches nur noch aus völlig verhornten, kernlosen Zellen besteht, in denen sich eine Fettart nachweisen läßt, die RABL aus dem Eleidin ableitet und WEIDENREICH daher als Pareleidin bezeichnet. In der Hornsubstanz haben UNNA und GOLODETZ (Mh. 44, 47) ein Keratin A und Keratin B unterschieden, von denen das erstere in starken Säuren unlöslich, das zweite dagegen löslich sei. Den Verhornungsvorgang möchte UNNA durch Einwanderung bestimmter Aminosäuren aus dem Innern der Zelle in die Außenwand nach partieller Verdauung des Zellinnern erklären.

Die Zellen des vollentwickelten Stratum germinativum haben in dem dem Papillarkörper unmittelbar aufsitzenden Stratum basale die Form schlanker Zylinderzellen und sind mit dem Papillarkörper durch zahlreiche feine Fortsätze „Wurzelfüßchen" verbunden. Daneben lassen sich in den Zellen der Keimschicht auch noch zahlreiche feinere und gröbere Protoplasmafasern feststellen, von denen die letzteren als HERXHEIMER sche Spiralen bekannt geworden sind. Die Basalzellen sind auch in erster Linie die Träger der Pigmentkörnchen (Melanin) der Epidermis, die nur bei starker Pigmentierung sich über das Stratum basale hinaus bis in das Stratum corneum hinauf vorfinden. Fett findet sich sowohl inter- wie intracellulär, hier meist in nächster Nähe des Kerns. In dem über der Basalschicht gelegenen Stratum spinosum nehmen die Zellen eine erst kubische, dann flacher werdende Gestalt an. Sie liegen nicht unmittelbar aneinander, sondern lassen zwischen sich kleinste, der Lymphzirkulation dienende Spalträume (Intercellularlücken) bestehen, die auch ins Stratum basale hinabreichen. Die Zellen sind miteinander durch feinste Ausläufer der Zellmembran, die als Stacheln erscheinenden Intercellularbrücken verbunden. (Diese Ansicht UNNAS wird allerdings von den meisten Forschern nicht geteilt. Man hält die Stacheln heute nicht mehr für Membranfortsätze, sondern für Fasern; den Zellen spricht man höchstens ein Oberflächenhäutchen zu.) Der Fettgehalt findet sich hier in gleicher Verteilung, jedoch in erheblich geringerer Menge und Größe der einzelnen Fettropfen.

Die Grenze zwischen Epidermis und Cutis wird durch ein kompliziertes Leisten- und Furchensystem gebildet, welchem die im mikroskopischen Schnitt vielfach fälschlicherweise „Retezapfen" genannten Epidermisleisten (Drüsenleisten BLASCHKOS) und Falten und die zwischen ihnen liegenden, im Vertikalschnitt den Papillen entsprechenden Cutisleisten die Hauptgestaltung verleihen.

An dieser Stelle sei kurz auf die neuerdings von FRIEBOES vertretene Auffassung hingewiesen, nach welcher die ganze Epidermis als ein Protoplast angesehen wird, dessen Kerne in einem Faserkorb aus Epithelfasern liegen. Dieses Fasergerüst soll aber nicht ektodermaler Herkunft sein, sondern das Produkt mesenchymaler Mutterzellen im Verbande der Epidermis. Es steht mit dem subepithelialen, genetisch gleichen, aber anders „imprägnierten" Fasersystem in ununterbrochener Verbindung. Dieser Zusammenhang ist nur deshalb möglich, weil die Basalmembran als eine eng verfilzte Faserschicht angesehen wird. Wenn diese Auffassung auch in vielem unserer herkömmlichen Ansicht widerspricht — namentlich läßt sie sich mit der Entwicklungsgeschichte der Haut schwer vereinbaren —, so fördert sie doch andererseits theoretisch unser Verständnis für Fragen der Festigkeit und der Ernährung der Epidermis. Indessen haben mehrere Nachprüfungen (W. J. SCHMIDT, SCHAPIRO, HOEPKE u. a.) FRIEBOES' Ansicht bisher nicht bestätigen können.

Von den Anhangsgebilden der Haut wird das Haar als Haarkeim gegen Ende des dritten Monats in Form einer verdickten Epidermisplatte und einer darunter liegenden Zellverdichtung der Cutis angelegt. Als „Haarvorkeim" bezeichnen einige Autoren (PINKUS) eine umschriebene Zellvermehrung, die in der dreischichtigen Epidermis eintritt, ohne daß noch Coriumveränderungen sichtbar sind. Aus dem Cutisanteil des Haarkeims geht der bindegewebige Haarbalg und seine Papille hervor, während aus der Epidermisplatte das Haar und seine epidermalen Scheiden entstehen. Der Haarkeim vergrößert sich durch Proliferation der Epidermiszellen, die unter gleichzeitiger Vermehrung der Zellen in der Cutis zapfenartig in diese einwachsen. Das Zentrum der Cutiszellenanhäufung dringt in den Epidermiszapfen vor, stülpt diesen ein und führt so zur Ausbildung der Haarpapille. Unterdessen haben die Zellen des Stratum basale sich pallisadenartig senkrecht zur Membrana limitans prima gestellt, und so die Anlage der äußeren Wurzelscheide gebildet. Gleichzeitig führen sie durch vermehrte Zellproliferation seitlich zur Entstehung von zwei Wülsten, von denen der obere sich weiterhin zur Talgdrüse, der untere zum Haarbeet entwickelt. Über der Papille, die bereits sehr frühzeitig Blutgefäße erhält, kennzeichnet in diesem Stadium eine stärkere Ansammlung von Epidermiszellen den primitiven Haarkegel, aus dem weiterhin unter ständigem Längenwachstum die Zellen des Haares, die innere Wurzelscheide mit der äußeren HENLE schen und inneren HUXLEY schen Schicht hervorgehen. Das fertige, zunächst von der inneren Wurzelscheide umhüllte Haar, Scheidenhaar, durchbricht gegen Ende des 5. Schwangerschaftsmonats die Epidermis.

Das auf diese Weise entstehende primäre Haarkleid, Wollhaarkleid, Lanugo, macht gegen Ende der Embryonalzeit oder auch nach der Geburt dem aus derberen Haaren bestehenden sekundären Haarkleid Platz. Herabgesetzte Ernährung und Ablösung vom Keimlager sind die Vorboten des späteren Haarausfalls; das abgestorbene Haar wird rein mechanisch oder durch das nachwachsende Ersatzhaar aus dem Haarbalg entfernt. Dieses Ersatzhaar bildet sich aus dem Keimlager der Papille in der gleichen Weise wie das primäre Haar.

Der Nagelbildung geht gegen Ende des 3. Monats als „primäres Nagelfeld" (v. KOELLIKER) eine Epidermisverdickung voraus, die auf dem Dorsum der distalen Phalanx auftritt. Dieses Nagelfeld, gegen den hinteren und seitlichen Nagelwall durch eine seichte Einsenkung, den Nagelfalz, abgegrenzt und distalwärts in eine querverlaufende verdickte Epidermispartie, das Sohlenhorn, auslaufend, zeigt als erstes Anzeichen des bleibenden Nagels ein wurzelloses Hornplättchen, den Vornagel, der völlig vom Periderm, hier Eponychium genannt, und dem Stratum intermedium verdeckt wird. Während der Vornagel sich flächenhaft nach den Seiten und namentlich proximal ausdehnt, beginnt vom hinteren Nagelfalz und dem Nagelbett ausgehend ohne Keratohyalinbildung eine Verhornung (Onychisation) der Zellen des Stratum germinativum, die sich zum bleibenden Nagel auswächst. Dieser durchbricht bei weiterem Wachstum das Eponychium, nimmt bei dem Vorschreiten des Verhornungsprozesses den Vornagel in sich auf und überwächst schließlich auch das zum Nagelsaum reduzierte Sohlenhorn, während das Eponychium dauernd als schmaler Saum bestehen bleibt. Der fertige Nagel ruht auf dem aus Corium und Epithel gebildeten Nagelbett. Dieses, mit dem seitlich angrenzenden Nagelwall eine Rinne, den Nagelfalz bildend, endet nach hinten in einer tieferen Rinne, die Nagelwurzel. Das Epithel des Nagelbettes, Stratum germinativum unguis, entspricht dem der übrigen Epidermis und bedeckt das zu zarten und groben Längsleisten umgeformte Corium. Das Stratum corneum bildet den eigentlichen Nagel, behält aber seinen Kern. An der Wurzel hat das Corium hohe, stärker ausgebildete Leisten, die an Papillen erinnern.

Die Talgdrüsen werden am Ende des 4. Fötalmonats zunächst als eine bei der Haarentwicklung bereits erwähnte hintere und seitliche Ausbuchtung der Zellen des Haarkegels in Form eines Wulstes angelegt. Dieser Wulst sendet seitliche Sprossen aus, deren Zellen denjenigen der äußeren Wurzelscheide des Haares, von denen sie ja abstammen, zunächst völlig gleichen. Alsbald kommt es jedoch in den zentralsten Zellgruppen dieser Sprossen zum Auftreten feinster Fettkörnchen und damit ist die Talgdrüse als solche angelegt, da sie sich hieraus durch die Entwicklung alveolärer Drüsenbläschen allmählich zur fertigen Talgdrüse weiterentwickelt.

Die ausgebildete Talgdrüse besteht aus einem aus geschichtetem Plattenepithel aufgebauten Aufführungsgang, der unter allmählicher Verminderung seiner Schichten in das Drüsenepithel übergeht. Die Drüse selbst besteht aus einem Kranz äußerer, niedrigerer kubischer Zellen, denen nach innen hin größere, bereits der Verfettung mehr oder weniger anheimgefallene Zellen folgen. Die völlig verfettenden Zellen bilden den Hauttalg.

Neben diesen an die Haarentwicklung gebundenen Talgdrüsen kommt es an manchen Stellen des Körpers (Vorhaut, Glans, Labia minora, roter Lippensaum, Wangenschleimhaut) zum spontanen Auftreten von Talgdrüsen, deren Entstehung jedoch auf rudimentäre Haaranlagen zurückgeführt werden kann.

Die Schweißdrüsen treten nach v. KOELLIKER im 5. Schwangerschaftsmonat in Form feiner solider, senkrecht in die Cutis eindringender Zapfen des Stratum germinativum auf, die an ihrem blinden Ende kolbig aufgetrieben sind. Im 7. Monat kommt es nach entsprechendem Längenwachstum zum Auftreten der bekannten korkzieherartigen Windungen, den späteren Ausführungsgängen der Schweißdrüsen. Im blinden Ende des Epithelstranges treten gleichzeitig intercelluläre Spalten auf, die durch stärkere Sekretion sich allmählich zum Drüsenlumen erweitern, während gleichzeitig eine knäuelartige Anlage entsteht: die Schweißdrüse, deren Mündung sich erst später mit dem Lumen des Drüsenschlauches zum Ausführungsgang verbindet.

Die fertige Schweißdrüse besteht aus einem vielfach gewundenen Rohr. Seine Wandung wird von einer einfachen Lage je nach dem Füllungszustand niedrig kubischer bis hochzylindrischer Drüsenzellen gebildet, die z. T. eigentümliche nach GRAM färbbare Granula enthalten; ferner aus einer Schicht glatter Muskelfasern und einer Membrana propria. Die Wandung des Ausführungsganges besteht aus mehreren Lagen kubischer Zellen, die von einer feinen Membrana propria und von längs verlaufenden Bindegewebsbündeln umgeben sind.

Die Schweißdrüsen sind über die ganze Haut mit Ausnahme der Glans penis und der Innenfläche der Vorhaut verbreitet; besonders reichlich finden sie sich an Handteller und Fußsohle. Sie kommen beim Menschen in zwei verschiedenen Formen vor. Eine kleinere Drüsenart ist fast über die ganze Haut verstreut, während eine zweite größere nur in der Achselhöhle, an den Warzenhöfen, in der Genital- und Analgegend vorkommt. Nach SCHIEF-FERDECKER sondern die kleineren (ekkrinen) Drüsen durch ihren Epithelbelag ihr wässeriges Sekret, den Schweiß, einfach ab, während bei den größeren (apokrinen) gleichzeitig das Drüsenepithel teilweise abgestoßen wird.

Das aus dem parietalen Mesoblast der Urwirbel hervorgehende sehr zellreiche Corium läßt zunächst deutlich seine segmentierte Anlage erkennen. Corium und Stratum germinativum sind anfänglich aus sehr ähnlichen Gewebselementen aufgebaut; ebenso läßt sich eine Trennung in eigentliche Cutis und subcutanes Bindegewebe erst vom dritten Monat an feststellen; sie ist im sechsten völlig durchgeführt. Zu diesem Zeitpunkt besteht die Tela subcutanea neben den Bindegewebsfasern aus zahlreichen rundlichen und sternförmigen Bindegewebszellen sowie kleinen Fettzellanlagen, während das eigentliche Corium schwächere Bindegewebsfaserentwicklung aber charakteristische spindelförmige Zellen enthält. Die Trennung in Papillarkörper und Stratum reticulare tritt noch später ein (Ende des 6. Monats). Das fertige Corium besteht neben den zelligen Elementen im wesentlichen aus kollagenem Bindegewebe (Kollagen), das in wechselnder Stärke von elastischen Fasern (Elastin) durchzogen wird.

Die Cutis ist der Träger der Ernährungs- und Innervationsorgane der Epidermis; aus ihr geht die glatte Muskulatur hervor. Die Entwicklung der Hautnerven ist nur an sehr wenigen Stellen erforscht; die Gefäße finden sich schon frühzeitig in Form weiter, mit einem einfachen Endothel ausgekleideter Hohlräume vor.

An der fertig ausgebildeten kindlichen Haut läßt sich deutlich ein tiefes, cutanes und ein oberflächlich gelegenes subpapillares Gefäßnetz erkennen. Das erstere verläuft der Oberhaut parallel und versorgt unter starker Anastomosenbildung das Fettgewebe und die Knäueldrüsen. Aus ihm senkrecht aufsteigende Äste bilden das subpapillare Gefäßnetz, welches feinste, nicht miteinander anastomosierende Arterienästchen, Endarterien, in die Papillarleisten hineinschickt. Dieses oberflächliche Gefäßnetz umspinnt auch die Talgdrüsen und Haarbälge in einem äußerst feinen und weitverzweigten Netzwerk.

Die Lymphgefäße bilden ebenfalls zwei Gefäßnetze, von denen das feinere im Papillarkörper, das grobere im subcutanen Bindegewebe liegt.

Die Nervenversorgung erfolgt von echten Nervenzellen bzw. von einem daraus hervorgehenden Geflecht markhaltiger Nervenfasern des subcutanen Bindegewebes aus, das, nach oben sich weiter verästelnd, schließlich an der Basis des Papillarkörpers in Faserbündel und einzelne Fasern aufgelöst wird, die frei oder als Nervenendkörperchen auftreten und bis unmittelbar unter die Hornschicht hinaufreichen. Nervenzellen scheinen in der Epidermis nicht vorzukommen (KREIBICH). Die Frage der LANGERHANSschen Zellen ist noch nicht geklärt.

Zu den Hautsinnesorganen zählen dann noch die von PINKUS entdeckten Haarscheiben. Dieses sind circumscripte, stark innervierte Bezirke der behaarten Haut, welche aus einer Kuppe eigentümlich modifizierten Epithels und aus einer Cutispapille bestehen und fast über den ganzen Körper verbreitet sind.

An zelligen Elementen finden sich in der normalen Cutis neben den fixen Bindegewebszellen noch Mastzellen, ferner pigmenttragende Zellen und nach RABL regelmäßig Leukocyten in wechselnder Menge. Außerdem hat UNNA als normalen Bestandteil der gesunden Haut in allen Lebensaltern „saure Kerne" in wechselnder Zahl nachgewiesen. Diese sauren Kerne haben eine besondere Affinität zu basischen Farbstoffen und zeigen keine Mitosen. Ihre Bedeutung ist noch unklar.

Auf der Oberfläche der gesunden Haut finden sich regelmäßig eine Reihe banaler Eitererreger, daneben — wenn auch seltener — mancherlei Bacillen, Hefen u. a.

II. Leichenerscheinungen.

Nach eingetretenem Tode, d. h. nach Stillstand des Herzens und der Atmung sterben die Organe und ihre Zellen nicht sofort ab; einzelne physiologische Funktionen bleiben vielmehr noch über den Tod hinaus erhalten. Von ihnen ist für Entstehung von Hautveränderungen vor allem die sehr lange Zeit erhaltene Fähigkeit der Gewebe von Bedeutung, Sauerstoff aus dem Blute aufzunehmen und die Fähigkeit des Blutes, atmosphärischen Sauerstoff zu binden, dort wo dieser zutreten kann.

1. Leichenerscheinungen an der nicht krankhaft veränderten Haut.

Das Erblassen der Haut ist in erster Linie bedingt durch die Entleerung des Blutes aus den Arterien und Hautcapillaren in die Venen und Ansammlung in diesen, worauf dann die weißlich-gelbe Eigenfarbe der Haut stärker hervortritt und ihr jene eigentümliche als Leichenblässe — Pallor mortis — bekannte Farbe gibt. Dieses Erblassen beginnt, insbesondere im Gesicht, meistens schon kurz vor und während der Agonie, infolge Erlahmung der Kontraktionskraft des Herzens. Es wird sogleich nach dem Eintreten des Todes deutlicher, da nun durch das Aufhören des Kreislaufes eine Senkung des Blutes, rein den Gesetzen der Schwere folgend, nach den abhängigen Partien der Leiche erfolgt.

Dieser physiologischen Umstellung folgen nach eingetretenem Tode dann weitere, zunächst physikalische Veränderungen, von denen für den Dermatologen vor allem die Blutsenkung und die Vertrocknung Bedeutung besitzen.

Während diese letztere fast ausschließlich nur an pathologisch veränderter Haut auftreten kann (s. u.), tritt Blutsenkung und damit das Auftreten der Leichenflecke in dem Augenblick ein, wo nach Aufhören der aktiven Blutbewegung das Blut sich passiv nach den tiefer gelegenen Körperpartien senkt. Diese Senkung, die naturgemäß nur da auftreten kann, wo kein Druck von außen (Unterlagen, Kleidungsstücke) hemmend entgegentritt, bewirkt die Bildung von Hypostasen, die an der Haut als „äußere Hypostasen" (im Gegensatz zu denjenigen an inneren Organen) oder „Todesflecken" (Livores) bemerkbar werden.

Diese **Todesflecken** — ein untrügliches und nie fehlendes Kennzeichen des Todes — treten schon 3—4 Stunden später, und zwar zuerst fleck- oder streifenförmig auf und es scheint, daß dieser Zeitpunkt zusammenfällt mit demjenigen, in welchem zu der einfachen Senkung des Blutes bereits der kadaverösen Autolyse angehörige Erscheinungen hinzutreten, als da sind beginnende Auflösung der Blutkörperchen, Transsudation von blutfarbstoffhaltigem Serum durch die Capillargefäßwand und Imbibition in die umgebenden Gewebe (v. Hofmann). Bevor diese Imbibition eingetreten ist, lassen sich jedoch die Totenflecke durch Umlagerung der Leiche zunächst noch zu nahezu völligem Schwinden bringen, um an den nunmehr abhängigen Partien erneut aufzutreten. Sind erst einmal die Diffusionsflecke vorhanden, so ist dies natürlich nicht mehr möglich. Die Totenflecke sind von blauroter, violetter oder gar dunkelblauschwarzer Farbe, und zwar um so dunkler, je länger sie bestehen und je reichlicher und flüssiger die in der Leiche vorhandene Blutmenge war. Bei sehr anämischen Personen sind sie sehr schwach, beim Verblutungstode vielfach gar nicht zu sehen. Der Grad der Verfärbung ist im übrigen mehr oder weniger von der Farbe des in der Regel hypervenösen Leichenblutes abhängig. [Hellrot bei Kohlenoxydgasvergiftung, Kälte, rauchgrau bis braun bei Vergiftungen mit Methämoglobinbildnern (chlorsaures Kali), sehr dunkel, ja sogar schwarz bei Schwefelwasserstoffvergiftung.] Bei den mannigfachen Bedingungen, die bei der Bildung der Leichenhypostase eine Rolle spielen, ist es erklärlich, daß auch unter gewöhnlichen Umständen ihre Farbe in sehr weiten Grenzen variieren kann, daß sie durch rasch eintretende Fäulnis bald ins grünschwarze übergehen und durch nachträgliche Oxydation des Hämoglobins eine hellrote Farbe annehmen können. Diese letztere Möglichkeit wird besonders dann vorhanden sein, wenn bei umschriebener oder diffuser,

mehr minder starker Durchfeuchtung der Epidermis, Sauerstoff aus dem die Epidermis
durchtränkenden Wasser durch das Blut der Hautcapillaren aufgenommen werden kann.
Ebenso können einige Krankheiten den Leichenflecken eine besondere Farbe verleihen, so
die Leukämie eine Himbeerfarbe, die Hydrämie eine blaßgelbe, die Malaria eine grau-
schwärzliche Farbe.

Durch Zusammenfließen derartiger Flecken und Streifen entstehen weiterhin mehr
oder weniger ausgedehnte, flächenhafte, unscharf in die blaßgelbe Umgebung übergehende
Verfärbungen der Haut an den abhängigen Körperpartien. Im Gegensatz zu intravitalen
Blutungen in die Haut zeigen diese Leichenflecken beim Einschneiden feine Blutpünktchen
in der Cutis, die den durchschnittenen Hautgefäßen entsprechen und sich durch Druck aus
diesen herauspressen lassen; später außerdem eine ziemlich gleichmäßige Durchtränkung
der Haut mit blutigem Serum, jedoch keine freien und vor allem keine geronnenen Blutmassen
im Unterhautzellgewebe. Dieses selbst ist vielmehr vollkommen blaß, die Gewebsmassen
sind frei von Blut. Daher kann man auch relativ frische Totenflecke noch beseitigen, indem
man die Blutsäule aus den Hautcapillaren durch Druck rein mechanisch entfernt, so daß
die blasse Eigenfarbe wieder zum Vorschein kommt.

Die Totenflecke besitzen 10—14 Stunden nach dem Tode ihre größte Ausdehnung
(KRATTER). Als ihr frühestes Auftreten darf man eine Zeit von 1—1¹/₂ Stunden nach dem
Tode, als besonders spät 12—15 Stunden danach annehmen.

Diese Unterschiede sind einmal bedingt durch die Art des Todes: Plötzliche Todesfälle —
wo das Blut flüssig bleibt — und reichliche Blutmengen führen zu rascher, ausgedehnter
und intensiver Totenfleckbildung; bei schnell gerinnendem Blut sowie bei Anämischen,
Kachektischen, bei nach großen und raschen Säfteverlusten eingetretenen Todesarten
(Cholera, Dysenterie, Darmkatarrh der Säuglinge) tritt diese langsamer ein und infolge
der Dickflüssigkeit des Blutes bleiben bedeutende Mengen dann in den oberen Partien der
Leiche zurück und verleihen dieser so ein eigenartig cyanotisches Aussehen.

Im weiteren Verlauf nimmt die blaurote Verfärbung an Intensität zu. Durch die allmählich einsetzende Fäulnis kommt es dann neben diesen blau bis violettroten, hypo-
statischen Leichenflecken auch zum Auftreten mehr rötlicher „Diffusionsflecke“, die der
Diffusion des Blutfarbstoffes in die Umgebung entsprechen. Schließlich kann bei weiter-
schreitender Fäulnis der Druck der Blutsäule auf die Capillarwände so stark werden, daß es
vereinzelt zum Einreißen derselben und damit zum Eindringen des Blutes in das Gewebe,
und zwar in den Papillarkörper kommt. Die Unterscheidung derartiger, postmortaler meist
hirsekorn-linsengroßer, zerstreuter oder gruppiert stehender, blauschwarzer bis schwarzer
Flecke von intra vitam entstandenen Ekchymosen ist um so schwieriger, als eine ganze
Reihe von Autoren für die Entstehung derartiger echter Blutergüsse im Anschluß an die
Hypostasenbildung auch bei ganz frischen Leichen eingetreten sind (ENGEL, v. HOFMANN,
HABERDA). Derartige postmortale Ekchymosen treten besonders leicht bei blutreichen
Leichen auf, dann auch bei dünnflüssigem Blut sowie bei von vornherein verminderter
Widerstandsfähigkeit des Gefäßsystems.

Mikroskopische Untersuchungen zur Hypostasenbildung liegen nur
äußerst spärlich vor. HABERDA betont, daß im mikroskopischen Bilde vor allem
die hypostatische Blutfülle auffällt. Bei postmortalen Blutungen waren Capillaren
und kleine Gefäße der Haut enorm gefüllt, so daß z. B. die Gefäßverzweigungen,
welche die Hautdrüsen umgaben, wie künstlich injiziert erschienen. Das ganze
Gewebe hat im ungefärbten Präparat einen diffus gelblichen Ton, offenbar von
diffundiertem Blutfarbstoff, da die Berlinerblau-Reaktion an solchen Schnitten
positiv ausfällt. HABERDA fand bei derartigen, postmortalen Hautblutungen
niemals den Blutungsherd mikroskopisch einheitlich aufgebaut, vielmehr setzte
er sich aus zahlreichen einzelnen Blutaustritten zusammen, die herdförmig in
und unter dem Papillarkörper, um die Schweiß- bzw. Talgdrüsen und Haarfollikel lagen. Im Gegensatz zu intravitalen Blutungen sind die Blutkörperchen
nicht ineinander verbacken, sondern deutlich in ihrer scheibenförmigen Zeichnung
zu erkennen, wenn auch ihre Grenzen undeutlich sind, da der ganze Zellkörper
blaß, wie ausgelaugt erscheint.

Über die übrigen in den ersten Tagen auftretenden Leichenerscheinungen liegen zwar mikroskopische Untersuchungen vor, jedoch beschränken sich diese lediglich auf die inneren Organe ohne Berücksichtigung der Haut. Es ist dabei heute noch strittig, ob die eintretenden Veränderungen analog den während des Lebens entstandenen Folgen einer körnigen und fettigen Degeneration sind (v. HOFMANN) oder nicht (MASCHKA).

Austrocknen. Gegenüber diesen regelmäßig vorhandenen blauroten Totenflecken treten die durch Austrocknen entstehenden Flecke, die sich, wie bereits gesagt, fast nur dort bilden, wo die Epidermis durch mechanische Abschürfung, Verbrennung oder Blaseneruption ganz oder größtenteils zerstört war, an Zahl und Ausdehnung erheblich zurück.

Diese Vertrocknungserscheinungen beginnen vielfach bereits mehrere Stunden nach dem Tode und auch ohne äußere Einwirkung treten sie an jeder Leiche auf. Neben den Augen werden vor allem die Lippe, die Nase, die Fingerspitzen, der Hals und besonders das Scrotum befallen. Die Dünnheit der Epidermis und dann auch die Durchfeuchtung derselben mit Schweiß macht wohl diese Stellen für postmortale Austrocknungserscheinungen besonders geeignet. In eigenartiger Weise äußert sich diese am Lippensaum. Besonders LUSCHKA hat auf diese namentlich bei Neugeborenen auftretende Vertrocknung der Pars villosa hingewiesen. An mikroskopischen Schnitten derartiger Lippeneintrocknung kann man — auch wenn sie noch so stark ausgeprägt ist — die normalen Gewebselemente, Epithelien, Capillaren, quer gestreifte Muskelfasern, Nerven, deutlich unterscheiden, eine Tatsache, die namentlich im Hinblick auf die makroskopisch ganz ähnlich aussehenden Verbrennungs- und Verätzungsschorfe Beachtung verdient.

Die Eintrocknung entsteht infolge der an der Oberfläche des toten wie des lebenden Körpers ständig vor sich gehenden Wasserabgabe, die naturgemäß an Stellen mit intakter Epidermis geringer ist als an der Epidermis beraubten. Während nun im Leben ständig neue Flüssigkeit der Haut zugeführt und so die Verdunstungsfläche feucht gehalten wird, hört dies mit dem Tode auf. Die Haut an solchen Stellen wird trocken, runzelig, pergamentartig oder schwartig, oft hart wie Leder. Sie nimmt eine gelblich bis dunkelbraune, selbst schwarze Farbe an. Im Gegensatz zu den Livores zeigt sich bei ihnen keine Vergrößerung, eher eine Verkleinerung durch die Eintrocknungserscheinungen und auch wenig Neigung zum Zusammenfließen größerer Herde.

Naturgemäß ist die mehr oder minder hell bis dunkelbraune Farbe dieser eingetrockneten Bezirke auch abhängig von der Farbe der übrigen Haut. Die Herde sind in blaßgelber Haut ebenfalls blaß, etwa strohgelblich und durchsichtig. Dagegen nehmen sie schon in nur wenig hypostatischer Haut eine mehr oder weniger rote Farbe an. Ausgeschnitten und vom Unterhautzellgewebe befreit, ist die strohgelbe postmortal entstandene Schwarte vollkommen durchsichtig, während bei intra vitam entstandenen Abschürfungen man auf der Durchsicht vielfach noch die Reaktionserscheinungen des Gewebes, namentlich in Gestalt kleiner blutgefüllter Gefäße sieht. Da diese Gefäßfüllung jedoch auch bei experimenteller Schwartenbildung in Leichenhaut beobachtet wurde (SCHULZ), ist ein Schluß auf vitale oder postmortale Veränderung daraus nicht zulässig.

Zu dem regelmäßig der Austrocknung anheimfallenden Gewebe zählt auch die Haarzwiebel; in deren Folge werden die Haare gelockert. Die Fingernägel werden nach Eintrocknung der Fingerbeeren scheinbar länger, eine Tatsache, die zu dem Volksglauben vom Wachsen der Nägel nach dem Tode geführt hat.

Diesen eben geschilderten normalen Vertrocknungsvorgängen folgt für gewöhnlich die Fäulnis. Unter besonderen Bedingungen können diese Vertrocknungserscheinungen jedoch so stark in den Vordergrund treten, daß die Leichen völlig austrocknen, mumifizieren.

Mumienbildung. Die an jeder Leiche einsetzenden Verdunstungsvorgänge führen zu einem starken Diffusionsstrom aus dem unterliegenden Gewebe nach außen. Unter besonders günstigen Bedingungen — Trockenheit und

insbesondere hohe Außentemperatur bei trockener und bewegter Luft —
kann dieser Verdunstung den Wassergehalt des Gewebes so verringern, daß
eine Fäulnis nicht mehr möglich ist und eine Mumienbildung entsteht.

Dieser Begriff ist uns aus der Altertumskunde hinlänglich bekannt, wenn man darunter
auch ein durch künstliche Konservierungsmittel bedingtes Erhalten der Leiche versteht.
Derartige Mumifikation ist jedoch wiederholt auch unter natürlichen Umständen bekannt
geworden; eine gewisse Berühmtheit in dieser Hinsicht haben Leichenfunde auf dem Friedhofe des Innocents in Paris, St. Eloi in Dünkirchen, in den Gruftgewölben der Cordeliens et
Jacobins in Toulouse, S. Michel in Bordeaux, das Gruftgewölbe der Schloßkapelle zu Qued-
linburg, die Unterkirche aus dem Kreuzberge bei Bonn-Poppelsdorf, der Bleikeller des
Domes zu Bremen erhalten.

Die Haut derartig mumifizierter Leichen ist grau dunkelbraun, meist gerunzelt, aber
auch glatt, von leder- oder pergamentartiger Konsistenz; Haare und Nägel sind meist wohlerhalten, folgen aber aus den oben angegebenen Gründen leichtestem mechanischen Zug.

Die mikroskopische Untersuchung zeigt zwar meistens ein völliges Fehlen
der Epidermis, jedoch ist die Zeichnung der Cutis vollkommen erhalten, während
das Unterhautzellgewebe meist bis zur Unkenntlichkeit geschrumpft ist. Eingehende mikroskopische Untersuchungen peruanischer sowohl wie ägyptischer
Mumienhaut verdanken wir HELLER. Bei der ersteren — Konservierung lediglich durch die heiße Luft — ergab sich, daß feinere Details nicht mehr zu erkennen
waren, während in einer anderen peruanischen Mumienhaut noch einige lockere
Bindegewebsfasern zu sehen waren. Bei einer ägyptischen Mumie aus dem
7. Jahrhundert vor Chr. fand HELLER eine vorzügliche Färbung der elastischen
Fasern, dagegen keine Kerne mehr. Auch Schweiß- und Talgdrüsen waren nicht
mehr nachweisbar. In der Cutis waren die Blutgefäße, das Fettgewebe, in der
Epidermis das Pigment in der Basalschicht des Rete, die Ausführungsgänge der
Schweißdrüsen deutlich festzustellen. In der Cutis fanden sich eigenartige, bei
Färbung mit WEIGERTS Elastica blau färbbare Fasern von ganz geringer
Länge und Zahl.

Erwähnenswert erscheint noch der hier und da erhobene starke Eisengehalt
in derartig mumifizierter Haut, ein Befund, der sich unschwer aus den der Eintrocknung vorhergehenden Diffusionsströmen von innen nach außen erklärt,
wobei es meines Erachtens zum Niederschlag des eisenhaltigen Blutfarbstoffs
in der Haut kommen mag.

Moorgerbung. Im Anschluß hieran sei kurz auf einen eigenartigen Prozeß
hingewiesen, der als „Moorgerbung" bei Leichen bekannt ist, die längere
Zeit in Torfmooren gelagert waren. Hier wurde die Haut ganz feucht und
glänzend befunden; sie war von dunkelbrauner Farbe und biegsam wie auf-
geweichtes gegerbtes Fell. Mikroskopisch fand sich keine Epidermis, dagegen
eine wohlerhaltene Lederhaut, in welcher zwar keine Kerne, dagegen feinste
Bindegewebsfasern nachweisbar waren. Kopf- und Barthaare waren wohl
erhalten.

Im allgemeinen bleibt die Austrocknung an der Leiche auf die wenigen oben angeführten
Stellen beschränkt und der ganze Körper fällt sehr bald der Fäulnis anheim. Diese pflegt
auch die autofermentativen Vorgänge an der Leiche, die ja auch in der sterbenden bzw.
toten Zelle zunächst noch wirksam bleiben, sehr schnell zu überdecken. Tritt durch
besondere Umstände eine Fäulnis nicht ein, so daß die Gesamtheit der chemischen Prozesse
unter sterilen Bedingungen weiter gehen und unter Spaltungen durch endocelluläre Enzyme
zu einer Selbstverdauung der Gewebe führen kann (RÖSSLE), so tritt der als „Autolyse"
bekannte Zustand ein. Auf ihm beruht z. T. die Maceration aseptischer, intrauterin
abgestorbener Föten.

Fäulnis. Als äußerlichen Vorboten der Fäulnis kann man die bereits in den ersten Tagen eintretende grüne Verfärbung der Hautdecken betrachten. Gewöhnlich am Unterleibe beginnend — hier besitzen die Bauchdecken die relativ geringste Dicke, es werden also die aus dem Darm stammenden Fäulnisbakterien bzw. Fäulnisgase hier am ehesten die Haut erreichen — dehnt sie sich der Hypostasenbildung folgend, sehr bald über große Hautbezirke aus. ROKITANSKY hat bereits diese eigentümliche Grünfärbung auf eine Umsetzung des Hämoglobins durch den Schwefelwasserstoff zurückgeführt, der sich bei der Fäulnis entwickelt. Er veranlaßt die Bildung von Schwefelwasserstoffhämoglobin, das in dünner Schicht grün ist, dann aber auch wohl in dicker Schicht durch die eine Art trüben Mediums bildende Haut hindurch eine grünschwarze Farbe zeigen mag. Für die zweifellos in diese Gruppe gehörige grünschwarze Pseudomelanose innerer Organe hat ERNST die Schwefeleisennatur nachgewiesen; er leitet die Entstehung des zur Bildung nötigen Schwefelwasserstoffs auf eine Bakterienart zurück. Neben dieser von innen nach außen an Intensität abnehmenden Grünfärbung hat dann MASCHKA noch auf eine Grünfärbung aufmerksam gemacht, die lediglich die Epidermis ergreift, sich mit dieser vom Corium ablösen läßt und als Macerationserscheinung der Epidermis aufgefaßt werden kann. v. HOFFMANN hat spektroskopisch den grünen Farbstoff untersucht und stimmt in seinen Ergebnissen mit ROKITANSKY überein. Er fand „1. die Absorptionserscheinungen des sauerstoffhaltigen Hämoglobins, d. h. Auslöschung des blauen Bandes des Spektrums und die zwei bekannten Blutbänder neben D, außerdem aber ein schmales, aber sehr deutliches Absorptionsband im Orange zwischen C und D.“

Neben der Grünfärbung erfolgt gleichzeitig eine Diffusion des aus den roten Blutkörperchen austretenden Blutfarbstoffes durch die Gefäßwände hindurch ins Gewebe. Die Totenflecke nehmen dadurch eine mehr verwaschene, mißfarbene Beschaffenheit an. An den Extremitäten kommt es entlang des subcutanen Venennetzes zur Bildung mißfarbig roter bis braunroter verwaschener Streifen, die oft zu einem weitmaschigen Netzwerk zusammenfließen, wodurch eine grobe Marmorierung der Haut vorgetäuscht wird. Auch diese Netzzeichnung nimmt sehr bald eine grünliche Farbe an. Mit fortschreitender Imbibition wird die Haut immer succulenter; es sammelt sich eine mißfarbige, blutigseröse Flüssigkeit namentlich zwischen Corium und Epidermis an, zunächst noch vielfach durch letztere hindurchtretend. Sehr bald wird jedoch die gesamte Epidermis in mit blutigem Serum gefüllten Blasen abgehoben, die Blasen platzen, die Epidermis löst sich in Fetzen ab und legt ein feuchtes, mehr oder minder schmieriges und mißfarbiges Corium bloß. Manchmal kommt es auch zur Bildung eines klebrigen fettigen Überzuges an Stelle der Epidermis, der vertrocknet und an die Rinde alten Käses erinnert (v. MASCHKA). Gleichzeitig ist die Cutis sehr stark blutigserös durchtränkt, gequollen und löst sich dann vielfach im Wege der Colliquation des Gewebes auf, bzw. es kommt unter den oben näher bezeichneten Umständen zur völligen Eintrocknung oder Verhärtung.

Im großen und ganzen ist die Widerstandsfähigkeit der Haut und namentlich der Lederhaut gegenüber der Fäulnis eine recht beträchtliche, so daß sie vielfach noch erhalten bleibt und wie ein Gehäuse die Knochen umgibt, während die Weichteile längst geschwunden sind.

Bedeutend widerstandsfähiger wie die Haut sind die Horngewebe des menschlichen Körpers gegen die Fäulnis insbesondere die Haare. Durch die Austrocknung der Haarzwiebel bzw. durch deren colliquative Einschmelzung fallen sie zwar sehr schnell aus, bleiben dann aber außerordentlich lange, bis zu 100 Jahren, erhalten (RINGBERG und v. ZIEMKE). Auch ihre Farbe hält sich lange, wobei sich allerdings allmählich ein braunroter Farbton herausbildet. — Die Nägel erweichen zu Beginn der Fäulnis ebenfalls und verlieren durch die Flüssigkeitsaufnahme an Durchsichtigkeit und Elastizität. Schon nach kurzer Zeit lassen sie sich leicht ausziehen; später vertrocknen sie, um dann spontan auszufallen.

Das Unterhautzellgewebe, wegen seines Bindegewebscharakters ziemlich widerstandsfähig, ist manchmal der Sitz reichlicher postmortaler Gasentwicklung, die vielfach auch ohne während des Lebens vorausgegangenes

Hautemphysem schon sehr frühzeitig, noch ehe die Fäulnis wesentlich vorgeschritten ist, auftreten kann. MARCHAND hat derartige Fälle von postmortaler Gasbildung in der Haut als erstes Zeichen der Zersetzung aufgefaßt
und diese seine Ansicht ist allgemein anerkannt worden.

Mikroskopische Untersuchungen faulender Haut liegen in der Literatur nicht vor. Wohl ist die Histologie faulender Gewebe durch HEIDENHAIN,
RINDFLEISCH, KLEBS, FALK und insbesondere TAMASSIA sehr gefördert worden,
jedoch hat die Haut keine Beachtung der Forscher gefunden.

Fettwachsbildung. Neben Fäulnis und Vertrocknung kommt unter den
später auftretenden Leichenerscheinungen noch der Fettwachsbildung eine
gewisse Bedeutung zu. Die ersten Beobachter, THOURET und FOURCROY, die
ihre Erfahrungen anläßlich der Ausgrabungen auf dem Friedhofe des Innocents
in Paris in den Jahren 1786 und 1787 sammelten, bezeichneten sie als Adipocire. Diese Umwandlung der Leichen ist lange Zeit Gegenstand zum Teil
direkt gegensätzlicher Meinungsverschiedenheiten der Autoren gewesen. Die
älteren, unter ihnen vor allem BICHAT, ORFILA, DEVERGIE, nahmen eine
primäre Verseifung der Haut an, der dann erst später die des übrigen Organismus, in erster Linie der Muskulatur folge. KASPER und LIMAN verlegen die
Fettwachsbildung zunächst in die Muskulatur. Ausführliche Untersuchungen
vor allem KRATTERS, ZILLNERS und MÜLLERS haben dann über den Chemismus
sowohl als auch die Morphologie des Umwandlungsprozesses Aufklärung gebracht.

ZILLNER hat nachgewiesen, daß wir analog der Wanderung wässeriger Körperbestandteile
(Blutimbibition und Transsudation) auch eine Wanderung der Neutralfette (Fettimbibition
und Transsudation), und zwar unter geeigneten Umständen etwa im 4.—6. Monat des
Todes annehmen dürfen. Im Verfolg einer Zersetzung der Neutralfette, mechanischer Entfernung der flüssigen Spaltprodukte (Glycerin- und Ölsäuren), Krystallisation und teilweiser
Verseifung der höheren Fettsäuren unter Aufnahme von Kalk und Magnesia, kommt es im
Panniculus dann zur Bildung des Leichenwachses. Nach LUDWIG finden sich im Leichenwachs Ölsäure, Palmitin- und Stearinsäure in freiem Zustande und daneben die Kalkseifen
dieser drei Fettsäuren. Auf gewisse, für die Adipocirebildung erforderliche Vorbedingungen
im Fäulnisverlauf kann hier nicht näher eingegangen werden.

In den seltensten Fällen kommt es zu einer Fettwachsumbildung der gesamten Lederhaut.
Ein Teil und oftmals der größte ist meist der fauligen Colliquation zum Opfer gefallen und
es sind immer nur Reste, die einen Aufschluß über den Vorgang geben können.

Derartige Adipocire-Leichen sehen makroskopisch wie verkalkt oder versteinert aus;
eine dicke, grauweiße, oftmals steinharte, im frischen Zustand stark fäkulent, im trocknen
mehr ranzig riechende Schicht von Leichenwachs umschließt in tiefen und starren Falten
den Körper, dessen Oberfläche einen eigentümlichen, mamelonnierten Zustand zeigt, der
nach ZIRNER durch Erstarrung der körnigen subcutanen Fettschicht bei Wegfaulen der Cutis
entsteht. Während die Haut, soweit sie vorhanden, überall in die genannte käsige Masse
umgewandelt wird, bleiben Haare und Nägel vollauf erhalten; sie kleben losgelöst in der
Fettwachsschicht.

Mikroskopisch besteht das Leichenwachs hauptsächlich aus kugeligen,
radiär angeordneten, nadelförmigen Fettsäurekrystallen, die in kleineren Herden
beieinander liegen. An der Oberfläche der Fettwachsgebilde — denen ja die
Epidermis fehlt—findet sich ein in kleinen Knötchen angeordnetes bindegewebiges
Netzwerk, dessen Maschen dichte Schollen teils radiär angeordneter, teils amor-
pher feiner Fettsäurekrystallnadeln enthalten. In der Cutis sind — auch noch
beim fertig ausgebildeten Adipocire — hier und da durch die Maschen der Fett-
schollen und Krystallbüschel hindurchziehende derbe Bündel faserigen Binde-

gewebes noch deutlich zu erkennen. Die der Oberfläche zunächst liegenden Faserzüge sind am dichtesten und besten erhalten; hie: und da sind sie auseinandergedrängt. Die Zwischenräume sind von krystallinischen Massen, teils ungeordnet, teils in radiären Faserbündeln durchsetzt. Je mehr man in die Tiefe der Fettwachsschicht kommt, um so aufgelockerter wird das Bindegewebe, um allmählich sich in dem weitmaschigen Netzwerk des subcutanen Fettgewebes zu verlieren. Von den Zellmembranen der ursprünglichen Fettzellen sind Reste nicht mehr zu erkennen, während man an entfetteten Präparaten sehr deutlich den an Lederdurchschnitte erinnernden Aufbau des Bindegewebes der Cutis erkennen kann.

2. Leichenveränderungen an der krankhaft veränderten Haut.

Gegenüber diesen Veränderungen an Leichen mit normaler Haut sind Dermatosen in ihren diesbezüglichen Folgeerscheinungen nur in auffallend geringer Zahl beachtet worden. Unser Wissen reicht da kaum über die Kenntnisse der Mitte des vorigen Jahrhunderts hinaus. Neben der Tatsache, daß derartige Veränderungen an der Leichenhaut viel weniger auffallen und daher viel leichter übersehen werden, mag dazu auch der Umstand beitragen, daß die meisten unserer Hautkranken, abgesehen von den wenigen großen Dermatosen, doch äußerst selten die Pforte des Klinikers verlassen, um in die Halle des pathologischen Anatomen einzugehen und daher die Möglichkeit Hautkrankheiten an der Leiche zu beobachten, für beide eine recht beschränkte ist.

Infolge des Aufhörens der Blutzirkulation und des Abfließens der Blutflüssigkeit in die tiefer gelegenen Körperteile werden etwa vorhanden gewesene entzündliche Rötungen der Haut, wie sie vor allem die akuten Exantheme zeigen, an der Leiche geschwunden und daher meist nicht mehr oder kaum noch wahrnehmbar sein. Von diesem Abblassen der akuten, nur durch eine aktive, umschriebene Hyperämie bedingten Exantheme macht lediglich das Scharlachexanthem auf der Höhe seiner Entwicklung eine Ausnahme, da hier vielfach nur ein unvollständiges Schwinden beobachtet wird. Auch abnorme auf entzündlicher Hyperämie beruhende Rötungen in der Umgebung von Hautgeschwüren bleiben nach dem Tode oft bestehen.

Dagegen ist es leicht verständlich, daß gewisse in der Haut vorhandene Hautveränderungen, die durch das überdeckende Rot des zirkulierenden Blutes während des Lebens nur in einem mehr oder minder gedämpften Tone sichtbar waren, nach dem Tode vielfach stärker hervortreten. Hierher gehört der Ikterus, ferner intravital entstandene und bereits in Umwandlung befindliche Blutextravasate mit ihrer blauroten, blauen, grünen oder gelblichen Eigenfarbe, ferner Tätowierungen und Pigmentverschiebungen wie bei Chloasma uterinum, Addison, Leukoderm, Vitiligo, Acanthosis nigricans usw.; dann die Verfärbung innerhalb und am Rande mancher Narben (Ulcera cruris, Ecthyma, Vagabundenkrankheit). Auch die bekannte apfelgeleeartige Eigenfarbe des Lupusflecks tritt nach dem Tode deutlicher hervor. GRUBER hat darauf aufmerksam gemacht, daß bei Urämikern ein in den letzten Lebenstagen gelegentlich auftretendes im übrigen nicht spezifisches Exanthem sich auch nach dem Tode noch deutlich von den Leichenflecken unterscheiden läßt.

Skorbutische Blutungen sind an den oberflächlichen Teilen der Leiche von ganz anderer (bräunlicher) Färbung, wie an den abhängigen Teilen, wo dunkelblaue Töne vorherrschen. Auch der Umfang dieser Flecken pflegt hier unter dem Einfluß der Blutsenkung erheblich zuzunehmen (ASCHOFF und KOCH).

Im Gegensatz zu den fast völlig abblassenden akuten Exanthemen bleiben bei lokalen z. T. mechanisch bedingten Stauungsdermatosen an irgendeiner Körperstelle dunklere, bläuliche oder cyanotische Flecke längere Zeit, allerdings in erheblich abgeschwächtem Grade bestehen, so bei Varicenbildung, Vibices. Ebenso pflegen stärkere, insbesondere ödematöse Schwellungen auch nach dem Tode noch sichtbar zu bleiben, wenn sie auch an Ausdehnung und Gewebsdichte erheblich verlieren. Selbstverständlich sind alle in der Leiche vorhanden gewesenen Flüssigkeiten nach Aufhören der Herztätigkeit dem Gesetz der Schwere unterworfen. Daher findet sich ein intravital vorhanden gewesenes, universelles Ödem allmählich fast nur noch in den abhängigen Partien der Leiche vor und kann dort sehr schnell durch den Flüssigkeitsdruck zu blasiger Abhebung der Epidermis führen.

Beim Ekzem des Halses und den sog. intertriginösen Ekzemen treten vielfach Eintrocknungserscheinungen auf; quaddelartige Eruptionen schwinden sehr bald vollständig, während andere (Sudamina) unverändert bleiben. Wahrscheinlich sind bei dem ersteren Vorgang noch Lebensfunktionen (Resorption durch die Lymphgefäße?) beteiligt, da Ablagerungen von Flüssigkeit innerhalb der Epidermisschichten selbst durch diese vor der Resorption und Verdunstung geschützt bleiben.

III. Dermatopathien.

1. Die Atrophien der Haut.

Einer systematischen, pathologisch-anatomischen Einteilung der Hautatrophien stehen heute noch erhebliche Schwierigkeiten gegenüber. Insbesondere scheint eine Trennung in primäre und sekundäre Hautatrophien (HEUSS), in idiopathische und deuteropathische (UNNA) um so weniger angebracht, als die neuere Forschung gezeigt hat, daß gerade der ersteren, im Sinne jener Definition wichtigster Vertreter, die Dermatitis atroph. chron. progr. idiopathica nunmehr zur zweiten Gruppe gerechnet werden muß.

Auch erscheint es nicht angängig, mit Hautatrophien s. str. „nur jene entzündlichen Krankheitsprozesse der Haut" zu bezeichnen, „deren Ätiologie uns unbekannt ist und die in der Atrophie ihr markantestes und nie fehlendes Merkmal besitzen" (MÜLLER); denn eine Atrophie ist niemals ein Prozeß, sondern ein Zustand, allenfalls Folgezustand eines entzündlichen Prozesses. Es kommt hinzu, daß gerade jene Atrophien der Haut, denen im allgemein pathologisch-anatomischen Sinne diese Bezeichnung in erster Linie zusteht, meist ohne nennenswerte Entzündung beginnen und verlaufen. Was im besonderen den ganzen Bereich der atrophisierenden Dermatitiden betrifft, der keine ätiologische Einheit bedeuten kann und will, so haben wir gerade bei ihm histologisch mit einer Reihe sehr ähnlicher, ja sogar übereinstimmender Veränderungen zu rechnen, die auf diesem Wege allein eine Trennung unmöglich machen, wenn wir nicht den ganzen Verlauf des Prozesses klinisch und histologisch verfolgen und beides miteinander in Beziehung zu bringen suchen. —

Die Verwirrung wird in der Dermatologie noch dadurch vergrößert, daß mit der allgemeinen Bezeichnung „Hautatrophien" auch Zustände belegt wurden, die auf einem völligen Ausbleiben der Entwicklung des Hautorgans (Agenesie), auf zurückbleibendem Wachstum hinter der Norm (Hypoplasie) beruhen oder auf frühzeitiges, teilweises oder völliges Schwinden einer anfangs normalen Hautanlage, also eine aplastische Bildung zurückzuführen sind.

Es sei daher an dieser Stelle ausdrücklich betont, daß unter Atrophie ein regressiver Vorgang am völlig ausgebildeten Organ verstanden wird, also stets ein erworbener Zustand, bei dem die Verkleinerung auf einen Schwund der elementaren Bestandteile zurückgeführt werden muß (ZIEGLER). Von dieser echten Atrophie sind jene eben genannten Zustände als Mißbildungen abzugrenzen; sie haben in einem anderen Kapitel Platz gefunden. —

Es erscheint zweckmäßig, hier, wie an so mancher anderen Stelle in der Dermatologie, den unter dem Übermaß der Erscheinungen verloren gegangenen Anschluß an die allgemeine pathologische Anatomie erneut aufzusuchen und als echte Atrophien der Haut nur jene Formen abzuhandeln, die durch einen Schwund der die Haut aufbauenden Elemente bedingt sind, sei es, daß es sich dabei nur um eine Verkleinerung, eine reine Größenabnahme der einzelnen Bausteine oder auch um eine zahlenmäßige Verminderung derselben handelt. Zu berücksichtigen ist dabei allerdings, daß diese Formen häufig kombiniert vorkommen, indem zunächst das erstere und dann das zweite eintritt und dieses letztere außerdem vielfach noch auf dem Umwege über die Degeneration erfolgt. Diese degenerative Atrophie unterscheidet sich von der einfachen schon seit VIRCHOW dadurch, daß bei ihr die anatomischen, physiologischen und chemischen Eigenschaften der Bausteine eine Veränderung erleiden. Von der einfachen Degeneration trennt sie sich nach v. RECKLINGHAUSEN dadurch ab, daß bei jener alle Elemente gleichsinnig verändert sind, während bei dieser einfach atrophische, mit nach Art und Ausmaß wechselnden degenerativen Veränderungen vermengt erscheinen.

Eine in etwa befriedigende Einteilung der echten Hautatrophien erscheint nur durchführbar unter Berücksichtigung der zu ihr führenden Ursachen, wobei es unbenommen bleiben mag, als primäre Atrophie diejenige zu betrachten, wo dieser Zustand durch eine in den Zellen begründete ungenügende Assimilationsfähigkeit bedingt ist, bzw. als sekundäre Atrophie jene, wo er durch außerhalb der Zelle gelegene, die Nahrungszufuhr behindernde Umstände hervorgerufen wird. Auf dieser Grundlage unterscheiden wir:

1. Physiologische Atrophien (durch Abnahme der bioplastischen Energie im Sinne MÖNCKEBERGs),

2. Inanitionsatrophien (infolge mangelhafter Nahrungszufuhr); mit diesen eng zusammenhängend,

3. Inaktivitätsatrophien und

4. Atrophien durch mechanische Ursachen (Druck, Zug usw.),

5. sog. neurotische Atrophien,

6. Atrophien nach toxischen Prozessen.

Ich bin mir dabei wohl bewußt, daß auch diese Einteilung Willkürlichkeiten zeigt, daß namentlich die letzte Gruppe mannigfache Angriffspunkte bietet, selbst wenn ich dabei betone, daß jene Ursachen selten unmittelbar, sondern wohl meist erst über degenerative zu atrophischen Vorgängen führen. Denn schließlich müßten ja hier auch alle jene im Verlauf akuter und chronischer infektiöser Prozesse auftretenden Atrophien angeführt werden. Da jedoch durch eine derartige Darstellung Zusammengehöriges auseinandergerissen würde gerade dort, wo dies für das Verständnis des Ganzen unmöglich ist, so beschränke ich diese letzte Gruppe auf jene Erkrankungen, deren toxisch bzw. entzündliche Pathogenese zwar feststeht, deren auslösende Ursachen wir jedoch noch nicht kennen, vor allem auf die Dermatitis atroph. chron. progr. idiop. und die zu ihr gehörende Gruppe.

Aber auch bei den anderen Gruppen der Atrophien werden uns mannigfache Übergänge begegnen. Das mag eine exakte Systematik erschweren, aber diese soll ja nur ein Gerüstwerk bilden, an dem unser Erkenntnisvermögen einen Anhalt findet zu weiterer Forschung.

a) Physiologische Atrophien.

„Den konstituierenden Zellen eines Organismus wohnt ein durch Vererbung übertragenes, von Anfang immanentes Reproduktionsvermögen bei, was anfangs, in der Jugend des Organismus am stärksten ist und successive mit steigendem Alter an Energie abnimmt, so daß es nach einiger Zeit eben nur noch ausreicht, den Körper resp. seine Teile in ihrer Größe zu erhalten, schließlich aber selbst dafür nicht mehr genügt.“ Dieser COHNHEIMschen Erklärung für das Einsetzen der Altersatrophie stimmt auch MÖNCKEBERG in seiner, der jüngsten zusammenfassenden Darstellung über die Atrophien zu, indem er, um Mißverständnisse zu vermeiden, für Reproduktion: bioplastische Energie setzt, „deren allmählicher Verbrauch früher oder später das Altern der Elemente bewirkt“. Auf dieselben Ursachen muß die physiologische Atrophie, d. h. die präsenile Involution bestimmter Organe und Gewebe, also damit auch der Haut, zurückgeführt werden.

Die senile Atrophie (Atrophia cutis senilis).

Die Haut des alten Menschen erscheint schmutzig gelb bis braun gefärbt, vielfach gerunzelt, dünn, so daß die Gefäße der Cutis durchschimmern. Das Fettgewebe ist geschwunden, ebenso die Elastizität. Die Epidermis ist trocken und zeigt vielfach Abschilferung ihrer obersten Lagen. Die Pigmentierung ist oft fleckförmig oder diffus verstärkt und wechselt mit pigmentfreien Stellen ab. Auf der solcherart veränderten Haut finden sich zerstreut warzige Erhebungen von gelber bis brauner Farbe, die sich leicht von der Unterlage ablösen lassen (Keratoma senilis). Daneben beobachtet man vielfach Gefäßerweiterungen: Alles in allem ein charakteristisches Bild.

Die mikroskopischen Veränderungen der senilen Haut lassen sich in zwei Gruppen gliedern, einmal jene als einfache Atrophie bekannte Form, deren reinstes Bild uns an den bedeckten Körperstellen begegnet und daneben noch jene Art, die vornehmlich an den Witterungseinflüssen ausgesetzten Hautpartien auftritt, bei der neben der Atrophie vor allem noch eine Reihe von Degenerationserscheinungen zu schildern sind.

1. Einfache Atrophie: Die Untersuchungen sind recht spärlich, insbesondere liegen über den Entwicklungsgang der Veränderungen keine Beobachtungen vor. SAALFELD hat neuerdings an 10 Leichen vergleichende Untersuchungen über die Veränderungen an verschiedenen Hautstellen geführt. An der Brusthaut ist danach die Hornschicht sehr dünn, an einzelnen Stellen deutlich lamellär, vielfach ebenso breit als die darunter liegenden kernhaltigen

Schichten. Ein Stratum granulosum ist meist nicht vorhanden, das Stratum spinosum besteht meist aus 4—6 Zellagen. Vielfach findet sich hier eine Vakuolenbildung um die Kerne. Die Zylinder- und Basalzellschicht ist meist deutlich. Im allgemeinen ist die Grenze zwischen Epidermis und Cutis weniger scharf als in der Norm. Die Epithelzapfen sind schmal, spärlich und reichen wenig tief in die Cutis hinein, daher sind auch die Papillen flach und verstrichen; ihre Zahl ist nicht wesentlich vermindert. Der Pigmentgehalt der unteren Epidermiszellen schwankt; im allgemeinen erscheint er vermehrt. Der Gehalt der Cutis an elastischen Fasern ist wechselnd; durchgängig zeigen tiefere Abschnitte mehr Elastica als die oberen. Das Bindegewebe ist hier feinfaserig, wellig und zeigt nur spärliche Kerne. Die glatten Muskelfasern sind zahlreich und deutlich vorhanden. Die Gefäße zeigen keine besonderen Veränderungen, ebensowenig die Schweißdrüsen. Der Gehalt der Cutis an zelligen Infiltraten ist wechselnd.

Die degenerativen Veränderungen des elastischen und kollagenen Gewebes sind nicht sehr stark ausgeprägt, sie beschränken sich auf Faserzerfall und Auftreten körniger Degenerationen, insbesondere im subepithelialen Gewebe.

Die Haut des Fußrückens, der Schambeingegend, die Bauchhaut und auch die Haut des Hodensackes zeigten keine grundsätzlichen Unterschiede gegenüber den vorstehend geschilderten. Lediglich an der Hodenhaut bestanden stärker entwickelte Reteleisten und ein dementsprechend aufgebauter Papillarkörper. Bei der

2. Degenerativen Atrophie, die sich besonders in der Gesichtshaut scharf ausprägt, sind die Veränderungen der Epidermis im großen und ganzen den vorhergehend geschilderten entsprechend. Im Vordergrunde steht auch hier eine Verdünnung der Cutis, Abflachung oder gar völliges Verschwinden der Papillen. Der degenerative Prozeß spielt sich vor allem am Stützgewebe ab. Hier sind es einmal die elastischen Fasern, welche weitgehende Veränderungen zeigen. Zunächst sind sie in Papillarkörper und oberer Cutis scheinbar vermehrt. Diese scheinbare Vermehrung beruht auf einer unregelmäßigen Aufquellung der einzelnen Fasern unter gleichzeitiger Atrophie des kollagenen Gewebes. Die Elastica bildet, wie das besonders UNNA ausführt, unmittelbar unter dem unveränderten subepithelialen Grenzstreifen ein verworrenes, aus Fasern und Klumpen bestehendes Netz, das sich vielfach bis an die untere Grenze des oberen Cutisdrittels erstreckt. Dabei wird betont, daß hier neben dem elastischen Gewebe sich auch stets noch das kollagene an dem Aufbau der Cutis beteiligt, also nie völlig geschwunden ist. Die Degeneration des Elastins äußert sich neben jenen morphologischen Veränderungen insbesondere in seiner Basophilie. Während es sich nämlich mit saurem Orcein erheblich schwächer färbt als in der Norm, ist es im Gegensatz zu dieser für basische Farben viel aufnahmefähiger (s. Abb. 1). Im Hinblick auf ihre tinktoriell-saure Eigenschaft und um zugleich an ihre Herkunft zu erinnern, nannte UNNA die derart veränderte Elastica Elacin. In jenen Stellen, wo derartige basophil gewordene Reste des elastischen Gewebes, also Elacinreste, in kollagene Gewebsbröckel eingelagert sind und damit dem Kollagen ebenfalls ihre färberischen Eigentümlichkeiten aufgeprägt haben, glaubte UNNA eine neue, durch „Umprägung von Kollagen durch Elacin" entstandene Substanz vor sich zu haben, die er mit Rücksicht auf ihr regelmäßiges Vorkommen bei der kolloiden Degeneration:

Collacin nannte. Da es sich bei diesem Gewebe, ebenso wie bei dem Kollastin — nach UNNA einer Verbindung des Elastins mit degenerierendem Kollagen — jedoch um Adsorptionsfärbungen und Anlagerung zweier verschiedener Gewebe zu handeln scheint, eine besonders umgewandelte Gewebsart also nicht vorliegt, so dürfte diese Sonderbezeichnung wohl entbehrlich sein. Die von KREIBICH beobachtete lipoide Degeneration des Elastins bzw. Elacins konnte ich bei einigen daraufhin untersuchten Fällen seniler Haut nicht immer feststellen.

Neben dem Elastin finden sich in der senilen Haut auch vor allem Degenerationsprodukte des kollagenen Gewebes, besonders in der obersten Cutisschicht. Die Fasern zerfallen hier gerade wie die elastischen in wechselnd große Schollen und Körner, sie schwellen vielfach zu plumpen Gebilden an und fallen vor allem durch ihre Avidität zu basischen Farben auf. Im Gegensatz zu dem normalerweise mit neutralem Orcein sich dunkel braunrot färbenden Kollagen nehmen die degenerierten Herde bei vorheriger Färbung mit polychromem Methylenblau diese letztere Farbe an (s. Abb. 2). Diese Herde sitzen gewöhnlich etwas tiefer in der Cutis als die Elacinherde.

Die vorstehend beschriebenen Veränderungen beschränken sich bei einfach seniler Haut in erster Linie auf das obere Drittel, während die mittlere und untere Schicht der Cutis zwar an der Degeneration teilnehmen, jedoch in erheblich schwächerem Maße.

Der Gehalt des Bindegewebes an zelligen Elementen ist wechselnd; sie finden sich vorwiegend perivasculär in den oberen Cutisschichten und bestehen hauptsächlich aus kleinen, runden Zellen mit rundem, relativ großem gut färbbarem Kern und schmalem Protoplasmasaum. Daneben finden sich auch noch Bindegewebszellen und Mastzellen in normaler Zahl. Plasmazellen werden nicht gefunden. Über die Deutung dieser Zellherde, ob sie eine Teilerscheinung der senilen Involution, ob sie Residuen früherer Entzündungen, vielleicht im Anschluß an die Bindegewebsdegeneration sind, herrscht noch keine Einigkeit. Jedenfalls kann man sie nicht als Kennzeichen seniler Haut ansehen, da sie auch bei jugendlichen Individuen gefunden werden.

Die Blutgefäße in der senilen Haut zeigen, abgesehen von einer Erweiterung der Capillaren, meistens keine besonderen Veränderungen, ebensowenig die Drüsen. Die Schweißdrüsenknäuel liegen infolge der allgemeinen Atrophie der Haut etwas oberflächlicher als normal und die Talgdrüsen-Ausführungsgänge sind oft erweitert und von Hornpfröpfen verschlossen. Die Haarbälge sind ebenfalls verkürzt; das perifollikuläre Bindegewebe ist an der Degeneration des elastischen und kollagenen Gewebes, entsprechend dem subepithelialen Bindegewebsstreifen, unbeteiligt. Die Pigmentzellen der Haarzwiebel und Wurzel sind vielfach vermehrt. Besondere Veränderungen der Hautmuskeln zeigen sich mitunter in Form granulärer Trübung und hyaliner Degeneration der Muskelfasern. Die Kerne sind kennzeichnend umgestaltet (spiralförmig) und zeigen vielfach Chromatolysis. Die Muskelbündel sind im ganzen dünner und vielfach ohne Kerne (VIGNOLO-LUTATI).

Im großen ganzen sei betont, daß die vorstehend geschilderten Degenerationserscheinungen in ihrer Stärke von dem Alter des Trägers der Haut relativ unabhängig sind, eine Tatsache, die ja durch das Rätsel des „Alterns" überhaupt zwar nicht geklärt, aber doch verständlich wird.

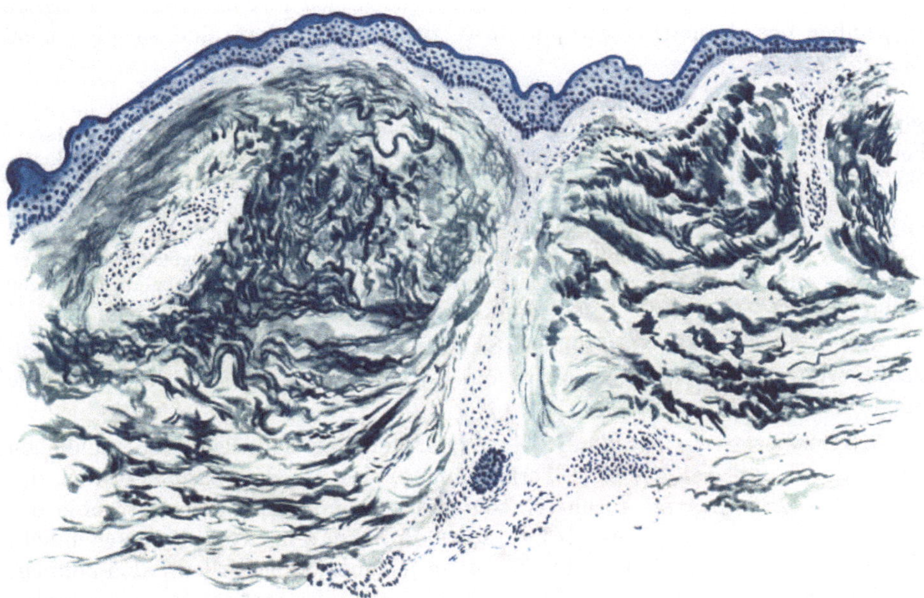

Abb. 1. Senile (degenerative) Atrophie der Haut der Schläfe. 64jähr. Landfrau. Atrophie der Epidermis, Reteleisten geschwunden, Papillarkörper verstrichen. Deutlicher „Grenzstreifen". Basophilie der verklumpten elastischen und kollagenen Fasern. Elastische Fasern links längs-, rechts quer getroffen (kräftiges Blau), kollagene Fasern (zum Teil plumpe Schollen, mattes Graublau). Links erweitertes Blutgefäß mit sklerosierter Wandung und mäßiger Infiltration des umgebenden Bindegewebes, in der Mitte atrophischer Haarfollikel. Färbung saures Orcein, polychrom. Methylenblau. O = 77 : 1; R = 77 : 1.

Abb. 2. Atrophia senilis cutis. Wange. ♂ 59jähr. Basophilie, Aufquellung, Verklumpung und Zerfall der elastischen und kollagenen Fasern. Saures Orcein, polychrom. Methylenblau. O = 325 : 1; R = 325 : 1.

Differentialdiagnose: Schwierigkeiten ergeben sich hier histologisch lediglich gegenüber der Dermatitis atroph. vasc. progr. diff.; dort sind sie eingehend besprochen.

Pathogenese: Die Tatsache, daß die stärksten Degenerationserscheinungen an jenen Stellen auftreten, welche äußeren Schädlichkeiten besonders ausgesetzt sind, weist darauf hin, daß neben dem Alter als solchem vor allem auch Witterungseinflüsse (Licht, Regen, Wind) eine besondere Rolle spielen. Die Rolle der Arteriosklerose dürfte nur sehr gering zu veranschlagen sein, da sie nur in wenigen Fällen erhoben wurde, selbst da, wo an den inneren Organen ausgedehnte arteriosklerotische Prozesse bestanden. Ob, wie HIMMEL meint, die perivasculäre Zellinfiltration als Folge „lebenslanger" Reizungen entzündlicher, ekto- oder endogener Natur anzusehen ist und durch diese der senile Degenerationsprozeß bedingt sei, bedarf noch der Klärung.

Anhangsweise sei hier auf die von SAALFELD besonders untersuchten Arterienveränderungen der Haut im Alter und auf ihre Bedeutung für die Atrophie hingewiesen.

Arteriosklerotische Atrophie: Die Möglichkeit der schnellen und reichlichen Bildung von kollateralen Gefäßverbindungen, wie sie das Capillarsystem der Haut bietet, macht von vornherein die Wahrscheinlichkeit einer Atrophie des Hautorgans durch arteriosklerotische Prozesse sehr wenig wahrscheinlich. Von einem solchen Einfluß wird man nur in jenen seltenen Fällen reden können, wo die Zirkulationsstörung dauernd fortschreitend ist und nicht nur einzelne Gefäße, sondern alle mehr oder weniger zum Verschluß bringt. Tatsächlich konnte SAALFELD bei seinen Untersuchungen arteriosklerotische Veränderungen lediglich an den Arterien des Fußrückens feststellen. Diese bestanden in herdförmiger Verdickung der Intima, die einige kernlose Flecke enthielt, sowie einer leichten Auffaserung ihrer Elastica, während Media und Adventitia meist unverändert waren; nur in einem Falle wurde eine Quellung und Nekrose der Media an mehreren Gefäßen gefunden.

Die Abhängigkeit seniler Hautveränderungen von der Arteriosklerose einzelner Gefäßäste erscheint SAALFELD daher wenig wahrscheinlich.

Alopecia senilis.

Die Alopecia senilis ist als selbständiges Krankheitsbild bis heute noch sehr umstritten; vielfach wird eine Kahlköpfigkeit lediglich als Altersfolge abgelehnt und die diesbezügliche Veränderung des Haarwachstums als sekundärer Haarschwund im Anschluß an seborrhoische und pityriasiforme Krankheitsbilder aufgefaßt. Unterstützt wird diese Ansicht durch die Tatsache, daß überall dort wo diese Krankheiten nicht vorhanden oder selten sind, bis ins hohe Alter ein voller Haarwuchs bestehen bleibt, der ja überhaupt der im Alter vorhandenen Hypertrophie aller Horngebilde (HELLER) viel eher entspricht.

Mikroskopische Untersuchungen dieser Alopecien sind nur spärlich vorhanden. Ihre Deutung wird, worauf ja eben schon hingewiesen wurde, noch dadurch erschwert, daß eine sichere Entscheidung im Sinne einer primären Kahlköpfigkeit bis jetzt kaum zu treffen ist und daher als Alopecia senilis sicherlich auch Ausgangsstadien der Alopecia seborrhoica bzw. pityrodes beschrieben sind. UNNAs Hoffnung, daß durch klinische und histologische Untersuchungen die Frage der postseborrhoischen bzw. echten senilen Alopecie entschieden werden könnte, ist bis heute noch unerfüllt. Ich selbst habe an einer Reihe von Greisenköpfen vergeblich nach einer senilen Alopecie gesucht, bei der eine frühere Seborrhoea capitis mit Sicherheit auszuschließen gewesen wäre.

Die Schwierigkeit wird verstärkt durch die voneinander abweichenden histologischen Befunde. Außer Pincus und Michelson hat nur noch Unna die Frage bearbeitet; der letztere bestätigt im großen ganzen die Ergebnisse seiner Vorgänger, lehnt jedoch mangels genauer differentialdiagnostischer Unterscheidungsmerkmale zwischen der Alopecia senilis und dem Endstadium der Alopecia seborrhoica bis zu deren Klärung die erstere als selbständiges Krankheitsbild ab.

Es kommt hinzu, daß er der von Michelson in den Vordergrund der pathologischen Veränderungen gestellten Endarteriitis obliterans jeglichen Einfluß auf die Entwicklung der Alopecia senilis glaubt absprechen zu müssen, zumal er sie weder bei dieser noch der seborrhoischen besonders ausgesprochen und nur an einzelnen Gefäßen vorfand. Bei diesem Gegensatz der Meinungen sind weitere Untersuchungen über die Bedeutung der Gefäßveränderungen für die Pathogenese der Greisenhaut und insbesondere der Kahlköpfigkeit erforderlich. Michelson führte zwar die Atrophie der Oberhautzellagen, die Schrumpfung des Cutisgewebes, sowie die allmählich einsetzende Verschmächtigung der Haarbälge auf die im Verlauf der Endarteriitis der größeren Gefäße auftretende, teilweise Verödung der Capillaren der Haarbälge zurück, jedoch kann Gans hier den Zusammenhang nicht unbedingt anerkennen, da er in der Kopfhaut der Greise bei noch vorhandener starker Behaarung trotzdem gelegentlich endarteriitische, obliterierende Prozesse vorgefunden hat.

Gegenüber diesen, für die Pathogenese des Prozesses entscheidenden Fragen treten die übrigen an Bedeutung zurück, zumal auch eine gewisse Einheitlichkeit der Ansichten besteht. Die atrophischen Haarbälge sind in ihrem oberen Abschnitt trichterartig erweitert und mit abgestoßenen zusammengeballten Hornzellen und Lanugohärchen gefüllt. Auf dem Boden des erweiterten Follikeltrichters finden sich manchmal Anhäufungen von Pigmentzellen, die Michelson als „mißlungenen Versuch zur Haarbildung“ betrachtet. Allgemein wird eine Verbreiterung der Hautmuskeln angegeben, deren Fasern vereinzelt eine feinkörnige Trübung infolge fettiger Degeneration zeigen. In auffallendem Gegensatz zu der Atrophie der Haarfollikel steht das völlige Erhaltenbleiben der Talg- und auch der Schweißdrüsen, sowohl nach Größe als Form. In der Umgebung der Schweißdrüsen finden sich regelmäßig geringgradige lymphocytäre Zellinfiltrate, deren Bedeutung für den Prozeß jedoch noch ungeklärt ist.

Auch die Bedeutung der Fettgewebsveränderungen ist noch strittig. Pincus fand das Fettgewebe verdünnt, ebenso die mittlere Cutis; Unna stellte eine Verdickung des Fettgewebes auf Kosten der verdünnten Cutis fest und gerade diese Beobachtung war ihm Anlaß zur Ablehnung der Alopecia senilis als selbständigem Krankheitsbild. Auch diese Frage bedarf der weiteren Untersuchung.

Die Alopecia praematura soll im Zusammenhang mit der Alopecia seborrhoica erörtert werden. Ihre Stellung ist im übrigen noch ebenso ungeklärt wie die der Alopecia senilis.

b) Inanitionsatrophien.

Die Inanitionsatrophie tritt dann ein, wenn alles Brennmaterial des Organismus unter Erhaltung der Funktion seiner Organe allmählich aufgebraucht wird, (Luciani) bis eben diese Funktionen erlöschen. — Allgemeine Angaben über den Gewichtsverlust der menschlichen Haut bei dieser Veränderung liegen nicht vor.

Mikroskopische Untersuchungen der Haut bei Hungeratrophie sind ebenfalls nicht angestellt worden. Man darf jedoch annehmen, daß sie ähnlich denjenigen sein werden, wie sie bei der Geschwulstkachexie, die durch eine relative Inanition — bei der die Ernährung entweder quantitativ oder qualitativ unzureichend ist — zum Tode führt, auftreten. Die bei dieser oft zu beobachtende Epidermisabschilferung führt Rosanow allerdings weniger auf eine Inanition, denn auf die Wirkung im Blut zirkulierender toxischer Substanzen zurück. Diese wirken einerseits reizend auf die tieferen Epidermisschichten, andererseits lassen sie sie früher altern. Der Fettgehalt der Haut bleibt nach Traina bei der Geschwulstkachexie sowohl wie bei Marasmus febrilis gegenüber der Norm unverändert. Eine sog. Wucheratrophie des Fettgewebes, wie sie Flemming in Form einer Proliferation des protoplasmatischen Teiles der Fettzellen bei hungernden Tieren fand, konnte er ebenso wie Unna unter der abgemagerten Haut von an fieberhaften Krankheiten Gestorbenen nicht finden; ebensowenig Rothmann bei hochgradiger Tuberkulose und Carcinom. Er nimmt daher an, daß diese Abmagerung allein durch den Ausfall der normalen Fettzufuhr zum Panniculus hervorgerufen wird.

Mikroskopisch findet sich einfache Atrophie der Zellen der Epidermis, Verkleinerung der Zellen mit Verschlechterung ihrer Konstitution im Sinne Virchows. Ähnlich liegen die Verhältnisse höchst wahrscheinlich bei der Pädatrophie, obwohl Untersuchungen auch für diese nicht gemacht sind.

Was nun im besonderen die verschiedenen Arten der Atrophie des subcutanen Fettgewebes betrifft, so geht deren erstmalige Schilderung auf tierexperimentelle Arbeiten Flemmings zurück. Er fand völlig übereinstimmende histologische Bilder bei dem durch bloße Atrophie an hungernden Tieren erzeugten Fettschwund als auch bei dem durch künstliche Entzündung hervorgerufenen und konnte mehrere Arten der Atrophie der Fettzellen beobachten. Diese kamen vielfach nebeneinander vor und zeigten Übergänge ineinander, so daß es recht schwer erschien, scharfe Grenzen zu ziehen. Schidachi stellte in Verfolg der Untersuchungen Flemmings für Zwecke der menschlichen Pathologie drei Grade der Atrophie des Fettgewebes auf, die auch nach meinen Erfahrungen den tatsächlichen Verhältnissen wie wir sie bei mäßig bis hochgradig abgemagerten Leichen, bei an akuten und chronischen Krankheiten Verstorbenen vorfinden, sehr gut gerecht werden. Beim ersten Grad findet sich eine mehr oder weniger ausgesprochene einfache und seröse Atrophie, bei keiner oder nur ganz spärlicher Wucherung. Beim nächsten Grade starke Verkleinerung der Fettzellen sowie neben der serösen Atrophie eine von der Peripherie des Fettläppchens zum Zentrum fortschreitende Wucheratrophie. Beim dritten Grade endlich eine spindel- bis strang- oder streifenförmige Anordnung der mit Kernen dicht besäten Fettläppchen, die schließlich wirklich bindegewebsähnlich sein können.

Die seröse und einfache Atrophie kommen beim Menschen im Panniculus adiposus verhältnismäßig häufig vor; aber auch die atrophische Wucherung des Fettgewebes, das Auftreten mehrerer Kerne um den verkleinerten Fetttropfen in einer atrophischen Fettzelle ist durchaus nicht selten. Im einzelnen zeigen die Untersuchungen, daß die malignen Tumoren einen wesentlich geringeren Einfluß auf die Atrophie des Fettgewebes ausüben als die Tuberkulose, vor allem die chronische, eine Beobachtung, die Flemmings Angabe, wonach bei mehreren Tuberkulösen mit verhältnismäßig mildem Krankheitsverlauf einfache und seröse Atrophie vorhanden waren, durchaus verständlich macht.

Von diesen bei der Inanition im weitesten Sinne auftretenden Atrophien zu trennen sind jene als entzündliche Atrophie des subcutanen Fettgewebes bezeichneten eigenartigen Veränderungen, wie sie ROTHMANN, KRAUS, W. PICK u. a. im Anschluß an Entzündungsvorgänge vorfanden. Es handelt sich dabei, wie man ja vielfach selbst zu sehen Gelegenheit hat, um umschriebene, knoten- und strangförmige Herde völligen Schwundes des subcutanen Fettgewebes, das nur zum Teil durch neugebildetes Bindegewebe ersetzt wird und alle verschiedenen Formen der entzündlichen Atrophie, darunter auch die Wucheratrophie mit endogener Zellneubildung, Riesenzellbildung, gelegentlich auch Bildung Fett enthaltender Cysten aufweist. Derartige Veränderungen finden sich im Gefolge örtlicher Erkrankungsvorgänge im Bereich der Haut; sie haben manchmal eine gewisse Ähnlichkeit mit den bei der Inanitionsatrophie auftretenden Bildern, besonders mit der Wucheratrophie, zeigen auch gelegentlich einmal eine tuberkuloide Struktur, sind jedoch sowohl in ihrer Pathogenese als auch ihrem klinischen Verhalten von der Atrophie des gesamten Fettgewebes bei allgemeiner Abmagerung so verschieden, daß eine Trennung unbedingt geboten erscheint.

Die Welkheit der Haut ist eine Folge des Wasserverlustes des Gewebes im allgemeinen sowie auch des Schwundes des subcutanen Fettes. Bereits VIRCHOW hat festgestellt, daß sich dabei zunächst eine helle Zone um den innerhalb der Fettzelle gelegenen Fettropfen bildet, die nach und nach größer wird und die Zellmembran vom Fettropfen trennt. Von dessen Oberfläche lösen sich feine Körnchen und Tröpfchen ab, die in die helle Zone hineinwandern und schließlich hier verschwinden. Je mehr der Prozeß fortschreitet, um so dunkler gelb färbt sich der zentrale Fettropfen, der schließlich nur noch als kleinster bräunlicher Fleck übrig bleibt.

c) Inaktivitätsatrophie.

WEIGERT führte das Erhaltenbleiben der Zellfunktionen auf den steten Verbrauch und die Erneuerung der Lebenssubstanz derselben zurück. Hört dieser Vorgang einmal auf, oder wird er an Intensität schwächer, so altert die Zelle. Die Inaktivität versetzt nach WEIGERT die Zellen in den gleichen Zustand, den sie normalerweise erst im höheren Alter erreichen würden. Man ist daher berechtigt, einen innigen Zusammenhang zwischen der senilen und der Inaktivitätsatrophie anzunehmen. Andererseits bestehen jedoch auch enge Beziehungen zwischen der Inanitionsatrophie und der durch Inaktivität. Die Veränderungen sind daher grundsätzlich gleichartiger Natur und auf eine Wiederholung der dort aufgezeichneten Untersuchungsergebnisse kann um so eher verzichtet werden, als besondere, lediglich auf die Inaktivitätsatrophie gerichtete nicht vorliegen.

d) Mechanisch bedingte Atrophien.

Eine Atrophie aus mechanischer Ursache kann einerseits durch die Vermehrung der normalerweise als Wachstumswiderstände wirkenden Faktoren zustande kommen, andererseits durch äußere Momente, die eine Raumbeschränkung durch Druck, Zug usw. herbeiführen. Dabei ist es in erster Linie wohl die

Zirkulationsstörung, sowohl des Blutes als der Lymphe, die auf dem Umweg über eine erschwerte bzw. gestörte Ernährung der Gewebe zur Atrophie führt. Voraussetzung ist jedoch, daß diese veränderten Bedingungen einmal über längere Zeit wirksam bleiben, andererseits jedoch nicht so stark werden, daß sie eine Ernährung völlig unmöglich machen und so zur Nekrose führen.

Diese **Druckatrophie** tritt am reinsten über langsam wachsenden, in der Cutis oder Subcutis gelegenen Tumoren zutage. Durch den gleichmäßigen, von innen nach außen auf alle Hautschichten ausgeübten Druck wird die Haut zum Teil komprimiert, zum Teil verdünnt. Die Oberhaut wird auf wenige Zelllagen reduziert. Das Leistensystem wird abgeflacht und schwindet schließlich völlig. Dementsprechend wird der Papillarkörper zu einer flachen Schicht ausgezogen. Das elastische Gewebe wird ebenso wie das kollagene Gewebe zunächst gedehnt und schließlich, bei Zunahme des Druckes, einreißen. Beim Zusammenschnurren der durchgerissenen elastischen Fasern werden diese naturgemäß in der Nähe der Rißstelle vermehrt erscheinen, aber nur scheinbar; eine wirkliche Vermehrung findet sich nach Unna lediglich dann, wenn der Druck von sich ausdehnenden Blutgefäßen, insbesondere von Varicen ausgeht. Das kollagene Gewebe flacht sich zunächst entsprechend dem Drucke ab, wird dann gedehnt und schließlich immer mehr verdünnt. Mit zunehmendem Drucke werden auch die Blutgefäße zunächst verlegt und schließlich völlig geschlossen. Es schwinden zunächst die Capillaren, dann die gröberen Gefäße und schließlich auch die Spindelzellen. Das Fettgewebe wird, ebenso wie das elastische Gewebe, nur unmittelbar in der Druckzone betroffen; die Zellen verlieren ihr Fett und die Blutcapillaren wandeln sich zunächst in lockeres zellreiches, dann in fibröses, zellarmes Bindegewebe um und verschmelzen schließlich mit der den Tumor umgebenden bindegewebigen Membran. Von den Anhangsgebilden der Haut zeigen vor allem die Talgdrüsen eine sehr geringe Widerstandsfähigkeit. Sie pflegen viel schneller zu atrophieren wie die Schweißdrüsen. Diese letzteren zeigen sogar an Stellen, die nicht direkt vom Druck betroffen werden, Proliferationserscheinungen. Die Haarbälge werden durch den Druck zur Seite geschoben, verbogen und verdünnt, sie können sogar schließlich völlig schwinden, ebenso die Hautmuskeln.

Für den Dermatologen besonders bemerkenswert sind Druckatrophien, die im Bereich der bei hyperkeratotischen Prozessen befallenen Follikel auf den Druck der in diesen aufgestapelten Hornmassen zurückzuführen sind. Dieser Druck führt zunächst zur Atrophie der Epidermis in den erkrankten Follikeln; er übt jedoch gleichzeitig auch einen mechanischen Reiz auf das umgebende Bindegewebe aus und dieses antwortet darauf mit entzündlichen Erscheinungen von wechselnder Intensität.

Striae cutis distensae.

Die Dehnungsstreifen der Haut, im Anfangsstadium je nach Dicke und Pigmentgehalt der Epidermis zartrote bis violette, mehr oder minder lange Streifen, folgen auf jede über längere Zeit sich hinziehende Überdehnung der Haut, sind also rein mechanisch bedingt. Sie führen zu auch nach Aufhören der Schädigung noch bleibenden streifenförmigen Atrophien der Haut von zunächst blauweißer, später mehr gelbweißer Farbe und glänzender, zarter, leicht faltbarer Oberfläche. Sie sind irreparabel. Sie treten hauptsächlich auf im Verlaufe der Schwangerschaft, dann aber auch überall da, wo ein übermäßiger Gewebsdruck (durch Tumoren, Fettansammlung, Ascites usw.) über längere Zeit bestehen bleibt. Auch nach akuten Infektionskrankheiten (Typhus usw.), die mit mehrmonatlicher Bettruhe einhergingen, sind sie namentlich an den Oberschenkeln, in der Kniegegend, beschrieben worden. Ihr Verlauf ist stets senkrecht zur Spannungsrichtung der Haut, woraus ein gewisses Gleichmaß ihrer Lagerung hervorgeht.

Zu Beginn der Überdehnung untersuchte Hautstreifen der Schwangeren, in denen sich makroskopisch noch keine Striae nachweisen ließen, zeigten bei entsprechender Fixation (die Haut wurde so aufgespannt, daß ihre Fläche der am Körper vorher eingenommenen entsprach) bereits eine charakteristische Veränderung in Gestalt von Streckung des elastischen Gewebes, allerdings nur in der Cutis. Papillarkörper und Epidermis waren ebenso wie die Subcutis in diesem Stadium an der Veränderung noch nicht beteiligt.

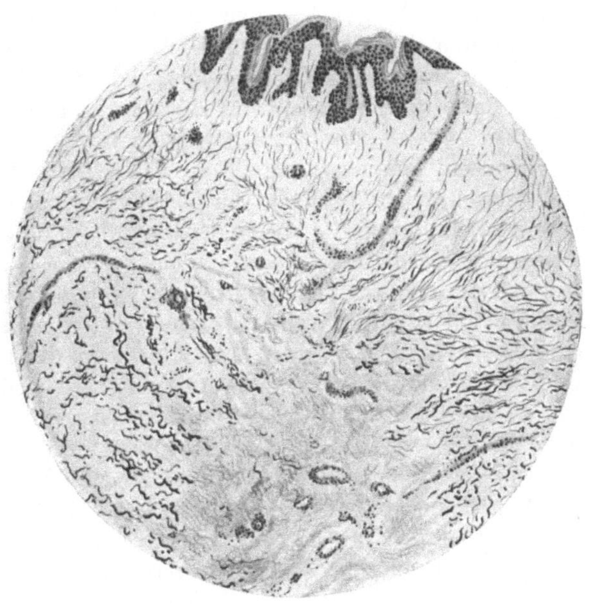

Abb. 3. Striae cutis distensae. Bauchhaut, 24jähr. Ipara. Elastische Fasern zerissen, zusammengeschnurrt und verdickt, in der Rißstelle basophil. Kollagene Fasern gestreckt. Papillarkörper und Epidermis noch unbeteiligt. Färbung saures Orcein-polychrom. Methylenblau. O = 66:1; R = 50:1.

In den frischen Striae zeigt die Epidermis ebenfalls noch keine Verminderung ihrer Dicke. Lediglich in der Cutis sind einzelne elastische Fasern gerissen und zusammengeschnurrt, während die große Mehrzahl zwar sehr stark gestreckt ist, jedoch noch keine Kontinuitätstrennung zeigt. Umwandlungen im Sinne der Elacinbildung, wie sie späteren Stadien eigentümlich sein können, lassen sich noch nicht feststellen. Um die Gefäße herum findet sich eine geringgradige perivasculäre Zellinfiltration, und die Gefäße selbst haben sich bereits der allgemeinen Zugrichtung angepaßt. Der Verlauf der kollagenen Fasern entspricht dem der elastischen, so daß das Ganze von einer Reihe von gestreckten Bindegewebsbändern durchzogen ist, deren Elastica hier und da Einrisse erkennen läßt.

In älteren Striae haben die Einrisse der elastischen Fasern an Ausdehnung zugenommen, so daß es vielfach zu völliger Zerreißung gekommen ist. Es lassen sich nunmehr im Übersichtsbild **scharf getrennte Zonen** unterscheiden. Den Striae entsprechend ist die Elastica nahezu ganz geschwunden, mit saurem Orcein lassen sich nur noch ganz dünne Fäserchen feststellen. Neben diesen finden sich dann noch in manchen Fällen innerhalb der Striae elastische Fasern, die ihre Acidophilie eingebüßt haben und nurmehr basische Farben (polychrom. Methylenblau) intensiver annehmen. Sie entsprechen dem von UNNA als **Elacin** bezeichneten Degenerationsprodukt, finden sich jedoch, wie ausdrücklich betont sei, durchaus nicht in allen Fällen. Am Rand der Striae ist das elastische Fasersystem zu kurzen, dicken, wenig gewundenen Balken zusammengezogen, die dann weiterhin, seitwärts von den Striae wieder in ihre normale Struktur übergehen, wenn nicht eine benachbarte Stria, den Prozeß wiederholend, zur Bildung kurzer, gewellter **Elastinplatten** führt. Das kollagene Fasersystem hat seine normale Anordnung sich kreuzender Bündeln und Maschen verloren. Statt dessen ist es zu der Oberfläche parallelen Gewebsplatten ausgezogen, die eine Anzahl kürzerer und längerer Spalten zwischen sich schließen. Die Gefäße haben naturgemäß, dem Drucke folgend, ebenfalls einen gestreckten, geraden Verlauf und liegen vielfach ebenfalls der Oberfläche parallel. Perivasculäre Infiltrate sind jetzt nicht mehr nachweisbar. Diese Umlagerungen hören an den Grenzen der Striae auf und machen hier allmählich dem normalen Verhalten Platz.

In diesen älteren Dehnungsstreifen beteiligen sich an den Veränderungen auch **Papillarkörper** und **Epidermis**. Der erstere läßt eine deutliche Streckung des bindegewebigen Netzes erkennen, und zwar geht diese Streckung so weit, daß in der Mitte der Striae der Papillarkörper nahezu völlig verstrichen erscheint. Einrisse der elastischen Fasern des Papillarkörpers finden sich dabei kaum, eine Tatsache, die sich mit einer (aus der normalen Funktion des Papillarkörpers als eines Ausgleichorganes bei plötzlichen Spannungsverschiebungen der Haut) erhöhten Anpassungsfähigkeit erklärt. Auch die Reteleisten sind nunmehr verstrichen, namentlich im Zentrum der Striae. Hier ist bei länger bestehenden Striae dann auch die Epidermis als solche verdünnt, vielmehr nur noch aus wenigen Zellagen bestehend, während nach dem Rande hin allmählich die Leisten sichtbar werden, welche **nicht** senkrecht und schräge zur Richtung des Zuges liegen, also an der Deckung der vergrößerten Oberfläche zunächst nicht teilnehmen mußten.

Vereinzelt werden die Striae stärker pigmentiert befunden als ihre Umgebung. Diese Verfärbung ist auf eine echte Melaninanhäufung zurückzuführen, die sich in Form von Granula in den Zellen des Stratum basale, hier und da auch den unteren Lagen des Stratum spinosum, sowie auch in den bekannten hirschgeweihartig verzweigten Zellen ansammelt. Besondere Erwähnung verlangt dann noch JADASSOHNs Fall von „Kalkmetastasen" in der Haut, die zu einer völligen Kalkimbibition der elastischen Faserreste in den Striae geführt hatten (s. Abschnitt Verkalkung).

Pathogenese: Der länger andauernden Überdehnung der Haut folgt eine maximale Streckung des elastischen und kollagenen Gewebes. Hat die Überdehnung einen bestimmten Grad erreicht, so werden die elastischen Fasern, dem Zuge nachgebend, größtenteils zerreißen müssen. Die kollagenen Massen vermögen wohl ihren Zusammenhang besser zu wahren. Nach Zerreißen der Elastica kann man im Grunde genommen erst vom Vorhandensein von Striae reden. Durch die Kontinuitätstrennung werden auch Papillarkörper und Epidermis in Mitleidenschaft gezogen, gestreckt, dadurch verdünnt und erlauben so dem darunter liegenden Gewebe mit seiner roten Eigenfarbe stärker durchzudringen. Für einen entzündlichen Vernarbungsprozeß, wie dies JORES annimmt, hat sich ein Anhaltspunkt ZIELER ebensowenig wie mir ergeben. Es handelt sich vielmehr um eine rein mechanisch bedingte Entstehung der Striae.

e) Neurotisch bedingte Atrophien.

Die sog. neurotische Atrophie gehört zu den am wenigsten geklärten Kapiteln der Atrophie überhaupt, insbesondere ist es noch durchaus unklar, ob die Atrophie eine direkte Folge des trophischen Einflusses der Nerven ist (VIRCHOW). Am wenigsten bestritten ist noch der Zusammenhang mit dem Nervensystem bei der Hemiatrophia faciei, wenn auch hier ein genauer mikroskopischer Untersuchungsbefund bisher nicht bekannt geworden ist.

Im allgemeinen spielen bei den als Trophoneurosen beschriebenen Veränderungen der Haut verschiedenartige Prozesse, in erster Linie Degenerationen eine so bedeutende Rolle, daß die eigentliche Atrophie vielfach nur das Endstadium der Erkrankung bildet. Insbesondere ist dabei noch völlig ungewiß, inwieweit wirklich rein nervöse trophische Störungen vorliegen. FINGER und OPPENHEIM haben darauf hingewiesen, daß den mit Erkrankung des Nervensystems in Zusammenhang stehenden Hautatrophien gemeinsam sei, daß nicht nur die Haut, sondern auch die dem betreffenden Nervenbezirk angehörigen, darunter liegenden Organe (Muskeln, Knochen) mit von der Atrophie ergriffen werden. Als „Alopecia neurotica" sind alle diejenigen Fälle von erworbenen Haarverlusten aufzufassen, die nachweislich im Anschluß an eine Störung des zentralen oder peripheren Nervensystems auftreten. Auch hier ist der Nachweis des unmittelbaren Zusammenhangs sehr schwer anzutreten, wenn auch zahlreiche klinische Beobachtungen — Alopecien nach Auftreten traumatischer, zentraler oder peripherer Nervenläsionen, nach psychogenen Störungen — dafür zu sprechen scheinen. So geht insbesondere die oben erwähnte Hemiatrophia faciei vielfach mit linearem oder auch unregelmäßig begrenztem Haarausfall einher. Besondere mikroskopische Untersuchungen der Kopfhaut bei diesen Formen der Alopecie liegen nicht vor.

f) Toxisch bedingte Atrophien.

Einleitend habe ich bereits betont, daß diese Form der Atrophie meist erst sekundär im Anschluß an degenerative Prozesse aufzutreten pflegt. Da jedoch das auslösende Moment noch völlig unbekannt ist, wir jedoch toxische bzw. infektiöse Einflüsse zu Beginn der zur Atrophie führenden Prozesse annehmen dürfen, so scheint mir die Einordnung dieser Dermatosen hier berechtigt.

Ihr hervorragendster Vertreter ist die

Dermatrophia (Dermatitis atrophicans) chronica idiopathica progressiva.

Klinische Vorbemerkungen: Aus der großen Gruppe der ätiologisch noch völlig ungeklärten Hautatrophien hebt sich ein Krankheitsbild klinisch und histologisch heraus, dessen Beginn meist durch das Auftreten geringgradiger Entzündungserscheinungen angedeutet wird, die mitunter mit Infiltration der Haut einhergehen. Dieses, ursprünglich (NEUMANN: Erythema paralyticum, PICK: Erythromelie) als selbständiges Krankheitsbild aufgefaßte erste Stadium der Erkrankung, von dem eine besondere, an den distalen

Teilen der Extremitäten beginnende Unterart von HERXHEIMER und HARTMANN ebenfalls als Morbus sui generis „Acrodermatitis atrophicans" genannt wurde, besteht aus
entzündlichen Veränderungen der Epidermis und Cutis in wechselnder Stärke. Neben ödem-
artiger Schwellung und wechselnd starker Infiltration der Lederhaut ist das hervorstechendste
Kennzeichen der Erkrankung eine diffuse erythematöse blaurote Verfärbung der Haut, die
im übrigen glatt und glänzend ist, in anderen Fällen auch wieder eine Verdickung der Hornschicht in Gestalt von leichter Schuppung bis zu direkt schwieligen Auflagerungen zeigt.

Diese entzündlichen Stadien finden sich jedoch meist nicht rein vor, sondern zeigen
bereits Übergänge zu dem zweiten, dem atrophischen Stadium. Hier ist die Haut tiefblaurot,
vielfach gerunzelt, sie läßt eine Hautfelderung kaum noch erkennen und ist zigaretten-
papierartig verdünnt. Die Elastizität ist erheblich herabgesetzt und durch die mit feinen
Schüppchen bedeckte Oberhaut schimmern die Blutgefäße als blaue und die Sehnen als
gelbliche Stränge durch. In großen Falten läßt sich die äußerst dünne Haut von der Unterfläche abheben. Das Fettgewebe und das Bindegewebe scheinen völlig zu fehlen. Eine
wechselnd starke Pigmentierung gibt dieser atrophischen Haut eine mehr oder minder
gelbliche bis bräunliche Gesamtfarbe.

In seltenen Fällen ist diese Atrophie jedoch nicht das eigentliche Endstadium der Erkrankung. Man beobachtet vielfach das Auftreten lockerer, einstülpbarer, durch Fettgewebe gebildeter Vorwölbungen der Haut, daneben findet man fibromartige Bildungen,
krampfaderartige Verdickungen der Blutgefäße und manchmal beobachtet man die Entwicklung eines sklerodermieartigen Bindegewebes, das klinisch als weiße gespannte, wenig
faltbare Haut hervortritt.

Vereinzelt treten diese letzteren Erscheinungen in Streifenform namentlich an der
Ulnarseite des Unterarms auf. Die Farbe wechselt hier vom rotdunkelrot bis zum gelb hinüber und die darunterliegenden Hautschichten zeigen eine tiefe Infiltration. Auch knötchenartige Bildungen und schließlich Auftreten von echten benignen und malignen Tumoren
(Fibrom, Sarkom) in diesen atrophischen Herden sind bekannt.

Neben diesen diffusen Veränderungen finden sich vielfach auch isolierte Herde erythematös oder atrophisch veränderter Haut von wechselnder Größe, entweder als selbständiges Krankheitsbild auftretend oder mit den vorhergehenden zusammen, deren klinische
Charakteristica den geschilderten ebenso entsprechen wie die histologischen. In diese
Gruppe gehört auch die Dermatitis atroph. chron. idiopath. maculosa, die Anetodermia
maculosa (JADASSOHN).

I. Erythem. Ganz allgemein sei betont, daß naturgemäß je nach dem
Zeitpunkt der Untersuchung der mikroskopische Befund unter völliger Berücksichtigung der entscheidenden Veränderungen in seiner Intensität erheblich wechseln kann. Die Hornschicht zeigt in den frühesten Stadien keine
nennenswerten Veränderungen, insbesondere keine Verdünnung. Hier und da
findet sie sich verdickt, mit aufgefaserten Lamellen, in seltenen Fällen auch
mit einer leichten Parakeratose. Bei längerem Bestand der entzündlichen
Erscheinungen kommt es jedoch zu stärkerer Verhornung und ausgedehnteren
parakeratotischen Störungen. Unter der Hornschicht zeigt die Epidermis
ein wechselndes Verhalten, einmal ist sie hypertrophisch und ödematös,
an anderen Stellen finden sich bereits Rückbildungserscheinungen. Das Stratum
granulosum ist meist vorhanden, ebenso das Stratum lucidum. Das Stratum
spinosum zeigt, abgesehen von der hier und da vorhandenen Vakuolenbildung,
keine strukturellen Veränderungen. Die Kerne erscheinen durchweg gut gefärbt.
Im Stratum basale läßt sich vielfach bereits eine stärkere Pigmentansammlung
bzw. Schwund beobachten. Die Reteleisten sind in den frühesten Stadien
noch wohlerhalten. Im weiteren Verlauf jedoch flachen sie ab, werden kurz
und breit. Der Aufbau des Papillarkörpers ist entsprechend.

Diesen verhältnismäßig geringgradigen Störungen stehen jedoch bereits
stärkere Veränderungen im Corium gegenüber. Entsprechend der Reduktion
der Reteleisten ist der Papillarkörper vielfach ödematös geschwollen, ver-

kürzt und hier und da verstrichen. Fast überall unter der Epidermis finden sich diffuse Infiltrationsherde, die aus Lymphocyten, Spindelzellen und in den frühen Stadien reichlicheren, später schwächeren Ansammlungen von

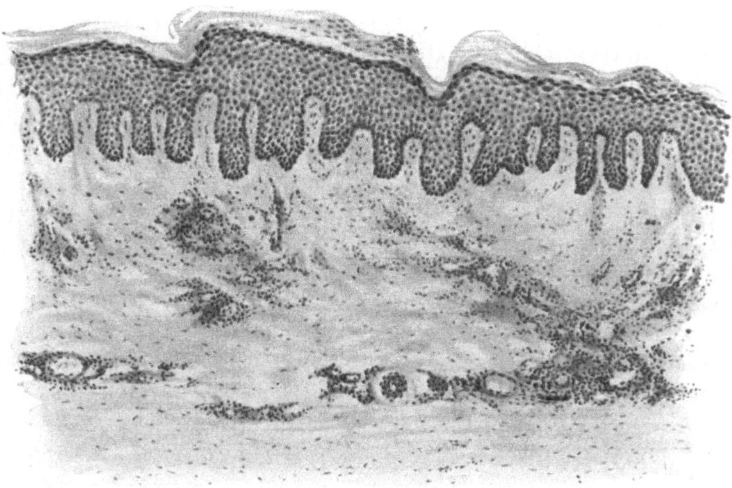

Abb. 4. Dermatrophia chron. idiopath. progress. Erythem am fortschreitenden Rande. (Mitte des Oberschenkels, Streckseite; 51jähr. Mann.) Verdickung und stellenweise Parakeratose der Hornschicht, Ödem und Hypertrophie des Stratum spinosum. Ödem im Papillarkörper, kurze, plumpe Papillen. Perivasculäre Infiltration besonders in der oberen und mittleren Cutis mit Erweiterung der Gefäße, Wandveränderungen und perithelialer Zellproliferation. O = 128:1; R = 98:1.

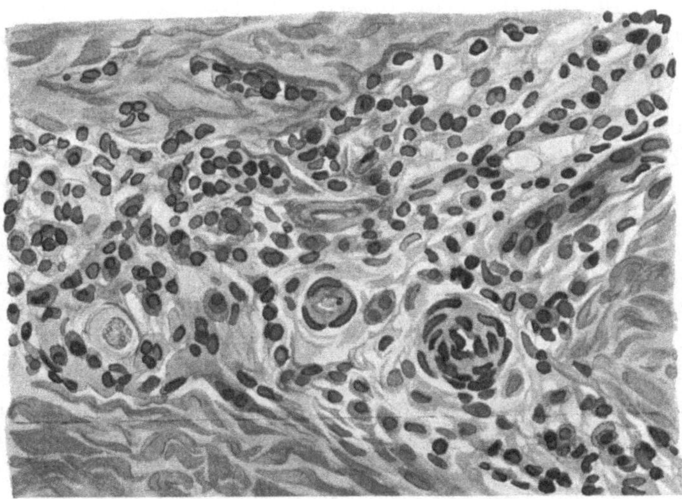

Abb. 5. Dermatrophia diffusa idiop. progr. Erythem. (♂ 51jähr., Oberschenkel dorsal). Gefäßveränderungen. Wandverdickung, Endarteriitis, Endophlebitis, Thrombose (rechts). Ödem, Wucherung der Perithelien und lymphocytäre Infiltration. O = 560:1; R = 532:1.

Plasmazellen aufgebaut sind. Die Infiltration nimmt manchmal den ganzen Papillarkörper ein, in anderen frühesten Fällen bleibt er zunächst frei (s. Abb. 4). Die Zellansammlung erstreckt sich dann durch die oberen und mittleren Teile der Cutis bis an die Subcutis heran, wo sie in Form vereinzelter, verstreuter kleinerer Zellhaufen endet. Das Infiltrat ist hauptsächlich um die größeren Gefäße, dann aber manchmal auch um die Ausführungsgänge der Schweiß- und Talgdrüsen und die Hautnerven lokalisiert. Die Gefäße selbst sind innerhalb der Infiltrate erweitert, an manchen findet sich eine ausgesprochen peritheliale Zellproliferation. Im allgemeinen jedoch sind Gefäßveränderungen in Form von Wandverdickung, teilweiser Verengerung und selbst Thrombenbildung vorherrschend (Endarteriitis, Endophlebitis). Diese findet sich als rein lymphocytärer, erythrocytärer oder auch hyaliner Verschluß des Gefäßlumens.

Die Veränderung des Bindegewebes ist in erster Linie abhängig von der Ausdehnung der cellulären Infiltrate. Daneben findet man jedoch auch herdförmige, schlecht färbbare elastische Faserbündel an Stellen, wo entzündliche Zellinfiltrate nicht vorhanden sind.

In diesen selbst sind die elastischen Fasern zum größten Teil atrophisch. Ihre Überreste sind rarefiziert und nur noch schwach färbbar. Die nicht infiltrierten Partien zeigen eine (scheinbare?) Vermehrung des elastischen Gewebes. Am stärksten hat die Elastica in den Infiltraten des Papillarkörpers gelitten; in der mittleren Cutis sind die elastischen Fasern in den Infiltraten vorhanden, wenn auch in unregelmäßiger, bald stärkerer, bald schwächerer Form. Vielfach zeigen diese vergröberten Fasern die Neigung zum Zerfall in runde, zylindrische oder unregelmäßige Bildungen. Sie liegen zum Teil noch innerhalb des elastischen Fasernetzes, zum Teil aber liegen sie losgelöst frei im Gewebe: schollige Degeneration.

Zwischen den Infiltrationsherden finden sich Reste von nicht infiltriertem kollagenem Gewebe. Dieses besteht aus einem Flechtwerk dicker geschwollener, homogenisierter Balken. Es läßt keine deutliche Struktur mehr erkennen und bildet vielfach bereits eine diffus gefärbte Masse. Auch hier beschränken sich, ebenso wie beim elastischen Gewebe, die Veränderungen in erster Linie auf die oberen Cutispartien. In den unteren Cutisschichten tritt die fibrilläre Struktur meist noch besser hervor. Die Bindegewebszellen sind zum Teil schwer färbbar, nehmen hier und da bereits epitheloiden Charakter an. Je tiefer man in die Lederhaut kommt, je geringer die Infiltration ist, um so mehr nähert sich das Bindegewebe der Norm.

Die glatte Muskulatur wird vielfach hypertrophisch. Schweißdrüsen, Talgdrüsen und Haarfollikel zeigen in den frühesten Stadien bereits eine Zellinfiltration in ihrer Umgebung. Späterhin finden sich an ihnen ebenfalls degenerative Veränderungen, die vielfach in das atrophische Stadium hinüberleiten. Das Fettgewebe ist zum größten Teil bereits jetzt erheblich reduziert.

Es wurde bereits betont, daß die einzelnen Stadien der Erkrankung untereinander vielfache Übergänge zeigen; die Schilderung muß jedoch aus Gründen der leichteren Übersicht getrennt erfolgen.

Klinisch wird man bei Übergangsformen neben dem Infiltrat bereits eine Atrophie feststellen können. Dieser entspricht mikroskopisch eine deutliche Verschmälerung der Epidermis, von der lediglich die Hornschicht in den stärker schuppenden Fällen eine vielfach parakeratotische Verbreiterung zeigen kann. Nur an wenigen Stellen, den Follikelmündungen entsprechend, hat die Epidermis nahezu normale Breite. Im übrigen ist das Stratum spinosum auf wenige Zellagen reduziert, die Zellkerne sind abgeplattet und schmal. Die Keratohyalinschicht, durchschnittlich als 1—2 Zellagen dickes Stratum vorhanden, fehlt jedoch an manchen Stellen. Von einer stärkeren Deformierung der Basalzellen ist jetzt noch nichts zu merken, jedoch sind die Reteleisten nahezu völlig verstrichen bzw. nur noch in spärlichen Resten erhalten.

Der Papillarkörper ist dementsprechend abgeplattet. Die Zellinfiltrate sind jetzt zwar noch besonders dicht, jedoch nicht mehr so diffus durch das Gewebe zerstreut. Sie zeigen vielmehr die Neigung, sich um die Gefäße herum zu lokalisieren, ein Prozeß, der in der Tiefe als rein perivasculäre Zellinfiltration erscheint. Die Infiltrate bestehen meist aus Lymphocyten und Spindelzellen, jedoch sind auch noch Plasma- und Mastzellen vorhanden.

Das Bindegewebe ist bereits erheblich reduziert, namentlich in den oberen Cutislagen. Die elastischen Fasern sind in eben diesen Schichten außerordentlich dünn und zart, namentlich diejenigen, welche an die Basalzellschicht hinanführen. Im Bereich der Infiltrate ist das elastische und kollagene Gewebe völlig geschwunden und nur noch als blaß gefärbte, strukturlose Masse in der Umgebung zu erkennen. Die Atrophie der Stützsubstanz ist dabei besonders stark in der obersten Cutisschicht und im Papillarkörper ausgesprochen, während zum subcutanen Bindegewebe hin wieder eine fibrilläre Anordnung, wenn auch in groben plumpen Bündeln, statthat. Die Gefäße sind zwar erweitert, im Papillarteil vielfach auch vermehrt, jedoch sind weitere krankhafte Veränderungen an ihnen nicht zu erkennen. Auch das Ödem, die erweiterten Lymphspalten, sind geschwunden.

Die Talgdrüsen, Haarbälge, die Schweißdrüsen und Arrectores pilorum sind von Infiltraten umgeben, die sich zum Teil bereits in diese hinein erstrecken. Weitere Degenerationserscheinungen sind hier noch nicht festzustellen.

Ist somit das mikroskopische Bild in gewisser Hinsicht von den Veränderungen des Infiltrationsstadiums schon erheblich abweichend: Geringere Infiltration, fortgeschrittenere Atrophie des Stützgewebes, so werden diese Unterschiede noch stärker im eigentlichen atrophischen Stadium.

II. Atrophie: Die Hyperkeratose der Hornschicht ist hier manchmal noch vorhanden, jedoch stets findet sich darunter eine sehr stark verschmälerte Epidermis. Körner- und Stachelschicht bestehen vielfach nur aus wenigen Zellreihen: eine Reihe kleiner Körnerzellen und zwei bis drei Reihen kleiner geschrumpfter flacher Stachelzellen. In diesem atrophischen Stadium sind Epithelleisten und Papillen völlig verstrichen; die Grenze zwischen Epidermis und Cutis verläuft in einer geraden oder leicht gewellten Linie. Manchmal findet man statt der Epidermis lediglich noch eine zarte, parakeratotische Lamelle über dem Papillarkörper, wodurch sich die Hinfälligkeit dieser Hautdecke völlig erklärt. Die Basalzellschicht ist schmal, die einzelnen Zellen sind abgeplattet und nicht mehr zylinderförmig aufgebaut. Hier und da finden sich in dem vielfach ödematösen Gewebe Leukocyten und vakuolisierte Epidermiszellen. Die Stacheln des Stratum spinosum sind zum Teil geschwunden, die Zellen selbst vielfach verkleinert. Der Pigmentgehalt wechselnd.

Das Corium ist erheblich verschmälert, das subcutane Fettgewebe oft sehr nahe an die Epidermis herangerückt, zugleich mit den vielfach atrophischen Schweißdrüsenknäueln. Die Talgdrüsen und Haarbälge sind in diesem Stadium meist völlig geschwunden, die Gefäße an Zahl scheinbar (?) vermehrt und erweitert. Auffallend ist das völlige Fehlen von Endarterien in jenem Teil der Cutis, der dem Papillarkörper entspricht.

Die Beschränkung der Infiltrate auf Gefäße, Schweißdrüsen und Follikel ist nunmehr noch auffallender. Vielfach findet man auch in den Infiltraten noch Reste von Talgdrüsen, Haarbälgen und glatten Muskelfasern. In den mittleren Partien der Cutis liegen die Infiltrate vielfach bandartig der Hautoberfläche parallel, während in den oberen Bezirken die knotige bzw. diffuse Lagerung überwiegt. Das Infiltrat besteht hauptsächlich aus Lymphocyten, manchmal auch Leukocyten, Mastzellen und Plasmazellen, vereinzelt finden sich auch Epitheloid- und spindelförmige Bindegewebszellen in wechselnder Zahl. Auch das Vorkommen von hyalinen Degenerationsprodukten sei erwähnt.

Das Stützgewebe ist in den oberen Abschnitten von elastischem Gewebe völlig entblößt, nur vereinzelte zarte Fasern deuten das subepitheliale Netz an. Es sei jedoch betont, daß naturgemäß dieser Schwund des elastischen Gewebes unmittelbar abhängig ist von der Intensität der vorhergegangenen Infiltration,

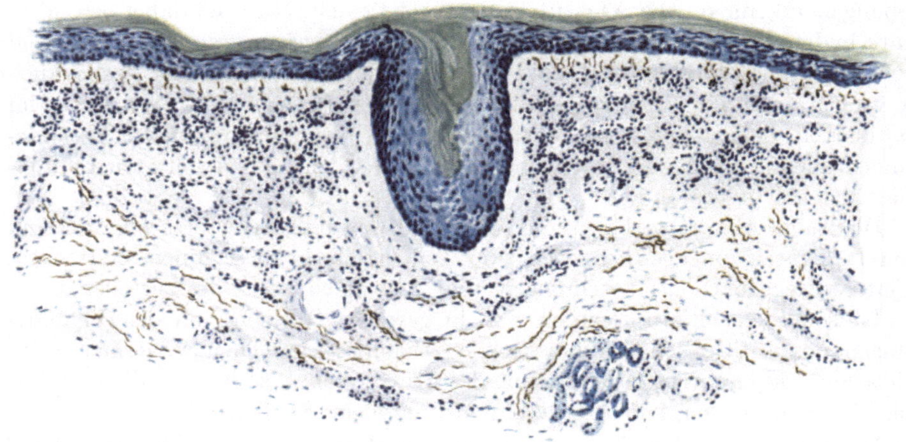

Abb. 6. Dermatrophia chron. idiopath. progress. Atrophie. „Ulnarstreifen". 42 jähr. ♂ Hyperkeratose, Atrophie der Stachelzellschicht, verstrichener Papillarkörper, deutlicher Grenzstreifen mit zartem Elastin. Bandförmiges Infiltrat in oberer und mittlerer Cutis, vorwiegend um die erweiterten und vermehrten Gefäße. Homogenisiertes Kollagen. Corium verschmälert. Färbung: Saures Orcein-polychrom. Methylenblau. O = 128:1; R = 96:1.

so daß es durchaus verständlich ist, wenn manchmal die Zerstörung der Elastica erheblich geringer befunden wird, als nach vorstehendem zu erwarten wäre. Bei einem chronischen, so langsam fortschreitenden Entzündungsprozeß sind die Untersuchungsergebnisse von dem jeweiligen Grade der Erkrankung naturgemäß außerordentlich abhängig und daher ist die vorstehende Darstellung auch nur als für ausgesprochene Fälle kennzeichnend anzusehen. Der Einzelfall wird eben die eine oder andere Abweichung zeigen müssen, ohne daß dadurch das Gesamtbild erheblich verändert werden dürfte.

Neben den zarten elastischen Fasern finden sich hier und da auch reichlicher elastische Elemente in dicken gequollenen Bündeln mit zum Teil zerfallenen, körnigen Gebilden.

In den tieferen Lagen der Cutis trifft man reichlichere, besser erhaltene elastische Fasern, obwohl auch hier eine Verminderung und Rarefikation vielfach festgestellt werden kann. In den Infiltraten selbst sind naturgemäß die elastischen sowohl wie auch die kollagenen Fasern meist völlig zerstört. Auffallenderweise sind dabei färberische Differenzen des elastischen Gewebes kaum vorhanden; lediglich eine allgemein schwächere Färbbarkeit mit saurem Orcein ist festzustellen, jedoch werden degenerative Prozesse, wie Auftreten von Elacin im Gegensatz zu einer Reihe anderer, zu Atrophie führender Krankheiten nahezu völlig vermißt.

Das kollagene Gewebe ist an den Veränderungen ebenfalls beteiligt. Der subepitheliale Grenzstreifen ist vielfach gequollen, homogenisiert, die einzelnen Fasern haben ihre fibrilläre Struktur eingebüßt. Auch tinktoriell weichen sie in der oberen Cutisschicht von der Norm ab. Die stärksten Veränderungen des Kollagens finden sich jedoch, ebenso wie bei der Elastica, innerhalb der Infiltrationsherde. Hier ist das Bindegewebe nur blaß gefärbt, bildet eine formlose homogene Masse, soweit es nicht völlig geschwunden ist. Der Verlauf der Bindegewebsbündel ist in den oberen Schichten vorwiegend horizontal, während in den tieferen Schichten sich vielfach inselförmige Herde von ziemlich dicken, eigentümlich starren, brüchigen Balken vorfinden, die häufig miteinander verflochten und oft zu gröberen Schollen zerfallen sind.

Die Anhangsgebilde der Haut, wie Schweißdrüsen, Talgdrüsen und Haarfollikel sind nur noch recht spärlich vorhanden. Vereinzelt wurde eine cystische Degeneration der Schweißdrüsen beobachtet. Talgdrüsen und Haarfollikel sind vielfach einer bindegewebigen Umwandlung anheimgefallen; an anderen Stellen ist der Entzündungsprozeß in Form der zelligen Infiltration noch festzustellen.

Die glatte Muskulatur ist meist atrophisch; auch in ihr findet sich der Entzündungsprozeß hier und da noch in Form kleinzelliger Infiltrate. Die „schrägen Cutisspanner" scheinen hier und da hypertrophisch (UNNA). Veränderungen an den Nerven wurden bisher nicht festgestellt.

Das subcutane Fettgewebe, das infolge der Atrophie der Cutis bis nahe an die Epidermis heranrückt, zeigt ebenfalls eine starke Reduktion. Das Fettpolster ist ganz allgemein vermindert und die Rundzelleninfiltrate reichen vielfach bis tief in die Subcutis hinein.

Die Dicke der einzelnen Hautschichten ist vielfach millimetrisch festgestellt worden. Bei der großen Verschiedenheit, die jedoch diesen Messungen je nach dem Orte der Herkunft des Materials naturnotwendig anhaftet, scheint nähere zahlenmäßige Wiedergabe dieser Befunde, bei denen die Oberhaut zwischen 0,06—0,1 mm, die Cutis zwischen 1—1,5 mm Dicke schwankt, nicht angebracht.

Neben diesen, wenn man so sagen darf, typischen Veränderungen finden sich nun noch eine Reihe von Besonderheiten im mikroskopischen Aufbau der Haut, die mit einer gewissen Regelmäßigkeit beobachtet werden und daher eine gesonderte Besprechung verlangen. Es ist dies einmal der histologische Aufbau der „Ulnarstreifen" und zum anderen jene sklerodermieähnlichen Veränderungen, die sich vielfach bei der Dermatitis atrophicans vorfinden.

Der klinisch wechselnde, stark blau-rot verfärbte, manchmal verdünnte, meist gespannte und durch seine stärkere Infiltration aus der atrophischen Umgebung heraustretende Ulnarstreifen zeigt mikroskopisch eine beträchtlich verdünnte Stachelschicht und eine meist verstärkte Hornschicht. Dabei ist die ganze Epidermis ödematös verändert. Die Reteleisten sind erheblich verkürzt und verbreitert, vielfach nur angedeutet, der Papillarkörper entsprechend mehr oder weniger abgeflacht. Das Stützgewebe der Cutis und des Papillarkörpers ist ödematös gequollen, homogenisiert, die fibrilläre Struktur geschwunden. Trotz dieser Schwellung ist die Cutis insgesamt verschmälert, die Zahl der Bindegewebsbalken vermindert. Die Zellanhäufungen, die in der obersten Cutis am dichtesten sind, treten vornehmlich perivasculär auf und entsprechen in ihrem Aufbau den Zellen im infiltrativen Stadium des Krankheitsprozesses, wobei allerdings die Plasmazellen an Zahl erheblich zurücktreten.

Die Gefäße sind vermehrt, vielfach durch die Schwellung ihrer Endothelien nahezu verschlossen. Hier und da findet man auch völlig obliterierte Gefäße. Diese endarteriitischen Veränderungen setzen sich auch in die tieferen Cutisschichten hin fort.

Das elastische sowohl wie das kollagene Gewebe sind erheblich verändert. Beide sind reduziert. Dieser Prozeß ist namentlich in den oberen Cutisschichten stark ausgeprägt, während in den tieferen Lagen das Stützgewebe sich der Norm nähert. Innerhalb der Infiltrate sind elastische und kollagene Fasern geschwunden, nur vereinzelte, zum Teil zerfallene Reste übrig geblieben.

Das mikroskopische Bild, das neben der Zellinfiltration vorwiegend atrophische Prozesse offenbart, vermag jene klinisch feststellbare, eigentümliche Verdickung des Gewebes im Bereiche des Ulnarstreifens nicht hinlänglich zu klären. Wir müssen vielmehr annehmen, daß ein der mikroskopischen Kontrolle nicht unterliegendes Ödem jene eigentümlichen Infiltrationen bedingt. Wir haben hier wieder ein Beispiel für die oft beobachtete Tatsache, daß ein klinischer Prozeß der histologischen Beobachtung entgeht und einen Beweis dafür, daß die Histologie nie selbständig, sondern nur in enger Zusammenarbeit mit der Klinik zur Aufklärung der Krankheitsbilder dienen kann.

Bei den sklerodermieartigen, nach der Entwicklung der Atrophien auftretenden Veränderungen findet sich mikroskopisch eine auffallende Vermehrung der elastischen Fasern, ganz im Gegensatz zu dem gewohnten Befund (OPPENHEIM). Diese Neubildung der Elastica beginnt innerhalb perivasculärer Zellinfiltrate, und zwar, soweit das bis jetzt festgestellt werden konnte, nicht von alten elastischen Fasern aus, sondern augenscheinlich von eigenen elastinbildenden Zellen. Das letzte Wort in dieser Frage ist jedoch noch nicht gesprochen, für den vorliegenden Prozeß aber schließlich ja von sekundärer Bedeutung.

Die Epidermis ist in derartigen Bezirken meist nur sehr wenig verändert. Die einzelnen Zellagen sind wohl entwickelt, die Basalzellschicht normal, lediglich der völlige Mangel eines Leistensystems läßt das Pathologische des Vorganges erkennen. Die Epidermis-Cutisgrenze verläuft in einer schnurgeraden Linie. Die Bindegewebsbündel der Cutis bestehen aus dicht aneinandergereihten, nach der Subcutis an Dicke zunehmenden, parallel der Oberfläche verlaufenden Faserzügen. Die Blutgefäße in den oberen Lederhautschichten sind nahezu völlig verschlossen und von dichten Infiltrationszylindern umgeben.

Die Vermehrung des elastischen Gewebes tritt besonders stark an Übergangsstellen von rein atrophischen zu derartig verhärteten Hautstellen hervor und ist zum Studium der angedeuteten Veränderungen besonders geeignet.

Während man im allgemeinen geneigt ist, die Atrophie als Endstadium der Dermatitis atrophicans aufzufassen, finden sich doch Fälle, bei denen der Prozeß damit nicht seinen Abschluß erreicht zu haben scheint. OPPENHEIM hat darauf hingewiesen, daß man als Ausgänge der atrophisierenden Dermatitiden das Auftreten von Fettgewebe in den höheren

Cutisschichten, die Entwicklung von Fibromen, von varicenartigen Blutgefäßerweiterungen und schließlich jener eben beschriebenen, sklerosierenden Prozesse beobachten kann. Daneben sind auch umschriebene knotige und streifige Infiltrate, ja sogar das Auftreten echter, benigner und maligner Tumoren beschrieben worden. Es handelte sich dabei neben fibromatösen Prozessen, die als sekundäre Bindegewebsneubildung aufgefaßt wurden, um myomatöse und selbst sarkomatöse Tumorbildungen.

Es erscheint verständlich, daß bei derartig durchgreifenden Umbildungsvorgängen im Stützgewebe der Haut gegebenenfalls auch Störungen des allgemeinen Stoffwechsels, insbesondere des Mineralstoffwechsels hier in loco bemerkbar werden können. Unter diesem Gesichtspunkt ist das Vorkommen von Verkalkungserscheinungen in umschriebenen Herden (JESSNER), von Amyloid (KENNEDY) pathogenetisch erklärlich. Andersartige Einlagerungen, wie scharfumschriebene Anhäufungen von bröckeligen und scholligen Massen elastischen Gewebes, ähnlich den Veränderungen des Pseudoxanthoma elasticum, harren zwar noch der Klärung, sind jedoch geeignet, die vielfachen inneren Zusammenhänge der ganzen Gruppe der atrophisierenden Hauterkrankungen schlagartig zu beleuchten.

Die **Dermatroph. chron. idiop. maculosa** (Anetodermia erythematosa maculosa JADASSOHNs), deren Zurechnung zur Gruppe der atrophisierenden Dermatitiden dieser selbst auf dem Wiener Dermat. Kongreß 1913 als berechtigt anerkannte, zeigt im histologischen Bilde keine grundsätzlichen Differenzen gegenüber dem vorstehend beschriebenen. Auch hier handelt es sich um einen, geringer perivasculärer Zellinfiltration folgenden Schwund der Elastica in diesen Infiltraten, aber auch unabhängig davon. Im Gegensatz zu den Striae distensae cutis liegt hier meist die Basis des der Störung des elastischen Gewebes entsprechenden Dreiecks zur Epidermis hin, eine Tatsache, die sich aus der Pathogenese des Prozesses: primäre Erkrankung der tieferen Gefäßschichten, ohne weiteres erklärt. Lediglich das Umschriebene der kleinen herdförmigen Veränderungen, die naturgemäß im histologischen Bilde gesunde und kranke Hautabschnitte, insbesondere erhaltene und geschwundene Elastica in einem Präparat eng nebeneinander zeigen, geben diesem Prozeß das mikroskopisch besondere Gepräge. Eine ausführliche Darstellung desselben erscheint jedoch nicht erforderlich.

Die Dermatrophia chron. idiop. diff. bzw. maculosa ist demnach mikroskopisch gekennzeichnet durch das primäre Auftreten von Gefäßveränderungen: Erweiterung, Ödem und perivasculäre Zellinfiltration; diesem chronisch-entzündlichen Prozeß folgt unmittelbar ein Schwund der elastischen Fasern in dem erkrankten Hautbezirk unter gleichzeitiger Atrophie der übrigen epidermalen und cutanen Gewebsanteile.

Differentialdiagnose: Der klinische Verlauf der Erkrankung ist in seinem eigentümlichen Entwicklungsgang ein so charakteristischer, daß diagnostische Schwierigkeiten kaum in Frage kommen. Diesbezügliche Erwägungen erscheinen jedoch erforderlich zur mikroskopischen Klärung der Unterschiede in jenen Fällen, wo dem Kliniker lediglich das rein atrophische Stadium vor Augen tritt, sei dieses nun bezüglich der Abgrenzung von senil-atrophischen oder sklerodermieartigen Prozessen.

Die senile Atrophie der Haut ist jedoch histologisch von der Dermatitis atrophicans so sehr verschieden, daß eine Differentialdiagnose im mikroskopischen

Bilde nicht schwer fällt. Vor allem ist es das Erhaltenbleiben des charakteristischen wellenförmigen Verlaufs der Epidermis-Cutisgrenze, der nahezu normale Aufbau der Stachelzellschicht sowie des Stratum granulosum, die die Stellungnahme erleichtern. Es kommt hinzu, daß die Anhangsgebilde der Haut bei der senilen Atrophie keinerlei Verminderung gegenüber der Norm zeigen, ein Befund, der sich ja leicht aus der völlig andersartigen Pathogenese dieses Zustandes erklärt. Die Stützsubstanzen sind ebenfalls lange nicht in dem Maße vermindert und verändert wie bei den Endstadien der Dermatitis atrophicans. Ihre färberische Darstellung ist überall, wenn auch von der Norm abweichend, so doch meist gleichmäßig, die elastischen Fasern sind zwar an Zahl vermindert, jedoch niemals in so hochgradigem Maße wie dort. Finden sich Zellinfiltrate in der Cutis, so sind diese nur sehr schwach entwickelt und insbesondere zeigen sie keine auffallende Beziehungen zu den an Zahl ebenfalls normalen Blutgefäßen.

Schwieriger kann unter Umständen mikroskopisch die Differentialdiagnose zur Sklerodermie werden, namentlich in den Fällen, wo im klinischen Bilde beide Prozesse scheinbar nebeneinander vorkommen. Bei der Sklerodermie findet man unter dem etwas atrophischen Epithel eine deutliche Verdichtung und Verdickung des kollagenen Gewebes. Dieses erscheint als gleichmäßige, kernarme Masse, eingegrenzt von streifenförmigen, meist perivascular angeordneten Entzündungsherden, die aus gewucherten Bindegewebselementen und Lymphocyten bestehen. Das elastische Gewebe ist in diesen Bezirken nahezu völlig geschwunden und nur noch in spärlichen, gedrehten Faserresten sichtbar. Demgegenüber zeigen die sklerodermieartigen atrophischen Herde der Dermatitis atrophicans in den Frühstadien dichte Infiltrate mit oft zahlreichen Plasmazellen, was bei der Sklerodermie nie vorkommt. Mit dem Schwund der entzündlichen Infiltrate treten ödematöse und homogene Quellungen des Bindegewebes auf und schließlich tritt die Verdünnung der Haut mit der charakteristischen Neubildung parallel geordneter elastischer Fasern ein, was klinisch die eigenartige Erschlaffung und Fältelung der Haut bedingt. Der Prozeß ist also klinisch und histologisch von ganz anderem Verlauf, indem sich die Sklerodermisierung aus der Atrophie entwickelt.

Die Erythromelalgie, die nach dem klinischen Bilde wohl mit den Anfangsstadien der Dermatitis atrophicans eine gewisse Ähnlichkeit hat, wird schon durch die sie begleitenden Empfindungsstörungen hinreichend gekennzeichnet, so daß eine weitere Besprechung nicht notwendig ist. Die Trennung von der Pellagra siehe dort.

Die Dermatitis atrophicans leprosa (OPPENHEIM), die in seltenen Fällen vielleicht einmal differentialdiagnostisch in Frage kommen könnte, dürfte histologisch im Aufbau des Zellinfiltrats Unterschiede von der vorliegenden Veränderung zeigen, die auch dann eine Trennung gestatten, wenn die meist nachweisbaren Leprabacillen einmal nicht leicht zu finden sind.

Pathogenese: So übereinstimmend und klar demnach das histologische Bild ist, um so ungeklärter erscheinen die Ätiologie und damit die Pathogenese. Eines wenigstens läßt sich mit einer gewissen Berechtigung behaupten: Der Ausgang von den Gefäßen scheint durch die primäre Entwicklung der perivasculären Zellinfiltrate hinlänglich wahrscheinlich gemacht. Ob allerdings es sich dabei um eine belebte oder unbelebte Noxe handelt, ist völlig ungeklärt. Es hat auch fällt an Stimmen gefehlt, welche Gefäßveränderung und Schädigung der Stützsubstanz als gemeinsame Folge einer und derselben Schädlichkeit ansehen wollten. Auch hierüber ist noch nicht das letzte Wort gesprochen. Es wäre drittens noch denkbar, daß die Atrophie primär aus unbekannter Ursache entstände und die entzündlichen Gefäßveränderungen lediglich infolge des Gewebszerfalls auftreten würden, eine Annahme allerdings, die mit den histologischen Veränderungen, wie sie für das erythematöse Anfangsstadium dargestellt wurden, kaum in Einklang zu bringen sein wird.

Es liegt nahe, wie auch bei einer Reihe anderer sich vorzüglich am Stützgewebe abspielender Prozesse, an eine angeborene oder vielmehr keimplastisch bedingte verminderte
Widerstandsfähigkeit des Bindegewebes, insbesondere der Elastica, gegenüber Schädigungen
irgendwelcher Art zu denken. Eine solche Annahme vermag zwar die Fragestellung über die
Pathogenese der Dermatitis atrophicans in eine neuen Richtung zu verschieben, unser
Kausalitätsbedürfnis jedoch befriedigt sie zunächst ebensowenig wie irgendeine andere.

Die eigentümliche, im Anschluß an die Atrophie auftretende und von OPPENHEIM
als drittes Stadium der Dermatitis atrophicans bezeichnete Entwicklung von Fibromen,
von varicösen Blutgefäßerweiterungen, die Entwicklung eines jungen elastischen Gewebes
möchte dieser als eine Art von „Vakatwucherung" betrachten in einer durch den Schwund
des elastischen Gewebes ihres natürlichen Widerstandes beraubten Stützsubstanz.

Poikilodermia vascularis atrophicans.

Das erstmalig 1906 von JAKOBI aufgestellte äußerst seltene Krankheitsbild ist in Ätiologie
und Pathogenese noch völlig ungeklärt. Es besteht aus mehr oder weniger ausgedehnten,
über den ganzen Körper und manchmal auch auf die Mundschleimhaut verteilten Herden,
die teils rundlich, teils unregelmäßig begrenzt sind und in erster Linie durch ihre Atrophie
auffallen. Braune bis gelbbraune Pigmentansammlungen in ihrer Umgebung, neben hellroter bis livider Marmorierung, in den atrophischen weißen Herden selbst eine eigenartig
netzförmige Zeichnung, Teleangieektasien, manchmal auch capilläre Blutungen, meist mäßig
stark ausgesprochene Sklerosierung, Fortschreiten des Prozesses vom Zentrum zur Peripherie,
starke Betonung der rotbraun verfärbten Follikelmündungen: das entspricht ungefähr dem
eigenartigen Krankheitsbild, welches JAKOBI treffend mit einer abgelaufenen intensiven
Röntgenverbrennung verglichen hat. Zu diesen Atrophien der Haut kommen noch eine
Reihe von Allgemeinstörungen des Organismus (umschriebene Ödeme, Muskelerkrankungen),
die dem Gesamtbild eines solchen Kranken ein kennzeichnendes Gepräge geben.

Das frische Stadium zeigt die obere Epidermis nicht nennenswert verändert. In Papillarkörper und oberer Cutis findet man eine mäßig starke
lymphocytäre Zellinfiltration, die hier und da bis ins Stratum basale
hinaufreichen kann, vorzüglich die Gefäße begleitet und am Übergang zur
gesunden Haut besonders ausgesprochen ist. Im Zentrum eines solcherart
begrenzten Krankheitsherdes finden sich, der beginnenden Atrophie entsprechend,
ein Schwund des Papillarkörpers, insbesondere seiner Elastica, und vielfach ein
Ödem und eine Auswaschung der unteren Basalzellage, die oft nur noch als
zarter Zellschatten sichtbar ist. In der angrenzenden Cutis findet man neben
Ödem und perivasculärer Zellinfiltration eine deutliche Rarefikation des elastischen Gewebes zu dünnen und kurzen Faserresten. Es handelt sich also in
erster Linie um einen ödematös-entzündlichen Prozeß, der vom Gefäßbindegewebsapparat auszugehen scheint.

Älteres Stadium: In einem älteren atrophischen Krankheitsherde scheint
die Hornschicht im großen und ganzen nicht verändert. Nur an einzelnen
Stellen finden sich Hornpfropfbildungen in den Ausführungsgängen der Follikel.
Vereinzelt zeigen die Zellen der Hornschicht in diesem Bezirk noch erhaltene
und färbbare Kerne, bei gleichzeitiger Verdickung das Stratums. Dieser umschriebenen Parakeratose gehen noch näher zu beschreibende Veränderungen
im Papillarkörper parallel. Jedoch bestehen diese Cutisveränderungen auch
an Stellen, wo die Hornschicht normal erscheint. Immerhin ist die gegenseitige
Abhängigkeit der beiden Veränderungen nicht von der Hand zu weisen.

Die Epidermis ist im ganzen deutlich verschmälert, das normale Reteleisten system an den meisten Stellen völlig verstrichen. Hier zieht die Epidermis in
6—8 Zellagen in einem gerade gestreckten Band über den gleichfalls verstrichenen
Papillarkörper hinweg. Das Stratum basale ist sehr stark ödematisiert; die
einzelnen Zellen zeigen geschrumpfte, halbmondförmige Kerne und Vakuolenbildung im Protoplasma. Der Papillarkörper wird von stellenweise mächtigen
Zellinfiltraten eingenommen. Sie umscheiden zum Teil die sehr stark erweiterten
Gefäße nach Art von Zylindern. Die Infiltrate beschränken sich auf den Papillarkörper und den obersten Abschnitt der Cutis; sie reichen bis an und vielfach in
das Stratum basale hinein und bestehen fast ausschließlich aus Lymphocyten und
wuchernden Bindegewebszellen. Leukocyten und Plasmazellen sind nicht festzustellen. Dagegen finden sich Mastzellen mit auffallend starken Verzweigungen

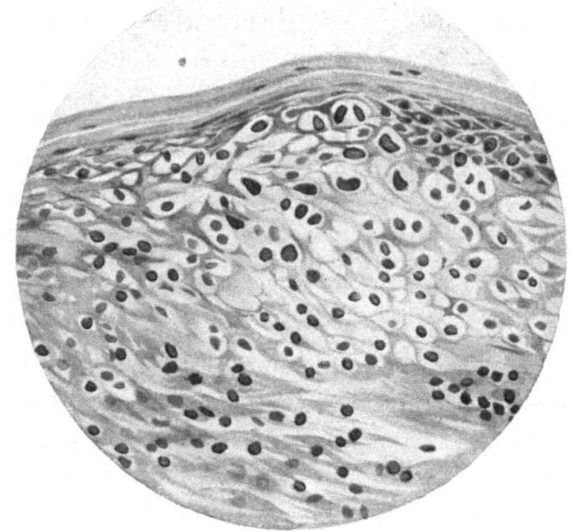

Abb. 7. Poikilodermia atroph. vasc. Älterer, noch fortschreitender Herd. Rumpf. —
29 jähr. ♂. Ödem der Epidermis und des Papillarkörpers. Intracelluläres Ödem und Kernschrumpfung
in fast allen Schichten der Epidermis. Übergreifen der lymphocytären Infiltrate in die Epidermis.
Perivasculäre Infiltration (unten rechts). O = 412:1; R = 309:1.

ihres Protoplasmas. In bestimmten Abständen sieht man diese Zellinfiltrate
fleckförmig durchsetzt von Haufen pigmentierter Bindegewebszellen in ziemlicher Zahl. Ihr Pigment hat im polychromen Methylenblaupräparat eine hell-
bis grasgrüne Farbe. Die Endothelien der erweiterten Gefäße scheinen an den
Veränderungen nicht beteiligt; in ihrem Lumen finden sich Lymphocyten und
ganz vereinzelte Leukocyten. Außerdem sieht man sehr stark erweiterte Gefäßlumina ohne Inhalt und mit einer im Vergleich zum Gefäßlumen sehr zarten
Endothelwand: anscheinend erweiterte Lymphspalten. Wo die Zellinfiltrate
größere Ausdehnung gewonnen haben, zeigt die im übrigen regelmäßig aufgebaute
Basalzellschicht Auflockerungserscheinungen. Der Zellverband ist gelöst, die
einzelnen Zylinderzellen haben an Volum zugenommen und zeigen vakuolenartige Bildungen: Veränderungen, die an der äußeren Haut sowohl als auch an
Schleimhautherden beobachtet werden. Die Zellinfiltrate, die in ihrem Gesamtaufbau in mancher Beziehung an die Veränderungen beim Lupus erythematodes
erinnern, sind nicht kompakt zusammengefügt, sondern ganz locker aufgebaut.

Das Ganze macht den Eindruck eines weitmaschigen Netzwerkes, in das die zelligen Elemente — Lymphocyten, Bindegewebszellen, Pigment- und Mastzellen — eingestreut sind.

Dieses eigenartige schwammartige Netzwerk zeigt im Orceinpräparat weitgehende Veränderungen des kollagenen und elastischen Gewebes. Die Elastica ist in den Infiltraten nahezu vollständig geschwunden; wo die Fasern noch andeutungsweise vorhanden sind, bilden sie ein zartes, zerrissenes Netzwerk. Ganz besonders kennzeichnend ist die herabgesetzte Affinität des elastischen Gewebes zum sauren Orcein. Während sonst durchschnittlich die Färbung in einem tiefen Braunrot besteht, sind die elastischen Fasern hier nur schwach braun und vielfach gar nicht gefärbt. Diese Veränderung der Elastica findet

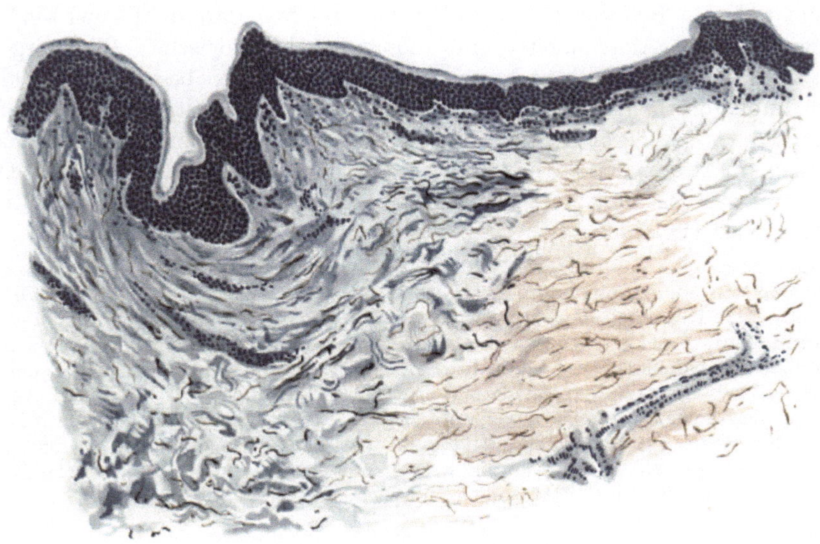

Abb. 8. Poikilodermia atroph. vascul. Vorgeschrittener Fall. ♂ 27 jähr. Rumpf. Fleckförmige Basophilie des kollagenen und elastischen Gewebes. Elastinschwund. Saures Orcein-polychrom. Methylenblau. O = 128 : 1; R = 128 : 1.

sich nicht nur in dem Bezirk, der die entzündlich-proliferativen Prozesse zeigt, sondern durch die ganze Tiefe der Cutis und Subcutis hindurch bis zur Schnittgrenze. Wenn hier auch die einzelnen Fasern naturgemäß eher stärker gezeichnet erscheinen als in den oberen Gewebsschichten, so ist doch gerade dadurch die Rarefikation noch auffallender. Statt eines zusammenhängenden, vielfach verschlungenen Netzwerkes ergibt sich ein aus einzelnen veränderten Fasern bestehendes Gefüge; die Fasern sind sehr kurz und wie abgerissen; wir haben ein weitmaschiges, zerrissenes Netzwerk vor uns.

Handelt es sich hier in erster Linie um entzündlich-atrophische Veränderungen, so sind doch auch in Cutis und Subcutis degenerative Prozesse nachgewiesen worden. In Schnitten, die auf Elacin gefärbt sind, finden sich die charakteristisch geschwungenen Elacinfasern in grünen bis blauen, stielrunden Bündeln zusammenliegend in reichlicher Menge. In demselben Maße ist das kollagene Gewebe an den Degenerationserscheinungen beteiligt. Die Veränderungen sind mindestens so auffallend, wie die an der Elastica und die Störung läßt sich an dem grobscholligen, gekörnten, vielfach in Bruchstücken daliegenden Gewebe deutlich erkennen; denn die einzelnen Fasern bestehen aus plumpen, kurzen und dicken Balken, die unregelmäßig durcheinander liegen.

Vereinzelt ist eine mucinöse Degeneration des kollagenen Bindegewebes gefunden worden (GLÜCK). Ob die von FLEHME festgestellte Verbreiterung der Musc. arrect. pilorum, die Vermehrung ihrer Kerne, einen regelmäßigen Befund darstellt, muß weiterer Untersuchung vorbehalten bleiben. In dem von GANS beobachteten Falle war dies nicht zu finden.

An der Schleimhaut ließen sich degenerative Veränderungen nicht feststellen.

Differentialdiagnose: Da der JACOBIsche Fall seinerzeit mit dem Lupus erythematodes in Beziehung gebracht wurde, sei hier darauf hingewiesen, daß sich zwar gewisse Ähnlichkeiten mit diesem im histologischen Bilde ergeben haben, daß daneben jedoch nicht unerhebliche Differenzen bestehen. Vor allem ist der Lupus erythematodes durch ein strangförmiges Infiltrat um die Gefäße gekennzeichnet. Außerdem findet sich in frischen Fällen ziemlich regelmäßig ein Ödem, in älteren Fällen immer ein Zerfall des elastischen Gewebes. Dazu kommen noch degenerative Prozesse im Epithel sowie die für den Lupus erythematodes typische Hyperkeratose.

Pathogenese: Bei der geringen Zahl der beobachteten Fälle ist die Pathogenese noch durchaus umstritten. JACOBI selbst sowie einige der späteren Beobachter (BRUCK, GLÜCK) sind geneigt, die Krankheit ohne Rücksicht auf ihre Ätiologie der großen Gruppe der idiopathischen Hautatrophien einzureihen. Daher die von GLÜCK vorgeschlagene Bezeichnung der Dermatitis atrophicans reticularis bzw. ZINSSER: Atrophia cutis reticularis cum pigmentatione bzw. MÜLLER: Atrophodermia erythematodes reticularis (womit auf Analoga zum Lupus erythematodes hingewiesen werden soll). Auf Grund des von GANS histologisch untersuchten BETTMANNschen Falles und unter Berücksichtigung der von diesem beigebrachten Gesichtspunkte, möchte er die Erkrankung in die Gruppe der keimplasmatisch bedingten, umschriebenen Hautatrophien einreihen.

Kraurosis vulvae.

Seit BREISKY bezeichnet man als Kraurosis vulvae eine eigentümliche, unter starkem Jucken fortschreitende Schrumpfung der äußeren weiblichen Genitalien, die schließlich unter Sklerosierung zu teilweisem oder völligem Schwund der kleinen, zum Teil auch der großen Labien, der Clitoris, des Damms und narbiger Verengerung des Introitus vaginae führt. Die erkrankten Hautstellen sind anfangs geschwollen und gerötet, später fleckweise lederartig verdickt, zum Teil hyperkeratotisch und pigmentiert. — Eine entsprechende Erkrankung ist auch am männlichen Genitale (Glans, Präputium) beschrieben (DELBANCO, GALEWSKY u. a.).

Bei der histologischen Erforschung des Krankheitsbildes hat man zunächst geglaubt, einen entzündlich hypertrophischen Anfang von einem narbigatrophischen Ausgang unterscheiden zu können (v. MARS u. a.). Tatsächlich gehen jedoch bei den meisten der beobachteten Fälle beide Formen der Veränderung nebeneinander her, so daß eine derartig scharfe Trennung nicht berechtigt erscheint. Aus Gründen leichterer Übersicht seien gleichwohl beide Formen nacheinander dargestellt.

Den hypertrophischen Hautabschnitten entspricht im Gewebsschnitt eine Verbreiterung der Epidermis, namentlich der Horn- und Stachelschicht. Die erstere übertrifft die übrigen Schichten oft um ein Vielfaches (HELLER u. a.). Dabei finden sich sowohl rein hyperkeratotische als auch parakeratotische Abschnitte vor, jedoch nur selten in unmittelbarem Zusammenhang. Außer den, entsprechend der allgemeinen Akanthose verlängerten und verbreiteten, oft mit seitlichen Fortsätzen versehenen Reteleisten ist die Epidermis nicht wesentlich verändert, insbesondere ist das Stratum granulosum von regelrechter Größe und Form der einzelnen Zellen. Vereinzelt beobachtete durchziehende, oder gar in kleineren umschriebenen Herden sich ansammelnde polynucleäre Leukocyten sind auf äußere Reizwirkungen zurückzuführen, die mit der Erkrankung als solcher nicht in Beziehung stehen. Auf eben diesen „Reizen" beruht wohl auch die Entwicklung fleckweise zerstreuter

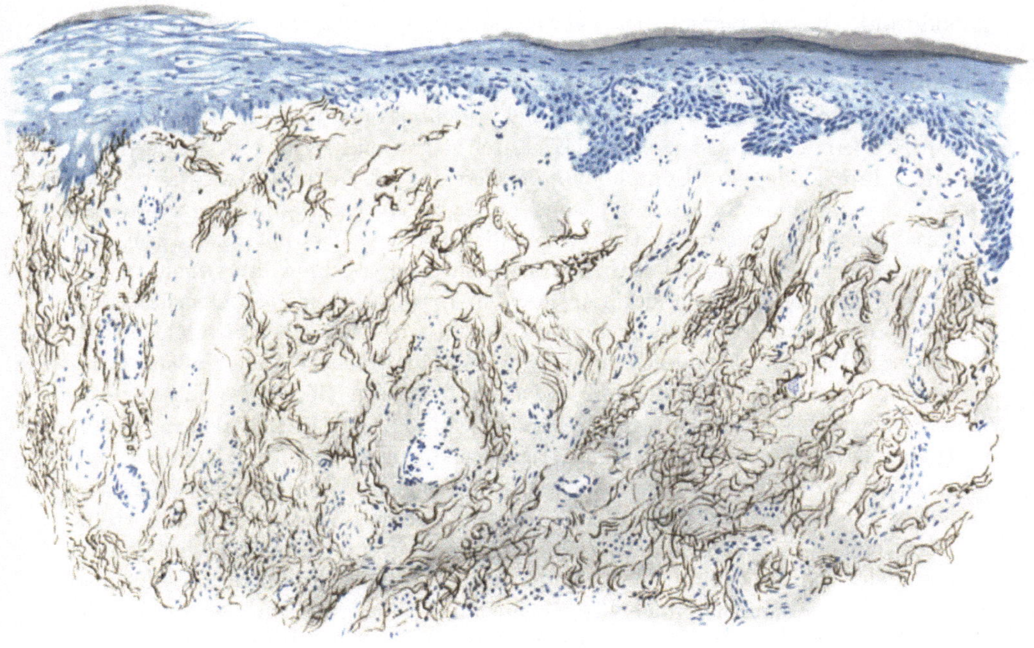

Abb. 9. **Kraurosis vulvae.** Endstadium. Atrophische neben hypertrophischen Epidermisabschnitten, z. T. parakeratotisch, z. T. hyperkeratotisch. Gefäße stark erweitert, geringe perivasculäre Infiltration. Elastin herdweise geschwunden, Kollagen sklerosiert. Saures Orcein-polychrom. Methylenblau. O = 128:1; R = 100:1.

Pigmentherde, die sowohl in den Zellen des Stratum basale und den untersten Stachelzellagen, als vereinzelt auch in pigmenttragenden „Spinnenzellen" des Coriums angetroffen werden. Es handelt sich um Melanin. Nicht eben selten kommt es auf dem Boden derart akanthotisch gewucherter epithelialer Zellelemente zur Entwicklung carcinomatöser Neubildungen, die an und für sich jedoch keine Besonderheiten in ihrem Gewebsaufbau zeigen. Ein gleiches gilt von den Leukoplakien, wie sie als Folge oder auch im Verlauf der kraurotischen Entwicklung beobachtet werden.

Der Papillarkörper ist sowohl in den Papillen als im Stratum subpapillare in wechselnd starkem Grade zellig infiltriert; es handelt sich in erster Linie um lymphocytöse Zellformen, daneben um Mastzellen und umschriebene Haufen polynucleärer Leukocyten. Plasmazellen wurden nie angetroffen. Überall dort,

wo die Zellanhäufung stärkere Grade erreicht, ist das elastische Gewebe aufgelockert, zersplittert und vielfach geschwunden. Oft geht dem Schwund eine
Umwandlung in Elacin vorher (HELLER).

Die Gefäße des Papillarkörpers sowohl als auch der Cutis, namentlich die
Venen, sind stark erweitert und in der Regel von einem schmäleren oder breiteren
Zellgürtel umsäumt. Diese Zellansammlungen durchsetzen jedoch auch die
übrigen Cutisanteile in unregelmäßiger Form. Weitergehende Veränderungen
des Bindegewebes lassen sich in diesen hypertrophischen Abschnitten meist
nicht feststellen.

Dagegen fällt auch hier bereits die Verminderung der drüsigen Anhangsgebilde auf, die im Bereich der atrophischen Gewebsabschnitte bis zu
völligem Schwunde führen kann. Neben den Drüsen ist hier auch das für
gewöhnlich gerade in den großen Labien reichlich vorhandene Fettgewebe
völlig atrophisch und oft überhaupt nicht mehr nachzuweisen. Die Zellansammlung im Corium ist noch ausgedehnter geworden. In langen Bändern und
Streifen durchziehen die Lymphocytenhaufen das oft ödematös geschwollene
Gewebe. Daneben, und dies gilt besonders für die in der Atrophie am weitesten
vorgeschrittenen Hautabschnitte, treten umschriebene Gewebsbezirke auf, die
kernarm und völlig sklerotisch geworden sind. Hier fehlen dann auch die elastischen Fasern oder finden sich nur noch in Bruchstücken vor. Oberhalb derartig sklerosierter Herde ist dann auch die Epidermis verschmälert. Epithelleisten und Papillen sind geschwunden, der Papillarkörper in ein flaches Band
umgeformt, in dessen Bereich die elastischen Fasern fleckweise als zarteste
Reiserchen noch nachweisbar geblieben sind; auch hier zeigt sich also im Untergang des Elastins die gleiche eigenartige fleckförmige Beschränkung auf umschriebene Herde. Die Epidermis überzieht derartige Bezirke als schmale Platte,
die nur aus einer niedrigen Basalzellreihe und wenigen Stachelzellagen besteht,
die von einem einschichtigen Stratum granulosum und einer äußerst zarten
Hornschicht überdeckt sind. Es bestehen demnach enge räumliche Beziehungen
zwischen den atrophisierenden Vorgängen im Corium und in der Epidermis,
die pathogenetisch auf ein und dieselbe Ursache zurückzuführen sind.

Differentialdiagnose : Das ausgebildete Krankheitsbild macht kaum Schwierigkeiten. Bei der Neigung zu carcinomatöser Umwandlung bedarf jeder Fall
jedoch genauester Beobachtung und unter Umständen histologischer Untersuchung. Das gleiche gilt für Leukoplakien, wie sie häufig neben der Kraurosis
am weiblichen sowohl wie besonders am männlichen Genitale beobachtet und
als Ausgangspunkt bösartiger Neubildungen festgestellt wurden.

Pathogenese: Allerdings ist man bezüglich der kausalen Genese über reine Vermutungen
nie hinausgekommen. Neben ektogenen chronischen Entzündungsprozessen (VEIT, JUNG
u. a.) (infolge von Pruritus, Fluor, Gonorrhöe, Masturbation usw.) hat man auch hämatogen
oder lymphogen angreifende Schädigungen angeschuldigt (SEELIGMANN). Daneben hat es
nicht an Stimmen gefehlt, die den örtlichen Bedingungen und insbesondere den entzün-
dungserregenden Schädigungen nur eine untergeordnete Bedeutung zusprechen.

Blepharochalasis.

Im Anschluß an die Dermatrophia idiopathica sei hier ein eigentümliches Krankheits-
bild erwähnt, das ausschließlich die Oberlider befällt und stets mit einer Erschlaffung der
Lidhaut endet. Anfänglich anfallsweise auftretende, leicht entzündliche Schwellungen der
Oberlider führen nach und nach zu einer Verdünnung der Lidhaut, die in ihrer ganzen

Ausdehnung von zahllosen erweiterten zarten Blutgefäßen durchzogen wird, wobei die
Lidhaut geschwollen und aufgetrieben erscheint. Die Oberfläche ist glänzend und in zahlreiche feine Fältchen gelegt. Schließlich hängt das Oberlid in Form eines schlaffen, geröteten Beutels herab. Die Erkrankung bevorzugt das jugendliche Alter; in seltenen
Fällen ist sie auch beim Erwachsenen beschrieben worden.

Die histologischen Befunde sind naturgemäß verschieden, je nach dem
Stadium, in welchem die Untersuchung erfolgte. In ausgebildeten Fällen
fand v. MICHELS eine sehr starke Erweiterung der Blutgefäße mit ausgedehnter
Wucherung der Perithelien der kleinen Arterien und Venen. Herdweise sah er
eine kleinzellige Infiltration, die zusammen mit einem namentlich in der Subcutis
stark entwickelten Ödem zu einer Auseinanderdrängung der einzelnen Bindegewebsfasern geführt hatte. Das elastische Gewebe erschien nicht verändert,
vielleicht an einzelnen Stellen leicht vermehrt. Auch das kollagene Bindegewebe zeigte herdweise Neubildung, und zwar in erster Linie um die Liddrüsen,
die im übrigen mit Ausnahme einzelner cystisch erweiterter Schweißdrüsentubuli keinerlei Veränderung darboten. Das Ödem führt gelegentlich zu Lockerung
und Zerreißung des Unterhautzellgewebes (FEHR), ja sogar zu richtigen Hohlraumbildungen, in denen manchmal kleine Blutungen und Herde von Blutpigment nachzuweisen sind. LODATO sah eine Verminderung des elastischen
Gewebes, das am besten noch um die Follikel erhalten war und stellenweise
bröckelig zu zerfallen schien. Die Kerne der Muskelfasern des Orbicularis waren
gewuchert, die Muskelfasern selbst verschmälert und fast homogenisiert.

Das Ödem führt ferner zu einer Abflachung des Papillarkörpers und damit
zu einem Schwund der Papillen. Die Epithelleisten sind dann verschmälert
und verkürzt, stellenweise auch völlig geschwunden. Die gesamte Epidermis
mit Ausnahme der leicht hyperkeratotischen Hornschicht ist in diesem Stadium
deutlich verschmälert. Nicht selten fehlt das Stratum granulosum völlig und
dann bleiben die Zellen in der darüber liegenden Hornschicht kernhaltig (Parakeratose).

Zusammenfassend handelt es sich demnach um eine Atrophie der Lidhaut
mit Elastizitätsverlust infolge einer chronisch proliferierenden Entzündung der
Cutis, die mit einem wechselnd starken Ödem einhergeht und zu einer Atrophie
der Epidermis führt.

Genetisch entspricht dieser Befund dem bei der Dermatrophia progressiva chronica
idiopathica zu erhebenden (HERXHEIMER und HARTMANN).

Alopecia areata.

Als Alopecia areata bezeichnen wir einen herdweise, kreisförmig und scharf abgegrenzt
auftretenden Haarausfall, bei dem die Haut des erkrankten Bezirks weder vor Beginn des
Haarausfalls noch nachher irgendeine stärkere Veränderung zeigt. Der einzelne Herd
dehnt sich nach der Peripherie gleichmäßig fortschreitend aus; durch das Zusammenfließen
mehrerer kann es zum Kahlwerden großer Bezirke des behaarten Kopfes, ja sogar des ganzen
Schädels kommen. Vielfach befällt die Alopecia areata gleichzeitig auch Augenbrauen und
Bartgegend. Die Haare in der Nähe des fortschreitenden Randes folgen ohne abzubrechen
leichtestem Zug und vielfach findet sich eine als „Ausrufungszeichen" (!) bekannte Form
von Haarstümpfen.

In der mikroskopischen Darstellung sind zu trennen die Veränderungen
an den Haaren und diejenigen an der Haut als solcher. Wir kennen zwei
verschiedene Arten der Haarstörung. An den in nächster Umgebung der
Area stehenden, von der Erkrankung ergriffenen ursprünglichen, den Papillen-
haaren, die normal glänzen und weder abbrechen noch splittern, findet man ein

allmählich spitz zulaufendes und im übrigen nicht verändertes Wurzelende.
Die Spitze entspricht der völlig atrophischen Hohlwurzel. Die innerhalb
der Erkrankungsherde stehenden, nach dem Ausfall der Papillenhaare auftretenden Beethaare, die $1/2$—1 cm über der Hautoberfläche abgebrochen sind,

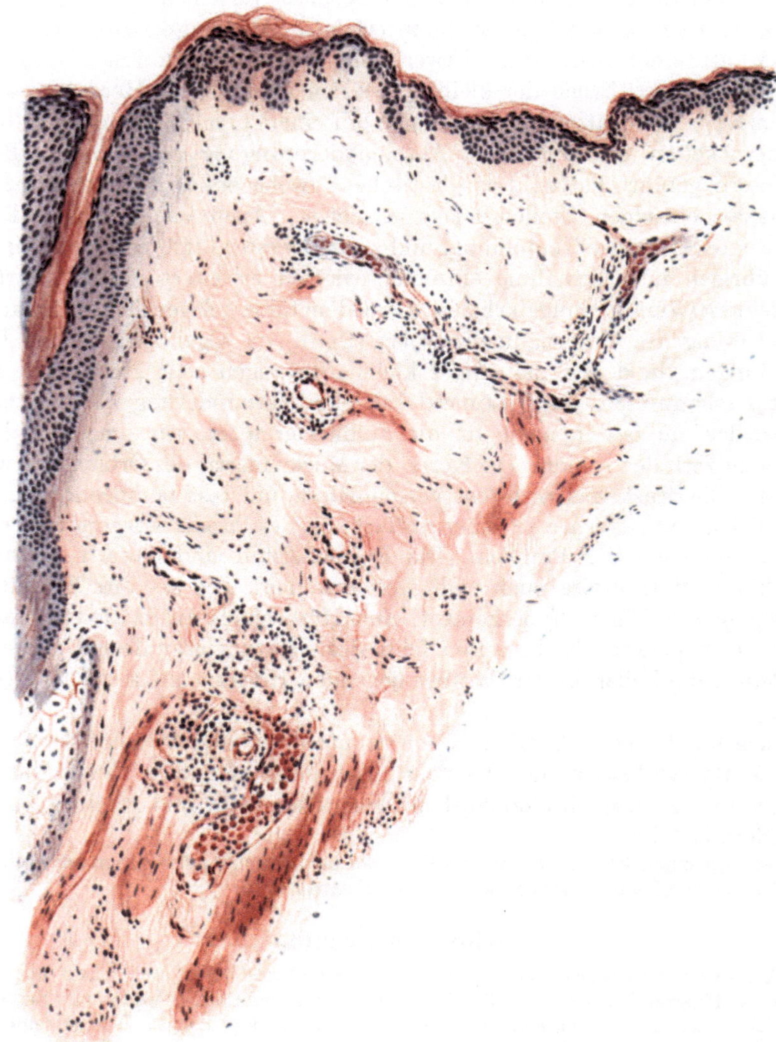

Abb. 10. Alopecia areata (kurz nach dem Haarausfall). Starke Erweiterung und umschriebene
Thrombose der Gefäße (namentlich perifollikular); im vorliegenden Falle unter starker Beteiligung
eosinophiler Leukocyten; mäßige perivasculäre Infiltration. Hämatoxyl.-Eosin. O=147:1; R=147:1.

zeigen die oben erwähnte Form, wobei sie gegen die Wurzel zu dünner und blasser
werden. Das Haar endet in der Regel in einer kleinen, aber normalen Wurzel.
Im Schaft finden sich entweder eine oder mehrere knotenförmige Auftreibungen,
die Neigung zum Aufsplittern zeigen; ihnen ist wohl die Neigung des Haares
zum Abbrechen zuzuschreiben. An derartigen Bruchstellen ist das Haar meist
aufgesplittert oder auch glatt quer abgebrochen.

Es handelt sich bei beiden Formen der Haarveränderung um zur Atrophie führende Prozesse, von denen der akute, die Erkrankung einleitende, nur die Wurzeln der normalen Papillenhaare befällt, während der die Beethaare in der Area befallende am Haarschaft oberhalb der Wurzel angreift (UNNA). Diese Atrophieform führt zu Veränderungen, die an Trichorrhexis nodosa erinnern, während die erstere jenen Wurzelatrophien entspricht, die auch bei anderen akuten Alopecien vorkommen.

Die Haut ist zu Beginn des akuten Stadiums, das klinisch dem Lockerwerden der Haare entspricht, der Sitz eines leichten Erythems sowie einer mehr oder weniger ausgesprochenen, ampullenartigen Erweiterung der Follikelöffnungen. Diese, von SABOURAUD als „utricule péladique" bezeichnete Veränderung, ist auf das oberste Drittel der Follikel, jenen zwischen der Einmündung der Talgdrüse und der äußeren Haut gelegenen Teil, beschränkt. Die Wand des Utriculus wird von bereits atrophisierendem Follikelepithel gebildet, das sehr stark abgeplattet ist und eine Basalzellschicht vielfach schon nicht mehr erkennen läßt. Nach oben hin sich zu einer kleinen kreisförmigen Öffnung verengernd, nach unten kegelförmig zugespitzt, heben sich diese eigenartigen Bildungen sehr scharf von den darunter sitzenden, zunächst noch normalen Abschnitten der Follikel ab. Sie sind durch die oberflächliche Hornschicht zum Teil verschlossen, zum Teil sind sie offen. In diesem Stadium enthalten sie nach SABOURAUD Mikrobenhaufen, in denen er die auslösende Ursache der Alopecia areata sehen möchte. Da die Kokkenansammlungen nur in diesem frühesten Stadium des Prozesses gefunden werden, glaubt SABOURAUD alle später eintretenden Veränderungen auf Toxinwirkungen zurückführen zu müssen, die von jenen Kokken gebildet würden.

Im Innern der Follikel läßt sich bereits zu dieser Zeit eine erhebliche Abnahme der Mitosen der Matrix feststellen, unter gleichzeitiger Atrophie ihrer Zellen und Schwund des in und zwischen den Zellen gelegenen Pigments (GIOVANNINI). Inwieweit dieser Atrophie zunächst ein degenerativer Prozeß vorangeht, scheint mir noch unentschieden.

Im Corium sind in diesem Stadium das oberflächliche horizontale Gefäßnetz, sowie die nach unten führenden bzw. von unten kommenden Gefäße in wechselnd starkem Grade erweitert, besonders die Venen. In der Regel finden sich in diesen außerdem wandständige, aus roten und weißen Blutkörperchen gebildete Thromben, die jedoch meist ein zentrales Lumen offen lassen, demgemäß als wesentliches Zirkulationshindernis nicht unbedingt angesehen werden können. Im perivasculären Gewebe zeigt sich eine ausgesprochene Zellvermehrung. Es handelt sich dabei in erster Linie um gewucherte Bindegewebszellen, Lymphocyten und in weiter vorgeschrittenen Fällen besonders auch Mastzellen. Allgemein ist jedoch zu betonen, daß diese entzündlichen Zellansammlungen hier viel schwächer entwickelt sind, als in den späteren Stadien der Erkrankung.

Mit dem Einsetzen des Haarausfalls, dem Beginn der Kahlheit, sind die erwähnten Kokkenhaufen bereits völlig geschwunden; statt ihrer finden sich zu diesem Zeitpunkt eine Reihe von Veränderungen des Follikels und seiner nächsten Umgebung, die SABOURAUD, wie schon gesagt, geneigt ist, als Folgen einer Toxinwirkung anzusehen. Parasiten irgendwelcher Natur, die als Erreger

des Prozesses in Frage kommen könnten, sind in diesem Stadium niemals festgestellt worden.

Die Zellinfiltration in Papillarkörper und Cutis hat erheblich zugenommen.
Neben den Gefäßen des oberen Netzes, deren Zellmantel erheblich verbreitert
ist und nunmehr Mastzellen in großer Zahl enthält, sind vor allem die Follikel
und ihre Umgebung daran beteiligt; aber auch hier nimmt der Prozeß seinen
Ausgang vom Gefäßsystem. Am stärksten sind die Gefäße des unteren Balgteils, namentlich oberhalb des Bulbus, unterhalb der Talgdrüsen und der Follikeltrichter, dann aber auch die der Haarpapille befallen. Die übrige Cutis ist
wenig verändert. Eine mäßige Zellansammlung hat die oberen Abschnitte
stärker infiltriert wie die unteren. Die Knäueldrüsen und ihre Umgebung
sind meist unverändert.

In dem derart gebauten Gewebe lassen sich leicht zwei Formen von
Haaren unterscheiden. Einmal Haare, an denen der normale Wechsel ungestört
vor sich geht, daneben jedoch — wenn hier auch aus leicht erklärlichen Gründen
die Zahl der noch nicht ausgefallenen Haare erheblich geringer ist als die der
vorigen — Haare, die die oben kurz geschilderte Entwicklungsstörung nun
in stärkerem Ausmaß zeigen: Der Bulbus ist erheblich reduziert, oft völlig
geschwunden; gleichzeitig verkleinert sich die Papille. Unter Verdickung der
Grenzmembran wandelt sie sich zu einem kugeligen Knopf um. Im Gegensatz
zur langsamen Entwicklung bei normalem Haarwechsel, wo „das Papillenhaar
sich von der Papille im Aufwärtssteigen ebenso abzieht, wie es dieselbe nieder-
wachsend ergriffen hat", tritt dieser Aufstieg vom Areatahaar viel später und
dann plötzlich ein (UNNA). Infolge der einsetzenden Atrophie und mangelnden
Neubildung des Follikelepithels erfolgt die Verhornung des unteren Haar-
endes viel früher und weiter nach abwärts wie gewöhnlich: ein sehr dünnes,
lose in dem relativ zu weiten Follikel sitzendes und daher leichter ausfallendes
Haar ist die Folge. Diese Art der Verhornung reicht jedoch in den einzelnen
Follikeln ungleichmäßig weit nach unten; auch bleibt die Wurzelscheide fleckweise unverhornt. In den verdünnten Haaren hat sich das Mark manchmal
erweitert und es treten lufthaltige Höhlen darin auf.

Nach dem Ausfallen derartiger, abnorm schnell verhornter Haare, sind die
leeren und nun zusammenfallenden Haarbälge naturgemäß viel länger als beim
normalen Haarwechsel. Bleiben funktionsfähige Reste der Haarmatrix zurück
und bilden sie dann ein neues Haar, so werden diese jungen, kleinen Papillenhaare
in viel zu weiten Bälgen stecken. Zu dieser Anomalie tritt dann noch eine Abweichung von der Längsrichtung bei diesen jungen Haaren. Durch das Über-
gewicht, welches der Hautmuskelapparat über die leeren, nach Ausfall der starken
Haare widerstandslosen Haarbälge gewinnt, kommt es zu Abknickungen, spiraligen Drehungen, zu cystenartigen Erweiterungen und an anderen Stellen
wieder zu Einschnürungen der Haarbälge und damit auch der nachwachsenden,
jungen, zarten Papillenhaare.

Die tief nach abwärts reichende Verhornung und der Mangel
eines regelmäßig auffasernden, besenförmigen Wurzelstückes des
Areahaares zusammen mit den eben geschilderten Abweichungen
von der Längsrichtung sind als Kennzeichen der Alopecia areata
zu betrachten.

Das dritte Stadium, das des eingesunkenen, elfenbeinfarbenen „hypotonischen" haarlosen Herdes, beendet ein Haarersatz. Er erfolgt, indem ein Epithelsproß sich in die Tiefe senkt und im Hypoderm eine Papille entwickelt, aus der das neue Haar hervorgeht. Daneben erfolgt die Neubildung auch aus epithelialen Ausbuchtungen erhalten gebliebener Follikelreste der Talgdrüsenausführungsgänge. Man findet nämlich, wenn auch relativ selten, in den haarlosen Bezirken unmittelbar in die Haut ausmündende Talgdrüsen, zunächst ohne Spur von Haaren, in denen sich dann späterhin die eben angedeutete Haarentwicklung vollzieht. Vielfach sieht man in ein und demselben Follikel oben noch das abgestorbene kranke, pigment- und marklose Haar und im unteren Teil bereits das junge, mit beginnender Mark- und Pigmentbildung:

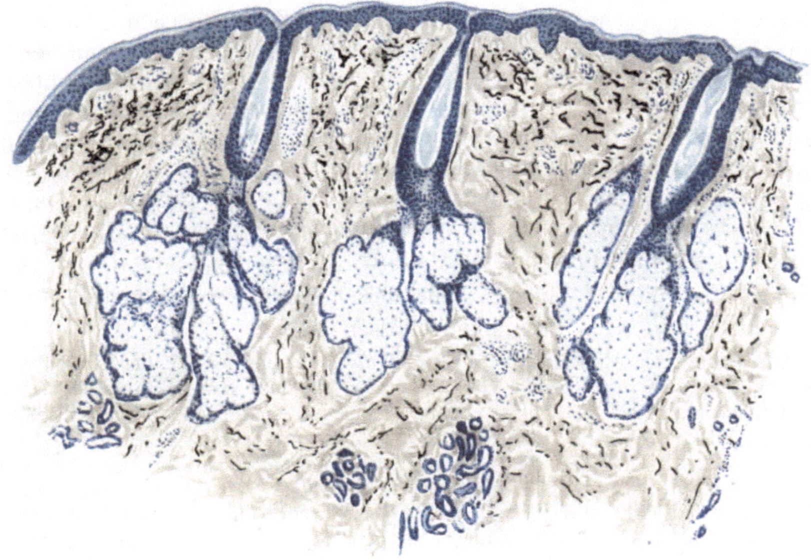

Abb. 11. **Alopecia totalis s. decalvans. des Kopfes**, seit 20 Jahren bei ♂ bestehend. Geringgradige perivasculäre lymphocytäre Infiltrate. Bindegewebssklerose. Hypertrophie der Talgdrüsen. Verhornung der Follikel unter Schwund des unteren Balgteils. Saures Orcein-polychrom. Methylenblau. O = 31:1; R = 31:1.

Ein Vorgang, der von SABOURAUD treffend mit den Verhältnissen vor dem Zahnwechsel der Kinder verglichen wurde.

Dabei ist im ganzen die Zahl der Follikel erheblich reduziert. Die Talgdrüsen sind vergrößert, eine Veränderung, die in unmittelbarer Abhängigkeit von dem längeren Aussetzen der Haarbildung zu stehen scheint. Diese Talgdrüsenhypertrophie findet sich übrigens bei allen nicht mit Narbenbildung einhergehenden Alopecien.

Die erhalten gebliebenen Follikel sind von einem verdickten, fast sklerotischen, mit zahlreichen jungen Bindegewebszellen durchsetzten Gewebe umgeben, das sich auch auf die übrigen Hautabschnitte fortsetzt und oft an wirkliches Narbengewebe erinnert. In der Umgebung dieser Bindegewebszüge, besonders zur Subcutis hin, finden sich zahlreiche Mastzellen.

Schließlich wäre noch auf den völligen Pigmentmangel der basalen und suprabasalen Zellagen hinzuweisen, der hier ebenso wie in den neugebildeten

Haarpapillen und Haaren während der ganzen Dauer des Krankheitsprozesses bestehen bleibt und — wie das ja auch das klinische Bild lehrt — erst einige Zeit nach Einsetzen des Haarwachstums wieder ausgeglichen wird.

Die **Differentialdiagnose** der Alopecia areata gegenüber anderen, zu umschriebenem Haarausfall führenden Erkrankungen ist nach dem Gesagten unschwer durchzuführen, da die durch Pilze, Eitererreger, nach Traumen und insbesondere die im Verlauf der Lues auftretende Alopecia areolaris, hinlängliche Unterschiede in ihrem histologischen Aufbau zeigen. An dieser Stelle mag dieser Hinweis genügen.

Nur bei der **Alopecia decalvans**, der totalen Alopecie, ist ohne Kenntnis des klinischen Befundes eine Trennung schwierig durchzuführen. Die Veränderungen sind hier nämlich grundsätzlich die gleichen, wie sie dem Dauerzustand der Alopecia areata entsprechen: Perivasculäre Zellinfiltration, vornehmlich aus Lymphocyten bestehend, Vermehrung der Mastzellen — wenn auch in erheblich geringerer Zahl wie dort und insbesondere mehr gleichmäßig über das ganze Gewebe verteilt, — Verdichtung des Bindegewebes, das nur von wenigen Gefäßen und Schweißdrüsenausführungsgängen durchzogen ist. Auffallend allerdings und abweichend von der Alopecia areata sind in diesem sklerosierten Gewebe die außerordentlich hypertrophischen, in Form großer kreisförmiger Herde eng beieinanderliegenden Talgdrüsenhaufen, die aus vielen einzelnen Drüsenläppchen aufgebaut sind. Dies drängt zu dem Rückschluß, daß sie aus einer Reihe ursprünglich einzeln stehender Follikel unter allmählicher Vereinigung ihrer Öffnungen zusammengeflossen sind.

Die Pathogenese der Alopecia areata sowohl als auch die der Al. decalvans ist noch völlig ungeklärt. Das histologische Bild im ersten Stadium der Erkrankung berechtigt an entzündliche Vorgänge zu denken, denen sich dann später atrophische anschließen. Dystrophische (JACQUET), infektiös-toxische (SABOURAUD), toxische (BETTMANN), trophoneurotische (JOSEPH) Ursachen sind als Erklärung herangezogen worden. Alle werden schließlich auf eine neurotrophische Grundlage hinauslaufen. Wir müssen uns jedoch heute noch auf den Standpunkt stellen, daß die Alopecia areata ein zwar wohl abgegrenzter Symptomenkomplex ist, dem eine einheitliche Ätiologie und Pathogenese jedoch nicht untergeschoben werden darf (PÖHLMANN).

2. Die Dystrophien der Haut.

A. Dystrophien der Haut als Hautleiden im engeren Sinne.

a) Dystrophien im Gebiete der Hornbildung.

Das Wesen der Dyskeratosen liegt in einer Abnormität des Verhornungsprozesses. Dieser kann sowohl im Sinne einer Hypo- als auch einer Hyper- wie einer Paraplasie verlaufen, und unter Umständen beim gleichen Organismus an verschiedenen Gebilden in dem einen sowohl wie dem anderen Sinne auftreten. Dystrophische Störungen der Verhornung finden sich jedoch in erster Linie als Hyperkeratosen. Unter diesen unterscheidet man klinisch primäre und sekundäre, wobei man unter letzteren alle im Anschluß an andere Dermatosen auftretenden Hyperkeratosen versteht. Auf sie wird an betreffender Stelle näher eingegangen werden. An dieser Stelle sind lediglich die primären oder essentiellen Hyperkeratosen zu berücksichtigen, und zwar insoweit, als es sich dabei nicht um Prozesse handelt, die sich bereits im embryonalen Leben abgespielt haben und daher an anderer Stelle beschrieben wurden. Wie wir sehen werden, wird es sich dabei allerdings in erster Linie trotzdem um Veränderungen handeln, bei denen die hereditäre Disposition, der genonome Faktor im weitesten Sinne eine Rolle spielt, und zwar ist das Ektoderm der gemeinsame Boden, von dem diese Veränderungen ausgehen. Da von diesem Keimblatt auch die Anhangsgebilde der Haut, die Haare und Nägel abstammen, ist es leicht erklärlich, daß Störungen der einen vielfach solche der anderen parallel gehen.

Es liegt gewissermaßen in der Natur der übermäßigen Verhornungen begründet, daß sie in ihrem Äußeren einander sehr ähnlich sehen, auch wenn sie ätiologisch nicht das geringste miteinander zu tun haben. Daher herrschen auf diesem Gebiete erhebliche Meinungsverschiedenheiten, die besonders bei ungewöhnlichen, nicht ganz den geläufigen Krankheitsbildern entsprechenden Formen hervortreten. Es ist verständlich, daß daher manchmal auf Grund ganz geringfügiger Abweichungen neue Krankheitsbilder geschaffen und diese mit neuen Namen belegt wurden, was eine Auseinandersetzung in diesen Dingen erheblich erschwert. Neben den in erster Linie zu berücksichtigenden feststehenden Formen habe ich auf derartige Beobachtungen anhangsweise hingewiesen, ohne ihnen im übrigen einen eigenen Abschnitt widmen zu können. Wenn die Annäherung an die eine oder andere Gruppe dabei gelegentlich auch gewaltsam erfolgen mußte, so schien mir doch eine andere Lösung vorläufig nicht möglich.

Die Anwendung der durch ERNST, UNNA u. a. begonnenen Erforschung der Chemie der Verhornung auf die Pathologie des Verhornungsprozesses harrt noch der Durchführung. Die ihr entgegenstehenden Schwierigkeiten werden verständlich, wenn man bedenkt, daß selbst der Vorgang der normalen Verhornung ein chemisch bzw. physikalisch-chemisch noch sehr umstrittener ist.

Von den Zustandsbildern der Haut, bei welchen erbliche Bedingungen eine entscheidende Rolle spielen, ist das häufigste die

Ichthyosis vulgaris.

Die Veränderung beginnt Ende des ersten bis Anfang des zweiten Lebensjahres als diffuse, allmählich an Stärke zunehmende Trockenheit und Sprödigkeit der Haut unter gleichzeitiger Verringerung der Schweißbildung. Sie tritt meist symmetrisch, vor allem und stärker an den Streckseiten, schwächer an den Beugeseiten der Extremitäten auf, unter geringerem Befallensein des Kopfes und Freibleiben vor allem der Kontaktstellen :Achselhöhle, Ellenbeuge, Leiste, Kniekehle. Klinisch lassen sich je nach dem Grade der Veränderung verschiedene Formen voneinander trennen, die jedoch durch Übergänge verbunden sind. Beim leichtesten Grade, der I. simplex, findet sich lediglich eine auffallend trockene und rauhe Haut ohne stärkere Anbildung von Hornzellen; bei der I. nitida kommt es bereits zur Bildung größerer, grauer bis grauweißer oder graubrauner Schuppen, die bei der I. serpentina in Pfennigstück und noch größere, unregelmäßig geformte, vielfach flächenhaft zusammenhängende, schmutziggrüne bis graubraune Hornschilder übergehen, die nach Form und Anordnung lebhaft an die Haut der Saurier erinnern (Sauriasis). Der stärkste Grad der Veränderung schließlich, die I. hystrix, führt zur Bildung stacheliger Hornplatten, die in Form großer Schuppen, kegel- oder zylinderförmiger, vielfach „stalaktitenartiger" Haufen derber, hornharter, graubrauner Gebilde auftreten.

Allen Formen gemeinsam ist die stark herabgesetzte Schweiß- und Talgsekretion und die dadurch bedingte auffallende Trockenheit der Haut.

Die Histologie der Ichthyosis ist noch umstritten; es handelt sich dabei neben tatsächlichen Unterschieden im histologischen Befund und deren Deutung besonders um die Frage, ob an deren Hand eine strenge Scheidung der Ichthyosis entsprechend ihren einzelnen klinischen Formen durchführbar ist.

Während Unna dies als stets sicher möglich bezeichnet, glaubt Gassmann, dem wir nach Unna die einzige systematische Untersuchung der ganzen Frage verdanken, daß ähnlich wie in der Klinik, so auch im mikroskopischen Bild Übergangsformen vorkommen können. Trotzdem erscheint der Versuch der Trennung aus theoretischen und praktischen Erwägungen zweckmäßig.

Bei den leichtesten Formen findet sich in einigen von mir untersuchten Fällen eine Verbreiterung der Hornschicht, die naturgemäß nicht sehr ausgesprochen, jedoch im Vergleich zu entsprechenden Hautstellen gesunder Menschen sicher vorhanden ist. Dabei folgt diese, in ihrem weitaus größten Teil kernlos und nur vereinzelt färbbare Kerne enthaltend, in gleichmäßiger Aus-

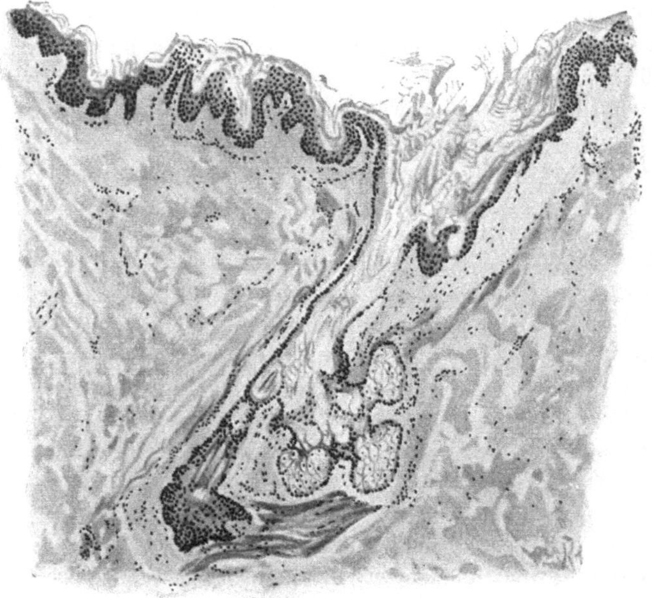

Abb. 12. Ichthyosis nitida. (Brust, ♂, 24jähr.) Hyperkeratose der Epidermis und des sackartig erweiterten, mit Hornmassen gefüllten Follikels. Hypoplasie des Strat. granulos. In der Tiefe Reste eines atrophischen Haares. Atrophie der Talgdrüse. Hypertrophie der Arrect. pil. O = 66:1; R = 52:1.

dehnung dem leicht gewellten Verlauf der unverhornten Oberhaut. Lediglich in die trichterförmig erweiterten Follikelöffnungen senkt sie sich in lamellär geschichteten Hornpfröpfen hinab, die häufig ein oder auch zwei mehrfach abgeknickte und daher immer nur bruchstückweise im Schnitt sichtbare Haare umschließen. Ein derartig erweiterter Follikel tritt einmal als breiter, klaffender, horngefüllter Trichter des intradermalen Abschnittes auf, dem ein normaler oder aber auch in seinem Verlauf abgeknickter unterer Teil folgt, oder aber, die Hornbildung und damit die Erweiterung, setzen erst unterhalb des epidermalen Follikelanteils ein. Sie führen dann hier zu horngefüllten Hohlräumen, deren von Unna vorgeschlagene Bezeichnung als Horn-,,Cysten" Gassmann glaubt ablehnen zu müssen, da eine eigentliche Cyste nicht vorhanden sei. Ein nennenswertes Hervorragen des verhornten Follikelpfropfs über die Umgebung ist in der Regel nicht vorhanden. Dagegen sah Unna bei stärker fortgeschrittener

Hyperkeratose eine Verhornung auch der interpapillaren Stachelschicht, so daß
die Hornschicht knopfförmig in die Epithelleisten vorragte, ein Befund, den
allerdings Gassmann und auch ich nie angetroffen haben.

Ein Stratum lucidum ist nicht nachzuweisen; auch die Körnerschicht
ist meist nur sehr schwach, vielfach gar nicht vorhanden. Gassmann
fand in solchen Fällen an ihrer Stelle eine stark abgeplattete Zellage, die sich
mit Hämatoxylin in diffuser Weise intensiv färbte.

Die Ansichten über die Struktur des Stratum spinosum gehen zur Zeit noch
erheblich auseinander. Während Unna infolge Verkleinerung der einzelnen
Zellen, insbesondere ihres Protoplasmas im ganzen eine Abnahme der Stachelschicht fand, die zur Bildung einer schmalen, suprapapillären Platte und Ver-

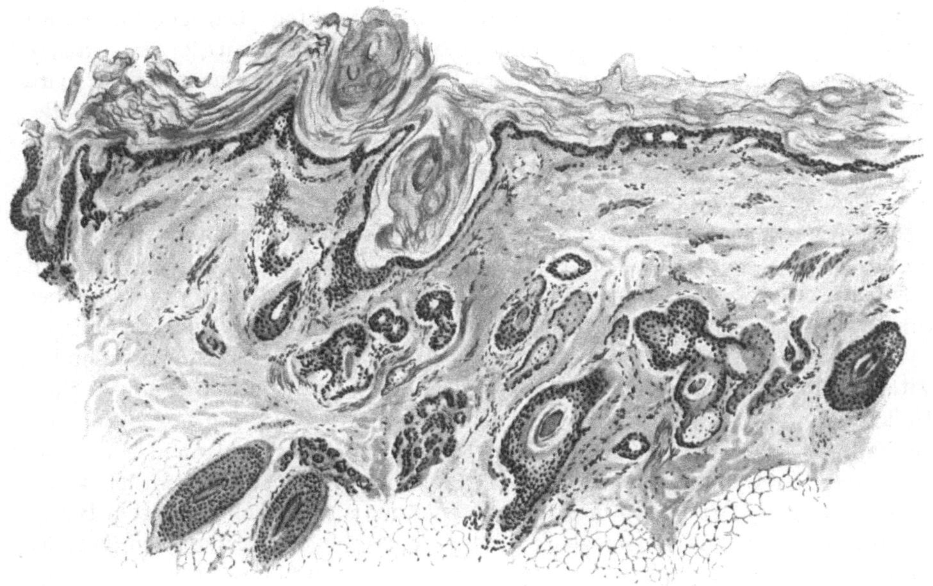

Abb. 13. Ichthyosis der Kopfhaut. Hypertrophie der Hornschicht; Atrophie der übrigen
Epidermis. In den hyperkeratotischen, ampullenartig erweiterten Follikeln Reste der Haare.
Atrophie der Talgdrüsen. Mäßige perivasculäre Zellinfiltrate der Cutis (sekundäre Reizwirkung?).
O = 35:1; R = 32:1. (Sammlung K. Beck.)

kürzung der Epithelleisten führte, betont Gassmann, daß derartige Veränderungen zwar manchmal bei der Ichthyosis nitida vorkommen, daß sie aber
keinen regelmäßigen Befund darstellen. Ebenso lehnt er das konstante Auftreten der von Unna betonten Formveränderung des Rete sowohl wie
des Papillarkörpers ab, wonach die Epithelleisten des ersteren mit gleichmäßig
abgeplatteten Flächen auf der Cutis säßen und die Papillenspitzen durch den
vertikal gerichteten Druck der Epidermis in einer geraden Ebene abgeflacht
würden. Dadurch entständen dann gleichzeitig gerade abgestutzte Leisten und
Papillen, ein unverkennbares Kennzeichen der Ichthyosis nitida. Eigene Untersuchungen zeigten zwar gelegentlich eine plumpere Struktur der Papillen, auch
wohl eine Verkürzung der Epithelleisten, jedoch war der Befund unregelmäßig,
so daß er als entscheidender Beweis für den in Frage stehenden Umbau nicht
angesehen werden kann.

GASSMANN weist auf das gehäufte, wenn auch wechselnd zahlreiche Vorkommen von gleichmäßig verteilten Leukocyten im unverhornten Epidermisanteil und von Mitosen im Stratum basale hin. Das letztere trägt außerdem ein intracellulär gelagertes, körniges, gelb-braunes Pigment in wechselnder, manchmal vermehrter, manchmal verminderter Stärke.

In engem Zusammenhang mit der Verhornung des Follikelausführrungsganges steht die stets zu beobachtende beträchtliche Atrophie der Talgdrüsen. Vielfach, besonders an den sackartig erweiterten und durch Hornmassen verschlossenen Haarbälgen gar nicht nachweisbar, sind sie auch an den noch offenen nur als spärliche kleine Überreste zu sehen. Das Verhalten der Schweißdrüsen wechselt; sie wurden mit einer Ausnahme (MORTIMER) stets vorgefunden. Eine Verhornung des Porus, die UNNA äußerst selten, GASSMANN in der Hälfte seiner Fälle sah, konnte auch ich gelegentlich beobachten. Dagegen findet sich ziemlich regelmäßig eine Erweiterung der Drüsenknäuel, die sogar so weit gehen kann, daß das intertubuläre Bindegewebe zusammengedrückt wird und die Schläuche sich gegenseitig abplatten; ein Befund, den UNNA in Beziehung bringen möchte zu der regelmäßigen Anhidrose der Oberhaut, zumal es ihm nicht gelang, in den sezernierenden Epithelien die sonst regelmäßig vorhandenen Fettkörnchen darzustellen. Da sich daneben jedoch im gleichen Schnitt auch den normalen durchaus entsprechende Knäuel finden können, wenn auch in wechselnder Zahl, und zudem diese Veränderung auch an nicht direkt ichthyotischen Hautpartien (Kniekehle, Sternum) ebenfalls erhoben wurde, scheint auch dieser Befund nicht unbedingt zu dem Bilde gehörig.

Die Cutis ist wenig verändert, namentlich zeigen die Gefäße keine Besonderheiten. Es findet sich eine ziemlich regelmäßige und über die ganze Haut (Gefäße, Schweißdrüsen), obere und mittlere Partien der Cutis, sowie auch die Papillen verbreitete Vermehrung der Mastzellen, namentlich in der Umgebung der Gefäße; dazu eine, wenn auch geringgradige, namentlich perivasculäre Zellzunahme im Papillarkörper, die aus gewucherten fixen Bindegewebszellen, nie aus Plasmazellen, selten oder nie aus Leukocyten besteht. Außerdem tritt hin und wieder ein körniges, gelbbraunes Pigment in vereinzelten Herden auf. Eine scheinbare Zunahme des kollagenen Gewebes in älteren Fällen, namentlich in der unteren Cutis, in der Umgebung der Schweißdrüsen, mag wohl auf ein enges Zusammenrücken der einzelnen Bündel infolge Fettschwundes im Panniculus zurückgeführt werden; dagegen tritt die von UNNA betonte Hypertrophie der schrägen Hautmuskeln ziemlich regelmäßig auf.

Bei den mittelschweren Formen, der Ichthyosis serpentina, steht im Gegensatz zur vorigen eine ausgesprochene Verbreiterung des Stratum spinosum unbestritten im Vordergrunde. Sie ist bedingt durch eine Vergrößerung der einzelnen Stachelzellen sowohl als auch ihrer Anzahl und führt zur Ausbildung, einer mehrreihigen, suprapapillaren Schicht und eines breiten, gut entwickelten, wenn auch etwas verkürzten Leistensystems. Dadurch gewinnt auch der Papillarkörper ein lebendigeres Aussehen. Bald zu mehreren zusammenliegend, bald weiter auseinandergezogen, hier verlängert und verschmälert, dort wieder verbreitert und abgeflacht, bilden die Papillen mit den Epidermisleisten eine mehr oder weniger steile Wellenlinie. Auch die Körnerschicht ist verdickt und geht ohne weiteres in die hypertrophische Hornschicht über. Diese besteht

aus dicht zusammengeschichteten kernlosen Hornplatten, die ähnlich wie bei
der I. nitida in die Follikelöffnungen vordringen, diese erweitern und vereinzelt
auch verschließen; daneben kommt es auch außerhalb der Follikel durch das
Vordringen der Verhornung gegen das hypertrophische Stratum spinosum in
diesem zur Bildung tiefer, verhornter Fortsätze, die bald knopfartig, bald mehr
stumpf kegelförmig gestaltet sind, aber überall deutlich die lamelläre Schichtung
zeigen.

Anhangsweise sei auf eine vereinzelt (KYRLE) beobachtete, überaus starke,
makroskopisch an die Farbe der Negerhaut erinnernde Pigmentablagerung im
Stratum basale bei der Ichthyosis serp. hingewiesen; diese Formen verlangen
besondere Aufmerksamkeit, da sie — augenscheinlich mit der Hyperkeratose
in Beziehung stehend — bei deren Rückgang schwinden.

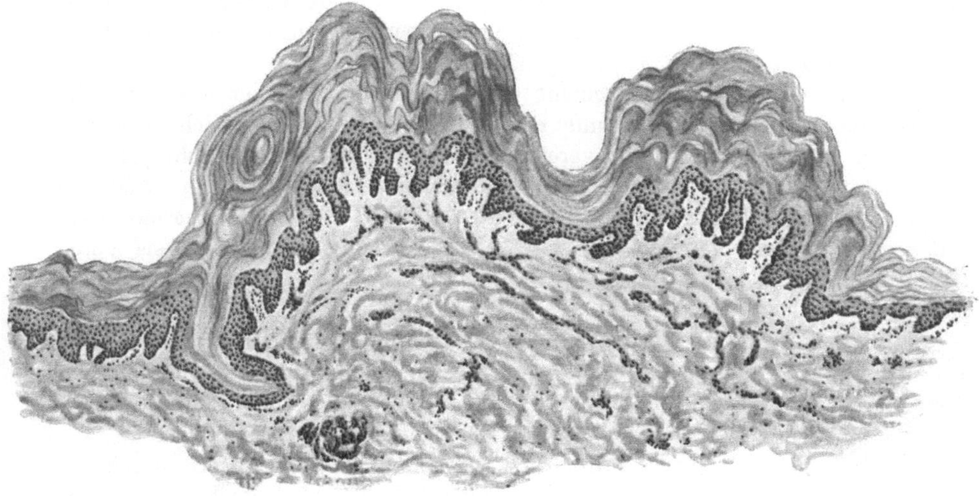

Abb. 14. Ichthyosis hystrix. Unterarm volar, 19jähr. ♀. Starke Hypertrophie der lamellär
gebauten Hornschicht, mäßige Verbreiterung der übrigen Schichten der Epidermis. Hyperkeratose
der Follikelostien. Verlängerung und Verbreiterung der Papillen. O = 35:1; R = 35:1.

Die Veränderungen in der Cutis sind viel geringer als bei der I. nitida; man
kann sie vielfach als völlig normal bezeichnen. Die Zellvermehrung, vornehmlich
aus Mastzellen, auch aus vereinzelten Plasmazellen bestehend, ist erheblich
weniger deutlich wie dort; wo vorhanden, tritt sie in erster Linie ebenfalls perivasculär, um die im übrigen normalen Gefäße oder die Schweißdrüsen auf.
Nur die Talgdrüsen sind ähnlich wie bei der I. nitida spärlicher und erheblich
verkleinert.

Die Ichthyosis hystrix schließlich bietet den eben erwähnten steilwelligen
Verlauf der Hornschicht-Stachelschicht bzw. Epidermis-Cutisgrenze in einem
noch stärkeren Maße dar. Dabei besteht eine so erhebliche Hypertrophie der
Hornschicht, daß die unverhornte Epidermis meist einen atrophischen Eindruck
macht, obwohl sie gegenüber der Norm sicherlich verbreitert ist (GASSMANN).
Zu dieser Wirkung trägt auch eine beträchtliche Verlängerung und Verbreiterung,
eine Hypertrophie der Papillen bei, die naturgemäß allgemein zu einer Verlängerung zwar, aber auch einer erheblichen Verschmälerung der interpapillären
Leisten sowohl als auch des suprapapillären Stratum mucosum führt.

Die Hornschicht ist zu gleichmäßig dicken, die übrige Epidermis unter Umständen um das 5—6fache überragenden, wechselnd stark ansteigenden bzw. abfallenden Hornbergen und -tälern verbreitert; über den ersteren finden sich vielfach noch wohlerhaltene Zellkerne, während sie in den letzteren fehlen. Der ursprünglich lamelläre Aufbau dieser Hornschicht ist meist nicht mehr zu erkennen, obwohl er in der ebenfalls stets, wenn auch weniger gewucherten Hornschicht der Umgebung deutlich sichtbar zu sein pflegt. Ein eigentliches Stratum lucidum wurde bisher noch nicht beobachtet, dagegen fanden sich vereinzelt in der entsprechenden Zellschicht eine oder mehrere Reihen feiner Tropfen, die Gassmann als modifiziertes Eleidin ansah. Im Gegensatz dazu ist die Körnerschicht zwar nur schwach entwickelt, aber doch stets nachzuweisen, wenn auch meist nur in einer Lage sehr zarter Keratohyalinkörner. Das Stratum spinosum ist aus großen wohlgeformten, in allen Schichten mit deutlichen Stacheln versehenen Zellen aufgebaut, und geht aus einem ebenfalls gut ausgebildeten, reichlich Mitosen zeigenden Stratum basale hervor.

Die Schweißdrüsenanzahl scheint nicht verändert. Soweit die spärlichen vorliegenden Untersuchungsbefunde ein Urteil gestatten, finden sich keine Störungen in Form oder Aufbau; vereinzelte schmale atrophische Schläuche mit abgeplatteten sezernierenden Epithelien, die letzteren zum Teil auch in erweiterten Lumina auftretend, sind einmal beobachtet worden. Auch das Verhalten der Talgdrüsen wechselt; in einem der Gassmannschen Fälle fehlten sie völlig, trotz der wenigen vorhandenen Haare, im zweiten waren sie in normaler Zahl, zum Teil sogar gut entwickelt.

Papillarkörper und Cutis weisen keine besonderen Veränderungen auf; auf die Vergrößerung des ersteren wurde oben schon hingewiesen. Eine von Joseph beobachtete Atrophie des Elastins sämtlicher Cutisschichten, namentlich der oberen, scheint ein mehr zufälliger Nebenbefund gewesen zu sein.

Als „Ichthyosis paratypiques" ist von Besnier ein Krankheitsbild bezeichnet worden, das besonders bei jungen Mädchen, vielfach zugleich mit anderen Hemmungsmißbildungen (Alopecia, Wolfsrachen) auftritt und im Gegensatz zur Ichthyosis vulgaris gerade die Gelenkbeugen am stärksten, und zwar in Form der I. hystrix befällt. Die Berechtigung zur Sonderstellung wegen dieser Lokalisation muß noch als durchaus unerwiesen betrachtet werden, zumal weitgehende histologische und klinische Übereinstimmung, namentlich mit der Ichthyosis hystrix vera atypica besteht. Insbesondere scheinen hier die histologischen Unterschiede nur graduell zu sein; sie bestehen im Erhaltenbleiben der Kerne in sämtlichen Hornschichtlagen, einer deutlichen Verbreiterung der Körnerschicht und wahrscheinlich auch der Bildung eines Stratum lucidum, welch letzterer Befund ja auch bei Ichthyosis vulgaris beobachtet wurde.

Differentialdiagnose: Die typische Ichthyosis vulgaris ist histologisch besonders im Zusammenhang mit der Klinik kaum zu verkennen. Auch die Ichthyosis hystrix atypica bzw. paratypica dürfte nach dem eben Gesagten kaum Schwierigkeiten machen, zumal der einzelne Hystrixherd sich von den gewöhnlichen Warzen ohne weiteres durch deren außerordentlich reichlichen Keratohyalin- und Eleidingehalt unterscheidet.

Neben den sicher als atypische Ichthyosis vulgaris anzusehenden Fällen sind nun noch eine ganze Reihe von Beobachtungen bekannt geworden, deren Stellung im System strittig ist. Soweit es sich dabei um Krankheitsbilder handelt, die mit auch nur einiger Bestimmtheit sich in die Gruppe der Hyperkeratosis univ. cong. (Ichthyosis foetalis) einerseits, in die der systematisierten Hornnaevi bzw. lokalisierten Keratome andererseits rechnen lassen, wird ihrer an jener Stelle gedacht werden. Daneben jedoch gibt es auch eine oder gar mehrere Gruppen, die noch nicht restlos geklärt sind, vor allem die sog. „Übergangsfälle", unter ihnen Brocqs „Erythrodermie congénitale ichthyosiforme".

Ihre genaue Bestimmung, lediglich auf Grund histologischer Kriterien scheint ein Verlangen, das an Hand der heutigen mikroskopischen Untersuchungsmöglichkeiten undurchführbar ist; immerhin liegen aber doch mehrere, neuere und genauere Untersuchungen vor, die ihre Einordnung zwischen fötaler und wahrer Ichthyosis berechtigt erscheinen lassen. Die nähere Begründung dieser Stellungnahme ist im Anschluß an die Hyperkeratosis cong. gegeben.

Besondere Beachtung verlangt ferner die Keratosis suprafollicularis (pilaris), die wir aus einer Reihe hier nicht zu wiederholender Gründe als selbständiges Krankheitsbild anerkennen müssen. Sie unterscheidet sich von der bei mancher Ichthyosis zu beobachtenden follikulären Hyperkeratose durch die stets normale Verhornung; nirgends findet sich bei ihr ein Erhaltenbleiben der Zellkerne in der Hornschicht. Dazu kommen als wesentlicher Unterschied die stets vorhandenen, wenn auch wechselnd starken Entzündungserscheinungen, wobei allerdings zu beachten ist, daß bei der ichthyotischen Follikelhyperkeratose gelegentlich auch einmal ein vorübergehender Entzündungszustand auftreten kann. Inwieweit daneben eine echte isolierte „Ichthyosis follicularis" überhaupt vorkommen kann, ist noch nicht hinlänglich untersucht, wenn auch einige Beobachtungen (Gassmann, Riehl) dafür zu sprechen scheinen. Die Fälle Mac Leods möchte ich wegen der gleichzeitigen Kahlheit nicht ohne weiteres hierher gerechnet wissen.

Pathogenese: Die Ichthyosis wird heute allgemein als eine keimplasmatisch bedingte, kongenitale Mißbildung betrachtet, und zwar äußere sich diese in Form einer Dyskeratose, die mit einer mehr oder auch weniger bis kaum wahrnehmbaren Verdickung der Hornschicht einhergeht. Dabei spielt eine eigentlich vermehrte Neubildung von Hornmassen weniger eine Rolle, als deren verstärkte Retention (Gassmann). Ob dabei primär eine Dysfunktion des Epithels oder des bindegewebigen Anteils der Haut anzunehmen ist, scheint eine müßige Fragestellung, da schlechterdings die erstere von der letzteren schließlich abhängig sein kann. Bei den wiederholt beobachteten Beziehungen zwischen Ichthyosis und Drüsen mit innerer Sekretion, insbesondere der Schilddrüse, ist auch der Gedanke nicht ganz von der Hand zu weisen, daß hinter dem, was uns als keimplasmatische Störung des Hautaufbaues erscheint, lediglich die Folge einer allerdings in ihren Einzelheiten bisher noch nicht faßbaren kongenitalen Korrelationsstörung des endokrinen Systems zu suchen ist.

Keratoma hereditarium palmare et plantare.

Handteller und Fußsohlen, einschließlich der Volarflächen der Finger und Zehen, sind von einer gelben bis schmutziggrauen, stark ($^1/_2$—1 cm) verdickten, vielfach eingerissenen, im übrigen aber normal aufgebauten Hornschicht bedeckt, die, zum Dorsum manus hin wallartig scharf absetzend in die gesunde Haut übergeht. Zwischen beide Abschnitte schiebt sich eine leicht schuppende, im übrigen aber nicht veränderte, $^1/_2$—1 cm breite, blaurötliche Randzone ein, die gelegentlich auch einmal fehlen kann. Im Bereich der Hyperkeratose ist die Schweißabsonderung fast stets gesteigert und die Schweißporen fallen durch ihre bienenwabenähnliche Zeichnung (Jarisch) auf. Die Verhornungsanomalie kann vereinzelt proximalwärts auf die Extremitäten sowie auf das Dorsum übergreifen. Hier tritt sie dann meist in kleinen umschriebenen Herden auf. Über den erkrankten Partien, vereinzelt auch in deren nächster Umgebung nehmen Schmerzempfindung sowie die Empfindung gegen den faradischen Strom allmählich ab, während das Tastgefühl ungestört bleibt.

Neben der diffusen Form sind herdförmig umschriebene (Besnier, Dubreuilh) sowie disseminierte (Buschke und Fischer, Galewsky) und dissipierte (Brauer) beschrieben worden, die wahrscheinlich grundsätzlich das gleiche Krankheitsbild darstellen.

Das histologische Bild wird beherrscht von den Veränderungen in der Epidermis, denen gegenüber die der Cutis an Bedeutung nahezu völlig zurücktreten. Vielfach zeigt diese keine Abweichung von der Norm. Das elastische und kollagene Gewebe ist nicht verändert, namentlich läßt sich das erstere leicht mit seinen feinen Ausläufern zur Epidermis hin verfolgen. Lediglich der Papillarkörper ist umgestaltet; statt in leichter Wellenlinie zieht er sich in Form einer großen, unregelmäßige Zacken bildenden „sägeförmigen" (Thost) Linie hin. Die einzelnen Papillen sind oft bis auf das fünffache verlängert, dementsprechend verschmälert und spitz zulaufend. Die Basalzellen umsäumen in regelmäßiger Form und Anordnung die Papillen. Das Stratum spinosum ist gegenüber der Norm sehr stark verbreitert, an manchen Stellen bis zu 20 und 30 Zellagen einnehmend. Die Vermehrung der Stachelzellschicht zeigt sich außerdem in der Ausbildung breiter, plumper, gegen die Cutis hin nicht spitzer, sondern mehr oder weniger kurz abgestumpfter Leisten, die im Schnitt eine trapezähnliche Zeichnung darbieten (Vörner). Die Zellen selbst sind dabei nach Form und Größe nicht verändert; es handelt sich hier also zunächst um ihre rein zahlenmäßige Vermehrung, in deren Bereich die Intercellularbrücken länger und stärker entwickelt sind. Letztere lassen sich über mehrere Zellen hinweg verfolgen und liegen oft in parallelen Faserbündeln zusammen. Da diese, ebenso wie die intracellulären Fasern, außerdem die Neigung zu vorzugsweise vertikaler (zur Cutis hin) und horizontaler Verlaufsrichtung zeigen, kommt es zur Bildung ganzer Netzsysteme, die bei entsprechender Färbung scharf hervortreten.

Neben dem Stratum spinosum ist auch das Stratum granulosum sehr verbreitert. Die Anhäufung der Keratohyalinkörner ist manchmal so stark, daß die gesamte Zelle davon ausgefüllt und der Kern völlig überdeckt ist. Dabei wechselt die Breite dieser Zone im gleichen Schnitt erheblich, indem dort, wo die Epithelleisten mit breiter Basis aufsitzen, eine starke Keratohyalinansammlung statthat, während suprapapillär meist nur 2—3 Zellagen granuliert sind.

Über dem Stratum granulosum liegt als hellglänzendes welliges Band das sehr stark entwickelte Stratum lucidum. Hier ist ebenso wie im Stratum granulosum die von der Stachelzellschicht her gut entwickelte Protoplasmafaserung noch zu erkennen, wenn auch meist nur noch in Resten. Auf den Eleidinreichtum dieser Schicht hat besonders Vörner hingewiesen. Über sie hinweg zieht leicht gewellt die ebenfalls stark verbreiterte Hornschicht, in der gequollene und vakuolisierte, in naher Beziehung zu den Schweißdrüsenausführungsgängen stehende Schichten mit völlig normalen abwechseln. Im Bereich der ersteren sind vereinzelt zahlreiche Züge von Streptokokken nachgewiesen worden (Nass), denen jedoch nur eine sekundäre Bedeutung zugesprochen werden kann. Sie mögen zwar zu Zersetzungs- und damit stärkeren Entzündungserscheinungen führen, dürften aber für die Veränderung als solche ohne Belang sein.

Während diese gequollenen und vakuolisierten Abschnitte in der Hornschicht ziemlich regelmäßig aufgefunden werden, ist die ihnen entsprechende bzw. vorausgehende Veränderung in den unteren Epidermisabschnitten bisher nur vereinzelt, am sorgfältigsten von Vörner beobachtet und beschrieben worden.

Sie tritt als heller gefärbte, wechselnd breit und scharf abgesetzte, zylinderförmig die Schweißdrüsenausführungsgänge umgebende Zone auf. Sie wird
verursacht durch degenerative Vorgänge an und in den in Betracht kommenden
Zellen. Diese äußern sich einmal in einer herabgesetzten Tinktionsfähigkeit
der Zellen, die außerdem in ihrem Aufbau eine erhebliche Umwandlung erfahren
haben. Während nämlich die basalen und die diesen zunächst folgenden Zellagen
nichts Auffallendes zeigen — sie sind vielleicht etwas kleiner als gewöhnlich —
beginnt in den darauffolgenden Schichten eine zur Oberfläche der Haut hin
immer stärker ausgesprochene Abnahme in der Färbungsintensität. Dazu
kommt eine erhebliche Volumzunahme der ganzen Zellen sowohl, als auch der

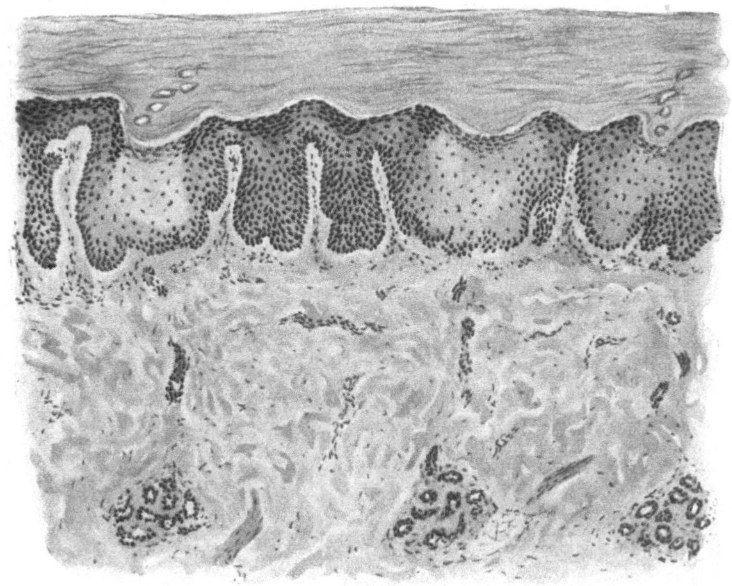

Abb. 15. **Keratoma heredit. palmare.** (♀, 19jähr.) „Sägeförmiger" Verlauf der Papillar-
körper-Epidermisgrenze; verlängerte und verschmälerte Papillen, verbreitertes Strat. spin., granulos.
u. lucidum. Hyperkeratose. Umschriebene „Aufhellung" der Epidermis. O = 128 : 1; R = 128 : 1.

Zellkerne. Gleichzeitig treten im Protoplasma der Zellen eine oder mehrere
bläschenartige Vakuolen auf, die unter Umständen eine beträchtliche Größe
erreichen und durch ihren Druck den zunächst noch runden, in der Mitte liegenden
Kern entweder in Sichelform an eine Wand pressen, oder aber, wenn er zwischen
mehrere dieser Vakuolen zu liegen kommt, ihn zu einem schmalen, flachen,
manchmal auch „biskuitförmig" zusammengedrückten Gebilde umgestalten.
Die Veränderung erstreckt sich in dem befallenen Bezirk auch auf die Zellen des
Stratum granulosum und lucidum, sowie auch auf die Intercellularräume.
Zwar bleibt die Zellwand als solche erhalten, aber die Intercellularbrücken,
die in den unteren Abschnitten noch ihren charakteristischen Aufbau und Verlauf zeigen, werden nach oben hin immer mehr zu langen, dünnen, von Zelle
zu Zelle verlaufenden Fäden ausgezogen, bis sie schließlich einreißen und zu
kurzen, kolbig verdickten Resten zusammenschrumpfen. Auch dieser Umstand
trägt dazu bei, die Intercellularräume in unregelmäßig blasige Hohlräume

umzuwandeln, die bald kleiner, bald größer erscheinen, und durch ihre Nichtfärb-
barkeit dem ganzen Gebiet jenen verwaschenen Ausdruck verleihen, der es von
seiner Umgebung so scharf abhebt.

Die Berechtigung zur Abtrennung von Besniers „Keratodermie sym-
métrique palmaire et plantaire“, die durch das Auftreten inselförmiger,
von einer bis $^1/_2$ cm breiten, lebhaft geröteten Zone umgebener, verhornter und
gleichzeitig stark schwitzender Herde gekennzeichnet ist, scheint zur Zeit noch
umstritten. Der herdförmige Beginn, auch im späteren Alter, die bisher noch
nicht beobachtete Vererbbarkeit, können nach unserer heutigen Auffassung
der Genodermatosen keine ausreichende Begründung hierzu geben. Anders
steht es allerdings mit den in derartigen Fällen beobachteten entzündlichen
Vorgängen. Sollten diese, wie Vörner annehmen möchte, das Ursächliche des

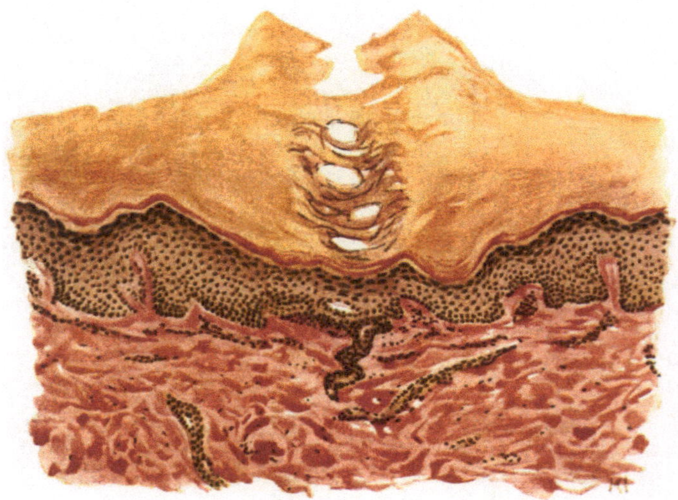

Abb. 16. Keratodermia periporalis. Vola manus. 20jähr. ♂. Hyperkeratose um das Schweiß-
drüsenostium mit Atrophie des zugehörigen Epidermisabschnittes und Schwund des Papillarkörpers.
VAN GIESON.   O = 147:1; R = 147:1.

Krankheitsbildes sein, so wäre natürlich eine Sonderstellung berechtigt. Zunächst
wäre allerdings noch der Beweis zu führen, daß es sich nicht auch hier primär
um eine Genodermie gehandelt hat, die durch äußere Ursachen sich zur Genodermatose weiter entwickelt. Dieselbe Fragestellung drängt sich auch für eine
als Forme ponctuée abgetrennte Gruppe der Besnierschen Dermatose auf,
die Hallopeau, Hallopeau und Claisse in Beziehung zu den Schweißdrüsen-
mündungen brachten, die DE Beurmann und Gougerot direkt als Porokeratose
bezeichnen. Bei diesen Krankheitsbildern scheint es sich um verschiedene
Abarten grundsätzlich gleicher Vorgänge zu handeln, so daß sie Galewsky
in enge Beziehung zu einer Gruppe disseminierter, symmetrischer, lokalisierter,
palmarer und plantarer Keratodermien bringen möchte, die verschiedene Bezeichnungen erhalten haben.

Es handelt sich um die als Keratoma dissipatum hereditarium palmare
et plantare (Brauer) bzw. Keratodermia maculosa disseminata symmetrica palmaris et plantaris (Buschke und Fischer, Galewsky) oder

Porokeratose papillomateuse palmaire et plantaire (MANTOUX) beschriebenen, eigenartigen, meist auf die Vola und Planta beschränkten, umschriebenen, symmetrisch angeordneten, zahlreichen (bis zu 100) stecknadel-
spitz bis pfennigstückgroßen, zum Teil parakeratotischen Horneinlagerungen,
die in ihrem histologischen Aufbau sowohl als auch in ihrer Klinik und Pathogenese grundsätzlich mit dem klassischen Keratoma hereditarium überein-
zustimmen scheinen. Auch der von GANS als Keratodermia periporalis
bezeichnete Fall wäre hierher zu rechnen. Histologisch handelt es sich um eine
lediglich auf die gesamte Epidermis und hier in erster Linie die Hornschicht
beschränkte Verdickung, die je nach dem Ausgangspunkt zu verschiedenen
Bildern führt (s. Abb. 16). Cutis und Papillarkörper sind in reinen Fällen
unverändert; entzündliche Zellansammlungen, Veränderungen am Bindegewebe
wurden nicht beobachtet.

BRAUER glaubt zwar in dem Vorhandensein der Parakeratose im zentralen
Anteil der Efflorescenzen bei seinem Kranken eine prinzipiell sehr wichtige
Abweichung von diesem Bilde gefunden zu haben. Man kann sich dieser Auffassung jedoch nicht restlos anschließen. Nicht etwa deshalb, weil BRAUER
das Fehlen der Parakeratose im BUSCHKEschen Falle als „wie es scheint, un-
wesentliche Eigenschaft" betrachtet und diese zusammen mit den von EMERY,
GASTOU, NICOLAU und dem von MANTOUX beobachteten Falle mit dem seinigen
eine Gruppe bilden läßt. Zu der vorläufigen Stellungnahme zwingt vielmehr
die in ihrer letzten Ursache noch völlig ungeklärte Verhornungsfrage, die es
meines Erachtens zur Zeit noch nicht gestattet, bei im übrigen grundsätzlich
völlig übereinstimmendem histologischen Befund, so schwerwiegende Ent-
scheidungen lediglich wegen eines, zudem doch auch unregelmäßigen (BUSCHKE-
FISCHER) Symptoms zu fällen. Auch GALEWSKYs Bedenken, daß diese Fälle
meist erst im späteren Leben auftreten (mit Ausnahme von BRAUERs Fall)
scheint durch die oben gegebene Auffassung des Prozesses als einer Genodermatose
entkräftet.

Anhangsweise sei hier die Helodermia simplex et annularis (VÖRNER)
erwähnt: Auf der Volarseite der Hände und Finger, an den Rändern und auf dem
Dorsum derselben auftretende hühneraugenähnliche, unscheinbare, fast regelmäßig gedellte Knötchen, die gelegentlich Kreisformen bilden. Sie zeigen histologisch eine Vermehrung des cutanen Bindegewebes, eine geringgradige perivasculäre Zellinfiltration sowie eine Verbreiterung des Epithels mit zentraler
Desquamation der Hornschicht. Die beginnende Ringbildung besteht nicht
bloß in einer einfachen Hyperplasie des Bindegewebes, sondern dieses degeneriert und wird unter Zunahme der entzündlichen Veränderungen schließlich
nekrotisch.

Histogenetisch führt VÖRNER die Verbreiterung des Epithels auf eine sekundäre Beeinflussung durch die Vorgänge in der Cutis zurück. Eine Klärung des
Wesens dieser merkwürdigen Veränderung muß weiterer Beobachtung überlassen werden.

Differentialdiagnose: THOST, dem wir die erste eingehende histologische
Schilderung der Erkrankung verdanken, bezeichnete sie als erbliche Ichthyosis
palmaris et plantaris cornea, faßte sie also als eine lokale Ichthyosis auf.
Ganz abgesehen von den vielen klinischen Unterschieden (meist nicht isoliert,
sondern Ausdehnung auf den übrigen Körper, mangelnde Symmetrie) bei denen

die herabgesetzte Schweißsekretion mit an erster Stelle steht, sind Stratum spinosum und granulosum bei der Ichthyosis im Gegensatz zum Keratoma hereditarium meist erheblich verschmälert. Das Cornu cutaneum unterscheidet sich neben dem durchaus nicht hereditären Auftreten, vorzüglich im späteren Alter, der keineswegs vorhandenen Bevorzugung der Palmae und Plantae, vor allem durch die histogenetische Entwicklung und den eigentümlichen Aufbau: Anfangs Verbreiterung der im übrigen normalen Stachel- und Körnerschicht, später Rückbildung und Schwund derselben, während gleichzeitig die Hyperkeratose außerordentlich an Ausdehnung zunimmt und jenen eigenartigen Aufbau aus Horntüten und Hornkuppeln zeigt. Auch die systematisierten, verhornten Naevi lassen sich schon durch die zahlreichen unregelmäßig in die Cutis vordringenden, zum Teil mit Cysten und Hornkugeln durchsetzten Epithelsprossen ohne weiteres erkennen.

Ob die fehlende Aufhellung der Zellen in der Umgebung der Schweißdrüsenausführungsgänge dazu berechtigt, Verhornungen, die sich neben dem Keratoma hereditarium verschiedentlich an anderen Stellen und besonders auf dem Dorsum der Hände und Füße gefunden haben, von diesem abzusondern und sie zu den einfachen Schwielen zu rechnen, scheint noch umstritten, zumal ja das genannte Symptom auch beim echten Keratoma hereditarium gelegentlich zu fehlen scheint.

Das Mal de Melada, von dem mikroskopische Untersuchungen bisher noch nicht vorliegen, kann daher vorläufig noch nicht mit Sicherheit zum Keratoma hereditarium gerechnet werden, wenn auch eine gewisse Wahrscheinlichkeit hierfür besteht.

Die Erkennung des klassischen Keratoma hereditarium wird daher kaum Schwierigkeiten machen. Anders steht es mit den anhangsweise kurz erwähnten disseminierten Formen. Eine Trennung von den syphilitischen Clavi, von den Arsenkeratosen, von der Porokeratosis Mibelli dürfte mit Rücksicht auf den eigenartigen histologischen Aufbau und den als Ganzes doch abweichenden klinischen Gesamteindruck noch leicht durchführbar sein. Auch die Helodermia simplex et annularis (VÖRNER) ist durch die Vermehrung des cutanen Bindegewebes mit der mäßigen, entzündlichen perivasculären Zellansammlung, besonders aber durch die erst sekundär auftretende Verdickung des Epithels mit nachfolgender zentraler Abstoßung der Hornschicht unschwer abzugrenzen. Dagegen scheint mir die Durchführung einer gegenseitigen differentialdiagnostischen Analyse der oben anhangsweise erwähnten disseminierten, echten palmaren und plantaren Hyperkeratosen durchaus untunlich, dies schon mit Rücksicht auf die geringe Zahl der beobachteten Fälle.

Die **Pathogenese** des Keratoma hereditarium ist einfach zu umgrenzen; es handelt sich um eine dominant vererbbare, auf keimplasmatischen Störungen beruhende Anomalie eines umschriebenen Bezirkes des Ektoderms. Ob dabei die breite mächtige Körnerschicht, die dieser folgende und besondere Entwicklungsart der basalen Hornschicht zu dem Schluß berechtigen, daß die stärker sich entwickelnden Stachelzellen einem zwar beschleunigteren und unregelmäßigeren — aber sonst regelrechten — Verhornungsprozeß unterliegen (KRZYSZTALOWICZ) als die normalen, bedarf noch weiterer Prüfung; ebenso VÖRNERS Erklärung für das Auftreten jener hellen Zone um die Schweißdrüsenausführungsgänge. Da sich nämlich im ganzen Prozeß an keiner Stelle Zeichen auch nur der geringsten Veränderung vorfinden, die die oben geschilderten besonderen, streng auf die nächste Umgebung der Schweißdrüsenausführungsgänge beschränkten Veränderungen erklären könnte, glaubt VÖRNER sie mit Rücksicht auf die gleichzeitig bestehende starke Hyper-

hidrosis als Folge einer Imbibition mit Schweiß auffassen zu dürfen, der sowohl inter-
als auch intracellulär eindringend, den eigenartigen Umbau bewirke.

Keratosis suprafollicularis (pilaris) alba et rubra.

Die Keratosis suprafollicularis ist als Dermatose sui generis noch sehr umstritten. Von
der einen Seite lediglich als ein Symptom leichtester Ichthyosis betrachtet, sieht die andere
in ihr ein selbständiges Krankheitsbild. Es ist allerdings ohne weiteres zuzugeben, daß bei
manchen Ichthyotikern neben anderen auch an den Streckseiten der Extremitäten eine
der Keratosis suprafollicularis ähnliche Veränderung auftritt, jedoch wird man bei regelmäßigem Danachachten einmal manche Ichthyotiker, leichte und auch mittlere Formen
finden, denen diese follikuläre Keratose fehlt — um so weniger Berechtigung kann ich dem
Vorgehen zubilligen, das in ihr ein einleitendes Stadium der Ichthyosis sehen will — und
umgekehrt, und das scheint mir das Entscheidende, viele Fälle von echter Keratosis suprafollicularis, die selbst bei längster Beobachtung niemals eine andere denn die suprafollikuläre
Keratose zeigen. Zudem ist der histologische Unterschied zwischen ihr und jenen, bei der
Ichthyosis vorkommenden follikulären Verhornungsprozessen ein so deutlicher, daß man
an der Keratosis suprafollicularis als selbständigem Krankheitsbild festhalten muß. Auch
von der Keratosis spinulosa (Lichen spinulosus) scheint die Keratosis suprafollicularis
durch die hier nie so stark ausgebildeten Hornstacheln, insbesondere aber ihr diffuses und
nicht herdförmiges Auftreten hinlänglich abgegrenzt.

Die Keratosis suprafollicularis besteht in einer rein follikulären, besonders an den Streckseiten der Extremitäten, seltener — nach Brocq nie — auf dem Kopf auftretenden Hyperkeratose, die in überstecknadelkopfgroßen, meist unveränderten (alba), seltener leicht
hyperämischen (rubra) Hornkegeln oder Hornschüppchen diffus die meisten Follikel befällt.
Sie verleiht dem ganzen Hautgebiet ein reibeisenähnliches Aussehen. Entfernt man die
Horndecke, so tritt darunter meist ein im Follikeltrichter steckendes eingerolltes Haar
hervor. Die Veränderung geht mit einem Schwund der zugehörigen Talgdrüsen einher
und endet mit der Zerstörung einer Reihe von Haarfollikeln, an deren Stelle eine einfache,
verhornte Ausbuchtung oder Höhlung zurückbleibt, deren Wand durch die Epidermis
gebildet wird.

Aus klinischen, daneben aber auch aus anatomischen Gründen sind von der Keratosis
suprafollicularis streng zu trennen, einmal die fleckförmig auftretende und nicht auf die
Streckseiten beschränkte Keratosis follicularis spinulosa (Lichen spinulosus) und zum
anderen das Ulerythema ophryogenes Unna-Taenzer, das zur vollständigen Atrophie
der interfollikulären Cutis führt.

Die Bezeichnung Keratosis suprafollicularis (Unna) scheint zweckmäßiger als Keratosis
pilaris, da letztere für durchaus verschiedene Veränderungen gebraucht wird, und es
sich ja in erster Linie um eine Verdickung der Hornschicht im obersten Abschnitt der Mündung der Haarfollikel handelt.

Das Wesentliche und Primäre im histologischen Befunde ist eine Verdickung der Hornschicht über und in der erweiterten Follikelmündung,
der erst sekundär eine mäßige Erweiterung des Haarbalgtrichters folgt. Das
Verhalten der umgebenden Cutis wechselt. Die Papillen sind bisweilen etwas
größer als gewöhnlich. Die Gefäße sind manchmal erweitert, sowohl die perifollikulären als auch die oberflächlichen, in vielen anderen Fällen wieder nicht.
Ziemlich regelmäßig findet sich lediglich eine mäßige perivasculäre und inter-
vasculäre, sowie besonders perifollikuläre, auch die Balgwand selbst durchsetzende Zellinfiltration, die aus zahlreichen Mastzellen, weniger aus
Spindelzellen und vereinzelten Plasmazellen aufgebaut ist.

Die von Unna einmal beobachtete schleimige Degeneration des Kollagens
sei erwähnt, obwohl es dahingestellt bleiben muß, inwieweit die Keratosis
suprafollicularis als solche an deren Entstehung beteiligt war. Ein gleiches
gilt für die hier und da beobachtete stärkere Verhornung der Schweißdrüsenausführungsgänge und die von Audry betonte Rückbildung derselben.

Die O berhaut in der Umgebung der Follikel ist meist nicht verändert;
einer vereinzelt beobachteten Verdünnung des Stratum mucosum und corneum,
gelegentlich auch einer Verdickung des letzteren, dürfte um so weniger Bedeutung
beizulegen sein, als ja einmal gewisse örtliche Unterschiede bestehen und zum
anderen für diese Fälle die Zugehörigkeit zur Keratosis suprafollicularis noch
nicht restlos erwiesen ist.

Welcher Natur sind nun die Veränderungen im Follikelausführungs-
gange? Zunächst sei betont, daß viele Haarfollikel vollständig regelmäßig
gebaut erscheinen. Sie zeigen die gleiche Gruppenbildung wie in der normalen
Haut.

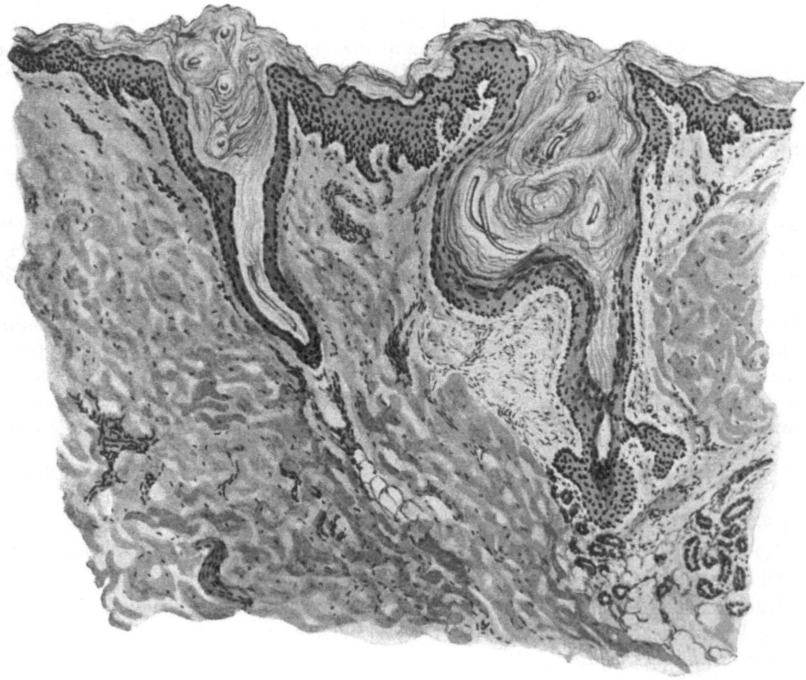

Abb. 17. Keratosis suprafollicularis. (Oberarm, Streckseite, 19jähr. ♀). Umgestaltung
der Follikelostien durch die Hornmassen; rechts kegel-, links tulpenkelchartig. In den Hornmassen
längs- und quergetroffene Reste des vielfach gewundenen Haares. O = 128 : 1; R = 128 : 1.

Als wichtiger Unterschied von dieser ist jedoch festzustellen, daß sie außerordentlich häufig zu zweien, seltener zu dreien oder vieren eine gemeinsame
unregelmäßige, ampullen- oder zylinderförmige Mündung besitzen, die zwar
gewöhnlich von gleicher Weite, aber viel tiefer ist als in der Norm (GIOVANNINI).
Daneben findet man auch gelegentlich Follikel, die keinen eigentlichen Trichter
oder nur die Andeutung eines solchen besitzen; sie münden stets in den Trichter
eines benachbarten Follikels.

Die durch die Verhornungsanomalie bedingte Umgestaltung der Follikelostien ist zweierlei Art, wobei aber die Öffnung stets ihre normale Weite behält.
Lediglich das darauf folgende Stück zwischen ihr und dem Follikelhals wird
umgeformt, und zwar meist in einen stumpfen Kegel, der tiefer und weiter ist
als in der Norm, oder aber eine annähernd zylindrische oder auch tulpenkelch-

artige Form annimmt. Auf diesen unverhältnismäßig großen Trichter folgt dann der Follikelhals und Körper als kurzes, schmales Anhängsel. Vereinzelt findet sich in jenem Teile, der zwischen dem Muskelansatz und dem Trichter liegt, eine kleine, ziemlich regelmäßig kugelartig gebaute Erweiterung, in der dann Hornansammlung und die gleich zu schildernde Schlingenbildung des Haares ebenfalls vorhanden sind. Der Trichter wird von wenigen locker geschichteten Hornlagen ausgefüllt, durch welche ein vielfach spiralisch gekrümmter Haarschaft sich durchwindet. Da diesem der Durchtritt nach außen durch die über das Follikelostium hinwegziehende verdickte Hornschicht erschwert, ja vielfach unmöglich gemacht ist, so wird er von seinem geraden Verlauf abgeleitet, drängt die Follikelwand auseinander — wodurch die eben beschriebene Erweiterung erklärt ist — oder aber, wenn diese seinem Druck nicht standhalten kann, tritt er durch die Wandung in das umgebende Gewebe ein, um entweder alsbald wieder umbiegend in sein Bett zurückzukehren oder nicht. Da derartige Fälle besonders bei den als Keratosis suprafollicularis rubra bezeichneten Formen gefunden werden, so scheint deren Pathogenese sowohl als auch ihre Zugehörigkeit zur Keratosis suprafollicularis alba hinlänglich geklärt; denn das in die Cutis eindringende Haar muß als Fremdkörper wirken und daher naturgemäß eine umschriebene Abwehrreaktion des Gewebes auslösen.

Nimmt diese stärkere Grade an, so kann schließlich ein völliger Schwund des gesamten unteren und mittleren Follikelanteils sowie der zugehörigen Talgdrüse erfolgen, wobei dann das erweiterte und horngefüllte Ostium als flache oder stärkere Ausbuchtung der Epidermis übrig bleibt. Vereinzelt kommt es auch zu bindegewebiger Einschließung derartiger Haare, die dann nach Art einer Cyste ohne wahrnehmbare Verbindung mit der Außenwelt in der Cutis reaktionslos liegen bleiben. Diese Follikelatrophie kann auch ohne Beteiligung der Haare lediglich durch die übermäßige Hornbildung in die Wege geleitet werden.

Der durch die Abbiegung des Haarschaftes ausgelöste Druck und Zug führt vielfach noch zu einer seitlichen Verschiebung der Stachelschicht im mittleren Teil des Haarbalges, wodurch der Haarschaft bald mehr der einen, bald mehr der anderen Balgwand genähert wird und das freigewordene Zentrum von der Stachelschicht ausgefüllt wird (UNNA). Inwieweit an dieser Lageveränderung der Muskelzug der Arrectores pilorum beteiligt ist, bedarf, zumal die Muskeln selbst in Mitleidenschaft gezogen sind, noch weiterer Untersuchung. Die von LEMOINE und auch UNNA betonte Hypertrophie dieser Muskelgruppe wird von GIOVANNINI bestritten. Aus meinen Präparaten geht auf alle Fälle ein erheblicher Dickenunterschied sowohl einzelner Bündel von gleichen als erst recht von verschiedenen Körperstellen entnommener Schnitte hervor, ohne daß man bei der bekannten regionären Verschiedenheit dieser Dinge berechtigt wäre, im einen oder anderen Falle nun ohne weiteres eine Muskelhypertrophie anzunehmen.

In den Aperturae communes sowohl als auch den Trichtern der Haarfollikel ist das Stratum mucosum meist erheblich verschmälert; zu dieser Umwandlung trägt neben der tatsächlichen Verringerung der Zellagen vor allem eine Abplattung der einzelnen Stachel- sowohl als auch Basalzellen bei. Das darauffolgende Stratum granulosum ist meist gut ausgebildet, ebenso das Stratum lucidum. Die diesem aufsitzende, die einzelnen Follikelostien sowohl als auch die Aperturae communes ausfüllenden Hornschichten sind hier zunächst locker aufgebaut und meist kernlos; sie verdichten sich in den obersten Abschnitten und überragen bisweilen die Umgebung in Form unregelmäßiger, halbkugel- und kegelförmiger Höcker, die von dem zugehörigen Haar durchbrochen werden, falls dieses nicht, was meist der Fall ist, unter der darüber hinwegziehenden dicken Hornschicht stecken bleibt und abgelenkt wird.

Es wurde schon auf die Verkürzung der Haarfollikel und damit auch der äußeren Wurzelscheide hingewiesen. Auch an ihr kommt es häufig zu einer Verhornung, die bis in die Nähe, oder auch bis in die Höhe der Ansatzstelle des Muskels reichen kann. Hier finden sich außerdem als fast regelmäßiger Befund

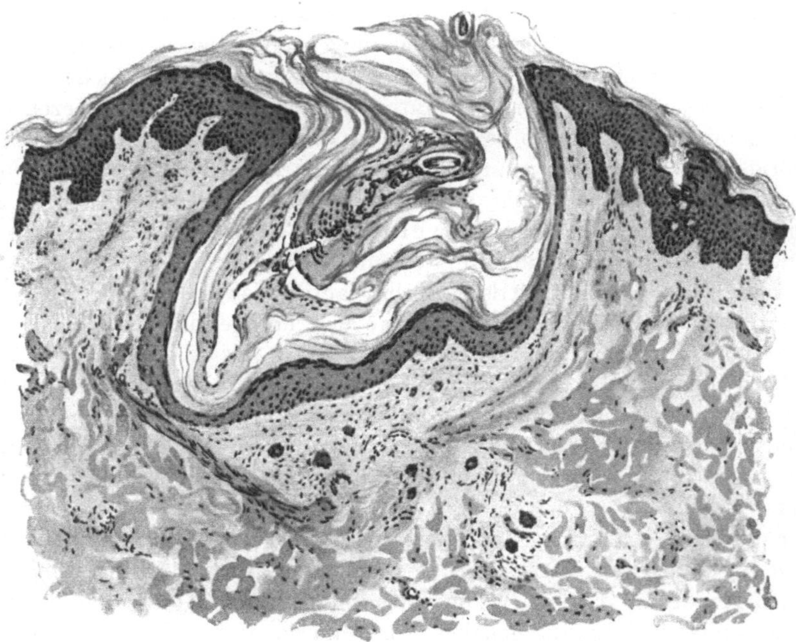

Abb. 18. **Keratosis suprafollicularis.** Fremdkörper-Riesenzellen im perifoll. Granulationsgewebe. $O = 128:1$; $R = 128:1$.

ein oder zwei stark entwickelte Epithelfortsätze, die in ihrer Mitte oft Hornperlen verschiedener Größe aufweisen, und zwar in einer Zahl, die jene der normalen Haut erheblich übertrifft.

Es ist ohne weiteres einleuchtend, daß der durch die eben geschilderten Veränderungen ausgelöste innere Druck in dem einzelnen Follikel zu weitgehender Störung sowohl der Haar- als auch der Talgdrüsenentwicklung führen muß. Die Talgdrüsen sind daher in vielen Fällen zu kleinen Überresten zusammengeschrumpft oder auch völlig atrophiert. In manchen Follikeln finden sich keine Haarreste mehr, weder von früheren noch von neu entstehenden. Dort, wo noch Haare vorhanden sind, handelt es sich meist um solche mit vollem Bulbus, gelegentlich auch um Papillenhaare.

Mit der Keratosis suprafollicularis in engem Zusammenhange und mit ihr durch alle möglichen Übergänge verbunden ist die

Keratosis pilaris rubra atrophicans faciei

(Ulerythema ophryogenes Unna-Tänzer). Die Erkrankung findet sich in erster Linie an den Augenbrauen, an der Stirn, an den seitlichen Halsabschnitten, dann aber auch oft dort, wo die Keratosis suprafollicularis beobachtet wird (Jadassohn). Sie unterscheidet sich von dieser im Grunde genommen nur durch die viel ausgesprochenere Neigung zur Atrophie, die zu Haarausfall und feiner Narbenbildung führt.

Das erythematöse Anfangsstadium der Erkrankung ist von der gleichen Form der Keratosis suprafollicularis mikroskopisch kaum zu unterscheiden. Unna legt besonderes Gewicht auf die hier vorhandene perifollikuläre Rarefikation und Sklerose des Bindegewebes, sowie den Mangel stärkerer perifollikulärer Zellwucherungen. Bei deren so außerordentlich weitgehenden Abhängigkeit von sekundären Einwirkungen (Traumen usw.), die naturgemäß bei der in erster Linie an den Streckseiten der Extremitäten auftretenden Keratosis suprafollicularis meist viel stärker sein werden wie beim Ulerythema ophryogenes, scheint mir jedoch eine solche Differenzierung nicht stichhaltig. Da zudem die Hornanbildung der Follikel, das begleitende Erythem und die Umbildungen des Haarbalges und des Haares jenen der Keratosis suprafollicularis auch nach Unnas Angaben sehr „analog" sind, scheint mir eine Trennung der beiden Veränderungen auf Grund des histologischen Befundes kaum durchführbar. Insbesondere scheint mir das von Unna als Unterschied betonte tiefere Herabsteigen der Hyperkeratose bis zum unteren Drittel des Haarbalges und die zylindrische oder trommelförmige Ausweitung der zwei oberen Drittel desselben doch allzusehr von rein mechanischen Bedingungen — in erster Linie dem Grade der Hornretention — abhängig zu sein.

Audry hat als **Keratosis circumpilaris** eine nicht an die Streckseiten gebundene, fleckweise in umschriebenen Herden auftretende Veränderung, nach seiner Meinung eine Varietät der Keratosis suprafollicularis, beschrieben. Bei ihr bilden die hyperkeratotischen Schichten eine Scheide um das im übrigen in normaler Richtung verlaufende Haar, anstatt wie sonst das Follikelostium auszufüllen und seinen Austritt zu hindern. Es scheint sich jedoch hier um ein in die Gruppe der Keratosis spinulosa gehöriges Krankheitsbild zu handeln (Adamson).

Als **Keratosis verrucosa** beschreibt Weidenfeld ein eigenartiges Krankheitsbild, das in symmetrischen, auf gesunder Haut besonders am Unterschenkel auftretenden stark juckenden, halbkugeligen oder flachen, runden oder polygonalen, zum Teil follikulär gestellten, rötlichen bis schmutzig weißen undurchsichtigen Knötchen besteht, die eine glatte oder schuppende Oberfläche haben. Mikroskopisch bestanden diese Knötchen aus aufgelagerter, zum Teil parakeratotischer Hornsubstanz, der eine Verbreiterung in erster Linie des Stratum lucidum, dann aber auch der Körner- und Stachelschicht, sowie eine Vergrößerung des Papillarkörpers parallel geht.

Weidenfeld möchte die Veränderung zur chronischen Urticaria mit sekundärer starker Verhornung rechnen oder zur Gruppe der umschriebenen Keratosen mit sekundärer Wucherung in Papillarkörper und Cutis. Eine Entscheidung vor Beobachtung weiterer Fälle ist nicht möglich.

Differentialdiagnose: Die Unterscheidungsmerkmale gegenüber der Ichthyosis vulgaris wurden dort schon kurz besprochen. Es sei hier nochmals betont, daß bei der Keratosis suprafollicularis lediglich eine Wucherung der

Hornschicht an und in der Follikelmündung stattfindet, wodurch diese gänzlich verschlossen und in ihrem obersten Teile eine das Haar umschließende „Retentionscyste" gebildet wird. Bei der Ichthyosis hingegen dehnt sich die Hyperkeratose langsam über die Wandungen des ganzen Haartrichters aus, so daß dieser im Gegensatz zur Keratosis suprafollicularis von unten nach oben in Form eines breiten Trichters gleichmäßig und besonders an der bei der Keratosis suprafollicularis nicht veränderten Mündung stark erweitert wird. Die Haare sind in diesen Hornmassen völlig geschwunden. Da bei der Ichthyosis die Follikelmündung offen bleibt, so kann die Ansammlung von Hornmassen in der trichterförmigen Ausweitung nicht als einfache Stauungsfolge betrachtet werden, sondern zum Teil als eine vermehrte Bildung seitens der Trichterwandung; es besteht also eine Hornperle und keine Retentionscyste (MIBELLI).

Von den Acnecomedonen unterscheidet sich der Hornpfropf bei der Keratosis suprafollicularis durch das völlige Fehlen von Talg und den lockeren Aufbau seiner einzelnen Schichten.

Der Vollständigkeit halber sei noch auf die weitgehende Ähnlichkeit hingewiesen, die ein beginnender Favus des Kopfes mit der Keratosis suprafollicularis haben kann, und zwar jene Fälle, wo das Pilzwachstum ohne nennenswerte Entzündungserscheinungen beginnt und Scutula noch nicht gebildet sind. Immerhin wird auch in diesem Zustand das Vorhandensein von, wenn auch nur spärlichen Pilzfäden eine Entscheidung gestatten.

Pathogenese: Wenn auch die eben geschilderten Einzelheiten des Bildes rein mechanisch durch die Wirkung des Verhornungsprozesses, durch die Retention des Haarschaftes und dessen Durchbruch in die Cutis mit den nachfolgenden Entzündungserscheinungen, die zusammen zur völligen Atrophie des Follikels und seiner Talgdrüse führen, hinlänglich geklärt erscheinen, so liegt doch die letzte auslösende Ursache der Hyperkeratose noch völlig im Dunkeln, das ja auch durch die Annahme einer Entwicklungsanomalie der Follikel (JACQUET, BROCQ) oder eine „Sensibilisierung" einzelner Zellverbände und Toxinwirkung (CHALMESS-GIBBON) nicht restlos gelichtet ist.

Keratosis follicularis Morrow-Brooke.

Die als selbständiges Krankheitsbild lange Zeit nicht anerkannte, mit ausgesprochener Hyperkeratose und Hyperpigmentierung einhergehende Hautveränderung, entwickelt sich langsam und heilt spontan wieder ab, vielfach unter Übergreifen auf bisher freie Stellen. Sie findet sich in erster Linie an den Streckseiten der Extremitäten, außerdem jedoch auch am Nacken, den Ohren, im Gesicht, am Rumpf, meist unter Freibleiben des behaarten Kopfes, sowie der Handflächen und Fußsohlen. Die Beteiligung der Beugeseiten wechselt.

Im Anschluß an eine umschriebene Verdickung und stärkere Pigmentierung der Hornschicht kommt es, manchmal unter starkem Jucken, zum Auftreten zahlreicher kleiner, schwarzer Punkte, die alsbald ohne nennenswerte Entzündungserscheinungen zu stecknadelkopf- bis hanfkorngroßen, braunen Papeln, comedoähnlichen Pfröpfen oder dunkeln, aus den Follikelöffnungen heraustretenden Stacheln anwachsen. In ihrer Mitte lassen diese Efflorescenzen oft ein schwarzes Pünktchen oder auch ein abgebrochenes Haar erkennen. Die befallenen Hautbezirke sind außerordentlich trocken. Die Größe der harten, stachelförmigen, fast ausschließlich in den Follikelöffnungen auftretenden Gebilde wechselt; sie ist in erster Linie von der Lokalisation abhängig.

Die Affektion wurde unter den verschiedensten Namen beschrieben: Keratosis follicularis contagiosa (BROOKE), Ichthyosis sebacea cornea (WILSON), Ichthyosis follicularis (LESSER).

Die Schilderung des histologischen Befundes muß sich einmal mit den Epidermisveränderungen im allgemeinen, dann mit denjenigen der Follikel im besonderen befassen.

Die Epidermis in der Umgebung der Efflorescenzen ist von einer derben, stark verbreiterten Hornschicht überzogen, die vielfach auch ohne Unterbrechung über die veränderten Follikel hinwegzieht. Sie übertrifft an manchen Stellen die gesamten übrigen Hautschichten an Ausdehnung, selbst dort, wo gleichzeitig eine Vergrößerung und Verbreitung des Stratum spinosum besteht. Beide Strata werden meist durch eine aus mehreren Zellagen aufgebaute granulierte Schicht abgegrenzt.

An den Follikeln fällt in erster Linie ebenfalls die starke Hyperkeratose auf. Diese hat entweder den ganzen Follikel ergriffen, oder aber sie beschränkt sich auf dessen Ausgang. In den jüngsten der derart veränderten Follikel wendet sich die hyperkeratotische Hornschicht der Umgebung mit einer plötzlichen Biegung in den Follikelausgang hinab, gleitet an dessen Wandung eine kurze Strecke entlang, um nach Überschreiten der Basis an der anderen Seite in gleicher Dicke emporsteigend, wieder in die umgebenden Hornmassen überzugehen. Der Wucherung der Hornschicht geht zunächst eine Hypertrophie des Stratum spinosum parallel, das gegen erstere durch ein aus mehreren Zelllagen aufgebautes Stratum granulosum, gegen das Corium scharf durch eine wohl geordnete Basalzellschicht abgegrenzt ist.

Die derart veränderten Follikelöffnungen sind wechselnd stark erweitert, und zwar zeigen sie Trichter- oder Zylinderform, oder auch becher- und kugelförmige Gestalt. Im weiteren Verlauf wird der ganze Follikelausgang von zwiebelschalenartig angeordneten Hornlamellen ausgefüllt und schließlich völlig verschlossen. Durch den allmählich zunehmenden Druck der Hornmassen kommt es dann zu einer Atrophie der übrigen Epidermisschichten. Es entsteht dann ein tief in das Corium hineinragender mächtiger Hornzapfen in dem erweiterten Follikelhals, an dessen unterem Ende der normal gebliebene tiefere Follikelteil als unscheinbares Anhängsel sichtbar ist. Vereinzelt wird der ganze Haarbalg, dann meist in Trichterform, von der Hyperkeratose ergriffen. Der ganze Follikel mit Haarbalg und Talgdrüse stellt dann einen einzigen, großen, unter der Oberfläche gelegenen trichterförmigen Hornzapfen dar.

Kommt es lediglich zu einem Verschluß des Follikelhalses, so bedingt dieser naturgemäß eine Reihe von Veränderungen an dem durch ihn in seiner normalen Entwicklung gehemmten Follikel: Er führt zu Retentionserscheinungen, die sich einmal in Bildung von comedoähnlichen Cysten, zum anderen in Umbildung des Haares und des ganzen Follikels, so wie manchmal in Atrophie der zugehörigen Talgdrüse äußern. Das Haar oder gleichzeitig auch der ganze Haarbalg verlaufen dann in spiraliger Krümmung, so daß ein Schnitt in der Haarrichtung dieses in einzelnen Abschnitten von verschiedenster Verlaufsrichtung zeigt. Bleibt die Verhornung auf das Follikelostium beschränkt, so verläuft das Haar bis dorthin in gerader Linie, um dann erst eine Spiralform anzunehmen, die an jene bei der Keratosis pilaris (Hyperkeratosis suprafollicularis Unna) erinnert.

Überall dort, wo die im Follikelostium beginnende Hyperkeratose die über dieses fortziehende ebenfalls verbreiterte Hornschicht überragt, kommt es zur Bildung jener für die Veränderung kennzeichnenden Hornstacheln. Auf Reihen von Flachschnitten läßt sich leicht feststellen, daß die über den Follikel fortziehende Hornschicht in dessen Zentrum gesprengt ist und die gebildeten Hornmassen durch diese Öffnung hindurch über die Oberfläche hinausragen.

Je nachdem die Hyperkeratose nur das Follikelostium oder den ganzen Follikel ergreift, entstehen verschiedenartige Hornbildungen. Im ersteren, dem für die Veränderung gewöhnlichsten Falle, entsteht ein aus zwiebelschalenartig aufeinandergelagerten Hornlamellen aufgebautes Gebilde, das nur wenig in die Cutis hineinragt und eher einer verhornten Epidermisleiste, denn einem verhornten Follikel entspricht. Die richtige Deutung wird jedoch durch das in der Regel noch vorhandene Haar erleichtert. In dem Maße, als die den Follikel ausfüllende Stachelschicht junge Hornlamellen produziert, erhebt sich der Hornzapfen allmählich über die Oberfläche empor. Dabei bilden die ältesten und kleinsten Hornlamellen die Spitze, die jüngsten und daher größten die Basis, wodurch die emporsteigende Hornsäule eine nach oben spitz zulaufende stachelförmige Gestalt gewinnt (UNNA).

Befällt die Hyperkeratose den ganzen Follikel, so schieben sich zwischen Haar- und Stachelschicht dauernd neue Hornlamellen ein; der Follikel wird dann in einen unten spitzen, nach oben weit geöffneten Trichter umgewandelt, in dessen Zentrum das von mehreren, konzentrisch geschichteten, nach unten spitz zulaufenden „Horntüten" eingehüllte Haar liegt. Dieses bildet mit den verhornten Massen zusammen an der Oberfläche jene comedoähnlichen stumpfen und kurzen Stacheln, in deren Zentrum es vielfach abgebrochen als schwarzer Punkt erkennbar ist. In der Umgebung dieser Hornstacheln finden sich regelmäßig kleine Hornpfropfbildungen, die der natürlichen Faltenbildung der Haut entsprechen und von den Follikeln ganz unabhängig sind. Manchmal wird auch ein Schweißdrüsenausführungsgang von der Hyperkeratose ergriffen, jedoch geht diese dann niemals über das Ostium hinaus.

Die Verhornung verläuft im allgemeinen als reine Hyperkeratose; nur dort, wo (durch den Druck des Hornzapfens?) das Keratohyalin schwindet, insbesondere also am Grunde desselben, bleiben die Zellkerne erhalten und es kommt zur Parakeratose.

Eine atypische Verhornung des Follikelepithels analog den bei der DARIERschen Krankheit beschriebenen „Corps ronds" und „Grains" ist bisher nur in einem Falle beobachtet worden (LEWANDOWSKY). Die Gebilde waren über die ganze Wand des Follikels verteilt, und es ließen sich auch hier alle Übergänge von den normalen Epithelzellen zu jenen Degenerationsformen beobachten.

Die Veränderungen in der Cutis sind gering und von untergeordneter Bedeutung. Es handelt sich lediglich um eine leichte Erweiterung der Gefäße mit mäßiger perivasculärer und perifollikulärer, lymphocytärer Zellinfiltration um die befallenen Follikel.

Differentialdiagnose: Die mannigfachen Beziehungen, die sowohl Klinik als Histologie der Keratosis follicularis mit einer Reihe verwandter Dermatosen verknüpfen und daher auch heute noch einige Autoren ihre Abtrennung als selbständiges Krankheitsbild ablehnen lassen, machen eine eingehende Stellungnahme gegenüber ähnlichen Dyskeratosen erforderlich.

Die Gegensätze zu DARIERS Krankheit wurden dort bereits erörtert. Es ist vor allem die stets fehlende Lückenbildung, welche eine sichere Trennung erlaubt, was besonders wichtig erscheint, zumal LEWANDOWSKY ja das Vorkommen von Corps ronds — die ja an und für sich nicht mehr als für DARIER kennzeichnend angesehen werden können — auch bei der Keratosis follicularis festgestellt hat.

Eine Trennung der comedoähnlichen Hornpfröpfe von den echten Comedonen der Acne ist leicht durchführbar. Sie unterscheiden sich dadurch, daß sich bei der Keratosis follicularis die Hornbildung von Anfang an auch an der Basis vollzieht; außerdem fehlen die Talgdrüsen.

Diese beiden Tatsachen erlauben eine Unterscheidung auch da, wo — was ja zumeist der Fall ist — auch bei der Keratosis follicularis ein Haar im Zentrum des verhornten Follikelostiums eingeschlossen ist.

Auch die Unterscheidung vom Lichen spinulosus (Keratosis spinulosa) dürfte heute unschwer durchzuführen sein. Man muß dabei allerdings von vorneherein darauf verzichten, jene von einigen französischen Autoren als „Acné corné" beschriebene Dermatose nun restlos entweder zur Keratosis follicularis oder Keratosis spinulosa schlagen zu wollen, wenn auch nach den sorgfältigen Untersuchungen SALINIERs die Acné corné der Keratosis follicularis erheblich näher zu stehen scheint. Schon die klinischen Differenzen ermöglichen jedoch eine Trennung: Fleckweises Auftreten fast gleich großer Herde vorzugsweise am Rumpf, mit Neigung zur Gruppierung und Bildung feiner, gleichartig aufgebauter Hornstacheln bei der Keratosis spinulosa; diffuses Auftreten von stecknadelkopf- bis linsengroßen, isoliert stehenden, Efflorescenzen, besonders an den Extremitäten, unter Bildung erheblich größerer, verschieden dicker, polymorpher Stacheln, und gleichzeitig comedoähnlicher, kaum aus den Follikeln hervortretender Hornpfropfen bei der Keratosis follicularis. Dazu kommt im mikroskopischen Bilde die fast reine Hyperkeratose bei der Keratosis follicularis gegenüber der Parakeratose bei der Keratosis spinulosa.

Klinik und Histologie der „Keratosis pilaris" sind von der Keratosis follicularis so abweichend, daß eine besondere Gegenüberstellung sich erübrigt.

Pathogenese: BROOKE hat schon in der hyperplastischen Wucherung der Epidermiszellen und dem Übermaß der Verhornung das Grundlegende der Veränderung erkannt, wobei das Primäre des Zustandes in der Hyperkeratose zu erblicken ist. Diese Hyperkeratose reicht völlig aus, um alles übrige des Prozesses zu klären. Der eigenartige, oben geschilderte Bau der befallenen Follikel erschwert zunächst die Abstoßung der neugebildeten Hornmasse, führt zu deren Anhäufung im Innern und durch den wachsenden Druck damit wiederum zu weiteren Formveränderungen, insbesondere der Haarbildung und der Talgdrüse. Dort, wo der Follikel durch die darüber hinwegziehende feste Hornplatte verschlossen wird, muß es zu den geschilderten Retentionserscheinungen und damit zur Bildung der comedoähnlichen Horncysten kommen; bleibt der Follikel von vornherein offen, so bilden sich die Hornstacheln.

Für die Entstehung der Verhornungsanomalie selbst spielen sowohl Retentions- als auch gesteigerte Neubildungsvorgänge eine Rolle. Die letzte auslösende Ursache dafür ist uns allerdings noch unbekannt. Immerhin deuten mehrere der beobachteten Fälle darauf hin, daß das Wesen der Veränderung in einer kongenitalen Anlage zu suchen ist.

Bei einer ganzen Reihe hierher gehöriger Veränderungen ist eine Grundursache bisher noch unbekannt geblieben. Als

Keratosis spinulosa (Lichen spinulosus)

wird ein zunächst und am häufigsten in England bekannt gewordenes Krankheitsbild benannt, das in den französischen selten, noch seltener in den deutschen Zeitschriften erwähnt wird. Es handelt sich dabei nach CROCKER um eine in akuten oder subakuten Schüben ohne nennenswerte Entzündungserscheinungen bei jugendlichen Personen auftretende Veränderung, die in erster Linie auf die Follikel, gelegentlich auch die Schweißporen und sogar auch auf der interfollikulären Haut auftritt. Die Einzelefflorescenz besteht aus blassen bis rötlichen kegelförmigen Papeln von Hirsekorngröße, denen ein weißgrauer, 1—2 mm hoher Hornstachel aufsitzt, der in eine Vertiefung der Papel eingelassen ist. Die Erkrankung tritt in symmetrisch verteilten Herden auf, die eine gewisse Vorliebe für die Nackengegend und die Schulter zeigen, jedoch auch an anderen Körperstellen, Streckseiten der Arme, Vorderseite der Oberschenkel, Rücken, Bauchseite vorkommen können. Unbehandelt pflegt die Veränderung längere Zeit bestehen zu bleiben, ist jedoch therapeutischen Eingriffen leicht zugänglich.

Bei der äußerst spärlichen Zahl der beobachteten und insbesondere der histologisch untersuchten Fälle ist die Stellung der Erkrankung noch äußerst unklar, so daß sie in den meisten deutschen Lehrbüchern kaum oder nicht erwähnt wird. Dazu kommt, daß sie unter den verschiedensten Namen geschildert worden ist, wobei außerdem die Zugehörigkeit derartiger Fälle zu dem Krankheitsbilde auch noch bestreitbar erscheint. Die Acné kératique (TENNESON und LEREDDE), Acné cornée exanthématique (THIBIERGE), Kératose folliculaire villeuse (BAUDOIN und DU CASTEL), Acne cornea (GIOVANNINI) sind nach LEWANDOWSKY hierher zu zählen, während er die Zugehörigkeit der einfachen Acné cornée der französischen Autoren im Gegensatz zu BROCQ und ADAMSON noch bezweifelt und sie mit SALINIER zur Keratosis follicularis BROOKE rechnen möchte. Dabei muß ich noch betonen, daß auch LEWANDOWSKYS Fall mir wegen des Auftretens im Anschluß an die Trichophitie Bedenken erweckt, worauf ja auch schon ADAMSON hingewiesen hat. LEWANDOWSKY selbst hat seinen Fall ja auch später zu den Trichophytiden gerechnet (s. L.: Die Tuberkulose der Haut S. 167). Es ist der Gedanke nicht ganz von der Hand zu weisen, daß er es hier doch mit einem infektiösen Prozeß zu tun hatte, der auf einer zum „Spinulosismus" neigenden Haut die Keratosis spinulosa hervorrief. Mit dieser Stellungnahme ist, um das gleich hier vorweg zu nehmen, naturgemäß auch die Pathogenese festgelegt; es wäre in solchen Fällen die Keratosis spinulosa eine auf bestimmte, in erster Linie wohl infektiöse Reize offenbar werdende besondere Reaktionsform der betreffenden Haut, womit sich ja auch der zu Beginn exanthemartige Charakter der Veränderung sehr gut in Einklang bringen ließe.

Bei der geringen Zahl der vorliegenden Beobachtungen ist eine Entscheidung vorderhand unmöglich.

Histologisch handelt es sich, soweit die wenigen mikroskopischen Beobachtungen eine genaue Darstellung überhaupt zulassen, um langgestreckte, ovale oder auch kegelförmige, echte, in erster Linie intrafollikuläre Horngebilde, die im oberen Drittel, vereinzelt auch in den unteren Follikelabschnitten (PICCARDI) auftreten. Außerdem wurden sie als tubuläre und peritubuläre Verhornung des obersten spiraligen Teils der Schweißdrüsenausführungsgänge, sowie schließlich, wenn auch selten und kleiner als sonst, unabhängig von irgendwelchen Anhangsgebilden der Haut als umschriebene knopfartige, aus einer kleinen Epidermisfalte hervortretende Verdickungen der Hornschicht beobachtet.

Der Aufbau der Hornpfröpfe und der aus ihnen zentral herausragenden Hornstacheln ist in allen drei Fällen grundsätzlich der gleiche. Sie bestehen aus zentral lockeren, zum Rande hin dichter werdenden, teils parakeratotischen, teils echt verhornten Horngewebsschichtungen, die sich in die weniger stark gewucherte Hornschicht der Umgebung fortsetzen. Nach der Tiefe schicken sie lange, comedonenähnliche Hornpfröpfe vor und erheben sich als 1—2 cm hohe, zarte filiforme Stacheln über die Umgebung.

Die Hornschicht ist in dem ganzen erkrankten Bezirk, also auch in der Umgebung der Hornpfröpfe, erheblich, aber verschieden stark verdickt; sie übertrifft stellenweise die Stachelschicht um das 2—3fache. Sie ist lamellär, aus dichten Hornplättchen aufgebaut und zeigt auch an den von Hornstacheln freien Stellen einen wellenförmigen Verlauf mit stumpfwinkeligen Erhebungen. Das Stratum granulosum ist meist gut entwickelt. Das Verhalten der Stachel-schicht wechselt; an einzelnen Stellen normal, trotz starker Hyperkeratose, mit gut entwickelten Epithelleisten und normalen Zellen, ist sie an anderen Stellen erheblich verschmälert, weniger durch Abnahme der Zellreihen als durch Abplattung der einzelnen Zellkörper; an dritter Stelle schließlich, und zwar besonders um den unteren Pol der Hornzapfen, ist sie ebenso wie die Körnerschicht erheblich verbreitert (BECK). Das Stratum basale zeigt keine Besonderheiten; auffallend erscheint nur jeglicher Mangel einer Mitosenbildung.

In den erkrankten Follikeln finden sich sehr selten Haare; wo sie vorhanden, scheint die Hornschicht des erweiterten Follikeltrichters dem Haar nach außen zu folgen und es vollständig zu umhüllen. Die unteren $^2/_3$ der Follikel atrophieren allmählich und mit ihnen die Talgdrüsen. Diese Atrophie ist um so hochgradiger, je stärker die Hornanbildung im Follikeltrichter auftritt. Ähnliche Rückbildungsvorgänge finden sich auch an den erkrankten Schweißdrüsen; die Drüsenknäuel sind manchmal cystisch erweitert, ihre Epithelien atrophiert (VIGNOLO-LUTATI).

Die Beteiligung des Bindegewebes an dem Prozeß ist wechselnd. In einigen Fällen kaum oder gar nicht verändert, findet sich in anderen Fällen in den mittleren, namentlich den inter- und perifollikulären Abschnitten eine entzündliche Zellansammlung. Diese besteht in erster Linie aus Lymphocyten und Fibroplasten, am Rande spärlichen Plasmazellen, gelegent-

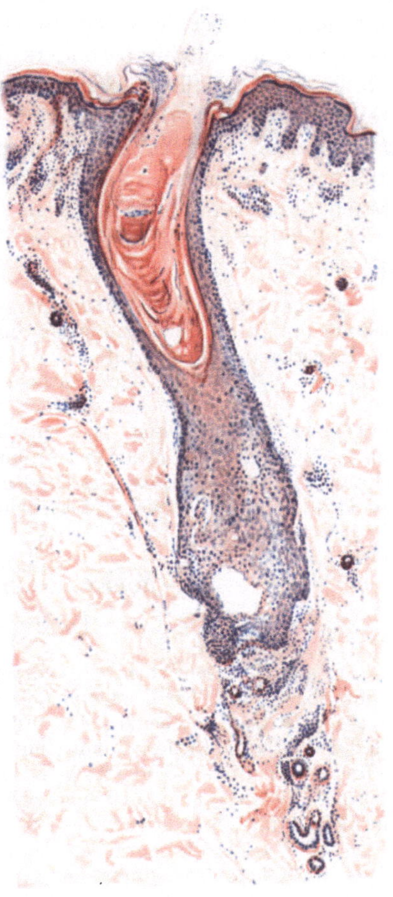

Abb. 19. Keratosis spinulosa (Lichen spinulosus). Intrafollikuläre Hyperkeratose und Parakeratose mit Hornstachelbildung und Haarverlust; geringere allgemeine Hyperkeratose. Mäßige perifolliculäre Zellinfiltration. Atrophie der Talgdrüse und des unteren Follikelabschnitts. Cystische Erweiterung der Schweißdrüsenknäuel. Hämatoxylin-Eosin. (Sammlung E. FREUND.) O = 66:1; R = 40:1.

lich auch einmal einer Riesenzelle. Die oberen Cutisschichten und der Papillarkörper sind, von einer mäßigen Gefäßerweiterung abgesehen, kaum verändert. Ob eine Degeneration des Bindegewebes, die sich im Schwund des Elastins sowie einer Homogenisierung des Kollagens in dieser Schicht äußerte und klinisch kleinen weißen atrophischen Herden entsprach (BECK), zu dem Krankheitsbilde gehört, bedarf noch weiterer Untersuchung. Die

Arrectores pilorum waren in einzelnen Fällen vorhanden und normal, in anderen sehr schwach oder gar nicht entwickelt.

Differentialdiagnose: Die differentialdiagnostischen Merkmale bauen sich in erster Linie auf klinischen Beobachtungen auf. Dies gilt ganz besonders für die Stellung zum Lichen ruber acuminatus, dem Lichen scrophulosorum sowie der Keratosis suprafollicularis. Von den histologischen Beweismitteln scheint besonders das gleichzeitige Vorhandensein der Horngebilde in Follikelhals, Schweißdrüsenausführungsgang und an anderen Hautstellen von Wert, denn die von Picarrdi als charakteristisch angesprochene Parakeratose braucht nicht immer vorhanden zu sein (Beck), und das von Unna als Unterschied gegenüber der Keratosis suprafollicularis betonte Entstehen der Hornmassen auch in den ersten Stadien ausschließlich auf Kosten der Follikelwand und ohne suprafollikuläre Keratose wird von Vignolo-Lutati abgelehnt.

Pathogenese: Soweit überhaupt zu dieser Frage Stellung genommen wurde, hat es sich nur darum gehandelt, ob primär ein entzündlicher Faktor vorhanden sei, der sekundär die Hyperkeratose hervorrufe oder umgekehrt. Dieser namentlich von Lewandowsky vertretene — bei seinem vermeintlichen Falle von K. sp. durchaus berechtigte — Standpunkt wird von anderen (namentlich Beck, Vignolo-Lutati) nicht geteilt. Nach ihnen spricht das mikroskopische Bild entschieden dafür, daß die Entzündung durch den Reiz der in die Cutis vordringenden Hornmassen wachgerufen wird und von hier aus sich erst sekundär in das interfollikuläre Bindegewebe fortsetzt. Die Beantwortung der Frage nach der Ursache dieser Hyperkeratose bleibt bei dieser Annahme allerdings offen.

Hyperkeratosis follicularis vegetans.
(Dariersche Krankheit.)

Auf scharf umschriebenen, geröteten Flecken entwickeln sich allmählich kegelförmige, leicht abgeflachte, harte, stecknadelkopf- bis linsengroße, mit einer graubraunen Hornkruste bedeckte Knötchen, die fest mit ihrer Unterlage verbunden sind. Sie treten in wechselnder Zahl auf. Entfernt man eine solche, meist auffallend trockene Primärefflorescenz, so findet man an ihrer Unterfläche einen weichen feinen Zapfen, der in einen kraterförmigen Trichter mit erhabenem Wall eingesenkt war. Dieser Trichter entspricht meist, aber durchaus nicht immer, einer erweiterten Follikelöffnung; manchmal sind jedoch auch die Schweißporen oder auch die normalen Hauteinsenkungen befallen. Durch Zusammenfließen dieser Knötchen, bzw. unter Anlagerung neu entstehender kleinerer an die älteren und größeren, bilden sich glatte oder auch unebene, vielfach warzenförmige Felder, die an Kontaktflächen der Haut zu papillomatösen und verrukösen, durch tiefe Rhagaden getrennten Wucherungen ausarten können, innerhalb deren zersetzte und übelriechende Sekretmassen zurückgehalten werden.

Die Erkrankung zeigt eine gewisse Vorliebe für jene Hautstellen, an denen sich auch das seborrhoische Ekzem zu lokalisieren pflegt; sie ist jedoch an allen Körperstellen vorgefunden worden, auch auf der Mundschleimhaut und an den Nägeln.

Das histologische Bild der Primärefflorescenz wird beherrscht durch die wechselnd starke Hypertrophie der Epidermis, in erster Linie der Hornschicht sowie des Stratum granulosum. Die Veränderungen in den übrigen Hautabschnitten treten demgegenüber an Bedeutung erheblich zurück. Sie sind, um das gleich hier zu betonen, im wesentlichen abhängig von sekundären Entzündungserscheinungen. Die drüsigen und Bindegewebselemente zeigen ein völlig normales Bild. In den jungen primären Papeln findet sich eine geringgradige perivasculäre, aus Lymphocyten aufgebaute Zellinfiltration, jedoch lediglich in dem oberen Abschnitt der Cutis und dem durch die krankhaften Vorgänge in der Epidermis umgestalteten Papillarkörper. Die einzelnen Papillen sind meist stark verlängert und entsprechend verschmälert, an anderen Stellen wieder verbreitert und verkürzt. Die Gefäße sind etwas erweitert, ihre Endothelien jedoch nicht verändert.

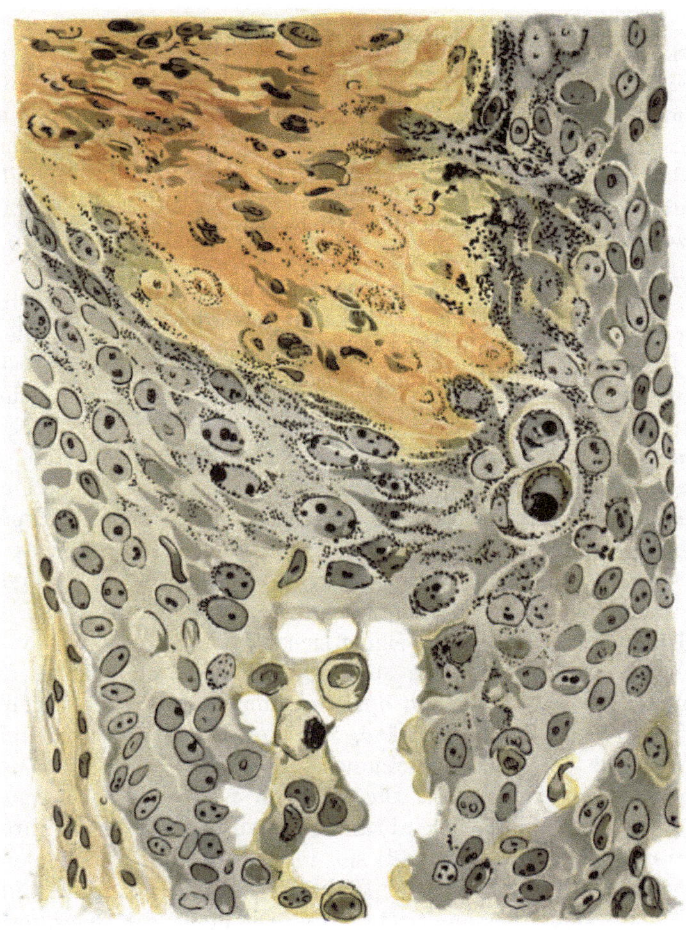

Abb. 20. Hyperkeratosis foll. veget. Rumpf, 50jähr. ♂. Entwicklung der Epithelumwandlung. „Lücken"; „Corps ronds"; „Grains". Eisenhämatoxylin-VAN GIESON. O = 1000:1; R = 750:1.

Die Umgestaltung des Papillarkörpers ist bedingt durch die Wucherungsvorgänge in der Epidermis. Die Basalzellen sind zwar bezüglich der Zellstruktur normal und haben ihren charakteristischen, pallisadenartigen Verlauf beibehalten. Auffällig erscheinen nur die zahlreichen Mitosen, die in ihrem Auftreten in erster Linie an eigentümliche, oberhalb der Basalschicht bis hinauf in das Stratum granulosum gelegene, intercelluläre bläschenartige Bildungen gebunden sind. Sie kommen jedoch auch unabhängig von diesen im Stratum spinosum vor. Dazu kommt bei länger bestehenden Papeln eine starke Pigmentierung der

Basalzellen. Bei diesen Bläschen handelt es sich um jene „Lücken", die seit
BOECK als für die DARIERsche Krankheit besonders charakteristisch angesehenen
Hohlraumbildungen. Sie erinnern manchmal an die aus anderen Kapiteln
bekannten intercellulär entstehenden Bläschen, nur erscheint der ganze Vorgang
hier schwerfälliger. Die Hohlräume sind von wechselnder Gestalt; bald nur
schmale Spalten, bald mehr breit wie hoch. Sie treten in erster Linie unter
Stellen starker Hornzapfenbildung auf, indem hier das Stratum basale sich
vom Papillarkörper loslöst. Daneben finden sie sich jedoch auch in den übrigen
Zellagen. Die sie bedeckenden Zellen des Stratum spinosum zeigen eine Reihe
kennzeichnende Veränderungen. Ihre Form weicht von der Norm ab; teils
vieleckig, mit lang ausgezogenen Fortsätzen, teils rund, liegen sie am Rande,
vereinzelt jedoch auch innerhalb der Lücken. In letzterem Falle sind sie mit
deren Wandung vielfach durch homogenen oder auch feinkörnigen, oft fadenförmig ausgezogenen Inhalt verbunden. Ob es sich dabei stets um Fibrin handelt,
ist noch strittig.

Viele dieser Zellen gehen außerdem Veränderungen ein, die unter dem Namen
der „Corps ronds" bzw. „Grains" bekannt geworden sind und von dem ersten
Beobachter, DARIER, irrtümlich für belebte Krankheitserreger (Psorospermien)
gehalten wurden. Es handelt sich um meist homogene, rundliche, scheinbar von
einer doppelten Membran umgebene, stark glänzende Körper, die die Epidermis-
kerne meist an Größe überragen. Sie finden sich über das Stratum spinosum
hinaus in wechselnder Zahl besonders im Stratum granulosum und corneum.
In den unteren Epidermisschichten umschließen diese „runden Körper" stets
ein scharf begrenztes, granuliertes oder auch homogenes, kernartiges Gebilde,
das je mehr zur Oberfläche, um so unscharfer wird, vielfach in körnige Haufen
zerfällt und schließlich völlig in dem umgebenden Gewebe aufgeht. Bei entsprechender Darstellung, (am besten eignet sich Eisenhämatoxylin — v. GIESON)
entpuppt sich ihre doppelbrechende Membran als Abkömmling der umgebenden Hornschicht; sie zeigt dieselben optischen und färberischen Eigentümlichkeiten und ist vielfach durch Fortsätze mit der Umgebung verbunden. An
guten Schnitten läßt sich der Entwicklungsgang dieser eigentümlich umgewandelten Zellen deutlich verfolgen. Die „Corps ronds" gehen danach aus
Zellen hervor, die sich zunächst abrunden, während sich um ihren Kern
ein unfärbbarer Hof bildet, so daß sie in erweiterten Kernhöhlen liegen.
Gleichzeitig verändert sich auch die Struktur der Kerne. Ihr Chromatingerüst schwindet, statt dessen tritt unter Quellung des Kernkörperchens
eine stark färbbare homogene Masse auf. Die derart veränderten Zellen
verlieren ihre Intercellularbrücken, das Protoplasma zieht sich auf einen
schmalen Rand zurück. Ob sie sich nun in der Stachel- oder — wo sie
am häufigsten auftreten — der Körnerschicht oder ausnahmsweise einmal
bereits in der Basalzellschicht gebildet haben und dann dem physiologischen
Entwicklungsgang folgend, in die Hornschicht aufgestiegen sind, ob sie
aus den tiefen Schichten kommend, den peripheren Zelleib bereits verloren haben (Grains) oder im Stratum granulosum entstanden, und dann
meist noch von dem verhornten, peripheren Zelleib umgeben sind: stets
sind es verhornte Zellen, deren degenerierter Kern erhalten geblieben ist
und deren körniger Inhalt oft die für Keratin kennzeichnenden Reaktionen
gibt (JARISCH).

Die Intensität dieser Degenerationserscheinungen in den einzelnen Epidermislagen ist wechselnd; am zahlreichsten wurden sie im Stratum granulosum gefunden. Nach dem Entwicklungsgang des Prozesses ist es jedoch selbstverständlich, daß sie in jeder Schicht vorkommen können.
Eine gewisse Regelmäßigkeit ist insofern vorhanden, als die „runden Körper" stets in den tiefen, „die Grains" stets in den oberflächlicheren Lagen auftreten.

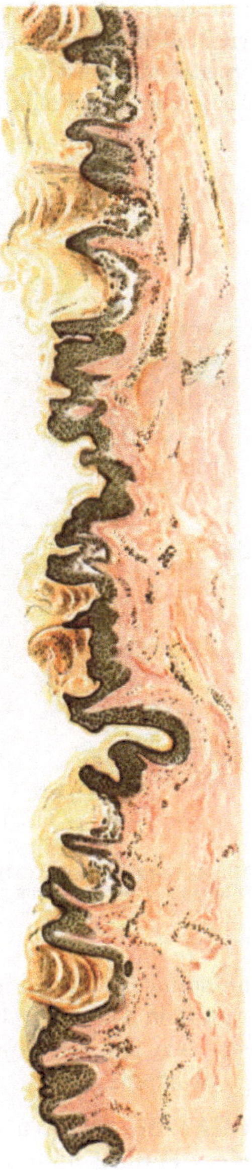

Die derart betonte Wachstumsstörung der Epidermiszellen wird durch die außerordentlich wechselnde Größe der einzelnen Zellen und ihrer Kerne, durch die oft vermehrte (2—3) Zahl der Kernkörperchen noch unterstrichen. Außerdem werden Epithelriesenzellen beobachtet, die durch Zusammenfließen mehrerer Retezellen entstehen und 6—8 im Protoplasma unregelmäßig zerstreut liegende Kerne enthalten.

Kehren wir nun zu dem Gesamtaufbau der Epidermis zurück! Die Wucherungsvorgänge sind, wie schon kurz betont, von wechselnder Intensität. Das Stratum spinosum ist manchmal völlig normal, an anderen Stellen wieder verdickt und kann dort, wo die Hornzapfen tief in die Epidermis eindringen, bis auf wenige Zellagen zusammengeschrumpft sein. Ganz entsprechend verhält sich das Stratum granulosum, nur daß hier die Vermehrung der Zellen gegenüber der Norm, dann aber auch das Auftreten der Kerndegenerationen am stärksten ist. Es sei betont, daß sich neben den eben geschilderten, in wechselnder Zahl auftretenden, degenerierten Zellen auch ganze Zellagen vorfinden, die völlig normal sind. Andere wieder zeigen lediglich eine Vergrößerung ihrer Form ohne sinnfällige weitere Degeneration.

Das Stratum lucidum ist nur sehr undeutlich, meist gar nicht nachzuweisen, so daß das Stratum granulosum unmittelbar in das Stratum corneum übergeht.

Der ganze Vorgang führt jedoch regelmäßig zu einer starken Verbreiterung der Hornschicht, namentlich dort, wo das Stratum granulosum, tief in die Stachelzellschicht hinabreichend, nur durch wenige Zellagen von den Papillen getrennt ist und aus mehreren Zellreihen besteht. Eine gegenseitige Abhängigkeit von Hypertrophie der Hornschicht und der granulierten Schicht läßt sich jedoch nicht immer feststellen. Oft findet sich vielmehr unter einer mächtigen Hornschicht nur ein zartes Stratum granulosum, ja granulierte Zellen können völlig fehlen, so

Abb. 21. Hyperkeratosis foll. veget. Stirn, 20jähr. ♀. Übersichtsbild. Normale und kennzeichnend veränderte Abschnitte wechseln auf engem Raum miteinander ab. Hyperkeratose und Lückenbildung beherrschen das Bild. Stellenweise Atrophie des Papillarkörpers. Hämatoxylin-van Gieson. O = 35:1; R = 35:1.

daß die Hornschicht unmittelbar an das Stratum spinosum stößt. An anderen Stellen wiederum, und dies scheint mir doch bei weitem häufiger zu sein, ist die Zahl der Zellen im Stratum granulosum im ganzen weit größer als in der Norm.

Am stärksten ist, wie schon betont, die Hypertrophie der Hornschicht. An manchen Stellen übertrifft sie diejenige der übrigen Epidermis um das mehrfache. Die Hyperkeratose ist, worauf ausdrücklich hingewiesen sei, durchaus unabhängig von den Follikeln — das Haar bleibt dabei meist erhalten — und

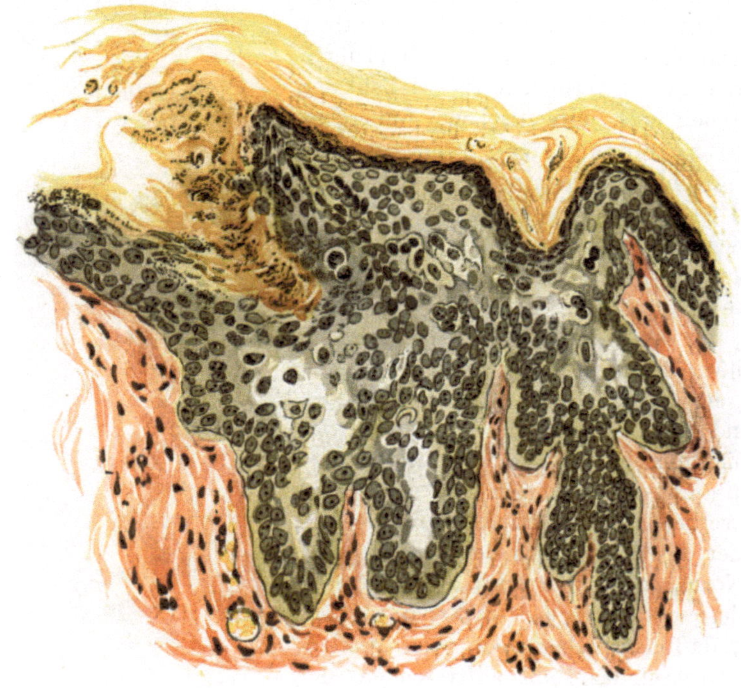

Abb. 22. Hyperkeratosis foll. vegetans. Rumpf, 30jähr. ♂. Epidermisveränderungen. Sproßbildung, Lücken. Corps ronds, Grains. Hornzapfen. Eisenhämatoxylin-VAN GIESON. O = 300 : 1; R = 225 : 1.

Drüsenmündungen. Sie findet sich ebenso häufig an anderen Stellen und dringt hier wie dort in Form kegelförmiger Zapfen mit der Spitze nach unten in die Cutis vor, wie sie andererseits in ihrer ganzen Ausdehnung die Umgebung erheblich überragt.

Im feineren Aufbau der Hornschicht lassen sich nun in der Regel zwei verschiedene Formen unterscheiden. An manchen Stellen liegen die zahlreichen Hornlamellen mehr oder auch weniger deutlich geschichtet übereinander, bald eng aneinandergepreßt, bald weiter voneinander abstehend. Die untersten und mittleren Hornschichtlagen zeigen dabei vielfach Nester unvollkommen verhornter Zellen mit sehr gut erhaltenen und färbbaren Kernen. An anderen Stellen wiederum haben die einzelnen Lamellen ein grobbalkiges Netzwerk gebildet, namentlich dort, wo die Hornzapfen zur Cutis hinstreben. In den

Maschen dieses Netzes finden sich oft in wechselnder Zahl, bald einzeln, bald in Gruppen auftretend, die oben beschriebenen Degenerationsformen der Epidermiszellen, bald als „Corps ronds", bald — und dann meist in größeren Haufen — als „Grains". Dabei läßt sich auch bei ihnen der Übergang von den normalen Stachelzellen zu diesen unregelmäßig und zu früh verhornten Formen feststellen.

In weiter vorgeschrittenen Fällen ist naturgemäß der Charakter der eben geschilderten Primärefflorescenzen meist weniger rein darstellbar. Es findet sich vielfach eine Abplattung, ja sogar eine Atrophie der Papillen im Zentrum des Prozesses. An der Peripherie sind die Papillen hingegen verlängert, so daß die Cutis zentral vertieft erscheint. Hier entsteht dadurch eine tellerartige Vertiefung, die das klinische Bild leicht verständlich macht. Ist es zur Rhagadenbildung gekommen, was bei länger bestehenden Fällen immer eintreten wird, so bilden natürlich die Einrisse der Epidermis, die bis in den Papillarkörper und die Cutis hineinreichen können, zusammen mit den dann auch stets vorhandenen stärkeren Wucherungen und den ausgedehnten Entzündungsprozessen im Corium ein vielgestaltiges Gesamtbild, das aber in seinem Grundcharakter doch noch deutlich den primären Aufbau widerspiegelt. —

Neben diesen typischen Veränderungen finden sich nun noch in manchen Fällen stärker ausgeprägte Besonderheiten, auf die kurz hingewiesen werden muß. Es sind dies einmal blasenartige Bildungen, die als stärker entwickelte Lücken aufgefaßt werden dürfen. Die Entstehung der letzteren erfolgt einmal durch akantholytische Vorgänge, die einen Teil der Stachelzellen unter Hinterlassung fibrinöser und schleimiger Fäden völlig zum Schwinden bringen (DARIER), während gleichzeitig dieselbe unbekannte Ursache andere Zellen lediglich ihrer Stacheln beraubt und sie so zu jenen als „Corps ronds" bekannten, kugeligen Bildungen umformt, die durch weitere Degeneration zerfallen und deren Reste in den „Grains" zu suchen sind.

Soweit über die Blasenbildung eingehendere Beobachtungen vorliegen (SPIETHOFF), ist sie unmittelbar abhängig von einem stärkeren intercellulären Ödem und dieses wiederum von ausgedehnteren Entzündungserscheinungen im Corium. In derartigen Fällen, die im allgemeinen nur bei weiter fortgeschrittenen Erkrankungen zu finden sind, ist auch die celluläre Infiltration in Papillarkörper und Cutis stärker ausgeprägt. Neben den schon erwähnten Lymphocyten finden sich dann auch Plasma- und Mastzellen, sowie auch auffallend viele Leukocyten, insbesondere Eosinophile. Da derartige starke Entzündungserscheinungen besonders in jenen Fällen auftreten, wo es im Anschluß an stärkere Wucherung der Epidermiselemente und Macerationsvorgänge in diesen zu sekundären Veränderungen gekommen ist, so erscheint bis heute die Frage, ob hier eine primäre Erkrankung des Coriums vorliegt oder nicht, noch unentschieden. Man muß dabei allerdings berücksichtigen, daß — wie im Falle SPIETHOFF — die Blasen auf scheinbar unveränderter Epidermis aufgetreten sind, daß in dem von BUKOVSKY beobachteten Falle ein entzündlicher Prozeß die Veränderung einleitete.

Auch in den Blasen werden, wie das ja bei ihrem genetischen Zusammenhang mit den Lücken selbstverständlich erscheint, die kennzeichnenden Kerndegenerationsprodukte vorgefunden. Ebenso verständlich erscheint es, daß im

Anschluß an stärkere Exsudationsvorgänge Blutungen, sei es per rhexin, sei
es per diapedesin in die Epidermis und in die Blasen hinein auftreten
können.

Größere Bedeutung kommt jedoch eigenartigen Epithelsproßbildungen
(s. Abb. 22) zu, die wiederholt beobachtet wurden (DARIER-THIBAULT, BELLINI,
PINKUS-LEDERMANN). Es handelt sich dabei um schlauchartige, von der
Basalzellreihe ausgehende und aus Basalzellen aufgebaute Epithelwucherungen,
die langsam in das umgebende Bindegewebe vordringen und bei oberflächlicher
Betrachtung den Eindruck epitheliomatöser Neubildungen erwecken können.
Diese, in manchen Fällen völlig fehlenden, in anderen wieder sehr zahlreich

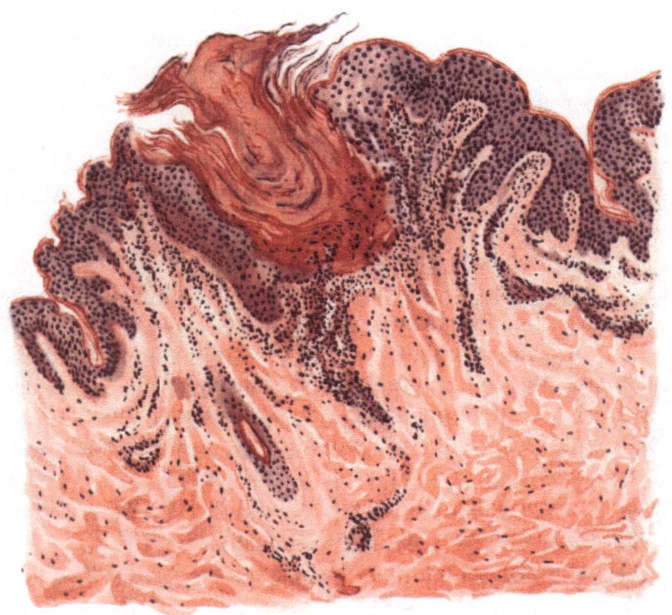

Abb. 23. **Hyperkeratosis foll. et parafoll. in cutem penetrans** (KYRLE). Die Epidermis
durchdringende follikuläre und parafollikuläre Hornpfropfbildung; starke entzündliche
Zellansammlung in der Cutis. Hämatoxylin-Eosin. O = 66; R = 66 : 1. (Sammlung KYRLE.)

vorhandenen Epithelsprossen senden ihrerseits wieder seitliche Fortsätze aus,
so daß es zu eigentümlichen, drüsenartigen Bildungen kommt. Auch in
diesen geht die Bildung der runden Körper vor sich.

Grundsätzlich die gleichen Veränderungen wie an der äußeren Haut finden
sich an der Mundschleimhaut: wechselnd starke Papillomatose, Akanthose,
insbesondere Lückenbildung. Es kann sich dazu gesellen eine Parakeratose
mit mäßig zahlreichen „Corps ronds" und „Grains" (SPITZER). Diese letzteren
Veränderungen kommen allerdings nicht regelmäßig vor (REENSTIERNA).

Anhangsweise sei hier jenes von KYRLE beobachtete, eigentümliche Krankheitsbild erwähnt: Die von ihm so genannte Hyperkeratosis foll. et
parafoll. in cutem penetrans, die zwar in mancher Beziehung der
DARIERschen Krankheit nahesteht, sich von dieser jedoch auch wieder unterscheidet (entzündliche Zellhaufen in der Cutis bei älteren Krankheitsherden,

vor allem aber jene, die ganze Epidermis durchdringenden, und unmittelbar in die bindegewebige Haut hinabreichenden Hornpfröpfe).

Inwieweit bei dieser Veränderung Toxidermien beruflichen oder medikamentösen Ursprungs (Teer, Schmieröl usw.) eine Rolle spielen, wie dies HABERMANN für die KYRLEsche Beobachtung und ähnliche Veränderungen (Keratosis foll. contag.) andeutet, harrt noch weiterer Klärung.

Differentialdiagnose: Der eigentümliche mikroskopische Aufbau der DARIER-schen Krankheit, weniger die „Corps ronds" und die „Grains" — die ja auch bei einer Reihe anderer Krankheitszustände vorkommen (Lupus erythematodes, Lichen ruber planus: UNNA, Pemphigus: EHRMANN, Hornkrebse: FABRY, Lupus verr., Condylomat. acuminat.: PETERSEN) und selbst bei ganz typischem DARIER fehlen können —, als vor allem die Lückenbildung, die Epithelsprossen und die Bildung von Hornzapfen, nicht nur in den Follikeln und Schweißdrüsenausführungsgängen, sondern auch an jeder anderen Stelle der Hautoberfläche, gestatten in jedem Falle eine sichere Diagnose. Dazu kommt das eindrucksvolle klinische Krankheitsbild. Es erscheint daher heute müßig, noch die Differentialdiagnose zwischen DARIER und Ichthyosis hystrix zu erörtern, da weitgehende Unterschiede sowohl im klinischen als auch im mikroskopischen Bilde bestehen.

Trotzdem mag es Fälle geben (BUKOVSKY), wo Differenzen im histologischen sowie im klinischen Bilde die Einordnung in unser Krankheitsbild erschweren. In diesem Zusammenhang muß man daran denken, daß höchstwahrscheinlich bei vielen derartigen Verhornungsanomalien eine keimplasmatische Störung anzunehmen ist, über deren Grundlage wir uns ebensowenig eine Vorstellung machen können, wie über die dadurch bedingten Einzelheiten der Abweichung von der Norm.

Stellung nehmen muß man jedoch zur Frage der Trennung der DARIERschen Krankheit von der Keratosis follicularis MORROW-BROOKE, zumal ameri-kanische Autoren (WHITE, BOWEN) die beiden Veränderungen nicht hinreichend auseinandergehalten haben. Eine Trennung dürfte jedoch schon klinisch nicht schwer sein, wenn man bedenkt, daß die Lokalisation der Keratosis follicularis der der DARIERschen Krankheit völlig entgegengesetzt ist. Aber auch histo-logisch zeigen sich weitgehende Unterschiede. Es fehlt die Wucherung der Reteleisten, die Verlängerung und Verschmälerung der Papillen, jede stärkere Hornzapfenbildung außerhalb der Follikel und vor allem die für die DARIERsche Krankheit so charakteristische Lückenbildung.

Pathogenese: Wenn auch die Natur der DARIERschen Krankheit im Grunde genommen noch ungeklärt ist, so liegen doch eine Reihe von Beobachtungen vor (Heredität, Syste-matisierung, gleichzeitiges Vorhandensein anderer Entwicklungsanomalien), die ihr einen Platz unter den kongenitalen Dermatosen zuweisen. Ob dabei BELLINIs Auffassung eines Dyskeratoma naevicum, AUDRYs „Dystrophie générale de l'épiderme" auf kongenitaler Basis, das Grundlegende des ganzen Zustandes trifft, muß weitere Forschung klären. Soviel ist gewiß: Die Frage, ob primär entzündlicher Vorgang im Corium und sekundäre Störung in der Verhornung oder umgekehrt, scheint den Kern der Sache nicht zu erfassen. Höchstwahrscheinlich dürfen wir die in der Cutis vorhandenen, wechselnd stark ausge-prägten entzündlichen Veränderungen nicht als maßgebend für die epidermale Störung ansehen. Die Lückenbildung insbesondere ist wohl primären Veränderungen der Zellen des Stratum spinosum, die zu atypischen Verhornungsvorgängen führen, zur Last zu legen. Inwieweit dabei kolliquativ-nekrotische (JANOVSKY, MOUREK) oder exsudativ-entzündliche

Prozesse (MIETHKE, BUZZI) beteiligt sind, bedarf noch der Klärung. Die Kerndegenerationen entwickeln sich erst nach Bildung der Lücken, da sie nie ohne deren, wenn auch nur andeutungsweises Vorhandensein auftreten.

In erster Linie dürfte es darauf ankommen die Bedingungen zu erforschen, unter denen die ebenfalls noch unbekannte auslösende Ursache die in jenen Zellen schlummernden Kräfte wachruft, welche zu den Veränderungen führen.

Angiokeratoma MIBELLI.

Meist bei jugendlichen, seit längerer Zeit an Pernionen leidenden Personen beiderlei Geschlechts, in erster Linie auf den Streckseiten der Finger und Zehen, Hände und Füße, dann auch Ellbogen und Kniegelenke, sowie den Ohrmuscheln (PRINGLE), gelegentlich auch am Scrotum (FORDYCE), meist symmetrisch auftretende, stecknadelkopf- bis hanfkorngroße, zunächst blaurote Flecke. In ihrer Mitte zeigen diese einen besonders stark braunrot gefärbten, auf Druck nicht schwindenden Punkt. Die Efflorescenzen wandeln sich alsbald durch Entwicklung kleinster Gefäßschlingen zu glatten, lividen bis graurötlich gefärbten Papeln um. Unter allmählicher Verdickung der bedeckenden Hornschicht entstehen schließlich flache oder warzenartige, verhornte Gebilde von blauroter bis grauer Farbe, die vielfach zu linsengroßen Hornscheiben zusammenfließen, durch welche die erweiterten Gefäßschlingen als dunkelrote Pünktchen durchschimmern. Besondere Beschwerden bestehen kaum. Spontane Rückbildung einzelner Herde wird beobachtet.

Neben dieser klassischen Form sind mit ihr histologisch völlig übereinstimmende Gebilde beschrieben worden, die durch außergewöhnliche Lokalisation und Anordnung eine Sonderstellung einnehmen (Angiokeratoma corporis naeviforme: FABRY, KYRLE oder universale: FABRY, Angiokeratoma corporis diffusum: STÜMPKE; Angioma keratosum: BETTMANN, das wohl zu den naeviformen zu zählen ist).

Mikroskopisch steht im Vordergrund des Krankheitsbildes die außerordentlich starke Erweiterung der Gefäße in Papillarkörper und oberer Cutis. Diese nimmt an Intensität von der Peripherie zum Zentrum des einzelnen Herdes zu, und zwar bei den mehr flachen Formen allmählich, bei den warzigen ganz plötzlich. Im Anfangsstadium handelt es sich dabei um eine spindelförmige Erweiterung der Papillargefäße, indem bald weitere, bald engere blutgefüllte Hohlräume miteinander in Verbindung stehen. Von diesen ziehen kleinere, oftmals wiederholt verzweigte Seitenkanäle ab, die bis dicht an die Basalschicht herandrängen und in den späteren Stadien die ganze Papille in einen einzigen, von vielfachen Septen durchzogenen großen Blutsack umwandeln. Schließlich geben auch diese, aus langen schmalen Endothelien aufgebauten Septen dem Drucke der Blutflüssigkeit nach; sie zerreißen und bilden zunächst noch längere oder kürzere, in das Lumen des Hohlraumes hineinragende Zungen, die endlich ebenfalls verstreichen, so daß nunmehr ein großer, runder oder längs-oval gestellter Blutsack übrig bleibt. Gelegentlich reißt auch dessen Endothelbelag an einzelnen Stellen ein, so daß es dann zu Blutaustritten in das umgebende Gewebe kommen kann, die dessen Bindegewebszüge zunächst auseinanderdrängen und schließlich zu hämosiderotischem Pigment umgewandelt werden. Dieses verleiht dem ganzen Gewebe makroskopisch den eigentümlichen, braunroten Farbenton. Neben den großen, auch im Schnitt noch mit Blut gefüllten Hohlräumen finden sich namentlich zum Rande der Veränderungen hin erweiterte, blutleere Gefäßschlingen, deren Inhalt wohl bei der Excision ausgetreten ist.

Überall dort, wo die erweiterten Gefäße an die Epidermis unmittelbar heran- oder gar in diese hineintreten, wird deren Aufbau in Mitleidenschaft gezogen. Die interpapillaren Epithelleisten werden verdrängt und verschmälert, oft in mehrere Fortsätze aufgeteilt. Dabei scheint an manchen Stellen der Endothelbelag der großen Bluträume geschwunden, so daß ihr Inhalt unmittelbar an das Stratum basale oder spinosum heranreicht (JOSEPH, UNNA, FROHWEIN), ein Befund, demgegenüber RAU und SCHEUER das regelmäßige Erhaltenbleiben der Endothelauskleidung betont haben.

In der Umgebung der erweiterten Gefäße wurden wiederholt geringgradige Zellansammlungen beschrieben, was sich durch den Reiz der stetig andrängenden Blutsäule sehr gut erklärt, ohne daß man dabei an eine besondere entzündungserregende Schädigung denken müßte, wie sie namentlich französische Autoren (MILIAN, PAUTRIER) ätiologisch verwerten wollten. Im übrigen ist der bindegewebige Anteil der Cutis nicht verändert, insbesondere zeigen die elastischen Fasern normale Verhältnisse.

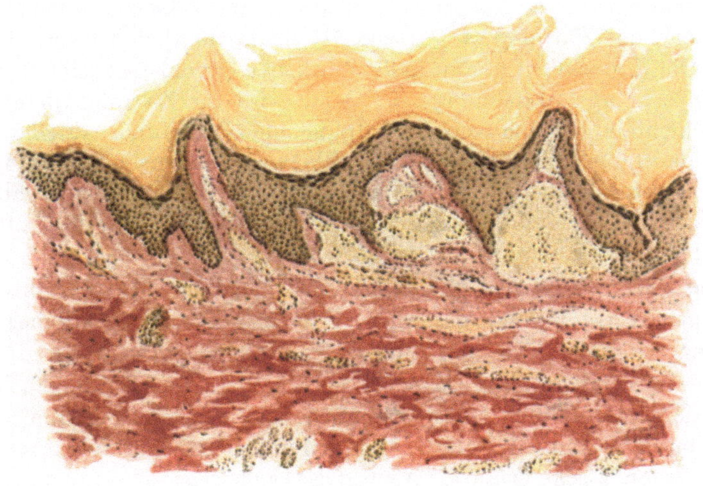

Abb. 24. Angiokeratoma Mibelli. Blutsackartige Erweiterung der Gefäße in Papillarkörper und — wenn auch schwächer — in der oberen Cutis. Ausgedehnte Hyperkeratose. Akanthose abwechselnd mit Schwund der Stachelzellschicht. Verbreiterung des Strat. lucidum (hell-gelbes Band über dem Strat. granulos.). Hämatoxylin-VAN GIESON. (Sammlung ARNING.) O=66:1; R=66:1.

Von den Anhangsgebilden der Haut sind die Ausführungsgänge der Schweißdrüsen in den seitlichen Abschnitten gut erhalten, während sie im Zentrum der Veränderungen fehlen; ebensowenig lassen sich Haare und Talgdrüsen nachweisen. Ausnahmen, wie die Beobachtungen WIESNIEWSKI bei flachen Efflorescenzen, kommen vor. Eine Dilatation der Lymphräume, in die dann das Blut aus den erweiterten Gefäßen einwanderte, wie dies MIBELLI als Folge fortdauernder Zirkulationsstörungen beobachtet haben wollte, ist nur noch von AUDRY bestätigt worden.

Der Aufbau der Epidermis zeigt gewisse Unterschiede, je nachdem man es mit einem dem Drucke der andrängenden Blutsäule ausgesetzten Bezirk der Veränderung zu tun hat oder nicht. Im ersteren Falle sind die unteren Zellagen, namentlich in den Epithelleisten, verschmälert und zusammengedrückt, aber auch die oberhalb der Bluträume gelegenen Abschnitte sind verschmälert und verkleinert. An jenen Stellen hingegen, die einer unmittelbaren Druckwirkung nicht ausgesetzt sind, fand FROHWEIN die Zellen des Stratum basale gequollen und aufgeblasen, vielfach mit Mitosen durchsetzt und von einer vermehrten, strukturlosen Intercellularsubstanz umgeben. Dabei traten die Intercellular-brücken besonders deutlich hervor, was er auf die ödematöse Durchtränkung dieses Gewebes zurückführt. Das Stratum spinosum ist in den suprapapillären Abschnitten deutlich verschmälert, manchmal auf eine dünne Lage völlig ab-geflachter Zellen, so daß die Bluträume unmittelbar an die unterste Schicht des Stratum lucidum heranreichen. Das Stratum granulosum, im allgemeinen etwas verbreitert, ist in solchen Fällen völlig geschwunden. Das Stratum lucidum ist fast überall, besonders aber über den weiten Blutsäcken erheblich verbreitert. Es erhebt sich bei den warzigen Formen zu direkt konischen Bildungen in die Hornschicht hinein. Dieser Eindruck wird dadurch hervorgerufen, daß dann die gesamte Hornschicht an dieser Stelle von denselben eleïdinreichen Zellen gebildet zu sein scheint wie das Stratum lucidum, eine Tatsache, die insbesondere bei entsprechender Färbung (v. Gieson, Russel) deutlich hervortritt (Wies-niewski). Die Hornschicht nimmt in den seitlichen sowohl als auch den zentralen Abschnitten sehr an Ausdehnung zu. Dabei wird ihr Zusammenhang in den tieferen Schichten vielfach durch andrängende Bluträume aufgelockert; es finden sich dann manchmal längliche, mit Blut und Detritus gefüllte Hohlräume. Gelegentlich treten in den oberen Hornschichtlagen, und zwar oberhalb einiger Papillen, Erweichungsherde und Markhöhlen auf, die durchaus im Aufbau den-jenigen bei den Hauthörnern entsprechen.

Differentialdiagnose: Das Angiokeratoma Mibelli bietet mikroskopisch einen so eigenartigen Befund, daß eine Verwechslung mit irgendeiner anderen Veränderung kaum möglich sein dürfte.

Beim verhornenden Angiom, das manchmal klinisch ähnlich aussehen kann, handelt es sich im Gegensatz zu jenem um ein Angiom, das erst sekundär durch bestimmte, hier nicht näher zu erörternde Ursachen eine Verhornung seiner Decke erfährt. Auch das Granuloma teleangiectodes zeigt in Frühstadien bei der manchmal bestehenden Hyperkeratose eine gewisse Ähnlichkeit mit dem Angiokeratoma Mibelli; jedoch schützt histologisch der stets nachweisbare entzündliche Charakter vor einer Verwechslung.

Pathogenese: Als primäre Veränderung wird jetzt wohl allgemein die Erweiterung der papillaren und subpapillaren Gefäße betrachtet, der erst sekundär, gewissermaßen als Schutzwirkung gegen die andrängenden Blutmassen, die starke Hypertrophie der Horn-schicht sowie die Umgestaltung der übrigen Epidermis nachfolgen. Da in erster Linie schwächliche, jugendliche, an Frostbeulen und ähnlichen Gefäßveränderungen leidende Personen mit einem allgemein wenig widerstandsfähigem Gefäßsystem von der Erkrankung befallen werden, scheint pathogenetisch die Annahme einer konstitutionellen Schwäche wohl begründet. Inwieweit hierbei keimplasmatische Störungen als Voraussetzung der von Escaude vertretenen „kongenitalen Debilität der Blutcapillaren" eine Rolle spielen, ist noch unentschieden.

Das gelegentliche Zusammentreffen mit Tuberkulose scheint jedoch bei dieser Sachlage durchaus erklärlich, ohne daß man deshalb, wie dies namentlich von Pautrier geschehen ist, dem Tuberkelbacillus als solchem eine unmittelbare ätiologische Bedeutung beimessen dürfte.

Porokeratosis Mibelli.

Die Primärefflorescenz der Erkrankung bildet ein isolierter, inmitten normaler Um-gebung gelegener, schmutzig-brauner, kegelförmiger Hornzapfen, dessen Spitze von einem comedoähnlichen Hornpfropf ausgefüllt wird. Wird dieser Hornpfropf entfernt, so liegt ein zentrales Grübchen bloß. Unter zentraler Abflachung verbreitert sich dieser Hornzapfen im Laufe längerer Zeit zu erbsen- bis markstückgroßen und noch größeren Herden. Den charakteristischen Teil eines solchen porokeratotischen Herdes bildet ein wallartig erhabener Hornring von kegelförmigem Querschnitt, der sich in einer geschlossenen, mehr oder weniger gewundenen Linie ausbreitet und auf seiner Höhe eine dünne, konzentrisch verlaufende Einsenkung trägt, aus der eine zarte Hornlamelle als harter, scharfer, aber feiner Kamm hervorragt. Das Zentrum der größeren dieser Herde ist meist atrophisch eingesunken und enthält vereinzelte der eben geschilderten Hornzapfen, jedoch meist keine Haare, Follikel- oder Drüsenöffnungen.

Diese Veränderungen finden sich teils vereinzelt, teils zu mehreren, selbst zahlreichen Herden über den ganzen Körper verstreut vor; auch die Schleimhaut des Mundes und des Präputiums beteiligen sich an der Erkrankung.

Es sei betont, daß ein Teil der Autoren die Porokeratosis in Rücksicht auf die Ähnlichkeit mit der Pityriasis rubra pilaris, der Ichthyosis hystrix, dem Clavus und den Naevi nicht als selbständiges Krankheitsbild anerkennen will.

Die histologischen Veränderungen spielen sich in erster Linie in der Epidermis ab, und zwar sind daran alle Schichten beteiligt, wenn auch in wechselndem Maße. Der Prozeß wird durch eine Wucherung des Stratum granulosum und spinosum eingeleitet unter gleichzeitiger erheblicher Vergrößerung der Hornschicht.

In den jüngsten Stadien, wo klinisch lediglich eine Hornzapfenbildung mit zentralem Hornpfropf und peripherer kreisförmiger Hyperkeratose vorliegt, entspricht das Zentrum dieser an Intensität zwar wechselnden, aber stets vorhandenen Hyperkeratose einem Schweißporus bzw. dem epidermalen Abschnitt eines Schweißdrüsenausführungsganges und dessen nächster Umgebung. Vereinzelt soll der Prozeß auch an den Follikelöffnungen beginnen, ja bei ein und demselben Falle fanden sich gleichzeitig die benachbarten Schweißporen und Haarfollikel erkrankt (GILCHRIST). Anfänglich läßt sich dieser verhornte Schweißdrüsengang innerhalb der lamellär angeordneten Hornschichtlagen auch noch deutlich erkennen, selbst dann, wenn der Verhornungsprozeß bereits die epitheliale Wandung infolge einer Atrophie des Stratum spinosum an dieser Stelle völlig verdrängt hat und lediglich die eigenartige Ansammlung der Hornmassen die charakteristische Schlängelung des Ganges wiederspiegelt. Das Zentrum des Hornpropfes ragt als ein aus nahtförmig übereinandergelagerten eleïdinhaltigen Lamellen bestehender Zapfen über die Hautoberfläche büschelförmig hervor, wenn es nicht, was allerdings im Präparat häufig der Fall sein dürfte, bereits ausgefallen ist und man statt dessen nur noch die nabelartige Ausbuchtung erblickt. Am wohlerhaltenen Herd hat man den Eindruck, als ob diese, nach der Seite allmählich oder steil zur nicht veränderten Hornschicht abfallenden Hornmassen im Zentrum in die gleichfalls gewucherte Stachelschicht eingestülpt wären. Sie dringen vielfach bis an die epidermale Grenze des Schweißdrüsenausführungsganges vor. Hier kann man auch deutlich den mehrschichtigen Aufbau dieses hypertrophischen Stratum corneum erkennen, auf den MIBELLI bereits in seiner ersten Veröffentlichung hingewiesen hat. Bei Behandlung mit Osmiumsäure läßt sich nämlich eine unterste, fettfreie Zellage des Stratum lucidum von dem geschwärzten übrigen Anteil dieser Schicht deutlich trennen; dieser wird überlagert von der eigentlichen, vielfach parakeratotischen Hornschicht. Das Verhalten des Stratum granulosum unter den verhornten Partien ist wechselnd; teils ebenfalls gewuchert, teils kaum verändert, verschmälert oder selbst völlig geschwunden.

Die Akanthose an der sich anfänglich neben dem Stratum spinosum vor allem das Stratum granulosum beteiligt, ist ebenfalls stark ausgeprägt, wenn auch lange nicht in dem Maße wie die Hyperkeratose. Die breit und massig in die Cutis vorspringenden Reteleisten, die besonders dort, wo sie von Schweißdrüsengängen durchzogen sind, vergrößert sind, führen zu einer Umbildung des Papillarkörpers, so daß die einzelnen Papillen lang und schmal ausgezogen erscheinen. Dabei folgt die hypertrophische Hornschicht der von den Reteleisten gezeichneten Wellenlinie; überall dort, wo die Leisten sehr tief in den

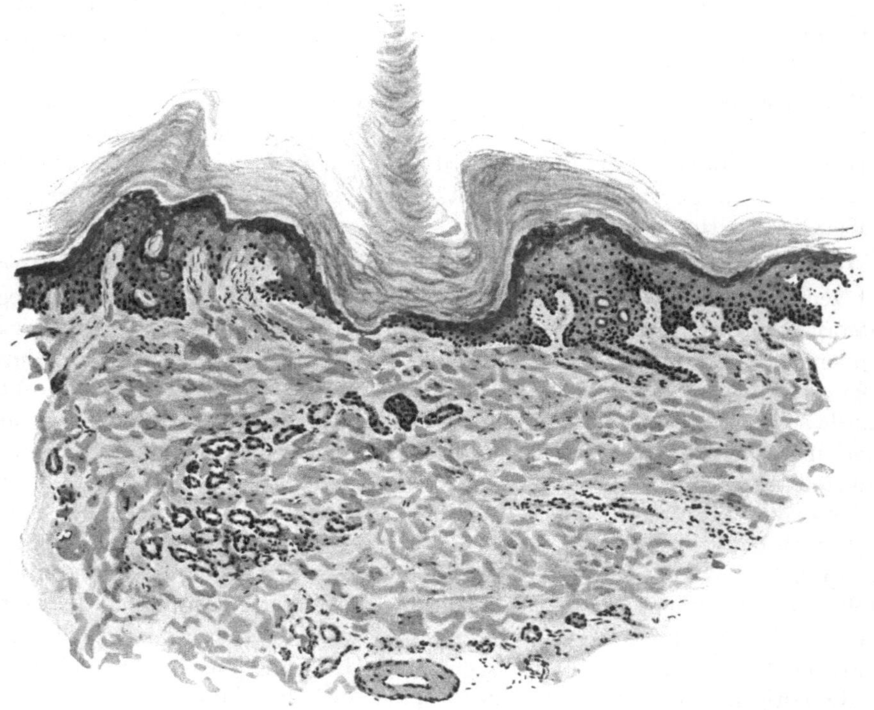

Abb. 25. **Porokeratosis Mibelli.** Hornzapfen in einem verstrichenen Schweißdrüsenporus. Atrophie der übrigen Epidermis in der unmittelbaren, Akanthose und Hyperkeratose in der weiteren Umgebung; geschwundener Papillarkörper; cystisch erweitertes Schweißdrüsenknäuel. $O = 77:1$; $R = 70:1$. (Sammlung L. Martinotti.)

Papillarkörper hinabreichen, senkt sich die Hornschicht ebenfalls tief herab und führt hier oft zur Verdünnung des Stratum spinosum und granulosum bis auf wenige oder gar nur eine Zellage: Atrophie des Rete durch Herabsteigen der Hornschicht. Dabei ist auffallend, daß bei Osmiumbehandlung sich in der Hornschicht auch hier die Zonenbildung deutlich zeigt. Zwei geschwärzte Zonen schließen einen aus verhornten Zellen bestehenden, durchsichtigen, farblosen Streifen ein, der jenem normalerweise nur in der Palma manus vorkommenden entspricht. Unter dem Ganzen liegt dann noch als ein schmales helles Band der fettlose Teil des Stratum lucidum. Oberhalb dieser ganzen Schicht findet sich dann noch eine parakeratotische Schuppe von wechselnder Ausdehnung.

Bereits in diesem frühen Stadium des Prozesses findet man Zellinfiltrate in Cutis und Papillarkörper; in letzterem treten sie lediglich als perivasculäre Anhäufungen von Lymphocyten und Bindegewebszellen um die mäßig erweiterten Capillaren auf; erst in der eigentlichen Cutis gesellen sich dazu auch noch Mastzellen in manchmal recht großer Zahl. Neben den Gefäßen sind dann noch die meist cystisch erweiterten und von einem auffallend niedrigen Epithel ausgekleideten Schweißdrüsenknäuel von derartigen Infiltraten umgeben. Diese treten jedoch auch selbständig auf; sie finden sich dann im Bindegewebe, besonders unter den Stellen, wo in der Epidermis die Hyperkeratose auf eine stärkere Entwicklung des Prozesses hinweist. Die Ansicht mancher Autoren, daß diese Zellansammlungen auf eine entzündliche Ätiologie der Porokeratosis hinweisen, veranlaßt mich zu betonen, daß zu Beginn bei schon sehr stark ausgesprochenen Epidermisveränderungen diese Zellinfiltrate vielfach noch ganz gering sind und daß weiter sich die Erkrankung in stärkstem Maße auch an Stellen vorfindet, wo in der Cutis keinerlei Zellansammlung aufgetreten ist. Es erscheint daher richtiger, diese Veränderungen als sekundäre zu betrachten.

In weiter fortgeschrittenen, flächenhaften, ausgebreiteten Stadien findet man entsprechend dem klinisch sichtbaren, peripheren Wall mit der kammartig in diesen eingelassenen Hornleiste, im senkrechten Schnitt einen Aufbau des Gewebes, der sich grundsätzlich nicht von dem eben geschilderten unterscheidet. Dabei läßt sich auf Horizontalschnitten durch einen solchen Herd die Kontinuität dieser Hornleiste deutlich erkennen, da diese parakeratotische Masse sich stärker färbt als das umgebende regelmäßig verhornte Gewebe.

Das innerhalb des Hornwalles gelegene Zentrum des Herdes erfordert insoweit eine besondere Besprechung, als sich dort neben vereinzelten der eben geschilderten Hornzapfen und Platten auch bereits das Endstadium des Prozesses darstellende, ausgesprochen atrophische Veränderungen finden können. In letzterem Falle ist in diesem zentralen Abschnitt die Epidermis nur noch aus wenigen Reihen verkleinerter und geschrumpfter Stachelzellen aufgebaut, unter denen das Stratum granulosum kaum noch zu erkennen ist. Die Hornschicht ist auch hier meist noch hypertrophisch, wenn auch in geringerem Grade und zeigt an bestimmten Stellen jenes von UNNA als „atrophisches Herabsteigen" der Hornschicht gekennzeichnete Verhalten noch deutlich. Die Epidermis-Cutisgrenze verläuft als gleichmäßige, mehr oder minder gewundene Linie und nur hier und da wird sie durch eine noch stärker entwickelte Reteleiste unterbrochen. Der Papillärkörper ist demnach völlig verstrichen. Die Cutis unterhalb dieses Bezirks führt manchmal etwas erweiterte Gefäße, um die jedoch keine besondere Zellanhäufung zu sehen ist. Das kollagene Gewebe ist sklerosiert und namentlich in der Umgebung der Knäueldrüsen deutlich verdichtet. Vielfach sind diese sowie auch Haarfollikel und Talgdrüsen sogar schon geschwunden. Ist die Atrophie des gesamten Cutisgewebes stärker ausgesprochen, so entsteht schließlich jene auch klinisch wahrnehmbare zentrale Eindämmung der erkrankten Hautpartie, in der sich mikroskopisch keinerlei Anhangsgebilde mehr nachweisen lassen.

Erwähnt sei noch die allgemein beobachtete Vermehrung der Schweißdrüsen innerhalb der erkrankten Hautpartien und insbesondere die in den Acini vielfach vorhandenen Kernteilungsfiguren (JOSEPH), da diese beiden Tatsachen für die Klärung der Pathogenese von Bedeutung zu sein scheinen.

Differentialdiagnose: Der Lichen ruber ist histologisch so völlig abweichend gebaut, daß eine besondere Erörterung nicht notwendig erscheint. Bei der Verruca vulgaris liegen die Hauptveränderungen in der Epidermis, die der Cutis sowie besonders die des Papillarkörpers treten völlig zurück. In erster Linie ist hier das Stratum granulosum sehr stark ausgebildet, und zwar in jedem Stadium des Prozesses, während bei der Porokeratosis dessen Wucherung im ganzen schwächer erscheint und außerdem nur zu Anfang besteht. Dazu kommt bei letzterer vor allem der Ausgang der Hyperkeratose von den Schweißdrüsen und die stärkeren Veränderungen im Corium. Ferner sei erwähnt, daß bei den Warzen der peripher fortschreitende Prozeß im Zentrum niemals Rückbildungserscheinungen zeigt, insbesondere keine Atrophie. Über die Keratodermia maculosa diss. palmae und plantae s. d.

Pathogenese: Die Erkrankung beginnt mit einer umschriebenen Akanthose, an der besonders das Stratum granulosum beteiligt ist. Die unmittelbar nachfolgende Hyperkeratose nimmt ihren Ausgang meist von den Schweißdrüsenausführungsgängen und deren nächster Umgebung. Nachdem diese von den Hornpfröpfen verschlossen sind, erweitern sich die Knäueldrüsengänge in ihrem intradermalen Abschnitt, ja sogar bis zum Glomerulus und dessen sekretorischen Schläuchen. Das Bestreben der sezernierenden Teile, den durch den Hornpfropfverschluß entstehenden Widerstand zu überwinden, führt zu vermehrtem Verbrauch von Epithelien und damit zum Auftreten gehäufter Kernteilungsvorgänge sowie zur Hyperplasie der Schweißdrüsen selbst (JOSEPH). Schließlich kommt es dann aber doch zur cystischen Erweiterung und Degeneration der Drüsenschläuche; gleichzeitig setzt eine Proliferation des peritubulären Bindegewebes ein, die schließlich zur Atrophie und zum völligen Schwinden der Schweißdrüsen selbst führt. Inzwischen hat sich die Hyperkeratose auch auf die zunächst gelegenen Reteleisten ausgedehnt. Durch das Zusammenfließen mehrerer solcher Herde kommt es dann zur Bildung jener kontinuierlichen Hornlamellen. Dabei werden diejenigen Schweißporen, die in einer unregelmäßigen, in sich selbst zurücklaufenden Linie liegen, besonders stark verändert, so daß es zur Bildung jener kammartigen Leisten kommt. Über die Ursache dieser Vorliebe der Erkrankung für jene Linie ist man heute ebensowenig unterrichtet, wie über die der Erkrankung selbst. Immerhin erscheint es auf Grund klinisch-anamnestischer Daten naheliegend, an eine kongenital bedingte Entwicklungsstörung der Epidermis zu denken, und zwar im Gebiete der Hornbildung.

Pityriasis rubra pilaris (DEVERGIE).

Der Entwicklungsgang dieses Krankheitsbegriffes ist einer der eigenartigsten der neueren Dermatologie. 1857 als Pityriasis pilaris von DEVERGIE eingeführt, 1889 von BESNIER mit dem Beiwort rubra näher gekennzeichnet und erschöpfend dargestellt, war er trotz der mannigfachen Beziehungen, die die damalige deutsche i. e. Wiener Dermatologenschule mit der Pariser verbanden, in Wien bis dahin unbekannt, um in diesem Jahre auf dem Pariser Kongreß von KAPOSI, dem berufensten Vertreter der damaligen Wiener Schule, als Lichen ruber acuminatus angesprochen zu werden. Eine Einigung in dieser Frage hat sich seitdem noch nicht ergeben; und es ist für den kritischen Beschauer bemerkenswert zu sehen, wie sich die Ansicht der Meister überall in den Arbeiten der Schüler getreulich widerspiegelt. Eine Reihe von Beweisen wurde herangeführt, um diese oder jene Stellungnahme zu begründen; es ist auch sicherlich der Wille zur sachlichen Beurteilung vorhanden, aber nur zu natürlich, daß diese zu leicht der Schulmeinung zum Opfer fällt. Es erscheint deshalb zwecklos, von vornherein eine Stellungnahme festzulegen und eher wünschenswert, die Tatsachen für sich reden zu lassen, um so vielleicht zum Ziele zu gelangen.

Die an und für sich seltene Erkrankung, die meist in früher Jugend, und zwar häufiger beim männlichen als beim weiblichen Geschlecht auftritt, zeigt mehrere voneinander verschiedene Formen, die allein oder gleichzeitig miteinander vorkommen, sich mehr oder weniger rasch entwickeln, zeitweilig rezidivieren und vom Arsen nicht nennenswert beeinflußt werden. Im wesentlichen handelt es sich um eine follikuläre, aber auch allgemeine Hyperkeratose der Hautoberfläche, die ohne stärkere Entzündungserscheinungen mit einer starken bleibenden Hautröte einhergeht.

Das erste Stadium ist gekennzeichnet durch dicht beieinanderstehende, hirsekorn- bis stecknadelkopfgroße, meist follikuläre — oft ein abgebrochenes Haar enthaltende — dann aber auch periporale oder einfach epidermale Hornkegel von roter oder brauner bis grauer Eigenfarbe, die auf leicht geröteter trockener Haut aufsitzen und in ihrer Gesamtheit lebhaft an die Cutis anserina erinnern. Gelegentlich flachen sich diese Kegel ab und schwinden ohne irgendeine Veränderung zu hinterlassen. In anderen Fällen jedoch fließen sie abflachend zu diffusen verdickten Herden zusammen, die anfangs gerötet sind, dann abblassen und stark schuppen. Sie treten besonders an den Streckseiten der Extremitäten, namentlich den Grundphalangen der Finger auf und bleiben häufig die einzige Äußerung des Krankheitsbildes. In anderen, schwereren Fällen wird der ganze Körper ergriffen; es kommt zu perifollikulären stärkeren Entzündungen und Schwellungen, die gelegentlich zu einer richtigen schuppenden Erythrodermie überleiten. Das Zusammenfließen der Efflorescenzen, die Rötung und gipsmehlartige oder auch groß-lamellöse Schuppung dehnen sich auf größere Hautflächen aus, so daß Bilder entstehen, die dem Lichen ruber planus, dem Ekzema squamosum oder auch einer Psoriasis täuschend ähnlich sein können. Hohlhand und Fußsohle beteiligen sich an der Veränderung in Form harter, verhornter, aber nicht nennenswert schuppender Auflagerungen. Eine Erkrankung der Schleimhäute ist bisher mit Sicherheit nicht beobachtet worden. Die Anhangsorgane der Haut, die Haare und Nägel, werden ebenfalls in Mitleidenschaft gezogen; erstere fallen zum Teil aus, letztere sind oft stark verdickt und vom Nagelbett durch graue Hornmassen abgehoben. Durch die allgemeine Spannung der Haut kann es sekundär zu schmerzhaften Einrissen, namentlich an den Gelenkbeugen, sowie zu Ectropium der Lider kommen. Nach mehr oder weniger langer Zeit pflegen die Erscheinungen zurückzugehen, ohne daß eine sekundäre Umwandlung der Hornkegel in andere Efflorescenzen jemals feststellbar wäre.

Das allgemeine Befinden ist eigentlich nie gestört; die Erkrankung ist daher prognostisch quoad vitam gut, mit Rücksicht auf die Neigung zu Rückfällen im übrigen allerdings nicht günstig zu beurteilen.

Die eben geschilderte Veränderung wird von den einzelnen Schulen ganz verschieden aufgefaßt, und es sei darüber, lediglich unterrichtend, einiges mitgeteilt. In Frankreich trennt man die Pit. rubra pil. vom Lichen planus (WILSON) und identifiziert erstere mit dem Lichen rub. ac. KAPOSI unter ausdrücklicher Betonung, daß dieser mit dem eigentlichen Lichen Wilson, von dem eine plane und akuminierte Form anerkannt wird, nicht zu verwechseln sei (BROCQ). Die gleiche Auffassung vertreten englisch-amerikanische Schriftsteller. Die Breslauer Schule nimmt im großen ganzen den gleichen Standpunkt ein; nach NEISSERS Referat (Rom 1903) wollte er den Namen Lichen einzig und allein für die als Lichen ruber bezeichnete Krankheit beibehalten, bei der er zwei Hauptformen, den Lichen rub. plan. (WILSON) und Lichen rub. ac. unterschied, wobei der letztere mit dem Lichen rub. ac. KAPOSI nicht das geringste gemein hat. Die Pit. rub. pilaris endlich ist für ihn eine selbständige Krankheitsform, eine Keratonose, d. h. eine mit essentiellen Verhornungsanomalien einhergehende Erkrankung. UNNA und seine Schüler (DELBANCO, P. UNNA jr.) vertreten im großen ganzen die gleiche Auffassung. Betont wird diese Stellungnahme besonders gegenüber RIECKE, der in seiner ausgezeichneten Darstellung der Lichen ruber-Frage im MRACEKS Handbuch die Pit. rub. pil. als mit dem Lichen rub. ac. KAPOSI übereinstimmend betrachtet und trotz der älteren und eindeutigen Bezeichnung die erstere auf Kosten der letzteren zurücktreten läßt. RIECKE geht hier einig mit der Wiener Schule. Mit wenigen Ausnahmen (H. HEBRA, NEUMANN) ist dort die Pit. rub. pil. als völlig übereinstimmend mit dem Lichen rub. ac. KAPOSI, dem Lichen exsudativus ruber Hebrae bezeichnet und daher auch unter diesem Namen geführt worden, der seinerseits wieder eine der beiden Hauptformen des Lichen rub. planus bilde.

Die histologische Untersuchung hat zu berücksichtigen einmal die papulöse Primärefflorescenz, sei diese nun follikulärer, periporaler oder einfach epidermaler (sinuöse Papel UNNAS) Natur und andererseits die diffuse schuppende Erythrodermie. Am stärksten verändert ist in beiden Fällen die Hornschicht, die gewöhnlich 2—3, an manchen Stellen auch 8—10mal so breit ist als in der Norm und aus übereinandergelagerten, regelrecht verhornten Lamellen besteht. Neben der Verhornung hat UNNA besonders auf eine erhebliche Flächenvergrößerung des Stratum corneum hingewiesen, die nur bei Hyperkeratosen

vorkomme, welche nicht der dauernden Abschuppung unterliegen und zur Folge
habe, daß die Horndecke als Ganzes zu groß wird und dadurch die Stachelschicht
und den Papillarkörper in grobe Falten werfe. Sie führe an Stelle der feineren
Hautfurchen zur Bildung neuer Hautfurchen, die nur zum Teil am Orte der
gröberen normalen Furchenbildung auftreten. Das Stratum granulosum ist
an manchen Stellen verbreitert, an anderen fehlt es völlig. Die Stachelschicht
hingegen ist im Bereich der Veränderungen durchweg hypertrophisch, die Epithelleisten verlängert und verbreitert, die einzelne Stachelzelle deutlich vergrößert
und die Intercellularräume erweitert, ohne daß im übrigen ein stärkeres Ödem
feststellbar wäre. Wo es doch gelegentlich an umschriebener Stelle zu einem
Ödem der Stachelzellen kommt, ist das Keratohyalin des Stratum granulosum

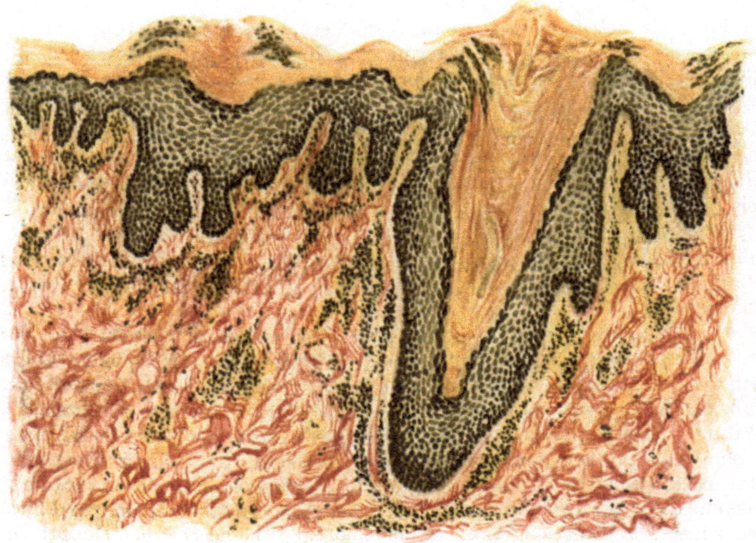

Abb. 26. Pityriasis rubra pilaris (DEVERGIE). Anfangsform. Follikuläre, periporale und
„sinuöse" Papeln, erstere mit Haarresten und beginnender Hornstachelbildung. Hyperkeratose,
zum Teil Parakeratose, Akanthose. Streng perivasculäre Zellinfiltration geringer Ausdehnung.
Eisenhämyatoxlin-VAN GIESON. (Sammlung DELBANCO-UNNA.) O = 66:1; R = 66:1.

vermindert oder auch geschwunden und die Hornschicht parakeratotisch.
Das Stratum basale färbt sich meist sehr stark, die Mitosen sind darin vermehrt,
im übrigen ist es aber nicht verändert und sitzt einem mäßig zellreichen, wenig
geschwollenen und kaum ödematösen Papillarkörper auf, dessen Gefäße zwar
deutlich, aber nur wenig erweitert sind.

Die Verhornungsanomalie tritt besonders an den Haarbalgtalgdrüsenaus-
führungsgängen hervor. Diese sind vielfach sehr stark erweitert, teils zylindrisch,
teils mehr kegelförmig und mit dicken, geschichteten Hornlamellen angefüllt,
die unmittelbar in die verdickte Hornschicht der Umgebung übergehen und
zentral vielfach ein Haar oder Reste eines solchen beherbergen. Die Hornlamellen bilden in der Mitte der Follikelöffnungen stachelartig hervorragende
Hornkegel, die entweder als comedonenähnliche, ovale, abgerundete Kegel oder
auch als formlose Hornmassen aus den Follikeln hervorragen und zusammen
mit der vergrößerten Stachelschicht jene für die Pityriasis rubra pilaris so

kennzeichnenden Hornstacheln bilden. In manchen Follikeln erstrecken sich diese in voller Breite bis in den Grund des Lanugohaarbalges, in anderen nur bis zum Grunde des Follikeltrichters. Das Haar wird durch die Hornmassen zurückgehalten, geknickt oder auch spiralig gewunden, fällt aber meist bald aus.

Ähnliche Hornansammlungen finden sich auch in den Schweißdrüsenausführungsgängen, sowie an anderen Hautstellen, wo die Hornkegelbildung in den normalen oder neugebildeten Hornfurchen unabhängig von den Anhangsgebilden der Epidermis sich entwickelt hat (sinuöse Papel). Vielfach stoßen die so verschiedenartig gebildeten Hornkegel zusammen und im Schnitt erscheinen sie dann als zwei oder drei ineinander übergehende Gebilde.

Neben der echten Hypertrophie mit kernlosen Hornzellen zeigt die Hornschicht auch an einzelnen unregelmäßig verteilten Stellen abgeplattete, aber deutlich färbbare Kerne in einzelnen Schichten (Parakeratose). Innerhalb der Hornschicht finden sich hin und wieder zwiebelschalenartig angeordnete Hornmassen, die vielfach zu Hornperlenbildung führen. Das unter der Hornschicht gelegene Stratum granulosum ist in den Follikeltrichtern stark verbreitert, ebenso die Stachelschicht, die einem kräftig entwickelten Stratum basale aufsitzt. Die peripilären Hornkegel sind demnach unmittelbar auf die außerordentlich starke Verhornung der epithelialen Follikelwandung zurückzuführen.

Die Veränderungen in Papillarkörper und Cutis sind je nach dem Zeitpunkt, zu welchem die Untersuchung erfolgt, von wechselnder Ausdehnung. In den frühesten Fällen, wo lediglich eine geringgradige perifollikuläre Rötung auf die entzündlichen Erscheinungen hinweist, findet sich nur eine mäßige Erweiterung und perivasculäre Zellinfiltration in den entsprechend der Wucherung der Epithelleisten mehr oder weniger umgestalteten Papillen. Dabei handelt es sich jedoch stets um streng an die Gefäße gebundene Zellansammlungen; eine diffuse Infiltration des Papillarkörpers ist nie zu sehen. Lediglich in der unmittelbaren Umgebung der Follikel ist eine stärkere entzündliche Zellansammlung festzustellen. Die Zellen sind teils rundlich, mit großem, stark färbbarem Kern und schmalem Protoplasmasaum (Lymphocyten), teils spindelig mit dreieckigem Kern und basophilem Protoplasma (gewucherte fixe Bindegewebszellen). Plasma- und Mastzellen sind wenig, polynucleäre Leukocyten kaum vorhanden. Die Zellansammlung umgibt hier die ganzen Follikel und ihr entspricht dann meist eine mäßige ödematöse Anschwellung des Follikelepithels, die sich gelegentlich auch an umschriebenen Stellen der Stachelschicht über derartigen Zellansammlungen vorfindet.

Die Haarbalgmuskeln sind meist stark vergrößert, die Schweißdrüsen trotz der Hyperkeratose ihrer Ausführungsgänge kaum verändert; vereinzelt findet man eine Erweiterung ihres Lumens. Dagegen sind die Talgdrüsen meist atrophisch, ein Befund, der trotz des Gegensatzes gegenüber den Schweißdrüsen doch wohl auf den Verschluß der Follikeltrichter durch die Hornmassen zurückzuführen sein dürfte, da die Talgdrüsenepithelien erfahrungsgemäß infolge langanhaltenden Druckes schneller ihre Tätigkeit einzustellen pflegen als jene. Im übrigen zeigt der bindegewebige Anteil des Coriums keine Störungen, insbesondere sind die elastischen Fasern nicht verändert.

In den weiter vorgeschrittenen Stadien der Erkrankung, die nach Abflachen, Zusammenfließen und damit Schwinden der einzelnen Hornkegel klinisch als stark gerötete, schuppende, ekzem- oder psoriasisähnliche Herde erscheinen, haben namentlich die entzündlichen Erscheinungen des Coriums, die zelligen Infiltrate des Papillarkörpers und der Gefäßwände, sowie die Erweiterung der oberflächlichen Capillaren und Gefäße noch zugenommen. Entsprechend der Vergrößerung und Verlängerung des Leistensystems gewinnen auch die Papillen an Höhe. Die perifollikuläre Epithelwucherung geht über in eine diffuse Akanthose der Oberfläche und eine Hypertrophie des Leistensystems (UNNA). Das Lumen der Gefäße und Capillaren ist erweitert, desgleichen die Lymphspalten. Die Papillen sind zum Teil geschwollen, vergrößert und ödematös, gelegentlich auch verlängert, behalten dabei jedoch in der Regel ihre normale Kegelform. Es fällt auf, daß vielfach derartige Abschnitte verbreiterter und vergrößerter Papillen mit ziemlich ausgedehnten papillenfreien Räumen abwechseln, ein Befund, der differentialdiagnostisch namentlich

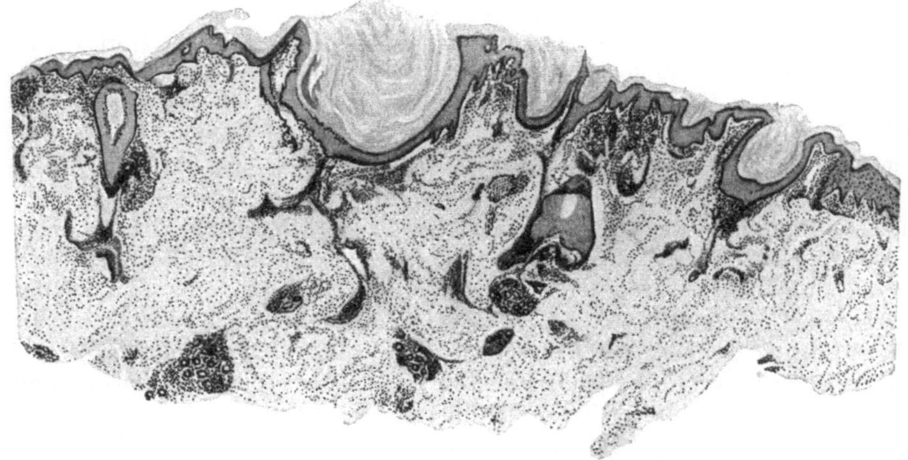

Abb. 27. Pityriasis rubra pilaris (DEVERGIE). Vorgeschrittenere Form. Übersichtsbild. Ausgedehnte entzündliche Veränderungen im Corium; zellige Infiltration der Gefäßwände und des Papillarkörpers; Gefäßerweiterung. Hyperkeratose und Akanthose mehr flächenhaft. O = 16:1; R = 14,4:1.

gegenüber der Psoriasis von Bedeutung ist. Wenn auch die zellige Infiltration des Coriums und die Erweiterung der Gefäße im großen ganzen nicht viel stärker ist als in den ersten Stadien, so dehnen sie sich doch erheblich tiefer in die Cutis aus. Die Bindegewebszellen zeigen hier wie dort eine starke Proliferation. Haarbälge, Talg- und Schweißdrüsen, sowie Hautmuskeln sind ebenfalls in dem oben geschilderten Sinne verändert.

In der Epidermis findet man dann an Stelle der festen, zusammenhängenden Hornplatte dünne und dicke Schuppen, in denen echt verhornte mit parakeratotischen Lagen abwechseln. Die Schuppen sind teils flach, teils noch in Form von Kegeln und Stacheln hervorragend. Zum Unterschied von anderen Prozessen beschränkt sich die Parakeratose jedoch immer auf kurze, meist superpapilläre Hautabschnitte, namentlich über stärker ödematösen Papillen, wo dann auch das Keratohyalin im Stratum granulosum fehlt und die Stachelschicht verschmälert ist. Dicht daneben über den interpapillären Abschnitten, noch mit jenen im Zusammenhang, tritt dann eine echt verhornte Schicht auf, unter der eine mächtig entwickelte Körnerschicht, eine verbreiterte und gewucherte Stachelschicht liegt. Oberhalb der ödematösen Papillenköpfe lassen sich hier und da innerhalb des Epithels umschriebene Leukocytenansammlungen feststellen, die in Form kleiner Nester zwischen den auseinandergedrängten Epithelien eingeschlossen sind und dazu beitragen, die sonst so fest gefügte Hornschicht in lockere Schuppen zu verwandeln.

Differentialdiagnose: Die Unterscheidung der ekzem- und psoriasisähnlichen Zustände im Verlauf der Pityriasis rubra pilaris von jenen läßt sich noch verhältnismäßig leicht durchführen. Abgesehen von den klinischen Unterschieden, erwähnt sei nur die Art und Entwicklung der Schuppenbildung aus der Primärefflorescenz in dem einen, das völlige Fehlen der letzteren im anderen Falle, finden sich auch im histologischen Bilde eine Reihe von Merkmalen, die eine Trennung leicht gestatten. Es ist bei der Psoriasis vor allem das auf der Höhe der Erkrankung innerhalb eines Herdes stets gleichmäßige und vollständige Fehlen des Keratohyalins — erst bei der Neubildung der Schuppen tritt es wieder stärker auf — das sie von der Pit. rubr. pilaris trennt durch die hier abwechselnd, namentlich interpapillär direkt gewucherte, suprapapillär dagegen geschwundene Körnerschicht. Daß auch die stets regelmäßig und stark entwickelte Papillomatose der ersteren bei der letzteren nur stellenweise und unregelmäßig — mit völlig papillenfreien Bezirken abwechselnd — auftritt, daß ferner jene eigentümlich grobe Fältelung der hypertrophischen Hornschicht, die Bildung von Hornzapfen und Hornperlen, bei der Psoriasis überhaupt nicht vorkommen, sei nochmals angeführt.

Große Schwierigkeiten bereitete und bereitet hingegen die Stellungnahme zum Lichen ruber planus. Handelt es sich hier wirklich nur um dessen akuminierte Form oder ist diese letztere, wie sie F. HEBRA sah und als Lichen ruber exsudativus, dann KAPOSI im Einverständnis mit HEBRA als Lichen ruber acuminatus bezeichnete, wirklich eine selbständige, auch vom Lichen ruber planus Wilson zu trennende Dermatose? Diese letztere Frage wird beim Lichen zu beantworten sein. Hier kann es sich nur darum handeln, festzustellen, ob die Pityriasis rubra pilaris überhaupt etwas mit der akuminierten Form des Lichen Wilson zu tun haben kann? Tritt man für die Identität beider Dermatosen im Sinne KAPOSIS ein, so muß naturgemäß auch die Pityriasis rubra pilaris, gerade wie ihr Gegenstück in den anfänglichen Veränderungen denjenigen beim Lichen ruber planus entsprechen. Mit anderen Worten, es muß die Histogenese der Planuspapel mit der des perpilären Hornkegels der Pityriasis rubra pilaris übereinstimmen. Soweit ein Urteil aus nur wenigen eigenen und manchen fremden Fällen möglich ist, scheint dies nicht der Fall zu sein. Klinisch sowohl wie histologisch mögen sich bei oberflächlicher Betrachtung gewisse Ähnlichkeiten aufdrängen; bei genauerer Durchsicht aber findet man eine Reihe grundlegender Unterschiede. Im Gegensatz zu der auf normaler Haut auftretenden, streng umschriebenen Lichenpapel, handelt es sich bei der Pityriasis rubra pilaris um umschriebene Hornkegel, die aber stets als Teilerscheinung einer allgemeinen Hyperkeratose der gesamten Hornschicht auftreten. Diese Hornkegel beruhen zunächst lediglich auf einer mäßigen Hypertrophie der Stachelschicht und vor allem einer bedeutenden Ansammlung von Hornmassen in und über dem Follikeleingang, also einem rein epidermalen, follikulären Prozeß, im Gegensatz zum Lichen ruber planus, wo die Papel eine in erster Linie cutane entzündliche Knötchenbildung mit anfangs an und für sich unerheblicher

Verhornungsanomalie darstellt. Das perifollikuläre Zellinfiltrat des Papillarkörpers ist bei der Pityriasis rubra pilaris zu Beginn schwächer als bei der Lichenpapel (GALEWSKY). Die Infiltration hält sich bei der Lichenpapel mehr an den oberen Teil des Haarbalges; sie besteht aus den bekannten kleinen, gleichmäßigen Zellen in einem ödematösen Gewebe, während die zellige Infiltration der Pityriasis-papel den ganzen Haarbalg gleichmäßig befällt, sogar oft vorzugsweise im unteren Teile auftritt und aus ganz verschiedenen Zellformen besteht. Die Zellen des Infiltrats sind nach UNNA nicht so gleichmäßig klein und protoplasmaarm wie beim Lichen, sondern gut entwickelte Bindegewebszellen. Trotz der an einzelnen Stellen hochgradigen Entzündung des Follikelepithels kommt nach ihm eine derartig sklerotische Veränderung der Balgmembran mit Ablösung der Stachel-schicht im oberen Teil des Haarbalgs wie beim Lichen nicht vor; es sei ein pro-gressiv entzündlicher Vorgang und kein regressiv entzündlicher wie beim Lichen.

Aber auch auf der Höhe des Prozesses lassen sich noch eine Reihe von Unterschieden feststellen. Diese zeigen sich namentlich im Aufbau des entzündlichen Zellinfiltrates, das bei der Pityriasis rubra pilaris aus einer beträchtlichen Ansammlung von Lymphocyten besteht (SOWINSKI), einer Angabe, die zu bestätigen ist und daher meist eine Trennung von dem aus Lymphocyten, aus polynucleären Leukocyten, wenn auch in wechselnder Zahl, aufgebauten Licheninfiltrat gestattet, zumal Leukocytenauswanderung — wenn überhaupt vorhanden — bei der Pityriasis rubra pilaris eine nur sehr geringe Rolle, und zwar in erster Linie im Epithel spielt. Dazu kommt, daß dieses Infiltrat nirgends die ganze Papille ausfüllt, nirgends zu einer Atrophie oder gar einem Verlust der Stachelschicht oder zu großen Ödemlücken an der Grenze von Cutis und Epithel führt wie beim Lichen ruber.

Wenn man daher auch wohl auf Grund dieser Betrachtungen in klassischen Fällen eine Beziehung der Pityriasis rubra pilaris zum Lichen ruber und damit auch zu dessen akuminierter Form ablehnen darf, so muß doch zugegeben werden, daß im Einzelfall die Unterscheidung außerordentlich schwer werden kann; namentlich dann, wenn eine Entscheidung, ob rein cutane oder rein epidermale Papelbildung vorliegt, nicht zu treffen ist; wenn weiterhin die entzündlichen Veränderungen in der Cutis sich nicht so ohne weiteres in der einen oder anderen Richtung deuten lassen. Man wird dann um so vorsichtiger in seiner Stellungnahme sein, als ja immer mehr und mehr betont werden muß, daß die Morphe einer Dermatose nicht nur von der aus-lösenden Ursache als vielmehr im besonderen Maße auch von der Ausdrucks-fähigkeit der erkrankten Haut abhängig ist.

Diese Vorsicht scheint um so mehr geboten, als wir ja überhaupt eine sichere ätiologische Grundlage weder für die eine noch die andere Gruppe kennen und daher Überraschungen nicht ausgeschlossen sind, wie man sie schon so oft, erinnert sei nur an die Tuberkulose und die Tuberkulide, erleben mußte.

Pathogenese: Der Erkrankung liegt eine Störung des normalen Verhornungsprozesses zugrunde. Ob diese tatsächlich, wie es den Anschein hat, primär in der Epidermis ihren Sitz hat, ob sie, wie andere Schriftsteller meinen, doch stets eine, wenn auch noch so gering-fügige entzündliche Veränderung des Coriums zur Voraussetzung hat, ist noch nicht restlos zu entscheiden. Inwieweit die von VIGNOLO-LUTATI angegebenen Nervenverände-rungen tatsächlich regelmäßig vorhanden sind, — ich habe sie nicht gefunden — ob daher die Hyperkeratose als eine neurotrophische Störung toxischen Ursprungs zu betrachten ist, scheint mir vorläufig noch ebensowenig begründet, wie die Annahme einer auf kon-genitaler Grundlage beruhenden Verhornungsanomalie.

Dystrophia papillaris et pigmentosa.
(Acanthosis nigricans.)

Die Dermatose ist charakterisiert durch eine in symmetrischer und typischer Lokalisation (Hals, Achselhöhle, Mammae, Lenden, Anal- und Genitocruralfurche, Ellenbeugen, Kniekehlen, Hände, Füße) auftretende Hyperpigmentierung und papillomatöse Wucherung. Ähnliche Wucherungen finden sich auf der Mund-, Rachen- und Kehlkopfschleimhaut, hier jedoch ohne die typische Verfärbung. Die Veränderung beginnt mit einer braunen, nach und nach braunschwarz bis schwarz werdenden Pigmentierung, in deren Bereich die Haut zunächst nur eine verstärkte Oberflächenfelderung, dann aber grobe Granulierung und endlich ausgedehnte, vielfach in parallelen Reihen angeordnete papillomatöse Wucherungen zeigt. Die Efflorescenzen gehen unter Abnahme ihrer Pigmentierung und Wucherung allmählich in die gesunde Umgebung über.

Die Veränderung tritt in zwei, in den Hauterscheinungen völlig übereinstimmenden Formen auf; die eine, gutartige, entwickelt sich vorzugsweise bei jugendlichen Menschen ohne nennenswerte Allgemeinstörungen oder gar maligne Neubildungen; die zweite Form tritt meist vergesellschaftet mit bösartigen Tumoren, namentlich des Magens, aber auch anderer Organe auf, ohne daß die Beziehungen der beiden Veränderungen zueinander bisher geklärt wären.

Das mikroskopische Bild wird gekennzeichnet durch eine Hypertrophie des Stratum spinosum, eine wechselnd starke, meist jedoch reduzierte granulierte Schicht, ein fast stets fehlendes Stratum lucidum bei mächtig entwickelter Hornschicht. Dazu kommt eine starke Pigmentierung sowohl der Epidermis wie der Cutis und eine Papillomatose mit meist nur geringen Entzündungserscheinungen.

Die letzteren bestehen in einer, zur gesunden Umgebung hin schwächer werdenden, zum Zentrum einer derartigen papillomatösen Bildung hin stärker werdenden, im allgemeinen perivasculären Zellinfiltration, meist aus Lymphocyten, zu denen in manchen Fällen Mastzellen in wechselnder Zahl treten. Die Infiltration beschränkt sich auf den Papillarkörper, reicht kaum noch bis in das obere Cutisdrittel hinunter. Sie findet sich neben den Capillaren und Gefäßen meist auch noch um die Knäueldrüsen, Haarfollikel und — an der Brustwarze — um die Milchkanälchen. Erreicht das Infiltrat die Basalzellschicht, so dringen vielfach Lymphocyten bis in das Stratum spinosum vor.

Die Infiltration tritt jedoch durchaus nicht gleichmäßig auf: Neben Papillen mit starker perivasculärer Zellansammlung finden sich im gleichen Präparat wiederum andere, die kaum einzelne Lymphocyten zeigen. Die Gefäße selbst, Blut- sowohl wie Lymphgefäße, verhalten sich ebenfalls ungleichmäßig; bald sind sie erweitert, bald nicht verändert.

Die Bindegewebsfasern sind zwar zu Beginn des Prozesses gequollen und zusammengebacken, so daß das Gewebe ein glasiges, homogenes Aussehen erhält (GROUVEN und FISCHER), auf der Höhe des Prozesses hingegen zeigen das elastische sowohl als das kollagene Gewebe keine wesentlichen Abweichungen von der Norm. Die Fasern selbst erscheinen ungewöhnlich zart und fein und bilden einen eigentümlichen Gegensatz zu den normal dicken und festen Bindegewebsbalken der Cutis, in die sie schroff und unmittelbar übergehen (BOECK). Bei längerem Bestand pflegt sich allerdings allmählich eine Atrophie besonders der elastischen Fasern innerhalb der Papillen einzustellen.

Die Papillen selbst sind wechselnd stark vergrößert, so daß der Papillarkörper unregelmäßig gestaltet erscheint, ein Befund, der das Eigentümliche des klinischen Bildes völlig klärt. Einmal finden sich lange, schmale, am oberen

Ende zwiegespaltene, abgerundete oder kolbig aufgetriebene Papillen, daneben
wieder Papillengruppen, die aus einer gemeinsamen Basis entsprießend, sich
dann jede wiederum zwei und mehrmals unregelmäßig teilen. Der vielfach
gezogene Vergleich mit dem Condyloma acuminatum scheint mir nicht recht
glücklich gewählt, weil bei diesem die Hypertrophie sich in erster Linie auf das
Stratum spinosum bezieht und die Papillen selbst lediglich passiv verschmälert
und lang ausgezogen werden. Insoweit mag der Vergleich stimmen, als ja auch
bei der Acanthosis nigricans die Papillen in der verschiedensten Richtung verlaufen, so daß auf einem Schnitt längs und quer getroffene, durch schmale,
wechselnd tiefe Furchen voneinander abgetrennte Papillen und Papillengruppen
sichtbar sind.

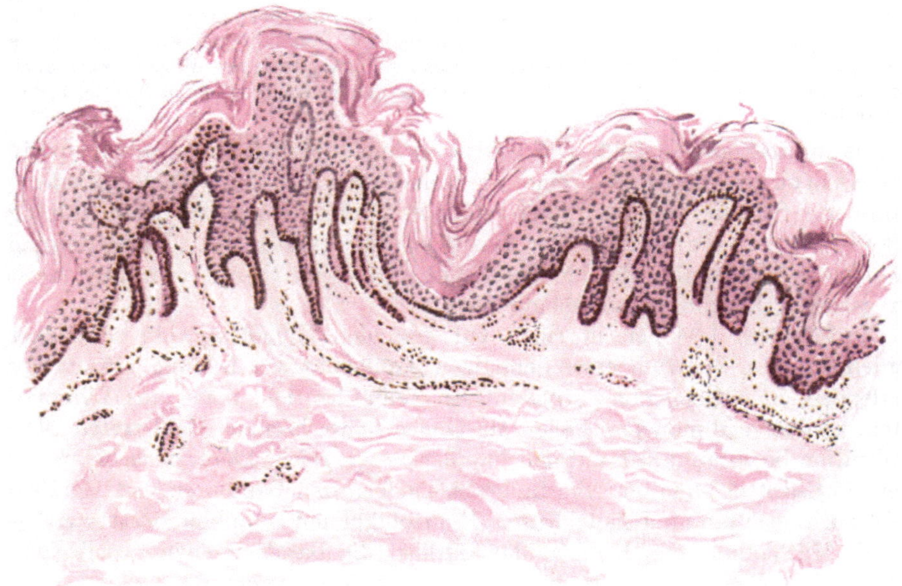

Abb. 28. **Dystrophia papillaris et pigmentosa (Acanthosis nigricans).** Vorderer Rand der
Achselhöhle, 43jähr. ♂. Hyperkeratose, Akanthose. Papillomatose. Starke Pigmentierung, hier
namentlich im Strat. basale, weniger im Corium, Unregelmäßige, schwache perivasculäre Zellinfiltration. O = 128 : 1; R = 128 : 1.

Die unteren Epidermisschichten sind ungleichmäßig entwickelt; manchmal nahezu normal, an anderen Stellen wieder deutlich atrophisch, während an
dritten wiederum — und diese überwiegen bei weitem — eine ausgesprochene
Hypertrophie der einzelnen Schichten vorliegt, ohne daß sich eine Regelmäßigkeit im Auftreten derselben feststellen ließe.

Die Basalzellschicht zeigt die geringfügigsten Veränderungen. Sie beschränkt
sich meist auf zwei bis drei Zellreihen, jedoch werden im gleichen Schnitt an
anderen Stellen oft 5—6 Zellreihen in regelmäßigem, gegen den Papillarkörper
gut abgegrenztem Verlauf beobachtet. Die einzelnen Zellen nehmen, namentlich
an hypertrophischen Stellen, eine langgestreckte, plattgedrückte Form an.

Die bedeutendsten Veränderungen zeigt — neben der Hornschicht — die
Stachelzellschicht. Entsprechend dem eben geschilderten Aufbau des
Papillarkörpers ist naturgemäß auch der Verlauf des Stratum spinosum ein un-

regelmäßiger. Bald in mächtigen 8–10reihigen Zellagen, bald nur in 3–5 Reihen überdeckt es die Papillen. Daher findet man bald schmale lange, ja selbst faden-förmige, senkrecht nach abwärts ziehende solide Epithelleisten, bald kurze breite, unregelmäßig verlaufende, die im Schnitt vielfach durch schmale epi-theliale Brücken miteinander verbunden sind. In sämtlichen Reihen des Stratum spinosum finden sich Mitosen in mäßiger Zahl.

An manchen der Zellen kommt es zu eigentümlichen Veränderungen. Der Kern ist in ihnen halbmondförmig zusammengeschrumpft. Dieser Halbmond hat sich mit seiner Hohlseite von der Kernmembran zurückgezogen, so daß ein ebenfalls halbmondförmiger, großer, heller homogener Rand entsteht. In dieser hellen Zone eine homogene, glasige, zu Lebzeiten des Organismus innerhalb des Zellkerns ausgeschiedene Substanz zu vermuten (Kuznitzky), erscheint mir nicht berechtigt; ebensowenig vermag ich jedoch darin ein lediglich durch die Fixation entstehendes Kunstprodukt zu sehen (Spietschka), da ich der-artige Vakuolenbildungen auch an vital exzidiertem und frisch geschnittenem Gewebe bei einer ganzen Reihe von Hauterkrankungen vorgefunden habe. Es handelt sich dabei vielmehr um Störungen im Zelleben, die auf abnorme Stoff-wechselvorgänge der befallenen Epidermis zurückzuführen sein dürften, sei es, daß diese nur vorübergehend (akute Exantheme), sei es daß sie dauernd sind (Poikilodermia atroph. vasc., Dermatitis atroph. vasc. u. a.). Gelegentlich finden sich im Stratum spinosum konzentrisch geschichtete Hornkugeln, die an ihrer Peripherie von 1—2 Reihen von Körnerzellen umsäumt sind.

Das Stratum granulosum ist meist atrophisch; oft ist es überhaupt nicht vorhanden oder nur aus 1—2 Zellagen aufgebaut. Daneben kann es jedoch stellenweise auch hypertrophieren. Das Stratum lucidum fehlt meistens; selbst wenn vorhanden, ist es sehr schwach entwickelt, so daß die hypertrophische Hornschicht meist dem Stratum granulosum unmittelbar anliegt. Die Ausdeh-nung der Hornschicht wechselt. Über den Papillen ist sie fast normal zu nennen, dagegen nimmt sie zwischen den Papillen und an den Follikelöffnungen an Ausdehnung erheblich zu. Dabei sind die tiefsten Schichten fest aneinander-gefügt und deutlich lamellär aufgebaut, während die oberen Schichten stark gelockert erscheinen und große, lose zusammenhängende Blätter bilden. Die Verhornung ist stets vollständig, ein parakeratotischer Prozeß wird nie fest-gestellt.

Die Hyperpigmentierung wechselt nach Lokalisation und Verteilung; relativ regelmäßig findet sie sich nur im Stratum basale, und zwar in Form sehr feiner, gelber bis brauner Granula meist gleichmäßig verteilt oder auch dem distalen Pol der Zellen kappenförmig angelagert. In den Stachelzellen, namentlich in den unteren Lagen, sowie der unteren Hornschicht wurde ebenfalls Pigment beobachtet.

In der Cutis ist das Pigment ebenfalls vermehrt; es findet sich hier einmal in unregelmäßig geformten braunen Brocken und Bröckchen im obersten Cutis-drittel, außerdem in kleinen gelben Körnchen im Papillarkörper, teils intra-cellulär, teils in den Lymphspalten. Gesetzmäßige Beziehungen lassen sich jedoch ebensowenig zwischen Hyperpigmentierung und Papillomatosis wie Hyperpigmentierung und Blutgefäßverteilung feststellen.

Das Pigment ist eisenfrei und gehört zur Gruppe der Melanine.

Als eine Besonderheit im histologischen Bilde mag die Beobachtung von Grouven und Fischer angesehen werden, die an Stellen schwächster Papillomatose eine Atrophie sämtlicher Teile der Epidermis mit Ausnahme der Hornschicht vorfanden. Die Autoren scheinen geneigt, diesen Befund als einen die Veränderung einleitenden zu betrachten. Da jedoch auch plötzliche Rückbildung der Papillomatosis beobachtet wurde, ist die Annahme nicht ganz von der Hand zu weisen, daß auch hier ein solcher Vorgang vorgelegen habe.

Vereinzelt steht bisher Malcolm Morris Fall von Dystrophia papillaris sine pigmentatione, sowie derjenige Boecks, wo, entgegen dem gewöhnlichen Verhalten, der Papillarkörper ungewöhnlich zellreich war und gewucherte Bindegewebszellen sowie Mastzellen in breiten Zylindern die Gefäße begleiteten. Das Auftreten kleiner Nester und Züge von carcinomatösen Zellen in den Lymphgefäßen der tiefen Cutis ohne entzündliche Reaktion der Umgebung, wie es neuerdings Dubreuilh berichtet, ist bisher ebenfalls noch nicht beobachtet worden.

Differentialdiagnose: Fehlen der „Corps ronds" und „Grains" und besonders der Lücken trennt die Dystrophia papillaris von der Darierschen Dermatose, worauf hingewiesen werden muß, da beiden klinisch gewisse Hautbezirke gemeinsam sind. Im allgemeinen genügen jedoch zur klinischen Trennung bereits die Unterschiede im primären Auftreten. Mit Krusten bedeckte isolierte Papeln beim Darier, ohne Krusten und Papelbildung hypertrophierende zusammenhängende Papillenleistengruppen bei der Dystrophia papillaris.

Der Versuch, die letztere lediglich als eine atypische Form der Ichthyosis zu betrachten, muß als endgültig gescheitert angesehen werden, da sowohl im klinischen als besonders im histologischen Bilde (in der Regel Verschmälerung der unteren Epidermislagen bei der Ichthyosis, Wucherung bei der Dystrophia papillaris) weitgehende Unterschiede bestehen.

Pathogenese: Unna, dem wir neben Janovsky die erste Schilderung der Dyst. pap. verdanken, sah das Wesen der pathologischen Veränderung in der Wucherung der Stachelschicht und glaubte daher in Anlehnung an das Auspitzsche System mit dem Namen Acanthosis nigricans die Veränderung treffend zu bezeichnen. Die als Überschrift gebrachte Bezeichnung Dariers, der in Entzündung und Hypertrophie der Papillen das Entscheidende sah, hat jedoch mehr Anhänger gefunden, da diese immer mehr als das Primäre, die Veränderungen in der Epidermis jedoch als sekundäre Folgeerscheinungen betrachtet werden.

Das relativ häufige Vorkommen maligner Neubildungen der Bauchorgane bei der Dyst. pap. hat Darier veranlaßt, eine im Anschluß daran auftretende Störung des Sympathicus als Grundlage des ganzen Prozesses anzusehen. Das Vorkommen gutartiger, namentlich bei Jugendlichen auftretender Formen zwingt jedoch dazu, auch andere Ursachen in Betracht zu ziehen, über die Näheres bisher allerdings nicht bekannt ist.

Hyperkeratosis nigricans linguae.

Die schwarze Haarzunge ist häufiger, als dies nach den spärlichen Veröffentlichungen, bei denen sich zudem unter der gleichen Bezeichnung verschiedene Vorgänge verstecken, den Anschein hat. Es handelt sich um eine Hypertrophie in erster Linie der vor dem V der Papillae circumvallatae gelegenen Papillae filiformes, welche mit starker Verhornung und Dunkelfärbung (schwarz-braun-grün) des Gewebes einhergeht und ohne besondere Beschwerden wechselnd lange und in wechselnder Stärke auftritt. Ätiologisch lassen sich zwei Arten unterscheiden, eine wahre, idiopathische, naevusartige und eine falsche, vor allem auf lokale mechanische Reize entstehende und bald wieder verschwindende Art (Heidingsfeld), wobei aber auch noch zu bedenken ist, ob nicht auch die erste Form zum Offenbarwerden noch einer besonderen Ursache bedarf. Außer den obengenannten finden sich noch folgende Bezeichnungen: schwarze Zunge, grüne Haarzunge, Lingua nigra, black tongue, la langue noire, coloration noire de la langue, nigritie de la langue, coloration noire extrinsèque spontannée de la langue, Hypertrophie épitheliale piliforme, Mélanotrichie linguale, Mélanoglossie, Glossophytie, nigrities linguae, Keratomykosis linguae, Lingua pilosa nigra.

Im Übersichtspräparat eines mir vorliegenden Falles tritt der bindegewebige Anteil der Papillae filiformes als erheblich verlängertes und gleichzeitig auch verschmälertes Gebilde hervor. Die einzelne Papille verzweigt sich dabei mehrfach nach oben und seitwärts nach Art der sekundären Papillenbildung. Dabei wird sie am Übergang zum Stratum subpapillare von dem wuchernden Stratum mucosum der Umgebung zylinderförmig umfaßt und eingeschnürt, so daß der obere Abschnitt gewissermaßen wie durch einen Stiel mit dem Corium verbunden ist, wie wir dies ja in der Regel bei den Papillae fungiformes zu sehen gewohnt sind.

Entsprechend den lang ausgezogenen Papillen scheint das Epithel tief, aber doch gleichmäßig weit in die Cutis hinabzusteigen; dabei verlaufen die Spitzen der Epithelleisten aber alle so ziemlich in gleicher Höhe und die Vergrößerung derselben äußert sich lediglich in einer Ausdehnung nach der Breite zu, so daß man den Eindruck hat, als ob die Papillen mehr durch den Druck der von den Seiten andrängenden wuchernden Epithelzellen zusammengepreßt und nach oben ausgezogen würden, wodurch ein Vordringen der Epithelleisten vorgetäuscht wird. Im Gegensatz zur Norm laufen diese zur Cutis hin nicht mehr oder minder spitz kegelförmig zu, sondern sie schwellen hier zu knopfartigen Bildungen an, die nun umgekehrt wie die Papillen an einem schmäleren epithelialen Stiel hängen. In die Achse eines solchen Stieles steigt die hypertrophische Hornschicht hinab; sie drängt an seiner engsten Stelle das Stratum mucosum auf wenige Zellagen zusammen und dringt als breiter plumper Zapfen gegen die Cutis vor. Hier ist die Stachelschicht zwar breiter entwickelt, zeigt aber außerdem in ihrer ganzen Ausdehnung eine Reihe von Veränderungen. Zunächst findet man anstatt der hohen Zylinderzellen des Stratum basale ein mehr kubisches Epithel mit runden, statt längsovalen Kernen, so daß sich Basal- und Stachelzellschicht auf Grund des Zellaufbaues nicht ohne weiteres voneinander unterscheiden lassen. Kernteilungsfiguren finden sich nicht in nennenswert vermehrter Zahl. Schon nach wenigen Lagen werden die Stachelzellen größer und alsbald auch flacher; der Kern schrumpft und es treten im Protoplasma der Zellen helle, vakuolenartige Hohlräume auf. Diese werden nach oben hin größer, während sich gleichzeitig die Zellmembranen zu zusammenhängenden, netzartig geschichteten Hornlamellen vereinigen, in deren Maschen die Kerne zunächst noch erhalten bleiben. Die anfangs nur locker geschichteten Lamellen sind, je weiter man zur Oberfläche hinaufsteigt, um so fester miteinander verbunden. In Form langer und platter Bänder verlaufen sie dann mehr oder weniger stark gewellt von einem interpapillären Zapfen zum anderen. Die Kerne bleiben dabei in manchen Lagen erhalten; in den darunter oder darüber liegenden sind sie geschwunden, ohne daß in den vorherliegenden Keratohyalin aufgetreten wäre, wie dies von mancher Seite beschrieben wird. Der zwischen zwei solchen, strebepfeilerartigen Zapfen liegende, also suprapapilläre Abschnitt der Epidermis weist eine erheblich schmälere Epitheldecke auf, die meist sehr schnell und ohne Keratohyalinbildung in eine aus langgestreckten zylindrischen Gebilden mit dazwischen gestreuten flachen Kernen aufgebaute Hornschicht übergeht. Die Hornzellen türmen sich dann zu isolierten Hornpfeilern und Hornspitzen auf; bei Papillen mit mehreren Spitzen ist der Zusammenhang dieser Hornzellen fester und es kommt dadurch vielfach zu quastenartigen Bildungen. Auf diese Weise kommt jener eigentümliche Aufbau zustande, wie ihn ganz ähnlich die

Cornua cutanea zeigen. Es lassen sich hier wie dort Hornkuppeln und Horntüten unterscheiden; auch hier finden sich ähnliche Markraumbildungen,
wie wir das dort gesehen haben, wobei jedoch betont werden muß, daß die Mark-
substanz sich durchaus nicht an die zentralen Abschnitte der einzelnen Papillen
bindet, sondern genau so unregelmäßig verteilt ist, wie die Papillenköpfe nach
allen Seiten verzweigt sind. Dadurch macht ein solcher Schnitt auf den ersten
Blick einen sehr unklaren und regellosen Eindruck.

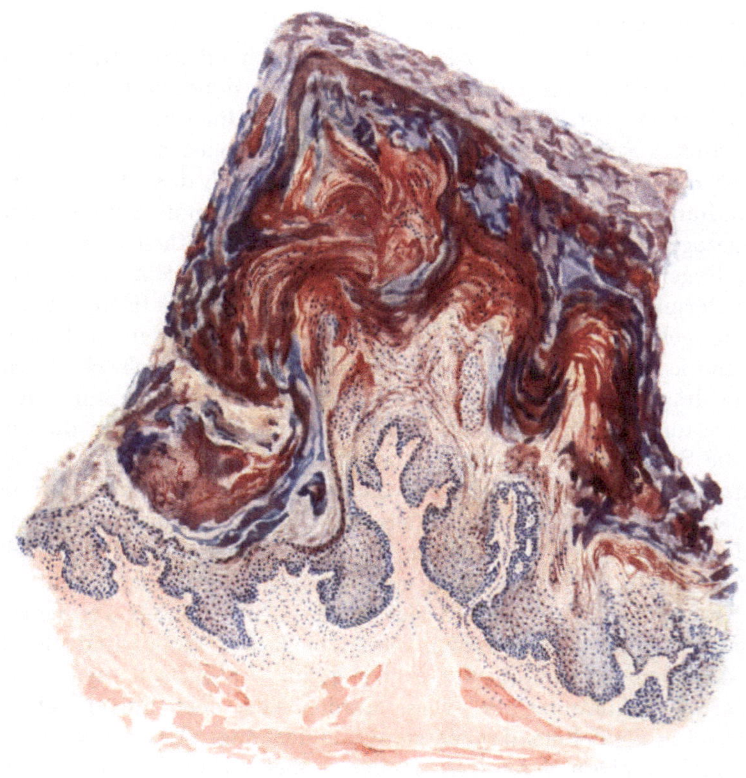

Abb. 29. Hyperkeratosis nigricans linguae (schwarze Haarzunge). 43jähr. ♂. Verlängerte
und verschmälerte, fingerförmig aufgeteilte Papille, stielförmig durch akanthotische Epithelleisten
abgeschnürt. Hyper- und Parakeratose in Gestalt von „Hornpfeilern und Hornspitzen", „Markraumbildungen". Auflagerung (violett-roter) Fremdkörper- und Detritusmassen. Hämatoxylin-
Eosin. O = 35:1 ; R = 28:1.

In den allerobersten Lagen ist die Zusammenschweißung der einzelnen
Lamellen so weit fortgeschritten, daß sich eine Schichtung hier nicht mehr erkennen läßt. Betrachtet man einen derartig verhornten Papillenabschnitt,
ein „Haar" der schwarzen Haarzunge, mit starker Vergrößerung, so sieht man,
daß es aus einzelnen fest aneinander haftenden Hornlamellen aufgebaut ist.
Diese sind meist parallel und dicht aneinander gelagert und aus lang ausgezogenen,
zusammengedrängten, flachen, rings um die Längsachse rispenartig angeordneten
Hornzellen aufgebaut. Pigmentansammlung innerhalb dieser Zellen läßt sich
meist nicht feststellen; die dunkle Verfärbung wird allgemein einmal auf die
zwischen den Hornmassen gelegenen Fremdkörper, Staubpartikelchen usw.,

dann aber auch auf die Eigenfarbe der Hornmassen selbst zurückgeführt, die ja um so dunkler wird, je älter, trockener und fester die Hornschicht ist. Zwischen den unregelmäßig zerklüfteten, mit mancherlei Vorsprüngen und Einrissen versehenen Massen lassen sich dann vielfach noch andere Fremdkörperreste, Muskelfasern, gelegentlich auch Pilzfäden und andere Mikroben feststellen, die von außen, zum Teil mit der Nahrung eingedrungen und zwischen den fadenförmigen Hornmassen stecken geblieben sind.

Papillarkörper und Cutis sind, wenn man von der durch die Epithelproliferation bedingten Umgestaltung des ersteren absieht, kaum verändert. Insbesondere wird jegliche entzündliche Reaktion des Gewebes völlig vermißt.

Pathogenese. Die Ursache des abnormen Zusammenhanges der normalerweise sich ablösenden Hornmassen in den Fällen von spontan auftretender Haarzunge ist noch völlig ungeklärt. Nach OPPENHEIMs experimentellen Untersuchungen ist allerdings für gewisse, insbesondere, die sog. Pseudoformen, die Bedeutung örtlich einwirkender, insbesondere die Hornbildung reizender Substanzen erwiesen, während die ursprüngliche Annahme einer parasitären Entstehung schon sehr bald abgelehnt wurde. Inwieweit vereinzelt naeviforme Bildungen der Veränderung zugrunde liegen, dürfte nur von Fall zu Fall zu entscheiden sein.

b) Dystrophien im Gebiete der Bindegewebsbildung.
Die Sklerodermie.

Die Sklerodermie ist eine eigentümliche Verhärtung der Haut, die in Form umschriebener oder diffuser, dann oft symmetrischer, tiefer oder oberflächlich gelegener Herde auftritt, bei denen es vorläufig dahingestellt bleiben muß, inwieweit ihnen eine einheitliche Genese zugrunde liegt.

Klinisch unterscheidet man hauptsächlich zwei Formen, eine diffuse und eine circumscripte, bei welch letzterer man noch eine bandförmige (Sklerodermie en bandes) von einer fleckförmigen (Sklerodermie en plaques) trennen kann. Sie kommen allein oder auch zusammen vor und alle machen eine ähnliche Entwicklung durch. Diese beginnt, manchmal von einem Erythem eingeleitet, mit einer ödematösen Schwellung, die sich bei normaler bis mattgelber Hautfarbe nur dem Tastgefühl als teigig derbe, scharf umschriebene Verdichtung darbietet oder auch als livider, prall gespannter, glänzender Hautbezirk von der gesunden Umgebung abhebt. Nach wechselnder Dauer kann es in seltenen Fällen zur Rückbildung kommen; im allgemeinen geht der Prozeß jedoch, von der Mitte des Herdes beginnend, in den sklerodermatischen Zustand über.

Im Zentrum eines solchen Herdes fühlt man dann eine eigentümliche, fast wachsharte, von einer gelblichen Haut bedeckte Platte, die nach dem fortschreitenden ödematösen Rand hin von einem lividen Ring (lilac ring) eingefaßt wird. Bei Stillstand des Prozesses schwindet auch dieser; er hinterläßt vielfach eine braune Pigmentierung, während bei hinlänglicher Dauer im Zentrum zunächst stärkere Schuppung der Epidermis auftritt, die dann schließlich ebenso wie der gesamte verhärtete Abschnitt der Atrophie verfällt.

Die Erkrankung bleibt durchaus nicht auf die Haut beschränkt, sondern befällt auch Schleimhäute, Bindegewebe, Muskeln und Gelenke. Je nach dem Sitz und der Ausdehnung der Veränderung können die verschiedensten Zustandsbilder auftreten, Sklerodaktylie, Myosklerose, Hemiatrophia faciei progressiva, schließlich, bei der diffusen Form, panzerartige Einschnürungen ganzer Körperabschnitte, die eine schwere Beweglichkeitsstörung bedingen.

Die circumscripte Sklerodermie tritt bandförmig besonders an den Streckseiten der Extremitäten auf, diese oft ringförmig umgreifend, vielfach dem Verlauf der Nerven und Gefäßbahnen folgend, hin und wieder ulcerierend. Fleckförmig entwickelt sie sich im Gegensatz dazu mit besonderer Vorliebe am Rumpf, vor allem beim weiblichen Geschlecht, in Form zahlreicher derber, kleiner, weißer, eingesunkener, gelegentlich von erweiterten Blutgefäßen durchsetzter Herde, die zusammenfließend den Eindruck „eines in die Haut

eingefalzten Visitenkartenblattes" machen (kartenblattähnliche Sklerodermie
Unnas). Man hat — wohl kaum mit Recht — geglaubt, als White spot disease, Weißfleckenkrankheit, eine besonders kleinfleckige, primär mörtelspritzerähnliche, ala-
basterweiße, oft mit komedonenähnlichen follikulären Hornpfröpfen (Morphaea guttata
follicularis, Juliusberg) durchsetzte Form der Sklerodermia circumscripta neben der
großfleckigen, der eigentlichen Morphaea englischer Autoren unterscheiden zu müssen.

Das histologische Bild wechselt naturgemäß für das ödematöse,
indurierte und atrophische Stadium. Es liegt jedoch bei den einzelnen Formen
der Sklerodermie formal-genetisch — soweit dies überhaupt festzustellen ist —
wahrscheinlich ein grundsätzlich gleichartiger Prozeß vor. Da dessen Entwicklung, namentlich bei den anfangs geringfügigen Veränderungen am besten im
Vergleich mit der gesunden Haut der Umgebung verständlich wird, sei die Schilderung der

Sklerodermia circumscripta

vorangestellt.

Bereits im Frühstadium der Erkrankung ist die Epidermis innerhalb
der gegen die Umgebung scharf abgesetzten Herde vielfach auf wenige Zell-
reihen beschränkt. Unter diesen erreicht oder übertrifft die hypertrophische
Hornschicht, die in konzentrisch geschichteten Massen überall in das oberste
Drittel der Haarfollikel hinabsteigt, die anderen Strata erheblich an Breite.
Auf ein normales Stratum granulosum folgt eine erheblich verschmälerte Stachelschicht. Diese sitzt einer unregelmäßig gestalteten, durch grobe und vielgestaltige
Lücken auseinandergedrängten, aus kleinen, vieleckigen Epithelien aufgebauten
Basalschicht auf. Die Epithelien der Stachelschicht und vor allem des Stratum
basale zeigen schon frühzeitig eine Aufhellung und Auflockerung ihres Protoplasmas, das zunächst vakuolisiert wird und schließlich völlig schwindet. Dadurch
werden die einzelnen Zellen aus ihrem Zellverbande gelöst und zum Schluß
bleibt an manchen Stellen nur noch eine Aneinanderreihung nackter Zellkerne
übrig, die endlich in eigenartige, mannigfach geformte Kernreste zerfallen.
Dreuws Annahme, es liege hier ein für die Sklerodermie charakteristischer
Vorgang vor, dürfte nicht zu Recht bestehen; ähnliche Veränderungen finden
sich überall dort wieder, wo langdauernde dystrophische Vorgänge zur Atrophie
der Epidermis führen (vgl. Abb. zur Poikilodermie). Jener zerklüftete Aufbau
der Epidermis-Cutisgrenze wird noch verstärkt durch die verschieden großen,
unregelmäßig gestalteten Papillen, die nur noch vereinzelt durch kleine Epithelleisten getrennt sind, so daß der Papillarkörper bereits in diesem frühen
Stadium zu einer fast völlig gleichmäßigen Fläche ausgeglichen ist. Diese kann
gelegentlich durch einen mehr oder weniger tief verhornten Follikelhals unterbrochen werden. Dazu kommt eine eigenartige Höhlen- oder Blasenbildung, indem jene intercellulären, vereinzelt bis in das Stratum spinosum
hinaufreichenden Lücken sich nach unten in die obere Cutis fortsetzen. Sie
heben als ungleichmäßig gestaltete, ödematös erweiterte Lymphspalten stellenweise die Epidermis· von der Cutis ab.

Am Rande des Erkrankungsherdes, zum Gesunden hin, besteht ein leichtes
Ödem und eine Wucherung der Zellen des Stratum mucosum. Die Papillen
sind unregelmäßig geformt und nach außen abgedrängt. In der Mitte des erkrankten Bezirks, sowohl in der Epidermis wie im Papillarkörper, ist das in der
Umgebung stets normale, am Rande sogar vermehrte Hautpigment bereits
völlig geschwunden.

Im Corium entspricht diesen Veränderungen ein gegen die Umgebung scharf abgesetzter, flacher, vielfach linsenförmiger, nicht über die obere Cutis hinausreichender Bezirk. In diesem sind die Blut- und namentlich die Lymphgefäße stark erweitert; hier ist stets ein interstitielles Ödem feststellbar. Innerhalb dieses Herdes liegen unregelmäßig zerstreut und meist unabhängig von den Gefäßen spärliche, locker gebaute Zellansammlungen, die nur an der Grenze zur gesunden Umgebung hin zu stärkeren Haufen anschwellen. Sie bestehen aus gewöhnlichen Spindelzellen, spärlichen Mast- und Plasmazellen sowie besonders aus Lymphocyten. Innerhalb dieser Infiltrate ist das elastische Gewebe meist völlig geschwunden, das kollagene in zarte Bälkchen aufgesplittert. Auch in dem übrigen Teil des Erkrankungsherdes ist an Stelle der groben Kollagenbündel ein außerordentlich feines, dünnes homogenisiertes Fadenwerk getreten; auch die elastischen Fasern sind auseinandergedrängt, zum Teil sogar geschwunden. Erst allmählich, nach der Tiefe zu, findet sich der normale Bau

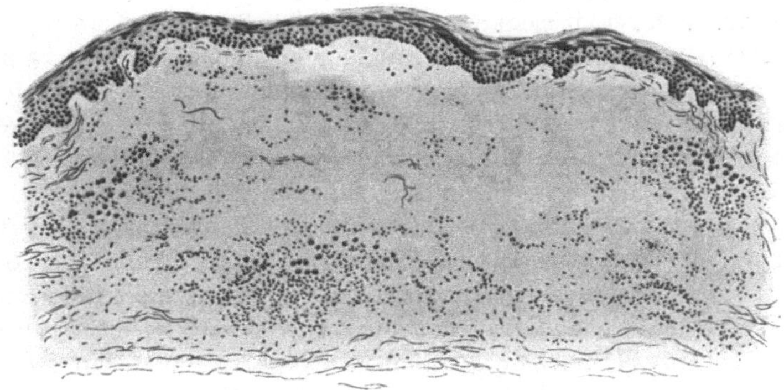

Abb. 30. Sklerodermia circumscripta. (Brust, ♀, 24jährig.) zur Zeit der homogenen Sklerose. Epidermis verschmälert bei verbreiterter Hornschicht, geschwundene Epithelleisten, verstrichener Papillarkörper; hypepidermale Lückenbildung; scharf abgesetzter, von entzündlichem Zellinfiltrat eingefaßter Herd im Corium, innerhalb dessen die elastischen Fasern fast völlig geschwunden, die kollagenen aufgesplittert sind. O = 128 : 1, R = 100 : 1. (Sammlung P. G. Unna.)

der Bindegewebsbündel wieder vor. Auch die Umgebung der Haare, Talg- und Schweißdrüsen ist an dem Ödem und der Zellinfiltration beteiligt.

Im zweiten Stadium, das man im Gegensatz zu dem ödematösen ersten als das der kollagenen Hypertrophie, der homogenen Bindegewebs-sklerose (Unna) bezeichnen kann, ist der Gegensatz zwischen dem gesunden und kranken Bezirk womöglich noch ausgesprochener. Nunmehr sind der größte Teil der erweiterten Gefäße und Lymphspalten sowie die Zellvermehrung innerhalb des Herdes völlig geschwunden; letztere ist nur noch an den Grenzen in größeren Haufen vorhanden. Die Stachelschicht ist noch schmäler, die Hornschicht, vom Rande nach der Mitte zunehmend, noch breiter geworden; die Körnerschicht ist zum Teil geschwunden, zum Teil noch erhalten. Der Papillarkörper ist völlig verstrichen und die Epidermis-Cutisgrenze verläuft als eintönige, durch wenige unregelmäßig erweiterte Lymphspalten unterbrochene, kaum gewellte Linie.

Die Cutis ist nunmehr in eine derbe kollagene Platte umgewandelt, deren Fasern, vorwiegend wagerecht verlaufend, die verdünnten atrophischen Reste der elastischen Fasern sowie, im subpapillaren Abschnitt, aus der

7*

Epidermis versprengte, protoplasmalose, nackte Kerne umschließen. An manchen Stellen sind die elastischen Fasern auch völlig geschwunden, an anderen wieder fleckweise erhalten. Das Gewebe ist im übrigen ausgesprochen zellarm und nahezu völlig gefäßlos. Einige spärliche, gelegentlich auch erweiterte Gefäße finden sich nur in der peripheren, aus unregelmäßigen, bald zusammenhängenden, bald vereinzelt stehenden Zellhaufen aufgebauten Infiltrationszone, die unmittelbar in die gesunde Umgebung übergeht. Die celluläre Zusammensetzung der Infiltrate hat sich nicht wesentlich geändert; sie bestehen vor allem aus kleinen Lymphocyten und vermehrten Bindegewebszellen. Gelegentlich finden sich auch Mast- oder gar vereinzelte schlecht entwickelte Riesenzellen.

Die Anhangsgebilde der Haut sind an den Veränderungen nur mittelbar beteiligt. Die Haarfollikel und mit ihnen die Talgdrüsen sind erheblich verkleinert, zum Teil völlig geschwunden; die Schweißdrüsenausführungsgänge ziehen als schmale dünne Schläuche durch den sklerosierten Bezirk; die unter diesem gelegenen Schweißdrüsenknäuel sind vereinzelt stark erweitert. Innerhalb der peripheren Randzone sind sie ebenfalls von einem Zellinfiltrat umgeben, ohne das sich im übrigen andere als rein mechanische Schädigungen — bald erweitertes, bald verengtes, meist verzerrtes Lumen, teils zusammengepreßtes, teils von der Wandung abgelöstes Epithel — feststellen ließen (UNNA).

Von dieser kleinfleckigen Form der Sklerodermie unterscheidet sich die **großfleckige (Morphaea)** durch gewisse klinische Eigentümlichkeiten, die auch im histologischen Bilde zum Ausdruck kommen, ohne im übrigen so schwerwiegend zu sein, daß sie eine grundsätzliche Trennung rechtfertigen, zumal Übergänge der verschiedenen Formen am gleichen Kranken wiederholt beobachtet wurden. Es finden sich neben deutlichen atrophischen weißen Herden ausgesprochen derbe, feste, weiße Indurationen mit glatter gespannter Oberfläche, die mit dem recht kennzeichnenden „Lilaring" und jener eigentümlichen Pigmentveränderung in dessen nächster Umgebung versehen sind. Letztere erscheint im histologischen Präparat im Papillarkörper und besonders in den Basalzellen in Form sehr feiner Körnchen, die sich allerdings, wenn auch in schwächerem Grade, über den ganzen Herd verteilen können. Entsprechend dem Lilaring findet sich an den unteren und seitlichen Grenzen des sklerotischen Herdes ein teils quer-, teils längsgetroffener Gefäßbezirk, dessen Venen stark erweitert, dessen, im übrigen normale, Arterien von wechselnd breiten adventitiellen Zellmänteln umgeben sind, wodurch eine Ähnlichkeit mit der kleinfleckigen Form besteht.

Hier wie dort wird an dieser Stelle das elastische Gewebe völlig, das kollagene größtenteils durch ein Infiltrat zerstört, an dessen Aufbau hier zahlreiche Plasmazellen beteiligt sind (UNNA). Als Unterschiede der beiden Formen betont UNNA, daß bei der Morphaea der sklerosierte Bezirk erheblich weiter in die Tiefe, bis ins Fettgewebe hinabreicht, so daß die Knäueldrüsen völlig von ihm umschlossen sind. Das Gewebe besteht hier aus verbreiterten, im übrigen normal verlaufenden Bindegewebsbündeln, die das nicht veränderte elastische Gewebe lediglich zu einem weitmaschigen Netz auseinanderdrängen. Durch die Verdickung des Bindegewebes werden die Lymphspalten und Lymphgefäße sehr stark verengt, die Schleifen der Knäueldrüsen auseinandergetrieben sowie durch die abwärts drängende Sklerose entrollt. Auch fehlt die bei jener so kennzeichnende Erweiterung der angrenzenden Lymphwege. Die Haarfollikel werden verlängert und verschmälert; die Epidermis-Cutisgrenze ist abgeflacht, aber nie in so starkem Maße wie dort. Dagegen hat der zarte Aufbau der Bindegewebsfasern hier einem dicken Geflecht weichen müssen, wie wir es sonst nur in der Cutis finden. Stachelschicht und Körnerschicht sind normal; es fehlt die Hyperkeratose. Gelegentlich findet sich als Folge eines stärkeren intercellulären Ödems eine leichte Störung in der Verhornung, die sich klinisch als Schuppung äußert. Alles in allem ist bei der Morphaea die Oberhaut sehr gering und rein passiv an dem pathologischen Prozeß beteiligt, eine Feststellung, die ja auch dem klinischen Befund entspricht.

Sklerodermia diffusa.

Bei der Sklerodermia diffusa liegen im Vergleich zu dem eben Besprochenen sehr viel einfachere Verhältnisse vor. Zunächst erscheint die eigent-

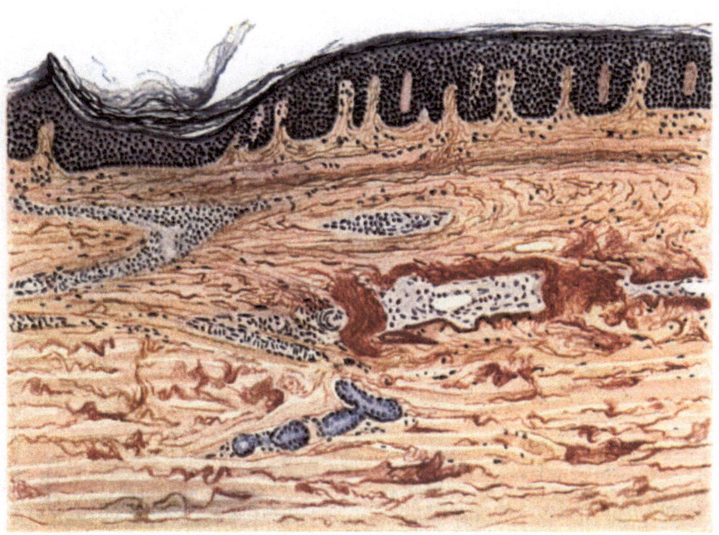

Abb. 31. Sklerodermia diffusa. (Vorgeschritteneres Stadium.) Perivasculäre Infiltration, starke Gefäßveränderungen, herdweiser Zerfall bzw. Anhäufung elastischer Fasern, Homogenisierung des Kollagens in Cutis und Subcutis. Hämatoxylin, s. Orcein. O = 77 : 1, R = 65 : 1.

liche Epidermis kaum verändert; vor allem findet sich weder eine Hypertrophie der Horn-, noch eine Atrophie der Stachelschicht. Auch die Abflachung des Papillarkörpers ist meist nur sehr wenig ausgesprochen. Die Papillen sind zwar plumper, breiter und pressen die Epidermisleisten auf wenige Epithellagen zusammen, so daß die suprapapillare Stachelschicht leicht verdickt erscheint. Es findet sich jedoch vor allem nie oder in den frühesten Stadien nur andeutungsweise jene für die kleinfleckige Sklerodermie so bezeichnende, für die großfleckige weniger ausgeprägte ödematöse Erweiterung der Grenzlymphbahnen.

In der Cutis beherrschen im erythematösen Anfangsstadium Gefäßveränderungen das Bild; einmal in Form der besonders an der Cutis-Subcutisgrenze liegenden, vorwiegend perivasculären, aus zahlreichen Lympho-

cyten und fixen Bindegewebszellen, wenigen Mast- und Plasmazellen aufgebauten
herd- und strangförmigen Infiltrate; zum anderen in Veränderungen der die
Gefäßwände dieses Hautabschnittes zusammensetzenden Gewebe. Das Infiltrat liegt vor allem in der Adventitia, während die Media sich normal verhält.
Die Endothelzellen sind geschwollen, so daß das Lumen leicht verengt ist;
in anderen Fällen ist es abgeplattet oder gar ganz bzw. teilweise verschlossen.
In den größeren Gefäßen dringen die Infiltratzellen vielfach zwischen die Muskelzellen der Gefäßwand vor; stellenweise findet sich im Lumen der Gefäße selbst
neugebildetes und dann rekanalisiertes Gewebe. Vereinzelt konnte auch eine
Umwandlung des Kollagens bzw. Elastins in der Umgebung der Gefäßwände
zu Kollastin und Kollacin bzw. Elacin festgestellt werden (KRZYSZTALOWICZ).

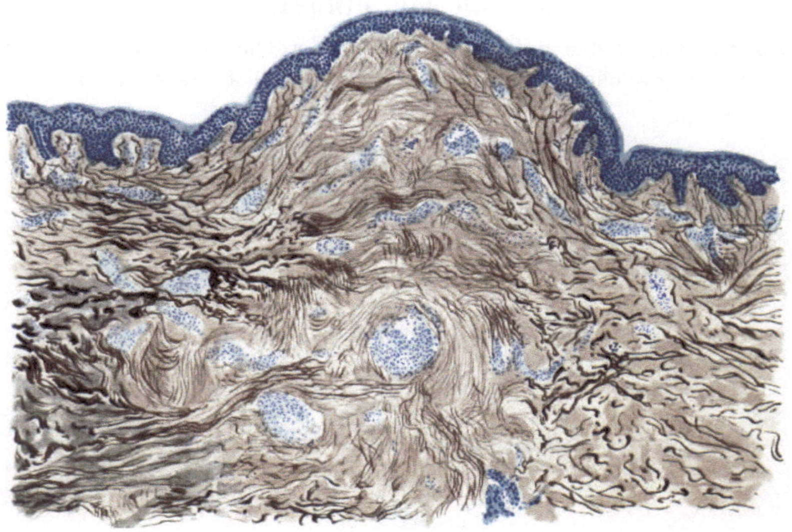

Abb. 32. Sklerodermia diffusa. (Sklerodermia tuberosa.) Brust, ♀, 42jähr. In der Mitte
Neubildung des elastischen Gewebes. Homogenisierung des Kollagen (rechts und links in Cutis
und Subcutis). Zerfall des Elastins. Links unten Basophilie des Kollagens. Fleckförmige, zum Teil
perivasculäre Infiltrate. S. Orcein, polychromes Methylenblau. O = 77 : 1, R = 60 : 1.

Gleichzeitig sind Cutis, Stratum papillare und subpapillare ödematös durchtränkt. Die Streifen des kollagenen Gewebes sind verschmälert, gleichsam in
feine Fasern aufgeteilt, langgestreckt und parallel zur Epidermis verlaufend,
vielfach basophil. Die elastischen Fasern nehmen nur rein mechanisch an dieser
Umänderung teil, wodurch sie quantitativ vermehrt erscheinen.

In den weiter vorgeschrittenen Stadien sind die Gefäße noch stärker
verengt bzw. verschlossen. Die anfangs reichlich in die Cutis eingestreuten Bindegewebszellen werden spärlicher und kleiner und schwinden allmählich bis auf
den Kern und einen schmalen Protoplasmasaum. Das Kollagen in Cutis und
Subcutis hat weitere Veränderungen erfahren. Die Umwandlung in breite,
eigentümlich homogene Fasern setzt ein. Dieser parallel geht stellenweise ein
Zerfall der elastischen Fasern, wodurch die Spannungsverhältnisse der Cutis
eine Störung erfahren. Diese bewirkt, daß größere Lücken nahezu völlig elastin-
freien Gewebes abwechseln mit Stellen, an denen die elastischen Fasern bündel-

weise zusammengeschoben sind und verdickt erscheinen. Gelegentlich tritt auch herdweise eine Neubildung zarter, meist flach gewellter, elastischer Fasern in Stratum subpapillare und Cutis auf. Es entstehen dadurch jene bis erbsengroßen, als Sklerodermia tuberosa zu bezeichnenden gelbweißen Papeln, wie Gans in einem von Bettmann veröffentlichten Falle feststellen konnte (s. Abb. 32). Sie erinnern zwar an den Naevus elasticus (Lewandowsky), haben mit diesem jedoch nichts gemein.

Hierher gehören auch jene Formen, wo im Gegensatz hierzu eine Verdichtung des kollagenen Gewebes in der mittleren Cutis, ohne nennenswerte Veränderung des elastischen, zu derartigen Bildungen führt (Bruhns, Lipschütz). Nicht zu verwechseln sind diese Knoten mit den gelegentlich infolge Ablagerung von phosphor- oder kohlensauren Kalk auch bei der Sklerodermie entstehenden Gebilden, wie sie u. a. Ehrmann, Oehme, Thibierge und Weissenbach beschrieben haben. —

Das Fettgewebe in der erkrankten Haut schwindet allmählich vollkommen und wird durch sklerosiertes Bindegewebe ersetzt. Damit beginnt der ganze Prozeß in das atrophische Stadium überzutreten. Die Haarfollikel werden schmäler und kürzer. Die von den sklerosierten Bindegewebsmassen völlig umschlossenen Knäueldrüsen sind teils verengt, teils erweitert, stets aus ihrer Lage verdrängt. Lediglich die Hautmuskeln werden von dem Prozeß nicht nennenswert beeinflußt. Schließlich setzt ein Schwund des hyalin umgewandelten kollagenen sowie auch des elastischen Gewebes ein, der dann zu einer Atrophie der Haut führt, welche sich nicht wesentlich von allgemeinen Atrophien aus anderen Ursachen unterscheidet.

Anhangsweise seien hier zwei von Dubreuilh bzw. von Reitmann beobachtete Fälle einer eigenartigen, der Sklerodermie nahestehenden Erkrankung erwähnt, die jedoch von derem typischen Bilde ebenso sehr abweichen, wie von den verschiedenen Formen der Pachydermie. Nach Reitmanns Ansicht erinnern im histologischen Bilde die Gefäßveränderungen an die Sklerodermie, die des Bindegewebes jedoch mehr an Befunde, wie sie von Wagner und Schlagenhaufer bei kretinischen Hunden erhoben wurden. Näheres über dieses Krankheitsbild ist seitdem nicht bekannt geworden. (Siehe: Myxödem.)

Kurz erwähnt seien ferner die Veränderungen des Muskel- und Bindegewebes, wie sie Oehme, Dietschy, Marchand u. a. beobachteten. An den Muskeln zeigen sich nämlich die gleichen anatomischen Veränderungen wie in der Haut: Vermehrung und Sklerose des Bindegewebes, Zellinfiltration in der Nähe der Gefäße, vor allem aus Lymphocyten, dazu eine sekundäre Muskelfaserdegeneration. Die Muskelatrophie stellt demnach weiter nichts dar, als eine Ausbreitung des sklerotischen Prozesses auf tiefer liegende Teile, wie er sich ja auch auf die inneren Organe (Herz, Lunge, Leber usw.) erstrecken kann. Die gelegentlich bei solchen Fällen beobachtete Verkalkung kommt auch bei der reinen Sklerodermie als rein lokaler Prozeß von geringem Umfang in der Haut vor (Weber, Wijns). Näher ist auf diese Verkalkungsvorgänge bei der Kalcinosis eingegangen.

Differentialdiagnose: Während die Erkennung der Sklerodermia diffusa kaum Schwierigkeiten machen dürfte — die Gegensätze zur Dermatitis atrophicans progressiva wurden bei dieser erörtert — liegen die Dinge bei der Sklerodermia circumscripta, und zwar besonders der kleinfleckigen Form erheblich verwickelter. Zwar sind Vitiligo und Leukoderm histologisch leicht zu erkennen, handelt es sich doch in beiden Fällen lediglich um einen umschriebenen Pigmentschwund ohne irgendwelche anderen Veränderungen. Auch der Lichen planus, der gelegentlich in Formen vorkommen kann, die klinisch an die kleinfleckige Sklerodermie erinnern (E. Hoffmann, Jadassohn

u. a.) ist histologisch völlig anders gebaut. Vor allem läßt er das elastische Gewebe im großen und ganzen unverändert, während wir bei der Sklerodermia circumscripta — ähnlich allerdings auch beim Lichen sclerosus — ein ganz eigenartiges Verhalten und insbesondere eine schnelle Zerstörung beobachten.

Dagegen kommen histologisch einander sehr ähnliche Bilder vor, die an und für sich nicht zur nosologischen Bewertung der betreffenden Krankheitsfälle ausreichend sind. Zu denken ist hier einmal vor allem an jene 1901 von WESTBERG erstmalig beobachtete „mit weißen Flecken einhergehende, bisher nicht bekannte Dermatose", die sich histologisch von allem unterscheidet, was wir bisher als Sklerodermia circumscripta kennengelernt haben. Sie hat auch mit den von JOHNSTON und SHERWELL sowie von HAZEN veröffentlichten Fällen von White spot disease viel weniger Ähnlichkeit, als diese mit der Sklerodermia circumscripta. Wenn man von den ihr durch das völlige Erhaltenbleiben der elastischen Fasern vielleicht doch wieder nahestehenden Fällen von RIECKE, WARDE, MONTGOMERY und ORMSBY absieht, steht sie noch völlig vereinzelt da.

Zum anderen ist hier zu berücksichtigen die primäre Form des Lichen sklerosus (HALLOPEAU). Es ist wohl anzunehmen, daß tatsächlich zwischen diesen beiden typischen Krankheitsbildern Bindeglieder vorkommen: Fälle, wie sie v. ZUMBUSCH, CZILLAG, FISCHER, MILIAN und VIGNOLO-LUTATI beschrieben haben, die gleichzeitig Merkmale des Lichen sklerosus und mehr noch der Sklerodermie („lichenoide Sklerodermie") zeigen; und andererseits wieder Fälle, wie der HOFFMANNs, ORMSBYs und BIZZOZEROs, die zwar der Sklerodermia circumscripta zugezählt werden, durch gewisse klinische Unterschiede aber dem Lichen sklerosus nahestehen. Es ist dabei jedoch zu betonen, daß diese Bindeglieder wohl nur scheinbare sind, denn Verschiedenheiten oder Übereinstimmungen im histologischen Bilde sowohl wie auch im klinischen Befunde beruhen vielfach darauf, daß die Untersuchungen in verschiedenen Entwicklungsstadien vorgenommen wurden; ferner darauf, daß der Prozeß mit verschiedener Intensität verläuft. Bei dem außerordentlich chronischen Wesen der in Rede stehenden Erkrankungen ist es jedoch sehr selten möglich, die verschiedenen Entwicklungsstadien in ihrem ganzen Verlauf zu beobachten. Vorläufig halten wir daher daran fest, daß Lichen sklerosus und atrophicus oder Lichen albus zwar auch Anlaß zur Entstehung weißer, sklerodermieartiger Herde geben, daß diese aber mit unserer Erkrankung nichts zu tun haben.

Pathogenese: Die ganze Frage wäre mit einem Schlage gelöst, wenn man über die Genese der Sklerodermie näheres wüßte. Es hat jedoch den Anschein, als ob die unter diesem morphologischen Gesichtspunkt zusammengefaßten Krankheitsbilder, die ja schon formalgenetisch voneinander abweichen — bei den circumscripten Formen steht primär mehr die Bindegewebsveränderung im Vordergrunde, bei den diffusen mehr die der Gefäße — kausalgenetisch durchaus nicht einheitlicher Natur sind. Von der vasomotorisch-trophischen Störung über die innere Sekretion bis zur keimplasmatisch bedingten Dystrophie und gar zum Tuberkelbacillus gibt es nichts, was nicht einmal als mittelbare oder unmittelbare Ursache der Sklerodermie angesprochen und angenommen worden wäre. Wir müssen jedoch ehrlich zugeben, daß wir bis jetzt über die ganze Frage nichts Sicheres wissen.

Als eine selbständige und im wesentlichen prognostisch gutartige Erkrankung kann man von der akuten Form der Sklerodermie das

Sklerödem der Erwachsenen (BUSCHKE)

abgrenzen, das sicherlich im Schrifttum wiederholt unter der Diagnose der
ersteren niedergelegt ist. Es handelt sich dabei um eine häufig im Anschluß
an oder auch als akute, influenzaähnliche Erkrankung einsetzende, schmerzlose,
wachs- bis fast knorpelharte Versteifung der tieferen Schichten der Cutis, der
Tela subcutanea und wahrscheinlich zum Teil auch der Fascie und der Muskulatur. Sie beginnt ziemlich akut, meistens am Nacken und setzt sich kontinuier-
lich von oben nach unten fort, um nach einem wechselnd langen Bestand sich
größtenteils wieder zurückzubilden, ohne im Gegensatz zur Sklerodermie zu
atrophischen oder sonstigen Störungen (Pigmentierung, Depigmentierung) zu

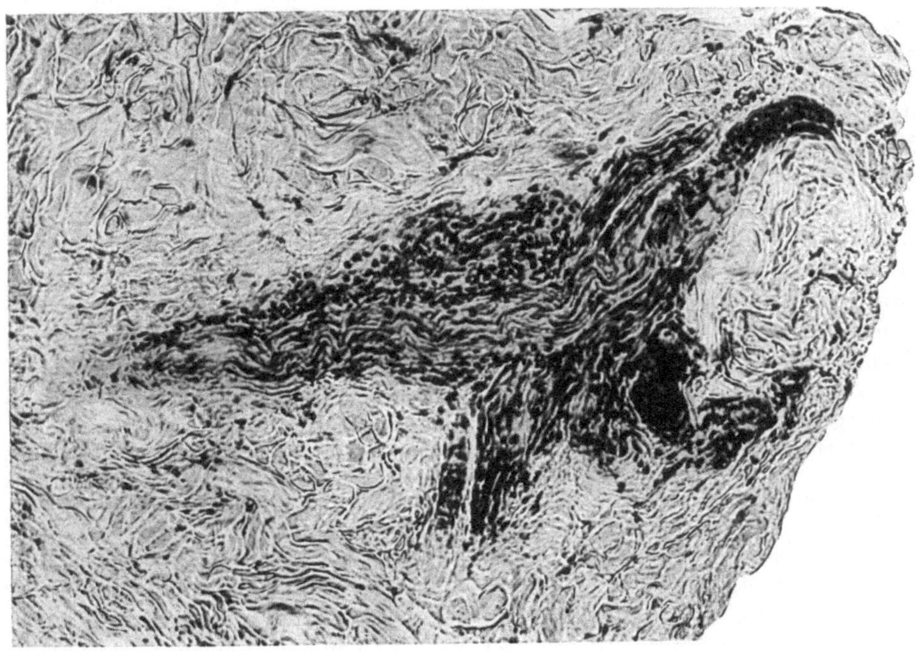

Abb. 33. Skleroedema adultorum. Perineurale Infiltration in der Cutis an einer Teilungsstelle
eines gequollenen Nerven. O = 180 : 1, R = 180 : 1. (Sammlung E. HOFFMANN.)

führen, allenfalls unter Zurücklassung einer elephantiasisähnlichen Veränderung
der Haut.

Histologisch handelt es sich in den frischen Stadien nicht um eine entzündliche Veränderung, sondern um die Einlagerung eines homogenen Exsudates
ins tiefe Corium. Dieses drängt die Bindegewebsfibrillen unter Schonung der
elastischen Fasern auseinander und läßt Epidermis, Papillarkörper sowie obere
Cutis frei (BUSCHKE). Dieses homogene Exsudat ist nach NOBL kein einfaches
Ödem flüssiger Art, wie wir es bei Nierenentzündungen, bei Stauungszuständen
finden, sondern eine Einlagerung einer festen Substanz.

Ob ein Teil der als sog. Sklerodermie der Neugeborenen bekannten seltenen
Erkrankung, die in pädiatrischen Lehrbüchern recht verschiedenartig aufgefaßt wird,
ebenfalls hierher zu rechnen ist, scheint, wie auch BUSCHKE betont, bei der auf dem Gebiete
der atypischen ödematösen Zustände des Säuglingsalters vorhandenen Unklarheit noch
reine Hypothese.

Für die Pathogenese besonders beachtenswert sind die neuerdings von E. Hoffmann beim Sklerödem (Buschke) erhobenen histologischen Veränderungen an den cutanen Nerven in Gestalt perineuritischer Infiltrate, Verdickung und Aufquellung.

Hier sei das

Sklerema neonatorum (Sklerödem Soltmann)

angeschlossen, bei dem eine ödematöse und eine adipöse Form (Fettsklerem) unterschieden wird. Die Erkrankung beginnt in den ersten Lebenswochen mit oder ohne vorherige Störung des Allgemeinbefindens meist an den unteren Extremitäten, vielfach auch auf den Rumpf übergreifend und führt in kürzester Zeit unter zunehmender Schwäche und herabgesetzter Eigentemperatur zum Tode.

Sie äußert sich bei dem ödematösen Sklerem zu Beginn als eine harte ödematöse Schwellung und blasse oder blaurote, cyanotische Verfärbung der erkrankten Teile. Die Leichenöffnung zeigt lediglich eine wechselnd starke Durchwässerung des ganzen Körpers mit einer Flüssigkeit, die eiweißreicher ist, als bei gewöhnlichen Ödemen. Histologisch fand Luithlen nichts, was eine Trennung von anderen Ödemen gestattete. Mensi, dem wir die jüngste, eingehende Erörterung der Frage verdanken, stellte fest: eine Atrophie der Epidermis, meist bei mangelndem Stratum granulosum; im Corium eine dichte Anhäufung von Fasern und Zellen, stärker blutgefüllte Gefäße; in der Subcutis eine blutige Durchtränkung des im übrigen gut erhaltenen Fettgewebes. In einem mir vorliegenden Fall aus der hiesigen Kinderklinik konnte ich diese Befunde, vor allem eine Atrophie der Epidermis, nicht bestätigen, muß mich vielmehr Luithlen anschließen.

Die zweite Form, das Sklerema adiposum, besteht in einer Verhärtung der Haut zu einer glatten, gespannten, auf der Unterlage nicht verschieblichen, wachsartig verfärbten, gelegentlich auch cyanotischen Decke, die dem Fingerdruck nicht nachgibt und dadurch an das Sklerödem der Erwachsenen erinnert, ohne zu diesem im übrigen irgend eine Beziehung zu haben. Es geht mit einer Massenverminderung der erkrankten Gewebsabschnitte einher.

Beim Einschneiden sind Cutis und Subcutis widerstandsfähiger als in der Norm; das Fettgewebe von blasser, weißer Farbe und eigentümlich stearinähnlicher Härte. Im übrigen ist die ganze Decke völlig ausgetrocknet, pergamentartig, oft verdünnt. Histologisch fand sich in den wenigen untersuchten Fällen eine normale oder auch atrophische Epidermis mit Fehlen des Stratum granulosum (Mensi), eine Verdickung der Bindegewebsfasern ohne eine sichere Zunahme derselben. Die Zellinfiltration im Corium war nur gering, auch die Gefäße nicht vermehrt; das Fettgewebe der Subcutis erheblich verringert, zahlreiche Fettkristalle enthaltend, aber sonst nicht verändert.

Differentialdiagnostisch ist der Sklerodermie der Neugeborenen zu gedenken, bei der jedoch die Säuglinge im übrigen ganz gesund sind. Sie ist auch von durchaus gutartigem Verlauf.

Die Genese der eigenartigen Störung ist noch recht umstritten. (Über die Bedeutung von Nervenerkrankungen bei oder nach akuten Infektionskrankheiten siehe oben.) Auch für den Verlaufsunterschied des Sklerödems — beim Erwachsenen ein unbedingt gutartiger, nahezu sich völlig rückbildender Vorgang, beim Säugling eine stets zum Tode führende Erkrankung — haben wir noch keine Erklärung. Sie wird wohl so lange auf sich warten lassen, als das dunkle Wesen des ganzen Prozesses nicht aufgehellt ist.

Pseudoxanthoma elasticum (DARIER).

Das Pseudoxanthoma elasticum stellt eine weder klinisch noch histologisch streng umschriebene Erkrankung des elastischen Gewebes der Haut dar. Während es sich in den klassischen Fällen um das symmetrische Auftreten leicht erhabener papulöser Efflorescenzen von xanthomartiger Gelbfärbung und vielfach netzförmiger Anordnung an den Beugefalten der großen Gelenke, am Halse, am Rumpfe, also an bedeckten Körperstellen handelt, liegen Beobachtungen vor, wo die klinisch und histologisch genau gleichen Veränderungen an unbedeckten Körperstellen, vielfach auch asymmetrisch aufgetreten sind, sich in ihrer Lokalisation also über den ganzen Körper, ja sogar auf die Mundschleimhaut verteilen. Die Krankheit befällt beide Geschlechter ziemlich gleichmäßig, ist in jedem Alter festgestellt worden und zeigt in ihrem klinischen Verlauf keine nennenswerten Umwandlungen des einmal vorhandenen Aufbaues. Restlos typische Efflorescenzen sind dabei nicht vorhanden. Meistens bestehen sie aus stecknadelkopf- bis linsengroßen, rundlichen oder vielgestaltigen Knötchen; es sind auch größere Papeln, Flecke und selbst längere Balkenbildungen beobachtet worden. Die Oberfläche ist glatt, nirgends gedellt und deutlich erhaben. Erwähnenswert ist eine gewisse Neigung zu familiärem Auftreten.

Das histologische Bild wird beherrscht von eigentümlichen Veränderungen des elastischen Gewebes der Cutis. In klassischen Fällen zeigen Epidermis sowie Papillarkörper keine nennenswerten Veränderungen. In der Cutis lassen sich dagegen schon bei schwacher Vergrößerung drei verschiedene Zonen feststellen. In der an den Papillarkörper anschließenden Zone ist das elastische und kollagene Gewebe nicht verändert. Insbesondere sind die elastischen Fasern von normaler Zartheit und Dichte, zur Cutis hin wagerecht verlaufend, während zarte Fasern nach aufwärts in den Papillarkörper und bis ans Stratum basale ziehen. Zellansammlungen entzündlicher Natur werden hier in der Regel vermißt; auch die Gefäße zeigen normalen Verlauf. Das pathologische Geschehen spielt sich vielmehr in der darauffolgenden Zone ab, die nach der Tiefe zu bis in die Gegend der Schweißdrüsenknäuel reicht, während sie nach den Seiten hin meistens an den benachbarten Haarbalgtalgdrüsenfollikeln halt macht. Jedoch liegt keine gleichmäßig flächenhafte Ausbreitung vor, sondern es bilden sich ungleichmäßig geformte Läppchen und Wülste aus, die entweder durch schmale Brücken normalen elastischen Gewebes getrennt sind oder durch verbindende Stränge miteinander in Zusammenhang stehen. Vielfach kann man bei der einzelnen Papel auch einen perifollikulären Aufbau des veränderten Gewebes beobachten. Die Subcutis als dritte Zone pflegt in der Regel an der Erkrankung nicht beteiligt zu sein, jedoch ist die Abgrenzung zu ihr hin manchmal unregelmäßig und zeigt allmähliche Übergänge.

Der erkrankte Bezirk tritt schon im ungefärbten Präparat als unregelmäßig angeordneter, mit körnigen und zusammengeknäuelten Massen erfüllter Herd hervor. Im gefärbten Präparat lassen sich nun eine Reihe von Veränderungen feststellen, die in erster Linie das elastische Gewebe betreffen. In dem erkrankten Gebiet färben sich die elastischen Fasern durchgehend schwächer mit saurem Orcein. Der Verlust ihrer Acidophilie gibt sich weiterhin dadurch zu erkennen, daß sie manchmal die UNNAsche Elacinreaktion geben. Vielfach wechseln dabei basophile und acidophile Strecken an der gleichen Faser miteinander ab. Neben diesen färberischen Differenzen zeigen sich dann noch eigenartige Störungen des Aufbaues. Während an den Grenzen des Erkrankungsherdes die elastischen Fasern zart und sich gleichmäßig verästelnd in den eigentümlichen Windungen verlaufen, tritt plötzlich am Übergang in das kranke Gewebe ein unregelmäßiges Durcheinander plumper, septierter und körnig

zerfallender Knäuel ein. Die einzelne Faser wird dicker, der glatte Rand wird
welliger; hier und da treten Einschnürungen auf, die an Mycelfäden oder
Rosenkranzformen erinnern. Die gewohnte Ordnung des Faserverlaufs ist
gestört; ihr normaler Aufbau ist verworfen. Vielfach treten Längsspalten
zwischen den Fasern und Vakuolenbildung in ihnen auf. Die einzelnen Fasern
sind zerrissen, am Ende vielfach aufgelockert und in einen Haufen schwer
färbbarer Brocken und Bröckchen zerfallen (Elastoclasis oder Elastor-
rhexis DARIERS). Die einzelnen Fasern sind zu unregelmäßigen Haufen zusammengeballt, vielfach bandartig verbreitert und spiralisch oder korkzieherartig gewunden.

Im großen und ganzen macht das elastische Gewebe dieser Krankheitsherde
den Eindruck, als ob es vermehrt wäre, sogar tumorartiger Aufbau wird be-

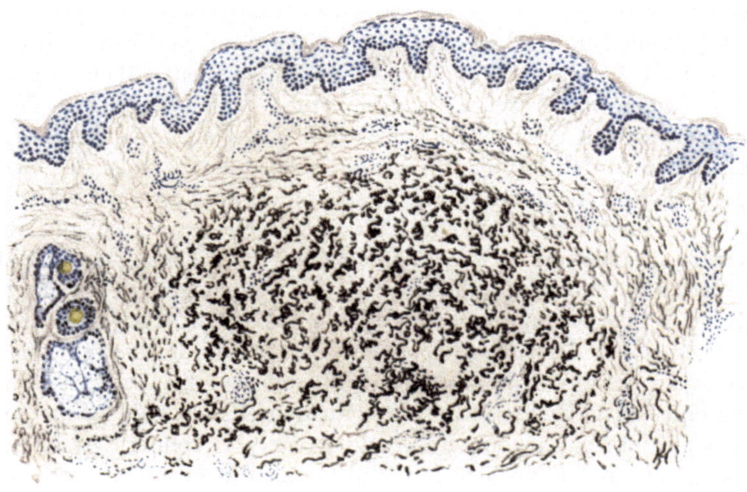

Abb. 34. **Pseudoxanthoma elasticum.** Herdförmiger Zerfall bzw. Degeneration des Elastins
in der Cutis. (S. Orcein polychromes Methylenblau.) O = 66 : 1, R = 66 : 1. (Sammlung der
Breslauer Hautklinik.)

schrieben, während in den klassischen Fällen tatsächlich nur eine pathologische
Verdickung, Zerfall und Aufquellung der Fasern vorzuliegen scheint.

Die Veränderungen des kollagenen Gewebes treten demgegenüber an
Bedeutung völlig zurück.

Insbesondere ist ein Zerfall des Kollagens kaum festzustellen. Abgesehen
davon, daß die einzelnen Balken dicker und plumper sind als normal, was immerhin auf eine, wenn auch ganz geringgradige Beteiligung dieses Gewebes hinweist, zeigen sie keine nennenswerten Veränderungen.

Die Gefäße innerhalb der Krankheitsherde sind nicht verändert, insbesondere
sind ihre elastischen Gebilde normal und zeigen keinerlei Zerfallserscheinungen.

Die zelligen Elemente werden in der Regel der Zahl nach vermehrt
gefunden, es handelt sich dabei in erster Linie um Bindegewebszellen, sowie
auch Mastzellen. Leukocyten und Plasmazellen sind nicht festzustellen, dagegen
wurden hier und da Riesenzellen beobachtet. Es erscheint zwar selbstverständ-

lich, sei aber ausdrücklich betont, daß sich echte Xanthomzellen niemals vorgefunden haben.

Das Gewebe in der Umgebung der Herde zeigt ganz normale Verhältnisse.
Die elastischen Fasern, von normaler Struktur und Schlängelung, sind vielleicht
etwas vermehrt und verdickt. Sie gehen unmittelbar in die erkrankten Faser-
anteile über. Jedoch ist Zerfall oder gar Aufknäuelung in der Randzone nicht
festzustellen.

Während also in den eben geschilderten typischen Fällen die Erkrankung
streng auf die Cutis beschränkt ist, sind dann noch eine Reihe von Fällen bekannt
geworden, die in ihrer Klinik (s. o.) von der Regel abwichen, wenn sie auch im
großen ganzen die histologische Struktur getreulich wiederholen. Es muß
jedoch betont werden, daß in einzelnen der in der Literatur niedergelegten
Fälle (DÜBENDORFER, DOHI) sich doch Übergänge zu jenen Veränderungen
fanden, wie wir sie bei der senilen Degeneration des elastischen Gewebes der
Haut anzutreffen gewohnt sind.

Gegenüber den eben geschilderten typischen Veränderungen treten eine Reihe
mehr sekundärer Befunde an Bedeutung zurück. Zu diesen gehört die wiederholt
beobachtete Kalkinkrustation der elastischen Fasern (FRIEDMANN). Es
handelte sich dabei um stark lichtbrechende, feine oder grobkörnige, krümelige,
schollige Substanzen, die nach der von KOSSAschen Methode als Kalkablagerungen, und zwar von phosphorsaurem Kalk festgestellt werden konnten.
Diese Kalkablagerung fand sich in jenen elastischen Fasern, die bei der
färberischen Darstellung bereits als verändert aufgefallen waren.

In denjenigen Fällen, wo der Krankheitsprozeß sich direkt unterhalb des
Papillarkörpers oder gar bis in diesen hinein erstreckt, erscheint es verständlich,
daß dann der Papillarkörper verstrichen und die Epidermis atrophisch sein kann
(HERXHEIMER und HELL).

Hier und da festgestellte stärkere lymphocytäre Zellinfiltrationen um die
Krankheitsherde, das Auftreten von Mastzellen in größerer Menge, der Befund
vereinzelter Riesenzellen mag im einzelnen das Krankheitsbild im histologischen
Schnitt etwas bunter gestalten, jedoch können daraus besondere Unterschiede
wohl nicht hergeleitet werden. Ähnlich ist wohl auch das Auftreten stärkerer
Pigmentierung (BOSELLNI) über den erkrankten Herden zu betrachten.

Differentialdiagnose: Anders steht es jedoch mit den Fällen, wo nun das
elastische Gewebe nicht in der typischen herdförmigen Weise erkrankt ist,
sondern die Veränderungen sich diffus bis in die Subcutis hinein fortsetzen.
Hier ist differentialdiagnostisch zur senilen Degeneration der Haut Stellung
zu nehmen. Bei dieser steht jedoch im Vordergrunde der hochgradige Schwund
des kollagenen Gewebes, an den sich erst die Veränderungen des elastischen
Gewebes anschließen; ein Prozeß also, der dem vorliegenden in seinem Entwicklungsgang direkt gegensätzlich gegenübersteht. Zudem ist die ganze Cutis
dort diffus erkrankt, während es sich hier um ganz umschriebene Bezirke handelt.
Es kommt hinzu, daß die senile Degeneration klinisch eine erkennbare Volum-
abnahme, aber keine Zunahme und außerdem eine ganz andere Farbe hat.

In zweiter Linie kommt dann differentialdiagnostisch noch das Kolloid-
milium in Frage. Bei diesem sind jedoch die Veränderungen des kollagenen
Gewebes mindestens ebenso hochgradig wie die des elastischen (Collastin und
Collacinbildung im Sinne UNNAS); man ist sogar versucht, den Ausgang der

Erkrankung in das kollagene Gewebe zu verlegen. Es kommt hinzu, daß es sich hier tatsächlich um die Bildung einer „kolloiden", sogar aus dem Gewebe ausdrückbaren Substanz handelt, die sich in erster Linie unmittelbar unter dem Papillarkörper ansiedelt, in ihrer ganzen Masse vom Entstehungsort zur Oberfläche hindrängt, und durch die darunter sich entwickelnde, frische Epithelproliferation gewissermaßen abgestoßen wird.

Pathogenese: Die Pathogenese des Pseudoxanthoma elasticum ist noch durchaus ungeklärt. Das Primäre der Erkrankung ist sicherlich in den eigenartigen Veränderungen des elastischen Gewebes der Cutis zu erblicken. Die jungen Herde bestehen vielfach nur aus einem dichten Filz miteinander eng verschlungener elastischer Fasern; ob es sich dabei um eine wirkliche Proliferation handelt, der dann in den älteren Herden eine Degeneration gegenüberzustellen wäre, bedarf noch der Klärung. Während einige Untersucher (BETT-MANN, FRIEDMANN) neuerdings geneigt sind, mit Rücksicht auf das vielfach beobachtete familiäre Auftreten der Erkrankung eine kongenitale Störung anzunehmen, die einmal als „Naevus elasticus" (GUTMANN), ein andermal als kongenitale Dystrophie betrachtet wird (WERTHER), rechnet DARIER die Erkrankung zu den Hautatrophien. Da ein Teil der Fälle bei älteren Personen erhoben wurde, dachte man auch an Veränderungen, die mit dem Abbau des Organismus in Beziehung zu bringen wären. Der Annahme eines Geschwulstcharakters („Elastom der Haut", JULIUSBERG) ist von ARZT, BLOCH und JADASSOHN entgegengetreten worden. ARZT betrachtet einen Teil, und zwar den mit Hyperplasie des elastischen Gewebes einhergehenden, als Hamartome im Sinne ALBRECHTS, im Gegensatz zu den degenerativen Fällen, welche den von uns geschilderten typischen entsprechen würden. Eine endgültige Klärung der Frage muß weiterer Forschung vorbehalten bleiben.

Die „kolloide" Degeneration der Haut.

Die allgemeine pathologische Histologie pflegt heute alle transparenten, strukturlos homogenen Eiweißsubstanzen, sofern sie epitheliale Umwandlungs- oder Abscheidungsprodukte sind, als epitheliales Hyalin oder Kolloid den bindegewebigen entsprechend umgewandelten Gebilden, dem Hyalin im engeren Sinne (konjunktivales Hyalin) gegenüberzustellen. Es ist dabei zu betonen, daß in dem Begriff Hyalin oder Kolloid kein chemisch einheitlicher Körper, sondern eine Reihe von Eiweißmodifikationen mit gleichen optischen Eigenschaften (ohne Amyloidreaktion, die für sich eine besondere Unterabteilung bilden) zusammengefaßt sind. Färberisch lassen sie sich voneinander hauptsächlich dadurch unterscheiden, daß bei Anwendung von Fuchsin-Pikrinsäuregemischen (VAN GIESON) das bindegewebige Hyalin im engeren Sinne durch seine starke Affinität zu sauren Farben die leuchtend rote Fuchsinfarbe annimmt, während das weniger acidophile Kolloid sich meist gelb färbt.

Grundsätzlich wären daher auch in der Dermatohistologie jene im bindegewebigen Anteil der Haut sich abspielenden, zu den entsprechenden Veränderungen führenden Vorgänge als hyaline Degenerationen im engeren Sinne zu bezeichnen. Dabei pflegt die feinfaserige Struktur des Gewebes unter Umwandlung zu dicken homogenen Zügen, die sich ihrerseits wieder zu dichten, homogenen größeren Massen zusammenfügen, verloren zu gehen. Da man bisher allgemein, namentlich seit den grundlegenden Arbeiten UNNAs annahm, daß diese Veränderungen sich in erster Linie vom kollagenen, weniger vom elastischen, meist jedoch von beiden Gewebe herleiten lassen, pflegte man in der Hauthistologie das entsprechende hyaline Umwandlungsprodukt „Kolloid" zu nennen und trat so formal im absichtlich scharfen Gegensatz zu dem Übereinkommen in der allgemeinen pathologischen Histologie. Ein sachlicher Gegensatz ist durchaus nicht vorhanden, wenn sich diese Tatsache auch nur rein negativ daraus ableiten läßt, daß weder der Pathologe sein Hyalin oder Kolloid noch der Dermatologe sein Kolloid und Hyalin chemisch irgendwie genauer bestimmen kann. Die Dermatologie vermag zudem die Berechtigung zu ihrer Stellungnahme von der Klinik herzuleiten, der gegenüber die Histologie doch stets nur Mittel zum Zweck (des besseren Verständnisses), aber niemals Selbstzweck sein soll. Da man nun ursprünglich unter dem Begriff der Kolloide zwar sehr verschiedenartige, glasig durchscheinende, stark lichtbrechende homogene Massen, aber in erster Linie doch leim ähnliche verstand, so scheint mir UNNAS Vorschlag, diese Bezeichnung gerade bei Degenerationen des leim gebenden Gewebes, des Kollagens zu verwerten, durchaus berechtigt. Dies um so mehr, als ja auch die Klinik in dem Auftreten der Veränderung als gelbe, durchscheinende Knötchen, die beim Anschneiden leimähnliche Massen entleeren, jenem ursprünglich für kolloide Substanzen aufgestellten Begriff in vollkommenster Weise gerecht wird. Ich muß daher trotz des allgemeinen Bestrebens, die Dermatohistologie ihrer Mutter, der allgemeinen pathologischen Histologie wieder weitgehendst nahe zu bringen, doch hier die kolloide Degeneration im Sinne der Dermatologen unbedingt aufrecht erhalten. Wie die allgemeine pathologische Histologie ein epitheliales Hyalin anerkennt, möge sie auch einem bindegewebigen, einem konjunktivalen Kolloid eine verständnisvolle Aufnahme nicht versagen, wenn auch die Frage andererseits wieder dadurch verwickelter wird, daß wir ja allein auf das elastische Gewebe beschränkte Veränderungen kennen, die klinisch durchaus dem entsprechen, was wir als kolloide Degeneration zu bezeichnen pflegen, ohne daß dabei das Kollagen selbst irgendwie verändert wäre.

Wir müssen daher heute — entsprechend dem allerdings oft kaum noch feststellbaren Ausgangspunkt der Veränderung — soweit als möglich zwei Gruppen unterscheiden, je nachdem die kolloide Degeneration vom elastischen oder kollagenen Gewebe ausgegangen ist (ARZT). Dabei müssen wir allerdings den stillen Vorbehalt machen, daß meist beide beteiligt sind und nur die Veränderung des einen mehr im Vordergrunde steht.

Die kolloide Degeneration des elastischen Gewebes

tritt klinisch bei vielen Gelegenheiten auf. Sie wird in Narben, bei Einschmelzungsund Entzündungsprozessen, bei Geschwülsten, bei der senilen Degeneration der Haut u. a. angetroffen und kann daher für keine Erkrankung als charakteristisch angesehen werden. Es handelt sich dabei um hellgelbe bis elfenbeinfarbige, umschriebene oder unregelmäßig fleck- oder auch knötchenartige Herde von wechselnder Größe, die fast ausschließlich an den unbedeckten Körperstellen langsam entstehen und dann über lange Zeit unverändert bleiben.

Histologisch lassen sich die dabei vorliegenden Veränderungen nur mit besonderen Bindegewebsfärbungen nachweisen, also mit dem VAN GIESON schen Säurefuchsin-Pikrinsäuregemisch, mit Fuchselin nach WEIGERT, sowie dem Orcein und dann noch besonders mit den von UNNA für diese degenerativen Veränderungen angegebenen spezifischen Färbemethoden. Die umgewandelten elastischen Fasern, die sich auch makroskopisch auf der Schnittfläche deutlich durch ihren gelbweißen Farbenton aus der Umgebung hervorheben, erscheinen dann als homogene oder mehr grobschollige, zum Teil verdickte, meist kernlose, bei WEIGERTs Färbung diffus grauschwarze Massen. Mitunter entstehen aus den verfilzten und verdickten Fasern dichte Knäuel, deren Elemente segmentiert, körnig zerfallen und zu tropfenartigen Resten umgewandelt sind. Vielfach kommt es dabei auch zur Bildung von basophilem Elastin, dem Elacin. Bei all diesen Veränderungen fällt die Ähnlichkeit mit den bei der senilen Degeneration zu erhebenden Befunden auf, von denen sie tatsächlich oft schwer zu trennen sind, zumal ein großer Teil der in Frage stehenden Veränderungen oft erst im höheren Alter aufzutreten pflegt. Auf eine genauere Darstellung des kolloiden Umbaues des elastischen Gewebes bei den verschiedenen Erkrankungsformen wurde und wird im übrigen an entsprechender Stelle näher eingegangen.

Kolloide Degeneration des kollagenen Gewebes.

Hier wäre nur die weitaus seltenere kolloide Degeneration des Kollagen näher zu besprechen, da sie unabhängig von anderen Vorgängen primär in der Haut auftreten kann

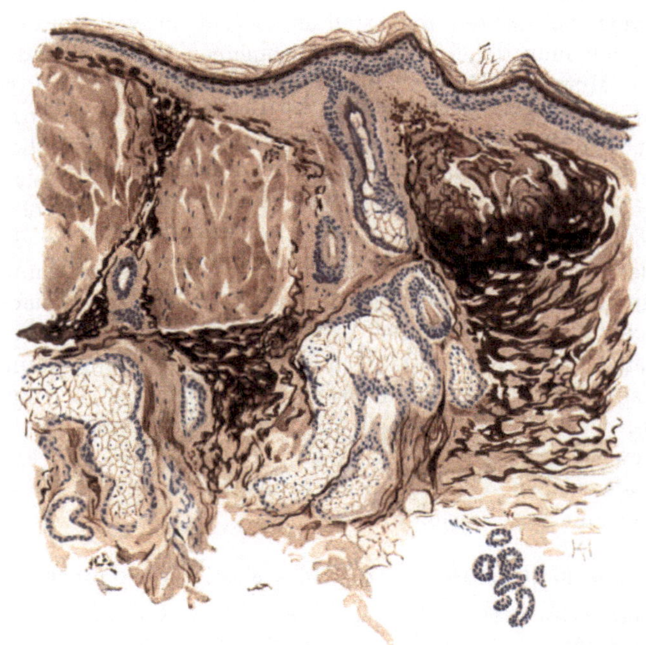

Abb. 35. Kolloide Degeneration der Haut (sog. Kolloidmilium). Gesichtshaut. Atrophie der Epidermis; herdförmige Umwandlung des elastischen und kollagenen Gewebes der Cutis in homogene, kernarme Massen. O = 66 : 1, R = 66 : 1. Orcein-polychromes Methylenblau. (Sammlung P. G. UNNA.)

und in dieser Form früher als Kolloidmilium (E. WAGNER), Pseudomilium colloidale (PELLIZARI), Colloidome miliaire (BESNIER), Hyalom (VIDAL-LELOIR), Dégénérescence colloid du derme (BESNIER und BALZER), Conjunctivom mit hyaliner Degeneration (MILIAN) im Sinne einer selbständigen Erkrankungsform der Haut beschrieben wurde.

Es handelt sich dabei klinisch um in erster Linie im Gesicht, dann auch an den Händen, also den unbedeckten Körperstellen auftretende, stecknadelkopf- bis erbsengroße, gesonderte oder auch zusammenfließende, meist durchscheinende, flach halbkugelige oder auch leicht zugespitzte oder gar vielhöckerige Erhabenheiten von citronengelber oder auch normaler Hautfarbe. Der Inhalt derartiger Knötchen tritt nach Einschneiden auf Druck als blaßgelbe durchscheinende gallertartige Masse hervor. Die Veränderung tritt meist im späteren Leben auf, wurde jedoch auch bei Jugendlichen gefunden (BOSELLINI).

Histologisch ist die Epidermis über diesen Knötchen in der Regel mehr oder weniger stark verdünnt, ohne sonstige Veränderungen; zwischen den Knöt-

chen ist sie meist von gewöhnlicher Breite. Unter dem Epithel erstreckt sich
bei den kleineren Knötchen zunächst eine Schicht gut erhaltenen Bindegewebes;
bei den größeren tritt sofort jene eigentümliche, homogene oder feinfaserige,
kernarme Masse auf, die bis in die mittlere Cutis und die Drüsenschicht hinabreicht und dem Ganzen ihr kennzeichnendes Gepräge verleiht. Am einzelnen
Knötchen läßt sich dabei die allmählich einsetzende Verdickung der Kollagen-
fasern, der Verlust des feineren Aufbaues und des welligen Verlaufs, der
Übergang zu homogenen, eintönig und unregelmäßig zerfallenden kernarmen
Blöcken deutlich verfolgen. Letztere sind nur selten von kleinen Gefäßen durchzogen. Nach den Seiten zu sind sie meist von Streifen normalen Bindegewebes in
wechselnder Ausdehnung umschlossen. Diese eintönigen Massen sind manchmal
von mehr oder weniger großen und unregelmäßigen Spalten durchsetzt, die zwar
zum Teil wohl der Fixation und Härtung ihre Entstehung verdanken, zum Teil
sich jedoch durch ihren Endothelbelag sowie durch ihren Verlauf zum Gesunden
hin, wo sie eindeutiger erscheinen, sicher als erweiterte Blut- und Lymphgefäße
erkennbar sind. Die Wandung der größeren Gefäße ist an der hyalinen
Umwandlung ebenfalls beteiligt; ihr Elastin ist geschwunden, statt seiner eine
breite, hyaline, stark verdickte Wand übrig geblieben (s. Abb. 36). Nach der
Grenze zur normalen Umgebung hin findet sich manchmal eine etwas stärkere
Ansammlung gewucherter Bindegewebszellen, Lymphocyten, und auch Endothelzellen, von denen manche ein eisenhaltig gelbes Pigment tragen können
(Bizzozero).

Über die Natur dieser homogenen Schollen geben die bezüglichen Bindegewebsfärbungen Aufschluß. Es zeigt sich dabei, daß die Veränderungen vom
kollagenen Gewebe allein, sowie — in selteneren Fällen — außerdem auch noch
vom elastischen Gewebe ausgehen. Es läßt sich dabei das graduelle Verschwinden
der kollagenen und elastischen Fasern, ihr Zusammenschmelzen, Homogenwerden,
die Veränderung des färberischen Verhaltens verfolgen. Das Elastin kann dabei
gelegentlich zu Elacin umgewandelt werden; es kann das ebenfalls in Umwandlung begriffene Kollagen imbibieren und so zur Bildung von sog. Kollastin führen.
Man findet dann, namentlich in der Nähe der Epidermis, grobe homogene,
strukturell an verdickte Kollagenbündel erinnernde Blöcke, die sich färberisch
wie Elastin verhalten, also mit saurem Orcein sehr gut darstellbar sind. Schließlich kann sich die Elacinfaser dort, wo sie zu Tröpfchen und Körnern zerfällt,
mit dem Kollagen zu sog. Kollacin verbinden (Unna). Auf das Hypothetische in
der Auffassung dieser Dinge als wirkliche chemische Umwandlungsprodukte
und nicht als Erscheinung physikalisch-chemischen Umbaues sei wenigstens
aufmerksam gemacht.

Diese letzteren Veränderungen jedoch sind durchaus nicht immer deutlich
vorhanden. In manchen Fällen beschränkt sich die Kolloidbildung scheinbar
allein auf das kollagene Gewebe, in welchem Schwellung, Homogenisierung und
Änderung des färberischen Verhaltens immer stärker hervortreten, so daß
schließlich eine neue, jeglicher spezifischen Struktur und Chromophilie ent-
behrende Substanz übrig bleibt: das Kolloid. In diesem finden sich oft langgestreckte, aber im übrigen wohlerhaltene Bindegewebszellen, die gelegentlich
durch Zusammenfließen mehrerer Kerne zu riesenzellartigen Bildungen führen
(Bizzozero). Da innerhalb des erkrankten Bezirks die elastischen Fasern
jedoch meist völlig geschwunden sind, so liegt die Annahme nahe, daß den

Veränderungen des Kollagens solche des Elastins vorangegangen sind, zumal sich auch weitgehende Degeneration des letzteren in nächster Umgebung der Erkrankungsherde vorfinden kann (ARZT).

Bei unserer geringen Kenntnis des Chemismus dieser ganzen Umwandlungsprodukte, bei der Schwierigkeit ihrer färberischen Verfolgung und Deutung wird im Einzelfall eine Entscheidung immer recht schwierig bleiben. Zusammenfassend erscheint daher die Vorstellung viel annehmbarer, daß wir in dem bindegewebigen Kolloid keine völlig einheitliche Substanz vor uns haben,

Abb. 36. Dasselbe wie Abb. 35. Ausschnitt bei stärkerer Vergrößerung. Die schollige Natur der umgewandelten Massen noch deutlicher. Das Gewebe durchziehen einige zum Teil erweiterte Capillaren. O = 1000 : 1, R = 800 : 1. (Sammlung P. G. UNNA.)

daß es sich vielmehr um eine Masse handelt, die vom Kollagen und in den meisten Fällen wohl auch vom Elastin abstammt, infolge ihres eigentümlichen Aufbaues aus diesem Gemenge acidophiler und basophiler Substanzen keinerlei besondere färberische Affinitäten zeigt und dadurch vom normalen Bindegewebe abweicht.

Ob tatsächlich eine kolloide Umwandlung der Epidermis, wie sie HARTZELL an umschriebener Stelle gefunden haben und mit dem Bindegewebsumbau auf eine Stufe stellen will, vorkommt, scheint mir noch recht fraglich; dagegen bedürfen die zum Teil mit neuen Methoden erhobenen Befunde KREIBICHS dringend einer eingehenden Untersuchung. Sollten sich seine Angaben bestätigen, wonach stets nur das Elastin in Kolloid übergeht, daß Hyalin jedoch als eine dem Kollagen artverwandte Substanz zu betrachten ist, so wäre damit ein wesentlicher Schritt vorwärts getan.

Differentialdiagnose: Beim Auftreten der Veränderungen im hohen Alter kann die Trennung von jenen der senilen Degeneration der Haut Schwierigkeiten machen. Sie können unter Umständen so groß sein, daß eine sichere Entscheidung ebensowenig zu treffen ist, wie für jene „Übergangsfälle" von Pseudoxanthoma elasticum, wie sie BOSELLINI beschrieben hat, wenn dieser auch annimmt, daß die kolloide Degeneration ein essentiell dystrophischer Degenerationsprozeß, das Pseudoxanthom hingegen eher ein Neubildungsprozeß elastischer Fasern (Elastom) sei.

Pathogenese: Würden die KREIBICHschen Befunde allgemein bestätigt, so wäre damit die formale Genese der Veränderung leichter zu erklären, da wir bisher, aus den oben erwähnten Unzulänglichkeiten unseres färberischen und chemischen Könnens heraus, völlig auf Mutmaßungen angewiesen sind. Für die kausale Genese mancher Fälle, namentlich von Degeneration des elastischen Gewebes, mag das „Altwerden" der Haut die Einwirkung der Außenwelt, ein Verständnis, wenn auch nur ein oberflächliches, gewähren. Dagegen gelangen wir für das Auftreten der kolloiden Degeneration bei Jugendlichen auch mit der Annahme einer kongenitalen Dystrophie (BOSELLINI) über das Gebiet der Hypothese nicht hinaus.

c) Dystrophien im Gebiete der Pigmentbildung.

Die Störungen der Pigmentversorgung, ob sie nun mit einer Steigerung oder einer Verminderung einhergehen, kann man in angeborene und erworbene trennen. Die ersteren werden an anderer Stelle besprochen. Für die erworbenen Pigmentanomalien ergibt sich zwanglos eine Trennung nach bekannter und unbekannter Ursache, eine Einteilung, die hier um so angebrachter erscheint, als sie dem ätiologischen Einteilungsprinzip gerecht zu werden versucht.

Leukopathia acquisita.

Bei der Leukopathia acquisita pflegt man zwei Formen zu unterscheiden, deren eine sekundär im Anschluß an andere Veränderungen der Haut eintritt, während die zweite, primäre oder auch idiopathische allgemein unter dem Namen

Vitiligo

bekannt ist. Sie tritt in umschriebenen, oft symmetrischen, mehr oder weniger runden oder auch polycyclischen, pigmentfreien und scharf begrenzten Flecken auf. Diese können sich vergrößern, dann auch zusammenfließen, schließlich den ganzen Körper einnehmen, und sich später manchmal wieder pigmentieren, um an anderen Stellen erneut aufzutreten, meist unter stärkerer Pigmentierung der umgebenden Randzone. Auch die Haare in dem erkrankten Hautabschnitt nehmen an dem Pigmentschwund teil.

Die histologisch sichtbaren Veränderungen sind sehr einfach und bestätigen eigentlich nur das klinische Bild. Innerhalb der weißen Flecke ist fast jede Spur von Pigment aus der Epidermis geschwunden, ohne daß im übrigen an den Zellen mit den heutigen Untersuchungsmöglichkeiten irgendeine Störung ihres Aufbaues sichtbar wäre. In einzelnen Gruppen weniger Basalzellen, und zwar besonders auf den Spitzen der Epithelleisten, finden sich noch zarte, feine splitter- oder staubartige Pigmentkörnchen, die oft kappenförmig dem Zellkern aufsitzen. Nach der Mitte des pigmentfreien Bezirks schwinden aber auch diese und hier ist die Epidermis und meist auch die Cutis völlig pigmentfrei. Nur

vereinzelt findet man in deren obersten Schicht noch jene großen, vielfach verzweigten, unregelmäßig sternförmigen, grobe Pigmentkörner tragenden Zellen,
Chromatophoren, die dann, je näher man der überpigmentierten Randzone
kommt, an Zahl allmählich zunehmen und auch in der mittleren Cutis sichtbar
werden. Sie finden sich namentlich in der Umgebung der Gefäße, Haarfollikel
und Drüsen.

Innerhalb des Epithels ist das Pigment dunkelbraun bis schwarzbraun,
in den Zellen der Cutis von goldgelber bis brauner Farbe.

In anderen Fällen ist der Übergang vom pigmentierten zum pigmentfreien
Teil ein ganz plötzlicher. In der Randpartie findet sich jedoch stets eine erhebliche Zunahme an Epidermispigment, das vom Stratum basale bis manchmal
in die Hornschicht hinaufreicht. Die Basalzellen sind mit Pigment oft so über-
laden, daß der Kern in manchen völlig verdeckt und nicht sichtbar ist.

Im allgemeinen gehen Pigmentgehalt der Epidermis und Cutis einander
parallel; die Pigmentkörnchen treten dabei meist intracellulär auf; hier und
da auch in Lymphspalten.

Wiederholt wurde auf entzündliche Vorgänge in den befallenen Hautabschnitten hingewiesen (JARISCH, BLOCH u. a.), die sich fast ausschließlich in
den obersten Cutisschichten bzw. im Papillarkörper abspielten. Es fand sich
eine mäßige Erweiterung der Gefäße und perivasculäre Infiltration von Lymphocyten und fixen Bindegewebszellen. Es mag sich dabei vielleicht (?) um genetische Zusammenhänge mit dem zum Pigmentverlust führenden Prozeß handeln.
Die eigentliche Ursache ist jedoch noch völlig dunkel.

Wesentlich seltener wurden bei der Vitiligo atrophische Vorgänge in
der Haut beobachtet (LELOIR, MARC, WIESNIEWSKI), die sich in einer Verdünnung
der Epidermis, Verstrichensein der Papillen, Verengerung und Abnahme der
Zahl der Blutgefäße äußerten. LELOIR glaubt auch Störungen im Nerven-
aufbau der vitiliginösen Haut gesehen zu haben, eine sog. Neuritis degene-
rativa atrophica, ein Befund, der allerdings mit Rücksicht auf die Schwierigkeit derartiger Untersuchungen nur mit größter Zurückhaltung zu verwerten ist.

Hier muß auf das bemerkenswerte Verhalten vitiliginöser Hautstellen
gegenüber dem von BLOCH in die Pigmentforschung eingeführten Dioxyphenylalanin (DOPA) kurz eingegangen werden. Es gelingt damit bekanntlich bei
normaler Haut im Protoplasma einer großen Zahl von Basalzellen einen teils
diffusen, teils feinkörnigen, dunkelbraunen bis grünlichschwarzen Farbstoff
darzustellen, oder auch eine nur rauchgraue oder graubraune Färbung, die auch
in den untersten Lagen der Stachelzellen noch auftritt, sich dann aber nach
und nach verliert. Im Zentrum eines Vitiligoherdes fällt diese Reaktion jedoch
völlig negativ aus; sie tritt nur dort auf, wo auf den Spitzen der Reteleisten
noch einzelne pigmentierte Basalzellen liegen. Dagegen ist sie in der hyperpigmentierten Randzone viel stärker als in der normalen Haut. Zu ähnlichen
Ergebnissen führen auch noch andere leicht oxydable Körper (KREIBICH).
Soweit die tatsächlichen Befunde; auf ihren Wert für die Deutung der Pigmentgenese wird im allgemeinen Teil noch näher eingegangen.

Differentialdiagnose: Das histologische Bild vermag uns keine besondere Handhabe
zur Trennung von anderen, ähnlichen Zuständen zu geben.

Sekundäre Leukopathien.

Bei den erworbenen sekundären Leukopathien, vor allem den Leukodermen im engeren Sinne (Leukopathia syphilitica, psoriatica u. a.) ist der Pigmentschwund im allgemeinen nach Ausdehnung und Stärke geringer; er unterscheidet sich jedoch zumeist nach Art des Auftretens grundsätzlich nicht von einer beginnenden Vitiligo. Auch hier setzt der Pigmentschwund zunächst in der Epidermis ein, bleibt in den Basalzellen auf den Spitzen der Reteleisten auch hier länger erhalten. Im übrigen zeigt die Epidermis hier ebensowenig wie dort irgendwelche Störungen. In den meisten Fällen bleiben allerdings schwache Überreste des Pigmentes auch in der Epidermis erhalten, so daß eine völlige Entfärbung hier viel seltener angetroffen wird, eine Beobachtung, die mit dem klinischen Befund, der eigentlich nie die harte Weiße vitiliginöser Hautstellen erreicht, durchaus übereinstimmt.

Das Pigmentsystem der Cutis beteiligt sich in viel geringerem Grade an den Veränderungen wie bei der Vitiligo. Im allgemeinen finden sich auch dort,

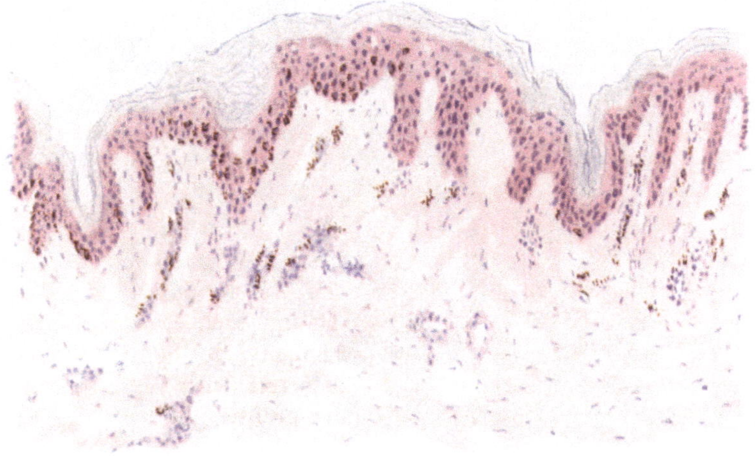

Abb. 37. Leukoderma lueticum. (Haut der Schulter, ♀, 24jähr.) Umschriebener Pigmentschwund rechts, also in der Umgebung der syphilitischen perivasculären Zellinfiltration. Methylgrün-Pyronin. O = 147 : 1, R = 147 : 1.

wo schließlich das Epidermispigment fast völlig geschwunden ist, neben pigmenttragenden Leukocyten, auch frei im Gewebe liegende Pigmentkörner, sowie jene großen, wohl erhaltenen, mit dicken schwarzbraunen bis braungelben Melaninkörnern beladenen, durch ihren sternförmigen Aufbau gekennzeichneten Zellen vor, wenn auch weniger an Zahl.

Besonderes Gewicht ist auf das Verhalten der Gefäße in dem veränderten Bezirk gelegt worden. Wir sehen selbstverständlich dabei ab von jenen genetischen Beziehungen, die man früher zwischen Melaninbildung und Blutfarbstoff unmittelbar herstellen wollte. Für uns steht, wenigstens für das

Leukoderma lueticum

im Vordergrunde die Bedeutung der spezifischen Infektion für die Gefäßveränderung und damit auch für die Pigmentdystrophie.

Bekanntlich stehen sich auch heute noch zwei Meinungen gegenüber; die
eine, vornehmlich von französischen Autoren, dann auch von UNNA vertretene,
sieht im Rete pigmentosum der Syphilitiker keine vollkommene Depigmentation,
sondern im Gegenteil eine echte Hyperpigmentierung infolge des luetischen
Prozesses, vielleicht infolge nervöser Störungen (vegetatives und autonomes
Nervensystem), bei dem die scheinbare Entfärbung der Maschen nur eine Kon-
trastwirkung der normalen Hautfarbe darstellt. MAJEFF und auch UNNA betonen
die verbreitete Hyperplasie der Endo- und Perithelien der Gefäße in dem hyperpigmentierten Bezirk und dessen völlige Unabhängigkeit von etwa gleichzeitig
vorhandenen syphilitischen Papeln. Die andere Ansicht, zunächst von O. SIMON,
LESSER, NEISSER und jetzt insbesondere von JADASSOHN und EHRMANN vertreten,

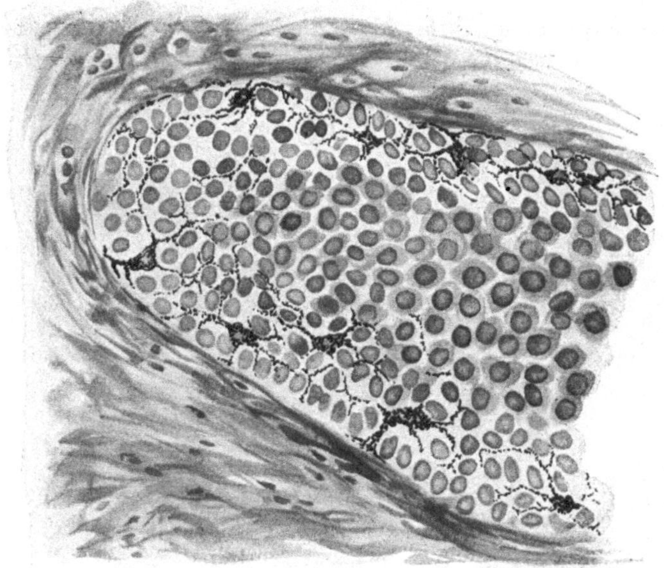

Abb. 38. Melanoblasten in normaler Haut. Versilberungsverfahren. O = 380 : 1, R = 300 : 1.
(Sammlung P. SCHNEIDER.)

sieht das Wesentliche des Prozesses in den weißen Flecken, die bei pigmentierten
Menschen im Anschluß an, wenn auch noch so schwach entwickelte oder gar
nur mikroskopisch feststellbare — nach BUSCHKE überhaupt nicht unbedingt
notwendig vorausgehende — Roseolen und besonders Papeln auftreten und
daher als eine unmittelbare Einwirkung der Spirochaeta pallida oder ihrer Toxine
(PINKUS, LIPSCHÜTZ u. a.) auf den Zellchemismus zu betrachten sind.

Zu dieser Auffassung hat vor allem der Nachweis deutlicher, spezifischer
Infiltrationen um die hohen und tiefen Gefäße der Cutis in Fällen beigetragen,
wo sich — nach einer initialen geringgradigen Pigmenthypertrophie (LIPSCHÜTZ)
— der Pigmentverlust im Verlauf der Rückbildung syphilitischer Efflorescenzen
entwickelte, eine Beobachtung, deren Richtigkeit auch UNNA betont. Dabei
ist jedoch die andeer Möglichkeit nicht ohne weiteres von der Hand zu weisen,
daß es sich in solchen Fällen um eine mit Hyperpigmentierung abheilende

Syphilis und nicht um einen eigentlichen Pigmentschwund handelt. Dem unbefangenen Beobachter drängt sich auf Grund der klinischen Erscheinungen der Gedanke auf, daß beide Vorstellungen zu Recht bestehen. Die neuere Pigmentforschung hatte gerade zu diesen Fragen noch nicht Stellung genommen. Wir waren daher hier noch keinen Schritt weit über jene Feststellung hinausgekommen, die UNNA vor 30 Jahren traf, daß „außer der Gefäßveränderung und dem Pigmentschwund auf diesem Gebiete alles noch strittig oder unbekannt" ist.

Jüngstens hat jedoch P. SCHNEIDER überzeugend dargetan, daß zwischen dem Schwund der pigmenttragenden Zellen im Stratum basale und dem Auftreten der Spirochäten enge Beziehungen bestehen. Überall dort, wo sich Spirochäten in größerer Zahl vorfinden, kommt es zu einer eigenartigen

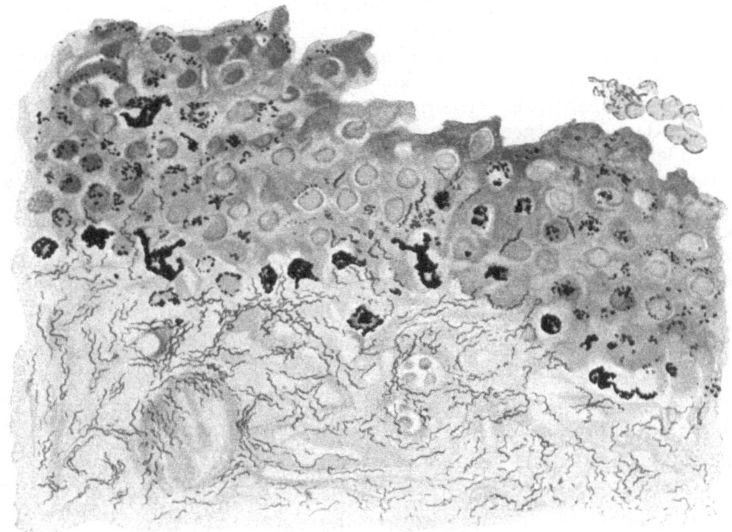

Abb. 39. Melanoblasten in luetischer Papel. Versilberungsverfahren. O = 300 : 1, R = 240 : 1. (Sammlung P. SCHNEIDER.)

Umbildung der Melanoblasten, deren Zelleib „knorrig" wird, seine Fortsätze verliert, Kugelform annimmt und schließlich abstirbt. Die freiwerdenden Pigmentkörner werden allmählich durch die normale Epithelmauserung nach außen abgestoßen (s. Abb. 39).

Leukoderma psoriaticum.

Das Leukoderma psoriaticum unterscheidet sich im Pigmentgehalt grundsätzlich nicht von dem Leukoderma lueticum. Daher ist es, voll ausgebildet, schwer von diesem zu unterscheiden, namentlich in jenen Fällen, wo die meist in der Mitte des weißen Herdes liegende psoriatische weiße Papel bereits geschwunden ist. Nach BLUMENFELD soll allerdings das histologische Bild hier eine Trennung ermöglichen, da wir bei dem Leukoderma lueticum in der Regel immer deutliche Infiltrate um die Gefäße und endarteriitische Veränderungen in der Cutis finden, während in den psoriatischen Herden diese Infiltrate, wenn überhaupt, dann nur äußerst spärlich vorhanden sind und in den diesen folgenden weißen Flecken völlig fehlen. LEDERMANN konnte einen derartigen Unterschied jedoch nicht finden und auch ich kann die weiteren Angaben BLUMENFELDS, wonach beim Leukoderma lueticum die Epidermis in der entfärbten Hautpartie dünner und die Reteleisten auch abgeflacht seien, nicht bestätigen. Wenn auch unsere serologischen Untersuchungsmethoden die differentialdiagnostische Bedeutung dieser Frage erheblich verringert haben, so sollte sie doch einer Nachprüfung unterzogen werden.

Ochronosis.

Zur Gruppe der Melaninpigmente gehört wahrscheinlich auch jene seit VIRCHOW als Ochronose bezeichnete seltene Form der Pigmentierung, bei der es im Verlaufe einiger Jahre neben der Haut hauptsächlich in den Knorpeln, Gelenkkapseln und Sehnen zur Ablagerung gelber (daher der Name) bis schwarzbrauner, stets körnig oder scholliger, in gelöstem Zustande diffus färbender, jedoch nie krystallinischer Farbkörnchen kommt. Der Eindruck der blaugrauen Verfärbung wird nach PICK lediglich dadurch bedingt, daß verschiedene Gewebsschichten wie übereinander gelagerte dünne Blättchen die eigentlich pigmentierten Teile überdecken (Interferenz), eine Vorstellung, die dem Dermatologen von manchen anderen Farbenerscheinungen in der Haut her ja völlig geläufig ist. Der Grad dieser äußeren Pigmentierung wechselt. Nach POULSEN sind Ohren, Augen und Nase am häufigsten, die übrige Haut etwa in $^2/_5$ der Fälle, und zwar namentlich das Gesicht, aber auch Körper und Extremitäten beteiligt. Die Nägel waren nur in einem Falle (GROSS und ALLARD) erkrankt. Die Hautfarbe ist diffus braun bis blau, oft mit dunklen schwarzbraunen oder schwarzen Flecken. Fälle, wie der POPES, wo das ganze Gesicht schwarzbraun oder gar kohlschwarz (OSLER) erschien, sind recht selten. In manchen Fällen ist die Haut überhaupt nicht verändert. An der Innenseite der Lippenschleimhaut kann die Verfärbung gelegentlich besonders stark sein.

Histologisch ist die Epidermis stets pigmentfrei; die Verfärbung beschränkt sich auf das Corium, eine Eigentümlichkeit, die ohne weiteres eine Unterscheidung vom Morbus Addisonii gestattet, wo ja das Pigment in erster Linie in den tieferen Epidermisschichten auftritt. POPE fand in der bläulich verfärbten Fingerhaut das Bindegewebe der Subcutis diffus gelbbraun gefärbt, PICK in der Haut des Thenar das Bindegewebe des Stratum papillare und subpapillare sowie die hyalin umgewandelten Wände einiger Gefäße gleichmäßig diffus gelb gefärbt. Besonders intensiv, förmlich citronengelb war die hyalin gequollene Wand einzelner kleiner Blutgefäße der Pars papillaris.

Das Pigment ist histochemisch den autogenen Pigmenten, dem Melanin verwandt; eine endgültige Einreihung steht noch aus. Da wir jedoch heute die Grenzen zwischen Melanin und Lipofuscin, jenem normalerweise in alternden Organen auftretendem Pigment, nicht mehr so scharf ziehen, glaubt HUECK, daß es sich jeweils um das gleiche Pigment handeln dürfte, d. h. bei der Haut um Melanin, bei den übrigen Organen um Lipofuscin. Demnach gäbe es kein spezifisches „ochronosisches" Pigment, sondern es handelte sich um eine exzessive Steigerung der auch schon normalerweise in jedem Gewebe vorkommenden autogenen Pigmente.

Pathogenese: Für die Entstehung dieser Pigmentmengen hat PICK darauf hingewiesen, daß Ochronosekranke vielfach eine Alkaptonurie haben oder infolge langdauernder Karbolumschläge an einer chronischen Karbolvergiftung leiden. Im ersteren Falle (endogene Ochronose) kcmmt es im Organismus zum Auftreten von Homogentisinsäure, im anderen (exogene Ochronose) von Karbol selbst: am Stoffwechsel der Kranken sind also in jedem Falle Benzolkörper beteiligt, die, soweit man heute übersehen kann, zu den Bausteinen des Melanins gehören. Damit wäre die übermäßige Pigmentbildung sehr gut in

Einklang zu bringen. Immerhin ist auch bei dieser Vorstellung die Mitarbeit eines Fermentes erforderlich. Ob der Nachweis einer Tyrosinase im ochronotischen Knorpel (POULSEN) dazu berechtigt, gerade auf dieses Ferment zurückzugreifen, scheint aus verschiedenen, teils oben schon erwähnten, teils noch zu besprechenden Gründen doch recht zweifelhaft.

Arsenmelanose.

Die Arsenmelanose ist klinisch durch eine, längere Zeit nach Einnahme eines Arsenpräparates ohne irgendwelche Allgemeinstörungen auftretende und allmählich an Tiefe zunehmende Pigmentierung der auch normalerweise pigmentierten Hautstellen gekennzeichnet. Unter Schonung der unbedeckten Hautstellen — oft mit Ausnahme des dann wie sonnengebräunt aussehenden Gesichts — treten zunächst gelbliche, dann schmutzig rotbraune, später dunkler, bronzefarbig bis schwarz werdende Flecken auf, die nach und nach zusammenfließen. Nach Aussetzen des Mittels bleibt die Melanose unter Umständen noch lange Jahre bestehen, um sich dann manchmal wieder zurückzubilden.

In voll ausgebildeten Fällen ist die Oberhaut im mikroskopischen Präparat im ganzen gleichmäßig, an manchen Stellen jedoch noch besonders stark verdünnt, und zwar geschieht diese Verdünnung nur auf Kosten der Stachelschicht. Die Hornschicht ist demgegenüber nicht verschmälert, an manchen Stellen zeigt sie sogar eine leichte Hyperkeratose. Hier und da kommt es auch zu wulstartigen Verdickungen der oberen Hornschichten, die sich dann oft als breite, langgezogene Spangen im Zusammenhang gebliebener Hornzellen von den darunterliegenden Schichten abheben. Die Stachelschicht besteht meist nur aus zwei bis drei Zellagen. Ihrem Schwunde im Deckepithel geht eine entsprechende Verdünnung der Epithelleisten parallel, indem diese lang und schmal, an ihrem der Cutis zugerichteten Ende häufig spitz zulaufend, in diese hinabreichen. Die Basalzellen sind deutlich aufgehellt, gequollen; ihre Grenze zum Papillarkörper ist unklar und verwaschen.

Ein unten noch näher zu schilderndes Ödem des Papillarkörpers und der Cutis führt an vielen Stellen zu einer vollständigen Verwerfung des normalen Aufbaues von Oberhaut und Cutis. Der Papillarkörper ist nämlich stellenweise fast völlig verstrichen, so daß die Epidermis-Cutisgrenze eine gleichmäßig gebogene Linie bildet; von dieser ziehen dann die eben geschilderten Epithelleisten nach unten. Sie grenzen ungleichmäßige, meist schmale und hohe papillarkörperähnliche Bildungen ab, die jedoch mit den ursprünglichen Papillen nichts mehr gemein haben als die Lokalisation, während sie an Flächenausdehnung den Rauminhalt mehrerer normaler Papillen einnehmen.

Die Cutis ist allenthalben von mehr oder weniger breiten Zellzügen durchsetzt, die bei stärkerer Vergrößerung als die Capillaren mantelförmig umgebende Infiltrate erkennbar werden. Diese Zellansammlungen begleiten die Gefäße bis dicht unter die Oberhaut, nach unten bleiben sie auf etwa das oberste Cutisdrittel beschränkt.

In diesem Bezirk sind die Blutgefäße selbst an Zahl bedeutend vermehrt, stellenweise erweitert, wenn auch nicht besonders auffallend; ähnlich verhalten sich die Lymphgefäße. Hier und da finden sich auch stärkere Ansammlungen von Lymphocyten um die Gefäße, so daß es dort, wo mehrere von ihnen näher beieinander liegen, zur Bildung richtiger großer Zellherde kommt. Das Elastin ist in diesem Bezirk fast völlig geschwunden; nur vereinzelt reichen dünne aufgesplitterte Fasern bis etwa in die Mitte des Papillarkörpers, um sich hier allmählich zu verlieren. Auch das Kollagen ist in diesem Bezirk sehr stark aufgesplittert; von seinen kräftigen Zügen ist nichts mehr vorhanden. Statt

dessen ist ein ungleichmäßig verwaschenes Filzwerk übrig geblieben, welches
in dem ödematös geschwollenen Bezirk selbst bei eigenst darauf gerichteten
Färbungen kaum hervortritt. Diese Störungen im Aufbau der Cutis sind durch
ihre eigenartige Lokalisation und ihre scharfe Begrenzung — die in ihrem scharfen
Abgeschnittensein zur mittleren Cutis hin an den Lichen ruber erinnert —
besonders charakteristisch.

Die Pigmentierung in der Epidermis beschränkt sich hauptsächlich
auf die Basalzellen, die im ungefärbten Präparat als eine gleichmäßig schwach
gelbbraun gefärbte Zone von wechselnder Breite erscheinen. Bei stärkerer

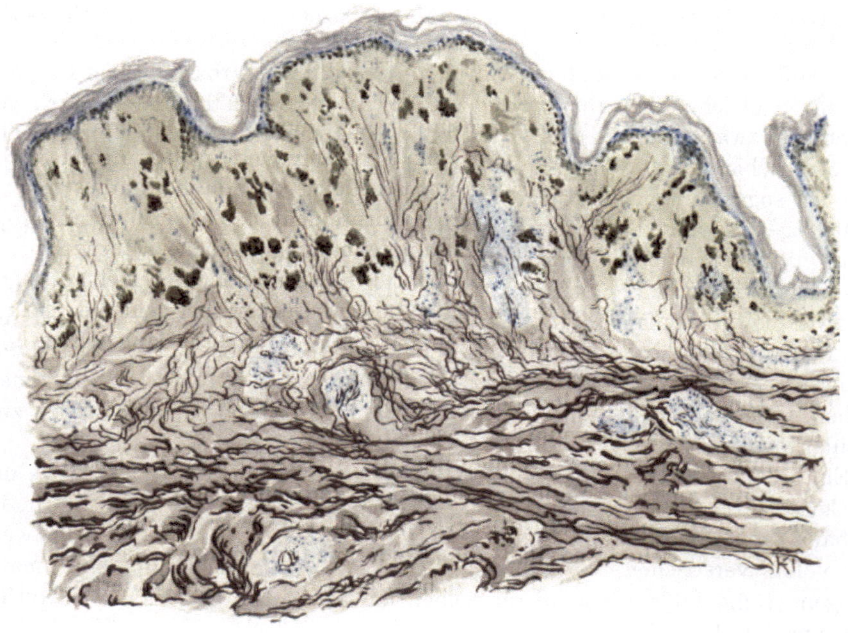

Abb. 40. Arsenmelanose. (Bauch, ♂, 30jähr.) Hyperkeratose; Atrophie der Stachelzellschicht,
Hyperpigmentierung des Stratum basale, verstrichene Papillen. Ödem, perivasculäre Infiltration
und Pigmentvermehrung im Stratum papillare, subpapillare und der oberen Cutis, ebenda
Aufsplitterung des elastischen, Aufquellung des kollagenen Gewebes. (S. Orcein-polychromes
Methylenblau.) O = 66 : 1, R = 66 : 1.

Vergrößerung umspinnt das staubartige Pigment die Zellkerne wie ein zartes
Netzwerk, den Kern völlig freilassend. Die Pigmentierung reicht hinauf bis in
das Stratum spinosum und gelegentlich sogar bis zur Hornschicht. Aber stets
handelt es sich sowohl beim Epidermis- wie Cutispigment um ein streng intracelluläres Auftreten.

Je nach der Stärke der Pigmentansammlung ist innerhalb der einzelnen
Epidermiszellen die Lagerung der braungelben Pigmentkörnchen so, daß bei
ganz geringem Gehalt das Pigment ausschließlich an der Peripherie der Zelle
gelegen ist; mit steigendem Pigmentgehalt zeigt sich eine stärkere Ansammlung
in denjenigen Teilen, welche dem Zellrande am nächsten liegen und bei stärkster
Pigmentierung schließlich ist das Pigment über die ganze Zelle verteilt, läßt
jedoch eine gewisse Vorliebe für die Randnähe auch dann noch erkennen.

Ganz anders ist die Verteilung des Pigments im Papillarkörper. Entsprechend dem plötzlichen Aufhören der perivasculären Infiltrate, des Ödems sowie des Schwundes des elastischen und kollagenen Gewebes an der Grenze des oberen Cutisdrittels, beschränkt sich auch das Auftreten des Pigmentes auf eben diesen Bezirk. Dabei tritt es in allen Fällen nur an jene wohlbekannten Zellen, die Chromatophoren, gebunden auf, und zwar so gut wie immer in granulärer, niemals jedoch in klumpiger Form. Seine Farbe wechselt vom Ocker- über das Grün zum Braungelb hinüber. Meistens wiederholen die Pigmentkörner in ihrer Aneinanderlagerung die Form der zugehörigen Zelle, wobei vielfach die bekannten hirschgeweihartigen Gebilde zustande kommen.

Was die spezielle Topik der Pigmentanhäufungen anbelangt, so zeigen sie eine ausgesprochene Vorliebe für die Nähe der Gefäße. Dementsprechend findet sich die stärkste Pigmentansammlung dort, wo die Gefäße am stärksten vermehrt sind. Auch überall da, wo stärkere perivasculäre oder gar isolierte Infiltrate auftreten, sind die Pigmentzellen reichlicher vorhanden. Ganz allgemein läßt sich also ein gewisser Zusammenhang zwischen proliferativer Gewebsreaktion und Pigmentreichtum nicht von der Hand weisen. Der Vollständigkeit halber sei erwähnt, daß man in Mastzellen neben den mit polychrom. Methylenblau metachromatisch violett gefärbten Granula auch typische Pigmentkörnchen antreffen kann.

Gelegentlich finden sich auch in einzelnen Endothelzellen der Blut- sowohl als auch der Lymphgefäße feinkörnige Pigmentansammlungen, während auf der Höhe des Prozesses die Lymphspalten selbst durchgängig frei zu sein scheinen. Setzt der Rückgang des Prozesses ein, so ist es auch hier häufiger anzutreffen.

Chemisch handelt es sich, wie Gans nachgewiesen hat, um ein autogenes Pigment, das in die Gruppe der Melanine gehört.

Klinisch und auch histologisch in enger Beziehung zur Arsenmelanose stehen jene während des Krieges 1917 von Riehl erstmalig beobachteten und als Melanose bezeichneten Fälle, die E. Hoffmann unter der Bezeichnung

Melanodermitis toxica lichenoides
(et bullosa) einreihen möchte in eine große Gruppe in erster Linie auf Kriegsersatzstoffe zurückzuführender Hautveränderungen (s. Abschnitt III).

Klinisch handelt es sich neben Hyperkeratose, Erythem und Schuppenbildung und unter Umständen vereinzelt auch Blasenbildung vor allem um eine wechselnd starke, meist netzförmige Pigmentierung, namentlich der unbedeckten, dem Licht ausgesetzten aber auch der bedeckten Körperstellen. Auf das Krankheitsbild als solches wird bei den Toxicodermien näher eingegangen; hier ist nur kurz die Hautverfärbung zu besprechen, die sich in hellen bis dunkelbraunen vielfach zusammenfließenden Flecken äußert, neben denen auch depigmentierte Stellen auftreten.

Histologisch findet sich das Pigment in parallel zur Hautoberfläche angeordneten Zügen vornehmlich im Stratum subpapillare, in engster räumlicher Beziehung zu perivasalen und perifollikulären Infiltraten. Es tritt auch in Form kleiner Körnchen auf, die bei schwacher Vergrößerung zu gröberen Schollen zusammenzufließen scheinen und strang- oder sternförmig angeordnet sind. Dabei bleibt der Papillarkörper völlig pigmentfrei, ebenso bei den reinen Formen der Melanosis (Riehl) die Epidermis (Kerl). Diese kann allerdings nach Habermann Vakuolisierung der Basalzellen und Infiltration des Stratum papillare und subpapillare ganz ähnlich der Arsenmelanose aufweisen. Immerhin wird

sich für die meisten Fälle doch wohl eine Trennung von der Arsenmelanose
ermöglichen lassen, die ja hauptsächlich und vor allem ziemlich gleichmäßig
an den schon physiologischerweise stärker pigmentierten Hautstellen auftritt.
Dazu kommt, daß die übrigen Veränderungen, vor allem die follikulären und
perifollikulären Hyperkeratosen bei der Arsenmelanose niemals jenen Grad
erreichen wie hier. Schließlich wird auch noch die Anamnese eine Entscheidung
ermöglichen.

Der Morbus Addisonii

stellt eine Erkrankung des Gesamtorganismus dar, bei der die Hautveränderungen nur einen
Teil der Erscheinungen ausmachen. Unter erheblichen Allgemeinstörungen, besonders

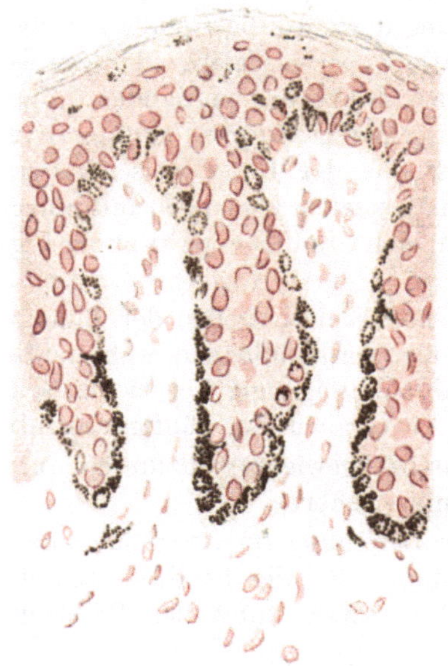

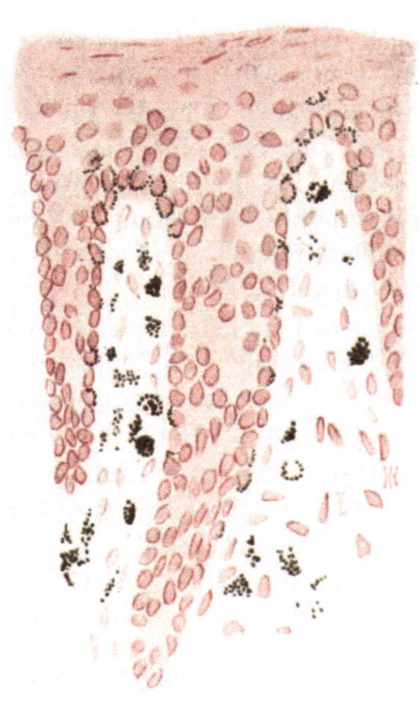

Abb. 41. Morbus Addisonii.
Haut. Pigmentvermehrung hauptsächlich im
ektodermalen Hautabschnitt. Alauncarmin.
O = 560 : 1, R = 450 : 1.

Abb. 42. Morbus Addisonii,
Mundschleimhaut. Pigmentvermehrung haupt-
sächlich im bindegewebigen Hautabschnitt.
Alauncarmin. O = 560 : 1, R = 450 : 1.

von seiten des Kreislaufs, des Stoffwechsels und Nervensystems, entwickelt sich fortschreitend
eine fleckförmige, später diffus gelbbraune Pigmentierung, zunächst der von vornherein
stärker gefärbten, dann auch der übrigen Hautstellen und der Schleimhäute. Dabei sind
die unbedeckten Partien gewöhnlich etwas dunkler, braunschwarz (bronzefarben) verfärbt,
gegenüber dem Graubraun der übrigen. Klinisch bleiben Hand- und Fußfläche sowie der
behaarte Kopf stets frei.

Die Pigmentierung tritt in erster Linie in der Epidermis auf, während
Papillarkörper und Cutis für gewöhnlich in sehr viel schwächerem Maße befallen
sind. Meist pflegt eine Reihe von 2—3 Zellagen, und zwar das Stratum basale
und die tiefsten Lagen des Stratum spinosum, als ein dunkelschwarzer Saum
die Epidermis vom Papillarkörper abzugrenzen. Dabei sind die auf den Kuppen
der Epithelleisten liegenden Zellen stärker pigmentiert als die anderen (s. Abb. 41).
Sie sind von dichtgedrängten, braunen bis braunschwarzen körnigen

Pigmentmassen angefüllt. Diese beschränken sich stets auf das Zellprotoplasma und sind oft so ausgedehnt, daß der Kern völlig verdeckt ist. Dieser selbst bleibt jedoch völlig frei. Neben den gewöhnlichen pigmentierten Basalzellen sind dann bereits von CASPARY im Epithel Pigmentzellen mit langen, verzweigten Fortsätzen beobachtet worden, die morphologisch mit den pigmenttragenden Zellen der Cutis große Ähnlichkeit haben, im Gegensatz zu diesen sich jedoch mit BLOCHS Dopa ausgezeichnet darstellen lassen (Dendritenzellen, LANGERHANSsche Zellen). Zur Hornschicht hin wird die Pigmentanhäufung allmählich schwächer; aber selbst in dieser finden sich noch vereinzelte Körner und auch Bröckel von braunem Pigment, das jedoch nicht mehr so deutlich die intracelluläre Lagerung zeigt. Die Epidermis ist im übrigen in ihrem Aufbau nicht verändert. Die Epithelien der Haarpapillen sowie der Haarwurzelscheiden bleiben durchwegs frei von Pigment.

In der Cutis findet sich die Pigmentansammlung namentlich im Papillarkörper, und zwar in einzelnen, zum Teil rundlichen, zum Teil mit langen sternförmigen Fortsätzen versehenen Zellen. Sie treten in der Nähe des Stratum basale, daneben jedoch auch frei im Gewebe, vielfach in ausgesprochener Anlagerung an die Capillaren auf. Wiederholt wurden Pigmentkörnchen frei in den Lymphspalten des Bindegewebes beobachtet; ferner auch innerhalb der Capillaren, hier gelegentlich von den Endothelien oder auch von Leukocyten aufgenommen (PFÖRRINGER). Ob und inwieweit dieser letztere, eigentlich nur an der Fingerhaut erhobene Befund mit der Erkrankung in unmittelbare Beziehung gebracht werden darf, sei dahingestellt. Ganz allgemein sei jedoch betont, daß der Pigmentgehalt der Cutis außerordentlich wechselnde Stärke haben kann.

Die Pigmentierung der Schleimhaut weicht insoweit manchmal von der der äußeren Haut ab, als hier die Ablagerung in erster Linie und stärker im bindegewebigen und meist erheblich schwächer, vielfach auch gar nicht, im epidermialen Teil erfolgt, eine Beobachtung, für die eine Erklärung bislang noch aussteht. In ausgesprochenen Fällen dieser Art sind die Basalzellen hier völlig pigmentfrei. Wo es indessen in ihnen zur Pigmentablagerung kommt, unterscheidet sich dieses nicht von dem auf der Haut beobachteten; ebensowenig zeigen sich Unterschiede im Verhalten des Cutispigments. Im allgemeinen pflegt die Pigmentierung im Stratum papillare mucosae viel ungleichmäßiger aufzutreten wie in der Epidermis; neben pigmenthaltigen Papillen finden sich vielfach mehrere nebeneinander, die völlig frei sind. Die hier und da betonte Abhängigkeit der Stärke der Cutispigmentierung von der der Epidermis fand sich in mehreren von mir untersuchten Fällen durchaus nicht bestätigt.

Differentialdiagnostisch von einer gewissen Bedeutung können die Hautpigmentierungen werden, welche bei mit starkem Blutzerfall einhergehenden Allgemeinerkrankungen zu beobachten sind, z. B. der perniziösen Anämie, bei der, wie zuerst FRENCH betonte, neben der Haut auch die Schleimhäute befallen werden können. Da das Hautbild bei beiden Erkrankungen klinisch ein völlig gleichartiges sein kann, so ist zu beachten, daß jenes bei reinen Fällen von mit Blutzerfall einhergehenden Erkrankungen auftretende Pigment als Abkömmling des Blutfarbstoffes eine positive Eisenreaktion gibt, was beim Addison ja nicht der Fall ist. Bei der praktischen Verwertung dieser Tatsache ist allerdings zu bedenken, daß selbstverständlich die abnorme Pigmentierung gelegentlich auch mit der Erkrankung als solcher nichts zu tun hat (NÄGELI), indem andere Ursachen (angeborene Hyperpigmentierung, Arsenmelanose oder tatsächlich eine gleichzeitig bestehende Erkrankung des chromaffinen Systems) (ROTH) eine Rolle spielen. Auf alle Fälle finden sich bei den auf eine Hämochromatose zurückzuführenden Pigmentablagerungen im Stratum papillare und subpapillare zwischen den Bindegewebsfasern vielfach, namentlich in der Nähe der Gefäße, noch wohlerhaltene Erythrocyten als Reste frischer, daneben aber in den Zellen des umliegenden Bindegewebes häufig mehr grobkörnige, goldgelbe, die Eisenreaktion gebende Pigmente als Folge älterer Blutungen. Sie liegen teils in den Capillargefäßendothelien, teils in adventitiellen oder gewöhnlichen Bindegewebszellen oder gar frei in den Lymphspalten und sogar in den Knäueldrüsen, sei es in den Drüsenzellen oder in der Membrana propria. Diese Beobachtung drängt übrigens zu der Annahme, daß in jenen von RIEHL beschriebenen und vielfach angezweifelten Fällen von ADDISONscher Krankheit es sich vielleicht um eine Kombination mit einer Hämochromatose auslösenden, Erkrankung gehandelt haben möchte, wie sie ja auch BITTORF beschrieben hat.

Daß eine derartige Hämosiderose der Cutis, infolge allgemeiner Hämochromatose, ferner bei Carcinom, Tuberkulose, Alkoholabusus, Sumpffieber und Purpura, schließlich auch noch bei Bronzediabetes (ANSCHÜTZ) vorkommen kann, vermindert — bei den dann stets noch vorhandenen weiteren differentialdiagnostischen Anhaltspunkten — den Wert jener Feststellung meines Erachtens durchaus nicht. In allen diesen Fällen spielt wohl die Grundkrankheit für die Pathogenese der Pigmentierung nur indirekt eine Rolle, indem sie eine Zerstörung der roten Blutkörperchen oder interstitielle Hämorrhagien hervorruft.

Die Pigmentierung bei der Arsenmelanose unterscheidet sich von der beim Addison durch die dort näher beschriebene scharfe Abgrenzung im oberen Cutisdrittel.

Hämochromatose.

Anhangsweise sei hier auf eine eigentümliche Verfärbung der Haut hingewiesen, die als erd- oder bronzefarbene bis schiefergraue oder grauschwarze Pigmentierung vor allem an den unbedeckten Körperstellen, ferner in den an und für sich stärker pigmentierten Achselhöhlen und der Schamgegend auftritt; die Schleimhäute bleiben im Gegensatz zum Addison meist frei. Ursprünglich wurde die Veränderung nur mit dem Diabetes mellitus in Zusammenhang gebracht (Diabète bronzé, Bronzediabetes); sie findet sich jedoch außerdem bei einer ganzen Reihe verschiedenartiger, chronischer, mit Kachexie einhergehender Allgemeinerkrankungen. Die Hämochromatose ist also stets ein Symptom und niemals eine eigene Krankheit, und zwar handelt es sich dabei stets um Pigmentierungen, deren hämatogene Natur sichergestellt ist. Der Blutzerfall ist dabei vorwiegend intravasculär. Ob diese Pigmentierung bei der Hämochromatose lediglich eine besonders starke Hämosiderose ist und das daneben häufig zu beobachtende stärkere Auftreten eines Fe-negativen Pigments auf grundsätzlichen Unterschieden der Pigmentbildung beruht, ist noch nicht entschieden (HUECK).

Makroskopisch fehlt das Pigment etwa in der Hälfte der Fälle völlig; bei den übrigen finden sich fließende Übergänge von nahezu pigmentloser bis dunkel schwarzbraun gefärbter Haut. Aber auch in den klinisch scheinbar pigmentfreien Fällen fand sich dieses mikroskopisch in Cutis und Subcutis, besonders in der Propria der Schweißdrüsen und ihrer Ausführungsgänge, zum Teil aber auch in zerstreuten Bindegewebszellen (UNGEHEUER) stets vor.

Bei der Hämochromatose lagern sich das eisenhaltige und das eisenfreie Pigment unter Überwiegen des ersteren in den Parenchymzellen der Organe ab. In der Epidermis, ebenso in den glatten Muskelzellen, findet sich jedoch nur das nicht auf Eisen reagierende Pigment (HUECK). Dieser letzteren Angabe stehen allerdings die Befunde von RECKLINGHAUSEN, UNGEHEUER u. a. gegenüber, die das Vorkommen eisenpositiven Pigments neben Fe-freiem auch in der Haut erwähnen.

Über die näheren örtlichen Bedingungen, die zur Hämochromatose führen, sind wir bis heute noch nicht sicher unterrichtet; man mißt dabei den Schädigungen der Capillarwände und Basalmembranen, wie sie bei der Entstehung cirrhotischer Prozesse zu beobachten sind, eine besondere Bedeutung bei.

B. Dystrophien der Haut bei Allgemeinerkrankungen.

a) Endokrin bedingt.

Wenn auch fast alle Störungen in der Funktion endokriner Drüsen vielfach mit Hautveränderungen einhergehen, so kann es hier doch nicht unsere Aufgabe sein, diese im einzelnen darzustellen; denn die Mehrzahl derselben ist durchaus nicht kennzeichnender Art. Ihr Zusammenhang mit Störungen endokriner Natur ergibt sich vielmehr lediglich aus dem gleichzeitigen Auftreten im Rahmen anderer Veränderungen des Gesamtorganismus. Ein kennzeichnender Gewebsbau scheint ihnen zudem, soweit man dies heute beurteilen kann, kaum eigentümlich.

Die histologische Durchforschung dieser Hautveränderungen brachte nur ein spärliches Ergebnis. Diese Tatsache erscheint durchaus verständlich, da sich diese Störungen der Haut stets sekundär entwickeln und ihnen für die Klärung der Krankheitsursachen nur eine geringe Bedeutung zukommt.

Aus dem Gesamtgebiet lassen sich nur wenige, man möchte fast sagen, klassische Bilder herausschälen, bei denen geweblich in etwa eigenartige Störungen im Aufbau der Haut beobachtet wurden. In erster Linie handelt es sich dabei um Erkrankungen der Schilddrüse. Hyperfunktion dieses Organs, die das klinisch wohlbekannte BASEDOWsche Krankheitsbild bedingt, ruft eine dünne glatte, feuchte, oft ödematöse oder mit Blutungen durchsetzte Haut hervor, meist mit diffusem Haarausfall verbunden. Bei Basedowkranken auftretende umschriebene Ödeme zeigen große Lymphangiektasien im Gewebe (SATTLER); sie stellen ein Gemisch von Ödem, Lymph- und Blutstase dar, die klinisch als große Herde harter, reliefartig hervortretender, umschriebener Hautschwellungen erscheinen. Ihre Ursache sieht man in vasomotorischen Störungen umschriebener Blut- und Lymphgefäßbezirke, die durch entsprechende Störungen im Nervensystem hervorgerufen werden, welche ihrerseits wieder auf endokriner Grundlage beruhen. Neben Ödemen wurden urticarielle und erythematöse Veränderungen beobachtet. Gelegentlich zeigten die Ödeme eine an die Sklerodermie erinnernde blaßviolette Färbung und Härte; sie können so sehr mit diesem Krankheitsbilde übereinstimmen, daß eine Trennung Schwierigkeiten macht, um so mehr, als ja auch gerade die Sklerodermie häufig mit Hyperthyreosis vergesellschaftet ist.

Myxödem.

Histologisch kennzeichnendere Veränderungen zeigt die Haut bei der Hypothyreosis, beim Myxödem bzw. der Cachexia thyreo- seu strumipriva.

Klinisch tritt hier allmählich eine teigige Schwellung der Haut auf; diese wird trocken, schlaff, erscheint ödemartig geschwellt und schilfert vielfach ab. Die Erkrankung findet sich besonders häufig bei Frauen im mittleren Lebensalter und führt infolge der Hautschwellung — bei der, abweichend vom Ödem, Fingereindrücke nicht bestehen bleiben —, zu einer eigentümlichen Veränderung des Gesichtsausdrucks mit rohen, stumpfen Gesichtszügen. Die Schleimhäute sind ebenfalls beteiligt; die Zunge ist schwer beweglich. Der Gang ist unsicher, die Sinnesfunktionen herabgesetzt, ebenso der gesamte Stoffwechsel.

Die mikroskopischen Befunde in der Haut Myxomatöser sind durchaus
nicht einheitlich. Es werden dafür Verschiedenheiten des Alters, der Lokalisation der Gewebsstücke, dann aber auch, und das scheint von ausschlaggebender
Bedeutung, der Grad der Erkrankung angeschuldigt. Denn gerade die Veränderung, die bei einer Anzahl der Fälle als besondere Eigentümlichkeit beobachtet wurde, die Schleimablagerung in Cutis und Subcutis, scheint
nur in einem gewissen Stadium der Erkrankung vorhanden zu sein (Ord), in
der Regel in jüngeren. Zusammenfassend kann man die Gesamtheit der Veränderungen mit Beck in regressive und progressive scheiden, die sich nebeneinander abspielen. Die Epidermisveränderungen sind dabei wohl rein
sekundärer Natur. Sie äußern sich einmal in einer verschieden starken Färbbarkeit der Epithelzellkerne, von denen ein Teil sehr stark, ein anderer ganz
ungefärbt bleibt, beide durch allmähliche Übergänge verbunden. Bei den
dunkel gefärbten Kernen handelt es sich um die sog. „sauren Kerne" Unnas,
über deren Bedeutung wir noch nicht völlig unterrichtet sind. Unna faßt sie
als sterile, teilungsunfähige Zellen auf und glaubt daher, „daß die Potentia
generandi der Zellen eines Gewebes im umgekehrten Verhältnis zur Ausbildung
saurer Kerne steht". Die ungefärbten Kerne entsprechen nekrotischen
Epithelzellen. Sie finden sich hauptsächlich dort, wo die Epidermis sehr verdünnt ist und die Epithelleisten verstrichen sind. Ihr Protoplasma hat seine
normale feine Körnelung verloren. Es findet sich zum Teil als metachromatisch
färbbare, große dichte Masse ungleichmäßig rundlicher Körner in großen Lücken
zwischen Epidermis und Papillarkörper. Beck, dem wir die genaue Schilderung
der Epidermisveränderungen verdanken, betrachtet sie als durch das Myxödem hervorgerufen, zumal auch frühere Beobachter sie angetroffen haben
(Kaspary, Unna). Trotzdem stehen diese Angaben vorläufig noch zu vereinzelt da, als daß sie ohne weiteres als besonderes Kennzeichen des myxödema-
tösen Prozesses betrachtet werden dürften.

Die Cutisveränderungen sind hingegen eindeutiger dargestellt worden.
Ord, Virchow, Fletscher-Beach erwähnen eine eigentümliche Mucin-
ansammlung infolge weitgehender Degeneration des Bindegewebes der myx-
ödematösen Haut und des Hypoderms. Auf Grund eines mir vorliegenden
Falles möchte man jedoch eher eine Zwischenlagerung der mucinartigen Körper
zwischen die Bindegewebsfasern als eine schleimige Degeneration annehmen.
Sie fanden sich als „amorphe, wolkige, schleimartige oder geformte und dann
ausgesprochen krystallinische Bildung (Unna), besonders in dem geschwollenen
Papillarkörper, aber auch zerstreut in der übrigen Haut. Die krystallinische
Form war häufiger als die formlose und ihre teils zackig, teils büschelförmig
auslaufenden schmalen, dichten Körper ließen sich oft zusammenhängend durch
größere Abschnitte der Haut verfolgen. Sie lagen dabei meist quer zu den
Saftspalten und Fasern frei im Gewebe.

Allerdings fand sich auch die mucinöse Einlagerung nicht regelmäßig
vor (Beck, Kaspary, Baumgarten und Ceelen). Genau so verhält es sich
mit einer Bindegewebswucherung, wie sie von Ord, Virchow u. a.
manchmal „fast wie Granulationsgewebe .... mit reichlicher Kern- und Zellteilung" beobachtet wurde. Ähnliche Befunde sowie Epithelwucherung
der drüsigen Adnexe erhob die englische Myxödemkommission.

Eine wertvolle Ergänzung erhalten diese Angaben durch Feststellung mucinöser Massen im cutanen und subcutanen Gewebe thyreodektomierter Tiere (Horsly, Haliburton, Bourneville, Wagner und Schlagenhaufer), wenn sie auch nicht völlig mit den beim Myxödem zu erhebenden Veränderungen übereinstimmen (Bircher).

Ähnliche schleimige Einlagerungen finden sich in der Haut vielleicht auch bei sporadischem Kretinismus (Schlagenhaufer und Wagner), ein Befund, der auf die Zusammenhänge der mucinösen Einlagerungen mit der Schilddrüse ein bezeichnendes Licht wirft.

Die Cutisveränderungen zeigen sich ferner noch in andersartigen Umwandlungen des kollagenen und elastischen Gewebes. Das erstere nimmt an Dicke zu; es besteht eine hochgradige Aufquellung und Auffaserung der kollagenen Bündel, die viel tiefer in die Cutis hinabreicht als bei der normalen Haut. Die einzelnen Fasern erscheinen dabei vielfach wie koaguliert, an anderen Stellen aufgesplittert. Im Stratum papillare und subpapillare bilden diese feinen Fasern ein verworrenes Geflecht, während sie in den tieferen Schichten allmählich wieder in parallelen Bündeln verlaufen (Beck).

Die elastischen Fasern zeigten in einzelnen Fällen ebenso wie die kollagenen eigentümliche Umwandlungen ihres körperlichen und färberischen Verhaltens. Diese entsprechen im großen ganzen denjenigen, wie wir sie bei der senilen Degeneration der Haut (s. d.) in der Regel antreffen. Es scheint daher die Annahme auch nicht unberechtigt, daß das Auftreten von Elacin, Kollastin und Kollacin (Unna, Beck) auch in diesen Fällen von Myxödem in gleichem Sinne zu deuten ist. Weitere Untersuchungen müssen hier eine Entscheidung bringen.

Um die kleineren Blutgefäße fand Ceelen Rundzelleninfiltrate und Vermehrung der Bindegewebszellen.

Anhangsweise muß man hier einige wenige umschriebene Hautveränderungen erwähnen, bei denen sich ähnliche mucinöse Ansammlungen im Hautbindegewebe feststellen ließen. Es handelt sich dabei um ein von Dössekker als **Myxoedema tuberosum** bezeichnetes Krankheitsbild, das außer diesem vielleicht noch in einem Falle von Reitmann als „eine eigenartige, der Sklerodermie nahestehende Affektion" (s. Sklerodermie) und von Lewtschenkow als „ein seltener Fall von myxomatöser Hautdegeneration" (Myxoma cutis) beschrieben wurde. Hierher gehört auch eine von Burchard mitgeteilte Beobachtung. Es handelt sich dabei um ganz akut oder auch allmählich sich entwickelnde umschriebene, kleinere und größere Knoten. Histologisch und auch chemisch ließ sich in diesen metachromatisch färbbares Mucin nachweisen. Da Schilddrüsentherapie erfolgreich war, faßt Dössekker die Veränderung als spezielle, atypische Form des Myxödems auf.

Im Zusammenhang damit sei eine Beobachtung von Perutz und Gerstmann erwähnt, die ebenfalls mit einer Schilddrüsenstörung in Beziehung stand. Bei einer 38jährigen Frau hatten sich allmählich schmerzlose, gerötete, derbe Schwellungen der Haut und Muskulatur, insbesondere im Gesicht und an den Extremitäten entwickelt. Diese Schwellungen gingen ebenso langsam zurück und hinterließen an den befallenen Abschnitten eine Atrophie der Haut, des Unterhautzellgewebes und der Muskulatur. Gleichzeitig stellte sich Haarausfall und Ergrauen der Haare ein. Die Schilddrüse war nicht nachzuweisen. Als anatomische Grundlage der Veränderung fand sich eine hochgradige Atrophie der quergestreiften Muskulatur bei Fehlen der Bindegewebswucherung; stellenweise geringe Rundzellenanhäufung sowie atrophische und entzündliche Veränderungen der Haut. Das Krankheitsbild ähnelte am meisten der chronischen Dermatomyositis, und zwar jenen von Schultze bzw. Dietschy beschriebenen Fällen, in denen es sich um eine chronische Haut- und Muskelerkrankung handelte, wenn auch sehr viele Unterschiede bestanden. (Dort letale, hier nach 3 Jahren abklingende Erkrankung.) Im Falle Dietschys fand sich neben der Atrophie eine sklerodermieartige Veränderung der Haut des Gesichts und der Hände. Damit sei hier nochmals auf den Zusammenhang auch der Sklerodermie mit endokrinen Störungen hingewiesen, wie wir es dort schon getan haben.

Der Vollständigkeit halber erwähne ich hier noch Veränderungen der Achselschweißdrüsen, wie sie während der Gravidität beobachtet wurden (WAELSCH, REBAUDI u. a.). Sie mögen als Beweis für die Zusammenhänge der Haut und ihrer Anhangsgebilde auch mit den **Sexualdrüsen** bzw. deren Tätigkeit dienen. Es handelt sich dabei hauptsächlich um eine wesentliche Verstärkung der normalerweise vorhandenen Drüsenplatte, die dadurch zustande kommt, daß die Drüsenschläuche in ihrem sekretorischen Anteile eine bedeutende Erweiterung erfahren haben. Von REBAUDI wurden außerdem bei der Eklamptischen noch eigentümliche, nekrotisierende Veränderungen der Drüsenepithelien beobachtet, ein Befund, der allerdings von WAELSCH auf postmortale Veränderungen zurückgeführt wird. Es handelte sich dabei um schwere Schädigungen des hypertrophischen Schweißdrüsenapparates, die sich in parenchymatösen, mehr oder minder schweren Entartungserscheinungen von trüber Schwellung bis zu vollständiger Zerstörung des sezernierenden Teiles äußerten.

Veränderungen der Schweißdrüsenstruktur wurden übrigens auch bei menstruierenden Frauen beobachtet (LOESCHKE u. a.).

Adipositas dolorosa.

Die Adipositas dolorosa oder nach ihrem Entdecker, einem amerikanischen Neurologen, die DERCUMsche Krankheit, besteht in einer starken, teils diffusen, teils mehr umschriebenen, bei Druck oder auch spontan stark schmerzenden Fettablagerung in der Haut und im subcutanen Gewebe, die an bestimmten Körperstellen, namentlich den Unterschenkeln, hier in Manschettenform, und über den M. deltoidei, bei Frauen häufiger als bei Männern, beobachtet wird. Sie tritt meist in späteren Jahren auf und ist stets mit einer allgemeinen Fettleibigkeit verbunden. Die Haut über derartigen Fettansammlungen zeigt, wahrscheinlich infolge von Störungen im Blutkreislauf, meist eine blaurote bis blaßblaue Verfärbung; dazu treten manchmal auch Blutungen der Haut und Schleimhaut, sowie eine veränderte Schweißsekretion. Gleichzeitig bestehen eine allgemeine, gelegentlich bis zu völliger Muskelschwäche gesteigerte leichte Ermüdbarkeit, sowie eine Reihe geistiger Anomalien, deren Intensität schwankt von Zeichen einfacher Gedächtnisschwäche bis zu wirklichen Geistesstörungen. Das Leiden schreitet chronisch fort; es steht in enger Beziehung zu den diffusen und multiplen umschriebenen schmerzhaften Lipomen, von denen eine scharfe Trennung auch nicht möglich ist, wenigstens nicht weiter als es der rein anatomische Charakter der Geschwülste mit der Unterscheidung von diffusen und umschriebenen Lipomen erlaubt.

Die histologische Untersuchung der Fettmassen hatte bis heute ein völlig negatives Ergebnis; sie ergab keinen Unterschied von gewöhnlichem Fett; vielleicht waren die einzelnen Fettzellen etwas größer als gewöhnlich, die Cutis fettreicher, indem das die Hautgefäße umgebende Bindegewebe stärker mit Fettzellen erfüllt war und daher Talg- und Schweißdrüsen sowie Haarbälge vielfach mitten im Fettgewebe lagen. Auf das Auftreten jugendlicher, in Haufen zusammenliegender Lipoblasten hat DAMMANN hingewiesen. Die von einzelnen Beobachtern (DERCUM, MÉNÉAU u. a.) betonte interstitielle Neuritis der feineren Nervenzweige im Fettgewebe wurde von anderen ebensowenig beobachtet, wie die von DOBROVICI gemeldete Druckatrophie der Nervenfasern. Auch das ungefähre Dutzend zur Sektion gekommener Fälle hat zur Klärung der Genese des Krankheitsbildes wenig beigetragen. Vor allem scheinen die Bedeutung der Schilddrüse nur gering, zentral nervöse Störungen ohne direkte Beziehung, ebenso rheumatische Erkrankungen oder konstitutionelle Momente (SCHWENKE-BECHER). Die Schmerzempfindung könnte man auf eine durch die Fettinfiltration und die mit ihr zusammenhängende Blut- und Lymphstauung hervorgerufene erhöhte Gewebsspannung zurückführen, die eine Dehnung und Pressung der feineren Nervenenden zur Folge hat.

Differentialdiagnostisch ist an Elephantiasis, Myxödem, Fettsucht, nervöse Ödeme, wahre Lipome zu denken, deren Trennung kaum Schwierigkeiten macht.

Lipodystrophia progressiva.

Die Erkrankung beginnt meist in den Entwicklungsjahren, schreitet, ohne besondere Beschwerden, schneller oder langsamer vom Kopf nach abwärts fort und führt zu einem symmetrischen Schwund des subcutanen Fettgewebes, etwa der oberen Körperhälfte, und einer Anhäufung desselben in der unteren. Die erste Fettansammlung scheint in den meisten Fällen an den unteren Extremitäten sowie vor allem am Gesäß aufzutreten, gelegentlich war sie auch ascendierend. Die bisher veröffentlichten 15 Fälle betrafen stets das weibliche Geschlecht; ob ähnliche, wenn auch geringfügigere Veränderungen bei Männern in das Krankheitsbild passen, ist noch unentschieden, zumal ein von KUZNITZKY und MELCHIOR beobachteter Fall nicht ohne weiteres in seinem Rahmen unterzubringen ist. SIMONS, der 1910 als erster die Erkrankung in Deutschland beobachtete und ihr die treffende Bezeichnung gab, sieht in ihr eine Trophoneurose. Neben dem Fettschwund besteht als dessen natürliche Folge eine gesteigerte Wärmeabgabe (die Kranken frieren dauernd), sowie eine gesteigerte Wasserabgabe der fettlosen Teile (LOEWY).

Bei der Untersuchung eines Hautstückchens aus einem erkrankten Bezirk fand sich schon makroskopisch keine Spur von Fett, ein Befund, der um so auffallender erscheint, als ja selbst bei den schwersten Marasmen immer noch eine schwache Schicht rotgelben atrophischen Fettgewebes vorhanden ist. Mikroskopisch fand ARNDT ein vollkommenes Fehlen des Fettes, das sich nur in Spuren in den Talgdrüsen und an den Haarwurzeln nachweisen ließ. Abgesehen von einer leichten Vermehrung und Schwellung der fixen Bindegewebszellen sowie einer minimalen perivasculären Lymphocytenansammlung im Stratum papillare und subpapillare, fand sich weder hier noch im eigentlichen Corium die geringste Veränderung. Insbesondere zeigten sich selbst bis in die tiefsten Schichten der Cutis propria keine Spuren einer Entzündung. Einen ähnlichen Befund konnte TIÈCHE in einem der von FEER beschriebenen Fälle erheben. An einem noch nicht völlig fettverarmten Hautstück fand er eine sehr geringe Ausbildung des Fettgewebes, und zwar nicht in Form gut entwickelter Fettläppchen, sondern meist als unregelmäßig angeordnete 2—3 schichtige Züge von Fettzellen. Der Aufbau dieser Zellen war im übrigen normal. Mit Osmiumsäure ließ sich in den meisten eine schwarze Masse nachweisen, die zum Teil in Granula, also Fettbröckel zerfallen war. Ob es sich tatsächlich um regressive Vorgänge handelt, ließ TIÈCHE unentschieden.

Differentialdiagnostische Erörterungen, die sich mit der Hemiatrophie, dem Trophödem, der Sklerodermie und der Elephantiasis auseinanderzusetzen hätten, dürften kaum erforderlich sein.

Die **Pathogenese** der Lipodystrophie ist noch völlig unbekannt. Innersekretorische Störungen, insbesondere der Schilddrüse, vasomotorisch-trophische Einflüsse, sind verantwortlich gemacht worden, ohne daß sichere Anhaltspunkte vorhanden wären. FEER glaubt auf jeden Fall eine Mitwirkung des Nervensystems annehmen zu müssen, da sonst die Fettatrophie einerseits, die Fetthypertrophie anderseits unerklärlich wären. Soweit man lediglich aus dem Schrifttum sich eine Meinung machen darf, scheinen auch rein mechanische Einflüsse eine Rolle spielen zu können. Zwar wird als Hauptablagerung die

Gesäß- und Oberschenkelgegend bezeichnet, aber es sind doch auch die Unterschenkel und die
Füße bis zu den Fersen befallen; nach FEERs Messungen darf man sogar annehmen, daß die
Waden sich öfters an der Hypertrophie beteiligen, als aus den Angaben hervorgeht. Es
wäre daher vielleicht daran zu denken, daß eine physikalisch-chemische Zustandsänderung
des Unterhautfettgewebes im Sinne einer leichteren Beweglichkeit, dieses aus den Maschen
des Unterhautgewebes in den Oberkörperabschnitten sich einfach den Gesetzen der Schwere
folgend, nach abwärts senken ließe. Die Fettverflüssigung — wenn dieser Ausdruck
erlaubt ist — wäre dann eben im ganzen Körper vorhanden und man wäre der Unbequem-
lichkeit enthoben, oberhalb des Beckengürtels eine doch — auch mit Nerveneinflüssen —
recht willkürliche Grenze zu ziehen und hätte lediglich die Ansammlung des Fettes in der
unteren Körperhälfte an Stellen vor sich, wo schon physiologischerweise eine verstärkte
Ablagerung statthat. Eine Erklärung für die angenommene Zustandsänderung des Fett-
körpers wäre allerdings auch dann noch zu geben.

b) Metabolisch bedingt.

Amyloidosis der Haut.

Über Amyloidbildung in der Haut ist bis heute nur wenig bekannt geworden.
Aber auch dieses Wenige gestattet bereits, die Amyloidose der Haut genetisch
in verschiedene Untergruppen zu teilen. Diese entsprechen im großen ganzen
jenen, die wir auch bei der Xanthomatosis bzw. Calcinosis kennen lernen
werden. Zweckmäßigerweise trennt man auch hier jene Formen allgemeiner
Amyloidose, bei denen sich neben Ablagerungen in den inneren Organen auch
solche in der Haut finden, von jenen, die lediglich auf umschriebene Bezirke
der Haut beschränkt und dann meist mit anderen örtlichen Schädigungen des
Hautgewebes vergesellschaftet sind. Mit Rücksicht auf die im Vordergrunde
des Krankheitsbildes stehenden allgemeinen Störungen des Eiweißstoffwechsels
wären die ersteren als Amyloidosis cutis metabolica zu bezeichnen (Fälle
von SCHILDER, wohl auch von KÖNIGSTEIN). Bei ihnen zeigt die Haut, abgesehen von der Amyloideinlagerung, keine nennenswerte Veränderung. Ihnen
stehen die Fälle gegenüber, wo es infolge einer bereits vorher bestehenden bestimmten dystrophischen Störung im Hautgewebe zu einer lokalen Amyloidablagerung kommt; sie wären folgerichtig als Pseudoamyloidosis cutis, besser
örtliche Amyloidose zu bezeichnen (Fälle von BUHL, LINDWURM, NEU-
MANN, TÖRÖK, JULIUSBERG, KREIBICH, KENEDY und GUTMANN). Für eine
derartige Einteilung scheint mir auch die Beobachtung verwertbar, wonach
bei allgemeiner Amyloidose das Amyloid meist im Gewebe liegt, ohne reaktive
Vorgänge auszulösen, während es bei lokaler Amyloidablagerung häufig als
Fremdkörper wirkt und zu Riesenzellbildung Anlaß gibt. Dabei ist jedoch
der Vorbehalt notwendig, daß sich nicht schließlich doch noch im einen oder
anderen der noch nicht bis zu Ende beobachteten Fälle (KENEDY, GUTMANN)
eine allgemeine Amyloidablagerung zeigt. Diese Einschränkung gilt um so
mehr, als wir ja bis heute noch keinen klinisch sicheren Nachweis für das
Bestehen einer amyloidotischen Störung im Eiweißstoffwechsel besitzen.

Die Amyloide gehören zu den Eiweißkörpern, deren chemische Natur noch der
Aufklärung harrt. Es muß daher auch bis auf weiteres dahingestellt bleiben,
ob wir überhaupt berechtigt sind, die Fälle rein örtlicher Amyloidbildung ohne
weiteres mit jenen der allgemeinen Amyloidose gleichzustellen. Dieses Bedenken wird noch durch die Tatsache verstärkt, daß das Amyloid durchaus
nicht in allen Organen genau gleich zusammengesetzt ist, daß wir vielmehr in

der Amyloidbildung vielleicht eine in verschiedenen Phasen verlaufende Eiweißmetamorphose zu erblicken haben. Der wechselnde Ausfall unserer mikrochemischen und färberischen Reaktionen scheint ebenfalls in diesem Sinne verwertbar; denn es gibt gelegentlich Amyloid, das nur die Metachromasie zeigt und anderes, das nur die Jodschwefelsäurereaktion gibt, wobei wir nach M. B. Schmidt bei ersterem Verhalten an ganz frische, bei letzterem an ältere und alte Ablagerungen denken dürfen. Ferner können diese Reaktionen in jedem einzelnen Falle sich an der einen Stelle durchaus kennzeichnend, an einer anderen mehr oder weniger abweichend verhalten.

In der Regel färbt sich das Amyloid mit v. Gieson graugelb bzw. gelb, mit Methylviolett rot; es nimmt unter Jodeinwirkung (Lugolsche Lösung) einen braungelben bis mahagonibraunen, unter Jod-Schwefelsäureeinwirkung einen mehr oder weniger blau bis violetten Farbenton an. Die Ablagerung erfolgt in homogen scholligen Massen, die in den ersten Anfängen jedoch nur mikroskopisch sichtbar sind. Neuerdings wird auch das Kongorot, namentlich als Vitalfärbung bei klinischem Verdacht auf Amyloidose benutzt.

Amyloidosis cutis metabolica.

Klinisch ist eine derartige Amyloidose der Haut nur dann festzustellen, wenn sie stärkere Ausmaße annimmt, wie in den Fällen von Königstein, wo sie sich einmal in Form zahlreicher kleinster Bläschen in einer höchst atrophischen und von älteren und jüngeren Blutungen durchsetzten Haut der Brust, ein anderes Mal in Gestalt zahlloser kleinster Knötchen und Papeln von brauner Farbe an der Haut des Thorax fand. Entzündliche Veränderungen treten bei dieser Form der Amyloidose so gut wie nie auf.

Bei den mit allgemeiner Amyloidose einhergehenden Fällen fand Schilder bei histologischer Durchforschung eine Bevorzugung gewisser Körperstellen für die Ablagerung, nämlich der Achselhöhlen und der Kopfhaut. Das Amyloid fand sich hier vor allem in der Nähe der Schweiß- und Talgdrüsen, ein Befund, der sich an anderen Körperstellen nicht erheben ließ. Es war dabei vor allem die konstante topographische Beziehung des Amyloids zum elastischen Gewebe bemerkenswert. Es lagerte sich zwischen das Epithel des Haarbalgs bzw. der Talgdrüsen und die dicht anschließenden elastischen Fasern. Von der Muskelschicht der Schweißdrüsen drängte es die elastischen Fasern samt der ihnen anhaftenden Bindegewebshülle ab. Dabei fiel auf, daß die Amyloidmäntel weit häufiger um weite Schweißdrüsenkanälchen gelegen waren als um enge. Die Hüllen der Schweißdrüsen waren jedoch nicht in ihrer ganzen Ausdehnung gleichzeitig der Degeneration verfallen, sondern diskontinuierlich. Je nach dem Grade der amyloiden Degeneration war das Verhalten des Amyloids zur Elastica der Schweißdrüsen bzw. zu deren Bindegewebsring verschieden. Zuerst lagerte sich das Amyloid zwischen Epithel und Elastica, diese vom ersteren abdrängend. Nimmt das Amyloid zu, so kommt es zur Atrophie der elastischen Hülle, häufig unter Aufsplitterung ihrer elastischen Fasern, so daß das Amyloid zwischen diesen vordringt. Überschreitet es schließlich die Grenze der Elastica, so ist die Schweißdrüse von einem dicken, scholligen Amyloidmantel umgeben, der häufig Reste der elastischen Hülle der Schweißdrüsen sowohl als auch der Bindegewebshülle umschließt. Die Drüsenepithelien selbst sind dabei kaum verändert; nur selten findet sich eine Atrophie der über dem Amyloid gelegenen sezernierenden Epithelien.

Bei den Talgdrüsen lagert sich das Amyloid in Form feiner Streifen um die Peripherie der Acini, und zwar zwischen die den Acinus korbartig umspinnenden elastischen Fasern und das Drüsenepithel.

Die Nerven sind frei, jedoch verläuft bisweilen in ihnen eine amyloid degenerierte Capillare.

Daneben findet sich das Amyloid auch in den Gefäßen (Arterien, Venen und Capillaren) und in Form unregelmäßiger Klumpen im Zwischengewebe.

Auch das gesamte übrige Corium beteiligt sich an der Amyloidose. Im Stratum papillare liegt das Amyloid dicht unterhalb des Epithels, von diesem meist durch den bekannten unveränderten schmalen Grenzstreifen getrennt. Es findet sich hier oft in kleineren oder größeren Hohlräumen, die von Endothel ausgekleidet sind und manchmal kann man in dem Lumen dieser Hohlräume auch noch rote Blutkörperchen feststellen (KÖNIGSTEIN). Daneben kommt das Amyloid jedoch auch frei im Gewebe vor, gelegentlich sogar unmittelbar das Epithel berührend, ja sogar in einzelnen Amyloidkörnern gegen dieses

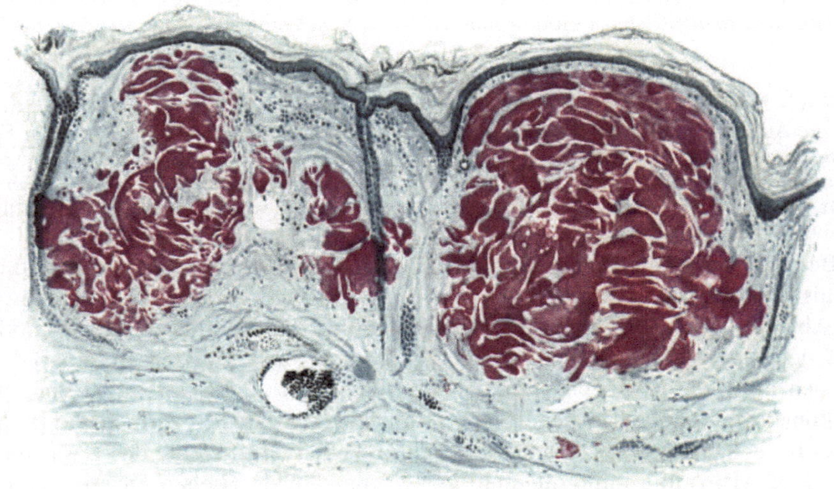

Abb. 43. Amyloidosis cutis metabolica. Scrotalherd. Herdförmige Ansammlung in Papillarkörper und Cutis unter Freibleiben des „Grenzstreifens" und ohne nennenswerte Gewebsreaktion. Atrophie der Epidermis, Schwund des Stratum papillare. (Die scheinbare Beteiligung der Schweißdrüsenausführungsgänge beruht auf Über- bzw. Unterlagerung der Amyloidmassen.) Methylviolett. O = 66 : 1, R = 55 : 1. (Sammlung KÖNIGSTEIN.)

vorgeschoben (SCHILDER). Über solchen Stellen ist der Papillarkörper verstrichen, die Epidermis abgeflacht und oft deutlich verdünnt. Gelegentlich kann sie sogar über solchen Amyloidschollen völlig fehlen, so daß diese frei zutage liegen.

Die Amyloidablagerung beschränkt sich im großen ganzen auf Papillarkörper und obere Cutis. In den unteren Coriumschichten findet sie sich in erheblich geringerer Menge, teils an die Gefäße gebunden, teils frei im Bindegewebe. Ähnlich verhält sich das subcutane Binde- und gelegentlich auch das Fettgewebe. Dabei sind dann die einzelnen Fettläppchen in verschiedenem Grade betroffen und auch innerhalb des einzelnen Läppchens ist das Amyloid ungleichmäßig verteilt. In der Regel ist die Peripherie stärker verändert wie die Mitte. Um die einzelne Fettzelle findet sich ein bald schmälerer, bald breiterer konzentrischer Amyloidring. Die Ringe benachbarter Zellen können miteinander oder aber auch mit dem Amyloid der Capillaren und des Zwischengewebes verschmelzen.

Örtliche Amyloidosis.

Bei dieser Form der Amyloidablagerung in der Haut ist es natürlich außerordentlich schwer zu entscheiden, welchen Anteil an den stets vorhandenen Störungen im geweblichen Aufbau man der Amyloidablagerung zur Last legen muß bzw. was auf Rechnung der primären Hauterkrankung zu setzen ist. Für die letztere wird das histologische Bild im Einzelfall natürlich durchaus verschieden sein. Hyperkeratosen (JULIUSBERG, GUTMANN), Dermatitis atrophicans (KENEDY), Geschwüre (LINDWURM, BUHL), seborrhoische Warzen (KREIBICH) gaben die Grundlagen ab, in deren Bereich es zur Amyloidablagerung kam. Aber auch in diesen Fällen ist für die Veränderung das Fehlen primär

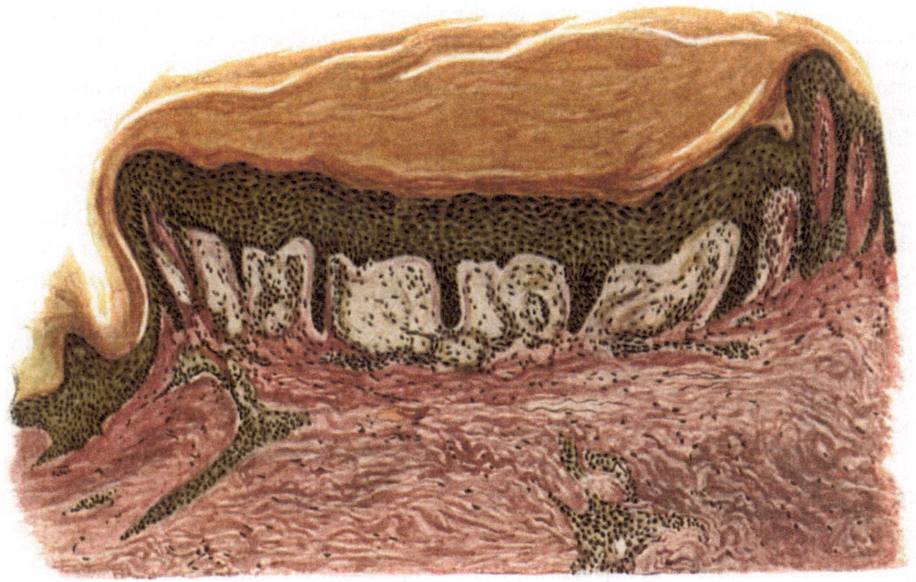

Abb. 44. Örtliche Amyloidosis bei umschriebener Hypertrophie der Epidermis (Hyperkeratose, Akanthose). Die Amyloidablagerung ist scharf beschränkt auf das Stratum papillare. Mäßige celluläre Reaktion in den Randabschnitten. In den Amyloidherden Reste endothelialer und Bindegewebszellen. VAN GIESON. (Sammlung GUTMANN.) O = 77 : 1, R = 70 : 1.

entzündlicher Vorgänge innerhalb der davon befallenen Teile des Coriums kennzeichnend.

Das Amyloid ist in solchen Fällen sowohl in den oberflächlichsten Schichten des Coriums gefunden worden — hier scheint die Ablagerung zu beginnen (GUTMANN) —, teils dicht unter dem Epithel, teils in geringer Entfernung von diesem (GUTMANN, JULIUSBERG), wie auch um die Blutgefäße des subcutanen Fettgewebes und der Haarbälge (KENEDY).

Innerhalb des Amyloids sah GUTMANN unregelmäßig verstreut und manchmal in vermehrter Zahl große blaßgefärbte Kerne von unregelmäßiger Form, offenbar Reste von Endothelien und Bindegewebszellen, die zum Teil von feinkörnigem, gelbbräunlichem Pigment umschlossen waren. Entzündliche Vorgänge fehlten innerhalb der Amyloidherde, am Rande fanden sich umschriebene lymphocytäre Infiltrate.

Pathogenese: Die allgemeine Amyloidose beruht auf einer Störung des Eiweißstoffwechsels, die durch verschiedene chronische Infektionskrankheiten (Tuberkulose, Staphylokokkeneiterungen besonders der Knochen, Malaria, Dysenterie, Syphilis und vielleicht auch Gonorrhöe) hervorgerufen werden kann. Das primäre Auftreten des Amyloids im Blutgefäßbindegewebsapparat weist darauf hin, daß es hier gebildet wird (v. GIERKE). Der Anstoß zu dieser Bildung geben vielleicht primär toxisch geschädigte Gewebe, in welcher ein Eiweißzerfallsprodukt gerinnt und abgelagert wird. Dabei spielen Fermentwirkungen oder aber auch lediglich Änderungen im physikalisch-chemischen Zustand eines kolloid gelösten Stoffes (Überführung aus dem Sol- in den Gelzustand) eine Rolle (IPLAND). Wahrscheinlich wirken dabei fällende Säuren mit, die in den erkrankten Geweben besonders als gepaarte Schwefelsäuren angelagert werden (LEUPOLD). Es ist jedoch auch möglich, daß zu Zeiten einer allgemeinen Sättigung der Säfte mit den Spaltprodukten des gesteigerten Eiweißabbaues die schwerstlöslichsten Abbauprodukte in dem Augenblick ausfallen, wo ihre Löslichkeit überschritten wird (KUCZYNSKI). Diese Ausfällung muß naturgemäß durch örtliche und bei der allgemeinen Amyloidose noch nicht näher bekannte Vorgänge ausgelöst werden. Bei der lokalen Amyloideinlagerung könnte man diese in dem bereits vorher durch die primäre Erkrankung in seinem örtlichen Stoffwechsel gestörten Gewebe suchen. Die nahen Beziehungen, die man z. B. auch gerade in der Haut zum elastischen Gewebe feststellen kann, weisen vielleicht auf besondere chemische Einwirkungen hin.

Xanthomatosis der Haut.

Die rein morphologische Betrachtung der hierher gehörigen Dermatosen führte zur Aufstellung verschiedener Xanthomformen: Xanthoma planum, Xanthoma tuberosum, Xanthoma generalisatum usw., deren histologischer Aufbau gründlich erforscht wurde. Dabei stellte sich heraus, daß je nach der Lokalisation des Xanthoms das Grundgewebe verschieden war und in diesem als ruhender Pol lediglich die „Xanthomzelle" erschien, mit deren Nachweis man eine Zeitlang glaubte, die Entscheidung ob eine Xanthomatosis vorliege oder nicht, treffen zu dürfen.

Die ätiologische Forschung der letzten Jahrzehnte zeigte jedoch, daß die Xanthomatosis aufzufassen ist als die Folge einer allgemeinen Stoffwechselstörung, die an beliebigen Körperstellen — Haut, innere Organe — unter bestimmten Voraussetzungen zum Auftreten jener eigenartigen Bildungen führt, die wir als Xanthome zu bezeichnen pflegen. Jene, für die Morphologie zweckmäßige Trennung nach der klinischen Erscheinungsform ist daher für unsere Bearbeitung der Frage nicht mehr angebracht. In den Vordergrund zu stellen ist hier vielmehr das pathogenetische Geschehen, dem eine Darstellung der bei den einzelnen klinischen Erscheinungsformen vorhandenen mikroskopischen Veränderungen lediglich eine Unterlage geben möge.

Wenn dabei auch die einzelnen Formen der Xanthomatosis gewisse Unterschiede ihrer histologischen Bilder aufweisen, so ist doch nie zu vergessen, daß diese lediglich dem xanthomatös umgewandelten Grundgewebe und nicht der Xanthomatosis als solcher zur Last zu legen sind. Ob es nebenbei auch tatsächlich echte Tumoren mit proliferationsfähigen, von Ursprung an xanthomatösen Zellen gibt, wird an entsprechender Stelle zu untersuchen sein.

Neben den echten, auf einer allgemeinen Stoffwechselstörung beruhenden kennt man dann noch jene rein örtlich bedingten, seit ASCHOFF-KAMMER als Pseudoxanthome, besser örtliche Xanthomatosis bezeichneten Veränderungen, die mit dem hier in Rede stehenden Prozeß ebensowenig etwas zu tun haben, wie mit dem an anderer Stelle beschriebenen, auf einem Umbau des Elastins beruhenden Pseudoxanthoma elasticum. Es handelt sich dabei vielmehr um die rein örtlich bedingte Bildung nicht nur morphologisch ähnlicher Zellformen, sondern auch doppelbrechender Fettröpfchen in den Zellen der verschiedensten Organe, die bei Gegenwart von in der Nachbarschaft auftretender, irgendwie frei gewordener doppelbrechender Substanz als Folge eines Resorptionsprozesses entstehen. Sie treten in erster Linie bei chronischen, mit Gewebszerfall und Resorption von Zerfallsprodukten einhergehenden Eiterungsprozessen, in besonders großer Menge in den als Makrophagen bezeichneten (Pseudoxanthom-) Zellen auf; das sind gewöhnliche Phagocyten, welche einige Besonderheiten in der Struktur ihres Protoplasmas (fein schaumiger Bau) aufweisen (ANITSCHKOW). NICOL konnte ihre Entstehung im Anschluß an einen hämolytischen Ikterus nach einem Chininexanthem beobachten.

Klinisch bezeichnet man als Xanthome umschriebene, wechselnd große, in die umgebende Haut eingelagerte plane Flecke, oder auch vorgewölbte tuberöse Knötchen- und Knotenbildungen von gelbweißer bis gelbbrauner Eigenfarbe, die an den verschiedensten Organen, insbesondere an der Haut und den Schleimhäuten auftreten. Früher pflegte man die umschriebenen lokalisierten, sich im späteren Lebensalter äußerst langsam, besonders an den Augenlidern entwickelnden, dann vielfach persistierenden Bildungen als Xanthoma vulgare von den generalisierten, schneller auftretenden Formen zu trennen. Zu den lokalisierten Xanthomen rechnete man auch jene. mikroskopisch als Fibrome, Sarkome, kurz als echte Tumoren erkennbaren Gebilde, deren histologischer Aufbau durch die Einlagerung xanthomatöser Massen sein ganz besonderes Gepräge erhält, ohne daß im übrigen die durch den gegebenen Aufbau vorgezeichnete Weiterentwicklung irgendwie gestört wird. In Übereinstimmung mit PICK und PINKUS betrachten wir diese als echte Tumoren, die die Besonderheit der xanthomatösen Umwandlung lediglich allgemein oder vielleicht auch örtlich bedingten Stoffwechselstörungen verdanken. Wenn ihrer daher hier als einer Erscheinungsform der Xanthomatose auch kurz gedacht wird, so kann eine eingehende Darstellung doch erst später erfolgen. Dort wäre dann auch die Frage zu erörtern, ob es wirklich eine rein aus Xanthomzellen aufgebaute Geschwulstform gibt, bei der das Bindegewebe lediglich die Rolle der Stützsubstanz spielt (Xanthom en tumeurs).

An dieser Stelle sind daher nur jene Fälle zu besprechen, die zum Teil als symptomatische Xanthome bereits bekannt sind bzw. unzweifelhaft auf dem Boden einer Stoffwechselanomalie entstehen. Von dieser abhängig, sind sie, im Gegensatz zu den echten Xanthomen, durch die Neigung zu Degeneration und Zerfall ihrer xanthomähnlichen Zellen gekennzeichnet (KAMMER). Diese Neigung zum Zerfall ist eng verknüpft mit der Fähigkeit der sie aufbauenden Zellen zur Aufnahme und Abgabe einer doppelbrechenden, als Cholesterinester erkannten, „Xanthombildung" auslösenden Substanz, ohne in ihrem Zelleben geschädigt zu werden. Diese Gruppe wollte ASCHOFF als „Xanthelasmen" bezeichnet sehen. Grundsätzlich gehören also hierher alle jene Fälle, die auf dem Boden einer Stoffwechselanomalie entstehen.

Klinisch handelt es sich dabei um Stoffwechselstörungen, die, in erster Linie von der Leber oder auch der Niere ausgehend, in den meisten Fällen mit Ikterus, Diabetes oder Albuminurie einhergehen, ohne daß jedoch derartige, grob klinisch feststellbare Änderungen — als Äußerung der vielleicht nur gelegentlich feststellbaren funktionellen Störung — regelmäßig vorhanden sein müßten. Auf der Haut tritt diese Form der Xanthomatosis in der Regel generalisiert, und zwar einmal bei scheinbar ganz gesunden, namentlich im jugendlichen Alter — Xanthoma juvenile — stehenden Personen auf, anderseits im späteren Alter, wo die eben angeführten Stoffwechselstörungen direkt manifest werden.

Xanthoma tuberosum multiplex.

Dabei ist jedoch zu betonen, daß eine strenge Scheidung nach diesen grob klinischen Gesichtspunkten nicht immer durchführbar ist.

Die in jüngeren Stadien mehr roten bis rotgelben, später mehr gelben, stecknadelkopf- bis bohnen- und auch über walnußgroßen Knoten treten mit einer gewissen Vorliebe an den Extremitäten auf; in erster Linie dort, wo das Gewebe häufiger und stärker dem Druck ausgesetzt ist, also an den Ellbogen und Knien, dann an Handfläche und Fußsohle, aber auch so ziemlich an jeder anderen Körperstelle; im Gegensatz zum Xanthoma vulgare

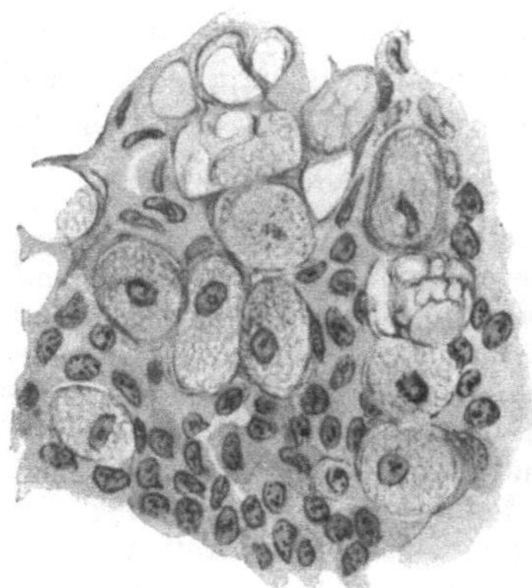

a Sog. „echte" Xanthomzellen.

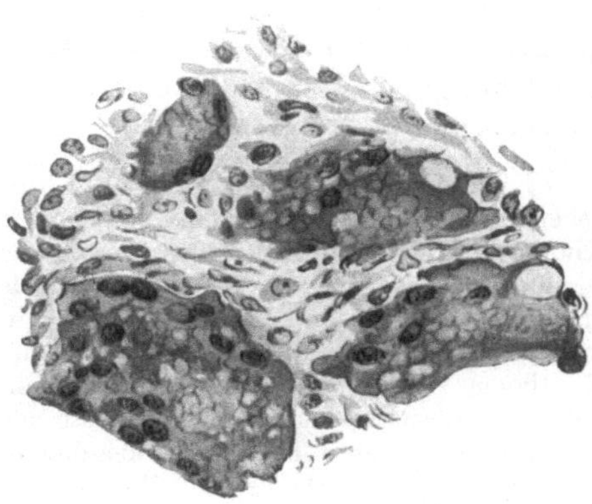

b Xanthom-Riesenzellen (Typus Fremdkörperriesenzellen). (Sammlung WALZ).

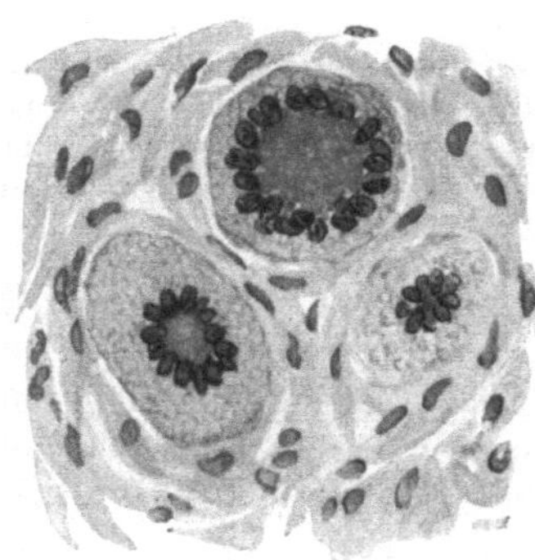

c Xanthom. Riesenzellen
(Typ Touton).

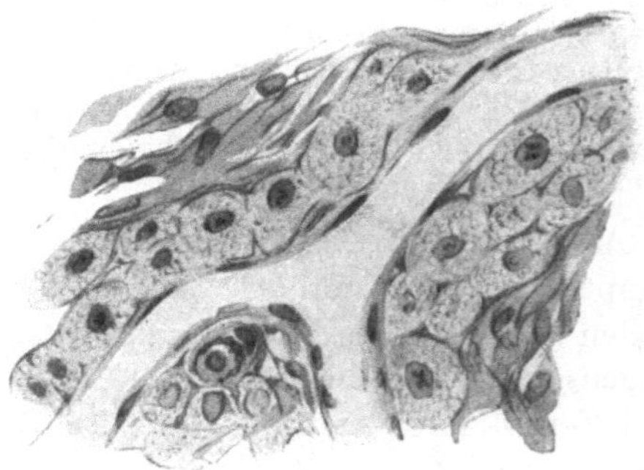

d Beginnende xanthomatöse Ansammlung in der
Umgebung einer Vene. Eine große Zelle in Teilung.

Abb. 45 a—d. Xanthomatöse Zellformen. a, c, d aus Augenlidxanthom, b aus xanth. Blastom.
O = 645 : 1, R = 645 : 1.

der Augenlider allerdings sehr selten an dieser Stelle. Auch die Schleimhäute, dann von den inneren Organen außer der Leber, der Niere und dem Endokard vor allem die Intima der großen Gefäße werden von dem Prozeß befallen. Die Entwicklung bis zur vollen Höhe, mit der vielfach ein Zusammenfließen der kleineren Knötchen zu größeren Herden einhergeht, kann unter Umständen sehr schnell, innerhalb weniger Tage geschehen, erfolgt jedoch im allgemeinen langsamer, dauert Monate und Jahre und kann bisweilen ebenso wieder zurückgehen.

Der histologische Aufbau dieser Knoten ist gekennzeichnet durch die erstmalig von DE VINCENTIIS und von TOUTON beschriebenen sog. „Xanthomzellen", ohne daß diesen jedoch eine spezifische Bedeutung zukäme (PINKUS und Pick). Diese Zellen treten meist herdförmig in wechselnd großen, zunächst in der Cutis gelegenen, dann gegen die Epidermis vordringenden, soliden zelligen Knoten auf. Sie sind in der Regel scharf abgesetzt, können sich gelegentlich aber auch unscharf in die Umgebung verlieren. Im ersteren Falle sind die Knoten von einer bindegewebigen Kapsel umgeben, von der aus feine Septen in den Herd vordringen und diesen so wieder in kleinere Teile zerlegen. Dabei sind diese Bindegewebsfasern durchaus wohl erhalten; Kollagen und Elastin sind durch die Einlagerungen lediglich auseinandergedrängt, zeigen aber sonst keinerlei Degenerationserscheinungen. In einzelnen Fällen fehlt die scharfe bindegewebige Abtrennung gegen die Umgebung; die Zellmassen nehmen dann allmählich ab und das Bindegewebe zu, so daß ein unmerklicher Übergang zum normalen Gewebe stattfindet. Auch die Umgebung derartiger Knoten und Knötchen ist meist nicht verändert; gelegentlich können der Papillarkörper und auch die Epidermis einmal etwas abgeflacht oder verstrichen sein; es mag auch hin und wieder an Stellen, die stärkeren Traumen ausgesetzt sind, zu einer leichten entzündlichen Zellansammlung kommen, ohne daß diesen Befunden eine mehr denn sekundäre Bedeutung beizumessen wäre. Auch die vereinzelt (E. Hoffmann) und stellenweise beobachtete beträchtliche Wucherung der Epidermis neben einer Hyperkeratose scheint weniger dem xanthomatösen Prozeß als vielmehr rein örtlichen Bedingungen zur Last zu fallen, die durch die starke Erweiterung der oberflächlichen, mit Erythrocyten und wurstförmigen lipoiden Massen vollgepfropften Gefäße ausgelöst wurden.

Verfolgt man die Entwicklung eines einzelnen Xanthomknotens von den allerfrühesten Stadien an, so findet sich zunächst lediglich eine Anhäufung von Zellen in der unmittelbaren Umgebung der subpapillären Blutgefäße, vereinzelt auch der Capillaren und der Lymphräume der Papillen (s. Abb. 50). Diese Zellen (Histiocyten Aschoff-Kiyono) zeigen bereits einen ganz eigenartigen Bau. Sie haben eine ovale bis rhombische Form, sind etwas größer als Endothelzellen und besitzen ein feingranuliertes Protoplasma, in dessen Zentrum ein stark gefärbter Zellkern liegt. Bei Fettfärbung läßt sich an den meisten dieser Zellen eine Anhäufung feinster Granula erkennen, die außerdem in den Lymphgefäßendothelien oder auch noch frei in den Lymphräumen vorkommen und deutlich doppelbrechend sind. Bei Ausfällen dieser feinen Granula, wie dies namentlich Alkoholfixation bedingt, bleibt ein feinwabiges Protoplasmanetz zurück. Gelegentlich tritt die Anhäufung der doppelbrechenden Substanz auch in diesem Stadium schon in den Basalzellen der Epidermis auf. Häufig tragen die Capillaren und Präcapillaren einen förmlichen Mantel solcher Zellen, so daß sie, dem Verlauf derselben folgend, das Gewebe streifenförmig durchziehen.

Diese engen räumlichen Beziehungen zu den Blutgefäßen sind in älteren Stadien nicht mehr so leicht zu erkennen. Mit der Ausdehnung des Prozesses im Corium kommt es vielfach zu einer sekundären Umgestaltung des Papillarkörpers und der Epidermis. Die Papillen werden dann oft außerordentlich breit und kurz, an anderen Stellen wieder schmaler und höher. Die Epidermis ist im großen ganzen nicht verändert; es fällt jedoch im Sudanpräparat eine Ansammlung gelber Körnchen und Schollen in den Basalzellen auf, so daß diese Schicht einen eigenartig trübgelben Eindruck macht. Es handelt sich dabei nicht nur um die in normaler Weise hier vorkommenden kleinsten

Fettkörnchen, sondern um eine auch durch ihre räumlichen Beziehungen deutlich in das Krankheitsbild gehörige Veränderung. Im Corium, und zwar besonders im Stratum subpapillare, aber auch in den benachbarten Gewebsschichten, finden sich jene großen polygonalen Zellen mit scharf ausgeprägten Zellgrenzen, der feinwabigen oder schaumigen Protoplasmastruktur
und einem oder mehreren, oft exzentrisch gelegenen rundlichen oder ovalen
Kernen. Manchmal beherbergt eine Zelle mehrere Kerne, die dann ähnlich
wie in Riesenzellen dicht beieinander gelagert sind, meist so, daß sie
in Ring- oder Kranzform die Mitte der Zelle umrahmen (TOUTONsche Riesenzellen). Neben diesen großen Zellen finden sich dann auch gewöhnliche

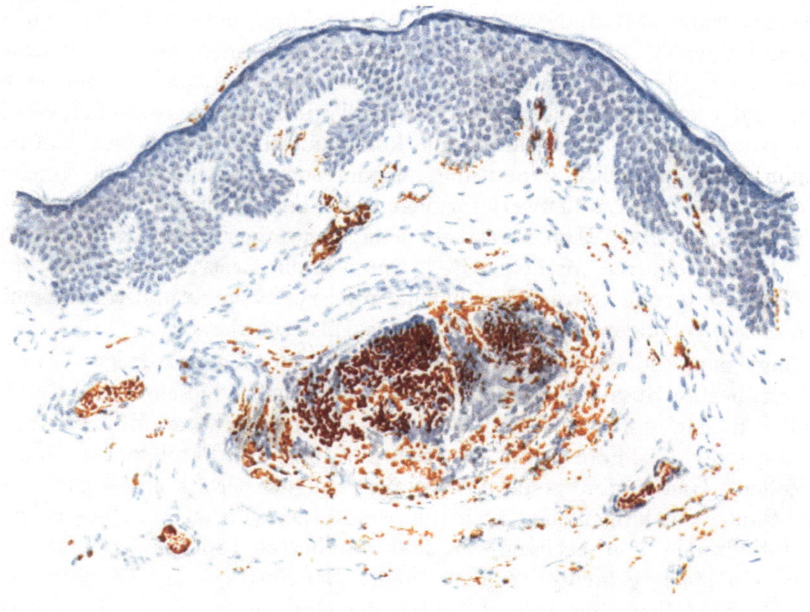

Abb. 46. Xanthoma tuberosum multiplex. (Unterarm, Streckseite, 53jähr. ♂, schwerste
Lipämie bei hypophysärem Diabetes.) Umschriebener Xanthomknoten der Cutis; geringe Beteiligung
der Epidermis; Lipämie. Hämatoxylin-Sudan. O = 147 : 1, R = 147 : 1.

sternförmige, platte oder auch dreieckige Bindegewebszellen und eine fibrilläre
Grundsubstanz, deren Fasern oft ganz deutlich die großen Zellen umspinnen.
In den meisten Herden lassen sich dabei alle Übergangsformen von diesen einfachen fixen Bindegewebszellen zu den großen polygonalen und den Riesenzellen
feststellen. Die ersteren, mit ihren zunächst länglichen, stäbchenartigen Kernen,
liegen in erster Linie an der Peripherie eines solchen Xanthomherdes und zeigen
eine allmählich stärker werdende Blähung des Zelleibes, zunächst noch ohne
deutliche Wabenstruktur. Aber diese wird vielfach auch an wohlausgebildeten
großen Zellen vermißt und scheint eng mit physikalisch-chemischen Zustands-
bedingungen des Zellinhalts verknüpft. Nicht selten begegnet man in diesen
„Xanthomzellen“, denn um solche handelt es sich, Kernteilungsfiguren
in den verschiedensten Stadien, ein Beweis dafür, daß wir es, wenigstens in jungen
Herden, durchaus nicht mit einem gewöhnlichen Degenerationsprozeß zu tun

haben. Diese Zellen blähen sich nach der Mitte zu auf; an Stelle des gleichmäßig körnigen Protoplasmas tritt jene eigenartige Wabenstruktur. Der Kern verbleibt in der Mitte und von ihm zieht ein zartes Fadengerüst (Spongioplasma Unnas) zum Zellrande. In den Maschen dieses Gerüstes finden sich zunächst die kleinen und zarten Granula, die nun, je länger der Prozeß andauert, um so größer werden. Dann reißt das Netzwerk an manchen Stellen ein, der Inhalt fließt zu größeren Fettkugeln zusammen, so daß schließlich ein eigenartiges septiertes Gewebe übrig bleibt, das am Rande noch Netzstruktur und kleine granuläre Einlagerungen, nach der Mitte hin schmale, lange Septen und Gewebsreste mit den Fetteinlagerungen enthält.

Diese xanthomatösen Bildungen enthalten bei gleichzeitigem chronischen Ikterus in einem Teil der wabigen Zellen gelegentlich reichlich Gallenpigment in gelbgrünen Tropfen (Schulte).

In den größten und daher ältesten Knoten treten die Xanthomzellen an Zahl meist weit zurück gegenüber der Masse des Bindegewebes, so daß man hier viel eher den Eindruck eines fibromatösen Gebildes bekommt, dem einige Xanthomzellen eingelagert sind. Im Zentrum derartiger Knoten findet sich häufig eine Ansammlung doppelbrechender Massen, die nähere Beziehungen zu den Zellen nicht mehr erkennen lassen. Hat einmal der Rückbildungsprozeß endgültig eingesetzt, so schwindet zunächst dieser zentrale Lipoidherd, die ovalen peripheren Zellen rücken näher zusammen; aus deren Protoplasma schwindet die xanthomatöse Substanz, statt dessen tritt vielfach ein goldgelbes Pigment (Lipochrom?) in feineren und gröberen Schollen auf. Unterdessen ist das Volumen der Knötchen erheblich kleiner geworden; das elastische und kollagene Gewebe nähert sich wieder seiner normalen Anordnung, der Papillarkörper gewinnt seine ehemalige Struktur zurück; mit ihm auch die Epidermis und ihre Leisten. Schließlich schwindet auch der letzte Rest des Pigments aus den ehemals xanthomatösen Zellen und es bleibt nur ein vermehrter Pigmentgehalt in den Basalzellen der Epidermis übrig, der sich histologisch von dem normalen Pigment der Haut nicht mehr unterscheiden läßt. Nur in seltenen Fällen hinterläßt die xanthomatöse Bildung nach ihrem Schwund eine Atrophie des cutanen und subcutanen Gewebes.

Was ist nun eigentlich die sog. „Xanthomzelle"? Ursprünglich ein rein morphologischer Begriff, wurde sie erst durch die neueren Untersuchungen von Stoerk, Pick und Pinkus und dann der Aschoffschen Schule als Träger der lipoiden, doppelbrechenden Substanz, des Cholesterinfettsäureesters, erkannt. Die Fähigkeit zu dessen Aufnahme und damit zur Bildung von Xanthomzellen kommt neben dem Endothel hauptsächlich den übrigen Bindegewebszellen zu. Es ist also nicht jede Zelle, die doppelbrechende Substanzen enthält, eine Xanthomzelle, wenn auch diese Eigenschaft als ein wesentlicher Bestandteil betrachtet werden muß. Dazu treten vielmehr auch noch jene durch die Abstammung dieser Zellen vom Bindegewebe und endothelialen System bedingten Eigenschaften, die anderen mit lipoidem Inhalt beladenen Zellen fehlen. Es handelt sich dabei in erster Linie um eine Cholesterinesterspeicherung, selten um reine Neutralfette (Fahr), und zwar um einen Infiltrationsprozeß. Inwieweit dazu außerdem im einzelnen Falle noch ein Vorgang im Protoplasma der Zelle selbst, eine Degeneration oder zum mindesten eine Dekonstitution notwendig ist, wie dies neuestens Arzt mit Rücksicht

auf die manchmal fehlende Cholesterinämie glaubt annehmen zu müssen,
scheint noch weiterer Prüfung bedürftig; namentlich mit Rücksicht auf die
jüngsten Arbeiten ERICH SCHMIDTs, deren Ergebnis in der Pathogenese noch
näher zu berücksichtigen ist. Ob die Xanthomatosis eine Erkrankung des
reticulo-endothelialen Systems darstellt, ob dieses im Sinne LANDAUs als intermediärer Apparat des Cholesterinstoffwechsels betrachtet werden darf, „dessen
Zellen die Eigenschaft besitzen, Fettsubstanzen aufzuspeichern und auch selber
zu verarbeiten" — womit naturgemäß die ganze Frage einer sehr einfachen
Lösung zugeführt wäre —, ist noch nicht restlos entschieden.

Die Ergebnisse der verschiedenen mikroskopischen und mikrochemischen
Fettuntersuchungsmethoden seien hier kurz zusammengestellt. Am un-

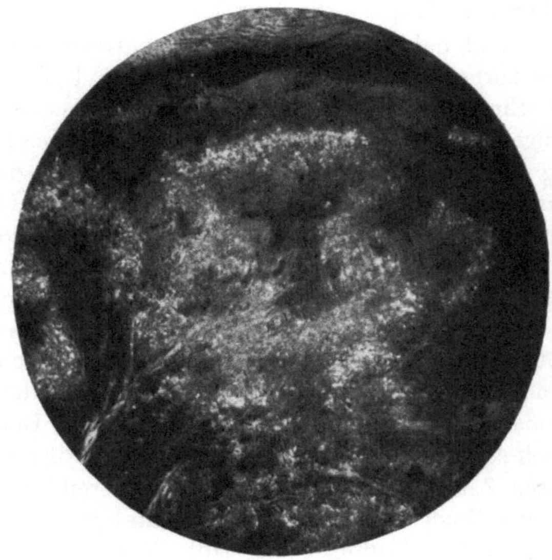

Abb. 47. Der gleiche Fall wie Abb. 46. Aufnahme im Polarisationsmikroskop. Fleck- und strangförmige (besonders links unten) Einlagerung der doppelbrechenden Massen. O = 35 : 1, R = 35 : 1.

gefärbten Präparat kann man bei starker Vergrößerung und genügender Ab-
blendung erkennen, daß die in die Wabenmuster eingelagerten und auch die in
den „Fetthöhlen" liegenden Massen aus feinen, zu Gruppen aneinandergelagerten
Nadeln bestehen, die im Polarisationsmikroskop deutlich anisotrop sind und
meist in Drusenform auftreten; durch längeres Erwärmen und Abkühlen lassen
sie sich leicht in Tropfen mit deutlichem Achsenkreuz überführen. TOUTON
hat diese Kristallnadeln bereits gesehen, konnte aber nach Lage der Dinge
damals über ihre Natur nichts Näheres aussagen.

Mit Sudan III ist das subcutane Fettgewebe typisch gelbrot; die Zellen der
xanthomatösen Schicht nehmen jedoch die Farbe nur zum Teil, und zwar in
einem fleckigen Braunrot an; ähnlich geringe Unterschiede bietet Scharlachrot:
subcutanes Fett leuchtend hellrot, der veränderte Bezirk dunkelbraunrot bis
schmutzigbraun. Mit Nilblausulfat ist das Fettgewebe leuchtend hellrot bis
rosa, der Xanthomherd dunkelgrün bis blau. Bei Behandlung mit Osmiumsäure
ist das subcutane Fett schwarz, die Zellen der xanthomatösen Schicht grau.

Die vorstehende, zusammenfassende Darstellung kann naturgemäß nur eine rein übersichtgebende sein. Sie kann daher auf eine ganze Reihe von Abweichungen, wie sie der eine oder andere Fall geboten hat, um so weniger eingehen, als bei der Bewertung derartiger Unterschiede auch der Zeitpunkt der Untersuchung eine Rolle spielen muß. Betont sei lediglich — besonders mit Rücksicht auf den von Arzt als Xanthoma areolare multiplex bezeichneten Fall —, daß die Größe der Veränderungen in weiten Grenzen schwanken kann. Von fast als lokalisiert zu betrachtenden, namentlich auf die Streckseiten der Extremitäten, vor allem Ellbogen und Knie, beschränkten Formen, gibt es klinisch alle Übergänge bis zu jenen nicht mehr lediglich eine reine Haut, sondern eine allgemeine Erkrankung darstellenden Fällen. Diese Übergänge zeigen sich nicht nur im klinischen, sondern auch im histologischen Bilde, das im großen ganzen meist genau die Histogenese erkennen läßt, wie sie oben allgemein geschildert wurde.

Die mit dem Auftreten der Rückbildungserscheinungen in derartig ausgedehnten Fällen einsetzenden entzündlichen Vorgänge — Infiltration mit Plasmazellen und Lymphocyten — führen zu einem Schwund des cutanen und subcutanen Gewebes und damit schließlich zur Hautatrophie. Sie ist als sekundäre Folgeerscheinung ohne weiteres verständlich. Dieses von dem gewöhnlichen abweichende Verhalten fällt daher doch nicht aus dem Rahmen des Ganzen heraus. —

Gegenüber diesen Formen der Xanthomatosis hat man bisher geglaubt, den juvenilen Xanthomen und denjenigen der Augenlider eine Sonderstellung einräumen zu müssen. Es schienen dafür klinische wie auch histologische Gründe maßgebend, von denen ich die ersteren nur kurz streifen, die letzteren jedoch etwas näher erörtern muß. Betrachten wir zunächst das

Xanthoma palpebrarum.

Es ist vor allem das isolierte und im Gegensatz zur allgemeinen Xanthomatosis so häufig erst im späteren Alter beginnende Auftreten nur in der Augengegend, was eine Abtrennung begründet erscheinen ließ. Zu diesen klinischen treten aber auch histogenetische Unterschiede. Im Gegensatz zur Xanthosis generalisata handelt es sich hier wohl immer um eine bleibende Infiltration, zunächst der Gefäßadventitien, mit doppelbrechender Substanz. In den frühesten Stadien der Veränderung, die klinisch lediglich einer streifenförmigen Gelbfärbung entspricht, sind die größeren Hautgefäße, besonders die Venen, in eine gelblich gefärbte, undurchsichtige Masse eingelagert; dazu treten in fortgeschritteneren Fällen, wo es sich bereits um erhabene Gebilde handelt, strangförmige und konzentrisch geschichtete Anhäufungen dieser doppelbrechenden Massen um die übrigen Gefäße des Papillarkörpers und der Cutis bzw. der Follikel, so daß schließlich eine Gruppe bandartiger, parallel geschichteter Stränge vorhanden ist: ein eigenartiger Aufbau, der mit der besonderen anatomischen Struktur der Augenlider eng zusammenhängt. Der feinere histologische Aufbau der Xanthomzellen in ihnen entspricht dem oben allgemein geschilderten; nur kommen wahre „Riesenzellen" seltener vor und auch die Zahl der „echten" Xanthomzellen ist vielfach außerordentlich gering. Da sich jedoch auch hier alle Übergänge von den einfachen Bindegewebszellen bis zu jenen xanthomatösen Zellformen vorfinden, ist wohl der Schluß berechtigt, daß wir es hier zu tun

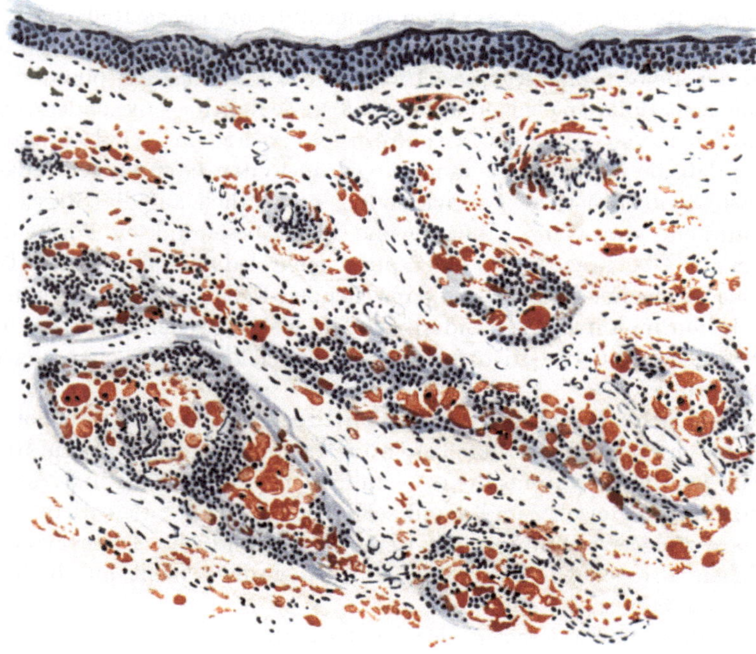

Abb. 48. Xanthoma palpebrarum. Jüngerer Krankheitsherd. Hämatoxylin-Sudan.
O = 40 : 1, R = 40 : 1.

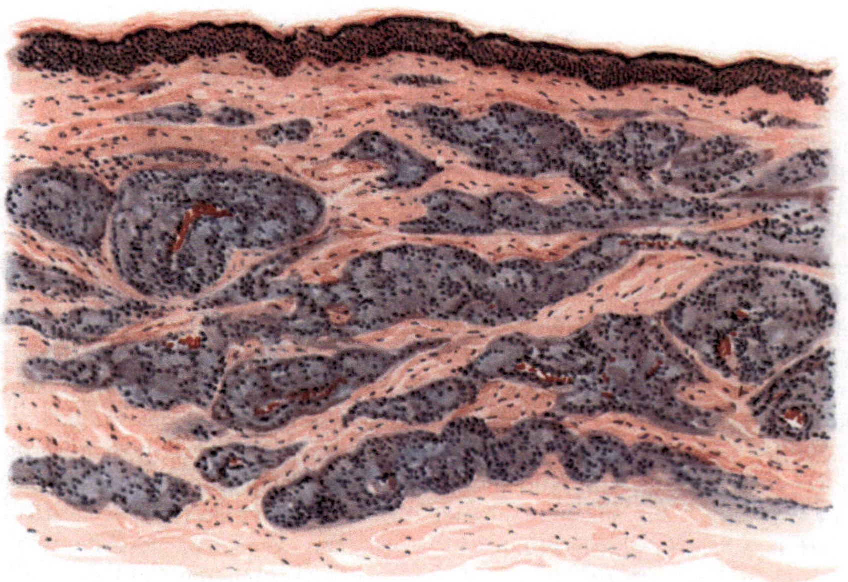

Abb 49. Xanthoma palpebrarum. Älterer Krankheitsherd. Hämatoxylin-Eosin.
O = 77 : 1, R = 77 : 1.

haben mit einem zwar quantitativ viel schwächeren, qualitativ jedoch durchaus gleichen Vorgang. Auf alle Fälle handelt es sich nicht um die Folge degenerativer Prozesse in den Muskelfasern des Orbicularis oculi, denn ähnliche Bilder degenerierender Muskelfasern, wie sie POLLITZER zeichnet, finden sich auch in senilen Augenlidern, die keine Spur einer xanthomatösen Bildung aufweisen. Es dürfte sich also auch hier viel eher um zwei parallel verlaufende, aber im übrigen voneinander völlig unabhängige Vorgänge handeln. Hat demnach die Auffassung, es liege auch hier eine von Bindegewebs- bzw. Endothelzellen ausgehende, auf einer Störung des Cholesterinstoffwechsels beruhende Veränderung vor (SCHMIDT, ARNING und LIPPMANN), viel für sich, so sind doch die näheren Umstände, die gerade an den Augenlidern zu derartigen Prozessen führen, auch in ihren ersten Anfängen noch völlig unklar. Daher erscheint es zweckmäßig, die alte Bezeichnung „Xanthelasma" in ihrer ursprünglichen Bedeutung für das Xanthoma palpebrarum anzuwenden und es als eine klinische Sondergruppe innerhalb der Xanthomatosis aufzuführen.

Ähnliche Verhältnisse dürften auch beim

Xanthoma juvenile

vorliegen, so daß auch dieses als eine Untergruppe der Xanthomatosis betrachtet werden kann. Klinisch mag man als Xanthoma juvenile nach dem Vorschlage von ARZT jene „durch die relative Kleinheit der Tumoren, durch die Dissemination ohne jede Prädilektionsstelle über den ganzen Körper und durch die mehr rötliche oder gelbe, aber fast nie braune Färbung ausgezeichneten Formen betrachten, welche keinen Zusammenhang mit den Sehnen oder ihren Scheiden besitzen, sondern als echte Tumores cutanei in Erscheinung treten". Der Begriff Tumores cutanei wäre dabei allerdings nicht im Sinne eines echten Blastoms aufzufassen. Die zwecks klinischer Trennung von anderen Xanthomen für diese Form von der englischen Xanthomkommission aufgestellte Forderung des Auftretens vor der Pubertät, des Fehlens einer Lebererkrankung und des Vorkommens ähnlicher Erkrankungen bei Geschwistern oder in der Ascendenz, kann insoweit nicht mehr aufrecht erhalten bleiben, als auch bei ihnen eine zielsichere Untersuchung Störungen im Cholesterinstoffwechsel sichergestellt hat, die allerdings auch keimplasmatisch bedingt sein dürften.

Bedenkt man weiterhin, daß die histogenetische Durchforschung derartiger Tumoren, wie dies besonders ARZT zeigen konnte, gelegentlich zwingende Hinweise für eine tatsächliche Blastom- (Fibrom-) Natur ergeben kann, so wird die außerordentliche Schwierigkeit einer zutreffenden Gruppierung und Trennung in der Xanthomfrage ohne weiteres verständlich. Die Natur läßt sich nicht immer in die starren Fesseln jener Klassifikation zwingen, wie sie eine rein morphologische Betrachtungsweise notwendig mit sich bringen muß. Den inneren Zusammenhängen dieser, aber auch aller anderen hier auftauchenden Fragen läßt sich nur von dem umfassenderen Gesichtspunkt einer formal- und kausalgenetischen Betrachtungsweise gerecht werden.

Wie schon oben betont, ist die Entstehung xanthomatöser Bildungen abhängig von dem Auftreten von Cholesterinfettsäureestern (PRINGSHEIM) in Zellen des bindegewebigen und retikulären Systems. Woher stammen diese Cholesterinester und welche Umstände bedingen ihre Ablagerung gerade in diesen Zellen? Versuchen wir zunächst die erste dieser beiden, den Schlüssel für die Pathogenese bildenden Fragen zu beantworten!

Pathogenese: Die Untersuchungen des letzten Jahrzehnts haben gezeigt, daß für die kausale Genese der Xanthomatosis in ganz gleicher Weise wie für die übrigen Xanthomformen eine Störung des allgemeinen Cholesterinstoffwechsels maßgebend ist, und zwar eine Hypercholesterinämie (QUINQUARD 1888, STOERK, PICK und PINKUS 1908), die in ihren letzten Grundursachen sowohl von erworbenen als auch ganz bestimmten ererbten Bedingungen abhängig sein kann (SIEMENS, SCHMIDT). Ob es von dieser Regel Ausnahmen gibt, wie es gelegentlich scheinen könnte, muß die weitere Forschung lehren.

Wie kommt diese Stoffwechselstörung zustande? Die französische Schule mit Chauffard, Laroche und Grigaud führt einen Teil des im Blute kreisenden Cholesterins auf die Nahrung, einen anderen Teil auf ein Übermaß von Bildung in bestimmten Organen zurück. Es wird an gewissen Stellen abgelagert und gelegentlich ins Blut ausgeschüttet. Diese endogene Entstehung des Cholesterins in bestimmten Organen scheint nach Aschoffs und seiner Schüler Arbeiten allerdings wenig wahrscheinlich. Vielmehr stammt danach das Cholesterin des Blutes zum größten Teil aus der täglichen Nahrung; es wird in bestimmten Organen (Nebennieren, Hoden, Ovarien, Fettdepots) lediglich aufgespeichert, aber nicht selbst produziert. Diese Aufspeicherung findet in gesteigertem Maße dann statt, wenn unter gewissen Bedingungen eine „Dichtung" des Leberfilters — wohin normalerweise das aus der Nahrung in den Darm resorbierte Cholesterin durch den Kreislauf unmittelbar gelangt — eintritt, so daß eine Cholesterinanhäufung im Blute stattfindet.

Für die mit einer, wenn auch nur funktionellen Leberstörung einhergehenden Fälle ist daher die Antwort ohne weiteres gegeben. Aber auch dort, wo eine solche zu fehlen scheint, wird es durch die eben erwähnten Beziehungen zu ganz bestimmten Organen bzw. Organsystemen immer wahrscheinlicher, daß die Hypercholesterinämie zustande kommt auf Grund einer Funktionsstörung im innersekretorischen Stoffwechsel bestimmter Drüsen. Störungen der Geschlechtsdrüsenfunktion hat Erich Schmidt neuerdings auch für die Pathogenese des Xanthoma palpebrarum wahrscheinlich gemacht, indem er diese vorwiegend präsenil auftretende Form mit Rückbildungsprozessen in den Hoden bzw. Ovarien und dadurch bedingter Erhöhung des Cholesterinspiegels im Blut in Beziehung bringen konnte. Inwieweit es sich allgemein bei diesen Störungen um eine Beteiligung oder Abhängigkeit vom Sympathicus handeln könnte (Chvostek), bedarf noch weiterer Forschung.

Der Grad dieser Störungen wechselt; er kann manchmal so gering sein, daß sogar eine Rückbildung der einzelnen Tumoren einsetzt, der dann im gegebenen Augenblick eine erneute Ausschwemmung und damit ein vermehrtes Angebot von Cholesterinen folgt, was dann wieder zur Aufspeicherung in jenen zur Aufnahme besonders disponierten Geweben führt.

Worauf beruht nun diese besondere Disposition, die „Cholesterophilie", wie es Siemens bezeichnet hat? Mit der Beantwortung dieser zweiten Frage wäre das ganze Problem gelöst; jedoch sind wir davon noch weit entfernt. Daß außer der allgemeinen Hypercholesterinämie noch lokale Bedingungen eine Rolle spielen müssen, steht außer Zweifel. Einmal hat man, vor allem Unna und nach ihm Lubarsch, für die generalisierte Xanthomatose eine Lymphstauung als wesentlichstes Moment angeführt, die das Auftreten der Xanthomherde namentlich an den stärkerem Druck ausgesetzten Körperstellen erklären sollte. Mag dieser Gesichtspunkt auch für manche Formen eine gewisse Rolle spielen, so ist er doch ganz allgemein sicherlich nicht maßgebend. Auch die Annahme E. Schmidts, daß die Dysfunktion jener zur Hypercholesterinämie führenden Drüsen gleichzeitig die Disposition gewisser Zellen der Haut zur Cholesterinspeicherung schafft — im Sinne Jadassohns also eine Stoffwechselstörung die Reaktionsfähigkeit der Haut so verändert, daß diese Störung in ihr manifest wird — die Cholesterophilie also auch eine Folge innersekretorischer Störung sei, ist doch noch recht hypothetischer Natur.

Zu erörtern wäre schließlich noch die Frage: Welcher Vorgang liegt dem Auftreten des Cholesterins in den Zellen zugrunde? Daß primär eine Degeneration der Zellen vorhanden wäre, die sie dann gewissermaßen wehrlos dem Eindringen des Cholesterins aussetzt, ist äußerst unwahrscheinlich. Auf die Gegengründe wurde bereits früher hingewiesen. Aus dem dort Gesagten scheint vielmehr der Schluß berechtigt, daß wir es primär mit einem rein infiltrativen Vorgang zu tun haben, der zunächst und auf eine gewisse Zeit das Eigenleben der Zelle nicht nennenswert zu stören vermag. Daß das Zelleben aber doch schließlich erlischt, daß sie gewissermaßen in ihrem eigenen Cholesterinfett erstickt, ist ohne weiteres einleuchtend. Ob und inwieweit auch dekonstitutionelle Momente im Zellprotoplasma für das Auftreten des Cholesterins eine Rolle spielen, ist noch unentschieden. Nach Lage der Dinge kann es jedoch keinem Zweifel unterliegen, daß die Xanthomatosis keine Hauterkrankung in engerem Sinne darstellt, sondern daß sie mit irgend einer Allgemeinerkrankung in Verbindung steht.

Grundsätzlich scheint es sich dabei, wie dies besonders Anitschkow wahrscheinlich gemacht hat, um eine Systemerkrankung zu handeln. Dem von

ASCHOFF aufgestellten System der reticulo-endothelialen Zellen kommt dabei sicherlich eine Bedeutung zu. Ob allerdings dieses System im Sinne LANDANS als intermediärer Apparat des Cholesterinstoffwechsels zu betrachten ist, seine Zellen also im besonderen Maße die Eigenschaft haben, Fettsubstanzen aufzuspeichern und auch zu verarbeiten, bedarf noch weiterer Prüfung.

Calcinosis der Haut.

Für das Auftreten pathologischer Verkalkungsvorgänge im Gewebe sind mehrere Möglichkeiten bekannt, die sich durch ihre Pathogenese unterscheiden und daher auch eine gesonderte Besprechung verlangen. Zweckmäßigerweise trennt man dabei jene Formen allgemeiner multipler Verkalkung, die mit Störungen im Kalkstoffwechsel, mit einer Kalküberladung des Blutes einhergehen von anderen, lediglich durch rein örtlich bedingte Ursachen entstehenden und ohne Steigerung des Blutcalciumgehaltes einhergehenden ab. Die ersteren wären, in Anlehnung an die Xanthomatosis unter Verwertung der dort gegebenen Gesichtspunkte als Calcinosis universalis, die letzteren folgerichtig als Calcinosis localis zu bezeichnen. Das Wort Calcinosis soll dabei lediglich die Tatsache multipler Verkalkungsherde im Organismus bei gleichzeitig gesteigertem Kalkgehalt des Blutes infolge einer Störung im Ca-Stoffwechsel betonen, während die lokale Calcinose rein örtliche, ohne solche einhergehende Prozesse bezeichnen möge. Beruht diese Steigerung des Kalkgehaltes auf einem vermehrten Angebot von Kalksalzen infolge von Abbauvorgängen in der Skelettmuskulatur, mit denen fast ohne Ausnahme eine Nierenerkrankung verbunden ist (M. B. SCHMIDT), so kommt die seit VIRCHOW als Kalkmetastase bezeichnete Form der Calcinosis zustande, für die der Name Calcinosis universalis metastatica vorgeschlagen wird; liegt jedoch keine Skeletterkrankung vor und müssen wir eine in ihren inneren Ursachen allerdings noch völlig ungeklärte, vielleicht konstitutionelle (MARCHAND, VERSÉ) Störung im Kalkhaushalt des Organismus annehmen, so hätten wir sie sinngemäß als Calcinosis universalis metabolica zu bezeichnen. Demgegenüber ist die Fähigkeit umschriebener Gewebsbezirke, aus dem Blut Kalksalze aufzunehmen — die Calcinosis localis — an bestimmte dystrophische Störungen dieser Gewebe gebunden, welchen nekrotische und nekrobiotische Vorgänge oder lokale Stoffwechselstörungen zugrunde liegen. Daher hat man diese Form der Verkalkung auch als dystrophische bezeichnet; dieser Form steht jene gegenüber, wo ganz allgemein infolge einer Veränderung des Kalkstoffwechsels eine Abscheidung der Kalksalze in gewisse, anscheinend besonders disponierte Gewebe stattfindet, also eine Ähnlichkeit mit den Uratabscheidungen bei der echten Gicht besteht. Diese hat man als Kalkgicht bezeichnet (M. B. SCHMIDT).

Calcinosis universalis metastatica.

Über Hauterscheinungen bei dieser Veränderung liegen bisher erst wenige sichere Beobachtungen vor, vor allem von JADASSOHN und KERL. Klinisch handelte es sich dabei im ersteren Falle um im Anschluß an eine Osteomyelitis der Beckenknochen aufgetretene, ganz symmetrisch auf die Schultern, Ellbogen, Oberschenkel und Knie beschränkte, im wesentlichen cutan gelegene, erbsen- bis kleinhandtellergroße Platten, die in einem striaeartigen Netzwerk weißgelber Streifen und Flecke die normalfarbene Haut leicht überragten. Abgesehen von einer Erweiterung der Follikel verlief der Prozeß im allgemeinen ohne bedeutendere Entzündungserscheinungen, die nur dort gelegentlich stärker wurden, wo der Kalk die Epidermis durchbrach. KERL beobachtete im Verlauf einer zum Tode führenden lymphatischen Leukämie am Stamm und an den Extremitäten zahlreiche, scharf abgegrenzte, halbkugelig vorgewölbte erbsen- bis haselnußgroße Knoten, die mit wechselnd starken Entzündungserscheinungen zum Teil zentral aufgebrochen waren und hier erbsengroße, knochenharte Einlagerungen zeigten. Daneben bestanden zahlreiche, verschieden große, blaurote Tumoren, die ebenfalls auf scheinbar unveränderter Haut aufsaßen und schließlich noch Narben, die augenscheinlich als Folge der Ulcerationen anzusehen waren.

Histologisch fand JADASSOHN Massen von kohlen- und phosphorsaurem Kalk in Form stecknadelkopf- bis linsengroßer, unregelmäßiger, teils zusammenhängender, rundlicher bis ovaler flacher Herde, die von der unteren Grenze des Papillarkörpers bis in die mittlere Cutis reichten. Die darüber hinwegziehende Epidermis zeigte ein wechselnd starkes, meist intracelluläres Ödem, war ebenso wie der Papillarkörper, reichlich pigmentiert, im übrigen aber unverändert; nur dort, wo die Kalkmassen andrängten, waren die Leisten verstrichen, die Epidermis verdünnt und schließlich sogar eingerissen. Dabei traten meist stärkere reaktive Erscheinungen im Gewebe auf, vor allem Leukocyten und Plasmazellen. Dicke, krustöse, aus Leukocyten und den Resten parakeratotischer Massen, Kalkbröckeln und Staphylokokkenhaufen aufgebaute Decken überzogen die Einrisse, in deren nächster Nähe das Epithel vielfach parakeratotisch und das Stratum spinosum mäßig gewuchert erschien: Veränderungen, die wohl erst sekundär entstanden, mit dem eigentlichen Verkalkungsprozeß nichts zu tun hatten. Der Papillarkörper war entsprechend den eingelagerten Massen mehr oder weniger stark verstrichen; das Bindegewebe der Cutis auseinandergedrängt und langgestreckt, die Blut- und Lymphgefäße der Umgebung erweitert, desgleichen die Lymphspalten; das Gewebe war deutlich ödematös und im Bereich der älteren Kalkherde kernreicher. Es handelte sich dabei einmal um fixe Bindegewebszellen, dann um große Mononucleäre mit stark gefärbtem Kern und vor allem um Zellen mit großem blassen Kern, die mit ihrer feinen fibrillären Zwischensubstanz das Bindegewebe ersetzt hatten. Leukocyten traten nur in der Umgebung der Einrisse auf. Riesenzellen fehlten völlig.

Hier und da fanden sich auch größere Hohlräume in der Cutis, die mit Kalk und Resten elastischer Fasern angefüllt sind.

Die Kalkmassen selbst waren sehr unregelmäßig geformt, von staubartigen und etwas größeren Körnchen bis zu großen, krystallinischen, unförmigen Platten und Brocken, in denen vielfach Bruchstücke elastischer Fasern zu erkennen waren, deren allmähliche Kalkimprägnation, Quellung und Fragmentierung in allen einzelnen Stadien sich ebenso deutlich verfolgen ließ, wie beim kollagenen Gewebe.

Die Haut zeigte im übrigen, abgesehen von einer einfachen Wucheratrophie und einzelnen Staphylokokkenabscessen im Unterhautzellgewebe — Veränderungen, die auf die primäre Erkrankung zurückzuführen waren —, keine Besonderheiten.

Calcinosis metabolica.

Die zweite Form universeller Verkalkung, die Calcinosis metabolica, ist häufiger (im ganzen etwa 7 mal, in Deutschland zuerst von WILDBOLZ und LEWANDOWSKY) beobachtet worden, und zwar öfter im jugendlichen Alter, vielfach in Zusammenhang mit unklaren akuten oder subakuten, vor allem rheumatoiden Erkrankungen. Die aus kohlen- und phosphorsaurem Kalk bestehenden Ablagerungen treten vorzugsweise an den Extremitäten, und zwar multipel, mit einer gewissen Vorliebe für die Gelenknähe auf. Charakteristisch für das Leiden sind die Remissionen; Zeitabschnitte stärkerer Knotenentwicklung, Durchbruch in Form von Abscessen, wechseln ab mit dem Zurückgehen und erneutem Fortschreiten, das gewöhnlich in Schüben erfolgt, schließlich zu erheblicher Einschränkung der Beweglichkeit mit typischer Haltung (v. GAZA) und endlich oft nach Bildung förmlicher Kalkpanzer meist durch eine interkurrente Erkrankung zum Tode führt. Daneben wurden auch sklerodermieartige (THIBIERGE und WEISSENBACH) sowie RAYNAUDs Krankheit ähnliche Hautveränderungen (LEWANDOWSKY) beschrieben.

Der Prozeß spielt sich vor allem im Bindegewebe der Haut, der Sehnen oder der den Sehnen zunächst liegenden Muskeln ab. Bei Einlagerungen in die Haut ist diese fest mit der Unterlage verwachsen, nur schwer in Falten abzuheben; sie läßt bisweilen leicht schuppende, blaß bis blaurote Flecke und atrophische Hautstellen erkennen.

Manchmal kommt es zum Durchbruch der Kalkmassen nach außen, zu Fistelbildungen und Geschwüren, ähnlich wie oben. Bei ausgedehnter Verkalkung der Haut können sich größere Hautpartien infolge der Brüchigkeit des erstarrten Gewebes loslösen (VERSÉ).

Untersucht man jüngste Stadien derartiger Verkalkungen, die nur in Form feinster Streifen sichtbar sind, im frischen Zupfpräparat, so sieht man den Kalk in Form feinster glänzender Kügelchen und Körnchen den zarten Fibrillen des Bindegewebes außen angelagert. In vorgeschritteneren Fällen ist er zu größeren Spießen zusammengeschmolzen, die schließlich zu korallenförmigen Gebilden auswachsen. In den noch festeren, deutlich faserigen, verfilzten Massen, die MARCHAND treffend mit Asbest verglichen hat, erscheinen die verkalkten, brüchigen Bindegewebsbündel bei durchfallendem Licht stark lichtbrechend dunkel, bei auffallendem glänzend weiß.

Im Schnittpräparat finden sich die Kalkmassen teils in großen cystischen Hohlräumen, teils als krystallinische Körnchen versprengt, aber ausschließlich im subcutanen Bindegewebe. Sie lassen jedoch zwischen sich nichts mehr von der ursprünglichen Gewebsstruktur erkennen; nur die vielfach gebrochenen elastischen Fasern treten hier und da in der feinkrümeligen Zwischensubstanz als starre, mit Kalk inkrustierte Fasern sehr deutlich hervor. Die Kalkmassen liegen gewöhnlich in einem homogenen, kernarmen Bindegewebe; sie sind nur in seltenen Fällen von einer stärkeren Reaktionszone umgeben, die je nach Art und Dauer des Prozesses verschieden aufgebaut ist. Einmal finden sich nur einfache Rundzelleninfiltrate, ein andermal reichlich polynucleäre Leukocyten; vielfach kommt es auch zur Bildung eines richtigen Granulationsgewebes aus gewucherten fixen Bindegewebszellen, Epitheloiden, Lympho- und Leukocyten, Plasma- und Riesenzellen mit manchmal ganz außerordentlichem Kernreichtum. Sie werden allgemein als Fremdkörperriesenzellen aufgefaßt, denen phagocytäre Eigenschaften zukommen müssen, da in ihrem Innern häufig Kalkkörner zu finden sind. Vielfach kommt es in den langsamer und gutartig verlaufenden Fällen in der Umgebung der Kalkherde zur Bildung ausgesprochen bindegewebiger Kapseln, die aus kollagenem Gewebe, zahlreichen Gefäßen und starken Rundzelleninfiltraten aufgebaut sind. Im übrigen weisen Haut- und Unterhautgewebe in der Umgebung der Kalkherde keinerlei besondere Veränderung auf.

Gegenüber diesen beiden Arten der Verkalkung ist die dritte, wenn auch häufigere, von mir als

Calcinosis localis

bezeichnete Form von geringerem Interesse. Bei ihr handelt es sich nämlich
nicht um eine Allgemeinerkrankung, sondern um ein durch rein örtliche Veränderungen bedingtes Auftreten von Kalkablagerungen in der Epidermis oder
der Cutis oder auch in beiden, entweder in pathologisch verändertem Gewebe
oder aber in dessen unmittelbaren Nähe.

Meist erfolgt diese Art der Verkalkung in Tumoren, namentlich Epitheliomen (PERTHES,
LINSER, DÖSSEKER), Atheromen, Dermoidcysten, chronisch entzündlichem Granulationsgewebe, z. B. Tuberkulose (KRAUS, LÖWENBACH), in durch Zirkulationsstörungen der
Blut- und Lymphbahn oder sonstwie dystrophisch verändertem Gewebe (Pseudoxanthoma
elasticum: FRIEDMANN). Die Kalkmassen treten dabei vereinzelt oder auch in mehreren

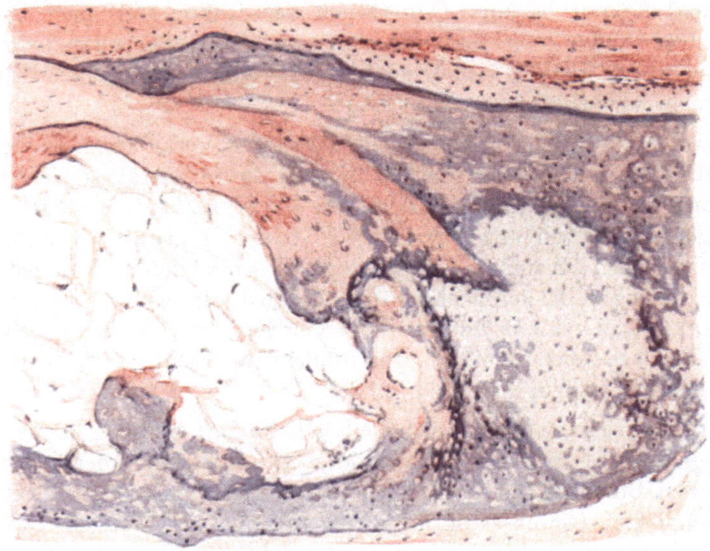

Abb. 50. Verkalkung und Verknöcherung in der Subcutis, ausgehend von einer
Fettgewebsnekrose. Hämatoxylin-Eosin. O = 77 : 1, R = 77 : 1. (Sammlung E. FRAENKEL.)

Herden, einzelstehend oder diffus auf. Die Haut über ihnen kann, ähnlich wie wir das
bei den anderen Formen gesehen haben, sekundäre Veränderungen wie Schuppung, Rötung,
Krusten und Geschwürsbildung erleiden.

Die histologischen Veränderungen entsprechen im großen ganzen den
oben geschilderten; es lassen sich daher aus ihnen irgendwelche Rückschlüsse
auf die Pathogenese im allgemeinen nicht ziehen. Der Kalk findet sich auch
hier in einem mehr oder weniger zellig durchsetzten Bindegewebe, von Schollen
und Klumpen herab bis zu den feinsten granulären Einlagerungen, sowohl
als auch in Form verbreiteter, unregelmäßig starrer Fasern innerhalb des oft
hyalin veränderten Bindegewebes. Auch hier läßt sich jene Vorliebe des Kalkes
für die elastischen Fasern erkennen, die wir gelegentlich auch in anscheinend
ganz normaler Haut sehen. Sie sind vielfach im Innern eines solchen Kalkbandes
noch gut erhalten und färberisch nachweisbar, während sich außen schubweise
Kalk angelagert hat. Gelegentlich finden sich auch tafelförmige Kalkkonkre-
mente herdförmig im Bindegewebe ohne irgend eine Reaktion, wenn auch
meist mit starker Sklerosierung des letzteren einhergehend (KERL).

Der chemische Aufbau der Kalkmassen ist verhältnismäßig einfach. Es handelt sich in erster Linie um kohlen- und phosphorsauren Kalk, gelegentlich mit Spuren von Magnesiaverbindungen. Im Gegensatz zu den Gichttophi findet sich in den diesen klinisch außerordentlich ähnlichen Gebilden nicht der geringste Anhalt für die Gegenwart von Harnsäureverbindungen (WILDBOLZ). Der von MOREL-LAVALLÉE erhobene Befund von schwefelsaurem Kalk neben kohlen- und phosphorsaurem, scheint noch weiterer Bestätigung bedürftig.

Differentialdiagnostische Schwierigkeiten bestehen eigentlich kaum, wenn man nur an die Möglichkeit eines Verkalkungsprozesses denkt. Es kann jedoch, wie das der WILDBOLZsche Fall zeigt, die Trennung von der Gicht gelegentlich Schwierigkeiten machen, zumal im histologischen Bilde der der Haut und Unterhaut eingelagerten Tophi eine außerordentliche Ähnlichkeit bestehen kann. Hier wie dort liegen in den frühesten Stadien die abgelagerten Konkremente in fast vollkommen reaktionslosem Gewebe, erst später kommt es bei beiden Erkrankungen zu jenen reaktiven Gewebsveränderungen, wie sie oben dargestellt wurden. Auch in den Gichtknoten fand WILDBOLZ, gerade wie bei der Calcinosis, Krystallablagerung in mit Endothel ausgekleideten Hohlräumen (Lymphgefäße). Während aber bei der echten Gicht die in den Geweben gebildeten Knoten fast ausschließlich aus harnsauren Salzen aufgebaut sind, bestehen sie hier fast nur aus kohlen- und phosphorsaurem Kalk. Die Bedeutung sklerodermieartiger Prozesse bei der Calcinosis univ. metabolica zwecks deren Trennung von der Myositis ossificans hat KERL neuerdings wieder besonders betont.

Die **Pathogenese** der Calcinosen ist recht verwickelt, da die auslösende Ursache ganz verschiedenartiger Natur sein kann. Zur Entstehung einer jeden Verkalkung sind zwei Vorbedingungen zu erfüllen, erstens muß das Blut eine gewisse Menge von Kalksalzen enthalten, die es an das verkalkende Gewebe abgeben kann und zweitens muß dieses kalkaufnehmende Gewebe eine erhöhte „Kalkgier" haben, um die Kalksalze aus dem Blutstrome an sich zu reißen und fest zu halten. Klinisch lassen sich im allgemeinen zwei Gruppen aufstellen, je nachdem wir es mehr mit einer Störung im Gesamtorganismus oder mit in erster Linie bzw. lediglich örtlichen Veränderungen zu tun haben, wobei jedoch zu beachten ist, daß eine sichere Trennung nicht immer durchführbar sein dürfte. Die eine Gruppe ist gekennzeichnet durch eine Steigerung des Kalkgehaltes des Blutes. Je nachdem ob dieser mit einer Störung am Skelettsystem — sei sie unmittelbar, infolge Knochensubstanz zerstörender Krankheitsprozesse oder mittelbar, bei Leukämie und Knochenmarkserkrankungen, wo eine Alteration im Kalkgehalt des Skeletts angenommen werden darf — einhergeht oder auf einer reinen Stoffwechselstörung ohne Beteiligung des Skelettsystems beruht, unterscheiden hier die Calcinosis universalis metastatica von der Calcinosis universalis metabolica, bei der rheumatoide Erkrankungen für Lokalisation und Auslösung von bestimmendem Einfluß zu sein scheinen (KERL).

Der gesteigerte Kalkgehalt des Blutes für sich allein führt jedoch noch nicht ohne weiteres zum Auftreten von Kalkablagerungen im Gewebe; dazu bedarf es noch der „Kalkgier" desselben. Es hat sich außerdem gezeigt, daß die Kalkabgabe gebunden ist an die Säureverhältnisse des betreffenden Organs, so daß die Lunge (CO_2) und der Magen (HCl) vielfach bevorzugt werden. Daneben dürften auch Änderungen im Chemismus der Zellen selbst von ursächlicher Bedeutung sein. Kalkgierig sind im übrigen ganz bestimmte Substanzen mit herabgesetzter Vitalität, die unter besonderen Umständen vielfach im menschlichen Organismus vorkommen: nekrotische, seien es tuberkulös verkäste oder abgestorbene Geschwulstmassen, Atherome oder ähnliche Bildungen oder gar dystrophische Prozesse im Fettgewebe (KUZNITZKY und MELCHIOR). Diese Form der Verkalkung, die wir als rein örtliche oder Pseudocalcinosis jenen gegenübergestellt haben, wird nach ASCHOFF wesentlich gefördert durch die Anwesenheit ganz bestimmter Eiweißkörper, vor allem Fibrin und Casein sowie das dem ersteren nahestehende Hyalin und Kolloid: Stoffe, die ebenfalls eine starke Affinität zu den Kalksalzen haben. Dieselbe Eigenschaft muß man auch den elastischen Fasern zusprechen, da sie an fast allen Verkalkungsvorgängen am frühesten teilnehmen. Neuere Forschungen scheinen im übrigen darauf hinzuweisen, daß es sich dabei nicht sowohl um chemische als vielmehr um rein physikalische Vorgänge handeln kann, die die veränderten Substanzen zu sog. „Kalkfängern" machen.

Wir sind jedoch gezwungen, eine derartige, sei sie auch wie immer geartete örtliche Disposition auch für die Kalkbildung bei jenen mit einer Steigerung des Kalkgehaltes im Blute einhergehenden Veränderungen anzunehmen. Für die Calcinosis metastatica kann die Vorstellung: Kalkabgabe vom Knochen, Kalkaufnahme ins Blut, Abgabe an das in seiner Vitalität gestörte Gewebe unserem Kausalitätsbedürfnis genügen. Unklarer liegen jedoch die Dinge für die sog. Calcinosis metabolica. Ob hier, namentlich für die jugendliche Form, ganz allgemein eine kongenital bedingte, herabgesetzte Vitalität des Bindegewebes eine Rolle spielt (MARCHAND, VERSÉ) ist noch unentschieden. Auch die Frage nach der Ursache der abnormen Vorgänge im Kalkstoffwechsel, die zu einer Erhöhung des Kalkgehaltes im Blute führen, ist noch nicht beantwortet. Ob es sich um eine erhöhte Resorption vom Darm aus und veränderte Ausscheidung, also Retentionsvorgänge, oder eine Veränderung des kolloidalen Systems im Blute mit anschließender Erkrankung des die Ablagerung umgebenden Gewebes oder gar um eine auf vasomotorischen oder innersekretorischen Störungen beruhende Erkrankung des Gewebes mit nachfolgender Ausfällung von Kalksalzen handelt, sind hypothetische Annahmen, von denen die eine ebensowenig bewiesen ist wie die andere.

Die Knochenbildung in der Haut.

Die Knochenbildung in der Haut steht mit der Verkalkung in engem ursächlichem Zusammenhang. Heteroplastische Neubildung echten Knochengewebes in den verschiedensten Organen des Körpers, verkalkten Lymphomen, Tonsillen, Herzklappen, Arterienwänden, Strumen ist verhältnismäßig häufig; selten ist sie hingegen — wie schon VIRCHOW (Geschwülste) hervorhebt — in der Haut. In allen diesen Fällen entsteht geflechtartiger, lamellöser Knochen mit Markräumen. Nach ihrer Genese kann man diese Knochenbildungen in der Haut, die nach unserer heutigen Anschauung alle an vorhergehende Verkalkungen gebunden sind, in verschiedene Gruppen einordnen, die sich voneinander scharf unterscheiden als heteroplastischer und metaplastischer Natur. Sie kommen in jedem Alter vor, wurden auch angeboren gefunden, sowie nach Entzündungen, in Narben, bei nekrotischen Prozessen (besonders Fettgewebsnekrosen). Ferner geht ein großer Teil der Knochenbildung auch von verkalkten Hautgeschwülsten aus (Atherome, Epidermoide, Epitheliome), daneben sind auch wenige Fälle bekannt geworden, wo eine Ursache für die Knochenentwicklung nicht festgestellt werden konnte.

In einem von STRASSBERG beschriebenen Falle von Knochenbildung im Gewebe einer Laparotomienarbe handelte es sich um spongiöse Knochenbälkchen aus zentral geflechtartigem, peripher lamellösem Knochengewebe, mit teils bindegewebigem oder lymphoidem, teils ausgebildetem Fettmark. Die Bälkchen waren öfters mit dichten Osteoblastensäumen besetzt, denen an anderen Stellen ebenso zahlreiche Osteoklastenreihen entsprachen. Daneben fand sich auch Knorpelgewebe, das durch enchondrale Ossifikation in Knochen übergeführt wurde. STRASSBERG erscheint eine Genese aus Narbengewebe als die wahrscheinlichste. Gleiches sah wohl HARRIS. Ähnliche Beobachtungen berichten ASKANAZY und CONDITT. Auch in der varicösen Haut der Unterschenkel wurde Knochenbildung beobachtet. Es handelte sich um ein spongiöses Knochenstück, das in der Schicht der Varices lag und größtenteils lamellär gebaut war. Im Muskelgewebe fanden sich außerordentlich viel Blutpigment, fixe Bindegewebszellen und Phagocyten.

Grundsätzlich anders zu bewerten sind jene Hautosteome, auf die als erster wohl CHIARI, dann jüngstens wieder E. FRAENKEL als Beispiele meta-

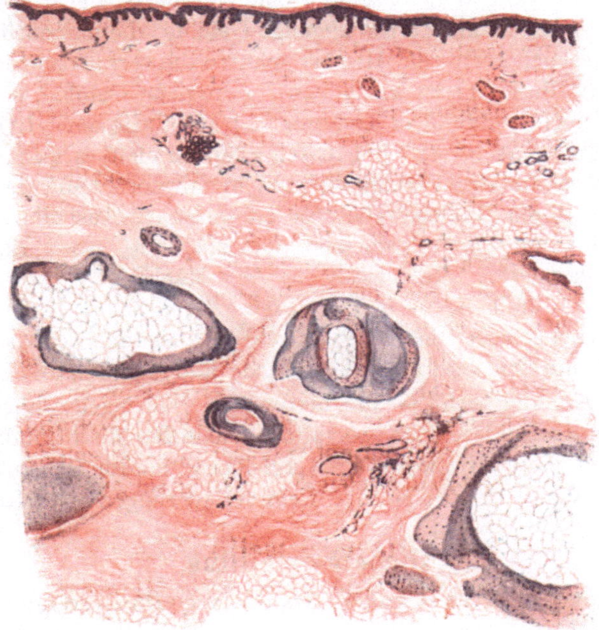

Abb. 51. Knochenspangen an der Grenze von Cutis und Subcutis. In der Mitte Arterie mit Mediaverkalkung. Lumen durch Endostitis obliterans verengt. Hämatoxylin-Eosin. O = 22 : 1, R = 17,5 : 1. (Sammlung E. FRAENKEL.)

plastischer Knochenbildung hingewiesen haben. Es fand sich dabei eine Verkalkung und darauffolgende Verknöcherung im subcutanen Fettgewebe in der Haut der Vorderseite der Tibia bei alten Leuten. Das Ganze ließ sich auf chronische Veränderungen in der Wandung der arteriellen Gefäße der Subcutis (Sklerose, Verengerung), sowie dadurch bedingte Ernährungsstörungen in einzelnen Teilen des Fettgewebes zurückführen. Im Falle FRAENKELS fand sich der Knochen in Form runder Platten am Übergang der Cutis in die Subcutis, die einzelnen Fetträubchen spangenartig umfassend. An der äußeren Schicht mancher dieser Knochenbälkchen fand er an Zellen der Cambiumschicht des Periosts erinnernde Zellen. Das Knochengewebe bot nicht überall lamellären Bau und ließ neben typisch gelagerten Knochenkörperchen Streifen zellfreier kalkiger Grundsubstanz erkennen. Nirgends fanden sich HAVERSsche und nur ganz vereinzelt VOLKMANNsche Kanäle.

Es fanden sich Herde nekrotischer Fetträubchen, an deren Rand sich kalkige Infiltration, ferner alle Übergänge zu kalkhaltigem, hyalinem Knorpel und zu fertigem Knochen feststellen ließen, letzterer vielfach mit osteoiden Säumen. Als für die Pathogenese wichtig sei das Auftreten von Kalkringen in der Media kleinster Gefäße erwähnt, deren Lumen durch eine gewaltige Intimaverdickung erheblich eingeengt war.

Ob es sich bei dieser Knochenbildung allerdings nicht doch letzten Endes um echte neoplastische Entstehung handelt, ließ FRAENKEL unentschieden.

Demgegenüber sind Knochenbildungen in verkalkten Geschwülsten ein häufiges Ereignis; insbesondere finden sie sich in verkalkten einfachen Dermoidcysten der Haut als wechselnd große, steinharte, in Cutis oder Subcutis gelegene, glatte oder feinhöckerige kugelige Gebilde, die namentlich an Stellen fötaler Spaltbildungen auftreten. Hierher gehören die verknöcherten Retentionscysten der Hautfollikel, meist kleine, aber zahlreiche Gebilde, sowie das Vorkommen von Knochenbildung in Tumoren der Haut (Lipome, Lymphangiome, Plattenepithelcarcinome u. a.). Bei diesen allen handelt es sich um primären Gewebstod mit sekundärer Verkalkung und hieran anschließender heterotoper Knochenbildung durch Bindegewebe. Sie ist meist als Ausheilungsprodukt zu betrachten und kommt im allgemeinen dort zustande, wo verkalkte Massen genügend vascularisiertes Bindegewebe reizen. Nach der Zerstörung der verkalkten Substanz durch eigens hierzu differenzierte Zellen bildet sich an Ort und Stelle Knochengewebe, das im Bindegewebe ausnahmsweise sogar auf dem Wege der enchondralen Ossifikation zustande kommt (STRAHSBERG).

Eine Sonderstellung nehmen die herdweisen Bildungen wahren Knochens in der Regio temporo-parietalis und occipitalis und in den Mischtumoren (VÖRNER) ein. Die ersteren glaubt KOCH nur auf vergleichend anatomischem Wege klären zu können, bei den letzteren spielen Keimverlagerungen eine Rolle.

Beim

Diabetes mellitus

kann man hauptsächlich zwei große Gruppen von Hautveränderungen unterscheiden; einmal die spezifisch diabetischen Dermatosen (Bronzediabetes, Xanthoma diabeticum) und zum anderen Komplikationen von seiten der äußeren Haut, bei denen die Zuckerkrankheit lediglich für die Entstehung begünstigend wirkt (Pruritus, Prurigo, Ekzem, Furunkel, Gangrän).

Ferner wurde von KOCH bei einer Reihe von kindlichen Diabetesfällen ein **Exanthem** beobachtet, das aus mehr oder weniger runden, stecknadelkopf- bis bohnengroßen, blaulividen Flecken bestand, die gelegentlich in ihrer Mitte ein rotes Pünktchen trugen und dadurch eine gewisse Ähnlichkeit mit den Tâches bleues hatten. Es handelte sich dabei um Kinder, die meist bald darauf im diabetischen Koma zugrunde gingen. Blieben die Kinder noch längere Zeit am Leben, so blaßte das Exanthem in einigen Tagen völlig ab.

Die histologischen Veränderungen waren außerordentlich gering. Die Epidermis war nicht beteiligt. Nur in den höheren Schichten des Coriums fand sich ein perivasculäres mantelförmiges Infiltrat, das ausschließlich aus Lymphocyten und vereinzelten Mastzellen bestand. Wenn man bedenkt, daß derart geringgradige perivasculäre Infiltrate sich in der Haut des Erwachsenen sowohl (HERXHEIMER und ROSCHER) wie auch des Kindes (eigene Untersuchungen) häufig vorfinden, so wird man ihre Bedeutung für die Kennzeichnung dieser diabetischen Exantheme äußerst gering einschätzen. KOCH glaubt ihre Entstehung auf die durch das schwere Koma bedingte Vergiftung im allgemeinen und eine damit zusammenhängende starke Schädigung der Gewebe und Gefäße zurückführen zu dürfen. RIEHL dachte dabei an Aceton, Acetessig- bzw. β-Oxybuttersäure. Bei den geringen Beobachtungen ist eine Entscheidung über das Exanthem und seine Genese vorderhand nicht möglich.

Anders steht es hingegen mit dem Bronzediabetes, jener eigentümlichen Hautverfärbung, auf die wir bei Besprechung der Hämochromatose ausführlicher hingewiesen haben. Auf eine nähere Besprechung kann daher hier verzichtet werden; ein Gleiches gilt für das Xanthoma diabeticum (s. Xanthomatosis). Die in Begleitung des Diabetes häufig zu beobachtenden anderen Hauterkrankungen (Ekzem usw.) weichen in ihrem geweblichen Aufbau nicht von dem gewöhnlich zu beobachtenden ab.

Hauterkrankungen bei Urämie.

Bei schwerer Urämie kann man in den letzten Lebenstagen gelegentlich zwei verschiedene Formen von Hautveränderungen beobachten. Einmal handelt es sich dabei um nekrotisierende Prozesse, wie sie neben der Haut noch häufiger die Schleimhäute, und zwar mitunter gerade an Übergangsstellen zur äußeren Haut befallen (DALCHÉ und CLAUDE). Daneben ist namentlich von französischen Forschern wiederholt auf einen exanthemartigen Hautausschlag (Uraemia cutanea, Urämie) hingewiesen worden, der in Fällen schwerer Niereninsuffizienz bzw. bei der Urämie in Gestalt maculopapulöser oder auch vesiculöser, urticarieller, gelegentlich hämorrhagischer Efflorescenzen beobachtet wurde (ASCOLI, RAYMOND, DALCHÉ, CLAUDE, CHIARI, MARCHAND und besonders GRUBER). Es handelt sich dabei in den meisten Fällen um einfache Dermatitiden, bei denen exsudative Momente im Vordergrunde stehen.

Histologisch finden sich je nach der Schwere der Einwirkung der urämischen Noxe auf den stets stark geschädigten Gefäßapparat neben den entzündlich exsudativen und proliferativen besonders schwere alterative Gewebsreaktionen, die meist mit Gewebsblutung und Nekrose, oft auch mit dieser allein einhergehen. Die Gewebsnekrose kann dabei das Bild derart beherrschen, daß es fraglich wird, ob überhaupt eine Abwehrreaktion der Haut vorhanden ist. Primär treten diese Veränderungen in den meisten Fällen zurück gegenüber einer durch die gestörte Nierenfunktion bedingten Schädigung der Capillaren und Präcapillaren der Haut, die zunächst zu umschriebener Entzündung und erst bei weiterem Bestand zu einer eitrigen Einschmelzung der gesamten Hautdecke führt. Bei derartigen ulcerösen urämischen Hautveränderungen fanden sich an den Blutgefäßen der Cutis ausgedehnte Zerstörungen, die zu Blutungen in die Umgebung geführt hatten. Innerhalb dieser nekrotischen Herde waren viele Gefäße thrombosiert, während eigentlich entzündliche Zellveränderungen völlig fehlten (DALCHÉ und CLAUDE). Diese Hautnekrosen entsprechen völlig jenen, wie sie urämisch erkrankte Abschnitte des Darmes, der Mund- und Rachenhöhle aufweisen. Bakterien haben für die Entstehung dieser Nekrosen keine Bedeutung (CHIARI).

Bei den mehr exsudativen Veränderungen, wie sie namentlich GRUBER in der Mehrzahl seiner Fälle beobachten konnte, fand sich im Corium, bis zum subcutanen Fettgewebe hin, eine die erweiterten und strotzend gefüllten Gefäße einschließlich der Capillaren umgebende Infiltration. Diese bestand hauptsächlich aus polynucleären Leukocyten, manchmal durchsetzt mit einigen Lymphocyten; die Zellherde boten vielfach Zerfallserscheinungen, Kernzerkrümelung und Pyknose. Die feineren arteriellen Gefäße zeigten eine Schwellung ihrer Intimaepithelien; diese waren undeutlich gezeichnet, ragten weit ins Lumen vor und gingen oft unmittelbar in den aus krümelig zerfallenden roten Blutkörperchen bestehenden Inhalt über. Gelegentlich fanden sich hier auch hyaline Thromben und perivasale Blutaustritte in wechselndem Grade. Die alterativen bzw. regressiven Wandveränderungen reichten stellenweise bis in die Muscularis der Gefäße hinein und ließen sich, zusammen mit den Hämorrhagien und Infiltraten, bis in die tiefen Cutisschichten und ins subcutane Gewebe hinab feststellen. Hier umgaben sie namentlich die Haarbälge und Schweißdrüsenknäuel, vielfach ebenfalls von ausgesprochenen Blutungsherden umgeben.

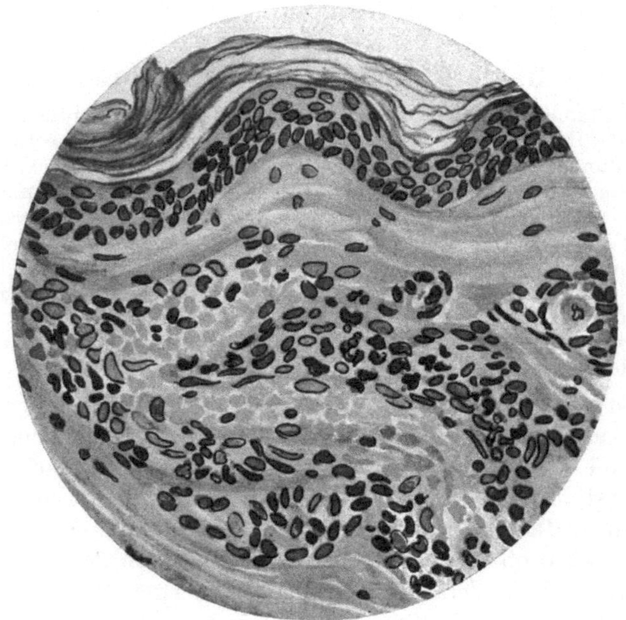

Abb. 52. Dermatitis uraemica. Gefäßerweiterung; Perivasculäre Infiltration und Hämorrhagie. Regressive Veränderungen der Gefäßwand. (Sammlung G. B. GRUBER.)

Die Epidermis kann gelegentlich unverändert sein; in anderen Fällen — und dies gilt namentlich für die mit stärkeren eitrigen Zerfallserscheinungen in der Cutis einhergehenden —, ist sie jedoch ebenfalls beteiligt. Die Epithelien haben über derartigen, hämorrhagisch-entzündlichen und nekrotisierenden Herden ihre Färbbarkeit eingebüßt und lassen sich nur noch nach Form und Lagerung als epidermale Elemente erkennen. Gelegentlich ist ein unmittelbarer Übergang der Cutiseinschmelzung in die Epidermis vorhanden. Bakterien spielen hier wie dort keine Rolle.

Selbst in derartig weit vorgeschrittenen Fällen ist jedoch bei Rückgang der ursächlichen Schädigung eine Abheilung möglich, wie dies CHIARIs mit Neigung zu Borkenbildung und Vernarbung verlaufende Fall zeigt.

Zusammenfassend liegt demnach in den meisten Fällen eine an die Gefäße der Pars reticularis gebundene exsudative Entzündung mit deutlichen regressiven Erscheinungen an den entzündlichen Zellelementen und den Gefäßwänden vor, wobei die Epidermis sowohl mit Bläschenbildung als auch Nekrobiose ihrer Zellen beteiligt sein kann (GRUBER).

Pathogenese: Die geweblichen Veränderungen weisen darauf hin, daß die urämische Hautentzündung von der Gefäßwand ihren Ausgang nimmt. Dabei läßt sich formalgenetisch nicht sicher entscheiden, ob das Wesentliche der Veränderung nekrotisierende oder vollwertig entzündliche Vorgänge sind. Vielfach werden beide Vorgänge nebeneinander herlaufen. Ob kausalgenetisch beim Zustandekommen der urämischen Hautveränderungen, ähnlich wie für die Schleimhauterkrankungen des Magen- und Darmkanals, ausgeschiedenes Ammoniumcarbonat [$(NH_4)_2CO_3$] als die schädigende Noxe in Frage kommt (MARCHAND) und ob es dieses allein ist, wäre noch zu entscheiden; auch BLOCH zieht die Wirkung dieses Salzes für die Entstehung der renalen Retentionsdermatosen mit in Betracht.

Vereinzelt wurde bei Kranken mit Niereninsuffizienz auf der Haut des Gesichtes das Auftreten weißer Körnchen beobachtet. Sie erscheinen als feine, weiße, krystallinische Massen. Mikroskopisch erkennt man rechteckig nebeneinander geschichtete Krystalle in der kennzeichnenden Form des krystallisierten salpetersauren Harnstoffs, der in feinsten Schüppchen aus dem Schweiße abgeschieden wird.

Im Zusammenhang damit wäre schließlich noch eine nach TÖPFER für die chronische Nephritis kennzeichnende Hautveränderung zu erwähnen. Sie besteht in Wucherungen der Endothelzellen, Vergrößerung und Verengerung der Capillaren, leukocytärer Infiltration der Gefäßwände. Nachuntersuchungen haben diese Angaben jedoch nicht bestätigt. Die gleichen Veränderungen wurden vielmehr auch bei Menschen gefunden, die an irgendwelchen anderen Krankheiten zugrunde gegangen waren. Es handelt sich dabei um kleine, die Capillaren und kleinen Hautgefäße umschließenden Entzündungsherde, wie sie auch sonst in der Haut vorhanden sind. Irgend etwas Kennzeichnendes oder Typisches besitzen sie nicht und damit auch keinen diagnostischen Wert (HERXHEIMER und ROSCHER).

Hautveränderungen bei Gicht.

Wenn man von den Uratablagerungen und den auf ihrer Gegenwart beruhenden Entzündungen sowie den damit im Zusammenhang stehenden verschiedenartigsten trophischen Störungen absieht, sind eigentlich gichtische Hautveränderungen nicht bekannt.

Die Ödemkrankheit.

Das gehäufte Auftreten der Ödemkrankheit im letzten Kriege hat die Aufmerksamkeit der Kliniker und Pathologen in weitestem Maße gefesselt. Daher sind wir heute über die Symptomatologie dieser eigenartigen Veränderung hinlänglich unterrichtet, wenn auch die Pathogenese durchaus noch nicht geklärt ist.

Das auffallendste Anzeichen der Erkrankung ist das Ödem. Die Wasseransammlung pflegt zuerst im Gesicht und an den Knöcheln aufzutreten, dann werden die Extremitäten, namentlich die Unterschenkel und Unterarme, aber auch nicht selten Oberschenkel und Scrotum, daneben die serösen Höhlen befallen. Das eigentlich Kennzeichnende sind jedoch nicht diese Ödeme und Flüssigkeitsansammlungen, denn es wurden auch „Ödemkrankheiten ohne Ödeme beobachtet", sondern die ausgedehnte allgemeine Atrophie des gesamten Körpers. Das Unterhautfettgewebe ist gewöhnlich ganz geschwunden. Neben dem Ödem fällt eine starke Blässe der Haut und der sichtbaren Schleimhäute auf, die oft eine fahle, gelbliche, an den Gipfelpunkten des Körpers zuweilen eine blaulivide Färbung zeigen. Kennzeichen sind außerdem die Pulsverlangsamung und die Polyurie. Der Verlauf des Ödems ist ausgesprochen intermittierend; es schwindet bei entsprechenden Bedingungen ziemlich schnell, um bei Wiedereinsetzen der Schädigung plötzlich wieder aufzutreten.

Pathologisch-anatomisch fällt der völlige Schwund des Fettgewebes in der Subcutis sowohl wie besonders in den perikardialen und pararenalen Fettherden auf. Außer diesem ausgeprägten Fett- und Lipoidschwund, einer damit einhergehenden braunen Atrophie der großen Organe und frischen Blutungen ist nach LUBARSCH der intravasculäre Blutkörperchenzerfall besonders kennzeichnend. Dazu treten kleine Blutungen, was oft zu außerordentlich ausgedehnten Hämosiderinablagerungen im reticulo-endothelialen Apparat und dem perivasculären Gewebe sowie auch in epithelialen Zellen führt. LUBARSCH sieht darin ein Bindeglied zum Skorbut, anderseits aber auch eine Stütze dafür, daß die Wassersucht einer Capillarschädigung ihre Entstehung verdanke.

Pathogenese: Diese Capillarschädigung ist, wie die Ätiologie der ganzen Krankheit, rein alimentärer Genese und bedingt durch eine erhebliche Störung des Stoffwechsels und damit zusammenhängende, länger dauernde Eiweißverluste, die letzten Endes auf die kalorische Insuffizienz der Nahrung zurückzuführen sind. Inwieweit es sich bei der Ödementstehung um physikalisch-chemische Vorgänge handelt, kann hier nicht näher erörtert werden (s. d. Lehrbücher der Allgemeinen Pathologie).

Der Skorbut.

Bei den meisten Fällen von Skorbut, dem heute allgemein die MÖLLER-BARLOWsche Krankheit, der infantile Skorbut, als wesensverwandt, um nicht zu sagen gleichartig zur Seite gestellt wird, ist die Haut in ihrer ganzen Ausdehnung der Sitz wechselnd großer und wechselnd dichter Blutungen, die sich von der an und für sich auffallend blassen Haut lebhaft abheben.

Infolge des Auftretens frischer Blutungen zwischen schon länger bestehenden, wechselt ihre Farbe von dunkelschwarzrot bis hellrot, von blau bis violett, von schmutzigbraun bis gelbbraun. Auch die Größe dieser Blutungen wechselt von eben sichtbaren Petechien bis zu großfleckigen Herden. Sie finden sich besonders an den Streckseiten der Gliedmaßen, jedoch auch am Rumpf. Das Gesicht ist nur ganz ausnahmsweise befallen, ebenso Handteller und Fußsohle. Eine besonders auffallende Erscheinung ist die Lokalisation der meisten dieser Hämorrhagien an den Haarbälgen (Purpura follicularis), wofür eine Erklärung noch nicht restlos zu geben ist. Denn nur bei einem Teil der Fälle kommt eine bereits bestehende Veränderung des Haarbalgtalgdrüsenapparates, eine Keratosis follicularis und suprafollicularis als auslösende Ursache in Frage. — Vereinzelt wurden allerdings diese follikulären und perifollikulären Veränderungen als das Primäre bezeichnet, dem sich dann erst die eigentlich skorbutischen Veränderungen anschließen sollen (NICOLAU). Ob dem tatsächlich so ist, scheint nach den eingehenden Untersuchungen von ASCHOFF und KOCH allerdings fraglich. Vielleicht handelt es sich lediglich um ein Nebeneinander der beiden Veränderungen.

Neben den Hämorrhagien wurden noch vesiculöse, zum Teil herpetiforme und bullöse Bilder beobachtet, an die gelegentlich infolge von Mischinfektionen sich geschwürige Veränderungen anschließen (Ulcus scorbuticum, Rupia scorbutica).

Neben der Haut sind auch die Schleimhäute an den skorbutischen Blutungen beteiligt, in erster Linie das Zahnfleisch.

Die Blutungen erstrecken sich ferner auf das subcutane Gewebe und die darunter liegenden Weichteile. Hier treten sie meist als größere Blutergüsse auf, häufig vergesellschaftet mit ausgedehnten Ödemen, die hauptsächlich an den unteren Gliedmaßen beobachtet wurden. Diese Ödeme entstehen teils infolge von Thrombosen der Schenkelvenen, teils auf sog. kachektischer Basis als Folgen allgemeiner Wassersucht.

Die Kranken klagen außerdem über Schmerzen in den Beinen, im Munde, Kopfschmerz und Schwindel. Bei Fortdauer der auslösenden Ursachen bzw. bei zu später Behebung, gehen die Skorbutkranken unter allgemeiner Entkräftung zugrunde. Bei Rückbildung der Erkrankung bleiben als Überreste der Blutungen rostbraun pimentierte Flecke in der Haut noch lange Zeit erhalten.

Die Angaben über histologische Befunde sind, selbst wenn man diejenigen von MÖLLER-BARLOWscher Krankheit dazu rechnet, im ganzen recht spärlich. Von älteren Beobachtern [HAYEM, LEVEN (1870)] wurde lediglich auf eine Fettinfiltration an den kleinen Venen und Capillaren hingewiesen. IMMERMANN (1876) betonte bereits den Ausgang der Blutungen bei den kleineren Petechien von dem die Haarbälge umgebenden Capillarnetz. SATO und NAMBU (1905) fanden in der Haut frische Blutungen und Pigmentablagerungen, und zwar hauptsächlich im subcutanen Gewebe, dann im Corium, hier hauptsächlich in der Umgebung der Gefäße und der Hautanhangsgebilde. ASCHOFF und

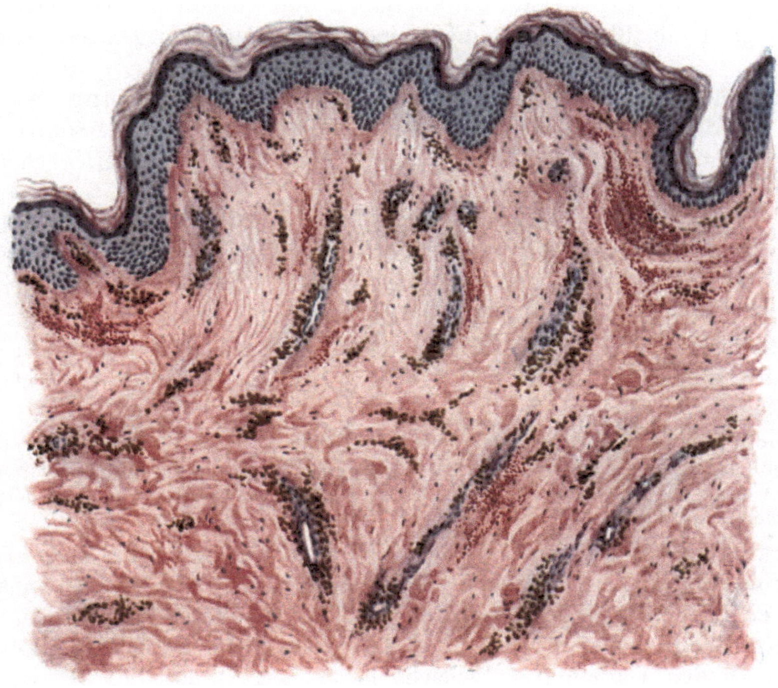

Abb. 53. Skorbut. (Unterschenkel, Streckseite, 23jähr., ♂·) Frischere und ältere Blutungen (Blutpigment) in Stratum papillare und reticulare cutis. Hämatoxylin-Eosin. O = 128 : 1, R = 128 : 1.

KOCH, denen wir wohl die eingehendste Darstellung der skorbutischen Veränderungen verdanken, betonen, daß die klinisch als kleinste Blutungen erscheinenden Hautflecke histologisch einmal auf wirkliche Blutungen, zum anderen aber auch auf Blutpigmentablagerungen oder Mischung dieser beiden Vorgänge zurückzuführen sind. Die eigentlichen Hautblutungen fanden sich sowohl im Stratum papillare, hier vorwiegend subepidermal, als auch im Stratum reticulare, hier meist in den tieferen Schichten; in erster Linie sind die Gefäßscheiden, die Hüllen der Schweiß- und Talgdrüsen, die Umgebung der Haarschaftkanäle und der Arrectores pilorum befallen. Die roten Blutkörperchen liegen dabei in den Maschen des Bindegewebes. Entsprechend dem Faserverlauf sind sie häufig in langen parallelen Zügen oder geflechtartig gelagert, hier und da schon einmal in Bindegewebszellen aufgenommen. Subdermal liegen die Blutungen meist noch in flächenhaften Herden angeordnet; allerdings ist dabei unmittelbar unter der Epidermis der bekannte „Grenzstreifen" so gut wie frei und nur vereinzelt von roten Blutkörperchen durchsetzt. Die Beziehung der Blutungen zu den Hautanhangsgebilden ist stets außerordentlich auffallend; sie finden sich namentlich um die Ausführungsgänge, um die Drüsenkapseln und die Haarbälge. An diesen Orten kommt es häufig auch unterhalb der Blutung zu einer stärkeren zelligen Reaktion.

Die Hautgefäße sind bei den frischen Blutungen im ganzen eng, die größeren perivasculär eingescheidet. In den älteren Herden, wo bereits die Umbildung in Pigment erfolgt ist, wurden die Capillaren und kleineren Venen sehr weit, zuweilen prall mit Blut gefüllt, die kleineren Arterien hingegen sehr eng befunden.

Irgendwelche Veränderungen im Sinne der Fettspeicherung, wie dies HAYEM für die kleinen Venen und Capillaren angab, konnten ASCHOFF und KOCH nicht feststellen; die Gefäße selbst zeigten vielmehr keinerlei schwerere Störungen ihres Aufbaues.

Das Pigment findet sich in scholligen, amorphen Massen von gelblicher bis brauner Farbe vorwiegend intracellulär, namentlich in der Umgebung der Hautanhangsgebilde, dann aber auch frei im Gewebe. Es reicht einmal bis an die Epidermis und zum anderen in kleineren Schollen bis weit ins subcutane Bindegewebe hinab. Der Pigmentablagerung geht eine wenn auch nicht sehr hochgradige kleinzellige Infiltration parallel, die besonders am Gefäßbindegewebe vorhanden ist.

Tuberkuloseähnliche leukocytenreiche Zellinfiltrate entzündlicher Natur, wie sie RHEINDORF in einem seiner Fälle bei ulcerösen Veränderungen um die Capillaren und größeren Gefäße der Cutis und Subcutis beschrieben hat, sowie krebsartige Wucherungen des Epithels konnten ASCHOFF und KOCH nicht feststellen.

Überall dort, wo sich im klinischen Bilde jene als Keratosis suprafollicularis erwähnten Veränderungen fanden, entspricht diesen im histologischen Schnitt eine Hyperkeratose des oberen Follikels, in älteren Stadien mit perifollikulärer Lymphocyteninfiltration, die sich gelegentlich zu richtigen knötchenförmigen Herden verdichtet. Vielleicht hatte RHEINDORF diese Bilder, wie sie ja auch NICOLAU beschreibt, in seinen Fällen vor sich. Da es sich jedoch dabei um nicht ohne weiteres mit dem Skorbut in Zusammenhang zu bringende Veränderungen handelt, kommt ihnen als Kennzeichen dieser Erkrankung wohl kaum eine Bedeutung zu. Bei dem eigenartigen klinischen Verlauf sind differentialdiagnostische Erörterungen, wie sie z. B. FEIG für den sog. Lichen scorbuticus gegenüber dem Lichen scrophulosorum oder der Keratosis suprafollicularis heranzieht, kaum erforderlich.

Pathogenese: Für die Entstehung der Hautblutungen nehmen ASCHOFF und KOCH in erster Linie mechanische Ursachen an, da die Stellen am meisten befallen sind, wo die Haut durch äußere Schädigungen häufigen und lang dauernden Insulten ausgesetzt ist. Zu diesen mechanischen Ursachen kommen in zweiter Linie der physiologische Afflux des Blutes zu gewissen Körperregionen, ferner eine Reihe von Begleitumständen, die zu kongestiver Hyperämie führen. Vielleicht spielen auch toxische Prozesse hier eine Rolle, wie man dies ähnlich für die an den Talgdrüsen lokalisierte Jod- und Bromacne anzunehmen geneigt ist. Damit kämen wir zu der causalen Genese der Erkrankung überhaupt. Als solche nimmt man heute allgemein eine durch endogene Gifte oder durch Mangel bestimmter chemischer Substanzen bedingte hämorrhagische Diathese an. Eine Abhängigkeit der scorbutischen Blutungen von Thrombenbildungen, wie sie häufig infolge der Ruhigstellung der Gliedmaßen als „marantische Abscheidungsthrombosen" (Aschoff und Koch) beobachtet werden, kommt kaum in Frage, wenn sie auch vielleicht deren Entstehung begünstigen. Es handelt sich viel eher um eine mechanisch ausgelöste, in einer abnormen Gefäßdurchlässigkeit begründete, anscheinend diapedetische Entstehung der Blutung. Allerdings ist auch die Auffassung des Skorbut als einer allgemeinen hämorrhagischen Diathese nicht unwidersprochen geblieben (Saxl und Melka). Man hat angenommen, daß vielmehr eine lokalisierte Gewebsschädigung vorliege, die mit einer örtlichen Gefäßschädigung einhergehe, welche zur Blutung führt. (Näheres hierüber siehe in den Lehrbüchern der Pathologie.)

c) Nervös bedingt.

Die infolge peripherer oder zentral nervöser Störungen auf der Haut auftretenden Veränderungen sind äußerst mannigfaltiger Natur. Neben Anomalien der Schweißsekretion, des Haar- und Nagelwachstums, findet man die verschiedensten vasomotorischen Störungen, wie Dermographismus, Urticaria, Ödeme, bleibende und flüchtige Hyperämien, rezidivierende Phlegmonen (Morvan), verschiedene Formen der Gangrän, Hämorrhagien, sklerodermieartige, atrophische und hypertrophische Veränderungen. Sie alle weisen naturgemäß in ihrem histologischen Aufbau jene Eigentümlichkeiten auf, wie sie dem gerade vorliegenden klinischen Bilde entsprechen. Besondere Anhaltspunkte für die Genese kann man histologisch nicht herausschälen; eine Darstellung dieser Gewebsveränderungen kommt daher hier nicht in Frage.

Aus der Gesamtheit dieser, mit dem Nervensystem in mehr oder weniger engem Zusammenhang stehenden Hautveränderungen heben sich jedoch einige wenige kennzeichnend heraus, die hier besprochen werden müssen, da sich auch in ihrem Gewebsaufbau gewisse Eigentümlichkeiten zeigen.

Die akute multiple Hautgangrän,

wie jetzt allgemein ein erstmals wohl von Doutrelepont ausführlich geschildertes Krankheitsbild genannt wird (Zoster gangraenosus, atypicus oder hystericus, Kaposi), ist auch heute in ihrem Gesamtbild noch nicht völlig geklärt. Während einige Schriftsteller die Krankheitserscheinungen ohne weiteres als Selbstbeschädigungen betrachten, wird von anderer Seite für eine nervöse Entstehung eingetreten. Die akute multiple Hautgangrän beginnt in der Regel mit Jucken und Brennen an den verschiedensten Körperstellen, das manchmal dem Innervationsgebiet gewisser Hautnerven folgt, manchmal aber auch ganz regellos auftritt. In den meisten Fällen finden sich einleitend Knötchen und Quaddeln, denen sehr schnell zosterähnliche Bläschenbildungen folgen, innerhalb deren Bereich sich dann in wenigen Stunden verschiedenfarbige, bald schmutzig graue, bald schwarzbraune Nekrosen entwickeln. Diese werden schließlich mit oder ohne Eiterbildung abgestoßen, und die meist nicht tiefgreifenden Substanzverluste heilen mit glatter oder keloidartiger Narbenbildung ab. Die Erkrankung zeichnet sich durch eine große Neigung zu Rückfällen aus; sie kann sich mit geringen anfallsfreien Unterbrechungen über Jahre hinziehen. Sie befällt vorzugsweise jüngere weibliche Wesen, bei denen so gut wie immer eine neuropathische Belastung, in den meisten Fällen eine Hysterie, nachzuweisen ist.

Den einleitenden Erscheinungen der Hyperämie und Exsudation entsprechend, findet man zu Beginn der Veränderung innerhalb des erkrankten Hautabschnittes in der Epidermis ein wechselnd weit vorgeschrittenes intercelluläres Ödem, das gegen die gesunde Umgebung scharf abgesetzt ist. Die Kerne der Epidermiszellen sind blaß gefärbt, die Zellen selbst gequollen; die intercelluläre Flüssigkeitsansammlung hat die Saftspalten erweitert, so daß

hier und da in der Epidermis oder auch zwischen dieser und dem Papillarkörper
kleine Spalten auftreten, die sich nach und nach zu intercellulären Bläschen
auswachsen. Bei längerem Bestand tritt zu dem intercellulären Ödem ein
parenchymatöses. Die Kerne zahlreicher Zellen, namentlich im Stratum basale,
sind dann schlecht färbbar, zum Teil abgeplattet und an die Zellwand gepreßt,
das Protoplasma mit Vakuolen erfüllt, so daß das Rete „wie siebförmig durch-
löchert aussieht" (DOUTRELEPONT). Die Flüssigkeitsansammlung kann jetzt
schon so hochgradig sein, daß sich innerhalb der Epidermis oder auch unmittelbar
unter dieser bereits klinisch deutliche Blasenbildung feststellen läßt. Die in
der nächsten Umgebung derartiger Blasen gelegenen Epidermiszellen sind dann
in ihrer Gesamtheit diffus gefärbt, bei mangelhafter oder fehlender Kernfärbung, eine Veränderung, die man als den Beg'nn der Nekrose betrachten
darf. Innerhalb der Bläschen- und Spaltbildungen finden sich neben körnigem
und fädigem Detritus vereinzelte Fibrinfasern und freie Epithelzellen.

Im Corium erstreckt sich das Ödem in erster Linie auf den Papillarkörper
und das Stratum subpapillare. Die Papillen sind meist verbreitert, zum Teil
sogar fast verstrichen. Sämtliche Gefäße sind von einem dünnen Infiltratmantel umgeben; viele, namentlich die capillaren, auffallend eng. Ein wesentlicher Unterschied in diesem die Gefäße begleitenden Infiltrat innerhalb des
erkrankten Abschnittes und dessen hyperämischer Nachbarschaft besteht
jedoch nicht (ZIELER). In der Cutis sind die Bindegewebszüge aufgelockert;
jedoch finden sich hier im übrigen weder an den Gefäßen noch an den Nerven
oder Hautanhangsgebilden irgendwelche Veränderungen.

Bei länger bestehenden Herden tritt dann die nekrotische Umwandlung
des erkrankten Bezirks mehr in den Vordergrund. Das Ödem erscheint noch
schärfer gegen die Umgebung abgesetzt; es reicht nach unten bis in die Gegend
der Schweißdrüsenknäuel und überragt seitwärts die nun nur noch blaß diffus
gefärbte Epidermis. Die Blutgefäße im Papillarkörper sowohl wie in der Cutis
sind sehr eng; die perivasculäre Infiltration ist in dem nekrotisierenden Bezirk
deutlicher geworden, die blasige Abhebung zwischen Epidermis und Papillarkörper größer und stärker vorgewölbt. Über sie zieht die nekrotische Epidermis hinweg, die nur an den Mündungen der Haarfollikel und Schweißdrüsen
inselartig erhalten geblieben ist. Die Ausdehnung der Epidermisnekrose wechselt;
Abschnitten völliger Zerstörung folgen größere Strecken, wo nur die oberflächlichsten Schichten abgestorben sind; es finden sich also alle Übergänge
von wohlerhaltenen bis zu völlig nekrotischen Herden.

Unterhalb der abgestorbenen Epidermis hat die Nekrose meist auch auf
den Papillarkörper und bisweilen auf die oberste Cutis übergegriffen. Hier
finden sich dann im Gegensatz zu den anämischen Anfangsstadien die Gefäße
wieder stärker gefüllt, besonders im Papillarkörper. Daneben trifft man jedoch
auch auf Papillen, deren Capillaren durch eine strukturlose feinkörnige Masse
verschlossen und anscheinend völlig thrombosiert sind (ZIELER). Die Thrombose setzt sich häufig noch auf die tieferen Schichten fort.

Talg- und Schweißdrüsen sind, abgesehen von den Veränderungen ihres
Gefäßnetzes, nicht betroffen; auch das elastische und kollagene Gewebe bleiben
— wenn man von der Auflockerung des letzteren absieht — unverändert.
Mikroorganismen wurden in den frisch untersuchten erkrankten Abschnitten
nie gefunden.

Histologisch feststellbare Veränderungen an den Nerven wurden nur einmal, von Dinkler, beobachtet. Er fand die kleinen Äste der Hautnerven, wie sie regelmäßig in der Nachbarschaft der Venen und Arterien der tieferen Cutis bzw. Subcutis angetroffen werden, im Zerfall begriffen. Das Nervenmark war durch Osmiumsäure geschwärzt; der Achsenzylinder war entweder nicht verändert, oder nicht mehr färbbar und geschrumpft. Dieser Befund ist bisher ganz vereinzelt geblieben und es fragt sich daher, wie weit man ihn für die Entstehung der Erkrankung in Betracht ziehen darf.

Überall dort, wo zosteriforme Bläschenbildungen im Vordergrund der Veränderung standen, ergab die mikroskopische Untersuchung ein Bild, welches sich durchaus nicht von jenem beim eigentlichen Herpes zoster unterschied (Brandweiner, Kreibich). Eine nähere Darstellung erscheint daher nicht erforderlich.

Zusammenfassend handelt es sich um eine durch Ödem und Hyperämie eingeleitete Veränderung, die sehr schnell zu Bläschen- und Blasenbildung und dann zu oberflächlichem Gewebstod, zur Nekrose der Epidermis und des Papillarkörpers führt.

Differentialdiagnose: Für die Auffassung der multiplen neurotischen Hautgangrän als einer Erkrankung sui generis ist naturgemäß die spontane Entstehung der Hautnekrosen erste Voraussetzung. Die von mancher Seite als Ursache der Nekrosen angenommene Selbstbeschädigung mittels chemischer Stoffe (Salzsäure usw.) suchte Zieler durch den Hinweis zu entkräften, daß die Veränderungen bei der akuten multiplen Hautgangrän primär nur auf in der Cutis ablaufende Prozesse bezogen werden können, während jede Andeutung einer von der Hautoberfläche kommenden Einwirkung fehle. Er konnte nämlich experimentell nachweisen, daß bei der Salzsäurenekrose die vom Papillarkörper ausgehenden Veränderungen nur als Reaktion auf einen von außen einwirkenden Reiz aufzufassen sind, dessen Einfluß sich vorwiegend auf die äußersten Schichten der Haut erstreckt, während die tieferen jede Beeinflussung vermissen ließen. Experimentell erzeugte Nekrosen verlaufen viel langsamer und bieten das Bild einer reinen Nekrose, ohne alle Zeichen einer Dermatitis, wie man sie bei der akuten multiplen Hautgangrän selbst bei oberflächlichster Nekrose, schon nach einigen Stunden als dichtes perivasculäres Infiltrat bis in die Subcutis findet (Zieler).

Pathogenese: Wenn man die Erkrankung als spontan entstehende auffaßt, muß man den Beginn der Schädigung in die Cutis verlegen, der dann erst sekundär die Nekrose des Epithels folgt. Dann dürften für das Zustandekommen der Veränderung vasomotorische Vorgänge anzunehmen sein (Zieler). Ob es sich dabei um von den Nerven der Peripherie ausgehende Reize handelt, welche auf reflektorischem Wege oder unmittelbar die vasomotorischen Zentren im Rückenmark oder im Gehirn treffen (Doutrelepont), oder ob vasomotorische Reize allein diese Blasenbildungen und Nekrosen erzeugen können (Kreibich), erscheint allerdings vorläufig noch wenig geklärt. Wir sind ja über diese ganzen Zusammenhänge noch sehr wenig unterrichtet.

Syringomyelie.

Die Syringomyelie kann mit Hautveränderungen einhergehen, die mit den vorstehend geschilderten große Ähnlichkeit haben. Diese trophischen Störungen, von denen man wohl einen großen Teil auf vasomotorische Veränderungen zurückführen muß, äußern sich als Erytheme, Quaddeln, Blasen, eitrige Entzündungen, Störungen der Schweißsekretion; (auf die motorischen und sensiblen Veränderungen kann hier nicht eingegangen werden).

Mit einer gewissen Regelmäßigkeit kommt es zu Blasenbildungen, namentlich an den Endgliedern der Finger und Zehen, die häufig der Nekrose verfallen. Diese beginnt primär in der Epidermis und erst sekundär folgt die Einschmelzung des Papillarkörpers (Neuberger). Diese Blasenbildungen lassen sich zwar von den gewöhnlichen Pemphigusblasen und denen der Erytheme insoweit unterscheiden, als sich sofort nach ihrer Entwicklung deutliche Zeichen der Nekrose zeigen. Eine Trennung von der multiplen neurotischen Hautgangrän, bei der die gleichen Verhältnisse vorliegen, ist jedoch nur dann möglich, wenn der Nachweis organischer Nervenveränderungen gelingt.

Die lokale Asphyxie der Extremitäten, die Sklerodaktylie, die Erythromelalgie, wie sie häufig im Verlaufe der Syringomyelie beobachtet werden, finden sich auch bei der

Raynaudschen Gangrän.

Bei dieser zeigt sich an symmetrischen Hautstellen, in erster Linie an den Fingern und Zehen, anfangs eine anfallsweise auftretende örtliche Synkope, die durch das Gefühl des Abgestorbenseins der befallenen Teile gekennzeichnet ist. In dem darauf folgenden Stadium der lokalen Asphyxie, führt die venöse Stauung zu scharf abgesetzten, dunklen bis blauen Verfärbungen der Haut; im Endstadium schließlich folgt unter Bildung von trüben Blasen die Gangrän. Diese Veränderungen treten anfallsweise auf und können sich, solange keine Gangrän eingetreten ist, wieder völlig zurückbilden.

Die mikroskopisch nachweisbaren geweblichen Veränderungen sind, wenn man von der Gangrän absieht, äußerst geringfügig, was bei dem in erster Linie auf funktionellen Störungen beruhenden Krankheitsbilde völlig verständlich erscheint. Nicht selten findet man unter der Epidermis wechselnd ausgedehnte Blutungen, durch die die erstere oft blasig abgehoben wird. An den kleineren Gefäßen der Haut wurden besondere Veränderungen nicht festgestellt; sie waren meist sehr eng, zeigten jedoch keinerlei entzündliche Vorgänge. Von Kolisch wurden bei einem Säugling mit Raynaudscher Krankheit starke Veränderungen an den Arterien beobachtet. Es handelte sich dabei um ganz umschriebene Störungen der Intima in Form von Auflagerungen eines faserigen, kernarmen Gewebes ohne deutliche glatte Muskulatur, aber mit zahlreichen neugebildeten elastischen Fasern, die sich durch ihre Zartheit von der eigentlichen Elastica interna deutlich unterschieden. Ähnliche polsterartige Intimaverdickungen fanden sich auch an den Venen des Unterarms und der Hand.

Kolisch faßt diese Veränderungen nicht als Ursache, sondern als Folge des krankhaften Prozesses auf. Der Raynaudschen Gangrän liegen höchstwahrscheinlich spastische Kontraktionen der Arterien und Venen zugrunde, die auf schwere Störungen der Gefäßinnervation zurückzuführen sind. Über die Ursache dieser Störungen sind wir noch völlig im unklaren.

IV. Die reaktiven Vorgänge in der Haut (Dermatitiden).

1. Entzündungen aus mechanischen Ursachen.

Unsere histologischen Kenntnisse über dieses an und für sich pathologisch-anatomisch wenig untersuchte Gebiet beschränken sich, von einigen, zudem in ihrer entzündlichen Genese noch umstrittenen Ausnahmen (Schwielen usw.) abgesehen, auf wenige Tatsachen. Diese sind meist als Nebenbefunde bei experimentellen Arbeiten verzeichnet, die anderen Zielen dienten.

Der auch experimentell wiederholt untersuchte Vorgang der Wundheilung in der Haut, bei dem ja gewisse entzündliche (?) Gewebsveränderungen ebenfalls vorhanden sind, wird erst in einem späteren Abschnitt besprochen werden.

Von den hier in Frage stehenden Hautveränderungen, wie sie in erster Linie im Anschluß an Traumen verschiedenster Form (Kratzen, Reiben, Scheuern) regelmäßig auftreten, scheiden diejenigen Nebenerscheinungen aus, welche lediglich Folgen mechanischer Loslösung einzelner Gewebsteilchen sind (Erosionen, Excoriationen); sie sind ebenfalls zur Wundheilung zu zählen.

Dagegen sind jene Folgen mechanischer Reizung der normalen Haut zu besprechen, bei welchen es durch Bürsten und Scheuern einmal zur Bildung miliarer bis mohnkorngroßer, ganz oberflächlich im Papillarkörper gelegener, ödematöser oder hyperämisch-ödematöser, schnell wieder verschwindender Erytheme kommt; ferner die lichenisierten, d. h. unter kongestiver Hyperämie und Ödem entstehenden, später durch Blutpigment braungefärbten Flecke (Lichenifikation), an welchen die Oberhautfelderung stärker ausgeprägt ist als in der normalen Nachbarschaft. An ihnen haften oft feine Schüppchen (TÖRÖK). Diese Veränderungen entstehen um so leichter, stärker und ständiger, werden „entzündlicher", wenn eine Hautstelle betroffen wird, die empfindliche und reizbare Gefäße besitzt (s. Dermographismus).

Die feinere Histologie der rein mechanisch bedingten akuten Dermatitiden ist „trotz ihrer grundsätzlichen Wichtigkeit" (UNNA) ein noch wenig bearbeitetes Gebiet, und auch heute liegen uns darüber nur vereinzelte Ergebnisse, vor allem tierexperimenteller Forschung vor. Sie alle sind mit einer gewissen Vorsicht zu verwerten, da einigermaßen zuverlässige Hilfsmittel zur Abwägung der Stärke der jeweils verursachten Reibung bzw. des Druckes nicht vorhanden waren. Als bemerkenswertester Befund erscheint eine starke Vermehrung der Epithelmitosen, bereits nach einem so verhältnismäßig geringem Eingriff wie 3—6 Minuten langer Reibung. Die entstehende akute Hyperämie spielt dabei wohl nur eine sehr geringe Rolle, denn eine Mitosenbildung ist bei ihr kaum bekannt (BIER, RIBBERT, FUERST). Daher liegt es näher, diese Mitosen auf eine unmittelbare Gewebsschädigung bzw. das Auseinanderrücken der Zellen zurückzuführen, was regenerationsanregend wirken könnte (TEREBINSKY). Es ist dabei nicht ohne weiteres zu entscheiden, wieviel auf die unmittelbare Zellschädigung, wieviel auf die hierdurch ausgelöste Entzündung zurückzuführen ist, wobei noch vorher darüber zu reden wäre, inwieweit diese beiden Vorgänge überhaupt zu trennen sind.

Mit dem Augenblicke allerdings, wo bei stärkeren Traumen eine Nekrose der betroffenen Hautbezirke eintritt, wo also zur Ausheilung derselben reparative Vorgänge erforderlich sind, werden wir stets mit „entzündlichen" Erscheinungen zu rechnen haben, wären diese auch nur histologisch nachweisbar. Diese Frage führt jedoch unmittelbar hinein in die schwierigsten Aufgaben pathologisch-histologischer Forschung überhaupt, in die Stellungnahme zum Entzündungsbegriff als solchem, die hier naturgemäß nicht aufgerollt werden kann. Zur allgemeinen Verständigung sei lediglich betont, daß uns der Entzündungsbegriff auch für die pathologische Histologie der Haut nicht entbehrlich erscheint, welch nähere Umschreibung man ihm auch immer geben mag (s. dazu Bd.: Allg. pathol. Anat. der Haut).

Die Bedeutung mechanischer Ursachen für die Entstehung von Entzündungen der Haut wäre damit geklärt, wenigstens soweit es sich um akute Entzündungen handelt. Aber auch über die zu chronischen Entzündungen führenden Einwirkungen mechanischer Art ist nur wenig bekannt. Wenn man von den früher erwähnten „entzündlichen" Schwielen absieht, sind hierher nur jene Blasenbildungen zu rechnen, wie sie sich als Folge länger dauernder, stärkerer Reibung bzw. stärkeren Druckes an den Händen ungeübter Arbeiter, sowie an den Füßen bei ungewohnter Tätigkeit bilden. Denn — wie schon UNNA mit Recht betont — bei den häufig auf mechanische Einwirkungen zurückgeführten sog. Intertrigines kommen nicht allein sich zersetzende Sekrete und damit Maceration des betreffenden Hautbezirkes in Frage, sondern auch die Einwirkung der überall gegenwärtigen Oberhautparasiten im weitesten Sinne, obwohl diese in ihrer Bedeutung sicherlich häufig überschätzt worden sind.

Die im Anschluß an stärkeren, anhaltenden Druck (Gipsverbände usw.) auftretenden Erytheme, denen sehr bald Blasenbildung und schließlich Ulceration oder gar Gangrän folgt, werden an anderer Stelle besprochen. Lediglich hingewiesen sei auf das sog. harte traumatische Ödem des Handrückens, das durch fortgesetzt einwirkende stumpfe Gewalt zu entstehen scheint und sich histologisch durch frischere und ältere Blutungen in einem ödematös aufgetriebenen, fibrös-hyperplastischen Bindegewebe auszeichnet.

Bei den obengenannten, durch vorübergehende Reibung bedingten Blasen pflegen sich diese nach wechselnd kurzer Einwirkung der mechanischen Gewalt in der Epidermis zu entwickeln. Die gleichen Bedingungen führen bekanntlich bei fortgesetzt bzw. mit kurzen Unterbrechungen einwirkender Gewalt zur Schwielenbildung. Eine Abhängigkeit des oberflächlicheren oder tieferen Sitzes dieser Blasenbildungen von leichterer und kürzerer oder längerer und stärkerer Reibung — wie dies Unna annimmt — konnte ich nicht feststellen. Es scheint dabei vielmehr die verschiedene Dicke und Festigkeit der oberen Hornschichtlagen von entscheidender Bedeutung, wie dies ja auch die experimentellen Untersuchungen Terebinskys wahrscheinlich machen.

Die Blasendecke wurde in meinem Material stets von der Hornschicht gebildet und war, je nach dem Orte der Entstehung, verschieden dick. Aber auch an gleicher Stelle wechselte die Dicke von einem zum anderen Fall, in dem — was mir besonders an der Fersengegend auffiel — das eine Mal die gesamte Hornschicht bis zum Stratum granulosum oder gar spinosum, zum anderen nur die oberflächliche Hornschicht beansprucht wurde, letzteres namentlich bei zarteren und jüngeren, d. h. neugebildeten Hornlagen.

Die die Blasenwand begrenzenden Zellen zeigen ein mäßiges Ödem, das bei stärkerer Ausbildung auch einmal an die Altération cavitaire Leloirs erinnern und dann das Protoplasma an die Zellwand drängen kann, so daß nur ein schmaler Rest davon übrig bleibt (Terebinsky). Im weiteren Verlauf verlieren die so geschädigten Zellen ihre Färbbarkeit; sie verfallen einer Art kolliquativer Auflösung und schwinden schließlich. Gleichzeitig treten Leukocyten in mäßiger Zahl im Blaseninhalt auf; bei stärkerer Entzündung sind sie in ein fibrinöses Netzwerk eingelagert. Es handelt sich hier um ein intracelluläres Ödem, ähnlich dem, wie es Pautrier und Simon bei der Grattage méthodique von Brocq feststellen konnten. Eine Vermehrung der Mitosen findet sich erst mit Einsetzen der Ausheilung; dann sind auch Blut- und Lymphgefäße in Papillarkörper und oberer Cutis erweitert und gut gefüllt, letztere meist stärker als erstere.

Neben den Hauptblasen finden sich in deren seitlicher Umgebung häufig noch kleinere und kleinste Höhlenbildungen, als Folgen der mechanischen Gewalt. Der Grad dieser Veränderungen wechselt jedoch ebenfalls und ist weitgehend abhängig von der Stärke der einwirkenden Schädigung.

Etwas anders ist es allerdings bei der durch plötzlich einsetzende scherende Gewalt entstandenen Blase, der sog. Blutblase. Bei dieser erfolgt die Gewebstrennung in der Regel zwischen Cutis und Subcutis, daher die Blutung. Hier entwickelt sich dann auch ein starkes, serofibrinöses hämorrhagisches Exsudat, wie es Unna bei seinen tief gelegenen Blasen beobachten konnte. Wenn Terebinsky diese Form bei seinen Versuchen nicht eintreten sah, so mag das einmal auf die Art der mechanischen Schädigung, zum anderen aber vielleicht auch auf den histologischen Aufbau der Katzenpfoten zurückzuführen sein.

Ganz ähnliche Blasenbildungen sind gelegentlich bei Verschütteten gefunden worden, wo die tangential einwirkenden Verschüttungsmassen zu einer Verschiebung und schließlich einer Abreißung der Cutis von der Subcutis geführt hatten (Marx, Küttner). Daneben mag bei derart entstehenden Blasen auch noch eine Erhöhung des Druckes der Gewebsflüssigkeit von Bedeutung sein, wie dies Versuche Weidenfelds und vor allem Kreibichs wahrscheinlich gemacht haben.

Bei der Ausheilung wird die Blase nach oben abgeschoben. Die Decke zeigt dabei, soweit sie nicht bereits zerstört ist, mäßige Abschuppung (Parakeratose). Eine gleichzeitig einsetzende Proliferation der Stachelzellen (Akanthose) führt zur Neubildung des Epithels mit Wiederauftreten eines Stratum granulosum und corneum. In dieser Hinsicht entspricht der Vorgang dem bei den verschiedensten leichteren entzündlichen Veränderungen der Haut zu beobachtenden.

Pathogenese: Die formale Genese der Blasenbildungen mechanischer Natur ist dahin festzulegen, daß im Zentrum der einwirkenden Gewalt die Epidermisepithelien voneinander losgerissen werden. In der weiteren Umgebung führt die Schädigung lediglich zu einem inter- und intracellulären Ödem. Erst die Reaktion des betroffenen Gewebes, die man ja auch als Beginn der Ausheilung betrachten darf, führt dann zur Leukocytenauswanderung, zur Fibrinbildung und kennzeichnet damit den Vorgang als rein traumatische Entzündung.

Callus und Clavus.

Auf mechanischer Grundlage entstehen — wenn es sich dabei primär auch nicht um eigentlich entzündliche Vorgänge handelt — Schwielen und Hühneraugen. Dies sind zwei zwar klinisch verschiedene, pathogenetisch jedoch eng zusammengehörige Bildungen. Sie entstehen beide allmählich nach wiederholtem, wenn auch nur gelindem Druck, und zwar in erster Linie dort, wo eine gewisse Regelmäßigkeit der Schädigung bedingt ist. Die Schwiele ist meist länglich oval geformt, geht allmählich von der gesunden Haut ansteigend, in den verhornten Teil über, um in dessen Mitte die größte Höhe (5—6 mm) zu erreichen. Sie zeigt, ebenso wie der Clavus, die gelbgraue Eigenfarbe der verdickten Hornschicht, kann jedoch durch sekundäre Verunreinigungen, gelegentlich auch durch die Reste von Blutungen in ihre untersten Schichten, eine braune bis schwarzgraue Farbe annehmen. Beim Hühnerauge (Leichdorn) ist die Hyperkeratose mehr umschrieben, mehr oder weniger kreisrund, eine Besonderheit, die lediglich durch den Angriffspunkt des auslösenden Druckes über dem medialen, lateralen oder dorsalen Teil des Phalangenköpfchens bedingt ist. Der durch die knöcherne Unterlage hier ausgelöste Gegendruck wächst entsprechend der Zunahme der Hornmasse. Diese wiederum wird immer stärker zusammengeschweißt, und so entsteht im mittleren Teil des Clavus ein kegelförmiger, harter durchscheinender Hornpfropf, der sich zapfenartig in die Tiefe bis in die untersten Epidermislagen erstreckt.

Sekundär kann es zu entzündlichen Prozessen unterhalb der Schwielen und Hühneraugen kommen.

Histologisch beginnt die Schwielenbildung mit einer Verdickung und Verdichtung der oberflächlichen Hornschicht, in der sich im Gegensatz zur Norm bei geeigneter Färbung noch Kernreste darstellen lassen (Unna); eine Tatsache, die allerdings von Dubreuilh und Sklarek bestritten wird, jedoch zu bestätigen und auch bei Hämatoxylin-Eosin-Färbung in den charakteristischen, umschriebenen Herden typischer Hornzellen mit unregelmäßig geformten Kernresten leicht nachzuweisen ist. Diese Veränderung findet sich herdweise in allen Hornschichtlagen. Der feste Zusammenhalt, die „Schweißung" der oberflächlichen Hornschichten bedingt eine Verbreiterung

der ganzen Hornschicht infolge verminderter Abstoßung der obersten Hornlagen. Diese zeichnen sich nach UNNA durch ihre leichte Verdaulichkeit
in Pepsin-Salzsäure, demnach ihre Keratinarmut aus. In der untersten Horn-
schichtlage UNNAS, dem Stratum lucidum, fehlt das Eleidin nahezu vollständig, dagegen findet es sich in breiter Lage in der mittleren Hornschicht, ein
Befund, der mit dem an der normalen Haut übereinstimmt. Dieses Eleidin
unterscheidet sich jedoch von demjenigen des Stratum lucidum dadurch, daß
es in kleineren Tröpfchen, vielfach perlschnurartig aneinandergereiht, auftritt,
Abweichungen, die ihm eine besondere Bezeichnung: Pareleidin eingetragen

Abb. 54. Clavus. Gewucherter, peripherer, abgeflachter, zentraler Abschnitt der Stachelzellschicht. Verbreitertes Stratum lucidum. Am Rande geringere, im Zentrum stärkste Hyperkeratose,
zum Teil Parakeratose und verstrichener Papillarkörper. VAN GIESON. O = 16 : 1,
R = 16 : 1.

haben (WEIDENREICH). Dieses Pareleidin konnte SKLAREK in der Hornschicht
der Schwiele auch dort deutlich nachweisen, wo das Eleidin im Stratum lucidum
fehlte.

In der „geschweißten" Endschicht sind die Schweißdrüsenausführungsgänge meist ganz geschwunden, auch in den unteren Lagen sehr eng zusammengepreßt und lang gestreckt.

Das Stratum granulosum erscheint verdickt, jedoch führt DUBREUILH dies
darauf zurück, daß seine Zellen weniger eng zusammenliegen als gewöhnlich.
Die Stachelschicht ist meist deutlich abgeflacht, der Papillarkörper völlig verstrichen. Im übrigen ist die Cutis zunächst nicht nennenswert verändert. Vereinzelt beobachtete Lymphgefäßerweiterung sowie mäßigste perivasculäre Zellinfiltration sind zwar auch bei anscheinend nicht sekundär „gereizten" Schwielen
beschrieben, jedoch dürfte der Nachweis, daß hier tatsächlich eine primär in
das Krankheitsbild gehörige Veränderung vorliegt, kaum zu erbringen sein.

In derartigen, chronisch gereizten Fällen pflegt eine in erster Linie inter-
papilläre Akanthose einzusetzen, die zur Bildung langer schmaler Papillen mit
erweiterten Gefäßen und perivasculärem Zellinfiltrat — namentlich aus gewucherten Bindegewebszellen — führt. Es muß jedoch betont werden, daß die
Frage, ob hier wirklich entzündliche Veränderungen vorliegen oder nicht, noch
ungeklärt ist.

Das Hühnerauge wird jetzt allgemein als eine „höher entwickelte Schwiele"
(UNNA) aufgefaßt. Histologisch sind ein peripherer und zentraler Anteil deutlich zu
trennen. Der erstere zeigt eine Wucherung der Stachelzellschicht, die zu
oft erheblicher Verlängerung der Epithelleisten und entsprechender Vergrößerung
der von erweiterten Blutgefäßen durchzogenen Papillen führt. Die Hornschicht
ist in diesem Randbezirk ebenfalls verbreitert, wenn auch nicht so stark wie
im Zentrum. In diesem besteht meist eine beträchtliche Rückbildung des
Stratum spinosum und granulosum, bisweilen sogar ein völliger Schwund des
letzteren. Dadurch erscheint die vielfach parakeratotische Hornschicht dem abgeflachten Papillarkörper genähert. In der Mitte des Clavus ist die Hornschicht
hypertrophiert und zu einem, mit der Spitze zur Cutis hinweisenden, aus fest
zusammengeschweißten, nach UNNA leicht verdaulichen Hornlamellen bestehenden, kegelförmigen Kern umgewandelt, in dessen mittleren und oberen Abschnitten die Zellkerne vielfach erhalten bleiben, während die unmittelbar
über der atrophischen Stachelschicht gelegenen kernfrei sind. Gelegentlich
wechseln auch kernlose und kernhaltige Abschnitte miteinander ab. In diesem
zentralen Abschnitt findet sich weniger Eleidin als in der Randzone, wohin-
gegen das Pareleidin gemäß der stärkeren Entwicklung der mittleren Hornschicht
hier erheblich reichlicher auftritt.

Das kollagene Gewebe ist zusammengepreßt und verdichtet, das elastische
kann manchmal völlig zugrunde gehen. An den Gefäßen finden sich keinerlei
Veränderungen, abgesehen von einer ziemlich regelmäßig vorhandenen Erweiterung und prallen Füllung, die namentlich im Papillarkörper sehr deutlich
ist und hier bisweilen zu extravasalen Blutaustritten führt. Reste früherer
Blutungen lassen sich gelegentlich auch noch in den verhornten zentralen Teilen
beobachten.

In der Randzone scheinen die Schweißdrüsenausführungsgänge erweitert
und stark geschlängelt; seitlich vom Kern weichen sie vor dessen Druck seitwärts aus, oft abgeknickt, während die Knäuel selbst gut erhalten bleiben und
ihr Lumen sich vielfach erweitert. In dem verhornten Kern finden sich weniger
Schweißporen, als den zugehörigen Epithelleisten entspricht; ein Teil durchsetzt
den Kern unverändert, die meisten werden jedoch verzerrt und undeutlich (UNNA).

Differentialdiagnose: Wenn auch zwischen Callus und Clavus Übergänge vorkommen können, so gestattet doch die, wie SKLAREK betont, stets vorhandene,
wechselnd starke Parakeratose im Kern des Clavus eine Unterscheidung von der
Schwiele, da sie hier stets fehlt.

Während die Histologie des Callus und Clavus ziemlich geklärt ist, herrscht in der
Auffassung der **Pathogenese** durchaus noch keine Übereinstimmung. Einmal reine Stauungs-
keratose infolge verminderter Abstoßung durch den vermehrten Zusammenhalt der obersten
Hornschichten (Schweißung im Sinne UNNAS), daneben zum anderen auch noch eine stärkere Neubildung von Zellen, und zwar wohl eher auf Grund passiver denn aktiver Hyperämie: diese beiden Ansichten stehen sich bis heute noch gegenüber; wahrscheinlich werden
beide Bedingungen zusammenwirken.

Die Ausbildung des zentralen Hornpfropfes beim Clavus hat schon F. v. HEBRA darauf zurückgeführt, daß die durch Druck und Reibung zunächst entstehenden umschriebenen Schwielen infolge ihrer Lagerung über stark vorgewölbten Knochenvorsprüngen nicht seitlich ausweichen können und daher in die Tiefe gedrängt werden. Der durch die knöcherne Unterlage ausgelöste Gegendruck preßt die Hornschichten immer mehr zusammen und führt so zur Bildung des festen zentralen Hornpfropfes.

2. Entzündungen aus physikalischen Ursachen.

a) Durch Hitzewirkung.

Die durch leitende oder strahlende Wärme auf der Haut hervorgerufenen Veränderungen sind je nach dem Hitzegrad und der Dauer der Einwirkung verschieden.

Klinisch pflegt man 3 oder auch 4 verschiedene Grade der Verbrennung zu unterscheiden, deren erste, das einfache Erythem, auf der Haut als eine schwächere oder stärkere Rötung erscheint, begleitet von einer wechselnd starken Schmerzhaftigkeit, örtlichen Temperaturerhöhung und starken Schwellung; alles in allem eine durch diese 4 Kardinalsymptome bereits als echte Entzündung gekennzeichnete Veränderung. Der Rötung folgt alsbald eine bräunliche Färbung durch kleinste Blutaustritte ins geschädigte Gewebe.

Die Entzündung geht beim zweiten Grade der Verbrennung mit wechselnd starker Exsudation einher, die zu verschieden großen Blasenbildungen führt. Diese sind meist halbkugelig und gleichzeitig in den Randabschnitten von einem Erythem nach Art der Verbrennung ersten Grades begleitet.

Diesen beiden, durch rein exsudative Vorgänge gekennzeichneten Verbrennungsgraden steht der 3. als durch eine wechselnd tiefe verschorfende und nekrotisierende Entzündung gekennzeichnete gegenüber, während der 4. Grad schließlich mit Verkohlung des Gewebes (Carbonisatio) einhergeht. Bei der Verbrennung 3. Grades ist die Hornschicht auf weite Strecken abgehoben, die Haut zunächst hellhimbeerrot, dann grauweiß bis braunschwarz verfärbt, lederartig. Anfangs sind die verbrannten Hautabschnitte fast völlig empfindungslos, später — bei Abstoßung der zerstörten Teile — stellen sich unter Umständen starke Schmerzen ein. Bei der Carbonisatio ist die Haut kohlschwarz, vielfach eingerissen; Muskeln und Sehnen liegen frei, oft auch Knochen und Gelenke.

Die eingehendsten Untersuchungen über die Histologie der Verbrennungen an der menschlichen Haut verdanken wir UNNA; für die schweren und schwersten Formen neuerdings ULLMANN. Ihre Wirkung am Tierkörper wurde von BIESIADECKI, TOUTON, WEIDENFELD und v. ZUMBUSCH erforscht.

Neben der eigentlichen Verbrennung werden dann, namentlich seit BUSCHKE-EICHHORN (1911), noch jene Veränderungen besonders beachtet, wie sie sich als netzförmige Zeichnung namentlich nach längerer Einwirkung strahlender Wärme (direkte Feuerbestrahlung, Wärmekästen, warme Umschläge) auf der Haut zu entwickeln pflegen. Dieses

Erythema ab calore

beginnt als netzförmige, flächenhafte Veränderung der Haut, die zunächst lediglich gerötet, nach und nach aber in gleicher Zeichnung eine deutliche Pigmentierung zeigt und schließlich gar eine Verdickung. Sie ist in ihrer Entwicklung an das subcutane Venennetz gebunden und tritt in der Regel nur bei Menschen mit ausgesprochener Cutis marmorata auf. Hier pflegen die entzündlichen Streifen der Dermatitis ohne scharfe Abgrenzung in das marmorierte Netz überzugehen.

Histologisch findet sich im ersten, dem hyperämischen Stadium ein mäßiges entzündliches Infiltrat um die größeren und kleineren Gefäße, besonders die Venen, welches hauptsächlich aus Lymphocyten, daneben aus wenigen polynucleären Leukocyten, Plasmazellen, vereinzelten Chromatophoren und Pigment besteht (BUSCHKE-EICHHORN). Die Veränderung erstreckt sich auf die Gefäße in Papillarkörper und Cutis sowie auf die der Anhangsgebilde.

In erster Linie jedoch ist das auf der Höhe des Vorgangs stets ödematöse Stratum papillare betroffen. Hier sind die Blutgefäße zu diesem Zeitpunkt stark erweitert, strotzend mit Blut gefüllt und von einem lymphocytären Infiltrat strangförmig begleitet. Die Gefäßwände sind, von einer leichten Endothelschwellung abgesehen, nicht verändert.

Die Pigmentansammlung tritt in der Epidermis in Form feinkörniger Granula, sowohl im Stratum basale wie in den übrigen Schichten bis zur Hornschicht auf. Sie ist auch in den interepithelialen Spalträumen nachweisbar. In der Cutis findet sie sich ebenfalls; in Gestalt feiner Körner in den pigmentreichen Chromatophoren, als freiliegende, gröbere Körner in deren Umgebung. Chemisch handelt es sich um Melanin.

Epidermisveränderungen, wie sie als Parakeratose und Akanthose vereinzelt geschildert wurden, gehören nicht unbedingt zu dem Krankheitsbilde und sind wohl in weitestem Maße von der Stärke des papillaren bzw. epidermalen Ödems abhängig.

Bei der eigentlichen

Verbrennung der Haut (Combustio),

deren Hauterscheinungen denen bei der Verbrühung völlig entsprechen, findet sich als erste Folge der Hitzeeinwirkung, bei der sog. Dermatitis ambustionis erythematosa, histologisch anfangs bemerkenswerterweise keine besondere Veränderung der Epidermis; nur die äußerste Hornschicht legt sich infolge der Hitzedehnung in Falten. Dagegen ist von einem Ödem der Epidermis zu diesem Zeitpunkt noch nichts zu merken, ganz im Gegensatz zum Corium. Hier kommt es gleichzeitig mit der unmittelbar auf die Einwirkung auftretenden starken Erweiterung der Gefäße zum Austritt von Serum in das Gewebe und damit zum Ödem. Durch dieses schwellen die kollagenen Bindegewebsbündel auf das Mehrfache ihrer Dicke an. Sie sind voneinander durch wechselnd breite, flüssigkeitgefüllte Gewebsmaschen getrennt. Die mäßig ödematösen und daher leicht kolbig aufgetriebenen Papillen sind anfangs sonst nicht verändert.

Hält die Hitzeeinwirkung an oder steigert sie sich, kommt es zum zweiten Grade der Verbrennung, zur Dermatitis ambustionis bullosa, so tritt neben dem anwachsenden Ödem der Cutis unmittelbar eine Störung der Epidermis ein, insbesondere der Stachelzell- und der Hornschicht. Letztere wird auf kürzere oder weitere Strecken durch ein seröses Exsudat abgehoben. In der Stachelschicht quellen die einzelnen Zellen auf; ihr Protoplasma wird feinkörnig getrübt, die Kernzeichnung verwaschen. Es entwickelt sich ein intracelluläres Ödem (Altération cavitaire, LELOIR) sowohl im Protoplasma, hier mit ausgedehnter Vakuolenbildung, als auch im Kern. Das Gewebe verliert seine Färbbarkeit; gleichzeitig lockert ein intercelluläres Ödem den Zusammenhang der einzelnen Stachelzellen. Dadurch entstehen zwischen diesen kleinere und schließlich auch größere mit Serum gefüllte Hohlräume: die Blasenbildung hat begonnen. Zunächst sind diese kleinsten Lücken und Höhlen noch allseitig von Stachelzellen umgeben. Teils zusammengedrängt und abgeflacht, teils spindelförmig ausgezogen, bilden sie die Wandung dieser kleinsten Höhlen, in deren Lumen die faserigen Reste zugrunde gegangener Zellen hineinhängen. Nimmt das Ödem zu, geht der Zellzerfall weiter, so kommt es schließlich zur

Verschmelzung mehrerer kleinerer zu einer größeren, dann auch klinisch sichtbaren Blase.

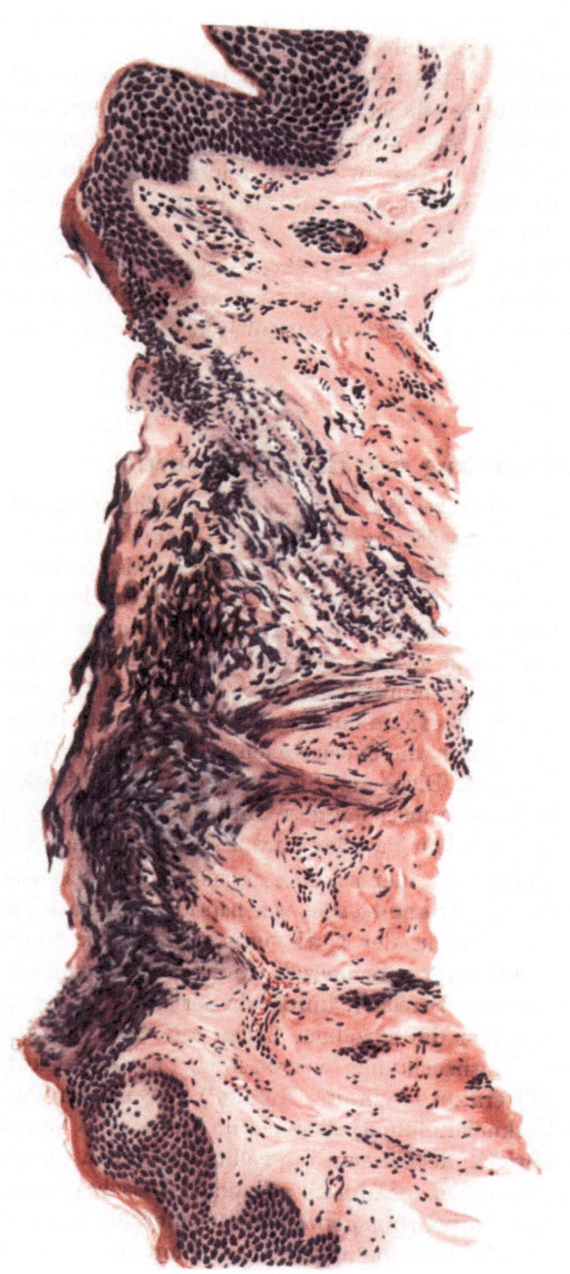

Abb. 55. Trockene Verbrennung 3. Grades. (Dermatitis escharotica.) (Unterarm, volar, 10jähr., ♀.) Epidermis zerstört, nekrotisch, strukturlos. Im Bilde links angedeutete „Palisadenstellung". Papillarkörper und Cutis schollig zerfallen, Kollagen zu dicken plumpen Brocken verbacken. Blutgefäße zentral leer, kollabiert, peripher erweitert und stark gefüllt. Färbung: Häm.-Eosin. O = 66 : 1, R = 50 : 1.

Der in der Hauptsache rein seröse Blaseninhalt ist oft durch ein vielmaschiges Fibrinnetz in unregelmäßig polygonale Felder geteilt, in welchen bei stärkerer Vergrößerung feinste runde Fibrinkörner festzustellen sind, die in den übrigen Massen des geronnenen Serums spärlicher verteilt scheinen. Polynucleäre Leukocyten sind ebenfalls darin enthalten, um so spärlicher je früher, um so reichlicher je später nach Einsetzen der Schädigung die Untersuchung stattfindet. Nach UNNA besteht bei stärkerer Verbrennung zweiten Grades der ganze Blaseninhalt aus dünnflüssigem Serum mitFibrinbeimischungen, während der festere, einem Epithelbrei ähnliche Blaseninhalt den schwächeren Verbrennungen zweiten Grades zukommt. Bei den größeren Blasen wird die Decke von der abgehobenen Hornschicht gebildet, an deren Unterseite eine verschieden breite Schicht der veränderten Stachelzellen haftet. Diese Stachelzellen sind zu einer fast kernlosen, homogenen Masse verschmolzen, die kurze Fortsätze in das Blasenlumen herabsendet, wie solche auch vom Blasenboden aufragen. Hier bilden sie, nur noch an wenigen Stellen den im übrigen nackten, ödematös gequollenen und abgerundeten Papillenspitzen aufsitzend, die letzten Reste der völlig umgewandelten Stachel- und Basalzellschicht. Die blasige Abhebung beginnt also hier an der Grenze vom Stratum basale und spinosum (BIESIADECKI).

Die seitliche Begrenzung der Blasen ist verschieden. Einmal erfolgt der Übergang in die unveränderte Stachelschicht ganz plötzlich; nur die mangelnde Kern- und Zellzeichnung deutet auf kurze Strecken die Folgen der Hitzewirkung an. An anderen Randstellen hingegen besteht eine Übergangszone, in welcher das Epithel genau so zerklüftet und zu langen, teilweise abgerissenen Spindeln ausgezogen ist, wie zu Beginn in den kleinsten Bläschenbildungen (UNNA).

Die Veränderungen der Cutis bei den Verbrennungen zweiten Grades entsprechen grundsätzlich denjenigen des ersten Grades, nur daß sie stärker ausgeprägt sind und länger bestehen bleiben. Ödem des Papillarkörpers und der oberen Cutis sind deutlicher; die einzelnen Papillen aufgetrieben, abgeflacht, oft auch völlig verstrichen. Das kollagene Gewebe wird durch das Exsudat auseinandergedrängt und aufgelockert. Die feineren Elastinfasern des Papillarkörpers sind geschwunden; in der Cutis sind sie schwächer färbbar. Die Blutgefäße in Papillarkörper und Cutis, manchmal bis zur Subcutis hin, sind erweitert, ebenso die Lymphspalten. Das ganze Gewebe ist wechselnd stark von polynucleären Leukocyten durchsetzt. Stärkere Grade nimmt dies allerdings erst im weiteren Verlauf der Entzündung an, wenn den alterativen die mehr reparativen Veränderungen folgen.

Im Gegensatz zu den Verbrennungen ersten und zweiten Grades kommt es bei denjenigen dritten Grades, bei der Dermatitis escharotica, sofort zu einer völligen Zerstörung der ganzen Epidermis. Diese ist meist völlig abgelöst und zerrissen, bzw. nicht mehr als solche nachweisbar. Die abgelösten Teile sind nekrotisch und bilden eine homogene, struktur- und kernlose Schicht. Unter dieser Schicht und als Übergang zu den weniger stark geschädigten tieferen Gewebsabschnitten ist die Cutis zu schollenartigen Massen umgewandelt, die von zerfallenen Kernen durchsetzt sind. An diesen sowie auch an den erhalten gebliebenen Epidermiszellen läßt sich manchmal eine eigentümliche Richtungsänderung, eine „Palisadenstellung" erkennen, wie sie ähnlich auch als „elektrische Strommarke" (JELLINEK) beschrieben worden ist. Die kollagenen Fasern unterhalb dieses nekrotischen Bezirks sind gequollen und miteinander zu dicken und plumpen Balken bzw. kurzen Bröckeln fest verbacken. Auch die an die

Fettzellen angrenzenden tieferen Bindegewebsschichten sind nicht mehr gleichmäßig und gut voneinander abgegrenzt, sondern unregelmäßig verworfen und teilweise bröckelig zerfallen (ULLMANN). Die Gefäße des verklumpten Bezirks sind völlig blutleer, und — ebenso wie die Schweißdrüsenknäuel — zu schmalen Strängen zusammengepreßt. Die elastischen Fasern sind zusammengedrückt, im übrigen jedoch gut erhalten (UNNA).

In der Umgebung des nekrotischen Gewebsbezirks sind die Gefäße hingegen sehr stark erweitert, mit koagulierten Serummassen, Zelltrümmern, weiter nach dem Gesunden hin mit Blutmassen gefüllt, was häufig zur Thrombenbildung geführt hat.

Reicht die Verbrennung noch tiefer und war sie noch stärker, so kann schließlich die gesamte Hautdecke völlig nekrotisch geworden sein; dann sind auch Subcutis und Fettgewebe in wechselnd weitem Maße geschmolzen und verschorft. Derartige Veränderungen finden sich naturgemäß nur bei den schwersten Graden der Verbrennung, bei der Verkohlung.

In jenen Fällen, wo der Kranke die Folgen der Verbrennung übersteht, pflegt sich nach einigen Tagen eine demarkierende Entzündung einzustellen, die schließlich zur Abstoßung der nekrotischen Gewebsteile und dann vom Rande bzw. von den Resten erhalten gebliebenen Follikel- oder Drüsenepithels her zur Überhäutung in Form mehr oder weniger unregelmäßiger Narbenbildung führt.

Über die allgemeinen Folgen der Verbrennung siehe die Lehrbücher der pathologischen Anatomie.

Differentialdiagnose. Diesbezügliche Erörterungen sind für die eigentliche Verbrennung kaum notwendig, insbesondere wenn man absieht von der ja schließlich doch nur für den Gerichtsarzt wichtigen Frage nach vitaler oder postmortaler Entstehung von Brandschädigungen. Ohne darauf hier näher einzugehen, sei nur erwähnt, daß sich letztere von ersterer vor allem durch das Fehlen jeglicher vitalen entzündlichen Reaktion unterscheidet; es fehlen Erweiterung und Thrombose der Gefäße, die Leukocytenauswanderung in die Umgebung sowohl wie in die Brandblase. Voraussetzung für erstere ist, daß der Verbrannte wenigstens noch kurze Zeit gelebt hat.

Über die Unterscheidung von jenen Blasenbildungen in der Haut, wie sie gelegentlich bei Verschütteten beobachtet werden (KÜTTNER, MARX), kann ein Zweifel nicht aufkommen.

Eine nähere Erörterung verlangt lediglich die Dermatitis ambustionis marmorata, da sie neben Wärme und Kälte bei entsprechenden allgemeinen Voraussetzungen auch durch eine Reihe anderer Ursachen hervorgerufen werden kann. Sie ist demnach ein zwingender Beweis für die schon wiederholt erwähnte Tatsache, daß die gleichen morphologischen Veränderungen an der Haut auf pathogenetisch durchaus verschiedener Grundlage auftreten können, wie umgekehrt die gleiche Ursache im engeren Sinne bei entsprechend eingestelltem Organismus zu verschiedenen Erkrankungsformen in der Haut führen kann (vgl. Tuberkulose).

Histologisch findet sich bei der Dermatitis ambustionis marmorata — gleichgültig, welcher Genese die Pigmentation ist — kein Unterschied im geweblichen Aufbau (EHRMANN).

Außer auf Wärme und Kälte sind neben einigen bisher noch nicht näher ergründeten Ursachen derartige Hautzeichnungen auch zur Tuberkulose, sowie zur Lues in Beziehung gebracht worden (Ehrmann). Eine Trennung der verschiedenen Krankheitsbilder auf Grund rein histologischer Merkmale ist in den meisten Fällen nicht möglich gewesen. Ausnahmen, wie im Falle Fischls kommen vor.

Pathogenese: Für die Entwicklung der Cutis marmorata pigmentosa (Buschke-Eichhorn) scheint ein besonderer Zustand der Blutzirkulation von Bedeutung, wie er sich als starke und lange bestehende Cutis marmorata äußert. In deren Bereich können sowohl von außen (Hitze, Kälte) wie von innen einwirkende Ursachen (Tuberkulose, Lues) Anlaß zur Entwicklung des Krankheitsbildes geben, ohne daß damit andere Ursachen auszuschließen wären.

Für die formale Genese der Verbrennung darf als sicher angenommen werden, daß Schädigung und Abhebung der Stachelschicht unmittelbar durch die Hitze und nicht erst durch das sich dann entwickelnde Ödem veranlaßt werden. Die blasige Abhebung der Hornschicht ist nach Unna einmal durch deren Hitzeüberdehnung, andrerseits durch die aus der inter- sowohl wie intracellulären Gewebsflüssigkeit der Stachelschicht entstehende Dampfmenge bedingt.

b) Entzündungen durch Kältewirkung.

Die Erfrierung der Haut (Congelatio).

Unsere Kenntnisse von den echten Erfrierungen des Menschen, die vor dem Kriege für die übergroße Mehrzahl der Ärzte auf seltene und zufällige Beobachtungen beschränkt waren, haben durch diesen eine außerordentliche Erweiterung erfahren. Daher kann man heute mit Beobachtungen am menschlichen Körper arbeiten, wo man früher gezwungen war, zur Vervollständigung des Krankheitsbildes das Tierexperiment (Kriege, Hodara, Fuerst, Rischpler und Marchand) weitgehendst zu Hilfe zu nehmen.

Man pflegt die Erfrierungen entsprechend den Verbrennungen in verschiedene Grade einzuteilen, wobei jedoch daran zu denken ist, daß dieses sich hier wie dort nur auf Grund einer rein äußerlichen Ähnlichkeit der Erscheinungen aufrecht erhalten läßt, der jede pathogenetische Berechtigung fehlt. Man kann also eine erythematöse, bullöse und gangränöse Dermatitis unterscheiden. Bei der ersteren folgt einem schnell vorübergehenden Gefäßkrampf eine Erweiterung, einem anfänglichen Erblassen eine blaurote Verfärbung, Schwellung und starke Juckempfindung der Haut, und zwar auf Grund einer passiven Hyperämie. In diesem Zustand ist noch völlige Rückbildung möglich. Bleibt jedoch die Kälteeinwirkung und damit die venöse Stauung länger bestehen, so tritt zu der stärkeren Schwellung eine Empfindungslosigkeit des befallenen Bezirks. Nach einiger Zeit kommt es dann zur Bildung zunächst seröser, bei tiefer gehender Schädigung jedoch bald hämorrhagisch werdender Blasen, nach deren Zerfall langwierige Geschwüre entstehen: das zweite Stadium der Erfrierung ist erreicht. Schon zu diesem Zeitpunkt ist eine sichere Voraussage über die Folgen nicht ohne weiteres möglich, da jene weitgehendst von einer dann meist eingetretenen Gefäßschädigung abhängig sind, deren Ausmaß erst im weiteren Verlauf zu übersehen ist. In Fällen stärkster Kälteschädigung ist die gesamte Hautdecke tief blaurot verfärbt, empfindungslos. Eine Cutis, Subcutis, oft auch Muskulatur, ja die gesamten Weichteile mitsamt dem knöchernen Gerüst durchsetzende Nekrose kann zum Absterben ganzer Körperteile führen. Diese Nekrose pflegt als trockene oder feuchte Gangrän zu verlaufen, je nachdem die Abstoßung aseptisch oder unter Sekundärinfektion mit allen Folgeerscheinungen verläuft (Sonnenburg und Tschmarke).

Bei allen Graden der Erfrierung stehen die Gefäßveränderungen im Vordergrunde, eine Tatsache, auf die als erster v. Recklinghausen hingewiesen hat (Allg. Pathol. S. 348). Sie tritt schon beim ersten Grade der Erfrierung hervor, indem schon hier das ganze Gefäßsystem vom Papillarkörper bis zur Subcutis hin sehr stark erweitert ist. Dazu tritt eine lymphocytäre, perivasculäre Zellansammlung, die sich in erster Linie auf die Gefäße der tieferen Cutis und der Subcutis, unter Freibleiben von Papillarkörper und oberer Cutis

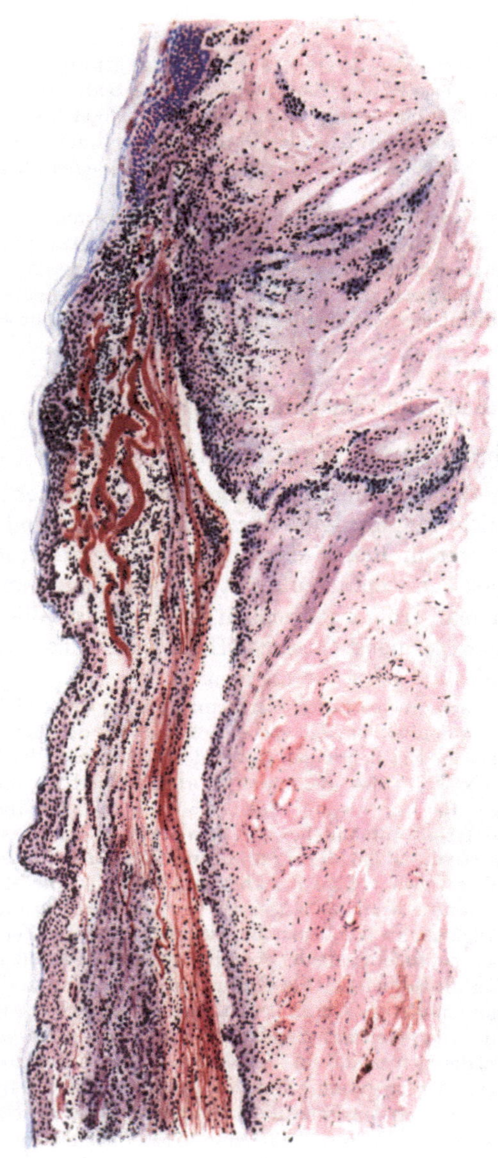

Abb. 56. Erfrierung. (Oberarm, ♂, 70jähr., über Nacht erfroren aufgefunden.) Epidermis blasig abgehoben, nekrotisch, ödematös und von polynucleären Leukocyten durchsetzt, ebenso Papillarkörper und obere Cutis. Elastin gequollen und verbreitert. Scharfe Abgrenzung gegen die mittlere Cutis. Auch hier ödematöse Quellung vor allem des Kollagens. Blut- und Lymphgefäße erweitert, hyaline Umwandung der Gefäßwände, Zellansammlung um die Gefäße der Haarfollikel. Häm.-Eosin. O = 66 : 1, R = 60 : 1.

erstreckt. Im gleichen Bezirk sind die Gefäßlumina durch unregelmäßige Thrombosen verschiedener Art mehr oder weniger weitgehend verschlossen. Man findet einmal homogene, rein hyaline Thromben, die die kleineren Gefäße oft vollkommen oder auch wandständig, dann als kugelige Gebilde, ausfüllen. Ihre Entwicklung aus Leukocyten und Blutplättchen ist stellenweise noch leicht erkennbar, während sie an anderen Stellen in reine Fibrinpfröpfe übergegangen sind. Neben den hyalinen sieht man noch rote und gemischte Thromben; alle drei, bald jeder für sich, bald gemeinschaftlich auftretend und die Gefäße der Cutis und Subcutis auf eine kürzere oder längere Strecke ausfüllend oder gar völlig verschließend. An anderen Stellen wieder sind sie nur wandständig und umgeben von normalen Blutmassen, die den freien Rest des Gefäßlumens einnehmen.

Wenn auch nicht alle Gefäße an der Thrombenbildung beteiligt sind, so weisen doch fast alle eine Gefäßwandschädigung auf, die sich im wesentlichen in einer hyalinen Verdickung, in erster Linie der Media kund tut, wie dies schon KRIEGE experimentell nachgewiesen hat. Derartigen experimentellen Untersuchungen verdanken wir auch unsere Kenntnisse von den feineren Veränderungen, die sich im Gewebe bei der Erfrierung abspielen. Es handelt sich dabei in erster Linie um ausgedehnte Vakuolenbildung in den Zellen, sowohl der Epidermis wie des Bindegewebes, daneben Pyknose und Zerfall bis zu völliger Nekrose der Zellen. An den Gefäßen führt diese Vakuolenbildung der Endothelien zu deren völligem Schwund infolge allmählicher Auflösung.

Aber auch das Bindegewebe wird in die Veränderungen einbezogen. Neben einer zunächst nur mäßigen Wucherung der Fibroblasten und einem wechselnd starken Ödem kommt es bereits in den frühesten Stadien zur Bildung faserigen und körnigen Fibrins, wodurch das kollagene Gewebe auseinandergedrängt wird. Die elastischen Fasern sind, namentlich in den unteren Schichten, zunächst auf ein Vielfaches verbreitert, sie quellen auf, um später unter Schwund ihrer Homogenität und Auftreten einzelner kleinster Hohlräume zu zerfallen. Schließlich schwinden sie bis auf geringe Reste, die als dicke, plumpe und kurze Blöcke im Gewebe liegen bleiben.

Bei weitergehenden Folgen der Erfrierung haben die eben geschilderten, vielfach in stärkerem Ausmaß auftretenden Veränderungen nun auch auf die oberen Schichten der Cutis und den Papillarkörper übergegriffen. Die Grenze zum Gesunden hin ist dann durch eine starke Erweiterung der strotzend gefüllten Capillaren angedeutet, von denen ein Teil außerdem thrombotisch verschlossen ist.

In der Mitte derart schwer geschädigter Herde ist die Epidermis nekrotisch geworden, vielfach von zahlreichen polynucleären Leukocyten durchsetzt, die sich auch nach dem Gesunden hin in einer hier auftretenden Demarkationslinie angesammelt haben. Je stärker die Schädigung, um so tiefer hinab reicht die Nekrose, so daß bei den schwersten Graden der Erfrierung die gesamte Cutis, Subcutis, ja sogar weite Strecken des Fettgewebes und der Muskulatur in eine strukturlose Masse umgewandelt sind.

In dieser sind die Gefäße sämtlich durch Thromben verschlossen, die Gefäßwände in homogene hyaline Zylinder umgewandelt.

Beschränkt sich die Schädigung nur auf einzelne Abschnitte des befallenen Gewebes, während benachbarte noch lebensfähig sind und erhalten bleiben, so setzt naturgemäß von diesen aus alsbald ein Regenerationsprozeß ein, der selbstverständlich zunächst nur zu einer Ausschaltung und Abstoßung des Zerstörten, dann aber zu einer Deckung des entstandenen Gewebsverlustes führt. Dies geht mit einer erheblichen Wucherung der Bindegewebszellen einher. Ihr Protoplasma nimmt die verschiedensten Formen an; vielfach liegen infolge der überstürzten Zellteilung zahlreiche Kerne in einer großen Zelle zusammen. Ähnliche riesenzellartige Bildungen finden sich auch bei der Regeneration der quergestreiften Muskulatur.

Die Veränderungen der quergestreiften Muskulatur sind, wie besonders Schminke dargetan hat, äußerst kennzeichnend. Zwischen den zerstörten, in homogene kernlose Schollen umgewandelten Muskelfasern, die keinerlei Querstreifung mehr zeigen, finden sich neben den entzündlichen Erscheinungen Muskelzellen mit zahlreichen Kernen, die an vielkernige Riesenzellen erinnern, wie sie auch experimentell gefunden wurden (Rischpler, Marchand, Fuerst);

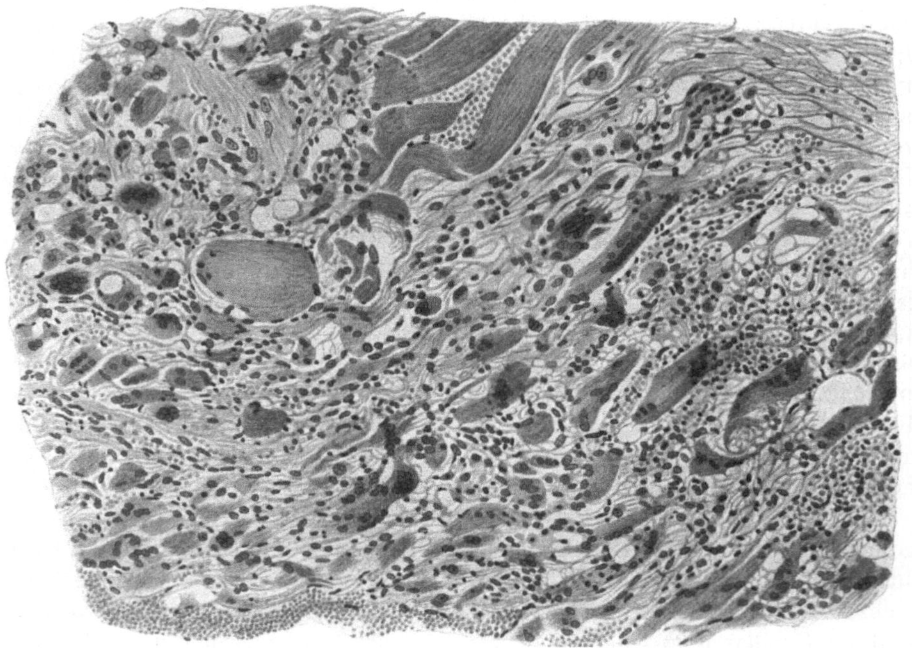

Abb. 57. Erfrierung. Veränderungen der quergestreiften Muskulatur. (Sammlung Kyrle.)

beides Folgen einer Regeneration aus einem relativ geschädigtem Gewebe heraus (Kyrle).

Der Ausheilung des Gewebsverlustes in der Cutis entspricht ein solcher in der Epidermis. Auch hier setzt vom erhaltenen Epithel aus nach der Seite und in die Tiefe hin eine unregelmäßige Zellwucherung ein, die schließlich den Geschwürsgrund mit einer je nach dem Grade des Gewebsverlustes oberflächlicheren oder tieferen Narbe überdeckt.

Die Frostbeulen der Haut (Perniosis).

Die Erwähnung der Frostbeulen an dieser Stelle ist lediglich dadurch gegeben, daß bei ihrer Entwicklung die Kälte eine gewisse Rolle spielt, ohne daß man berechtigt oder imstande wäre, ihre Genese einzig und allein auf diese zurückzuführen. Die Frostbeulen setzen nämlich, wie dies schon Unna hervorhebt, eine bereits pathologisch veränderte Haut voraus. Die Kranken zeigen auch schon in der Wärme eine gestörte Wärmeregulierung. Der Gefäßtonus, insbesondere der Venen, ist erhöht. Auf diesen sind die bläulich livide Farbe, die kühle und feuchte Oberfläche, die Neigung zur Schwellung, zum Auftreten zinnoberroter Flecke in den betreffenden Bezirken zurückzuführen. Die Kälte bewirkt lediglich eine Steigerung dieser Stauungserscheinungen. Dadurch kommt es zur Bildung eines stärkeren Ödems und damit zur Frostbeule.

Die Beulen treten an den Streckseiten der Hände und Füße, in erster Linie der Phalangen, an der Nasenspitze oder gar den Ohrrändern, also überall da auf, wo ein Ausgleich der Stauung durch Kollateralgefäße nicht möglich ist. Sie bestehen aus wechselnd zahlreichen, flachen, weichen, unscharf begrenzten Knoten von blauroter Farbe und oft eingesunkener Mitte, die zudem häufig geschwürig zerfallen ist.

Eine Erfrierung im engeren Sinne ist die Frostbeule — wie wir bei der Pathogenese noch genauer sehen werden — also eigentlich nicht, obwohl die histologischen Veränderungen eine weitgehende Übereinstimmung mit dieser aufweisen, wie dies besonders aus den Untersuchungen von HODARA hervorgeht.

In den vollentwickelten Knoten findet sich, wie ich an eigenen Befunden bestätigen kann, im Corium eine hochgradige Erweiterung sämtlicher Gefäße und Capillaren, ein starkes Ödem der Lymphspalten, besonders in Papillarkörper und oberer Cutis. Die Papillen sind kolbig verdickt und aufgetrieben, die Epithelleisten entsprechend verschmälert, oft lang ausgezogen. Überall dort, wo das Ödem stärkere Grade annimmt, hat es auch auf die Epidermis übergegriffen; dann führt eine inter- sowohl wie intracelluläre Flüssigkeitsansammlung in der Stachelschicht zu einer Vergrößerung der einzelnen Zellen, zur Altération cavitaire LELOIRS. Die Hornschicht über diesen Abschnitten ist stets erheblich verbreitert; das Stratum granulosum jedoch nicht immer. Sein Verhalten hängt völlig von der Entwicklung des Ödems der Stachelschicht ab. Zu Beginn der Veränderung finden sich in dieser sowie auch im Stratum basale reichliche Mitosen, die ebenfalls zur Verbreiterung und Vergrößerung der Epidermis beitragen.

In der Cutis spielen sich zu Beginn die Hauptveränderungen in erster Linie am Gefäßsystem ab. Es ist dabei allerdings schwer zu entscheiden, inwieweit Wandverdickung, Erweiterung und starke Füllung der Gefäße, ebenso wie die stets zu beobachtende Auflockerung des Endothelrohrs als Begleiterscheinung der Perniosis auftreten, oder ob sie nicht lediglich als besondere Eigentümlichkeiten des funktionell schwachen Gefäßapparates zu betrachten sind. Diese Annahme wird besonders durch die Untersuchungen KYRLES gestützt, der die gleichen Veränderungen an Hautstellen fand, die lediglich livid verfärbt und feucht, kalt, ohne die geringste Andeutung einer Knotenbildung waren. Diese Gefäßveränderungen stellen daher wohl überhaupt erst den Boden dar, auf dem sich das Bild der Perniosis entwickeln kann.

Auf dem Höhepunkt der Veränderung werden diese Gefäße von Haufen weißer Blutkörperchen ausgefüllt, die vielfach zu hyalinen Massen zusammengesintert sind. Dagegen fehlen nach HODARA in diesem Stadium hyaline oder gemischte Thromben, wie sie bei der echten Erfrierung stets anzutreffen sind und wie ich sie, im Gegensatz zu KYRLE, auch bei den späteren Stadien der Perniosis feststellen konnte.

Die Veränderungen des Bindegewebes entsprechen hingegen im großen ganzen denjenigen bei der Erfrierung. Hier wie dort findet sich eine starke Wucherung der Bindegewebszellen, eine manchmal erhebliche, jedoch durchaus nicht kennzeichnende Lymphocyteninfiltration des perivasculären Gewebes, in erster Linie in der Cutis, weniger im Stratum papillare. Die elastischen Fasern sind zunächst erheblich vergrößert, gequollen und in breite Bänder umgewandelt; später zerfallen sie zu kurzen klumpigen oder auch aufgesplitterten Gebilden.

Nimmt die Exsudation zu, kommt es zur auch klinisch sichtbaren Blasenbildung, so findet man dieser entsprechend ein sehr viel deutlicheres inter- und intracelluläres Ödem. Die Körnerschicht ist dann stellenweise völlig geschwunden; die Hornschicht von parakeratotischen Lamellen durchsetzt. An umschriebenen Stellen hat das seröse Exsudat zur Bildung kleinerer und größerer, fibrinhaltiger Hohlräume geführt, die die erheblich verdickte und ödematös

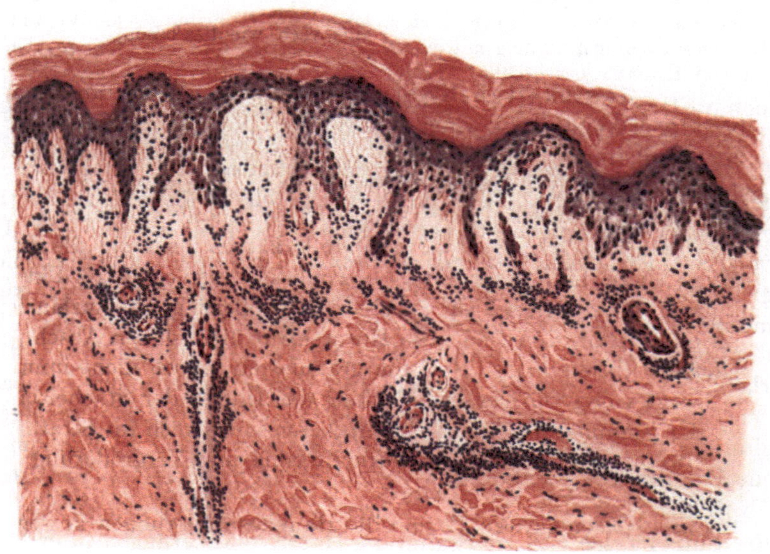

Abb. 58. Perniosis. (Fingerrücken, 18 jähr., ♀.) Erweiterung sämtlicher Gefäße, perivasculäres Infiltrat, hyaline Wanddegeneration, stärkeres Ödem besonders im Stratum papillare, subpapillare und oberer Cutis; Papillen kolbig verdickt, Epithelleisten meist verschmälert. Inter- und intracelluläres Ödem der Epidermis, besonders der Basal- und Stachelzellschicht. Hyperkeratose. Häm.-Eosin. O = 147 : 1, R = 120 : 1.

durchtränkte Hornschicht emporwölben. Hier und da zeigen sich gelegentlich bereits wieder Ansätze zur Ausheilung, indem unter den parakeratotischen Hornlamellen oder am Boden der Bläschen eine normale Körner- und Stachelschicht auftritt.

Zu diesem Zeitpunkt sind die übrigen Veränderungen genau die gleichen wie früher. Lediglich die nunmehr vorhandenen verschiedenartigen Thromben geben dem Ganzen ein etwas abweichendes Gepräge. Dies ändert sich jedoch im übrigen auch dann nicht, wenn nun im Zentrum der Knoten schließlich eine Nekrose einsetzt, nach deren Abstoßung ein umschriebenes Geschwür vorliegt.

Das gesteigerte Ausheilungsbestreben zeigt sich dann zunächst am Rande des Geschwürs in einer starken Wucherung der Körner- und Stachelschicht, von der aus breite und plumpe Epithelleisten, atypisch wachsend, tief in die Cutis vordringen. Je näher man der Mitte der Ulceration kommt, um so stärker treten hingegen die eben geschilderten exsudativen Vorgänge in den Vordergrund.

Aber auch hier läßt sich dann in der Randzone, genau wie bei der Erfrierung, eine demarkierende Entzündung feststellen. Die Gefäße sind hier stark erweitert und strotzend gefüllt, ihre Wandung hyalin verdickt, von einem perivasculären lymphocytären Infiltrat umscheidet; das Lumen vielfach thrombotisch verschlossen. Zahlreiche polynucleäre Leukocyten durchsetzen die durch das starke Exsudat aufgelockerte und zerklüftete Epidermis, deren Stachelzellen größtenteils vakuolär degeneriert oder in eine homogene, schwer färbbare Masse umgewandelt sind. Zum Geschwür hin ist die Epidermis völlig abgestorben. Zell- und Kerntrümmer, von Stachelzellen wie Leukocyten stammend, bilden hier mit parakeratotischen Hornzellen ein wirres Durcheinander fest zusammengesinterter Krusten. Unterhalb derselben finden sich in der ödematisierten Epidermis, oft auch unmittelbar bis an den Papillarkörper heranreichend, nicht selten kleine Haufen von Stachelzellresten, die mitsamt ihren Kernen zu homogenen, hyalinen, kugeligen Gebilden umgewandelt und in ein fibrinöses Netzwerk eingelagert sind.

Unterhalb der Krustenbildung ist das kollagene Gewebe durch das starke Zellinfiltrat aufgesplittert, an manchen Stellen überhaupt nicht mehr nachweisbar. Die Veränderungen der Elastica entsprechen den oben geschilderten.

Die Krusten sind auf ihrer Oberfläche von zahlreichen, sekundär eingewanderten banalen Eitererregern durchsetzt; eine besondere Bedeutung kommt diesen nicht zu.

Pathogenese: Trotz der hochgradigen Veränderungen in der Epidermis sind diese rein mittelbarer Natur und lediglich Folge der durch die schwere Gefäßschädigung bedingten exsudativen und proliferativ-entzündlichen Vorgänge in der Cutis. Akanthose und Parakeratose, inter- und intracelluläres Ödem sowie Bläschenbildung lassen sich ungezwungen auf diese zurückführen.

Voraussetzung für die gesamten Vorgänge ist bei der Perniosis allerdings ein von vornherein minderwertiges Gefäßsystem, welches der notwendigen Anpassung an plötzliche Temperaturschwankungen nicht mehr völlig gewachsen ist, obgleich diese durchaus nicht besonders tief gehen müssen. Dieser Mangel mag dabei angeboren oder durch besonders ungünstige äußere Lebens- bzw. Arbeitsbedingungen veranlaßt sein.

Für die eigentliche Erfrierung hingegen ist eine solche Voraussetzung nicht erforderlich. Sie entsteht bei jedem Menschen durch entsprechende Abkühlung des Gewebes mit der dieser folgenden Herabsetzung bzw. Stillegung der arteriellen Blutzufuhr. Dabei kann man noch jene Fälle, bei denen der Gewebstod eine unmittelbare Folge der Erfrierung ist, unterscheiden von solchen, bei denen durch die spastische Kontraktion der Arterien eine Art ischämischer Gangrän entsteht (Marchand). Dem durch die Erfrierung bedingten Gewebszerfall schließt sich dann mittelbar die demarkierende Entzündung als nächste Folge an; sie bildet gewissermaßen die Einleitung zu den reparativen Vorgängen im Gewebe.

c) Entzündungen durch strahlende Energie.

α) Durch Lichtstrahlen.

1. Einwirkung des Lichts auf die normale Haut.

Dermatitis solaris (Erythema solare).

Der Sonnenbrand zeigt, wie kaum ein anderer Vorgang in der Haut das klassische Bild der Entzündung, bei der wir alle Abstufungen vom einfachen, nach wenigen Tagen unter zarter Schuppenbildung abklingenden Erythem bis zu den schwersten bullösen Hautveränderungen zu Gesicht bekommen. Es sind dabei in erster Linie die blauen und ultravioletten

Strahlen, welche auf die Haut entzündungserregend einwirken, und zwar zeigt sich die erste Folge dieser Einwirkung, das Erythem, im Gegensatz zu dem der Verbrennung, erst nach einer Latenzzeit von einigen Stunden. Die Haut nimmt dann sehr schnell eine brennend rote Farbe an, wird undurchsichtiger, ödematös verdickt und sehr berührungsempfindlich. Der Zustand bleibt wenige Tage bestehen, um dann unter starkem Jucken und Abstoßung der obersten Epidermislagen abzuklingen, und zwar unter Hinterlassung einer stärkeren Pigmentierung. Derart veränderte Hautstellen antworten auf neueinsetzende Reize irgendwelcher Art mit einer schnelleren und stärkeren Rötung wie vorher.

Die wesentlichsten Veränderungen treten in der Epidermis auf. Hier kann man zu Beginn des Erythema solare — die Dermatitis photoelectrica verhält sich in allen Stadien durchaus entsprechend — im wesentlichen zwei verschiedene Arten der Veränderung feststellen, die beide auf fleckförmig umschriebene Bezirke des bestrahlten Abschnittes beschränkt scheinen. Ihr Ausmaß ist, um das gleich vorweg zu nehmen, weitgehend von der Stärke der einwirkenden strahlenden Energie sowohl als auch dem Zeitpunkt der Untersuchung abhängig.

Bei der einen Art pflegt ein wechselnd starkes Ödem der Stachelschicht die Veränderung einzuleiten. Durch dieses wird die gesamte Epidermis an umschriebenen Stellen bis zum Stratum basale hinunter — anfangs unter Freibleiben dieses — in ein schwammartiges Gerüstwerk umgewandelt. Dieser Umbau beginnt mit einer Vakuolisierung der Stachelzellen, die unmittelbar nach der Belichtung einsetzt und schnell zunimmt. Das seröse Exsudat verdrängt die Zellkerne, dehnt und verzerrt die Zellgrenzen durch ein inter- und intracelluläres Ödem zu einem weitmaschigen Netzwerk. Dieses baut sich häufig nur aus schwer oder gar nicht mehr färbbaren Protoplasmaresten auf und enthält in seinen Lücken Reste zerfallender Epidermiszellen und polynucleärer Leukocyten (s. Abb. 59). Schließlich besteht an solchen Stellen die Epidermis vielfach nur noch aus einer Lage zum Teil bereits durch ein intra- und intercelluläres Ödem in die Länge gezogener bzw. seitlich zusammengedrückter oder auch voneinander abgedrängter Basalzellen, die von der spongioid umgewandelten Stachelschicht überdeckt ist. Von hier führen schmale, aus kernhaltigen Epithelien zusammengesetzte Verbindungsbrücken zu dem meist unversehrten Stratum lucidum und der Hornschicht hinauf und stellen so einen lockeren Zusammenhang her.

An anderen Stellen hingegen findet sich unterhalb der vakuolisierten Stachelzellen ein unversehrtes Zellband, das aus den untersten Stachelzellagen, dem Stratum basale und den Epithelleisten aufgebaut ist. In diesen treten nicht selten zahlreiche Mitosen auf, besonders in der Nähe der im übrigen kaum veränderten Follikel. Hier beobachteten EHRMANN und PERUTZ einen deutlichen Zerfall der Zellen des Stratum granulosum zu hüllenlosen Körnchenhaufen, die in ihrer Gestalt noch vollständig den ursprünglichen Zellformen entsprachen. Zwischen Stratum granulosum und corneum fanden sie ferner eine Zone homogenisierter, kugeliger, reichlich pigmenthaltiger Zellen, die kein Eosin aufnahmen und deren Kerne auch nur schwer darstellbar waren. Das Stratum basale war in den stärker befallenen Abschnitten pigmentfrei; an den weniger schwer geschädigten Stellen fanden sich unregelmäßig verzweigte und in die Länge gezogene Pigmentzellen vor.

Das Auftreten stärker pigmenthaltiger Zellen in den oberen Epidermisschichten, das in der bekannten Dunkelfärbung bestrahlter Haut seinen klinischen Ausdruck findet, hat die Aufmerksamkeit zahlreicher Forscher auf sich gezogen, insbesondere seit MEIROWSKYS Versuch, die Genese des Epidermispigments auf Grund histologischer Untersuchungen der bestrahlten Haut zu klären. Unmittelbar nach der Bestrahlung fand er nämlich eine reichliche Neubildung von Pigment innerhalb der im übrigen wenig beeinflußten Epidermis, deren Epithelien gut erhaltene Zellgrenzen, Kernteilungsfiguren und Ausschwemmung von Granoplasma zeigten. Da dieses massenhafte Auftreten des Pigments genau innerhalb der Zellgrenzen und bei vollständigem Fernhalten des Blutes (durch Druckglas der Finsenlampe) eintrat, erbrachte MEIROWSKY damit erstmals einen sicheren Beweis für die Möglichkeit der Entstehung des Oberhautpigments in der Epidermis selbst.

Die Epidermis-Cutisgrenze erscheint anfangs und bei mäßiger Belichtung nicht verändert. Nur der Papillarkörper ist durch ein leichtes Ödem aufgetrieben, wodurch gleichzeitig die Bindegewebsfasern, elastische sowohl wie kollagene,

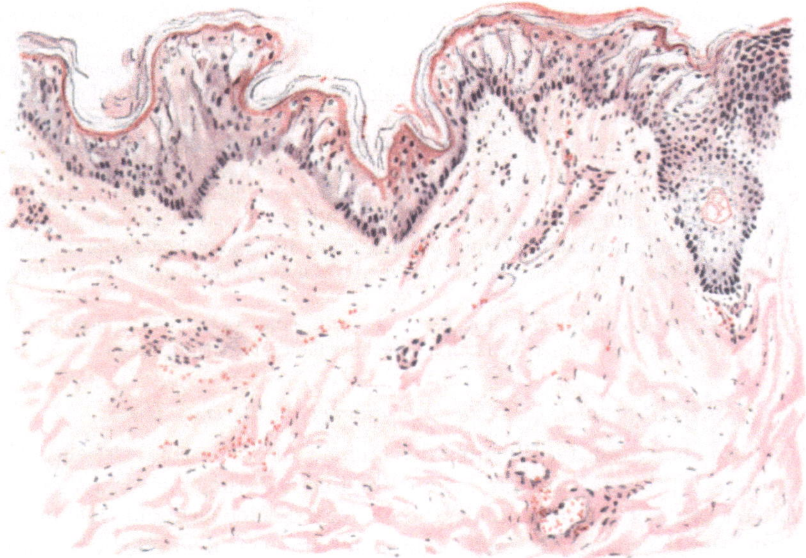

Abb. 59. **Dermatitis solaris.** (Rücken, 19 jähr. ♀, 6 Stunden nach der Bestrahlung.) Fleckförmig umschriebenes inter- und intracelluläres Ödem der Stachelschicht, mäßiges Ödem der oberen Coriumschichten, erweiterte Gefäße; stellenweise Erythrocyten frei im Gewebe. Häm.-Eosin. Ö = 136 : 1, R = 136 : 1.

auseinandergedrängt sind. Die Gefäße sind bis in die mittlere Cutis hinunter erweitert, stark gefüllt und von einem schmalen Zellmantel umgeben. Dieser besteht hauptsächlich aus Lymphocyten und wuchernden Fibroblasten, während polynucleäre Leukocyten in der Minderzahl sind. Stellenweise findet man perivasale Ansammlungen roter Blutkörperchen frei im Gewebe, ein Befund, der auf die schwere Gefäßwandschädigung hinweist.

Auf eigenartige Veränderungen im physikalischen Verhalten bestrahlter Hautabschnitte (Permeabilitätsänderungen (?) haben neuerdings GANS und SCHLOSSMANN hingewiesen.

Der Abheilung des Lichterythems geht zunächst der Schwund des Ödems, alsdann die Rückbildung der perivasalen Infiltrate voraus, während gleichzeitig eine erhebliche Vermehrung der pigmenttragenden Zellen im Papillarkörper statthat. Die Epidermis ist zu diesem Zeitpunkt nach EHRMANN fast völlig pigmentfrei. Die infolge des Ödems parakeratotischen Hornschichten sind aufgelockert, zum Teil bereits in großlamellärer Abschuppung. Nach Abheilung des Erythems findet sich die dann vorhandene stärkere Pigmentierung sowohl im Stratum papillare wie basale und über dieses hinaus bis zur Stachelschicht. Andere Veränderungen sind dann nicht mehr vorhanden.

Auf die grundsätzlich gleichartigen Vorgänge, wie sie stärkere Strahlenspender, wie Finsenlicht und andere, auf der Haut hervorrufen, und wie sie namentlich durch die Untersuchungen FINSENS und seiner Schule, dann aber auch durch JANSEN, MEIROWSKY und ZIELER bekannt geworden sind, kann hier nicht näher eingegangen werden. Ihnen allen ist gemeinsam, daß über die im wesentlichen doch nur anregende Wirkung, wie wir sie beim Erythema solare, bei der Dermatitis photoelectrica sehen, hinaus eine weitgehende Degeneration des Epidermisepithels einsetzt. Sie führt zur Nekrose, dann zu Hyperämie und Exsudation mit serofibrinöser Blasenbildung, zur Leukocytenauswanderung aus den erweiterten und geschädigten Gefäßen und geht mit Pyknose der Gefäßwandendothelien, Vakuolisierung ihrer Media, Blutungen ins Gewebe und stärkster ödematöser Quellung des Bindegewebes einher.

Pathogenese: Als Grundlage der Lichtwirkung ist heute unbestritten dessen chemische Energie anerkannt, und zwar sind es in erster Linie die Strahlen kürzerer Wellenlänge, der blauviolette und ultraviolette Anteil des Spektrums. Die Wirkung der thermischen Strahlen, d. h. also in der Hauptsache der sichtbaren Strahlen des Spektrums, tritt demgegenüber an Bedeutung nahezu völlig zurück (WIDMARK, HAMMER, FINSEN). Die letzten Fragen nach den physikalisch-chemischen Vorgängen, welche dieser biologischen Lichtwirkung zugrunde liegen, sind damit allerdings noch nicht geklärt. Wie ich mit SCHLOSSMANN nachweisen konnte, geht der Lichtwirkung anfangs eine Steigerung der Zellpermeabilität parallel, die erst dann aufhört, wenn die durch die strahlende Energie gesetzte Schädigung irreparabel ist.

Bei allem hat die Vorstellung vieles für sich, daß eine Labilisierung lipoider Zellsubstanzen (SCHLÄPFER) bei dieser Wirkung eine entscheidende Rolle spielt.

2. Einwirkung des Lichts auf abnorm reagierende Haut.

Im Zusammenhang mit der Wirkung des Lichtes auf die normale lebende Haut sind hier einige Hautkrankheiten zu behandeln, deren Pathogenese noch größtenteils ungeklärt ist, bei welchen auch andere, namentlich erbliche Keimabweichungen von der Norm in Betracht kommen, bei welchen jedoch die ultravioletten Strahlen des Spektrums insoweit eine entscheidende Rolle spielen, als wir in ihnen die auslösende Ursache zu suchen haben, welche unter besonderen, voneinander abweichenden und in konstitutionellen Eigentümlichkeiten des erkrankten Organismus gelegenen Bedingungen, zu ganz bestimmten Hautveränderungen führt. Es sind dies jene „Sensibilisationskrankheiten" endogener Natur, bei denen sich die Sensibilisatoren im Organismus selbst bilden (HAUSMANN). Ihnen stehen einige wenige exogene gegenüber, deren Entwicklung an die Zufuhr sensibilisierender Stoffe von außen her, meist durch den Magen-Darmkanal, gebunden ist.

Endogene Sensibilisationskrankheiten der Haut.

Hydroa vacciniforme et aestivale.

Von den seit GÜNTHERs kritisch-sichtender Darstellung als Hämatoporphyrien bzw. Porphyrinurien (FISCHER) zusammengefaßten Krankheitsbildern — den akuten, chronischen und kongenitalen H. — kommen für unsere Betrachtung nur die beiden letzteren in Frage; denn nur bei ihnen wurden gleichzeitig Veränderungen der äußeren Haut beobachtet. Diese treten, von wenigen

Ausnahmen abgesehen — Fall Günther, Fall Königstein und Hess (näheres darüber s. Perutz) —, klinisch unter dem Bilde der Hydroa vacciniforme auf, jener erstmals 1862 von Bazin als Hydroa aestivale bezeichneten Hauterkrankung. Heute ist man geneigt, diesen letzteren Namen für die ohne Narbenbildung, den ersteren für die mit Narbenbildung abheilenden Formen zu verwenden (Perutz), wobei man jedoch daran denken muß, daß beide oft nebeneinander beobachtet wurden, eine grundsätzliche Trennung also nicht berechtigt ist.

Das Leiden tritt meist im Frühjahr oder Sommer, und zwar in der Regel an den unbedeckten Körperstellen, aber auch auf den Conjunctiven und den Schleimhäuten des Mundes auf (Bettmann). Im Anschluß an leichtes Jucken oder Brennen kommt es zur Entwicklung anfangs stecknadelkopfgroßer, weißer Verfärbungen inmitten zunächst unveränderter Haut. Diese rötet sich jedoch sehr schnell, es entsteht ein derbes Knötchen, aus dem sich dann ein zentral gedelltes Bläschen entwickelt. Das Bläschen trocknet schließlich zur Kruste ein und hinterläßt entweder eine pigmentierte glatte Hautfläche oder aber, falls die der Bläschenbildung zugrunde liegende Verschorfung tiefer ging, eine Narbe. Im letzteren Falle kann es im Verlauf wiederholter Schübe zu verstümmelnden Vernarbungen, namentlich an Nase, Ohren und Fingern kommen. Die einzelnen Schübe der Erkrankung sind häufig von einer Störung im Allgemeinbefinden begleitet.

Histologisch zeigt sich, daß bei den typisch vacciniformen, multilokulären Bläschen nicht nur die Epidermis, sondern alle Schichten der Haut in Mitleidenschaft gezogen sind. Die Grundlage der Veränderung bildet eine Nekrose in Epidermis und oberer Cutis, wie ich mit Jesionek und im Gegensatz zu Möller betonen muß. Diese führt zu exsudativer Entzündung und Blasenbildung. Nach Entwicklung der primären Nekrose tritt äußerst schnell ein Ödem, eine starke Erweiterung der oberflächlichen Gefäße ein, die sehr schnell thrombosiert werden. Das seröse Exsudat sammelt sich zunächst an den Papillenspitzen an. Von hier dringt es in die interepithelialen Saftspalten vor, zwängt die Zellen dort auseinander und führt schließlich zur Bildung jener vielkammerigen Bläschen in der Epidermis.

Die Blasendecke wird vom Stratum corneum und lucidum bzw. granulosum sowie auch Teilen des Stratum spinosum gebildet, der Grund von dem mehr oder weniger verschorften Bindegewebe des Papillarkörpers oder gar der oberen Cutis. Die Blase wird von oben nach unten von einer Reihe leistenartiger Epithelbänder durchzogen, welche aus zusammengepreßten Stachelzellen bestehen. Diese sind im großen ganzen nicht verändert; nur vereinzelt zeigen sie ein intracelluläres Ödem, das zur Vakuolisierung führt. In den Kammern dieser Bläschen findet sich ein seröses Exsudat, das oft mit Fibrin und zahlreichen Leukocyten durchsetzt ist. Die Leistenbildung geht, nach oben sich fächerförmig verbreiternd, nach den Seiten sich mehr abflachend, in das Stratum spinosum der Blasendecke über, soweit dies noch erhalten ist. Nach unten hin stehen die Epithelsäulen mit den Leisten der Epidermis in Verbindung oder sie gehen auch unmittelbar in den Epithelverband der Anhangsgebilde, namentlich der Haarfollikel über.

Die größten Bläschen finden sich in den unteren Epidermisschichten, entsprechend der hier stärkeren Entwicklung der Exsudation und infolge des Ausgangs vom Papillarkörper. Ihre Wandung ist hier oft noch von Lymphocytenhaufen durchsetzt, während nach oben hin diese zurücktreten und hier mehr die Altération cavitaire Lelois das Bild beherrscht, namentlich in der Nähe der

Blasendecke. Es handelt sich hier lediglich um mengenmäßige, jedoch nicht um qualitative Unterschiede in der Entwicklung des Ödems.

Die meisten der Epithelien sind, ebenso wie die Bindegewebsfasern des Blasenbodens, durch nekrotisierende Vorgänge mannigfach verändert. Diese Nekrose bildet, wie dies JESIONEK, MALINOWSKY, PAUTRIER und PAYENNEVILLE betont haben und wie es auch meine Präparate dartun, den Ausgangspunkt der Veränderung. Die Zellen bleiben zwar in ihren Umrissen noch längere Zeit deutlich erhalten, dagegen verlieren die Kerne sehr schnell ihre Färbbarkeit und das Zellprotoplasma wird vakuolisiert. Nach den Seiten zum Gesunden hin verlieren sich diese Veränderungen allmählich.

Die Cutis, die im Zentrum der Veränderung ebenfalls an den nekrotischen Vorgängen beteiligt ist, zeigt in den Randabschnitten lediglich eine kleinzellige

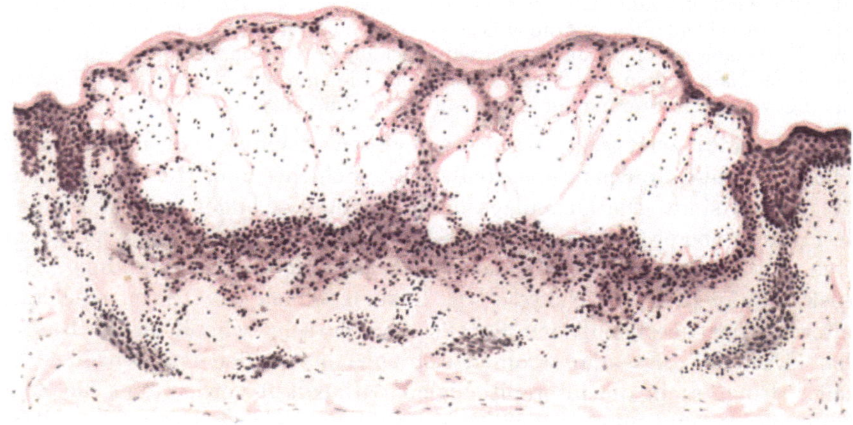

Abb. 60. Hydroa vacciniforme. (Wange, ♂, 16jähr.) Multilokuläre Blase, deren Boden aus nekrotischem Gewebe besteht, das von Lymphocyten durchsetzt ist. Verschluß des oberflächlichen Gefäßnetzes. Häm.-Eosin. O = 128 : 1, R = 120 : 1.

lymphocytäre Infiltration, die von einem starken Ödem der Papillen und einer erheblichen Erweiterung der gutgefüllten Gefäße begleitet ist. Die gleichen Veränderungen, nur in viel weiterem Ausmaß, finden sich nun unter der Mitte der Bläschenbildung. Hier wird das Bindegewebe von einer fast rein lymphocytären Zellansammlung manchmal völlig überdeckt. Außer den Lymphocyten beteiligen sich daran nur wenige spindelige Bindegewebszellen, jedoch gar keine Plasma- oder Mastzellen. Dagegen treten hier schon sehr frühzeitig zunächst kleinere, dann stärkere Blutungen im Gewebe auf. Sie erstrecken sich bis ins subcutane Bindegewebe hinunter und deuten auf eine schwere Schädigung hin. Das elastische Gewebe ist nicht nur aufgelockert — dieses mehr zum Rande hin —, sondern in den mittleren Abschnitten oft völlig geschwunden. Die kollagenen Fasern hier sind blaß, aufgelockert; die zelligen Infiltrate zum Teil bereits in Zerfall begriffen. Das oberflächliche Gefäßnetz ist völlig zerstört; nur an einzelnen Stellen finden sich ampullenartige Erweiterungen, die mit zusammengesinterten roten Blutkörperchen ausgestopft sind und dadurch ihre Gefäßnatur noch erkennen lassen. Im übrigen ist an ihnen jeglicher kennzeichnende Aufbau verloren gegangen. An anderen Stellen sind die Gefäße manchmal noch erhalten, oft bemerkenswert scharf gezeichnet und gut sichtbar. Bei genauerer Untersuchung findet man aber auch hier eine völlige Thrombose. An vielen Stellen ist die aufs äußerste gedehnte Gefäßwand eingerissen und hier finden sich dann die oben kurz erwähnten, oft sehr ausgedehnten Blutungen ins Bindegewebe.

In derart schwer veränderten Abschnitten sind Haarbälge und Talgdrüsen meist frühzeitig geschwunden, während die Schweißdrüsenausführungsgänge länger Widerstand leisten.

In den größeren, älteren Bläschen ist jene scharfe Teilung in abgegrenzte Fächer nicht mehr so klar zu erkennen. Ihr Inhalt ist leukocytenärmer; statt dessen findet sich eine amorphe oder körnige Masse: die Einleitung der Krustenbildung. Letztere umfaßt schließlich die gesamten vakuolär umgewandelten und nekrotisch eingeschmolzenen Epidermisreste. Daneben finden sich in ihr eingetrocknetes Serum, zerfallende rote Blutkörperchen und Überreste der zerstörten Papillen. Unter den Krusten bilden dann die Reste des Papillarkörpers ein unregelmäßig zernagtes Band, das von zahlreichen, oft tief in die Cutis hinabreichenden, interstitiellen Hämorrhagien durchsetzt ist.

Auffallenderweise sind die elastischen Fasern in diesem Abschnitt noch recht gut erhalten (MIBELLI).

Neben diesen typischen, vacciniformen multilokulären Bläschen finden sich dann auch noch, meist am gleichen Kranken, einfache, einkammerige Verdrängungsblasen, indem das seröse Exsudat sich zwischen Cutis und Epidermis ansammelt. Sie haben MÖLLER zur Aufstellung der Hydroa vesiculo-bullosa veranlaßt, ein Vorgehen, das für die Klinik, insbesondere in Hinsicht auf die Prognose, eine gewisse Berechtigung hat.

Die Ausheilung geht von den erhalten gebliebenen Epidermisepithelien, sowohl am Rande des Bläschens, als auch in den Resten der Haarfollikel aus. Die neugebildeten Zellen schieben sich allmählich unter die Kruste vor, heben diese ab; die wechselnd weit zerstörten Papillenköpfe werden überhäutet und schließlich bleibt eine zusammenhängende zarte, aus wenigen Zellagen aufgebaute Decke übrig. Die Kruste wird vorher abgestoßen. Als Überrest der Blasenbildung findet man entweder einen pigmentfreien oder später pigmentierten Fleck oder aber auch, und das pflegt häufiger der Fall zu sein, eine seichte, umschriebene, gegen die Umgebung gut abgesetzte Narbe.

Differentialdiagnose: Der histologische Befund ist nicht so kennzeichnend, als daß er allein eine Trennung von anderen mit Blasenbildung einhergehenden Hautkrankheiten gestatten würde. Wenn auch eine Unterscheidung von den Blasen des Pemphigus, der Epidermolysis bullosa, der Urticaria vesiculosa, des Erythema exsudativum multiforme oder der Dermatitis herpetiformis auf Grund des völlig abweichenden Gewebsaufbaues leicht durchführbar scheint, so kann dies doch bei manchen Fällen von Herpes zoster, von Variola, Vaccina generalisata und auch Varicellen völlig unmöglich werden. Aber gerade hier bietet ja der klinische Befund ausreichende Unterscheidungsmöglichkeiten.

Dagegen verlangen derart eigentümliche Fälle, wie der GÜNTHERs, wo neben vereinzelten hämorrhagischen Blasen eine sklerodermieartige Gesichtsveränderung auftrat, noch weitere einschlägige Beobachtungen, ehe an eine genaue Stellungnahme zu denken ist. Das gleiche gilt von einigen anderen, ähnlich gelagerten Fällen (Unna, Günther), namentlich mit Rücksicht auf die dabei ebenfalls beobachteten Sklerodermie ähnlichen Herde.

Pathogenese: Formalgenetisch scheint es von Bedeutung, daß die örtlichen Hautveränderungen durch stecknadelkopfgroße, weiße Fleckchen eingeleitet werden, denen histologisch eine punktförmige Nekrose der Epidermis und oberen Cutis entspricht. Diese Nekrose ist demnach als das Primäre und Wesentlichste der Erkrankung anzusehen. Die weiteren Vorgänge sind lediglich als reaktive Entzündung des lebenden Gewebes auf diese Nekrose zu betrachten.

Kausalgenetisch muß man bei der Hydroa vacciniforme eine besondere Disposition der betreffenden Kranken zugrunde legen, die sich vielleicht in einer — klinisch durchaus nicht immer feststellbaren — Dysfunktion der Leber kundtut. Infolgedessen kommt es zum Auftreten einer sensibilisierenden Substanz, des Hämatoporphyrins oder dessen Vorstufen, im kreisenden Blut. Dieser Stoff, ein intermediäres Stoffwechselprodukt im Abbau des Hämoglobins zu Gallenfarbstoff (Fischer, Perutz) ist ein fluorescierender Körper, der die Wirkung der ultravioletten Lichtstrahlen derart erhöht, daß sie zu Schädigungen der von diesen betroffenen Hautstellen führen.

Diese Theorie der Entstehung durch Abbau des Hämoglobins ist jedoch noch nicht restlos anerkannt, ja sie wird von manchen Forschern (Günther u. a.) abgelehnt.

Die Sensibilisierung als solche erfolgt wahrscheinlich durch ein im Gewebe in verschiedener Menge abgelagertes Hämotoporphyrin. Diese Annahme würde das eigentümlich herdförmige Auftreten der Erkrankung besser verständlich machen, als die bloße Verteilung im Blutkreislauf (Günther). Ob dabei allerdings die Verhältnisse so einfach liegen, daß die strahlende Energie des Lichtes in chemische Energie umgesetzt wird, die dann im Gewebe regelwidrige Umsetzungen verursacht (Perutz), erscheint noch fraglich, zumal Untersuchungen von Gans und Schlossmann physikalisch-chemische Zustandsänderungen in den Zellen bei Lichtwirkung gezeigt haben.

Xeroderma pigmentosum.

Das X. p. entwickelt sich meist in den ersten Lebensjahren, und zwar treten die ersten Erscheinungen in Form von fleckiger oder auch diffuser Rötung und Schwellung der Haut mit nachfolgender Schuppung, vielfach im Anschluß an stärkere Belichtung auf. Der enge Zusammenhang mit einer Reizwirkung der chemischen (ultravioletten) Strahlen des Sonnenspektrums ist daher wahrscheinlich. Im weiteren Verlauf der Erkrankung entwickelt sich eine Pigmentierung, die zuerst mehr fleckförmig an den unbedeckten Körperstellen auftritt, nach und nach sich jedoch daneben auch diffus und auf den übrigen Körper ausbreitet. In einer Reihe von Fällen wurde lediglich dieses Stadium der Hyperpigmentation zu Anfang festgestellt, es erscheint jedoch höchst wahrscheinlich, daß auch hier ein Erythem die Veränderungen einleitete, das lediglich der Beobachtung entging.

Weiterhin treten dann neben den wechselnd starken Pigmentflecken und Herden warzige Veränderungen auf, die sich schließlich meist zu echten Carcinomen, aber auch anderen malignen Tumoren entwickeln können. Daneben kommt es in diesem Stadium, jedoch vielfach auch schon vorher, zu atrophischen Veränderungen der Haut. Diese atrophischen Herde sind pigmentlos. Aus dem Durcheinander der hyperpigmentierten, pigmentierten und pigmentlosen weißen Flecke, zu denen sich neben den Warzen auch noch erweiterte oberflächliche Hautvenen (Teleangiektasien) gesellen, ergibt sich jene eigenartige Farbenmischung, welche der Krankheit ihr charakteristisches Aussehen verleiht.

Der Verlauf der Erkrankung ist wechselnd. In einem Teil der Fälle führt das Auftreten der malignen Neubildungen zu Metastasen und damit schnell zum tödlichen Ausgang; in anderen Fällen bleibt das atrophisch-pigmentierte Stadium, namentlich nach frühzeitiger Exstirpation der Carcinome, lange Zeit bestehen, ohne daß der übrige Körper wesentlich in Mitleidenschaft gezogen wird. Lediglich eine Miterkrankung des Auges in Form von chronischer Conjunctivitis, von Ectropium tritt mit einer gewissen Regelmäßigkeit auf.

Das erythematöse Vorstadium ist naturgemäß nur selten mikroskopisch untersucht worden. Die Veränderungen bestehen im wesentlichen in einer reichlicheren, aus proliferierenden fixen Bindegewebszellen und kleinen Lymphocyten aufgebauten entzündlichen Infiltration vorwiegend perivasculärer Natur im Stratum papillare und subpapillare. Neben den Gefäßen sind die Follikel, die Talgdrüsen und auch die oberen Abschnitte der Schweißdrüsen befallen. Die Gefäße selbst zeigen Endothelschwellung und Erweiterung ihres Lumens; die glatten Muskelfasern Infiltration, Aufsplitterung und schwache Kernfärbung. Der Entzündungsprozeß äußert sich im Corium im übrigen lediglich nur noch durch eine seröse Durchtränkung des Papillarkörpers, die zu einer Auftreibung der Papillen und damit zur Verlängerung und Verschmälerung der Reteleisten führt (LUKASIEWICZ). Die Zellinfiltrate des Stratum papillare reichen vereinzelt an die Basalzellreihe heran. Während die übrigen Epidermislagen nicht ver-

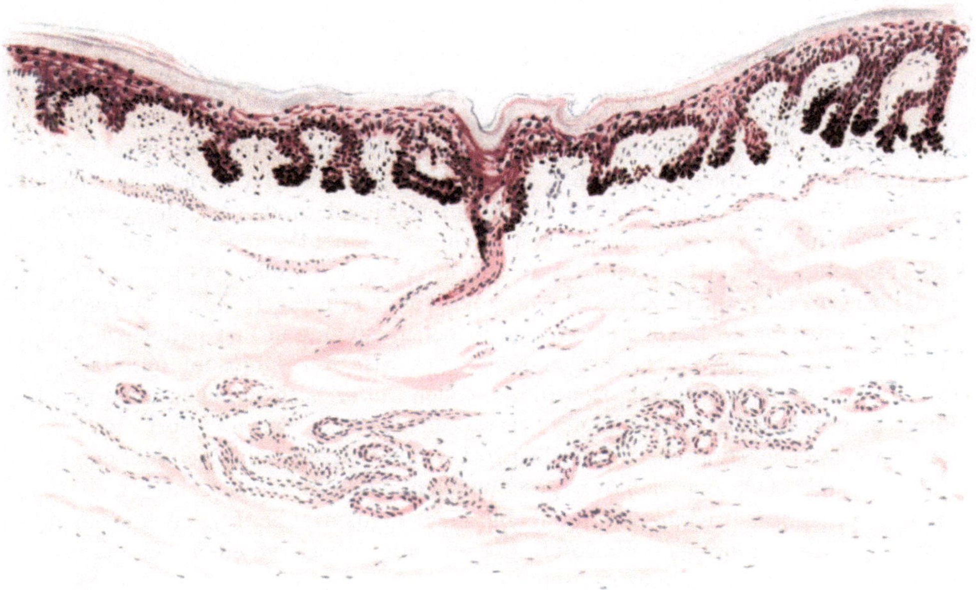

Abb. 61. Xeroderma pigmentosum. (Handrücken, 42jähr. ♀.) Hyperkeratose. Hyperpigmentation im Stratum basale und spinosum in Form dichter „Pigmentzapfen" besonders in den verlängerten Epithelleisten und in einem Schweißdrüsenporus, schwächer im ödematös umgeformten Stratum papillare. Mäßige Zellinfiltration. Beginn der Cutisrückbildung. Methylgrün-Pyronin. O = 110 : 1, R = 110 : 1.

ändert erscheinen, insbesondere parakeratotische Prozesse nicht nachzuweisen sind, ist die Basalzellschicht durch die andrängenden Infiltratzellen stellenweise unscharf und aufgelockert; an einzelnen Stellen finden sich Proliferationsvorgänge (Karyokinese). Abnorme Pigmentansammlung ist in diesem Stadium noch nicht festzustellen. Das kollagene Gewebe ist nicht verändert; dagegen findet sich an den elastischen Fasern der infiltrierten Bezirke bereits Auflockerung, Verdünnung und schlechte Färbbarkeit (VIGNOLO-LUTATI).

Das zweite Stadium wird gekennzeichnet durch die Hyperpigmentation, die sich vornehmlich in der unteren Epidermis und im Papillarkörper vorfindet. Die Epidermis selbst ist im großen und ganzen zunächst wenig verändert. Ausgenommen hiervon ist nur die Hornschicht, die stellenweise hyperkeratotisch verbreitert, mit parakeratotischen Zellmassen durchsetzt und lamellös aufgelockert ist. Aus diesem Aufbau erklärt sich die wechselnd stark auftretende Schuppung der Oberhaut. Die Körnerschicht ist mit einer gewissen Regel-

mäßigkeit vorhanden, manchmal ebenfalls verbreitert. Pigmentansammlungen in
Form von zarten Granula lassen sich stellenweise bereits in diesen beiden Epi-
dermisanteilen feststellen. Der Hauptsitz des Pigments ist jedoch die Stachel-
und Basalzellschicht; aber auch hier ist die Pigmentierung fleckförmig und von
wechselnder Intensität. Die Epithelleisten sind schmal, kurz oder lang,
unregelmäßig und treten wechselnd weit in den Papillarkörper ein. Dementsprechend ist dieser auch unregelmäßig gestaltet; an vielen Stellen läßt
sich sogar eine Papillenbildung gar nicht mehr erkennen und die Epidermis
zieht als eine flache, glatte Platte über die Cutis hinweg, während sie an
anderen Stellen nach Art mehrfingeriger Leisten vordrängt.

Die Lagerung des Pigments in der Epidermis ist meist sehr kennzeichnend. Neben dem Stratum basale sind die untersten Zellagen des Stratum
spinosum ebenfalls noch pigmentiert; jedoch nimmt die Dichte und Stärke nach
oben immer mehr und mehr ab. Das Pigment sammelt sich in erster Linie an
dem der Oberfläche zugewandten Pol der Zelle an und sitzt hier dem Kern
vielfach in Form einer Kappe auf. Die Pigmentgranula sind meist feinkörnig
und, dem klinischen Bilde der Erkrankung entsprechend, an den einzelnen Stellen
in wechselnder Menge vorhanden. Bei reicherer Pigmentierung wird die ganze
Zelle ausgefüllt, der Kern wird dann an die Wand der Zelle gedrängt, nimmt
Sichelform an unter gleichzeitigem Auftreten von Vakuolen im Zellprotoplasma.
Diese vakuolisierende Degeneration tritt jedoch nicht nur in den pigmentierten,
sondern auch in vielen der übrigen Zellen des Stratum spinosum und basale
auf. Die beginnende Degeneration dieser Zellen äußert sich daneben auch noch
durch eine schwache Färbung mit verwaschenen Zellgrenzen. Dort, wo die
vakuoläre Degeneration der Basalzellen fortgeschritten ist, sind schließlich die
Stacheln und auch der Zellkern geschwunden. Es finden sich hier vielfach
an der Epidermis-Cutisgrenze unregelmäßige Pigmentanhäufungen in einem
Gewebe, dessen epidermale Herkunft oft nur mit Schwierigkeit an Hand vereinzelter Zelltrümmer nachzuweisen ist.

Der Pigmentansammlung in der Epidermis geht im großen ganzen eine
solche des Papillarkörpers und oberen Cutisabschnittes parallel. Jedoch sei
betont, daß vielfach auch stärkere Cutispigmentation ohne Epidermispigmen-
tierung vorkommt und umgekehrt. Diese Beziehungen zwischen Epidermispigment und Cutispigment, die Lagerung des Pigments zu den Zellen und vor
allem zu den Gefäßen, spielt in der Bearbeitung des X. p. eine unverhältnismäßig
große Rolle; man hoffte nämlich auf diese Weise der Frage der Pigmententstehung
näher zu kommen. Die neueren Untersuchungen über die Bedeutung von Fer-
menten und physikalisch-chemischen Zustandsänderungen des Gewebes für die
Pigmententstehung haben jedoch dieser ganzen Fragestellung eine andere
Richtung gegeben, in welcher derartige rein morphologische Beweisführungen
keine entscheidende Bedeutung mehr beanspruchen können.

Für die Histologie des Xeroderma pigmentosum behalten diese Beobachtungen
selbstverständlich aber dennoch ihren Wert. Die Pigmentansammlung in der
Cutis beschränkt sich in erster Linie auf den Papillarkörper und den obersten
Teil der Cutis. Ihnen gegenüber treten andere Veränderungen, wie mäßige
Gefäßerweiterungen mit geringgradiger perivasculärer Zellinfiltration an Bedeutung zurück. Sie setzen sich allerdings über den Bereich der Hyperpigmentierung hinaus in die mittlere Cutis hinein fort.

In der Cutis findet sich das Pigment in Form fleckförmiger, bald kompakterer, bald lockerer schwarzbrauner Herde, die meist zylindrisch, rund, oft aber auch streifenförmig angeordnet sind. Diese Herde bestehen in erster Linie aus spindeligen Bindegewebszellen, deren Protoplasma mit Pigment beladen ist, während der Kern frei bleibt. Vielfach lassen sich innerhalb dieser Zellherde auch verästelte hirschgeweihartig ausgezogene Fortsätze einzelner Zellen erkennen, die mit Pigment erfüllt sind. Daneben finden sich jedoch auch mehr rundliche Formen, die sich von den gewöhnlichen Bindegewebszellen durch ihre Größe unterscheiden (Chromatophoren). Um die Pigmentzellen herum findet man die oben erwähnten Infiltrate, deren Zentrum meist von einem Blutgefäß eingenommen wird, ohne daß besondere Beziehungen zu diesem beständen. Die Zellanhäufungen bestehen im wesentlichen aus Lymphocyten. Die Anhangsgebilde der Haut, die Haarbälge, Talg- und Schweißdrüsenzellen sind vielfach an der Pigmentansammlung beteiligt.

Neben diesen intracellulären Pigmentmassen ist dann vereinzelt auf das Vorkommen freier Pigmentgranula in den Lymphspalten des Gewebes hingewiesen worden, doch handelt es sich hier höchstwahrscheinlich um Beobachtungs- bzw. Deutungsfehler.

Das Bindegewebe der Cutis ist in diesen Stadien, abgesehen von dem Gefäßreichtum und der perivasculären Zellinfiltration, noch nicht stärker verändert, doch treten in dem Maße, als der Prozeß länger besteht und zu dem atrophischen Stadium hinüberführt, auch hier eine Reihe Störungen auf. Der Papillarkörper ist in diesen atrophischen, pigmentlosen, weißen Flecken nahezu völlig abgeflacht und die Papillen meist verstrichen. Die Epidermis ist im großen ganzen verdünnt, die Hornschicht und Stachelschicht meist nur schwach entwickelt. In einer Reihe von Fällen ließ sich jedoch trotz stärkster Veränderungen in der Cutis, eine selbst bis auf das Leistensystem völlig normale Epidermis feststellen. Die Veränderungen werden hier naturgemäß in erster Linie von dem Zeitpunkt der Untersuchung nach Eintritt der Atrophie und insbesondere der Epidermisdegeneration abhängen und daher sind derartige Unterschiede wohl erklärlich.

An jenen Stellen, wo die Haut eine völlig weiße, narbenartige Umwandlung erlitten hat, ist die Epidermis in allen Schichten erheblich verdünnt, der Papillarkörper abgeflacht, das Stratum basale pigmentfrei, ebenso die Cutis. Die Atrophie des Rete erreicht jedoch niemals die Ausdehnung wie bei der senilen Atrophie (Löwenbach).

Das histologische Bild wird in diesem Stadium beherrscht von den Veränderungen in der Cutis. Sowohl das elastische als auch das kollagene Gewebe erleiden eine weitgehende Umwandlung ihrer Struktur sowohl als auch in ihrem chemischen Aufbau. Die Veränderungen lokalisieren sich in erster Linie in den beiden oberen Cutisdritteln. Hier findet man ein an Zellen, Gefäßen und Drüsen armes Gewebe, das aus dichtgelagerten, gequollenen Bindegewebsbündeln besteht, die ungefärbt einen eigentümlich homogenen, hyalinartigen Eindruck machen.

Bei entsprechender Färbung (Orcein, polychromes Methylenblau) entpuppen sie sich als ein aus basophilen, plumpen, dicken, walzenförmigen Fasern aufgebautes Gewebe, das teils braun, teils blau gefärbt ist. Dabei lassen sich beide Färbungen vielfach innerhalb derselben Faser feststellen, wo sie oft unmittelbar nebeneinander liegen, oft allmählich ineinander übergehen. Wir haben es hier demgemäß mit einer Umwandlung der Elastica zu Elacin zu tun. Daneben finden sich, namentlich in der mittleren Cutis, ähnliche Veränderungen auch am Kollagen, dessen Bündel ebenfalls eine ausgesprochene Basophilie aufweisen.

Bei weiterem Fortschreiten der Degeneration läßt sich schließlich eine fibrilläre Struktur nicht mehr feststellen; die Aufquellung, das dieser folgende Zusammenfließen der Fasern, bedingen das Auftreten plumper, ungleichmäßig begrenzter homogener Gebilde, die sich nach VAN GIESON eigentümlich dunkelbraun färben und auch auf diese Weise ihre chemische Umwandlung vor Augen führen. Es handelt sich nach LÖWENBACH um „denselben Degenerationsprozeß wie bei seniler Haut, jedoch in weit höherer Intensität" und „um eines der charakteristischsten Merkmale des Xeroderma pigmentosum".

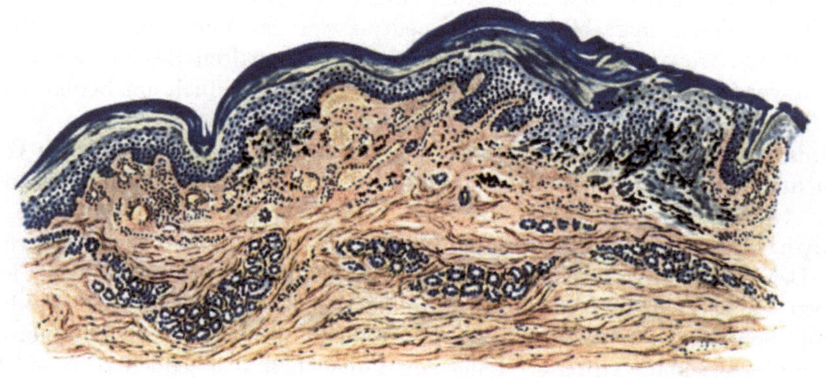

Abb. 62. Xeroderma pigmentosum zur Zeit der Atrophie. (Handrücken, 20jähr. ♂.) Rückbildung der Epithelleisten. Atrophie und Sklerose der Cutis. Umbildung des Papillarkörpers. Links: Atrophie der Epidermis bei gleichzeitiger Hyperkeratose und Teleangiektasen mit schwacher perivasculärer Infiltration. Rechts: Wucherung der Epidermis, starke Hyperkeratose, Akanthose der Epithelleisten, präcanceröse Umwandlung, stärkere Pigmentanhäufung. Saures Orcein - polychromes Methylenblau. O = 35 : 1, R = 30 : 1.

Gegenüber diesen Befunden treten die anderen Veränderungen der Cutis an Bedeutung erheblich zurück. Das Verhalten der Gefäße ist wechselnd, gefäßarme Bezirke finden sich unmittelbar neben gefäßreichen; auch das Verhalten der Talg- und Schweißdrüsen ist unregelmäßig. In einzelnen Fällen sind sie völlig geschwunden, in anderen wieder — vor allem die Schweißdrüsen — wohl erhalten, sogar auffallend groß (UNNA).

Klinisch finden sich neben diesen atrophisch-weißen Herden vielfach hyperkeratotische, stark pigmentierte, umschriebene, warzenartige Verdickungen und Gefäßerweiterungen (Teleangiektasien). Die letzteren liegen ziemlich oberflächlich in der oberen und mittleren Cutis. Ihre Entstehung wird mit dem fleckweisen Schwund und der dadurch bedingten kollateralen Hyperämie sowie einer darauf folgenden Ektasie einiger venöser Capillarbezirke in Beziehung gebracht, ohne daß Gefäßneubildungsvorgänge auftreten (UNNA). Naturgemäß wird das histologische Bild durch diese Gefäßerweiterungen in seiner Übersichtlichkeit entsprechend gestört (s. Abb. 62).

Die hyperkeratotischen Herde zeigen histologisch eine erheblich vergrößerte Hornschicht und verbreiterte Stachelschicht, während das Stratum granulosum vielfach geschwunden ist. Die Reteleisten senken sich als breite Balken in den Papillarkörper hinab. Der letztere und ebenso die Cutis sind von stärkeren Zellinfiltraten durchsetzt, die vorwiegend perivasculär liegen und zum Teil aus gewucherten Bindegewebszellen, zum größten Teil jedoch aus Lymphocyten bestehen. Plasmazellen finden sich nicht, dagegen manchmal zahlreiche Mastzellen. Der Pigmentgehalt der Epidermis unterhalb dieser

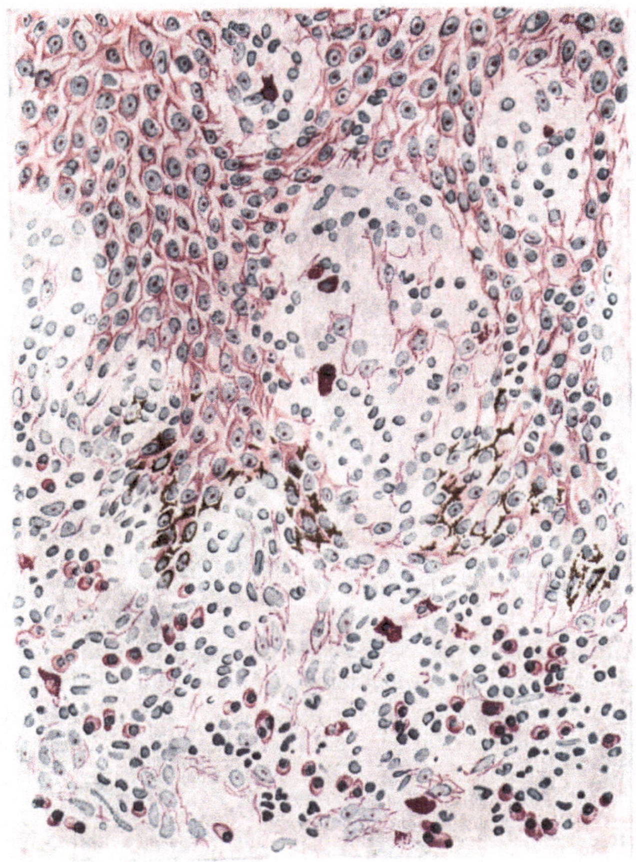

Abb. 63. Xeroderma pigmentosum. (25jähr. ♀, Gesicht.) Epithelwucherung, beginnende carcinomatöse Umwandlung; einzelne pigmentfreie Zellnester frei im Bindegewebe. Methylgrün-Pyronin. O = 560 : 1, R = 420 : 1.

Hyperkeratosen ist oft erheblich geringer als in der nächsten Umgebung; ein andermal ist gerade hier die Pigmentansammlung in Stratum basale und Papillarkörper eine besonders starke.

Die hier stets vorhandene Wucherung der Stachelzellschicht, deren Leisten breit und tief in den Papillarkörper vordringen, erscheint von ganz besonderer Bedeutung für die Entwicklung des Ausgangsstadiums, des Tumorstadiums des Xeroderma pigmentosum.

An der Spitze dieser akanthotischen Epidermisleisten findet man nämlich hier und da eine Anhäufung von Pigment und Stachelzellen zu kleinen umschriebenen

Zellherden, die, ohne Zwischensubstanz aneinandergelagert, an jene Gebilde erinnern, wie sie bei den weichen Naevi als epidermale Zellnester hinlänglich bekannt sind. Heute, wo die zuerst von UNNA aufgestellte epitheliale Genese der naevogenen Tumoren allseitig anerkannt ist, bedarf die Behauptung keiner besonderen Begründung mehr, daß wir diese Zellhaufen als Muttersubstanz für die sich nunmehr vielfach entwickelnden Carcinome beim Xeroderma pigmentosum aufzufassen haben. Vielfach sind solche Zellnester auch völlig frei von Pigment. Neben dem Leistensystem beteiligt sich vor allem auch das Talgdrüsenepithel an der Bildung derartiger Zellwucherungen. Zunächst einfach hyperplastisch, beginnt allmählich eine Wucherung der einzelnen Drüsenepithelien, die schließlich zum Durchbruch durch die Membrana propria und dann zum Hineinwachsen in die Umgebung führt (LUKASIEWICZ).

Die Tumoren selbst, unter denen sich neben den am häufigsten vorkommenden Hautcarcinomen [Adeno-, Melanocarcinom, Cancroid, Trichoepitheliome (JARISCH)] von den Schleimhäuten sowohl des Mundes als der Conjunctiven ausgehende epitheliale Geschwülste, sowie auch vereinzelte Bindegewebsgeschwülste (Fibrome, Angiome, Peritheliome, Angiosarkome, Rund-, Spindel- und Riesenzellensarkome) vorfinden, zeigen im übrigen keine Besonderheiten, die eine eingehende Darstellung an dieser Stelle rechtfertigen würden. Lediglich hingewiesen sei auf die Neigung mehrerer Autoren, auch einen Teil der in der Literatur niedergelegten sarkomatösen Tumorbildungen beim Xeroderma pigmentosum als „Carcinom mit gut entwickeltem bindegewebigem Stroma" zu erklären.

Ganz allgemein sei noch betont, daß der größte Teil dieser Tumoren einen relativ gutartigen Aufbau zeigt, der den sich über Jahre erstreckenden Verlauf der Krankheit auch in diesem fortgeschrittenen Stadium hinlänglich erklärt.

Die **Differentialdiagnose** des Xeroderma pigmentosum dürfte bei dem eigentümlichen Auftreten und kennzeichnenden Verlauf der Erkrankung klinisch keinerlei Schwierigkeiten bieten; daher kann auch auf eine eingehende histologische Gegenüberstellung, die ja vor allem die ihr in mancher Beziehung verwandte senile Degeneration der Haut zu berücksichtigen hätte, verzichtet werden.

Die Pathogenese ist im Grunde genommen noch nicht restlos geklärt. Wir kennen zwar die beiden Hauptmomente, die für die Entwicklung des Krankheitsprozesses in erster Linie in Frage kommen: Das Licht und eine im Kranken selbst liegende, keimplasmatisch bedingte erhöhte Empfindlichkeit gegenüber demselben. Worauf allerdings diese erhöhte Empfindlichkeit letzten Endes beruht, ist bis heute noch ungeklärt. Auch die Frage des primären Angriffspunktes der Schädigung in den Epidermiszellen oder am Gefäßapparat des Bindegewebes oder schließlich an diesem selbst ist noch durchaus unentschieden. Mit der Annahme einer „Senilitas cutis praecox" hat KAPOSI uns zwar eine kurze Bezeichnung gegeben, ohne daß jedoch hinter ihr ein unser Kausalitätsbedürfnis befriedigender Begriff verborgen wäre, zumal sie die tatsächlich vorhandenen, die senilen doch erheblich übersteigenden Veränderungen nicht berücksichtigt.

Pellagra.

Bei der Pellagra bilden die Hautveränderungen, wenn sie auch in ihrem Ausmaß im einzelnen großen Schwankungen unterworfen sind, doch in allen Stadien der Erkrankung das beständigste Kennzeichen. Sie entwickeln sich im Frühjahr und Sommer im Anschluß an ein oft mehrere Monate vorhergehendes allgemeines Krankheitsgefühl ganz plötzlich, und zwar zunächst in Form eines erst juckenden, dann schmerzhaften, anfangs hellroten, erysipelähnlichen Erythems. Dieses beschränkt sich fast ausschließlich auf die unbedeckten Hautstellen und führt hier unter allmählicher Braunfärbung ziemlich rasch zu einer ausgesprochenen, braunen bis grünlichgrauen, sehr stark schuppenden Hyperkeratose. In anderen Fällen kann es im Anschluß an das Erythem auch zu umschriebenen, rein exsudativen Vorgängen kommen, zum Pemphigus pellagrosus, der in walnußgroßen serösen Blasen auftritt und nach MERK lediglich auf eine abnorm reiche Saftzufuhr in die obersten Hautschichten zurückzuführen ist. Nach Platzen der Blasen trocknet ihr Inhalt zu schmutzigbraunen Krusten ein. Diese werden abgestoßen und darauf beginnt auch hier die Abschuppung wie bei der Hyperkeratose. Diese Blasenbildung ist jedoch die seltenere Erscheinungsform; im allgemeinen verläuft die Erkrankung unter trockener Abschuppung, die sich besonders am Rande der erythematösen Herde in einer hyperkeratotischen Randzone noch lange erhalten kann und gerade durch diese Eigentümlichkeit besonders gekennzeichnet ist.

Die Pellagra tritt in jährlichen, sommerlichen Schüben auf und führt an den befallenen Hautstellen schließlich zu einer ausgedehnten Atrophie. Die Haut wird äußerst dünn, ihre Oberfläche seidenglänzend, braun; das Fettgewebe schwindet bis auf wenige Reste, ebenso die normalen Wollhaare (RAUBITSCHEK).

Von einzelnen Schriftstellern ist eine „Pellagra sine pellagra", ohne Hauterscheinungen, beschrieben worden. Es handelt sich dabei nach MERK, dem wir eine ausführliche Darstellung der ganzen Frage verdanken, wohl eher um einen latent pellagrösen Zustand, bei dem die Hauterscheinungen gerade zurückgetreten sind. (Pellagra per aliquod tempus sine pellagra.)

Neben der Haut sind dann noch — namentlich in den späteren Stadien — der Magen-Darmkanal und das Nervensystem an der Erkrankung beteiligt; ein näheres Eingehen darauf ist jedoch hier nicht möglich.

Die Histologie der pellagrösen Haut wird durchaus nicht einheitlich geschildert, was zum Teil sicherlich darauf zurückzuführen ist, daß der eine Forscher akute, der andere mehr chronische Veränderungen untersucht hat.

Bei den akuten Formen der Pellagra, dem Pellagra-Erythem, das klinisch große Ähnlichkeit mit einem etwas stärker entwickelten Erythema solare oder bei Blasenbildung auch mit einer leichten Verbrennung zweiten Grades hat, spielt eine durchaus nicht kennzeichnende, mäßige, serös-exsudative Entzündung die Hauptrolle. Soweit man aus den wenigen vorliegenden Befunden schließen kann, tritt diese sowohl in Epidermis wie Cutis auf und führt in ersterer vor allem zu einer Auflockerung der Hornschicht, ja zum Teil zu deren völliger Abhebung in Gestalt einer serösen Blase [Pemphigus pellagrosus (VOLLMER)]. Die Abhebung erfolgt stets unterhalb der Hornschicht; jedoch werden meist einzelne Zellhaufen des Stratum granulosum und spinosum mit emporgehoben. An einzelnen Stellen verbinden schmale Hornlamellen die abgehobene Blasendecke mit dem Blasengrund, so daß mehrkammerige (zwei bis drei) Bläschen nicht selten sind. In der darunter liegenden Epidermis werden die Zellen durch ein intercelluläres Ödem auseinandergedrängt, ja zum Teil nekrotisiert, jedoch bleibt das Stratum basale meist unbeteiligt.

Von VOLLMER wurden im Stratum granulosum noch eigenartige, an Cancroidzellen erinnernde, lamellär oder zwiebelschalenartig angeordnete, aus zwei bis drei degenerierten Zellen aufgebaute runde Gebilde vorgefunden, die besondere Aufmerksamkeit seitdem nicht wieder auf sich gezogen haben. Ob sie die ersten Anfänge der durch die pellagröse Noxe hervorgerufenen Hautveränderungen darstellen, wie VOLLMER meint, muß vorläufig dahingestellt bleiben.

Die meisten der vorliegenden Befunde wurden an längere Zeit bestehenden bzw. wiederholt aufgetretenen Krankheitsherden Pellagröser erhoben. Wenn man überhaupt von kennzeichnenden Veränderungen der Haut reden darf, so liegen diese hier vor. Bestehen klinisch Verhärtung und Verdickung der Haut, so ist im histologischen Bilde die Hornschicht auf das oft Vielfache der Norm verbreitert. In ihr wechseln dabei regelrecht verhornte, kernlose, fest zusammenhaftende, meist lamellär geordnete und durch schmale, langgestreckte lufthaltige Höhlen voneinander getrennte Zellagen mit mehr umschriebenen, fleckförmig eingelagerten, parakeratotischen, kernhaltigen Herden ab. In diesen fand v. VERESS außerdem noch zahlreiche Keratohyalin- und Pigmentkörner, welch letztere übrigens keine Eisenreaktion gaben. In den verdickten Zellen des Stratum granulosum kann sich das Keratohyalin stellenweise zu auffallend dicken Klumpen zusammenballen.

In den Anfangsstadien der Hypertrophie ist das Stratum spinosum ebenfalls erheblich verbreitert. Akanthotisch gewucherte Epithelleisten dringen hier plump und breit oder schmal und lang in das Stratum papillare vor. Dabei zeigen auch hier einzelne umschriebene Herde der Stachelzellschicht deutliche Zerfallserscheinungen: schlechte Kernfärbung, vakuolisiertes Protoplasma, Veränderungen, die infolge völligen Zerfalls dieser umschriebenen Zellhaufen auch zu richtigen kleinsten Höhlenbildungen führen können. In den untersten Epidermislagen wurden im allgemeinen zahlreiche goldgelbe Pigmentgranula gefunden.

Der Papillarkörper nimmt durch eine starke Wucherung an den Veränderungen teil. Diese äußert sich in stellenweise mächtiger Ausdehnung der von zahlreichen Plasmazellen durchsetzten Papillen (BABES). Auch das übrige Corium ist stellenweise ziemlich zellreich, an anderen wieder kaum verändert (v. VERESS). Die Blutgefäße sind allgemein stark erweitert und oft von einem schmalen Zellmantel umscheidet. Vereinzelt wurde eine weitgehende Sklerose der Papillar- und Coriumgefäße beobachtet, und zwar als hyaline Entartung der Gefäßwände (GRIFFINI, KOZOWSKI).

Die stärksten Bindegewebsveränderungen, namentlich des elastischen Gewebes, fand BABES. Die Fasern der Cutis waren nämlich in ein eigentümliches Gewebe umgewandelt, das aus kurzen, plumpen, brüchigen, zum Teil auch wellenförmig verlaufenden Faserresten und durch deren Zerfall entstandenen formlosen runden Klumpen aufgebaut war. Diese hatten ihre normale Färbbarkeit eingebüßt und nahmen mit Hämatoxylin-Eosin eine diffus blaßblaue (BABES und SION), mit polychromem Methylenblau eine hellgrüne Farbe an (KOZOWSKI). Es handelt sich also hier um die auch bei anderen atrophisierenden Prozessen der Haut zu beobachtende Basophilie des elastischen und kollagenen Gewebes.

Im atrophischen Stadium, wie es sich im Verlauf langjähriger pellagröser Hauterkrankungen allmählich entwickelt, findet sich eine weitgehende Rückbildung der Epidermis sowohl wie der oberen Cutisschichten einschließlich des Papillarkörpers. In der verschmälerten Epidermis fällt aber auch jetzt noch die mächtige Entwicklung der Hornschicht auf, die aus einzelnen, hier regelrecht verhornten Lamellen zusammengesetzt ist. Diese sind durch verschieden lange, schmälere oder breitere Spalten getrennt. Eine Parakeratose findet sich nun nicht mehr (v. VERESS). Unter einem meist regelrechten Stratum granulosum liegt die erheblich verschmälerte Stachelschicht, deren Zellen sowohl nach Zahl als Größe erheblich vermindert sind, so daß diese Schicht vielfach nur aus 2—3 Zellagen besteht. Die Epithelleisten sind flach und breit, oft auch völlig geschwunden. Die Epidermis liegt wie ein flaches Band dem ebenfalls verstrichenen Papillarkörper auf. Die Papillen sind nahezu völlig abgeflacht. Das Bindegewebe im Papillarkörper sowohl als in der oberen Cutis ist zellarm; die elastischen Fasern sind dünn und zart. Manchmal sind ganze Papillenreihen in eigenartig glänzende, gefäß- und strukturlose hyaline Gebilde umgewandelt (Kozowski).

Im auffallenden Gegensatz dazu steht die mächtige Entwicklung der Gefäße im Corium (Raymond).

Die Anhangsgebilde der Haut, die Talg- und Schweißdrüsen sowie die Haarfollikel, sind im großen ganzen unverändert. Vernoni fand in veralteten Fällen eine Degeneration der Drüsenzellen, sowie eine Proliferation und mäßige Zellinfiltration des interstitiellen Gewebes.

Differentialdiagnose: Die Gewebsuntersuchung kann als nennenswertes Hilfsmittel für eine Trennung pellagröser Hautveränderungen von klinisch ähnlichen Krankheitserscheinungen nicht verwandt werden. Für die erythematöse Form erscheint dies schon bei dem wenig kennzeichnenden klinischen Bilde ohne weiteres verständlich. Aber auch die Bilder des hypertrophischen und schließlich des atrophischen Stadiums sind bei der mangelnden Einheitlichkeit der verschiedenen Beobachtungen bisher so wenig scharf herausgearbeitet, daß wir für die Diagnose auch hier, wie oft, auf die Klinik angewiesen bleiben.

Pathogenese: Seitdem erstmalig Aschoff und bald darauf Hausmann der Maisnahrung beim Zustandekommen der Pellagra eine entscheidende Bedeutung zugesprochen haben, steht diese Annahme immer noch im Vordergrunde pathogenetischer Betrachtung. Mit dem Mais wird in den Körper ein Stoff aufgenommen (Maistoxin?), der die Haut in ähnlicher Weise gegen das Sonnenlicht empfindlich macht, wie wir das vom Buchweizen beim Menschen zwar nur in ganz vereinzelten Fällen (Smith), viel häufiger aber in der Tierpathologie als Fagopyrismus gewisser Rinder, Schafe und Schweine kennen. Zahlreiche experimentelle Untersuchungen (Raubitschek, Finsen, Tappeiner u. a.) haben dies auch gezeigt (Lode, Horbaczewski). Immerhin lassen sich gegen diese Maistheorie eine Reihe hier nicht näher auszuführender Bedenken erheben. Jedoch vermögen andere, zum Verständnis des seltsamen Krankheitsbildes herangezogene Theorien: Avitaminose (Funk), monophagischer Symptomenkomplex, Maismonophagie (Volpino), Acidose infolge Kolloidallösung der Silicumdioxyde im Trinkwasser (Alessandrini und Scala), Infektionstheorie (Sambon), unser Kausalitätsbedürfnis noch weniger zu befriedigen, so daß vorläufig doch die Maisätiologie der Pellagra (Zeisme) wohl nicht in Abrede gestellt werden kann (Jadassohn), sei diese nun rein toxischer oder rein photodynamischer Natur oder beides.

Epheliden.

Zu den sog. aktinischen Dermatosen gehören schließlich noch die bei hellhäutigen Menschenrassen auftretenden Sommersprossen, jene bekannten, im Frühjahr und Sommer in großer Zahl und symmetrisch an den unbedeckten, aber auch an den bedeckten Körperstellen sichtbaren, im Winter zum Teil wieder schwindenden Flecke. Diese stehen fast immer vereinzelt, sind von gelber bis kaffeebrauner Farbe und erreichen Stecknadelkopfgröße und darüber. Sie liegen als rundliche oder ovale, nicht schuppende Gebilde ganz flach in der Haut und unterscheiden sich dadurch von den Lentigines und Naevi pigmentosi.

Die gewebliche Grundlage der Epheliden bildet eine umschriebene Pigmentansammlung in den auch für gewöhnlich pigmentierten Zellen der Haut (Cohn). Es handelt sich dabei nach Unna um eine auf den Umkreis weniger Papillen beschränkte tiefe Pigmentierung der untersten Stachelzellagen durch Melanin. Dieses fand sich in erster Linie intracellulär, nur vereinzelt frei in den Saftspalten der Epidermis; daneben zeigt sich jedoch auch eine Vermehrung der Chromatophoren in der Cutis. Naevuszellen sind am Aufbau nicht beteiligt.

Pathogenetisch steht die Abhängigkeit der Epheliden vom Licht, und zwar in erster Linie von den ultravioletten Strahlen, außer allem Zweifel; es handelt sich dabei um primäre Unterschiede der Lichtempfindlichkeit und Pigmentbildungsfähigkeit nahe benachbarter Hautbezirke (JESIONEK). Der Störung liegt eine wohl keimplasmatisch bedingte, verschiedene Veranlagung einzelner Hautbezirke zugrunde (Mißbildung umschriebener Epidermisinseln? JESIONEK).

Exogene Sensibilisationskrankheiten der Haut.

Anhangsweise sei hier auf einige weitere Sensibilisierungskrankheiten hingewiesen, wie sie durch minderwertige Präparate besonders in den letzten Jahren des Krieges beobachtet wurden. Vaselinöle (E. HOFFMANN), Vaseline (FRIEBÖES), Karboneol (HERXHEIMER und NATHAN) wirken höchstwahrscheinlich auch photodynamisch. HOFFMANN und HABERMANN führen die bereits mehrfach erwähnte Hyperkeratosis follicularis pigmentosa auf äußere Einwirkung unreiner Schmieröle, die Melanodermatitis toxica (Melanosis RIEHL) auf Einatmen teer- oder pechhaltiger Dämpfe zurück. Ihr Auftreten wird durch Licht, vielleicht auch durch Wärmestrahlen, begünstigt. Dabei genügen, wie dies auch die Ochronose zeigt, kleinste Mengen. Die Sensibilisierung erfolgt wahrscheinlich durch das im Teer oder Pech vorkommende Acridin.

Unter den toxischen Schädigungen, die mit einer Lichtempfindlichkeitssteigerung einhergehen können, wäre auch der Alkoholismus zu erwähnen (Pellagra alcoolicque). Derartige Fälle wurden von GINTRAC, MÖLLER und auch JADASSOHN beschrieben, der unmittelbar den Maisschnaps für die Entstehung des Krankheitsbildes anschuldigt.

β) Durch Röntgenstrahlen.

Die klinischen Bilder der Röntgenstrahlenwirkung auf die Haut sind verschieden, je nachdem wir es mit einer oder wenigen, kurz aufeinanderfolgenden Überdosierungen zu tun haben (akute Röntgendermatitis, Röntgengeschwür) oder aber mit einer langdauernden, vielmals wiederholten Einwirkung einer an und für sich als Einzelleistung ungefährlichen Strahlenmenge (chronische Röntgendermatitis).

Bei der

akuten Röntgendermatitis

kann man, ähnlich wie bei der Verbrennung, mehrere Formen unterscheiden. Ihnen allen ist gemeinsam, daß Stärke und Schnelligkeit des Auftretens dem Grade der gesetzten Schädigung direkt, hingegen Dauer und Abheilung dieser umgekehrt parallel gehen. Die Reaktion ersten Grades tritt ungefähr drei Wochen nach der Bestrahlung ohne sichtbare Entzündung der Haut, lediglich als Haarausfall und oberflächliche Abschuppung auf. Sie hinterläßt eine verschieden starke Pigmentierung. Der Reaktion zweiten Grades (Dermatitis erythematosa), die nach einer Latenz von zwei Wochen mit Rötung, Schwellung, Haarausfall und örtlichem Hitzegefühl einsetzt, folgt außer der Pigmentierung eine langdauernde Abschuppung der oberflächlichen Hautschichten.

Gegenüber diesen beiden, mit einer Restitutio ad integrum verlaufenden Reaktionen, kommt es bei der dritten Grades schon nach einer Woche zu einem starken, düsterroten Erythem, zu Schwellung, Bläschen- und Blasenbildung und heftigen Schmerzen sowie teilweisem Zerfall der oberflächlichen Hautschichten; später zu narbiger Ausheilung. Ebenso bei der Reaktion vierten Grades, die nach nur wenigen Tagen unter noch stärkerer Entzündung und Zerfall tiefer Hautbezirke zur Bildung eines Geschwürs führt, dessen Verlauf sehr langwierig ist.

Die nach Abheilung der beiden letztgenannten Formen hinterbleibenden Narben sind durch eine dauernde Alopecie, eine fleckförmig pigmentierte Atrophie, zahlreiche

Teleangiektasien, eine Störung der Talg- und Schweißdrüsentätigkeit, sowie die Neigung zu immer wieder auftretenden Zerfallsprozessen gekennzeichnet.

Durch die Strahlenwirkung werden sowohl Epidermis wie Corium in ganz bestimmter Weise verändert. In der Epidermis ist es vor allem das Stratum basale, an dessen Kernen schon sehr frühzeitig und nach verhältnismäßig schwacher Strahlenwirkung fleckweise eine Aufquellung oder Schrumpfung mit Vakuolenbildung auftritt. Unmittelbar neben derart veränderten finden sich Bezirke normaler, unveränderter Zellen. Der Kern der geschädigten Zellen ist aufgequollen, er nimmt basische Farbstoffe in geringerem Grade an als sonst. Das Kernkörperchen bleibt unverändert, während der Kern sich bis auf oft das Doppelte vergrößert und dadurch die Zellwandung ausdehnt und das Protoplasma der Zelle verdrängt. Dieses selbst wird bei stärkerer Strahlenwirkung zu einer hyalinen Substanz umgewandelt, ebenso meist der Kern. Vielfach tritt auch eine allmähliche Aufsaugung derart veränderter Zellen ein, oft unter Erscheinungen des Kernzerfalls (Pyknose) und der Kernschrumpfung, ohne daß man bis jetzt in der Lage wäre zu sagen, warum einmal Schrumpfung, ein andermal Schwellung eintritt. Die Vakuolenbildung im Zellprotoplasma ist ganz unregelmäßig; oft liegt der Kern in ihrer Mitte, oft auch an ihrer Wandung.

Der Ersatz der zerstörten Basalzellen geht zunächst sehr schnell vor sich; doch sind die neugebildeten Zellen breiter wie höher und nicht ganz so regelmäßig aneinandergelagert wie sonst. Häufig tritt dabei eine Wucherung der Reteleisten ein. Letztere kann jedoch auch ausbleiben, so daß dann die Epidermis-Cutisgrenze als flach-wellenförmige Linie verläuft. Reizwirkung auf die Zellen im Sinne des Wachstums, wie man sie im Anschluß an geringgradige Strahlenwirkungen erwarten dürfte, konnte Rost, dem wir eine eingehende Bearbeitung der ganzen Frage verdanken, nicht feststellen.

Die Veränderungen der übrigen Zellschichten sind im wesentlichen die gleichen wie die der Basalschicht, namentlich in den tieferen Zellagen der Stachelzellschicht. Da es auch hier zu den oben beschriebenen Zellveränderungen und damit zum Zellschwund kommen kann, wird die oft zu findende Verschmälerung der Stachelzellschicht ohne weiteres verständlich. Diese besteht dann manchmal nur aus ein bis zwei Zellagen. Die Atrophie der Epidermis kann dann schon recht deutlich sein, zumal in Fällen stärkerer Schädigung die oben angedeutete Wucherung der Reteleisten — die bald als Knospenbildung, bald als Verlängerung oder Verbreiterung bestehender Leisten beschrieben ist (Rost) — meist fehlt.

Das Stratum granulosum ist nur insoweit verändert, als es an der Atrophie der Epidermis teilnimmt. Eine Schädigung der Zellen selbst konnte Rost hier ebensowenig wie in der Hornschicht feststellen. Nur vereinzelt sah er in dieser parakeratotische Schuppen. Er führt daher die Neigung der Hornschicht zu Abschilferung und Schuppenbildung auf die Atrophie als solche zurück. An der Epidermisatrophie selbst hat im übrigen die Hornschicht keinen Anteil, sie ist vielmehr manchmal sogar verdickt (Barthélemy, Oudin und Darier, Rost).

In pigmentbildungsfähiger Haut tritt als Folge auch leichterer Bestrahlungen ein feinkörniges Pigment auf, das sowohl intracellulär wie in den Spalträumen gefunden wurde; am reichlichsten in den Basalzellen in Form der bekannten „distalen Pigmentkappe". Es findet sich aber so gut wie ausschließlich in den Randpartien der Basalzellen, während der Kern und seine nähere Umgebung völlig freibleiben. Dabei ist bemerkenswert, daß nur die normalen, anscheinend nicht veränderten Zellen Pigment enthalten, während die degenerativ veränderten stets freibleiben. Diese Pigmentvermehrung findet sich in der Regel auch in den übrigen Zellschichten der Epidermis, gelegentlich bis in die Hornschicht hinauf (ROST). Sie tritt im übrigen genau so fleckweise und unregelmäßig auf, wie die Degenerationsherde, ohne daß man eine Erklärung dafür geben könnte.

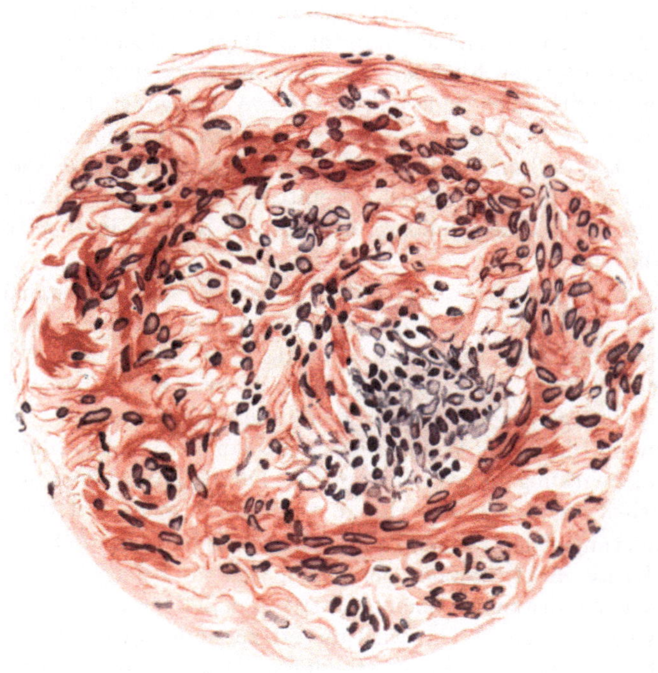

Abb. 64. Röntgendermatitis. (♂, 29jähr., Handrücken.) Gefäßveränderungen. (Querschnitt.) Hämatoxylin-Eosin. O = 480:1; R = 430:1.

Selbst nach verhältnismäßig schweren Schädigungen des Epithels setzt von den erhalten gebliebenen Zellen schnell eine Neubildung ein. Diese Ersatzzellen sind, wie oben schon angedeutet, zunächst noch nicht typisch gebaut und führen vielfach erneut zu Wucherungen der Reteleisten und damit zu einer Verdickung der Epidermis (Überkompensation).

Die pathogenetisch wichtigsten Veränderungen spielen sich jedoch im Corium ab, und zwar vor allem am Gefäßapparat. Hier sind die Endothelien gequollen (SCHOLTZ, GASSMANN, BAERMANN und LINSER). In Fällen geringster Strahleneinwirkung (wie sie besonders ROST untersuchte) beschränken sich diese Veränderungen auf die Capillaren und Lymphspalten, ohne daß weitere Störungen zu beobachten wären. Es handelt sich im Grunde genommen hier um die gleiche Kernquellung wie bei den Basalzellen der Epidermis. Auch hier finden sich alle Formen der Zerstörung, von schwacher Abblassung bis zu großen bläschenförmig geschwollenen Kernen, die knopfförmig in das Lumen vorspringen und dieses häufig erheblich verengen, ja verlegen. Hyaline Umbildung, wie Gassmann sie beobachtete, konnte Rost nicht finden. Diese Capillar- und Lymphgefäßveränderungen treten schon sehr frühzeitig auf und bleiben außerordentlich lange erhalten. Daher ist Rost geneigt, in ihnen die Ursache der sog. Spätschädigungen, der Atrophien und Ulcera zu sehen. Demgegenüber treten die Veränderungen an den größeren Gefäßen völlig zurück, wenn sie auch in vereinzelten Fällen (Baermann und Linser) beobachtet wurden.

Neben den Capillarendothelien sind dann namentlich die fixen Bindegewebszellen der Haut, die Fibroblasten, in Mitleidenschaft gezogen, und zwar handelt es sich um genau die gleichen Veränderungen wie dort. Auch hier finden sich Kernschwellung und Protoplasmaumwandlung, die vielfach zu schaumiger oder wabiger Struktur derselben führen (Schaumzellen Unnas). Das Nucleingerüst wird auseinandergedrängt und leidet in seiner Färbbarkeit, da es basische Farben nur in sehr geringen Mengen aufnimmt. Auch hier zeigt sich jene eigentümliche, fleckförmige Verteilung, wie wir sie von den Basalzellen und Capillarendothelien her kennen. Genau wie dort wurde (Hesse, Rost) neben der Degeneration vereinzelt eine Neubildung von Bindegewebszellen beobachtet.

Das elastische und kollagene Gewebe der Haut hingegen ist am wenigsten verändert. Zwar hat Unna eine Basophilie und Zerklüftung des Kollagens, Salomon eine erhebliche Verdickung der Bindegewebsfasern, Hesse daneben noch hyaline Umwandlung und Zerbröckelung der kollagenen Balken beobachtet, ähnlich wie es Krause und Ziegler, letztere allerdings erst bei hohen Dosen, sahen. Da sich jedoch ganz ähnliche Verhältnisse bei den erfahrungsgemäß primär nur schwer angreifbaren elastischen Fasern vorfinden, möchte man diese Störungen sekundär auf die parenchymatöse Entzündung zurückführen, wie sie bei schweren Röntgenschädigungen in Form von Zusammenballung, Klumpung und fleckweisem Schwund von Nobl, Gassmann, Hesse u. a. beschrieben wurde. Bei therapeutischen Dosen konnte Rost derartige Veränderungen nicht beobachten; sie können daher nicht als etwas für die primäre Strahlenwirkung Kennzeichnendes betrachtet werden.

Besonders empfindlich gegen die Strahlenwirkung sind hingegen die Haarpapillen, an denen Krause und Ziegler (bei der Maus) schon sehr frühzeitig Schrumpfung und Nekrose der Haarfollikelzellen, später dann völlige Degeneration und Schwund des Follikels beobachteten. Scholtz fand ganz ähnliche Veränderungen wie im Epithel: Schwellung der Kerne und Vakuolenbildung, teilweise sogar völlige Verödung der Haarbälge und Wurzelscheiden.

Derartige Veränderungen sind jedoch nur bei stärkeren Schädigungen festzustellen. Das Protoplasma der Zellen schmilzt dann zu einer fast homogenen Masse zusammen, die Kerne sind nur noch schattenhaft erhalten. Sie schwinden schließlich völlig; es kommt zu einer reaktiven Entzündung, die sich anfangs durch eine geringere, dann stärkere Zellinfiltration, vornehmlich lymphocytärer und leukocytärer Natur äußert (Scholtz). Bei therapeutischen Dosen, wie sie Rost zu seinen Versuchen verwandte, sind derartige Veränderungen jedoch nicht zu beobachten. Nur vereinzelt fand er ein leichtes, perifollikuläres Ödem bzw. eine leichte Infiltration mit eigentümlichem, zug- oder kranzartigem Vorkommen von geschwollenen Bindegewebszellen um die Follikel (Follikelschwellung).

Die Schweißdrüsen zeigen bereits bei schwacher Strahlenwirkung degenerative Veränderungen ihrer Zellen, die zum Teil wuchern, zum Teil jedoch ohne weiteres in das Drüsenlumen abgestoßen werden. Bei stärkerer Strahlenwirkung steigern sich diese Vorgänge. Die Zellen werden vakuolisiert, die Drüsenschläuche von zahlreichen polynucleären Leukocyten durchsetzt. Da sich stärkere Bindegewebsstörungen, welche zu einer Kompression der Schweißdrüsenausführungsgänge und damit zu einer Unterdrückung der Schweiß-

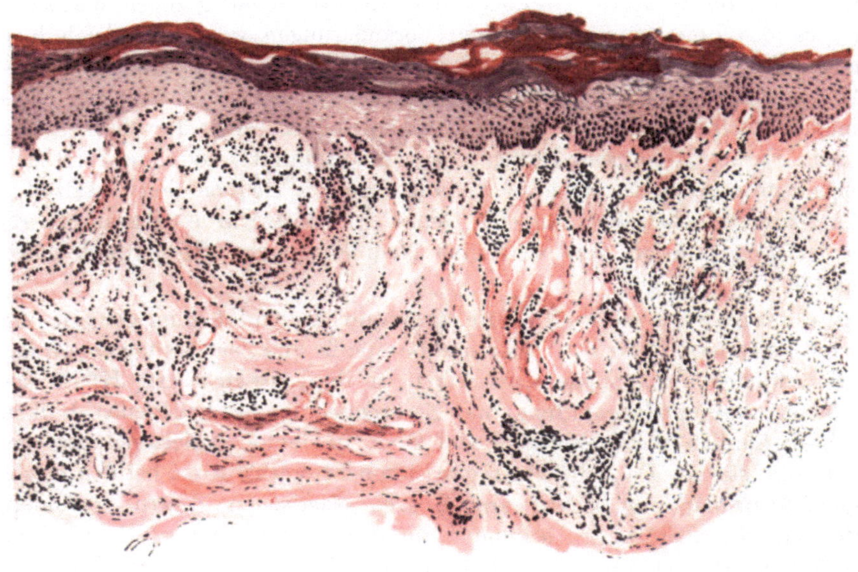

Abb. 65. Röntgendermatitis. (♀, 34jähr., Bauchhaut.) Übersichtsbild. Akanthose, Parakeratose, stellenweise Nekrosen und alte Blutungen im Epidermisepithel. Ödem, epidermale und hypepidermale Bläschenbildung. Diffuse Zellinfiltration. Hämatoxylin-Eosin. O = 66:1; R = 60:1.

sekretion führen könnten, im Experiment (an der Katzenpfote) nicht feststellen ließen, führen BUSCHKE und SCHMIDT diese auf eine direkte Schädigung der Schweißdrüsenepithelien zurück, ohne daß dies histologisch im übrigen nachweisbar wäre.

ROST konnte bei seinen Untersuchungen vier verschiedene Formen der Schweißdrüsenstörung unterscheiden. Bei den stärksten Graden fanden sich nur noch spärliche Reste abgeplatteter und schwach färbbarer Zellen. Bei geringerer Einwirkung war das Epithel ganz abgeflacht, die einzelnen Zellen geschrumpft, die Kerne sehr klein, das Protoplasma fast völlig geschwunden und daher das Drüsenlumen sehr weit, aber ohne Inhalt. Auch hier blieben fleckweise einzelne Zellen noch erhalten, so daß manchmal ein nach dem Lumen zu eigenartig gezähnter Epithelrand sichtbar war. Bei noch geringerer Wirkung äußerte sich die Störung lediglich darin, daß die Zellen auffallend niedrig, flachkubisch erschienen, ohne daß sich sonstige Abweichungen zeigten. Daneben finden sich, wenn auch unverhältnismäßig selten, Stellen, wo an den Schweißdrüsen überhaupt keine Veränderungen feststellbar sind; jedoch treten hier häufig in ihrer unmittelbaren Umgebung nicht unbeträchtliche Zellinfiltrate auf. Ziemlich regelmäßig findet sich auch eine Schwellung der

Endothelkerne der zugehörigen Capillaren. Auf diese ist vielleicht in vielen Fällen die allmählich eintretende Schädigung der Schweißdrüsenepithelien zurückzuführen. Die Epithelien der Schweißdrüsenausführungsgänge werden nur sehr selten von den Strahlen beeinflußt.

Die Talgdrüsenveränderungen entsprechen im großen ganzen denjenigen der Schweißdrüsen. STERN und HALBERSTÄDTER fanden im Experiment (Bürzeldrüse der Ente) Abnahme und Schwund der lipoiden Körnchen bis zur Atrophie der Drüse ohne nennenswert nachweisbare Entzündungserscheinungen.

Nerven und Muskeln der Haut sind durch die Strahlenwirkung nur sehr schwer zu beeinflussen; es bedarf dazu so großer Mengen, wie sie nur bei nekrotisierender Strahlenwirkung vorkommen (s. d.).

Neben diesen Einzelveränderungen wären noch kurz die Strahlen in ihrer Wirkung auf die Gesamthaut zu besprechen. Sie besteht in erster Linie in entzündlichen Veränderungen: einem Ödem, einer perivasalen Zellinfiltration und einer Pigmentbildung. Alle drei zusammen geben ein recht kennzeichnendes Bild (ROST). Das Ödem, in leichteren Fällen auf das Stratum papillare beschränkt, macht sich bei schwererer Schädigung auch im Stratum reticulare bemerkbar. Es führt dann zur Aufquellung der Bindegewebsbalken, zur Schwellung der Papillenköpfe und häufig zu fleckweiser Abhebung des Epithels in Form von Lückenbildungen zwischen Epidermis und Papillarkörper. Die Capillargefäße und Lymphspalten sind dabei stets erweitert, ebenso die interepithelialen Saftspalten der Epidermis. Auch in dieser kommt es gelegentlich zur Bläschen- und — durch schon sehr frühzeitig einwandernde polynucleäre Leukocyten — Pustelbildung und damit schließlich zur völligen Degeneration der Epidermis sowohl als wie der Papillenspitzen.

Die Zellinfiltration tritt schon bei geringer Strahlenwirkung auf. Sie bleibt dabei im wesentlichen auf das Stratum papillare beschränkt und reicht erst bei stärkerer Wirkung auch in die Cutis hinab. Am Aufbau dieser Infiltrate, die verhältnismäßig recht klein bleiben, beteiligen sich namentlich adventitielle Bindegewebszellen (ROST), die im übrigen genau die gleichen Veränderungen durchmachen (Kernschwellung, Pyknose), wie sie oben schon beschrieben wurden. Außerdem finden sich noch Lymphocyten, wenn auch in geringerer Menge und polynucleäre Leukocyten in verschwindender Zahl. Diese letzteren treten sowohl in der Umgebung der Gefäße des Papillarkörpers und der Cutis, wie auch in der Epidermis auf, wo sie zu der oben erwähnten Pustelbildung führen.

Alle Veränderungen in der Epidermis sind jedoch wahrscheinlich rein sekundärer Natur. Eine primäre Strahlenwirkung kommt nach ROST nur soweit in Frage, als ein kräftiger Saftstrom des entzündlichen Ödems das strahlengeschädigte Epithel leichter abhebt und gleichzeitig reparative Vorgänge erschwert.

Bei der Rückbildung der Veränderungen bleiben im Corium Überreste der Infiltrationsherde und Schwellung der Bindegewebszellen noch lange bestehen, nachdem die Schäden der Epidermis durch Neubildung seitens erhalten gebliebener Zellelemente längst ausgeglichen sind. Ferner erinnert bei leichterer Strahlenwirkung das vermehrte Pigment noch recht lange an die überstandenen Vorgänge. Es findet sich im Bindegewebe grobkörnig in vornehmlich perivasal gelegenen Chromatophoren, in der Epidermis intra- und intercellulär.

Bei der Entstehung des

Röntgengeschwürs

spielen kennzeichnende Gefäßveränderungen eine ausschlaggebende Rolle. GASSMANN fand eine eigenartige Zerfaserung und Degeneration des Bindegewebes, sowie merkwürdige, langsam nach der Tiefe weiterschreitende, von ihm als vakuolisierende Degeneration der Gefäßwände in Cutis und Subcutis bezeichnete Veränderungen.

Im einzelnen sind die obersten Epidermisschichten am Rande der Geschwüre unvollkommen verhornt, vielfach parakeratotisch. Die Stachelzellen weisen große Kernhöhlen auf, sind schlecht färbbar und zeigen erst in den

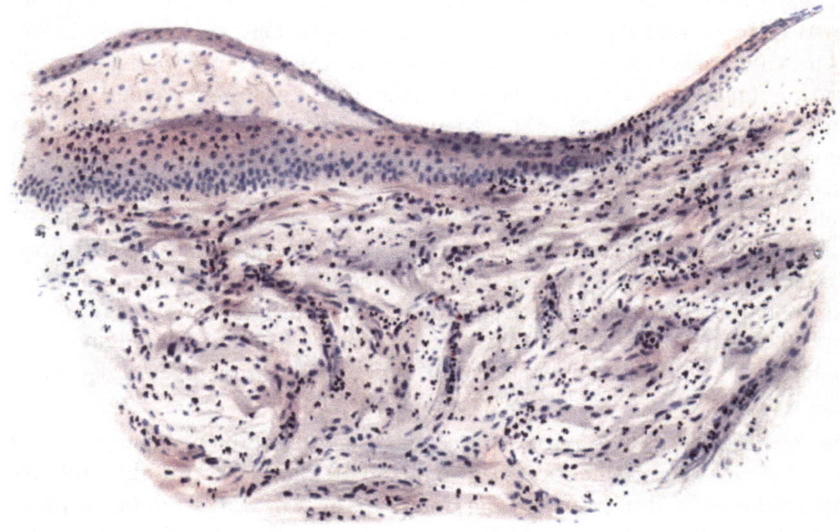

Abb. 66. Röntgengeschwür; Randabschnitt. (♂, 43 jähr., Mons pubis, 1 Jahr nach Bestrahlung.) Unregelmäßige Parakeratose, ödematöse obere Stachelschicht zum Teil blasig abgehoben. Zellen in der ganzen Epidermis unregelmäßig verteilt, Papillarkörper verstrichen, das Bindegewebe aufgelockert, ödematös, zum Teil zerfallend; Gefäße eng, zum Teil verschlossen, Wandung verdickt. Zahlreiche polynucleäre Leukocyten durchsetzen das ganze Gewebe. Häm.-Eosin. O = 128 : 1, R = 128 : 1.

tieferen Epidermislagen Stachelbildung. Stratum granulosum und Stratum basale fehlen völlig, Mitosen sind auffallend spärlich. Vielfach liegt an Stelle der Epidermis nur noch eine homogene Lamelle, die lediglich an einzelnen wenigen Stellen ihren Ursprung erkennen läßt. In diese strukturlose Masse sind unregelmäßig blaßgefärbte Kerne eingelagert. Das Ganze hebt sich zusammen mit Resten der übrigen Epidermiszellen stellenweise vom Bindegewebe ab. Dabei enthalten die untersten Zellagen häufig reichlich braunes Pigment.

Im Zentrum des Ulcus sieht man unter einer, oft noch banale Eiterkokken tragenden nekrotischen Decke, ein unregelmäßiges Gewirr mit Kernresten durchsetzter, aber gut färbbarer Elastinfasern. Nach der Tiefe hin sind sie von einzelnen, ganz homogenen, unregelmäßig gequollenen Bindegewebsbalken durchsetzt, welche vielfach in körnige Fasern zerfallen. Das Ganze bildet mit zahlreichen Leukocyten, Bindegewebskernresten, dicken Elastinfasern und kleinsten Bündeln faserigen Kollagens ein grobmaschiges Netzwerk, das durch den mangelnden Kerngehalt der Fasern auffällt. Hier und da liegen in diesem Netzwerk größere perivasculäre Zellhaufen, die aus Lymphocyten, polynucleären Leukocyten und eigentümlichen, den Plasmazellen ähnelnden Gebilden aufgebaut sind.

Blutgefäße sind nur sehr wenig oder gar nicht mehr vorhanden. Knäueldrüsen finden sich in den obersten Schichten nur noch ganz vereinzelt; in den tieferen Schichten sind sie besser erhalten. Im allgemeinen haben sie ihren Epithelbelag abgestoßen; dieser füllt das Lumen der Drüse aus, durchsetzt mit Leukocyten und Resten untergehender Zellen. Die Capillargefäße sind vielfach durch leukocytäre Thromben verschlossen. Auch die tieferen Gefäße der Cutis sind in Mitleidenschaft gezogen. Ihr Epithel ist vielfach verloren gegangen, die Wandung aufgelöst, das Lumen mit amorphen Massen gefüllt.

Ist die Zerstörung noch stärker, reicht die Nekrose bis tief in die Cutis hinunter, so sind die schweren Veränderungen im Corium: die hyaline Degeneration der Fibrillen, der Kernschwund, das Fehlen aller Anhangsgebilde noch stärker ausgeprägt. Dann finden sich kleinere Nekroseherde auch fleckweise, weiter fort in der Umgebung des eigentlichen Geschwürs an Stellen, die von einer anscheinend normalen oder wenig veränderten Epidermis bedeckt sind. An die Hautmuskeln erinnern dann nur noch vereinzelte glatte Muskelzellen; die Haarpapillen sind völlig zerstört, auch die Nerven schwer beschädigt. Ihre Kerne sind zum größten Teil zugrunde gegangen. Die Nervenbündel werden von Zügen hyalin degenerierter Fibrillen durchzogen und von einer kleinzelligen Infiltration durchsetzt. Die Achsenzylinder sind verschwunden.

Das Gefäßsystem weist in diesen Fällen schwerste Veränderungen auf. Die Wand der Capillaren und kleineren Gefäße in den oberen Geschwürsschichten ist in eine unregelmäßig gequollene Masse umgewandelt. Die Gefäße selbst sind entweder völlig verschlossen oder erweitert und gestaut, namentlich am Rande, wo sie vereinzelt noch Blutkörperchen enthalten. In diesem Falle sind die Wände meist mit Leukocyten durchsetzt. Die stark verdickte, mit gequollenen Endothelien besetzte Intima ist stellenweise von der Unterlage abgehoben; zwischen ihr und dem Endothelbelag entstehen rundliche Lücken. Die größeren Gefäße zeigen noch Reste einer stark aufgefaserten, ungleich dicken und oft unterbrochenen Elastica. Ihre Wand ist oft völlig verfallen. Selbst die Arterien der Subcutis sind schwer geschädigt. Ihre Intima nimmt als faserige, stark verdickte, retikulär gebaute bzw. von Vakuolen durchsetzte Masse den größten Teil des Lumens ein. Die Endothelkerne sind bläschenförmig umgewandelt; die Vakuolen entweder ganz leer oder von einer feinfaserigen retikulären Masse durchzogen. Diese hochgradige, vakuolisierende Degeneration hat auch auf die Muscularis der meisten Arterien und Venen übergegriffen, jedoch nicht gleichmäßig stark.

Neben der Vakuolisierung der Gefäßwände sah GASSMANN Abspaltungen und fleckweise erhebliche Verdickungen der Intima, welch letztere er auf neugebildete elastische Fasern zurückführt. An den Venen und größeren Lymphgefäßen führte diese Verdickung oft zur Obliteration (Endophlebitis und Endolymphangitis obliterans).

Diese auffallenden Gefäßveränderungen sind für die Röntgenstrahlenwirkung besonders kennzeichnend, allerdings je nach dem Grade der Dermatitis verschieden stark entwickelt.

Über Ausheilung sowie Art und Aufbau der Narbenbildung siehe den nächsten Abschnitt.

Die chronische Röntgendermatitis

äußert sich anfänglich in einer Rötung und Schwellung der Haut. Nach und nach entwickelt sich eine übermäßige Verhornung, sowohl in diffuser wie umschriebener Form. Die Haut ist hart und trocken, ihre Beweglichkeit behindert, es treten Risse auf und häufig kleine Abscesse. Daneben kommt es zu oberflächlichen Gefäßerweiterungen, Haarausfall, schließlich zur Hautatrophie mit mangelnder Drüsenfunktion. In seltenen Fällen entwickelt sich eine als Glanzhaut (Liodermie) bezeichnete Veränderung. Die Gefäßerweiterungen (Teleangiektasien) finden sich, wie das zuerst FREUND und OPPENHEIM gezeigt haben, bekanntlich auch nach Ausheilung akuter Schädigungen, jedoch wurde — um Wiederholungen zu vermeiden — dort nicht näher auf sie eingegangen. Neben der Gefäßerweiterung, der Hyperkeratose, der Trockenheit und Rigidität ist dann noch eine unregelmäßig fleckweise Pigmentierung bemerkenswert, die das Bild noch bunter gestaltet. Wiederholt auftretende und schwer heilende, stark schmerzende Geschwüre vervollständigen das Ganze.

Zwischen der akuten und chronischen Röntgendermatitis bestehen, wie dies schon ein Vergleich der Befunde ROSTs und GASSMANNs mit denjenigen UNNAs dartut, eine Reihe kennzeichnender Unterschiede. Vor allem fehlen hier die zuerst wohl von GASSMANN beschriebenen schweren Gefäßwandschädigungen. UNNA, dem wir grundlegende Untersuchungen über die chronische Röntgendermatitis verdanken, fand in besonders ausgesprochenen Fällen eine starke Verbreiterung der Hornschicht, der Körner- und Stachelschicht. Die Stachelzellen waren erheblich vergrößert, verhielten sich aber färberisch völlig normal. Im Gegensatz hierzu war das Deckepithel an Stellen von Rhagadenbildung erheblich verdünnt; hier fehlte die dicke Hornschicht. Sie war durch eine dünne Kruste ersetzt, unter der eine von weit klaffenden Lymphspalten durchzogene, erheblich verdünnte Stachelschicht lag. Dem interstitiellen Ödem entsprechend fehlte an solchen Stellen auch die Körnerschicht.

In vielen Fällen führt die Hypertrophie der Epidermis zu atypischen Epithelwucherungen, die oft den Beginn einer carcinomatösen Umwandlung erkennen lassen. In anderen Fällen wieder ist die Hypertrophie der Epidermis auf wenige umschriebene Stellen beschränkt. Es kommt zur Bildung kleiner, hauthornähnlicher, fest aneinander haftender Hornplättchen, die die Grundlage der warzen- und stachelähnlichen Rauhigkeit der Röntgenhaut bilden.

Diese Hornplättchen gleichen klinisch den Hornkegeln der Ichthyosis serpentina und auch den senilen Warzen. Von den Schwielen der Röntgenhaut unterscheiden sie sich dadurch, daß sie einer atrophischen Stachelschicht, jene aber einer hypertrophischen Stachel- und Körnerschicht aufsitzen, daß sie sich ferner scharfkantig, treppenförmig von der umgebenden Hornschicht abheben, während jene sich unmerklich und glatt in die umgebende Hornschicht verlieren (UNNA).

Im Corium findet sich ein leichtes, interstitielles Ödem, hauptsächlich perivasal. Die elastischen und kollagenen Fasern sind zarter und feiner als normal. Die Festigkeit des Bindegewebes hat durch das Ödem allgemein abgenommen, es ist abnorm brüchig und zerfällt auffallend leicht.

Die Blut-, Lymphgefäße und Lymphspalten sind stark erweitert; die Mastzellen der Umgebung leicht vermehrt; stärkere Leukocytenauswanderung ist nicht festzustellen.

Unter den Rhagaden ist der hier besonders ödematöse Papillarkörper von ausgedehnten Plasmazellhaufen durchsetzt, welche die Rhagade schalenartig umsäumen (UNNA). Im Gegensatz zur Atrophie der Oberhautanhangsorgane steht an manchen Stellen eine auffallende Verbreiterung des Musc. arrect. pilorum. Den hypertrophischen Muskeln entsprechen ebenso starke

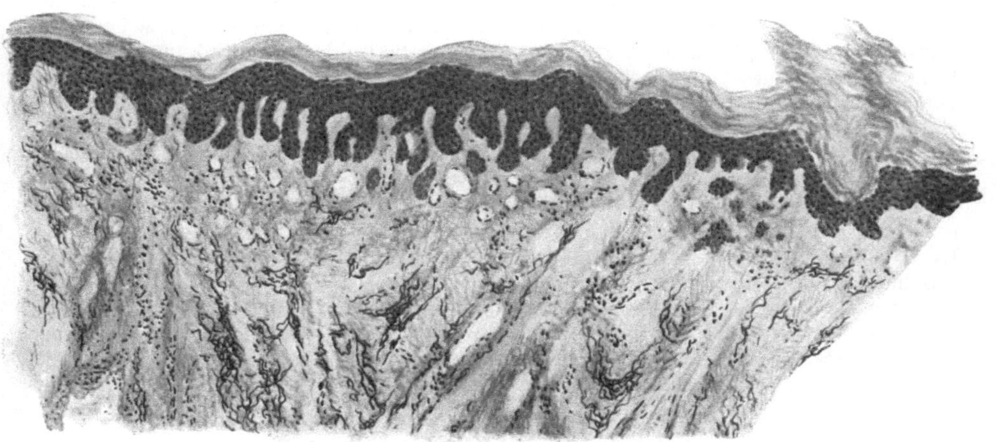

Abb. 67. Chronische Röntgendermatitis. (♂, 50 jähr., Unterarm, dorsal.) Hyperkeratose, rechts „Hornplättchen", Akanthose mit atypischer Epithelwucherung. Im Corium interstitielles Ödem, Erweiterung der Blut- und Lymphgefäße, fleckförmige Anhäufung des Elastin bzw. Atrophie und Auffaserung des Kollagen. O = 66 : 1, R = 66 : 1.

elastische Fasern, die nach UNNA jedoch nicht aus neugebildeten, sondern aus zusammengezogenen Teilen des alten elastischen Netzes bestehen. Dadurch kommt es um die Muskeln herum zu einer zwar nur scheinbaren, aber doch kennzeichnenden Anhäufung, in der übrigen Haut zu einer relativen Verarmung an Elastin. Das kollagene Gewebe ist im Gegensatz hierzu an manchen Stellen, insbesondere in Papillarkörper und oberer Cutis, mehr oder weniger atrophisch. Die kollagenen Bündel sind dünn, lockerer verwebt und verlaufen viel unregelmäßiger. Im Gegensatz zur Norm ist ihre Basophilie erhöht.

Die Teleangiektasien erweisen sich histologisch als erweiterte venöse Capillaren, deren punktförmiges Zentrum schräg heraufsteigenden, tieferliegenden Capillaren größerer Art, deren sternförmige Ausbreitung mehr oberflächlichen derartigen Gebilden entspricht (UNNA).

An vielen Stellen findet man fleckförmig umschriebene Pigmentansammlungen, die sich nicht von jenen unterscheiden, die oben beschrieben wurden.

Die weißen glänzenden Geschwürsnarben erscheinen histologisch als mit einem schmalen Epithelband überdeckte, von dünnwandigen, kleinsten Gefäßen durchzogene narbige Bindegewebszüge. In ihnen fehlt vielfach das elastische Gewebe; an anderen Stellen wieder ist es zu kurzen und plumpen Herden zusammengeflossen.

Pathogenese: Soweit die Histologie ein Urteil gestattet, verhalten sich die harten, bzw. gefilterten und die weichen bzw. ungefilterten Strahlen bezüglich ihrer biologischen Wirkung auf die Haut völlig gleich (ROST). Als ihr Hauptangriffspunkt ist in der Zelle mit größter Wahrscheinlichkeit der Kern anzusehen. Neben dieser Wirkung auf einzelne Zellelemente kommt es schon bei sehr geringen Dosen und sehr bald nach der Bestrahlung zu entzündlichen Erscheinungen (Ödem, perivasculäre Infiltration).

Über den primären Angriffspunkt der Strahlen herrscht bis jetzt noch keine Einigkeit. Während ein Teil der Forscher (HEINECKE, v. WASSERMANN, v. HERTWIG, LEVY, KRAUSE, LAZARUS u. a.) auf dem Standpunkt stehen, daß die einzelne, von den Strahlen getroffene Zelle vernichtet wird, nehmen RICKER und seine Mitarbeiter an, daß bei mehrzelligen Organismen mit einem Gefäßnervensystem unter einer Bestrahlung eine Störung des Kreislaufs im Bereich des Capillarnetzes auftritt und daß alle Gewebsschädigungen sekundär durch eine Störung in der Blutversorgung hervorgerufen würden. Es hat nach neueren Untersuchungen (HAENDLY) den Anschein, daß die Strahlen sowohl unmittelbar in den Zellen, als auch auf dem Umwege einer Störung des Blutkreislaufs — mit seinen Folgen für die Ernährung der Zellen — wirksam werden.

Durch diese Störung in der Blutverteilung kommt es dann zu den schweren Veränderungen aller zelligen und sonstigen Gebilden der Haut, wie sie oben beschrieben wurden. Es werden also im Grunde genommen alle Teile betroffen. Eine besondere Empfindlichkeit einzelner Hautabschnitte mag — wie ich im Gegensatz zu UNNA und übereinstimmend mit ROST annehmen muß — trotzdem vorhanden sein, wenn sie uns auch bei der chronischen Röntgendermatitis nicht so ohne weiteres ins Auge fällt. Die Bedeutung der Blutverteilung für die Genese der Störungen hat bereits UNNA histologisch gesehen und erkannt und auf sie alle weiteren Veränderungen zurückgeführt.

γ) Durch Radiumstrahlen.

Die Folgen der Einwirkung radiumhaltiger Präparate auf die Haut des Menschen erreichen nach den bisher vorliegenden Erfahrungen bei weitem nicht jene Stärke, wie sie von der Röntgenwirkung her bekannt ist.

Im Anschluß an eine kurze Berührung mit Radium kommt es nach einer Latenzzeit von mehreren Tagen zu einem Hitzegefühl, zu Schwellung und Entzündung der von den Strahlen getroffenen Hautabschnitte. Unter erheblicher Schmerzhaftigkeit nimmt die Schwellung zu, es kommt zu blasiger Abhebung der Oberhaut, die im Verlauf von mehreren Wochen allmählich abheilt und stellenweise zu hornartiger Verdickung der Oberhaut, unter Umständen zu Schrumpfung und Atrophie der gesamten Hautschichten führt. An den Nägeln treten Ernährungsstörungen auf; an den Fingerspitzen, die dem Präparat ausgesetzt wurden, bleibt nach Monaten und Jahren eine hochgradige Empfindlichkeit bestehen; es kommt hier oft zu kleineren Blutungen unter die verdünnte Oberhaut.

Ähnlich wie bei den Röntgenstrahlen führen noch nach langer Zeit leichteste traumatische oder sonstige Schädigungen zu Rückfällen.

Auf der verdünnten Haut der Hände bilden sich dauernd trockene oberflächliche Borken, die von Zeit zu Zeit abschilfern und erst langsam und unvollkommen heilen (ULLMANN).

Bei stärkerer Radiumwirkung kann es zur Entwicklung von Geschwüren kommen. Diese zeigen, sobald sie über die oberflächlichsten Hautschichten hinausgedrungen sind, einen kennzeichnenden Bau, gleichgültig, ob sie an einer gesunden oder kranken Hautstelle entstanden sind. Von der gesunden Haut ist das Geschwür durch eine schmale, leicht gerötete Hautzone getrennt; seine Ränder sind flach, gegen das Zentrum hin mit einem zarten, weißen Epithelsaum bedeckt. Der Geschwürsgrund liegt nur wenig tiefer als die Umgebung; er ist mit einem gelblichen, nicht abstreifbaren Belage überzogen, der hier und da von einzelnen zarten frischroten Granulationen unterbrochen wird. Das unbedeckte Geschwür trocknet rasch zu gelblich-schwarzbraunen Krusten ein, die abgestoßen werden. Unter diesen kommt es dann durch Vorschieben des Epithelsaums von den Rändern her allmählich zu Verkleinerung und Vernarbung, ohne daß im ganzen Verlauf eine Wucherung der Granulationen zustande käme. Die zartweiße Narbe schuppt noch einige Zeit, wird dann glatt und glänzend, manchmal von einem schmalen, zarten Pigmentsaum umgeben. Noch nach Monaten können in ihr Teleangiektasien auftreten.

Eine zusammenfassende Betrachtung der Histopathologie der Radiumwirkung ist zur Zeit äußerst schwierig und muß notwendig unvollkommen bleiben, da wir zwar „zahlreiche Bausteine kennen, aber von so ungleichartiger Beschaffenheit nach Größe, Bearbeitung, Material, daß sich daraus kein architektonisch zusammenpassendes Bauwerk errichten läßt" (KAISERLING). Verhältnismäßig gut sind wir über die Veränderungen an der Haut unterrichtet, trotzdem auch hier die Verwendung verschiedener Radiummengen — Bestrahlungsdauer und Anwendungsart — zahlreiche Unterschiede bedingt.

Die histologische Wirkung der Radiumstrahlen auf die Haut ist ebenso wie die klinische den Folgen der Röntgenbestrahlung sehr ähnlich. Es tritt jedoch hier noch deutlicher als bei der Röntgendermatitis die selbständige, von Gefäßveränderungen und Nerveneinflüssen unabhängige Schädigung der Epithelien hervor. Diese Schädigungen sind dabei genau auf den Bestrahlungsbezirk beschränkt. Die Stärke der entstehenden Veränderung ist unmittelbar abhängig von der Dauer der Einwirkung der Strahlen. STRASSMANN fand nach 10—20 Minuten langer Bestrahlung 12 Stunden später lediglich eine stärkere Füllung der Gefäße, an die sich erst nach 48 Stunden, wo klinisch die behandelte Stelle sich hellrot von der Umgebung abhob, eine akute Entzündung anschloß. Die Gefäße des ganzen Coriums und subcutanen Gewebes waren, ebenso wie die Capillaren, strotzend mit Blut gefüllt. Es fand sich bereits ein mantelförmiges, perivasculäres Infiltrat, in dem die Mastzellen an Zahl auffielen. Nach 4—6 Tagen zeigte auch das Gefäßsystem Veränderungen. Die Endothelzellen waren vergrößert, bläschenförmig aufgetrieben, tief in das Lumen hineinragend, die Kerne geschwollen.

Erst 8 Tage nach der Bestrahlung fanden sich Veränderungen am Epidermisepithel und den Bindegewebszellen. Beide sind dann ähnlich wie die Endothelien der Gefäße geschwollen und haben ungleichmäßige, kugelige Formen angenommen. An einzelnen Stellen ist es zu Vakuolenbildung gekommen, und zwar — ganz ähnlich den Röntgenbestrahlungen — am stärksten im Stratum basale. Die Epidermis wird aufgelockert; die Intercellularspalten sind erweitert, hier und da bereits von Leukocyten durchsetzt. Die Hornschicht bleibt zunächst unverändert, und die Degenerationserscheinungen nehmen vom Stratum basale nach aufwärts bis zu ihr hin allmählich an Stärke ab.

Das Ödem nimmt zu und führt schließlich zur Blasenbildung, indem Flüssigkeit zwischen die oberen und mittleren Stachelzellagen eindringt und erstere mitsamt der Hornschicht emporhebt. Die Vakuolenbildung der gequollenen Epithelien wird stärker, ihr Kern nach dem Rande gedrängt und umgeformt. Ein Teil der Zellen verliert allmählich seine Färbbarkeit und geht zugrunde. Die so entstandene Blase platzt schließlich, und es bleibt eine leichte Erosion der oberflächlichen Epidermisschichten zurück.

THIES erzielte mit 20 mg Radiumbromid bei sechsstündiger Anwendung bereits eine Stunde später eine Auswanderung eosinophiler Zellen ins Corium, vereinzelt auch in die Epidermis. Gleichzeitig begann eine entzündliche

Exsudation mit Blasenbildung. Die Epidermisepithelien vermehrten sich zunächst unter trüber Schwellung ihres Protoplasmas; bald kam es unter Kernzerfall und Vakuolenbildung um den Kern zu völliger Nekrose. Dieser folgt schnell die Abstoßung durch einfache Auflösung und Resorption der nekrotischen Massen sowohl in der Epidermis wie im Corium, wo die Nekrose erst später und schichtweise einsetzt. Aber schon vom 3. Tag an zeigen sich Ausheilungsversuche in Gestalt von Epidermisepithelwucherungen vom Rande der Nekrose her. Diese nehmen oft ein cancroidähnliches Aussehen an.

Die gleichen Veränderungen wie in der Epidermis fand STRASSMANN an den **Bindegewebszellen** des Coriums und an den Anhangsgebilden der Haut. Die Anhäufung von Leukocyten und Mastzellen ist noch stärker geworden. Durch Schädigungen der Gefäßwände kommt es vielfach zu kleinsten Blutaustritten. Bemerkenswerterweise scheinen sowohl elastische als auch kollagene Fasern bei diesem Grade der Veränderung weder in ihrer Färbbarkeit noch in ihrem Aufbau beeinflußt.

Die **Radiumgeschwüre** sind an der Oberfläche von einer in ihrem Aufbau nicht weiter erkennbaren Detritusmasse bedeckt. Die Epidermis ist darunter meist völlig geschwunden. Man findet an ihrer Stelle nur einzelne, schlecht färbbare Zellen, die ebenso wie ihre Kerne unregelmäßig geschwollen sind. Die Zwischenräume sind verbreitert, das Rete gelockert. Die ganze tiefere Epidermis, in der ebenfalls nichts mehr von der normalen Zellanordnung zu erkennen ist, besteht aus Massen gequollener vakuolisierter Zellen, Zellresten und Kerntrümmern, zwischen denen polynucleäre Leukocyten und unregelmäßig verteilte Pigmenthaufen eingelagert sind.

Unterhalb der nekrotischen Massen folgt eine dichte Infiltrationsschicht aus Lymphocyten, polynucleären Leukocyten und auch Plasmazellen. Von hier aus gehen einzelne perivasculäre Infiltrate in die Tiefe. In den dem Geschwür zunächst liegenden Schichten sind die elastischen Fasern fast völlig geschwunden, ebenso die Capillaren; die größeren Gefäße sind nur noch durch einzelne elastische Faserringe und Blutpigmentanhäufung zu erkennen. Die Bindegewebszellen sind zu einer fast homogenen durchscheinenden, schlecht färbbaren Masse aufgequollen. Nach der Umgebung hin treten jene Zelldegenerationen auf, wie sie früher schon beschrieben wurden.

Setzt man die gesunde Haut verschiedenen Einwirkungen (Kälte, Wärme, Crotonöl usw.) aus, und bestrahlt dann oder umgekehrt, so läßt sich — besonders in der Epidermis, weniger im Corium — eine starke Hyperplasie mit atypischen Mitosen, mit vielkernigen oder abnorm großen Riesenzellen hervorrufen. Mittelstarke Bestrahlung derart hyperplastischer Hautstellen führt zu frühzeitigem und beschleunigtem Zellzerfall (WERNER).

Pathogenese: Die Schädigungen sind genau auf den Strahlungsbezirk beschränkt. Die Wirkung geht direkt auf die Zellen. Je schwächer die Strahlung, um so elektiver die Wirkung, um so geringer auch die Tiefenwirkung. Schwache Strahlung führt vielfach nur zur Hyperplasie, stärkere Dosen zur Nekrose. Die pathologischen Effekte sind fast ausschließlich den β- und γ-Strahlen zuzuschreiben, da die α-Strahlen durch die Kapselhüllen zurückgehalten werden. Die Folgen einer solchen Bestrahlung sind im großen ganzen ähnlich denen der Röntgenstrahlen, nur erfolgen die Reaktionen schneller und intensiver. Sie treten auch hier nach einer im umgekehrten Verhältnis zur Strahlendosis stehenden Latenzzeit auf.

Bei der chronischen **Thorium-Dermatitis** steht, entsprechend der schwächeren Wirkung dieser Präparate, die **Reizwirkung** auf das Gewebe im Vordergrunde.

Es findet sich eine Hypertrophie der gesamten Hautdecke mit starker Rötung und seröser Schwellung des Gewebes, an geeigneten Stellen mit Hyperkeratosenbildung, selten mit zentraler Nekrose oder Atrophie (FRIEDLÄNDER).

δ) Durch elektrischen Strom.

Die durch plötzliche Einwirkungen des elektrischen Stroms auf die Haut hervorgerufenen Veränderungen äußern sich in verschiedener Weise, die selten rein als sog. „spezifische elektrische Strommarken" und Verbrennungen, sondern meist als Mischformen beider vorkommen. Allerdings bestehen insoweit entscheidende Unterschiede von der Verbrennung, als durch die rein elektrische Stromwirkung niemals Hyperämie und Blasenbildung oder auch nur Exsudation hervorgerufen werden kann. Bei den spezifisch elektrischen Hautveränderungen handelt es sich meist um flache, punkt- oder streifenförmige Erhebungen der Epidermis von blaßweißer oder graugelblicher Farbe, in deren Mitte sich oft eine rundliche oder lineare Einbuchtung findet, deren Grund und Ränder zumeist grauschwarz, gelegentlich auch einmal blutig verfärbt sind (JELLINEK). Derartig veränderte

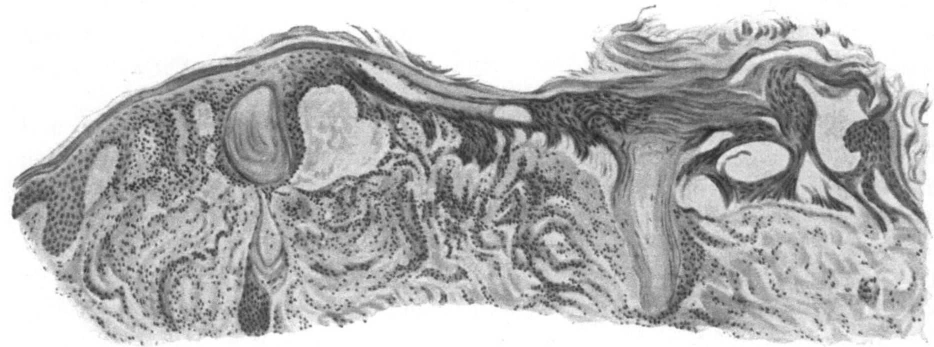

Abb. 68. Hautveränderung durch den elektrischen Strom. Homogenisierte Epidermis mit Höhlenbildung und Abhebung vom Corium; die Zellen der Stachelschicht zu langen „Büscheln" und „Garben" ausgezogen („Strommarke", JELLINEK). Verbreiterung und Zusammenkleben der Bindegewebsbündel. (Nach KAWAMURA.)

Hautstellen fühlen sich hart und derb an; es fehlt jede Rötung und Schmerzhaftigkeit. Sie heilen fast ohne Eiterung und ohne Fieber. An solchen Stellen reiner elektrischer Strommarken bleiben die Haare erhalten. Es finden sich im übrigen je nach Stärke und Spannung, Dauer und Ausdehnung der Einwirkung oberflächliche, erosionähnliche bis tiefe nekrotische und schußähnliche Veränderungen. Die Verbrennungen, die dabei vorkommen, können alle Grade, bis zu den tiefgehendsten Zerstörungen der Haut darstellen. Das ursprüngliche Bild kann weiterhin dadurch verwischt werden, daß Metallteile durch elektrolytische Wirkung zerstäubt werden und die Haut der Kontaktstellen imprägnieren.

Bei der histologischen Untersuchung solcher Strommarken findet man die Hornschicht an den Stellen der zentralen Eindellung stark verschmälert und zusammengesintert (KAWAMURA, RIEHL). Die Zellzeichnung ist geschwunden; das Ganze in eine homogene Masse verwandelt, die Farbflüssigkeiten kräftiger aufnimmt als die Umgebung. Eine Verkohlung ist in der Oberhaut nicht festzustellen. Zwischen dem Stratum corneum und den darunter liegenden Epidermisschichten finden sich Höhlenbildungen, die teilweise durch kleinere Septen wieder in Unterabteilungen getrennt sind. Der Papillarkörper ist im Bereich der zusammengepreßten Schicht verkürzt und abgeflacht, stellenweise geschwunden, so daß die Epidermis-Cutisgrenze in eine mehr oder weniger gerade Linie umgewandelt ist. Das Bindegewebe der Cutis ist manchmal

14*

nicht verändert (JELLINEK); in anderen Fällen wieder sind die kollagenen Fasern geschwollen und zusammengeklebt (MIEREMET), so daß die Hautbindegewebsmaschen verschmälert erscheinen.

Als besondere Eigentümlichkeit der elektrischen Strommarken ist von JELLINEK auf Veränderungen in den Zellen der Stachelschicht hingewiesen worden. Diese fanden sich nämlich zu langen, einander parallel gerichteten Fäden ausgezogen, die in Büscheln und Garben zusammenlagen. Diese strichförmige Dehnung betraf sowohl die Zellen wie die Kerne, und JELLINEK ist geneigt, ihre eigentümliche Lagerung auf die Richtung des einwirkenden Stromes zurückzuführen. Diese, aus ihrem regelrechten Aufbau herausgedrängten Epidermisschichten behalten normale Färbbarkeit und zeigen nirgends eine Andeutung von Zerstörung oder degenerativer Veränderung. An manchen Stellen fanden sich diese Umformungen auch an den „Basalfüßchen“ der Retezellen, besonders, wenn es zwischen ihnen und der Cutis zur Höhlenbildung gekommen war. Die derart veränderten Zellhaufen lagen wie Einschlüsse mitten im unveränderten Gewebe und wiesen große Ähnlichkeit mit den palisadenförmigen Zellen auf, wie sie UNNA bei experimentellen Verbrennungen beschrieben hat.

Die pathognostische Bedeutung, welche JELLINEK, KAWAMURA und RIEHL dieser eigentümlichen Umwandlung der Stachelzellschicht zugesprochen haben, ist von HULST, SCHRIDDE und MIEREMET nicht anerkannt worden. Auch GANS ist ihre Ähnlichkeit mit den Veränderungen durch trockene Glühhitze aufgefallen. Zum anderen finden sie sich durchaus nicht regelmäßig vor. Dagegen trifft man immer auf eine Verbreiterung und ein Zusammenkleben der sich dunkler färbenden Fasern und Bündel des Hautbindegewebes, das infolge des dichteren Zusammenliegens der kollagenen Fasern ein weniger weitmaschiges Netz aufweist. Ferner zeigt sich auch regelmäßig eine homogenisierte Epidermis mit Höhlenbildung und Abhebung der Oberhaut von der Bindegewebsunterlage, wie dies HULST, SCHRIDDE und MIEREMET betonen. Dabei kann es vielfach zu einer Umwandlung der Acidophilie (Eosinophilie) des Bindegewebes in Basophilie kommen. Derartige Veränderungen finden sich gelegentlich jedoch auch einmal bei Verbrennungen der Haut mit glühendem Metall, ebenso wie hier die eigentümliche Richtungsänderung und strichförmige Ausdehnung der Epidermisepithelien beobachtet werden kann.

Die Frage der Spezifität dieses „Strommarken“aufbaus für die elektrische Hautveränderung ist daher wohl zu verneinen. Verkohlung, Schmelzung des Bindegewebes, haarbüschelartige Umbildung einzelner Stachelzellabschnitte kommen auch allein bei Hitzewirkung vor, wenn sie auch bei der elektrischen Stromeinwirkung die größte Ausdehnung haben (SCHRIDDE).

Pathogenese: Die Erscheinungen beim Durchtritt des elektrischen Stroms in die Haut führt man heute auf Wärmebildung zurück (RIEHL) bzw. man faßt sie als die Folgen einer Temperaturerhöhung auf, welche dabei in der Haut zustande kommt (JOULEsche Wärme). Diese wäre dann auf die Überwindung des großen Leitungswiderstandes in der Haut zurückzuführen; sie kommt daher nur an der Eintritt- und Austrittstelle des elektrischen Stromes zur Wirkung und wird bei genügender Stromstärke (JOULEsches Gesetz, $J^2 \cdot W \cdot t$) so groß, daß sofortige Abtötung des Hautgewebes erfolgt (JELLINEK). Die Entstehung der Hohlräume unterhalb und im Epidermisepithel führt RIEHL auf elektrolytische Eiweißzerstörung zurück, die mit einer Gasentwicklung elektrolytischer Natur einhergeht.

Anhangsweise seien hier kurz die durch den **faradischen Pinsel** hervorgerufenen Veränderungen der normalen Haut erwähnt. Eine derart behandelte Hautstelle wird bei

Verwendung von Metallpinseln zunächst blaß; hierauf wird ihre Umgebung und sie selbst hyperämisch, quaddelartig, um allmählich wieder zur Norm zurückzukehren. Bei wiederholter Faradisation bleibt schließlich ein leicht erhabener gelblichroter Fleck von deutlich entzündlichem Charakter zurück, der eventuell noch einige Tage zu sehen ist und gewisse Epidermisveränderungen aufweist. Im Gegensatz hierzu findet sich bei Verwendung eines Flüssigkeitstropfens oder Haarpinsels alsbald nach dem Faradisieren ein runder roter Fleck, der zentral zwar ebenfalls abblaßt, aber bläulichweiß und nicht eleviert, sondern eingesunken erscheint. Auch er hinterläßt immer für mehrere Tage eine entzündliche Rötung (KREIBICH).

Histologisch findet sich ein lymphocytäres Infiltrat, besonders längs der horizontalen Äste des subpapillaren Gefäßnetzes. Dazu kommt eine geringe Zellvermehrung im Stratum papillare und subpapillare, vielleicht auch eine leichte Proliferation der Bindegewebszellen. Im Epithel bildet sich eine parakeratotische Schuppe aus intensiv gefärbten und geschrumpften Kernen und geronnenem Protoplasma, darunter vermehrtes Keratohyalin. Im Reteepithel findet man Riesenzellen.

KREIBICH, der diese Untersuchungen durchgeführt hat, faßt die durch den faradischen Pinsel erzeugte Veränderung als angioneurotische Entzündung auf. Infolge nervöser Erregung komme es zu dilatatorischer Hyperämie und Ödem in den Papillen, was je nach dem Grade der Anämie bei geringerer Schädigung der Epithelzellen zu amitotischer Teilung und Epithelriesenzellenbildung, bei vollständiger Anämie jedoch zu völliger Epithelnekrose führe.

3. Entzündungen durch chemische Ursachen.

Kaum eine Gruppe von Hautveränderungen stellt einer auf ätiologisch-pathogenetischer Grundlage beruhenden systematischen Betrachtung größere Schwierigkeiten entgegen als die vorliegende. Bei kaum einer anderen Gruppe wird uns die in der Dermatologie so oft zu beobachtende Tatsache klarer vor Augen geführt, daß klinisch völlig gleichartige Krankheitsbilder durch vollständig verschiedene Ursachen hervorgerufen werden, sowie daß umgekehrt ganz verschiedene Krankheitserscheinungen auf der Haut sich infolge der gleichen Ursache einstellen können. Dies gilt sowohl für die eine Gruppe, für die der ektogen angreifenden chemischen Mittel, als wie ganz besonders für jene noch wenig geklärten, auf dem Blutwege ihre Wirkung entfaltenden Stoffe, seien es nun chemisch wohlbekannte Körper oder auf autotoxischer bzw. auf sogenannter infektiös-toxischer Grundlage entstandene. Es kommt hinzu, daß bei diesen die Erfahrung der letzten Jahre immer mehr gezeigt hat, in wie großem Maße primär gerade auch hier lebende bakterielle Keime verantwortlich zu machen sind.

a) Durch körperfremde Stoffe.

α) Ektogene Hautentzündungen.

Bei den ektogenen, auf chemischen Ursachen beruhenden Hautentzündungen sind die Erscheinungen, welche nach kürzerer oder längerer Einwirkung sich einstellen, rein örtlich begrenzter Art. Es sind zunächst rein alterative Vorgänge und erst im weiteren Verlauf pflegen sich als deren Folgen die reaktiven Abwehrmaßnahmen des Organismus zu entwickeln.

Dabei sind uns hier glücklicherweise die auslösenden Ursachen und damit der Ursprung der alterativen Gewebsreaktion meist bekannt; denn das klinische Bild ist durchaus nicht immer kennzeichnend. Die Folgen einer Einwirkung chemischer Mittel auf die Haut lassen sich aus der Art der Veränderung nämlich nur hinsichtlich bestimmter Gruppen erkennen (Säuren, Laugen usw.). Innerhalb dieser Gruppen ist der Ablauf der Gewebsreaktionen sowohl im klinischen wie im histologischen Bilde meist ziemlich gleichartig. Daher kann sich auch die Darstellung der geweblichen Veränderungen hier auf einige wenige Beispiele beschränken, da es sich sonst um stete Wiederholungen handeln müßte.

In allen Fällen äußert sich die unmittelbare Einwirkung des chemischen Agens auf die Haut als Wasserentziehung und Fällung der Eiweißsubstanzen, so daß eine Verätzung, eine Ätznekrose, d. h. eine alterative Entzündung entsteht, die dann wechselnd schnell durch reaktiv entzündliche Vorgänge abgelöst wird.

Ausdehnung und Tiefe der Ätzschorfentwicklung sind weitgehend einmal vom chemischen Aufbau und dann insbesondere von der Konzentration des chemischen Agens, zum anderen aber auch von der chemischen Natur sowie dem histologischen Aufbau des Gewebes abhängig. Da eine praktische Bedeutung diesen verschiedenartig entstandenen Gewebsveränderungen kaum zukommt, sind wir nur in wenigen Fällen über ihre histologischen Veränderungen näher unterrichtet.

Bei ihnen allen finden sich die kennzeichnenden Vorgänge der Hautentzündung: wechselnd starke Erweiterung des papillaren, subpapillaren und oft auch des tieferen Gefäßnetzes; bei einfachen Erythemen in erster Linie der Blutgefäße, bei stärkeren Ödemen auch der Lymphgefäße; Auswanderung polynucleärer Leukocyten sowohl wie lymphocytäre, in erster Linie perivasculäre Zellansammlungen unter gleichzeitiger wechselnd starker Wucherung der fixen Bindegewebszellen; bei länger dauerndem Ödem Mastzellenanreicherung; bei manchen Formen mehr subakuter bis chronischer Veränderungen wohl auch Vermehrung der Plasmazellen.

Diese mehr allgemein entzündlichen Erscheinungen machen nun nach dem Zentrum des geschädigten Herdes hin anderen Veränderungen Platz, die vielfach schon durch ihr klinisches Bild gewisse Rückschlüsse, wenn auch nur auf Gruppen bestimmter chemischer Mittel gestatten.

Durch starke Mineralsäuren wird eine Koagulation des Körpereiweißes hervorgerufen, die mit einigen kennzeichnenden färberischen Veränderungen einhergeht. Konzentrierte Salzsäure färbt die Haut und Schleimhaut hellgelb (Bildung von Xanthoproteinsäure?), Schwefelsäure zunächst grauweiß, dann schwarz (Hämatinbildung). Ganz ähnlich sind die meist weniger tiefgreifenden Verschorfungen, wie sie Sublimat, Höllenstein und andere Metallsalze, dann aber auch die Phenole auf der Haut hervorrufen.

Histologische Untersuchungen über derartige Veränderungen liegen nur für einige wenige Stoffe vor, und zwar in erster Linie für solche, deren Anwendung auch ein gewisses therapeutisches Interesse hat. Aber auch dabei sind wir aus leicht erklärlichen Gründen fast nur auf den Ausfall von Tierexperimenten angewiesen. Da von diesen ein Rückschluß auf die menschliche Haut nicht ohne weiteres gestattet sein dürfte, mag es für unsere Zwecke genügen, wenn wir nur kurz zusammenfassend über derartige Beobachtungen berichten.

Die Wirkung der Dermatotherapeutika auf die Haut.

Bei der **rauchenden Salpetersäure** äußert sich die makroskopische Wirkung auf der Haut in dem bekannten, zunächst breiigen, grauen bis gelblichen, nach einigen Stunden trockenen gelben Schorf. Nach 1—2 Tagen ist dieser von einem leicht erhabenen, weißlichen, rötlich eingefaßten Brandhof eingerahmt, während sich der Ätzbezirk immer mehr vertieft, um nach einigen Wochen unter Bildung einer entsprechenden Demarkationslinie abgestoßen zu werden.

Histologisch hebt sich der weißliche Brandhof nur durch die geringere Färbbarkeit des Gewebes und des Epithels von dem tiefgefärbten, jedoch völlig strukturlosen, oft blasig abgehobenen zentralen Ätzbezirk bzw. dem umgebenden unveränderten Gewebe ab. Von diesem aus rücken dann zahlreiche polynucleäre Leukocyten gegen den Schorfherd vor. Sie umgrenzen diesen schließlich in einer scharfen Linie. Gleichzeitig stellt sich nach dem Gesunden hin ein deutlich von der äußeren Grenze des gesunden Epithels abgrenzbarer Exsudatsaum ein. Das gesunde Epithel wuchert dann allmählich unterhalb der inzwischen zusammengeschrumpften Ätznekrose nach der Tiefe vor, um jene dann nach und nach abzustoßen (Bargum).

Selbstverständlich ist der zeitliche Ablauf der eben geschilderten Veränderungen je nach Menge und Dauer der Einwirkung ganz verschieden.

Höllenstein. In diesem Zusammenhang sei erwähnt, daß wir nach Unna uns auch die Wirkung des Höllensteins ganz ähnlich wie die der Salpetersäure vorzustellen haben. Auch hier erzeugt das lebende Gewebe als Reaktion auf den Höllenstein-Ätzschorf einen Ätzhof, welcher in eine innere Leukocytenzone und eine äußere Zone serösen Exsudates zerfällt. Nach Unna wird erstere durch die reduzierenden Eigenschaften des Ätzschorfs hervorgerufen, während er als Bedingung für das Zustandekommen der letzteren die Abspaltung von Salpetersäure aus dem Ätzschorf und Diffusion derselben in das umgebende Gewebe annimmt.

Die **Carbolsäure** erzeugt, wie wir hauptsächlich ebenfalls durch die Untersuchungen Unnas und seiner Schüler wissen, beim Menschen einen nekrotischen Schorf, der unter dem Bilde des trockenen Brandes der Mumifikation anheimfällt. Er ist im Zentrum der Ätzung am tiefsten, aber auch hier überschreitet er kaum die obere Grenze des Papillarkörpers. Infolge dieses örtlichen Gewebstodes entsteht eine lebhafte Auswanderung von Leukocyten, die dann gegen die Nekrose eine scharfe Grenze bilden. In der Cutis kommt es im Gegensatz zur Epidermis nicht zu einer nekrotischen Zerstörung des Gewebes, sondern es findet sich lediglich eine Verwischung der fibrillären Struktur des Kollagens; dieses wird dichter und homogener. Das Elastin wird nicht nachweisbar verändert.

Die Wirkung der Carbolsäure äußert sich an der einzelnen Zelle einmal durch Eiweißfällung, dann durch Wasserentziehung; sie schädigt in erster Linie das Zellprotoplasma, weniger die Kerne, und zwar die Kerne des Epithels der Form nach weniger als die der Cutis. Diese Kernveränderungen sind im Epithel durch Zertrümmern des Chromatins zu feinen und feinsten Bröckeln bei erhaltener Kernhülle (Chromatolysis) gekennzeichnet. In der Cutis sind Schrumpfungsformen vorherrschend: „Chromatinabbröckelung und feinster Zerfall (Chromatorhexis), Abschmelzung und fädige Ausziehung sowie Lösung oder Suspendierung des Chromatins und Ablagerung in die Zellpole (Chromatolysis)" (Frickenhaus). Daraus geht schließlich einmal eine vollständige Schrumpfung, zum anderen eine mehr oder weniger großwabige Auftreibung des Kerns hervor, teils mit, teils ohne Änderung der Zellform.

Die allgemeine Wirkung zeigt sich im Epithel zunächst in einer abnorm raschen Verhornung, ohne daß dabei die Zellen so stark abgeplattet würden, wie bei der normalen Verhornung. Die Ausheilung geht in der bekannten Weise vor sich, indem Epithelsprossen von der Seite und von unten her unter den Ätzschorf vordringen. In behaarten Bezirken geht die Epithelneubildung vorwiegend von der Stachelschicht eingestreuter Haarbälge aus, welche sich mit dem erhaltenen Deckepithel der Randbezirke verbinden. In der Cutis kommt es zum Auftreten eines Granulationsgewebes, Abfuhr der Kerntrümmer und schließlich Organisation des geschädigten Bezirkes vermittels eindringender neugebildeter Gefäßsprossen. Die Abstoßung des Schorfes erfolgt im allgemeinen nicht früher als bis die Unterlage von einem jungen Deckepithel völlig überkleidet ist.

Crotonöl und Cantharidin. Hier seien ferner noch die „blasenziehenden Hautreizmittel" erwähnt, in erster Linie Crotonöl und Cantharidin, die vielfach zu experimentellen Untersuchungen verwertet wurden. Bei ihrer Einwirkung entsteht auf der normalen Haut eine Papel, der mikroskopisch immer eine Anschwellung der Umgebung des Lanugohaars und seiner Talgdrüse entspricht (Unna). Das Oberhautepithel ist dabei kaum verändert; dagegen sind die Bindegewebszellen des Haarfollikels und seiner nächsten Umgebung von einer aus kleinen Spindelzellen aufgebauten perifollikulären Infiltration umgeben. Durch Einwanderung von Leukocyten wandelt sich die Papel in eine Pustel um, unter Emporwölbung der den Follikel bedeckenden Hornschicht bzw. Abwärtsdrängen der Stachelschicht. Auf der Höhe der Pustulation finden sich die Leukocyten auch in der weiteren Umgebung des Absceßherdes. Degenerative und proliferative Vorgänge in Epidermis und

Cutis wurde nie beobachtet. Die Crotonölentzündung führt also beim Menschen zu einer suprafollikulären, bei größerer Ausdehnung endofollikulären Pustelbildung. Dabei scheint das Crotonöl zunächst in die Follikel einzudringen und von diesen sowie den zugehörigen Talgdrüsen, vielleicht auch dem Schweißporus aus wirksam zu werden (KULISCH).

Die Wirkung des Cantharidins ist eine ganz gleiche nur mit dem Unterschied, daß sich in den Blasen bereits zu Beginn Fibrin und polynucleäre Leukocyten vorfinden (KOPYTOWSKI).

Reduzierende Heilmittel. Schließlich seien noch die unter dem Sammelnamen der „reduzierenden Heilmittel" (UNNA) in der Dermatotherapie gebräuchlichen Stoffe und die Folgen ihrer Einwirkung auf die Haut in histologischer Hinsicht kurz gestreift.

Der **Schwefel** bedingt eine vorwiegend den Papillarkörper und die obere Cutis ergreifende Entzündung, bei der hauptsächlich Gefäßveränderungen: Erweiterung, Quellung und Endothelwucherung eine Rolle spielen. Die wuchernden Endothelien gelangen mit neugebildetem Pigment beladen in die Epidermis (?). Damit parallel geht eine vermehrte Hornbildung in Gestalt unvollständig verhornter, lose zusammenhängender Lamellen. Leukocytenauswanderung ist außerordentlich gering und dabei handelt es sich eher um einkernige als mehrkernige Formen. Es stehen demnach bei der Schwefelwirkung produktive Veränderungen im Vordergrunde (KOPYTOWSKI).

β-Naphthol. Das zusammen mit Schwefel namentlich bei parasitären Hauterkrankungen häufig angewandte β-Naphthol ruft auf der gesunden Haut bei schwacher, aber lang dauernder Einwirkung ebenfalls eine mehr produktive Entzündung hervor; bei konzentrierter, aber kurz dauernder Anwendung stehen destruktive Veränderungen im Vordergrunde. Es finden sich dann in der parakeratotischen Hornschicht zuweilen ausgedehnte Zerfallsherde, im Stratum basale alle Grade von Veränderungen vom Ödem und der Vakuolisierung bis zum Zellzerfall, wobei in erster Linie das Protoplasma der allmählichen Auflösung verfällt, viel weniger die Kerne. Diese schwellen stark auf, färben sich intensiver und bleiben viel länger erhalten, verschwinden aber schließlich ebenfalls in einer aus serösem Exsudat, Leukocyten und Fibrin aufgebauten Kruste.

Im Papillarkörper kommt es zu einer Erweiterung der Gefäße und Quellung ihres Endothels; bei längerer Einwirkung wohl auch zu einem perivasculären, leukocytären Infiltrat mit Quellung der Bindegewebszellen. Die elastischen Fasern sind dann verdünnt, weniger zahlreich. Die Zellen der Haarscheiden schrumpfen; zwischen ihnen treten leere Räume auf, die häufig durch ein spärliches seröses Exsudat ausgefüllt werden (KOPYTOWSKI).

Resorcin. Die Wirkung des β-Naphthols übertrifft beträchtlich die des Resorcins. Dieses übt auch bei starker Anwendung nur einen wenig tiefgehenden, dafür in der Fläche aber sehr gleichmäßig nekrotisierenden Einfluß aus. Er reicht über die Hornschicht hinaus in die Tiefe und wandelt die Körnerschicht und den oberen Teil der Stachelschicht in eine hornschichtähnliche, von einer wahren Hornschicht aber durchaus verschiedene homogene Masse um. Bei länger dauernder Einwirkung hört die nekrotisierende Wirkung allmählich auf; die Oberhaut setzt derselben — ähnlich wie bei der Carbolsäure — dadurch eine Grenze, daß sie ziemlich rasch eine normale Horn- und Körnerschicht ausbildet. Auffallend ist die Nichtbeteiligung aller sonstigen Hautbestandteile, was sich namentlich in einem völligen Freibleiben von Cutisveränderungen äußert (KELLOGG).

Pyrogallol. Diese Neigung der Hornschicht zur Verdickung und Schuppenbildung ist noch deutlicher beim Pyrogallol. Hier wird außerdem die gesamte Epidermis von der Tiefe her ödematös. Bei stärkerer Einwirkung kommt es dadurch zur Bildung zerstreuter Bläschen durch Verflüssigung der Stachelzellen. Diese Bläschen können zu großen einkammerigen Höhlen zusammenfließen, während gleichzeitig die parakeratotische Hornschicht in eine mit geronnenem Serum und Leukocyten durchsetzte Kruste umgewandelt wird. Die Stachelschicht pflegt sich infolge der Krustenbildung häufig zu verschmälern, wozu einmal die Verflüssigung ihrer Zellen, dann aber auch der — im Gegensatz z. B. zum Schwefel — völlige Mangel von Mitosen beiträgt.

Die zerstreute, unregelmäßige, kolliquative Bläschenbildung auf der Basis hochgradig ödematöser Epithelien, dazu der Mangel jeglicher Epithelneubildung, unterscheidet diese vesiculöse Pyrogalloldermatitis sicher von der Bläschenbildung beim Ekzem; daher ist auch die Bezeichnung „Pyrogallolekzem" für „Pyrogalloldermatitis" nicht zutreffend (HODARA).

In der Cutis findet sich eine Erweiterung der Blut- und Lymphgefäße und eine ödematöse Auflockerung des Kollagens, das zudem durch eine Wucherung der Bindegewebszellen aufgesplittert wird. Schon bei kurzer Pyrogalloleinwirkung entstehen um die Gefäße breite Zellmäntel, die in erster Linie aus wuchernden Bindegewebszellen, weniger aus neugebildeten Bindegewebszellen und nur zum geringsten Teil aus Leukocyten bestehen. Die breiten Zellmäntel, die Wucherung der Bindegewebszellen und die ausgedehnte kolliquative Blasenbildung sind nach HODARA die Hauptkennzeichen der chronisch und schleichend verlaufenden Pyrogalloldermatitis.

Das **Chrysarobin** bewirkt in geringer Menge eine Homogenisierung und Nekrose der Körner- und eines Teiles der Stachelzellen, sowie eine starke Pigmentvermehrung in der basalen Hornschicht und in dem ganzen nekrotischen Gewebe. Dieses stößt sich schließlich als dünne Schuppe ab. In stärkerer Menge erzeugt es Ödem und starke Entzündung der Cutis, ein intra- und intercelluläres Ödem der Stachelzellen mit Bildung serös-eitriger Bläschen. Diese trocknen ein und werden mit ihrer parakeratotischen Decke als Kruste abgestoßen. Unterhalb dieser Schichten besteht eine beträchtliche Hypertrophie und Mitose in den Stachelzellen sowohl der Epidermis wie des Follikelhalses; sie führen zur Akanthose und Bildung einer jungen hellen Hornschicht, die nur wenig Pigment enthält. Die Veränderungen an den Follikeln sind ganz ähnliche (HODARA).

Die **Salicylsäure** ruft nach mehrtägiger Einwirkung eine Schwellung und Abblätterung der Hornschicht hervor. Die Lamellen sind um so dicker, je stärker die Salicylsäurekonzentration war. Bei längerer Einwirkung wird die Stachel- und Körnerschicht durch ein zunächst geringes, dann aber stärkeres intercelluläres Ödem verbreitert, schließlich homogenisiert und nekrotisch. Diese Veränderung ist aber durchaus ungleichmäßig und im allgemeinen vollzieht sie sich um so rascher und gründlicher, je stärker die Salicylsäurekonzentration war. Von den tiefer liegenden Zellagen her beginnt eine Zellenneubildung; diese führt zu mächtiger Akanthose, Bildung einer breiten Körner- und Hornschicht, die dann schließlich die nekrotischen Massen in Form einer Schuppe abheben.

In der Cutis entsteht lediglich eine leichte Entzündung in Gestalt einer Gefäßerweiterung und Wucherung der Perithelien und intervasculären Bindegewebszellen. Das Chromatin der Bindegewebszellkerne wird zu langen und unregelmäßigen Formen ausgezogen oder zerfällt in kleine Trümmer (Chromatorhexis). Eine Leukocytenauswanderung wurde beim Menschen nicht beobachtet (HODARA).

Kampfgase.

Anhangsweise sei hier kurz auf jene Hautveränderungen eingegangen, wie man sie im Verlaufe des letzten Krieges infolge von Berührung mit Kampfgasen (Thiodiglykolchlorid, Gelbkreuz usw.) beobachten konnte. Die Hautschädigungen bestanden in leichten Fällen in erythematösen, in schwereren in bullösen bis nekrotischen Veränderungen. Klinisch hatten sie eine große Ähnlichkeit mit Verbrennungen verschiedenen Grades; es blieb bei ihnen eine Neigung zu Erythemen und fortschreitender Blasenbildung bestehen.

Histologisch fand sich in den Blasen ein nahezu zellfreies Exsudat, welches die gesamte Oberhaut vom Papillarkörper abhob, so daß die Papillen nackt in die Höhlen hineinragten. Auch das Corium zeigte ein starkes Ödem bei gleichzeitiger hochgradiger Hyperämie. Nach Abstoßen der Blasendecke bildete sich eine oberflächliche Nekrose des Papillarkörpers aus, die zum gesunden Gewebe hin durch einen mächtigen Wall polynucleärer Leukocyten abgesetzt war und unter Demarkation abgestoßen wurde. In den tieferen Hautschichten kam es in den schwereren Fällen zu ausgedehnter hämorrhagischer Entzündung und Nekrose (HEITZMANN).

Differentialdiagnose. Bei der klinisch weitgehenden Ähnlichkeit mit Verbrennungen ist differentialdiagnostisch der Hinweis von Wert, daß die bei jenen in den Capillaren vorhandenen hyalinen Thromben in der durch Kampfgase geschädigten Haut nicht nachweisbar sind.

Derartige Blasenbildungen wurden übrigens auch im Anschluß an Leuchtgasvergiftungen beobachtet (LAEGNEL-LAVESTINE, FISCHL), ohne daß über die Pathogenese Zuverlässiges bekannt wäre.

Diesen chemischen Mitteln, auf die jede Haut in jedem Falle, also sozusagen „obligat", mit Entzündung antwortet, stehen jene gegenüber, wo sie nur „fakultativ", je nach der mehr oder weniger großen Empfindlichkeit des befallenen Organismus erkrankt.

Dabei kann die Tatsache der primären chemischen Schädigung im klinischen Bilde so sehr zurücktreten, daß sie oft völlig unbekannt bleiben muß. Es sind das die von JESIONEK als „relative äußere Krankheitsursachen" aufgeführten, welche bestimmte, in der Haut selbst gelegene Bedingungen voraussetzen, ohne daß diese von uns bis heute etwa immer genau festgelegt werden könnten. Dahin gehören, neben einigen wenigen nach äußeren Einwirkungen auftretenden Hautausschläge, vor allem die Arzneiexantheme.

Von den auf äußere Einwirkung zurückzuführenden ist die sog. Chloracne eine der eigenartigsten. Da die Möglichkeit endogener Entstehung gerade dieser Veränderung bestritten wird, die Einreihung in die Gruppe der Jod- und Bromexantheme daher nicht unbedingt berechtigt erscheint, glaube ich, sie gewissermaßen als Übergang von den ektogenen zu den endogen auf chemischer Grundlage entstehenden Dermatosen hier besprechen zu müssen.

Chloracne.

Bei dem erstmalig von HERXHEIMER genauer gekennzeichneten Krankheitsbilde handelt es sich um eine acneartige Veränderung. Sie tritt hauptsächlich im Gesicht und am Halse auf. In den leichtesten Fällen finden sich hier vereinzelte Comedonen, in den schweren und schwersten Fällen zahlreiche Comedonen, Atherome und Abscesse, dann nicht nur an den unbedeckten Körperstellen, sondern auch an den durch die Kleideröffnungen äußeren Einwirkungen besonders leicht ausgesetzten Teilen (Genitalien, Oberschenkel).

Entzündliche Veränderungen treten im Gegensatz zur Acne vulgaris in den Hintergrund und können sogar ganz fehlen. Durch die Schwarzfärbung der Comedoköpfe kann das Gesicht wie „pulvergeschwärzt" aussehen (THIBIERGE).

Die histologische Untersuchung deckt als Grundlage der Veränderung eine ausgedehnte Cystenbildung in der Lederhaut auf. Es handelt sich dabei einmal um äußerst zahlreiche Haarbalgcysten, bei denen der Sitz der Cystenbildung stets jener der Einmündung der Talgdrüsen entsprechende Abschnitt des Haarbalges ist und zum anderen um Talgdrüsencysten, die durch cystische Erweiterung und Veränderung des Ausführungsganges nach Verlegung desselben entstehen (LEHMANN). Die Cysten vergrößern sich oft durch Hornmassenproduktion, und zwar die Haarbalgcysten in erheblich bedeutenderem Grade wie die Talgdrüsencysten. Bei ersteren wird die stete Vergrößerung außerdem noch durch die Anhäufung zurückgehaltener Haare, dann auch durch die langdauernde Absonderung von seiten der anhängenden Talgdrüse bewirkt. Es handelt sich also hier lediglich um durch Retention gebildete Cysten in physiologischen Hautanhangsgebilden, im Gegensatz zu den aus embryonaler Abschnürung entstandenen Dermoid- und Atheromcysten (CHIARI).

Der Hauptteil der Cysten bei der Chloracne besteht aus derartigen Haarbalgcysten, deren Aufbau im übrigen histologisch nichts Besonderes bietet.

In der Umgebung der Cysten finden sich wechselnd stark ausgedehnte Rundzelleninfiltrate, besonders zahlreich in der Nähe von Gefäßen und um die drüsigen Anhangsgebilde. In den späteren Stadien der Erkrankung durchsetzt die Infiltration vielfach die Cystenwände. Dadurch werden manche Cysten schließlich völlig zerstört und verschwinden oft spurlos. Als ihre Überreste fand BORNEMANN inmitten riesenzellhaltiger starrer Infiltrate kleine Hornrestchen.

In der Epidermis entwickelt sich eine verschieden starke Hyperkeratose, der eine reichliche Neubildung in der Stachelschicht parallel geht (Akanthose).

In den späteren Stadien der Erkrankung ist die ganze Epidermis von — wenn auch nicht sehr reichlichen — einwandernden Leukocyten und einer unregelmäßig fleckförmigen Pigmentansammlung durchsetzt. Eine Erklärung für diese eigenartige fleckförmige Pigmentierung steht noch aus (s. Schmieröldermatitis).

Von der hyperkeratotischen Hornschicht läßt sich der Verhornungsprozeß vielfach auf seinem Wege in die Haarbalgcysten hinab verfolgen. Dabei finden sich gelegentlich einmal Epitheldegenerationen nach Art der von der DARIERschen Dermatose her bekannten „Corps ronds" und „Grains" (BETTMANN), ohne daß diesen Veränderungen irgend eine besondere Bedeutung zukäme.

Differentialdiagnose: Die Besonderheit der Chloracne liegt einmal in der fleckförmigen Hyperkeratose mit Infiltration und Pigmentansammlung in den

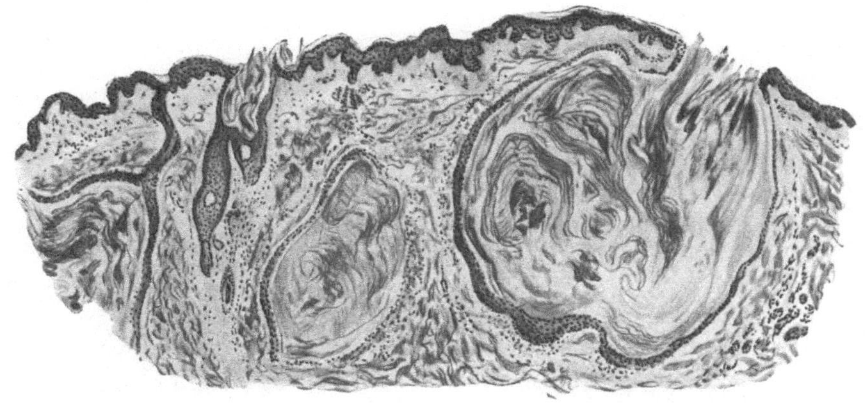

Abb. 69. Chloracne. (Hals, ♂, 30jähr.) Haarbalgcysten mit Haarresten und Hornmassen gefüllt; leichte Akanthose; geringe Zellinfiltration, besonders um die Cysten. O = 16 : 1, R = 16 : 1.

unteren Epidermislagen, zum anderen in den zahlreichen Cystenbildungen. Eine Unterscheidung von der Jod- bzw. Bromacne ist hierdurch, wie ein Vergleich mit dem dort Gesagten zeigt, ohne weiteres möglich. Gegenüber der Acne vulgaris ist die im Verhältnis zu den ausgedehnten Veränderungen äußerst geringfügige entzündliche Reaktion des Gewebes ein gutes Unterscheidungsmittel.

Pathogenese: Wie eingangs betont, ist die Pathogenese noch nicht restlos geklärt. Die Chloracne trat in fast allen Fällen bei Arbeitern auf, welche längere Zeit in den gefährlichen Betrieben gearbeitet hatten. Es erkrankten aber auch Leute, die nur vorübergehend mit den schädlichen Stoffen in Berührung kamen (JAKOBI). Es scheinen daher bei der Entstehung des Krankheitsbildes Chlorgase eine Rolle zu spielen, sei es, daß sie im Betriebe eingeatmet werden, sei es, daß sie, in die Kleidungsstücke aufgenommen, von dort aus ihre Wirkung entfalten.

Melanodermitis toxica lichenoides (et bullosa) (HOFFMANN), Melanosis (RIEHL).

In engem pathogenetischen Zusammenhange mit der Chloracne dürften die während des Krieges und namentlich in dessen letzten Jahren beobachteten

„Kriegsmelanosen" stehen, wenn auch bei ihnen neben der rein chemischen
Schädigung den Lichtstrahlen und abnormen Stoffwechselvorgängen (RIEHL,
BLASCHKO) eine auslösende Bedeutung zukommt. Gemeinsam ist diesen Veränderungen ein Entzündungsprozeß, der einerseits zur Pigmentbildung, anderseits zu abnormen Hyperkeratosen, besonders in den Ostien der Lanugohaarbälge führt.

Klinisch entspricht dem eine fleckig-herdförmige Rötung und reibeisenartige Rauhigkeit
der erkrankten Hautstellen. In erster Linie sind das Gesicht und die Streckseiten der Extremitäten befallen. Durch die Pigmentvermehrung und Verdickung der Hornschicht zeigen
sie eine nach dem Grade der Entzündung vom rotbraun- bis schmutzig graubraun wechselnde
Farbe. Gelegentlich wurden spontan aufschießende Bläschen und Blasen beobachtet; in
einem Teil der Fälle führte die Veränderung schließlich zu einer oberflächlichen Hautatrophie.

Histologisch ist die Epidermis im ganzen leicht verschmälert, bei verhältnismäßig breiter Hornschicht. Die Stachelzellschicht ist unregelmäßig auf-

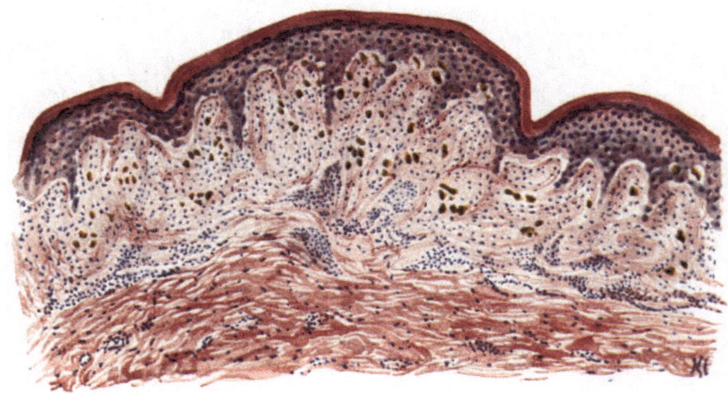

Abb. 70. Melanodermitis toxica lichenoides. (♂, 35jähr., Rücken.) Hyperkeratose, Ödem
in Epidermis, Stratum papillare und subpapillare; stellenweise Vakuolen- und Höhlenbildung. Lockeres
perivasculäres Infiltrat, zahlreiche Pigmentzellen (gelb-braun). Häm.-Eosin. O = 66 : 1, R = 66 : 1.

gelockert; die Brückenbildung stellenweise gestört. Zum Stratum basale hin
werden diese, durch ein wechselnd starkes Ödem ausgelösten Veränderungen
noch deutlicher. Man findet hier, ebenso wie im Follikelepithel, intercelluläre
rundliche Vakuolen. Auch die einzelnen Zellen sind durch das Ödem in Mitleidenschaft gezogen. Der flachgedrückte Kern liegt exzentrisch; der Zelleib
wird von einem großen Hohlraum eingenommen. Platzt schließlich die Zelle,
fließen auf diese Weise mehrere Hohlräume zusammen, so bilden sich die eben
erwähnten, teilweise mehrkammerigen Höhlen. In ihnen finden sich in einem
feineren oder dichteren Fibrinnetz Lymphocyten, Leukocyten oder auch Pigmentzellen. Durch Zusammenfließen mehrerer derartiger Hohlräume entstehen dann die auch klinisch wahrnehmbaren Blasen.

Im Papillarkörper bedingt der gleiche Vorgang eine unscharfe Begrenzung gegen die Epidermis hin. Die Bindegewebsfasern erscheinen aufgelockert
und ödematös geschwollen, die erweiterten Gefäße sind von einem meist nur
lockeren Infiltratmantel umgeben, der bis in die untere Cutisschicht hinabreicht.

Ihr besonderes Gepräge erhält die Veränderung durch den **Pigmentreichtum**. In der Epidermis ist dieser allerdings nicht sehr ausgesprochen. Dagegen finden sich im oberen Corium und namentlich im ödematösen Papillarkörper zahlreiche dicke, auffallend plumpe pigmenttragende Zellen, die in erster Linie in der näheren Umgebung der Infiltrate im Stratum subpapillare liegen. Besonders reichlich finden sie sich auch in der Umgebung der Gefäße, worauf E. Hoffmann jene klinisch oft sichtbare netzförmige Anordnung des Pigments zurückführt. Chemisch handelt es sich um echtes **Melanin**.

Neben der Pigmentierung ist dann die **Hyperkeratose** der Haarfollikel für die Veränderung besonders kennzeichnend. Sie äußert sich als Anhäufung lamellär geschichteter Hornmassen in den Follikeltrichtern, die gelegentlich abgeschnürt werden und dann als freie Horncysten in der Cutis liegen (Habermann). Auch in der Umgebung dieser verhornten Follikel finden sich in einem aus Lymphocyten, Mast- und vereinzelten Plasmazellen aufgebauten dichten Infiltrat reichlich pigmenttragende Zellen.

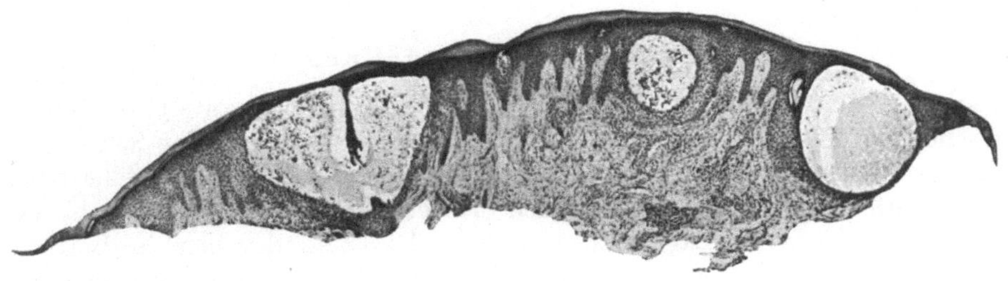

Abb. 71. **Dermatitis acuta** nach Scilla maritima. (♀, 30 jähr.) O = 27 : 1, R = 27 : 1.
(Sammlung E. Hoffmann.)

Die tiefere Cutis ist im allgemeinen nicht verändert. Riehl beobachtete degenerative Umwandlung des Elastins auch bei jugendlichen Kranken, eine Beobachtung, die allerdings vereinzelt dasteht. —

Der **Differentialdiagnose** kommt insoweit eine besondere Bedeutung zu, als das früher wenig bekannte Krankheitsbild zunächst häufig mit dem Lichen ruber planus verwechselt wurde (Blaschko, Jadassohn). Eine sichere Unterscheidung auf Grund des histologischen Bildes ist allerdings sehr schwierig. Der Hauptwert ist sowohl hier wie auch bei einer Reihe anderer mit Pigmentvermehrung einhergehender Erkrankungen (Pellagra, Arsenmelanose, Pityriasis rubra pilaris, Salvarsandermatitis) auf die klinischen Erscheinungen zu legen.

Pathogenese: Die Melanosen entstehen sicherlich sowohl unmittelbar auf äußerem Wege als auch endogen. Eine scharfe Abtrennung ist kaum möglich. Für ihre Auslösung spielen höchstwahrscheinlich auch lichtsensibilisierende Faktoren eine Rolle. Bei den Kriegsmelanosen wurde vorwiegend an das Acridin gedacht.

Schließlich sind hier noch die im Anschluß an

pflanzliche Hautreizmittel

entstehenden Hautentzündungen zu erwähnen. Sie alle (Primeln, Efeu u. a.) führen zu meist chronisch intermittierenden ekzemartigen Erkrankungen, meist an den unbedeckten Körperstellen (Hände, Gesicht) und pflegen nach Entfernung der auslösenden Ursache stets abzuklingen.

Histologisch handelt es sich um einen entzündlichen Prozeß, der besonders durch das Auftreten eines serösen Exsudates gekennzeichnet ist (HOFFMANN). Das Ödem beschränkt sich in der Hauptsache auf Epidermis und Papillarkörper. In ersterer führt es zu Vakuolenbildung und Degeneration der Epithelien, unter Umständen zu Bläschen- und Blasenbildung, die meist nur wenige polynucleäre Leukocyten enthalten. Die Cutis zeigt eine Auflockerung des Bindegewebes; im Papillarkörper führt das Ödem zur Schwellung, besonders der Papillenköpfe. Die Gefäße sind meist nicht sehr auffallend erweitert. Sie werden von einem schmalen Zellmantel umgeben, in welchem gelegentlich besonders zahlreiche eosinophile Leukocyten vorkommen. Alles in allem Veränderungen, die nicht eben als besonders kennzeichnend angesehen werden können.

Auch für das Zustandekommen dieser Dermatitiden ist eine besondere Überempfindlichkeit des erkrankten Organismus vorauszusetzen.

In histologischer sowohl wie pathogenetischer Beziehung ganz ähnliche Verhältnisse bieten

β) endogene Hautentzündungen,

in erster Linie die sog. Arzneiexantheme. Hier gestattet das histologische Bild ebensowenig einen Rückschluß auf die Natur der Schädigung wie dort. Allen gemeinsam ist jedoch der Angriff am Gefäßsystem. Dabei entfalten die krankmachenden Körper ihre Wirkung sowohl auf intestinalem Wege als parenteral injiziert. Die Zahl der hier in Betracht kommenden Stoffe ist eine außerordentlich große und es ist nach Lage der Dinge zwecklos, eine genaue Schilderung im einzelnen zu geben. Ein Beispiel mag genügen, wobei ich jedoch ausdrücklich hervorheben möchte, daß seine klinischen und histologischen Eigentümlichkeiten ebensowenig kennzeichnend sind wie die der anderen.

Das

Antipyrinexanthem

erscheint sowohl als diffuser, über den ganzen Körper verbreiteter, wie als umschriebener, erythemato-papullöser, urticarieller, vesiculöser oder bullöser, nach der Abheilung oft pigmentierter Hautausschlag. Der erstere ist masern-, scharlach- oder purpuraartig, oft auch hämorrhagisch oder urticariell, daneben kommen pemphigusartige, nodöse und multiforme Erytheme vor. Die histologische Schilderung mag sich auf die umschriebene Form beschränken, zumal weder die eine noch die andere besondere Kennzeichen aufweist.

Die Hauptveränderungen spielen sich am Gefäßsystem ab, und zwar in Form die Gefäße begleitender mantelförmiger Infiltrate. Gleichzeitig besteht eine starke Erweiterung der Gefäße und eine ausgesprochene entzündliche Exsudation im Stratum papillare und subpapillare. Von diesem Ödem hängen die Veränderungen der Epidermis (Spongiose, Bläschenbildung, Parakeratose) in ihrer Stärke völlig ab. Es scheint nicht notwendig, hierauf näher einzugehen, da derartige Umwandlungen in den vorhergehenden Kapiteln wiederholt beschrieben wurden. Besonders erwähnt sei nur eine meist zu beobachtende Pigmentvermehrung in Cutis und Epidermis. In ersterer erscheint das Pigment in intracellulären Körnchenhaufen, die vorwiegend im Stratum papillare sowohl wie subpapillare vorhanden sind. In der Epidermis findet sich das

Pigment im Stratum basale und spinosum, gelegentlich auch einmal noch ober-
flächlicher. Der Pigmentgehalt ist dabei sowohl in der Oberhaut wie in der
Cutis in seiner Stärke sehr wechselnd. Im übrigen unterscheidet sich dieses
Pigment durchaus nicht von anderen, bei derartigen Prozessen beobachteten.

Ebensowenig kennzeichnend sind die histologischen (oder klinischen) Bilder, wie sie
Chinin, Chloralhydrat, manche Balsamica oder Narkotica an der Haut hervorrufen.

Kennzeichnendere Befunde zeigen sich hingegen bei den nach Jod- und
Bromgebrauch entstehenden Ausschlägen. Aber auch diese sind im großen
ganzen in ihrem geweblichen Aufbau durchaus nicht eindeutig. Unter ihnen
sind die durch Jodgebrauch hervorgerufenen bei weitem die häufigsten.

Jodexantheme.

Klinisch ist die pustulös-knotige Form, die sog. **Jodacne** die bekannteste. Bei dieser
kommt es einmal zu stärkerem entzündlichem Hervortreten bereits bestehender Acne-
pusteln; anderseits treten noch zahlreiche neue hinzu. Diese bilden sich hauptsächlich
im Gesicht, auf der Brust und am Rücken; auch sie unterscheiden sich von der gewöhnlichen
Acne schon rein klinisch durch die stärkeren Entzündungserscheinungen.

Weniger häufig sieht man erythematöse, urticarielle, purpura- und pemphigusartige
oder gar ekzematöse Veränderungen. Der **Jodpemphigus** beruht auf einer äußerst starken
entzündlichen Exsudation, die gelegentlich neben Blasenbildung zu umschriebener Gangrän
führen kann. Bei weitem die seltenste der durch Jod hervorgerufenen Exanthemformen
ist das **Jododerma tuberosum.** Dieses zuerst von BESNIER beschriebene Krankheitsbild ist zwar von der Jodacne und auch von einer ebenfalls nur vereinzelt beobachteten,
Erythema nodosum-artigen Joddermatose hinreichend unterschieden, jedoch durch eine
Reihe von Übergängen mit den pemphigoiden Jodexanthemen verknüpft (Jododerma
tubero-bullosum). Beide finden sich oft gleichzeitig am selben Kranken vor, indem auf
den Geschwülsten des Jododerms sich vielfach Blasen entwickeln; eine Trennung von diesem
erscheint daher nicht notwendig. Das Erythema nodosum auf gleicher Basis, das
ziemlich plötzlich in der Unterhaut, meist der Gliedmaßen, in derben oder auch teigigen
rundlichen Knoten auftritt, nimmt hingegen eine Sonderstellung ein.

Beim Jododerma tubero-bullosum entstehen zunächst rote Papeln, die in der Mitte
oft pustulös oder vesiculös werden, während ihre Basis sich infiltriert. Auf der Höhe der
Entwicklung sind es erbsen- bis taubeneigroße, stark erhabene, oft gestielte Geschwülste,
von blasser bis blauroter Farbe, deren Mitte vielfach eine Blase mit klarem bis blutig-
eitrigem Inhalt einnimmt. Die Knoten fühlen sich weich und schwammig an und sitzen
beinahe oder fast ausschließlich im Bereich des Kopfes. Die Geschwülste haben große Neigung
zum Zerfall. Dabei reißen die Blasen ein und es entstehen vielfach unregelmäßige, oft mit
Borken bedeckte, unebene oder auch kraterförmige, oft an den Rändern wuchernde
Geschwüre. Nach Aussetzen der Jodmedikation bilden sich die Veränderungen meist
völlig zurück, nur in seltenen Fällen unter Hinterlassung von Narben. Diese sind im Gegensatz zum Bromoderm meist glatt.

Vor Besprechung der Histologie zunächst der **Jodacne** sei erwähnt, daß
höchstwahrscheinlich die von der Jodacne ergriffenen Haarbälge vorher bereits
krankhaft verändert gewesen sind (GIOVANNINI). Sie waren nämlich, soweit
sie untersucht wurden, bald stenotisch, bald athretisch und wiesen stets eine
mehr oder weniger vorgeschrittene Atrophie auf. Bei einer größeren Zahl von
ihnen fehlten ferner die Talgdrüsen ganz oder sie waren atrophisch; der Haarschaft war oft bereits im Follikelinnern gekrümmt und häufiger noch als Fremdkörper ins umgebende Bindegewebe eingedrungen. Man darf daher die geweblichen Veränderungen der Jodacne nur unter Berücksichtigung dieser Tatsachen betrachten.

Entsprechend den knötchen- und pustelartigen Veränderungen findet man
im mikroskopischen Schnitt zwei verschiedene Bilder, die allerdings häufig

durch Übergänge verbunden sind. Am stärksten sind die Haarbälge verändert. Man findet hier Abszeßbildungen, die sich im wesentlichen auf die
oberen Abschnitte beschränken, vielfach unter Übergreifen auf das umliegende
Bindegewebe. Unterhalb der Eiterherde ist der Haarbalg meist nicht verändert; nur selten sind die Zellen der äußeren Wurzelscheide schlecht gefärbt
und im Zerfall begriffen. Bei den Pusteln ist die Eiteransammlung auf den
trichterförmigen Teil des Haarbalges beschränkt. Die Epidermiszellen sind
größtenteils erhalten und nur an den Seitenwänden des Follikeltrichters mehr
oder weniger stark zusammengepreßt. Finden sich Pustel- und Papelbildung
zusammen vor, so ist der befallene Follikel in seinem oberen Abschnitt von dem
hauptsächlich aus polynucleären Leukocyten und nur wenigen Lymphocyten
bestehenden Eitersack ausgefüllt. Diesem schließt sich nach unten eine kegelförmige Abszeßhöhle unmittelbar an. Diese bricht vielfach in den Nachbar-
follikel ein, bzw. geht aus diesem hervor.

Durch die Eiteransammlung kommt es zu Störungen im Haarwachs-
tum sowie im Aufbau des Follikeltrichters und der Talgdrüsen. Sehr häufig
ist der untere Follikelabschnitt atrophisch und es fehlt die Haarpapille. Die
Talgdrüsen — soweit sie nicht schon vorher atrophisch waren — nehmen
an Umfang erheblich ab, und zwar durch Schrumpfung ihrer Drüsenzellen
sowohl wie ihrer bindegewebigen Wandung. Die ersteren werden häufig durch
ein geschichtetes Epithel ersetzt, welches dem der äußeren Haut völlig entspricht (GIOVANNINI).

Die Gefäße in der Umgebung der erkrankten Follikel sind stark erweitert
und meist von einem wechselnd breiten leukocytären Infiltrat mantelförmig
umgeben; doch beschränkt sich diese Veränderung im großen ganzen auf das
oberflächliche Gefäßnetz.

Bei der Heilung finden sich die Eiterherde in Form flacher, wechselnd
stark eingetrockneter Krusten in der Öffnung des Haarbalgtrichters. Die
polynucleären Leukocyten sind dann aus der Umgebung des Follikels und der
Gefäßwände verschwunden. Lediglich kleine Herde von Lymphocyten, hier
und da unregelmäßig im perifollikulären Gewebe verteilt, manchmal auch von
vereinzelten Fremdkörperriesenzellen durchsetzt, erinnern an die überstandene
Entzündung. Ähnliche Veränderungen trifft man auch noch längere Zeit in
dem die Talgdrüsen umgebenden Bindegewebe.

Bei der Jodacne handelt es sich um eine akut eitrige oberflächliche Folliculitis und Perifolliculitis, wobei als für die Pathogenese bedeutsam
auf die vorzugsweise Ansiedlung in bereits veränderten Haarbälgen
hingewiesen sei.

Jodpemphigus und **Jododerma tubero-bullosum** sind zwei grundsätzlich
kaum voneinander zu trennende Folgen der Jodmedikation. Daher seien sie
hier auch im Zusammenhange besprochen. Es handelt sich um ein zunächst
im Papillarkörper gelegenes entzündliches Granulationsgewebe, das nach der
tieferen Cutis hin meist ziemlich scharf abgesetzt ist und nur in seltenen Fällen
perivasale Ausläufer in die Tiefe sendet. Dazu gesellen sich Veränderungen
der Epidermis, die, je nach dem Vorherrschen eines begleitenden Ödems bzw.
einer Epithelwucherung sich äußern können, einmal in kleineren und größeren
Bläschen und Blasen, zum anderen in wuchernden Epithelherden. Im ersteren
Falle haben wir es mit dem „Jodpemphigus" zu tun, bei dem manchmal

das entzündliche Cutisinfiltrat so gering entwickelt sein kann, daß eine Beziehung zum Jododerma tuberosum nicht ohne weiteres ersichtlich ist. Es finden sich jedoch alle Übergänge von diesen rein blasigen Formen über das mit einer deutlicheren Cutisinfiltration einhergehende Jododerma tuberobullosum bis zum reinknotigen Jododerma tuberosum.

Das Infiltrat besteht in der Hauptsache aus teils gut erhaltenen, teils zerfallenden polynucleären Leukocyten, aus ebensolchen größeren und kleineren Lymphocyten, wechselnd zahlreichen Eosinophilen und vereinzelten Plasmazellen (JESIONEK). Daneben finden sich vereinzelte große Zellen mit 5—7 und mehr Kernen (Riesenzellen), die zum Teil von wuchernden Epidermisepithelien, zum Teil von gewucherten Gefäßendothelien abstammen. Diese verschiedenen Zellformen sind als netzförmig sich verzweigende schmälere und breitere dichte Stränge über das Infiltrat verteilt. Sie werden durchzogen von helleren Massen gewucherter Bindegewebszellen mit Spindelkernen und epithelialen Zellformen. Die gegenseitige Durchdrängung dieser abwechselnd dichteren und helleren Zellstränge verbunden mit der Polymorphie der sie aufbauenden Zellen gewährt ein äußerst buntes Bild. Innerhalb dieser Zellherde gehen die Anhangsgebilde allmählich zugrunde; das elastische und kollagene Gewebe schwinden. Auch in der Umgebung des Infiltrats fallen sie oft der Zerstörung anheim. Innerhalb des Infiltrats und auch in seiner Umgebung bis zur tiefen Cutis kommt es vielfach zur Bildung kleiner umschriebener Abscesse, die sich namentlich in der Mitte des Infiltrats oft durch einen reichlichen Fibringehalt auszeichnen.

Die Gefäße in der Umgebung sind stark erweitert und strotzend mit polynucleären Leukocyten gefüllt, die stellenweise die Gefäßwände durchsetzen. Vielfach ist noch eine deutliche Schwellung und Wucherung der Endothelien vorhanden; an den größeren Gefäßen zeigt sich eine Intimaverdickung, die gelegentlich zur Thrombose geführt hat (Endo- und Perivasculitis). Sowohl in der Epidermis, als auch in der Umgebung des Infiltrates finden sich häufig wechselnd große Blutungen, die man geneigt ist, auf eine Diapedese der roten Blutkörperchen zurückzuführen (ROSENTHAL), zumal sich Gefäßwandzerreißungen kaum feststellen ließen.

Das Verhalten der Epidermis ist verschieden, je nachdem ödematöse oder proliferative Veränderungen im Vordergrunde stehen und diese für sich allein oder gemeinsam vorkommen. Überall dort, wo ein Ödem vorherrscht, ist die Epidermis aufgelockert, von verminderter Färbbarkeit und oft in mehr oder weniger ausgedehnter Weise blasenförmig abgehoben. Die Zellen der unteren Schichten sind vielfach auseinandergerissen, neben Lücken und Spaltbildungen finden sich allseitig von Epithelzellen umgebene Hohlräume von verschiedener Größe, die teils leer, teils mit fädigen Massen angefüllt sind und oft zahlreiche Leukocyten enthalten, die auch zwischen den Epithelzellen zur Oberfläche vordringen. In Papillarkörper und Cutis äußert sich das Ödem in einer starken Erweiterung der Lymphgefäße und Gewebsspalten. In der Epidermis führt es meist zu umschriebener Parakeratose.

Die Neigung zur Wucherung zeigt sich in der Epidermis in verschieden hohem Grade, manchmal in einem solchen, daß der dabei oft vorhandene atypische Charakter des Epithelwachstums den Eindruck einer malignen Neubildung

erwecken kann (Norman-Walker, Montgomery, Jesionek u. a.). Die Epithelleisten wachsen, zum Teil mit benachbarten zusammenfließend, in atypischer
Sprossung und unregelmäßigen Zellformen als mächtige Epithelmassen in die
Breite und Tiefe. Sie umfassen hier Papillarkörper und Cutis, schnüren Teile
davon ab, die dann als isolierte Bindegewebsinseln inmitten epithelialer Gewebsherde liegen bleiben, nach oben geschoben werden und schließlich mit Hornschicht, Zelldetritus und Exsudat zu den dicken Krusten eintrocknen. Außerhalb des dichten Infiltrats nimmt diese Epithelwucherung sehr schnell ab.
Die Hornschicht über diesen gewucherten Epithelmassen ist meist erheblich
verbreitert, ebenso die granulierte Schicht. Daneben sind jedoch auch Fälle
bekannt, wo im Gegensatz hierzu die Epidermis durch den Druck des entzündlichen Infiltrats der Atrophie in wechselndem Maße anheimgefallen ist.

Bromexantheme.

Die klinischen und geweblichen Veränderungen der Bromacne entsprechen
im großen und ganzen denjenigen der Jodacne. Hier wie dort finden sich die
Störungen in erster Linie als ampullenförmige Erweiterungen der Haarfollikel
sowie — wenn auch in selteneren Fällen — der Schweißdrüsenausführungsgänge (Panichi). Diese sind von abgestoßenen Hornmassen, Eiterkörperchen,
Talgresten und zerfallenden Epithelien erfüllt. Das perifollikuläre Gewebe ist
ebenso infiltriert wie dort, die Blutgefäße in seiner Nachbarschaft erweitert
und mit Leukocyten gefüllt, die Talgdrüsen vielfach atrophisch.

Auch die anderen Erscheinungsformen, die wir als Folgen der Jodmedikation auftreten
sahen, kommen im Anschluß an Bromgebrauch vor. Erythematöse, urticarielle, nodöse,
papulöse und pustulöse, furunkulöse, ulceröse, verrucöse, vesiculöse, bullöse und squamöse
Veränderungen der Oberhaut können sowohl jede für sich, als auch gleichzeitig bei ein und
demselben Kranken auftreten. Sie bedeuten hier wie dort nichts anderes als eine eigenartige
Reaktion des Organismus auf das Medikament.

Allerdings spielen beim **Bromoderm** verrucöse Epidermiswucherungen verbunden mit papillomatösen Bindegewebswucherungen eine Hauptrolle, während
blasige Prozesse weniger Bedeutung haben wie dort. Als Besonderheiten
treten bei den Bromefflorescenzen in den Vordergrund: die Hyperplasie des
Epithels und die eitrige Einschmelzung bzw. Wucherung des Bindegewebes. Die Epidermiswucherungen werden durch tiefgehende Spalten und
mehr oder weniger große Hohlräume unterbrochen, die zum Teil als Absceßhöhlen mit eingedicktem Eiter gefüllt sind, zum Teil von jungem Bindegewebe
durchsetzt werden. Die eigentliche Infiltratbildung in der Cutis bzw. im
Papillarkörper entspricht im großen ganzen der beim Jododerm beschriebenen.
Ebenso das Verhalten der Umgebung, insbesondere in bezug auf die Gefäße,
das elastische und kollagene Gewebe sowie die Anhangsgebilde der Haut. Von
Pasini wurden an den Bindegewebszellen eigentümliche Veränderungen nachgewiesen, durch welche diese das Aussehen der Unnaschen „Schaumzellen"
annahmen. Da er in ihrem Innern häufig mehrere Leukocyten vorfand, nannte
er diese nach seiner Ansicht für das Bromoderm kennzeichnenden Zellen
Schaumphagocyten, eine Annahme, die noch weiterer Bestätigung bedarf.
Ich habe derartige Zellen zwar auch gesehen, glaube aber nicht, daß ihnen
eine eigentümliche Bedeutung zugesprochen werden darf.

Besonders kennzeichnend sind hingegen die epithelialen und Bindegewebswucherungen, die oft zu ganz eigenartigen Bildern führen. Die Epidermis-

Papillarkörpergrenze wird durch sie vollständig verwischt. Abgesprengte Epithelherde finden sich bisweilen ganz in der Tiefe des Papillarkörpers und auch umgekehrt mitten im Epithel Gewebsreste zweifellos bindegewebiger Abkunft. Selbst in den scheinbar krustösen Auflagerungen, die einen Zusammenhang mit den tieferen Gewebsschichten gar nicht vermuten lassen, fand SCHÄFFER noch elastische Fasern, bisweilen sogar deutliche Gefäßreste und bindegewebige Zellmassen. Diese eigentümlichen Verlagerungen kommen dadurch zustande, daß stellenweise die Epidermis von entzündlich infiltrierten, vorwuchernden Massen des Papillarkörpers getroffen wird. Außerdem mögen

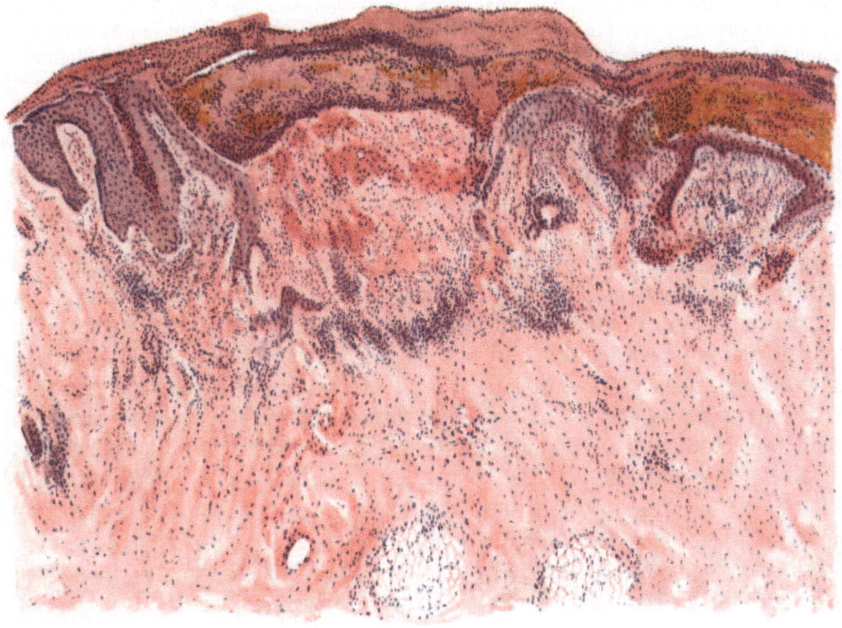

Abb. 72. Bromoderma crustosum. (♀, 36jähr., Brust.) Krustenbildung über der stellenweise gewucherten und ins Corium abgesprengten, stellenweise mitsamt dem Papillarkörper eitrig eingeschmolzenen und von Blutmassen durchsetzten Epidermis. Teils diffuse, teils umschriebene Leukocytenansammlung in der ganzen Cutis. Häm.-Eosin. O = 20 : 1, R = 19 : 1.

Abschnürungen der oft fingerförmig lang ausgezogenen papillären Wucherungen durch andrängende Epithelmassen beim Zustandekommen jener Gebilde eine Rolle spielen.

Im Vergleich mit dem Jododerm sind die umschriebenen Eiterherde in der Epidermis vielfach zahlreicher. Oft führt von diesen epidermalen Pusteln ein breiter, beiderseits von wuchernden Epidermiszapfen umgebener und mit zahlreichen polynucleären Leukocyten durchsetzter Bindegewebsgang hinunter unmittelbar bis an das cutane Infiltrat. Das Bild wird noch bunter durch große Epidermiscysten, die zum Teil leer, zum Teil von konzentrisch angeordneten Hornmassen ausgefüllt sind. Manchmal hängen sie noch mit der äußeren Hornschicht zusammen, manchmal liegen sie aber auch als dicht geschlossene, von der Oberhaut abgeschnürte und von einem breiten, wuchernden Epithelsaum umgebene Horncysten in der Tiefe.

Als für die **Pathogenese** wichtig sei auch hier erwähnt, daß ein Zusammenhang dieser Cysten mit den Talgdrüsen nicht besteht. Diese werden vielmehr durch die Infiltrate bzw. Gewebswucherungen zusammengepreßt und schließlich atrophisch. Die Lokalisation der entzündlichen Vorgänge spricht vielmehr sowohl beim Jodo- wie beim Bromoderm für eine Abhängigkeit von den Gefäßen (SCHIDACHI u. a.). Besonders die Venen scheinen beteiligt. Hier sind die Infiltrate am reichlichsten, hier sind die Endothelien geschwollen, hier deuten Hyperämie und Gefäßwandveränderungen auf den Ausgangspunkt der Veränderung hin. Wenn sich auch vielfach, namentlich in den späteren Stadien, alle möglichen Kleinlebewesen, vor allem Staphylokokken in dem für sie idealen Nährboden des wuchernden und zerfallenden Gewebes vorfinden, so darf diesen doch eine Bedeutung für die Entstehung der entzündlichen Veränderungen nicht zugesprochen werden. Inwieweit für die Entwicklung der cutanen Veränderungen in den Gefäßen kreisendes freies Brom eine Rolle spielt, das infolge einer Hypacidität im Magen entstehe (PASINI), bedarf noch weiterer Überprüfung. Wir sind über die Genese dieser Exantheme durchaus noch nicht hinlänglich unterrichtet, wenn auch ein Zusammenhang mit den Blutgefäßen ziemlich sicher erscheint. Man ist auch hier über den Begriff der Idiosynkrasie noch nicht wesentlich hinausgekommen.

Differentialdiagnose: Tuberkulose, Lues, Sporotrichose und Blastomykose können meist durch bakterio- und serologische Untersuchungen ausgeschlossen werden. Dort, wo letztere namentlich für die gummösen Syphilide im Stiche lassen, mag dies schon schwieriger sein, wenn auch der beim Jodo- bzw. Bromoderm so gut wie stets vorhandene Polymorphismus der klinischen Erscheinungen die Stellungnahme erleichtert. Letzterer kann eher einmal eine Verwechslung mit dem Erythema exsudativum multiforme veranlassen, wenn auch die bei diesem nie vorhandenen Wucherungen stutzig machen müssen. Das gleiche gilt wohl für den Pemphigus, namentlich den Pemphigus vegetans. Hier kann tatsächlich die Diagnose manchmal erst nach der beim Aussetzen des Medikaments verhältnismäßig schnell erfolgenden Abheilung gestellt werden; denn die Lokalisation — beim Pemphigus vegetans meist an den natürlichen Körperöffnungen — dürfte nicht immer entscheidend sein. Den Gedanken an eine Mycosis fungoides oder an eine besonders stark wuchernde maligne epitheliale Neubildung vermag wohl die histologische Untersuchung allein zurückzudrängen.

Anhangsweise sei hier noch eine von BROCQ genauer beschriebene, ulcerös-vegetierende Hautkrankheit **(Pseudobromurid)** erwähnt. Über diese prognostisch äußerst schlechte, meist zum Tode führende Erkrankung, die klinisch den Eindruck eines Bromexanthems macht, histologisch lediglich banal entzündliche Veränderungen zeigt, ist Näheres noch nicht bekannt.

Quecksilberexantheme.

Zu den artefiziellen Dermatitiden chemischen Ursprungs gehören auch die infolge Quecksilberwirkung auftretenden Veränderungen der Haut. Sie finden sich sowohl nach äußerer wie innerer Anwendung. Bei ersterer treten follikuläre kleine Knötchen auf, die sich sehr schnell zu kleinen Pusteln umwandeln. Es ist jedoch noch nicht entschieden, ob diese Veränderung wirklich dem Hg als solchem, oder lediglich, wie dies NEISSER schon meinte, unreinen Salbengrundlagen zuzuschreiben ist. Von der Darstellung der Histologie dieser Papulopusteln kann abgesehen werden, da sie irgend eine Besonderheit nicht bieten, sich also von den früher geschilderten, infolge äußerer Reize entstandenen artefiziellen Dermatitiden follikulärer Natur nicht unterscheiden (s. Abb. 73). Erwähnt sei nur, daß die Pusteln zu Beginn ihrer Entwicklung sowohl histologisch wie auch bakteriologisch keimfrei befunden wurden.

Wichtiger sind die Hg-Toxicodermien infolge innerer bzw. subcutaner Anwendung des Mittels; sie sind äußerst vielartiger Natur. Neben maculösen, oft follikulären, wurden diffuse Erytheme beschrieben; ferner urticarielle, purpuraähnliche und pemphigoide Hauterscheinungen, Pusteln, nässende ekzematoide Prozesse, die häufig von einem Exanthem begleitet sind und an so gut wie jeder Körperstelle auftreten können.

Die histologischen Veränderungen sind durchaus nicht kennzeichnend; sie haben sehr viel Ähnlichkeit mit denen des Erythema multiforme (EHR-MANN), sind daher im großen ganzen banaler Art. ALMKVIST fand im Beginn eine wechselnd starke Gefäßerweiterung, besonders an den Gefäßen der Talg- und Schweißdrüsen, ferner im Gefäßnetz des Papillarkörpers. Zu dieser Gefäßerweiterung kam ein Ödem, das zu Verlängerung und Verbreiterung der Papillen führte. Diese sind oft keulenförmig angeschwollen und manchmal völlig verstrichen. Die Bindegewebsbündel werden auseinandergerissen, das Stratum basale und spinosum durch intercelluläre Flüssigkeitsansammlung

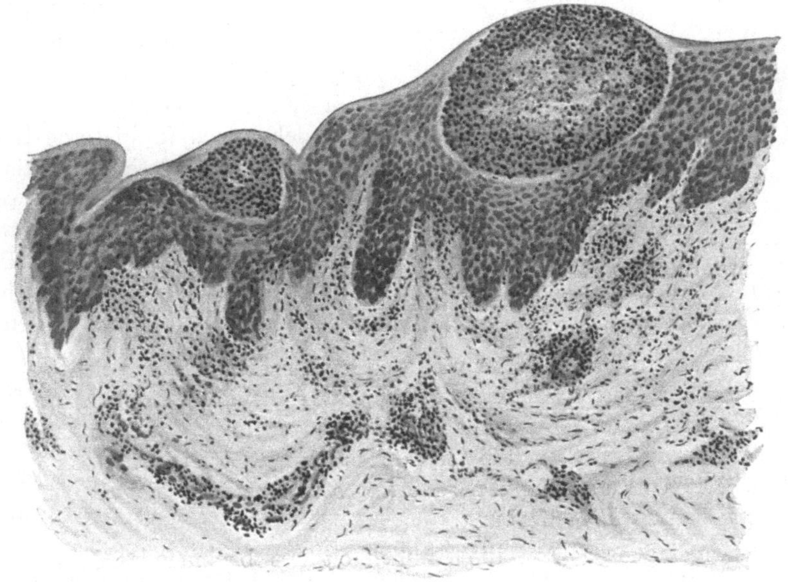

Abb. 173. Ektogene Hg - Dermatitis pustulosa. (♂, 24jähr., Unterarm, volar.) Sterile Pusteln unmittelbar unter der Hornschicht; Akanthose; Ödem in Rete und Papillarkörper; mäßiges perivasculäres Infiltrat, polynucleäre Leukocyten auf der Durchwanderung. O = 136 : 1, R = 136 : 1.

mehr oder weniger verbreitert. Es folgt eine mangelnde Keratohyalinbildung, damit eine Parakeratose, der klinisch die bekannte Schuppung entspricht. In anderen Fällen drängt das Ödem die Zellen auseinander; es kommt zu Flüssig-keitsansammlungen in unregelmäßig geformten Höhlen, besonders im Stratum corneum. Die Lostrennung kann jedoch ebenso oft in den oberen oder tieferen Schichten des Stratum spinosum erfolgen (JULIUSBERG). In manchen Fällen stärkerer Exsudation sammelt sich das Serum in mit Fibrin durchsetzten Blasen auch zwischen Epidermis und Papillarkörper an (EHRMANN). Oftmals sieht man dann multilokuläre Blasenbildungen, indem eng nebeneinander intradermale, intracorneale und subdermale Blasen entstehen, die durch wechselnd breite Kanäle miteinander in Verbindung treten.

Zu einer Zellvermehrung kommt es erst nach Auftreten des Ödems (ALMKVIST). Sie beginnt als perivasculäre Infiltration um das subpapillare Gefäßnetz. Gleichzeitig treten auch Mitosen im Stratum basale und spinosum auf, so daß hier neben dem Ödem auch eine Akanthose zur Verbreiterung der Epithelleisten beiträgt. Weiße und rote Blutkörperchen verlassen gelegentlich die durchlässig gewordenen Gefäße. In der Epidermis, namentlich der Hornschicht, sieht man polynucleäre Leukocyten, oft in Gestalt kleinster Pseudoabscesse in wechselnder Zahl. Sie reichen manchmal bis zum Stratum basale hinunter, wenn sie auch nach der Tiefe zu spärlicher werden. Sie finden sich in den Talgdrüsen und ihren Ausführungsgängen, wenn auch meist diffus verbreitet und hier seltener als Pseudoabscesse, dagegen nie in den Schweißdrüsen. Erythrocyten, deren Vorhandensein immer auf eine stärkere Schädigung hindeutet, liegen zerstreut zwischen den Bindegewebsfasern im Papillarkörper und um die Talgdrüsen. In späteren Stadien der Veränderung fand ALMKVIST außerdem Bakterienentwicklung — gewöhnlich Haufen von Kokken, sehr selten Stäbchen — die sich von der Oberfläche der Epidermis allmählich nach der Tiefe zu verbreiteten. In derartig ausgedehnten Fällen war oft die ganze Hornschicht abgestoßen, so daß das Stratum spinosum bloßlag.

Das zunächst perivasculäre Zellinfiltrat dehnt sich in späteren Stadien infolge Wucherung der Bindegewebszellen auch auf die gesamte Cutis aus, wobei gelegentlich auffallend zahlreiche eosinophile Zellen gefunden werden (E. HOFFMANN). Die Mehrzahl der Zellen bilden jedoch größere, vielgestaltige Formen mit rundem, gut färbbarem Kern und verschieden großem Protoplasmasaum, die gelegentlich einmal den UNNAschen Plasmazellen sehr ähnlich sein können (ALMKVIST). Echte Plasmazellen, ebenso Mastzellen, finden sich kaum; Leukocyten und Lymphocyten nur in der Epidermis.

Geht die Veränderung nicht zurück, so kann schließlich eine richtige eitrige Absonderung mit Ausschwemmung massenhafter Leukocyten einsetzen. Diese durchziehen in großen Mengen das Epidermisepithel; sie vermischen sich in der Cutis mit Erythrocyten, die teils diffus verteilt, teils in kleinen Blutseen auftreten. Die Umwandlung ihres Blutfarbstoffs bedingt die vom klinischen Bilde her bekannte Braunfärbung.

Differentialdiagnose: Auf die Ähnlichkeit des beginnenden Hg-Erythems mit dem Erythema multiforme wurde schon hingewiesen. Oft werden auch morbilli- und scarlatiniforme Exantheme beobachtet. In späteren Stadien kann eine außerordentliche Ähnlichkeit mit einem gewöhnlichen nässenden Ekzem bestehen, wenn auch Ödem und Blasenbildung bei diesem lange nicht in dem Ausmaß bekannt sind. Trotzdem ist auf Grund der histologischen Untersuchung eine Entscheidung durchaus nicht immer leicht zu treffen.

Die **Pathogenese** der merkuriellen Hautveränderungen ist noch nicht geklärt. Die Gefäßerweiterung möchte ALMKVIST nicht auf eine Reizung des Gewebes zurückführen, sondern in den Gefäßwänden selbst bzw. in den Gefäßnerven suchen. Sie mag, mitsamt dem Ödem, auf die toxische Wirkung des Hg zurückzuführen sein. Ob diese auf dem Wege über eine Sympathicuslähmung oder auf andere Weise wirksam wird (ALMKVIST), bedarf noch weiterer Untersuchung. Die vermehrte Bakterienentwicklung ist sicherlich etwas Sekundäres.

Die **Salvarsanexantheme** sind histologisch ebensowenig gekennzeichnet wie die Hg-Exantheme.

Arsenexantheme.

Hautveränderungen infolge Arsenikgebrauch pflegen meist erst nach längerer Zeit und als chronische Prozesse aufzutreten. Erythematöse, urticarielle oder sonstige exanthemartige akute Erscheinungen werden nur sehr selten beobachtet. Von den chronischen

Veränderungen ist die Arsenmelanose die häufigste. Sie äußert sich in einer Braunfärbung der unbedeckten sowohl wie der bedeckten Körperstellen, wobei bereits pigmentierte
Körperabschnitte sich stärker bräunen wie andere. Die einmal eingetretene Veränderung
bleibt über sehr lange Zeit bestehen.

Histologisch schildert Gans diese **Arsenmelanose** als eine wechselnd starke
Hyperkeratose der Hornschicht (in schweren Fällen: Arsenkeratose, namentlich an Handfläche und Fußsohle) und Schwund der Stachelschicht,
sowohl im Deckepithel wie in den Haarbälgen und Epithelleisten. Letztere
bleiben nur noch als schmale Säulen erhalten, die durch ein wechselnd starkes
Ödem des Papillarkörpers zusammengepreßt werden. Dieses Ödem führt
auch zu einer Verwerfung des normalen Papillarkörperaufbaues, indem sich
auf dem Raume mehrerer normaler Papillen breite und plumpe, ödematöse
papillenähnliche Bildungen entwickeln.

In oberer Cutis und auch im Papillarkörper sind die erweiterten Gefäße
und Capillaren von mantelförmigen Zellinfiltraten umgeben. Unter diesen
treten Mastzellen an Zahl auffallend stark hervor. Die Gefäße selbst, sowohl
die Blut- wie die Lymphgefäße, sind vermehrt und erweitert. Das elastische
und kollagene Gewebe ist im Bereich des Ödems, d. h. in Papillarkörper und
oberer Cutis nur noch in Gestalt vereinzelter dünner, aufgesplitterter elastischer
Fasern bzw. als ungleichmäßig verwaschenes, stark aufgelockertes Filzwerk
übrig geblieben.

Diese Störungen im Aufbau des elastischen und kollagenen Gewebes sowie
das Ödem beschränken sich streng auf das Stratum papillare und subpapillare
bzw. die obere Cutis; sie sind gegen die mittlere Cutis scharf abgesetzt.

Die Pigmentveränderungen (Näheres siehe im Abschnitt: Arsenmelanose S. 121) äußern sich einmal in einer Zunahme des Epidermispigments,
im wesentlichen in den Basalzellen, vereinzelt auch im Stratum spinosum oder
noch höher. Das Pigment liegt so gut wie ausschließlich intracellulär; bei
geringen Mengen an der äußersten Grenze der Zelle. Mit steigendem Pigmentgehalt erfolgt eine Annäherung an den Kern, bis schließlich bei stärkster Pigmentierung der ganze Zellkörper eingenommen wird, wobei jedoch immer noch
eine gewisse Vorliebe für die Randnähe erhalten bleibt.

Im Papillarkörper ist das Pigment — stets in granulärer, nie in klumpiger
Form — in Zellen angehäuft, von denen viele „hirschgeweihartige" Bilder
zeigen. Sie liegen in erster Linie in der Umgebung der Capillaren, und zwar
läßt sich ein gewisser Zusammenhang zwischen dem Auftreten entzündlicher
Veränderungen und dem Pigmentreichtum nicht von der Hand weisen. Vereinzelt finden sich feinkörnige Pigmentansammlungen sogar in den Endothelien der Blut- und Lymphgefäße. Die Pigmentvermehrung beschränkt sich
jedoch streng auf den gleichen Raum wie die übrigen Veränderungen, in erster
Linie auf das Stratum papillare und subpapillare.

Chemisch handelt es sich bei dem Arsenmelanosepigment um Melanin
(Gans).

Pathogenese: Gans möchte die Pigmententstehung mit dem durch die chronische
Arsenzufuhr gesteigerten Eiweißstoffwechsel in Beziehung bringen. Dessen Abbau- und
Zerfallsprodukte liefern die Pigmentmuttersubstanzen, die Propigmente, die dann durch
fermentative (?) Vorgänge (Dopaoxydase?) in Melanin umgewandelt werden. Jedoch ist
auch in dieser Frage — wie überhaupt über die Pigmentgenese — das letzte Wort noch
nicht gesprochen.

Bei der   **Arsenkeratose**

bilden sich meist symmetrische Verdickungen der Palmae und Plantae, sei es diffus und gleichmäßig, oder umschrieben, knötchen-, warzen- oder gar hornhautähnlich. Im Vergleich zur Arsenmelanose tritt hier die Hyperkeratose mehr in den Vordergrund. In dem wechselnd stark verbreiterten Stratum corneum finden sich fleckweise mehr oder weniger rundliche, verschieden große Lücken, die eine zum Teil netzförmige Zeichnung darbieten und in ihren Maschen eine homogene Substanz (Eleidin) enthalten (WAELSCH). Die tieferen Schichten sind besonders in der Nähe der Schweißdrüsenostien lamellär aufgeblättert; das Stratum lucidum deutlich vorhanden. Den Lückenbildungen in der Hornschicht entspricht im Stratum granulosum, das ebenfalls stark verbreitert ist, eine besonders mächtige Ansammlung von Keratohyalinkörnern. Dabei sind hier die Zellen selbst vielfach degeneriert, unscharf begrenzt, der Kern schlecht färbbar oder geschwunden, die Zellgrenzen oft völlig verwaschen. Diese Veränderungen, die ähnlich fleckförmig verteilt sind wie die Lückenbildungen in der Hornschicht, reichen auch noch tiefer bis in die Stachel- und Basalzellschicht hinab. Hier sind die Zellen ebenfalls oft kernlos, vakuolisiert und schlecht färbbar.

In der Cutis zeigen sich außer einer mäßigen Vermehrung der Bindegewebszellen und einer geringgradigen Erweiterung der fleckweise von einem mantelförmigen Infiltrat umgebenen Gefäße keine besonderen Veränderungen. Lediglich im Stratum papillare und subpapillare kommt es überall dort, wo stärkere Entzündungserscheinungen vorliegen, zu einer deutlichen Verdünnung und Aufsplitterung sowie körnigem Zerfall der elastischen Fasern. Dieses entspricht genau den Verhältnissen, wie sie oben für die Arsenmelanose angegeben wurden. Das in der Epidermis sowie der Cutis vorhandene körnige Pigment besteht nach BRÜNAUER aus einer Arsenverbindung. Es fand sich besonders reichlich, und zwar — im Gegensatz zur Arsenmelanose — vorwiegend intercellulär gelagert in den untersten Lagen der Stachelzellschicht und im Stratum basale; ferner in den Schweißdrüsen und deren Ausführungsgängen. In den Nerven trat es in Gestalt feinster gelbbrauner Körnchen sowohl in den Nerven der Subcutis als auch in den MEISSNERschen Tastkörperchen auf. Es fand sich ebenfalls im Innern der Gefäße des Papillarkörpers und des subpapillaren Netzes.

b) Durch körpereigene Stoffe.
(Autotoxische Exantheme.)

Bei den vorstehend besprochenen Hautveränderungen mußte man in erster Linie an äußere oder zum mindesten durch äußere Anlässe ausgelöste Schädigungen denken. Daneben bleibt noch eine weitere Gruppe von Hautveränderungen zu besprechen, bei der wir nach Lage unserer pathogenetischen Kenntnisse heute gezwungen sind, eine autogene Entstehung der schädigenden Stoffe anzunehmen. Dabei sei erwähnt, daß morphologisch durchaus gleichartige Bilder auch auf ektogener Grundlage entstehen können (vgl. Urticaria). Auch für diese Erkrankungen gilt also das, was schon früher über die mangelnde Gesetzmäßigkeit der Beziehungen zwischen Morphologie des Krankheitsbildes bzw. dessen histologischer Grundlage und den auslösenden Krankheitsursachen gesagt wurde. Dies trifft besonders zu für die häufigste und wichtigste der hier in Betracht kommenden Hautveränderungen, für die

Urticaria.

Die Primärefflorescenz der Urticaria ist eine mehr oder weniger halbkugelförmig die Haut überragende, prall elastische Quaddel (Urtica) von hellrosa bis rosaroter oder weißer Farbe. So kennzeichnend diese Veränderung ist, so stellt sie doch lediglich nur ein Symptom dar, das auf der Haut als Folge der verschiedenartigsten äußeren sowohl wie inneren Ursachen entsteht. Dabei ist nicht so sehr die Plötzlichkeit dieses Entstehens, als vielmehr die Flüchtigkeit, das rasche Vergehen für den urticariellen Vorgang kennzeichnend.

Vom abbrechenden Drüsenhaar der Brennessel bis zu den pathogenetisch ungeklärtesten Stoffen autotoxischer Natur können urticarielle Hauterscheinungen ausgelöst werden. Die gewebliche Veränderung ist in allen diesen Fällen die gleiche; Unterschiede bestehen lediglich in bezug auf die Größe und Zahl der Quaddeln und ihre Anordnung. In Fällen exogener Urticaria (Brennesseln, Raupen, Insekten usw.) sehen wir eine unmittelbar auf die Stelle der örtlichen Berührung beschränkte Hautreaktion. In Fällen endogener Entstehung und damit schildern wir das eigentliche Krankheitsbild der Urticaria simplex, finden wir auf der Haut eine Veränderung, die unter wechselnd heftigem Jucken mit einer allgemeinen Aussaat von Quaddeln einhergeht. Zu diesen endogenen Urticariaformen gehören alle jene, die zwar auch durch äußere Einwirkungen hervorgerufen werden können, die aber stets eine — pathogenetisch durchaus nicht immer faßbare — körperliche Disposition (Idiosynkrasie) voraussetzen, mag diese nun auf Stoffen pflanzlicher, tierischer, medikamentöser Natur oder Störungen im enteralen oder parenteralen Stoffwechsel verschiedenster Genese beruhen.

Die Bezeichnung „Urticaria" wird jedoch auch für eine Reihe von Hauterscheinungen angewandt, die vom klassischen Bilde abweichen oder dieses nur zum Teil darbieten, sei es, daß es nur zur Quaddelbildung kommt, sei es, daß diese nur zeitweilig vorhanden ist oder gar erst auf gewisse Reize mechanischer (Urticaria factitia) oder gar psychischer Natur hervortritt. Andrerseits werden damit Exantheme bezeichnet, bei denen sich im Gegensatz zu der flüchtigen Quaddel eine persistierende Papel entwickelt, die klinisch eine urticarielle Komponente zeigt. Ferner gehören hierher Erkrankungen der Haut, die mit dem ursprünglichen Begriff nur in sehr lockerem Zusammenhange zu stehen scheinen (Urticaria pigmentosa).

Bei der Urticaria simplex unterscheidet man klinisch nach der verschiedenen Färbung der Efflorescenzen eine rote oder weiße (Urticaria rubra, porcell., vesiculosa, bullosa), eine bläschenartige und blasige Form. Man teilt sie fernerhin nach rasch vorübergehenden (Urticaria acuta) und sich immer wiederholenden Formen (Urticaria chronica recidivans). Diese rezidivierenden Urticariaformen wiederum sind streng von jenen zu trennen, wo die Papeln oder Quaddeln als solche längere Zeit bestehen bleiben und nur sehr langsam schwinden (Urticaria papulosa perstans). Bei diesen kann man je nach dem Verhalten der einzelnen Papeln noch eine verrucöse (Urticaria papulosa perstans verrucosa) von einer nekrotisierenden unterscheiden (Urticaria papulosa perstans necroticans). Die letztere wurde früher infolge irrtümlicher Annahme einer follikulären Natur des Prozesses als Acne urticata bezeichnet. Über das Verhältnis zur Prurigo s. d.

Eine besondere Gruppe stellen dann schließlich noch die pigmentierten Urticariaformen dar. Dabei muß man jedoch die lediglich durch stärkere Pigmentierung gekennzeichneten gewöhnlichen Formen (Urticaria cum pigmentatione) beiseite lassen.

Hierher zu rechnen sind vielmehr nur die Fälle von echter Urticaria pigmentosa. Bei diesen kann man nun auch noch zwei Untergruppen unterscheiden, eine bei der Geburt bereits bestehende naeviforme Urticaria pigmentosa, die in der Mehrzahl der Fälle zur Zeit der Pubertät schwindet, sich aber auch bedeutend länger erhalten kann. Hier handelt es sich um meist auffallend große, dunkle, unregelmäßig über den Körper verteilte Quaddeln, die nach einiger Zeit unter Hinterlassung tiefbraun gefärbter Flecken schwinden, jedoch auf die mannigfachsten Reize hin wieder urticariell werden. Dieser Form stehen jene gegenüber, die keinen Anhalt für eine angeborene Anlage bieten, vielmehr eine auf verschiedene Reize hin auftretende urticarielle Reaktionsfähigkeit bei gleichzeitiger deutlicher Pigmentierung aufweisen und diese Symptome erst im Laufe des späteren Lebens erworben haben.

Eine weitere Untereinteilung scheint mir bei der geringen Zahl der für die einzelnen Beobachtungen vorliegenden Fälle zur Zeit nicht angebracht, zumal die geweblichen Grundlagen der Veränderungen fließende Übergänge darbieten.

Der histologische Befund der einfachen Urticariaformen steht in der Eintönigkeit seines Aufbaues in auffallendem Gegensatz zu der Buntheit des klinischen Bildes. Er gewährt keinen Anhalt für die Ätiologie der Veränderung; daher finden wir genau die gleichen Veränderungen, ob wir nun eine ektogene oder endogene Quaddel untersuchen. Unterschiede ergeben sich — soweit das in der Literatur niedergelegte und eigene Befunde dartun — lediglich aus dem verschiedenen Zeitpunkt, zu dem die Quaddel untersucht wurde. Dieser Umstand erklärt es auch, warum solange Zeit Meinungsverschiedenheiten über die entzündliche oder nicht entzündliche Natur der Urticaria bestehen konnten. Es ist hier nicht möglich, auf diese Frage entsprechend ihrer allgemeinen Bedeutung näher einzugehen. Ein Vergleich des Gewebsbefundes, wie ihn sofort nach ihrer Entstehung bzw. einige Zeit später gewonnene Quaddeln bieten, macht uns jedoch die verschiedene Auffassung der Forscher verständlich.

Unna fand bei sofort untersuchten Brennessel-Quaddeln als einzige gewebliche Veränderung eine starke Erweiterung der Lymphgefäße und Lymphspalten der unteren und mittleren Cutis. Diese erreichte ihren Höhepunkt an der unteren Cutisgrenze, war noch sehr deutlich um die aufsteigenden Gefäßäste in der Mitte und verlor sich ganz allmählich gegen den Papillarkörper hin. Während er in seinem Falle eine Zellauswanderung völlig vermißte, konnte sie Török in nur 5 Minuten bestehenden Brennesselquaddeln, wenn auch ganz minimal, so doch sicher nachweisen. Neben einem Ödem, welches besonders die Papillarschicht betraf und der Erweiterung der papillaren und subpapillaren Blutgefäße, fand er hier bereits eine ganz leichte Auswanderung weißer Blutzellen. Am ausgesprochensten war diese bei Quaddeln von einstündigem Bestande. Wiederholte Reizung an derselben Stelle ergab keinen auffallenden Unterschied in der Stärke der Auswanderung. Diese Auswanderung von einkernigen Lymphocyten war dabei durchaus nicht gleichmäßig. In manchen Papillen fehlte sie völlig oder war sehr gering, in anderen hingegen sowie in den Blutgefäßen des subpapillaren Netzes und an den Haarbalgfollikeln war sie besonders deutlich.

In der Epidermis beschränken sich die Veränderungen auf eine Vakuolisierung und schlechte Färbbarkeit der Zellen und Kerne umschriebener Zellgruppen. Bei längerer Dauer der Quaddel dringt das zunächst im wesentlichen auf obere Cutis und Papillarkörper beschränkte Ödem in die interepithelialen Lymphspalten ein. Es drängt diese auseinander, bildet Hohlräume und führt schließlich zur Verflüssigung eines Teiles der Zellen, so daß kleinste Bläschen entstehen. Diese sind ebenso wie die stellenweise durch Abhebung der gesamten Epidermis vom Papillarkörper entstehenden größeren Blasen (Urticaria bullosa) völlig zellfrei.

Refraktometrische Untersuchungen des Blaseninhalts der Brennesselquaddeln ergeben höhere Werte als die des Blutserums, ein Befund, den Kreibich und Polland und ebenso Török betonen und der eindeutig dartut, daß wir es hier mit einem entzündlichen Exsudat und nicht einem Transsudat zu tun haben, wie dies Unna ursprünglich annahm.

Für die entzündliche Entstehung auch der endogenen Urticariaquaddel ist übrigens Vidal schon 1880 eingetreten. Wolf, Gilchrist, Philippson fanden eine Auswanderung weißer Blutzellen bei der Urticaria factitia. Gilchrist weist daneben ausdrücklich auf das entzündliche Ödem des Bindegewebes hin. Gegensätzliche Befunde, wie sie demgegenüber JADASSOHN und ROTHE in dem Fehlen der Zellauswanderung bei der Urticaria factitia feststellten, möchte TÖRÖK durch die Annahme erklären, daß GILCHRISTS Befunde an älteren, die JADASSOHNS und ROTHES an jüngeren Quaddeln erhoben wurden, was ja mit den Verhältnissen bei den Brennesselquaddeln übereinstimmen würde.

Die celluläre Auswanderung kann demnach in ganz frischen Fällen urticarieller Hauteruptionen so gering sein, daß sie dem Untersucher nicht sichtbar wird; in länger bestehenden Quaddeln wurde sie stets erhoben und damit scheint

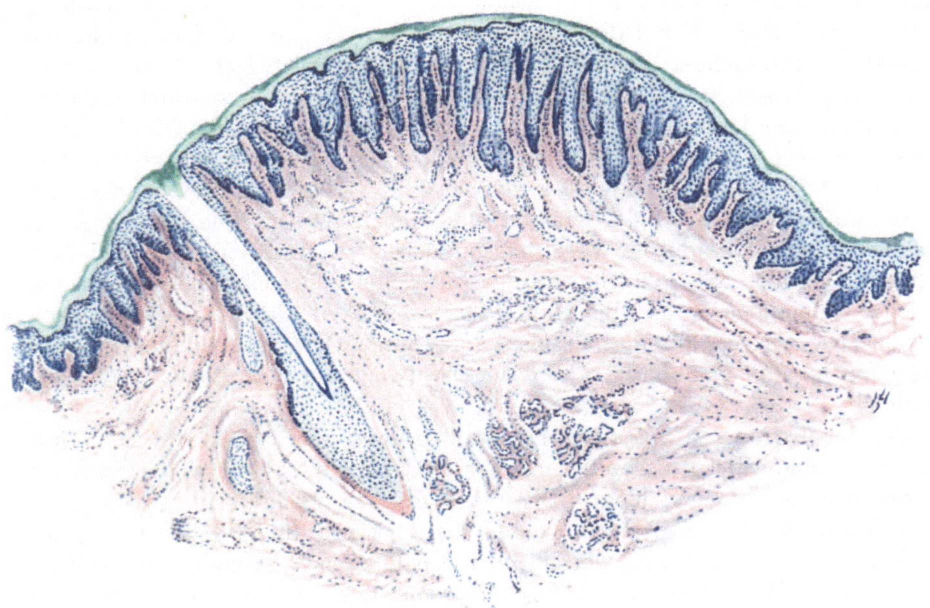

Abb. 74. Urticaria papulosa perstans (♀, 39 jähr. Oberschenkel, Streckseite). Mäßige Hyperkeratose, stärkere Akanthose, besonders der Epidermisleisten, starkes Ödem im Corium mit Metachromasie des Bindegewebes und schwachen Zellinfiltraten um die stark erweiterten Gefäße. Polychromes Methylenblau. O = 31 : 1; R = 31 : 1.

eine Einreihung der Urticaria in die Gruppe der entzündlichen Hautveränderungen begründet.

Die Urticariaquaddel wäre danach die leichteste und flüchtigste Form der Entzündung, die sich ihrem Wesen nach nicht von den allgemein als Entzündung anerkannten Formen unterscheidet (TÖRÖK).

Bei der **Urticaria chronica** nehmen die eben geschilderten Veränderungen einen ausgesprocheneren Charakter an. Die verschieden großen und verschieden geformten Zellinfiltrate, die sich vorwiegend auf das Stratum subpapillare und die obere Cutis beschränken, setzen sich aus verschiedenen Zellformen zusammen. Lymphocyten, Mastzellen, polynucleäre Leukocyten und selbst Plasmazellen sind am Aufbau dieser vorwiegend perivasculär gelagerten Zellherde beteiligt. In der Epidermis werden die durch das Ödem gesetzten Veränderungen deutlicher (Vakuolenbildung, namentlich im Stratum basale), unterscheiden sich jedoch ebenso wie die in der Cutis grundsätzlich nicht von den eben beschriebenen.

Die geweblichen Veränderungen der Urticaria gigantea, des Quinckeschen akuten umschriebenen Hautödems entsprechen jenen der Urticaria simplex.

Eine zusammenfassende Darstellung der geweblichen Veränderungen bei der **Urticaria papulosa perstans** stößt insoweit auf Schwierigkeiten, als einmal die auch klinisch verschieden starke urticarielle Komponente, andrerseits die durch sekundäre Beeinflussung (Kratzen usw.) bedingten Umwandlungen das primäre Bild meist erheblich beeinflussen. Wenn wir hier eine Darstellung trotzdem versuchen, so kann es sich dabei nur um die Verfolgung einer mittleren Linie handeln, von der im Einzelfall Abweichungen nach oben oder unten wohl meist zu beobachten sind. Schon die verschiedene Größe der Papeln, das verschiedene Verhalten der Epidermis in den einzelnen Fällen, macht die einheitliche Darstellung schwierig. Wie die Klinik zeigt, geht hier der rein exsudative Prozeß nur in einem Teil der Fälle in einen entzündlich infiltrativen über. Der Unterschied im histologischen Aufbau der Urticaria perstans-Papel von der einfachen urticariellen Quaddel wird uns dadurch ebenso verständlich, wie die Tatsache, daß sich auch hier erhebliche Abweichungen im Gewebsaufbau jüngerer und älterer Papeln ergeben müssen. Die Untersuchung einiger eigener Fälle und ihr Vergleich mit den in der Literatur niedergelegten legt die Annahme nahe, daß hier in der Entwicklung der einzelnen Papeln die gleiche Gebundenheit an die Hautreaktionsfähigkeit des Krankheitsträgers besteht, wie wir dies für die chronisch infektiösen Gewebsneubildungen heute allgemein annehmen. Bei der Pathogenese wird hierauf noch kurz eingegangen werden.

Bei der **einfachen persistierenden Papel** findet sich in der Epidermis eine wechselnd starke Verbreiterung der Hornschicht sowohl wie der granulierten und der Stachelschicht. Diese Akanthose wechselt in weitem Ausmaß; Epithelpapillen, wie man sie bei der Psoriasis findet (Fabry, eigener Fall), wechseln ab mit völlig normalen, interpapillären Epidermisleisten (Kreibich, Baum, Wolters). Die Hyperkeratose steht in manchen Fällen so sehr im Vordergrunde, daß direkt verrucöse Bilder zustande kommen (Kreibich).

Diese Epidermisveränderungen sind jedoch wohl meist sekundärer Natur und abhängig einmal von den äußeren Reizen, die die betreffende Hautstelle treffen, zum anderen aber von der Stärke des entzündlichen Ödems und Zellinfiltrats in der Cutis. Diese finden sich meist nur im eigentlichen Corium, während der Papillarkörper, abgesehen von der auch hier vorhandenen Erweiterung der Blut- und Lymphgefäße, frei davon bleibt. Durch das Ödem färbt sich das Bindegewebe mit polychromem Methylenblau manchmal metachromatisch violettrot (s. Abb. 74). In der Cutis finden sich verschieden große Herde cellulärer Infiltration, die meist den erweiterten Gefäßen mantelförmig aufsitzen und die Cutisbündel auseinanderdrängen. Nach abwärts reichen diese Infiltrate vielfach bis zu den großen Gefäßen, den Schweißdrüsenknäueln und tieferen Follikelabschnitten hinab. Sie bestehen meist aus Lymphocyten, denen wenige wuchernde Bindegewebszellen, sowie Mast- und Plasmazellen in wechselnder Zahl beigemischt sind; auch eosinophile Leukocyten wurden beobachtet (Kreibich). In einzelnen Fällen bestand die Infiltration fast nur aus Plasmazellen, so daß man direkt von reinen Plasmazellinfiltraten sprechen konnte (Baum).

Bei den nekrotisierenden Formen sind in den Infiltraten neben nahezu rein eosinophil-leukocytären Zellhaufen (BAUM) auch Epitheloide und Riesenzellen beobachtet worden, manchmal sogar in tuberkuloider Anordnung (E. HOFFMANN, ROGG, eigene Beobachtung). Das Zentrum derartig nekrotischer Papeln wird von einer oberflächlichen, umschriebenen Nekrose eingenommen, die ungefähr dem Rete Malpighi entspricht (LÖWENBACH, GANS, s. Abb. 75). Dieses ist meist völlig geschwunden, während die parakeratotische Hornschicht darüber

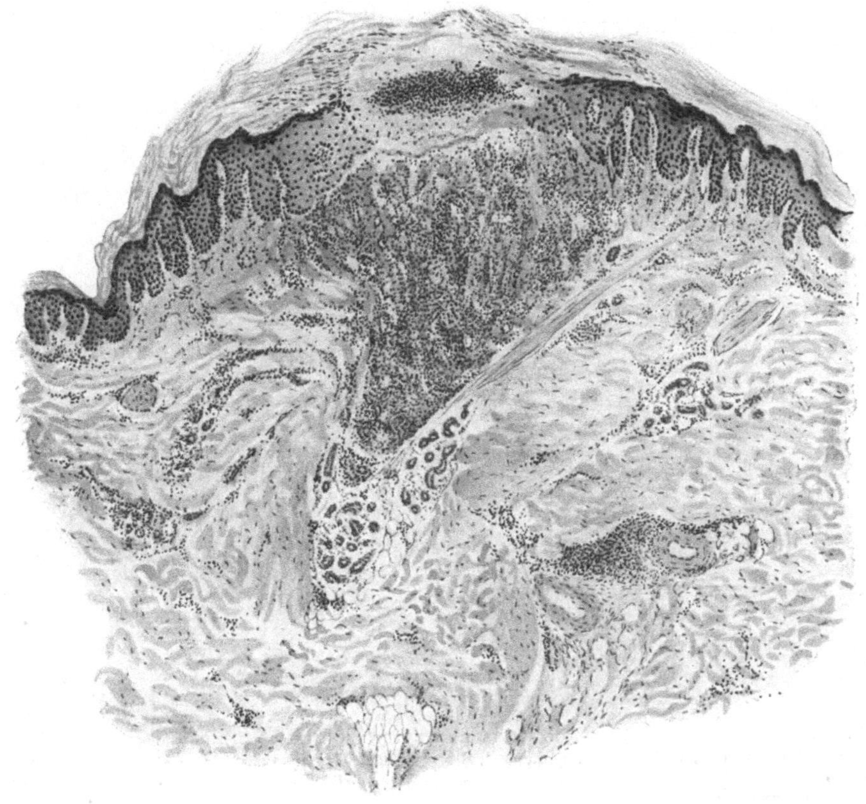

Abb. 75. Urticaria papulosa perstans necroticans (♀, 40jähr., Oberarm, Streckseite). In der Mitte umschriebene Nekrose des Stratum spinosum unter einer parakeratotisch gewucherten Hornschicht; am Rande Hyperkeratose und Akanthose. Unterhalb der Nekrose ausgedehntes, umschriebenes Zellinfiltrat in einem ödematös aufgelockerten Gewebe. O = 31 : 1; R = 30 : 1.

teilweise noch erhalten ist. Die nekrotische Gewebspartie ist von zerfallenden Zellen bzw. Kernresten (Pyknose) und polynucleären Leukocyten durchsetzt, die zum Teil auch in die erhaltene Epidermis der Umgebung vordringen. Zur Cutis hin setzt sich die Nekrose bis ins Stratum papillare fort und geht dann unmittelbar in die celluläre Infiltration über. Diese unterscheidet sich in ihrem Aufbau, abgesehen von dem oben Gesagten, nicht von dem allgemein Gefundenen.

Verhältnismäßig häufig trifft man das Infiltrat in der nahen und nächsten Umgebung der Follikel an, so daß oft Bilder vorliegen, die eine Folliculitis und Perifolliculitis vortäuschen können, daher die irrtümliche Namengebung

Kaposis: Acne urticata. Bei genauester Durchforschung wird man in der Regel jedoch den Ausgang von dem perifollikularen Gefäßnetz meist feststellen können.

In den Basalzellen der Epidermis sowie auch in spindelförmigen Zellen der Cutis findet sich in manchen Fällen ein feinkörniges Pigment, dem jedoch für die Papel der Urticaria perstans eine besondere Bedeutung kaum zukommen dürfte.

Das elastische Gewebe ist innerhalb der Infiltrate auseinandergedrängt und in dünne Fäden aufgelöst. Von einzelnen Beobachtern wurde es auch

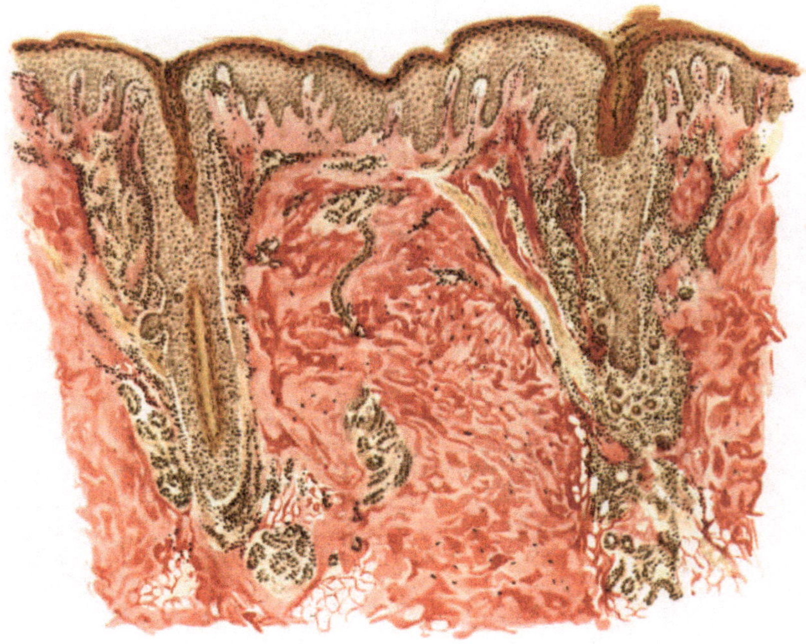

Abb. 76. Urticaria papulosa perstans necroticans (Prurigo nodularis, „Acne urticata") in Rückbildung. (♀, 21jähr., Oberschenkel, Streckseite.) Hyperkeratose und Akanthose der Epidermis, Parakeratose in den Follikeltrichtern. Ödem vor allem in Epidermis, Stratum papillare und subpapillare. Perifollikuläre Infiltration mit zahlreichen Riesenzellen. Eisenhämatoxylin — v. Gieson. O = 66 : 1; R = 48 : 1.

vermißt. Man muß es jedoch vorläufig dahingestellt sein lassen, ob es sich nicht hier lediglich um eine verminderte Färbbarkeit des Elastins handelt, die namentlich bei Orceinfärbung mir gerade für die Urticaria auffiel und auch bereits von Wolters beobachtet wurde.

Besondere Eigentümlichkeiten kennzeichnen auch diese Form der urticariellen Hauterscheinungen nicht, wenn man von der narbigen Abheilung absieht, welche die Nekrose nach sich zieht. Die entzündliche Infiltration entspricht durchaus derjenigen, wie sie bei einer ganzen Reihe anderer Dermatitiden mit chronischem Verlauf zu beobachten ist. Das Ödem, die starke Erweiterung der Blut- und Lymphgefäße der Urticaria simplex, fehlen hier; das rein seröse Exsudat ist durch ein entzündliches, zellreiches ersetzt, aus dem sich die urticarielle Entwicklung der Veränderung durchaus nicht mehr feststellen läßt.

Noch auffallender wird dieser Gegensatz zwischen klinischem Bilde und geweblicher Unterlage bei den mit Pigmentierung einhergehenden Urticariaformen. Nicht hierher zu rechnen sind allerdings jene Fälle, wo sich im Anschluß an akute oder chronische, einfach urticarielle Hautveränderungen eine stärkere Pigmentierung — sei sie hämatogener Art (Urticaria haemorrhagica) oder echtes Melanin — in der Epidermis oder Cutis einstellt (Urticaria cum pigmentatione). Diese Form entspricht vielmehr in ihrem Gewebsaufbau durchaus dem oben für die Urticaria simplex Angegebenen; sie bedarf daher keiner besonderen Erörterung. Anders steht es hingegen mit der

Urticaria pigmentosa.

Der größte Teil dieser durch Pigmentbildung ausgezeichneten, im Kindesalter auftretenden Urticariaformen ist durch den Reichtum und die eigenartige Lagerung und Anordnung einer besonderen Zellform, der Mastzellen, gekennzeichnet. Diese Mastzellen liegen dicht gedrängt und sich daher gegenseitig abplattend in tumorartigen Haufen im Stratum papillare und subpapillare (UNNA). Sie treiben den Papillarkörper mächtig auf, wölben die Oberhaut vor, sind von dieser jedoch stets durch den bekannten zellfreien „Grenzstreifen" getrennt. Sie werden zwischen den kollagenen Gewebsbündeln oft in säulenförmigen, senkrecht stehenden Haufen angetroffen (UNNA). Die übrigen Veränderungen des Gewebes sind keine besonders auffallenden. Um den Mastzellenherd herum findet man eine mäßige Wucherung der

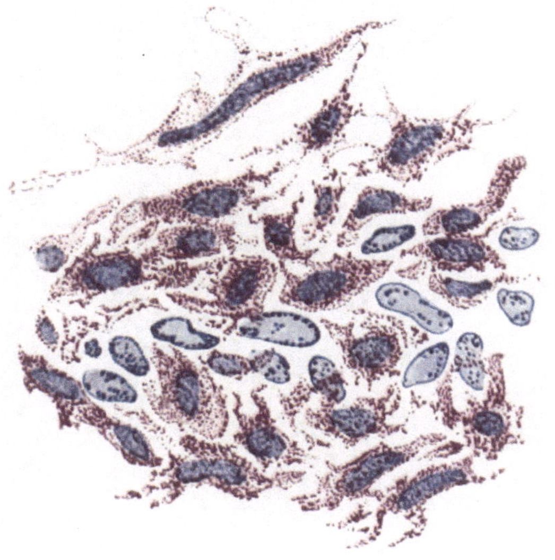

Abb. 77. Urticaria pigmentosa (Naevus-Form, ♂, 2jähr., Bauch). Haufen großer Mastzellen, durchsetzt mit vergrößerten Bindegewebszellen. Polychromes Methylenblau. O = 1100 : 1; R = 1000 : 1.

Bindegewebszellen, häufig ebenfalls noch mit Mastzellen durchsetzt. Die im übrigen nicht veränderten Blutgefäße sind von einem Mastzellmantel umgeben, der vielmals bis zum Hypoderm hinunterzieht.

Der Mastzellenanhäufung im Corium entspricht in der Basalzellschicht der Epidermis eine starke Anhäufung von echtem, melanotischem Pigment. In den oberen Cutisschichten ist dies viel spärlicher und manchmal gar nicht der Fall; wenn vorhanden, findet es sich teils intracellulär, teils frei in den Gewebsspalten als feine, gelbbraune Körnchen. In den meisten Fällen überwiegt die Pigmentansammlung im Epithel; nur selten beschränkt sie sich auf das Corium (TENESSON-LEREDDE, RAYMOND). Abgesehen von dieser Pigmentierung und der nach der Ausdehnung des Zellinfiltrats bzw. des Ödems geringeren oder stärkeren Abflachung, weist die Oberhaut meist keine Veränderungen auf.

Nur in einzelnen Fällen (ELSENBERG, NEISSER, ARNING) ist es durch ein stärkeres intercelluläres Ödem zur Bläschen- oder Blasenbildung gekommen.

Über die Art der Entstehung dieser Mastzellen gehen die Meinungen auseinander. Während die meisten Forscher und besonders UNNA für eine autochthone Bildung durch Aufnahme von Mastzellenkörnelung in Bindegewebszellen eingetreten sind, wurde vereinzelt auch auf eine Auswanderung aus dem Blute zurückgegriffen. Die Frage ist bis heute noch nicht restlos geklärt.

Wenn demnach auch die Urticaria pigmentosa im Sinne UNNAs heute ein scharf gekennzeichnetes Krankheitsbild darstellt, so bereitet ihr gegenüber die Einordnung jener Fälle, die durch den Beginn im späten Alter oder ihren histologischen Aufbau Abweichungen zeigen, große Schwierigkeiten. Diese

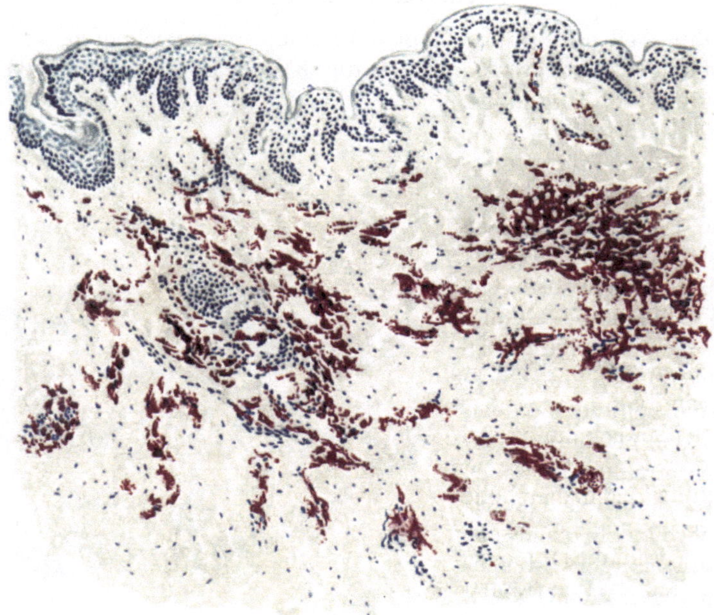

Abb. 78. Urticaria pigmentosa. Übersichtsbild. In erster Linie perivasculäre Lagerung der Mastzellen. Sehr schwacher Pigmentgehalt der Haut. Polychromes Methylenblau. O = 60 : 1; R = 60 : 1. (Sammlung ARNING.)

ergeben sich besonders aus dem wechselnden Gehalt an Mastzellen in den Infiltraten und dem verschiedenen Wert, der ihrem Vorkommen als differentialdiagnostisches Merkmal von den einzelnen Forschern beigelegt wird. Mastzellen treten bekanntlich im Gewebe nicht nur normalerweise, sondern auch bei den verschiedensten Hautveränderungen sehr reichlich auf, und es sind daher Zweifel in dieser Frage durchaus berechtigt. Bei den in Betracht kommenden Fällen finden sich nämlich die Mastzellen — im Gegensatz zu der tumorartigen Anhäufung — ungleichmäßig über das Infiltrat verteilt, mit einer gewissen Vorliebe allerdings für die Gefäßwandnähe. Neben den Mastzellen, die manchmal allein am Aufbau auch dieser mantelförmigen perivasculären Infiltrate beteiligt sind (JADASSOHN, KREIBICH u. a.), nehmen Lymphocyten, ja sogar Plasmazellen daran teil (RONA, SCHERBER u. a.). Außer diesen, durch Aufbau und Verteilung des Infiltrats von den bei Jugendlichen beobachteten abweichenden Formen, sind dann auch noch Fälle bekannt, die zwar in Hinsicht auf den Mastzellentumor völlig den jugendlichen Formen entsprechen (ULLMANN u. a.), wo sich diese jedoch erst beim Erwachsenen gezeigt haben. Ferner Fälle, ebenfalls bei Erwachsenen, die klinisch zwar der Urticaria pigmentosa entsprachen, histologisch jedoch Mastzellen völlig vermissen ließen (BIACH, KERL, ADLER u. a.). Um diese Gegensätze auszugleichen, nahm man an, daß die Beteiligung der Mastzellen an der Infiltration weitgehendst von dem Stadium der Untersuchung abhängig sei, indem hauptsächlich ältere Herde den typischen Mastzellenaufbau zeigen sollten (GASSMANN). Hier müssen weitere Untersuchungen klärend wirken. Bis dahin scheint eine Trennung lediglich auf Grund des Mastzellenreichtums (Typus JADASSOHN, Typus UNNA) noch nicht durchführbar; andrerseits sind wir jedoch auch nicht berechtigt, darin Differenzen lediglich gradueller Natur zu sehen, wie dies KERL tut. Die ganze Frage scheint vorläufig noch nicht spruchreif, sind wir doch noch nicht einmal über die ektogenen oder endogenen Voraussetzungen zur Mastzellenentstehung hinlänglich unterrichtet.

Differentialdiagnose: Die Erörterung muß sich hier mehr auf Fragen der Zugehörigkeit einzelner Urticariaformen zu dieser oder jener Gruppe von Hautveränderungen erstrecken, als wie auf eigentlich differentialdiagnostische Erwägungen. Der Charakter der Urticaria macht es leicht verständlich, daß die Entscheidung in erster Linie eine Aufgabe rein klinischer Betrachtung sein muß. Besonders die Frage, ob alle als Urticaria papulosa perstans beschriebenen Fälle wirklich dazu zählen, ist außerordentlich schwierig zu entscheiden. In der histologischen Darstellung habe ich einen Fall FABRYs, den dieser erst neuerdings auf Grund einer vergleichend histologisch-klinischen Betrachtung der Neurodermitis verrucosa nodularis zugezählt hat, doch bei der Urticaria perstans abgehandelt. Dies geschah einmal mit Rücksicht auf einen in der Heidelberger Hautklinik seit Jahren beobachteten durchaus entsprechenden Fall, der uns auch nach genauester differentialdiagnostischer Zergliederung zur Urticariagruppe zu gehören schien. Zum anderen aber aus einer grundsätzlichen Fragestellung heraus, die eigentlich erst bei der Pathogenese zu erörtern wäre.

Beide Hauterscheinungen, die Neurodermitis sowohl wie die Urticaria papulosa perstans, sollte man nämlich auf übergeordnete gemeinsame Ursachen zurückführen und lediglich als besondere Reaktionsformen der Haut betrachten, wie ich dies eingangs schon kurz angedeutet habe. Es würde damit ein grundsätzlicher Unterschied zwischen beiden nicht mehr bestehen und daher auch diese scharfe Trennung nicht mehr unbedingt erforderlich sein. Die Epidermisproliferation mit der Verdickung der Hornschicht, die doch mehr oder weniger uncharakteristischen Infiltrate im Corium, wären in beiden Fällen lediglich als Ausdruck einer chronischen Entzündung zu betrachten, wie wir sie z. B. bei der Psoriasis vorfinden.

Die Urticaria perstans papulosa kann gelegentlich klinisch gewissen Formen des Lichen ruber verrucosus auffallend ähnlich sein; histologisch bestehen jedoch große Unterschiede. Beim Lichen ruber finden sich die hauptsächlichen Veränderungen gerade in den oberflächlichsten Coriumschichten, hier in den tieferen. Schwieriger liegen die Dinge jedoch wieder für gewisse Prurigoformen. Hier wird oft nur eine relative Sicherung der Diagnose möglich sein, wobei als Entschuldigung gewissermaßen daran erinnert sein mag, daß ja auch klinisch zwischen den beiden Krankheitsbildern scharfe Grenzen nicht immer gezogen werden (s. Lichen urticatus bzw. Strophulus im Abschnitt: Prurigo). In vielen Fällen wird man hier auf die Anamnese bzw. die Feststellung gelegentlich auftretender urticarieller Symptome angewiesen sein.

Für die Entscheidung, ob eine Urticaria pigmentosa oder eine chronische Urticaria cum pigmentatione vorliegt, ist das histologische Bild von einer gewissen Bedeutung. Bei der ersteren spielt ja der Mastzellengehalt eine große Rolle. Dazu kommt, daß eine eigentlich entzündliche Infiltration bei den typischen Tumorformen stets fehlt.

Bei der Urticaria cum pigmentatione hingegen findet sich in der Regel eine vorwiegend perivasculäre Lymphocytenansammlung in wechselndem Grade mit wenigen oder keinen Mastzellen. Der verschiedene Pigmentgehalt in Epidermis oder Corium läßt hingegen eine schärfere Trennung nicht zu.

Die Urticaria pigmentosa wird vielfach mit dem Beiwort „xanthelasmoidea" benannt, weil klinisch häufig eine Ähnlichkeit mit der Xanthomatose besteht. Histologisch kann ein Zweifel an dem Wesen der Veränderung bei den scharfen Kennzeichen der letzteren nicht aufkommen.

Pathogenese: Das Wesen der urticariellen Hautveränderungen ist noch unklar. Wir wissen zwar, daß außer einer bestimmten endo- bzw. ektogenen auslösenden Ursache noch im Organismus selbst gelegene Bedingungen eine Rolle spielen, sind jedoch über diese kaum unterrichtet. Dies gilt besonders für die Urticaria pigmentosa, für die manche Forscher eine naevogene Entwicklung annehmen (NEISSER u. a.). Bei der Urticaria simplex denkt man heute allgemein wohl eine entzündliche Entstehung. Nur über das Wesen dieser Entzündung, ob angioneurotisch (KREIBICH), ob hämatogen-toxisch (TÖRÖK, PHILIPPSON, GILCHRIST u. a.) ist eine Einigung noch nicht erzielt. Nach JADASSOHN und ROTHE entsteht eine Urticaria überall da, wo die Haut auf einen Stoff schnell mit Gefäßerweiterung und Exsudation reagiert und ihn dadurch fortschafft. ŠAMBERGER faßt die Urticaria als eine „lymphatische Reaktion" auf, und zwar als eine Hypersekretion.

Für die Urticaria factitia kommt sicherlich eine bestimmte Überempfindlichkeit der Gefäßnerven und als auslösendes Moment ein peripherer Reiz in Betracht. Für die psychische Urticaria wird eine plötzlich einsetzende Erregung bestimmter nervöser Zentren angenommen. Bei der ektogenen Urticaria nimmt man eine unmittelbare Reizwirkung auf die Hautnerven an; für die Auslösung der endogenen Urticaria spielen gewisse Nahrungsmittel, Medikamente, auch Seruminjektionen, eine Rolle. Bei Stoffwechselstörungen, Gravidität, Nephritis wurden Urticariaausbrüche beobachtet; ebenso bei schweren Bluterkrankungen (POLLAND, KREIBICH, FISCHL).

Die Prurigogruppe.

Wenn wir hier die pruriginösen Hauterkrankungen in einem besonderen Abschnitt besprechen, so begründet sich dies in erster Linie auf den klinischen Erscheinungsformen. Aber auch diese sind sowohl untereinander, wie in ihrem Verhältnis zu den urticariellen Hautkrankheiten durchaus nicht scharf abgrenzbar, eine Feststellung, die auch das histologische Bild nicht einschränken, sondern nur bestätigen kann. Durch dieses sind wir — selbst bei kritischster Verwertung aller Einzelheiten — ebensowenig wie durch die klinische Beobachtung in der Lage, den Beginn der Prurigo-Erkrankungen anders denn als urticariell zu bezeichnen. Diese Stellungnahme gilt sowohl für den Strophulus, den wir mit RIEHL, NEISSER, JADASSOHN, BROCQ u. a. lediglich als eine besondere Form der Urticaria papulosa des Kindesalters betrachten, als auch für die aus ihm unmittelbar sich entwickelnde Prurigo Hebrae; es gilt für die Prurigo vulgaris in ihrer diffusen und circumscripten

Form (die Neurodermitis diffusa oder circumscripta BROCQ, die Dermatitis lichenoides pruriens NEISSER, den Lichen simplex chronicus Vidal). Schließlich gilt es auch für die Prurigo nodularis (HYDE), welche wir der Urticaria papulosa perstans gleichsetzen.

Mit dieser Stellungnahme haben wir unsere Auffassung der Beziehungen auch zwischen der Neurodermitis und dem Ekzem festgelegt, welch erstere wir im Gegensatz zu KAPOSI und UNNA demnach von letzterer abgrenzen und zur Prurigo rechnen (Näheres siehe Pathogenese).

Es sind lediglich einige im Verlauf dieser urticariellen Hauterkrankungen zu beobachtende und über die bei den einfachen Urticariaformen hinausgehende

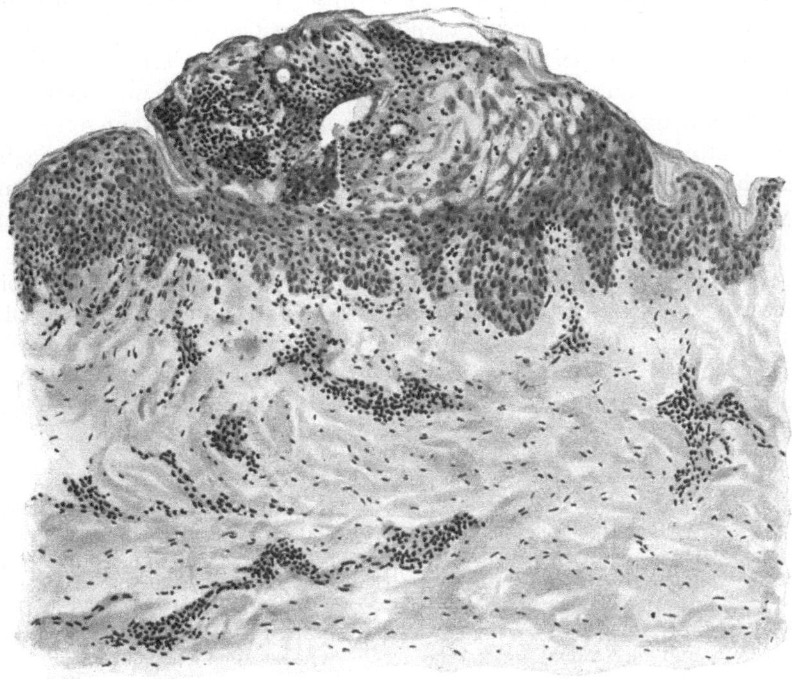

Abb. 79. Strophulus (Lichen urticatus, ♂, 8 jähr., Brust). Umschriebene linsenförmige Nekrose in der ödematösen, von Leukocyten durchwanderten Epidermis. Stachelschicht in der Umgebung der nekrotischen Scheibe gewuchert, Stratum papillare und subpapillare ebenfalls ödematös und von polynuclearen Leukocyten durchsetzt. Mäßige perivasculare Zellinfiltration im Corium. $O = 147 : 1$; $R = 137,5 : 1$.

Umbauvorgänge in der Haut, die uns zu einer gesonderten Darstellung veranlassen. Die Papel der eigentlichen Prurigo deckt sich im übrigen völlig mit der der Urticaria papulosa perstans, ja wir möchten beide auf Grund des klinischen und histologischen Bildes einander gleichsetzen.

Die klinische und auch histologische Grundlage jeglicher pruriginösen Hautveränderung ist daher für uns die Urtica. Von der einfachen Urticaria und den dieser verwandten Formen verfolgen wir daher eine fortlaufende Linie bis zur schwersten Prurigo.

Der Strophulus.

Die Prurigo simplex acuta, der Strophulus (Lichen urticatus), entwickelt sich auf urticarieller Grundlage. Meist beginnt die Erkrankung unter leichter Störung des Allgemeinbefindens plötzlich als über den ganzen Körper auftretende Nesselsucht. Wir sehen sie hauptsächlich bei Kindern, besonders am Rumpf, dann auch an den Extremitäten. Sie verläuft in Schüben, die sich über kürzere oder längere Zeit erstrecken. Die einzelne Papel beginnt als Quaddel, in deren Mitte jedoch sehr schnell eine kleine Kruste auftritt. Nach einigen Stunden gehen die urticariellen Erscheinungen zurück, während die linsenförmige Papel mit ihrer zentralen Kruste länger bestehen bleibt. Gelegentlich kann es, besonders an Handteller und Fußsohlen zu Bläschenbildung kommen.

Die Strophuluspapel zeigt zu Beginn alle jenen Veränderungen, die wir bei der einfachen Urticariaquaddel kennen gelernt haben (s. d.). Es treten jedoch in der voll entwickelten Papel die urticariellen Veränderungen etwas in den Hintergrund zugunsten der durch das Ödem ausgelösten umschriebenen Nekrose der Epidermis. Diese äußert sich als linsenförmige, von der Hornschicht bis zu den tieferen Lagen der Stachelschicht reichende Degeneration des Epidermisepithels. Die nekrotische Scheibe besteht zum Teil aus ödematös geschwollenen Epidermiszellen, aus eingewanderten polynucleären Leukocyten und eingetrocknetem Serum. Sie wird überdeckt von teils unveränderter, teils parakeratotischer Hornschicht. Die Stachelschicht in der Umgebung dieser Epithelnekrose ist ödematös geschwollen, zum Teil gewuchert, ebenfalls von polynucleären Leukocyten durchsetzt, zum Teil durch das Ödem schwammartig aufgelockert (Spongiose).

Die Leukocyten lassen sich auf ihrem Wege durch den Papillarkörper bis in die erweiterten Capillaren bzw. Gefäße der oberen Cutis verfolgen. Der Papillarkörper ist ödematös geschwollen und enthält wechselnd zahlreiche polynucleäre Leukocyten. In der tieferen Cutis findet sich lediglich eine mäßige perivasculäre Ansammlung lymphocytärer und leukocytärer Zellen um die erweiterten Gefäße.

Die Prurigo Hebrae.

Der Strophulus pflegt für gewöhnlich im dritten bis fünften Lebensjahr zu erlöschen. Bleibt er länger bestehen, so entwickelt sich häufig das als Prurigo Hebrae bekannte Krankheitsbild. Dieses kann jedoch auch ohne vorhergehende Anfälle von Nesselausschlag oder Strophulus von vornherein mit pruriginösen Schüben beginnen (JADASSOHN). Die Prurigo Hebrae ist gekennzeichnet durch stark juckende, stecknadelkopf- bis erbsengroße derbe Knötchen, die mit Vorliebe an den Streckseiten der Extremitäten, manchmal auch am Rumpf und im Gesicht auftreten; der Verlauf ist ungemein chronisch. Unter fortwährendem Auftreten frischer, gehen die älteren Knötchen nach einigen Tagen zurück, werden jedoch vorher meist aufgekratzt und hinterlassen dann infolge der Blutung zunächst braune Flecke, an deren Stelle sich — bei Verletzung des Coriums — später kleinste weiße Narben entwickeln.

Der dauernde Juckreiz, das damit verbundene Kratzen führen schließlich zu einer ausgedehnten Krusten- und Narbenbildung sowie Lichenisation. Die Haut ist verdickt, rauh; im Bereich der Narben entfärbt, in deren Umgebung hyperpigmentiert. Die Lymphdrüsen sind geschwollen, die Haare gehen allmählich verloren. Die Erkrankung ist äußerst quälend und kann ihren Träger sozial unmöglich machen.

Histologisch entspricht dem Prurigoknötchen ebenfalls eine Urtica. Erst sekundär kommt es zum Auftreten der stärker entzündlichen Veränderungen im Corium. Diese äußern sich in einem Ödem des Papillarkörpers und der oberen Cutis, einer Erweiterung und perivasculären Infiltration der zugehörigen Blut- und Lymphgefäße, die sich meist auf das Stratum papillare und subpapillare beschränkt und nur vereinzelt in die tieferen Coriumschichten hinabreicht. In den stärker zerkratzten Knötchen ist je nach dem Grade der entzündlichen Veränderung die Verteilung polynucleärer Leukocyten wechselnd stark. Unter ihnen finden sich oft zahlreiche eosinophile Zellen (JADASSOHN).

Entsprechend dem schnellen Schwund der Urticae ist das Ödem im Vergleich zu der Quaddel der einfachen Urticariaformen meist erheblich schwächer entwickelt. Die Veränderungen der Epidermis beschränken sich auf eine umschriebene Akanthose.

Die

Prurigo vulgaris

in ihrer diffusen sowohl wie ihrer umschriebenen Form unterscheidet sich in ihrem histologischen Aufbau grundsätzlich nicht von dem eben Dargestellten. Auf die Beziehungen zur Urticaria papulosa perstans (Prurigo nodularis, Prurigo diathésiques à grosses papules) wurde oben schon hingewiesen.

Als Prurigo vulgaris bezeichnen wir diffuse oder umschriebene, im ersteren Falle unregelmäßig über den ganzen Körper, auch über das Gesicht verteilte, im letzteren Falle auf bestimmte Vorzugsgebiete beschränkte pruriginöse Hautveränderungen. In ihrem Bereich ist die normale Hautfelderung stärker betont (Lichcnisation), die Haut von pruriginösen, teils urticariellen, teils zerkratzten Papeln durchsetzt, oft bräunlich verfärbt, oft entfärbt, mit Krusten, mit ekzematisierten oder impetiginisierten Herden bedeckt. Die Kranken werden anfallsweise von unerträglichem Jucken geplagt, das sie zu heftigstem Kratzen zwingt. Die erkrankte Haut erscheint schließlich eigentümlich verdickt, die Haare fallen aus, die Erkrankung zieht sich über lange Jahre hin.

Die umschriebene Form (Lichen Vidal) tritt meist im Nacken, in den Ellbeugen, Kniekehlen, in der Umgebung der Genitalien, dann aber auch an jeder anderen Körperstelle auf. Sie besteht aus rundlichen bis ovalen Herden, an welchen man einen unscharf gegen die gesunde Umgebung abgesetzten, lichenisierten, bräunlich vcrfärbten Rand, eine von linsen- bis erbsengroßen urticariellen und zum Teil zerkratzten Prurigopapeln durchsetzte mittlere und eine fleckweise hyper- oder depigmentierte, verdickte und lichenisierte Innenzone unterscheiden kann.

Auch für diese

Neurodermitis (Lichen Vidal)

müssen wir auf Grund unserer Stellungnahme die Urtica als primäre Veränderung ansehen. Damit haben wir auch bei ihr den Beginn ins Corium verlegt und müssen daher alle Epidermisveränderungen als sekundäre auffassen, obwohl diese letzteren im Mikroskop oft stärker in die Augen fallen. Diese Feststellung erscheint um so dringender, als von anderer Seite (MARKUSE) der Epidermis aktive Beteiligung an dem Zustandekommen der Veränderungen zugesprochen worden ist. Sicherlich sind, wie wir gleich sehen werden, im Epithel Erscheinungen zu beobachten, die auf aktive Vorgänge in der Epidermis hinweisen; aber auch diese lassen sich restlos auf die primären Cutisveränderungen, und zwar auf das urticarielle Ödem zurückführen; sie sind in ihrem Ausmaß von diesem im weitesten Sinne abhängig.

Die Hornschicht ist infolge des Ödems fast stets parakeratotisch. Dem darunter liegenden Stratum granulosum fehlt das Keratohyalin und es grenzt die parakeratotische Schicht unmittelbar an die tieferen Stachelzellagen. Diese Schicht ist in den meisten Fällen erheblich verbreitert; diese Verbreiterung kommt einmal durch Vergrößerung und ödematöse Schwellung der einzelnen Stachelzellen, dann aber auch durch das wechselnd starke intercelluläre Ödem und schließlich durch die vermehrten Mitosen, also die Zellenneubildung zustande. Das Ödem führt neben der intracellulären „altération cavitaire" und der intercellulären Verbreiterung der Saftlücken gelegentlich zu jener schwammartigen Umwandlung des Zellverbandes, den wir beim Ekzem als „Spongiose"

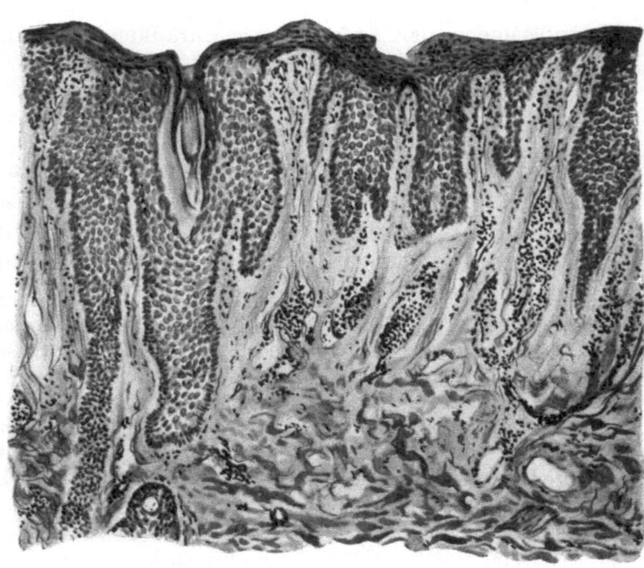

Abb. 80. Neurodermitis (frischer Herd). Parakeratose, fehlendes Keratohyalin, Akanthose mit stark entwickelten Epithelleisten, Ödem in Epidermis und oberem Corium, schmale, lange Papillen. Mäßige Zellinfiltration, starke Leukocytenauswanderung. O = 66 : 1; R = 66 : 1.

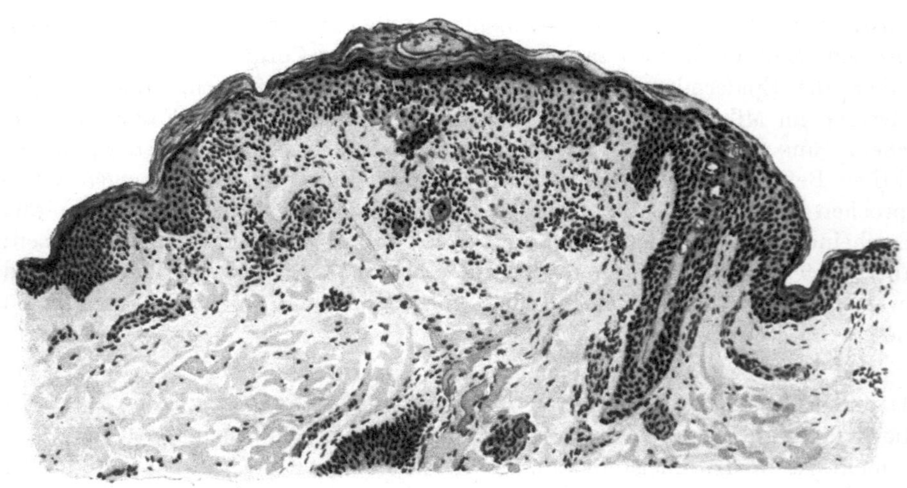

Abb. 81. Neurodermitis (älterer Herd). Parakeratose. Spongiose mit Bläschenbildung in der Hornschicht, Akanthose, Ödem, plumpe, abgerundete Epithelleisten mit Abflachung des Papillarkörpers. Mäßige Zellinfiltration, starke Leukocytenauswanderung. O = 128 : 1; R = 128 : 1.

kennen lernen. Wir finden dann in den Hohlräumen und Bläschen sowohl einzelne losgelöste aufgequollene Epithelien, als auch durchwandernde polynucleäre Leukocyten in wechselnder Zahl. Das Stratum basale wird durch das Ödem ebenfalls in Mitleidenschaft gezogen. Die Zellen sind unscharf begrenzt, unregelmäßig geformt; das Pigment ist oberhalb der ödematösen Gewebsabschnitte völlig geschwunden (ALEXANDER). An deren Rande findet sich bei länger bestehenden Herden jedoch eine vermehrte Pigmentansammlung, wodurch sich das eigentümlich Fleckförmige des klinischen Bildes hinlänglich erklärt.

Der Papillarkörper ist in den frischen Prurigopapeln ödematös geschwollen; die einzelnen Papillen sind dabei entweder fingerförmig schmal ausgezogen, während die gewucherten langgestreckten Reteleisten tief in das Stratum papillare hinunterragen. In anderen Fällen jedoch ist der Papillarkörper eher abgeflacht; plumpe und breite Reteleisten haben dann zu einer weitgehenden Umgestaltung der normalen Epidermis-Cutisgrenze geführt. Die Lymphgefäße und Lymphspalten sind erweitert, die Blutgefäße im Zentrum der ödematösen Bezirke oft zusammengepreßt und von ausgetretenen roten Blutkörperchen umgeben. Überall dort, wo das Ödem nicht zu stark ausgesprochen ist, also namentlich an der Grenze zum Gesunden hin, findet sich ein in erster Linie perivasculäres, sowohl die Blut- als auch die Lymphgefäße begleitendes Zellinfiltrat, das größtenteils aus Lymphocyten und wechselnden Mengen polynucleärer Leukocyten besteht. Die Beteiligung der letzteren scheint weitgehend von sekundären Schädigungen der erkrankten Haut abhängig. Ferner sieht man vereinzelte Mastzellen und gelegentlich auch eine Plasmazelle. Die Bindegewebszellen sind vermehrt und häufig auch vergrößert.

In dem Maße, wie der urticarielle Charakter der Papeln abnimmt, geht das Ödem zurück. Es finden sich im Stadium der Lichenifikation jedoch grundsätzlich die gleichen Veränderungen, nur in „quantitativ und qualitativ geringerem Grade" (ALEXANDER).

Vereinzelt kann die Akanthose so starke Grade annehmen, daß es zu verrucösen Formen kommt, bei welchen sich auch die entzündliche Infiltration der Cutis stärker entwickelt. Das vorwiegend lymphocytäre, mit zahlreichen eosinophilen, polynucleären Leukocyten durchsetzte Infiltrat hatte in KREIBICHS Falle das kollagene und elastische Gewebe vollkommen verdrängt, zeigte im übrigen jedoch einen durchaus unspezifischen Aufbau. Auch jene Fälle, wo die Depigmentation so sehr im Vordergrunde steht, daß man von einer Neurodermitis alba gesprochen hat, möchten wir zur Prurigo rechnen. Für einen Zusammenhang mit der Weißfleckenkrankheit (KREIBICH) fehlen vorläufig doch noch entscheidende Befunde.

Anhangsweise sei hier auf ein als **Fox-FORDYCE sche Krankheit** namentlich von englisch-amerikanischen, in letzter Zeit auch von deutschen Forschern beschriebenes Krankheitsbild hingewiesen, das von einigen Beobachtern als eine mit der Neurodermitis wenn auch nicht identische, so doch vielleicht in einem gewissen Zusammenhang stehende Erkrankung angesehen wird. Es handelt sich dabei um in der Achselhöhle, in der Nabel- und Schamgegend auftretende, stark juckende, leicht gerötete, stecknadelkopf- bis erbsengroße Knötchen, in deren Bereich die Haare ausfallen.

Histologisch zeigt sich in erster Linie eine Akanthose und Hyperkeratose, weniger eine Parakeratose, die am ausgesprochensten in und um die Haarfollikel bzw. die Schweißdrüsenausführungsgänge vorhanden ist. Im Papillarkörper findet sich ein auch auf das Stratum subpapillare reichendes deutliches Ödem, sowie eine in erster Linie die Gefäße der stellenweise cystisch stark erweiterten Schweißdrüsentubuli umspinnendes Infiltrat aus Rund- und Mastzellen.

Ob es sich dabei um ein zur Neurodermitis circumscripta chronica gehöriges Krankheitsbild handelt (BROCQ, JADASSOHN, ORMSBY, WALTER u. a.) und vielleicht um eine besondere Form dieser Erkrankung (BURNIER und BLOCH, DARIER) oder ob eine selbständige Erkrankung unbekannter Art vorliegt (WHITFIELD, BEATTY, KISS), ist zur Zeit noch nicht entschieden.

Differentialdiagnose: Differentialdiagnostisch kommt in erster Linie die Unterscheidung vom chronischen Ekzem in Frage, mit dem sowohl klinisch wie auch histologisch eine gewisse Ähnlichkeit besteht. Wir haben unsere Stellungnahme vor allem auf Grund der klinischen Beobachtung oben schon betont. Aber auch histologisch unterscheiden sich die beiden Erkrankungen voneinander. Der umschriebene Pigmentschwund, wie er beim Lichen Vidal sich stets vorfindet, ist beim Ekzem nie beobachtet worden; die Leukocytenauswanderung, welche bei der Neurodermitis schon sehr früh vorhanden ist, aber auch in den älteren Herden stets nachweisbar bleibt, spielt beim Ekzem nicht diese regelmäßige Rolle (ALEXANDER). BROCQ und JAQUET haben dann noch besonders betont, daß das Ödem sowohl wie die damit verbundene Spongiose beim Lichen Vidal stets auf ein geringes Maß beschränkt bleiben. Vor allem die für das Ekzem regelmäßige Entstehung kleiner Bläschen findet sich bei der Neurodermitis nur ganz ausnahmsweise; es besteht daher trotz der altération cavitaire und der Spongiose keine ausgesprochene Neigung zur echten Blasenbildung, was sich ja klinisch auch in dem trockenen Charakter der Veränderung offenbart (ALEXANDER). Inwieweit allerdings diese morphologischen Unterschiede im Einzelfall verwertbar sind, erscheint mir nicht ohne weiteres sicher; Parakeratose, Akanthose, Ödem und Spongiose, die geringgradigen Veränderungen im Corium, stimmen doch bei beiden Veränderungen zu weitgehend überein, als daß man hoffen dürfte, histologisch jedesmal eine sichere Unterscheidung treffen zu können. Der Vorschlag, alle jene Fälle, wo die stark ödematöse Durchtränkung der Haut zu echter Blasenbildung führt, Ekzem zu nennen, und jene, wo sie infolge einer gesteigerten Kohärenz der Epithelien nicht eintritt, Lichen Vidal, scheint mir so lange lediglich eine Verlegenheits-Lösung, wie wir die Pathogenese der beiden Erkrankungen nicht aufgeklärt haben.

Die Unterscheidung von den Papeln des Lichen ruber ist histologisch leicht möglich durch das bei diesem vorhandene und nach unten scharf abgesetzte lymphocytäre Infiltrat in Papillarkörper und oberer Cutis. Dazu treten Unterschiede im Verhalten der Epidermis; beim Lichen ruber, namentlich in späteren Stadien, oft eine ausgesprochene Hyperkeratose, häufig mit Schwund der übrigen Epidermisteile, bei der Neurodermitis unverändert Akanthose und Parakeratose ohne Atrophie.

Pathogenese: Über die Ursache der pruriginösen Hauterkrankungen können wir uns bisher nur vermutungsweise äußern. Es sind für ihr Zustandekommen sowohl neurogene als diathetisch-autotoxische Ursachen angeschuldigt worden. Zu ihnen treten wahrscheinlich noch eine Reihe auslösender und prädisponierender Momente, teils physischer, teils psychischer Art: Ernährungsstörungen, Sorgen, heftige Gemütsbewegungen, Hysterie auf der einen Seite, autotoxische, toxische Ursachen auf der anderen Seite, Bluterkrankungen (Leukämie) wurden als auslösende Ursachen beschrieben. Über den inneren Zusammenhang dieser Störungen mit den Juckzuständen in der Haut ist eine Äußerung um so weniger möglich, als wir ja über die eigentliche Genese des Juckens noch nicht eindeutig unterrichtet sind. (Siehe auch: Urticaria.)

Dermatitis herpetiformis DUHRING.

Die Erkrankung wird von der Wiener Schule zum Pemphigus gerechnet, mit dem sie tatsächlich im Einzelfall so viel Übereinstimmendes zeigen kann, daß es schwer fällt, eine Unterscheidung zu treffen. In anderen Fällen wieder, und diese sind doch die bei weitem zahlreichsten, zeigt die Krankheit eine solche Vielheit von Hauterscheinungen (maculöse und urticarielle Erytheme, Vesikeln, Pusteln), daß eine Sonderstellung berechtigt erscheint. BROCQ hat daher die Dermatitis herpetiformis DUHRING in eine Sonderklasse eingereiht, der er mit Rücksicht auf die Vielheit ihrer Erscheinungsformen die Bezeichnung „Dermatites polymorphes douloureuses" gab. Wie bei allen Systematisierungen zeigt aber auch die BROCQsche Gruppierung gewisse Unstimmigkeiten, vor allem dadurch, daß ihr immer weitere und damit ungenauere Grenzen gesteckt wurden.

Die Erkrankung ist vor allem durch die P o l y m o r p h i e ihrer Efflorescenzen und ein deren Auftreten in der Regel begleitendes S c h m e r z - bzw. J u c k e m p f i n d e n gekennzeichnet. Wir finden auf der Haut nebeneinander rote Flecke, Knötchen, Bläschen und

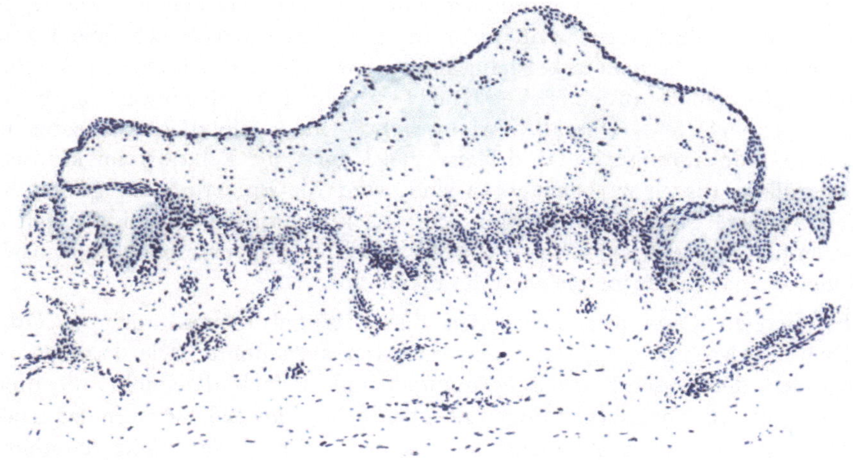

Abb. 82. D e r m a t i t i s h e r p e t i f o r m i s (DUHRING) (♂, 28 jähr., Brust, 24 Stunden altes Bläschen). Die gesamte Epidermis ist vom Papillarkörper abgehoben und durch das seröse Exsudat zu der dünnen Blasendecke abgeflacht. Den Blasenboden bildet der ödematöse, von Lymphocyten und eosinophilen Leukocyten durchsetzte Papillarkörper. Geringes perivasculares Zellinfiltrat in der Cutis. Polychromes Methylenblau. O = 50 : 1; R = 50 : 1.

Blasen, gelegentlich auch Pusteln, die sich unregelmäßig über den ganzen Körper verteilen und häufig eine herpetiforme Anordnung zeigen. Mit einer gewissen Vorliebe werden zunächst die Vorderarme bzw. Unterschenkel befallen. Der einzelne Erkrankungsschub pflegt nach wechselnd langem Bestande — wodurch ein Nebeneinander der verschiedensten Entwicklungsstufen zur Beobachtung kommt — abzuklingen. Die Bläschen und Pusteln trocknen zu Krusten ein, nach deren Entfernung pigmentierte oder auch depigmentierte Flecken oder auch oberflächliche Narben zurückbleiben. Rückfälle jedoch sind häufig. Gegenüber dem Pemphigus zeichnet die Erkrankung sich durch eine gewisse Gutartigkeit aus, wenn auch Todesfälle nach verhältnismäßig kurzem Verlauf vorkommen (BETTMANN).

Der Vielartigkeit der Hauterscheinungen entspricht ein buntes histologisches Bild. Die urticariellen, ödematösen und auch papulösen Efflorescenzen bieten in ihrem geweblichen Aufbau nichts K e n n z e i c h n e n d e s dar. Bis zu einem gewissen Grade gilt das auch für die Blasen und Bläschen. Es handelt sich bei allem um einen E n t z ü n d u n g s p r o z e ß, der mit wechselnd starker Hyperämie und Exsudation einhergeht.

Inwieweit dabei den entzündlichen Vorgängen für die Hautveränderungen eine primäre Bedeutung zukommt, ist umstritten. Ein Teil der Forscher ist jedenfalls geneigt, die sich in Epidermis sowohl wie Cutis abspielenden Vorgänge in der Hauptsache auf die mechanische Wirkung des sich bildenden Exsudates zurückzuführen.

Verfolgt man die verschiedenen Erscheinungsformen in ihrem Entwicklungsgange, so läßt sich ohne weiteres eine gerade Linie feststellen, die vom urticariellen Erythem bis zur Bläschenbildung führt. Die seröse Durchtränkung der Epidermis äußert sich zunächst in einer Erweiterung der interepithelialen Saftspalten, während das intracelluläre Ödem nicht so sehr deutlich wird. Bei Zunahme des Ödems bilden sich zunächst kleine, dann größere Hohlräume zwischen den einzelnen Zellen. Sie führen schließlich zu der auch klinisch sichtbaren Bläschenbildung und können in jeder einzelnen Epidermisschicht auftreten. Im Bereich des ödematösen Bezirks schwindet das Keratohyalin und die darüber gelegene Hornschicht wird parakeratotisch. Neben dem intercellulären kommt es, wenn auch im geringeren Grade, zu einem intracellulären Ödem, besonders bei langsamer Entwicklung der Exsudation. Beide führen naturgemäß zu einer Verbreiterung und Schwellung der Stachelschicht. Überall dort, wo das Ödem plötzlicher einsetzt und stärkere Grade annimmt, und dies ist meist dort der Fall, wo im klinischen Bilde größere Blasen zu beobachten sind, wird die Epidermis im ganzen von ihrer Unterlage abgehoben (s. Abb. 82). Es kommen jedoch beide Arten der Bläschenbildung, die epidermale sowohl wie die hypepidermale, gleichzeitig und nebeneinander beim gleichen Kranken vor.

Im Bereich dieser hypepidermalen Blasen ist naturgemäß auch das Ödem in Papillarkörper und Cutis am stärksten ausgeprägt. Die Papillen sind infolge der ödematösen Schwellung plumper und vielfach abgeflacht; die Bindegewebsfasern auseinandergedrängt und ebenso das elastische Fasernetz. Dieses ist gelegentlich in den Papillenspitzen schwächer oder gar nicht darstellbar, wobei es zunächst noch dahingestellt bleiben muß, inwieweit es sich dabei um wirklichen Schwund oder vielmehr um färberische Besonderheiten handelt. Weitergehende Veränderungen sind jedoch nicht festzustellen.

Die zellige Infiltration der Cutis, welche in den urticariellen sowohl wie den kleinvesiculösen Krankheitsherden nur gering ist, nimmt überall dort, wo die Veränderung über längere Zeit sich hinzieht, stärkere Grade an. Ihr parallel geht eine starke Erweiterung der Gefäße. Unna hat schon auf diese Gefäßveränderungen hingewiesen, wie sie sich als Ödem der Gefäßwände, Infiltration und Proliferation der perivasculären und adventitiellen Zellen äußern. Er hat auch auf eine Proliferation der Bindegewebszellen im Gebiete des Papillarkörpers aufmerksam gemacht. Am Aufbau jener Zellinfiltrate beteiligen sich vor allem Lymphocyten und eosinophile Leukocyten. Plasmazellen werden nur selten beobachtet (Leredde).

In frisch untersuchten Bläschen wurden polynucleäre Leukocyten niemals nachgewiesen. Diese finden sich erst in länger bestehenden Herden, dann häufig vermischt mit zahlreichen Eosinophilen. Eine Ausnahme davon machen lediglich jene seltenen Formen von Dermatitis herpetiformis pustulosa (Hodara, Milian u. a.), bei welchen die Blasen- bzw. Pustelbildung sowohl in der Epidermis als auch hypepidermal von vornherein (?) unter Beteiligung polynucleärer Leukocyten vor sich geht. In diesen Fällen ist auch die Be-

teiligung von Plasmazellen und wuchernden Bindegewebszellen in den Zellinfiltraten der Cutis reichlicher.

Zusammenfassend läßt demnach das histologische Bild der Dermatitis
herpetiformis besondere Kennzeichen vermissen und wir sind daher auch nicht
in der Lage, auf diesem Wege zur Sicherung der Diagnose beizutragen.

Bezüglich der **Pathogenese** läßt sich Sicheres nicht sagen. Das vollständig passive
Verhalten der Epidermis (UNNA), welche nur durch Ödem und intra- oder hypepidermale
Blasen verändert erscheint, weist auf den Ausgang der Erkrankung vom Gefäßbindegewebsapparat der Cutis hin. Auf welchem Wege hier die Veränderungen ausgelöst werden (hämatogen-toxisch, neurogen) ist vorläufig noch nicht zu entscheiden. Die in der Regel vorhandene Eosinophilie in den Gewebsveränderungen sowohl wie im Kreislauf vermag uns
keinen Anhaltspunkt zu geben.

Pemphigus vulgaris.

Aus den mit Blasenbildung einhergehenden Dermatosen hebt sich der Pemphigus
vulgaris als ein scharf umschriebenes Krankheitsbild hervor. Dieses ist gekennzeichnet
durch ein meist ziemlich rasches Auftreten großer praller oder schlaffer Blasen auf zunächst
unverändertem Grunde, der sich jedoch sehr schnell entzündlich rötet. Die Blasen platzen
oder trocknen ein, während gleichzeitig die erkrankte Hautstelle sich wieder überhäutet.
Diese Entwicklung wiederholt sich in unregelmäßigen Schüben, wobei nach und nach die
Überhäutung Not leidet und die ganze Körperdecke in eine wechselnd ausgedehnte, krustöse
oder nässende Fläche umgewandelt wird. Die Schleimhäute sind ebenfalls beteiligt, Haare
und Nägel verkümmern. Die Kranken gehen schließlich unter allgemeiner Erschöpfung
zugrunde, wenn nicht schon früher eine andere Erkrankung (Sepsis, Pneumonie u. a.)
den Verlauf beschleunigt.

Neben dieser gewöhnlichen Form unterscheidet man eine andere, wo neben der Blasenbildung vor allem eine krustös-blätterige Abhebung der entzündlich geröteten Haut (exfoliierende Erythrodermie) vorherrscht. Dieser Pemphigus foliaceus (CAZENAVE) kann
von vornherein als solcher auftreten; er geht jedoch häufig aus dem Pemphigus vulgaris
hervor. Eine weitere hier zu erwähnende Erkrankung, der Pemphigus vegetans (NEU-
MANN) ist bezüglich seiner Zugehörigkeit zum Pemphigus vulgaris umstritten. Bei ihm
entstehen Blasen, oft zunächst im Munde, dann hauptsächlich an den Kontaktstellen der
Haut. Aus diesen entwickeln sich ausgedehnte Wucherungen, ja selbst Tumoren (v. ZUM-
BUSCH), die leicht mit nässenden syphilitischen Papeln (breiten Kondylomen) verwechselt
werden können. Auch diese Erkrankungen führen meist innerhalb kurzer Zeit zum Tode.
Als gutartige Form des Pemphigus vegetans nennt man die Pyodermite végétante
HALLOPEAU, die sich in ihrem Gewebsaufbau vom Pemphigus vegetans nicht unter-
scheiden läßt. Ihre Stellung ist durchaus unklar.

Histologisch kann man bei der Pemphigusblase zwei verschiedene
Formen unterscheiden, je nachdem die Abhebung der Blasendecke zwischen
Papillarkörper und Epidermis oder innerhalb dieser erfolgt. Vielfach finden
sich jedoch bei einem und demselben Falle die Blasen zwischen den verschiedensten Gewebslagen (KREIBICH, AUDRY), ja es kann sogar ein und
dieselbe Blase die Epidermisschichten unregelmäßig durchtrennen, so daß die
Blasendecke in der Mitte von der Hornschicht und den obersten Teilen des
Rete, in den mittleren Abschnitten von der gesamten Epidermis und an den
Rändern vielleicht allein vom Stratum corneum gebildet wird (HÜBNER). Über
die Genese dieser Pemphigusblasen ist man lange Zeit verschiedener Meinung
gewesen. Heute wird jedoch allgemein nicht eine primäre Degeneration der
Epithelien, sondern eine entzündliche Exsudation aus dem Papillarkörper
für die Blasenentstehung verantwortlich gemacht. Diese Exsudation geht also
der Blasenbildung voraus, sie kann unter Umständen aber auch so gering bleiben,
daß Blasen nicht entstehen. Als Zeichen des entzündlichen Ödems sieht man

dann lediglich eine Ausdehnung der Lymphgefäße, sowie eine Ansammlung feinkörnig geronnener oder homogener Flüssigkeitsmengen zwischen den Cutisbündeln. Dazu tritt, besonders im Stratum papillare eine starke Erweiterung und pralle Füllung der Gefäße, die nicht selten von Blutungen in deren nächster Umgebung begleitet wird. Auch die Papillen sind ödematös geschwollen und daher verbreitert. Hier findet sich ferner ein wechselnd starkes, kleinzelliges Infiltrat, das entweder in einem dichten Haufen in der Nähe der Blase angesammelt ist, oder aber mehr streifenförmig die Gefäße begleitet und vom Blasengrunde gegen die gesunde Cutis hin an Stärke abnimmt (Kreibich). Dieses Infiltrat besteht größtenteils aus polynucleären Leukocyten, denen gelegentlich auch Eosinophile beigemengt sein können.

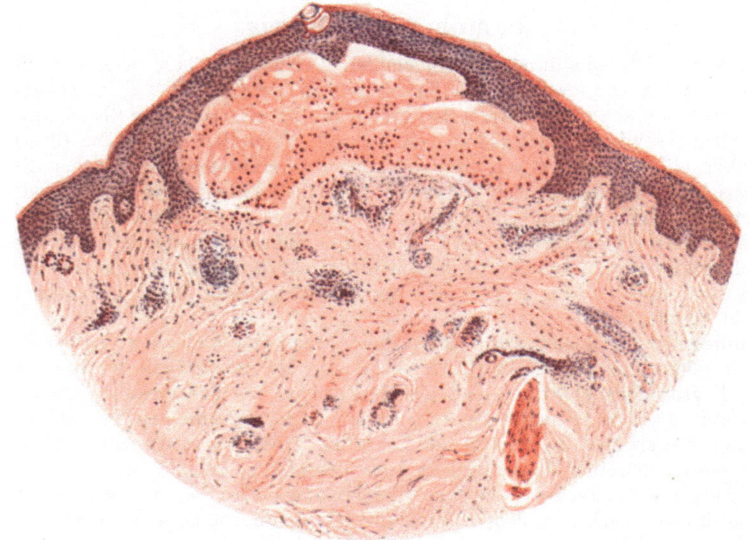

Abb. 83. Pemphigus vulgaris (♂, 65jähr., Unterarm). Hypepidermale, ganz kleine, frische Blase. Hochgradige allgemeine und örtliche Eosinophilie, starke perivasculare Infiltration. Hämat.-Eosin. O = 40 : 1; R = 40 : 1. (Sammlung E. Hoffmann.)

Die Blasen selbst sind meist einkammerig, jedoch finden sich, namentlich bei epidermaler Entstehung, auch wohl mehrkammerige. Sie enthalten frisch eine homogene Masse, die entweder fein granuliert erscheint, oder aber ein verschieden dichtes, fibrinöses Fasernetz bildet. Daneben trifft man in jungen Blasen weniger, in älteren reichlicher, neutrophile polynucleäre Leukocyten, gelegentlich auch Erythrocyten sowie regelmäßig gequollene und abgerundete Epithelien, die durch das Ödem aus ihrem Zellverbande losgelöst worden sind. In der unmittelbaren Umgebung der Blasen führt das Ödem zu einer Schwellung der Epithelien und zu Vakuolenbildung.

Die Blasendecke, zunächst noch gut färbbar, verliert bei längerem Bestande ihre Zeichnung und wird homogen. Sie reißt schließlich ein, so daß der flüssige Inhalt nach außen tritt, soweit er nicht durch die zahlreichen zelligen Beimengungen in eine breiige Masse umgewandelt war.

Je nachdem die Blase hypepidermal oder epidermal entstanden ist, besteht der Boden aus dem ödematös gequollenen, mehr oder weniger ausgeglichenen

Papillarkörper, oder aber aus der untersten Stachelzell- bzw. Basalschicht, deren Zellen durch den ödematösen Auflösungsprozeß zunächst aufquellen, dann aus ihrem Verbande gelockert werden und in den Blaseninhalt übergehen. Von erhalten gebliebenen Resten dieser Epithelien oder auch von den Epithelien der Follikel bzw. Schweißdrüsenausführungsgänge erfolgt dann später die Überhäutung. Bei entsprechender Schwere des Falles kann man unter der neuen Decke manchmal schon wieder ein stärkeres umschriebenes Ödem und damit den Wiederbeginn der Blasenbildung feststellen.

Gegenüber diesen ausgedehnten Epidermisveränderungen sind die der Cutis verhältnismäßig gering; sie beschränken sich in erster Linie auf die oben schon erwähnte Erweiterung der Gefäße, besonders im Stratum papillare und

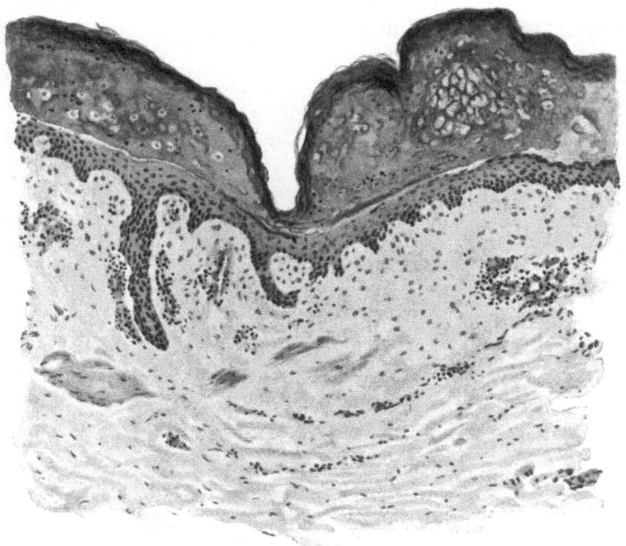

Abb. 84. Pemphigus vulgaris. Blasenbildung zwischen Stratum spinosum bzw. granulosum und Stratum corneum. Ödem von Papillarkörper und Cutis mit mäßiger Zellinfiltration, besonders um die erweiterten Gefäße. Blaseninhalt: dichtes fibrinöses Netzwerk; darin eingebettet ödematös gequollene, aus dem Verbande gelöste Epithelien und polynucleäre neutrophile Leukocyten. O = 128 : 1; R = 128 : 1. (Sammlung Frühwald.)

subpapillare, auf das Infiltrat aus polynucleären Leukocyten und reichlichen Spindelzellen sowie das Ödem der Papillen, die plump und gequollen erscheinen.

Die Anhangsgebilde der Haut verhalten sich verschieden. Ein Teil bleibt unbeeinflußt und die Blasen treten dann zwischen zwei benachbarten Follikeln bzw. Schweißdrüsenausführungsgängen auf oder diese bilden die Scheidewand einer zweikammerigen Blase. In anderen Fällen geht der obere Teil des Ausführungsganges in wechselnder Ausdehnung verloren und von der Rißstelle setzt dann späterhin ebenfalls die Überhäutung ein.

Der **Pemphigus foliaceus** zeigt histologisch die gleichen Veränderungen wie der Pemphigus vulgaris, nur in erheblich verstärktem Maße und in größerer Ausdehnung. Es finden sich häufig Übergangsbilder zwischen beiden vor. Nach Unna steigert sich dabei im anatomischen Bilde das Ödem der Cutis sowie der Epidermis. Dazu tritt eine bedeutende Ausdehnung der Blut- und Lymphgefäße, in den oberen sowohl wie besonders in den tieferen Cutisschichten.

Dem geht parallel eine hochgradige Lockerung des Bindegewebes, nicht nur in der Cutis, sondern auch im Hypoderm, ja sogar im Fettgewebe. Die einzelnen Bindegewebsbündel, namentlich um die Knäueldrüsen und Haarfollikel, sind gequollen und starr, Veränderungen, die UNNA als „Übergang zur hyalinen oder kolloiden Metamorphose des kollagenen Bindegewebes" auffassen möchte, wie sie bei lang dauernden Entzündungen häufig beobachtet wird. Dieses ödematöse Corium ist gleichmäßig und meist nur in mäßig reichlichem Maße von polynucleären Leukocyten durchsetzt. In den oberflächlicheren Cutisschichten sieht man, entsprechend der hier am stärksten entwickelten Erweiterung der Blutgefäße, auch größere und kleinere Blutaustritte, die oft bis zur Oberfläche reichen. Neben den Leukocyten finden sich, namentlich um die Follikel und Schweißdrüsen, nicht selten Rundzellensammlungen, die ein dichtes, gelbbraunes Pigment enthalten und die Blutgefäße mantelartig umgeben (KREIBICH);

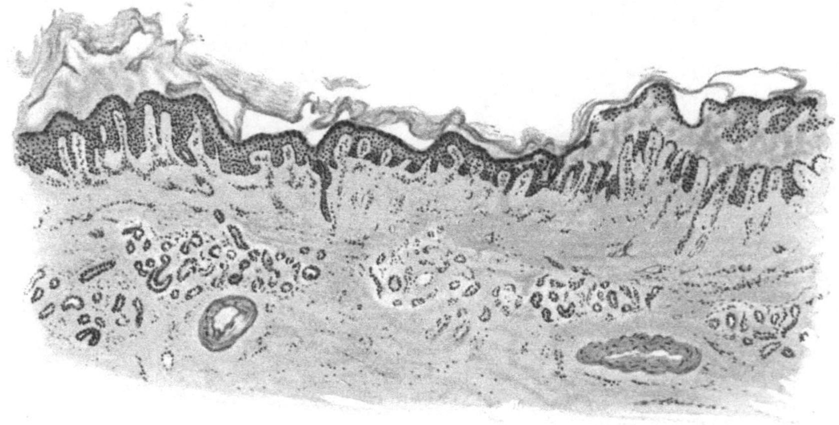

Abb. 85. Pemphigus foliaceus (♀, 21jähr., Ellenbeuge). Ausgedehnte Abhebung der Epidermis, stellenweise nur der Hornschicht, stellenweise bis zur Stachel- bzw. Basalzellschicht. Starkes Ödem in Epidermis und Cutis; mäßige Zellansammlung. „Verschmälerung" der Cutis. Verdickte Gefäßwände. O = 35 : 1; R = 27 : 1.

eosinophile Zellen sind meist nicht darunter. Im Bereich der ödematösen Veränderungen ist nach dem Grade der Hyperämie und des Ödems entweder die Epidermis im ganzen bzw. nur die Hornschicht abgehoben oder diese mit den von Leukocyten durchsetzten, ödematösen oberen Stachelzellagen zu einer dichten Kruste verbacken, die von einem feinen Fibrinnetz fädig durchzogen wird.

Unmittelbar neben derartig von Epidermis befreiten Hautstellen trifft man auf Regenerationsherde, die aus einem hypertrophischen Leistennetz, einer normalen Körnerschicht und einer meist parakeratotischen Hornschicht mit gequollenen ödematösen Zellen aufgebaut werden. Führt ein stärkeres Ödem erneut zur Abblätterung derartiger Schichten, was mit einer erneuten Abflachung und Verschmälerung des Leistensystems und der suprapapillaren Stachelschicht einhergeht, so haben wir einen für den Pemphigus foliaceus kennzeichnenden Befund vor uns (UNNA). Die ödematöse und parakeratotische Hornschicht liegt dann fast unmittelbar dem ödematösen Papillarkörper auf. Die einzelnen Zellen der Stachelschicht sind gequollen, die Interspinalräume erweitert und in wechselndem Grade von polynucleären Leukocyten durchsetzt. Hier finden sich dann häufig Veränderungen, die man als Einleitung zum Absterben der Epithelien auffassen muß. Diese verlieren streckenweise ihre Kernfärbbarkeit, hier und da sieht man zwischen ungefärbten Zellen nur noch gequollene Zellkerne, und zwar dies fleckweise und in erster Linie in den oberen Schichten der Epidermis. An anderen Stellen wieder ist die Kernfärbung der Epithelzellen besonders deutlich. Es handelt sich da um Überhäutungspunkte, von welchen die Versuche zur Epithelneubildung ausgehen (KREIBICH). Hier ist das Epithel oft bedeutend verdickt, die Reteleisten auf das Zwei- bis Dreifache verlängert, die Stachelzellschicht von einem wohl geformten Stratum granulosum und einer oft verdickten Hornschicht überzogen. Diese Hyperkeratose tritt bei längerer Dauer der Erkrankung immer mehr in den Vordergrund; sie wird von FABRY als eine Folgeerscheinung der starken Infiltration aufgefaßt.

Die Veränderungen an den Anhangsgebilden der Haut sind durchgängig die gleichen. Nach längerem Bestand der Erkrankung geht die epitheliale Wandbekleidung zugleich mit den Haaren verloren; beide bilden sich jedoch sehr schnell wieder, sobald eine Besserung des Leidens erfolgt.

Die Veränderungen, welche der Pemphigus an der Schleimhaut hervorruft, entsprechen im großen ganzen denjenigen an der äußeren Haut (KREIBICH, GROUVEN u. a.).

Pemphigus vegetans.

Im Gegensatz zum Pemphigus foliaceus zeigt der Pemphigus vegetans im histologischen Aufbau eine weit größere Verschiedenheit vom Pemphigus vulgaris (NEUMANN, RIEHL, UNNA, HERXHEIMER, v. ZUMBUSCH u. a.). Während sich dort die Wiederüberhäutung der zerstörten Epidermisdecke innerhalb des gewöhnlichen hält, kommt es hier infolge einer außerordentlich starken Epithelwucherung zu erheblicher Verdickung, vor allem des Leistensystems. Dabei erreichen die Reteleisten nicht selten das Vielfache ihrer gewöhnlichen Ausdehnung.

Der gewebliche Aufbau der Blasen zeigt auch beim Pemphigus vegetans keinen Unterschied von dem gewöhnlichen Befund. Ähnlich verhält es sich mit den Cutisveränderungen, bei welchen die Erweiterung der Gefäße und zwar in erster Linie im Stratum papillare und subpapillare im Vordergrunde steht. Es kann jedoch auch gelegentlich einmal das tiefere Gefäßnetz allein erweitert sein (PHILIPPSON und FILETTI). Als besondere Eigentümlichkeit der Zellinfiltration beim Pemphigus vegetans kommt die starke Beteiligung eosinophiler Zellen in Betracht, wenn sie auch nicht etwas den Pemphigus vegetans Kennzeichnendes darstellt. Das Infiltrat beschränkt sich in der Hauptsache auf das perivasculäre Gewebe; es findet sich diffus im Bindegewebe nur in erheblich schwächerem Maße; aber auch hier steht die Beteiligung der Eosinophilen im Vordergrunde. Als Besonderheit wäre ein von ROSENBERG beobachtetes starkes perineurales Infiltrat und ein erstmals von WEIDENFELD beschriebenes „zweites Stadium der Blasenbildung", die intrabuläre Vegetation, zu erwähnen. Es handelt sich dabei um kegelförmig verlaufende, z. T. degenerierte und durch Lücken getrennte, aus Epithelzellen aufgebaute Zapfen, die nach Eröffnung der Blase als Vegetationen erscheinen. Ob und inwieweit diese Veränderung beim Pemphigus vegetans die Regel bildet, ob sie geeignet ist, histologisch eine Unterscheidung von den Blasen des Pemphigus vulgaris zu ermöglichen, wäre noch zu entscheiden (FRÜHWALD). SCHÄRER konnte CHARCOT-LEYDENsche Krystalle sowohl in Bläschen und Exsudatinhalt, als auch in feuchten Ausstrichen spontan entstandener und künstlich erzeugter Efflorescenzen nachweisen. Es handelt sich dabei um die typischen Oktaeder, die in großer Zahl frei in den Bläschen, ferner im Exsudat der Epidermisbuchten innerhalb der Vegetationen und als kleinste Gebilde innerhalb der eosinophilen

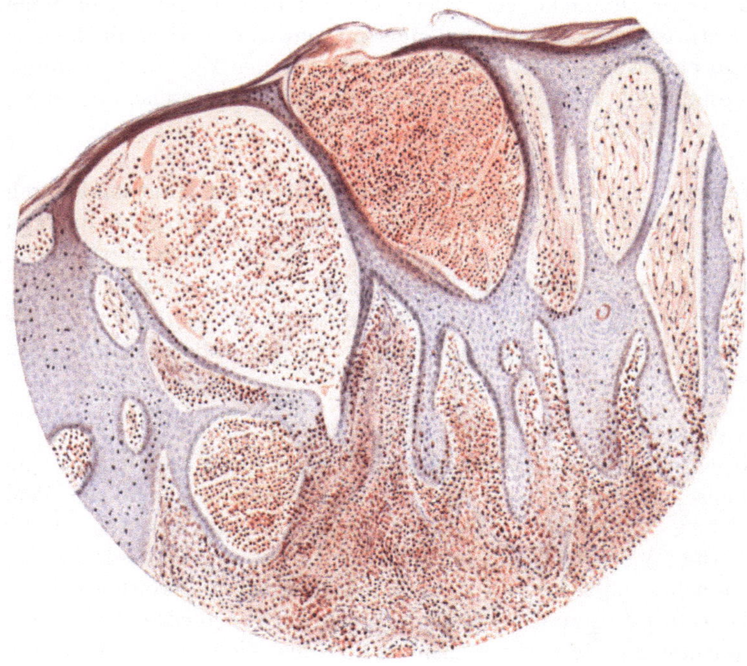

Abb. 86. **Pemphigus vegetans** (♀, 48 jähr., Perigenitalgegend, seit 2 Jahren bestehend). Schnitt durch den Bläschensaum. Mehrere, mit zahlreichen eosinophilen Zellen gefüllte Bläschen (sog. Abscesse). Ausgedehnte Akanthose. Hochgradige örtliche Eosinophilie im Corium (neben starker allgemeiner Eosinophilie). Hämatoxylin-Eosin. O = 70 : 1; R = 70 : 1. (Sammlung E. HOFFMANN.)

Zellen vorgefunden werden. Sie lassen sich nach LIEBREICH sehr leicht durch die WEIGERTsche Fibrinfärbung darstellen.

Die Vegetationen bilden histologisch ebenso wie auch klinisch das Hauptkennzeichen des Pemphigus vegetans. Die vereinzelt beobachteten gestielten Tumoren sind lediglich ein höherer Grad der dieser Pemphigusform eigentümlichen Wucherungsvorgänge (v. ZUMBUSCH). Ihre Darstellung ist im großen ganzen eine einheitliche, wenn auch Abweichungen vorkommen, die man mit FRÜHWALD auf das verschiedene Alter der untersuchten Wucherungen zurückführen möchte. Im allgemeinen ist bei den Vegetationen die Epidermis in allen Schichten fast stets, wenn auch in wechselndem Maße, erhalten. Dies gilt in erster Linie für die Hornschicht, die oft tief in die Reteleisten eindringt und auf dem Schnitt hier häufig in Kugelform getroffen wird. Diese Hornkugeln sind dann stets vom Stratum granulosum umgeben. Sie werden allmählich mit der übrigen Epidermis abgestoßen. Die Stachelzellschicht ist meist erheblich verbreitert. Dies ist neben einem wechselnd starkem Ödem vor allem auf eine Wucherung und Vermehrung der Stachelzellen zurückzuführen, namentlich in jüngeren Erkrankungsherden. Diese Akanthose äußert sich in erster Linie im interpapillaren Epidermisabschnitt. Die Leisten sind unregelmäßig verbreitert und verlängert, manchmal schmal, manchmal breit, häufig fingerförmig gegabelt. Das Ödem führt ferner zu einer Erweiterung der

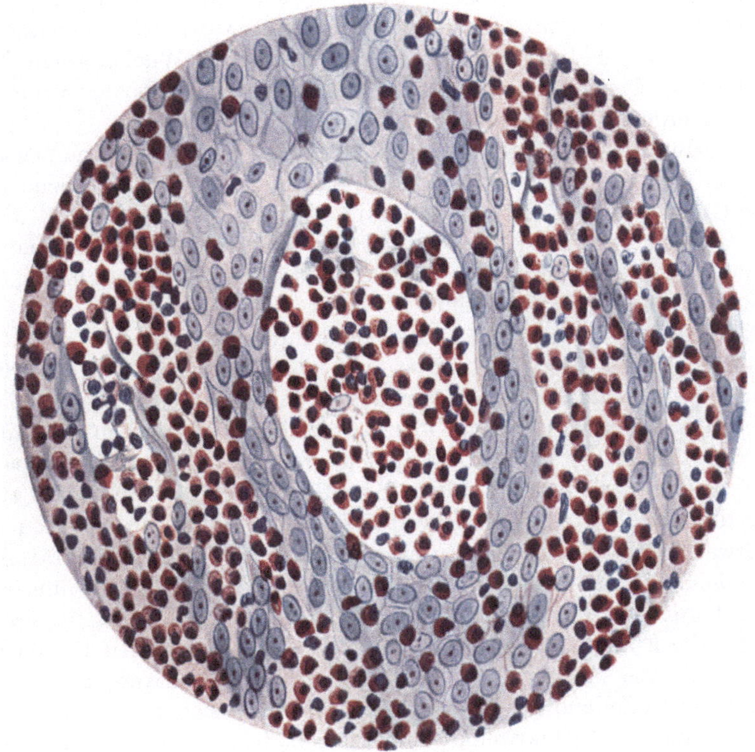

Abb. 87. Pemphigus vegetans (vgl. Nr. 86). Starke örtliche Eosinophilie, sowohl in epidermalen Bläschen wie in den Papillen. Hämatoxylin-Eosin. O = 350 : 1; R = 350 : 1. (Sammlung E. Hoffmann.)

Intercellularräume, zu einer ballonförmigen Aufquellung, feinkörnigen Protoplasmatrübung und schlechten Färbbarkeit der Zellen und ihrer Kerne. Dazu kommen Karyolyse, Karyorhexis, Chromatolyse (Stanziale) und atypische Kernteilungsfiguren. Auf eine eigenartige wirbel- oder zwiebelschalenförmige Anordnung der Retezellen hat neben Luithlen und Müller auch Frühwald hingewiesen.

In den jüngeren Erkrankungsherden ist die Epidermis von zahlreichen vorwiegend eosinophilen Leukocyten, dann auch von Mastzellen durchsetzt. In den älteren Herden bilden sie die bekannten Abscesse. Diese entstehen durch Zusammenfließen der nächstliegenden Leukocyten (Cronquist), denen oft degenerierte Epidermiszellen beigemischt sind. Die Stachelzellen werden dadurch auseinandergedrängt und abgeplattet. Diese „Abscesse" finden sich in allen Schichten der Epidermis und greifen von dieser auf das Stratum papillare und subpapillare über. Unmittelbar unter der Hornschicht erscheinen sie dann als nässende, eiterähnliche Punkte (NEUMANN). Die von LEREDDE beschriebene physiologische Verhornung der Wand dieser Abscesse führt FRÜHWALD auf irrtümliche Deutung von Befunden an Schrägschnitten zurück.

Die Buntheit des histologischen Bildes wird noch durch rein seröse Höhlen im Epithel gesteigert (UNNA), sowie durch eigenartige Zelleinschlüsse, wie sie ähnlich beim Carcinom gesehen wurden (EHRMANN). Der Vollständigkeit halber sei noch der Befund von Glykogen in frischen Wucherungen erwähnt (HERXHEIMER), sowie der vermehrte Pigmentgehalt des Stratum basale in älteren Herden.

Die Epidermis-Cutisgrenze verläuft meist regelmäßig, namentlich an den Spitzen der Papillen. Jedoch trifft man auch auf umschriebene Stellen, wo diese Grenze unscharf ist (CRONQUIST), und zwar überall dort, wo hauptsächlich an den Spitzen der Papillen die Basalzellen durch das herandrängende Ödem gelockert oder aber eine stärkere Zellansammlung in der Cutis auf die Epidermis übergreift.

Im Corium fällt vor allem die entsprechend den Epithelleisten vielgestaltige Formgebung der Papillen auf; diese sind außerordentlich stark verlängert, unregelmäßig verschmälert oder verbreitert, oft gegabelt oder in Tochterpapillen aufgelöst. Das Ödem ist hier am stärksten in frischen Erkrankungsherden. Es betrifft vor allem die Papillen, weniger das Stratum subpapillare, erstreckt sich aber, wenn auch seltener, in die tiefere Cutis. Es führt zur Auftreibung der Papillen, zu einer Erweiterung der Bindegewebsmaschen und zu einer Schwellung des Kollagens. Zu diesem Ödem tritt ein Zellinfiltrat, das sich hauptsächlich auf den gleichen Bereich erstreckt, ebenfalls in jüngeren Erkrankungsherden am stärksten und hier meist diffus auftritt. Häufig ist es dort stärker, wo die Epidermis nicht vollständig ist (FRÜHWALD). In älteren Herden macht die diffuse Ansammlung mehr einer perivasculären Platz, die als wechselnd starker Zellmantel die Gefäße begleitet und sich bis in die tiefere Cutis fortsetzt, so daß auch Haarfollikel und Schweißdrüsen von ihr umgeben sind. Der Aufbau des Infiltrats ist der gewöhnliche: Lymphocyten, Leukocyten, größtenteils eosinophile, Mast- und Plasmazellen, von welchen die beiden letzteren nicht immer gefunden werden. Daneben beteiligen sich auch wuchernde Bindegewebszellen, und, namentlich in älteren Herden, viele Pigmentzellen, deren Pigment eisenfrei ist (DUCKWORTH). In abheilenden Wucherungen fand HERXHEIMER in der Epidermis RUSSELsche Körperchen, LEREDDE in den Bindegewebsspalten Elacin.

Die Gefäße treten auch innerhalb der sie begleitenden Zellzüge durch die namentlich in jungen Vegetationen fast regelmäßig vorhandene beträchtliche Erweiterung stark hervor; in älteren Herden sind sie wieder von normaler Weite oder gar verengt. FRÜHWALD sah im Zusammenhang mit den erweiterten Capillaren neugebildete Gefäßsprossen, auf die vielleicht auch schon GRÜNWALD als „Seitenverzweigungen der Gefäße" hinweisen wollte. Diese Erweiterung und Vermehrung kann gelegentlich an angiomatöse Bildungen erinnern (FRÜHWALD). Auch die Gefäßwand selbst beteiligt sich nicht eben selten an dem entzündlichen Prozeß, und zwar in Gestalt einer proliferierenden und obliterierenden Arteriitis und Phlebitis (MÜLLER, KÖBNER, HERXHEIMER u. a.). Dazu treten gelegentlich einmal Wandverdickung und Obliteration der Papillargefäße (SECCHI), an den tieferen Gefäßen sogar Thrombosen (PHILIPPSON und TILETTI). Auch die Elastica der Gefäßwand kann aufgesplittert werden (LUITHLEN, FRÜHWALD). Ähnlich wie die Blutgefäße zu angiomatösen, findet man die Lymphgefäße, namentlich unterhalb der Epidermis, zu lymphangiomatösen Gebilden, zu „Lymphseen" (HERXHEIMER, KÖBNER) umgewandelt.

Überall dort, wo eine stärkere diffuse Zellinfiltration vorhanden ist, werden die elastischen Fasern aufgelockert und rarefiziert; oft schwinden sie völlig. Die Anhangsgebilde der Haut sind im allgemeinen nicht verändert, wenn auch die Infiltration der umgebenden Gefäße häufiger auf sie übergreift. Gelegentlich beteiligen sich auch die Epithelien der Schweißdrüsen (LUITHLEN, FORDYCE) oder der Haarbalgfollikel (BERNHARD, RAVOGLI) an der Wucherung, durch die dann der Ausführungsgang verstopft werden kann.

Bei der Zurückbildung der Vegetationen nehmen diese Veränderungen allmählich an Stärke ab. Das Ödem schwindet, die Epidermisleisten werden kleiner, ebenso die Papillen, das Infiltrat wird geringer, desgleichen die Gefäßerweiterung. Das Infiltrat hält sich schließlich nur noch in unmittelbarer Nähe der Gefäße. In den oberen Cutislagen sowie in den basalen Epidermisschichten finden sich dann zahlreiche Pigmentzellen (FRÜHWALD).

Die Wucherungen der Schleimhaut entsprechen in ihrem Aufbau im großen ganzen denen der äußeren Haut (HERXHEIMER).

Differentialdiagnose: Die Blasenbildung als solche kommt für eine differentialdiagnostische Verwertung nicht in Frage, da sie sich auch bei einer ganzen Reihe anderer, mit starkem entzündlichem Ödem einhergehender Hautkrankheiten vorfindet. Dies gilt auch für den Gehalt an eosinophilen Zellen bzw. deren reichliches Vorkommen in den Infiltraten. Ihre Vermehrung läßt sich neben dem Pemphigus, besonders dem Pemphigus vegetans, auch bei einer ganzen Reihe anderer blasenbildender Hautkrankheiten nachweisen. Man muß FRÜHWALD darin zustimmen, daß der Pemphigus vegetans absolut kennzeichnende histologische Veränderungen nicht aufweist, daß aber die Berücksichtigung aller Umstände in den meisten Fällen eine Differentialdiagnose auch histologisch gestattet. Von einem gewissen Wert ist dabei, vor allem beim Pemphigus vegetans, die Beschaffenheit der Randabschnitte. Klinisch findet man hier im Höhenstadium um die Vegetationen einen erodierten Saum und an diesen anschließend eine abgehobene Blasendecke, Veränderungen, denen histologisch Retewucherung, Bindegewebsproliferation, Gefäßerweiterung und Infiltration, und zwar nach dem Rande zu an Stärke allmählich abnehmend, entsprechen. Bei allen anderen differentialdiagnostisch in Frage kommenden Erkrankungen sind die histologischen Veränderungen gegen das umgebende gesunde Gewebe stets schärfer abgesetzt.

Der Pemphigus vegetans wird am häufigsten mit der Syphilis verwechselt, und zwar mit den breiten Kondylomen. Tatsächlich finden sich bei diesen auch histologisch im Grunde die gleichen Veränderungen wie beim Pemphigus vegetans: Proliferation und Ödem in Epidermis und Cutis, Erweiterung der Gefäße und Infiltration. Selbst wenn man vom Nachweis der

Spirochaeta pallida im Gewebsschnitt oder im Dunkelfeld absieht, der ja beim breiten Kondylom stets zu führen ist, so sind im histologischen Aufbau der Unterschiede genug vorhanden. FRÜHWALD betont das stärkere Ödem der Epidermis, das zur Erweiterung der Saftspalten, zur Quellung und Vergrößerung der Epidermiszellen und zu Trübung und Zerfall führt, was beim Pemphigus vegetans kaum vorkommt. Auch die Zellinfiltration in der Cutis, die sich rein perivasculär in erster Linie aus Lymphocyten, Plasmazellen, ja sogar häufig aus Riesenzellen aufbaut (UNNA), dazu der Mangel jener tief in die Epidermisleisten eindringenden Verhornung, gewähren einige Anhaltspunkte.

Auch beim spitzen Kondylom finden sich histologisch Ödem, Infiltration, Proliferation und Erweiterung der Lymphgefäße. Aber auch bei diesem ist das Ödem der Epidermis viel stärker ausgeprägt und regelmäßiger vorhanden. Zur Unterscheidung dienen die Vergrößerung der Zellen und die große Zahl der Mitosen, sowie der Mangel der sogenannten „Abscesse" (UNNA, FRÜHWALD).

Ferner können gewisse vegetierende Formen des bullösen Jodexanthems (HALLOPEAU) klinisch dem Pemphigus vegetans sehr ähnlich sein. Auch histologisch besteht eine gewisse Ähnlichkeit, soweit man aus dem einzigen vorliegenden histologischen Befund schließen kann. Es scheint jedoch eine so hochgradige Vergrößerung der Reteleisten und Papillen, eine derart starke diffuse Infiltration des Papillarkörpers beim bullösen Jodexanthem nicht vorzukommen (FRÜHWALD). Jodo- bzw. Bromoderma tuberosum, die schon klinisch ein anderes Bild liefern, sind auch histologisch durch das dichte, tumorartige, ins Corium sowohl wie auch in die Epidermis eindringende Zellinfiltrat hinlänglich geschieden. Hier beachte man vor allem die Geringfügigkeit der proliferativen Vorgänge, namentlich in der Epidermis und das dichte, zum Gesunden scharf abgesetzte Infiltrat. Beim Pemphigus vegetans nimmt dieses nur allmählich nach dem Rande zu ab und die Epidermiswucherung steht völlig im Vordergrunde der Veränderungen.

Die Framboesie, die FRÜHWALD ebenfalls mit in den Rahmen seiner differentialdiagnostischen Erwägungen zieht, läßt sich durch die Hyperkeratose der Epidermis mit der Bildung von Cancroidperlen, durch das aus Plasmazellen, aus Bindegewebs- und Riesenzellen bestehende Infiltrat leicht vom Pemphigus vegetans unterscheiden.

Beim Pemphigus foliaceus kann gelegentlich einmal die Pityriasis rubra HEBRAE-JADASSOHN differentialdiagnostische Schwierigkeiten machen. Bei dieser findet sich jedoch, vor allem bei längerem Bestand, eine Verschmälerung der Epidermis mit Verlust des Stratum granulosum, sowie eine Parakeratose, eine nur geringgradige Rundzelleninfiltration im Stratum papillare und subpapillare mit Vermehrung der fixen Bindegewebszellen, mit Schrumpfung und Sklerosierung des kollagenen Gewebes (JADASSOHN).

Pathogenese: Die Pathogenese des Pemphigus vulgaris ist auch heute noch völlig unklar. Über die Ursache der so schnell einsetzenden und meist zur Blasenbildung führenden Entzündung gibt das histologische Bild vorläufig keinen Aufschluß. Die verschiedenen, als Ursache angesprochenen Mikroorganismen, auch die von LIPSCHÜTZ erhobenen und als Protozoen gedeuteten Befunde sind noch durchaus problematischer Art.

Die erst neuerdings von KARTAMICHEK beobachteten Störungen im Kochsalzstoffwechsel bei Pemphiguskranken bedürfen noch weiterer Erforschung.

Impetigo herpetiformis.

Das zuerst von Hebra, und zwar nur bei Schwangeren beobachtete Krankheitsbild ist gekennzeichnet durch das Auftreten umschriebener Herde kleinster Pusteln auf entzündlich geröteter Grundlage. Diese Herde vergrößern sich durch peripheres Wachstum, während die Mitte verkrustet. Der Prozeß beginnt mit einer gewissen Vorliebe an den Kontaktstellen der Haut und breitet sich von dort über große Flächen aus.

Die Erkrankung, von der auch einzelne, allerdings noch umstrittene Fälle bei Männern beobachtet wurden, führt in einem großen Teil der Fälle unter dauernd hohem Fieber zum Tode. Die Unterbrechung der Schwangerschaft kann lebensrettend sein.

Entsprechend der Oberflächlichkeit der klinischen Veränderungen zeigt auch das histologische Bild als Sitz der Pusteln die obersten Epidermisschichten. Es handelt sich dabei im wesentlichen um eine akute Entzündung, die mit dem Auftreten kleinster Pusteln in der Epidermis und mäßigem Ödem der Cutis einhergeht. Die Veränderungen sind jedoch nicht kennzeichnend

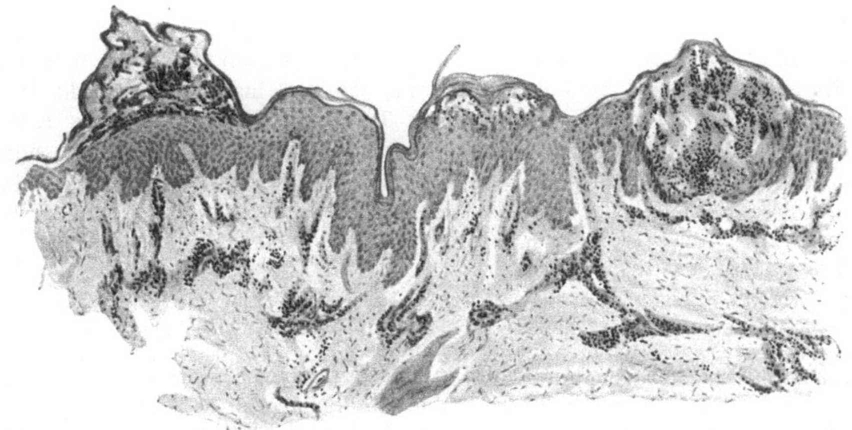

Abb. 88. Impetigo herpetiformis (♀, 29jähr., linke Bauchseite). Pustelbildung in sämtlichen Epidermisschichten. Mäßiges Ödem auch in Papillarkörper und Cutis. Perivasale Infiltration. O = 66 : 1; R = 59,4 : 1.

und ich muß auf Grund mehrerer veröffentlichter sowie auch eigener Fälle betonen, daß den mikroskopischen Veränderungen als Hilfsmittel für die Diagnose keine Bedeutung zukommt.

In den verschiedenen Schichten der Epidermis findet man eine seröse Exsudation, die in ihrer Stärke von einfacher Spongiose bis zu deutlich ausgebildeten Pusteln schwanken kann. Diese Pusteln sitzen bei ein und demselben Kranken sowohl in den oberen als wie in den mittleren und tieferen Schichten der Epidermis, ja sogar innerhalb der Epithelleisten und schwanken in ihrer Größe erheblich. Überall dort, wo sie stärker ausgebildet sind, wird das umgebende Epidermisepithel plattgedrückt; daneben wieder stößt man auf Bezirke, wo die Zellagen durch das Ödem auseinandergedrängt sind, dies namentlich in der Umgebung kleinster Pusteln.

In den Pusteln finden sich in der Hauptsache polynucleäre Leukocyten, darunter auffallend viele eosinophile. Zu ihnen kommen vereinzelte abgelöste Zellen der umgebenden Epidermisschichten. Rost weist unter ihnen noch auf große einkernige runde Zellen mit großem, bei Eosinfärbung intensiv rot gefärbten Zelleib hin. Bei längerem Bestande der Erkrankung entwickelt sich

in dem erkrankten Bezirk eine mäßige Akanthose, namentlich in den Epithelleisten. Die Krusten, wie sie im Zentrum größerer Herde festzustellen sind,
bieten mikroskopisch ebenfalls nichts Besonderes.

Auch die Cutisveränderungen sind durchaus nichtssagender Art. Es
fällt hier vor allem ein starkes Ödem auf, das sich besonders auf den Papillarkörper und das Stratum subpapillare erstreckt. Im gleichen Bezirk trifft man
eine diffuse und ziemlich gleichmäßig zerstreute Zellansammlung, die in
erster Linie aus Lymphocyten und wuchernden Bindegewebszellen, daneben
aus polynucleären Leukocyten sowie manchmal recht zahlreichen Eosinophilen besteht. Die Blut- und Lymphgefäße in dem erkrankten Bezirk sind
stark erweitert, ihre Endothelien geschwollen.

Das Infiltrat und auch das Ödem beschränken sich in der Hauptsache
auf die oberen Cutisschichten; hier führen sie zu einer Auflockerung des kollagenen und elastischen Gewebes, ohne daß dieses stärkere Veränderungen erleidet.

Die Anhangsgebilde der Haut scheinen an der Erkrankung nicht beteiligt.

Differentialdiagnose: Wie schon betont, ist das histologische Bild kein
kennzeichnendes. Immerhin gestattet die Tatsache, daß gewöhnliche Eitererreger innerhalb der frisch aufschießenden Pusteln weder bakteriologisch noch
histologisch jemals nachzuweisen waren, im Zweifelsfalle ohne weiteres eine
Unterscheidung von ektogenen wie auch hämatogenen Staphylo- oder Streptomykosen.

Pathogenese: Der fieberhafte und schwere Verlauf, zugleich mit dem Auftreten der
miliaren Pusteln, drängte zur Annahme einer infektiösen Entstehung der Erkrankung. Bis
heute ist jedoch ein diesbezüglicher Nachweis noch nicht gelungen, ja man geht sogar so
weit (SCHERBER) alle jene Fälle, wo ein gewöhnlicher Eitererreger als Ursache der Erkrankung angesprochen werden konnte, als nicht zu dieser gehörig zu bezeichnen. Trotz der bisherigen Mißerfolge ist ein Teil der Forscher geneigt, die Impetigo herpetiformis doch als
eine Infektionskrankheit anzusehen, deren Erreger jedoch noch nicht nachzuweisen war.
Andere wiederum, und ihre Anschauung hat mehr und mehr Anhänger gefunden, sehen
in der Erkrankung eine Autotoxikodermie, vielleicht hervorgerufen durch Schwanger-
schaftsgifte. Diese letztere Anschauung gewinnt um so mehr an Wahrscheinlichkeit, als
zwischen der Schwangerschaftstetanie und der Impetigo herpetiformis gewisse Beziehungen
beobachtet werden konnten. Man ist daher geneigt, beide Erkrankungen auf eine durch
die veränderte Tätigkeit des Körpers während der Schwangerschaft offenbar werdende,
aber wahrscheinlich bereits vorher latent vorhandene Epithelkörpercheninsuffizienz
zurückzuführen.

Dermatitis symmetrica dysmenorrhoica.

Die Erkrankung ist gekennzeichnet durch rasch einsetzende, mit brennenden Schmerzen
einhergehende und symmetrisch auftretende, zunächst perifollikuläre Entzündungserscheinungen, die alsbald zu serösem oder auch hämorrhagischem Exsudat und Blasenbildung
führen. In leichteren Fällen pflegen die nach Platzen dieser Blasen vorhandenen nässenden
Flächen sich schnell zu überhäuten, in schwereren Fällen kommt es zu einer Nekrose, die als
tiefbrauner Schorf unter Umständen die ganze Cutis durchsetzt und mit demarkierender
Entzündung unter starker Narbenbildung abheilt.

Von der Erkrankung wird nur das weibliche Geschlecht, vorwiegend im jugendlichen
Alter, bei noch nicht oder nur unregelmäßig aufgetretenen Menses befallen. Die Erkrankung,
ursprünglich von manchen Klinikern als solche abgelehnt und als Artefakt bewußter oder
hysterischer Natur betrachtet, wird nach und nach doch anerkannt, wenn auch über ihr
Wesen eine Einigkeit noch nicht besteht. Da es sich jedoch auf alle Fälle dabei um eine,
durch noch nicht näher bestimmte abnorme Vorgänge im Organismus entstehende
Hautentzündung handelt, glaubte ich sie hier anführen zu sollen.

Histologisch ist das von Matzenauer und Polland erstmalig 1912 beschriebene Krankheitsbild wenig untersucht worden. Sie fanden an einer Hautstelle, die lediglich gerötet und leicht ödematös, an den Follikeln jedoch bereits makroskopisch nekrotisch und oberflächlich erodiert war, Veränderungen, die in allererster Linie die Hautgefäße und Capillaren betrafen. Das auffälligste war der Reichtum an erweiterten, größeren und kleineren Blutgefäßen, deren Wand und Umgebung eine starke Rundzelleninfiltration zeigte, die sich bis zu den feinsten oberflächlichen Capillaren erstreckte. Viele von diesen waren thrombotisch verschlossen. Entsprechend den Gefäßveränderungen fanden sich in der Epidermis Bläschen, deren Entstehung sich auf eine verstärkte intercelluläre Flüssigkeitsansammlung zurückführen ließ. Die Bläschen lagen so tief in der Epidermis, daß sie oft die Papillen berührten oder von diesen nur durch eine Zellreihe getrennt waren. Bei den größeren Bläschen zeigten sich (bereits von Kreibich beobachtete) degenerative Veränderungen der Umgebung in Gestalt von verminderter Kernfärbbarkeit, Ödem und Acidophilie des Protoplasmas.

Der Papillarkörper enthielt — abgesehen von den Gefäßveränderungen — ebenso wie die Schweißdrüsen, Muskeln und Nervenäste keine Veränderungen; diese fanden sich jedoch in der Umgebung der Haarfollikel und Talgdrüsen.

Die Gefäßveränderungen des perifollikulären Netzes entsprachen den oben geschilderten; sie führten zu einer Exsudation in der Umgebung der Follikelmündung mit völliger Abhebung der Epidermis und Bildung eines mit Blut und Fibrin bedeckten Geschwürsgrundes. Um diesen nekrotischen Bezirk dehnte sich ein „Blasenwall" aus, zu dem ebenfalls erweiterte und von einem Infiltrat umgebene Gefäße hinzogen.

Pathogenese: Das primäre Befallensein der Blutgefäße, dazu der Mangel jeglicher anatomisch nachweisbaren Nervenveränderung veranlaßte Matzenauer und Polland an einen hämatogenen Entzündungsprozeß zu denken, der infolge abnormer Ovarialfunktion entstehe. Auch Török glaubt an eine entzündliche Genese. Kreibich faßt die Veränderung entsprechend seiner allgemeinen Ansicht in diesen Fragen als eine Reflexneurose auf, infolge eines Toxins, dessen Angriffspunkt wahrscheinlicher am Nervengewebe denn in der Gefäßwand liege. von Zumbusch und Wirz treten ebenfalls hierfür ein und betrachten die Erkrankung als eine multiple neurotische Hautgangrän, bei der es sich jedoch nicht um im Blute kreisende Ovarialtoxine, sondern um ein durchaus unspezifisches Menstrualexanthem (Opel) handele, dessen hämatogene Entstehung durch nichts erwiesen und auch unwahrscheinlicher sei als die angioneurotische.

4. Entzündungen aus noch nicht geklärten Ursachen.
Das Ekzem.

Der Krankheitsbegriff „Ekzem" hat trotz der vielen Wandlungen, die er im Laufe der Zeit durchgemacht hat und trotz der mühevollen Arbeit, die mit seiner Aufstellung verknüpft war, eine einheitliche Fassung bis heute noch nicht erhalten können. Vom rein morphologischen Gesichtspunkt aus ist die Unnasche Definition: „Chronische, zu diffuser Ausbreitung neigende, juckende und schuppende, parasitäre Oberhauterkrankungen, denen die Fähigkeit innewohnt, auf Reize mit serofibrinöser Exsudation (nässende Form) oder mit Epithelwucherung, übermäßiger Verhornung, abnormem Fettgehalte oder Kombination letzterer Vorgänge (trockene Form) zu antworten", wohl anzuerkennen, unter der Voraussetzung allerdings, daß man den darin zur Geltung gebrachten ätiologischen Faktor „parasitär" ausschaltet und statt dessen offen zugibt: Durch einen **Komplex zum Teil bekannter, zum Teil vermuteter und zum Teil noch unbekannter Faktoren** bedingte Oberhauterkrankung. Man kann sogar ruhig einen Schritt weitergehen und im Anschluß an Besnier die eben geschilderten, klinisch auf der Haut sichtbaren Veränderungen nicht als das eigentliche Ekzem, sondern lediglich als Ekzematisation bezeichnen, um damit darzutun, daß diese nosologisch nicht die Erkrankung darstellt, sondern lediglich deren Erscheinungsformen auf der Haut. Die Grundlagen selbst sind nach neueren Untersuchungen (Jadassohn, Bloch u. a) in Über-empfindlichkeitserscheinungen begründet, deren Ursachen wir von Fall zu Fall zu erforschen suchen (konstitutionelle, dispositionelle, angeborene oder er-worbene Eigentümlichkeiten).

So wenig geklärt dieser Teil der ganzen Frage auch ist, so wohl unterrichtet sind wir andererseits über die den einzelnen, nach-, mit- oder unabhängig von-einander auftretenden klinischen Erscheinungsformen zugrunde liegenden histo-logischen Veränderungen. Auch der heftige, und bis heute noch unentschiedene Streit über die Berechtigung zur Aufstellung des sog. akuten Ekzems, und dessen Beziehung zur Dermatitis acuta löst sich im histologischen Bilde auf die ein-fachste Weise. Wir werden nämlich sehen, daß durchgreifende Unterschiede mit den heutigen Mitteln mikroskopischer Forschung nicht festzustellen sind. Da es jedoch keinem Zweifel unterliegen kann, daß hier im klinischen Verlauf tatsächlich Unterschiede bestehen, so muß der pathologische Anatom dem Kli-niker — wie so oft — die Grenzen seines Könnens gestehen. Pathogenetische Grundfragen lassen sich eben mit rein morphologischen Methoden nicht klären. Daher lieber das Wenige, was wir sicher aussagen können, sachlich berichten, als den Wert des Gesehenen vermindern durch Verkettung mit unklaren hypo-thetischen Betrachtungen.

Derartig eingeengt ist unsere Aufgabe hier verhältnismäßig einfach zu erfüllen. Sie läßt sich dadurch noch erheblich klarer gestalten, daß wir in Anlehnung an Unna zunächst die bei jedem wahren Ekzem im Vordergrunde stehenden klinischen Erscheinungsformen histologisch auswerten, nämlich das Schuppen, das Nässen (Bläschenbildung) und die Epidermisverdichtung (Papelbildung). Geradeso wie diese zusammen in ihrer wechselnden Ausdehnung das klinische Bild jedes Ekzems kennzeichnen, so gibt ihr histologisches Sub-strat: Parakeratose, Spongiose und Akanthose uns den Schlüssel zum Verständnis des so äußerst verwickelten Gesamtaufbaues der ganzen Ekzemgruppe. In selten schöner Form findet hier das Endziel jeglicher histologischer Forschung an der Haut seine Erfüllung: „Klinisch mit histologisch geschultem, mikroskopisch mit dermatologisch geschultem Blick zu sehen" (Unna).

Die **Parakeratose,** die klinisch als Schuppung bei den unscheinbarsten Anfängen, im Zusammenhang einmal mit der Akanthose bei den trockenen (schuppenden, papulösen, papulo-krustösen) (s. Abb. 93), zum anderen mit der Spongiose bei den feuchten (vesiculösen, nässenden, krustösen) (s. Abb. 96) Formen auftritt, ist eine **Verhornungsanomalie.** In ihren ersten Anfängen äußert sie sich als ein intra-celluläres **Ödem** der Übergangsepithelien, das in der untersten Stachelschicht beginnt und die einzelnen Zellen samt ihrem Kern anschwellen läßt, so daß bereits hier eine Verbreiterung der ganzen Stachelschicht einsetzt, ehe über-haupt eine Epithelwucherung sichtbar ist (Unna). Das Ödem der Stachelzellen führt zum Schwund bzw. zu einer mangelhaften Entwicklung des Keratohyalins, so daß dieses äußerst unregelmäßig, an manchen Stellen gar nicht vorhanden ist. Dieser Körnerschwund ist jedoch sehr wechselnd. Stellen normaler Verhornung mit wohlentwickeltem, manchmal sogar verbreitetem Stratum granulosum wechseln ab mit völlig keratohyalinfreien, über denen dann die Zellkerne erhalten bleiben, der normale Verhornungsprozeß gestört wird und es zur Bildung der bekannten, aus flachkubischen Zellen mit langen abgeplatteten Kernen aufgebauten parakeratotischen Schuppen kommt.

An diesen Stellen findet sich außerdem eine Verbreiterung des Stratum lucidum, der basalen Hornschicht UNNAS, die sich nach diesem außerdem durch einen abnorm geringen Fettgehalt auszeichnet. Da die Parakeratose mit dem Ödem der Stachelzellen in Zusammenhang steht, und dieses wiederum von den beim Ekzem äußerst wechselnden reaktiven Vorgängen in der Haut abhängig ist, so wird es leicht verständlich, daß in ein und demselben Schnitt vielfach übereinander mehrere Schichten parakeratotischer Zellen mit normal verhornten abwechseln können.

Überall dort, wo Bläschenbildung und Exsudation klinisch das Bild eines feuchten Ekzems hervorgerufen haben, wird im Gegensatz zum vorigen die histologische Veränderung zunächst von einem rein interstitiellen Ödem,

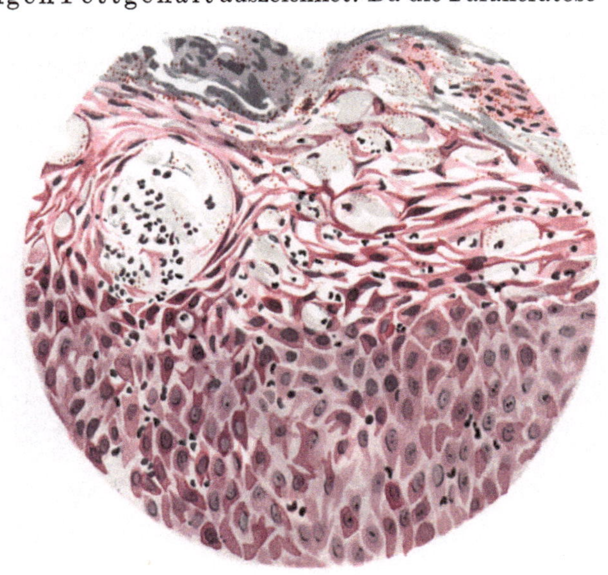

Abb. 89. Ekzema crustosum. Anfangsform. Status spongoides. Interstitielles Ödem. Kleinste Höhlen- und Bläschenbildung; z. T. mit polynuclearen Leukocyten durchsetzt. In der Epitheldecke banale Eiterkokken. Methylgrün-Pyronin. O = 290 : 1, R = 232 : 1. (Sammlung P. G. UNNA.)

und zwar in erster Linie der Stachelschicht der Epidermis eingeleitet. Die einzelnen Zellen sind dabei nicht vergrößert, dagegen zeigt sich zwischen ihnen eine abnorme Anhäufung von Gewebssaft. Dieser erweitert zunächst die einzelnen Intercellularräume, so daß das Ganze an ein weites, viel verzweigtes Kanalsystem erinnert. Alsbald geben einzelne Intercellularbrücken dem Druck der Flüssigkeit nach, die Zellen treten zurück und lassen zwischen sich unregelmäßige, bald weitere, bald schmalere Hohlräume, die durch dünne Septen noch zusammenhaltender, mehr oder weniger platt gedrückter Zellen abgetrennt werden. Schließlich reißen auch diese, und nun entstehen kleinste Höhlenbildungen, ein Zustand, den UNNA treffend als **Status spongoides**, BESNIER als **Spongiose** bezeichnet hat.

In frischen Stadien enthalten diese Höhlen auffallend wenige Leukocyten, dagegen meist eine klare, zunächst seröse, später serofibrinöse Flüssigkeit, in der sich namentlich innerhalb der verhornten, selten und weniger innerhalb der Stachelschicht, Fibrin als zartes Netzwerk oder auch als feines, körniges Gerinnsel nachweisen läßt (UNNA). Wird das Ödem nicht stärker oder läßt es nach, so werden diese anfangs stets mehr in den unteren, schnell aber auch in den oberen Abschnitten der Stachelschicht sich bildenden und unregelmäßig über die ganze Epidermis verteilten Flüssigkeitshöhlen durch nachdrängendes, junges normales Epithel nach oben geschoben; sie trocknen ein und bilden jene auch klinisch sichtbaren, zarteren oder gröberen Schuppen.

Das Ödem wird selbstverständlich bei längerer Dauer auch den Bau der einzelnen Zellen beeinflussen müssen. Es sammelt sich dann um deren Kern herum Flüssigkeit an, der perinucleäre Raum wird erweitert: es entsteht jener von LELOIR als „altération cavitaire" bezeichnete Zustand, der allerdings beim Ekzem im großen ganzen nur eine nebensächliche Rolle spielt.

Nimmt das Ödem noch weiter zu, so vergrößern sich die oben geschilderten Hohlräume zu den auch klinisch sichtbaren Bläschen. Diese stellen also lediglich eine Weiterentwicklung der Spongiose dar. Durch ihren Flüssigkeitsdruck pressen

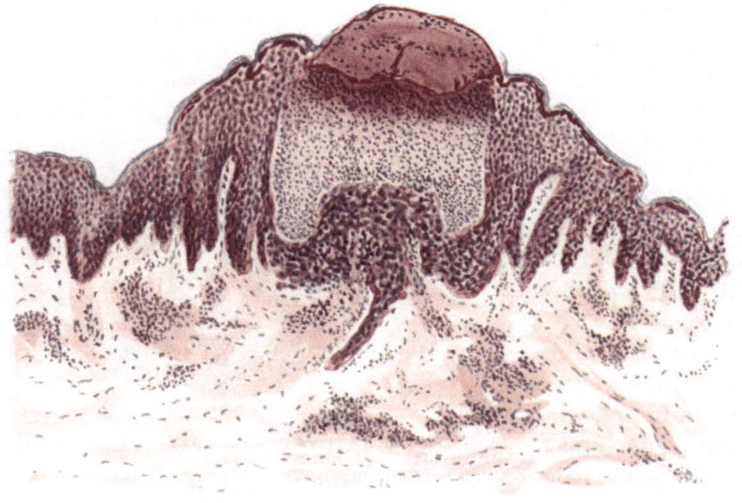

Abb. 90. „Ekzembläschen" mit zahlreichen Leukocyten gefüllt um (?) einen Schweißdrüsenausführungsgang. Methylgrün-Pyronin. O = 77 : 1; R = 77 : 1. (Sammlung P. G. UNNA.)

sie die angrenzenden, im übrigen nicht veränderten Epithelien zusammen. Auch diese größeren Bläschen sind in frischen Fällen nur von einer serösen oder serofibrinösen, kaum Leukocyten enthaltenden Flüssigkeit angefüllt. Ihre weitere Entwicklung ist verschieden: Überall dort, wo die deckende Epithelhülle wenig widerstandsfähig ist, wird diese platzen; im anderen Falle trocknen die Bläschen aus und bilden zusammen mit Schichten parakeratotischer Zellen, eingetrocknetem Serum, gelegentlich auch vereinzelten Bakterienhaufen die bekannten Krusten. Schließlich, und dies wird bei länger dauernden nässenden Ekzemformen häufiger der Fall sein, werden die Bläschen auch sekundär infiziert. Sie sind dann mit Leukocyten angefüllt, die man auch in der Umgebung reichlich trifft. Eitrige Bläschen, wie sie UNNA beschrieben hat, bei denen diese Leukocytenschwärme in der Umgebung fehlten, habe ich in meinem Material nicht angetroffen (s. Abb. 90).

Seltener in diesen Bläschen, häufiger in deren Epitheldecke finden sich dann manchmal Eitererreger, seien es nun Staphylokokken, Streptokokken oder gar die ursprünglich von UNNA als Ekzemerreger angesehenen, jetzt aber als solche wohl wieder aufgegebenen Morokokken.

Bei längerer Dauer der die Spongiose und Parakeratose auslösenden Ursache beteiligen sich jedoch regelmäßig die Epithelien selbst aktiv an den Veränderungen. Sie wuchern und führen dadurch zu einer Verbreiterung und Verdickung der Oberhaut, die als **Akanthose** bezeichnet wird (s. Abb. 96) und sich bei allen Ekzemen nicht nur auf die eigentliche Epidermis, sondern auch auf den oberen Teil der Stachelschicht der Haarbälge erstreckt (UNNA). Man findet dann reichlich Mitosen, namentlich im Stratum basale, aber auch unregelmäßig verteilt in den Epithelleisten und gegen die Hornschicht hin. Die Epithelwucherung führt

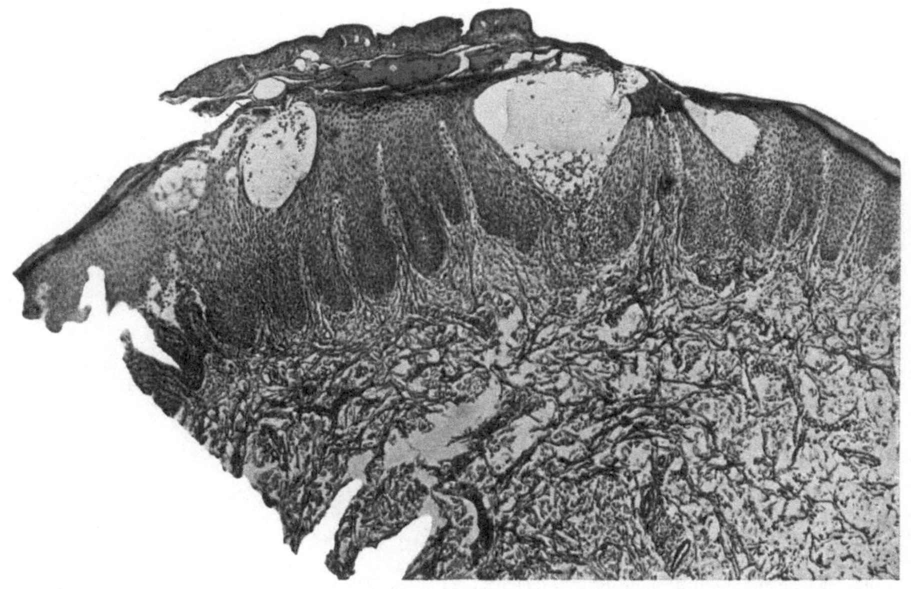

Abb. 91. Ekzema vesiculo-crustosum chronicum recidivans. (♀, 25 jähr., Unterarm.) Zahlreiche epidermale Bläschen, z. T. unter dicker Serumkruste. Starke Akanthose, oberflächliches Infiltrat. O = 41:1; R = 41:1. (Sammlung E. HOFFMANN.)

nicht nur zu einer Verbreiterung, sondern auch zu einer Verlängerung der Leisten, die natürlich weit über das hinausgeht, was man bei dem die Parakeratose einleitenden intracellulären Ödem beobachtet. Die Epithelleisten dringen in die Cutis vor; sie verschmälern und verlängern dadurch die Papillen, verdünnen aber gleichzeitig den horizontalen Abschnitt des Papillarkörpers erheblich (UNNA). Bei stärkerer Wucherung der Epithelien werden dann wohl auch einzelne dieser verdünnten Papillen abgeschnürt, die Papille selbst dadurch verkürzt und schließlich völlig verdrängt, so daß breite und plumpe Epithelbänder, manchmal mit unregelmäßigen Seitensprossen auftreten.

Die **Mitbeteiligung des Coriums** zeigt sich jedoch auch an der übrigen Cutis. Der eigentliche bindegewebige Aufbau wird allerdings zunächst kaum verändert. Das elastische und kollagene Gewebe bleiben vorläufig völlig unbeteiligt, wenn auch bei lange an gleicher Stelle bestehenden Formen das elastische Gewebe schließlich durch die Zellwucherungen eingeschmolzen wird und so teilweise schwindet. Mit einer gewissen Regelmäßigkeit findet sich jedoch bei jedem

Ekzem eine Wucherung der Bindegewebszellen, die zu einer in unkomplizierten
Fällen allerdings meist nur mäßigen perivasculären Zellinfiltration führt. In
den Papillen ist diese schwächer entwickelt und verliert sich allmählich nach der
Epidermis zu, findet sich dagegen stärker um die Gefäße des Stratum subpapillare. Es beteiligen sich daran nur die gewöhnlichen spindeligen Bindegewebszellen, während Plasma- und Mastzellen in den frischen Fällen meist
fehlen und bei länger bestehenden auch nur in geringer Zahl auftreten. In Fällen
stärkerer Infiltration nehmen auch die Bindegewebszellen der weiteren Umgebung der Gefäße an der Wucherung teil, so daß schließlich die Cutis gleichmäßig von jungen kleinen polygonalen Spindelzellen durchsetzt ist. Lymphocyten und polynucleäre Leukocyten finden sich bei den chronischen und reiz-

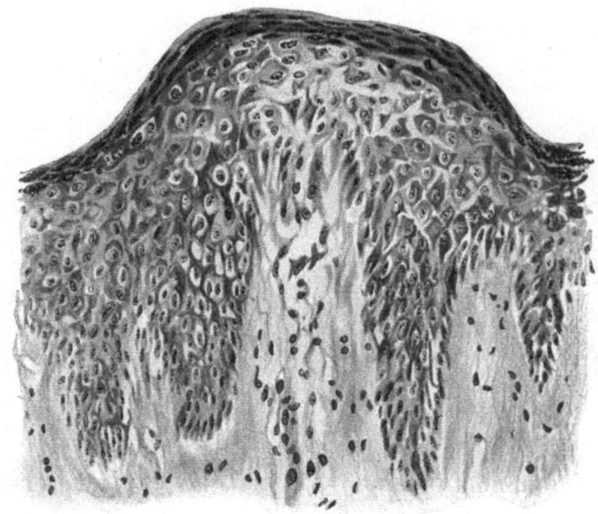

Abb. 92. Ekzem. (Beginn oder Rückfall?) (♀, 21jähr., Ellenbeuge). Umschriebenes Ödem des
Stratum papillare und subpapillare mit Auseinanderdrängen des Bindegewebes und Erweiterung
der Blut- und Lymphgefäße. Spongiose und altération cavitaire in Zellen der Basal- und Stachelschicht. Noch keine Veränderungen der oberen Epidermisschichten. (Beginnende Parakeratose?).
O = 290 : 1; R = 259,4 : 1.

losen Formen selten, während sie bei plötzlicher Verstärkung der exsudativen
und proliferativen Vorgänge in reichlicher Menge auftreten können.

Es ist klar, sei aber besonders betont, daß das mikroskopische Bild im Verlauf
sekundärer Infektionen sich natürlich erheblich ändern kann; namentlich die
Beteiligung polynucleärer Leukocyten tritt dann sehr in den Vordergrund, ein
Zustand, der schließlich zur völligen Durchsetzung der oberen Cutisabschnitte
und vor allem der Epidermis mit polynucleären Leukocyten und zum Auftreten der eben beschriebenen, mit Leukocyten gefüllten Bläschen führt.

Bevor jedoch diese Zellinfiltrate sichtbar werden, bevor es zu dem intercellulären Ödem mit seinen gesamten Folgeerscheinungen kommt, läßt sich
bei den akut auftretenden (oder erneut aufflackernden) Ekzemformen eine
Hyperämie und ein Ödem des Stratum papillare und subpapillare feststellen,
die in den stark erweiterten Blut- und Lymphgefäßen, dem Auseinanderdrängen
der Bindegewebsfasern und gelegentlich auch dem Austritt roter Blutkörperchen
aus den Gefäßen ihren sichtbaren Ausdruck finden.

Nach diesen allgemein einführenden Feststellungen wird das histologische Bild einer ekzematösen Hautstelle leichter verständlich sein; es ist eben in erster Linie abhängig von dem Vorherrschen der einen oder anderen oder gar der Kombination der klinisch oben kurz gestreiften, histologisch eingehend geschilderten Veränderungen. Die gleiche Tatsache macht jedoch eine ausführliche Darstellung aller diesbezüglich möglichen mikroskopischen Untersuchungsergebnisse zu einer nicht nur eintönigen, sondern auch nutzlosen Aufgabe, da es sich ja stets um eine nach der Breite und Tiefe zwar wechselnde, grundsätzlich aber gleichartige Wiederholung schon gesagter Dinge in mannigfacher Zusammenstellung handeln müßte.

Immerhin verpflichten einige, wenn man so sagen darf, klassische Erscheinungsformen von Ekzembildern auf der Haut zu einer kurzen zusammenfassenden Darstellung. Da diese am klarsten an Hand von Bildern des gewöhnlichen Entwicklungsganges derartiger Hautveränderungen zutage tritt, haben wir gleichzeitig Gelegenheit, die rein formale Genese hier bereits vorwegzunehmen. Um nicht mißverstanden zu werden, will ich jedoch wiederholt darauf hinweisen, daß der nunmehr zu schildernde Entwicklungsgang zwar häufig zu beobachten ist, daß aber auch unabhängig voneinander mannigfache Verlaufseigentümlichkeiten vorkommen. Inwieweit dabei eine der erkrankten Hautstelle innewohnende, besondere „(latente) Disposition" zur Ekzematisation eine Rolle spielt und welche, läßt sich mit den Mitteln rein morphologischer Forschung allerdings nicht entscheiden.

Eingeleitet wird der Prozeß häufig durch das

Ekzema erythematosum.

Klinisch handelt es sich dabei bekanntlich um jene auf irgendwelche Reize an zunächst umschriebener Hautstelle auftretende, unscharf begrenzte entzündliche Rötung, die mehr oder weniger juckt und brennt, nach kürzerem oder längerem Bestande schwindet und eine feine, lamelläre Schuppung hinterläßt oder aber — bei Anhalten der Schädigung — die bekannte Entwicklung zum papulösen und Bläschenstadium, zum Nässen und zur Krustenbildung durchmacht.

Histologisch findet man beim Ekzema erythematosum eine Erweiterung der Gefäße und ein Ödem des Papillarkörpers und der oberen Cutis; daran anschließend ein zunächst vielfach nur intracelluläres Ödem des Stratum spinosum, das dann zu jenen, bei der Parakeratose geschilderten und hier daher nicht mehr zu wiederholenden Vorgängen führen kann. Schwindet die auslösende Ursache, so hat es bei der im Verlauf der Parakeratose auftretenden Schuppung sein Bewenden. Unterhalb der regelwidrig verhornten Zellen treten wieder Keratohyalin tragende Stachelzellen auf, die den normalen Verhornungsprozeß einleiten. Diese Ausheilung beginnt an den Seiten und rückt zur Mitte vor, so daß schließlich die parakeratotische Schuppe durch die darunter liegende normale Hornschicht ersetzt wird: Der Vorgang ist abgelaufen.

Bleibt hingegen die auslösende Ursache länger bestehen, so gibt es zwei Möglichkeiten. Steigert sich die seröse Exsudation nicht nennenswert, so entwickelt sich eine als

Ekzema squamosum

bekannte Form der Hautveränderung, bei der klinisch Rötung und zarte Schuppenbildung, bei längerem Bestand auch Verdichtung der Epidermis zu beobachten sind. Histologisch entspricht diesem Zustand eine mäßige Gefäßerweiterung und perivasculäre Zellinfiltration, leichte Akanthose und Parakeratose und damit Schuppenbildung bei mangelnder Keratohyalinbildung. Dieselben Veränderungen kann indessen auch jede der gleich zu besprechenden Ekzemformen bei der Abheilung darbieten, so daß im Einzelfall auf Grund des histologischen Bildes allein eine Entscheidung über den gerade vorliegenden Krankheitsstand, wenn man so sagen darf, nicht getroffen werden kann.

Steigert sich hingegen die seröse Exsudation, so kann sie, falls ein gewisses Maß nicht überschritten wird, einen Zustand hervorrufen, der wegen seiner klinischen und auch mikroskopischen Ähnlichkeit mit der Psoriasis als **Ekzema psoriatiforme** unterschieden wurde. Er ist histologisch besonders gekennzeichnet durch ein mäßiges parenchymatöses Ödem der Stachelzellen, eine dadurch bedingte Parakeratose bei mächtig entwickelter interpapillärer, schwach entwickelter suprapapillärer Stachelschicht. Spongoide Umwandlung oder gar Bläschen- und Krustenbildung sind sehr selten. Nimmt jedoch der Entzündungsprozeß zu, steigern sich die serös exsudativen Vorgänge, so geht die Erkrankung über in das

Ekzema papulosum.

Hier treten serös-exsudative Vorgänge in den Vordergrund. Die Erweiterung der papillaren und subpapillaren Gefäße nimmt zu, desgleichen die perivasculäre Zellinfiltration; eine verstärkte Exsudation drängt die Intercellularlücken der

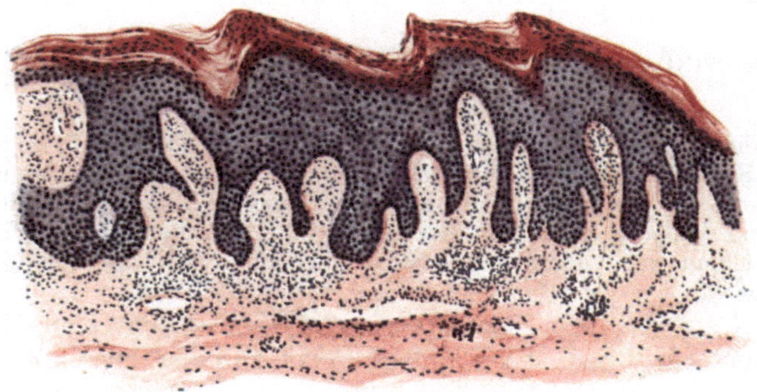

Abb. 93. **Ekzema chronicum squamosum** (♀, 13 jähr., Handrücken). Parakeratose, Akanthose. Fehlendes Stratum granulosum. Ödem im Stratum papillare und spinosum. Mäßige Gefäßerweiterung und perivasculare Zellinfiltration. Hämatoxylin-Eosin. O = 66 : 1; R = 52 : 1.

Epidermis wechselnd schnell und an den verschiedensten Stellen wechselnd stark auseinander. Gleichzeitig setzt eine verstärkte Epithelproliferation ein, angekündigt durch lebhafte Zellteilungsvorgänge im Stratum basale und spinosum (UNNA). Zusammen mit einem nun auch stärker einsetzenden intracellulären Ödem (altération cavitaire) führen diese zur Verlängerung und Verbreitung der Epithelleisten, zur Akanthose. Bei weiterem Fortschreiten der Exsudation werden die Zellen stärker auseinandergedrängt, ihre Verbindungsbrücken reißen ein, es kommt zu wechselnd großen Höhlenbildungen: die Spongiose ist in den Vordergrund der Veränderungen getreten. Auf diese Weise bilden sich kleinste, zunächst intradermale, dann zur Oberfläche vorrückende und diese vorwölbende Bläschen: Ein Vorgang, der sich grundsätzlich von dem bei den akuten Dermatitiden geschilderten nicht unterscheidet.

Der eben beschriebene Zustand kann sich nun mehrfach in seinem Entwicklungsgang wiederholen, so daß auf die im oberen Abschnitte eines solchen Bezirks vorhandene Röhren- und Bläschenbildung eine Lage annähernd normaler oder auch parakeratotischer Epithelien folgt, unter denen nun der spongiöse Prozeß von neuem einsetzt. Sind die oberflächlichen Bläschen geplatzt, so ergießt sich ihr Inhalt auf die Haut. Ist der Flüssigkeitsstrom sehr stark, so schwemmt er die weniger widerstandsfähigen, parakeratotischen Hornlamellen hinweg; gleichzeitig macht er eine Neuanbildung unmöglich. Wir haben das

Ekzema madidans

vor uns, eine klinisch aus diffuser Rötung, aus den Ekzemperen — kleinsten umschriebenen Defekten der obersten Epidermisschicht — und dem aus diesen

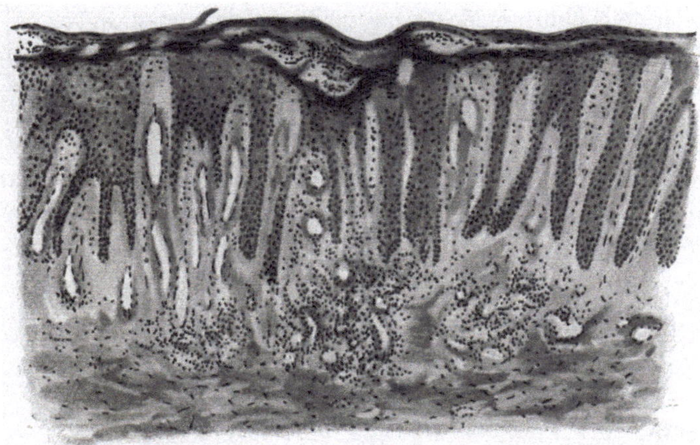

Abb. 94. Ekzema madidans (♀, 52 jähr., Unterschenkel, Beugeseite). Starkes Ödem der gesamten Haut. Blut- und Lymphgefäßerweiterung, mäßiges perivasculares Infiltrat. Akanthose, Parakeratose, Spongiose, „Ekzemporen". O = 66 : 1; R = 66 : 1.

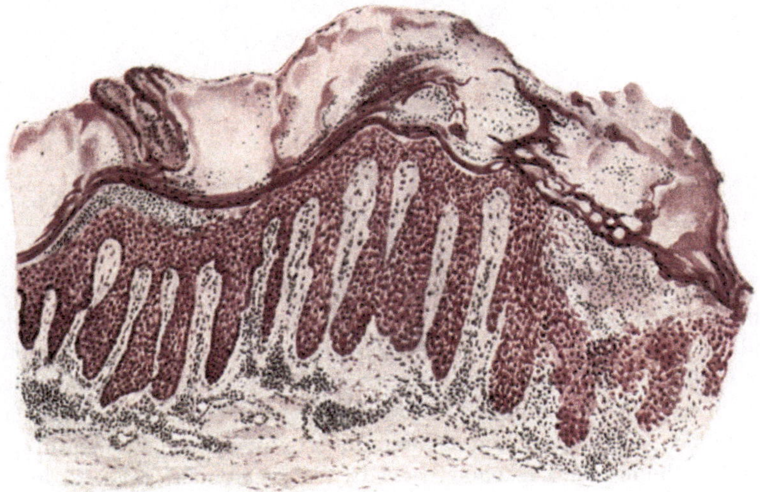

Abb. 95. Ekzema madidans (älterer Herd). Parakeratose, Akanthose, Spongiose, Bläschenbildung. Zahlreiche polynucleäre Leukocyten durchsetzten Gewebe und seröses Exsudat, das in den oberflächlichen Lagen in dicken Massen geronnen ist. Stärkere Zellinfiltration um die erweiterten Gefäße. Methylgrün-Pyronin. O = 66 : 1; R = 50 : 1.

stetig und reichlich hervorquellenden Saftstrom gekennzeichnete Erkrankung. Histologisch fehlt an den Stellen der Ekzemporen die Hornschicht und meist auch das Stratum granulosum vollständig; die Umgebung besteht aus ödematösen und parakeratotisch veränderten Zellen. Das Ödem reicht entsprechend der starken Exsudation bis tief in die Stachelzellen und den Papillarkörper hinunter.

Überall sind hier die Blutgefäße und Lymphspalten stark erweitert, die Zwischenräume der Stachelzellen auseinandergedrängt und spongoid umgewandelt.
Wenn schließlich die Ausschwemmung nachläßt oder geringer wird, so trocknet
die Flüssigkeit an der Hautoberfläche zu Krusten ein. Die deckende Schicht
besteht dann aus parakeratotischen Zellmassen, aus Leukocyten und deren
Trümmern, aus Epitheldetritus und eingedicktem Serum, das entweder als
homogene oder feingekörnte Masse erscheint, in der zarte Netze oder körnige
Ablagerungen von Fibrin mit den eben erwähnten Gebilden ein wirres Durcheinander bilden. Die im klinischen Bilde vom Gelbgrün zum Gelb- bis Rotbraun
wechselnde Farbe dieser Krusten ist bedingt durch den wechselnden Gehalt
an Serum, an Leukocyten, abgestoßenen und parakeratotischen Epithelien,
sowie die entweder infolge mechanischer Ursachen oder auch spontan aus den
Capillargefäßen ausgetretenen Blutmassen. Wir haben dann vor uns das

Ekzema crustosum.

Bei längerem Bestande derartiger nässender Ekzeme findet man außerdem
die ganze Epidermis durchsetzt von polynucleären Leukocyten in wechselnder

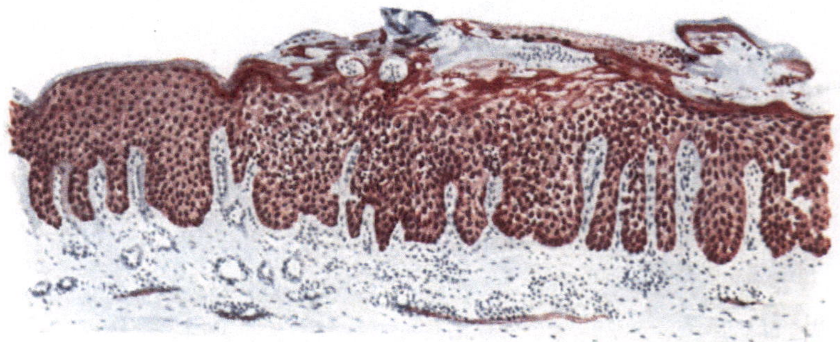

Abb. 96. Ekzema crustosum. Starke Akanthose und Spongiose, mäßige Parakeratose. Ödem
in Epidermis und Cutis, erweiterte Blut- und Lymphgefäße, geringes Infiltrat, starke Leukocytenansammlung in der Epidermis. Methylgrün-Pyronin. O = 66 : 1; R = 62 : 1.
(Sammlung P. G. UNNA.)

Zahl. Sie stammen aus den Gefäßen des Papillarkörpers, nehmen ihren Weg
durch die erweiterten Saftspalten der akanthotisch veränderten Epidermis
und erfüllen dann die in deren obersten Schichten auftretenden spongiösen
Bläschen. Ob es sich dabei stets nur um eine sekundäre Infektion des frei-
liegenden Stratum spinosum mit banalen Eitererregern, zu denen wir auch
die Morokokken UNNAS rechnen müssen, oder um andere unbekannte, physikalische oder chemische Ursachen handelt, ist noch nicht entschieden. —
Es liegt in der Natur der Ekzemerkrankung der Haut, daß die schädigende
Ursache zu jedem Zeitpunkt aufhören und dann der Prozeß zum Stillstand
kommen kann. Bei der Ausheilung des Ekzema madidans treten grundsätzlich die gleichen Erscheinungen auf, die wir oben beim Ekzema erythematosum
kennen gelernt haben. Auch hier bildet sich unter allmählichem Nachlassen der
Spongiose, Parakeratose und Akanthose infolge Aufhören der Exsudation und
Auftreten von Keratohyalin der normale Verhornungsprozeß aus, der schließlich
unter leichter Pigmentierung, Abklingen der Hyperämie und damit Rückbildung
der Veränderungen in der Cutis zur völligen Ausheilung führen kann.

Bei den mehr proliferativen Ekzemformen steht im Gegensatz zu den bisher geschilderten, den mehr exsudativen, die Verdickung der Epidermis und die Zellinfiltration in der Cutis im Vordergrund der Veränderung.

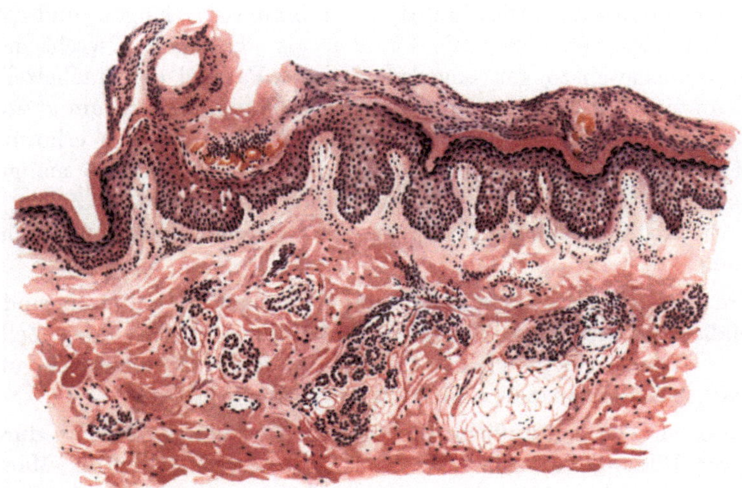

Abb. 97. **Ekzema crustosum** (in Ausheilung) (♀, 8jähr., Ellenbeuge). Rechte Hälfte des Schnittes: Normal verhornte, aber verbreiterte Hornschicht unter einer Kruste und überhalb einer noch akanthotisch-spongiösen Epidermis. Linke Hälfte des Schnittes: Parakeratose, Kruste mit Blutherd, Akanthose. Ganz links gesunde Haut. Hämatoxylin-Eosin. O = 66 : 1; R = 66 : 1.

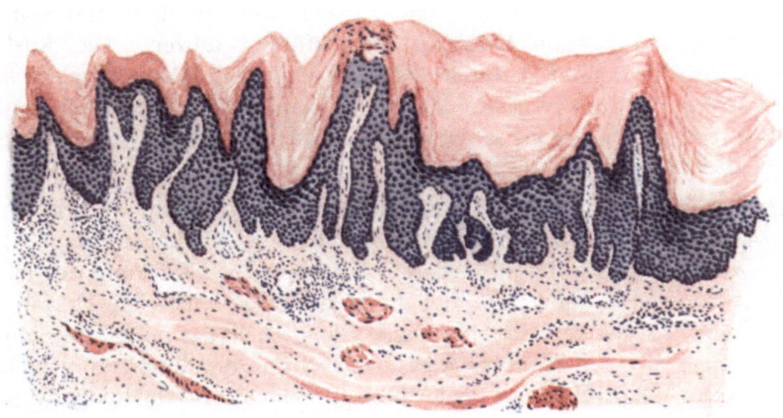

Abb. 98. **Ekzema chronicum callosum** (tyloticum) (♂, 52jähr., Unterschenkel, Streckseite). Mächtige Hyperkeratose und Akanthose. Umschriebener parakeratotischer Herd mit mangelnder Keratohyalinbildung; erweiterte und starre Gefäße mit wechselnd ausgedehntem Zellmantel. Hämatoxylin-Eosin. O = 66 : 1; R = 50 : 1.

Klinisch pflegt man sie auch als **chronische, trockene, infiltrierte, callöse** (tylotische) oder

hyperkeratotische Ekzeme

von den vorigen zu trennen. Es unterliegt dabei jedoch keinem Zweifel, daß sie ihre Eigenart in erster Linie den Besonderheiten ihres Ursprungsortes verdanken. Sie treten nämlich fast ausschließlich auf der Volarseite der Hand und des Fußes auf, also an Stellen, die von Natur aus mit einer dicken Oberhaut versorgt sind. Exsudative Prozesse, wie Erweiterung der Intercellularräume, Spongiose oder gar Bläschenbildung sowie Leukocyteneinwanderung treten hier völlig zurück gegenüber einer meist sehr stark entwickelten Akanthose. Diese führt zu verbreiterten, langen und plumpen Epithelleisten, zwischen denen die Papillen als verlängerte, wechselnd stark infiltrierte Bindegewebszungen eingelagert sind. Parallel der Stachelzellwucherung geht an vielen Stellen eine mächtige Entwicklung des Stratum granulosum, die wiederum eine unter Umständen außerordentlich starke Verhornung bedingt. Daneben finden sich jedoch auch umschriebene Herde mangelhafter Verhornung. Es fehlt hier das Keratohyalin; die Kerne der Zellen bleiben erhalten, es entstehen umschriebene parakeratotische Herde von wechselnder Ausdehnung.

Die Cutis ist gekennzeichnet durch eine auffallende Erweiterung und Starre ihrer Gefäße, die stets von einem an Ausdehnung wechselnden Zellmantel wuchernder fixer Bindegewebszellen und (weniger) Lymphocyten umgeben sind. Mast- oder Plasmazellen sind daran nicht beteiligt.

Eine besondere Eigentümlichkeit zeigen diese callösen Ekzeme durch ihre Neigung zur Bildung von Einrissen (Ekzema rhagadiforme). Man findet dann die Hornschicht und meist auch die obersten Lagen der Stachelschicht gelegentlich bis nahe an den Papillarkörper heran durch einen klaffenden Spalt auseinandergedrängt, an dessen Grund es zu umschriebener stärkerer Exsudation, zur Auswanderung polynucleärer Leukocyten und vielfach zur Bildung kleiner Nekrosen kommt, Veränderungen, die wir wohl auf sekundär und von außen eingedrungene schädigende Ursachen zurückführen dürfen. Die Ausheilung derartiger Einrisse kommt dadurch zustande, daß nach Abstoßung der starken Hornmassen (durch therapeutische Maßnahmen) nunmehr das Epithel von beiden Seiten her auf den unterdes gereinigten Grund der Rhagade herabsteigt und diese so überhäutet.

Differentialdiagnose: Die Mannigfaltigkeit der klinischen Erscheinungsformen macht die Erörterung aller beim Ekzem möglichen diagnostischen Irrtümer zu einer kaum durchführbaren Aufgabe. Die Sicherung der Diagnose ist für die übergroße Mehrzahl der in Betracht kommenden Erkrankungen mit Hilfe der pathologischen Histologie allein auch gar nicht durchführbar. Bei kaum einer anderen Hautveränderung wird sich der Histologe der Grenzen seines diagnostischen Könnens mehr bewußt wie hier. Glücklicherweise sind wir aber gerade beim Ekzem in den meisten Fällen auf eine histologische Auswertung der Gewebsveränderungen gegenüber den in Betracht kommenden anderen Hautkrankheiten nicht angewiesen. Dies ist in erster Linie Aufgabe der klinischen Betrachtung und mit deren Hilfe in der Mehrzahl der Fälle auch durchzuführen. Die eigenartige Polymorphie des klinischen Bildes, wie sie das Ekzem kennzeichnet, findet sich bei kaum einer anderen Hauterkrankung wieder. Sie mag gelegentlich einmal bei den durch Pilze hervorgerufenen Oberhauterkrankungen, den Epidermidomykosen, angetroffen werden (Trichophytie, Ekzema marginatum u. a.). Bei diesen bringt jedoch der Nachweis des Erregers ohne weiteres die Entscheidung. Aber auch in jenen Fällen, wo uns diese Möglichkeit im Stich läßt, vor allem also bei den gelegentlich ekzemähnlichen Hautveränderungen, bei der Psoriasis, der Prurigo, der Impetigo, der Pityriasis rosea gestattet die Klinik eine Entscheidung. Bezüglich der in einzelnen Fällen vielleicht doch notwendigen Heranziehung histologischer Merkmale kann auf das an entsprechender Stelle Gesagte verwiesen werden.

Schwer und wegen der verantwortungsreichen Vorhersage überaus wichtig ist die Trennung von den prämykotischen Erythrodermien und den ekzemähnlichen Vorstadien der PAGETschen Krankheit. Für die Prämycosis bietet hier das Überwiegen der cutanen Zellansammlungen, wie wir es in diesem Ausmaß beim Ekzem kaum finden, sowie deren bunter Aufbau hinreichende Anhaltspunkte (Näheres siehe dort). Für die PAGETsche Krankheit kann die Entscheidung bei den Frühformen manchmal unmöglich werden. Ist jedoch die carcinomatöse Umwandlung eingetreten, so gestatten die dann vorhandenen eigenartigen Veränderungen des Epithels (Näheres siehe PAGET) eine Stellungnahme.

Pathogenese: Wir fassen das Ekzem heute als eine Überempfindlichkeitsreaktion der Haut gegenüber einzelnen oder einer Vielheit von Reizen auf, die durch endogene oder exogene, nervöse, parasitäre, chemische oder physikalische Einflüsse bedingt sein können. Diese Überempfindlichkeit denkt man sich an besondere, in der Haut des „Ekzematikers" vorhandene Eigentümlichkeiten gebunden, die im Einzelfall erworben werden, aber vielleicht auch angeboren sein können.

Ekzema seborrhoicum.

Aus der großen Zahl der zum Ekzem gehörenden Hautveränderungen ragt die von UNNA aufgestellte Gruppe der seborrhoischen Ekzeme als besondere Eigenart hervor. Mag man über ihre Zugehörigkeit zu dem Krankheitsbilde, das wir im Grunde als „Ekzem" zu bezeichnen pflegen, in Zweifel sein, mag die eine Schule sie zu den „Schmerflüssen" rechnen, die andere sie als eine Sonderart mit dem Namen „Ekzematide" (DARIER) bezeichnen, alles das kann keinen Zweifel aufkommen lassen darüber, daß wir es hier mit einem in seiner Eigenart selbständigen und wohl erkennbaren Krankheitstypus zu tun haben. Dabei darf zugegeben werden, daß Übergänge sowohl nach der Seite des eigentlichen Ekzems als auch nach der Psoriasis hin vorkommen.

Klinisch ist diese Hautveränderung in erster Linie gekennzeichnet durch eine stets im Vordergrund stehende Seborrhoe, durch eine charakteristische, vom Scheitel nach abwärts gehende Art der Ausbreitung und schließlich durch das Gebundensein an bestimmte, von ihr bevorzugte Hautgebiete: Neben dem behaarten Kopf in erster Linie die Schweißfurchen des Gesichts und des Rumpfes (UNNA). Das seborrhoische Ekzem beginnt meist als umschriebene, gelbliche, später mit dickeren, gelblichen bis gelbbraunen Schüppchen bedeckte Verfärbung der Haut, namentlich in der mittleren Schweißrinne des Gesichts, der Brust und des Rückens sowie der Gelenkbeugen. Dabei ist der behaarte Kopf meist in Form kleiner, gelblicher, mehr oder weniger runder und vielfach leicht schuppender Herde beteiligt. Aus den gelben Flecken entwickeln sich bald umschriebene, kreisrunde oder auch polycyklische, erbsen- bis geldstückgroße und größere Flecke, deren Mitte abgeflacht, leicht schuppend und vergilbt ist, während der fortschreitende Rand von einer Reihe stärker geröteter, oft mit kleinen Krusten bedeckter, den Haarfollikeln entsprechender Knötchen gebildet wird und nach der gesunden Seite hin scharf abfällt. An anderen Herden fehlt diese ausgesprochene Begrenzung; man findet dann oft bogenförmig fortschreitende, mit gelben bis rotbraunen, trockenen oder auch fettigen Krusten bedeckte Kreise und

Ringe, die unter besonders günstigen Umständen auch spongoide Umwandlung mit Bläschenbildung und Nässen zeigen können.

Neben diesen typischen und leicht erkennbaren Formen müssen wir zum seborrhoischen
Ekzem noch einige Veränderungen rechnen; einmal eine in vereinzelten kleinen perifollikulären, gelbbraunen schuppenden Papeln auftretende, die sowohl klinisch als auch histologisch ein Mittelding zwischen Ekzem und Psoriasisefflorescenz bildet (PINKUS). Zum
anderen jedoch die durch ihre Lokalisation auf dem behaarten Kopf besonders eigenartige
sog. Seborrhoea capitis, die ebenso wie das Ekzem mit Parakeratose, Akanthose und
oberflächlicher Entzündung der Cutis einhergeht. Wir wollen sie daher mit UNNA ebenso
wie ihre Endform, die Alopecia seborrhoica an dieser Stelle im Zusammenhang besprechen.

Die klinische Eigenart des seborrhoischen Ekzems, die UNNA zur Aufstellung
einer Reihe von Unterformen Veranlassung gab, wird im histologischen Bilde

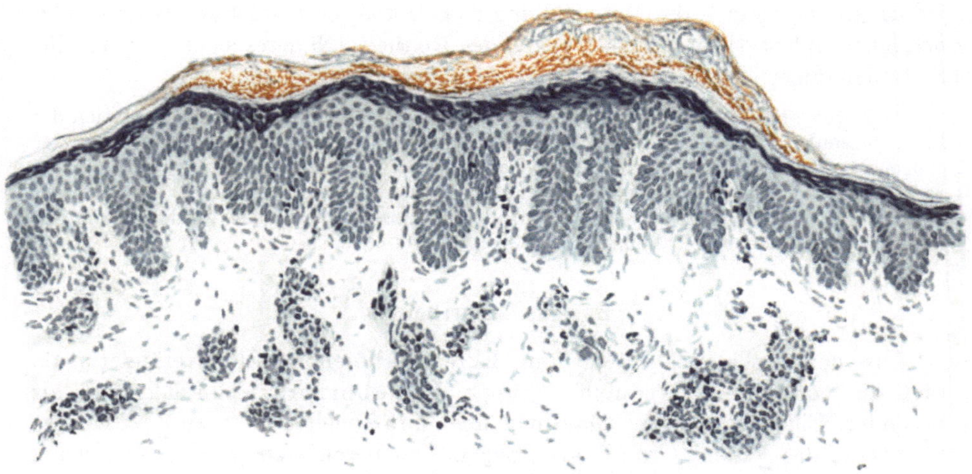

Abb. 99. Ekzema seborrh. (♂, 23jähr., Rücken). Randabschnitt. Fettgehalt der parakeratotischen mit Bläschen durchsetzten Hornschicht. Akanthose. Leukocytendurchwanderung.
Hämatoxylin-Sudan. O = 128:1; R = 115:1.

voll und ganz bestätigt. Dabei tritt auch — soweit überhaupt aus morphologischen Gesichtspunkten ein solcher Rückschluß gestattet ist — die Verwandtschaft mit dem echten Ekzem klar zutage. Dem klinisch vorwiegend trockenen
Charakter der Veränderung entsprechend, treten bei ihr die Parakeratose,
daneben, wenn auch weniger stark, die Akanthose ganz entschieden in den
Vordergrund, während das interstitielle Ödem (die Bläschenbildung) zurücktritt und sich vielfach nur auf ganz bestimmte Abschnitte, vor allem die Randpartien beschränkt (UNNA). Eine starke Proliferation der Knäueldrüsenepithelien, wie sie dieser Forscher fand, ist mir in meinem Material nicht besonders
aufgefallen. Eine Eigentümlichkeit des seborrhoischen Ekzems, nämlich der
starke Fettgehalt, den UNNA ursprünglich auf eben diese, von ihm angenommene
vermehrte Tätigkeit der Knäueldrüsenepithelien, später auf die seborrhoische
Efflorescenz als solche zurückführen wollte, findet ihre Aufklärung in dem stärkeren Gehalt dieser Herde an sudanophiler Lipoidsubstanz. KREIBICH fand
sie in den Endothelien der Papillargefäße, aber auch freiliegend in den Papillen.
Sie finden sich jedoch nach CEDERCREUTZ auch im untersten und mittleren

Teil des Stratum basale bzw. spinosum, besonders aber im Stratum corneum und den parakeratotischen Schichten; dort in Form kleiner, hier in Form größerer Tröpfchen. Die Veränderungen in der Cutis stimmen im großen ganzen mit denen der übrigen Ekzeme überein, abgesehen vielleicht von einem in Schulfällen auffallend geringen interstitiellen Ödem und einem schon von UNNA beobachteten Auftreten von feinen Fettröpfchen in den Lymphspalten und zwischen den Endo- und Perithelien der Capillaren.

Überall dort, wo es — wie besonders in den Randabschnitten seborrhoischer Efflorescenzen — klinisch zum Auftreten exsudativer Vorgänge kommt, finden diese natürlich auch histologisch ihren Ausdruck, unterscheiden sich jedoch nicht wesentlich von dem früher bereits Gesagten. Es ist allerdings zuzugeben, daß das Nahebeieinander der mittleren, mehr oder weniger in Rückbildung begriffenen und der auf der Höhe der Veränderung stehenden Randpartien (Typus circumcisus, petaloides, nummularis et annularis UNNAS) noch eine Reihe bemerkenswerter Einzelbilder bieten kann. Doch darf auf deren eingehende Wiedergabe hier um so eher verzichtet werden, als sie grundsätzlich keine Abweichung von dem Bilde des typischen seborrhoischen Ekzems ergeben (s. Abb. 99).

Mit dem seborrhoischen Ekzem steht die

Seborrhoea capitis

in engem Zusammenhang. Wir gehen dabei nicht so weit wie manche Forscher, die beide als die gleiche Erkrankung betrachten und können daher auch die Alopecia seborrhoica, jenen bei vielen Menschen nach der Pubertät beginnenden und bis Ende der 20er Jahre fortschreitenden Haarausfall, nicht als Folgeerscheinung des seborrhoischen Ekzems ansehen. Wir betrachten vielmehr den frühzeitigen Haarausfall als konstitutionell bedingt. Vielleicht sind sowohl die Seborrhoea capitis wie auch die Alopecia seborrhoica auf derartige übergeordnete konstitutionelle Eigentümlichkeiten zurückzuführen.

Die Epidermis ist in den vollentwickelten Fällen fleckweise hyperkeratotisch, namentlich in den Haarfollikelostien. An anderen Stellen wieder besteht eine Parakeratose, der eine Auflockerung und damit die im klinischen Bilde bekannte Schuppenbildung entspricht. In den erweiterten Haarfollikeln finden sich zwischen den Hornmassen zahlreiche Mikroorganismen, welchen diese verhornten und verfetteten Gewebsmassen einen guten Nährboden bieten; als Ursache des Haarausfalls werden sie jedoch nicht mehr angesehen.

Zu Beginn der Veränderungen ist die Epidermis völlig normal; man sieht lediglich eine mäßige Verdickung und stärkere Durchfettung der Hornschicht. In der Cutis hingegen finden wir bereits mehr oder weniger ausgesprochene entzündliche Veränderungen, die von den Blutgefäßen ihren Ausgang nehmen. Daher ist GANS geneigt, die Ursache des Haarausfalls in Stoffwechselprodukten zu sehen, die auf dem Blutwege herangeführt werden. Die Blutgefäße sind erweitert und von einem lockeren Zellinfiltrat mantelförmig umgeben. Dieses besteht in der Hauptsache aus Leukocyten, denen Plasmazellen in wechselndem Maße beigemengt sind. Degenerationserscheinungen am kollagenen und elastischen Gewebe, wie sie besonders von EHRMANN nachgewiesen wurden, scheinen mit der Veränderung als solcher in keinem ursächlichen Zusammenhang zu stehen, da sie auch in der normalen Kopfhaut älterer Menschen vorkommen (RABL). In länger bestehenden Fällen führt dieser chronische Reizzustand der Cutis augenscheinlich zu einer Störung in der Ernährung der Epidermisepithelien der Haut sowohl wie auch der Anhangsgebilde. Dies zeigt sich zunächst in einem vermehrten Fettgehalt, dem dann eine stärkere Abstoßung und Neubildung und schließlich Atrophie folgt. Besonders in den Haarfollikeln führt die Ansammlung der Horn- und Fettmassen auf die Dauer zu einer Atrophie der umgebenden Follikelepithelien, wodurch vielleicht die Ernährungsstörung der Haarpapille noch ausgesprochener wird. Die Papille scheint kleiner, die Papillenhaare sind mehr zur Oberfläche hingerückt und dünner wie gewöhnlich.

Für die Klinik der Alopecia seborrhoica und auch für die Pathogenese gibt das histologische Bild keine vollauf befriedigende Erklärung.

Cheiropompholyx (Dysidrosis).

Die Veränderung, der die verschiedensten Ursachen zugrunde liegen, hat durchaus noch keine einheitliche Auffassung gefunden. Die ursprüngliche Annahme von T. Fox, der als Wesen der Erkrankung eine Retention des Schweißes in den Ausführungsgängen der Schweißdrüsen ansah, ist von den meisten Forschern heute verlassen. Wenn man von jenen Fällen absieht, die durch Pilze hervorgerufen werden (Kaufmann-Wolf), so bleiben noch verschiedene Formen der Veränderung übrig, unter denen die von ekzematösen Vorgängen abhängigen bei weitem in der Mehrzahl sein dürften. Ob daneben noch eine besondere und selbständige, mit den Schweißdrüsen in Beziehung stehende Form der Veränderung vorkommt (T. Fox, Crocker, Nestorowsky), ist zur Zeit noch fraglich.

Die Erkrankung besteht in „sagokornähnlichen" Bläschen, die meist im Frühjahr, vielfach rezidivierend an den Händen und Füßen auftreten und ohne stärkere Entzündungserscheinungen, aber mit heftigen Juckempfindungen verlaufen. Die Bläschen können bis bohnengroß werden und enthalten eine alkalische Flüssigkeit. Die Dicke der sie bedeckenden Hornschicht verhindert in der Regel ein Platzen; sie trocknen daher ein, worauf nach Abstoßung der Decke eine glatte rötliche Oberfläche sichtbar wird.

Verfolgt man den Entwicklungsgang der Veränderung im Gewebsschnitt, so findet man zu Beginn in der oberflächlichen Epidermis, seltener in deren tieferen Lagen ein zunächst umschriebenes intracelluläres Ödem, das einen kleinen, auf wenige Zellagen beschränkten Bezirk aufgehellt erscheinen läßt. Sehr schnell werden dann die Zellen auseinandergedrängt und es entstehen kleinste intercelluläre Bläschen, die sich häufig gleichzeitig neben den ödematös gequollenen Zellhaufen vorfinden. Durch Einreißen der trennenden Epithelbrücken entstehen größere Hohlräume, in deren unmittelbaren Umgebung das Epithel dann meist plattgedrückt erscheint. Es handelt sich also zunächst um eine Spongiose, aus der heraus sich die Vesiculae entwickeln. Zu diesem Zeitpunkt läßt sich tatsächlich kein Unterschied gegenüber den Bläschen des Ekzems feststellen. Die Blasendecke wird je nach dem Ursprungsort der Bläschen von der Hornschicht allein oder von Stratum granulosum und Hornschicht gebildet. Die wachsenden Bläschen pflegen dabei das Stratum granulosum abzuflachen und schließlich zu zerreißen, so daß dann nur die Hornschicht in der für diese Körperregion kennzeichnenden Dicke die Blase bedeckt. Im Bläscheninhalt findet man schon sehr frühzeitig eine geringe Zahl von polynucleären Leukocyten, die zusammen mit vereinzelten verflüssigten Epidermiszellen in das serofibrinöse Exsudat eingelagert sind. Selbstverständlich gibt auch die Stachelschicht dem Druck der sich vergrößernden Bläschen nach, so daß schließlich nur eine schmale Schicht zusammengepreßter Stachelzellen den Blaseninhalt vom Papillarkörper trennt.

Die ursprüngliche Annahme eines Zusammenhanges der Bläschen mit den Schweißdrüsenausführungsgängen (T. Fox) ist bei der mikroskopischen Untersuchung von den meisten Forschern nicht bestätigt worden (Robinson, Santi, Williams, Unna, Török u. a.). Auch Gans hat in mehreren von ihm untersuchten Fällen einen solchen Zusammenhang nicht feststellen können.

Die Ausführungsgänge der Schweißdrüsen verliefen in den meisten Fällen
unabhängig von den Bläschen, ja sie waren von diesen häufig zur Seite gedrängt.
Ist wirklich einmal ein Schweißdrüsenausführungsgang in die Bläschenbildung miteinbezogen, so ist das durchaus nicht die Regel und mehr ein
zufälliger Befund, der sich durch die Entstehungsart der Bläschen leicht erklären
läßt (SUTTON). Um so auffallender erscheinen die widersprechenden Angaben
von NESTOROWSKY, der als Beginn der Veränderung eine ödematöse Schwellung
der Hornschicht unmittelbar um die Mündung des Schweißdrüsenausführungsganges beschreibt. Im weiteren Verlauf kommt es nach ihm zu einem Verschluß des Ausführungsganges, damit zu einer Schweißstauung, zur Erweiterung
des intradermalen Ausführungsgangsanteils und nach Einreißen von dessen
Wandung zur Bildung der großen Verdrängungsbläschen. Er stellte gleichzeitig
eine Atrophie der zugehörigen Schweißdrüsenknäuel fest und glaubt die Be-

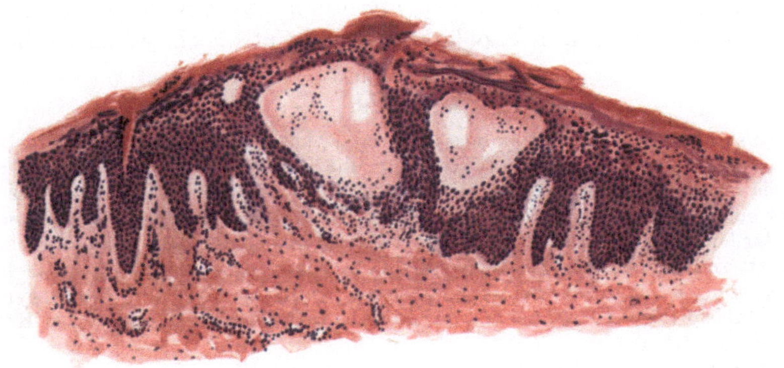

Abb. 100. Cheiropompholyx (Dysidrosis). (♀, 20jähr., Mittelfinger, seitlich).
Hämatoxylin-Eosin. O = 35:1; R = 35:1.

endigung des Prozesses mit dem dadurch hervorgerufenen Versiegen der Schweiß-
drüsensekretion erklären zu können. Er belegt seine Befunde mit einer Reihe
von Abbildungen, die seine Ansicht verständlich machen. Wie schon erwähnt,
wird diese Darstellung, nach der die Dysidrosis als selbständiges Krankheitsbild aufzufassen wäre, von den meisten Forschern nicht geteilt. Die genauen
Angaben NESTOROWSKYS gestatten jedoch nicht ohne weiteres eine Ablehnung,
zumal die eingangs geschilderten, verschiedenartigen Entstehungsursachen uns
veranlassen müssen, in dieser Bläschenerkrankung lediglich einen Symptomenkomplex zu sehen, der auf verschiedene Weise entstehen kann. Eine erneute
Überprüfung auch seiner Ansicht erscheint daher angebracht.

Die Veränderungen der Cutis treten an Bedeutung völlig zurück, ja
sie können zu Beginn völlig fehlen. Namentlich fällt in den Frühstadien die
Nichtbeteiligung der Gefäße auf und die geringfügige Zellansammlung in den
den Bläschen benachbarten Papillen. Erst in älteren Bläschen, dort, wo die
Leukocytenansammlung stärker geworden ist, scheinen die entzündlichen Veränderungen zuzunehmen. Die Gefäße sind dann mäßig erweitert und von einem
geringgradigen Zellinfiltrat, in der Hauptsache aus Leukocyten bestehend, umgeben. Man könnte deshalb geneigt sein, diese entzündlichen Veränderungen
als sekundäre aufzufassen. Sie sind auf alle Fälle viel schwächer entwickelt

als etwa beim Ekzem. Aber auch über diese Seite der Frage nach der Genese der Bläschen scheint das letzte Wort noch nicht gesprochen.

In jenen Fällen, wo eine **Pilzinfektion** die Ursache der Veränderung ist, lassen sich bei entsprechender Ausdauer innerhalb der Bläschen bzw. zwischen den umgebenden Epithelien Mycelfäden in der Regel stets nachweisen (s. Trichophytie).

Differentialdiagnostische Schwierigkeiten bezüglich der rein morphologischen Unterbringung des Krankheitsbildes dürften kaum bestehen. Eine Unterscheidung von den entsprechenden **Ekzemformen**, wenn man überhaupt eine solche als berechtigt anerkennen will, ist nur durch den Verlauf zu führen. Die durch **Pilze** hervorgerufenen Formen sind durch deren Nachweis — wenn auch nicht immer leicht — zu erkennen. Das **Erythema exsudativum multiforme** in seiner vesiculösen Form ist durch das stets deutlich entwickelte Erythem und dementsprechend histologisch durch das Vorherrschen stärkerer Entzündungserscheinungen in Papillarkörper und Cutis leicht zu unterscheiden.

Psoriasis.

Als Psoriasis bezeichnet man eine aus eigentümlichen Hautveränderungen aufgebaute, chronische, zu Rückfällen neigende Erkrankung, die in typischer Lokalisation in erster Linie an den Streckseiten der Extremitäten und auf dem behaarten Kopf, dann aber auch am Rumpf auftritt. Die primäre Efflorescenz besteht aus lebhaft roten, scharf umschriebenen, später leicht erhabenen Flecken, die sich alsbald mit glänzenden, weißen, trockenen, leicht abblätternden Schuppen bedecken. Durch Ausdehnung dieser Primärherde bilden sich große, münzen- oder scheibenförmige, durch Berührung einzelner Herde gyrierte, serpiginöse, kreisförmige und schließlich diffus über große Abschnitte des ganzen Körpers sich hinziehende Flächen aus.

Trotz dieser einfachen und scheinbar eindeutigen Begriffsbestimmung ist jedoch zu betonen, daß neben dieser typischen auch eine Reihe atypischer Formen vorkommen. Sie können einmal gewisse Ähnlichkeit mit dem psoriatiformen seborrhoischen Ekzem haben — ohne daß man vorläufig berechtigt wäre, deshalb auf eine Zusammengehörigkeit zu schließen —, zum anderen durch die verstärkte Exsudation [Psoriasis pustulosa (v. ZUMBUSCH) s. bullosa in ihrer gutartigen und bösartigen Form], durch das lange Haftenbleiben und schnellere Wachsen der Einzelefflorescenzen (Psoriasis rupioides ANDERSON) und warzenartige Bildungen (Psoriasis verrucosa) auch im histologischen Aufbau besondere Erscheinungsformen darstellen, wenn grundsätzliche Unterschiede von der Psoriasis vulgaris auch nicht feststellbar sind. Daß neben diesen morphologisch auch topographisch abweichende Formen bekannt sind, sei der Vollständigkeit halber erwähnt, obwohl die letzteren geweblich, abgesehen von den durch die Lokalisation — Handfläche, Fußsohle — bedingten, keinerlei Abweichungen ergeben.

Bei dem Mangel jeglicher ätiologischen Kenntnis hat man immer wieder versucht, aus dem mikroskopischen Bilde der Erkrankung entsprechende Schlüsse zu ziehen, d. h. eben meist die Histologie seiner diesbezüglichen Vorstellung dienstbar zu machen. Daher finden wir auch, je nach dem Standpunkt des Untersuchers, die ersten Veränderungen einmal in die Epidermis, zum anderen in die Cutis verlegt; einmal sind sie entzündlicher Natur, zum anderen handelt es sich lediglich um Verhornungsanomalien. Da jedoch die Darstellungen weniger nach dem tatsächlichen Befund, als vielmehr in dessen Deutung voneinander abweichen, so ist im Grunde genommen der histologische Aufbau als solcher ziemlich eindeutig wiederzugeben.

Am ursprünglichsten treten die Veränderungen naturgemäß in der Primärefflorescenz zutage. Man hat daher auch auf deren genaueste Schilderung den größten Wert gelegt, in der Hoffnung, hier den Schlüssel zur Pathogenese zu finden. Aus Zweckmäßigkeitsgründen sei jedoch die Darstellung der voll-entwickelten frischen Papel vorangeschickt. Die Hornschicht ist an ihr stets verschieden stark verbreitert und in eine Reihe abwechselnd kernhaltiger und kernfreier Lamellen verschiedener Dicke aufgelöst. Diese verlaufen in ihren unteren Lagen der darunter gelegenen Epidermis noch eng anliegend und ent-halten zwischen sich umschriebene Leukocytenansammlungen in wechselndem Grade. Nach der freien Oberfläche zu wird die Lagerung unregelmäßiger, wellen- und manchmal netzförmig durch Übergang einiger Fasern von einer Lamelle zur nächsten. Zwischen den einzelnen Lamellen treten lange, schmale luft-haltige Räume auf, die durch ihre besondere optische Wirkung die weiße Farbe der Schuppendecke bedingen. Diese Auflockerung setzt sich gelegentlich

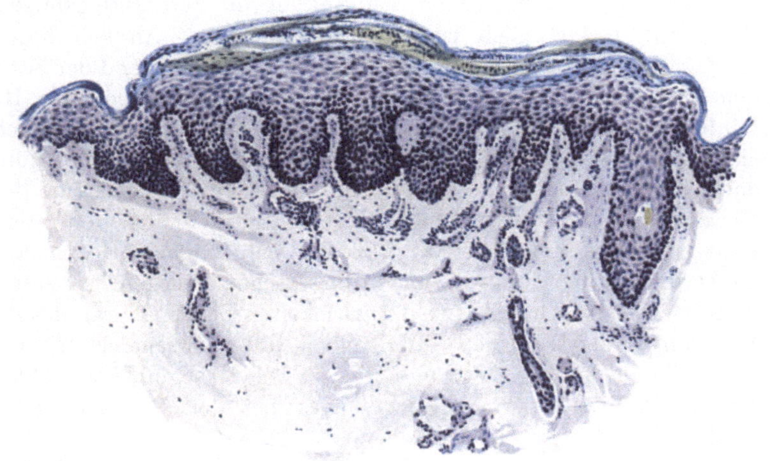

Abb. 101. Psoriasis. Frische Papel (♂, 28jähr., Kreuzbeingegend). Parakeratose, Akanthose, geringe Papillomatose. Leukocytenhaufen in den in Lamellen abgehobenen oberen Epidermisschichten. Ödem. Mäßige perivasculare Zellinfiltration in Papillarkörper und oberer Cutis. Polychromes Methylenblau. O = 128 : 1; R = 96 : 1.

auch zwischen die obersten Schichten des Stratum granulosum fort. Die ein-zelnen Hornzellen sind vielfach abnorm entwickelt, indem die Kerne als schmale flache, stärker färbbare, oder auch ovale, schwächer färbbare größere Körper in wechselndem Grade erhalten bleiben und stärkere Plasmareste im Zellinneren dar-stellbar sind. Die so entstandenen parakeratotischen Hornschichten wechseln beständig ab mit normalen, aber, namentlich in älteren Fällen, ebenfalls ge-wucherten verhornten Lamellen, und gerade dieses Nebeneinander scheint für die Psoriasis kennzeichnend zu sein. Dies trifft namentlich dann zu, wenn man nun noch auf die zwischen den Hornlamellen in wechselnd breiter Schicht vorhandenen Leukocytenhaufen hinweist, die, ursprünglich in die Stachel-schicht eingewandert, im weiteren Verlaufe in und durch die Hornschicht abgeschoben werden. Da gerade im Auftreten dieser Leukocytenschwärme ein auch für die Pathogenese bedeutsames Ereignis zu erblicken ist, müssen sie uns nachher noch ausführlicher beschäftigen.

Entsprechend dem wechselnden Auftreten parakeratotischer und regelrecht verhornter Schichten sind auch Stratum lucidum und granulosum unregel-

mäßig entwickelt, ohne daß dabei jedoch eine unmittelbare gegenseitige Abhängigkeit vorhanden wäre. Wie besonders Bosellini betont, findet sich Eleidin auch
dann, wenn Keratohyalin fehlt, und umgekehrt dieses sehr häufig, ohne daß jenes
nachzuweisen ist. Soweit die Angaben früherer Untersucher und auch meine gerade
hier besonders zahlreichen eigenen Befunde ein Urteil zulassen, ist eine gewisse
Wechselwirkung zwischen dem Auftreten des Keratohyalins bzw. Eleidins und
der normalen bzw. parakeratotischen Verhornung sicherlich vorhanden, wenn
auch ein endgültiges Urteil über die grundlegenden Zusammenhänge noch aussteht. Das Verhalten beider Schichten ist sicherlich unregelmäßig, das Stratum
lucidum sogar vielfach unterentwickelt. Fleckweise, in mehreren Lagen übereinander in anscheinend normaler Breite, findet es sich an anderen Stellen
namentlich in der Mitte der einzelnen Herde nur in 1—2 Zellagen. Ob dieses
wechselnde Auftreten tatsächlich eine Schwankung im Verhornungsprozeß andeutet (Haslund), bedarf noch weiterer Untersuchung. Ähnlich liegen die
Dinge beim Keratohyalin; auch seine Ausdehnung ist entsprechend der beständig
wechselnden Verhornungsform außerordentlich verschieden. Kleinsten Herden
keratohyalinfreier Zellen folgen Strecken mit regelrechter, ja fast übermächtiger
Körnerzellenlage. Das erstere Verhalten ist namentlich bei frischen jüngeren
Herden und in der Mitte, das letztere mehr bei älteren, zum Rande der einzelnen Efflorescenzen hin vorherrschend, hier namentlich über den interpapillären Fortsätzen, wo das Epithel an und für sich am mächtigsten auftritt.
Bei diesem Durcheinander kann es nicht überraschen, gelegentlich eine Parakeratose unmittelbar über einem wohl entwickelten Stratum granulosum und
umgekehrt, Mangel des letzteren unmittelbar unter normaler Hornschicht
anzutreffen: Befunde, die das Auf und Ab von Wiederbeginn und Störung im
Ablauf des regelrechten Verhornungsvorganges bei der Psoriasis getreulich
wiederspiegeln.

   Diese Vorgänge spielen sich über einer stets, wenn auch in wechselndem
Maße wuchernden Stachelschicht ab und gerade diese Akanthose,
zusammen mit der eben geschilderten Parakeratose, kennzeichnen die Histologie
der Psoriasis. Sie zeigt sich vor allem in den Reteleisten, die nicht nur verlängert, sondern auch verbreitert sind. Bei Vorherrschen der einen Richtung
haben wir breite plumpe, mehr oder weniger stumpf kegelförmige, bei Überwiegen der anderen, schmale schlanke, gelegentlich strichförmige, oftmals mit
einer knopfartigen Auftreibung zur Cutis hin endende Leisten vor uns. Ob
derartige Bildungen, die übrigens auch innerhalb ein und desselben Herdes vielfach miteinander abwechseln können, tatsächlich zur Abschnürung einzelner
Papillenspitzen führen (Kopytowski, Pinkus), scheint mir für die gewöhnliche Psoriasis sehr selten, wenn ich es auch in einem Falle von Psoriasis
verrucosa beobachten konnte. Im Gegensatz zu der Wucherung der interpapillären Leisten ist die Verbreitung der suprapapillären Stachelschicht nicht
nur gering bzw. behält sie ihre regelrechte Dicke, sondern sie geht vielfach
sogar in eine Verschmälerung und selbst eine Atrophie dieser Zellagen über.
Diese sind dann nur aus wenigen (2—3) oder gar nur einer abgeflachten Zellreihe aufgebaut. Diese Abplattung einer gewissen Schicht des Stratum spinosum
und ein dadurch möglicher festerer Zusammenhalt bieten vielleicht eine Erklärung für das Zustandekommen jener glatten Haut, wie wir sie unter der
Schuppe stets vorfinden und durch ein energisches Kratzen abheben können.

An manchen Stellen scheint die parakeratotische Hornschicht sogar unmittelbar den Papillenspitzen aufzuliegen (PINKUS); aber auch dieses, sicherlich eigentümliche Verhalten ist nicht gleich- oder regelmäßig. Namentlich in jüngeren Efflorescenzen ist es vielfach nicht vorhanden und auch bei älteren kann es ganz gering bzw. auf wenige Papillen beschränkt sein.

Der Übergang von der gesunden zur kranken Haut läßt sich meist durch den mehr oder minder plötzlichen Beginn der Akanthose leicht feststellen. Dabei ist zuzugeben, daß er auch gelegentlich ganz allmählich erfolgt, so daß eine Entscheidung unmöglich wird, zumal vielfach noch Unterschiede auftreten, je nachdem man den in Rückbildung begriffenen oder den fortschreitenden Rand eines Krankheitsherdes untersucht.

Die Verbreiterung der Stachelschicht ist auf zwei Ursachen zurückzuführen. Einmal auf eine gesteigerte Kernteilung, die namentlich in den Epithelleisten besonders hervortritt. Dazu kommt jedoch ein zwar manchmal nur geringes, aber so gut wie stets vorhandenes, intra- und intercelluläres teils seröses, teils celluläres Exsudat; ersteres zeigt sich namentlich in einer wechselnden, auch innerhalb desselben Herdes verschieden starken Erweiterung der interepithelialen Saftspalten. Dieses Exsudat führt naturgemäß bei längerem Bestand zu einer Störung im Aufbau der Basal- sowohl als auch der Stachelzellschicht. Während nämlich bei älteren und ruhenden Formen die Epidermis-Cutisgrenze in der Regel durch eine wohlgeordnete Basalzellreihe scharf abgesetzt erscheint, ist sie bei den mit stärkerer Exsudation einhergehenden, insbesondere frischen Formen an manchen Stellen unregelmäßig verwaschen. Zu der schon durch den gegenseitigen Druck der sich vermehrenden Zellen bedingten Umformung der Basalzellen zu langen schmalen Spindelformen, die in mehreren Reihen übereinander liegen, kommt dann noch — namentlich über den Papillenspitzen, weniger in den Leisten — ein Auseinanderweichen dieser Zellen. Sie geben auch wohl dem Flüssigkeitsdruck stärker nach und schließlich kann der Zusammenhang, wenn auch nur an einzelnen Stellen und über einzelnen Papillen, völlig gesprengt werden. In der Regel entwickelt sich allerdings nur eine geringe gleichmäßige Erweiterung der Intercellularräume in wechselnder Ausdehnung.

Neben dem intercellulären findet sich dann auch noch ein intracelluläres Ödem in wechselndem Grade, das nicht nur zu einer Aufblähung, sondern sogar zur Vakuolenbildung in einzelnen Zellen führen kann. Deren Kern ist dann oft ganz abgeplattet, atrophisch und zeigt schließlich Chromatinschwund (AUDRY): Vorgänge, die auf eine beginnende Degeneration in den Zellen hinweisen. Neben den Basalzellen, in erster Linie den supra-, aber auch den interpapillären, erstreckt sich dieses Ödem fleckweise auch auf die Stachelzellen und reicht selbst bis zur Hornschicht. Unter dieser pflegt es allerdings meist Halt zu machen, um hier am deutlichsten zu werden und zu Störungen in der Zellernährung zu führen, die dann schließlich wohl die Parakeratose bedingen mögen, ohne daß diese allein darauf zurückzuführen wäre. Um Mißverständnissen vorzubeugen, sei jedoch darauf hingewiesen, daß Stärke und Ausdehnung dieser Exsudate äußerst wechselnd sein können. So ausgedehnte Formen, wie die vorstehend geschilderten, werden bei den ruhenden Fällen kaum vorkommen, bei den tätigen werden sie um so mehr in den Vordergrund treten, als auch klinisch das Ödem den Vorgang beherrscht.

Die Unruhe in den Epithelleisten wird noch verstärkt durch das Auftreten protoplasmaarmer, stark abgeflachter Spindelzellen mit geradem, lang gestrecktem, sehr stark gefärbtem Kern in den Längsrichtungen der Leisten und auch über den Papillen. Bei diesen Zellen muß es zur Zeit noch dahingestellt bleiben, ob es sich — was mir wenig wahrscheinlich dünkt — um Bindegewebsneubildungen, Endothelrohre (VERROTTI, KOPYTOWSKI) oder um Rückbildungsformen ehemals proliferierender Zellen (HASLUND) handelt.

Neben dem serösen findet sich so gut wie immer, aber auch in sehr wechselndem Grade und an den verschiedenen Stellen verschieden, ein celluläres Exsudat. Es entsteht durch vermehrte Einwanderung polynucleärer Leukocyten, die von so gut wie jeder Stelle, den Papillenspitzen sowohl wie den Kuppen der Reteleisten aus, in das Epithel und bis zur Hornschicht vordringen (Exo-

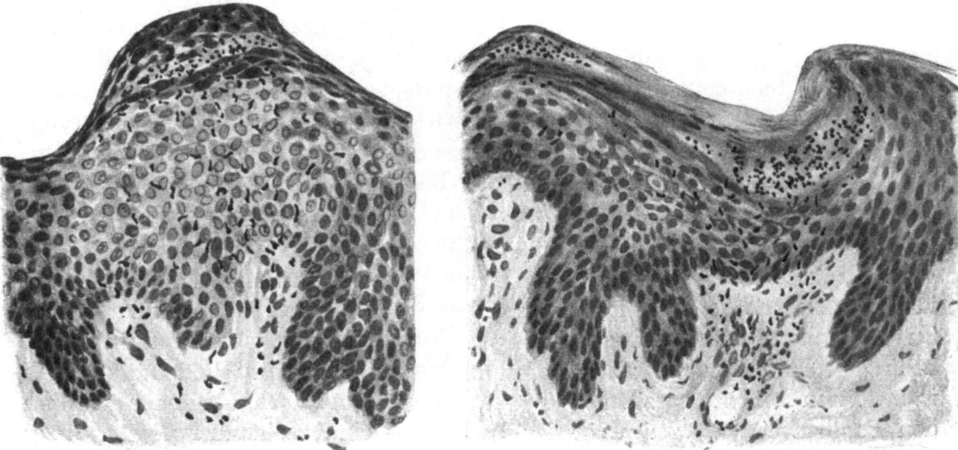

Abb. 102 u. 103. Psoriasis (♂, 43jähr., Rücken). Nach äußerem Reiz exanthemartig aufgetreten; Excision nach etwa 24 Stunden. Sog. „Mikroabcesse". Ödem. Leukocyten auf der Wanderung durchs Epithel. O = 290 : 1; R = 232 : 1.

cytose) und an dieser, ähnlich wie das seröse Exsudat, zunächst zurückgehalten werden. Dadurch kann es gelegentlich zur Bildung richtiger kleiner Leukocytenherde kommen, die seit MUNRO als „Mikroabscesse" besondere Aufmerksamkeit hervorrufen, wenn sie auch schon früher von KROMAYER, KOPYTOWSKI u. a. beobachtet worden waren.

Man hat geglaubt (namentlich französische Schriftsteller), in ihnen den Beginn und das Eigentümliche der psoriatischen Veränderung sehen zu dürfen, eine vielfach widersprochene, neuerdings wieder von HASLUND vertretene Auffassung, deren restlose Klarstellung wohl nur durch die ätiologische Klärung des ganzen Vorgangs zu erwarten ist. Wie so oft muß auch hier nachdrücklich davor gewarnt werden, aus dem Aneinanderreihen histologischer Beobachtungen Rückschlüsse auf biologische Vorgänge zu wagen.

Bei diesen Mikroabscessen handelt es sich um nach Form und Aussehen wechselnde Ansammlungen von Leukocyten, die zunächst zu 4—6, gelegentlich auch in größerer Zahl zwischen den Epithelien liegen, vielfach in die noch weicheren, unteren Hornschichtlagen eindringen und diese nach oben vorwölben. Nimmt die Zahl der Abscesse zu, so können sie miteinander flache langgestreckte, oder auch ovale und runde Ansammlungen bilden, die auch wohl in mehreren, aus zahlreichen Zellen bestehenden Schichten übereinanderliegen. Sie finden sich auch im Stratum spinosum, reichen gelegentlich bis in die Nähe der Papillenspitzen hinab, hier die suprapapilläre Stachelschicht verdrängend und auflösend. Es ist klar, daß eine derartige Ansammlung von Eiterzellen auch das Leben der umgebenden Epithelien in Mitleidenschaft zieht. Sie führt zu degenerativer Umwandlung; die Zellen gehen zugrunde und es entstehen auf diese Weise „Suppurationsvorgänge", die vielfach an eitergefüllte epidermale Pusteln erinnern.

Alles in allem finden sich ganz allmähliche Übergänge von wenigen kleinen Herden von Leukocyten über die mehr diffusen Ansammlungen bis zu den vollausgebildeten epithelialen Abscessen und purulenten Bläschen (HASLUND).

Die Epidermis entledigt sich nun dieser Leukocyten durch Abschub in die Hornschicht, in der sie schließlich zwischen den einzelnen Hornlamellen in jeder Höhe angetroffen werden. Sie haben hier ihre rundliche oder längliche Absceßform verloren und sind zu langen schmalen, scharf begrenzten Platten umgewandelt. Bei älteren ruhenden Formen findet man dann wohl nur noch in der Hornschicht derartige Leukocytenherde als Erinnerung an die früher vorhandene lebhafte Zellwanderung durch das Epithel, während dieses selbst nun völlig frei sein kann;

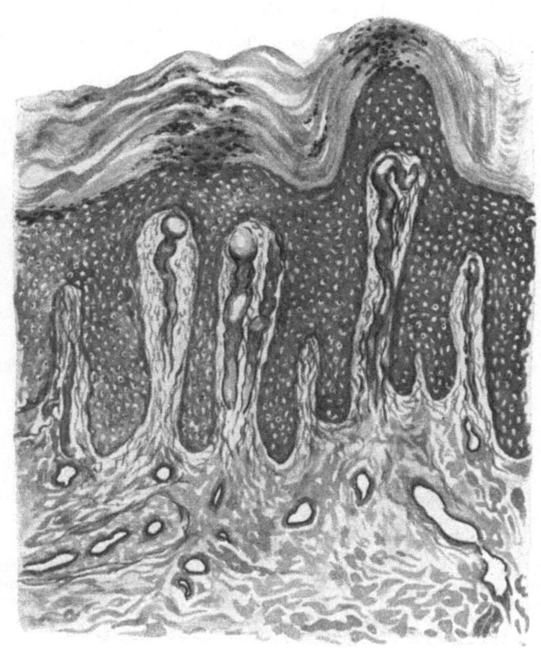

Abb. 104. Psoriasis (alter Herd) (♂, 57jähr., Unterarm, Beugeseite). Gefäßveränderungen; dargestellt nach MALLORY-Färbung. O = 128 : 1; R = 128 : 1.

bei jüngeren Formen verteilen sich oft die Leukocytenherde gleichmäßig auf verhornte und nichtverhornte Epidermis.

Der Aufbau des Papillarkörpers ist, wie heute wohl angenommen werden darf, in erster Linie abhängig von den Umbildungsvorgängen in der Epidermis, insbesondere der inter- und suprapapillaren Stachelschicht, wie dies ja schon AUSPITZ betont hat. Demgemäß finden sich sowohl lange schmale, bis über das 5—6fache verlängerte Papillen, oft mit kolbenförmiger Verdickung ihres freien Endes, und auch kürzere plumpere: sie bilden eben in ihrem Aufbau die Ergänzung der Epidermis und spiegeln deren Umformung — wenn auch im umgekehrten Bild — getreulich wieder. Die breiteren Papillen gabeln sich dabei an ihrer Spitze gelegentlich zu kürzeren Tochterpapillen. Daneben finden sich auch Abschnitte, in denen der Papillarkörper nur aus ganz kurzen Vorwölbungen besteht. Im allgemeinen zeigen ältere, ruhende Herde einen mehr gleichmäßigen, jüngere einen unregelmäßigen, unordentlichen Papillarkörperaufbau, bei dem gelegentlich wirkliche Wucherung der Papillenspitzen zu beobachten sein soll.

Großes Gewicht ist dann auf die Erweiterung der papillaren und subpapillaren Hautgefäße gelegt worden. Am stärksten tritt sie, gelegentlich mit Endothelschwellung einhergehend, in den Papillen auf, an deren Spitze sie oft zu stärkeren Windungen oder gar großen abgerundeten Hohlräumen führen kann (s. Abb. 104), Veränderungen, die zwar bisweilen bis in das subpapilläre Bindegewebe hinab, aber nie über dieses hinaus reichen. Die tieferen Hautgefäße — Venen sowohl wie Arterien — sind stets völlig unbeteiligt.

Zu dieser Erweiterung kommt eine starke Füllung im ganzen Verlauf sowohl mit roten als auch weißen Blutkörperchen, polynucleären Leukocyten und Lymphocyten. Gelegentlich findet sich eine besonders auffallende, stärkere

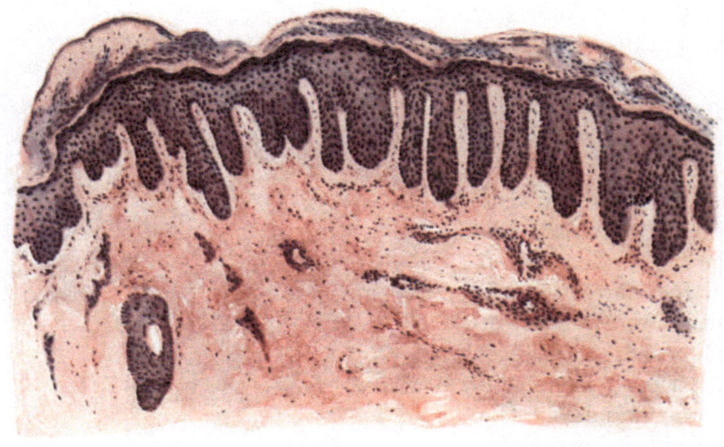

Abb. 105. Psoriasis (feuchte Form) (♂, 30jähr., Unterarm, Beugeseite). Seröses Exsudat zwischen den Lamellen der parakeratotischen Hornschicht. Wechselnde Breite des Stratum granulosum. Akanthose, Papillomatose, Ödem in Epidermis, Stratum papillare und perivasculärem Gewebe. Mäßige perivasculäre Zellinfiltration. Hämatoxylin-Eosin. O = 77 : 1; R = 65 : 1.

Erweiterung der Venen (UNNA), im allgemeinen läßt sich jedoch ein solcher Unterschied im Verhalten der arteriellen und venösen Capillaren nicht feststellen, wie überhaupt die Gefäßveränderungen im übrigen, dem serösen und cellulären Exsudat entsprechend, schwanken.

Dieses Exsudat, das in stärkerem Maße, wie gesagt, nur bei frischen Formen und hier in erster Linie in den Papillen auftritt, verhält sich im Corium ebenso wechselnd wie in der Epidermis. Es führt zu einer Lockerung der Bindegewebsfibrillen, in der Mitte eines Herdes stärker wie zum Rande hin und setzt sich perivasculär, um die Venen vielfach stärker wie um die Arterien, in das Stratum subpapillare fort. Nur in seltenen Fällen finden sich in diesem ödematösen Bezirk erweiterte Lymphspalten in Form breiter, endothelbekleideter Hohlräume.

Neben dem Ödem spielt dann in diesen obersten Schichten des Coriums und der Papillen eine vorwiegend perivasculäre Zellinfiltration eine gewisse Rolle, wenn auch beider Grad erheblich wechselt und gegenüber den Epidermisveränderungen an Bedeutung unbedingt zurücktritt. Auch die Stärke der Zellansammlung hängt in erster Linie von dem gerade vorliegenden Zustand der Veränderung ab. Es ist durchaus nicht so, daß sie in früheren sehr gering und nur in älteren Stadien stärker ausgeprägt ist. Ob die sog. Psoriasis arthropathica wirklich durch eine gesteigerte seröse und celluläre Exsudation hinreichend gekennzeichnet bzw. ob diese durchfeuchtete Exanthemform mit zu den Eigenheiten einer arthritischen Reaktion zu zählen ist — wie dies Nobl meint — bedarf noch weiterer Beobachtungen, zumal wir ja sahen, daß frische Psoriasis immer mit gesteigerten exsudativen Vorgängen einherzugehen pflegt.

Der Grad der Zellansammlung ist dort am stärksten, wo wiederholte frische Schübe an denselben Stellen abgelaufen sind, von denen jeder wieder eine stärkere Leukocytenauswanderung aus den Gefäßen und damit den Reiz zur Neubildung auch an Bindegewebszellen gegeben hat, wie dies namentlich Haslund ganz richtig betont. Dabei pflegt auf dem eng beschränkten Papillenraum die Zellansammlung scheinbar stärker zu sein, als in den darunter liegenden Teilen, eine Feststellung, die nur vergleichsweise richtig ist; in Wahrheit ist die Zellzahl dort nicht größer wie hier, sie fällt nur mehr auf. An dem Zellaufbau beteiligen sich vor allem Lymphocyten und wuchernde Bindegewebszellen verschiedenster Gestalt, zwischen denen dann noch polynucleäre Leukocyten in wechselnder Zahl beobachtet werden, die sich von dort aus ihren Weg zum und durch das Epithel suchen. Mastzellen sind stets, wenn auch in mäßiger Zahl, Plasmazellen so gut wie nie beteiligt. Degenerationserscheinungen am elastischen oder kollagenen Gewebe sind kaum beobachtet worden.

Die histologischen Veränderungen sind bei der Erythrodermia psoriatica grundsätzlich die gleichen.

Die Anhangsgebilde, die Haarfollikel und Schweißdrüsenausführungsgänge, werden ausnahmsweise auch einmal von dem serösen und zelligen Exsudat befallen, ohne daß sich im übrigen hier irgendwelche Besonderheiten feststellen ließen.

Diese finden sich jedoch bei einigen, durch ihre Lokalisation oder eigenartige Form bemerkenswerten Arten der Psoriasis, auf die wenigstens kurz hingewiesen werden muß. Bei der Psoriasis palmae et plantae macht sich naturgemäß bei der an und für sich schon mächtigen Hornschicht eine Hyperkeratose nicht in dem Maße bemerkbar, wie an anderen Stellen. Die — namentlich im Zentrum — wohl ausgebildete Parakeratose muß inmitten der festen Hornlagen um so auffallender wirken, als sie auch mit einer Lockerung dieser hier sonst so festen Schicht einhergeht. Das an und für sich im Stratum lucidum der Handflächen und Fußsohlen stärker entwickelte Eleidin läßt sich auch bei psoriatischen Veränderungen namentlich am Rande der Herde oft als selbständige Schicht nachweisen und zwischen und unter die parakeratotischen Lamellen verfolgen, um dann allerdings in der Mitte völlig zu schwinden. Im übrigen finden sich auch hier ein wechselndes Stratum granulosum, eine wenn auch nicht so auffallende Akanthose, obwohl die suprapapilläre Stachelschicht lange nicht so stark verdünnt erscheint wie an anderen Hautstellen. Die übrigen Veränderungen entsprechen dem, was man auch sonst bei Psoriasis findet, wenn auch die seröse und celluläre Exsudation und vor allem die Leukocytenauswanderung, die Mikroabsceßbildung hier viel „gedämpfter" vor sich geht (Haslund) und daher den Gesamteindruck des histologischen Bildes etwas verschiebt.

Auch an den Nägeln ist der psoriatische Prozeß grundsätzlich derselbe wie an der übrigen Haut, wenn auch hier die Veränderung durch die Eigentümlichkeit des Bodens Besonderheiten bietet. Diese zeigen sich in mächtigen, aus Nagelzellen und parakeratotischen Hornmassen bestehenden Auflagerungen, die von Streifen dichter Leukocytenansammlungen und umschriebenen eitrigen Einschmelzungsherden durchsetzt sind (WAELSCH). Ähnlich der Hautpsoriasis, nur stärker, ist das Epithel des Hyponychium gewuchert, die Leisten reichen tief ins Bindegewebe und sind von wechselnd zahlreichen Leukocytenherden durchsetzt, die stellenweise zu völliger Zernagung des Epithels führen können. Die Zellansammlung im Bindegewebe bietet nach Lage und Ausdehnung nichts von der Hautpsoriasis Abweichendes.

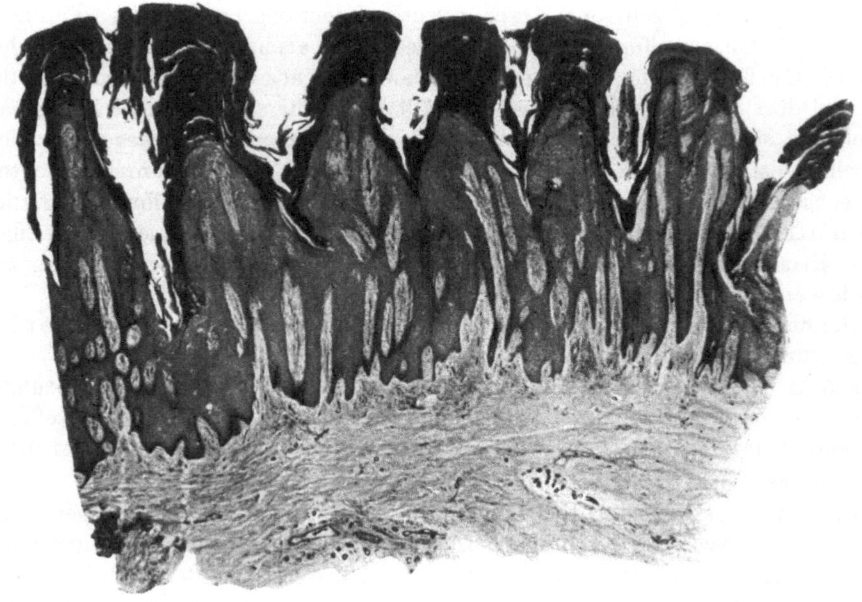

Abb. 106. **Psoriasis verrucosa.** (♀, 50jähr., Unterschenkel). Hochgradige Parakeratose, Akanthose, Papillomatose. O = 15:1, R = 15:1. (Sammlung E. HOFFMANN.)

Anders steht es jedoch mit der Psoriasis der **Mundschleimhaut.** Bekanntlich ist ja die Frage, ob man berechtigt ist, jene nicht besonders eigenartigen, scharf abgegrenzten, leicht erhabenen, grau bis gelbweißen Schleimhautherde mit ihrer fein gestichelten Oberfläche zur Psoriasis zu rechnen, noch nicht restlos entschieden. Gerade hier würde es daher von besonderer Bedeutung sein, die klinische Annahme durch den histologischen Befund zu sichern. Man findet nun, wie ich selbst Gelegenheit hatte, mich an den Präparaten REILS aus der Tübinger Klinik zu überzeugen, in der Cutis ganz die gleichen Veränderungen wie bei der Psoriasis der äußeren Haut: Verlängerung und Verschmälerung der Papillen, perivasculäre, scheinbar besonders in den Papillen ausgedehnte Zellansammlung um die erweiterten und stark gefüllten Gefäße, Ödem des Bindegewebes, Erweiterung der Lymphspalten. Dazu kommt eine den Veränderungen der Epidermis durchaus entsprechende Akanthose, namentlich inter-, weniger suprapapillär, erhaltene Kerne in den abgeflachten obersten

Zellagen, neben denen stellenweise auch spärliche Züge kernloser Zellagen sichtbar werden, ein wechselndes inter- und intracelluläres Ödem und schließlich das Auftreten von Leukocyten. Wenn deren Zahl auch nicht so ausgesprochen war, daß man in dem vorliegenden Falle von Mikroabscessen hätte reden dürfen, so ist doch mit Rücksicht auf das oben erwähnte Auf und Ab der psoriatischen Erscheinungen die Annahme wohl berechtigt, daß man zu einem gegebenen Zeitpunkt auch zahlreichere Leukocyten finden würde, wie dies ja THIMM schon gelungen ist. Da andererseits die Schleimhautveränderungen sich von der ihnen im klinischen Aussehen sehr nahestehenden Leukoplakia oris histologisch

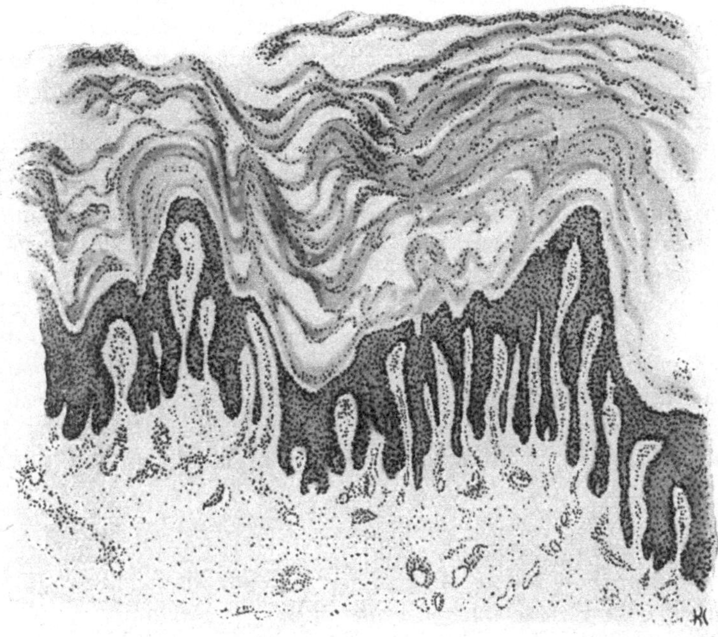

Abb. 107. Psoriasis rupioides s. ostracea (♂, 57jähr., Unterarm, Beugeseite). Mächtige Parakeratose, Papillomatose, Verschmälerung der suprapapillaren, Verbreiterung der interpapillaren Stachelschicht. Stark erweiterte Gefäße in Papillarkörper und Cutis; geringgradiges perivasculares Infiltrat. O = 30 : 1; R = 30 : 1.

erheblich unterscheiden (Fehlen von Horngebilden in den Tiefen der Reteleisten, keine Abplattung und Sklerose der Papillen), so ist das Bestehen einer Psoriasis mucosae oris (OPPENHEIM) nicht wohl zu bestreiten, wenn auch die ihr nahestehende und bei Psoriasis häufiger vorhandene einfache Leukokeratosis oris mit ihrer Vermehrung der eleidinhaltigen Zellen und der Hypertrophie des kernlosen Oberflächenepithels klinisch oft zu Mißdeutungen Anlaß geben dürfte.

Nicht immer sind jedoch die oben beschriebenen miliaren Abscesse so klein, daß sie stets unter und in der Hornschicht gelagert bleiben, wie MUNRO annimmt. Sie können auch bedeutend größer werden, sehr tief in die epitheliale Schicht hineinreichen und zu dem von v. ZUMBUSCH erstmals beschriebenen Bilde der Psoriasis pustulosa führen. Hier zeigt die Stachelschicht infolge der verstärkten Exsudation zerstreut zahlreiche Leukocyten, die dann unter der Oberfläche an mehreren Stellen sich zu Haufen zusammenballen und so die Eiterpusteln bilden. Nur die diese überziehende Hornschicht ist parakeratotisch, das Stratum granulosum geschwunden, während in der Umgebung Eleidin und Keratohyalin erhalten bleiben und zu normaler Verhornung überleiten. Zusammenfassend handelt es sich, da die Veränderungen in den tieferen Epidermisschichten und im Papillarkörper durchaus denen der Psoriasis vulgaris entsprechen, um eine gesteigerte umschriebene, stärkere seröse und celluläre Exsudation, die zu dem eigentümlichen Bilde führt. Die hier noch zu erwähnende Psoriasis rupioides s. ostreacea ist klinisch durch mächtige und tiefe Papelbildung mit Auflagerung derber, gelb- bis graugrünlicher, dicker — eher eingetrockneten Eiterborken, denn Schuppen ähnlicher — Gebilde gekennzeichnet, die austernschalenartig angeordnet, flachkegelförmig übereinanderliegen.

Die gesteigerte seröse Exsudation zeigt sich bei ihr in der besonders starken Erweiterung der Gefäße, die — zu richtigen Ampullen umgewandelt — die außerordentlich vergrößerten und verlängerten Papillen nahezu ausfüllen können. Die Epidermis ist in solchen Fällen bis zum 10- und 20fachen vergrößert, namentlich die Hornschicht, die in außerordentlich breiten kernhaltigen, wellenförmigen Lamellen verläuft. Bei ihr wird das Vorherrschen der epidermalen gegenüber den cutanen Veränderungen besonders auffallend, da diese, von der Psoriasis vulgaris her bekannt, hier im übrigen sehr gering zu sein pflegen. VIGNOLO-LUTATI führt die Entstehung dieser Psoriasisform darauf zurück, daß die squamöse Schicht sich konzentrisch um eine durch den Verlauf eines Haarfollikels gebildete Achse herumlagert, der dem Ganzen einen besonders festen Halt und damit ein längeres Haften verschafft; jedoch dürfte die Tatsache der stärkeren serös eitrigen Durchtränkung der Schuppen an und für sich schon einen festeren Zusammenhalt bewirken.

Differentialdiagnose: Die Diagnose der Psoriasis wird in den meisten Fällen auch histologisch kaum Schwierigkeiten machen. Parakeratose und Akanthose, die so gut wie immer — seltene Ausnahmen bei ganz alten Fällen — entweder in der Stachel- oder Hornschicht oder gar in beiden vorhandenen Leukocytenherde, die „Mikroabscesse" im Verein mit der Erweiterung und Schlängelung vornehmlich der papillaren Gefäße, die im Gegensatz zu den auffallenden Veränderungen der Epidermis stets geringgradige seröse und celluläre Exsudation in Papillarkörper und Cutis, geben dem Vorgang sein kennzeichnendes Gepräge. Dazu kommt noch, daß jenes Auf und Ab im klinischen Bilde auch histologisch durch den starken Wechsel der Veränderungen, durch das unregelmäßige Nebeneinander auf verhältnismäßig beschränktem Raum stets auffallen wird. Dies gilt auch für die Erythrodermia psoriatica, die ja klinisch größere Schwierigkeiten machen kann. Dabei ist jedoch ohne weiteres zuzugeben, daß bei einzelnen Grenzfällen namentlich zum psoriatiformen Ekzem und den in diese Gruppe gehörigen Dermatosen hin, histologisch ebensowenig wie klinisch eine sichere Entscheidung zu fällen ist. Anders steht es dagegen mit der auch praktisch wichtigsten Frage, nämlich der Trennung von Psoriasis und psoriatiformem Syphilid. Diese läßt sich meines Erachtens stets durchführen. Sowohl die völlig abweichende, aus serös eitrigem Exsudat, Zelldetritus und den schmalen, nur stellenweise parakeratotischen Hornlamellen aufgebaute Schuppe der syphilitischen Papel, als vor allem das spezifische, viel dichtere Infiltrat in Papillarkörper und Cutis, gestatten leicht eine Entscheidung. Die Differentialdiagnose zum Lichen ruber planus und acuminatus, bei letzterem besonders zur follikulären kleinfleckigen Form der Psoriasis, die auch an Pityriasis rubra pilaris erinnern kann, dürfte bei den charakteristischen Veränderungen dieser Hauterkrankungen keine Schwierigkeiten machen. Ähnlich steht es mit der Pityriasis rosea, der Mycosis fungoides und schließlich gewissen Formen der Lepra. Dagegen kann die Differentialdiagnose namentlich der succulenten Psoriasis arthropathica zu pustulöshyperkeratotischen, gonorrhoischen Exanthemen äußerst schwierig, ja geradezu unmöglich sein; hier ist man unter Umständen eben ganz auf die Klinik angewiesen.

Pathogenese: Es wurde schon darauf hingewiesen, daß man der Erforschung der formalen Genese in Erwartung einer Klärung der kausalen großes Gewicht beilegte. Über erstere sind wir daher sehr genau unterrichtet, ohne daß wir deshalb mit der Deutung uns zufrieden geben dürften. Als jüngsten, nur mikroskopisch festzustellenden Beginn der Psoriasis glaubt HASLUND Veränderungen ansprechen zu dürfen, die gleichzeitig in Epidermis und Cutis sichtbar werden und bei denen eine Leukocyteneinwanderung ins Epithel das Bild beherrscht. Die Infiltration macht zwar „eine gewisse Unruhe im Bindegewebe geltend", jedoch tritt sie im Verhältnis zur Zahl der Leukocyten im Epithel völlig zurück. Durch die Steigerung dieser Leukocytenwanderung und deren Ansammlung unter der Hornschicht entstehen kleinste Mikroabscesse, gleichzeitig nehmen auch die Veränderungen in Papillarkörper und Cutis zu; daran schließt sich der bekannte weitere Umbau der Epidermis. Durch die stete Wiederholung und Ausdehnung dieses Vorganges kommt es schließlich zum Auftreten der ersten sichtbaren Flecke. MUNRO und SABOURAUD nennen eine kleinste Erosion in der Hornschicht als den Beginn der Psoriasispapel. Andere Schriftsteller neigen mehr dazu, den Ursprung des Prozesses ins Corium zu verlegen. Wir müssen es vorläufig noch dahingestellt sein lassen, welche Ansicht zu Recht besteht. Übereinstimmend nehmen jedoch alle an, daß die Psoriasis als eine Entzündung der Oberhaut und der obersten Schichten der Gefäßhaut aufzufassen ist. Weitergehende Schlüsse, insbesondere über die bakterielle oder nichtbakterielle Grundlage dieser Entzündung scheinen zur Zeit noch verfrüht, ebenso die Deutung der von KYRLE gefundenen epithelialen Zelleinschlüsse (vom Typus jener von der Variola her bekannten GUARNIERIschen Körperchen, auf Grund deren ihm die LIPSCHÜTZsche parasitäre Chlamydozoentheorie definitiv bewiesen erscheint). Auch alle anderen Annahmen von der Natur der Psoriasis (parakeratotische Diathese ŠAMBERGERS, Stoffwechselstörungen usw.) sind vorläufig als reine Hypothesen zu betrachten.

Lichen (ruber) planus et acuminatus,

eine Erkrankung, die zwar häufiger in der ersten Form auftritt, jedoch nach übereinstimmender Ansicht heute wohl als einheitlich betrachtet werden darf. Unter der Voraussetzung allerdings, daß man als Lichen nur jene Krankheitsform bezeichnet, „bei der Knötchen gebildet werden, die in typischer Weise bestehen und im ganzen chronischen Verlauf keine weitere Umwandlung zu Efflorescenzen höheren Grades, d. i. Bläschen oder Pusteln erfahren, sondern als solche sich wieder involvieren" (HEBRA-KAPOSI).

Der

Lichen planus (WILSON)

ist durch seine eigenartigen, vieleckigen, abgeflachten, meist in der Mitte gedellten, glatt-glänzenden, trockenen, kaum sichtbar schuppenden, etwa stecknadelkopfgroßen, rotgelben oder violettroten oder gar hautfarbenen Papeln ein so fest umrissenes Krankheitsbild, daß über ihn keine wesentlichen Meinungsverschiedenheiten mehr bestehen. Dies gilt auch für seine atypischen (obtusen, hypertrophischen oder papillomatösen, verrukösen, pemphigoiden, framboesiformen, annulären, marginalen, striären, moniliformen, atrophisierenden und sklerosierenden) Formen.   Auf ihre klinischen Bilder wird an geeigneter Stelle kurz eingegangen werden.

Anders steht es dagegen mit der akuminierten Form, die sich von der planen in erster Linie durch die auf Grund meist follikulärer Lokalisation (JADASSOHN) entstehenden spitzkegelförmigen, mit starker Hyperkeratose einhergehenden Knötchen unterscheidet, wobei jedoch in der Regel gleichzeitig plane Papeln vorhanden sind. Wenn auch kein Zweifel darüber bestehen kann, daß sie mit der planen auf ein und dieselbe — uns allerdings noch völlig unbekannte — Ursache zurückzuführen ist, so besteht doch über ihre Beziehungen zur Pityriasis rubra pilaris DEVERGIE durchaus noch keine einheitliche Auffassung. Wir haben allerdings aus den bei dieser Erkrankung bereits ausführlich erörterten, hier bei der Differentialdiagnose nur noch kurz zu besprechenden Gründen eine Trennung dieser beiden Krankheitsbilder für notwendig erachtet. Dabei muß jedoch zugegeben werden, daß im Einzelfall deren Durchführung außerordentlich schwierig sein kann.

Die mit wechselnd starkem Jucken verbundene, chronisch verlaufende Erkrankung pflegt sich unter Bildung neuer Knötchen, durch Berührung oder Zusammenfließen derselben zu wechselnd großen, unregelmäßig vieleckigen Feldern schubweise in kürzerer oder längerer Zeit über einzelne Abschnitte oder auch die ganze Körperoberfläche auszubreiten und kann dann von einer erheblichen Beeinträchtigung des Allgemeinbefindens begleitet sein (Sek. Erythrodermie exfoliante généralisée BESNIER-BROCQ, Lichen neuroticus UNNA). In manchen Fällen finden sich die verschiedenen Formen der Lichenpapeln am gleichen Kranken gleichzeitig vor, allerdings unter Vorherrschen der einen oder anderen Art, die dann das Bild beherrscht und ihm ihre Sonderbezeichnung aufdrängt. In der überwiegenden Zahl der Fälle ist gleichzeitig die Mundschleimhaut — manchmal auch diese allein — in Form netzartiger, weißer Auflagerungen beteiligt. Die Veränderungen pflegen sich unter Abflachung und schwarzbrauner Pigmentierung zurückzubilden, ein Vorgang, der namentlich unter Arsenbehandlung einzutreten pflegt und in diesem Zusammenhang eine gewisse differentialdiagnostische Bedeutung besitzt.

Der Lichen beginnt, wie dies zufällige Befunde an klinisch noch nicht oder kaum sichtbaren Papeln wiederholt (PINKUS, PIRILÄ u. a.) gezeigt haben, mit einer auf wenige Papillen beschränkten, nach und nach zunehmenden Erweiterung der papillaren (KAPOSI, PINKUS, FORDYCE) und subpapillaren Blut- und Lymphgefäße (JOSEPH, TÖRÖK, SABOURAUD), ohne daß die Epidermis zunächst irgendwie beteiligt scheint. Dagegen finden sich bereits zu diesem Zeitpunkt an einzelnen der allgemein geschwollenen Endothelien degenerative Veränderungen in Form von Kernschrumpfung und Trübung ihres Zellprotoplasmas (PIRILÄ) bei gleichzeitigem Ödem der befallenen Papillen und anliegenden Epidermisschichten. Einwandernde Leukocyten sind zunächst nicht festzustellen. Zu der Erweiterung tritt sehr schnell eine perivasculare, an der Basis der Papillen stärker wie an der Spitze vorhandene Lymphocyteninfiltration. Beides zusammen führt zu einer Verbreiterung und Umgestaltung der Papillen. Diese wird noch verstärkt durch einen auf den Gipfeln der Papillen beginnenden, serös oder serös-hämorrhagischen Erguß (SABOURAUD, BROCQ). Ziemlich gleichzeitig damit kann eine wechselnd ausgedehnte, manchmal stärkere, manchmal kaum wahrnehmbare Einwanderung polynucleärer Leukocyten in die obersten Cutisschichten und die Epidermis stattfinden (JOSEPH, PINKUS), ein Befund, der allerdings durchaus nicht die Regel zu bilden scheint und sicherlich manchmal fehlt, wenn auch durchaus nicht so unbedingt wie dies SABOURAUD betont. Ob dieser Gegensatz zwischen den Beobachtern durch den leichten Zerfall der polynucleären Leukocyten entstanden ist, wie dies PIRILÄ meint, scheint mir unwahrscheinlich, da beiden Forschern doch zahlreiche Fälle vorlagen. Eher könnte man an irgendwelche irritativen Vorgänge denken. An den Stellen stärkerer Durchwanderung findet sich in Papillarkörper und Epidermis oft bereits eine deutliche Aufhellung und Auflockerung. Die Epithelien sind hier auseinandergerissen, zum Teil durch lange zarte Fäden miteinander verbunden, zum Teil völlig getrennt (PINKUS).

Bei etwa ein Dutzend Papillen umspannenden größeren Papeln werden Ödem und Lymphocyteninfiltration diffuser und stärker. Das Infiltrat durchsetzt besonders die Wandung und nächste Umgebung der papillaren und sub-

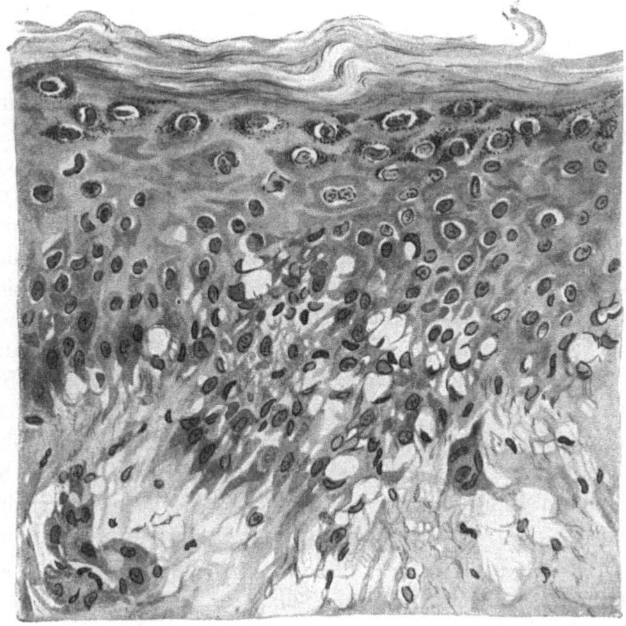

Abb. 108. Lichen ruber planus (♂, 21jähr., Rücken). Größere Papel. Ödem und Zellinfiltration. Verwaschene Epidermis-Cutisgrenze. Auflockerung des Stratum basale mit Bildung riesenzellartiger „stachelloser“ Zellhaufen, die zum Teil in die Tiefe „abgetropft“ sind. „Lückenbildung“. Leukocytendurchwanderung. O = 560 : 1; R = 448 : 1.

papillaren Gefäße und zieht vielfach diesen entlang weiter. PIRILÄ fand zu dieser Zeit einzelne im Zentrum der Papeln gelegene Capillaren bereits ganz verödet, an den übrigen hatten Endothelschwellung und Gefäßerweiterung erheblich zugenommen. Das Infiltrat besteht zu dieser Zeit aus geschwollenen Fibroblasten mit großen, oft auch 2—3 chromatinarmen Kernen und schwach basophilem Protoplasma, aus Mastzellen und vor allem aus lymphoiden Zellen. Eine Entscheidung über die Herkunft der letzteren, ob hämatogen oder histiogen, ist nicht ohne weiteres zu treffen, wenn letztere Annahme auch vieles für sich hat (UNNA, PINKUS). PIRILÄ hat vereinzelt etwas größere Zellen mit reichlichem Protoplasma und chromatinreichem, ovalem oder auch nierenförmigem Kern beobachtet, in denen ein 2—3 grobe Centriolen enthaltendes Mikrozentrum nachweisbar war. Im großen ganzen handelt es sich jedoch um kleine runde Zellen mit chromatinreichem Kern und ganz schmalem Protoplasmasaum (kleine Plasmazellen UNNA-PAPPENHEIMs). Die Papillen sind durch das Ödem erheblich geschwollen. Besonders in der nächsten Umgebung der Capillaren tritt dies verstärkt hervor.

Bereits zu diesem Zeitpunkt sind auch die Epidermis und übrige Cutis in die Veränderung einbezogen. Die Infiltration ist den Gefäßen entlang weiter vorgedrungen; sie reicht ziemlich gleichmäßig in die Cutis hinab, ohne jedoch über eine gewisse Grenze hinauszugehen. Jene für das Licheninfiltrat so kennzeichnende scharfe Abgrenzung wird jetzt bereits deutlich.

In der Epidermis, namentlich deren unteren Schichten, treten ebenfalls Umbauvorgänge auf, die wir als eine Folge sowohl des Ödems als auch der Zellinfiltration aus den Papillen ansehen dürfen. Unter ihrem Einfluß schwindet die normale scharfe Epithel-Cutisgrenze. Statt dessen finden wir einen unregelmäßigen „guirlandenartigen" Verlauf. Die basalen und auch unteren Stachelzellagen sind auseinandergedrängt, hängen nur noch mit einzelnen ihrer Stacheln zusammen, vielfach unter Verlust ihres eigenartigen Aufbaues. Die Epithelleisten sind durch den Druck des Ödems und Infiltrates des Papillarkörpers verschmälert, aufgelockert. Zum Teil sind sie nur noch in Form einzelner, kolloid oder auch zu riesenzellartigen Bildungen umgewandelter schmaler Zellhaufen sichtbar, von denen aus sich einzelne in verschiedenem Grade entartete Epithelzellen und Zellhaufen nach der Cutis hin verfolgen lassen. Die Papillen haben sich besonders mit ihrer Spitze gegen die inter- und vor allem suprapapillare Stachelschicht vorgeschoben. Sie sind vielfach in diese eingedrungen, haben sie angenagt und aufgelöst. Auf diese Weise kommt durch ovale bis halbkreisförmige Ausbuchtungen, abgesprengte Basal- und Stachelzellen, die hier und da in kleinen Zellverbänden im Bindegewebe liegen, durch eingelagerte Lymphocyten und Riesenzellen, durch ein wechselnd starkes unter und zwischen die Stachelzellen vordringendes Ödem eine eigenartige Lückenbildung zustande (CASPARY, ROBINSON), in deren Bereich der regelrechte Papillenaufbau verschwunden ist.

In den so entstehenden Lücken, die nach oben hin durch die zwar ödematösen, aber meist zusammengepreßten und daher gut geformten mittleren Stachelzellagen scharf abgesetzt, zum Papillarkörper hin jedoch verwaschen begrenzt erscheinen, finden sich Fibrinfäden und Leukocyten, ein Befund, den bereits JOSEPH als Beweis für die intravitale Entstehung dieser Gebilde heranzog. Die losgelösten Epithelien verlieren ihre Stacheln, ihr Protoplasma wird trübe und stärker acidophil; schließlich schwindet der Kern, und es bleiben homogene, kolloide Schollen übrig, die dann in der Epidermis oder im Cutisinfiltrat oft zu mehreren zusammen liegen bleiben.

Die Lückenbildung führt bei stärkerer Ausdehnung zu kleinsten Bläschen, von denen man subepidermale und epidermale unterscheiden kann, je nachdem das Ödem sich unter oder zwischen den Stachelzellen angesiedelt hat.

Die Entstehung der eben erwähnten Riesenzellen aus den unteren Epithellagen geht so vor sich, daß ein intercelluläres Ödem zunächst mehrere zusammenhängende Zellen von den übrigen Epithelien loslöst, wenn auch manchmal nur unvollkommen. Ein gleichzeitig vorhandenes intracelluläres Ödem führt zur kolloiden Degeneration, zum Schwund des Protoplasmas, so daß schließlich ein Haufen von bis zu 20 und mehr Kernen in einem derartig geblähten Protoplasmamantel sitzt (SABOURAUD). Dieser Befund ist jedoch meines Erachtens durchaus nicht für den Lichen kennzeichnend; ebensowenig wie überhaupt die Umwandlung epidermaler Zellen in hellglänzende, gelbe, teils kreisrunde, teils unregelmäßig begrenzte Schollen, die oft im Innern eine Art Höhlenbildung zeigen. Man trifft jenen Vorgang häufig dort, wo ein plötzlich einsetzendes, umschriebenes inter- und intracelluläres Ödem ähnliche Voraussetzungen schafft. Besonders fiel er mir bei der Mycosis fungoides auf, wenn auch nicht in der Häufigkeit wie hier. SABOURAUD vergleicht einen Teil von ihnen mit Zellformen, wie sie gelegentlich in Zosterbläschen gefunden werden (ballonierende Degeneration UNNAS). Die derartig aus dem Epithelverband losgelösten Zellen finden sich in späteren Stadien als Haufen epitheloider Zellen innerhalb der lymphocytären Infiltrate.

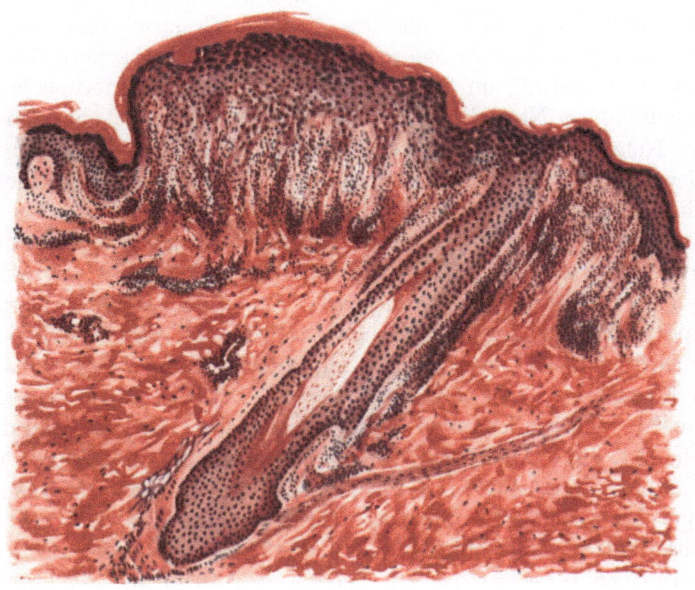

Abb. 109. Lichen ruber (plane Papel) (♂, 26 jähr., Oberschenkel, Beugeseite). Hyperkeratose. Fleckförmige Granulose. Akanthose. Ödem in Epidermis und Papillarkörper. Scharf abgesetztes Infiltrat im Stratum papillare, nach unten auf die Gefäße der Cutis und die obere Follikelhälfte, nach oben auf die Epidermis übergreifend. Hämatoxylin-Eosin. O = 66 : 1; R = 50 : 1.

Innerhalb dieser Infiltrate zeigen die sie zusammensetzenden Zellen vielfach eine eigentümliche, reihenförmige, perlschnurartige Anordnung, die sich jedoch häufiger in älteren als in diesen jüngeren Herden findet (JOSEPH). In manchen Infiltratzellen ist der Kern ganz strukturlos geworden. Das Protoplasma erscheint stark vakuolisiert, teilweise zerfallen und enthält feinere und gröbere Körnchen: wahrscheinlich eisenfreie Abkömmlinge des Blutfarbstoffs (PIRILÄ), der beim Zerfall der aus den erweiterten Capillaren austretenden roten Blutkörperchen frei wurde. Vereinzelt finden sich hier in der Nähe der Gefäße auch kleinere, teils amorphe, teils krystallinische Körnchenhaufen, die eine deutliche Eisenreaktion geben.

Naturgemäß bleiben die übrigen Schichten bei derartig eingreifenden, die Epidermis zunächst verbreiternden, schließlich aber verschmälernden Vorgängen nicht unbeteiligt. Die Hornschicht ist in diesen ausgebildeten Papeln stets verbreitert, aber in frischen Fällen durchaus normal verhornt. Dabei kommt es entsprechend den Epithelleisten zur Bildung von Horntrichtern, indem die hypertrophische Hornschicht sich tief in die Epidermis einsenkt und oft zur Entstehung richtiger Hornperlen führt: ein Befund, der durchaus nicht immer an vorgebildete Hohlräume (Haarfollikel und Schweißdrüsenausführungsgänge) gebunden ist. Erst in älteren Papeln tritt mit dem Auftreten kernhaltiger Hornzellen jene klinisch kaum sichtbare zarte Abschuppung der Lichenpapel ein.

Das Stratum lucidum ist vielfach verbreitert, in anderen Fällen wieder unverändert, manchmal auch nicht nachweisbar. Der Hyperkeratose entspricht eine Verdichtung und Verbreiterung des Stratum granulosum, dessen Zellen reichlich mit Keratohyalingranula angefüllt sind. Diese Granulose ist jedoch nicht gleichmäßig entwickelt. Sie findet sich strichweise in stärkerer Anhäufung von 6—8 und mehr Zellreihen. Auf diese wechselnde Ausdehnung der Keratohyalinanhäufung im Stratum granulosum, die körperlich betrachtet, wie ein unregelmäßiges Netz die ganze Epidermis durchzieht, wird jenes eigenartige weiße Netzwerk (WICKHAMsche Streifen) zurückgeführt (DARIER), das an der äußeren Haut, besonders aber an der Schleimhaut dem Lichen sein eigentümliches Gepräge verleiht.

Die interspinalen Räume der tieferen Epidermisschichten sind durch ein intercelluläres Ödem stark erweitert und zu diesem Zeitpunkt mit zahlreichen Wanderzellen, in erster Linie Lymphocyten, an Stellen stärkerer Exsudation aber auch polynucleären Leukocyten, durchsetzt. Die Stachelzellen sind angeschwollen (intracelluläres Ödem), oft auch bereits vereinzelt zu grobscholligen kolloiden Klumpen umgewandelt. In ihren mittleren Lagen zeigen sie vereinzelte Mitosen. Dies alles führt zunächst zu einer Verbreiterung der Stachelschicht, einer Akanthose. Die intradermale Zelldurchwanderung wird vielfach so stark, daß die an und für sich schon unscharfe Grenze zum Papillarkörper hin völlig schwindet; das Infiltrat setzt sich dann ohne Unterbrechung aus dem bindegewebigen in den epithelialen Teil der Haut fort.

Das kollagene Gewebe ist im Bereich des Infiltrats bis auf spärliche Reste geschwunden und auch diese sind verändert; sie färben sich stark mit basischen Farben und zeigen eine eigenartige homogene Struktur, hyaline Degeneration (UNNA). Das elastische Gewebe ist in jüngeren Infiltraten kaum verändert; CIVATTE hat die Fasern sogar dicker als normal gefunden. In den älteren und dichteren Herden schwindet es allmählich, wenn auch nicht in dem Ausmaße, wie das Kollagen, denn hier und da finden sich immer noch einzelne Bruchstücke der elastischen Fasern vor.

Bei längerem Bestand macht die Lichenpapel eine Reihe von Rückbildungsvorgängen durch. Die Aushöhlung der unteren Epithellagen durch das oben geschilderte Ödem und die ihm folgende kolliquative Nekrose der Basal- und Stachelzellen führt zu einer Störung im statischen Aufbau. In der unteren und mittleren Hornschicht findet man gelegentlich kleinere und größere, mit Fibrin und vereinzelten Leukocyten gefüllte blasenartige Bildungen, die letzten Reste der früheren Exsudationsvorgänge im Epithel (s. Abb. 95). Die ganze Epidermis senkt sich allmählich mitsamt ihrer dicken Hornschicht nach der Mitte zu ein; so entsteht die bei älteren Papeln stets vorhandene Dellenbildung. Dieser entspricht eine Hypertrophie der Hornschicht, welche sich trichterförmig in die darunterliegenden Schichten einsenkt. Gegen die Mitte der Delle hin sind die Hornlamellen vielfach konzentrisch angeordnet, so daß sie richtige Hornperlen bilden. Schon vor dieser Dellenbildung hat sich die Epidermis-Cutisgrenze in eine glatte, fest zusammenhängende, gleichmäßig flach bogenförmig verlaufende Linie umgewandelt. Nach PINKUS handelt es sich dabei um eine Vernarbung der Epithelunterseite. Das Infiltrat, zunächst dichter und noch schärfer umschrieben, geht, in den oberen Abschnitten beginnend, allmählich zurück; statt seiner bleibt ein mit erweiterten Capillaren und Lymphspalten durchsetztes homogen sklerosiertes Bindegewebe übrig. Gleichzeitig treten in seinem Bereich reichliche Pigmentzellen auf, die sich unregelmäßig über die

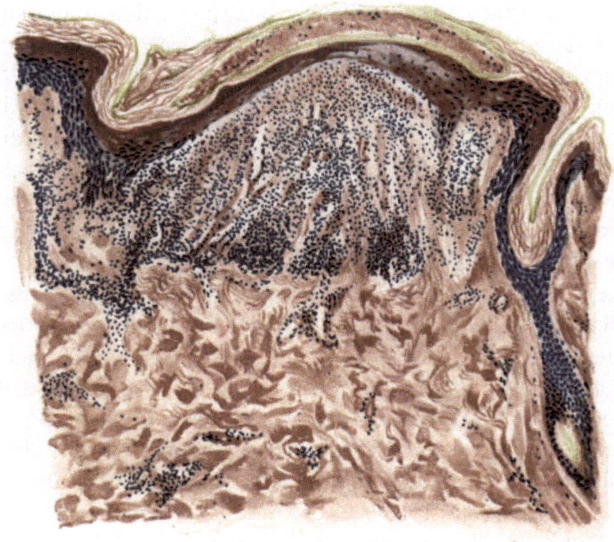

Abb. 110. Lichen ruber (atrophische Papel) (♂, 30jähr., Unterarm, Streckseite). Blasenartiger Hohlraum in der Hornschicht. Atrophie der Epidermis. Schwund der Papillarkörper-Epidermis-grenze. Aufhellung des Infiltrats und Zurückbleiben eines mit erweiterten Capillaren und Lymph-spalten durchsetzten, sklerosierten Gewebes. Neutrales Orcein-polychromes Methylenblau. O = 110 : 1; R = 90 : 1.

untere Epidermis und obere Cutis verbreiten und jene braune Verfärbung der abheilenden Papel bedingen. Die hyaline Degeneration der Cutis ergreift auch die oberflächlichen Hautcapillaren, die unter Umständen erheblich angeschwollen sind, unter Verlust der Kerne und Zellformen ihrer Endo- und Perithelien. Sie stellen das Endstadium der bereits früher geschilderten Umbauvorgänge am oberflächlichen Gefäßsystem dar.

Die Anhangsgebilde der Haut sind an den Veränderungen grundsätzlich nur mittelbar beteiligt. Wohl finden sich um die Schweißdrüsenausführungs-gänge, die Haarbälge und Talgdrüsen gelegentlich zellige Infiltrate, es zeigen sich an den letzteren auch wohl einmal die gleichen Umbauvorgänge wie am Epithel, aber doch alles nur dann, wenn jene Gebilde zufällig innerhalb eines Knötchens gelegen sind. Dabei handelt es sich eigentlich jedoch stets um Ver-änderungen an den zugehörigen Blutgefäßen (EHRMANN). Lediglich an den Schweißdrüsen fand man vereinzelt (UNNA, BROCQ u. a.) Erweiterung ihres

Lumens und Wucherung der sie umgebenden Bindegewebszellen. Unna fand dies selbst dann, wenn die übrige Cutis völlig frei war und sah dabei häufig den Schweißdrüsenporus durch proliferierende Gangepithelien oder Auftreten stärkerer Hornbildung (Hornperlen) verstopft, was jedoch durchaus nicht die Regel bildet. Mit ziemlicher Regelmäßigkeit findet sich hingegen eine Hypertrophie der Musc. arrect. pil.

Die Veränderungen an der Schleimhaut unterscheiden sich grundsätzlich nicht von denjenigen an der äußeren Haut; auch sie zeigen ein interstitielles und parenchymatöses Ödem in Epithel und Papillarkörper, ein Infiltrat, die Leukocytendurchwanderung, die Lückenbildung in und unter dem Epithel. Dazu tritt aber als für die Schleimhaut bemerkenswert eine pathologische Keratinisation, indem innerhalb des befallenen Bezirks in den obersten Epithelien Keratohyalingranula auftreten, während die Zellkerne schwinden und damit eine echte Verhornung eintritt (v. Poor, Riecke, Trautmann). Diese kann unter Umständen so stark werden, daß es hier zur Bildung und Abschilferung größerer Hornlamellen und sogar zur Dellen- und Hornperlenbildung kommt (Dalla Favera, Vörner). Innerhalb eines derartig veränderten Bezirks schwindet die normale zottige Beschaffenheit der Zunge, sie erscheint geglättet; die Papillae filiformes sind völlig geschwunden (Dubreuilh) und nur am Rande in Form kurzer konischer, epithelialer Erhebungen erhalten.

Die vorstehend für den Lichen planus geschilderten Befunde finden sich in ihren wesentlichen Einzelheiten grundsätzlich bei sämtlichen übrigen Erscheinungsformen dieser Erkrankung wieder vor. Sie sind manchmal allerdings überdeckt von nach einer Richtung hin besonders ausgeprägten Gewebsveränderungen (Hornpapeln, Warzen, Papillomen, Blasen), so daß im Einzelfall eine Stellungnahme sehr schwer sein kann. Soweit dabei differentialdiagnostische Fragen zu berücksichtigen sind, werden diese am Schlusse des Abschnittes erörtert. Hier sind lediglich die besonderen Erscheinungsformen der Lichenkrankheit auf den diesen eigentümlichen histologischen Aufbau hin zu untersuchen.

Die den

Lichen acuminatus

kennzeichnende, in erster Linie an die Haarfollikel gebundene follikuläre Papel besteht aus kegelförmigen, stecknadelkopf- bis linsengroßen, rosa- bis dunkelbraunroten, meist mit zarten Schüppchen bedeckten harten Hornkegeln. In ihrer Mitte ist manchmal das abgebrochene Haar als schwarzer Punkt sichtbar. Nach Entfernung des Hornkegels bleibt ein kegelförmiger, meist dunkelroter, nässender, oder auch blutender Follikelmund zurück. Zunächst einzeln stehend, fließen die Papeln durch Dazwischentreten neuer Hornkegel schließlich zu größeren Herden zusammen und können ausnahmsweise die ganze Körperoberfläche gleichmäßig befallen (Lichen ruber acuminatus universalis).

Entsprechend dem klinischen Bilde findet man im Gewebsschnitt in erster Linie die Haarfollikel mit mächtigen kernlosen, nur in den unteren Lagen gelegentlich kernhaltigen Hornmassen ausgefüllt. Daneben tritt die Hyperkeratose, die sich auch in die Umgebung der Follikel fortsetzt, noch an den Schweißdrüsenausführungsgängen und schließlich in Form umschriebener, zum Teil hornperlenartiger Verdickungen bzw. Einsenkungen, über manchen der gewucherten Epithelleisten auf (Jarisch, Joseph). Die Hornmassen behalten dabei im allgemeinen ihren wellig-lamellären Bau, so daß in den durch die Hyperkeratose sehr stark und meist trichterförmig erweiterten Follikeln konzentrisch geschichtete Horntüten und Hornperlen entstehen. Die Hornmassen erreichen dabei oft den Grund der Follikeltrichter, in anderen Fällen sogar die Basis der Lanugohaarbälge. Innerhalb dieser Hornmassen, für die in vielen Fällen der erweiterte Follikel nicht ausreicht, so daß sie in ihm mitsamt der gewucherten Körperschicht mannigfache Falten werfen (Faltenfilterform UNNAS), findet sich das Haar entweder als verkümmerter, die darüber hinwegziehende horizontale Horndecke durchbrechender kurzer Stumpf, oder auch vielfach abgeknickt und gewunden, ohne an die Oberfläche durchzudringen. Beim Durchtritt nach außen ist es in der Regel in einen aus mehreren konzentrisch geschichteten Hornlagen aufgebauten und von verdickter und zerklüfteter Hornschicht „fransenartig" (UNNA) umgebenen Hornpfropf eingebettet. Entsprechend dieser Umformung der Follikel entstehen auch an den Schweißdrüsenausführungsgängen cystische Erweiterungen, die durch Hornmassen verschlossen sind.

Bei ausgedehnterer Erweiterung und Verhornung treten mitunter zwei benachbarte Follikelostien nahe aneinander oder fließen zusammen, so daß der Eindruck von Zwillingsconi oder Nebenconi (BOECK) erweckt wird; namentlich dann, wenn nun der eine von beiden Follikeln besonders groß erscheint.

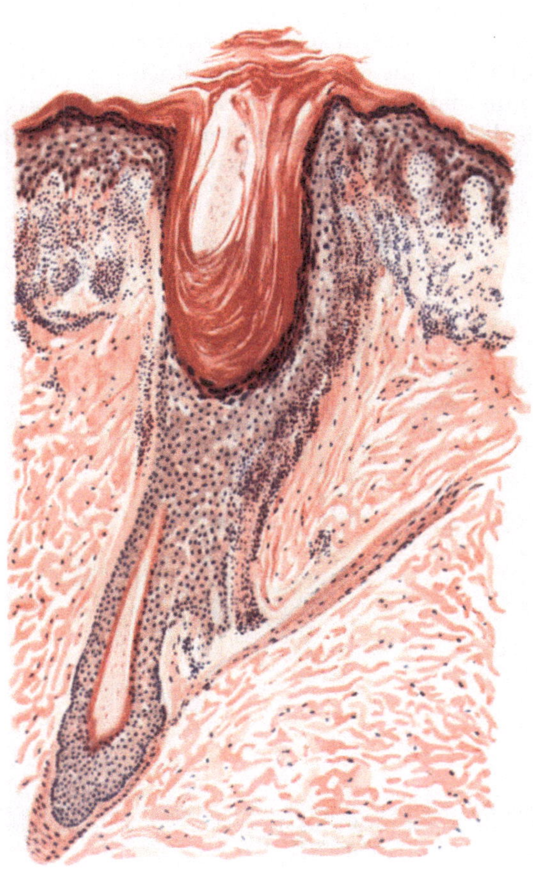

Abb. 111. Lichen ruber (acuminatus). (♂, 30jähr., Oberschenkel, Beugeseite). Hyperkeratose des Follikelostiums. Ödem in Epidermis, Stratum papillare und oberer Cutis. Scharf abgesetztes Infiltrat, am Follikel in die Tiefe reichend. Hämatoxylin-Eosin. O = 128:1; R = 100:1.

Unter besonderen Bedingungen buchten die konzentrisch geschichteten Hornmassen auch das Innere der erweiterten Follikel kugelförmig nach irgend einer Seite hin aus, beides Veränderungen, die gelegentlich auch bei anderen Hyperkeratosen auftreten und daher an sich kein besonderes Kennzeichen des Lichen acuminatus sind. Dies werden sie erst im Zusammenhang mit dem typischen Zellinfiltrat der Cutis.

Stratum lucidum und granulosum wechseln in ihrem Verhalten. Ersteres fehlt gelegentlich, letzteres ist so gut wie immer nachweisbar, sei es in regelrechter, verringerter, oder verbreiteter Form; diese in jüngeren Stadien und namentlich dort, wo die Hornschicht nach der Tiefe drängt. Das Stratum spinosum ist bei der voll entwickelten Papel um die Haarbälge herum erheblich verbreitert, wenn auch in unregelmäßiger Weise. Die Basalzellschicht ist, ähnlich wie beim Lichen planus, in früheren Stadien gelegentlich durch Ödem und Lückenbildung in ihrem Aufbau verändert. Dies muß jedoch durchaus nicht immer der Fall sein.

Die Störungen in Papillarkörper und Cutis unterscheiden sich nicht von den beim Lichen planus beschriebenen. Wir finden, besonders an jungen Knötchen, die eigentümliche, durch das starke Ödem bedingte Lückenbildung an der unteren Grenze der Epidermis, wenn auch schwächer und unregelmäßiger als beim Lichen planus; ferner die kolloide Degeneration der Epithelien, aus-

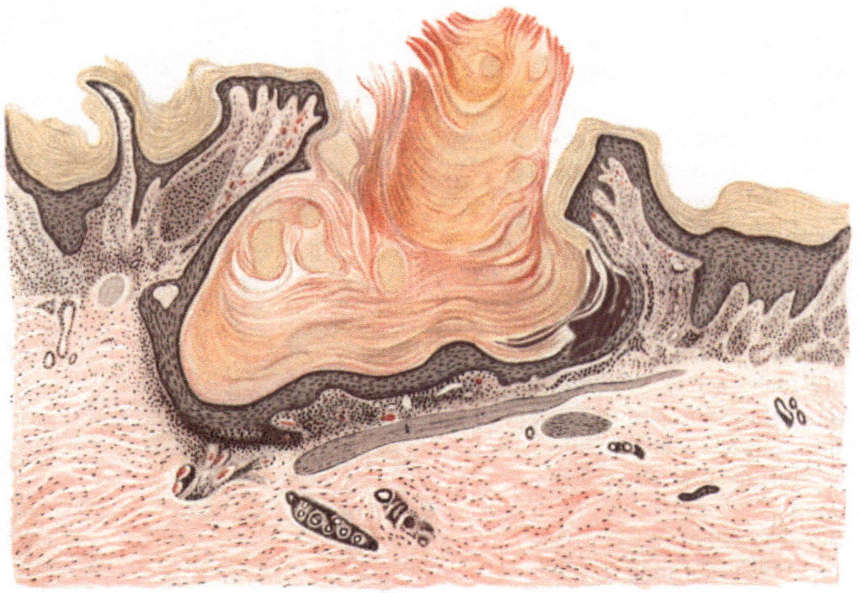

Abb. 112. Lichen ruber (verrucosus) (♂, Unterschenkel mit Varicenbildung). Mächtige Hyperkeratose, Hornstachel, ganz oberflächliches, aber scharf abgesetztes Infiltrat, im übrigen atrophische Epidermis. O = 28:1; R = 28:1. (Sammlung E. HOFFMANN.)

und durchwandernde Leukocyten, Erweiterung und hyaline Degeneration der Gefäße, perivasculäre, in erster Linie aus Lymphocyten aufgebaute Zellinfiltrate, die in den Frühstadien mehr diffus, später mehr an die Haarbälge gebunden sind. An der Zellinfiltration ist, ganz ähnlich wie beim Lichen planus, in erster Linie die Beschränkung auf die Umgebung des oberen Teils der Haarbälge bemerkenswert, besonders mit Rücksicht auf die Differentialdiagnose zur Pityriasis rubra pilaris. Nach JOSEPH findet sie sich außerdem zunächst immer zwischen äußerer und innerer Wurzelscheide, wodurch diese beiden voneinander abgelöst werden, und hier der Lückenbildung an der Epidermis-Cutisgrenze entsprechende Veränderungen entstehen. Erst später dehnt sich das Infiltrat weiter in die Umgebung aus.

Von den Anhangsorganen der Haut wurde die Erweiterung und Verhornung der Schweißdrüsenausführungsgänge bereits erwähnt. Die Schweißdrüsen zeigen gelegentlich cystische Hohlräume. Die Talgdrüsen sind zunächst

unverändert, später zeigen sie — entsprechend den zugehörigen Haarfollikeln —
Rückbildungsvorgänge. Die Musc. arrect. pil. erscheinen demgegenüber kräftig
entwickelt. Die Papillen in der nächsten Umgebung der Hornkegel sind meist
verstrichen. Das Stratum spinosum in älteren Herden hier häufig verschmälert.

Bei der Rückbildung der Ac.-Knötchen fällt besonders die im Vergleich
zur Planuspapel außerordentlich starke Pigmentierung auf, die gelegentlich
an die der Negerhaut erinnert (JOSEPH); ein Befund, dem allerdings der Beobachter selbst keine besondere Bedeutung beilegte, zumal er von anderen
auch bei Lichen planus erhoben wurde. Die Epidermis erscheint, ähnlich wie
beim Lichen planus, in derartigen Fällen im ganzen verschmälert; sie zeigt an
vielen Stellen, entsprechend den geschwundenen Papillen der Cutis, eine gerad-
linige Begrenzung; die Infiltration ist erheblich zurückgegangen und findet

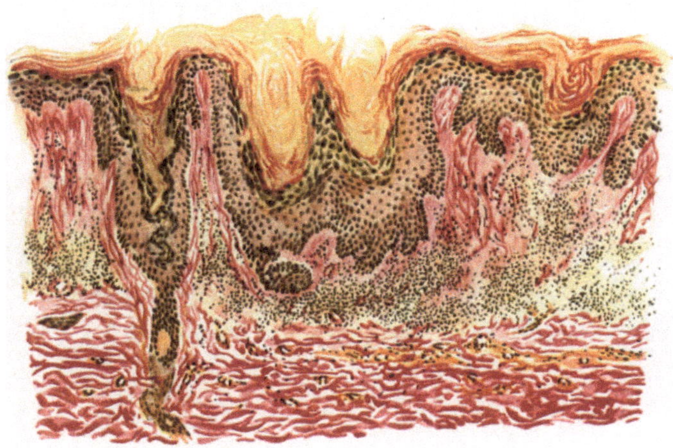

Abb. 113. Lichen ruber (verrusocus) (♂, 50jähr., Unterschenkel, Streckseite). Hyperkeratose
eines Schweißdrüsenporus und zweier zusammenfließenden Follikelostien. Scharf abgesetztes Ödem
und Infiltrat. Hämatoxylin-v. Gieson. O = 128:1; R = 100:1.

sich nur noch in Form schmaler Zylinder um die vermehrten und zum Teil
stark erweiterten Capillaren, deren Wandung erheblich verdickt ist.

Unter den

atypischen Lichenformen

sind die hypertrophischen, und unter diesen wiederum die verrukösen bei weitem
die häufigsten. Sie finden sich vor allem an der Vorderfläche der Unterschenkel als stark
juckende, wechselnd große, umschriebene warzige Verdickungen von roter bis braunroter
und schwarzbrauner Farbe, die durch die graugelbe Eigenfarbe der überlagernden, wechselnd
dicken, gewucherten Hornschicht eine verschieden starke Abtönung erfährt. Tritt die Hornbildung mehr zurück, so daß die Eigentümlichkeiten des gewucherten Papillarkörpers nach
Form und Farbe kräftiger hervortreten, so bilden sich mehr papillomatöse Formen
aus, die gelegentlich einmal framboesiformen Charakter annehmen können (LIPSCHÜTZ).
Auch dem Lichen ruber moniliformis liegen ähnliche Wucherungsvorgänge zugrunde,
die hier klinisch allerdings noch durch eine in ihrer letzten Ursache noch nicht geklärte,
perlschnurartige Anordnung gekennzeichnet werden.

Der

Lichen ruber verrucosus

ist histologisch in erster Linie durch die Ungleichmäßigkeit der Veränderungen
gekennzeichnet, indem normale und gewucherte Abschnitte auf engem Raume

miteinander wechseln. Die epidermalen Veränderungen treten dabei gegenüber den bindegewebigen erheblich in den Vordergrund, wenn auch entsprechend dem Lichen planus die ersten Erscheinungen im Corium auftreten, und zwar in Form diffuser, von den Gefäßen ausgehender Infiltration (Joseph). Dabei entwickelt sich jedoch schon frühzeitig eine starke Wucherung der Epidermis, die im Stratum corneum zu einer mächtigen lamellären Hyperkeratose führt. Dieser geht eine entsprechende Verbreiterung des Stratum granulosum sowohl hinsichtlich der Größe als auch des Keratohyalingehaltes seiner Zellen parallel. Die hypertrophische Hornschicht dringt in ungleichmäßiger Stärke in wechselnder Ausdehnung in die Follikelostien und auch in die Epidermis über den Leisten vor. Sie bildet hier, ähnlich wie beim Lichen acuminatus, zwiebelschalenartig geschichtete Hornpfröpfe, die mitsamt der besonders interpapillär gewucherten Stachelschicht zwischen die verlängerten Papillen hinunterreichen.

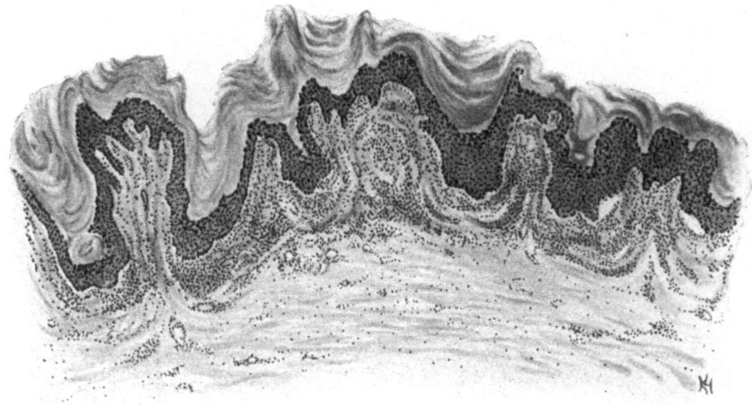

Abb. 114. Lichen ruber (verrucosus) (♂, 37jähr., Unterschenkel, Streckseite). Übersichtsbild. Älterer Herd. Papillomatöse Umwandlung des Stratum papillare (besonders links). O = 31 : 1; R = 31 : 1.

Ein Stratum lucidum ist nicht immer nachzuweisen. Stachel- und Basalzellschicht sind zu diesem Zeitpunkt stets an der allgemeinen Verdickung beteiligt, einmal durch Massenzunahme der einzelnen Zellen infolge gehäufter Mitosen — unter Umständen allein der Kerne (Polano) —, zum anderen durch Erweiterung der Intercellularräume, in denen sich gelegentlich zahlreiche durchwandernde Leukocyten zeigen. Epidermale und hypepidermale Lückenbildung, wie sie beim Lichen planus und ac. häufiger vorkommt, ist hier selten, aber doch hin und wieder vorhanden (Joseph, Ravogli). Die Hohlräume sind hier ebenfalls mit Fibrin und Leukocyten angefüllt. Daneben finden sich auch beim Lichen verrucosus jene vom Lichen planus her bekannten kolloiden Degenerationserscheinungen der unteren Epidermiszellen (Unna, Fordyce). Erwähnenswert ist dann noch ein stärkerer Pigmentgehalt, der sich besonders in den abheilenden Papeln in weitverzweigten pigmentierten Zellen im Infiltrat und auch im Stratum spinosum zeigt.

Die Veränderungen des Bindegewebes weichen grundsätzlich nicht von den als kennzeichnend für den Lichen planus genannten ab, wenn auch die beträchtliche Verschmälerung und Verlängerung, sowie der unregelmäßige Aufbau der oft fadenförmig ausgezogenen Papillen vielfach eher an Papillome bzw. Warzen erinnert. Das kennzeichnende Zellinfiltrat um die erweiterten Gefäße findet sich jedoch auch hier in entsprechendem Aufbau vor, schwächer entwickelt in den Papillen, stärker in der oberen Cutis, mit scharfer Begrenzung nach unten. Es besteht auch hier in erster Linie aus Lymphocyten und wuchernden Fibroblasten. Daneben finden sich Mast-, Riesen- und gelegentlich auch Plasmazellen in wechselnder Menge (ARNDT, MAC LEOD, LIPSCHÜTZ). Die Abheilung erfolgt ähnlich wie beim Lichen ac. durch Rückbildung, vor allem der Hornschicht, aber auch der übrigen Epidermis, durch eine Abflachung und Verbreiterung der Papillen, sowie Obliteration mancher Capillaren infolge der regen Zellwucherung (FORDYCE). Ferner zeigt sich eine Art von Organisation des Infiltrates der Cutis, dessen Zellen sich in Reihen anordnen, die von vielen großen Capillaren durchsetzt sind (JOSEPH). Später beteiligen sich mehr Rund- und Spindelzellen daran, so daß es an Narbengewebe erinnert (GEBERT).

In anderen Fällen:

Lichen ruber papillomatosus

tritt die papillomatöse Natur des Lichen hypertrophicus mehr in den Vordergrund. Die Hypertrophie der oberen Epidermisschichten ist vielfach kaum angedeutet, Hornschicht und Stratum granulosum sind kaum verändert. Größere Hornmassen finden sich höchstens in den erweiterten Follikeln, gelegentlich auch in Form flach-kugelförmiger, parakeratotischer Auflagerungen über stärker gewucherten Epithelleisten.

Stärkere Veränderungen finden sich in der Stachelzellschicht (HELLER) einmal in Form eigentümlich gequollener und vergrößerter Zellen, deren Stacheln vielfach geschwunden sind, zum anderen als zahlreiche Mitosen und schließlich auch als deutliches intracelluläres Ödem. Nach unten zieht ein unter Umständen mächtig verlängertes Leistensystem in die Tiefe, das infolge seiner unregelmäßig gewucherten Leisten fingerförmig die ebenfalls hypertrophischen und lang ausgezogenen Papillen umfaßt. Auf diese Weise kommen Bilder zustande, die in mancher Beziehung an die Papillenwucherung beim spitzen Kondylom erinnern (LIPSCHÜTZ). Das eigentliche Infiltrat sitzt im Stratum papillare und subpapillare in Form der schon beschriebenen einkernigen Zellen, zwischen denen spärliche Mast- und vereinzelte oder auch zahlreiche Plasmazellen vorhanden sind. Die übrigen Veränderungen entsprechen den vom Lichen planus her bekannten.

Schließlich sind noch die als

Lichen moniliformis KAPOSI

bekannten Formen anzuführen, bei denen die typischen Planusknötchen an vielen Körperregionen, besonders an den Streck- und Beugeseiten der Gelenke zu langen und netzförmig sich kreuzenden Knötchenstreifen und Strängen angereiht sind, wobei die Knötchen sukzessive gegen die Knotenpunkte der Maschen hin bis zu erbsengroßen, rundlichen, korallenähnlichen Kugeln heranwachsen (KAPOSI). Bei ihnen ist die Hypertrophie der Papeln in erster Linie auf ein mächtiges Infiltrat im Corium — unterhalb der Papillen gelegen und bis zum Unterhautzellgewebe reichend — zurückzuführen, während Papillarkörper und Epidermis im Vergleich dazu erheblich weniger beteiligt sind. Eine besondere Note erhält dieses Infiltrat noch durch seine starke Gefäßversorgung, sowie eine wiederholt beobachtete abwechselnde Erweiterung und Verengerung des stark gefüllten cutanen Venennetzes (BUKOWSKY). Dieses ist zudem von einem bis tief in die Cutis hinabreichenden und hier scharf abschneidenden Infiltrat umgeben. Eine Verengerung und Verödung der das Infiltrat durchsetzenden Blutgefäße, wie sie KAPOSI und FORDYCE beschreiben, ist in anderen Fällen nicht gefunden worden. Auch die von BUKOWSKY beobachteten diffusen Hämorrhagien in den Infiltraten stehen bislang noch vereinzelt da.

Anhangsweise sei darauf hingewiesen, daß die Papel des „Lichen obtusus" (UNNA) ähnlich wie die des Lichen moniliformis, streng genommen, als besondere, atypische, nicht betrachtet werden kann; es handelt sich lediglich um eine Abart des Lichen planus, bei der die Hyperplasie des Stratum spinosum und die Zellinfiltration des Derma stärker ausgesprochen sind[1]). Letztere erstreckt sich

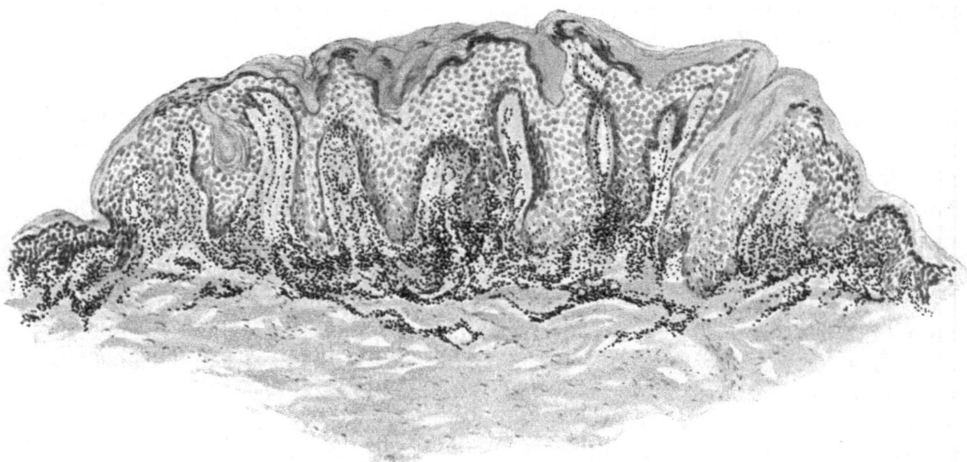

Abb. 115. Lichen ruber (obtuse Papel UNNAS). Starke Akanthose und Zellinfiltration.
O = 50 : 1; R = 45 : 1.

dabei auch in die tiefen Teile der Cutis. E. HOFFMANN ließ durch HÖKE einen Fall von Lichen planus beschreiben, bei dem im Cutisinfiltrat zahlreiche xanthomähnliche Zellen nachweisbar waren (xanthomisierter Lichen obtusus, lichenartiges Xanthom?).

Ebensowenig atypisch sind die von UNNA gesondert aufgeführten, zusammengesetzten Elementarformen (Synantheme) des Lichen planus: Die Lichenringe, die Lichenscheiben und schließlich wohl auch die Erythrodermie, die lediglich als weiter entwickelte Bilder der Papel des Lichen planus bzw. acuminatus betrachtet werden können. —

Das oben geschilderte papillare und epitheliale Ödem führt bei stärkerer Ausbildung zur völligen Auflösung und Auseinanderdrängung der Epidermisbindegewebsgrenze. Die dadurch bedingte Ablösung des Epithels vom Papillarkörper bzw. der basalen von der Stachelzellschicht leitet einen Zustand ein, der schließlich zu dem als

---

[1]) Über Lichen obtusus corné der Franzosen siehe Urticaria perstans papulosa.

Lichen ruber pemphigoides

bekannten Krankheitsbilde führen kann. Dabei treten gleichzeitig mit oder alsbald nach dem Lichenexanthem am gleichen Ort pemphigusähnliche Blasen auf, die auch gleichzeitig mit jenem wieder verschwinden. Neben dieser unmittelbar mit der Erkrankung in Beziehung stehenden Blasenbildung ist dann noch jene zu erwähnen, die im Verlauf der Arsenbehandlung des Lichen und daher meist im Rückbildungsstadium auftritt.

Aber auch bei den primär mit Blasenbildung einhergehenden Lichen ruber-Fällen kann man zwei verschiedene Arten der Entstehung unterscheiden. Bei der einen, von der ich eine Abbildung in der atrophischen Lichen planus-Papel (Abb. 110) gegeben habe, handelt es sich um kleine, unmittelbar unter der Hornschicht gelegene, Leukocyten enthaltende Flüssigkeitsansammlungen, die

Abb. 116. Lichen ruber (planus pemphigoides) (♂, 57jähr., Unterschenkel, Streckseite). Ödematöse, akanthotische Epidermis; vom ödematös ausgelockerten, infiltrierten Papillarkörper durch eine Blase abgehoben, Gefäße stark erweitert. Polychromes Methylenblau. O = 128 : 1; R = 128 : 1.

durch die nachwachsenden und schließlich verhornenden Epithelien von der Epidermis abgetrennt werden, dann an der Oberfläche platzen und eintrocknen. Sie sind sehr klein, als Blasen nur sehr kurze Zeit vorhanden und entgehen daher häufig der Beobachtung, führen jedoch wahrscheinlich zu den erstmalig von JADASSOHN geschilderten „Borkenknötchen" beim Lichen ruber. Anders steht es hingegen mit den Blasen beim eigentlichen Lichen ruber pemphigoides. Wie die Abb. 116 zeigt, wird hier die Epidermis geschlossen vom Papillarkörper abgehoben und die Höhle von einem feinen, zarten Fibrinnetz durchzogen, in welches Leukocyten in wechselnder Zahl eingebettet sind. Der Blaseninhalt selbst zeigt gelegentlich neben Lymphocyten einen Gehalt von 5—20% Eosinophilen (BETTMANN, WITHFIELD). Der Blasenboden wird von den ödematös geschwollenen, in ihrem feineren Aufbau nicht immer deutlich erkennbaren Papillen gebildet, an welchen hier und da kleine Häufchen in Auflösung begriffener Basal- und Stachelzellen hängen geblieben sind. Haarfollikel und

Schweißdrüsenausführungsgänge durchziehen manchmal die ganze Blase scheinbar unverändert, gewissermaßen wie Zellstränge, die, die Epidermisdecke zurückhaltend, mit dem Fuße tief in die Cutis eingelassen sind (s. Abb. 117). Das Epithel
über den Blasen verliert allmählich seine Färbbarkeit mit basischen Farben, namentlich über der Mitte der Decke; die einzelnen Zellen erscheinen hier zusammengepreßt, während sie zum Rande hin ödematös geschwollen und vergrößert
sind. Beide Abschnitte der Blasendecke sind von Leukocyten durchsetzt.
Papillarkörper und obere Cutis sind ebenfalls ödematös geschwollen und Sitz
des bekannten Infiltrates, das sich auch hier mit scharfer Linie absetzt. Bemerkenswert erscheint hier lediglich der Reichtum an weitklaffenden Gefäßen und
Lymphspalten, der uns ein Verständnis für die zur Blasenbildung führenden
Vorgänge gibt. Das Bindegewebe an sich ist nicht verändert, insbesondere sind

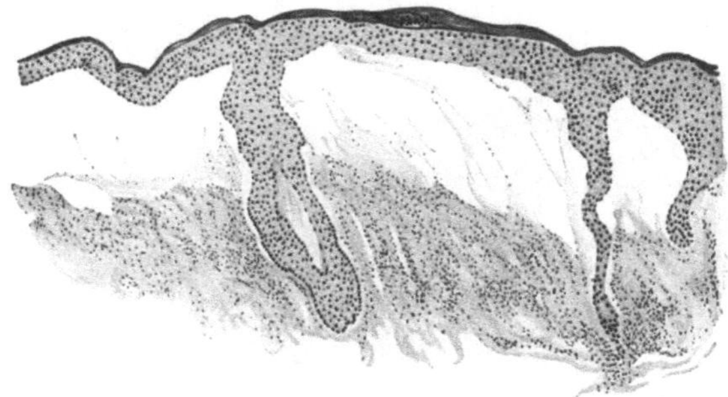

die elastischen Fasern wohl
erhalten und reichen mit ihren
feinen Ausläufern bis in die
Papillenspitzen hinauf.

Verwechslungen mit
anderen blasenbildenden Dermatosen wird histologisch vor
allem das eigenartige, stets
scharf abgesetzte Infiltrat
verhindern.

Unter den jetzt allgemein
als atypisch bezeichneten
Lichenformen nimmt der

Abb. 117.   Lichen ruber (planus pemphigoides).
(♂, 50 jähr., Unterschenkel, Streckseite.) Blasige Abhebung
der Epidermis. Haarfollikel und Schweißdrüsenausführungsgang als „Stränge", die Epidermisdecke zurückhaltend.
O = 31:1; R = 25:1.

Lichen sclerosus s. atrophicus (Kaposi-Hallopeau)

noch eine besondere Stellung ein, da es sich bei ihm nicht um einen anormalen
Ausgang des gewöhnlichen Lichen ruber handelt, sondern — soweit überhaupt eine Entscheidung möglich — um eine besondere Form desselben
(Hallopeau), eine Auffassung, die allerdings nicht von allen, auch nicht von
allen französischen Autoren (Besnier u. a.) gestützt wird. Erschwert wird das
Verständnis dieser Erkrankung weiterhin noch dadurch, daß die Zahl der
veröffentlichten Fälle sehr gering ist und durchaus nicht alle die Anerkennung
der Fachgenossen gefunden haben. Wir beschränken uns daher hier in der
histologischen Darstellung absichtlich auf jene Form, wie sie Hallopeau-
Darier ursprünglich geschildert haben. Wir lassen hingegen jene sekundären
Formen (Zarubin, Wechselmann u. a.) völlig unberücksichtigt, da sie nach
ihrer ganzen klinischen und histologischen Eigenart als atrophische Formen
des Lichen planus aufgefaßt werden dürfen. Daß selbst diese Einschränkung
noch genug der Zweifel über die eigentliche Stellung der Erkrankung übrig
lassen muß, wird nachher auch die Differentialdiagnose zeigen.

Als Lichen sclerosus sollte man klinisch nur jene Formen bezeichnen, die durch von vornherein farblose, zur Sklerose, Atrophie, sowie zum Zusammenfließen neigende Primärpapeln
ausgezeichnet sind („primitive Form"). Diese erscheinen gewöhnlich als narbenähnliche,
leicht eingesunkene, runde kleine weiße Flecke, deren meist gefelderte Oberfläche von punktförmigen Vertiefungen (Dellen) und Hornpfröpfen durchsetzt ist.

Nach Darier ist dieser Lichen sclerosus histologisch vom gewöhnlichen Lichen planus vor allem durch das Auftreten einer kernarmen, sklerotischen Bindegewebsschicht zwischen Epidermis und Infiltration der Lederhaut ausgezeichnet. Die unter Umständen stark verdickte, echt hyperkeratotische Hornschicht senkt sich mit breiten Hornzapfen in die erweiterten Follikel und Schweißdrüsenausführungsgänge. Das Stratum granulosum ist in frischen Fällen verbreitert, später atrophisch. Die Stachelschicht ist dann bis auf ein schmales Zellband zurückgebildet; daher sind die Reteleisten und damit auch die Papillenbildung nahezu geschwunden.

In der Cutis beobachtete Darier drei verschiedenartige Veränderungen. Papillarkörper und obere Cutis werden von einem sklerosierten, aus dicht zusammengedrängten, zellarmen Fasern ziemlich homogen aufgebauten Bindegewebe eingenommen, das von erweiterten, aber auch oft auch platt gedrückten und in Degeneration begriffenen Capillaren durchzogen ist. Die elastischen Fasern sind sehr zart. Auf diese sklerosierte Schicht folgt dann ein unregelmäßige Haufen bildendes Lymphocyteninfiltrat in wechselnder, meist sehr spärlicher Ausdehnung, das im übrigen sehr an die Bilder erinnern kann, die von der Rückbildung der Lichen planus-Papel her bekannt sind. Die darunter liegende Schicht ist nicht verändert.

Das so gezeichnete histologische Bild scheint zunächst für eine eindeutige Beurteilung der Veränderung zu genügen, zumal nun auch noch in dem einen oder anderen Falle weitgehende Übereinstimmung mit dem Lichen planus festzustellen war (Lückenbildung, Elastinschwund, Verdichtung der Epidermis, stärkere und längere Zeit bestehende Zellinfiltration).

Differentialdiagnostische Schwierigkeiten für eine Abtrennung von der reinen Form der Sclerodermia circumscripta — die hier in erster Linie in Frage kommt — wären daher kaum zu erwarten, wenn es gelänge, den Lichen sclerosus jeweils in jenem frühen Stadium zu untersuchen, wo neben der Sklerose und Atrophie noch ausreichende Anhaltspunkte für ein Erkennen des Lichen-Charakters der Veränderung vorhanden sind. Diese sind jedoch und waren in den meisten der beobachteten Fälle nicht mehr sichtbar und für diese — und das ist doch bei weitem die Mehrzahl der bisher veröffentlichten — scheint mir eine Abtrennung von der Sclerodermia circumscripta auf Grund histologischer Daten nicht möglich, eher vielleicht auf Grund klinischer. Denn bei der Sclerodermia circumscripta finden wir alle jene Veränderungen in mehr oder weniger großem Ausmaß, die auch das Endstadium des Lichen sclerosus kennzeichnen: Atrophie der Stachel- bei Hypertrophie der Hornschicht, Sklerose des Papillarkörpers und der oberen Cutis in der bekannten Uhrglasform, Lückenbildung zwischen Epidermis und Papillarkörper, mäßige Zellinfiltration am Grunde des sklerotisch atrophischen Bezirks. Auch die bei der Sklerodermie im Gegensatz zum Lichen sclerosus unzweifelhaft nur ganz vorübergehend vorhandenen entzündlichen Erscheinungen, die schon sehr bald einer „so gut wie primären Kollagensklerose" Platz machen (Alexander), können daher in den wenigsten Fällen helfen. Und endlich finden sich — wie besonders Bizzozero betont hat — auch Fälle, wie der E. Hoffmanns, v. Zumbuschs (Lichen albus), Czillags (Dermatitis lichenoides chronica atrophicans), Milians (Leucodermie atroph. ponctuée),

20*

FISCHERS, VIGNOLO-LUTATIS, KREIBICHS u. a., die in der Mitte bzw. der Sklerodermie näher zu stehen scheinen als dem Lichen sclerosus.

Es erscheint daher notwendig, diese unsere im ureigensten Wesen der Dinge gelegene Unfähigkeit — wie so oft in der Histopathologie — auch hier offen zu bekennen. Man darf eben von Augenblicksaufnahmen, als die wir jedes histologische Bild betrachten müssen, keine Aufklärung über die Entwicklung des dargestellten Bildes verlangen, namentlich dann nicht, wenn wie hier, die Pathogenese weder der einen noch der anderen Veränderung bekannt ist.

Ähnliche, fast unlösbare Schwierigkeiten können sich auch bei der Unterscheidung von gewissen fleckförmigen Hautatrophien, namentlich der Anetodermia JADASSOHNS ergeben, während die Trennung von umschriebenen luetischen Atrophien bzw. von den nach Lupus erythematodes auftretenden wohl in den meisten Fällen durchzuführen ist. Das histologische Gesamtbild: Vorwiegen perivasculärer Plasmazellinfiltrate bei der ersteren, diffuser Zellinfiltrate bei der letzteren mit außerordentlich mächtiger, zapfenförmiger Keratose bieten hinreichende Anhaltspunkte.

Differentialdiagnose: Weitere Erörterungen lassen sich am besten durch gesonderte Besprechung der beiden Hauptformen, des Lichen ruber acuminatus und planus durchführen. Für den ersteren steht seine Stellung zur Pityriasis rubra pilaris DEVERGIE im Vordergrunde. Sie wurde dort ausführlicher besprochen, hier sei kurz zusammenfassend betont, daß das Lichen ruber-Knötchen mit einer typischen Infiltration in der Cutis beginnt und während der ganzen Dauer der Erkrankung als solche bestehen bleibt. Die Primäreffloreszenz der Pityriasis rubra pilaris hingegen ist primär eine von den Haarfollikeln ausgehende Hyperkeratose, die erst sekundär Papillarkörper und Cutis beteiligt, in Gestalt eines zudem außerordentlich spärlichen Infiltrates.

Andere, klinisch gelegentlich mit dem Lichen ruber planus zu verwechselnde Krankheitsbilder sind in ihrem geweblichen Aufbau so gut gekennzeichnet, daß eine Entscheidung nicht schwer sein dürfte. Es handelt sich um bestimmte Formen toxischer Exantheme (NEUMANN), namentlich im Vergleich zu den sog. akuten Lichenformen, bei denen man dann histologisch neben den, beiden gemeinsamen akut entzündlichen Erscheinungen, vor allem der starken Gefäßfüllung, die für Lichen planus kennzeichnenden Veränderungen findet. Das Entsprechende gilt für den Lichen acuminatus im Vergleich zur Keratosis suprafollicularis, zur Keratosis follicularis contagiosa BROOKE und zur DARIERschen Krankheit.

Angereiht seien die lichenähnlichen Krankheitsbilder auf tuberkulöser oder luetischer Basis, die sich ohne weiteres durch ihren bekannten Aufbau erkennen lassen. Auch die Trennung von den namentlich bei Kindern so häufigen papulösen Ekzemformen, sowie dem Lichen simplex chronicus (Neurodermitis verrucosa) und der Kraurosis vulvae dürfte kaum Schwierigkeiten machen.

Die Trennung gewisser annulärer, zentral atrophischer Lichenformen vom Lupus erythematodes kann im Einzelfall schwer sein, dürfte sich aber — namentlich unter Berücksichtigung des klinischen Gesamtbildes — stets durchführen lassen.

Schwerer kann schon die Unterscheidung namentlich verruköser Lichenformen von der Psoriasis verrucosa werden. Die für diese kennzeichnende

Parakeratose, Verbreiterung der Stachelschicht und gleichzeitige Verlängerung ihrer Leisten, die Vergrößerung der Papillen und namentlich die varicenähnlichen Veränderungen der Papillargefäße sind zwar in den meisten Fällen so ausgeprägt, daß ein Irrtum nicht aufkommen kann, aber ich habe doch vereinzelt Fälle von Lichen ruber verrucosus gesehen, bei denen das histologische Bild hiermit sehr große Ähnlichkeit hatte, so daß eine entscheidende Stellungnahme doch erst durch die Klinik ermöglicht wurde.

Die heute allgemein unter der Bezeichnung Parapsoriasis zusammengefaßten Krankheitsbilder [Pityriasis lichenoides chronica (JULIUSBERG), Parakeratosis variegata (UNNA), Dermatitis psoriasiformis nodularis (JADASSOHN), Lichen variegatus (CROCKER), Erythrodermie pityriasique en plaques disseminées (BROCQ), insbesondere in Form der Parapsoriasis lichenoides)] sind dort besprochen. Die seltene Tropho-Neurose dyschromique et lichénoide in ihren von HALLOPEAU und von NEISSER und RILLE beobachteten Typen, von denen namentlich die beiden ersteren eine gewisse Ähnlichkeit mit dem Lichen haben, seien lediglich erwähnt.

Über die **Pathogenese** des Lichen planus ist Sicheres nicht bekannt. Ob die UNNAsche Hypothese von der Bedeutung des Verlustes der normalen Sauerstofforte und die dadurch bedingte gesteigerte Reduktionswirkung für die formale Genese des Lichen zu Recht besteht, bedarf noch weiterer Untersuchungen, zumal der hierfür verantwortlich gemachte und auch von UNNA angenommene parasitäre Erreger der Erkrankung bisher noch nicht nachgewiesen wurde. Auch die sicherlich vorhandene familiäre Häufung von Lichen planus, die für eine Vererbbarkeit der Disposition zu sprechen scheint (GALEWSKY) hat bisher nicht weiter geführt.

Die Parapsoriasisgruppe.

Die unter der Allgemeinbezeichnung „Parapsoriasis" von BROCQ 1902 auf Grund rein äußerlicher Merkmale vorläufig zusammenfassend dargestellten chronischen Hautkrankheiten bilden für die dermatologische Forschung ein schwieriges Gebiet. BROCQ glaubte seinerzeit drei verschiedene Typen des Ausschlags unterscheiden zu können, bei welchen er das Kennzeichnende im Auftreten stecknadelkopf- bis linsengroßer Papeln und linsengroßer bis handtellergroßer, meist nur wenig (kleienförmig) schuppender Flecke sah. Die Dermatosen verlaufen ohne Allgemeinstörungen, sind der Behandlung durchaus unzugänglich; die Kranken zeigen eine mehr oder weniger große vasomotorische Erregbarkeit der Gefäße.

Die Bezeichnung „Parapsoriasis" für diese Erkrankungen ist eigentlich wenig glücklich gewählt, zumal Beziehungen zur Psoriasis sicher nicht bestehen. Der ersten, der seinerzeit von BERG aufgestellten drei verschiedenen Formen des Ausschlags, der Parapsoriasis en gouttes entspricht die Pityriasis lichenoides chronica (JULIUSBERG), die mit der Dermatitis psoriasiformis nodularis (NEISSER), dem psoriasiformen lichenoiden Exanthem (JADASSOHN) übereinstimmt. Diese Form sieht noch am ehesten einer Abortivform der Psoriasis guttata ähnlich. Es handelt sich dabei um stecknadelkopf- bis linsengroße scharf abgesetzte, mit festhaftenden trockenen Schuppen bedeckte Herde von rosa bis lachsroter Farbe. Nach Abkratzen der Schuppen entsteht zunächst keine Blutung, sondern eine feine glatte rötliche Fläche; erstere erfolgt nur bei energischem Kratzen (JADASSOHN).

Die zweite Form, die Parapsoriasis lichenoides, bei welcher eine durch stärkere Infiltration und geringere Schuppenbildung ausgezeichnete, zentral leicht eingesunkene Papel vorhanden ist, tritt zerstreut oder in netzartiger Zeichnung am Rumpf und an den Extremitäten auf. Im großen ganzen stimmt diese Form mit dem Lichen variegatus (R. CROCKER), der Parakeratosis variegata (UNNA, SANTI, POLLITZER) überein. Die

Efflorescenzen sind matt glänzend, von hellroter Farbe und haben eine gewisse Ähnlichkeit mit dem Lichenknötchen. Sie bilden ein mehr oder weniger feinmaschiges Netz, das Inseln normaler Haut umschließt.

Die dritte Form, die Parapsoriasis en plaques, entspricht der 1897 zuerst von Brocq beschriebenen Erythrodermie pityriasique en plaques disseminées, der Xanthoerythrodermia perstans (R. Crocker) und der Pityriasis maculosa chronica (Rasch). Es handelt sich um runde bis ovale und streifenförmige, in den Spaltrichtungen der Haut angeordnete, meist nicht juckende und nur wenig oder gar nicht schuppende Herde von gelb- bis weinroter Farbe, die am Rumpf sowohl wie an den Extremitäten vorkommen und oft zentral eigenartig gerunzelt, fast atrophisch erscheinen. Besonders kennzeichnend ist für diese Form eine Neigung zur Purpura factitia (Arndt, Gross).

Im Einzelfalle ist jedoch eine so scharfe Trennung, wie sie vorstehend gegeben wurde, nicht immer möglich. Namentlich die erste und zweite Gruppe sind durch so viele Übergänge miteinander verbunden, daß man geneigt ist, sie einander gleichzusetzen und sogar versucht hat, die unter sieben verschiedenen Bezeichnungen dargestellte Erkrankung unter dem Namen Pityriasis lichenoides chronica zusammenzufassen (Riecke). Auch für die Parapsoriasis en plaques möchte Riecke an Stelle der drei oben angegebenen Bezeichnungen eine setzen, nämlich die der „Erythrodermia maculosa chronica“. So wünschenswert eine derartige Vereinfachung auch wäre, so begründet sie aus morphologischen und histologischen Überlegungen sein dürfte, so scheint es doch zweckmäßig, die Trennung in drei Krankheitsformen vorläufig noch aufrecht zu erhalten. Auf den Sammelbegriff der Parapsoriasis möchte ich dabei am liebsten ganz verzichten; er ist jedoch leider im Sprachgebrauch so eingebürgert, daß er so lange kaum ersetzbar scheint, wie es nicht gelungen ist, das Wesen der Veränderungen klarzulegen und damit entweder die gesamten Formen oder die eine mit der anderen gleichzusetzen bzw. sie völlig voneinander zu trennen.

Nach Vorstehendem ist es selbstverständlich, daß das histologische Bild nicht so kennzeichnend sein kann, um aus ihm ohne weiteres eine Diagnose zu stellen. Den klinischen Erscheinungen entsprechend und auch nach der Verschiedenheit des Alters der vorliegenden Krankheitsherde findet man eine Reihe voneinander mehr oder weniger verschiedener histologischer Bilder.

Dabei handelt es sich jedoch in der Hauptsache um rein quantitative Unterschiede, welche der Einheitlichkeit der Befunde nicht widersprechen; ihnen allen gemeinsam ist ein enges Beieinander parakeratotischer Veränderungen in der Epidermis mit einer geringgradigen oberflächlich sitzenden, in erster Linie perivasculären entzündlichen Zellinfiltration in Corium und Papillarkörper. Civatte versuchte, die klinischen Erscheinungsformen mit den verschiedenen histologischen Bildern in Einklang zu bringen und unterschied ein erstes Stadium der „Epidermisreaktion“ (lichenoide Efflorescenzen) von dem zweiten Stadium „der Epidermisdegeneration“ (schuppende Erythrodermieherde).

Pityriasis lichenoides chronica (Parapsoriasis guttata et lichenoides).

Bei jungen lichenoiden noch nicht schuppenden Herden finden sich die ersten Veränderungen als Zellansammlungen in der Cutis, während Störungen der Epidermis völlig zurücktreten. Die Zellherde sind in erster Linie auf das Stratum papillare bzw. subpapillare beschränkt, perivasculär gelagert und nach unten, namentlich bei stärkerer Entwicklung des Infiltrates, ziemlich deutlich abgesetzt. Dieses Infiltrat besteht fast ausschließlich aus Lymphocyten (Civatte). Dazu kommt eine Hyperplasie der Gefäßwandperithelien und eine geringe Wucherung der Bindegewebszellen, letztere in erster Linie im Stratum

papillare (HODARA). Die Gefäße sind erweitert, die Bindegewebsfasern durch
ein im Papillarkörper stärkeres, in der Cutis schwächeres Ödem auseinandergedrängt; die Papillen dadurch manchmal verlängert und verbreitert. Zur
mittleren und tieferen Cutis hin setzt sich das Infiltrat manchmal perivasculär
fort, im übrigen finden sich hier jedoch keine Veränderungen.

Die Epidermis zeigt ebenfalls ein leichtes inter- und intracelluläres Ödem.
Die Stachelschicht ist verbreitert, die einzelnen Zellen sind sowohl vermehrt
als vergrößert, letzteres in erster Linie durch das intracelluläre Ödem, welches
um die Kerne oft einen hellen Hof bildet. In den erweiterten Intercellular-
räumen findet man polynucleäre Leukocyten, meist nur in geringer Zahl.

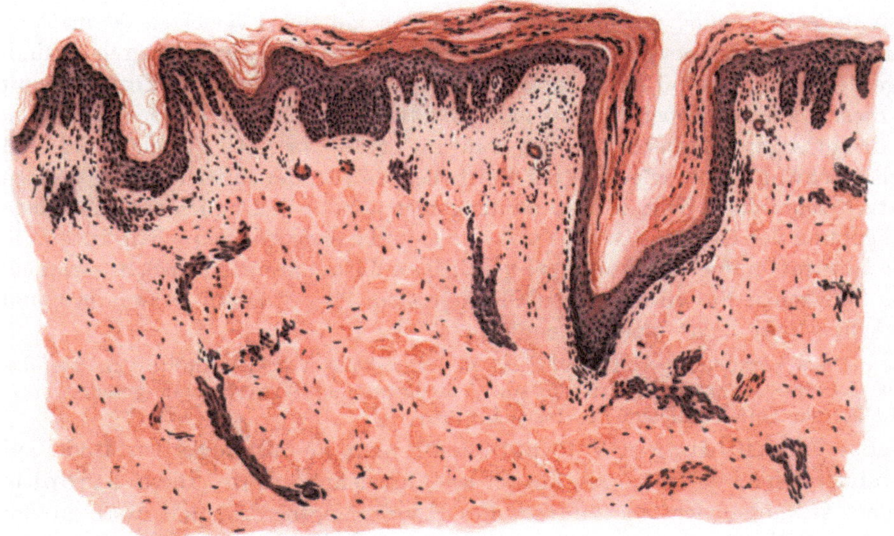

Abb. 118. Pityriasis lichenoides chronica (♂, 19 jähr., Bauch). (Ausgebildete Papel im Beginn
der Rückbildung.) Atrophische und hypertrophische Epidermisabschnitte nebeneinander. Hyperkeratose und Parakeratose. Umschriebenes Ödem der Stachelschicht. Mäßiges, hauptsächlich
perivasculäres Infiltrat im ödematösen Stratum papillare und subpapillare. Hämatoxylin-Eosin.
O = 66 : 1; R = 66 : 1.

Je nach dem Grade und der Dauer des Ödems kommt es zu einer Störung der
Verhornung, die fleckweise zur Bildung einer mehr oder weniger verdickten,
ungleichmäßigen, manchmal parakeratotischen Hornschicht führt.

In den ausgebildeten papulösen, im Zentrum schuppenden Knötchen
findet man, namentlich am Rande, die oben erwähnten Veränderungen in
stärkerem Maße. Die erweiterten Gefäße des Stratum papillare und subpapillare
sind von einer dichten Schicht lymphocytärer und gewucherter perithelialer
Zellelemente umgeben. Nach der Mitte der Knötchen sind diese Veränderungen
um vieles deutlicher. Die perivasculäre Zellansammlung fällt in dem ödematösen
Papillarkörper und den geschwollenen Papillen besonders auf; zu ihr tritt hier
noch eine ausgesprochene Wucherung der Bindegewebszellen.

Über diesem mittleren Abschnitt ist die Epidermis deutlich verbreitert;
einmal durch das auch hier vorhandene inter- und intracelluläre Ödem, dann
durch eine Vergrößerung und Vermehrung der Stachelzellen. Die Hornschicht
ist deutlich verdickt, das darunter liegende Stratum granulosum in den Rand-

abschnitten verbreitert. In der Mitte fehlt jedoch, entsprechend dem hier am stärksten entwickelten Ödem, das Keratohyalin und die Hornschicht ist in eine abgeplattete parakeratotische Schuppe umgewandelt. Bei länger bestehenden Herden ruft das Ödem auch eine Umwandlung der Stachelschicht hervor. Ihre Zellen werden größtenteils in hyaline homogene Schollen oder gar in zusammengebackene, nicht mehr färbbare Massen verwandelt, deren Kerne atrophisch oder zerfallen sind (HODARA).

Manchmal werden sogar einzelne Gruppen stark ödematöser und geschwollener Stachelzellen durch das Infiltrat aus dem Epithelverbande abgedrängt und finden sich dann frei im Stratum papillare (LEWTSCHENKOW). Der Aufbau des Zellinfiltrats ist genau der gleiche wie früher; nur vereinzelt finden sich polynucleäre Leukocyten, die dann zusammen mit den losgelösten ödematösen Stachelzellen und gewucherten Bindegewebszellen der lymphocytären Grundlage des Infiltrates ein etwas lebhafteres Aussehen geben. Das Infiltrat nimmt in dieser Zeit nach oben hin das ganze Stratum papillare und subpapillare ein, es dringt sogar gelegentlich in das Stratum basale vor. Die Papillen sind zum Teil geschwunden, desgleichen die Epithelleisten. In der mittleren und tieferen Cutis beschränkt sich die Zellansammlung auch jetzt noch lediglich auf die nächste Umgebung der Gefäße. Das elastische Gewebe erscheint gequollen, innerhalb der Infiltrate aufgelockert und gelegentlich zu dicken, kurzen Brocken zerfallen. Die kollagenen Fasern sind ebenfalls gequollen, ihre Struktur verwaschen und manchmal gar nicht mehr erkennbar.

Auf das Vorkommen von Epitheloid- und Riesenzellen in den Infiltraten, wie das von CIVATTE, MILIAN und PINARD, sowie VERROTTI und WITHFIELD mitgeteilt wurde, wird bei der Differentaldiagnose einzugehen sein.

Bei Rückbildung der Papeln trifft man im histologischen Bilde auf Veränderungen, die man als atrophische bezeichnen darf. Diese Atrophie äußert sich besonders im Zentrum des Erkrankungsherdes, und zwar an der Stachelzellschicht. Diese ist oft auf wenige Zellreihen zusammengeschmolzen, die interpapillären Epithelleisten sind teils geschwunden, teils sehr schmal und lang. Die Zellen im Stratum basale sind flach und breit; sie haben ihre normale Zylinderform verloren. Da auch die Papillen geschwunden sind, ist die Epidermis-Cutisgrenze in eine gleichmäßig wellenförmige Linie umgewandelt.

Die Zellinfiltration, an deren Aufbau sich jetzt neben den kleinen Lymphocyten auch polynucleäre Leukocyten und Mastzellen, nur äußerst selten Plasmazellen beteiligen, beschränkt sich in der Hauptsache auf die Umgebung der stark erweiterten Capillaren und kleinen Gefäße. Diese Erweiterung der Blutgefäße wird besonders deutlich im oberflächlichen horizontalen Netz. Infolge des Rückgangs der Zellherde ist die Lockerung der Bindegewebsfasern noch auffallender geworden. Die Anhangsgebilde der Haut zeigen keinen krankhaften Befund.

Den klinischen Veränderungen der dritten Form der Parapsoriasis, der

BROCQSCHEN Krankheit (Parapsoriasis en plaques)

entspricht mikroskopisch kein unbedingt kennzeichnender Befund. Es handelt sich nach ARNDT um einen auf die oberflächlichsten Hautschichten beschränkten und gegen die Umgebung nicht scharf abgesetzten chronisch entzündlichen Prozeß wechselnden Grades. Er besteht in erster Linie aus einer teils diffusen, teils perivasculären Zellinfiltration, die vorwiegend aus Lymphocyten und in geringerer Zahl aus gewucherten Bindegewebszellen aufgebaut ist, während polynucleäre Leukocyten und auch Mastzellen nur in mäßiger Zahl gefunden werden. Das Infiltrat ist an die oberflächlichsten Coriumschichten, in erster Linie das Stratum papillare und subpapillare gebunden. Weiter in der Tiefe trifft man Zellzüge nur um die Gefäße der Hautanhangsgebilde (Riecke). Im Bereich der Zellinfiltration ist das Corium von einem wechselnd starken Ödem durchsetzt. Diesem entspricht eine Erweiterung der Lymphgefäße und Lymphspalten. Es führt zu einer Abflachung der Papillen und damit zu einem Verstreichen des Papillarkörpers. Dort, wo die Papillen erhalten bleiben, sind sie unregelmäßig und plump. Das Ödem führt ferner zu einer Auflockerung der Bindegewebsfibrillen, die oft in ein lockeres, weitmaschiges Gewebe umgewandelt sind, das von dem ebenfalls auseinandergedrängten, im übrigen aber weiter ebenfalls nicht veränderten elastischen Fasernetz durchsponnen wird.

In der Epidermis trifft man auf ein inter- und intracelluläres Ödem. Dieses führt an vereinzelten Stellen gelegentlich zur Bildung kleinster interepithelialer Hohlräume, die sich ungezwungen als spongiöse bezeichnen lassen. Dazu tritt eine Aufquellung der Zellen infolge intracellulärer Flüssigkeitsansammlung, namentlich im Stratum basale, weniger stark auch im Stratum spinosum. Hier trifft man das Ödem besonders an jenen Stellen, wo das cutane Infiltrat in stärkerem Maße in die Epidermis vorgedrungen ist (Riecke). Dieses besteht hier in der Hauptsache aus lymphocytären Zellformen; daneben finden sich im Epithel jedoch auch polynucleäre Leukocyten in geringerer Zahl. Überall dort, wo es zu diesem epithelialen Einbruch des Infiltrats gekommen ist, geht der regelrechte Aufbau des Papillarkörpers verloren. Stratum basale und auch spinosum sind durch das andrängende Infiltrat zerrissen, der Papillarkörper verworfen. An den übrigen Stellen ist die Stachelschicht deutlich verbreitert, sowohl in den interpapillären Leisten als wie suprapapillär. Die einzelnen Zellen zeigen häufig eine auffallende Neigung, sich in die Länge zu strecken, so daß sie den Basalzellen ähnlich werden (Riecke). Überall dort, wo Ödem und Zellinfiltrat in die Epidermis vorgedrungen sind, fehlt das Keratohyalin, während an den anderen Stellen das Stratum granulosum in gleichmäßiger Zellage vorhanden ist. Das Stratum corneum ist manchmal leicht verdickt; überall dort, wo das Ödem bzw. das Infiltrat zum Schwund des Keratohyalin geführt hat, trifft man auf ganz umschriebene kernhaltige, parakeratotische Herde (Arndt). Das elastische und kollagene Gewebe innerhalb der dichteren Infiltrate ist aufgelockert, zum Teil geschwunden; die Anhangsgebilde der Haut erscheinen nicht verändert.

Anhangsweise erwähnen wir noch einige besondere Erscheinungsformen, unter denen sich das Krankheitsbild entwickelt hat. Verschiedentlich ist eine große Ähnlichkeit mit luetischen Exanthemen beobachtet worden, ebenso ein Beginn als varicellenartiges Exanthem (Oppenheim) (über deren Deutung siehe Differentialdiagnose). Hämorrhagisch-nekrotische Efflorescenzen wurden beschrieben (Rusch). Es scheint vorläufig jedoch zweckmäßiger, alle diese Fälle, wie dies besonders Riecke empfohlen hat, nicht mit der „Parapsoriasis" zusammenzufassen, da sie aus dem Rahmen, in welchen diese hineinpaßt, zu sehr herausragen.

Differentialdiagnose: Die differentialdiagnostische Verwertung des mikroskopischen Bildes ist insoweit schwierig, als ja eigentlich kennzeichnende

Veränderungen bei keiner der verschiedenen Formen feststellbar sind. Immerhin gibt das Zusammentreffen einer Reihe von Einzelstörungen die Möglichkeit, in den klassischen Fällen wenigstens eine Diagnose zu stellen. Dies gilt in erster Linie für die Pityriasis lichenoides chronica (Parapsoriasis guttata et lichenoides). Bei ihr kommen eigentlich nur zwei Veränderungen in Betracht, die differentialdiagnostische Schwierigkeiten machen können, einmal die Psoriasis guttata und zum anderen das papulo-squamöse Syphilid. Namentlich das letztere ist manchmal mit der Pityriasis lichenoides chronica verwechselt worden. Selbst in jenen seltenen Fällen, wo weitere syphilitische Kennzeichen im Stiche lassen sollten, gestattet das Mikroskop eine Unterscheidung. Es ist vor allem die im Vergleich mit den Syphiliden geringe Infiltration im Corium, das Fehlen jeglicher Andeutung eines Plasmoms. Bei der Psoriasis sind für gewöhnlich die Entzündungserscheinungen viel stärker ausgesprochen; sie zeigen sich besonders in der Epidermis, einmal im Auftreten zahlreicherer Mitosen, zum anderen in der ausgedehnten Parakeratose. Dazu kommt die Verdünnung der suprapapillaren Stachelzellschicht, durch welche die erweiterten Capillaren des Papillarkörpers unmittelbar an die parakeratotische Schuppe heranreichen, wodurch das leichte Hervorrufen der punktförmigen Blutung möglich wird. Im Gegensatz zu den suprapapillaren ist die interpapillare Stachelschicht durch die starke Wucherung ihrer Leisten ausgezeichnet, eine Hyperplasie, die bei der Pityriasis lichenoides chronica nur in den allerjüngsten Erkrankungsherden angetroffen wird, während in den älteren die Epidermis mehr oder weniger atrophisch erscheint. Die eigenartigen und für die Psoriasis als kennzeichnend angesehenen leukocytären „Mikroabscesse" im Epithel werden bei der Pityriasis lichenoides niemals angetroffen.

Klinisch kann die Papel der Pityriasis lichenoides chronica auch der des Lichen ruber sehr ähnlich sehen. Im allgemeinen wird eine genauere klinische Betrachtung schon die Sachlage klären. Das histologische Bild ist durchaus eindeutig. Beim Lichen planus finden wir in der Regel eine stärkere Entzündung, die sich weniger im Epithel als in Papillarkörper und oberer Cutis abspielt, mit scharfer Absetzung des Infiltrats nach unten; ferner ein stark entwickeltes subepitheliales Ödem, eine dadurch bedingte Zerstörung der unteren Schichten der Epidermis mit Bildung feinster und gröberer, von feinen fibrinähnlichen Fäden ausgefüllter Lücken, ein Mangel jeglicher Parakeratose und das Vorherrschen einer Hyperkeratose.

Eine besondere Bedeutung kommt ferner der Unterscheidung von der Tuberculosis cutis papulo-necrotica zu. Jene Feststellungen von CIVATTE, der in drei Fällen von Parapsoriasis zwar keine Tuberkelbazillen, jedoch den klassischen histologischen Aufbau des Tuberkels: Riesenzellen, epitheloide Zellen und Lymphocyten bei zentraler Nekrose beobachtete, Fälle, wie ähnliche auch von MILIAN und PINARD, dann von VERROTTI festgestellt wurden, möchte man am liebsten völlig abseits stellen und mit ARNDT wenigstens den letzteren dem atypischen Lichen scrophulosorum zurechnen. Aber selbst dann, wenn man die anderen Fälle zur Parapsoriasis guttata zählen möchte, darf man den tuberkuloiden Aufbau nur dahin verwerten, daß eben gelegentlich ein „spezifischer Gewebsaufbau" vielleicht auch einmal durch einen „unspezifischen Reiz" ausgelöst sein kann, wie das ja unseren heutigen Anschauungen ohne weiteres entspricht.

Zu erwähnen wäre schließlich noch jener Fall von Oppenheim, wo die Pityriasis lichenoides ein Varicellae-ähnliches Vorstadium zeigte und die histologische Untersuchung einer Pustel tatsächlich ganz entsprechend dem Varicellenbläschen eine intraepitheliale unilokuläre Blase ergab mit retikulierender Degeneration der Retezellen und Rundzellenansammlung in Papillarkörper und Stratum subpapillare. Auch hier bestand klinisch eine ungemein große Ähnlichkeit mit einem papulo-krustösen Syphilid. Es wäre auch schließlich noch denkbar, daß es sich in diesem Falle tatsächlich zunächst um einen Varicellenausbruch gehandelt hat, der dann den Anstoß zur Entwicklung der Pityriasis lichenoides gab.

Im großen ganzen macht demnach die differentialdiagnostische Trennung für diese Formen der „Parapsoriasis“ keine großen Schwierigkeiten. Anders steht das hingegen mit der Parapsoriasis en plaques. Diese ist zwar in ihren klassischen Formen von der Pityriasis lichenoides chronica völlig verschieden (Arndt, Riecke). Es ergeben sich jedoch differentialdiagnostisch eine Reihe von Schwierigkeiten in der Abgrenzung gegenüber einigen anderen chronischen Hauterkrankungen, in erster Linie von gewissen Formen des seborrhoischen Ekzems. Zwar ist bei diesem die Akanthose und Parakeratose bzw. Hyperkeratose stärker ausgesprochen, ebenso die mit bedeutender Leukocytose einhergehende entzündliche Zellansammlung im Corium. Dazu tritt die stärker entwickelte und regelmäßig vorhandene seröse und serofibrinöse Bläschenbildung an der Unterseite der parakeratotischen Schuppe, die Bläschensowie Krustenbildung, die Wucherung der Stachelzellschicht in Gestalt der verlängerten Reteleisten und der zahlreichen Mitosen. Bei der Brocqschen Krankheit hingegen bleibt die Bläschenbildung, wenn sie auch gelegentlich beobachtet wird, stets gering und auf wenige Stellen beschränkt. Auch die übrigen Epithelveränderungen sind im Vergleich zu dem klinischen Eindruck der Erkrankung meist nur gering ausgeprägt, namentlich das inter- und intracelluläre Ödem und mit diesem unmittelbar zusammenhängend die Bildung der aus Serum, Leukocyten und parakeratotischen Hornlamellen aufgebauten Krusten (Schuppenkrusten).

Ebenso wie mit dem seborrhoischen Ekzem ist auch eine Verwechslung mit gewissen Formen der Mycosis fungoides gelegentlich möglich. Wo hier klinische Erfahrungen (Jucken, Rückbildung auf Röntgenstrahlen) im Stich lassen, gibt das histologische Bild meist doch gewisse Anhaltspunkte, wenn auch im allgemeinen zugegeben werden muß, daß weder für die Mycosis fungoides noch die Erythrodermie en plaques der Befund ein durchaus kennzeichnender ist. Bei beiden Erkrankungen ist die Infiltration in erster Linie auf die obersten Cutisschichten beschränkt, jedoch zeigen Aufbau und Zusammensetzung bemerkenswerte Unterschiede. Bei der Mycosis fungoides: große Mengen eosinophiler und dann auch kleiner und großer, ein- und zweikerniger Plasmazellen, Lymphocyten und polynucleäre Leukocyten sowie viele wuchernde Bindegewebszellen, oft zu mehrkernigen Riesenzellen zusammengelagert, alles in allem ein durch die Polymorphie der Zellen eigenartiges Bild; bei der Erythrodermie en plaques: fast nie Plasmazellen, nur vereinzelte Mitosen, spärliche Mastzellen, in der Hauptsache jedoch lymphocytäre Zellelemente neben gewucherten fixen Bindegewebszellen (Arndt). Bei der Mycosis fungoides sind die Epidermisveränderungen auffallender entwickelt: Akanthose, intra- und intercelluläres Ödem, reichliche Mitosen, oft Bläschenbildung. Bei der Erythrodermie trifft man hingegen nur ausnahmsweise eine stärkere Akanthose und nur ein geringes Ödem, in den älteren Herden jedoch stets eine Atrophie der Epidermis.

Diese Atrophie kann dem Krankheitsbilde gelegentlich einmal eine gewisse Ähnlichkeit mit der Dermatrophia chronica atrophicans geben, was in einzelnen Fällen (BRANDTWEINER u. a.) tatsächlich zu klinischen Irrtümern geführt hat und sogar vereinzelte Forscher (RILLE u. a.) veranlaßte, der Parapsoriasis en plaques überhaupt jede Selbständigkeit abzusprechen und sie zur Dermatitis atrophicans zu zählen. Jedoch finden sich histologisch auch dann, wenn die Atrophie bei der Dermatitis atrophicans noch nicht vollständig ausgesprochen ist, gewisse Unterschiede.

Das Infiltrat ist bei dieser im oberen und mittleren Corium gewöhnlich viel dichter, es führt im weiteren Verlauf zu einem Verstreichen des Stratum papillare, zu einem Schwund des Elastins und Kollagens in der Cutis sowohl wie in der Subcutis. Am Aufbau der Infiltrate beteiligen sich stets Plasmazellen in wechselnder Zahl. Gerade diese Zellformen wurden bei der Erythrodermie en plaques nie gefunden (ARNDT). Auch beschränken sich bei dieser die Zellansammlungen ausschließlich auf die oberste Cutis, während sie bei der Dermatrophie, meist mantelförmig die Gefäße begleitend, bis tief in die Subcutis hinein zu verfolgen sind. Alles in allem eine Reihe klinischer und insbesondere histologischer Unterschiede, die eine Verwechslung kaum möglich machen sollten.

Der Vollständigkeit halber sei noch die Pityriasis rosea erwähnt, der die Parapsoriasis en plaques zu Beginn manchmal ähnlich sein kann. Ganz abgesehen davon, daß der weitere klinische Verlauf die Entscheidung ohne weiteres bringen wird, bietet auch das Vorwiegen einer stärkeren Exsudation, die sogar in den Randabschnitten der Pityriasis rosea zu ausgedehnten mit Serum und polynucleären Leukocyten gefüllten Bläschen führen kann, bei erheblich stärkerer Beteiligung des Coriums, in der Regel hinreichende Unterscheidungsmerkmale.

Zu erwähnen ist schließlich noch die Lepra maculo-anaesthetica, die jedoch — selbst wenn einmal die klinischen Untersuchungsmöglichkeiten, namentlich die Sensiblitätsprüfung, nicht ausreichen sollten, — in dem eigenartigen Granulationsgewebe (epitheloide und Riesenzellen, Lymphocyten und Plasmazellen, oft mit zentraler Nekrose und in scharf abgesetzten Herden auftretend) ein ausreichendes Unterscheidungsmerkmal bietet. Die Purpura annularis teleangiectodes, auf welche ARNDT bei seiner ausführlichen differentialdiagnostischen Stellungnahme ebenfalls hingewiesen hat, ist histologisch ohne weiteres an den eigenartigen, oft varicösen Gefäßerweiterungen, an den Blutaustritten zu erkennen.

Pathogenese: Die Pathogenese der gesamten Gruppe ist noch völlig dunkel. Es kann als sicher gelten, daß die Veränderungen vom Bindegewebe, und zwar durch Vermittlung des Gefäßapparates ausgehen, und daß die Epidermis erst sekundär in Mitleidenschaft gezogen wird. Diese Veränderungen sind entzündlicher Natur; man hat mit Rücksicht auf die erhöhte Reizbarkeit der Vasomotoren an eine chronische Vasomotorenstörung durch toxische Einflüsse gedacht (C. Fox und MACLEOD, EHRMANN u. a.), aber auch bei dieser Annahme bleibt die Frage nach der Genese jener angenommenen Toxine offen. (Über die Beziehungen zur Tuberkulose [CIVATTE, MILIAN u. a.] wurde bei der Differentialdiagnose schon gesprochen.)

Erythrodermia exfoliativa generalisata.

Unter der Bezeichnung Erythrodermia exfoliativa generalisata bzw. Dermatitis exfoliativa generalisata verstehen wir eine Gruppe klinisch einander sehr ähnlicher, pathogenetisch jedoch noch durchaus ungeklärter Erkrankungen; als Beispiel ihres geweblichen Aufbaues sei die

Pityriasis rubra (HEBRA-JADASSOHN)

eingehend dargestellt.

Das erstmals von F. HEBRA näher umgrenzte Krankheitsbild, dem dann BROCQ in seiner Übersicht über die „exfoliativen Erythrodermien" unter den primären oder idiopathischen eine Sonderstellung einräumte, wurde schließlich von JADASSOHN in einer grundlegenden Untersuchung schärfer herausgearbeitet und sichergestellt (1891). Es handelt sich um eine chronische, in den meisten Fällen stets und unaufhaltsam zum Tode führende, mit verschieden starker Abschilferung und nachfolgender Atrophie der Epidermis einhergehende Erkrankung, welche während ihres ganzen Verlaufes von keiner anderen Erscheinung begleitet wird als von einer andauernden intensiv dunkelroten Färbung der Haut ohne bedeutende Infiltration, ohne Knötchenbildung, ohne Entwicklung von Einrissen, ohne Nässen oder Bläschenbildung. Sie ist von ganz geringem Jucken begleitet und meist allgemein über die ganze Haut verbreitet ohne eine bevorzugte Lokalisation an einzelnen Hautstellen. Die Haare fallen aus, die Nägel bleiben meist intakt, die gesamten Lymphdrüsen sind fast stets geschwollen. Ein gelegentlich doch auftretendes Nässen auf der einen oder anderen umschriebenen Hautstelle dürfte auf sekundäre Einflüsse zurückzuführen sein. Das Allgemeinbefinden bleibt meist lange Zeit gut; die Kranken klagen eigentlich nur über ein Kältegefühl, später über die infolge der Atrophie straffe Spannung der Haut, die die Glieder zur Beugestellung, an den Augen zum Ectropium führt.

In den frischen Stadien der Erkrankung zeigt sich hauptsächlich eine Verdickung sämtlicher Epidermisschichten, im Corium nur eine diffuse zarte Zellinfiltration des Stratum papillare und subpapillare, von dem aus einzelne meist perivasculäre und perifollikuläre Zellansammlungen in die tiefere Cutis vordringen. In der Hornschicht wechseln hypertrophische und anscheinend normale Abschnitte unregelmäßig miteinander ab. In den oberen, locker geschichteten Teilen sind sie unter Verlust ihrer Kerne vollständig verhornt, während nach der Tiefe zu, in den auch hier sehr losen, manchmal direkt faserigen Hornlamellen vielfach lange, schmale oder auch ovale Zellkerne erhalten bleiben. Das Stratum granulosum ist zu diesem Zeitpunkt regelmäßig vorhanden, einmal etwas verbreitert, ein andermal eher verschmälert, oder auch, namentlich unterhalb der kernhaltigen Teile der Hornschicht, völlig geschwunden, ein Befund, der in seiner Unregelmäßigkeit mit dem gerade vorliegenden Gesamtzustand eng zusammenhängt. Die Stachelschicht erscheint in der Regel verdickt, die einzelnen Zellen sind vergrößert; die Epithelleisten deutlich verlängert, in Form unregelmäßig verzweigter Fortsätze zum Corium vordringend. Allgemein fällt der auffallende Reichtum an Mitosen, besonders in den Epithelleisten auf, worauf als erster JADASSOHN hingewiesen hat, der ebenso wie bereits vor ihm PETRINI auch die zahlreichen einwandernden Leukocyten feststellte. Das Stratum basale ist regelmäßig gebaut und zeigt gegenüber den gesunden Epidermisschichten einen völligen Pigmentmangel, eine Beobachtung, die jene, in den späteren Stadien des Prozesses an umschriebenen Stellen auftretenden weißen atrophischen Herde erklärt.

Entsprechend der Wucherung der Epithelleisten sind die Papillen verlängert und verschmälert, ein Umbau, der noch ausgesprochener sein würde, wenn nicht ein deutliches Ödem, das sich auch auf das Stratum subpapillare fortsetzt, vorhanden wäre. Die Papillargefäße sind erweitert, vielfach geschlängelt und stark mit Blut gefüllt; ihre Endothelien geschwollen. Eine leichte Zellinfiltration, die aus Lymphocyten, gewucherten Bindegewebszellen und namentlich Mastzellen besteht, begleitet die Gefäße der oberen Cutis, der Haarfollikel und Schweißdrüsen, tritt jedoch auch selbständig an umschriebenen Stellen des Gewebes auf. Vereinzelt wird auch auf stärkere Pigmentansammlungen teils in Zellen, teils in Haufen frei zwischen dem Bindegewebe der tieferen Cutislagen hingewiesen, ohne daß diese in eine unmittelbare Beziehung zum Wesen der Erkrankung zu bringen wäre. Die Cutis zeigt im übrigen ebenso wie die Anhangsorgane keine Veränderung.

In fortgeschritteneren Fällen nehmen die eben geschilderten Veränderungen an Stärke zu; dazu treten jedoch noch gewisse weitergehende Störungen. So ist die Hornschicht an den meisten Stellen abgestoßen, bzw. nur noch in wenigen, zum Teil parakeratotischen Lamellen erhalten.

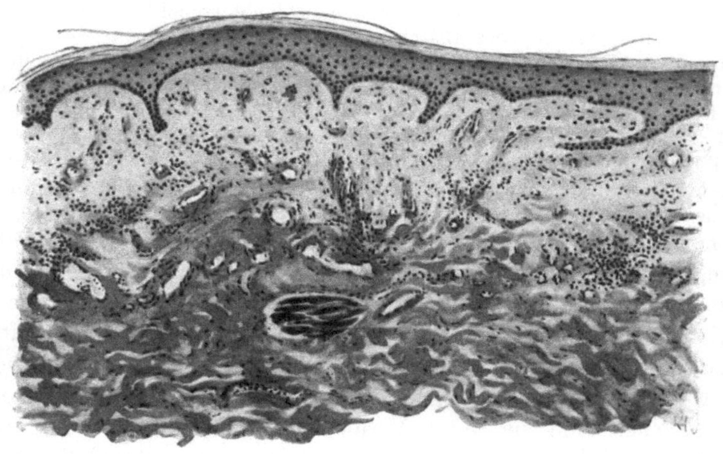

Abb. 119. Pityriasis rubra (HEBRA-JADASSOHN). (Atrophisches Stadium.) Hornschicht zum Teil parakeratotisch und abgestoßen. Übrige Epidermis stark verschmälert und ödematös, Reteleisten größtenteils geschwunden. Papillarkörper und obere Cutis ödematös geschwollen. Umschriebene, meist perivasculäre Infiltrate um die erweiterten Gefäße. Hautanhangsgebilde geschwunden; Musc. arrect. pil. besonders deutlich. O = 66 : 1; R = 50 : 1. (Sammlung P. G. UNNA.)

Im Stratum spinosum treten neben den noch immer zahlreichen Mitosen bereits Degenerationserscheinungen besonders in den oberen Schichten auf. Viele Zellen sind gequollen, aufgehellt, mit kleinem, oft wandständigem Kern; in anderen ist es vielfach unter Kernschwund zum Auftreten großer Vakuolen gekommen. Im Corium hat die Pigmentanhäufung gelegentlich stärkere Grade angenommen, wenn auch im übrigen, abgesehen von einem leichten entzündlichen Ödem, das Bindegewebe noch nicht nennenswert verändert ist. Dagegen lassen sich jetzt schon vereinzelt atrophische Vorgänge an den Talgdrüsen feststellen.

Wenn so auch allgemein betont werden muß, daß die histologischen Veränderungen im Frühstadium des Prozesses durchaus nicht so kennzeichnend sind, um sie von ähnlichen Erkrankungsformen ohne weiteres unterscheiden zu können, so ergibt doch eine Untersuchung im atrophischen Stadium recht eindeutige Befunde. Der Papillarkörper ist fast völlig geschwunden, so daß die Epidermis-Cutisgrenze im ganzen geradlinig oder leicht gewellt verläuft. Die Epithelleisten sind auf wenige ganz schmale, unregelmäßig verteilte Reste reduziert. Die Hornschicht ist außerordentlich dünn und läuft als eintönige, gleichmäßige, aus wenigen Zellagen bestehende Linie über die ebenfalls stark verschmälerte Stachelschicht fort. Das Stratum granulosum ist als eine Reihe schwächer oder auch stärker granulierter Zellen erhalten, fehlt vielfach auch ganz.

Die oben angedeuteten Degenerationserscheinungen der Stachelzellen, namentlich die Vakuolenbildung, treten jetzt in stärkerem Maße auf, so daß vielfach die ganze Schicht befallen ist und ein an den Status spongoides erinnerndes Aussehen zeigt. Die zahlreichen, das Epithel durchwandernden Leukocyten haben zusammen mit dem Ödem auch den Aufbau des Stratum basale gestört; dessen einzelne Zellen sind vielfach abgeplattet, spindelförmig; die Kerne sind klein und die ganze Zelle vielfach aus ihrer senkrechten Stellung schräg oder horizontal abgedrängt. An manchen Stellen ist eine Grenze zwischen Epithel und Corium überhaupt nicht mehr festzustellen, indem die nach oben wandernden Leukocyten unmittelbar aus der subpapillären, der Epidermis parallel verlaufenden Infiltrationszone in letztere eintreten. Das Infiltrat erreicht jedoch nirgends mehr einen bedeutenden Grad; es ist erheblich schwächer als in den früheren Stadien, tritt jedoch hier wie dort in erster Linie um die Gefäße auf, wenn auch in sehr geringer Ausdehnung, so daß die einzelnen Herde kaum noch miteinander verschmelzen. An ihrem Aufbau sind im allgemeinen noch die gleichen Zellformen beteiligt wie früher, an Zahl treten jedoch jetzt spindel- und sternförmige junge Bindegewebszellen hervor. Innerhalb dieser Zone sind sämtliche Haarfollikel und Talgdrüsen zugrunde gegangen. Dagegen treten die wohlerhaltenen glatten Muskelbündel der Arrectores pil. jetzt um so auffallender hervor. Das kollagene Gewebe der papillaren und subpapillaren Schicht besteht aus lockeren dünnen, atrophischen, schlecht färbbaren Fibrillen; nach der mittleren Cutis zu werden diese dicker, homogener, verwaschener; eigentliche Bindegewebsbündel sind hier kaum noch zu erkennen. Elastische Fasern finden sich nur noch in den tieferen Schichten im unteren Teile der Infiltrate als spärliche zarte Fäden. In den tiefsten Cutislagen treten Infiltrationen lediglich um die Gefäße und die Schweißdrüsen auf, Störungen im bindegewebigen Aufbau sind hier nicht mehr festzustellen.

Die Gefäße in Papillarkörper und oberer Cutis sind hochgradig erweitert, häufig weit klaffend und direkt an kavernöse Hohlräume erinnernd. Ihre Wandung ist vielfach verdickt, die Endothelzellen sind geschwollen, das Lumen mit weißen Blutkörperchen gefüllt, die an manchen Stellen die Gefäßwand durchsetzen. Gelegentlich findet sich auch eine Thrombose der Gefäße der Cutis und Subcutis (Forster u. a.). Vereinzelt beobachtete große, atrophische und völlig pigmentfreie Herde (Fabry u. a.) bieten histologisch, abgesehen von diesem völligen Pigmentmangel, nichts Besonderes.

Neben diesen ziemlich regelmäßig vorhandenen Veränderungen verlangen zwei Einzelbeobachtungen noch eine besondere Besprechung. Einmal der Befund umschriebener, entzündlicher Zellinfiltrate neben den diffusen perivasculären (Kopytowski und Wielowieyski). Diese enthielten außer Lymphocyten, großen Epitheloiden und Pigmentzellen noch Riesenzellen, zeigten also einen durchaus tuberkuloiden Bau; ein Befund, der allerdings heute ätiologische Rückschlüsse kaum noch gestatten dürfte, da wir ja derartige Gewebsreaktionen bei den verschiedensten chronischen Entzündungsprozessen kennen gelernt haben. Zudem ist der Gedanke an Fremdkörper-riesenzellenbildung gerade in diesem Falle mit Rücksicht auf die zahlreich auf-getretenen Milien nicht von der Hand zu weisen. Von besonderer Bedeutung ist dann noch BRUUSGAARDS „Erythrodermia exfoliativa universalis tuberculosa", wo in einem klinisch der Pityriasis rubra Hebrae außerordentlich ähnlich verlaufenden, wenn auch von BRUUSGAARD nicht in diesem Sinne auf-gefaßten Krankheitsfalle neben einer allgemeinen Lymphdrüsentuberkulose in einzelnen Hautabschnitten auch typische tuberkulöse Veränderungen sowie Tuberkelbacillen nachgewiesen werden konnten.

Differentialdiagnose. Die Notwendigkeit einer Trennung leichterer Formen der Erkrankung von den für gewöhnlich schwerer verlaufenden, wie dies BROCQ vorgeschlagen hat, scheint — wie das schon JADASSOHN betont — um so weniger gegeben, als wir ja von den meisten Krankheitsbildern günstige und weniger günstig verlaufende kennen. Es muß jedoch darauf hingewiesen werden, daß in den frischen Stadien der Erkrankung eine Entscheidung, ob wir es wirklich mit einer Pityriasis rubra Hebrae zu tun haben, nicht ohne weiteres zu treffen ist, da ja alle unter dem Bilde der exfoliierenden Erythrodermien auftretenden gene-ralisierten Formen der Psoriasis, des Eczema squamosum, des Lichen planus, des Pemphigus foliaceus, der Pityriasis rubra pilaris und insbesondere die Dermatitis exfoliativa generalisata (WILSON-BROCQ u.a.) manche Frühformen der Leukosen die prämykotischen und sog. tuber-kulösen Erythrodermien (JADASSOHN u. a.) mit den Frühstadien durchaus übereinstimmende histologische Bilder geben.

Wir können daher auf eine Darstellung der Gewebsveränderungen dieser verschiedenen Formen exfoliierender Erythrodermien (Erythema toxicum, Erythema scarlatiniforme desquamativum, Dermatitis exfolia-tiva generalisata subacuta und chronica, Pityriasis rubra benigna subacuta und chronica) an dieser Stelle verzichten, zumal uns auch das mikroskopische Bild keinen befriedigenden Aufschluß über das eigentliche Wesen der Krankheiten verschaffen kann. Auch die von BROCQ gegebene Einteilung dieser Erkrankungen hält sich lediglich an den klinischen Verlauf und beruht daher auf rein äußerlichen Merkmalen. Vom ätiologischen Standpunkt aus handelt es sich auch durchaus nicht um genau und scharf umschriebene Krankheitsformen. Daher ist von jener rein klinischen Be-trachtungsweise für die Pathogenese nichts zu gewinnen. Das Unbefriedigende dieser Feststellung gilt auch für die pathologische Histologie. Auch sie bestätigt dem aufmerksamen Beobachter lediglich das, was der klinisch geschulte Blick schon erkannt hat. Dabei mag zugegeben werden, daß auch diese rein beschreibende Betrachtungsweise gewisse Anhaltspunkte für die Ätiologie bieten mag. So wissen wir heute, daß das Erythema scarla-tiniforme desquamativum meist als Arzneiexanthem auftritt und daß man viele Fälle akuter und subakuter exfoliierender Dermatitiden gleichfalls auf toxische, auto- oder bakteriotoxische Stoffe zurückführen kann, die auf dem Blutwege in die Haut gelangen.

Die vorstehende Darstellung der Histopathologie der Pityriasis rubra HEBRA-JADASSOHN soll auch nur als Beispiel dienen für die Art geweblicher Verände-rungen, wie sie bei diesen exfoliierenden Erythrodermien anzutreffen sind. Auch die Pityriasis rubra betrachten wir mit JADASSOHN lediglich als einen

Symptomenkomplex, dessen Grundlagen durchaus nicht einheitlicher Art sind. „Zur Zeit muß man in jedem Fall von exfoliativer Erythrodermie durch genaueste Blutuntersuchungen, durch Biopsie, durch Tuberkulinreaktionen, Tierimpfungen, die Ursache aufzufinden suchen" (Jadassohn). Unter Zuhilfenahme aller dieser Hilfsmittel der Klinik dürfte im Einzelfall die Ursache schließlich doch meist festzustellen sein. Für die Spätstadien der verschiedenen Erythrodermien erscheint dies sogar verhältnismäßig leicht. Nach Abgrenzung der offenkundig sekundären Fälle, bei denen das Krankheitsbild entweder auf die allgemeine Ausbreitung eines Ekzems, eines Lichen planus, einer Psoriasis, eines Pemphigus usw., oder auf eine Leukose, Lymphogranulomatose, Mycosis fungoides, Tuberkulose zurückzuführen ist, bleibt dann nur noch eine eng umschriebene Gruppe generalisierter Erythrodermien übrig, deren Ätiologie noch völlig dunkel ist und die daher vorläufig noch als idiopathische bezeichnet werden müssen. Am bekanntesten von ihnen ist wohl die Pityriasis rubra Hebra-Jadassohn, von der sich die Dermatitis exfoliativa Wilson-Brocq im wesentlichen nur durch den gutartigen Verlauf und vor allem durch die dem Endstadium mangelnde Atrophie auszeichnet, die bei ihr ja nur äußerst selten vorkommt. Die histologischen Befunde, wie sie von Baxter, Vidal, Brocq, Leloir u. a. erhoben worden sind, reichen für eine Unterscheidung der beiden Erkrankungen meines Erachtens nicht aus. Dem Scharlach gegenüber (die Erkrankung wurde von Klamann als Scharlach mit verlängerter Desquamation bezeichnet) ist die Dermatitis exfoliativa vor allem durch die mangelnde Ansteckungsfähigkeit, die geringeren Allgemeinerscheinungen und die lange Dauer gekennzeichnet.

Pathogenese: Die Ermittlung und richtige Deutung des Wesens der exfoliativen generalisierten Erythrodermien ist ausschließlich auf ätiologischer Basis möglich. Bis heute dürfen wir auch die Pityriasis rubra nicht als einheitliche selbständige Erkrankung auffassen, sondern wir müssen bedenken, daß sie ein ziemlich komplexer Begriff ist, der Fälle verschiedenster Ätiologie umfaßt. So wird es durch die Beobachtungen Bruusgaards und Fioccos wahrscheinlich, daß — wie dies Jadassohn auch schon für möglich hielt — ein Teil der Fälle mit der Tuberkulose — Elsenberg, Audry und Nanta —, ein anderer Teil mit den Leukosen — Peter, Nicolau — in Beziehung zu bringen ist. Dagegen scheint mir der vereinzelt gebliebene Kokkenbefund von Kopytowski und Wielowieyski nach der ganzen Art desselben für die Ätiologie und Pathogenese der Erkrankung durchaus bedeutungslos. Trotz und alledem müssen wir daneben noch einen großen Teil der Pityriasis rubra Hebrae-Fälle als idiopathisch bedingt ansehen, da uns bisher deren Ursache noch völlig verschlossen ist.

Erythrodermia desquamativa (Leiner).

Unter diesen autotoxischen Hauterkrankungen ist ferner die Erythrodermia desquamativa (Leiner) noch als besonderes Krankheitsbild erwähnenswert. Es handelt sich dabei um eine universelle Hauterkrankung, die im wesentlichen in einer leichten Entzündung der ganzen Hautdecke, in einer starken Desquamation der Epidermis sowie einer sehr ausgesprochenen Kopfseborrhoe besteht. Sie wurde von Leiner mit Darmstörungen in Zusammenhang gebracht und namentlich bei Brustkindern beobachtet. Nach anderen Forschern (Moro) handelt es sich um eine universelle Dermatitis, die sich bei jungen Säuglingen mit ausgesprochenem Status seborrhoicus aus einer Intertrigo entwickeln kann. Bei dieser Auffassung ist eine Beziehung zum Ekzem also dann gegeben, wenn man eine solche für die Intertrigo anzuerkennen geneigt ist.

Im histologischen Bilde bestehen allerdings gegenüber dem Ekzem einige wichtige Unterschiede. Bei der Erythrodermia desquamativa ist die Hornschicht in eine Reihe locker übereinander geschichteter parakeratotischer

Lamellen umgewandelt, die zwischen sich hier und da dichte Leukocytenhaufen enthalten. Diese treten gelegentlich dort, wo die Hornschicht abgestoßen ist, frei zutage. Die parakeratotische Hornschicht ist mit den darunter liegenden Schichten an vielen Stellen durch schmale Lamellen meist kernloser Hornzellen verbunden. Vielfach wechseln darin auch parakeratotische mit anscheinend normal verhornten Stellen ab. Das darunter folgende Stratum granulosum besteht aus wenigen Reihen keratohyalinhaltiger Zellen und liegt einer verbreiterten Stachelzellschicht auf. Diese Akanthose erstreckt sich auch auf die Reteleisten, die mitunter fingerförmig gelappt unregelmäßig gegen den Papillarkörper vordringen. An einzelnen Stellen hat ein intercelluläres Ödem die Stachelzellen aufgebläht und manchmal zu kleinsten Höhlenbildungen geführt. Jedoch kommt es nie zur Entwicklung einer eigentlichen Spongiose.

Stratum basale und cylindricum sind im großen ganzen nicht verändert, insbesondere erscheinen die Mitosen nicht über die Norm vermehrt. Die gesamte Epidermis ist fleckweise von polynucleären Leukocyten durchsetzt.

Entsprechend der Wucherung der Reteleisten erscheinen die Papillen verdünnt und langgestreckt. Die Capillaren und Präcapillaren sind erweitert und gut gefüllt; das elastische und kollagene Gewebe nicht merklich verändert. Man findet lediglich in der Cutis ein geringgradiges Ödem, welches die Bindegewebsbündel aufgelockert und unscharf gezeichnet erscheinen läßt. Die Gefäße in Papillarkörper und Cutis sind von einem lockeren Zellmantel umgeben, der in der Hauptsache aus Bindegewebszellen und aus vereinzelten polynucleären Leukocyten sowie Lymphocyten besteht. Diese Zellvermehrung zeigt sich auch um die Gefäße einzelner Schweißdrüsen und Haarfollikel.

Es handelt sich also um eine chronisch verlaufende Entzündung, die mit einer Erweiterung der Papillargefäße und einer mäßigen Exsudation einhergeht, die sich als Ödem der Epidermis und des Papillarkörpers äußert, ohne daß es zur Bildung größerer Hohlräume im Sinne der Spongiose kommt.

Differentialdiagnose: Die während des ganzen Verlaufs stets fehlende Spongiose unterscheidet die Erkrankung vom Ekzem, bei dem diese ja nie vermißt wird. Die LEINERsche Krankheit dürfte daher den exfoliierenden generalisierten Erythrodermien näherstehen.

Von der Dermatitis exfoliativa (RITTER) unterscheidet sich die LEINERsche Erythrodermie vor allem durch die äußerst geringgradige Exsudation unter der Epidermis und die Neigung zur Parakeratose, die ja bei der Dermatitis exfoliativa RITTER fehlt (LUITHLEN, WINTERNITZ). Klinisch bietet die bei der Erythrodermie immer vorhandene Seborrhoe der Kopfhaut und des Gesichtes, die bei der RITTERschen Krankheit nie vorkommt, genügende Unterscheidungsmöglichkeiten.

5. Entzündungen durch Spaltpilze oder Bakterien.

Unter den durch Mikroorganismen hervorgerufenen Erkrankungen der Haut spielen die bakteriellen (durch Schizomyceten bedingten) die Hauptrolle. Nach ihrer äußeren Form unterscheidet man bei ihnen Kokken, Bacillen und Spirillen, wobei man jedoch berücksichtigen muß, daß diese Trennung auf Grund der Gestalt nicht immer streng durchführbar ist.

Entsprechend der eben angegebenen Einteilung erwähnen wir in unserer Darstellung der

Hautentzündungen durch pathogene monomorphe Bakterien:

a) Hautentzündungen durch pathogene Kokken,

b) Hautentzündungen durch pathogene Bacillen,

c) Hautentzündungen durch pathogene Spirillen (wobei für die letzteren die Berechtigung einer Zuteilung zu den pflanzlichen Parasiten noch strittig ist (s. Syphilis).

Die durch polymorphe pflanzliche Mikroorganismen, durch pathogene Trichobakterien und Trichomyceten, pathogene Sproß- und Schimmelpilze, Blastomyceten und Hyphomyceten hervorgerufenen Hautkrankheiten, sowie die durch pathogene Protozoen bedingten werden im 2. Band besprochen.

Hautentzündungen durch pathogene Bakterien.

a) Hautentzündungen durch pathogene Kokken.

α) Durch Staphylokokken und Streptokokken.

Unter den durch pathogene Kokken hervorgerufenen Hauterkrankungen stehen die als

exogene Pyodermien

bezeichneten, meist akuten Hautentzündungen, die auf einer Infektion mit banalen Eitererregern beruhen, an erster Stelle. Bei diesen pyogenen Kokken kann man je nach ihrem Auftreten in Gruppen, die sich traubenförmig oder in wechselnd langen Ketten anordnen, meist schon im einfachen Ausstrich die Staphylo- oder Traubenkokken von den Strepto- oder Kettenkokken unterscheiden.

Die **Staphylokokken** hat man auf Grund des Aussehens ihrer Kulturen in goldgelbe, weiße und citronengelbe (aureus, albus und citreus) Unterarten getrennt, die alle die Eigenschaft haben, sich in Häufchen zusammenzulagern und im Gegensatz zu oft ähnlich angeordneten Diplokokken nach GRAM darstellbar sind. Sie finden sich, ebenso wie die Streptokokken, auch als einfache Saprophyten auf der gesunden Haut und es hängt ihre Pathogenität von einer Reihe hier nicht näher zu erörternder Umstände ab, unter denen die Virulenz und der verschiedene Grad der Empfänglichkeit an erster Stelle stehen.

Der **Streptokokkus** ist ein durch seine Neigung zur Bildung gewundener, längerer, vereinzelt auch kürzerer Ketten gekennzeichnetes Gebilde. Man unterscheidet verschiedene Rassen, zwischen denen sich jedoch strenge Grenzen nicht aufrecht erhalten lassen, weder nach bakteriologisch-biologischen, noch nach klinischen Gesichtspunkten. Eine scharfe Trennung der Erysipelerreger z. B. von den eitererregenden Kokken ist undurchführbar, denn es gelang sowohl mit gewöhnlichen Eiterkokken Erysipel zu erzeugen, als umgekehrt die Erysipelkokken auch bei gewöhnlichen Eiterungen gefunden wurden. Warum in dem einen Fall diese, im anderen Fall jene Formen auftreten, ist noch unbekannt; vielleicht handelt es sich dabei um eine noch nicht näher faßbare örtliche oder allgemeine Disposition des erkrankten Organismus.

Je nach Lokalisation und primärem Auftreten der pyogenen Kokken auf der Haut kennen wir eine Reihe klinisch und histologisch verschiedener Hautentzündungen, die sich in Anlehnung an ein von JADASSOHN aufgestelltes Schema der exogenen Pyodermien in nachfolgender Aufstellung angegeben finden.

Die Darstellung der histologischen Veränderungen kann sich auf eine Auswahl der in vorstehender Aufstellung erwähnten Erkrankungen beschränken. Diese

JADASSOHN's Schema der exogen
Staphylodermien (Staphylococcus pyogenes aureus und albus).

Lokalisation	1. Circumscript und an die Hautorgane gebunden		2. Circumscript, nicht an die Hautorgane gebunden	3. Diffus
Epidermal	a) **Schweißdrüsenapparat:** **α) Staphylodermia periporitica (Periporitis staphylogenes)** (LEWANDOWSKY) = Schweißdrüsenausführungsgangpustel (fast nur?) bei Säuglingen.	b) **Haartalgdrüsenapparat:** **α) Staphylodermia follicularis superficialis (Folliculitis staphylogenes = Impetigo** BOCKHART) bei Kindern und Erwachsenen.	Staphylodermia superficialis vesiculosa, bullosa, crustosa, impetiginosa, (Impetigo contagiosa sive vulgaris atypica staphylogenes). Seltene sporadische Fälle, evtl. japanische und europäische Epidemien (DOHI = Impetigo albo-staphylogenes). Evtl. hierher: Staphylogenes Pemphigoid der Neugeborenen und Kinder (Pemphigus neonatorum et infantum staphylogenes).	Evtl. Dermatitis exfoliativa neonatorum staphylogenes (RITTER v. RITTERSHAIN) bei, resp. nach oder statt Pemphigoid der Neugeborenen. Evtl. ferner Staphylodermia pustulosa miliaris (eczematosa) — (Dermite pustuleuse miliaire staphylococcique SABOURAUD).
Epidermidocutan	**Staphylodermia sudoripara suppurativa (Abscessus glandularum sudoripara =** Schweißdrüsenabsceß) wesentlich bei Säuglingen.	**Staphylodermia follicularis profunda (necrotica) = Furunkel** (evtl. Karbunkel) bei Kindern und Erwachsenen.	Staphylodermia epidermido-cutanea ecthymatosa (= Ecthyma simplex staphylogenes); noch nicht mit Sicherheit gefunden.	—
Cutan	do.	do.	Staphylodermia cutanea et subcutanea abscedens (staphylogene Haut- und Unterhautabscesse ohne Beziehung zu den Drüsen).	Staphylodermia cutanea lymphatica (Erysipelas staphylogenes? JORDAN).
Cutan Subcutan	do.	do.		**Staphylodermia phlegmonosa (Phlegmone staphylogenes).**
Subcutan	do.	do.		

Möglichkeit ist dadurch gegeben, daß jenen, durch klinische und bakteriologische Besonderheiten gekennzeichneten Krankheitsbildern histologisch für die Streptokokken- sowohl wie für die Staphylokokken-Affektionen der Haut im große ganzen gleichartige Veränderungen zugrunde liegen. Das Bestreben, jeder Krankheitsform einen spezifischen Mikroorganismus zusprechen zu wollen, ist ja

entstehenden Pyodermien.

Streptodermien (Streptococcus pyogenes longus).

1. Circumscript, nicht an die Hautorgane gebunden	2. Diffus
Streptodermia superficialis vesiculosa, bullosa, crustosa, impetiginosa (Impetigo contagiosa sive vulgaris typica streptogenes). häufig sporadisch, mäßig kontagiös, vielleicht auch epidemisch (KURTH). Dazu **Streptodermia bullosa** (manuum) — (Tourniole streptococcique des doigts [SABOURAUD]). Evtl. hierher: Streptogenes Pemphigoid der Neugeborenen und Kinder (Pemphigus neonatorum et infantum streptogenes). Ferner vielleicht: Angulus infectiosus (Faulecke).	**Evtl.:** Dermatitis exfoliativa neonatorum streptogenes (RITTER v. RITTERSHAIN) bei, resp. nach oder statt dem Pemphigoid der Neugeborenen. **Evtl.** ferner : Streptodermia chronica (eczematosa) — Dermite chronique à streptocoque (SABOURAUD).
Streptodermia epidermido-cutanea circumscripta ecthymatosa (= Ecthyma simplex streptogenes).	—
Streptodermia cutanea et subcutanea abscedens (streptogene Haut- und Unterhautabscesse).	**Streptodermia cutanea lymphatica streptogenes (= Erysipelas streptogenes).** **Streptodermia phlegmonosa** (Phlegmone streptogenes).

im übrigen für die Haut längst aufgegeben. Nichts hat den Fortschritt unserer Erkenntnis stärker gehemmt, als gerade dieser noch aus der Zeit einer unbefangenen Überschätzung bakteriologischer Möglichkeiten stammende Satz, nach welchem jede Krankheitserscheinung ihren besonderen Erreger habe. Es kommt hinzu, daß augenscheinlich gerade bei den Pyodermien neben den allgemein biologischen auch gewisse klimatische Voraussetzungen für die Beteiligung dieses oder jenes Eitererregers an der Auslösung klinisch gleichartiger Krankheitsbilder eine Rolle spielen, wie wir Ähnliches ja auch von den Dermatomykosen annehmen müssen.

Impetigo streptogenes und staphylogenes (LEWANDOWSKY).

Die Impetigo contagiosa s. vulgaris UNNA, wie heute das Krankheitsbild noch meist genannt wird, ist eine plötzlich und ohne Allgemeinstörungen entstehende Hauterkrankung, die hauptsächlich bei Kindern und hier an den unbedeckten, daher mechanischen Verletzungen am leichtesten ausgesetzten Körperstellen, vor allem im Gesicht, auftritt. Sie besteht aus stecknadelkopf- bis erbsengroßen oberflächlichen, zunächst serösen Bläschen, die sich bald in Pusteln umwandeln und wechselnd schnell — bei der Impetigo streptogenes im allgemeinen schneller wie bei der staphylogenen — zu blaßgelben, gelben, oder bei Blutbeimischung rotbraunen Krusten eintrocknen, nach deren Abfall innerhalb der erkrankten Hautstelle noch längere Zeit eine leichte Rötung zurückbleibt. In manchen Fällen schreitet die Blasenerhebung peripher fort, während die Mitte abtrocknet und abheilt. Auf diese Weise entstehen Ringe und bogenförmige Erkrankungsherde: Impetigo circinata, die wir also lediglich als eine besondere Entwicklungsform der banalen Impetigo streptogenes oder staphylogenes zu betrachten haben.

In den Bläschen sowohl als auch in den Krusten sind die Erreger leicht nachweisbar. Es handelt sich sowohl um Streptokokken wie Staphylokokken, wobei die ersteren weit häufiger gefunden werden. In nicht eben seltenen Fällen wurden auch Mischinfektionen beobachtet. Klinisch lassen sich zwischen beiden Formen gewisse Unterschiede feststellen. Bei der Impetigo streptogenes: Schnell krustös umgewandelte kleine, rasch sich trübende seröse Bläschen mit gerötetem Hof, meist im Gesicht; bei der Impetigo staphylogenes: langer Bestand der serösen Bläschen auf nicht gerötetem Grund mit nur geringer Neigung zu Krustenbildung, außer im Gesicht auch an anderen Körperstellen (LEWANDOWSKY). Im histologischen Bilde sind diese Unterschiede jedoch in den meisten Fällen nicht mit genügender Deutlichkeit ausgeprägt.

Anders steht es hingegen mit der stets rein staphylogenen Impetigo BOCKHART, der Folliculitis staphylogenes JADASSOHN-LEWANDOWSKY, die in Form hanfkorn- bis linsengroßer, prall vorgewölbter, meist zentral von einem Haar durchbohrter Pusteln auf intensiv gerötetem Grunde auftritt. Sie stellt klinisch sowohl wie histologisch eine Besonderheit dar. Da sie vielfach zur Furunkelbildung führt und auch die Sycosis barbae staphylogenes begleitet bzw. einleitet, ist man geneigt (LEWANDOWSKY, FRIEBOES), sie als selbständiges Krankheitsbild aufzugeben. Dieses scheint mir jedoch zu weitgehend, da sicherlich viele Fälle von Impetigo BOCKHART zu beobachten sind, wo die Erkrankung rein oberflächlich, „impetiginös", als Ostiofolliculitis staphylogenes, beschränkt bleibt (s. d.).

In vereinzelten Fällen gesellt sich zu den impetiginösen Hauterkrankungen eine Wucherung der Epidermis, die dann zu einem als Impetigo contagiosa vegetans bezeichneten Krankheitsbilde führt.

Die histologische Untersuchung der strepto- oder staphylogenen Impetigo zeigt, daß die Bläschen- bezw. Pustelbildung unmittelbar unter der Hornschicht erfolgt. Diese zieht über die Blase als breites, gleichmäßig gefärbtes Band hinweg, dessen normalerweise sichtbare feine Zeichnung durch das Zusammensintern der einzelnen Hornlamellen und Hornzellen verloren gegangen ist. Der Blasenboden wird in der Regel von Zellen des Stratum granulosum gebildet, die jedoch innerhalb des erkrankten Bezirks ebensowenig Keratohyalinkörner enthalten, wie die vereinzelt zusammen mit der Hornschicht an die Blasendecke emporgedrängten entsprechenden Zellen. Diese sind vielmehr häufig, gerade wie die oberflächlichen Stachelzellagen des Blasengrundes, ödematös gequollen und gebläht; gelegentlich zeigen sie einen spongiösen Aufbau ihrer Zellschichten. Nach den tieferen Stachelzellschichten und zur Basalzellschicht hin sind die Zellen unverändert. Sie zeigen keine nennenswerte Vermehrung der Mitosen;

nur vereinzelt finden sich durchwandernde polynucleäre Leukocyten, bei den
streptogenen Formen weniger wie bei den staphylogenen. Bei den ersteren
scheinen jedoch, wie dies schon UNNA betont hat, die Auflösungserscheinungen
der Epidermisepithelien des Blasenbodens bei weitem stärker wie bei der Imp.
staphylogenes. Dort findet man nicht zu selten den ganzen epidermalen Anteil des Blasenbodens aufgelockert, die Zellen gequollen, zum Teil in kleineren
Haufen frei im Exsudat, ja sogar die gesamte Epitheldecke vom Flüssigkeitsstrom
emporgehoben, so daß die ödematös gequollenen Papillen frei in die Blase
hineinragen.

Der Blaseninhalt besteht in der Hauptsache aus einem serösen Exsudat,
welchem in wechselnder Menge — je nach dem Zeitpunkt der Untersuchung —
polynucleäre Leukocyten beigemengt sind. Außerdem finden sich in den frischen
Bläschen unregelmäßig verteilt, in den älteren meist am Boden der Blase ab-

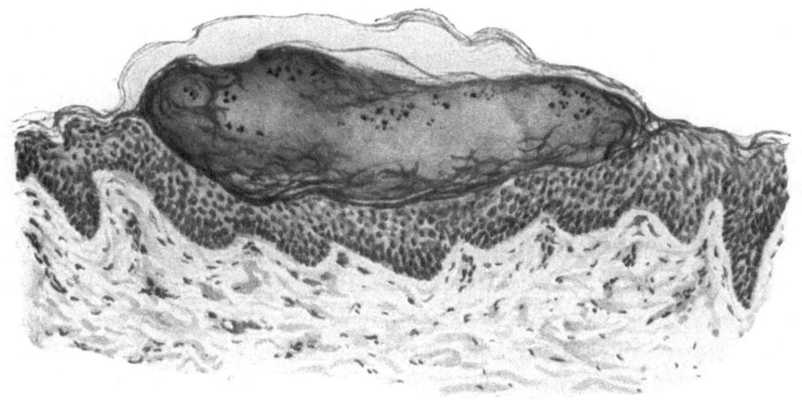

Abb. 120. **Impetigo contagiosa incipiens.** (♀, 3jähr., Hals.) Pustelbildung unter der
Hornschicht; Ödem der Stachelzellschicht. Kokkenhaufen als schwarze Punkte in der leukocyten-
armen Pustel. O = 128:1; R = 128:1.

gesetzt, abgestoßene Epidermisepithelien, bisweilen in Haufen zusammengeballt.
Diese haben meist runde Form angenommen, ihre Stacheln sind geschwunden,
die Zellen aufgequollen, ebenso der Kern; ihr Protoplasma ist ausgesprochen
acidophil.

Die Epidermis sowohl wie der Papillarkörper unterhalb der Blase sind im
übrigen nicht nennenswert verändert; von einer manchmal zu beobachtenden
leichten Eindellung abgesehen, verläuft die Epidermis-Papillarkörpergrenze
regelrecht, eine ausgesprochene Abplattung ist also im Gegensatz zur Impetigo
BOCKHART nicht vorhanden. Die Papillen selbst sind kaum verbreitert, nicht
nennenswert ödematös geschwollen. Dagegen besteht eine erhebliche Erweiterung sämtlicher Gefäße, die außerdem meist von einem Mantel wuchernder
Bindegewebszellen umgeben sind. Zu diesen tritt manchmal eine Anhäufung
von Plasma-, Mastzellen und vereinzelten polynucleären Leukocyten. Die
Gefäßerweiterung erstreckt sich ebenso wie die perivasculäre Zellinfiltration
bis in die tiefe Cutis hinab.

Das Bindegewebe zeigt keine Veränderung, ebensowenig die Hautanhangsgebilde. Es sei dies ausdrücklich betont, da UNNA ursprünglich das primäre

Impetigobläschen als ein follikuläres betrachtet hatte, von dem aus dann erst die periphere Ausdehnung erfolge. Sicherlich findet man gelegentlich einmal auch bei der Impetigo contagiosa eine Pustel, innerhalb deren Bereich ein Haar nach außen zieht; dagegen kann ebensowenig wie SABOURAUD oder MATZENAUER GANS dies als die Regel bezeichnen.

Die Eitererreger finden sich im Blaseninhalt als feinere oder gröbere Kokkenhaufen, anfänglich nur unter der Blasendecke, in späteren Stadien auch am Boden der Blase, entweder frei oder von polynucleären Leukocyten aufgenommen. Ist die Blase geplatzt und Krustenbildung eingetreten, so findet man in deren oberflächlichen Abschnitten äußerst zahlreiche Kokkenhaufen, von denen die meisten sicherlich als sekundäre Verunreinigung zu betrachten sind. Die Krusten bestehen im übrigen hauptsächlich aus geronnenem Serum, das in wechselnder, meist geringer Menge von Fibrinfäden netzförmig durchzogen ist und außer den hier oft in Degenerationsformen vorhandenen Eiterkokken noch zerfallende Leukocyten, Epithelzell- und Kernreste enthält.

Noch ehe die Krusten abfallen, schon wenn diese eingetrocknet sind, ist das darunter liegende Epithel bereits wieder überhornt, wenn auch das Keratohyalin und damit das Stratum granulosum, soweit dies mit unseren bisherigen Färbemittel feststellbar ist, noch völlig fehlt oder nur andeutungsweise entwickelt ist. Darauf ist wohl das längere Bestehenbleiben des roten Flecks am Orte einer abgeheilten Impetigopustel zurückzuführen; auch die noch länger vorhandene Erweiterung der Blutgefäße mag dazu beitragen.

Ein wesentlicher Unterschied im histologischen Aufbau der durch Staphylokokken oder Streptokokken verursachten Impetigines läßt sich demnach nicht feststellen. Beide führen jedoch gelegentlich einmal zu besonderen Erscheinungsformen, die als Impetigo contagiosa vegetans beschrieben sind (HERXHEIMER, NAEGELI u. a.). Bei diesen kommt es zu einer erheblichen Wucherung der Epidermis, die sich sowohl auf die Epithelleisten als den interpapillaren Abschnitt bezieht. Die Coriumveränderungen sind nicht sehr ausgeprägt; man findet die auch bei den gewöhnlichen Formen vorhandene Gefäßerweiterung und perivasale Zellinfiltration lediglich in gesteigertem Maße. Führt das Infiltrat zur Einschmelzung des elastischen und kollagenen Gewebes, so erfolgt hier die Abheilung unter Narbenbildung. Ein als „Tourniole" bekanntes subcorneales Panaritium ist nichts anderes als eine Impetigo, die infolge der Entwicklung unter der derben Hornschicht der Finger lange als geschlossene Pustel bestehen bleibt.

Differentialdiagnose: Die Unterscheidungsmöglichkeiten zwischen strepto- und staphylogener Impetigo sind in erster Linie klinische. Diese werden meist auch für das Ekzem, von dessen verschiedenen Erscheinungsformen ja nur die vesiculösen in Frage kommen, ausreichen. Immerhin seien die bestehenden Unterschiede im geweblichen Aufbau kurz erwähnt. Gegenüber der nicht nennenswert veränderten Umgebung der Impetigopustel finden wir bei den Ekzembläschen die Stachelschicht in der nächsten Umgebung aufgelockert; statt eines überall scharf begrenzten Bläschenrandes sehen wir beim Ekzem, besonders an den Seiten, eine Anzahl kleiner, interepithelialer Nebenbläschen, die zum Teil mit dem Hauptbläschen in Verbindung stehen. Alles in allem ist eben, entsprechend der Eigenart der ekzematösen Veränderung, die Stachelschicht in der Umgebung des eigentlichen Bläschens aufgelockert und spongiös umgewandelt.

Die Unterschiede zwischen der Impetigo contagiosa und der besser als Ostiofolliculitis zu bezeichnenden staphylogenen Impetigo BOCKHART sind äußerst scharfer Art und ergeben sich ohne weiteres aus einer Gegenüberstellung, die hier nicht näher durchgeführt werden soll.

Gelegentlich können circinäre und insbesondere auch wuchernde Impetigines eine Unterscheidung von annulären Syphiliden, vom Pemphigus und besonders von dessen vegetierender Form notwendig machen. Für die reine Blasenform des Pemphigus bestehen da kaum Schwierigkeiten, da die Impetigenes im allgemeinen im Epithel oberflächlicher sitzen, als die häufig die ganze Epidermis abhebenden Pemphigusblasen. Für die syphilitischen Veränderungen gestattet das mehr oder weniger kennzeichnende, aber doch immer vorhandene entzündliche Zellinfiltrat in Papillarkörper und Cutis eine Trennung. Es gibt aber hin und wieder Fälle, sowohl von Pemphigus als auch von Syphiliden, wo wir eine Unterscheidung selbst unter Aufwendung aller vorhandenen Hilfsmittel nur schwer durchführen können. —

Unter bestimmten, bei Besprechung der Pathogenese der Pyodermien noch ausführlich im Zusammenhang zu erörternden Bedingungen führt der Streptokokkus, sei es gleichzeitig mit der Impetigo oder unabhängig von dieser und — soweit man dies bis heute entscheiden kann — nur der Streptokokkus, zu Hautveränderungen, die durch tiefgehende Einschmelzung der Oberhaut und Cutis gekennzeichnet sind, zum

Ecthyma streptogenes.

(Streptodermia epidermido-cutanea circumscripta ecthymatosa.)

Man hat früher mit dem Namen Ecthyma ganz allgemein tiefe ulcero-krustöse Prozesse bezeichnet, die durch die verschiedensten Grundkrankheiten verursacht wurden. Heute versteht man darunter eine zunächst kleine, eitrige, auf stark gerötetem und mäßig infiltriertem Grunde entstehende Pustel, die sich unter zentraler Verkrustung und langsamem peripherem Fortschreiten verbreitert. Hebt man die Kruste ab, so liegt eine Excoriation mit unregelmäßigem, schmierig belegtem Grunde vor. Früher war man geneigt, die Primäreffloreszenz des Ecthyma und der Impetigo zu identifizieren (SABOURAUD), ein Vorgehen, das namentlich auf Grund der Untersuchungen JADASSOHNS und LEWANDOWSKYS als nicht mehr vertretbar erscheint.

Das Ecthyma tritt mit Vorliebe an den Unterschenkeln, dem Gesäß und den Vorderarmen auf, seltener im Gesicht. Herabgesetzter Ernährungszustand bzw. schwere Erkrankungen, mangelhafte Körperpflege, scheinen seine Entstehung zu begünstigen.

Histologische Untersuchungen über das Ecthyma liegen nur sehr spärlich vor und die älteren von ihnen sind nicht eindeutig, weil man nicht immer sicher ist, das gleiche Krankheitsbild vor sich zu haben. Entsprechend dem Aufbau aus einer epidermo-cutanen Pustel kann man auf dem Durchschnitt einen oberflächlichen krustösen und einen tiefer gelegenen nekrotisch eingeschmolzenen Abschnitt unterscheiden.

Die Kruste weist eine mehrfache Schichtung auf. An der Oberfläche findet man meist die von reichlichen Fibrinfäden durchzogene alte Hornschicht. Die Fibrinmassen setzen sich nach unten fort und bilden hier zusammen mit

zahlreichen zerfallenden polynucleären Leukocyten und vereinzelten zerfallenden
Zellen der Stachelschicht eine mittlere Zone. Unter dieser liegt als Übergangszone zum nekrotischen Bindegewebsabschnitt eine dichte Eitermasse, die in
der Hauptsache aus wohlerhaltenen Leukocyten besteht und kein Fibrin enthält
(UNNA). Die oberflächliche, aus Fibrin und der alten Hornschicht bestehende
Decke geht nach der Seite hin allmählich unter starker Verdünnung in eine
Zone über, die nur noch aus der abgehobenen Hornschicht besteht. Diese ganze
obere Schicht ist von zahlreichen Kokken sowohl in Ketten wie Diploform
durchsetzt (sekundär). Unterhalb der abgehobenen Hornschicht, die klinisch
dem Pustelsaum entspricht, finden wir die von Leukocyten bedeckte Stachelzellschicht ödematös aufgelockert und in Auflösung begriffen. Nach der
Mitte hin nimmt diese Auflösung und damit die schlechte Färbbarkeit des

Abb. 121. Ecthyma streptogenes. (♂, 25jähr., Unterschenkel, Streckseite, nach Abstoßung
der Kruste.) In der Mitte Bindegewebsnekrose, am Rande Akanthose und Ödem; Gefäße hier
stark erweitert. O = 128:1; R = 128:1.

Gewebes stärkere Grade an. Zum Rande hin sind Papillarkörper und obere
Cutis durch ein entzündliches Ödem aufgequollen, die Gefäße und Capillaren
— entsprechend der klinisch sichtbaren starken Rötung — erheblich erweitert.
Nach der Mitte der Veränderung sind hingegen die Gefäße eng, vielfach thrombotisch verschlossen; sie lassen sich im Zentrum der Gewebszerstörung nur
noch bei besonderer Färbung der elastischen Fasern als solche erkennen. Das
ganze übrige Gewebe ist hier in eine amorphe und bröcklige Masse zerfallen.
Unter dieser, zum Gesunden hin, ist das kollagene Gewebe durch das entzündliche
Ödem aufgelockert und die Lymphspalten von herauswandernden polynucleären
Leukocyten durchsetzt. Hier sind, ähnlich wie in der Randzone, die Gefäße
ebenfalls stark erweitert.

Im Pusteleiter, hier besonders zahlreich, aber auch in den tieferen Abschnitten der erkrankten Hautstelle, hier besonders in den Randpartien, finden
sich Streptokokken, sei es in ganz kurzen Ketten oder als lanzettförmige
Diplokokken. Diese Streptokokken dürfen wir als die Ursache der Veränderung
betrachten (LEWANDOWSKY).

Die Abheilung geht naturgemäß, sobald die Cutis in Mitleidenschaft gezogen ist, mit Narbenbildung einher. Am Rande dieser Narben findet man in der Regel eine starke Pigmentvermehrung; es handelt sich dabei einmal um eine Ablagerung von melanot. Pigment in der Basalschicht (UNNA), daneben aber auch um hämatogene Pigmentkörnchen, zum Teil von Zellen aufgenommen, zum Teil frei in den Spalten des Bindegewebes liegend.

Über Ecthyma gangraenosum siehe dieses.

Erysipel.
(Streptodermia cut. lymph.)

Das Erysipel ist eine mit Rötung, Schwellung und starker Schmerzhaftigkeit verlaufende fieberhafte Entzündung der Haut, die in scharf begrenzten, flächenhaften Herden auftritt und sich auf dem Lymphwege weiter verbreitet. Die Erkrankung befällt am häufigsten das Gesicht, findet sich jedoch auch an jeder anderen Körperstelle und kann neben einem häufig zu beobachteten starken Ödem bzw. Blasenbildung gelegentlich sogar zu Abscessen, Phlegmonen und gangränösem Gewebszerfall führen. Neben der Haut wird in seltenen Fällen auch die Schleimhaut befallen.

Histologisch ist das Erysipel gekennzeichnet durch eine zellig-exsudative oder auch fibrinöse Entzündung. Diese wird durch die von der Oberhaut aus eindringenden und so gut wie ausschließlich in den Lymphbahnen fortwandernden Erreger, in erster Linie den Streptokokkus FEHLEISEN, verursacht. Daher finden sich die frühesten Veränderungen hauptsächlich an den Lymph- und dann an den Blutgefäßen. Die Streptokokken selbst trifft man im oberen Corium am sichersten und häufigsten in den ödematös geschwollenen Randabschnitten und gelegentlich sogar noch über diese hinaus in den noch gar nicht weiter sichtbar veränderten Lymphräumen. Diese sind hier oft von den Erregern völlig verstopft, während die zentralen Abschnitte, in denen das Erysipel sich auf der Höhe der Entwicklung befindet, in den oberen Hautabschnitten völlig frei befunden werden. Anders steht es mit der Subcutis und dem subcutanen Fettgewebe. Hier finden sich die Streptokokken tief in das intermuskuläre Bindegewebe vordringend, in dichten, die großen Lymphgefäße und Lymphspalten durchsetzenden Zügen, und zwar sowohl im Zentrum als auch am Rande des Herdes (UNNA).

Die Blutgefäße sind im Gegensatz hierzu auch in den Randabschnitten meist von Kokken frei. Dies gilt auch für die größeren Blutgefäße des Hypoderms; sie sind zwar von einem dichten Kokkenmantel umgeben, dieser dringt aber nur bis in die äußerste Adventitia ein; nur in schwersten phlegmonösen Fällen wurden sie innerhalb der Blutgefäße vorgefunden. In dem Maße, wie die serös-exsudative Entzündung der phlegmonös-eitrigen Platz macht, nimmt auch die Zahl der polynucleären Leukocyten erheblich zu, um in der vollentwickelten Phlegmone das Bild völlig zu beherrschen.

In dem erkrankten Bezirk sind die Venen und Capillaren äußerst erweitert und stark gefüllt. Das Verhalten der Arterien wechselt; zum Teil sind sie eng und dann von fibrinösen Thromben verschlossen, zum Teil erweitert und mit zahlreichen roten und weißen Blutkörperchen gefüllt, die in ein bald zarteres, bald dichteres Fibrinnetz eingesponnen sind. Auch die Venen sind, wenn auch weniger häufig, an der Thrombose beteiligt (UNNA); ebenso einzelne der Lymphgefäße, in welchen dann die Thromben von dichten Streptokokkenrasen durchsetzt und umwachsen sind.

In der Umgebung dieser Gefäße findet sich eine mehr oder weniger ausgedehnte Rundzellenansammlung. Diesen sind in den Frühstadien nur wenige polynucleäre Leukocyten beigemengt, ein Befund, der bei ihrer Häufung innerhalb der Gefäße um so auffallender erscheint.

Die Verstopfung der Blut- und Lymphgefäße führt naturgemäß zu einer Stauung im Flüssigkeitsabfluß und damit zu einer ödematösen Auflockerung des cutanen Bindegewebes. Die elastischen Fasern heben sich dabei zunächst noch deutlich ab; es setzt jedoch sehr schnell eine verringerte Färbbarkeit besonders der feinen Fasern ein und auf der Höhe des Prozesses ist das gesamte Elastinnetz nur noch schwer nachzuweisen. Stärkeren Veränderungen unterliegt auch das kollagene Gewebe. Schon in leichtesten Fällen trifft man auf eine herabgesetzte Färbbarkeit und Lockerung der Bündel. Bei

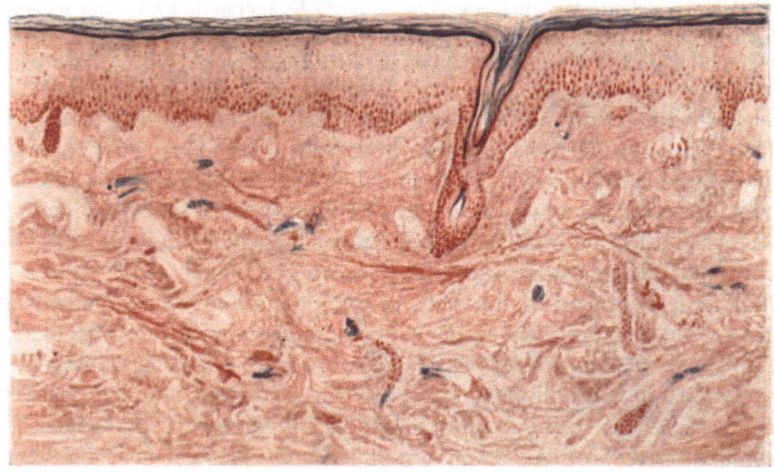

Abb. 122. Erysipel (♂, 63jähr., Wange). Randabschnitt. In den Lymphräumen der Cutis dichte (blaugefärbte) Streptokokkenhaufen. Ausgedehntes Ödem, in den mittleren Epidermisschichten und in der Cutis besonders deutlich. Einzelne Blutgefäße thrombotisch verschlossen. Das Bindegewebe fleckweise homogenisiert und ohne Kernfärbung. Gram-Alaunkarmin. O = 66 : 1; R = 60 : 1.

längerer Dauer des Erysipels kann man neben der Lockerung auch einmal eine Erweichung der kollagenen Fasern beobachten, die mit einem Zerfall der Fibrillenbündel in feinere Züge und schließlich in einfache Fibrillen einhergeht.

Innerhalb des entzündlich veränderten Gewebes finden sich stets fibrinöse Netzbildungen, die die aufgelockerten Bindegewebsfasern umspinnen.

An anderen Stellen, namentlich im Gesicht, wandeln sich die kollagenen Fasern in eine einheitlich homogene, trübe, nicht glänzende Masse um, die keinerlei genauere Zeichnung mehr erkennen läßt und schließlich große Ähnlichkeit mit einem „formlosen Brei" zeigt. Daß es sich dabei, ebenso wie bei den elastischen Fasern, wie dies Unna annimmt, tatsächlich um ein durch Verflüssigung bedingtes völliges Zugrundegehen des Gewebes handelt, erscheint mir wenig wahrscheinlich; zum mindesten für jene Fälle von Erysipel, die nicht zur Nekrose führen. Gegen die Unnasche Annahme spricht ferner die von ihm selbst erwähnte Tatsache, daß bei längerem Bestande und Abheilung des Erysipels die Faserbildung wieder festere Form und glattere Zeichnung

annehme. Diese Beobachtung zwingt wohl mehr zu der Vorstellung, daß wir es
hier mit Änderungen der Dichtigkeitsverhältnisse des kollagenen Gewebes zu tun haben, die neben Änderungen der Struktur vielleicht auch Änderungen im färberischen Verhalten bedingen. Eine andere Erklärung scheint
mir nicht möglich, zumal man noch bedenken muß, daß eine so weitgehende
Zerstörung, wie es die kolliquative Nekrose im allgemeinen für das lebende
Gewebe bedeutet, zur Narbenbildung führt und nicht zu einer mehr oder weniger
ausgiebigen Restitutio ad integrum.

Die gleichen Erwägungen scheinen mir jenen Veränderungen gegenüber am
Platze, wie sie UNNA als Quellung und einfache Erweichung mit Verlust der
Querstreifung und Färbbarkeit, dann als völlige Zerklüftung und schließlich
völligen breiartigen Zerfall der Muskelbündel geschildert hat.

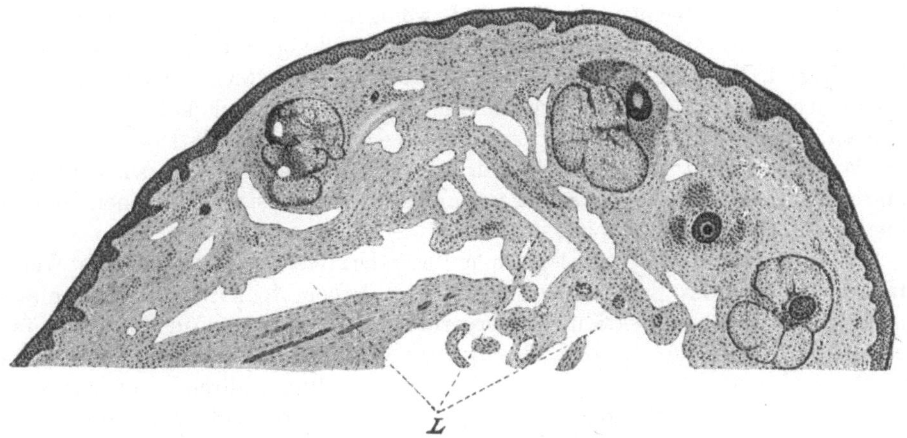

Abb. 123. Elephantiasis p. Erysipelas. Sagittalschnitt durch Oberlid. Ektatische Lymphspalten bei L. O = 26:1; R = 26:1. (Aus v. MICHEL-SCHREIBER: Krankheiten der Augenlider.)

Mit diesem Einwand soll natürlich durchaus nicht gesagt sein, daß jene in
ihrer Ausführlichkeit erstmals von UNNA geschilderten Veränderungen nicht
doch in den Fällen tatsächlich unseren Vorstellungen von der kolliquativen
Verflüssigung des Gewebes entsprechen, wo es nun im Verlaufe des Erysipels
schließlich wirklich zur Nekrose kommt. Diese dehnt sich dann neben der
Epidermis und Cutis auch auf die Subcutis, ja sogar das subcutane Fettgewebe
aus und ist naturgemäß, wenn der Kranke davonkommt, nur der narbigen Ausheilung zugänglich. Bei chronisch rezidivierendem Erysipel entsteht schließlich
ein als Elephantiasis bekanntes Krankheitsbild. Der klinisch vorherrschenden, teigig-prall ödematösen Schwellung entspricht histologisch ein
von zahlreichen erweiterten Lymphgefäßen durchsetztes Bindegewebe (siehe
Abb. 123).

Die Epidermisveränderungen sind rein mittelbarer Art. Durch das Ödem
des Papillarkörpers werden naturgemäß auch die Zellen des Stratum basale
in Mitleidenschaft gezogen. Die Kerne verlieren ihre Färbbarkeit, das Protoplasma erscheint verwaschen und die Zellgrenzen undeutlich. Bei stärkerer
Flüssigkeitsansammlung kommt es dann schließlich zu einer blasigen Abhebung, entweder der ganzen Epidermis oder in selteneren Fällen vereinzelter

oberer Epidermislagen. Im ersteren Fall wird der Grund der Blase von den zunächst noch erhaltenen Papillen gebildet, die durch das Ödem jedoch meist in ihrer Form plumper, ja vielfach verstrichen erscheinen. Der Inhalt der Blase besteht aus einer geronnenen Flüssigkeit, die von einem fädigen Fibrinnetz durchzogen wird, das — falls keine Vereiterung eintritt — nur vereinzelte Leukocyten enthält. Streptokokken findet man innerhalb dieser Blasen nur sehr selten. Neben dieser durch Verdrängung entstehenden Blasenbildung findet sich, wenn auch in selteneren Fällen, eine solche durch Aufquellung der Zellen der Stachelschicht, die sich verflüssigen und so die Hohlräume bilden. Vereitert der Inhalt solcher Bläschen, so haben wir das Bild des pustulösen Erysipels vor uns.

Im Vergleich zu der starken Schädigung der Oberflächenepithelien sind diejenigen der Anhangsgebilde der Haut, soweit sie in den tieferen Schichten der Cutis liegen, weniger häufig und weniger stark. An den Epithelien der Knäueldrüsen zeigt sich nur eine Aufquellung, selten eine fibrinoide Entartung einzelner Zellen bei stets guter Kernfärbung (UNNA). Auch die Stachelschicht der Haarbälge ist in den tieferen Teilen des Follikels kaum verändert; dagegen findet sich in der Tiefe der Haarbälge oft ein Exsudat, das diese von den Wurzelscheiden trennt. Dadurch wird naturgemäß eine Lockerung der Haare herbeigeführt, die deren Ausfall an den vom Erysipel befallenen Stellen ohne weiteres verständlich macht.

Im Gegensatz zu den histologischen Veränderungen, wie wir sie vorstehend für das Erysipel des Erwachsenen geschildert haben, fehlen bei den ebenfalls durch Streptokokkeninfektion hervorgerufenen häufigen, vom Nabel ausgehenden Erysipelen der Neugeborenen, entzündliche Gewebsveränderungen in der Cutis und Subcutis nahezu völlig, während sich Streptokokken in der Cutis, besonders um die Gefäße gelagert, äußerst reichlich vorfinden. Man ist geneigt, diesen Unterschied auf den verminderten Widerstand des Organismus gegenüber der Infektion zurückzuführen.

Einen abweichenden Befund kann man ferner noch bei jenen schweren Erysipelfällen beobachten, bei welchen die Erkrankung zu einer fortschreitenden **Phlegmone** führt. Das mikroskopische Bild gleicht zwar in der Hauptsache dem des Erysipels auf der Höhe seiner Entwicklung. Hier sind jedoch die ganzen erkrankten Abschnitte von den eingedrungenen Erregern geradezu übersät. Lymphgefäße und Lymphspalten sind dicht mit Streptokokkenrasen ausgefüllt, die sich gleichmäßig über Cutis und Subcutis verteilen. Im Gegensatz zu den leichteren und gutartigen Erysipelfällen beherrscht hier von vornherein eine starke Exsudation polynucleärer Leukocyten das Bild. Diese beschränken sich nicht nur auf das tiefere Hautbindegewebe, sondern haben auch die gesamte Cutis ergriffen.

Die Veränderungen im Bindegewebe sowie auch in der Epidermis stellen im übrigen nur die beim Erysipel beschriebenen in besonders hohem Ausmaße dar, wobei die ausgedehnte Thrombenbildung in den Arterien sowohl wie Venen auffällt, die geradezu einen an Stase grenzenden Zustand hervorrufen kann (UNNA).

Differentialdiagnose: Die Unterscheidung des einfachen Erysipels von furunkelartigen und phlegmonösen Entzündungsprozessen, wie sie in erster Linie durch den Staphylokokkus hervorgerufen werden, kann so lange

Schwierigkeiten machen, bis die Vereiterung den wahren Charakter der
Erkrankung zeigt. Hier reichen, ebenso wie bei der Lymphangitis, in erster
Linie klinische Hilfsmittel zur Trennung aus. Ein gleiches gilt auch vom
Milzbrand, der gelegentlich erysipelähnlich verlaufen kann. Gestatten schon
klinisch die eigentümlichen Veränderungen der Pustula maligna mit ihrem eingesunkenen Zentrum eine Unterscheidung, so kann diese durch den Nachweis
der Milzbrandbacillen meist noch erleichtert werden.

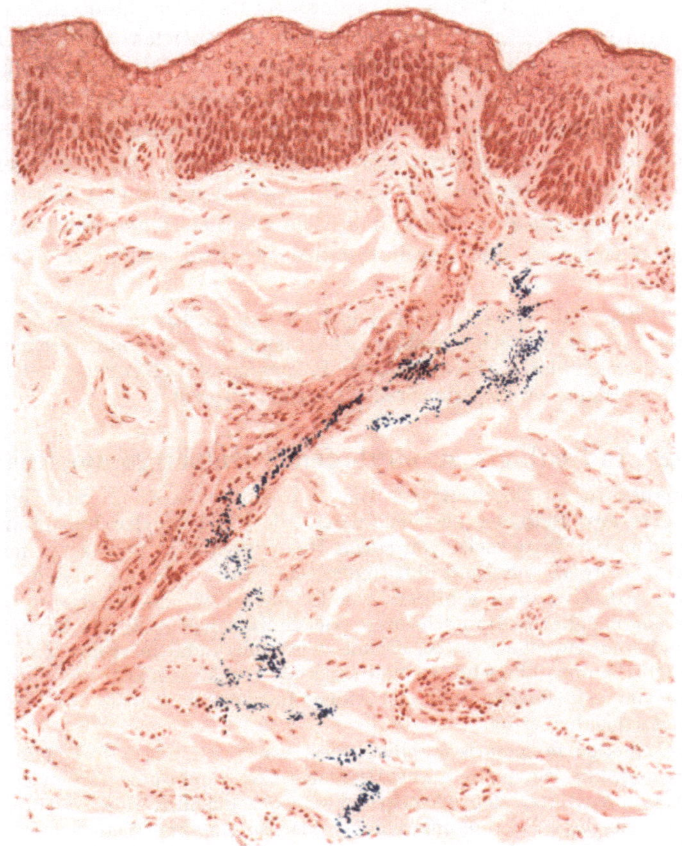

Abb. 124. Erysipelas suis (♀, 20jähr., Daumen, Streckseite). Fortschreitender Rand. Starkes
Ödem der gesamten Haut; perivasculare Infiltration, besonders in der Cutis. Die Bazillen durchziehen in dichtem blaugefärbtem Rasen die Cutis. GRAM-Alaunkarmin. O = 147:1; R = 125:1.

Das Erythema exsudativum multiforme, sowie die mannigfachen
Erytheme, wie sie im Anschluß an die verschiedensten Ursachen beobachtet
werden, lassen sich meist schon durch den für gewöhnlich fieberfreien oder
nur kurz fieberhaften Verlauf unterscheiden.

Erysipeloid.

Schweinerotlauf des Menschen. Ein gleiches gilt für das Erysipeloid
(ROSENBACH) und mit diesem für den Schweinerotlauf des Menschen,
die daher hier gleich angeschlossen seien. Beide werden heute auf den gleichen

Erreger, den Schweinerotlaufbacillus, ein kurzes, schmales, unbewegliches Stäbchen, das manchmal lange gewundene, abgesetzte Fäden bildet, zurückgeführt.

Die Rotlauferkrankung tritt bei Menschen — in erster Linie handelt es sich um solche, die beruflich mit erkrankten Schweinen oder deren Kadavern zu tun haben — meist in Form eines rasch entstehenden und sich langsam ausbreitenden leicht ödematösen Erythems auf. Von anderen Beobachtern werden als einleitende Veränderung typische Backsteinblattern beschrieben, das sind rote, beetförmige Quaddeln der Haut, die rasch entstehen, stark jucken und schnell wieder verschwinden.

Das histologische Bild des Schweinerotlaufs beim Menschen ist nicht besonders kennzeichnend. Entsprechend der Entwicklung des Ödems ist die Epidermis aufgelockert, ebenso Papillarkörper und Cutis. Um die Gefäße, namentlich der tieferen Cutis, finden sich ausgedehnte, aber durchaus nicht kennzeichnende Infiltrate, die zur oberen Cutis und zum Papillarkörper hin schwächer werden. Die Capillaren sind meist erweitert und stark gefüllt; die ebenfalls erweiterten Lymphspalten von Rundzellen durchsetzt, während polynucleäre Leukocyten nahezu völlig fehlen. Die Bacillen liegen nicht im Papillarkörper, sondern tiefer in den Capillaren des Stratum reticulare cutis (DÜTTMANN, RAHM).

Pathogenese: Für das menschliche **Erysipel** kommt als Erreger in erster Linie und so gut wie ausschließlich der Streptokokkus FEHLEISEN in Frage; nur vereinzelt wurden Staphylokokken nachgewiesen (REICHE) bzw. Pneumokokken (NEUFELD). PETRUSCHKY konnte durch Bacterium coli experimentell Erysipel hervorrufen.

Impetigo follicularis staphylogenes (Impetigo Bockhart).

Die Erkrankung ist im Gegensatz zur Impetigo contagiosa durch das Auftreten von vornherein eitriger Bläschen gekennzeichnet, die ein schmaler hyperämischer Hof umgibt. Sie sind in der Mitte meist von einem Haar durchbohrt und treten mit Vorliebe an den behaarten Körperabschnitten auf, finden sich jedoch auch unabhängig von diesen namentlich da, wo durch äußere Einflüsse, wie Traumen usw., den Eitererregern das Eindringen in die oberflächlichen Hautschichten erleichtert worden ist. Es handelt sich um stecknadelkopf- bis linsengroße Pusteln, die meist gruppiert und in großer Zahl auftreten; sie wölben die Oberhaut halbkugelig vor und trocknen verhältnismäßig erst spät zu dicken gelben Krusten ein. Die Pusteln sind viel widerstandsfähiger wie die der Impetigo contagiosa und platzen daher selten.

Von dieser Impetigo follicularis staphylogenes lassen sich alle Übergänge zur Sycosis coccogenes, zur sog. Acne varioliformis bzw. necroticans und der Dermatitis papillaris capilliti, dem Acnekeloid sowie schließlich dem Furunkel feststellen. Wir werden diese Erkrankungen daher hier im Zusammenhange besprechen.

Der Gewebsschnitt zeigt uns, daß bereits bei den eben beginnenden kleinsten Pusteln die Hornschicht durch eine ausgedehnte Eiteransammlung halbkugelförmig emporgehoben und von der Stachelschicht abgedrängt wird. Diese selbst ist gegen den Papillarkörper bzw. die Cutis ausgebuchtet und deutlich abgeflacht. Der so gebildete Hohlraum wird von einer dichten Masse von Eiterzellen eingenommen, zwischen denen sich in wechselnder Menge nicht weiter veränderte, lediglich aus dem Epithelverband losgelöste Zellen der Stachelschicht, sei es einzeln oder zu kleinen Haufen geordnet, vorfinden. Der Papillarkörper unterhalb dieses linsenförmigen Eiterherdes ist ebenfalls abgeflacht, desgleichen die den Pustelboden bildenden Stachelzellagen. Diese sind im übrigen ebensowenig wie die die Pusteldecke bildenden Hornschichtlagen irgendwie verändert. Nur an den Seiten der Pustel, dort wo Blasendecke und Blasenboden in mehr oder weniger stumpfem Winkel zusammenstoßen, sind die

Epithelien durch ein zartes Fibrinnetz auseinandergedrängt. Dieses läßt sich
hier meist auch ein kurzes Stück in die Lymphspalten der Cutis hinab verfolgen. Vereinzelt findet man auch gequollene Epithelien, die überall dort, wo
sie abgelöst frei im Eiterherd vorkommen, gelegentlich einmal eine an die
ballonierende Degeneration erinnernde Form der Aufquellung zeigen
(UNNA). Das Epithel in der Nachbarschaft der Pustel zeigt schon frühzeit g
zahlreiche Mitosen, die hier sehr schnell eine zwar nicht sehr starke, aber doch
deutlich wahrnehmbare wallartige Verdickung des die Pustel umgebenden
Epithelrandes hervorrufen. Dieser Befund darf bereits als Beginn einer Ausheilung betrachtet werden. Nachdem die obersten Epithelien des Pustelbodens mitsamt dem Inhalt zu einer Kruste eingetrocknet sind, wird diese
von der darunterliegenden, durch reichliche Zellteilung verbreiteren Stachelschicht emporgehoben und schließlich abgestoßen.

In auffallendem Gegensatz zu diesen ausgedehnten Veränderungen der
Epidermis steht die geringe Beteiligung der Cutis. Außer einer mäßigen Er-

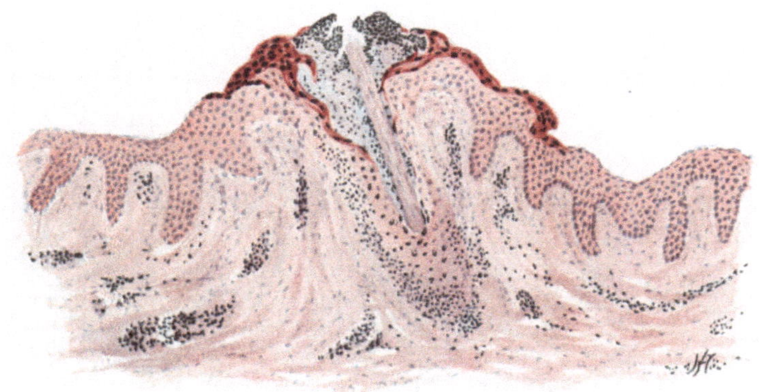

Abb. 125. Impetigo Bockhart (♀, 32jähr., Rücken). Follikuläre Form. Beginn. Ostiofolli
culitis und Perifolliculitis. Hornschicht durch Eiteransammlung emporgehoben. Follikeltrichter erweitert. Auflockerung des Strat. granulosum und spinosum durch Exsudat. Mäßige Zellansammlung
um die wenig erweiterten Gefäße der Cutis und um die Follikel. Methylgrün-Pyronin.
O = 66:1; R = 66:1.

weiterung der Papillargefäße und nur wenigen, das Bindegewebe in der Richtung
zur Pustel hin durchwandernden polynucleären Leukocyten findet sich hier
nichts Auffallendes.

In frisch aufgeschossenen Pusteln trifft man die Staphylokokken zunächst an der Unterseite der abgehobenen Hornschicht. Diese wird fast in ihrer
ganzen Ausdehnung von den Erregern bedeckt. Von hier aus erstrecken sie sich
in Haufen und einzeln, allmählich abnehmend in die Tiefe der Pustel hinunter.
Sie erreichen manchmal deren Boden, dringen jedoch so gut wie nie in diesen
ein. In den älteren Pusteln überwiegt die Eiteransammlung bei weitem
die Kokkenvermehrung, so daß sich dann am Boden der Pustel eine breite
kokkenfreie Schicht vorfindet, die nur aus meist wohl erhaltenen Eiterkörperchen
besteht und die Kokken mehr und mehr an die Pusteldecke zurückzudrängen
scheint; in den ältesten Blasen schließlich findet man die Erreger nur noch
unmittelbar unter der Hornschicht (UNNA).

Saß jedoch ein Haar in der Mitte der Pustel, so kann man nicht selten
beobachten, wie die Staphylokokken zwischen Haar und Haarbalgepithel nach

der Tiefe zu vordringen. Sie bilden dann das Haar allseits umfassende hohle Zylinder. In solchen Fällen findet sich naturgemäß neben der Impetigopustel auch bereits eine eitrige Folliculitis und Perifolliculitis, die verschieden weit in die Cutis hinabreicht; damit haben wir den Übergang von der rein epidermalen staphylogenen Impetigo BOCKHART zu der follikulären Form vor uns. Diese unterscheidet sich nur graduell von der Folliculitis und Perifolliculitis, wie wir sie bei der Sycosis coccogenes und als noch ausgedehntere Einschmelzung schließlich beim Furunkel vor uns sehen. Bei der Sycosis coccogenes pflegt die Veränderung auf der Stufe der oberflächlichen trockenen Perifolliculitis

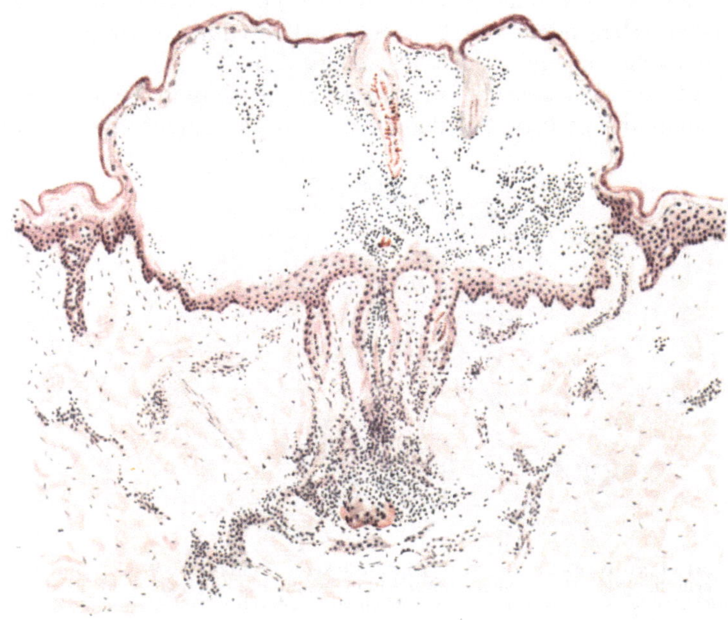

Abb. 126. Impetigo Bockhart. (♂, 23 jähr., Unterarm, Streckseite). Augebildete epidermale Pustel zwischen Stratum spinosum und granulosum, ausgegangen von einer Folliculitis und Perifolliculitis dreier, nebeneinander gelegener Haarfollikel. Pustel mäßig leukocytenreich. Eiterzellen in die Follikel hinabreichend bis zum Papillarkörper und das diesen umgebende Gewebe. Um das abgestorbene Haar (rotgefärbte) Kokkenmassen. Methylgrün-Pyronin. O = 66:1; R = 60:1.

oder der tiefer gehenden eitrigen Perifolliculitis meist stehen zu bleiben (UNNA), während beim Furunkel es zur Entwicklung des aus einer eitrigen Folliculitis und Perifolliculitis hervorgehenden cutanen Abscesses kommt.

Diese Entwicklung läßt sich häufig an den Folliculitiden der Lanugohaare beobachten (s. Abb. 125). Man findet dann am Ausgang der Follikelöffnung die mehr oder weniger weit eingetrocknete Impetigopustel; von dieser in die Tiefe des Follikels hinabsteigend eine eitrige Zellansammlung, die Folliculitis, und innerhalb dieses Abscesses, der auch auf die Umgebung des Follikels übergreift, stets noch das Haar und seine Wurzelscheide mehr oder weniger deutlich erhalten. Dabei ist die Stachelschicht des Haarbalges bereits von Eiterzellen in wechselndem Maße durchsetzt und bei entsprechender Tiefenausdehnung der Erkrankung, ebenso wie die Talgdrüse, eitrig eingeschmolzen.

Differentialdiagnose: Gegenüber hämatogen entstandenen ähnlichen Bildungen ist der Nachweis des oben beschriebenen, das Haar des erkrankten Follikels zylindrisch umgebenden Kokkenhaufens von großer Bedeutung; denn bei den hämatogenen Erkrankungen finden sich die Kokkenembolien zunächst nur im perifollikulären Gefäßnetz. Sie wandern in älteren Herden dann wohl in den Follikel ein, werden hier aber nie in der oben beschriebenen Form angetroffen.

Gelegentlich kann, namentlich bei den abheilenden und dann oft mit einer zentralen Delle versehenen Pusteln eine Unterscheidung von der Variola- oder Vaccinepustel notwendig sein. Hier wird in den meisten Fällen jene durch die spezifische Affinität der Pockenerreger zum Epithel hervorgerufene fibrinoide Degeneration und Höhlenbildung eine Entscheidung erleichtern, wie sie bei diesen Prozessen im Verlauf der retikulierenden Erweichung des ödematös geschwollenen Epithels eintritt (Unna). Gerade die eigentümlichen Gitterbildungen in den nekrotischen, aus ihrem Verbande losgelösten Zellhaufen stehen in auffälligem Gegensatz zu den übersichtlichen glatten Verhältnissen, wie sie bei der Kompression der Stachelzellen durch die Ansammlung der Eitermassen in der Impetigopustel hervorgerufen werden.

Sycosis coccogenes (vulgaris).

Unter den staphylogenen Folliculitiden der behaarten Körperteile spielt die Sycosis simplex eine Hauptrolle. Sie findet sich vor allem im Bart, dann aber auch in den Achselhöhlen und in der Schamgegend, sowie schließlich noch auf dem behaarten Kopf. Die zu Beginn durchaus der staphylogenen follikulären Impetigo entsprechenden Veränderungen führen unter stärkeren entzündlichen Begleiterscheinungen und Weiterschreiten auf die unmittelbare Nachbarschaft zu ausgedehnten, follikulär-eitrigen Erkrankungsherden. Im Verlauf der Erkrankung treten Zerstörungen des Haarfollikels und seiner nächsten Umgebung auf, die narbig abheilen. Durch Wucherungen des interfollikulären Bindegewebes kann es daneben zu eigentümlichen, platten- oder knötchenförmigen Bildungen kommen. Die Erkrankung ist außerordentlich hartnäckig, zieht sich über Jahre hin und heilt meist erst nach narbiger Verödung sämtlicher Haarfollikel aus.

Das histologische Bild der follikulär-eitrigen Anfangsformen entspricht vollständig demjenigen der staphylogenen follikulären Impetigo. Bei der Weiterentwicklung wuchern die Kokken im Haarbalgtrichter abwärts und reichen schließlich bis zur Einmündungsstelle der Talgdrüse. Die hinzutretende Eiteransammlung führt zu einer kegel- bis kugelförmigen Erweiterung dieses oberen Follikelteils. Gleichzeitig ist es jedoch auch zu Veränderungen im perifollikulären Gewebe gekommen. Neben den hier nach und nach sich immer zahlreicher ansammelnden Leukocyten kommt es zu einer erheblichen Wucherung aller Bindegewebszellen. Diese sind vergrößert, mit ihren Ausläufern vielfach zusammenhängend. Die Veränderung dehnt sich schließlich in weitem Umkreis um den Haarbalg durch die ganze Tiefe der Cutis aus. Am Aufbau des entzündlichen Infiltrats beteiligen sich gelegentlich auch Plasmazellen, wenn auch nur in geringer Zahl. Ein begleitendes Ödem führt zur Erweiterung der Lymphspalten, zur Quellung und Verbreiterung der kollagenen Bindegewebsfasern. Papillarkörper und Epidermis in der Nähe des erkrankten Haarbalges sind ebenfalls ödematös geschwollen und von Wanderzellen durchsetzt. Die Stachelzellschicht zeigt reichliche Mitosenbildung, diese allerdings erst an der Grenze der ödematösen Zone zum Gesunden hin. Dadurch entwickelt sich hier eine ausgesprochene Akanthose.

In diesem Stadium stellt die staphylogene Folliculitis und Perifolliculitis ein festes, oberflächlich in der Haut liegendes Knötchen dar, welchem eine kleine Impetigopustel aufsitzt (UNNA).

In älteren Herden sind einzelne Staphylokokken aus dem vereiterten Haarbalgtrichter in die Umgebung, in die oberen Stachelzellagen unterhalb der Hornschicht eingedrungen. Sie führen hier zu umschriebener Eiteransammlung, so daß dann die Follikelmündung von einem Kranze kleinster umschriebener Pustelchen umgeben ist. Der Boden dieser Pusteln, d. h. die zusammen-

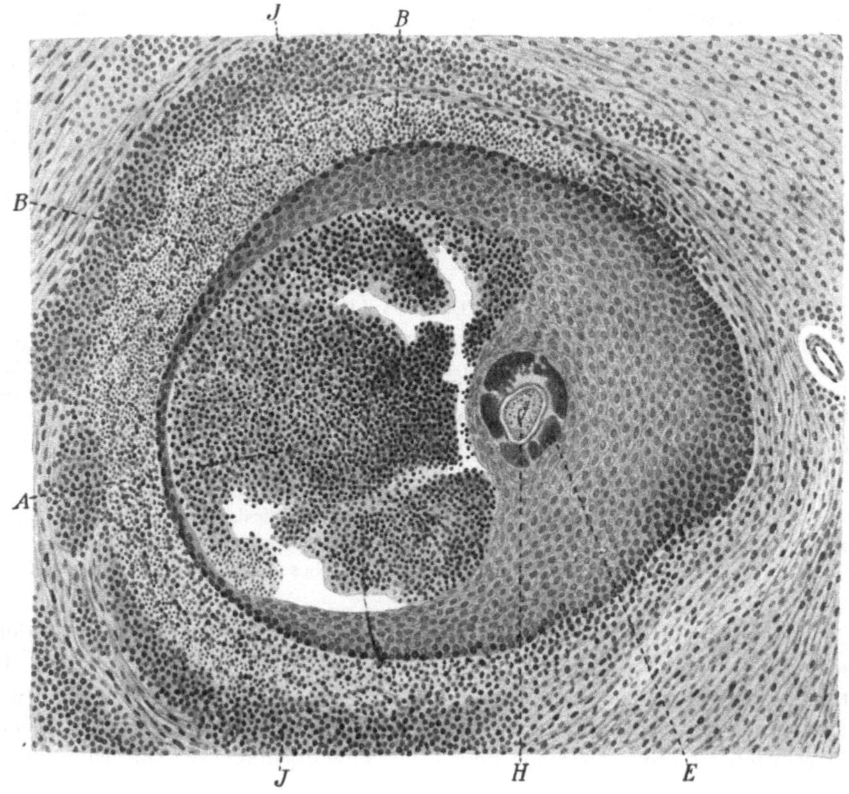

Abb. 127. Sycosis coccogenes. Querschnitt durch einen an Sycosis erkrankten Haarfollikel. *JJ* Perifollikuläre entzündliche Infiltration; *BB* Blutungen; *A* follikulärer Absceß; *E* innere Wurzelscheide; *H* Cilie. Vergr. 90. (Aus v. MICHEL - SCHREIBER: Krankheiten der Augenlider.)

gepreßten unteren Lagen der Stachelzellschicht bzw. des Stratum basale, ist zunächst von zahlreichen Leukocyten durchsetzt; schließlich wird er eitrig eingeschmolzen. Dabei geht auch der zugehörige Abschnitt des Papillarkörpers zugrunde. Auf diese Weise ist aus dem kokkenhaltigen, epidermalen Absceß seitlich oder an mehreren Stellen des Haarbalges ein infiltrierter und einschmelzender perifollikulärer Hautabsceß entstanden. An diesen schließen sich nach außen und nach der Tiefe zu neue eitrige Einschmelzungsherde an. Gleichzeitig findet sich um den vereiternden Haarbalg ein starkes Ödem. Dieses treibt überall dort, wo die Haare dicht beieinander stehen, den Papillarkörper zu unregelmäßig höckerigen Wülsten auf, da er an den Haarbalgtrichtern zurückgehalten wird. Dadurch ist das himbeerartige Aussehen dieser Knoten bedingt (UNNA).

Bleibt die eitrige Entzündung auf das Follikelostium und die obersten Epidermisschichten beschränkt, so ist eine Rückbildung noch möglich. In den meisten Fällen geschieht dies jedoch nicht, sondern die Staphylokokken dringen am Haarschaft entlang in die Tiefe vor bis zur Einmündungsstelle der Talg-

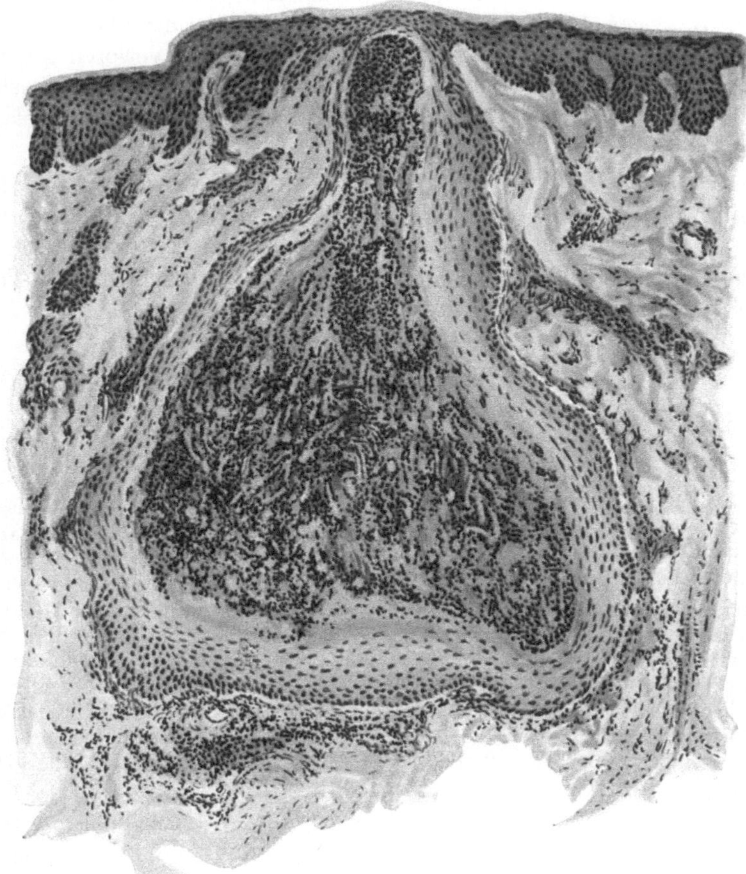

Abb. 128. Sycosis coccogenes. (♂, 21jähr., Kinn). In dem sackartig erweiterten Follikel ausgedehntes follikuläres, schwächeres perifollikuläres Granulationsgewebe; aus Lymphocyten, Plasmazellen, vereinzelten polynucleären Leukocyten und Riesenzellen bestehend. Zahlreiche junge Gefäßsprossen. O = 66:1; R = 66:1.

drüse. Dieses zweite Stadium ist nach UNNA dasjenige, welches bei der kokkogenen Sycosis am häufigsten angetroffen wird. Wenn erst einmal die Absceßbildung, dem Ödem folgend, weiter fortschreitet, ist naturgemäß infolge der Einschmelzung des perifollikulären Bindegewebes sowie der Zerstörung des Haarbalges und der Talgdrüsen nur noch eine narbige Ausheilung möglich. Meist entwickelt sich vorher das Ganze zu einem ausgedehnten Eiterherd, mit welchem Reste des Haarbalges mitsamt zerfallenden Gewebsresten der Umgebung ausgestoßen werden. Die so entstandene Höhle wird durch ein Granulationsgewebe geschlossen, an dessen Aufbau in manchen Fällen

Plasma- und Riesenzellen in auffallendem Maße beteiligt sind. Häufig finden sich innerhalb dieses Granulationsgewebes noch vereinzelte Staphylokokkenhaufen, die dann immer und immer wieder zu eitriger Einschmelzung und damit zum Weiterbestehen der Erkrankung führen. Ist endlich der gesamte Kokkenherd abgestoßen, so erfolgt nach Bildung eines zunächst zellreicheren, von zahlreichen erweiterten Gefäßen durchzogenen Granulationsgewebes, später zellärmeren Narbengewebes, die Ausheilung, wobei schließlich das narbige Bindegewebe von einer atrophischen Epidermis überzogen wird. Naturgemäß ist hier der Aufbau der normalen Haut völlig verloren gegangen. Auf weite Strecken hin findet man nur ein Narbengewebe, in welchem lediglich die Musculi arrect. pil. als alleinige Überreste der Haarfollikelanlage vorhanden sind.

Differentialdiagnostisch kommt lediglich die Trennung von der Trichophytie in Frage. Diese ist durch den Nachweis der Pilze leicht durchzuführen. Auch die Entwicklung des histologischen Bildes ist im übrigen, trotz der manchmal weitgehenden klinischen Ähnlichkeit so verschieden (s. Trichophytie), daß eine Unterscheidung nicht schwierig ist.

Folliculitis (Dermatitis) nuchae scleroticans.

(Nackenkeloid, UNNA; Dermatitis papillaris capillitii, KAPOSI;
Sycosis framboesiformis, HEBRA; Acnekeloid, BAZIN.)

Die verschiedene Namengebung bezeugt den außerordentlich wechselnden Formenreichtum der Veränderung. Diese tritt meist an der Haargrenze des Nackens in wechselnder Ausbreitung zunächst in Gestalt kleiner derber Knötchen auf, deren Oberfläche glatt und von der normalen Haut scharf abgegrenzt erscheint. In der Mitte der einzelnen Knötchen läßt sich oft eine kleinste follikuläre Pustel erkennen. Diese zart rosaroten Papeln vergrößern sich und fließen zu derben keloidartigen Massen zusammen. Die Haare vereinigen sich dabei zu vereinzelten kleinen Büscheln, kreuzen sich, als ob sie ihre Wachstumsrichtung geändert hätten; nach und nach werden ihrer immer weniger. Endlich sind nur noch einige dicke, borstenartige Haare vorhanden, die äußerst fest in den erkrankten Follikeln haften. Die Umgebung der Erkrankungsherde ist im übrigen nicht verändert. Neben der Nackenhaargrenze wurde die Veränderung auch mehr zum Scheitel hin (VÖRNER, SCHEUER), dann aber auch an den Wangen oder am Halse beobachtet (KREIBICH, HEATH).

Das histologische Bild ist naturgemäß je nach dem Stadium der Untersuchung und damit der gerade vorliegenden Form der Veränderung äußerst verschieden. Daher war es möglich, daß lange Zeit eine Meinungsverschiedenheit über ihren Ausgangspunkt bestand. Ein Teil der Forscher verlegte diesen in den Gefäßbindegewebsapparat (KAPOSI, LEDERMANN), ein anderer in den Haarfollikel (THIBIERGE, JARISCH, EHRMANN u. a.). Diese letztere Anschauung ist heute wohl allseitig anerkannt und damit die enge Beziehung zur Sycosis coccogenes sichergestellt.

Untersucht man jüngste derartige Herde, so findet man die Umgebung des eitrig entzündeten Haarfollikels und das Epithel des Haarbalges von Leukocyten durchsetzt. Unter Zunahme der Eiteransammlung geht das Follikelepithel zugrunde und es bleibt dann ein Absceß übrig, der zum größten Teil die Follikelwand zerstört hat und frei in das perifollikuläre Bindegewebe hineinragt. In der Umgebung des Abscesses kommt es zu einer entzündlichen Zellansammlung, an deren Aufbau einmal gewucherte fixe Bindegewebszellen, dann aber auch polynucleäre Leukocyten, Lymphocyten, Mastzellen und Plasmazellen beteiligt sind. Gelegentlich sind diese sogar allein vorgefunden worden, so daß man von richtigen Plasmomen gesprochen hat (STANCANELLI). An Hand derartiger, plasmazellreicher Formen ist TRYB für die autochthone Entstehung der Plasmazellen aus proliferierenden Bindegewebszellen eingetreten. Im weiteren Verlauf kommt es dann zur Entwicklung eines oft durch Plasma- und Riesenzellbildung gekennzeichneten, chronisch entzündlichen Granulationsgewebes.

Die vorgewölbte Epidermis mitsamt ihrer Hornschicht ist in der Umgebung des Follikels zu Beginn des Prozesses nicht wesentlich verändert. Die Leisten sind zwar verkürzt, aber der Gesamtaufbau der Epidermis noch völlig erhalten. Der Sitz der krankhaften Veränderung ist einzig und allein der Haarbalg, der in wechselnder Stärke von dem oben beschriebenen Infiltrat umfaßt wird. Dieses Infiltrat ist in dem oberen und mittleren Abschnitte des Haarbalgs am stärksten. Stellenweise bleibt das Stratum papillare noch frei, die Infiltration dehnt sich nur auf die eigentliche Cutis aus und reicht bis zu den Talgdrüsen hinunter. Zwischen den Zellen des Infiltrats treten in manchen Fällen außerordentlich zahlreiche einzelne oder, wenn auch seltener, zu mehreren zusammenliegende Erythrocyten auf (VÖRNER u. a.), die jedoch auch völlig fehlen können. Es hängt dies augenscheinlich von sekundären traumatischen (Druck der Kleidung usw.), weniger von den eigentlich primären Veränderungen ab. Die Gefäße in der Umgebung der Infiltrationszone sind stark erweitert und prall gefüllt.

In dem Maße, wie die zellige Infiltration zunimmt, wölbt sie das perifollikuläre Gewebe gegen die Oberfläche vor. Die Unnachgiebigkeit des Follikels und seine feste Verankerung in den tiefsten, von der entzündlichen Zellansammlung in der Regel völlig freibleibenden und daher nicht veränderten Cutisschichten bedingt eine trichterförmige Einziehung der Follikelostien, wodurch sich der eigentümlich papilläre Aufbau der Erkrankung zu diesem Zeitpunkt erklärt. Die Epidermis in der nächsten Umgebung des erkrankten Follikels ist dann ebenfalls in wechselnd weitem Grade eitrig eingeschmolzen. Man findet auf der Höhe der Vorwölbungen eine Kruste, die aus eingetrocknetem Serum, zerfallenden Leukocyten, unter Umständen auch Erythrocyten, und vor allem Resten der Epidermisepithelien besteht. Die Zellinfiltration ist auch jetzt in der Regel auf den oberen und mittleren Cutisabschnitt beschränkt, während die tieferen Teile und damit auch die Haarwurzeln verschont bleiben. Das kollagene und elastische Gewebe geht innerhalb der zellig infiltrierten Abschnitte nach und nach zugrunde. Es wird durch ein zunächst zellreicheres, dann zellärmeres Narbengewebe ersetzt, das meist reichlich neugebildete elastische Fasern enthält und sich dadurch vom wahren Keloid, mit dem oft auch klinisch eine Ähnlichkeit bestehen kann („Acnekeloid"), unterscheidet. Des weiteren zeigt dieses Narbengewebe einen außerordentlich unregelmäßigen Aufbau. Entsprechend dem Auf und Ab der Entwicklung im Krankheitsbilde, wie es der stete Wechsel der chronischen Entzündungserscheinungen mit sich bringt, findet man eng beieinander ältere, hypertrophische, narbige Bindegewebszüge, chronisch entzündliches Granulationsgewebe mit Epitheloiden, Plasma- und Riesenzellen und frische entzündliche Zellansammlungen. Dadurch bekommt das histologische Bild ein eigentümlich unruhiges Aussehen.

Bemerkenswerte Veränderungen erleiden ferner die Haare. Diejenigen von ihnen, deren Wurzel verhältnismäßig oberflächlich in der Cutis saß, fallen mit dieser und der dazu gehörigen Talgdrüse der entzündlichen Einschmelzung zum Opfer. Die in den tiefen Abschnitten vorhandenen und — worauf besonders EHRMANN hingewiesen hat — vielfach in Gruppen zu zweien oder auch dreien zusammenliegenden Haare bleiben hingegen erhalten. Diese dringen dann durch das entzündete Gewebe durch, münden entweder zu mehreren in einen gemeinsamen Follikel, oder erreichen einzeln die Oberfläche. Im ersteren Falle bilden sie hier die klinisch für das Krankheitsbild so kennzeichnenden Haar-büschel.

Bei älteren Herden, wie sie klinisch der Dermatitis papillaris capilliti entsprechen, sind die eben gegebenen Befunde naturgemäß nicht mehr so rein vorhanden. Überall dort, wo durch die eitrige Einschmelzung Haarfollikel oder auch Epidermis und ihre Umgebung zerstört, also tiefer gehende Gewebs-verluste entstanden sind, hält die Bildung des Granulationsgewebes und damit die Ausfüllung dieser Hohlräume mit der rasch fortschreitenden Epithelisierung nicht immer gleichen Schritt. Dadurch bilden sich unregelmäßige Höhlen und Buchten, die durch fistelartige Gänge miteinander verbunden sind. In der Tiefe der Buchten münden häufig ein oder auch mehrere der erhalten gebliebenen, weil mit ihrer Wurzel in der tiefen Cutis oder Subcutis verankerten Haare. — Überall dort, wo das ursprüngliche Gewebe durch Narbengewebe ersetzt ist, fehlt naturgemäß der Papillarkörper; die Epidermis ist stellenweise durch ein schmales neugebildetes epitheliales Band ersetzt; an anderen Stellen fehlt sie oder ist auch stark gewuchert und dringt mit unregelmäßigen Leisten und Stacheln tief in die Cutis hinab. Das entzündliche Granulationsgewebe wird durch zahl-reiche, gut gefüllte, neugebildete Gefäßsprossen und ein wechselnd starkes Ödem unregelmäßig aufgetrieben. Dies alles trägt ebenfalls zu dem eigen-tümlich papillomatösen Aufbau des ganzen Gewebes bei.

Grundsätzlich unterscheidet sich die Erkankung durchaus nicht von der Sycosis coccogenes. Das Eigentümliche in ihrer Erscheinung ist lediglich durch die anatomische Abweichung der erkrankten Hautstellen bedingt (EHRMANN). Der Druck des Infiltrats ändert die Richtung der Haare; damit kommen sonst parallel gerichtete Haare zu gekreuztem Verlauf; entzündliches Ödem und er-höhter Gefäßreichtum der Infiltrationsherde in den obersten Cutisabschnitten wandeln diese zu papillomatösen Gebilden um; sie erschweren außerdem den nachwachsenden Haaren den Durchtritt. Dadurch werden diese oft abgedrängt, sie durchbrechen die Follikelwand, rufen in der Umgebung eine entzündliche Reaktion — oft mit Riesenzellenbildung — hervor, wodurch das an und für sich schon bunte histologische Bild noch unruhiger wird.

Differentialdiagnose: Die tertiäre Lues zeigt gelegentlich Veränderungen, welche der Folliculitis nuchae scleroticans klinisch außerordentlich ähnlich sehen; histologisch gestattet das meist einheitlicher aufgebaute, vor allem perivasculäre luetische Zellinfiltrat in der Regel eine Entscheidung. Diese kann jedoch manchmal durch den bei beiden Erkrankungen vor allem plasma-cellulären Charakter der entzündlichen Zellherde außerordentlich schwer sein.

Wie der Name „Acnekeloid" sagt, ist auch eine gewisse Ähnlichkeit mit den Keloiden vorhanden. Namentlich die ältesten, in der Mitte gelegenen

und in der narbigen Umwandlung am weitesten vorgeschrittenen Krankheitsherde geben zu derartigen Verwechslungen Anlaß. Histologisch sind jedoch
beim „Acnekeloid" immer noch Infiltrate oder Reste von Infiltraten, in erster
Linie aus Plasmazellen vorhanden, während das wahre Keloid ein reines Fibrom
darstellt ohne irgend eine Andeutung einer Infiltration (PAUTRIER und GOUIN).

In einem gewissen pathogenetischen Zusammenhang mit den vorstehenden
Veränderungen steht wahrscheinlich auch die

Folliculitis (Acne) varioliformis s. necroticans.

Die Erkrankung ist meist auf die Stirn-Haargrenze beschränkt und greift von hier auf
die seitlichen und hinteren Kopfpartien, gelegentlich auch auf die Augenbrauen über. Sie
beginnt als papulo-pustulöse, meist an die Haarfollikel gebundene Entzündung, führt zu etwa
linsengroßen Krusten, unter welchen das Gewebe mehr oder weniger tief nekrotisch wird.

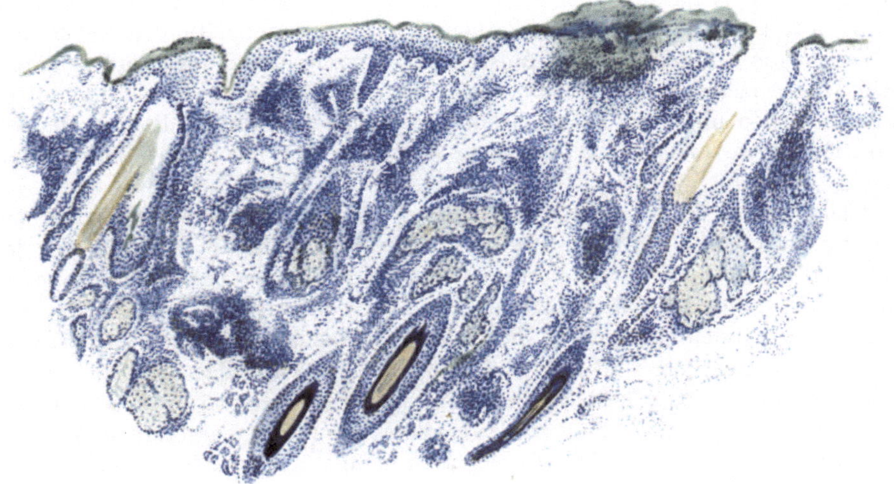

Abb. 129. **Folliculitis necroticans capitis.** (♂, 43 jähr., Stirn-Haargrenze). Übersichtsbild.
Links und rechts perifollikuläre, oberflächliche Nekrosen (grün); ausgedehnte perivasculäre In-
filtrate, die bis zu den Talgdrüsen hinabreichen bzw. diese umschließen. Polychromes Methylenblau.
O = 35 : 1; R = 30 : 1.

Das nekrotische Gewebe wird abgehoben und es bleibt eine flache oder tiefe, trichterförmige
Narbe übrig. Eine grundsätzliche Trennung einer leichteren, oberflächlichen, von einer
schweren, tiefergehenden Form (UNNA) erscheint kaum notwendig; da beide stets nebeneinander vorkommen, handelt es sich augenscheinlich nur um verschiedene Entwicklungsgrade der gleichen Veränderung.

Im Gegensatz zur kokkogenen Sycosis tritt hier die Eiterbildung zurück
gegenüber einer stärkeren serösen Exsudation und nachfolgenden Nekrose.
Schon in den frühesten Stadien, wo sich in der Epidermis bzw. um den Ausführungsgang eines Haarfollikels ein kleines seröses Bläschen oder auch eine
mit wenigen Leukocyten gefüllte Pustel vorfindet, trifft man in den darunter
liegenden Epithelien sowohl wie auch in der Cutis ausgedehntere Veränderungen,
die jedoch auch hier stets oberflächlich bleiben. In der Epidermis liegt
unterhalb der Bläschen ein seröses Exsudat in Gestalt einer Linse, das
sich als intercelluläres Ödem auch zwischen die gesunden Epithelien fort-
pflanzt und diese auseinanderdrängt. Diese Frühform wird jedoch nur sehr
selten beobachtet. Meist ist im Bereiche der Exsudation die Epidermis

mitsamt der darunter liegenden Cutis zu einem festen Schorfe vereinigt, der kegelförmig in das entzündlich infiltrierte Gebiet hinabreicht und dessen Mitte häufig einen gequollenen Haarfollikel enthält. Innerhalb der so veränderten Zone — die jedoch nie über die Einmündungsstelle der Talgdrüse hinausreicht — sind die Epithelien der Epidermis sowohl wie auch des Haarfollikels anfangs von polynucleären Leukocyten durchsetzt, später samt und sonders nekrotisch und ebenso das Bindegewebe. Auffallenderweise bleiben darin die elastischen Fasern nach Form und Färbbarkeit meist noch kurze Zeit erhalten, ein Befund, den man geneigt ist, auf die schnelle Entwicklung der Nekrose zurückzuführen, so daß eine Umwandlung der Elastica noch nicht möglich gewesen wäre.

Als weitere wesentliche Veränderung zeigen die Gefäße, und zwar vor allem die den erkrankten Haarfollikel zunächst umgebenden, teilweise eine völlige Thrombose neben einer ausgedehnten perivasculären Zellinfiltration. Dieses Infiltrat setzt sich auch noch in die nähere Umgebung des nekrotischen Bezirkes fort und besteht im wesentlichen aus wuchernden Bindegewebszellen, polynucleären Leukocyten und Mastzellen in wechselnder, meist nur mäßiger Zahl. Plasmazellen trifft man nur vereinzelt und zwar in den Randabschnitten zum Gesunden hin. Das elastische und kollagene Gewebe im Bereich der Infiltration ist zerstört; daher kann eine Abheilung nur mit Narbenbildung verlaufen.

Nicht immer ist jedoch die Erkrankung mit der oben erwähnten Narbenbildung verbunden. In manchen Fällen bleibt nämlich die Nekrose auf den epithelialen Anteil des Follikelostiums und die Epidermis beschränkt. Kommt die Erkrankung zu diesem Zeitpunkt zur Ausheilung, so drängt sich von der gesunden Umgebung her eine schmale wuchernde Epithellamelle zwischen Nekrose und infiltrierte Cutis. Die linsenförmige Kruste, die aus einer amorphen Masse besteht, in welche Reste von Epidermisepithelien und Leukocyten eingelagert sind, wird abgehoben und der entstandene Epitheldefekt durch die nachdrängenden Zellen ausgefüllt. Untersucht man zu diesem Zeitpunkt, so ist daher der nekrotische Bezirk allseitig von einer Lage abgeflachter Epithelien bzw. Hornzellen umgrenzt.

Reicht die Nekrose jedoch in das Bindegewebe hinein, kam es zu der oben geschilderten Zerstörung des kollagenen und elastischen Gewebes, so findet man in der auf die gleiche Weise durch die proliferierenden Epithelien abgehobenen Kruste außerdem noch Reste des elastischen und kollagenen Gewebes, ja gelegentlich sogar Reste des mit geronnenem Blut gefüllten, abgestorbenen Gefäßbaums (BOECK). In solchen Fällen wandelt sich das unterhalb der Nekrose vorhandene Granulationsgewebe in ein zunächst zellreicheres, dann zellärmeres Narbengewebe um, das von einer zunächst schmalen Schicht neugebildeten Epidermisepithels überdeckt wird. Zu einer eigentlichen Demarkation kommt es also während des ganzen Verlaufs der Veränderung nicht.

UNNA hat geglaubt, und darin ist ihm SABOURAUD beigetreten, die beiden Entwicklungsstufen der Veränderung auf die Tätigkeit zweier verschiedener Erreger zurückführen zu dürfen. In den Anfangsstadien fand er nämlich besonders innerhalb der aufgetriebenen Follikelostien eine Wucherung eines kleinen Bacillus, der dem der Acne in mancher Beziehung sehr ähnlich war. Überall dort, wo die Erkrankung in die Tiefe gedrungen war, fand sich außerdem ein Diplokokkus vor, der in die Gruppe der Staphylokokken (Staphylococcus

aureus, Sabouraud) gehört. Unna und Sabouraud führen auf diese Mischinfektion, bei der der kleine Bacillus gewissermaßen den gewebseinschmelzenden
Staphylokokken den Weg streitig mache, die verschiedenartige oberflächliche
und tiefe Form der Folliculitis varioliformis zurück. Die ganze Frage ist jedoch
noch nicht abschließend zu entscheiden.

Differentialdiagnostisch kommt lediglich das sekundäre krustöse bzw.
varioliforme Syphilid in Frage. Dieses führt jedoch nie zu Nekrose und Narbenbildung. Das tubero-ulceröse Syphilid ist durch den Gehalt an „spezifisch
entzündlichen Zellelementen" gekennzeichnet. Das papulo-nekrotische
Tuberkulid bietet klinisch hinreichende Unterscheidungsmerkmale dar.

Furunkel.
Staphylodermia follicularis profunda (necrotica).

Dringt der Staphylokokkus vom Boden der follikulären Impetigo in die Tiefe vor —
sei es dem Haarbalg entlang, sei es, was viel seltener der Fall ist, unmittelbar durch die

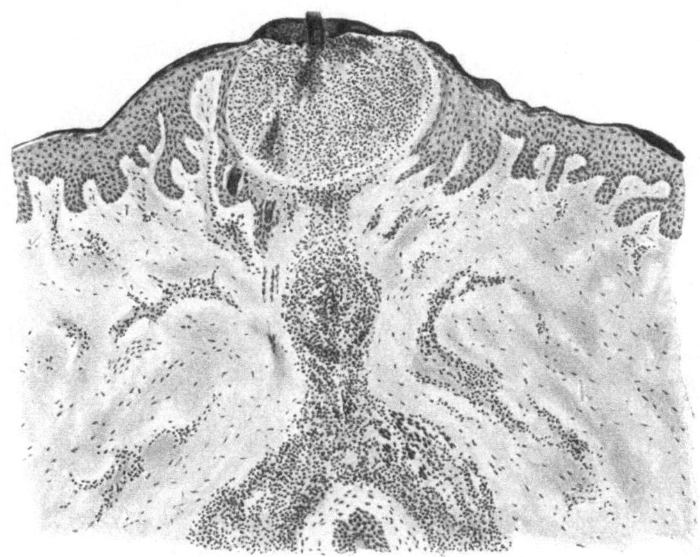

Abb. 130. Beginnender Furunkel. (♂, 18 jähr., Rücken). Impetigopustel, (schwarze) Kokkenzylinder im Zentrum des eingeschmolzenen Follikelostium; in der Tiefe Folliculitis und beginnende
Perifolliculitis. O = 35:1; R = 35:1.

zugrunde gehenden Epidermisschichten —, so führt er in der Cutis, ja sogar bis zur Subcutis hin zu einer umschriebenen tiefen Perifolliculitis und Folliculitis. Diese Entwicklung geht mit den klassischen Entzündungssymptomen: Tumor, Dolor, Rubor und
Kalor einher und führt zur Bildung eines zentralen Eiterpfropfs, der nach Einschmelzung
der zunächst geröteten und emporgewölbten Spitze des Furunkels nach außen abgestoßen
wird. Der Furunkel heilt stets mit mehr oder weniger tiefer Narbenbildung aus, wenn er
nicht vor dem eitrigen Durchbruch von selbst oder durch die Therapie zur Rückbildung
kommt.

Als Furunkulose bezeichnet man das infolge mehr oder weniger schneller und wechselnd
ausgedehnter Verschleppung der Eitererreger über verschieden große Hautbezirke erfolgende
Auftreten vieler solcher Einzelfurunkel.

In den frühesten Stadien der Erkrankung läßt sich der Weg der Kokken
in die Cutis, von der Impetigopustel über den perifollikulären Absceß eines

Lanugohärchens zur Follikelvereiterung, die häufigste Entstehungsweise aller Furunkel (UNNA), meist noch deutlich erkennen. Man trifft dann unterhalb der Impetigopustel, und zwar an der Grenze des Papillarkörpers, im Haarbalge einen festgepreßten Kokkenzylinder, in dessen Umgebung das Haarbalgfollikelepithel entweder von zahlreichen polynucleären Leukocyten durchsetzt

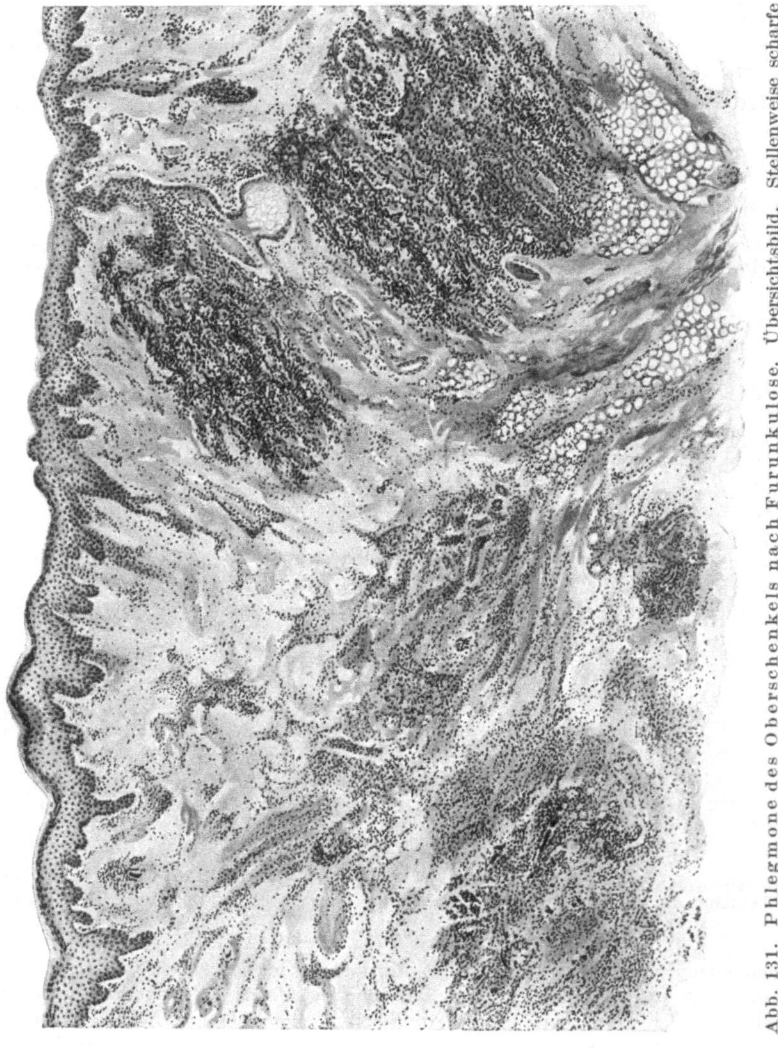

Abb. 131. Phlegmone des Oberschenkels nach Furunkulose. Übersichtsbild. Stellenweise scharfe Abgrenzung der Abseßherde gegen die Umgebung, stellenweise strahlenförmiges, unregelmäßiges Fortschreiten. O = 35:1; R = 35:1. (Sammlung K. BECK).

oder bereits wechselnd weit eingeschmolzen ist. Dabei scheinen die Lanugohaarbälge für die Entwicklung der Furunkel im allgemeinen eine wichtigere Rolle zu spielen als die großen Haarbälge. Diese sind nicht selten bis in die Gegend der Papille und in die Talgdrüse hinein von dichten Staphylokokkenherden durchwuchert, ohne daß sie eingeschmolzen wären. Das bloße Eindringen der Kokken in die Follikel genügt also keineswegs, um diese in Eiterherde bzw. Ausgangspunkte von Furunkeln zu verwandeln (UNNA).

Sind die Kokken erst einmal nach Durchbrechung der Follikelwandung in die Cutis eingedrungen, so bleiben sie hier längere Zeit erhalten und es bildet sich sehr schnell um sie herum ein dichter Wall von Eiterkörperchen. Diese lassen sich dabei durch die ödematös erweiterten Saftspalten des Bindegewebes, bis zu ihren Ausgangsstätten von den nächsten Blutgefäßen, leicht verfolgen. Die Entwicklung des Ödems, wohl auch die Einwirkung der Staphylokokkentoxine, führt zu einer Verflüssigung des kollagenen Gewebes; seine feineren Fasern werden eingeschmolzen, die plumperen erheblich verdünnt. Die so entstehenden Hohlräume werden ebenfalls von Leukocyten ausgefüllt. Da die elastischen Fasern der Zerstörung länger Widerstand leisten, sieht man im mikroskopischen Schnitt zu dieser Zeit ein eigenartiges Netzwerk, in dem die von den elastischen Fasern umhüllten und der Verflüssigung verfallenden kollagenen Faserbündel streifenartig von Leukocytenherden durchsetzt sind. Schließlich geht das gesamte Kollagen zugrunde: die Einschmelzung des erkrankten Gewebes ist vollständig. Innerhalb des eitrig eingeschmolzenen Abschnittes findet man die Staphylokokken haufenweise zusammenliegend und zwar stets in der Mitte, seltener am Rande, am dichtesten in den ältesten Eiterherden, aber auch hier nie in den Zellen, sondern stets zwischen diesen (Unna).

Überall dort, wo die eitrige Einschmelzung an widerstandsfähigere Gebilde gelangt, bieten diese dem Fortschreiten eine Zeitlang Einhalt. An solchen Stellen wird die Absceßbildung dadurch scharf gegen die Umgebung abgegrenzt, während sonst die eitrige Infiltration in unregelmäßig strahlenförmiger Weise seitwärts und nach der Tiefe fortschreitet. Am längsten leisten die Haarbälge der langen Haare Widerstand. Früher zerfallen die tief liegenden Talgdrüsen und noch schneller die von der Eiterung erreichten Knäueldrüsen (Unna). Ist der Eiterherd einmal über die Cutis hinaus in die Subcutis vorgedrungen, so findet er im subcutanen Fettgewebe keine stärkeren Hindernisse mehr; hier erfolgt die Verflüssigung daher sehr schnell. Ein Übergang vom Furunkel zur phlegmonösen Einschmelzung tritt jedoch verhältnismäßig selten ein.

In der Umgebung der eitrigen Einschmelzung sind die Blut- und Lymphgefäße stark erweitert und gefüllt. Die Bindegewebszellen schwellen an; sie bilden zusammen mit den nach der Mitte des Eiterherdes hin immer zahlreicher werdenden polynucleären Leukocyten und nur wenigen Lymphocyten um den eigentlichen Eiterherd ein Infiltrat, in welchem nur in seltensten, mehr subakut verlaufenden Fällen Plasmazellen auftreten. Die Ausdehnung dieses Infiltrats und ebenso die Stärke des Ödems sind sehr verschieden und augenscheinlich ebensosehr von der Virulenz der Staphylokokken als auch von der Widerstandsfähigkeit des erkrankten Organismus abhängig.

Schon sehr frühzeitig fallen das Follikelepithel sowie die nächstliegenden Epidermisabschnitte der eitrigen Einschmelzung zum Opfer. Der Gewebszerfall beschränkt sich jedoch hier in der Regel auf einen eng umschriebenen Bezirk, er erreicht nie die Ausdehnung des eitrig eingeschmolzenen Herdes in der Cutis. Daher steht dieser manchmal nur durch einen engen Fistelgang mit der Außenwelt in Verbindung.

Das starke Ödem führt am Rande des Einschmelzungsherdes zu einer Verflüssigung der Eitermassen; dadurch wird der massige, zentrale Eiterpropf mitsamt dem nekrotischen Gewebe von dem Gesunden abgelöst; beim Bersten des epidermalen Einschmelzungsbezirkes entleert sich zunächst dieses seröseitrige Exsudat nach außen. Der zentrale nekrotische Pfropf hängt meist noch mit einzelnen, nicht völlig eingeschmolzenen Bindegewebsfasern mit der Umgebung zusammen; erst wenn diese sämtlich zerstört sind, kann der Pfropf schließlich nach außen abgestoßen werden.

Vor dem Durchbruch wölbt der Hautabsceß die Oberfläche vor. An dieser Stelle und auch oben seitlich des Herdes ruft der einwirkende Druck eine Blutstauung hervor, die hier zu einer starken Erweiterung der Capillaren und oft zum Austritt roter Blutkörperchen führt. Auf der Spitze der Vorwölbung tritt zunächst eine rein mechanische Verdünnung des kollagenen und elastischen Gewebes oder aber gleich die eitrige Einschmelzung ein. Im ersteren Falle wird das darüberliegende Epidermisepithel im ganzen in eine trockene nekrotische Masse umgewandelt, von der Cutis abgehoben und schließlich vom Eiter durchbrochen. Bei geringerem Druck durchsetzt dieser zunächst in Form kleiner,

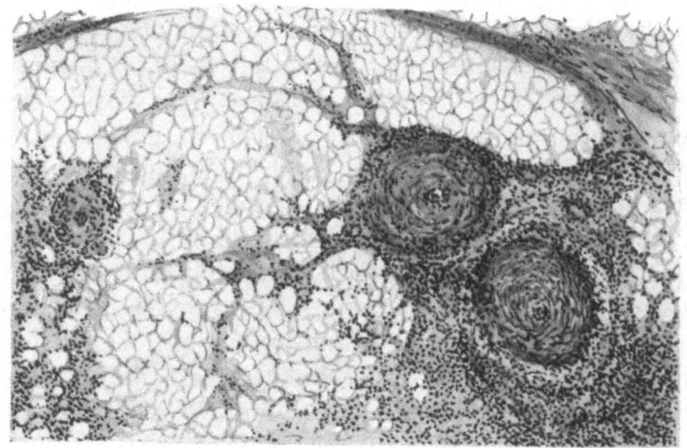

Abb. 132. **Furunkel.** (♂, 25jähr., Unterarm, Beugeseite). Phlebitis und Periphlebitis im subcutanen Fettgewebe. O = 66:1; R = 66:1.

interepithelialer Abscesse die Oberhaut. Diese fließen zusammen, heben die Hornschicht ab und geben schließlich dem Drucke des serös-eitrigen Exsudates der Tiefe nach; der Durchbruch erfolgt. Diese sekundären Eiterpusteln sind mit der primären follikulären Impetigo nicht zu verwechseln; sie unterscheiden sich von dieser nicht nur durch die interepithelialen Eiteransammlungen in der Stachelschicht, sondern auch durch das Fehlen der dort stets unter der Hornschicht feststellbaren Kokkenhaufen (UNNA).

Pathogenese der Pyodermien: Die pyogenen Kokken, die Staphylokokken sowohl wie die Streptokokken, finden sich als an und für sich harmlose Gäste auf der Haut des Menschen in wechselnder Zahl. Gefährlich werden sie dem Organismus erst dann, wenn ihnen durch irgendwelche Beihilfe, meist mechanischer Art (Verletzungen, Druck usw.) ein Eindringen in die Haut ermöglicht wird. Wir haben in den vorstehenden Erörterungen verschiedenartige Krankheitsbilder entstehen sehen, je nachdem die Erreger in die oberflächlichen, epidermalen oder tieferen, cutanen bis subcutanen Abschnitte der Haut eingedrungen waren; je nachdem sie unmittelbar von außen einwirken konnten oder aber am Haarbalg oder Schweißdrüsenausführungsgang entlang in die Tiefe gezogen waren. Für die Entstehung bestimmter Krankheitsbilder ist demnach sicherlich der erste Angriffspunkt der Kokken von Bedeutung. Dieser aber ist meist gegeben durch Art und Stärke der einwirkenden Schädigung, die dem Erreger den Weg bahnt, also gewissermaßen als auslösende Ursache wirkt. Da aber unter den gleichen Bedingungen nur eine beschränkte

Zahl von Menschen erkranken, müssen für die Entstehung auch der exogenen Pyodermien noch gewisse andere Umstände eine Rolle spielen. Diese suchen wir einmal in Virulenzunterschieden der Krankheitserreger, zum anderen in der verschiedenen Widerstandsfähigkeit des befallenen Hautgebiets; denn nur derartige, örtlich bedingte Unterschiede kommen hier in Frage, da die Anfälligkeit zur Erkrankung (Disposition) als Antwort auf das Eindringen der Kokken für den Menschen im allgemeinen ziemlich gleich zu sein scheint.

Diese Annahme einer — vielleicht auch noch zeitlich verschiedenen — örtlich bedingten Neigung zum Erkranken macht uns vieles in der Pathogenese der Pyodermien erklärlich. Vielleicht spielen dabei auch noch Eigentümlichkeiten des örtlichen oder allgemeinen Stoffwechsels eine Rolle (Neigung zu Pyodermien beim Diabetes, bei der Comedonenacne, bei Ekzemen), deren Besonderheiten heute — abgesehen vielleicht vom Diabetes — noch nicht klar ersichtlich sind. Ein derartiges Zusammenwirken infektiöser mit nicht infektiösen Ursachen scheint namentlich dort annehmbar, wo uns andere Erklärungen zur Zeit noch fehlen (schnelle Abheilung der Impetigo follicularis im einen Falle, Entwicklung einer Sycosis coccogenes, einer Furunkulose usw. im anderen).

Die Bedeutung von Virulenz und Zahl der eindringenden Mikroorganismen einerseits, die Abhängigkeit des Krankheitsbildes von besonderen immun-biologischen Eigentümlichkeiten des erkrankten Organismus anderseits, ist für die Entwicklung von sog. spezifisch-infektiösen Granulationsgeweben (vor allem Tuberkulose und Syphilis) längst anerkannt. Zu dieser Erkenntnis hat besonders die Eindeutigkeit experimenteller Untersuchungsergebnisse erheblich beigetragen. Für die pyogenen Kokken sind diese Fragen viel verwickelter; aber es liegt eigentlich keine Berechtigung vor, hier ähnliche Gesetzmäßigkeiten ohne weiteres abzulehnen, weil uns die feineren Bedingungen noch unbekannt sind.

Für einzelne Formen kokkogener Hauterkrankungen bestehen naturgemäß verschiedene Voraussetzungen. Beim Zustandekommen der staphylogenen (HANSTEEN, JADASSOHN u. a.) Dermatitis exfoliat. neonat. zum Beispiel, ist einmal eine lokale Disposition der Säuglingshaut erforderlich; neben dieser noch eine allgemeine für das Haften der Staphylokokken (kranke, „schlaffe" Säuglinge). Ob dabei ein ganz besonderer, spezifischer Staphylokokkus in Frage kommt, der zu anderen staphylogenen Hauterkrankungen keine Beziehung hat (BIERENDE), erscheint wenig wahrscheinlich. Toxisch-alimentäre Schädigungen (MENSI, DALLA FAVERA) sind als auslösende Ursache wohl denkbar, nicht aber als eigentliche Grundlage der Erkrankung.

Bei allen Pyodermien ist hinsichtlich der Pathogenese das Hauptgewicht in erster Linie auf örtliche und allgemeine Voraussetzungen zu legen; erstere in Form von einmaliger (Verletzung) oder wiederholter (Reiben von Kleidungsstücken) traumatischer Schädigung, letztere als allgemein herabgesetzte Widerstandsfähigkeit des erkrankten Organismus (Unterernährung, Stoffwechselstörung, mangelnde Körperpflege), ohne daß wir bis heute im Einzelfall immer in der Lage wären, deren letzte Ursachen zu erkennen (z. B. Folliculitis varioliformis, Sycosis coccogenes).

Auf jene, durch besondere Eigentümlichkeiten der Staphylo- bzw. Streptokokken bedingten Unterschiede in deren Verhalten zum befallenen Gewebe — beim Staphylokokkus ein Beschränktbleiben auf den Ort der Invasion mit Eiteransammlung in der nächsten Umgebung, beim Streptokokkus das Vordringen in die noch gesunde Umgebung, zunächst ohne andere Erscheinungen als ein wechselnd starkes Ödem — kommen wir im Anschluß an die hämatogen-metastatischen staphylogenen bzw. streptogenen Dermatosen zurück.

Die Acne vulgaris.

Aus der großen Zahl der ursprünglich unter der Bezeichnung „Acne" zusammengefaßten Erkrankungen sind heute eigentlich nur noch die Acne vulgaris s. juvenilis und die ihr verwandten Formen als selbständige Krankheitsbilder bestehen geblieben, während die meisten auf Grund besserer klinischer bzw. pathogenetischer Kenntnis in andere Krankheitsgruppen eingeordnet wurden.

Als Acne vulgaris bezeichnen wir eine um die Zeit der Geschlechtsreife einsetzende und Ende der zwanziger Jahre meist wieder schwindende, an die Haartalgdrüsenfollikel gebundene Erkrankung der Haut, die in erster Linie im Gesicht, dann auf dem Rücken, seltener an anderen Körperstellen auftritt. Das in voller Entwicklung äußerst bunte Krankheitsbild ist durch eine Reihe von Veränderungen gekennzeichnet, unter denen der „Comedo" die regelmäßigste ist. Er tritt einmal für sich allein, selten zu zweien oder gar dreien, sei es in einzelnen Herden oder äußerst zahlreich, als kleine, die meist erweiterte Follikelöffnung ausfüllende Horn- und Talgmasse auf, die an ihrer Oberfläche braunschwarz verfärbt ist und auf Druck als wurmartiges Gebilde heraustritt. Diese „Acne punctata" entwickelt sich zur papulösen Acne, sobald sich um die Comedonen infolge entzündlicher Vorgänge eine Rötung und Schwellung einstellt. Hier kommt es dann im Verlauf weniger Tage auf der Spitze der Papel meist zu einer oberflächlichen eitrigen Einschmelzung (Acne pustulosa). Beginnt die Eiterbildung jedoch in der Tiefe des Follikels, wird ihr durch den Comedo der Austritt nach außen erschwert, so entwickelt sich die knotenförmige Acne unter langsamer, tiefgreifender eitriger Einschmelzung des Gewebes. Ergreift diese nach und nach unter Vorwölbung und blauroter Verfärbung auch die oberflächlichen Hautbezirke, bricht dabei der Eiter nach außen durch, so bleiben nach Entleerung der cutanen und subcutanen Abscesse cystenartige Hohlräume (Ölcysten) zurück. Verläuft die Entwicklung jedoch langsamer, führt sie zu derben, knotigen Infiltraten, erfolgt die Rückbildung ohne Durchbruch nach außen, so entsteht eine als „Acne indurata" bekannte, über lange Zeit sich hinziehende Veränderung.

Diese verschiedenen Erscheinungsformen der Acne kommen häufig nebeneinander vor. Sie heilen entsprechend der eitrigen Einschmelzung mit mehr oder weniger starker Narbenbildung ab. Die Acne ist eine durch fortwährende frische Schübe gekennzeichnete Erkrankung, bei der deutlich Zeiten der Verschlimmerung mit denen der Rückbildung abwechseln.

Neugeborene zeigen gelegentlich eine Hautveränderung (Acne neonatorum), die mit der Acne vulgaris, und zwar der einfachen Acne punctata, sowohl klinisch wie histologisch völlig übereinstimmt. Die Veränderung ist scharf zu trennen von den bei Neugeborenen nicht selten vorhandenen echten Milien, die im Gegensatz zur Acne lediglich kleine Horncystchen darstellen, beim Aufritzen als Inhalt Hornzellen zeigen und vor allem in vollkommen reaktionsloser Umgebung sitzen.

In den einfachsten Fällen der Acne punctata, wo lediglich der Comedo das Bild beherrscht, findet man histologisch unter einer meist stark verdickten Hornschicht, die auch über die Mündung der meisten vereiterten Follikel hinwegzieht, in diesen zunächst nur eine Anhäufung von Hornmassen mit nur wenig Talg durchsetzt. In der Hauptsache handelt es sich um lamellär geschichtete Hornzellagen, die von abgestoßenen und verfetteten Talgdrüsenepithelien durchsetzt sind. Sie heben, je nach dem Grade ihrer Ausdehnung, die darüber hinwegziehende Hornschicht lediglich in die Höhe, oder sie haben diese durchbrochen. Innerhalb des tonnenförmig erweiterten Ausführungsgangs von Talgdrüse und Haar lagern sich die Hornmassen in verschiedenen Schichten ab (BIESIADECKI, UNNA, TOUTON). Unmittelbar unter der Oberfläche und am Rande des Follikels verlaufen sie senkrecht und umgeben mantelartig die mehr horizontal gelagerten Hornmassen der Mitte (den Kopf des Comedo).

Am fertigen Comedo läßt sich ein harter, wechselnd tief dunkelbraun bis schwarzer Kopf unterscheiden, der einem dichtgefügten Hornmantel aufsitzt, in dessen Innern sich neben den nun reichlicheren Talgmassen auch noch Reste des Haares befinden. Diese talghaltige Mitte, innerhalb deren bei veralteten Fällen Cholesterin, Leucin und Tyrosinkrystalle nachgewiesen wurden (THIBIERGE), wird durch Hornsepten häufig in unregelmäßige Fächer geschichtet. In anderen Fällen wieder besteht sie nur aus einer zusammenhängenden Masse, an deren Aufbau sich Hornzellen, Talgdrüsenreste, einzelne Haarreste in wirrem Durcheinander beteiligen. Bei alten Comedonen, bei denen der Haarbalg und die zugehörigen Talgdrüsen atrophisch geworden sind, daher kein Talg mehr abgesondert wird, ist auch der untere, für gewöhnlich nur locker gebaute Talgpfropf, der „Schwanz des Comedo", von festen Hornmassen umfaßt.

Der „schwarze Kopf des Comedo" wird so gut wie nie durch Schmutz bedingt; er ist vielmehr auf ein gefärbtes „Reduktionsprodukt des Keratins" zurückzuführen (Unna).

Innerhalb der Horn- und Fettmassen des Comedo findet man die verschiedensten Mikroorganismen: Unnasche Flaschenbacillen, Malassez' große Bazillen, die verschiedensten banalen Eiterkokken; bei Comedonen des Gesichts gelegentlich auch einmal einen Demodex folliculorum (Henle, Simon). (S. Abb. 133.) Nur wenigen von ihnen kommt vielleicht eine Bedeutung für die eitrige Umwandlung der Acne zu; die eigentliche Ursache der Veränderung dürfen wir in ihnen nicht erblicken. Dies gilt auch für die Unna-Hodaraschen Acnebacillen, wenn auch gerade hier infolge der widersprechenden Beobachtungen eine Entscheidung sehr schwer ist. Auf alle Fälle handelt es sich, falls Kokken für die eitrige

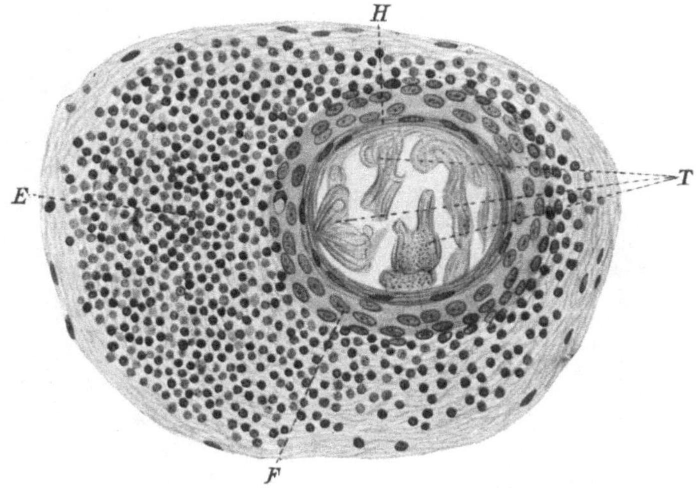

Abb. 133. Querschnitt durch einen an Sykosis erkrankten Lanugofollikel mit Demodices. _T_ Quergetroffene Demodices im Ausführungsgang eines Lanugofollikels; _E_ perifollikuläre kleinzellige Infiltration; _F_ Stachelschicht entsprechend der Trichterregion eines Lanugofollikels; _H_ Hornschicht. Vergr. 270. (Aus v. Michel-Schreiber: Krankheiten der Augenlider.)

Umwandlung in Betracht kommen, nicht um die gewöhnlichen Formen; vielleicht jedoch um den polymorphen Kokkus von Cederkreutz, wenn auch Kulturen meist den Staphylococcus albus ergeben (Jadassohn). Unnas Annahme, daß gerade seine Acnebacillen, die sich als unregelmäßige Haufen in fadenartiger Anordnung namentlich im untersten Teil des Comedo vorfinden, von hier aus bis in den Ausführungsgang der Talgdrüse und die Haarspalte des Lanugobalges vordringen und anscheinend Sabourauds Seborrhoebacillen entsprechen, für die Entwicklung der entzündlichen Acne unbedingt notwendig seien, ist bis heute ebenfalls noch sehr umstritten.

Für die Weiterentwicklung der Acne punctata zu den entzündlichen Formen sind Veränderungen wichtig, die sich einmal am Follikel selbst bzw. an der Talgdrüse und zum anderen in deren Umgebung abspielen. Durch den, infolge der Hyperkeratose und der Ansammlung von Talgmassen in dem erweiterten Follikelhals dauernd und stetig zunehmenden Druck kommt es nach und nach zu einer Atrophie des Epithels, im Follikel sowohl wie in der Talgdrüse. Letztere wandelts ich in einen schmalen Epithelsack um, der dann oft nur als Anhängsel des erweiterten oberen Follikelteils erscheint. Nicht selten wird er von dem sich vergrößernden Comedo mehr und mehr abgeflacht und seitlich abgeknickt, so daß die Reste schließlich als doppelwandige flache Schale einer Seite des Comedos aufsitzen (s. Abb. 134). In dieser Schale findet man häufig Reste des Lanugohaares als mehrfach gewundenes Knäuel. Kommt es im derart abgeknickten Follikel zu der nachher noch näher zu besprechenden eitrigen Einschmelzung, so bricht diese meist unmittelbar durch das darüberliegende Gewebe nach außen durch und führt so zu den schon erwähnten Talg- bzw. Eitercysten, die keinerlei Beziehung zu dem Ausführungsgang des zugehörigen

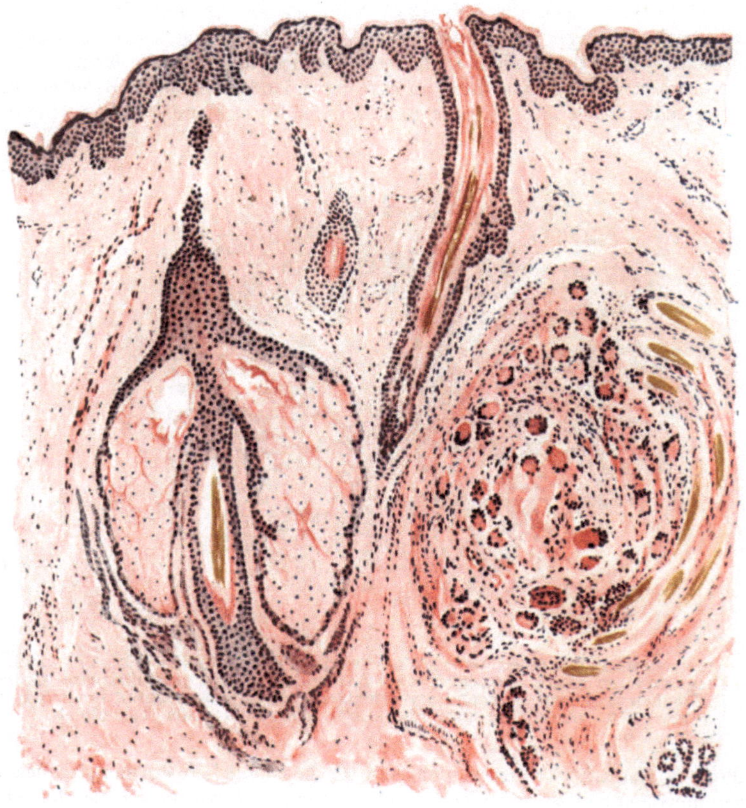

Abb. 134. Acne indurata. (♂, 25 jähr., Wange.) Talgdrüse und Umgebung durch riesenzellhaltiges Granulationsgewebe ersetzt. Der atrophische Follikel nebst Haar seitlich rechts als schmaler Epithelsack aufsitzend. Im Follikelostium atroph. Haar in reinem Horncomedo. Links hypertrophische Talgdrüse nebst Follikelgrund und Haar. Hämatoxylin-Eosin. O = 66 : 1; R = 66 : 1.

Follikels mehr erkennen lassen. Infolge der entzündlichen Gewebsreaktion sind diese Cysten vor dem Durchbruch meist mit der Haut fest verlötet, dringen dann allmählich nach oben zur Epidermis, nach unten nicht selten bis zur Subcutis vor, wo sie gelegentlich einmal als isoliert liegende Gebilde angetroffen werden (CHIARI). Diese Lage führte übrigens irrtümlich zu ihrer Ableitung von versprengten Epidermiskeimen (TÖRÖK).

Um die Gefäße der Umgebung der erweiterten Follikel sowie der Talgdrüsen findet sich schon sehr frühzeitig eine wechselnd starke Infiltration. Bei längerem Bestande entwickelt sich ein aus wuchernden Bindegewebszellen, zahlreichen Plasma- und Mastzellen und meist nur wenigen Lymphocyten, dagegen oft vielen mehrkernigen und Riesenzellen bestehendes, ausgedehntes entzündliches Zellinfiltrat (Acne indurata). Die Gefäße selbst sowie die Lymphspalten sind häufig erheblich erweitert; die Schweißdrüsen an der Veränderung kaum beteiligt. Das elastische Gewebe innerhalb dieser entzündlichen Infiltrate geht zugrunde, das kollagene hingegen wuchert und die hypertrophischen Bindegewebszellen führen vielfach zur Bindegewebsneubildung, die um so stärker wird, je älter die Veränderung ist. So entsteht allmählich eine herdweise, und zwar perifollikuläre Hyperplasie der Cutis, der oft eine allgemeine Hypertrophie der Epidermis parallel geht.

Weit häufiger als diese zur Acne indurata führenden Veränderungen ist jedoch die Vereiterung der erkrankten Follikel, wie ja überhaupt höchstwahrscheinlich beide einander ablösen bzw. die eine fast stets zu der anderen hinzukommt. Bei der Vereiterung der Acne kann man verschiedene Formen unterscheiden, je nachdem sich diese in den oberflächlicheren, in den tieferen oder gleichzeitig in allen Teilen des Follikels bzw. der Talgdrüse abspielt. Das Bild wird noch verwickelter dadurch, daß sich häufig zu der oberflächlichen oder tiefen Folliculitis eine Perifolliculitis gesellt, wenn diese auch im Vergleich zu den viel zahlreicheren umschriebenen Folliculitiden verhältnismäßig nicht so häufig ist, viel seltener auf alle Fälle, wie bei der Furunkulose. (UNNA im Gegensatz zu VIDAL und LELOIR, die den vorwiegend perifollikulären Beginn des Abscesses betonen. Das hängt wohl in erster Linie vom Zeitpunkt der Untersuchung ab; bei frühesten Fällen überwog in meinem Material bei weitem die follikuläre Form.) Sitzt die Eiterung primär in den oberen Abschnitten des erweiterten Follikels, zwischen hyperkeratotischer Epitheldecke und dem Kopf des Comedo, so wird erstere durch die Eitermassen emporgehoben. Klinisch entspricht diese Folliculitis pustulosa superior (UNNA) einer Impetigopustel. Hält die Blasendecke dem andrängenden Exsudat länger stand, und dieses dürfte bei der ja meist bestehenden Hypertrophie der Epidermis in der Regel der Fall sein, so dringen die Leukocytenmassen und das flüssige Exsudat nach unten vor. Die einzelnen Schichten des Comedo sowohl als wie auch dessen Ränder zum Follikelepithel hin sind von polynucleären Leukocyten durchsetzt. Das Ganze fällt sehr schnell der eitrigen Einschmelzung anheim. Die gleichen Bilder findet man selbstredend, falls die Eiterung hier begonnen hat. Schließlich gelangt das Exsudat in die Tiefe des Follikels und in die Talgdrüsen, sofern es nicht auch hier primär oder gleichzeitig mit der oberflächlichen Folliculitis aufgetreten ist. Durch gleichzeitige Entwicklung derartig gelegener, umschriebener Einschmelzungsherde entstehen Veränderungen, die im Gewebsschnitt als „kragenknopf"-artige Eiterherde bekannt sind. In diesen Fällen beginnt die Eiterung häufig an der Mündung des Talgdrüsenganges.

Die von den andrängenden Eitermassen gedehnte Epidermis gibt schließlich dem Drucke nach und platzt; der eitrig eingeschmolzene Comedo mitsamt den Exsudatmassen entleert sich nach außen. War der Widerstand der Epidermis von längerer Dauer, oder von vornherein die Einschmelzung stärker entwickelt, so finden wir das Follikelepithel sowohl wie die Talgdrüsenwand vielfach eitrig zerstört. Zu der Folliculitis tritt dann eine Perifolliculitis, die sich zunächst als leukocytäre Infiltration des perifollikulären Gewebes äußert, sehr schnell jedoch von außen die Membrana propria und dann das Talgdrüsen- bzw. Follikelepithel zerstören und in das Lumen durchbrechen kann.

23*

Auf den dichten Leukocytenwall, der die eingeschmolzene Mitte schalenartig umgibt, folgt dann eine aus wuchernden Bindegewebszellen, aus Plasmazellen und Leukocyten aufgebaute Zone, von der aus sich das Infiltrat noch weit in die Umgebung hinein, namentlich um die erweiterten Gefäße, fortsetzt. Selbst

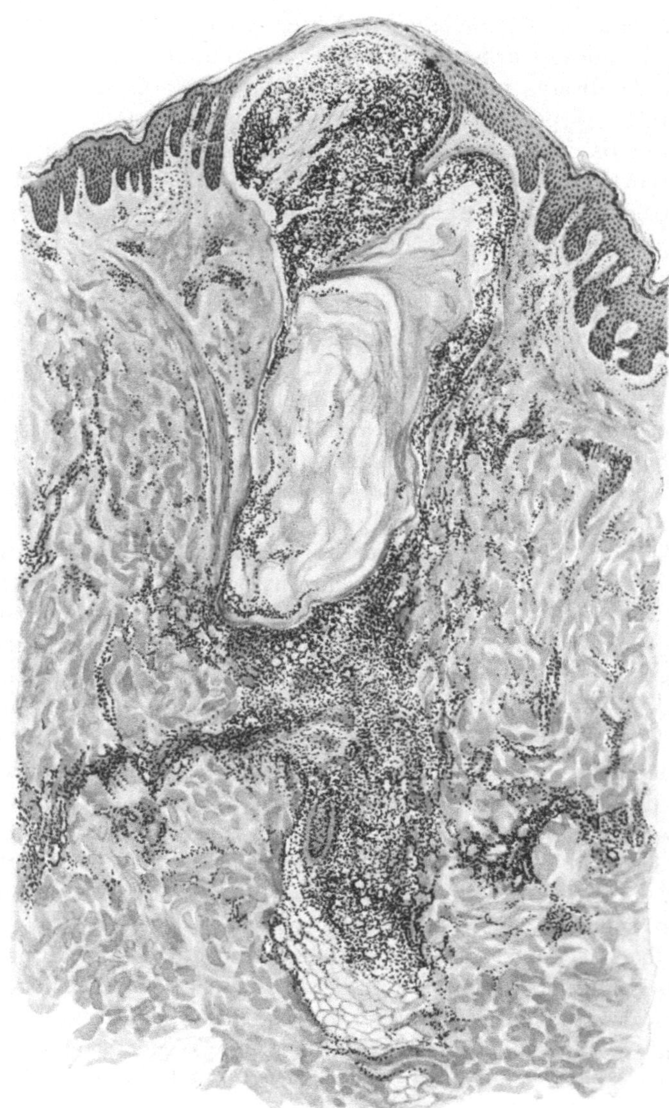

Abb. 135. A c n e v u l g a r i s. (♂, 22jähr., Rücken). Höhepunkt der Folliculitis. „Folliculitis pustulosa superior“; von hier ziehen Leukocytenschwärme längs der ausgebuchteten, atrophischen Follikelwand in die Tiefe, den Comedo mantelartig umschließend. Unterer Follikelabschnitt und Talgdrüse eitrig eingeschmolzen. Perifolliculitis. O = 35:1; R = 28:1.

in der weiteren Umgebung der eitrigen Einschmelzung findet man dann noch eine celluläre Infiltration, an deren Aufbau sich bei länger bestehenden Herden genau wie bei der indurierenden Acneform auch Riesenzellen beteiligen können. In seltenen Fällen, namentlich dann, wenn dem eitrigen Exsudat durch die

noch nicht eingeschmolzenen Talg- und Hornmassen der natürliche Weg durch
die Follikelöffnung nach außen verlegt ist, greift die Abszeßbildung auf obere
Cutis und Stratum papillare über, führt zur Verdünnung und schließlich zum
Durchbruch an irgend einer beliebigen Stelle der interfollikulären Epidermis.
Durch Zusammenfließen benachbarter Herde kann es zu größeren, mehrere
Follikel umfassenden Entzündungs- und Einschmelzungserscheinungen kommen.
Eine Sonderstellung dieser Form als Acne conglobata (LANG, SPITZER,
REITMANN) erscheint nicht erforderlich, zumal auch bei der Acne vulgaris
gelegentlich außergewöhnliche Anordnung beobachtet werden kann. Der-
artige Bildungen kommen jedoch bei der Acne auch unabhängig von den

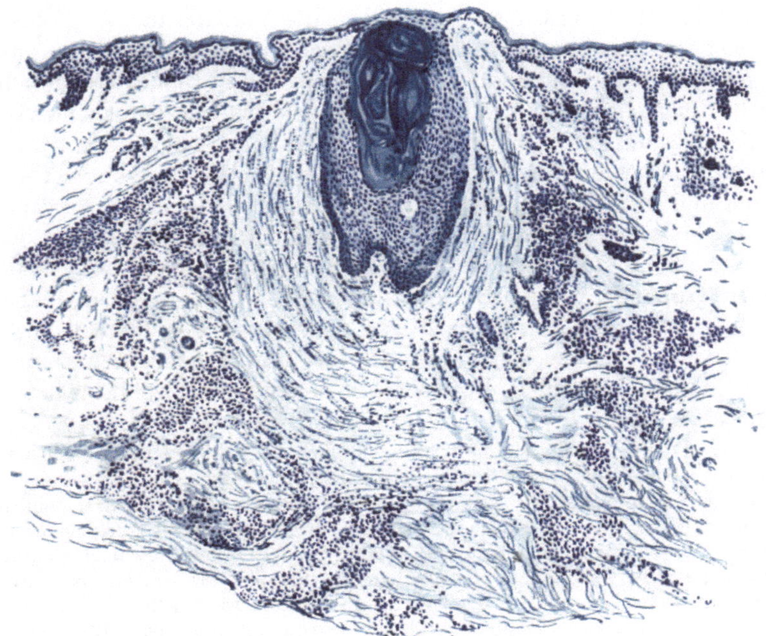

Abb. 136. Acne vulgaris. (♂, 18 jähr., Rücken). Narbige Abheilung unter Bindegewebsneu-
bildung und Regeneration des Follikelhalses mit erneuter Comedonenbildung. In der Umgebung
Reste des aus Plasma- und Riesenzellen aufgebauten Infiltrats. Polychromes Methylenblau.
O = 36:1; R = 32:1.

Einschmelzungsprozessen vor. Es handelt sich dabei um zwei — oder in selteneren Fällen — auch dreifächerige Höhlen, die in der Haut miteinander
verbunden sind und mit mehreren Öffnungen nach außen reichen. Ihr Inhalt
entspricht dem der einfachen Comedonen; außerdem finden sich stets Haarfollikel und Talgdrüse (TÖRÖK).

Die Abheilung derartig ausgedehnter, eitrig eingeschmolzener Herde erfolgt
unter einfacher Granulationsbildung, die schließlich zu einer eingesunkenen
Narbe führt. Beim Zusammenfließen mehrerer eingeschmolzener Follikel entstehen oft größere Höhlen, die von einer zusammenhängenden Epithelmembran
ausgekleidet werden, welche häufig zur Bildung großer oder auch Doppel-
comedonen Anlaß gibt. Beschränkte sich das eitrige Exsudat hingegen auf den
Inhalt des Follikels und wurde es zu diesem Zeitpunkt nach außen entleert,
so ist damit der Vorgang beendet; allerdings pflegt häufig die Bildung von

Comedonen in derartig erweiterten Follikeln erneut einzusetzen. Ist das Follikelepithel nur teilweise zerstört, so kann es bei der narbigen Abheilung auch von den Epithelresten aus zur Neubildung eines Follikels und damit wiederum zur Comedonenbildung kommen (s. Abb. 136). In der Umgebung der narbig abgeheilten Folliculitiden und Perifolliculitiden erinnern Überreste der Infiltrate, an denen sich namentlich die Plasmazellen reichlich beteiligen, noch lange Zeit an die überstandenen Veränderungen.

Differentialdiagnose: Klinisch kann die Unterscheidung einzelner Acneknoten von syphilitischen und tuberkulösen Veränderungen (Acne syphilitica, Acnitis, Folliclis), sowie auch von der Brom- und Jodacne Schwierigkeiten machen. Histologisch wird vor allem die Vorliebe für die Follikel und deren nächste Umgebung, der cellulär vielartige Aufbau des Infiltrats mit dem Überwiegen progressiv-entzündlicher hyperplastischer Bindegewebswucherung die Entscheidung erleichtern. Für die Unterscheidung von der Furunkulose ist vor allem der dort stets mögliche und leichte Nachweis der Staphylokokken und zwar nur dieser, die Anwesenheit der Comedonen, die Neigung der Acne zur follikulären und umschriebenen perifollikulären Einschmelzung zu verwerten, während bei ersterer rein follikuläre Prozesse sehr selten, hingegen in der Umgebung des Follikels stets ausgedehnte Einschmelzungen in den verschiedensten Richtungen vorhanden sind. Bei der Acne lassen sich am Rande auch der größeren Absceßhöhlen stets noch Reste des erweiterten Follikels bzw. der Talgdrüse nachweisen, was beim Furunkel von entsprechendem Ausmaß schon deshalb nicht der Fall sein kann, weil ja hier der plötzlich einsetzende Eiterstrom auf einen nicht erweiterten Follikel trifft (UNNA).

Pathogenese: Für die Entstehung der Acne scheint das Vorhandensein einer Seborrhöe Voraussetzung. Diese, zusammen mit der Hyperkeratose führt zur Comedonenbildung: es kommt zur Verstopfung der Ausführungsgänge der Talgdrüsen durch ein Sekret, das [infolge der Retention?, (UNNA)] in seinem oberen Teil härter, trockener, fettärmer und horniger ist, als in seinem unteren. Dabei muß es allerdings noch dahingestellt bleiben, ob diese außergewöhnliche Trockenheit des Pfropfes als Ursache oder als Folge der Stauung anzusehen ist und ob die Talgdrüsensekretion als solche verstärkt oder nur die Abfuhr eines in normaler Menge gebildeten Sekrets gehemmt ist. Die Acnebildung selbst muß man wohl auf mehrere Ursachen zurückführen, die zusammen wirksam werden. Störungen der inneren Sekretion, Verdauungsstörungen, Diätfehler werden als auslösende Ursachen herangezogen. Dabei dürfte auch der lokalen bakteriellen Infektion eine gewisse Bedeutung zukommen. Alles in allem scheint es sich jedoch um eine bestimmte konstitutionelle Eigentümlichkeit des erkrankten Organismus zu handeln, ohne daß wir bis heute — abgesehen von den oben erwähnten Einzelheiten — in der Lage wären, Genaueres hierüber zu sagen. —

Mit der Furunkulose der Haut stehen noch zwei weitere, mit eitriger Einschmelzung einhergehende umschriebene Hautveränderungen in engem Zusammenhang. Die eine — multiple Abscesse im Säuglingsalter — tritt nur beim Säugling bzw. Neugeborenen, die andere — Achselhöhlenabscesse — wohl nur bei älteren Kindern bzw. beim Erwachsenen auf. Beide sind durch die engen räumlichen Beziehungen bzw. den Ausgang von den Schweißdrüsen oder deren Ausführungsgängen gekennzeichnet; über die Pathogenese ist eine Einigung noch nicht erzielt.

Die multiplen Abscesse im Säuglingsalter

beginnen ohne Fieber als zunächst stecknadelkopf- bis linsengroße Bläschen mit weißlichem Inhalt und rotem schmalen Hof. Von diesen lassen sich alle Übergänge verfolgen bis zu erbsen- und haselnußgroßen, hell bis livid blauroten, fluktuierenden kuppelförmigen Vorwölbungen der Haut, die bei ihrer Eröffnung einen dünnen grünlichen Eiter entleeren und keine Pfropfbildung zeigen.

Histologisch handelt es sich um Ansammlungen von Staphylokokken, in erster Linie in den Ausführungsgängen der Schweißdrüsen (LONGARD, LEWANDOWSKY). Sie dringen in die tieferen Abschnitte bis zur Cutis, ja, wenn auch spärlicher, bis zur Subcutis vor, aber stets bleiben die Drüsenknäuel selbst frei von ihnen. Vereinzelt finden sich die Staphylokokken auch in den Haarfollikeln (LONGARD, UNNA), wenn auch nie in so großer Zahl wie in den Schweißdrüsengängen. Diese wurden, wie auch GANS im Gegensatz zu UNNA betonen muß, niemals völlig frei von Kokken gefunden; allerdings treten diese außerdem sehr häufig auf der umgebenden, klinisch gesunden Haut auf.

Die Antwort des umgebenden Gewebes auf die Eindringlinge ist verschieden. Schon LONGARD erwähnt das Vorhandensein der Kokken in den Schweißdrüsenausführungsgängen, ohne daß diese irgend eine weitere Störung zeigten. In anderen Fällen jedoch kommt es zur Bildung intraepithelialer Pusteln, deren Decke von der Hornschicht, deren Grund von den abgeplatteten Stachelzellen gebildet wird und in deren Mitte man häufig eine von Kokken vollgepfropfte intracorneale Schweißdrüsenspirale antreffen kann (LEWANDOWSKY).

Der Pustelinhalt besteht aus Ansammlungen von polynucleären Leukocyten, namentlich am Boden der Pustel, die von kleineren Kokkenhaufen durchsetzt sind. Ihre Zahl ist besonders reichlich in der nächsten Umgebung des Schweißdrüsenausführungsganges, wenn sie hier auch schlechter färbbar, also weniger gut erhalten sind als in diesem selbst. Überall dort, wo die Erkrankung auf die Cutis übergegangen ist, ist der Boden der Pustel eingeschmolzen und die Eiterung setzt sich in die Tiefe fort. Die Einschmelzung kann dann sowohl mehr in die Breite als auch in die Tiefe gehen, und je nachdem zeigt das mikroskopische Präparat wechselnde Bilder. Die Eiterherde reichen hier, oft ohne sichtbare Beziehung zur Epidermis, manchmal bis zur Subcutis. Bei glücklicher Schnittrichtung läßt sich jedoch in der Mehrzahl der Fälle ein unmittelbarer Zusammenhang mit der oberflächlichen Pustel feststellen. Daher darf man wohl auch jene cutanen und subcutanen Abscesse, die nicht mit den epidermalen Pusteln in unmittelbarer Verbindung zu stehen scheinen, mit diesen in Beziehung bringen. Je nachdem die Einschmelzung der Epithelien des Pustelbodens in engerem oder weiterem Bereich erfolgt, ist die Verbindung dort, wo sie überhaupt nachweisbar bleibt, einmal nur als schmaler Kokkenbzw. Leukocytenstreifen innerhalb des cutanen Teils des Schweißdrüsenausführungsgangs sichtbar, ohne daß dessen Epithelien nennenswert verändert wären. In anderen Fällen wird der gesamte Gang eitrig eingeschmolzen und ein breiter Absceß reicht von der epidermalen Pustel bis an das Schweißdrüsenknäuel in der Tiefe, ohne daß dieses selbst in die Absceßbildung einbezogen wäre.

Wenn man von jenen selteneren Fällen absieht, wo die Eiteransammlung neben den Schweißdrüsenausführungsgängen und deren nächster Umgebung auch einmal einen Haarfollikel befallen hat, finden sich im übrigen an der Haut und ihren Anhangsgebilden keine krankhaften Veränderungen. Insbesondere sind die tieferen Gefäße und das Binde- bzw. elastische Gewebe, soweit es nicht eitrig eingeschmolzen wurde, völlig unverändert.

Nach diesen Befunden kann man Lewandowsky völlig darin beistimmen, daß die intraepithelialen Pusteln bei den multiplen Abscessen des Säuglings zur Schweißdrüse in demselben Verhältnis stehen, wie die Impetigo Bockhart zum Haarfollikel.

Differentialdiagnostische Schwierigkeiten sind bei der Eigenart des Bildes, das so gut wie stets durch die Kokkenansammlung im Schweißdrüsenausführungsgang sein besonders Gepräge erhält, kaum vorhanden.

Die Achselhöhlenabscesse.

Die sog. Schweißdrüsenabscesse der Achselhöhle (Hidradenitis) beginnen als kleinste, tief in der Haut liegende verschiebliche Knötchen, die oft unter Fieber und starker Schmerzhaftigkeit zentral schnell vereiternd gegen die Oberhaut vordringen und diese zunächst

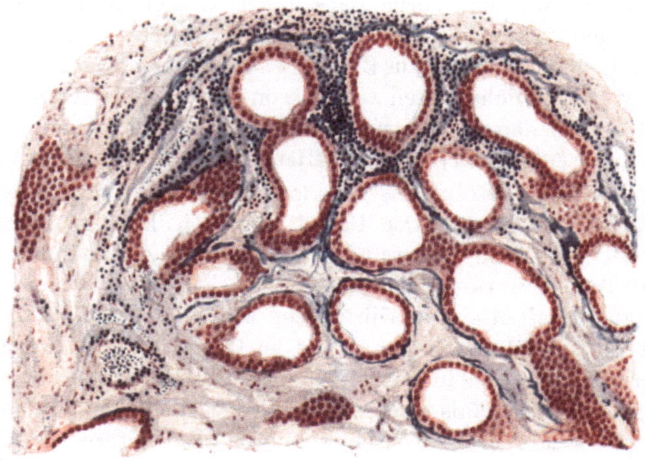

Abb. 137. **Achselhöhlenabsceß** (eben beginnend, fortschreitender Rand). (♀, 13 jähr.) Fortschreiten im interstitiellen Gewebe des Schweißdrüsenläppchens, zunächst ohne Beteiligung der Tubuli. O = 147:1; R = 120:1.

blaurot vorwölben. Man war lange Zeit geneigt, ihre Entstehung mit den Schweißdrüsen in Zusammenhang zu bringen, und zwar nahm man eine von außen her über den Schweißdrüsenausführungsgang erfolgende Infektion durch Staphylokokken an (Verneuil, Dubreuilh, Kehrmann u. a.). Die Knoten brechen meistens nach außen durch und entleeren einen eigentümlich rahmigen Eiter. Die Erkrankung ist bei Frauen häufiger wie bei Männern, verläuft in Schüben und neigt außerordentlich zu Rückfällen.

Verfolgt man den Verlauf einer solchen Absceßbildung, was jedoch nur bei jüngsten Entwicklungsstadien durchführbar ist, so kann man beobachten, wie am Rande eines solchen stets an der Grenze des cutan-subcutanen Bindegewebe entstehenden Herdes eine reaktive Gewebsveränderung des interstitiellen Bindegewebes bereits vorhanden ist, ehe die Schweißdrüsenknäuel in Mitleidenschaft gezogen werden (Gans, s. Abb. 137). Schon Fordyce, Pollitzer und Dubreuilh hatten als Zentrum der Knötchen eine Knäueldrüse oder auch eine Gruppe von solchen festgestellt, zwischen deren Schleifen sich ein entzündliches Infiltrat ansammele. Die Entzündung schreitet die Bindegewebssepten entlang fort. Diese werden dadurch sehr stark verbreitert, zellreicher als in der Norm und dieser Zellreichtum wird um so stärker, je näher man der Mitte des

Erkrankungsherdes kommt. Die Zellinfiltration besteht in erster Linie aus gewucherten Bindegewebszellen und zunächst nur wenigen Lympho- und Leukocyten; später sind an ihrem Aufbau auffallend viele eosinophile Leukocyten beteiligt. Die einzelnen Schweißdrüsenknäuel werden von diesen zellig infiltrierten und aufgetriebenen Bindegewebssepten völlig umsponnen, so daß sie als helle Ovale oder auch Streifen aus den durch den Kernreichtum tief dunkel erscheinenden Interstitien hervortreten. Die Schweiß-drüsentubuli sind, wenn man frühzeitig genug zur Untersuchung kommt, in dieser zelligen Infiltration noch wohl erhalten (Török, Gans). Ihre Epithelien sind dann noch durchaus normal in Farbe und Zeichnung. Es kann daher die Annahme von Pollitzer, Dubreuilh und Unna, wonach die Veränderungen der Knäuelepithelien die Ursache und nicht die Folge der zelligen Infiltration der Umgebung wären, nicht mehr als richtig anerkannt werden.

Bei weiterer Entwicklung der Veränderung treten innerhalb der Schweiß-drüsenlumina vereinzelte Leukocyten auf, die gleichzeitig auch die Schweiß-

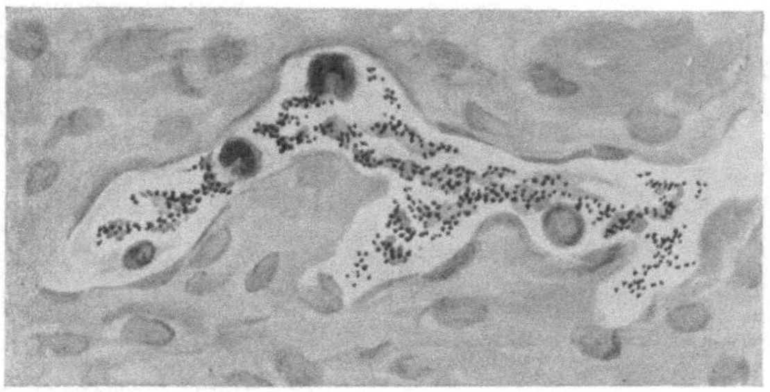

Abb. 138. Achselhöhlenabsceß. Kokkenhaltiges Lymphgefäß. O = 1400:1; R = 1400:1.

drüsenwand durchsetzen. Die Blutgefäße in dem erkrankten Bezirk sind sehr stark erweitert und prall gefüllt, namentlich am Rande, während dies zur Mitte hin nicht so ausgesprochen ist. Es scheint, als ob die starke Zellansammlung in den Bindegewebssepten hier rein mechanisch die Gefäßwände zusammenpresse. In diesem Stadium gelingt es manchmal, die die Erkrankung auslösenden Eitererreger überall da festzustellen, wo die Einschmelzung noch nicht so weit vorgeschritten ist. Gans fand die Kokken zwar auch zu diesem Zeitpunkt bereits innerhalb des Schweißdrüsenlumens, wo dann die Epithelien von der Wand abgelöst und nekrotisch waren. In viel reichlicheren Mengen jedoch lagen die Eitererreger in der Umgebung der so erkrankten Schweißdrüse. Sie ließen sich von hier aus in einer Schleife feststellen, die mit langem zuführendem und kurzem abführendem Schenkel halbkreisförmig die Schweißdrüse umlagerte und zwar außerhalb der Membrana propria. Ihr Weg führte von hier, wie sich in Reihenschnitten beobachten ließ, bis in die Lymphbahnen der Cutis bzw. des subcutanen Fettgewebes. An einzelnen Stellen war jedoch auch der Nachweis der Kokken in Lymphgefäßen in unmittelbarer Nähe der Schweißdrüsen-lumina möglich. Die Drüsenschleife selbst war nur mit wenigen Leukocyten und einzelnen Kokken durchsetzt, die wandständig an einer Seite lagen. Hier war das Epithel zerstört und vereinzelte Kokkenhaufen zeigten den Weg zu einer außerhalb der Schweißdrüse liegenden Kokkenschleife und von dort in ein Lymphgefäß (s. Abb. 138 und 139).

Auf der Höhe der Entwicklung findet man eine massige eitrige Einschmelzung, innerhalb deren das interstitielle Gewebe mit seinen elastischen und kollagenen Fasern sowohl als auch die Schweißdrüsenknäuel, wenn überhaupt, so nur noch in einzelnen nekrotischen Resten feststellbar sind. Diese Reste der Schweißdrüsenknäuel bilden dabei nicht selten eigentümlich riesenzellartige Gebilde, die früher oft zu irrtümlicher Deutung Anlaß gaben und selbstverständlich mit echten Riesenzellen nichts zu tun haben.

Der zunächst nur auf die nähere Umgebung der Schweißdrüsenknäuel beschränkte Einschmelzungsherd bricht dann allmählich nach der Oberfläche durch (s. Abb. 140). Aber noch in verhältnismäßig weit vorgeschrittenen Fällen läßt sich — wie mit LEWANDOWSKY-KEHRMANN und im Gegensatz zu UNNA betont werden muß — das völlige Freibleiben benachbarter Haarfollikel einwandfrei feststellen.

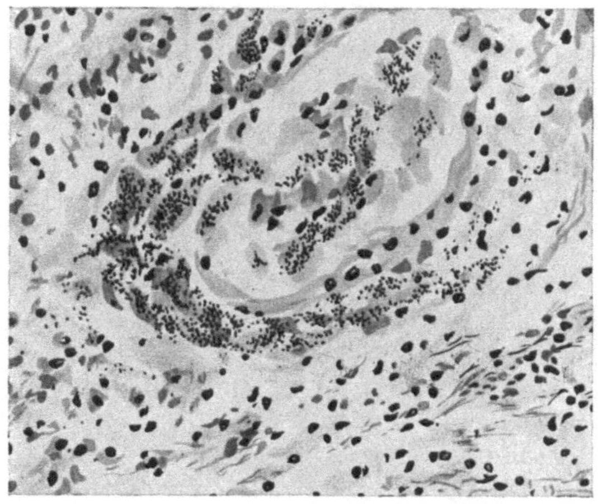

Abb. 139. Achselhöhlenabsceß. Kokkenhaufen um einen Schweißdrüsentubulus, z. T. in diesen eingedrungen. O = 600:1; R = 600:1.

Pathogenese: Wenn man aus dem geweblichen Aufbau einen Rückschluß auf die Pathogenese der Erkrankung machen darf, so ist anzunehmen, daß die Eitererreger auf dem Lymphwege in das interstitielle Bindegewebe eindringen, während die Drüsenschläuche erst in zweiter Linie in Mitleidenschaft gezogen werden. In diesen entzündlich infiltrierten Bindegewebssepten finden sich Kokkenhaufen und -Streifen in deutlich als erweiterte Lymphgänge erkennbaren Hohlräumen eingelagert, ehe überhaupt an den Schweißdrüsen eine stärkere Veränderung sichtbar ist. Es scheint demnach die Annahme KEHRMANNS von einer primären Erkrankung der Schweißdrüse nicht mehr aufrecht zu erhalten, vielmehr ist eine Einwanderung der Kokken auf dem Lymphwege wahrscheinlicher (TALKE, ROST, GANS).

Dermatitis exfoliativa neonatorum (Ritter v. RITTERSHAIN).

Zu den nach dem heutigen Stande der Forschung in erster Linie von Staphylokokken ausgelösten Hauterkrankungen rechnet man auch die Dermatitis exfoliativa neonatorum und das ihr eng verwandte (KNÖPFELMACHER und LEINER, BLOCH, RICHTER, JADASSOHN u. a.) Pemphigoid der Neugeborenen, wie wir auf Vorschlag JADASSOHNS den Pemphigus neonatorum bezeichnen wollen, um jede weitere Verwechslung mit den echten Pemphigusformen nach Möglichkeit auszuschließen. Das Pemphigoid der Neugeborenen tritt als blasige Abhebung der Haut innerhalb der ersten 8 Tage nach der Geburt auf. Nach Platzen der Blasen, die anfangs gelblich durchsichtig, dann leicht getrübt sind, liegt eine nässende Fläche bloß, die sich jedoch schnell überhäutet, unter Hinterlassung einer leicht geröteten Fläche, ganz ähnlich wie die Impetigo. Die Erkrankung verläuft meist fieberlos und kann, namentlich in späteren Stadien, zu ausgedehnten Epidermisabhebungen führen. Dadurch tritt sie auch klinisch in enge Beziehung zur Dermatitis exfoliativa neonatorum, die als akute Erkrankung meist Ende der zweiten bis fünften Lebenswoche beginnt. Bei ihr tritt die Blasenbildung zurück gegenüber einer ausgedehnten Rötung und ödematösen Schwellung der gesamten Körperhaut, die sehr schnell zu ausgedehnter Abhebung der Epidermis führt. Auch diese Erkrankung verläuft fieberlos, führt jedoch außerordentlich häufig zum Tode.

Bei derart engen klinischen Beziehungen, die zudem durch die Einheitlichkeit des Erregers (Richter u. a.) bekräftigt werden, scheint eine grundsätzliche Trennung dieser beiden Erkrankungen um so weniger gerechtfertigt, als sich einmal die geringen Unterschiede im klinischen Bilde leicht aus dem Altersunterschied der befallenen Kinder erklären lassen und zudem pathologisch-anatomisch eine völlige Übereinstimmung im histologischen Befunde besteht. Daher kann auch Gans, trotz der Bedenken Delbancos, die

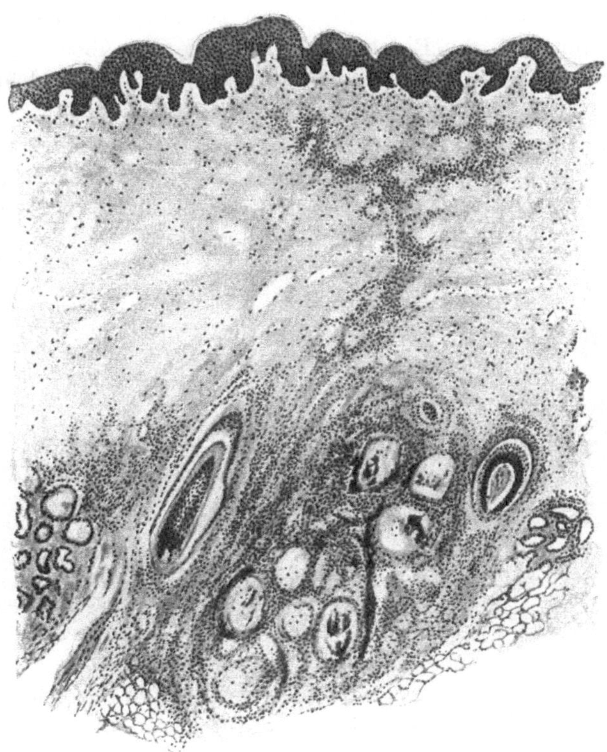

Abb. 140. Achselhöhlenabsceß. (♀, 13 jähr.) Übersichtsbild. Der eingeschmolzene Bezirk beiderseits von unbeteiligten Haarfollikeln begrenzt. O = 35:1; R = 28:1.

vielleicht durch den späten Zeitpunkt bedingt sind, an dem er seinen Fall untersuchte, und auch unter voller Würdigung der von Mensi sowie Della Favera vorgebrachten Einwände, eine Trennung der beiden Krankheitsbilder nicht anerkennen. Die Dermatitis exfoliativa braucht daher „nichts anderes zu sein, als eine durch besonders leichte Ablösbarkeit der Epidermis und Malignität charakterisierte Untergruppe des Pemphigus neonatorum" (Richter).

Die pathologisch-anatomischen Veränderungen der beiden Erkrankungen stimmen tatsächlich im großen ganzen völlig überein. Die Unterschiede sind lediglich quantitativer Art (Winternitz). Histologisch findet man neben Entzündungserscheinungen in Papillarkörper bzw. oberer Cutis mit einer außerordentlich starken Gefäßerweiterung und Füllung in diesem Bezirk, eine verschieden starke Wucherung des Epidermisepithels mit Bildung äußerst wechselnder Spalten und Risse. Die Hornschicht ist überall dort, wo sie überhaupt noch vorhanden ist, entweder aus regelrecht verhornten Zellen aufgebaut oder — wenn auch seltener — aus Reihen abgeplatter kernhaltiger Zellen (Parakeratose); letzteres namentlich dort, wo entzündliche Veränderungen im Corium vorhanden sind. Hier ist dann auch der Aufbau der Epidermis weitgehendst gestört. Diese Störungen sind jedoch, entsprechend dem klinischen Bilde der Erkrankung, durchaus unregelmäßiger Art. Es wechseln Stellen, wo die Hornschicht völlig fehlt mit solchen ab, wo sie nur blasig abgehoben ist und einer noch fest gefügten Stachelzellschicht aufliegt. An anderen Stellen ist auch diese zum Teil mit abgehoben und manchmal finden sich nur noch die Reteleisten oder Teile derselben; endlich fehlen auch noch diese und der ödematöse und abgeflachte Papillarkörper liegt frei zutage.

Zwischen den derart entstandenen Epidermislamellen findet man eine stellenweise anfärbbare Serummasse, zum Teil noch erhaltene Kerne, meist aber nur Bruchstücke von Epithelzellen und polynucleären Leukocyten, die dann

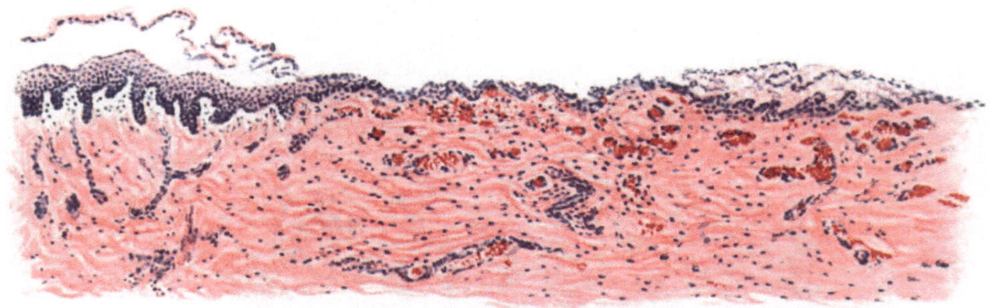

Abb. 141. **Dermatitis exfoliat. neonat.** Übersichtsbild. Abhebung der oberen Epidermisschichten bzw. der ganzen, hier gewucherten Epidermis. Ödem im Papillarkörper und oberen Corium, stark gefüllte, erweiterte Gefäße, Hämorrhagien. Geringfügige entzündliche Veränderungen im Corium. Hämatoxylin-Eosin. O = 66:1; R = 66:1.

zugleich mit den Lamellen abgestoßen werden und an der Oberfläche mit den abgestoßenen Hornmassen eine zarte Decke bilden. Die Ablösung der oberen Epidermislagen äußert sich neben dieser lamellären Abhebung auch in Gestalt von Rissen in den oberflächlichen und tieferen Lagen der Epidermis, als deren Ursache häufig Blutaustritte erkennbar sind. Derartige Hämorrhagien finden sich auch in wechselnder Ausdehnung unmittelbar über dem Papillarkörper zwischen diesem und der Epidermis.

Die Anhangsgebilde der Haut sind nicht nennenswert verändert; vereinzelt trifft man eine reichlichere Ansammlung von Rundzellen in der Umgebung der Haarfollikel und Talgdrüsen. Auch die Epithelien der Haarfollikel- bzw. Schweißdrüsen-Ostien sind gelegentlich einmal ödematös aufgequollen oder sogar nekrotisch geworden, was sich in Undeutlichwerden der Zellgrenzen und schlechter Kernfärbung äußert.

Im Corium steht das Ödem des Papillarkörpers und der oberen Cutis im Vordergrunde. Die einzelnen Papillen sind stark vergrößert und in wechselndem Grade (WINTERNITZ, LUITHLEN) zellig infiltriert. Diese in erster Linie perivasculäre Infiltration besteht einmal aus gewucherten Bindegewebszellen, dann aus besonders zahlreichen Mastzellen. Zu ihnen gesellen sich viele

Leukocyten. Durch das Ödem sind die Bindegewebsbündel zwar auseinandergedrängt, im übrigen jedoch weiter nicht verändert. Zwischen ihnen treffen wir
wechselnd weit ausgedehnte Blutergüsse, die die breiten Zwischenräume ausfüllen
und zusammen mit dem geronnenen Exsudat dem Ganzen ein eigentümlich
starres Gepräge geben. Die elastischen Fasern sind durch das starke Ödem
ebenfalls gestreckt, weniger geschlängelt und blasser färbbar, namentlich im
Stratum papillare und subpapillare. In ersterem läßt sich bei länger bestehenden
Herden auch eine deutliche zahlenmäßige Abnahme der Elastica feststellen.
An solchen Stellen ist dann die darüber gelagerte Epidermis, falls sie erhalten
blieb, erheblich verbreitert (Akanthose). Diese Verbreiterung wird durch eine
verschieden starke Wucherung der Stachelzellen bedingt, welche sowohl im suprapapillären Teil als auch in den Leisten auftritt und durch zahlreiche Mitosen
gekennzeichnet ist. HEDINGER sah innerhalb dieses akanthotischen Epidermisabschnittes eine nach unten scharf und gerade abgesetzte helle Zone, innerhalb
deren unterstem Abschnitt das Zellprotoplasma fast völlig homogenisiert war,
während in den peripherwärts gelegenen Zellen größere und kleinere, teils rundliche, teils unregelmäßig geformte stark färbbare Körner auftraten, die jedoch
mit Keratohyalin augenscheinlich nichts zu tun hatten. Ähnliche, auf umschriebenem Ödem der Epidermis beruhende Beobachtungen erhob HERXHEIMER
in einem Falle von Impetigo cont. vegetans bzw. von Pemphigus vegetans.

In der Wucherung der Stachelzellschicht darf man jedoch bereits den Versuch
einer Ausheilung sehen. An solchen Stellen pflegt sich dann über der sehr gut
entwickelten Stachelzellschicht ein regelrechtes Stratum granulosum und eine
zunächst kernhaltige, dann kernlose Hornschicht zu entwickeln. Im Bindegewebe
sind Ödem, perivasculäres Infiltrat und starke Gefäßfüllung bzw. Erweiterung
geschwunden; hier erinnert lediglich eine mäßige Vermehrung der Bindegewebszellen an die überstandene Erkrankung.

Differentialdiagnose: Die Mehrzahl der differentialdiagnostisch in Betracht
kommenden Erkrankungen des Neugeborenen bzw. des Säuglings läßt sich
schon klinisch leicht unterscheiden. Dies gilt sowohl für das sog. Erythem der
Neugeborenen, wie für das Erysipel, das Ekzem und den Scharlach. Auch der
Pemphigus syphiliticus dürfte keine Schwierigkeiten machen, ebensowenig
wie der an und für sich ja in diesem Lebensalter außerordentlich seltene echte
Pemphigus vulgaris. Die histologische Untersuchung kann hier durchaus
nicht immer entscheiden. In der Mehrzahl der Fälle entwickelt sich zwar die
Pemphigusblase unmittelbar über dem Papillarkörper und hebt damit im Gegensatz zur Dermatitis exfoliativa neonatorum die gesamte Epidermis empor; es
liegen jedoch auch Beobachtungen vor, wo der Sitz der Pemphigusblase ein ober-
flächlicherer gewesen ist. In solchen Fällen ist dann manchmal der Nachweis
der Staphylokokken entscheidend, vorausgesetzt allerdings, daß die Untersuchung frühzeitig und an solchen Blasen vorgenommen wurde, bei denen eine
Sekundärinfektion mit Sicherheit ausgeschlossen werden konnte. Eine Trennung
von der Impetigo coccogenes ist im Grunde genommen gegenstandslos,
da wir ja heute beide Erkrankungen in engste Beziehungen zueinander bringen.

Pyogen-hämatogene metastatische Dermatosen.

Die metastatischen Hauterkrankungen bei pyogenen Allgemeininfektionen
sind in ihrer Ätiologie und Pathogenese lange verkannt worden. Mit der Zunahme

hämatogener Kokkenbefunde in einzelnen Fällen wurde den dadurch bedingten Veränderungen allmählich größere Aufmerksamkeit geschenkt. In erster Linie fanden die Erreger in ihren Beziehungen zu den Blutgefäßen, dann aber auch zum perivasculären Gewebe und schließlich — namentlich von seiten der Dermatologen — die übrigen Veränderungen der Cutis sowie die der Epidermis eine besondere Beachtung.

Staphylogene metastatische Dermatosen.

Akute Allgemeinerkrankungen mit Beteiligung der inneren Organe infolge von Staphylokokkeninfektionen sind in verhältnismäßig großer Zahl bekannt geworden. Im Gegensatz dazu liegen über echte hämatogene Hautmetastasen bei diesen Krankheiten nur wenige Beobachtungen vor. Bis 1919 konnte GANS einschließlich seiner eigenen Befunde im ganzen 19 hierhergehörige Fälle mitteilen; bei dreien waren die an eine genaue Untersuchung zu stellenden Anforderungen nicht so ganz erfüllt, wenn man sie auch hierher rechnen darf.

Die auslösenden Ursachen sind verschiedenster Art gewesen. Von der äußeren Haut ausgehende Veränderungen (Verletzungen, Geschwüre, Furunkulose) stehen an Häufigkeit sog. Erkältungskrankheiten gleich; dann folgen Aborte sowie Dickdarmkatarrhe der Säuglinge. Nur in einem Bruchteil aller dieser Fälle kommt es zu Hautmetastasen; es kann als feststehend gelten, daß sie bei Staphylomykosen viel häufiger auftreten als bei anderen Allgemeininfektionen, insbesondere bei Streptomykosen.

Das Exanthem tritt nach mehr oder weniger langem Bestand der primären Erkrankung meist plötzlich, unter dauerndem Fieber und erheblichen Allgemeinstörungen, eben als Sepsis, in mannigfacher Form auf. Anfangs handelt es sich um ausgedehnte Erytheme mit oder ohne Quaddelbildung, oft masernartig. Im Zentrum dieser Erythemflecke läßt sich häufig schon sehr bald eine Hämorrhagie feststellen (FRAENKEL).

Aus den erythematösen entwickeln sich meist sehr schnell hämorrhagische und vesiculo-pustulöse Efflorescenzen; bei Ausgang von den tieferen Gefäßen erscheinen Knoten, die dem Erythema nodosum sehr ähnlich sein können (BIELAND, LEBET, STRANDBERG).

Das Exanthem tritt mit einer gewissen Regelmäßigkeit am Rumpf und an den Extremitäten auf, während das Gesicht, die Schleimhäute des Mundes und der Genitalien, sowie die Augenbindehaut nur ausnahmsweise befallen werden. Es macht eine Reihe von Umwandlungen durch, die in ihrer zeitlichen Aufeinanderfolge für die Prognose von entscheidender Bedeutung sind. In den zum Tode führenden Fällen kommt es zum Auftreten zahlreicher eitriger Bläschen und Pusteln, besonders im Zentrum der erythematösen Herde. Tritt dies nicht ein, bilden sich die nur vereinzelt aufgetretenen erythemato-papulösen Efflorescenzen zurück oder wandelt sich das Erythem in Hämorrhagien um, ohne daß miliare Eiterbildung eintritt, so pflegt die Erkrankung meist in Genesung auszugehen. Je frühzeitiger nach Krankheitsbeginn das Exanthem auftritt und je schneller es sich dann eitrig umwandelt, um so schlechter ist die Prognose.

Die Veränderungen an der Haut werden durch ein umschriebenes oder allgemeines, zum Teil flüchtiges, zum Teil länger bestehendes Erythem eingeleitet. Dementsprechend sind auch die histologischen Veränderungen zu dieser Zeit verschieden stark entwickelt. In dem frühesten zur Beobachtung gekommenen, von GANS untersuchten Falle ist das Erythem gekennzeichnet durch ein Ödem des Papillarkörpers sowie der Cutis. Dazu treten Gefäßveränderungen, die vereinzelt bis in die Gegend der Schweißdrüsen hinabreichen. Die Endothelien sind auffallend geschwollen und springen weit in das erweiterte Lumen vor. Dieses wird von zahlreichen Zellen ausgefüllt, zum Teil direkt verstopft. Zwischen diesen, meist polynucleären Leukocyten und wenigen Lymphocyten, finden sich nur hier und da Kokkenanhäufungen. Diese sind jedoch nicht wie beim Embolus in das Gefäß eingepreßt, sondern stehen nur in lockerem

Zusammenhang miteinander. Gefäße und Lymphspalten sind von einem ausgedehnten Zellmantel umgeben, der in erster Linie aus Lymphocyten, weniger aus Mastzellen besteht; Plasmazellen sind kaum vorhanden; ein Blutaustritt ist zu dieser Zeit noch nicht feststellbar.

Bei weiterer Entwicklung des Krankheitsbildes findet sich als wesentlichster und gleichmäßig wiederkehrender Befund eine Verstopfung der zu den betreffenden Bezirken gehörigen Gefäße, vor allem der Arterienästchen, durch Kokkenmassen (FRAENKEL). Die Papillen sind geschwollen und mit einem zelligen Exsudat durchsetzt, das zum Teil bröckelig zerfällt.

Jetzt werden auch Veränderungen der Oberhaut sichtbar. Sie haftet nur locker am Papillarkörper, die tiefsten Zelllagen sind gequollen und nur undeutlich färbbar. In dichten Schwärmen sind Staphylokokken zwischen die einzelnen Epithelzelllagen eingedrungen und reichen oft bis an die Hornschicht heran. In sehr ausgiebiger Weise ist auch das Capillargefäßsystem des Unterhautfettgewebes von Staphylokokkenhaufen

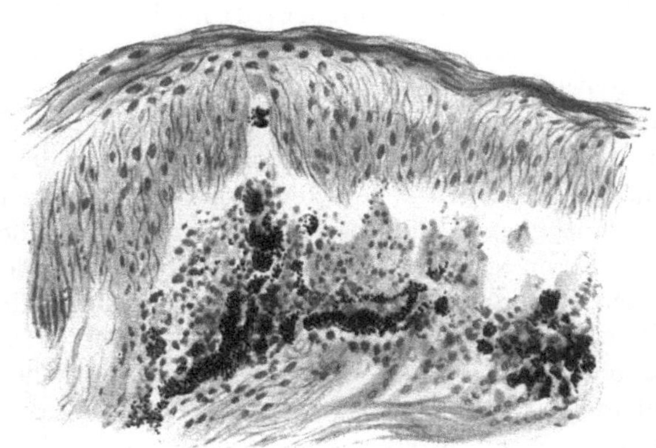

Abb. 142. Staphylogene metastat. Dermatose (Pustulosis staphylogenes UNNA). Ödem der Stachelschicht und Bläschenbildung. Kokkenthromben in den Capillaren (nach UNNA). O = 300:1; R = 300:1.

verstopft (FINGER). Das perivasculäre Exsudat ist jetzt bereits ausgesprochen hämorrhagisch geworden.

Was sich klinisch als Papel darstellt, besteht anatomisch im wesentlichen in miliaren Abscessen der tiefen Schichten des Stratum reticulare cutis (FINGER). Es finden sich zwischen den Bindegewebsbündeln eingelagert, diese auseinanderdrängend und zersetzend, Herde von spindelförmiger bis rundlicher Gestalt, die von dicht beieinanderstehenden, gut erhaltenen Eiterzellen gebildet werden. In den Randabschnitten sammeln sich kleinere und größere Lymphocyten. Das elastische und kollagene Gewebe innerhalb dieser Herde ist geschwunden, besonders im Zentrum. Inmitten dieser kleinen subcutanen Abscesse (FINGER, LEBET, BIELAND) lassen sich grampositive Diplokokken in verschiedener Menge in Haufen oder vereinzelt nachweisen. FINGER konnte diese Eiterherde auch mitten im Fettgewebe beobachten, nach allen Richtungen noch von normalen Fettzellen umgeben. In manchen waren die Kokken noch innerhalb der Blutgefäße eingeschlossen; in anderen Fällen hatte bereits die Auswanderung in das eitrige Infiltrat begonnen.

Die Kokkenembolien finden sich nach FRAENKEL fast ausschließlich in den Arteriencapillaren, bisweilen sogar in den Vasa vasorum von Arterienästchen, deren Lumen entweder nur wandständige oder völlig verschließende Thromben aufweist. Es liegt in solchen Fällen eine echte Panarteriitis purulenta vor, die den hämorrhagisch-eitrigen Aufbau der Hauterkrankung ohne weiteres verständlich macht. In anderen Fällen (LEBET) finden sich nur Venenveränderungen im Sinne einer Endothelproliferation und Gefäßverstopfung mit Eiterkörperchen und Bakterien, während die Arterien außer einer leichten Wandinfiltration nicht erkrankt sind. Diese Gefäßveränderungen bestehen auch in der Nachbarschaft der miliaren Abscesse und lassen sich, wenn sie auch unmittelbar neben und über den Eiterherden am stärksten sind, doch auch noch in größerer Entfernung von diesen, selbst im subcutanen Fettgewebe feststellen. Hier beschränken sie sich allerdings auf Erweiterung und pralle Füllung mit Erythrocyten, Leukocyten oder Fibrin, während die perivasculäre eitrige Infiltration sehr gering ist oder ganz fehlt.

Im Stadium der Pustelbildung ist die Hornschicht durch umschriebene Eiterzellherde vom Rete abgehoben. Diese Herde sind meist flach-linsenförmig, gelegentlich auch rundlich oder unregelmäßig. Bedeckt werden sie von der darüber hinwegziehenden Hornschicht; Seiten und Boden bilden Zellen des Rete, die mit Ausnahme von Kompression und Aufhellung jener der Eiteransammlung zunächst liegenden Zellen keinerlei Veränderungen zeigen. Die Epidermis ist in unmittelbarer Nähe der Eiterherde von reichlichen Leukocyten durchsetzt. Diese lassen sich in Zügen bis zu den Gefäßen des Papillarkörpers hinab verfolgen. In den frühesten Stadien, wo die Pusteln klinisch noch als kleine Bläschen mit wasserhellem Inhalt erscheinen, findet man gelegentlich auch stärkere degenerative Vorgänge an den Epidermisepithelien (UNNA). Die Pusteln sind einkammerig; ihr Inhalt besteht auch in diesen frühen Stadien bereits aus Zelldetritus und Kokken, am Boden sowohl als besonders auch im Zentrum.

Ähnliche Verhältnisse wie im Pustelstadium trifft man dort, wo es infolge längerer Dauer der Erkrankung zur Geschwürsbildung gekommen ist, mit dem Unterschied natürlich, daß hier die ganze Decke über den Eiterherden eingeschmolzen und durch reichlich Leukocyten enthaltende Exsudatmassen ersetzt ist. In den Infiltratzellen — den Leukocyten sowohl als den geschwollenen Bindegewebszellen — hat FRAENKEL Glykogen in besonders reichlichen Mengen nachgewiesen.

Streptogene metastatische Dermatosen.

Unter den alljährlich an den Folgen septischer Allgemeininfektion zugrunde gehenden Kranken überwiegen die Streptomykosen bei weitem die Staphylomykosen. Dabei kommt es jedoch nur in einem sehr geringen Hundertsatz dieser Fälle zu Hautmetastasen, bei welchen die streptogenen außerdem gegenüber den staphylogenen an Zahl zurücktreten. Bis 1919 konnte GANS über 15 Fälle berichten; bei diesen übertraf das weibliche Geschlecht das männliche hinsichtlich der Morbidität sowohl wie der Mortalität bei weitem. Eine Erklärung hierfür ist zur Zeit noch nicht möglich; es sei lediglich darauf hingewiesen, daß auch andere polymorphe Dermatosen (Erythema exsudativ. multif., Erythema nodosum, Purpura) bei Frauen viel häufiger sind als bei Männern.

Das klinische Bild der streptogenen metastatischen Dermatosen weist eine gewisse Eintönigkeit auf. Als Anfangssymptome treten zwei verschiedene Exanthemformen in den Vordergrund, die entweder jede für sich oder aber auch gemischt angetroffen werden. Es handelt sich dabei einmal um roseolenartige, manchmal auch urticarielle Veränderungen, zum anderen um mehr oder weniger dicht stehende, stecknadelkopf- bis linsengroße, manchmal acneartige (UNNA), entzündlich gerötete Knötchen von hochrot bis blauroter Farbe. Bei einer Streptococcus viridans-Sepsis beobachtete FRAENKEL zahl-

reiche, äußerst dichtstehende, kaum mohnkorngroße, rötliche Efflorescenzen an den Streckseiten beider Hände; Gans sah ein scarlatiniformes Exanthem (Sepsis bei Purpura vario-
losa).

Der Ausschlag kann diffus über den ganzen Körper verbreitet auftreten oder auch
nur aus wenigen Herden bestehen; er pflegt sich meist nach kurzem Bestande hämorrhagisch
umzuwandeln. Manchmal kommt es gleichzeitig zu ausgedehnten Blutungen in das Haut-
und Unterhautzellgewebe. Die Hämorrhagien stellen jedoch nicht den Endzustand der
Hautveränderungen dar. Leistet der Organismus länger Widerstand, so entwickeln sich
in den hämorrhagischen Herden zum Teil blasenbildende, zum Teil nekrotisierende Veränderungen; manchmal tritt die Blasenbildung auch vor den Hämorrhagien auf (Unna). Die
nekrotischen Hautstellen werden mißfarben und nehmen eine eigenartig sulzige Konsistenz
an. Beim Einschneiden in das Gewebe ist dieses bis tief in die Cutis hinein zerfallen und
hämorrhagisch infiltriert; bei weniger starker seröser Exsudation kann eine Umwandlung
in einen lederartigen, trockenen schwarzen Schorf erfolgen (Werther). Dem Auftreten
der Hämorrhagien folgt meist innerhalb 24 Stunden der Tod.

Bei den durch Streptokokken bedingten Hautmetastasen steht anfangs
weniger die lokale Bakterienansiedlung, als vielmehr eine an die toxischen
Eigenschaften des Erregers gebundene Einwirkung auf das Hautgewebe an
erster Stelle. Diese Veränderungen sind durch die hämorrhagische Umwandlung des initialen Exanthems gekennzeichnet, was sich im histologischen Bilde
schon von vornherein durch sehr nahe räumliche Beziehungen dieser beiden
Vorgänge feststellen läßt.

Der erythematöse, oft mit urticarieller Schwellung einhergehende Anfangs-
herd zeigt eine im ganzen zwar abgeflachte, im übrigen aber normale Epidermis (Gans). Die Epithelleisten sind infolge des Ödems im Papillarkörper
nur sehr schmal oder ganz verstrichen. Zu dieser Zeit finden sich Leukocyten
lediglich im Stratum basale, wo sie im Zusammenhang mit kleinsten Eiterherden stehen, welche an den Enden der Capillaren auftreten. Die Epidermis
über solchen Herden ist bei etwas weiterer Entwicklung blasenförmig abgehoben und von Leukocyten durchsetzt; ebenso der ödematös geschwollene
Papillarkörper. Die Gefäße selbst sind hier und auch gegen die Cutis hin anfangs nur stark erweitert, die Endothelschwellung noch gering, Kokken in
den oberflächlichsten Hautästchen zu dieser Zeit noch nicht festzustellen.
In etwas älteren Herden trifft man in den erweiterten Blutgefäßen, neben
Erythrocyten und zahlreichen polynucleären Leukocyten, Fibrin in fädigem
Flechtwerk und dazwischen dichte Kokkenmassen, welche die Blutgefäße in
lockeren Haufen oder aber meist in Form eines die Lichtung verstopfenden
Pfropfes erfüllen. Bei den scarlatiniformen Ausschlägen ist der histologische
Befund grundsätzlich der gleiche; die Veränderung zieht sich hier lediglich
diffus durch die ganze Hautdecke hin.

Nehmen Ödem und Infiltration in Papillarkörper und Cutis zu, so findet
man Übergänge zum papulösen bzw. vesiculösen Exanthem. Das Bindegewebe ist aufgelockert; die einzelnen Fasern sind durch die Flüssigkeitsansammlung auseinandergedrängt, die Capillaren stärker erweitert. In der Adventitia
und dem die Blutgefäße umgebenden Bindegewebe treten perivasculäre, lockere
Rundzellenhaufen auf. Bei ausgedehnten Infiltraten ist auch das Fettgewebe
von einem Netz von Eiterzellzügen durchsetzt, die sich meist um Blutgefäße
anordnen, die in ihrer Lichtung einen Kokkenpfropf enthalten. Die größeren
Blutgefäße sind zwar meist noch intakt, aber in den Vasa vasorum finden sich
oft Kokkenembolien mit gleichzeitiger Infiltration von Eiterzellen.

Tritt die ödematöse Schwellung des Gewebes in den Vordergrund, kommt es zur Bläschenbildung, so ist die Oberhaut an solchen Stellen abgehoben. Die Blasendecke wird von einer stark abgeflachten Lage von Epidermiszellen gebildet; der am Papillarkörper haftende Rest ist verwaschen gefärbt und zum Teil von körnigem Detritus bedeckt, dem stellenweise Haufen zusammenhängender, lang ausgezogener Epithelzellen beigemengt sind (FRAENKEL). Als

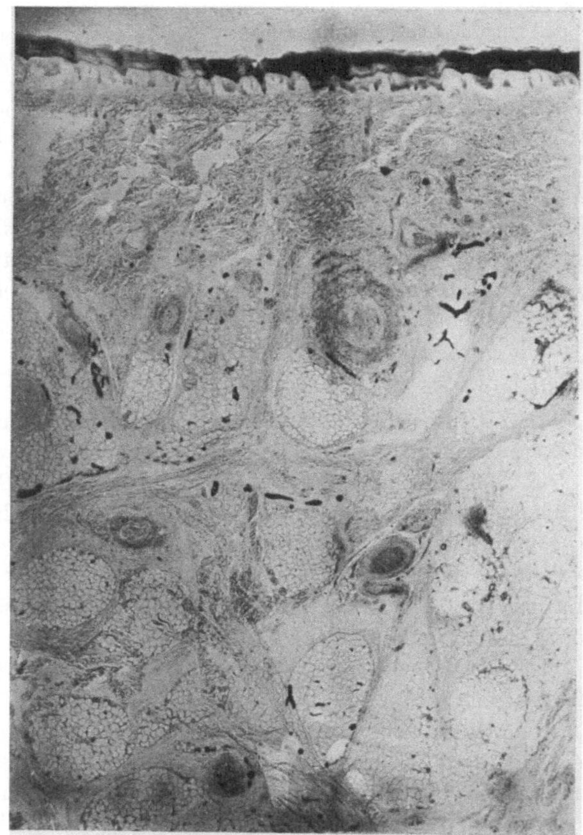

Abb. 143. Streptogene metastat. Dermatose. Streptokokkenpfröpfe (schwarz) in den erweiterten Gefäßen der Cutis und Subcutis. Beginnende Bläschenbildung rechts unter der Epidermis. (Nach einem Mikrophotogramm E. FRAENKELS.)

Blaseninhalt finden wir ein mit Leukocyten durchsetztes fibrinöses Exsudat, von dem die Epidermisdecke völlig freibleibt. Die Abschnitte seitlich der Blase weisen ein beträchtliches intercelluläres Ödem auf, das sich in den oberflächlichen Zellen der Stachelschicht als reticuläre Degeneration äußern kann.

Die dem Papillarkörper zunächst gelegenen Retezellen quellen in toto auf und wandeln sich unter amitotischer Kernvermehrung zum größten Teil in runde, lockere, vielkernige Ballons um. Die Auswanderung weißer Blutkörperchen ist — im Gegensatz zu den Staphylokokkenblasen — sehr gering (UNNA).

Im Bereich der Blasenbildung ist der Papillarkörper geschwollen und von einem dichten Netz von Streptokokken durchzogen. In die Maschen dieser

Netze eingesprengt finden sich große Mastzellen in reichlicher Menge. Die Streptokokken lassen sich von hier aus einmal in die über dem Papillarkörper gelegenen Bläschen, zum anderen in die Blutcapillaren und von hier aus in die Blutgefäße der mittleren Cutis verfolgen, wo sie meist in den arteriellen Gefäßästen, seltener in den kleineren Venen zu finden sind. Allerdings ist hier ihre Zahl viel geringer als im Zentrum der erkrankten Papillarschlingen. Vom Hauptherde aus ziehen sie sich durch die Lymphspalten der Papillen auch zur Oberhaut hin. Die Entwicklung der Blasen ist jedoch durchaus nicht von der unmittelbaren Anwesenheit der Streptokokken abhängig; es ist vielmehr kennzeichnend, daß sie ihre Wirkung auch auf weitere Entfernung hin entfalten können (FRAENKEL).

Tritt die **hämorrhagische Umwandlung** zu dem fleckförmigen Initialausschlag hinzu, so finden sich teils mitten im Corium, teils, wenn auch in viel kleinerem Umfange, in manchen Papillen, wechselnd ausgedehnte Blutergüsse. In deren Umgebung treten herdweise Ansammlungen von mono- und polynucleären Leukocyten auf. Kokken finden sich zu dieser Zeit meist nur in geringer Zahl, teils in den Gefäßen, teils in den Hämorrhagien, zwischen den roten Blutkörperchen oder in dem die Blutextravasate umgebenden Infiltrate. In vorgeschritteneren Fällen trifft man sie auch innerhalb der größeren Hämorrhagien, sowohl im Fettgewebe als auch in den Bindegewebszügen, welche die Fettläppchen umschließen. Wir haben in solchen Fällen einen Zustand vor uns, der von FINGER als „**Dermatitis haemorrhagica pyaemica**" bezeichnet wurde.

Histologische Untersuchungen rein **nekrotischer** Veränderungen sind nicht bekannt, es sei denn, daß man FRAENKELs Fall von **Streptococcus viridans**-Erkrankung heranzieht; hier lagen nicht einfache Blutaustritte vor, sondern umschriebene, von Hämorrhagien begleitete, das kollagene Gewebe betreffende nekrotische Prozesse. Diese waren durch teils frei im Gewebe liegende, teils in einem größeren Arterienästchen befindliche Kokken verursacht. Eine von GANS beschriebene Wandnekrose der Capillaren im Papillarkörper, von der aus die Streptokokken das umgebende Bindegewebe durchsetzt hatten, gehört auch wohl hierher.

Das Verhalten der **Anhangsorgane** der Haut weicht insofern von den bei den staphylogenen Formen beobachteten Veränderungen ab, als bei den meist außerordentlich großen Mengen von Erregern, welche die Blutbahn überschwemmen, diese selbstverständlich auch in die zu den Haarbalg- und Schweißdrüsen gehörigen Gefäße eindringen und hier zu entsprechenden Veränderungen führen. Im großen ganzen sind diese die gleichen wie im Deckepithel: eine auffallende Schwellung der jüngst verhornten Zellen und ein interstitielles Ödem der unverhornten Schichten mit völliger Verflüssigung einzelner Epithelien, wodurch frühzeitig der Zusammenhang der Keimschicht mit der übrigen Epidermis gelockert wird. Überall dort, wo es bei längerer Dauer der Erkrankung zu — wenn auch geringen — exsudativ-cellulären Entzündungsvorgängen kommt, sind die Anhangsgebilde in ein mehr oder weniger lockeres, mono- und polynucleäres Zellinfiltrat eingebettet, das stets den mit Kokken dicht angefüllten Blutgefäßen folgt.

Differentialdiagnose: Die gelegentlich gleichzeitig am selben Kranken beobachteten, den hämatogenen klinisch außerordentlich ähnlichen ektogenen

Pyodermien lassen sich als solche nur durch die histologische Untersuchung erkennen.

Auch über die Genese der hämatogenen Herde ist eine sichere Entscheidung nur auf diesem Wege möglich. Bei eindeutigen Befunden sind die Arterien und Venen, vor allem die ersteren, sowie die capillaren Gefäßgebiete der Haut, von Bakterienmassen angefüllt oder völlig verstopft. Es läßt sich dabei deren Weg aus den Gefäßen in das umgebende Gewebe ohne weiteres verfolgen. Für die Auffassung einer Hauterkrankung als einer bakteriell-metastatischen ist jedoch der intravasculäre Nachweis der Erreger nicht unumgänglich erforderlich. Auch die Art der Anordnung der Bakterien in den tiefsten Lagen der Cutis, bei Freibleiben der oberflächlichsten Cutisschichten, gewährt ein wesentliches Beweismittel für die Feststellung einer metastatischen Erkrankung (FRAENKEL).

Histologisch entspricht bei den hämatogen-metastatischen Staphylomykosen den Pusteln, Papeln, Infiltraten ein ausgedehnter eitriger bzw. hämorrhagisch-eitriger Entzündungsprozeß, der in naher räumlicher Beziehung zu den in den Gefäßen und im Gewebe der Haut angesiedelten Staphylokokkenhaufen steht. Bei den Streptomykosen entpuppen sich die Hautveränderungen histologisch als Folgen einer zunächst rein toxischen Fernwirkung der in außerordentlichen Mengen in den Capillaren und Blutgefäßen des Papillarkörpers und der Cutis gelegenen Erreger, ohne daß anfangs eine stärkere Schädigung im Sinne exsudativ-zelliger Entzündung im Gewebe selbst nachweisbar wäre.

Pathogenese: Zum Zustandekommen einer streptogenen bzw. staphylogenen metastatischen Dermatose ist die hämatogene Einschwemmung des Erregers erforderlich. Bei den Staphylomykosen stellt der Übertritt der Staphylokokken ins Blut lediglich die notwendige Vorbedingung dar für das Eindringen in das Hautgewebe, wo sie dann erst die ihnen eigentümliche Wirkung in Form von Absceßbildungen entfalten können. Bei den Streptokokken ist ein derartiges Eindringen indessen nicht erforderlich. Ihre bloße Anwesenheit innerhalb der Gefäße vermag bereits durch ihre ungeheure Anzahl und die Absonderung der Toxine eine weit über den Ort der intravasculären Ablagerung hinausgehende Wirkung zu entfalten. Die Entstehung der Blasen und bläschenartigen Veränderungen steht mit dieser Fernwirkung in engem Zusammenhang. Sämtliche Epithelveränderungen bis zur Nekrose können als Folge der Einwirkung eines im Serum löslichen Giftes aufgefaßt werden; denn sie sind längst ausgebildet, ehe es zu einer Einwanderung der Streptokokken aus den Gefäßen der Cutis in das Epithel gekommen ist.

Eine Erklärung für das so frühzeitige Entstehen der Hämorrhagien läßt sich restlos so lange nicht geben, als wir nicht eindeutige Kenntnis über die grundsätzlichen Voraussetzungen haben, die zur Entstehung von Blutungen erforderlich sind. Mit den Kokkenembolien allein hängen sie nicht zusammen, da diese unabhängig von jenen gesehen wurden (FINGER, UNNA, GANS). Vielleicht schädigen die Toxine zunächst die Gefäßwände derart, daß es leicht zum Zerfall oder zu Blutungen per diapedesin kommt.

Bei den Staphylokokken ist hingegen das abgesonderte Toxin und die durch dieses ausgelöste Gefäßwandschädigung Voraussetzung für die Ansiedlung der Erreger, wobei vielfach eine teilweise Einschmelzung der Gefäßwand entsteht. Dieser folgt eine ausgesprochen eitrige Infiltration und es kommt schließlich zur Bildung hämorrhagisch-eitriger Exsudate. Inwieweit bei der Verschleppung der Staphylokokken in das Hautgefäßgebiet lediglich die Arterien beteiligt sind (FRAENKEL), oder ob auch die Venen (JADASSOHN, LEBET, BIELAND), ist noch nicht restlos zu entscheiden.

Ein pathogenetischer Zusammenhang der Erkrankungen mit den Schweißdrüsen oder Talgdrüsen sowie den Haarbälgen kann ohne weiteres abgelehnt werden.

Im Anschluß an diese Darstellung der staphylogenen bzw. streptogenen metastatischen Dermatosen folgt hier die Schilderung einiger Krankheitsbilder, deren Pathogenese noch nicht restlos geklärt, deren Zusammenstellung mit jenen also noch nicht unbedingt berechtigt erscheint. Wenn die Einordnung hier trotzdem erfolgt, so sprechen dafür mehrere im Anschluß an die einzelnen Krankheitsformen näher auszuführende Gründe, die meines Erachtens eher für als gegen einen derartigen pathogenetischen Zusammenhang verwertbar erscheinen.

Erythema nodosum (s. contusiforme).

Die Erkrankung tritt in Form runder oder kugeliger, bis walnußgroßer, hell- bis violett-roter, tief in der Haut liegender Knoten auf, die sich mehr oder weniger über die Oberfläche

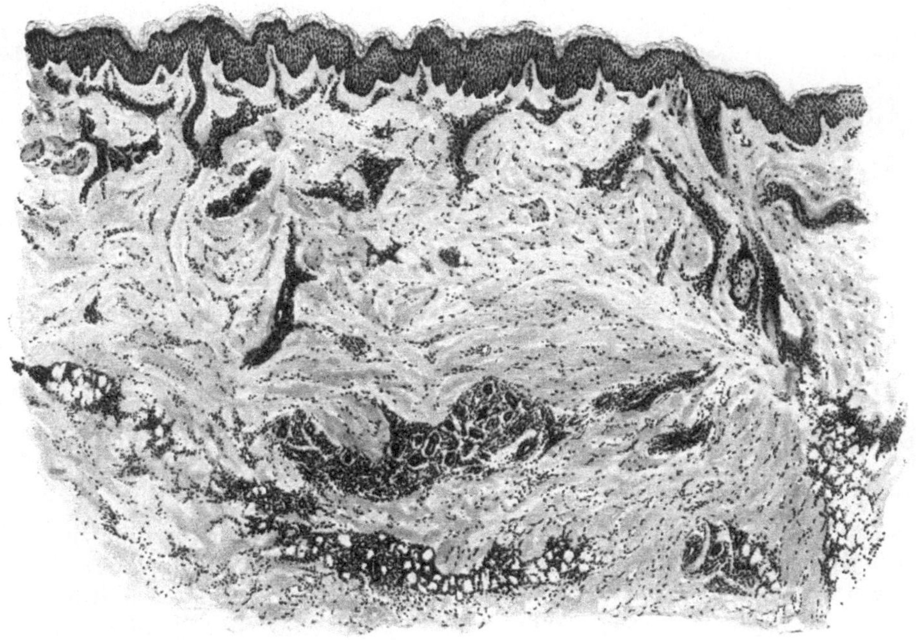

Abb. 144. Erythema nodosum. (♀, 24jähr., Unterschenkel, Streckseite.) Frischer Krankheitsherd. Geringes Ödem der Epidermis mit reichlichen Mitosen. Starkes Ödem der Cutis mit dichter Zellinfiltration um die erweiterten Gefäße, hier auch die der Schweißdrüsen sowie des Fettgewebes. O = 31:1; R = 31:1.

vorwölben und nicht scharf abgrenzbar sind. Meist unter leichteren, oft auch schwereren Allgemeinerscheinungen, in erster Linie rheumatischer Art, bilden sie sich vor allem an den Unterschenkeln und zwar auf der Vorderseite, seltener auch an den oberen Extremitäten, jedoch nie am Rumpf. Sie sind auf Berührung in wechselndem Grade, meist jedoch stark schmerzhaft.

Die geweblichen Veränderungen spielen sich im Gegensatz zum Erythema exsudativum multiforme in erster Linie in der Cutis ab. Die Epidermis ist lediglich sekundär beteiligt, indem sie dort, wo die gleich zu schildernden Zellinfiltrate der Cutis näher an die Oberhaut herantreten, mehr oder weniger abgeflacht wird. In solchen Fällen kann auch das Leistensystem über der Mitte der Vorwölbung verstrichen sein. Im allgemeinen nimmt die Epidermis an den Veränderungen sonst nicht teil, namentlich fehlt das intra- oder intercelluläre Ödem meist völlig; nur in vereinzelten Fällen zeigt sich neben einer Verbreiterung der Saftspalten eine gleichmäßige Zellschwellung sowie vermehrte Mitosenbildung (UNNA).

Das gesamte Gefäßnetz der Cutis, weniger das des Papillarkörpers, ist erweitert und von einem dichten zelligen Infiltrat eingescheidet. Dieses Infiltrat beschränkt sich jedoch auf die Gefäße und deren nächste Umgebung.

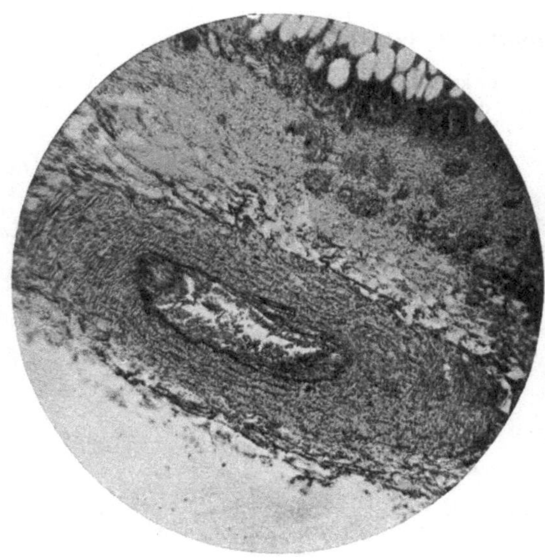

Abb. 145. Erythema nodosum (Unterschenkel). Hochgradige Phlebitis einer subcutanen Vene. Im Lumen gequollene Endothelien und polynucleäre Leucozyten. Die letzteren auch in der Venenwand in reichlicher Menge. O = 35:1; R = 35:1 (Sammlung E. HOFFMANN).

An seinem Aufbau sind neben geschwollenen Bindegewebszellen, Lymphocyten und polymorphkernige Leukocyten, vereinzelt auch Mastzellen beteiligt, während Plasmazellen, in den jüngeren Herden wenigstens, nie beobachtet wurden. An den Gefäßen selbst, namentlich an den Arterien, läßt sich eine oft auffallende Schwellung der Endothelien feststellen, eine Veränderung, die man in älteren Knoten häufiger antrifft wie in jüngeren. In diesen findet man dann auch wohl eine sehr starke entzündlich-hämorrhagische Wandinfiltration. Dabei treten in der unmittelbaren Umgebung der prallgefüllten Gefäße kleine Blutextravasate auf, die jene eigentümliche Verfärbung der Knoten bedingen. Sie wurden, wenn auch in nicht so ausgedehntem Maße, auch in jüngeren Knoten beobachtet, können jedoch manchmal auch fehlen (UNNA). Außerhalb der perivasculären Zellinfiltrate ist die Cutis kaum zellreicher als gewöhnlich; dagegen drängt auch noch in diesem Abschnitt ein wechselnd starkes Ödem die Bindegewebs- und elastischen Fasern auseinander; es greift also das Ödem über die Infiltrationszone hinaus. Innerhalb dieser letzteren sind die Bindegewebs- und elastischen Fasern aufgelockert bzw. zersplittert und zum Teil nicht mehr nachweisbar.

In vereinzelten, als persistierende Formen des Erythema nodosum beschriebenen Fällen fand sich anstatt der doch immerhin wenig bezeichnenden perivasculären Zellmäntel eine Wucheratrophie des Fettgewebes, welche zur Bildung von Riesenzellen und Zellen von epitheloidem Charakter geführt hatte (PICK). In solchen Fällen zeigten sich in der Regel auch weitergehende Störungen der Gefäße in Gestalt von Thrombosen und Entzündungen der Gefäßwand (Thrombophlebitis [PHILIPSON]), die zu teilweisem und selbst völligem Verschluß der Gefäße (Mesarteriitis obliterans) führten. Man findet also alle Übergänge von einfach entzündlich infiltrativen bis zu Bildern, welche eine Anlehnung an tuberkuloide Gewebsveränderungen gestatten, eine Tatsache, die bei der mangelnden Spezifität dieser Befunde hier ebenso wenig wie dort ohne weiteres für die Genese verwertbar ist. Diesen tuberkuloiden Aufbau trifft man namentlich bei jenen seltenen Formen des Erythema induratum (BAZIN), die nicht durch den Tuberkelbacillus bedingt sind.

Differentialdiagnostisch kann uns das Erythema nodosum unter Umständen daher vor unlösliche Aufgaben stellen. Dies wird ohne weiteres verständlich, wenn man die verschiedenen Ursachen in Betracht zieht, die für die Genese der Erkrankung angegeben wurden. Von den banal entzündlichen Eitererregern (E. HOFFMANN, BRODIER) bzw. deren Toxinen (GANS) bis zu dem durch Tuberkelbacillen (MORO u. a.) oder die Spirochaeta pallida geschädigten und daher vom banalen Eiterkokkus oder vielleicht auch von unbekannten spezifischen Erregern leichter angreifbaren Organismus gingen im Einzelfalle die Ansichten auseinander. Eines ist sicher: Der hämatogen in die Haut eindringende Schädling gelangt in seiner Wirkung nicht über die nächste Umgebung der Hautgefäße hinaus. Hier kommt es zu entzündlicher Gewebsreaktion im Sinne perivasculärer Infiltration und Cutisödem unter gleichzeitigem Schwund der elastischen Fasern, einem Vorgang, der sich ungezwungen als lokal umschriebene, auf die Gefäße der Cutis und ihre allernächste Umgebung beschränkte Entzündung kennzeichnen läßt. Immerhin gestattet das bei den staphylogenen metastatischen Dermatosen beobachtete Beschränktbleiben der Veränderung auf „mehr oder minder ausgedehnte perivasculäre Infiltrate mit Gefäßerweiterung und Ödem von Papillarkörper und Cutis" (GANS) pathogenetisch eine gewisse Übereinstimmung zwischen diesen Veränderungen und dem Erythema nodosum anzunehmen.

Hier anzuschließen wären auch jene, beim Menschen nur vereinzelt, häufiger und oft seuchenartig bei Tieren (Hirschen, Schweinen) beobachteten Fälle von

<h2 style="text-align:center">Periarteriitis nodosa,</h2>

die in Form intra- oder subcutan gelegener bis zu erbsengroßer Knötchen von derber Konsistenz und wechselnd roter bis blauroter Farbe vor allem an den Extremitäten, dann aber auch vereinzelt am Rumpf beobachtet wurden, und zwar stets bei gleichzeitiger schwerster Störung des Allgemeinbefindens.

Histologisch handelt es sich dabei meist wohl um in der Media beginnende Veränderungen der Arterien, die nicht nur in der Haut, sondern auch an den inneren Organen festzustellen sind. In den schwersten Fällen kann es zu einer völligen Umwandlung des Arterienrohrs in ein entzündliches Granulationsgewebe kommen. Je nachdem der Beginn der Erkrankung mehr in den inneren oder den äußeren Schichten der Media einsetzt, ist naturgemäß die Beteiligung der Intima bzw. der Adventitia verschieden. Steht die Intimaveränderung im Vordergrunde, so kann diese völlig durch ein Wucherungsgewebe ersetzt sein, welches das Gefäßlumen nahezu völlig verschließt. Dieses entzündliche Gewebe kann später von feinsten Gefäßneubildungen durchzogen werden, so daß schließlich wohl eine Rekanalisation denkbar ist. Von vielen Forschern wird jedoch die Medianekrose, sei sie nun toxischer oder infektiöser Natur, als primäre Veränderung angesprochen. Die Media ist dabei im großen ganzen nur noch an erhalten gebliebenen Resten ihrer elastischen Fasern kenntlich, denn größtenteils wird sie durch breite Züge eines äußerst zellreichen Granulationsgewebes ersetzt, das zu einer vollständigen Zerstörung geführt hat. Die Veränderungen der Adventitia entsprechen im großen ganzen denen der Media; auch sie ist gewöhnlich von dem entzündlichen Granulationsgewebe völlig durchsetzt.

Im Gegensatz zu diesen starken Gefäßveränderungen fehlt in der Regel jede stärkere periadventitielle Infiltration; die äußeren Lagen des Granulationsgewebes bilden vielmehr mit den noch erhaltenen und kenntlichen Adventitiaschichten eine regelmäßige Kreisform (LEMKE).

Diese nekrotisierende Arterienwandentzündung (FAHR) beschränkt sich in der Regel auf ganz umschriebene Abschnitte des Arterienrohrs.

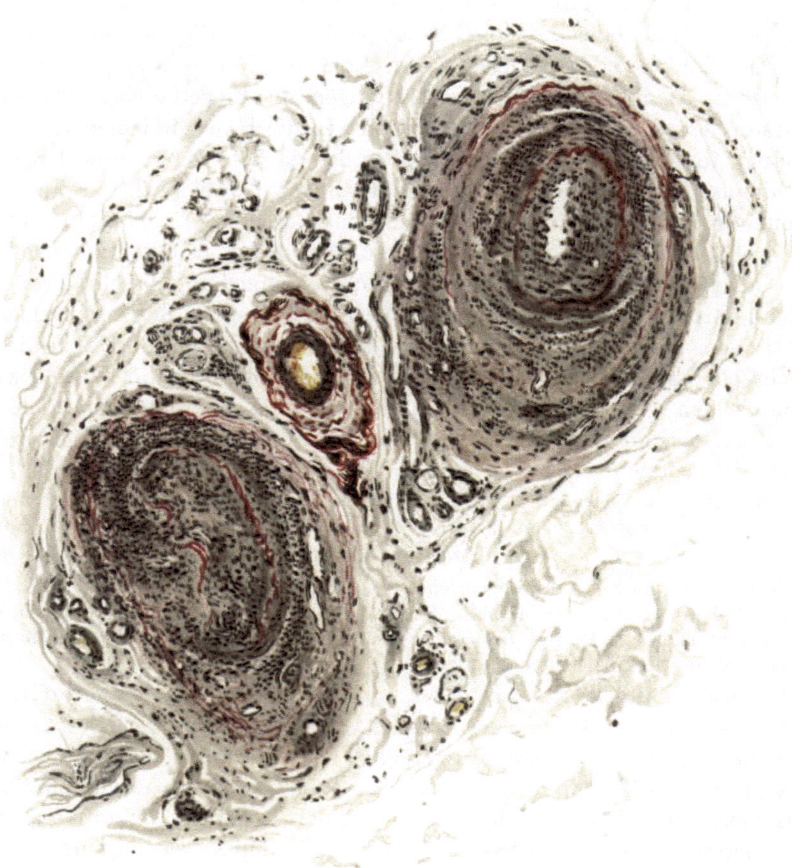

Abb. 146. Periarteriitis nodosa. Völliger bzw. fast völliger Verschluß der Arterien durch entzündliches Granulationsgewebe; schwerste Zerstörungen der Elastica. O = 160:1; R = 144:1. (Sammlung O. MEYER-Stettin).

Pathogenese. Ob die Erkrankung durch einen streng spezifischen Erreger bedingt ist (v. HANN), oder ob verschiedenartige Infektionserreger imstande sind an den Arterien krankhafte Veränderungen hervorzurufen, die sich uns unter dem Bilde der Periarteriitis nodosa darstellen (SPIRO, HART), oder ob es sich schließlich um die Folgen einer im Anschluß an alle möglichen toxisch-infektiösen Prozesse sekundär entstehenden Erkrankung handelt, die vielleicht sogar eine ganz besondere individuelle Konstitution des betreffenden Kranken voraussetzt, scheint hier noch ebensowenig entschieden, wie die gleichen Fragen für das Erythema nodosum bzw. exsudativum multiforme. Eins steht fest: stets handelt es sich um hämatogene Veränderungen (PHILIPPSON). Die angeblich positiven Übertragungen von HARRIS und FRIEDRICH harren der Nachprüfung.

Erythema exsudativum multiforme (Hebrae).

Bei der reinen Form der Erkrankung kommt es ohne stärkere Allgemeinerscheinungen hauptsächlich bei jüngeren Menschen zum Auftreten meist symmetrischer, zunächst erythemato-papulöser, hellroter, später namentlich zentral mehr blauroter Herde auf den Streckseiten, in erster Linie der oberen, seltener der unteren Extremitäten. Diese Efflorescenzen wandeln sich nach kurzem Bestande in kleinere oder größere Bläschen und konzentrische blasige Bildungen (Herpes iris) um, bilden sich aber auch oft aus dem Papelstadium wieder zurück. Durch Zusammenfließen mehrerer kann es zu größeren Herden kommen. In einzelnen Fällen wurde auch eine Beteiligung der Schleimhäute sowie des Magen- und Darmtractus beschrieben. Die Erkrankung wird häufig von Gelenkschmerzen begleitet und neigt zu Rückfällen, die namentlich im Frühjahr oder Herbst auftreten. Einige klinisch als Sonderformen beschriebene Erkrankungen [Erythema septico-toxicum (TANIMURA), Erythema annulare (LEHNDORFF und LEINER)] dürften ebenfalls hierher gehören.

Die Primärefflorescenz, das sog. erythemato-papulöse Stadium, zeigt histologisch ein wechselnd starkes intra- und intercelluläres Ödem der Stachel-

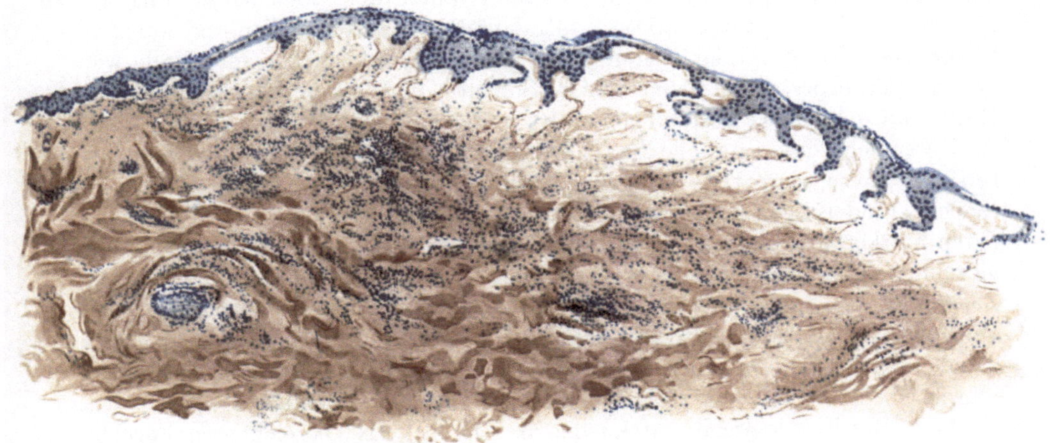

Abb. 147. Erythema exsudat. multiforme. (♀, 49jähr., Hals.) Blasenstadium. Übersichtsbild. Polychromes Methylenblau — neutrales Orcein. O = 35 : 1; R = 35 : 1.

schicht und des Stratum basale. Sonst finden sich in der Epidermis zu dieser Zeit keinerlei Veränderungen, die auf stärkere Störungen hinweisen; auch eine Einwanderung von Leukocyten wird nahezu völlig vermißt.

In Papillarkörper und oberster Cutis trifft man ebenfalls auf ein Ödem wechselnden Grades, das zu einer starken Papillarschwellung, dem ersten Anzeichen der Veränderung (UNNA), sowie Auseinanderdrängung der elastischen und kollagenen Fasern führt. Dem blassen, nach außen fortschreitenden Rande der Papeln entspricht dabei ein drei- bis vierfacher Kreis von Papillen, die durch das Ödem keulenförmig aufgetrieben sind und über die das leicht ödematöse, abgeplattete Epidermisepithel in flachem Bogen hinwegzieht (UNNA). Das Kennzeichnende der Veränderung ist zu diesem Zeitpunkt in den stark erweiterten und strotzend mit Blut gefüllten Gefäßen, namentlich den Capillaren und Venen zu suchen. Die übrigen Gewebsveränderungen beschränken sich hier in Gestalt umschriebener perivasculärer Zellanhäufungen lediglich auf die Gefäßwände und deren allernächste Umgebung.

Im weiteren Verlauf der Erkrankung treten im Zentrum der erythemato-papulösen Herde kleinste Bläschenbildungen auf, die sehr schnell an Ausdehnung zuzunehmen pflegen; sie sind unmittelbar auf das Weiterschreiten des inter- und intracellulären Ödems zurückzuführen und bilden sich hauptsächlich epidermal im Stratum spinosum und basale. In anderen Fällen findet sich statt dieser vielkammerigen Bläschen eine einzige ausgedehnte Blase, in deren Bereich die Epidermis im ganzen abgeflacht ist. Die Reteleisten sind teils verstrichen, teils zu kurzen stumpfen Gebilden umgeformt, die Papillen dementsprechend breit und plump (s. Abb. 147).

In Papillarkörper und oberster Cutis beherrscht auch jetzt die starke Erweiterung der Gefäße und die perivasculäre Infiltration das Bild. Dabei sind die Capillarendothelien nicht oder kaum geschwollen, das Lumen der Gefäße mit zahlreichen Erythrocyten und wenigen Leukocyten angefüllt, an manchen Stellen direkt verstopft (weiße Thromben UNNAS). Die perivasculäre Zellinfiltration tritt jedoch in diesem Stadium hinter der Gefäßerweiterung an Bedeutung erheblich zurück. Das Infiltrat besteht aus Rundzellen und wenigen Leukocyten; es ist in den oberen Cutisschichten meist stärker entwickelt wie im Papillarkörper. Die tiefere Cutis, Subcutis und die Anhangsgebilde der Haut sind an den Veränderungen meist völlig unbeteiligt.

Untersucht man spätere Stadien der Veränderung, so treten allmählich leukocytär-exsudative Vorgänge stärker in den Vordergrund. Destruierende Veränderungen fehlen auch jetzt völlig. Der Blaseninhalt ist mit Leukocyten stärker durchsetzt, die perivasculären Infiltrate haben an Ausdehnung gewonnen. Ein grundsätzlicher Unterschied besteht jedoch zwischen diesen Zuständen und den vorherigen nicht. Nicht eben selten kommt es auf der Höhe der Exsudation auch zum Austritt roter Blutkörperchen aus der Gefäßwand. Sie liegen entweder verstreut zwischen den Infiltratzellen oder in umschriebenen Haufen in den Papillen oder den oberen Cutisschichten.

Auch der histologische Aufbau der als „Herpes iris" bezeichneten Formen entspricht dem vorstehend geschilderten. Die perlmutterartig glänzende weißgraue Farbe der Randpartien derartiger Herde ist nach UNNA nicht durch eine Blasenerhebung, sondern durch ein sehr starkes Ödem der untersten Stachelzellschichten bedingt. Ein derart hochgradiges Ödem der Basal- und Stachelzellen, mit einem solchen des Papillarkörpers unmittelbar zusammenhängend, müsse einen starken weißlichen Reflex erzeugen und daher den Blutgehalt der Haut sehr wirksam abblenden.

Anhangsweise seien hier einige klinisch dem Erythema exsudativum multiforme nahestehende Veränderungen erwähnt, über deren Pathogenese man noch weniger weiß wie über die jenes. Ihre Zugehörigkeit zum Erythema exsud. multif. ist auch noch durchaus strittig. HERXHEIMER und SCHMIDT beschreiben ein Erythema exsudat. multiforme vegetans mit bedeutender Verbreiterung der Hornschicht, des Stratum granulosum und spinosum bzw. der Reteleisten. Die letzteren erstrecken sich in vielfacher Verzweigung in den Papillarkörper hinab, manchmal in dickeren Zapfen, manchmal fein verästelt. Keratohyalin fand sich in einer Ausdehnung, die bis zu 10 Zellagen umfaßte, und zwar in Schollen, die den gewöhnlichen Durchschnitt erheblich übertrafen. Im Gegensatz zum Aufbau der Zellinfiltrate bei den einfachen exsudativen Erythemen bestanden diese hier zum großen Teil aus Plasmazellen. Außerdem war eine deutliche Verminderung der elastischen Fasern festzustellen, was ja nach UNNA im Stratum papillare auch bei den einfachen Formen vorkommt.

LIPSCHÜTZ berichtet über ein Erythema bullosum vegetans, das in erster Linie durch in den Lymphgefäßen und -Spalten der Cutis gewissermaßen „selbständig" wuchernde eigentümliche Zellinfiltrate gekennzeichnet war. Es handelte sich mit wenigen Ausnahmen um große rundliche, häufig Mitosen zeigende Zellen mit schmalem, gekörntem Protoplasma und einem großen, hellen, bläschenförmigen Kern, die eine gewisse Ähnlichkeit mit Myeloblasten aufwiesen. Das Infiltrat war durchsetzt mit spärlichen Erythrocyten, einzelnen Erythroblasten und stellenweise besonders reichlichen poly-, seltener mononucleären eosinophilen Leukocyten und Lymphocyten sowie Bindegewebszellen. Dieser, durch die Bildung knopfförmiger Vegetationen auf beiden Handrücken nach vorausgegangener bzw. noch bestehender Blasenbildung gekennzeichnete Fall steht vorläufig völlig vereinzelt da.

Es muß dahingestellt bleiben, inwieweit man berechtigt ist, derartige und ähnliche von OPPENHEIM, SACHS, DARIER u. a. beschriebene Erythemformen hier überhaupt und im Zusammenhang anzuführen. Das allen Gemeinsame ist ja im Grunde genommen nur etwas Negatives, nämlich der völlige Mangel ätiologischer Kenntnisse.

Differentialdiagnose: Die bullösen Formen des Erythema exsudativum multiforme können gelegentlich mit dem Pemphigus verwechselt werden. Hier ist jedoch die Blasenbildung meist subepidermal; da es jedoch nicht unbedingt immer der Fall zu sein braucht, kann dieses differentialdiagnostische Hilfsmittel gelegentlich einmal im Stich lassen. In den meisten Fällen wird der klinische Verlauf allein entscheiden.

Die Psoriasis und der Lichen planus, die gelegentlich einmal in die Differentialdiagnose einzuziehen sind, erscheinen auf Grund ihres histologischen Aufbaues hinreichend gekennzeichnet. Ein gleiches gilt auch von den maculösen luetischen Exanthemen und den flachen luetischen Papeln. Diese enthalten in der Regel zahlreiche Plasmazellen, das Infiltrat ist viel dichter gebaut, außerdem fehlt den Syphiliden das starke Ödem des Papillarkörpers, an dessen Stelle das Zellinfiltrat gefunden wird (EHRMANN).

Pathogenese: Vergleicht man die beim Erythema exsud. multiforme festgestellten Veränderungen mit jenen der streptogenen metastatischen Dermatosen, so fällt eine weitgehende Übereinstimmung der Befunde insoweit auf, als bei beiden die ersten Anzeichen der Erkrankung weit ab vom primären Sitz der die Gewebsschädigung auslösenden Ursache, nämlich in und unmittelbar unter der Epidermis gelegen sind. Bei beiden Erkrankungen treten zu Beginn die eigentlichen cellulär-entzündlichen Gewebsveränderungen an der Haut völlig zurück gegenüber rein serös-exsudativen. Versucht man sich unter Berücksichtigung dieser Zusammenhänge eine Vorstellung von dem Zustandekommen der Gewebsveränderungen beim Erythema exsud. multiforme zu verschaffen, so wird man zwingend darauf hingewiesen, entsprechend dem Auftreten der Streptokokken in den Gefäßen bei streptogenen metastatischen Dermatosen, das wenn auch nur zeitweilige Vorhandensein einer Noxe irgendwelcher Art in den Gefäßen des Papillarkörpers und der oberen Cutis beim Erythema exsud. multiforme anzunehmen. Man darf sogar noch weitergehen und sagen, daß es zunächst rein toxische Wirkungen dieser Noxe sein können, die zu den bekannten Veränderungen führen.

Ob man dabei geneigt ist, als Erreger des Erythema exsudat. multif. einen lediglich in seiner Virulenz herabgesetzten Streptokokkus oder einen diesem nahestehenden Erreger (GANS), vielleicht spezifischer Art (JADASSOHN) anzunehmen, ob es sich eher um rein toxische (Arzneiexantheme, Nahrungsexantheme, Autointoxikationen) oder gelegentlich auch einmal um Folgen der Einwirkung anderer bekannter Erreger (Gonokokken, Leprabacillen, Spirochaeta pallida u. a.) handelt, dürfte nur von Fall zu Fall und auch da meist nur mit Vorbehalt zu entscheiden sein.

Die Purpuragruppe.

Die im Gegensatz zu der Mannigfaltigkeit der pathogenetischen Grundlagen einförmigen histologischen Bilder machen die Darstellung der Purpura für unsere Zwecke zu einer durchaus unbefriedigenden. Selbst dann, wenn

wir von vornherein alle als sog. sekundäre Purpura zu bezeichnenden Formen
ausschließen, wie sie auf mechanischer (Fettembolie, Traumen), toxischer,
leukämischer, septischer Grundlage, als Folgen kachektischer oder seniler Veränderungen an den Hautgefäßen auftreten und an entsprechender Stelle erörtert
sind, bleibt bei Betrachtung der sog. primären Purpuraformen der Verdacht bestehen, daß man bei ihnen allen schließlich auf eine infektiöse Entstehung zurückgreifen kann. Die primäre Purpura wird daher auch heute kaum
mehr als eine selbständige, eigentliche Krankheit aufgefaßt, sondern sie stellt
nach Ansicht namhafter Forscher lediglich eine Äußerung verschiedener Infektionen mit bekannten oder unbekannten Erregern dar. Die Frage, ob
primäre — idiopathische — oder sekundäre Purpura scheint sich also immer
stärker dahin einzuengen, ob die zu einem gewissen Zeitpunkt sicher vorhandenen Infektionskeime gefunden werden oder nicht.

Die ganze Frage wird ferner dadurch verwickelt, daß auch in den Beziehungen der verschiedenen Formen der Purpura zu den Erythemen
eine Klarstellung noch nicht erreicht ist. Manche Formen der Purpura stehen
den Erythemen sehr nahe durch das ihnen zugrunde liegende ätiologische
Moment, sowie durch die klinischen Formen, welche die Krankheit annehmen
kann, indem sich die primären Erscheinungen als entzündliche oder vasomotorische Vorgänge zeigen, die im weiteren Verlauf einen hämorrhagischen Charakter
annehmen (WOLF). Daher lassen sich zwischen Erythemen und Purpura deutliche verwandtschaftliche Übergänge nicht verkennen (DARIER-JADASSOHN).
(Näheres s. Abschnitt: Allgemeine Pathologie der Haut.)

Klinisch kann man mit DARIER-JADASSOHN unter den primären Purpuraformen eine
rheumatoide (Peliosis rheumatica SCHÖNLEIN), eine infektiöse und schließlich
noch die hämorrhagische Purpura, den Morbus maculosus WERLHOFF unterscheiden,
obwohl nach dem oben Gesagten diese Trennung der rheumatoiden von den primär-infek-
tiösen Formen im Grunde eine rein willkürliche ist, zumal Übergänge zwischen beiden
beobachtet worden sind.

Die Erkrankungen sind durch das Auftreten kleinster (Petechien) oder größerer (Ekchymosen) Hämorrhagien in der Haut gekennzeichnet, die oft ohne irgendwelche sonstigen
Beschwerden (Purpura simplex), oft mit rheumatischen Erscheinungen zu verlaufen
pflegen und nur selten ausgedehntere Blutungen zeigen. Nach wechselnd langem, oft durch
Nachschübe verlängertem Bestand, gehen die Erscheinungen unter Umwandlung der
zunächst braun-blauroten Flecke in eine grüne, dann gelbe Verfärbung nach und nach
völlig zurück.

Der Morbus maculosus verläuft schwerer, zieht sich länger hin und kann bei ungünstigem
Verlauf zum Tode führen.

Fälle von chronischer Purpura, bei denen sich die Erscheinungen über Jahre hinziehen, wurden ebenfalls beobachtet (HEBRA, HAYEM, FABRY u. a.).

Das histologische Bild ist im Gegensatz zu dieser Mannigfaltigkeit der
klinischen Erscheinungsformen ein außerordentlich eintöniges. Es handelt
sich im Grunde lediglich um die Ansammlung mehr oder weniger ausgedehnter
Herde roter Blutkörperchen oder innerhalb des Gefäßlumens in den Maschen
des Gewebes. Besondere Beachtung hat lediglich die Frage nach der rein
mechanischen Entstehung dieser Blutungen gefunden, ob durch Stase, per
rhexin oder per diapedesin; sie ist auch heute für die Hautblutungen noch
nicht restlos geklärt.

Entsprechend den oben angedeuteten Zusammenhängen zwischen Erythemen und Purpuraformen findet man histologisch auch bei diesen in den

Frühstadien manchmal ein wechselndes Ödem des Papillarkörpers und der oberen Cutis. Dazu treten verschieden stark entwickelte Gefäßveränderungen, perivasculäre Infiltration, Endothelschwellung, Erweiterung und zum Teil starke Füllung mit roten und weißen Blutkörperchen, die das Lumen oft völlig verstopfen. Ein Blutaustritt ist zu diesem Zeitpunkt oft noch nicht vorhanden.

Mit Eintritt der Blutung werden die Gewebsspalten erweitert, die Bindegewebsfasern auseinandergedrängt; nimmt der Erguß an Ausdehnung zu, so werden sie nicht selten aufgelockert und zerrissen. Die Blutmasse wird nach dem Orte des geringsten Widerstandes hingetrieben: bei den nach Unna häufig zu beobachtenden Venenrissen an der Unterfläche der Cutis einmal nach dem subcutanen Gewebe hin, zum anderen aufwärts in die Cutis, in die größeren, die Blutgefäße umgebenden Lymphspalten. Bei größeren Blutungen werden mit dem wachsenden Druck viele Gefäße, vor allem die Capillaren und Venen verengert bzw. völlig zusammengedrückt.

In Papillarkörper und Cutis ist die Abgrenzung der Blutung stets schärfer als in der Subcutis.

Besteht die Blutung einige Zeit, so findet man statt der anfangs noch wohlgeformten roten Blutkörperchen zwischen den Bindegewebsfasern zerfallendes Blut in Form körnigen Hämosiderins oder auch Hämatoidins.

Die Blutung erstreckt sich nicht selten auch auf die Epidermis. Hier kommt es dann durch Auseinander- bzw. Zusammendrängen der Epithelien zu ein- oder auch mehrkammerigen Blutbläschen, die den regelrechten Aufbau der Epithelleisten bzw. der Papillen rein mechanisch verändern.

Die Gefäße zeigen bei frischen Blutungen per diapedesin im übrigen nichts Auffallendes; es ist bisher in der Haut noch nicht gelungen, die Blutkörperchen auf ihrem Durchtritt durch die Gefäßwand unmittelbar zu verfolgen; mittels des Capillarmikroskops dürfte dies vielleicht leichter möglich sein. In anderen Fällen finden sich geringere und stärkere kolbige und kugelige Auftreibungen der ganzen Gefäße, die so stark sein können, daß man den Eindruck gewinnt, es müsse unbedingt zur Rhexis kommen (Fabry). In älteren und namentlich den chronischen Fällen wurden Endarteriitis und Thrombenbildung, daneben auch hyaline und nekrotische Umwandlung der Gefäßwand beobachtet, ohne daß ein unmittelbarer Zusammenhang zwischen derartigen Veränderungen und dem Bluterguß immer festzustellen gewesen wäre. Für die von Unna und vor allem von Sack vertretene Entstehung der Blutung per rhexin, als der häufigsten Form auch bei der sog. idiopathischen Purpura, fehlt es vorläufig noch an ausreichenden Beweisen von anderer Seite. (Näheres s. Abschnitt: Allgemeine Pathologie der Haut.)

Purpura annularis teleangiectodes (Majocchi).

Die Erkrankung ist gekennzeichnet durch linsengroße und größere, rosa- bis lichtrote Flecke, welche sich meist ringförmig vergrößern unter Entwicklung kleinster Gefäßerweiterungen und Hämorrhagien, die in der Mehrzahl der Fälle an die Haarfollikel gebunden sind. Die Veränderung tritt in der Regel symmetrisch an den Gliedmaßen, mit Vorliebe den unteren, und zwar bei Männern auf und führt in etwa $1/3$ der Fälle zu leichter Atrophie und Achromie, bisweilen Alopecie der Haut. Subjektive Beschwerden pflegen gewöhnlich zu fehlen.

Entsprechend den verschiedenen klinischen Zuständen wechselt auch das histologische Bild der Erkrankung. Im erythematös-teleangiektatischen Anfangsstadium sind die oberen Epidermisschichten nicht nennenswert verändert. Das Kennzeichnende der Erkrankung spielt sich vielmehr an den Gefäßen des papillaren und subpapillaren Gewebsabschnittes und in deren nächster Umgebung ab. Die Capillaren des Papillarkörpers erscheinen durchweg prall gefüllt und aufs äußerste erweitert. Die Veränderung erstreckt sich auch auf das subpapillare Gefäßnetz, sowie die von diesem nach oben ziehenden Äste und führt manchmal zu varikösen Erweiterungen. Zu der Erweiterung und Füllung tritt bei vielen Gefäßen eine perivasculäre Zell-

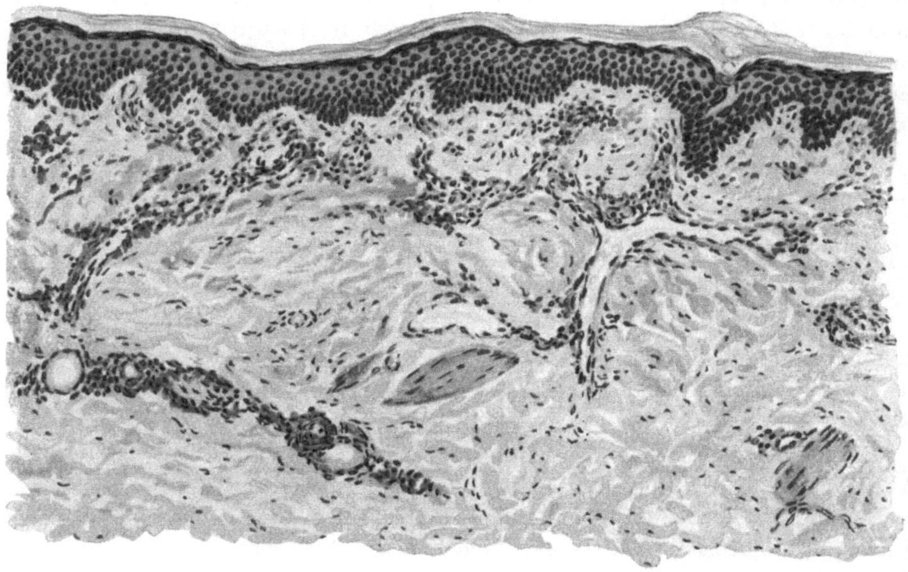

Abb. 148. Purpura annularis teleangiectodes. (♂, 12 jähr., Unterschenkel, Beugeseite.) Frischer Krankheitsherd. Starke, zum Teil variköse Erweiterung der papillaren, subpapillaren und cutanen Blutgefäße mit mäßiger perivascularer Zellinfiltration. O = 128:1; R = 128:1.

infiltration, die sich allerdings meist in engen Grenzen hält. An ihr beteiligen sich in erster Linie Lymphocyten und nur vereinzelte Leukocyten und wuchernde Bindegewebszellen. Innerhalb des Zellinfiltrats findet man zu dieser Zeit nur vereinzelte ausgetretene rote Blutkörperchen, die augenscheinlich nur per diapedesin hierher gelangen, da irgendwelche Störungen im Zusammenhang der Gefäßwände nicht zu beobachten sind. Lediglich dort, wo die varikösen Erweiterungen der kleinen Arterien stärkere Grade angenommen haben, kann man bereits eine Lockerung der Adventitia feststellen (VIGNOLO-LUTATI).

Die gleichen Veränderungen zeigen auch die Gefäßnetze um die Anhangsgebilde der Haut, während sich im übrigen nach der tieferen Cutis und Subcutis hin wieder der regelrechte Aufbau einstellt.

In dem Maße, wie die Hämorrhagien das klinische Bild beherrschen, nehmen die Ansammlungen roter Blutkörperchen außerhalb der Gefäße, im perivasalen Gewebe des erkrankten Bezirks, daneben auch die Veränderungen an den Gefäßen selbst stärkere Grade an. Nunmehr steht eine ausgesprochene **Endarteriitis obliterans** der kleinen Arterien im Vordergrunde. Sie äußert sich in einer oft so hochgradigen **Wucherung der Intima**, daß ein Gefäßquerschnitt überhaupt nicht mehr feststellbar ist. Dazu treten einmal eine **hyaline Degeneration der Gefäßwand** (MAJOCCHI), vor allem der Muscularis, zum anderen eine **Auflockerung der elastischen Fasern** der Media, besonders dort, wo die Gefäße die oben beschriebenen varikösen Erweiterungen zeigen. Nicht selten trifft man an diesen Stellen auf der Höhe der Erweiterung eine **völlige Zerreißung** der Gefäßwand, durch die dann eine reichliche Blutung mit Anhäufung zahlreicher roter Blutkörperchen im umgebenden Gewebe erfolgt ist. Die Gefäßwandveränderungen können unter Umständen so hochgradig sein, daß eine Unterscheidung der Arterien von den Venen auf Grund der Besonderheiten ihres Wandaufbaues nicht mehr möglich ist (PASINI). Die Erweiterung der Capillaren und feineren Gefäße kann zu diesem Zeitpunkt im Gegensatz zu den Frühstadien gegenüber den schweren Gefäßwandschädigungen völlig zurücktreten (BRANDWEINER), ein Befund, der durch die mannigfache und ausgedehnte Verstopfung vieler Gefäße durchaus verständlich wird.

Zunächst in der Randzone der Hämorrhagien, dann aber auch nach deren Mitte hin, kommt es zur Ablagerung von braunem **Blutpigment**, das als solches die Berlinerblau-Reaktion gibt. Die ausgedehnten Blutungen zusammen mit den vielfachen Gefäßveränderungen führen naturgemäß allmählich zu einer Ernährungsstörung der zugehörigen Hautabschnitte. Wir finden daher über älteren derartigen Herden entsprechend einer auch im klinischen Bilde sichtbaren Atrophie eine **Verdünnung und Verschmälerung der Epidermis**, die sich, wenn auch unregelmäßig fleckweise, über deren sämtliche Schichten erstreckt. Dies entspricht dem engen Nebeneinander von in ihrer Blutversorgung aufs schwerste geschädigten mit weniger oder gar nicht betroffenen Abschnitten. Je nachdem die untersuchten Schnitte noch rein teleangiektatische, oder auch bereits vorgerücktere, hämorrhagisch-atrophische Herde umfassen, sieht man manchmal eng nebeneinander Abschnitte, wo die Epidermis von gewöhnlicher Dicke ist, während an anderen Stellen eine wenn auch nur mäßige Verbreiterung und an dritten schließlich eine so starke Verdünnung vorliegt, daß die Epithelleisten völlig geschwunden sind und damit die Epidermis-Cutisgrenze in eine fast gerade Linie verwandelt ist. Das alles sind jedoch lediglich mittelbare Veränderungen, welche für die Beurteilung der Erkrankung selbst nur eine untergeordnete Rolle spielen.

Das **Bindegewebe** der Haut wird naturgemäß auch in Mitleidenschaft gezogen. Stellenweise sind die **kollagenen** Faserbündel aufgelockert, gequollen und durch die angestaute Lymphe auseinandergedrängt; ein gleiches gilt für die **elastischen Fasern**, die ebenso wie die **Muskelbündel** ein geschwollenes Aussehen zeigen können. VIGNOLO-LUTATI bestätigte das schon von MAJOCCHI betonte Vorkommen **spiralförmiger Kerne**, wie sie andererseits auch bei senilen und präsenilen Hautveränderungen vorgefunden werden.

Differentialdiagnose: Klinisch war gelegentlich (BRANDWEINER) eine große Ähnlichkeit mit **syphilitischen Exanthemen** vorhanden. Mikroskopisch ist eine Unterscheidung leicht möglich, da die als für die Purpura annularis kennzeichnend beschriebenen Veränderungen sich von denjenigen bei der Syphilis (gleichzeitige Endo- und Periarteriitis bzw. Panarteriitis) hinlänglich unterscheiden; hier ist die Adventitia nicht an der Veränderung beteiligt und der Gefäßverschluß nur durch die Intimawucherung bedingt. Ferner ist bei der Purpura annularis die Arterienerweiterung auf eine hyaline Degeneration besonders der Tunica muscularis zurückzuführen, während die syphilitische Arterienerweiterung stets von einer Endo- und Periarteriitis begleitet ist.

Purpura simplex bzw. rheumatica lassen sich ohne weiteres schon durch ihre klinischen Eigentümlichkeiten ausschalten. Die Erythrodermie pityriasique en plaques disséminées (Brocq), die gelegentlich auch einmal differentialdiagnostisch berücksichtigt werden muß (Lindenheim), läßt sich vor allem durch das nahezu völlig normale Verhalten der Gefäße unterscheiden.

Pathogenese: Über der eigentlichen Ursache der Veränderung liegt noch völliges Dunkel. Für das Zustandekommen der Hämorrhagien mag traumatischen Einflüssen eine unterstützende Rolle zuerkannt werden (Brandweiner). Syphilitische oder tuberkulöse Infektionen als auslösende Ursachen der Gefäßveränderungen anzunehmen, fehlt vorläufig jede Berechtigung.

β) Durch Gonokokken.

Die durch den Gonokokkus Neisser hervorgerufenen Hautveränderungen kann man zwanglos in zwei Gruppen trennen, von welchen die eine durch das Eindringen des Erregers von außen her in die Haut bedingt ist. Sie führt zu oberflächlichen oder tieferen Geschwüren, zu Absceßbildungen und in seltenen Fällen auch zu tumorartigen Veränderungen. Die andere Gruppe wird heute allgemein als Äußerung einer hämatogen-metastatischen, mit einer gonorrhoischen Allgemeininfektion in Zusammenhang stehenden Erkrankung gewertet. Sie tritt in Gestalt von Exanthemen auf, bei welchen sich alle Übergänge von scarlatiniformen, polymorphen, nodösen und hämorrhagischen Erythemen zu vesiculo-pustulösen und schließlich hyperkeratotischen bzw. parakeratotischen Hautveränderungen finden.

Der Gonokokkus, 1879 von Neisser entdeckt, ist ein semmel- oder kaffeebohnenförmiger Diplokokkus, der besonders durch seine eigentümliche Lagerung gekennzeichnet wird. Infolge Teilung in der Richtung einer auf der Längsachse des ursprünglichen Kokkenpaares senkrecht stehenden Linie sind stets die ebenen Flächen gegeneinander gekehrt. Die Gonokokken finden sich im Eiter meist intracellulär, namentlich in frischen Stadien; ganz zu Beginn der Gonorrhoe und dann später häufiger extracellulär. Sie sind nach Gram nicht darstellbar. Eine differentialdiagnostische Färbung ist nicht bekannt.

Die exanthematischen Formen sind, wie viele der auf diesem Wege entstehenden Hautveränderungen, klinisch durchaus nicht ohne weiteres in ihren ätiologischen Zusammenhängen zu erkennen. Am ehesten scheint dies noch bei den gonorrhoischen Parakeratosen — wie man diese Hyperkeratosen sachgemäßer bezeichnen sollte — der Fall zu sein. Bei ihnen handelt es sich um ein einigermaßen scharf geprägtes und daher eigenartiges Krankheitsbild. Die Beziehungen zum Gonokokkus ergeben sich im Einzelfall jedoch meist erst aus dem gleichzeitigen Bestehen oder auch längere Zeit zurückliegenden Überstehen einer gonorrhoischen Schleimhauterkrankung; sie sind deshalb stets erneut zu erforschen und sicherzustellen.

Es kann daher hier auch davon abgesehen werden, nun die einzelnen der oben erwähnten Erscheinungsformen in ihren klinischen und anatomischen

Äußerungen ausführlicher zu besprechen. Dies gilt sowohl für die ektogenen
als auch die hämatogenen Hautveränderungen; es gilt für die Klinik sowohl
als auch für die pathologische Histologie. Auch im Gewebsaufbau bieten die
eben genannten Veränderungen nichts für die Ätiologie Kennzeichnendes dar.
Eine Ausnahme bildet, wenn auch nur in beschränktem Maße, die vesiculo-
pustulöse, parakeratotische gonorrhoische Hautveränderung, die daher in ihrem
histologischen Aufbau und Entwicklungsgang kurz dargestellt sei.

Gonorrhoische Parakeratose.

Klinisch handelt es sich bei dieser Parakeratose auf gonorrhoischer Grundlage um
meist symmetrisch auftretende, namentlich an den Handflächen und Fußsohlen, häufig
in Form austernschalenartiger Auflagerungen vorhandene Gebilde von Stecknadelkopf- bis
oft Handtellergröße, deren Entwicklung aus Bläschen und Pusteln gelegentlich beobachtet
worden ist. Die Umgebung ist entweder unverändert oder entzündlich gerötet. Unterhalb der hornartigen Auflagerungen ist die Haut ebenfalls gerötet, manchmal auch flach
papulös erhaben, aber nicht nässend.

Die Veränderung tritt disseminiert, über die ganze Körperoberfläche verstreut, ferner auf Handfläche und Fußsohle und schließlich auch auf Glans
und Praeputium (ARNING) beschränkt auf. Vielfach kommen diese einzelnen
Formen zusammen vor.

Bei den frischen, vesiculösen oder herpetiformen Veränderungen, wie sie
u. a. von SOBOTKA, LÖHE beobachtet wurden, finden sich unter einer mit Leukocyten durchsetzten, aus parakeratotischen Hornzellen und eingetrocknetem
Serum gebildeten Kruste kleine Hohlräume, die meist zwischen den Zellen
des Stratum spinosum liegen, aber oft auch bis zum Stratum granulosum hinaufreichen. Sie enthalten neben geronnenem Exsudat polynucleäre Leukocyten
und abgestoßene Epithelien. Diese Höhlenbildung beginnt in der innersten
Schicht des Rete, und zwar mit dem Absterben der Kerne (BUSCHKE). Die
dadurch gebildeten Zellücken vergrößern sich rasch. Die Stachelzellen der
Umgebung sind durch ein interstitielles Ödem aufgelockert, an manchen Stellen
bis zu richtiger Spongiose. Der ganze ödematöse Bezirk wird von polynucleären
Leukocyten durchsetzt.

In der Cutis beschränkt sich die Veränderung auf das Stratum papillare
und subpapillare. Sie äußert sich hier als mäßiges Ödem, starke Gefäßerweiterung und perivasculare Infiltration. Die Zellherde bestehen aus Lymphocyten, gewucherten Bindegewebszellen, vereinzelten Leukocyten und Plasmazellen. Die Veränderung bleibt im ganzen Verlauf der Erkrankung auf diese
oberflächlichen Hautschichten beschränkt; sie gewährt dadurch oft einen
Anblick, der an die Bilder banaler ektogener Dermatitiden erinnert.

Bei länger bestehenden derartigen Herden bleibt diese Bevorzugung der
oberflächlichen Hautschichten erhalten. Die Zellinfiltration überschreitet nur
selten und in geringem Grade das Stratum subpapillare und bleibt dann auch
hier eng auf die unmittelbare Umgebung der Gefäße beschränkt. In der übrigen
Cutis findet man lediglich ein mäßiges Ödem, eine geringgradige Vermehrung
der Bindegewebszellen und vereinzelte polynucleäre Leukocyten. Als Hauptsitz der Erkrankung entpuppt sich auch hier der Papillarkörper. Die Papillen
sind in wechselndem Grade geschwollen; die einzelnen Bindegewebsfasern durch
das Ödem auseinandergedrängt, die elastischen Fasern sehr zart und nur schlecht
färbbar.

Auch zu diesem Zeitpunkt beherrschen die Epidermisveränderungen das Bild. Es handelt sich dabei um die Entwicklung von wechselnd großen Höhlen, die je nach dem Grade ihres Gehaltes an Eiterzellen mehr an Bläschen oder an Pusteln erinnern. Sie finden sich in sämtlichen Schichten der Epidermis, unter einer noch regelrecht verhornten oder bereits parakeratotischen Hornschicht, oder innerhalb der Stachelschicht. Diese wird in der Umgebung der Pusteln zum Teil ödematös aufgelockert (Spongiose), zum Teil aber, und dies ist namentlich am Boden derartiger Hohlräume der Fall, plattgedrückt. Im Blaseninhalt trifft man neben zerfallenden Leukocyten und Lymphocyten, neben Resten von kernhaltigen Hornzellen noch abgestoßene, oft auch ödematös aufgequollene Stachelzellen in wechselnder Zahl. Gelegentlich wurden auch kokkenartige, manchmal sogar gramnegative Gebilde beobachtet, ohne daß

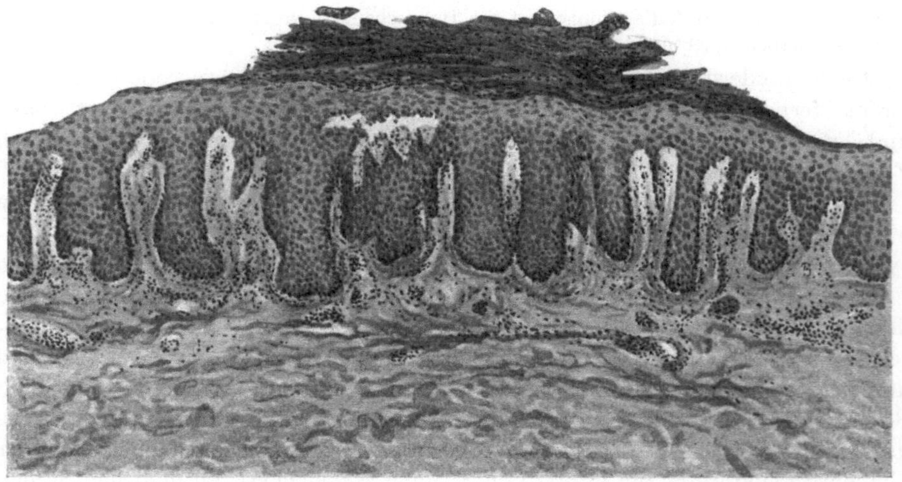

Abb. 149. **Parakeratosis gonorrhoica.** Umschriebene Parakeratose, Fehlen des Strat. granulosum, Höhlenbildung in der ödematösen, akanthotischen Stachelschicht. Ödem und mäßige Zellinfiltration im Stratum papillare. O = 208:1; R = 208:1. (Sammlung ARNING.)

man im Einzelfall mit Sicherheit für die Gonokokkennatur derselben hätte eintreten können.

Auch bei älteren, derben, parakeratotischen Herden, wie sie dem Bilde eigentlich den Namen gegeben haben (gonorrhoische hyperkeratotische Exantheme), fällt diese geringgradige Beteiligung der Cutis an den Veränderungen auf. Diese reichen nach dem Urteil der meisten Beobachter kaum über das Stratum papillare hinaus. Auch zu diesem Zeitpunkt besteht das stets nur lockere Zellinfiltrat lediglich aus polynucleären Leukocyten, Lymphocyten, Mastzellen, vereinzelten vermehrten Bindegewebszellen und Plasmazellen. Die Papillen sind stark ödematös, entweder plump und flach oder auch verlängert (Dermatitis papillaris hyperkeratotica: BAERMANN). Die Blut- und Lymphgefäße sind stets beträchtlich erweitert. Die Epidermisveränderungen stehen auch jetzt im Vordergrunde. Die Stachelschicht ist zum Teil erheblich verbreitert, von zahlreichen Mitosen durchsetzt, an anderen Stellen wieder verschmälert. Das intercelluläre Ödem erstreckt sich über die ganze Epidermis; es führt zur Auseinanderdrängung und Abflachung der einzelnen Zellen und auch hier zur Spongiose. Diese ist besonders deutlich am Rande der einzelnen Efflorescenzen, und zwar hauptsächlich in den oberen Epidermisschichten. Ein Stratum granulosum ist ebenfalls nicht nachzuweisen. An Stelle der Hornschicht findet sich eine Kruste, die gerade wie früher aus einer mehrschichtigen Lage parakeratotischer Hornzellen, geronnenem Exsudat und zerfallenden polynucleären Leukocyten besteht.

Die Epithelleisten sind teilweise außerordentlich lang ausgezogen, teilweise verbreitert oder verschmälert. Auch die erhaltene parakeratotische Hornschicht wird von zahlreichen polynucleären Leukocyten durchsetzt, die sich entweder gleichmäßig über den erkrankten Bezirk verteilen oder aber streifenförmig die Spalten zwischen den einzelnen Hornschichtlagen ausfüllen. An manchen Stellen bilden sie eine Art von kleinen Abscessen. Diese finden sich besonders ausgedehnt in den unteren Hornschichtlagen, während sie nach der Oberfläche zu seltener werden.

Bei Rückbildung der Efflorescenzen wird diese Leukocyteninfiltration allmählich geringer, die Eleidinschicht wird wieder sichtbar; über dieser findet man eine Reihe normal verhornter Zellen, denen die parakeratotischen Massen häufig nur noch locker aufgelagert sind.

Differentialdiagnose: Bei so gut wie allen in Betracht kommenden Erkrankungen ist eine Entscheidung bereits klinisch möglich. Es handelt sich dabei einmal um die rupioide krustöse Form der Psoriasis, zumal dann, wenn bei dieser, wie das bei den gonorrhoischen Parakeratosen ja häufig auch der Fall ist, arthritische Erscheinungen bestehen. Aber auch dort wird man stets typische Krankheitsherde finden. Ein gleiches gilt für die Rupia syphilitica, sowie schließlich die Impetigo herpetiformis, welche mit den vesiculösherpetiformen gonorrhoischen Exanthemen eine große Ähnlichkeit aufweisen kann.

Pathogenese: Ein Zusammenhang der eben beschriebenen Exantheme mit gonorrhoischen Schleimhauterkrankungen ist sehr wahrscheinlich, wenn auch ein endgültiger Beweis durch den Nachweis der Gonokokken in den Efflorescenzen bisher noch nicht erbracht worden ist. Dagegen gelang es in solchen Fällen wiederholt, Gonokokken in der Blutbahn (HODARA u. a.) sowohl als auch im Ausstrich derartiger Pusteln (SCHOTTMÜLLER) bakteriologisch nachzuweisen. Bei den parakeratotischen Formen wurden Diplokokken im Gewebe durch WADSACK beobachtet. Für die große Mehrzahl der Fälle dürften daher die Gonokokken selbst ursächlich in Frage kommen. Ob sie dabei durch die bloße Anwesenheit in den Hautgefäßen oder aber erst nach Zerfall durch ihre Toxine wirken, ist bis auf weiteres nicht zu entscheiden: Vielleicht bedarf es zum Zustandekommen derartiger Exantheme zunächst überhaupt einmal uroseptischer oder arthritischer Grundlagen, auf denen dann erst die Entwicklung des Krankheitsbildes möglich wird. Zu einem derartigen Schluß drängen Beobachtungen, wie die von BUSCHKE u. a., wonach auch bei Cystitiden bzw. Artrithiden auf nicht gonorrhoischer Basis derartige Hyperkeratosen beobachtet wurden.

Gegenüber den hämatogenen treten die **ektogenen gonorrhoischen Hautveränderungen** an Bedeutung und Häufigkeit erheblich zurück. Bei diesen handelt es sich um Erkrankungen der Haut, die entweder primär als Folliculitiden (JESIONEK, CRONQUIST u. a.), geschwürige oder phlegmoneartige Vorgänge durch unmittelbare Einimpfung der Gonokokken von außen her zustande kommen. Es ist dabei noch unentschieden, ob die Erreger als solche primär eine Hautläsion setzen können, oder ob es dazu — was mir nach der Biologie der Gonokokken wahrscheinlicher ist — einer, wenn auch sehr geringfügigen, vorhergehenden Epithelverletzung bedarf. Zum anderen können diese phlegmonösen und absceßartigen Einschmelzungen der Haut auch auf dem Lymphwege zustande kommen, sei es, daß sie von der Schleimhauterkrankung ausgehen, sei es, daß sie sich an die eben erwähnten primären gonorrhoischen Prozesse anschließen. Die rein gonorrhoische Natur dieser Veränderungen geht aus dem mikroskopisch wie auch kulturell geführten Nachweis der Gonokokken hervor. Das histologische Bild zeigt hingegen nichts Eigentümliches. In der unmittelbaren Umgebung der eitrigen Einschmelzung findet man die gewöhnlichen Veränderungen der akuten, mit Eiterzellen durchsetzten Infiltration, manchmal als primäre Folliculitis und Perifolliculitis. Die äußere Wandschicht derartiger gonorrhoischer Einschmelzungsherde ist Sitz einer mehr chronischen Entzündung, die sich vor allem durch den reichlichen Gehalt an ein- und auch mehrkernigen Plasmazellen auszeichnet, wie wir dies ja auch von den gonorrhoischen Salpingitiden her kennen (SCHRIDDE, WÄTJEN). Eine differentialdiagnostische Bedeutung kommt diesen Befunden jedoch nicht zu. Grundsätzlich den gleichen Gewebsaufbau zeigen die von KLINGMÜLLER, STÜMPKE u. a. beschriebenen gonorrhoischen Granulationen, die besonders am Anus und Damm auftreten.

γ) *Durch Meningokokken.*

Die durch den Meningococcus WEICHSELBAUM hervorgerufenen Hautveränderungen zeigen sowohl hinsichtlich der Häufigkeit ihres Auftretens als auch der Mannigfaltigkeit ihrer Erscheinungsformen große Verschiedenheiten (G. B. GRUBER). Man kann dabei örtlich umschriebene Hauterkrankungen in Gestalt von Ödemen im Gesicht und an den Extremitäten, pemphigusartige Blasenbildungen und schließlich als Erythema exsudativum multiforme und nodosum verlaufende Bilder unterscheiden. Als die häufigste Hautveränderung umschriebener Art gilt der Herpes labialis und facialis, der in etwa 60—70% der Fälle auftritt und im Gegensatz zu dem bei Pneumokokkenerkrankungen vorkommenden Herpes meist von großer Ausdehnung und mitunter auch auf den Rumpf und die Extremitäten verteilt ist (JOCHMANN), ja sogar als Herpes zoster gangraenosus beobachtet wurde (SCHERBER). Histologische Untersuchungen über diese umschriebenen Formen liegen nicht vor.

Bei den exanthemartig auftretenden generalisierten Formen kann man eine initiale Roseola, Petechien, gelegentlich von flecktyphusähnlichem Aussehen, dann aber auch ausgedehntere Blutungen, schließlich urticarielle, morbilliforme, scarlatiniforme und miliariaartige Exantheme antreffen.

Bei den hämorrhagischen Exanthemen handelt es sich oft nur um einige flohstichähnliche Fleckchen, daneben um purpuraähnliche Formen und schließlich auch größere Hautblutungen mit Bildung von bis zu handtellergroßen Blutblasen. Solche Exantheme können den meningitischen Erscheinungen lange Zeit vorausgehen oder überhaupt ohne diese verlaufen (MARTINI und ROTHE, SALOMON). Ob die von BITTORF und HUSSY einmal beobachteten multiplen kleinen ekzemartigen Hautherde wirklich mit dem Meningokokkus bzw. dessen Auftreten in der Haut zusammenhängen, scheint fraglich.

Der Diplococcus intracellularis oder Meningokokkus wurde im Jahre 1877 von WEICHSELBAUM beschrieben. Er findet sich mit großer Regelmäßigkeit im Nasen-Rachenraum der Kranken und in deren Lumbalflüssigkeit. Man darf annehmen, daß er beim Auftreten von Hautexanthemen stets, wenn auch nur vorübergehend, im Blute kreiste.

Die Meningokokken sind besonders gekennzeichnet durch die verschiedene Größe und Färbbarkeit der einzelnen Kokken in Ausstrichpräparaten von Kulturen. Sie liegen im Ausstrich der Lumbalflüssigkeit meist intracellulär und entfärben sich stets nach GRAM, genau wie die Gonokokken, denen sie auch morphologisch ähnlich sind.

Die geweblichen Veränderungen, welche bei Hautpetechien der epidemischen Genickstarre vorgefunden werden, sind durchaus nicht einheitlich. Man findet vielmehr bei der Untersuchung verschiedener Fälle durchaus wechselnde Grade der Gewebsveränderung, ohne daß diese dabei etwa der Schwere des einzelnen Falles stets entsprechen (PICK, FRAENKEL). Es handelt sich in erster Linie um Veränderungen am Gefäßapparat, wie sie als hyaline, zellige oder zellig-fibrinöse Thrombenbildung und entzündliche Wandinfiltration einzelner Präcapillaren auch bei verschiedenen anderen Hautaffektionen angetroffen werden. Nur in zwei Fällen fand sich eine Arterionekrose, deren Vorhandensein FRAENKEL in etwa als bezeichnend für eine Meningokokken-erkrankung der Haut ansieht.

Für die Untersuchung derartiger Exanthemherde ist eine tiefe Excision der erkrankten Hautschichten bis in die Subcutis notwendig, da sonst die schwersten Gefäß-schädigungen der Untersuchung entgehen können.

Das frische roseolaartige Exanthem zeigt histologisch außer einer Hyperämie der papillären und retikulären Gefäße lediglich leichte Blutaustritte (GRUBER). Diese werden auch häufig in stärkerer Ausdehnung, aber ohne irgendwelche andere zellige Beimengung angetroffen. Sie können jedoch im Gewebsschnitt auch dann einmal fehlen, wenn klinisch eine ausgesprochen hämorrhagische Natur der Erkrankung vorgelegen zu haben schien (FRAENKEL); eine Feststellung, die demjenigen, der häufiger Purpuraflecke untersuchte (nur Blutstockung), nicht überraschend erscheint, wenn auch eine Erklärung dafür noch aussteht. FRAENKEL fand in solchen Fällen von Meningokokkenexanthem an Stelle der scheinbaren Blutung am Übergang des Papillarkörpers in die Pars reticularis eine Gruppe von Capillaren, in denen es zu einer völligen Stase gekommen war. Im übrigen fehlten jegliche exsudativen Vorgänge; im Stasen-bereich zeigte sich lediglich eine sehr deutliche Schwellung der fixen Binde-gewebszellen. Neben derartigen Veränderungen kommen aber auch ganz reine, meist in der Pars reticularis cutis gelegene, aber auch in den Papillarkörper hineinreichende Blutextravasate vor, und schließlich finden sich auch ent-zündliche, zellig exsudative Prozesse, in deren Bereich die erkrankte Haut mit Leukocyten, spärlichen Lymphocyten und gelegentlich vereinzelten Mastzellen durchsetzt sein kann (FRAENKEL).

Die Gefäße selbst können von hyalinen oder zelligen Thromben verschlossen sein (BENDA, FRAENKEL). Daneben kann es auch zu einer entzündlichen Infiltration der Gefäßwand kommen, indem sich Leukocyten zwischen Media und Adventitia der kleinen Arterienästchen ansiedeln und gelegentlich über die Adventitia hinaus auch etwas auf die Umgebung über-greifen.

Auch auf schwerere Schädigungen der Gefäßwandungen hat FRAENKEL aufmerksam machen können. Er stellte in zweien der vier von ihm unter-suchten Fälle eine mehr oder weniger ausgedehnte Wandnekrose der Arterien, eine Arterionekrose fest, von der sämtliche Wandschichten betroffen waren. Innerhalb des nekrotischen Bezirks war jegliche Zeichnung verloren gegangen. Die Nekrose dehnte sich auch auf einen die erkrankte Arterie gegen das um-gebende Fettgewebe abgrenzenden Bindegewebszug aus. Die zu dem schwer geschädigten Arterienast gehörigen Vasa vasorum waren mit Leukocyten voll-gepfropft. Diese fanden sich auch zwischen Media und Adventitia im Bereich der gesund gebliebenen Hälfte der Arterie.

Von Epidermisveränderungen wird nur einmal eine beginnende Nekrose erwähnt (G. B. GRUBER).

Die Blutungen sind meist auf das Corium beschränkt. Sie sitzen bald oberflächlich, bald tief in den verschiedensten Schichten der Lederhaut, bisweilen auch im Unterhautfettgewebe (BENDA).

Besonders bemerkenswert ist dann noch der zuerst BENDA, dann PICK gelungene Nachweis von Meningokokken sowohl innerhalb der Arterienästchen als auch extravasculär in meningokokkenhaltigen Zellen (s. Abb. 150).

Differentialdiagnose: Vom epidemiologischen Gesichtspunkte aus kommt hauptsächlich eine Unterscheidung vom Fleckfieberexanthem in Frage,

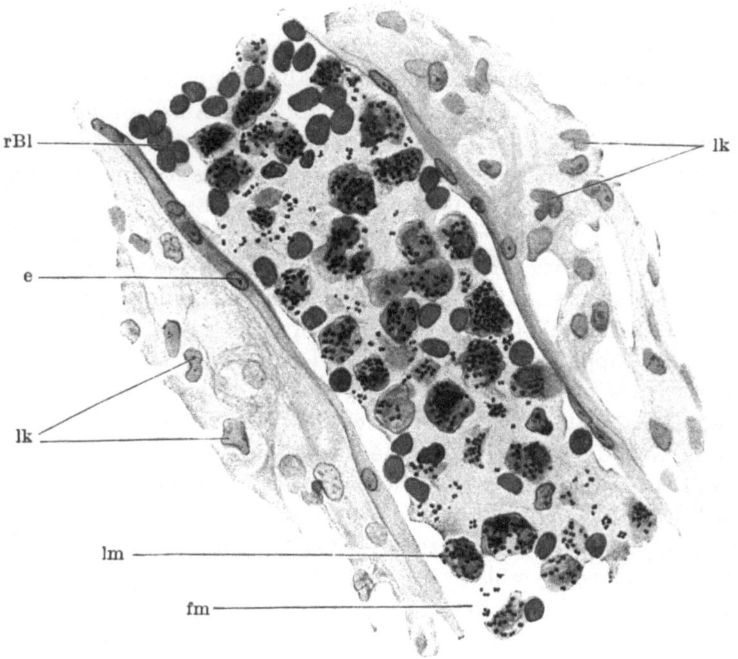

Abb. 150. Meningokokken, fm frei, lm innerhalb von Leukocyten in einer präcapillaren Hautarteriole bei petechialem Exanthem. e Endothelien; rBl rote Blutzellen; lk Leukocytenkerne des perivasalen Infiltrats. (Nach PICK.)

mit welchem die roseolaartigen, rasch petechial umgewandelten Meningokokkenexantheme eine große Ähnlichkeit haben können (SCHOTTMÜLLER, UMBER). Bei vorhandener Anamnese ist eine Unterscheidung leicht, da nach FRAENKEL bei der Meningitis cerebrospinalis das roseolaartige bzw. petechiale Exanthem mit dem Einsetzen der Krankheit, spätestens im Verlauf des ersten Krankheitstages, eintritt, was beim Fleckfieber niemals vorkommt. Ferner gestattet die Lumbalpunktion den Nachweis der Meningokokken. Aber auch histologisch ist eine Unterscheidung möglich. Beim Fleckfieber handelt es sich um zarte, fast ausnahmslos auf die Intima und die Endothelien beschränkte Wandnekrosen mit gleichzeitiger Quellung der geschädigten, oft pilz- oder knopfförmig in das Lumen vorspringenden Wandschichten; kommt es beim Meningokokkenexanthem überhaupt zu einer Wandnekrose, so ist das erkrankte Gefäß — meist handelt es sich um größere Gefäßstämmchen im

Gegensatz zu den kleinen Arterienästchen beim Fleckfieber — in seiner ganzen Dicke nekrotisch (FRAENKEL). Diese massive grobe Wandnekrose kann also, wenn sie vorhanden, zur Sicherung der Diagnose herangezogen werden; alle übrigen Veränderungen lassen jedoch in dieser Hinsicht im Stich.

Pathogenese: Die Entstehung der Hautveränderungen wird heute allgemein auf eine hämatogene Meningokokkeneinschwemmung in die Gefäße der Haut und eine dadurch hervorgerufene Gefäßwandschädigung zurückgeführt (BENDA, PICK, BITTORF, FRAENKEL u. a.). Es handelt sich also um eine echte hämatogen-metastatische Erkrankung.

δ) *Durch Pneumokokken.*

Hauterkrankungen durch Einwirkung des Diplococcus lanceolatus scheinen außerordentlich selten zu sein. Bei den bisher beobachteten handelt es sich um Veränderungen, deren Beziehung zum Pneumokokkus zu dem noch nicht völlig geklärt ist. Sie wurden bei Pneumonien bzw. Meningitiden beobachtet und als Roseolen und ähnliche Efflorescenzen beschrieben, die sich bisweilen hämorrhagisch umwandelten (STAEHELIN). Nur ausnahmsweise wurden herpesartige Hautaffektionen bei der nichtepidemischen Meningitis erwähnt (OPPENHEIM).

Der einzige mir bekannt gewordene Fall von petechialem Exanthem bei Pneumokokken wird von HIRSCH mitgeteilt. Der an Meningitis leidende Kranke bot ein den ganzen Körper mit Ausnahme des behaarten Kopfes einnehmendes Exanthem, das aus sandkornbis stecknadelkopfgroßen, blauroten, nirgends zusammenfließenden, nicht erhabenen hämorrhagischen Flecken bestand.

Der Pneumokokkus tritt in einer eigentümlichen Lanzettform in Gliedern von 4—6 Ketten auf, wobei immer zwei Kokken durch eine Kapsel umschlossen sind. Er ist nach GRAM darstellbar.

Histologisch waren in den Schnitten Blutungen nicht zu bemerken; es fanden sich lediglich eine Arterie mittlerer Größe mit verdickter Intima sowie prall mit Erythrocyten gefüllte Capillaren und Präcapillaren. Eine irgendwie entzündliche Veränderung der Gefäße oder ihrer Umgebung war nicht nachzuweisen; auch keine Bakterien.

HIRSCH faßt das Exanthem als ein rein toxisches auf und läßt die Frage unentschieden, ob es auf Rechnung der Meningitis oder der Pneumonie zu setzen sei; hingegen sieht er den Zusammenhang mit der Pneumokokkenerkrankung als gesichert an.

b) Hautentzündungen durch pathogene Bacillen.

a) *Durch den Bacillus pneumoniae* FRIEDLÄNDER.

Hauterkrankungen durch den FRIEDLÄNDERschen Kapselbacillus sind ebenfalls außerordentlich selten. Wenn man von dem dabei vereinzelt beobachteten Auftreten von Ikterus absieht (SCHLAGENHAUFER, REICHERT), handelt es sich um subcutane Hauteiterungen (FRAENKEL, BREINL), von denen mir nur eine einzige mikroskopische Untersuchung (E. FRAENKEL) bekannt geworden ist.

Der sog. Friedländerbacillus umfaßt eine ganze Reihe untereinander verwandter, aber zum Teil unterscheidbarer Arten. Er ist ein kurzes, unbewegliches kapselbildendes Stäbchen, mit allen Anilinfarben darstellbar und entfärbt sich nach GRAM.

Klinisch ist der Friedländerbacillus als Erreger septischer Allgemeininfektionen teils mit, teils ohne eitrige Metastasen bekannt geworden. Metastatische Hauterkrankungen gehören dabei zu den allergrößten Seltenheiten. Sowohl im Falle BREINL wie FRAENKEL lag nur ein einziger Erkrankungsherd an der Schulter vor. FRAENKEL weist darauf hin, daß sich dieser, klinisch als Furunkel gedeutete Krankheitsherd, schon makroskopisch durch den ganz eigenartigen, an die Beschaffenheit eines trüben Nasenschleims erinnernden Gewebssaft von dem gewöhnlichen Furunkel unterschied. Es fehlte jede Spur des beim Furunkel stets vorhandenen nekrotisch-eitrigen Bindegewebspfropfs; vielmehr lag eine prall entzündliche Infiltration des Gewebes vor, das mit jener merkwürdigen, schleimigen Substanz durchsetzt war.

Mikroskopisch erwies sich die Veränderung als eine rein eitrige, umschriebene Phlegmone, die in Form eines mit der Basis gegen die Fascie gerichteten, ziemlich breiten Keils an der Cutis-Subcutisgrenze lag. Sie bestand aus einer ziemlich dichten Leukocytenansammlung, welche die gequollenen Lamellen des kollagenen Gewebes auseinandergedrängt hatte. Das Infiltrat drang auch in die Knäueldrüsen ein, umschloß mantelartig die Gefäße und war an der Grenze von Unterhautgewebe und Fascie am stärksten entwickelt. Über dem erkrankten Bezirk war die Epidermis nekrotisch, von Eiterzellen durchsetzt. Neben den Leukocyten fanden sich hier mächtige Kugeln von Glykogen. In den Knäueldrüsen war letzteres im Gegensatz zu anderen metastatischen Hautaffektionen nicht nachzuweisen; dagegen enthielten manche Leukocyten Glykogen als feinste Tröpfchen im Protoplasma.

Die makroskopisch an Nasenschleim erinnernden Massen bestanden aus dichten, von einer schleimig-gallertartigen Masse umhüllten Leukocytenanhäufungen. Dieses mucinöse Gewebe umschloß gewaltige Schwärme in Haufen zusammenliegender Bacillen. Die Schleimhüllen waren miteinander verschmolzen und erwiesen sich bei polychromer Methylenblaufärbung als diffus rötlich gefärbte Massen, die das kollagene Gewebe infiltrierten. Auch die einzelnen Bacillen waren hier metachromatisch gefärbt. In den oberflächlicheren Schichten des Exsudats, wo sie weniger dicht und nirgends zu größeren Haufen vereinigt lagen, färbten sie sich hingegen blau und waren bisweilen etwas gekörnt. Sie ließen sich bis zum Übergang des eigentlichen Krankheitsherdes in das geschwollene, aber exsudatfreie Corium verfolgen. Innerhalb der Gefäße waren sie nicht festzustellen.

Diese eben beschriebene, fadenziehende mucinöse Substanz läßt sich bei den durch andere pyogene Bakterien verursachten Eiterungen nach Fraenkel niemals feststellen.

Fraenkel faßt die Veränderung als hämatogene auf, wenn auch die Krankheitserreger nicht innerhalb der Gefäße vorgefunden wurden, sondern stets frei im Gewebe lagen. Er begründet seinen Standpunkt damit, daß wiederholt während des Lebens die Krankheitserreger kulturell im Blute nachgewiesen wurden und daß sich ferner die ausgedehntesten Veränderungen mit den dichtesten Bakterienwucherungen in den tiefsten Subcutislagen vorfanden. Von dort aus sei der Prozeß gegen die Oberfläche vorgedrungen und habe zu umschriebener Nekrose der Oberhaut bzw. lamellöser Ablösung der oberen Schichten der Oberhaut geführt.

β) *Durch den Bacillus des Rhinoskleroms.*

Rhinosklerom.

Die schwere, äußerst langsam aber stetig fortschreitende und mit ausgedehnten Wucherungen der befallenen Nasen- und Rachenabschnitte einhergehende, aber stets örtlich beschränkte Erkrankung äußert sich klinisch in zu Beginn weicheren, später fast knorpelharten, unregelmäßig höckerigen, gegen die normale Umgebung scharf abgesetzten, blau bis blauroten, von feinsten Venen überzogenen oder auch völlig glatten, blaßgelben, kaum schmerzhaften Knoten. Sie sind stellenweise vom Epithel entblößt, mit gelbbraunen Borken bedeckt, haar- und drüsenlos, lassen aber im übrigen im ganzen Erkrankungsverlauf keinerlei Rückbildung erkennen. Die Erkrankung scheint meist von der Nasenschleimhaut auszugehen, greift nach außen auf die angrenzenden Gesichtspartien, nach innen auf die Nasen-Rachenschleimhaut, manchmal auch aufs innere Ohr, den Tränen-Nasenkanal, die Luftröhre und Bronchialschleimhaut über. Sie führt schließlich zur Verlegung der Luftwege durch einen kennzeichnenden Schrumpfungsvorgang, der die Wucherungen in eine gelblichrote bis sehnigweiße Narbe umwandelt.

Das histologische Bild ist in den verschiedenen Abschnitten eines Krankheitsherdes verschieden. Zu Beginn sehen wir ein nahezu rein plasmacelluläres, dann aus vereinzelt dazwischen gelagerten, später an Zahl überwiegenden, hydropisch degenerierenden Zellen aufgebautes Infiltrat. Schließlich finden sich derbe, kollagene Bindegewebswucherungen, je nach dem ein jüngerer oder älterer Krankheitsherd vorliegt. Das pathologische Geschehen spielt sich dabei nahezu ausschließlich im Bindegewebe ab. Die Epidermis wird fast lediglich passiv in Mitleidenschaft gezogen. Sie kann an einzelnen Stellen schon sehr früh durch

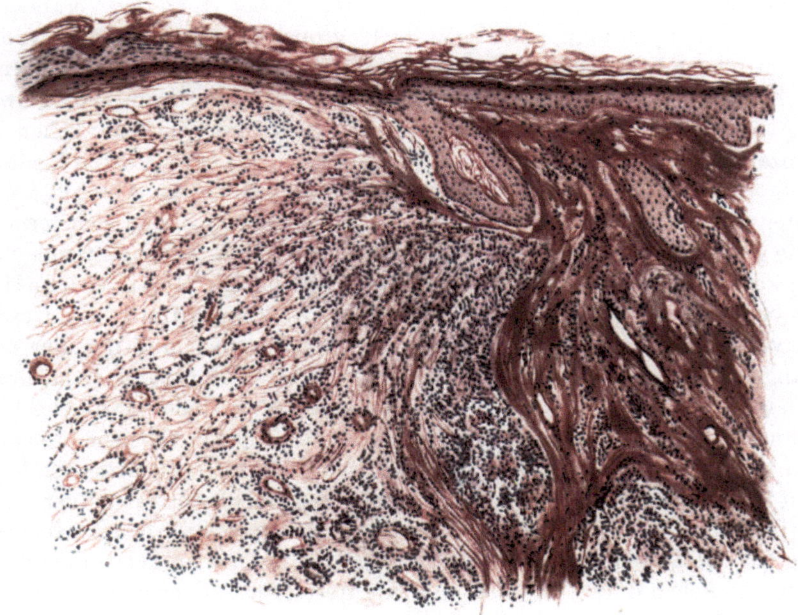

Abb. 151. Rhinosklerom. Übersichtsbild. Rechts älterer Krankheitsherd mit kollagener Bindegewebswucherung; in der Mitte jüngeres, vor allem plasmacelluläres Infiltrat, links älteres, aus hydropisch degenerierten Zellen aufgebaut. Erweiterte Gefäße; Atrophie der Epidermis. Polychromes Methylenblau, neutrales Orcein. O = 66:1; R = 60:1.

das nach oben drängende Granulationsgewebe verdünnt oder gar zerstört werden, so daß kleinste oberflächliche, mit Leukocyten durchsetzte Ulcerationen frei zutage liegen. Nur vereinzelt kommt es zu einer Wucherung, namentlich der interpapillaren Leisten; im allgemeinen führt der Prozeß allmählich zu einer Atrophie der Epidermis und ihrer Anhangsgebilde (Haare, Drüsen).

Die Gesamtdarstellung muß sich mehr an das Nacheinander, denn an das Nebeneinander der histologischen Veränderungen halten, wenn auch, wie Abbildung 151 zeigt, gelegentlich einmal auf einem Schnitt sämtliche Erscheinungsformen getroffen werden können. Im allgemeinen findet man in den jüngsten Erkrankungsherden zunächst nur ein aus großen und kleinen Plasmazellen und wenigen Lymphocyten aufgebautes Infiltrat, daß das Kollagen und Elastin auffasert, und von Unna mit Recht als „Typus eines Plasmoms" bezeichnet wurde. An einzelnen Stellen läßt sich deutlich eine perivasculäre Ansammlung dieser Zellen um die zahlreichen erweiterten Lymphspalten und Blutgefäße feststellen. An anderen Stellen hinwieder sind die Zellen völlig unregelmäßig in großen Herden über den erkrankten, von vielen erweiterten Blut- und Lymphgefäßen durchzogenen veränderten Hautbezirk zerstreut. Dieser reicht meist vom Papillarkörper bis zur Subcutis und enthält außerdem neben wechselnd reichlichen Lymphocyten verhältnismäßig nur wenige Bindegewebszellen. Diese finden sich häufiger am Rande des Infiltrats, zum Gesunden hin, wo denn auch das im Inneren in viele zarte Fasern aufgesplitterte kollagene und elastische Gewebe wieder mehr hervortritt.

In länger bestehenden Herden treten im Infiltrat neben den Plasmazellen und Lymphocyten einzelne oder mehrere, auf der Höhe der Veränderung in lichten Haufen zusammenliegende, helle große, kugelförmig geschwollene, von einem feinen Netzwerk durchzogene wabige Zellen auf, die sog. MIKULICZschen Zellen. Ihr vielfach pyknotischer Kern ist häufig an die Zellwand gedrängt. Diese Zellen, welche dem Gewebe durch ihren eigentümlichen Bau ein kennzeichnendes Gepräge verleihen, finden sich in gut entwickelten Knötchen fast stets vor, und zwar scheinen sie in den oberflächlichsten Abschnitten am häufigsten zu sein. Neben diesen hydropisch gequollenen finden sich fernerhin noch, die gewöhnlichen Plasmazellen ebenfalls um ein Mehrfaches an Größe überragende Zellen vor, in deren Inneren mehr weniger kugelige Gebilde hyaliner Natur vorhanden sind, die sich in wechselnder Größe auch frei in den Gewebsspalten vorfinden. Auf die Entwicklung dieser Zellformen muß nachher näher eingegangen werden, da sie für die formale Genese des entzündlichen Granulationsgewebes von Bedeutung sind. Innerhalb desselben findet man bei genauer Durchmusterung auch noch andere Zellformen. Zunächst die sog. Plasmamastzellen (KROMPECHER, MARSCHALKO), welche die charakteristischen Eigenschaften typischer Plasmazellen mit deutlicher stark färbbarer basophiler Granulierung ihres Protoplasmas verbinden. Auch in den gewöhnlichen Plasmazellen wurden Granulationen beschrieben (SCHRIDDE), die namentlich in Kernnähe auftreten. Daneben finden sich Zell- und Kernreste, die auf verschiedene Formen der Plasmazelldegeneration zurückzuführen sind. Es handelt sich einmal um Plasmazellen, deren vergrößerter und geschwollener Protoplasmaleib seine klare Färbbarkeit verliert, daher verschwommen und undeutlich wird, während der zunächst noch normale Kern schließlich ebenfalls zerbröckelt und zugrunde geht. Andere Plasmazellen zeigen — ohne daß in ihnen jedoch die für die Entstehung der MIKULICZschen Zellen verantwortlichen Kapselbakterien nachzuweisen wären — Vakuolenbildung, indem im Inneren des schwächer färbbaren Zelleibes anfangs vereinzelte, später zahlreichere, wechselnd große runde Hohlräume auftreten (vakuoläre Degeneration KROMPECHERS).

Neben den rein plasmacellulären oder den eben erwähnten gemischtzelligen Herden finden sich dann noch Gewebsabschnitte, in denen die Zellen völlig zurücktreten gegenüber einem dichten Gewirr derber, von wenigen Plasma- und Mastzellen, sowie langen schmalen Spindelzellen durchsetzter bindegewebiger Faserzüge. Sie haben durch ihre eigentümlich knorpelartige Härte der Erkrankung ihren Namen gegeben. Eine gegenseitige Abhängigkeit der Veränderungen läßt sich insoweit feststellen, als Zellinfiltration und Bindegewebswucherung nie gleichzeitig an derselben Stelle auftreten; man gewinnt vielmehr den Eindruck, daß die Kollagenhypertrophie den Abschluß einer Entwicklung bildet, die von den plasmacellulären über die hydropisch degenerierenden Zellinfiltrate schließlich, vielfach unter obliterierendem Verschluß einzelner Arterien, zu einer Art narbiger Ausheilung führt, als welche man die Bindegewebswucherung betrachten darf.

Die Anhangsgebilde der Haut, die zunächst von dem Infiltrat eng umschlossen werden, fallen demselben schließlich zum Opfer. Daher sind in den bindegewebigen Wucherungen Haar- oder Drüsenanlagen wenn überhaupt, so nur in spärlichen Überresten zu finden. —

Wenn die eben dargestellten Veränderungen durch ihr ungleichmäßiges, voneinander völlig unabhängiges Vorkommen in den einzelnen Abschnitten des skleromatösen Gewebes an und für sich auch nichts besonders Kennzeichnendes für dieses zeigen, so gestatten die oben kurz gestreifte hydropische, weniger die hyaline Zelldegeneration neben den in der Regel stets nachweisbaren v. Frischschen Kapselbacillen dennoch in jedem Falle eine sichere Diagnose. Daher muß auf die Entwicklung dieser Degenerationsformen hier näher eingegangen werden, wobei zu betonen ist, daß eine einheitliche Ansicht noch nicht besteht. Während ein Teil der Untersucher (Unna, Jadassohn, Schridde) beide Degenerationsformen aus den Plasmazellen hervorgehen läßt, andere (Marschalko) die hydropische nur auf Bindegewebszellen, — und zwar durch das Eindringen der Kapselbacillen — die hyaline nur auf Plasmazellen zurückführen möchte, nehmen neuere Untersucher (Alagna) insoweit einen vermittelnden Standpunkt ein, als sie die Mikuliczschen Zellen in erster Linie und hauptsächlich von gewöhnlichen Bindegewebszellen und nur einzelne von Plasmazellen ableiten. Bei dem immerhin seltenen Material ist eine Entscheidung nicht leicht durchzuführen. An Hand der mir von verschiedenster Seite zur Verfügung gestellten Schnitte muß ich jedoch feststellen, daß meist Bilder vorhanden waren, die eine andere Abstammung denn von den gewöhnlichen Bindegewebszellen für die Mikuliczschen Zellen unwahrscheinlich machten. Schriddes Annahme, daß diese Zellen durch Eindringen der Bacillen oder ihrer Toxine in Plasmazellen hervorgerufen werden, kann ich nicht bestätigen, wobei jedoch zugegeben werden mag, daß sich manchmal der Eindruck aufdrängt, als ob auch Übergänge von Plasma- zu Mikuliczschen Zellen vorkommen könnten. Bei der Schwierigkeit, die der Klärung des Ablaufs bestimmter Vorgänge aus einem Bilde jedoch entgegensteht, möchte ich eine Festlegung in diesem Sinne vermeiden, zumal mir ein Bacillennachweis in den Plasmazellen niemals gelungen ist.

Die Abstammung der Mikuliczschen Zellen von den Bindegewebszellen läßt sich hingegen an gut durchgefärbten und vor allem richtig differenzierten Schnitten leicht führen. Von den gewöhnlichen langgestreckten Bindegewebszellen mit ihrem großen längsovalen Kern über Zellen mit zwar vergrößertem, aber normalem Kern und vergrößertem und blaß gefärbten Protoplasmaleib, der im Inneren bereits kleinste Bacillenhäufchen in ihre Gloea eingebettet enthält, lassen sich alle Übergänge leicht erkennen, bis zu Zellen mit auffallend großem, rundem, sich mehr und mehr aufhellendem Protoplasmaleib mit feiner Netzzeichnung, in den zahlreiche Bacillen eingelagert sind und schließlich bis zu den typischen Mikuliczschen Zellen. Auf der Höhe der schleimigen Umwandlung sind die Zellen gut 3—5mal so groß wie die umgebenden großen Plasmazellen. Sie zeigen das schon erwähnte, mit polychromem Methylenblau metachromatisch, mit Mucikarmin schwachrot darstellbare, also schleimige (SCHRIDDE) dünne Maschenwerk, mit meist schon geschrumpftem und wandständigem Kern. Die schleimigen, von den Bacillen abgesonderten (?) Massen haben die Zellen zu einer einzigen großen, kugeligen Blase mit zunächst noch scharf abgesetzter Hülle aufgetrieben. Schließlich reißt diese Hülle ein, die Bacillen treten frei in die Lymphräume, entweder einzeln oder durch ihre Gloeamassen zu wechselnd großen Haufen zusammengeballt, von welchen einzelne manchmal noch an den Resten der Zellmembran hängen bleiben, bis diese schließlich völlig schwindet.

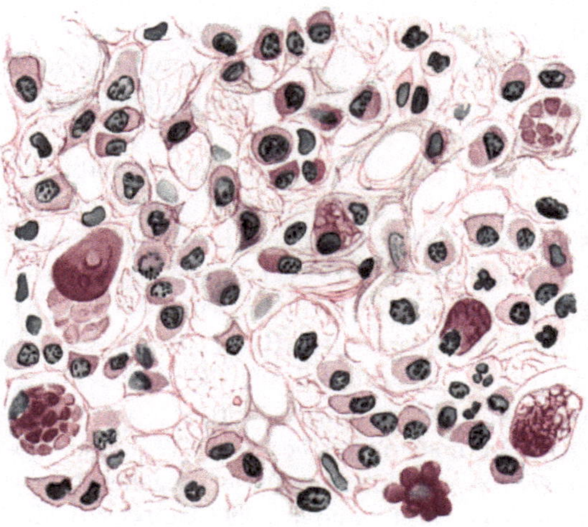

Abb. 152. Rhinosklerom. Entwicklung der „Schaumzellen" und hyalinen Kugeln. Polychromes Methylenblau, Saurefuchsin-Tanin. O = 1100 : 1; R = 1000 : 1. (Sammlung P. G. UNNA.)

Im Gegensatz zu den stets in größeren Verbänden auftretenden hydropischen Zellen treten die hyalin entarteten meist vereinzelt, seltener in kleineren Gruppen vereinigt auf.

Ein Zweifel an der Abstammung von Plasmazellen kann bei ihnen nicht aufkommen, da sich ihre Entwicklung in dieser Richtung leicht verfolgen läßt. Sie führt von dem ersten Auftreten vieler kleiner acidophil gewordener, ursprünglich neutrophiler Granula (SCHRIDDE) zu größeren kugeligen Gebilden, die miteinander verschmelzen, dann zu mehreren oder auch als eine große Kugel den Zelleib erfüllen, schließlich, diesen sprengend, zu freien, in Haufen von zweien oder dreien oder auch mehreren im Gewebe liegen und manchmal noch dem pyknotischen Kern oder seinen Resten angelagert sind. Nach ihrem Auftreten lassen sich die hyalinen Massen einteilen in frei liegende, meist runde, kleinere kugelförmige, oft in größerer Zahl in Doldenformen zusammenliegende oder weniger zahlreiche, aber größere intracellulär oder ebenfalls frei gelegene, mehr weniger kugelige oder aber — wenn sie den größten Teil der Zelle ausfüllen — sich gegenseitig platt drückende Gebilde. Sie sind alle homogen, strukturlos und entsprechen jenen Gebilden, die als „RUSSELsche Körperchen" bei vielen anderen chronisch entzündlichen Prozessen bekannt geworden sind.

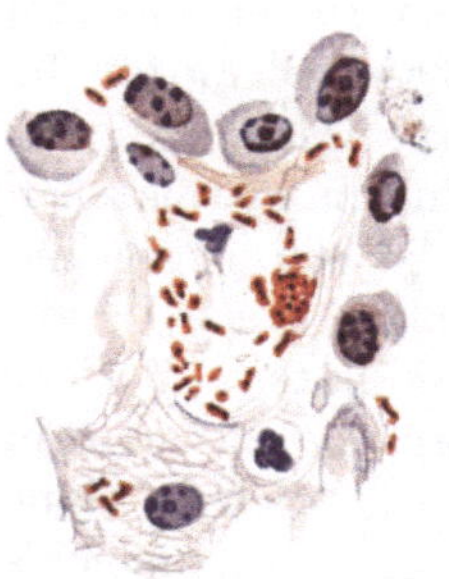

Abb. 153. Rhinosklerombacillen aus einem Hautherd. Polychrom. Methylenblau, Safranin, Anilin und Alaun. O = 1300 : 1; R = 1200 : 1. (Sammlung P. G. UNNA.)

Die Bacillen, die auch von mir niemals in anderen denn in den MIKULICZschen Zellen, vor allem nie in den Plasmazellen, auch nicht in den hyalin degenerierenden, gefunden wurden, treten nach dem Platzen jener Zellen auch frei im Bindegewebe auf, meist noch von einer wechselnd dichten, schleimigen Hülle umgeben. UNNA betont, daß in den Randabschnitten des Granulationsgewebes die Bacillen sich in erster Linie in den Lymphspalten vorfinden. Diese Beobachtung, auch von anderen Forschern bestätigt, berechtigt wohl zu der Annahme, daß eine Weiterverbreitung der Bacillen hauptsächlich auf diesem Wege erfolgt. Sie lassen sich besonders mit Anilinwassergentianaviolett und nachfolgender Behandlung mit Essigsäure, oder der WEIGERTschen Fibrinfärbung, sehr schön jedoch auch in der hier abgebildeten Färbung, sowohl im Schnittpräparat als auch in dem Gewebssaft des Rhinoskleroms und der regionären Lymphdrüsen äußerst reichlich nachweisen (s. Abb. 153).

Morphologisch sind es etwa 2—3 μ lange und 0,5 μ dicke, an den Ecken etwas abgerundete Stäbchen, die von einer schleimigen, ovoiden Kapsel umgeben und den FRIEDLÄNDERschen Pneumoniebacillen sehr ähnlich sind. Sie finden sich vereinzelt, zu zweien oder dreien, aber auch zu mehreren in Gloea eingebetteten Haufen von zahlreichen Bacillen, die den Leib der größeren MIKULICZschen Zellen ausfüllen. Diese Schleimmassen erscheinen im in Alkohol fixierten Präparat völlig homogen, bei Osmium-Sublimatfixation wurden in ihnen kleine Körnelungen nachgewiesen, ohne daß dabei zu entscheiden wäre, wie weit hier Kunstprodukte im Spiele sind.

Differentialdiagnostische Schwierigkeiten in histologischer Hinsicht bestehen bei dem eigenartigen Aufbau des Granuloms kaum, wenn auch den MIKULICZschen ähnliche Zellen bei Lepra, Rotz und Orientbeule gefunden wurden (DITTRICH). Durch die Darstellung des Erregers sind diese jedoch leicht voneinander zu trennen.

Pathogenese: Die formale Genese des Granulationsgewebes wurde bereits erörtert. Die kausale ist noch nicht restlos geklärt, namentlich nicht in ihrem Zusammenhang mit dem 1882 von v. FRISCH entdeckten Kapselbacillus, dessen Spezifität in jüngster Zeit von bakteriologischer Seite wieder in Zweifel gezogen wurde, da seine Trennung von den FRIEDLÄNDERschen Bacillen noch nicht sicher möglich ist. Die Bacillen des Rhinoskleroms lassen sich zwar leicht auf den gebräuchlichen Nährboden züchten, jedoch haben Tierüberimpfungen bisher zu einem einwandfrei positiven Ergebnis nicht geführt, ebensowenig direkte Impfversuche mit Skleromgewebe (KAPOSI).

Granuloma venereum.

Anhangsweise sei eine als Granuloma venereum bezeichnete, etwa seit 1896 bekannte tropische Hautkrankheit beschrieben, die man geneigt ist, in nahe Verwandtschaft zum Rhinosklerom zu setzen. Es handelt sich dabei um eine meist von den äußeren Geschlechtsteilen ausgehende venerische Erkrankung, die als Pustel oder Papel beginnt und alsbald in eine hellrote, leicht blutende Granulationsmasse zerfällt. Diese scheidet eine dünne, seröse, fadenziehende, eigenartig riechende Flüssigkeit aus, die den Erreger eingeschlossen enthält. Die Erkrankung kann zu tiefgreifenden Zerstörungen führen.

Histologisch beginnt die Veränderung mit einer kleinzelligen Infiltration in den oberflächlichsten Schichten der Lederhaut unter gleichzeitiger, in älteren Herden oft sehr starker Wucherung der Epithelleisten. Im weiteren Verlauf tritt zu dem lymphocytären Zellinfiltrat eine Wucherung der Fibroblasten und es kommt zur Entwicklung junger Gefäßsprossen, durch welche das ödematöse Gewebe den Charakter eines entzündlichen Granulationsgewebes annimmt. Wächst dieses Granulationsgewebe heran, so bildet sich die Epidermiswucherung wieder zurück. Durch Zellschwund wird die Oberhaut allmählich immer dünner, verfällt schließlich einer Atrophie, schwindet dann völlig, sodaß das Geschwür frei zutage liegt. Als besonders kennzeichnend für dieses venerische Granulom wird das Auftreten einer mehr oder weniger dicken Schicht von Plasmazellen unmittelbar unter der Epidermis bzw. im Geschwürsrande in den oberen Teilen des Coriums beschrieben. Innerhalb dieser Infiltration schwindet das kollagene und elastische Gewebe. In älteren Krankheitsherden läßt sich ein Verfall dieser Plasmazellherde beobachten; an ihre Stelle tritt ein zunächst zellreiches, dann zellarmes Bindegewebe: die Vernarbung und damit die Ausheilung ist eingetreten. Diese bleibt jedoch stets auf umschriebene Bezirke beschränkt, während an anderen Stellen die Erkrankung gleichzeitig fortschreitet.

Die Ätiologie der Erkrankung ist noch umstritten. Es kommen meist intracellulär, häufig in Bindegewebszellen oder Leukocyten eingeschlossen, seltener extracellulär gelegene Organismen vor, die von einer Kapsel umgeben sind und meist in Zoogloea-Massen eingebettet sind. Zunächst hielt man sie für Protozoen, die den Chlamydozoen oder Leishmanien nahe stehen sollten.

Sie finden sich in großen Mengen in den fortschreitenden, spärlicher in den stationären Krankheitsherden. Heute hält man diese Gebilde für Kapselbakterien, die dem Sklerombacillus, dem FRIEDLÄNDERschen Pneumoniebacillus, dem Bacillus aërogenes nahestehen und bezeichnet sie als Calymmatobacterium granulomatis. Sie sind schwer färbbar, entfärben sich nach GRAM. Nach GIEMSA färben sich die Bakterien dunkelviolett bis schwarzrot, die Kapsel kräftig hellrosa.

Differentialdiagnostisch hilft der Nachweis der Kapselbakterien zur Unterscheidung von Ulcus molle phagedaenicum, von Lues, Tuberkulose und Lepra, von Ulcus tropicum, Framboesie, Sporotrichose und Blastomycose.

γ) *Durch Milzbrandbacillen.*

Milzbrand (Anthrax).

Die klinischen Erscheinungen der Milzbrandinfektion der Haut treten in zwei verschiedenen Formen auf; die häufigste, der Milzbrandkarbunkel (Pustula maligna) entwickelt sich nach einer Inkubation von einigen Tagen als leicht gerötete, schnell papulös werdende juckende Efflorescenz und tritt meist an den unbedeckten Körperstellen auf. Aus der Papel entsteht sehr schnell eine erbsen- bis bohnengroße Pustel, die alsbald platzt oder auch eintrocknet. Die Mitte des Krankheitsherdes ist dann bereits eingesunken; sie ist nach wenigen Tagen mitsamt der darunter liegenden Haut zu einem schwärzlichen, nekrotischen Schorf umgewandelt, der sich dann langsam vergrößert und stets von einem geröteten und ödematösen Bezirk umgeben bleibt. Der so entstandene Milzbrandkarbunkel kann sich unter Bildung neuer Bläschen am Rande des Schorfes weiter ausbreiten, unter gleichzeitiger schmerzhafter Schwellung. Die Bläschenbildung kann in einzelnen Fällen auch ausbleiben. Die regionären Lymphdrüsen sind meist vergrößert und druckempfindlich, das Allgemeinbefinden erheblich gestört. Nach etwa einer Woche wird der nekrotische Bezirk durch eine demarkierende Entzündung von der Umgebung gelöst und abgestoßen; es bleibt eine bald vernarbende Geschwürsfläche zurück. Die Infektion ist abgeheilt; in selteneren Fällen führt sie unter hämatogener Ausbreitung zum Tode.

Die zweite Form, das Milzbrandödem, besteht in einer diffus-teigigen, zunächst blassen, später roten Schwellung. Auf ihr entstehen häufig serös-hämorrhagische Bläschen, nach deren Platzen mit der Entwicklung kleiner Furunkel bzw. Karbunkel manchmal ein dem primären Milzbrandkarbunkel ähnliches Bild vorhanden sein kann. Eine strenge Trennung der beiden Formen läßt sich nicht immer durchführen.

Der Milzbrandbacillus (Bacillus anthracis), 1855 von POLLENDER zuerst gesehen, in seiner pathogenetische Bedeutung von DAVAINES und von R. KOCH erkannt, ist ein an den Enden scharf abgesetztes, verhältnismäßig großes Stäbchen, das unter erschwerten Wachstumsbedingungen Sporen von großer Widerstandsfähigkeit bildet. Der Bacillus ist nach der GRAMschen Methode darstellbar.

Histologisch entspricht dem Milzbrandödem eine zellig-seröse Durchtränkung der ganzen Haut, die fleckweise hämorrhagisch infarciert und gelegentlich auch gangränös zerfallen sein kann. Das Ödem kommt wahrscheinlich durch ein Fortwandern der Bacillen in den Lymphgefäßen der Haut zustande, wo sie meist in reichlicher Menge nachweisbar sind (UNNA).

Beim Milzbrandkarbunkel findet man die Bacillen in Form mehr oder weniger scharf abgesetzter oder aus unregelmäßigen Haufen und Strängen zusammengesetzter Massen im Stratum papillare und im Corium. Bereits in den jüngsten Bläschen kommt es dabei zu einem Ausschwärmen der Erreger sowohl in die darüber gelegene Epidermis, als in die ödematöse, im übrigen aber zunächst nicht veränderte Umgebung.

Schon bei der Entstehung der primären Bläschen führt eine mächtige Erweiterung der Blutgefäße, zusammen mit dem starken interstitiellen Ödem,

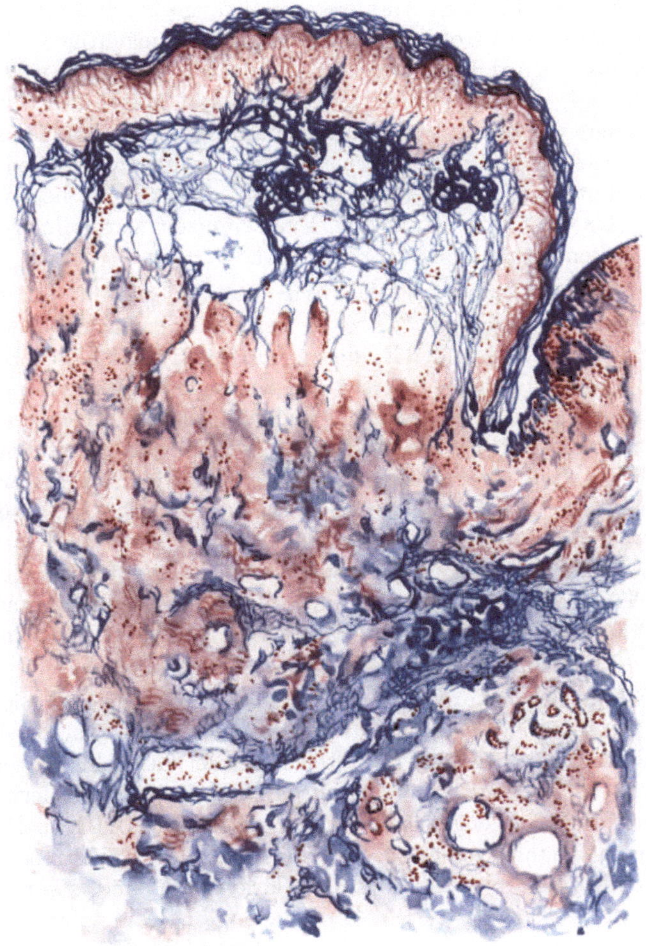

Abb. 154. Milzbrandkarbunkel. (♂, 25 jähr., Unterarm, volar.) Ödematöse Randzone. Abhebung der vakuolisierten Epidermis durch ein fibrinöses Exsudat, das sich auch auf das Corium erstreckt. Starke Erweiterung der z. T. thrombosierten Gefäße. Mäßige Zellinfiltration. Weigert's Fibrinfärbung. O = 66:1; R = 60:1.

zu einer erheblichen Schwellung des ganzen erkrankten Abschnitts. Das Bindegewebe ist dabei von einem ausgedehnten fibrinösen Netzwerk durchzogen, das sämtliche Lymphgefäße und Venen der Haut frühzeitig verschließt, während die Arterien anfangs noch frei bleiben (Unna). Diese fibrinöse Exsudation ergreift nicht nur die Cutis, sondern auch die ganze Subcutis und kann sogar in das interstitielle Bindegewebe der quergestreiften Muskulatur vordringen. Das kollagene und elastische Gewebe ist zu diesem Zeitpunkt, wenn man von der Auflockerung durch das Ödem absieht, im übrigen kaum verändert. Auch die Bindegewebszellen sind erhalten, werden jedoch bereits von einer ausgedehnten Leukocytenansammlung überdeckt. Diese leukocytäre Zellinfiltration entspricht in ihrer Ausdehnung dem ödematös veränderten Bezirk; sie führt jedoch nicht zur Bildung eines eigentlichen Abscesses, sondern bleibt auf einzelne umschriebene Haufen und Stränge beschränkt. Zu Beginn der Veränderung findet man trotz der oben geschilderten mächtigen Entwicklung des Bacillenrasens innerhalb der polynucleären Leukocyten keine Bacillen, ein Befund, der namentlich in Hinsicht auf METSCHNIKOFFs Phago-cytenlehre besonders viel betont wurde. Auch dann, wenn die Bacillen sich durch eine schlechtere Färbbarkeit als absterbend oder bereits abgestorben erkennen lassen, sind sie innerhalb der Leukocyten nicht anzutreffen, liegen vielmehr frei im Gewebe (UNNA, PALM, ZIEGLER). Nur vereinzelt wurde ihr Vorkommen innerhalb von Zellen beschrieben (LEWIN, KARG).

Bei der Weiterentwicklung zur Milzbrandpustel nimmt das Ödem des Papillarkörpers stärkere Grade an. Es reicht weit über den eigentlichen Bacillen-herd hinaus; ihm entspricht in der Epidermis eine multilokuläre Bläschen-bildung, die sowohl auf eine interstitielle Flüssigkeitsansammlung als eine kolliquative Degeneration der einzelnen Zellen zurückgeführt werden kann. Dabei bleibt bemerkenswerterweise die Grenze des Epithels gegen den Papillar-körper deutlich erhalten; die Epidermisdecke wird lediglich in ihrer Gesamt-heit durch das Ödem vom Papillarkörper abgehoben. Die ganze ödematöse Höhlenbildung wird von einer Reihe senkrecht aufsteigender und in parallelen Bündeln verlaufender bindegewebiger bzw. epithelialer Stränge durchzogen, wodurch eine Fächerung zustande kommt, die der Maschenbildung bei der Pockenpustel ähnlich sein kann. Im Gegensatz zu dieser fehlt jedoch hier die dort stets vorhandene ballonierende Degeneration (UNNA).

Die Entwicklung des Ödems ist nun durchaus nicht gleichmäßig. Einmal überwiegt das suprapapilläre Ödem, über welches die abgeflachte Epidermis unverändert hinwegzieht; an anderen Stellen wieder herrscht die epidermale Bläschenbildung vor, während das Stratum papillare kaum verändert erscheint. Beide Vorgänge kann man eng nebeneinander antreffen. Die Bacillen finden sich zu diesem Zeitpunkt auch in den Bläschen der Epidermis sowie den ödematösen Hohlräumen oberhalb des Papillarkörpers, und zwar reichlicher in den Rand- wie in den mittleren Abschnitten. Diese letzteren fallen als-bald einer völligen Nekrose anheim, um dann durch Demarkation abgestoßen zu werden.

Auffallenderweise bleiben die Hautanhangsgebilde von Bacillen völlig frei, auch die Zellansammlung ist in ihrem Bereich gering.

Differentialdiagnose: Das klinische Bild des Hautmilzbrands ist so kenn-zeichnend, daß eine besondere Besprechung nicht notwendig erscheint, zumal der Nachweis der Bacillen leicht zu führen und mit Rücksicht auf den Heil-verlauf eine Biopsie nicht in Frage kommen sollte.

Pathogenese: Die Ansteckung erfolgt durch unmittelbare Einimpfung des Erregers in die Haut und zwar meist in Sporenform. Für die Entwicklung des Ödems hat man die massenhafte Bacillenansammlung, die durch diese hervorgerufene serofibrinöse Entzündung bzw. Thrombose der Gefäße verantwortlich gemacht. Mit Rücksicht auf die die Milzbrand-infektion stets begleitenden schweren Allgemeinerscheinungen, die auch ohne Milzbrandbacillenausschwemmung in die Blutbahn auftreten, muß man an eine Giftwirkung des Bacillus denken. Allerdings ist über die Natur dieser giftig wirkenden Stoffe Genaueres nicht bekannt.

δ) *Durch den Influenzabacillus* (Pfeiffer).

Hauterkrankungen bei Grippe.

Die Hautveränderungen zu Beginn grippöser Erkrankungen beschränken sich im wesentlichen — wenn man von den dabei häufiger auftretenden Herpesaffektionen absieht — auf vereinzelte erythematöse und urticarielle Exantheme, die in der Hauptsache im Zusammenhang mit Darmstörungen beobachtet werden. Im späteren Verlauf der Erkrankung kommen alle möglichen Exanthemformen vor: roseolaartige, variolaartige, scarlatiniforme, morbillforme, fleckfieberähnliche, papulo-maculöse, bullöse, Erythemaexsudativum multiforme und auch nodosum-ähnliche. Die Exantheme sind sehr flüchtig, neigen jedoch zu Rezidiven.

Differentialdiagnostisch kann namentlich bei Kindern die Unterscheidung vom Scharlach Schwierigkeiten machen, zumal auch bei Grippeexanthemen Abheilung mit Schuppenbildung vorkommt. Masernähnliche Exantheme sind manchmal um so schwerer von echten Masern zu trennen, als nach Asal-Falk bei an Grippe erkrankten Kindern an der Wangenschleimhaut Flecke vorkommen können, die von den Koplikschen nicht zu unterscheiden sind. Hämorrhagische Exantheme, wie sie von Janowsky, Oberndorfer u. a. beschrieben wurden, treten meist nur bei schwersten Formen auf.

Histologisch bieten diese Ausschläge ein wechselndes Bild. Häufig läßt sich im Mikroskop ein Bluterguß nicht feststellen; man findet statt dessen nur die stark erweiterten und gefüllten Capillaren, wie man das auch von anderen metastatischen Dermatosen her kennt (Leichtentritt und Schober). In anderen Fällen wieder kommt es zu Gefäßwandschädigungen, die dann zu Blutungen von wechselnder Ausdehnung führen.

Über das im Anschluß an die Grippe vereinzelt vorkommende Scleroedema adultorum (Buschke) mit Nervenveränderungen (E. Hoffmann) s. d.

An den Schleimhäuten wurden Enantheme, zum Teil hämorrhagischer Art, sowie Geschwürsbildungen beobachtet. Besondere histologische Kennzeichen bieten auch diese Veränderungen nicht. (Näheres hierüber s. Schumacher und Moncorps: Zentralbl. f. Haut- und Geschlechtskrankheiten Bd. 11.)

ε) *Durch Pestbacillen.*

Hautveränderungen durch Pestbacillen wurden bei den einzelnen Epidemien in verschiedener Ausdehnung und Häufigkeit beobachtet. Bekannt ist aus der Geschichte der großen Pestepidemien des Mittelalters das Auftreten ausgedehnter Hautblutungen, die als stecknadelkopf- bis erbsengroße, dunkelrot bis schwarze Flecke, besonders am Rumpf und an den oberen Extremitäten beschrieben wurden. Albrecht und Ghon konnten in den Blutungen Pestbacillen nachweisen und fassen jene daher als metastatisch bedingt auf.

Vereinzelt wurde ein generalisiertes, vesiculo-pustulöses Exanthem beobachtet, das aus Pusteln und Bläschen bestand, die auf entzündlich gerötetem Boden disseminiert über den ganzen Rumpf verstreut waren (Teissier, Gastinel und Reilly). Auch in diesen Fällen waren Pestbacillen sowohl in den Blasen als auch in dem darunter gelegenen nekrotischen Gewebe nachzuweisen. Die histologischen Veränderungen (perivasculäres Rundzelleninfiltrat im Stratum subpapillare, Ödem des Papillarkörpers und der Epidermis mit Akanthose, Spongiose und Blasenbildung) waren durchaus nicht kennzeichnend.

Auf metastatischem Wege kommt es höchstwahrscheinlich auch zur Entstehung der sog. Pestkarbunkel, welche früher wohl fälschlicherweise als Eingangspforten der Erkrankung angesehen wurden. Es handelt sich dabei um bis zu markstückgroße, schmerzhafte, dunkelrotgefärbte Hautknoten, über denen die Epidermis in Bläschen abgehoben wird. Nach deren Platzen entleert sich eine trübe, massenhaft Bacillen enthaltende, blutig-seröse Flüssigkeit. Inmitten des blauroten, vom bloßliegenden Corium gebildeten Geschwürsgrundes entsteht ein umschriebener schwarzer Schorf, in dessen Umgebung der Geschwürsrand wallartig aufgeworfen, die Haut ödematös geschwollen erscheint.

Für die Frage der Bedeutung der Haut als immunisierendem Organ ist vielleicht die Feststellung von Wert, daß derartige Fälle zu den prognostisch günstigeren zählen.

ζ) *Durch Typhus- und Paratyphusbacillen.*

Die Hautveränderungen bestehen aus blaßroten, punktförmigen, später rundlichen oder ovalen Roseolen, die zu Beginn der zweiten Krankheitswoche auf der unteren Hälfte des Rumpfes, seltener auf den Oberschenkeln, den Armen, am Hals und im Gesicht auftreten. Sie pflegen nach etwa 8 Tagen abzublassen; eine blaß gelbgrüne Verfärbung läßt jedoch den Sitz der Roseolen noch einige Zeit erkennen. Gelegentlich treten in ihnen Blutungen auf (STRÜMPELL u. a.); ganz vereinzelt werden weizenkornähnliche, länglichovale, leicht glänzende Knötchen (DIETELsches Typhusexanthem) beobachtet. In manchen Fällen kann eine hämorrhagische Diathese das initiale Typhusexanthem flecktyphusähnlich gestalten (CURSCHMANN); auch purpura-, masern- sowie scharlacharige Exantheme (WENDEL,

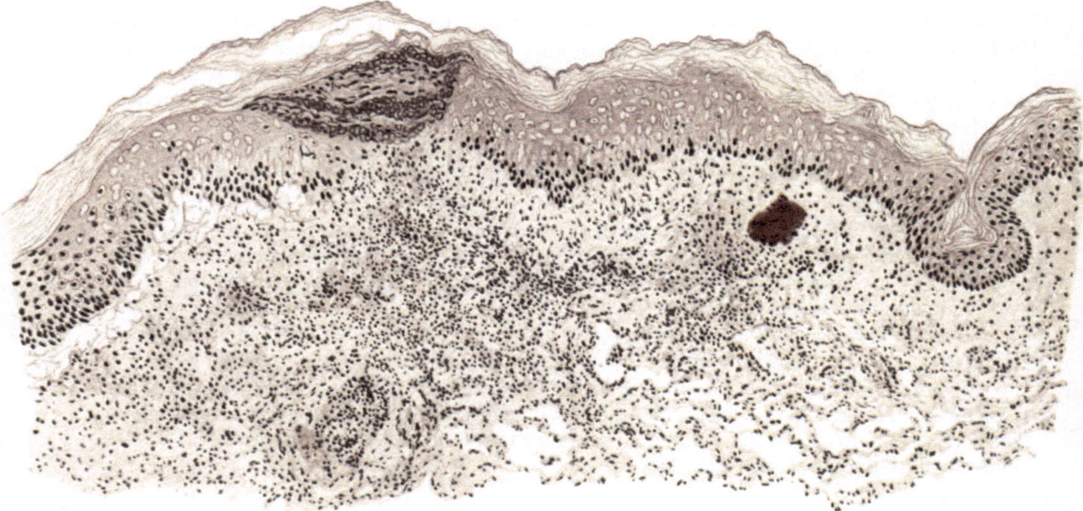

Abb. 155. Paratyphus-B.-Roseole. (12 Stunden bei 37⁰ in steriler physiologischer Kochsalzlösung bebrütet.) Epithelnekrose, Parakeratose, Spaltraumbildung, (roter) Bacillenhaufen im Papillarkörper, zellige Infiltration im oberflächlichen Corium. O = 66:1; R = 66:1. (Sammlung POEHLMANN.)

NEUMANN u. a.), bullöse Hautveränderungen wurden beobachtet. Der Vollständigkeit halber sei erwähnt, daß scharlachähnliche Exantheme auch nach Typhus- und Choleraschutzimpfungen auftreten können (FRIEBOES).

Außer diesen Exanthemen kann der Typhusbacillus Eiterungen hervorrufen, die gelegentlich an richtige Furunkel (BENNECKE) und Folliculitiden (SINGER), Achselhöhlenabscesse (FISCHL) erinnern. Zu ihrem Zustandekommen bedarf es allerdings stets einer vorhergehenden Gewebsschädigung (HESS).

Weitere bei Typhuskranken beobachtete Exantheme urticarieller, erythematöser und anderer Art haben sicherlich mit dem Typhus als solchem nichts zu tun.

Der 1880 von EBERTH entdeckte und von KOCH in den Organen von Typhusleichen erstmalig nachgewiesene Typhusbacillus ist ein kurzes, plumpes, lebhaft bewegliches geiseltragendes Stäbchen. Nach der GRAMschen Methode ist es nicht darstellbar. Beim Paratyphus, der ätiologisch ein vom Typhus streng zu trennendes Krankheitsbild hervorruft (SCHOTTMÜLLER, 1900), unterscheidet man den Paratyphusbacillus A oder acidumfaciens vom Paratyphusbacillus B oder alkalifaciens, von welchen der letztere praktisch eine sehr viel größere Bedeutung hat wie der erstere.

Der Paratyphusbacillus B ist ein lebhaft bewegliches Stäbchen mit seitenständigen Geißeln und hat mit einer ganzen Reihe von Bakterienstämmen morphologisch und kulturell so viel Übereinstimmendes, daß sich feinere Unterscheidungen nur mit Hilfe von biologischen Reaktionen feststellen lassen. Er ist so groß wie der Typhusbacillus und wie dieser nach GRAM nicht färbbar. Der Paratyphusbacillus A steht dem Typhusbacillus nahe (SCHOTTMÜLLER).

Die histologischen Veränderungen, wie sie durch die verschiedenen vorstehend besprochenen Erreger in der Haut hervorgerufen werden, stimmen in ihrem geweblichen Aufbau völlig überein (FRAENKEL, POEHLMANN). Sie finden sich in Gestalt perivasculärer, auf das Stratum papillare und subpapillare beschränkter, entzündlicher Infiltrate. Diese erhalten ihr besonderes Gepräge durch die bei entsprechendem Vorgehen in ihrem Bereich stets nachweisbaren Typhusbacillenhaufen.

Die Epidermisveränderungen treten demgegenüber an Bedeutung völlig zurück; ihre Ausdehnung wechselt je nach der Stärke der Bacillenansiedlung und geht im großen ganzen den Veränderungen im Corium parallel. Sie äußern sich in einem verschieden

Abb. 156. Paratyphus-B.-Roseole. (Vorbehandlung wie 155.) Paratyphusbacillen-Kolonisation. Degeneration der Zellen der Umgebung. (Sammlung POEHLMANN.)

starken intracellulären Ödem, das zu umschriebener Verflüssigung der Stachelzellen führt (Altération cavitaire LELOIRS) und damit zur Bildung kleiner Vakuolen. Durch Zusammenfließen mehrerer kann es zur Bildung größerer Hohlräume kommen. Ob die so entstehenden umschriebenen Epithelnekrosen als primäre aufzufassen sind (POEHLMANN) oder ob es sich dabei um eine sekundäre Folge der Cutisveränderungen handelt (FRAENKEL) ist noch strittig. Auf alle Fälle sind ausgedehntere Nekrosen selten. Hingegen findet sich relativ häufig eine Parakeratose, die zusammen mit austretendem Exsudat eine oberflächliche feine Kruste bildet.

Überall dort, wo die Zellansammlung des Coriums stärkere Grade annimmt und an die Epidermis heranreicht, findet sich stets eine wechselnd starke Durchsetzung der Epidermis mit diesen entzündlichen Zellelementen, die dann auch in den parakeratotischen Schuppen oder subcornealen Bläschen angetroffen werden.

Die Epidermis-Cutisgrenze ist infolge des Ödems verstrichen; der Papillarkörper abgeflacht. Gelegentlich kann das Exsudat über den Spitzen einzelner Papillen auch hier zur Bildung kleinster Spalträume führen, ein Befund, der sich allerdings viel häufiger bei bebrüteten Roseolen und hier auch in stärkerem Ausmaße vorfindet. Es handelt sich bei dieser Bebrütung um jenen von FRAENKEL erstmalig angegebenen Kunstgriff, mit dessen Hilfe es gelingt, in frisch excidierten Typhusroseolen durch 12—24 stündige Behandlung in

26*

Nährbouillon bei 37⁰ eine **Anreicherung**, d. h. eine Vermehrung der **Typhusbacillen** in den Roseolen zu erzielen.

Papillarkörper und **obere Cutis** sind durch das Ödem angeschwollen, die Lymphspalten erweitert. Die kollagenen Fasern erscheinen zunächst nur aufgelockert, später jedoch manchmal zerrissen, aufgequollen und in Fibrillen zerfasert, ja das ganze kollagene Gewebe kann schließlich in eine schwach gefärbte homogene Masse umgewandelt sein. Auch das elastische Gewebe erleidet ähnliche Umwandlungen; im Bereiche der zelligen Infiltration kann es sogar völlig zugrunde gehen (POEHLMANN).

Die eben besprochenen Veränderungen beschränken sich in der Regel auf das Stratum papillare und subpapillare. Nur vereinzelt begleitet ein perivasculärer Zellmantel ein Hautgefäß in das tiefere Corium.

Über den Aufbau der erwähnten Zellinfiltrate sind die Meinungen noch geteilt. FRAENKEL, dem wir die ersten systematischen histologischen Untersuchungen von Typhus-

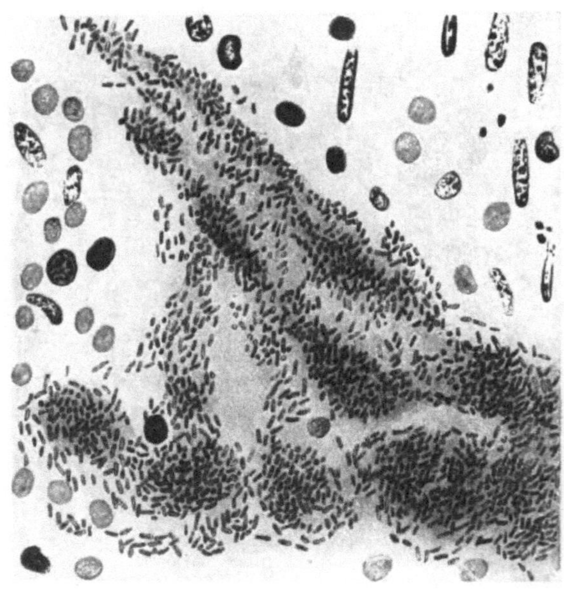

Abb. 157. **Typhus-Roseole.** (Bebrütet.) Bacillenherd in der Haut.
(Sammlung E. FRAENKEL.)

roseolen verdanken, spricht die an der Zusammensetzung der Entzündungsherde beteiligten Zellen in erster Linie als fixe Gewebszellen und deren Abkömmlinge an, zu denen sich eine geringgradige Vermehrung der adventitiellen und periadventitiellen Zellen im Bereich der Präcapillaren des Erkrankungsherdes geselle. POEHLMANN, der in einer ausführlichen Bearbeitung die Veränderungen monographisch dargestellt hat, betont demgegenüber den großen Formenreichtum der Infiltrate, die er als richtiges Granulationsgewebe bezeichnet, das aus den verschiedensten Zellformen aufgebaut sei. Neben ausgewanderten Blutlymphocyten in allen Stadien der Entwicklung bis zu den Polyblasten, beschreibt er Histiocyten (ASCHOFF-KIYONO), polynucleäre Leukocyten, Mastzellen, Plasmazellen und schließlich Fibroblasten. Er mißt dabei dem Vorkommen und der lebhaften Wucherung der Gewebshistiocyten insofern eine besondere Bedeutung zu, als sie in gleicher Form auch in anderen typhös erkrankten Organen vorgefunden werden und betont weiter, daß sich in den Zellherden alle Übergänge von eben ausgewanderten Lymphocyten über Polyblasten bis zu echten Plasmazellen feststellen lassen. Neben diesen lympho- und leukocytären Zellelementen fand POEHLMANN in dem Gewebe der Roseolen gelegentlich auch einmal Erythrocyten, die er auf eine Diapedesisblutung durch die alterierte Gefäßwand zurückführt.

In angereicherten Typhusroseolen finden sich Bacillenhaufen in gesetzmäßiger Weise vor, in der Regel auf Papillarkörper und oberflächliches Corium beschränkt. Nur vereinzelt lassen sich Herde in den tieferen Cutisschichten nachweisen. Während man in diesen Roseolen die Bacillen selbst bis in die Epidermis und bis zur Hornschicht hinauf antreffen kann (FRAENKEL), finden sie sich in den nicht bebrüteten, frisch untersuchten Roseolen nur spärlich, und zwar stets frei im Gewebe liegend; sie lassen keinerlei Beziehung zu den Gefäßen mehr erkennen. Die Zellen der Umgebung derartiger Bacillenherde sind zerfallen; jedoch kommt es dabei nicht zu so ausgesprochenen Nekrosen, wie in anderen Organen. Aber auch dieser Zellzerfall gehört nicht zur Regel.

Differentialdiagnose: Ein durchaus kennzeichnender Befund, der in jedem Falle die Diagnose Typhus- oder Paratyphusroseole gestatten würde, ist bisher nicht bekannt. Die histologischen Veränderungen sind vielmehr nur im Zusammenhang mit dem Nachweis der Krankheitserreger in der erkrankten Hautstelle als für den typhösen Prozeß beweiskräftig anzusehen. Für sich allein können sie wohl den Verdacht einer typhösen oder paratyphösen Erkrankung erwecken, sind aber durchaus nicht als spezifisch anzusprechen (FRAENKEL). Es ist auch nicht möglich, auf Grund der geweblichen Veränderungen die beiden Typhusformen voneinander zu trennen. Praktisch kommt dieser letzteren Forderung ja auch keine besondere Bedeutung zu. Anders steht es hingegen mit der Notwendigkeit einer Trennung von der Fleckfieberroseole. Und diese ist glücklicherweise im Gewebsschnitt leicht möglich. Während beim Typhus und Paratyphus die Gefäßwand unverändert bleibt, ist diese beim Fleckfieber (s. d.) in kennzeichnender Weise beschädigt. Dazu kommt, als weiteres Hilfsmittel, bei den typhösen Exanthemen der Nachweis der Bacillen.

Pathogenese: Typhus- und Paratyphusroseolen werden seit FRAENKEL als bakterielle Metastasen in die Lymphgefäße der Haut aufgefaßt, eine Ansicht, die UNNA bereits 1894 vertreten hat. Die Typhusbacillen verlassen die Blutbahn durch die Wände der Capillaren hindurch und gelangen in die perivasculären Lymphräume, wo sie liegen bleiben. Dabei scheint der Grad der Hauterkrankung nicht allein von der Menge der Typhusbacillen allein, sondern auch von der Wirkung ihrer Endotoxine abhängig. Die meisten Keime werden wahrscheinlich in der Haut rasch vernichtet; und nur da, wo vereinzelte erhalten bleiben, kommt es zur Bildung der Roseolen.

Aber auch diese Bacillen gehen schließlich unter dem Einfluß der gesteigerten Blutzufuhr, der damit verbundenen erhöhten Einwirkung bactericider Substanzen sowie durch Phagocytose in wenigen Tagen zugrunde (POEHLMANN).

η) Durch den Bacillus pyocyaneus.

Die Menschenpathogenität des Bacillus pyocyaneus wurde lange Zeit in Zweifel gezogen. Erst durch die Beobachtungen von HITSCHMANN und KREIBICH, LEWANDOWSKY u. a. und besonders von E. FRAENKEL wurde dargetan, daß wir es hier mit einem Krankheitserreger zu tun haben, dem allerdings fast nur weniger widerstandsfähige Menschen eine Angriffsmöglichkeit bieten, und zwar trifft diese in erster Linie die äußere Haut.

Der Bacillus pyocyaneus ist ein an einem Ende eine Geißel tragendes, schlankes, bewegliches Stäbchen, das sich mit den gewöhnlichen Anilinfarben darstellen läßt und bei der Behandlung nach GRAM entfärbt wird.

Ecthyma gangraenosum

wird das von dem Bacillus pyocyaneus auf der äußeren Haut hervorgerufene Krankheitsbild seit HITSCHMANN und KREIBICH genannt. Es äußert sich in erster Linie als eine Geschwürsbildung in der Haut, die sowohl ektogen als auch hämatogen entstehen kann; letztere Form ist jedoch außerordentlich selten. Die Veränderung tritt meist akut beim geschwächten kindlichen und jugendlichen Organismus auf, kommt jedoch unter den gleichen Voraussetzungen, wenn auch sehr viel seltener, beim Erwachsenen vor (KRANHALS, SOLTMANN, FRAENKEL u. a.) und wurde bei diesem gelegentlich auch als chronische Erkrankung beobachtet (DE LA CAMP u. a.).

Es handelt sich meist um scharf umschriebene, gewöhnlich mit einem roten Hof umgebene, zunächst rot oder dunkelbraun gefärbte, linsen- bis pfenniggroße Erkrankungsherde,

in deren Zentrum die Epidermis anfangs meist unverändert, gelegentlich aber auch klein-
blasig abgehoben erscheint. Die Mitte dieser Erkrankungsherde zerfällt sehr schnell hämorrhagisch. Das darunter liegende Gewebe wird nekrotisch, meist ohne Eiterbildung, wenn
diese auch gelegentlich vorkommt.

Die Erkrankung hat eine gewisse Vorliebe für die Kontaktflächen der Haut, in erster
Linie die Gegend vom Nabel abwärts bis zur Mitte der Oberschenkel unter besonderer
Bevorzugung der Umgebung des Afters und der äußeren Genitalien sowie der Achselhöhlen.
Bei längerem Bestande der Veränderung stoßen sich die nekrotischen Massen ab und es

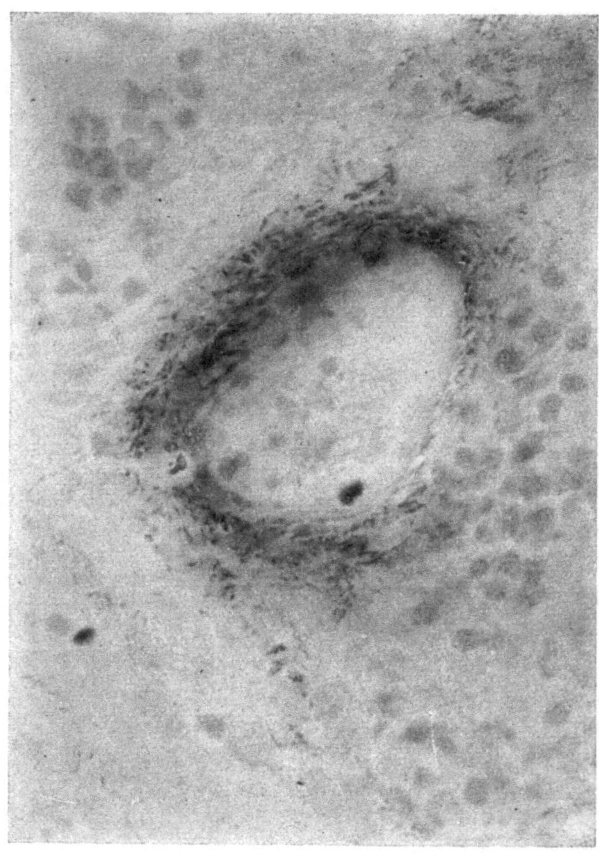

Abb. 158. Pyocyaneusinfektion der Haut. Ein Gefäß, dessen Wand mit Bacillen
durchsetzt ist. (Nach E. Fraenkel.) O = 800:1.

entstehen scharf abgesetzte, kreisrunde, tiefe, von harten hämorrhagischen Rändern umgebene Geschwüre. Der Bacillus pyocyaneus läßt sich aus den Erkrankungsherden meist
im gefärbten Ausstrich bzw. durch Kulturverfahren leicht nachweisen.

Der hämorrhagische Charakter der Erkrankung kann manchmal so sehr im Vordergrunde stehen, daß es zur Bildung ausgedehnter Blutextravasate kommt.

Gelegentlich bestand nur ein einziger Krankheitsherd auf der Haut; in der Regel jedoch
handelte es sich um multiple, zum Teil in Gruppen zusammenstehende Veränderungen
(Fraenkel).

Histologisch steht entsprechend dem klinischen Befunde die hämorrhagische Nekrose des Gewebes im Vordergrunde. Diese erstreckt sich zunächst
auf die eigentliche Cutis, die dann, zunächst manchmal unter Erhaltung der

Papillen und der Epidermis, bis in die Subcutis hinunter als eine kern- und
formlose Masse erscheint, innerhalb deren lediglich die Anhangsgebilde der Haut,
die Knäuel- und Talgdrüsen erhalten bleiben (HITSCHMANN und KREIBICH). Bei
Färbung mit polychromem Methylenblau nimmt dieser nekrotische Gewebsabschnitt eine schmutzigblaue Farbe an, die jede Zeichnung verdeckt.

Lediglich die Gefäße heben sich als blau gefärbte Gebilde ab; denn die ihre
Wandung massenhaft durchsetzenden Krankheitserreger halten den Farbstoff
besonders stark fest. Dieser Befund der in und zwischen den Wandschichten

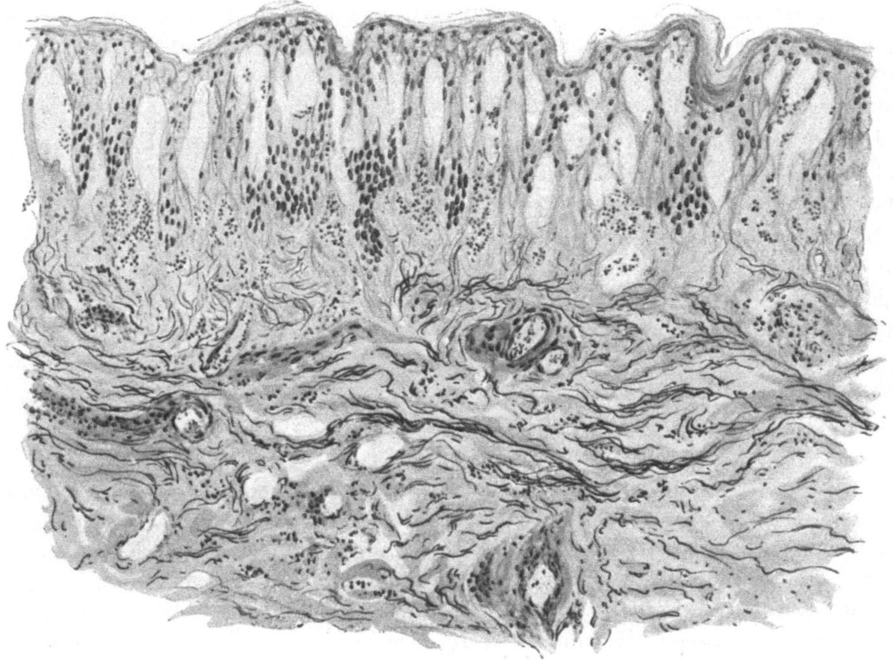

Abb. 159. Pyocyaneusinfektion der Haut. Hämorrhagisches Ödem mit Blasenbildung
in Epidermis und Papillarkörper; erweiterte Gefäße, entzündliche Veränderungen kaum vorhanden.
O = 128:1; R = 128:1. (Sammlung E. FRAENKEL.)

wuchernden Krankheitserreger, auf den schon KREIBICH und HITSCHMANN in
einem ihrer Fälle hingewiesen haben, ist eine Eigentümlichkeit des
Bacillus pyocyaneus, die von FRAENKEL sowie auch von ORTH betont
wurde. Daß daneben Bakterien auch noch diffus über den ganzen nekrotischen
Bezirk einschließlich die Epidermis zerstreut vorkommen (HITSCHMANN und
KREIBICH), wird von FRAENKEL bestritten. Zu jenem kennzeichnenden Verhalten tritt dann noch das verhältnismäßig häufige Ausbleiben jeglicher Leukocytenansammlung, eine Feststellung, die von HITSCHMANN und KREIBICH auf
den raschen Verlauf des Prozesses, von FRAENKEL auf eine negative Chemotaxis
der Erreger zurückgeführt wird.

Im Innern der Gefäße fehlen die Bacillen stets vollkommen; auch sind in
der Gefäßwand in der überwiegenden Mehrzahl der Fälle weitere Veränderungen
nicht festzustellen. Ausnahmsweise nur finden sich entzündliche Vorgänge,

sei es in Gestalt von Arteriitiden, in deren Verlauf es zu spaltförmiger Verengerung des Gefäßlumens kommen kann, sei es in Gestalt von umschriebenen leuko- und lymphocytären Zellansammlungen zwischen den Wandschichten, zwischen Media und Intima, wodurch diese auseinandergedrängt werden. Außerdem trifft man, namentlich in der nächsten Umgebung der Nekrosen, gelegentlich Gefäße, die durch Leukocyten und Fibrinthromben völlig verschlossen sind, ohne daß Bacillen in den Wandungen vorhanden wären.

Die Umgebung der nekrotischen Bezirke ist im übrigen ödematös aufgelockert, die fixen Gewebszellen geschwollen, das elastische Gewebe jedoch nicht verändert. Die Gefäße des Papillarkörpers über dem Erkrankungsherde sowie auch die der Umgebung sind häufig prall gefüllt; man findet Blutextravasate auch dort, wo sonst keinerlei krankhafte Veränderung der Gefäßwand festzustellen ist.

Die Epidermis ist anfangs häufig nicht verändert; in anderen Fällen wieder ist sie durch das starke Ödem blasenartig abgehoben, oft durch ein hämorrhagisches Exsudat, das meist den Erreger in reichlichen Mengen enthält.

Differentialdiagnose: Die eigentümliche Lagerung der Bacillen in den Gefäßwandschichten ist ein Kennzeichen der Pyocyaneusinfektion; als solche kann auch das Vorwiegen hämorrhagisch-nekrotischer gegenüber leukocytär-exsudativen Veränderungen angesehen werden. Dieser Nachweis dichter Ansammlungen feinster, gramnegativer Stäbchen in der Gefäßwand eines Krankheitsherdes ist ein Befund, der nach FRAENKEL auch ohne kulturelle Identifizierung der betreffenden Bacillen die Diagnose auf eine Pyocyaneuserkrankung gestattet.

Im Gegensatz zu diesem, die örtliche Pyocyaneusinfektion hinreichend kennzeichnenden Befund besitzen wir kein histologisches Merkmal, das uns die Diagnose Allgemeininfektion durch den Bacillus pyocyaneus erlaubt; diese ist nur möglich durch den Nachweis der Bacillen im strömenden Blut oder auch im Lumbalpunktat bzw. im Urin, vorausgesetzt, daß eine Erkrankung der tieferen Harnwege (Harnblase) durch Pyocyaneus ausgeschlossen werden kann (FRAENKEL).

Wenn nach vorstehendem das histologische Bild des Ecthyma gangraenosum durch Pyocyaneusinfektion auch festzustehen scheint, so ist doch darauf hinzuweisen, daß klinisch ganz übereinstimmende Krankheitsfälle auch durch andere Erreger hervorgerufen worden sind (s- Ekthyma).

Pathogenese: Die Pyocyaneusinfektion des Menschen kann sowohl ektogen wie hämatogen zu dem als Ecthyma gangraenosum bezeichneten Krankheitsbild führen. Es ist jedoch auch möglich, daß eine Infektion des Blutes erst sekundär im Anschluß an die Hauterkrankung auftritt. Bei der Mehrzahl der Fälle von Ecthyma gangraenosum haben wir es mit einem ektogen entstandenen Leiden zu tun (FRAENKEL). Man darf hierbei neben der unmittelbar durch die Ansiedlung der Bacillen in der Gefäßwand ausgelösten mechanischen Schädigung auch wohl noch spezifische lokal toxisch wirkende Stoffwechselprodukte derselben für die Entstehung der Hautveränderungen verantwortlich machen.

Der Nachweis von Pyocyaneusbacillen lediglich im Leichenblut kann jedoch nicht als Beweis für deren Menschenpathogenität verwertet werden; dazu gehört der Nachweis von Krankheitsherden im Organismus, die in mikroskopischen Schnitten auffindbare Pyocyaneusbacillen enthalten und deren Kreisen in der Blutbahn verständlich machen. Auch der Bacillenbefund in den Wandungen der Blutgefäße kann nicht als ausschlaggebend für eine hämatogene Infektion angesehen werden, da er sicher auch bei ektogen entstandenen, als Ecthyma gangraenosum zu bezeichnenden Veränderungen beobachtet wird (FRAENKEL).

ϑ) *Durch den Streptobacillus* (DUCREY-UNNA).

Ulcus molle.

Durch Eindringen des Streptobacillus in die Haut entsteht nach 2—3 Tagen ein zunächst umschriebenes rotes Knötchen, das eitrig zerfällt und sich dann in ein ziemlich schnell wachsendes Geschwür umwandelt. Dieses Geschwür ist gekennzeichnet durch einen steil abfallenden unterhöhlten Rand, einen entzündlich geröteten Saum und eitrig belegten Grund; aus diesem lassen sich die Erreger namentlich bei Entnahme des Eiters aus den Randabschnitten leicht nachweisen. Gelegentlich entwickeln sich im Grunde des Geschwürs warzenartige Wucherungen (Ulcus molle elevatum). Als Ulcus molle follicularis bezeichnet man an die Haarfollikel gebundene, kleine weiche Schanker, die klinisch an Acneknötchen erinnern, im Gegensatz zu diesen in der Mitte jedoch ein scharf begrenztes Geschwür tragen. Sie entstehen nach VÖRNER immer erst sekundär im Anschluß an das gewöhnliche Ulcus molle.

Die Ulcera mollia treten meist multipel auf und sind bei Berührung außerordentlich schmerzhaft. Häufig kommt es zu einer eitrigen Einschmelzung der regionären Drüsen.

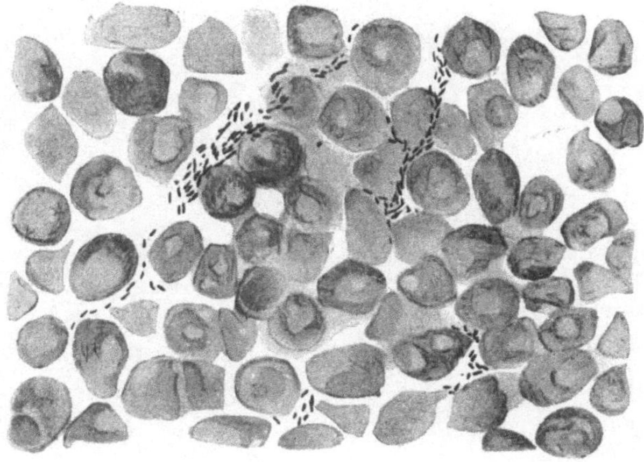

Abb. 160. Streptobacillen. Ausstrich aus dem Geschwürsrand eines Ulcus molle.
O = 1300:1; R = 1300:1.

Der Streptobacillus ist ein gramnegatives Stäbchen, das die Neigung zeigt, sich in langen Ketten anzuordnen; er wurde zuerst von DUCREY (1889) im Eiterausstrich gesehen und von P. G. UNNA im Gewebsschnitt nachgewiesen. Er findet sich sowohl extra- wie intracellulär; man kann an den einzelnen Bacillen häufig noch verschiedene Formen unterscheiden (Hantelform, Doppelkokkenform). P. G. UNNA hat für die Darstellung das Leuko-Methylenblau (Rongalit) empfohlen.

In einem eben entstehenden weichen Schanker, der klinisch als vorgewölbter roter Fleck erscheint, ist die Oberhaut vom Papillarkörper durch einen kleinen Eiterherd abgehoben, der mit der Außenwelt durch einen feinen zentralen Kanal in Verbindung steht. Die Stachelschicht in dessen nächster Umgebung ist ödematös und von zahlreichen polynucleären Leukocyten durchsetzt. In dem Maße, wie sich die eitrige Einschmelzung auf die ganze Epidermis ausdehnt, wuchert die Stachelschicht der nächsten Umgebung und wird erheblich verbreitert (Akanthose). Zu diesem Zeitpunkt finden sich die Streptobacillen nur spärlich und durchziehen in gewundenen Ketten hauptsächlich das Zentrum des kleinen subepidermalen Eiterherdes. In der Cutis sind die Blut- und Lymphgefäße stark erweitert, nicht nur in der näheren, sondern auch in der weiteren Umgebung des Eiterherdes. Um diesen herum entwickelt sich bereits sehr frühzeitig ein aus polynucleären Leukocyten, vereinzelten Lymphocyten, aus zahlreichen Plasmazellen und wuchernden Bindegewebszellen bestehendes Infiltrat, das sich auch perivasculär in die weitere Umgebung erstreckt.

Der zentrale Gewebsbezirk zerfällt jedoch sehr schnell, indem die eitrige Einschmelzung der Epidermis fortschreitet, auf den Papillarkörper und die Cutis übergreift, während hier die Zellinfiltration an Stärke und Ausdehnung zunimmt. Zu diesem Zeitpunkt, dem zweiten Stadium der UNNA-NICOLLschen Einteilung, findet man klinisch ein flaches Geschwür, dem histologisch eine zentral nekrotisch zerfallende, ödematös geschwollene und von zahlreichen Eiterzellen durchsetzte Epidermis entspricht, welche nach dem Gesunden zu

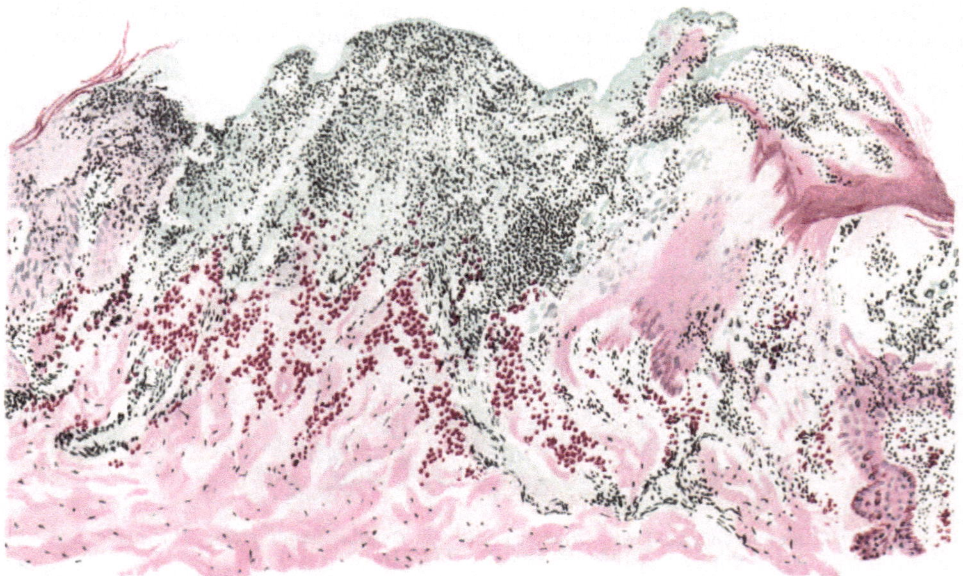

Abb. 161. Ulcus molle incipiens. Übersichtsbild. Methylgrün-Pyronin. O = 66:1; R = 60:1.

durch die oben schon erwähnte wuchernde Stachelzellzone scharf abgesetzt ist. Unterhalb der eingeschmolzenen Epidermis erstreckt sich eine wechselnd breite, aus zerfallenden Bindegewebsmassen bestehende Zone, die ihrerseits wieder durch einen dichten Plasmazellwall von dem gesunden Gewebe der Cutis getrennt wird.

In dem derart veränderten Bezirk hat die Zahl der Streptobacillen erheblich zugenommen; sie durchsetzen in wirren, zopf- oder fischzugartigen Geflechten die ganze zerfallende Schicht, und zwar finden sie sich weniger in den zentralen Detritusmassen als in den Randabschnitten, besonders dort, wo sich der Übergang von der zelligen Infiltration zur Nekrose entwickelt. Während UNNA betont, daß die Streptobacillen sich in den Lymphspalten und den Lymphgefäßen, unter Freibleiben der Blutgefäße, und zwar nur außerhalb der Leukocyten vorfinden, hat AUDRY sie phagocytiert auch innerhalb derselben angetroffen; allerdings dürfte es sich dabei vielleicht nur um absterbende Bacillen gehandelt haben.

Auf der Höhe der Geschwürsbildung lassen sich deutlich mehrere voneinander scharf abgegrenzte Zonen unterscheiden. Von außen nach innen findet man die gewucherte Stachelzellschicht bzw. das Stratum basale zunächst noch in festem Zusammenhang mit dem Papillarkörper; dann folgt ein Bezirk, in welchem sie von diesem durch ein eitriges, zahlreiche Streptobacillen enthaltendes Exsudat abgehoben werden. Dieser Zone entspricht in der Cutis die leukocytäre und vor allem plasmacelluläre Infiltration. An dieser kann man jetzt eine eigenartige r a d i ä r e E i n s t e l l u n g besonders der Plasmazellherde erkennen, indem sich zwischen Septen wohl erhaltener Plasmazellhaufen bereits eitrig zerfallende und nekrotisierte Bindegewebskeile abheben. Unterhalb des eigentlichen Geschwürs führt diese Nekrose außerdem zu mannigfachen Spaltbildungen, da das zerfallende Gewebe abgestoßen wird und die erhalten gebliebenen, mit Plasmazellen durchsetzten Bindegewebssepten gegen die Oberfläche zungenförmig vorspringen. (Nimmt diese Bildung stärkere Grade an, so kann sie zu der als U l c u s m o l l e e l e v a t u m bekannten Form führen.) Das ganze Gewebe ist in den mittleren Abschnitten von dichten Leukocytenschwärmen durchsetzt, zwischen denen die Streptobacillen in vielfach gewundenen Ketten einherziehen. Nach der Oberfläche des Geschwürs hin finden sie sich spärlicher; hier sind sie oft in kurze Ketten oder einzelne Stäbchen augenscheinlich abgestorbener Bacillen zerfallen und von Leukocyten aufgenommen.

Das vierte Stadium, das der A b h e i l u n g d e s G e s c h w ü r s, zeigt uns die Bacillen nur noch schwach färbbar; sie gehen augenscheinlich zugrunde und werden dann zusammen mit dem nekrotischen Gewebe abgestoßen. Der gereinigte Geschwürsgrund besteht dann nur noch aus Plasma- und Spindelzellen, die das aufgelockerte kollagene Gewebe durchsetzen. Schließlich erfolgt vom Rande her durch eine von den gewucherten Stachelzellen ausgehende Epithelneubildung die Überhäutung des Geschwürs, die naturgemäß stets mit n a r b i g e r A b h e i l u n g einhergehen muß.

Pathogenese: Der weiche Schanker entsteht durch Eindringen der Erreger durch die Oberhaut, und zwar wird dies wohl infolge einer klinisch meist nicht feststellbaren Verletzung möglich gemacht. Die Streptobacillen entwickeln sich dann augenscheinlich an der Epidermis-Cutisgrenze, führen zunächst zu eitriger Einschmelzung der ersteren, durch ihr Weiterwuchern in die Tiefe zur Nekrose der nächsten Umgebung und zur Entwicklung des hauptsächlich aus Plasmazellen aufgebauten Granulationsgewebes, worin wir vielleicht einen Selbstverteidigungsversuch des erkrankten Organismus sehen dürfen.

Für die Übertragung scheint nicht unbedingt das Bestehen weicher Schankergeschwüre erforderlich, da Streptobacillen im Genitalschlauch auch ohne diese nachgewiesen werden konnten (Streptobacillenträger, BRUCK). Ob hämatogen-metastatische Schankergeschwürsbildung vorkommen kann (LENNHOFF) bedarf noch weiterer einschlägiger Beobachtungen.

Differentialdiagnose: Der Nachweis der Streptobacillen gestattet in den meisten Fällen eine Entscheidung. Aber auch dort, wo er unmöglich, bietet die Gewebsveränderung ein vom s y p h i l i t i s c h e n Primäraffekt so verschiedenes Bild, daß eine Trennung nicht schwer ist (Näheres s. dort). Schwierig kann naturgemäß die Stellungnahme beim Vorliegen eines g e m i s c h t e n S c h a n k e r s werden, ja sie kann dann unmöglich sein, wenn es nicht gelingt, durch den Nachweis der Erreger zur Entscheidung zu kommen.

Praktisch von Bedeutung ist ferner die Unterscheidung vom **Ulcus vulvae acutum,** wie LIPSCHÜTZ 1912 eine erstmalig von O. SACHS 1905 als pseudotuberkulöses Genitalgeschwür beschriebene Veränderung benannt hat. Es handelt sich dabei um eine infektiöse Erkrankung, die höchstwahrscheinlich als Selbstinfektion, vielleicht infolge Mutation des Erregers entsteht. Als solcher kommt der DÖDERLEINsche Scheidenbacillus, der Bacillus vaginae in Betracht, den LIPSCHÜTZ als Bacillus crassus bezeichnet.

Klinisch findet man scharf umschriebene Geschwüre mit eitrig zerfallendem Grund und zackigen, etwas unterwühlten Rändern, die sehr schnell, zum Teil unter hohem Fieber und starken Schmerzen auftreten, nachdem ihnen eine wechselnd starke Röte und Schwellung der äußeren Genitalien vorangegangen ist. Meist tritt die Krankheit bei jüngeren weiblichen Personen auf, ohne daß ein Zusammenhang mit Geschlechtsverkehr nachzuweisen sein muß.

In dem Sekret der Geschwüre läßt sich fast ausnahmslos ein grampositiver, gerader, gestreckter, an den Enden scharf abgesetzter Bacillus feststellen, der unbeweglich ist, keine Sporen bildet, fakultativ anaerob ist und nach SCHERBER unter 20° kein Wachstum zeigt.

Histologisch führen LIPSCHÜTZ und BRÜNAUER als die Veränderung kennzeichnenden Befund eine starke Füllung der erweiterten, mit Leukocyten gefüllten Gefäße an, sowie eine ausgesprochen leukocytäre Wandinfiltration, ein Ödem der Gefäßwände und dazu eine Schwellung und Wucherung der Bindegewebszellen im bindegewebigen Anteil der Intima. Dabei liegen Bindegewebszellen und Leukocyten als heller und dunkler gefärbte Gebilde neben- und durcheinander, was dem Zellinfiltrat ein eigenartiges Gepräge gibt. Diese Veränderung findet sich regelmäßig an den Capillaren und Präcapillaren, hier und da auch an etwas größeren venösen Gefäßchen, während die Arterien nur ausnahmsweise befallen werden. In den oberflächlichsten Teilen der Infiltratzone kann es zur gänzlichen Vereiterung dieser Gefäßchen und damit zur Bildung miliarer Pseudoabscesse kommen. Davon abgesehen, führt aber die starke leukocytäre Infiltration in den oberflächlichsten Gewebsschichten zur Geschwürsbildung in Gestalt einer eitrig-nekrotischen Zone, von der aus die Infiltration und Nekrose manchmal auch in Form von Zapfen hinab in die Tiefe reichen kann.

Im weiteren Verlauf kommt es zur Ausbildung perivasculärer Lymphocytenmäntel, sowie einer diffus-zelligen Infiltration des ödematösen Bindegewebes. Dieses Infiltrat besteht dann aus Lymphocyten, polynucleären Leukocyten, eosinophilen Zellen und Bindegewebszellen, wozu sich sowohl in den oberflächlichsten als auch tieferen Schichten des Coriums geringe Ansammlungen roter Blutkörperchen gesellen.

Die Abheilung erfolgt verhältnismäßig schnell. Eine reaktive Entzündung des Bindegewebes führt zur Abstoßung des oberflächlich gelegenen eitrig-nekrotischen Schorfes; dann folgt die Wundheilung unter rascher Überhäutung und Hinterlassung zarter Narben.

Die Bacillen liegen regelmäßig und in großer Zahl in den oberflächlichen Eiterschichten, fehlen jedoch in dem tiefer gelegenen eigentlichen Zellinfiltrat. Wegen dieser oberflächlichen Lagerung scheint auch die ätiologische Bedeutung des DÖDERLEINschen Bacillus noch nicht hinlänglich sichergestellt. —

Andere, klinisch ähnlich aussehende Geschwüre, wie luetische Ulcera oder weiche Schanker sowie die Geschwüre bei Diphtherie, bei Tuberkulose lassen sich meist leicht unterscheiden. Inwieweit den Gefäßwandveränderungen, wie sie LIPSCHÜTZ und BRÜNAUER beschrieben haben, wirklich eine differentialdiagnostisch entscheidende Bedeutung zukommt, ist von weiteren Untersuchungen abhängig zu machen. Das Vorkommen des Bacillus crassus in den zahlreichen, vollkommen gerade gestreckten, an den Enden meist rechteckig abgestutzten grampositiven, teils einzeln, teils in Ketten oder in kürzeren oder längeren Fäden angeordneten Stäbchen läßt nach LIPSCHÜTZ sämtliche differentialdiagnostisch in Betracht zu ziehenden Erkrankungen dann ausschließen, wenn jeder andere bakteriologische Befund fehlt.

Gerade das Fehlen des Bacillus crassus gab PLANNER und REMENOWSKY Veranlassung, den aphthösen ähnliche Geschwüre, die von ihnen im Anschluß an Erythema nodosum bei einzelnen älteren und schwächlichen Frauen beobachtet wurden, vom Ulcus vulvae acutum abzutrennen und als genitale Lokalisation eines Erythema nodosum aufzufassen. Ähnliche Beobachtungen liegen von JADASSOHN und KYRLE vor.

ι) *Durch Diphtheriebacillen.*

Hautdiphtherie.

Hauterkrankungen durch Diphtheriebacillen kommen wahrscheinlich gar nicht so selten vor, wie man dies auf Grund der wenigen niedergelegten Untersuchungsbefunde annehmen müßte; sie finden sich hauptsächlich bei Kindern, insbesondere bei schwächlichen, können aber auch aus voller Gesundheit heraus einsetzen.

Der Diphtheriebacillus, ein kleines, leicht gebogenes, an den Enden etwas verdicktes Stäbchen, läßt sich leicht mit Anilinfarben darstellen und ist besonders gekennzeichnet durch die BABES-ERNSTsche Polkörnelung. (Färbung nach M. NEISSER mit Chrysoidin und essigsaurem Methylenblau.) Nach GRAM ist der Diphtheriebacillus im Gegensatz zu dem grampositiven Pseudodiphtheriebacillus nur schwach oder gar nicht darstellbar.

Man kann die Formen, bei welchen die Hautdiphtherie als Teilerscheinung einer Allgemeindiphtherie auftritt, von denen trennen, wo sie als örtlich begrenzte und selbständige Erkrankung beobachtet wird. Bei dieser letzteren Form unterscheidet man noch

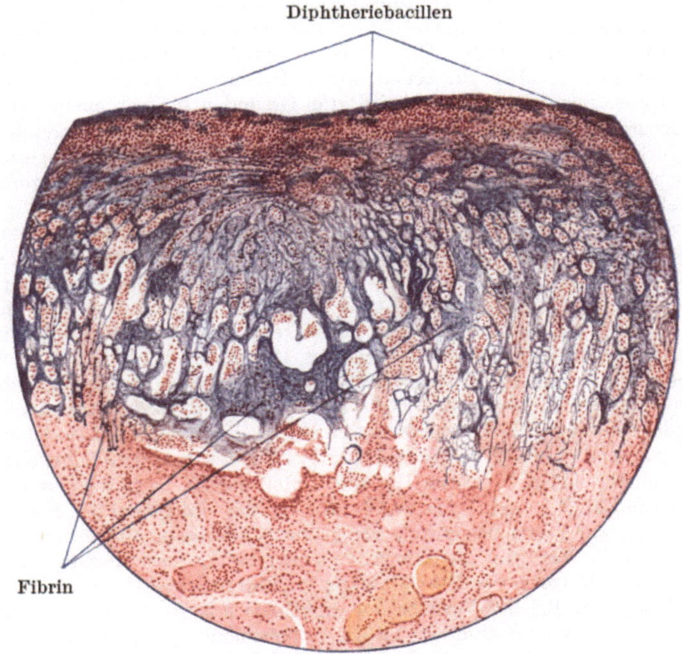

Abb. 162. Schnitt durch eine Diphtheriemembran. Fibrin und Bakterien blau. (WEIGERTsche Färbung; schwache Vergrößerung. (Aus JOCHMANN-HEGLER: Hautkrankheiten 2. Aufl.)

die Fälle, wo die Diphtherie in krankhaft veränderter Haut auftritt (echte Wunddiphtherie, Diphtherie auf entzündlich veränderter Haut) von jenen, wo sie primär die gesunde Haut befällt (ulcerierende und phlegmonöse Hautdiphtherie) (ADLER, DEUTSCHLÄNDER).

Hautveränderungen infolge einer generalisierten Diphtherie scheinen außerordentlich selten zu sein und werden eigentlich nur vom pathologischen Anatomen bzw. auf Diphtheriestationen beobachtet. Bei ihnen handelt es sich um die Folgeerscheinungen einer allgemeinen Diphtheriebacillensepsis; sie enden daher meist mit dem Tode.

Bei der örtlichen Diphtherie krankhaft veränderter Haut spielt naturgemäß für das Gesamtbild die Art der primären Hauterkrankung eine Rolle. Je nach dem wir hier eine echte Wunddiphtherie oder eine Aufpfropfung der Diphtherie auf mehr akute oder chronische Hautveränderungen vor uns haben, wird das Bild ganz verschieden sein. In den meisten Fällen kann man wohl derartige diphtheritische Erkrankungen an dem eigentümlichen, fest haftenden, grüngrauen bis gelben Belag erkennen, wie er von der Rachendiphtherie her bekannt ist (DEUTSCHLÄNDER).

Die mikroskopische Untersuchung zeigt hier unterhalb der fibrinösen Ausschwitzung eine fibrinoide Degeneration des Bindegewebes, eine hyaline Nekrose der Gefäße, bei wechselnd starker leukocytärer bzw. lymphocytärer Zellinfiltration.

Die Hautdiphtherie im engeren Sinne stellt sich als ulceröse oder auch phlegmonöse Entzündung dar. Bei der ersteren handelt es sich um oberflächlich liegende, zunächst kleine Ulcera, die dann zusammenfließen und unregelmäßige, polycyclisch begrenzte Geschwüre mit leicht infiltrierten, stark geröteten Rändern bilden; diese fallen zu dem vertieften, mit einem grauweißen, fest anhaftenden diphtheritischen Belag bedeckten Geschwürsgrund steil ab (Schucht). In anderen Fällen kann die Erkrankung als erysipelartige oder auch vesiculo-pustulöse Veränderung beginnen (Adler).

Bei der ulcerösen Hautdiphtherie ist die Epidermis des Geschwürsrandes gewuchert und von polynucleären Leukocyten durchzogen. Der Geschwürsgrund wird von einem mit polynucleären Leukocyten, Zell- und Kerndetritus durchsetzten Fibrinnetz bedeckt, in welchem sich wechselnd zahlreiche Diphtheriebacillen nachweisen lassen, neben denen in älteren Herden meist noch Staphylokokken und Streptokokken in reichlicher Zahl angetroffen werden (v. Marschalko). Die Cutis unterhalb der Fibrindecke ist nekrotisch; das Gewebe nicht mehr färbbar; die Zellen sind zerfallen, die kollagenen Fasern ödematös aufgelockert. Dieser nekrotische Bezirk wird zum Gesunden hin von einem entzündlichen Zellinfiltrat abgegrenzt, in welchem sich zwischen den polynucleären Leukocyten meist zahlreiche rote Blutkörperchen vorfinden. Erst in weiterer Entfernung, im gesunden Teil, findet man auch Lymphocyten, dagegen keine Plasmazellen; auch die Beteiligung der fixen Bindegewebszellen ist verhältnismäßig gering.

Innerhalb des nekrotischen Abschnitts sind die Blutgefäße durch Fibrinthromben verstopft; in dem entzündlich infiltrierten Teil hingegen mächtig erweitert und strotzend gefüllt.

Gelegentlich kann die Nekrose auch in das Unterhautzellgewebe eindringen und hier sekundär zu derben, brettharten Infiltrationen in der Umgebung der Geschwüre führen, wie wir sie gewöhnlich bei der zweiten Form, der phlegmonösen Hautdiphtherie zu sehen bekommen. Hier liegt von vornherein ein tieferes Eindringen der Bacillen in das Unterhautzellgewebe vor, wo sie dann ausgedehnte, fortschreitende brettharte Schwellungen des Gewebes hervorrufen. Diesen entspricht im histologischen Bilde eine fibrinoide Degeneration des Bindegewebes und eine hyaline Gefäßnekrose, Veränderungen, welchen sekundär Nekrose, Gangrän und schließlich geschwüriger Zerfall der gesamten Hautdecke des erkrankten Abschnittes folgen. Dieser Befund unterscheidet sich also von dem oben beschriebenen grundsätzlich nicht. Dagegen fällt bei der phlegmonösen Form vor allem die geringe Neigung zur Eiterbildung auf, wenigstens bei den reinen Diphtherieinfektionen. Die Veränderung geht hier ohne scharfe Abgrenzung in das gesunde Gewebe über. Die Gangrän kann auch als trockener Brand auftreten (Erhardt).

Differentialdiagnose: Bei der Vorliebe der diphtherischen Hautgeschwüre für die Umgebung der natürlichen Körperöffnungen ist die Unterscheidung von anderen hier vorkommenden Geschwürsformen wichtig. Es handelt sich dabei einmal um die venerischen Geschwüre, vor allem Ulcus molle und Lues. Wie sehr gerade bei letzterer das Bild durch eine sekundäre Verunreinigung mit Diphtheriebacillen verwischt werden kann, zeigt die Beobachtung Kyrles bzw. Krens. So verwickelt wie hier werden allerdings die Dinge meist nicht liegen. Man wird schon auf Grund des klinischen Befundes in den meisten Fällen zu einer Entscheidung kommen können. Das gleiche gilt für jene seltenen Fälle von Jod- und Bromexanthemen, schließlich auch für das gerade an dieser Stelle häufiger vorkommende Ecthyma. Schwieriger kann schon die Unterscheidung von der Noma bzw. dem Hospitalbrand werden; hier ist manchmal eine Klärung nur durch Nachweis der Diphtheriebacillen unter Ausschluß anderer Entzündungserreger möglich. Diese Klärung hat jedoch stets bakteriologisch zu erfolgen, da sonst Irrtümer durch den Pseudodiphtheriebacillus nicht ausgeschlossen sind.

Pathogenese: Für jede primäre Hautdiphtherie muß man wohl eine örtliche Einimpfung der Bacillen annehmen, die auf dem Boden einer noch so unscheinbaren Hautverletzung entstanden ist. Da zudem gerade jene Gegenden bevorzugt werden, die der Maceration besonders ausgesetzt sind (Genital-, Analgegend), mag auch der Lokalisation eine Bedeutung zukommen. Es ist für das Zustandekommen der Hautdiphtherie durchaus nicht immer das gleichzeitige Bestehen einer Schleimhautdiphtherie beim gleichen Kranken erforderlich, da ja neben der Übertragung der Bacillen durch nicht sichtbar erkrankte Bacillenträger auch diejenige durch Gebrauchsgegenstände oder die Hände möglich ist.

x) Durch Rotzbacillen.

Rotz (Malleus).

Bei den Rotzinfektionen des Menschen kann man eine akute, als schwere Sepsis in wenigen Tagen tödlich endigende Erkrankung von einer chronischen unterscheiden, welche sich über längere Zeit hinzieht und schleichend verläuft.

Beim akuten von der äußeren Haut ausgehenden Rotz entsteht wenige Tage nach der Ansteckung unter allgemeinem schwerem Krankheitsgefühl und hohem Fieber eine die Infektionsstelle umgebende derbe, oft erysipelähnliche oder auch phlegmonöse Infiltration, die alsbald in ein speckiges, unregelmäßig gezacktes Geschwür zerfällt. Daran schließt sich eine Lymphangitis, der nach etwa einer Woche ein über die ganze Haut verbreitetes, zunächst erythemato-maculöses Exanthem folgt, das sich dann zu teils indolenten, teils schmerzhaften, schnell eitrig-gangränös zerfallenden Knoten oder pockenähnlichen Pusteln weiter entwickeln kann. Entsprechende Geschwüre und Abscesse bilden sich in der Subcutis, in Sehnen, Knochen und Muskeln.

Diese Hauterkrankung kann auch im Anschluß an eine Infektion von der Nasenschleimhaut aus auftreten.

Beim chronischen Rotz, der sich meist an eine unbeachtet gebliebene und häufig längst abgeheilte Hautverletzung anschließt, sind die verschiedenartigsten Hautausschläge beobachtet worden: vesiculöse, pustulöse, papulöse, maculöse und hämorrhagische Exantheme, „wurmartige" Lymphangitiden, gummöse, ausgedehnte cutane und subcutane Absceßbildungen, Gelenkeiterungen und fortschreitende Ulcerationen. Bei dieser Form stehen häufig auch Erkrankungen der inneren Organe im Vordergrunde. Die Diagnose wird in solchen Fällen häufig erst nach dem Tode gestellt, da der Rotzbacillennachweis aus dem Eiter selten gelingt.

Der Rotzbacillus ist ein tuberkelbacillenähnliches Stäbchen, das sich nach GRAM entfärbt und bei Färbung mit Methylenblau eine ähnliche Körnelung zeigen kann, wie sie von den Tuberkelbacillen her bekannt ist. Die Identifizierung gelingt meist erst durch das Kulturverfahren, den Tierversuch bzw. die Agglutination. Der Bacillus wurde 1882 von LÖFFLER und SCHÜTZ entdeckt.

Die histologische Untersuchung deckt im erythematösen Anfangsstadium eigenartige Veränderungen an den mächtig erweiterten, zahlreiche Rotzbacillen enthaltenden, oberflächlichen Cutisgefäßen auf. Das Gefäßlumen wird von den stark geschwollenen Endothelien, deren homogenisiertes Protoplasma sich durch seine gleich starke Färbbarkeit mit sauren und basischen Farbstoffen auszeichnet, bis auf wenige enge, polynucleäre Leukocyten und Rotzbacillen bergende Spalten verschlossen. Die Kerne dieser Endothelzellen finden sich als kugelige oder tropfige Gebilde innerhalb des geronnenen Protoplasmas, ein Befund, der zwar auch bei anderen nekrotisierenden Veränderungen auftritt, jedoch hier nie ein derartiges Ausmaß erreicht wie beim Rotzknoten (UNNA). Die Gefäßwand selbst, namentlich ihr elastisches Gewebe, erscheint zunächst nicht verändert; dagegen wird das die Gefäße umgebende Bindegewebe, ebenso wie die Bindegewebszellen überall dort, wo sie mit den Bacillen in Berührung gekommen sind, zu einer nekrotischen, leicht färbbaren Masse umgewandelt, innerhalb deren — ähnlich wie in den Endothelien — nur die Chromatinreste der Kerne noch Farbstoff annehmen (UNNA). Eigentümlicherweise löst das Vorhandensein der Rotzbacillen keine eigentliche Gegenreaktion des Gewebes aus, wie wir dies von anderen Infektionserregern her gewohnt sind.

Ein Gewebsschnitt junger Rotzknoten zeigt in der Cutis oder auch Subcutis einen scharf abgesetzten Erkrankungsherd, in dessen Zentrum man bei frühzeitiger Untersuchung noch deutlich die eben beschriebene Gefäßveränderung als Ausgangspunkt des Prozesses feststellen kann. Zentral findet man dichte Anhäufungen polynucleärer Leukocyten, die zum Rande hin durchsetzt sind von wuchernden fixen Bindegewebszellen, die an Epitheloidzellen erinnern. Die Leukocyten des mittleren Abschnittes zeichnen sich ebenso wie die Endothelien und Bindegewebszellen durch ausgedehnte Zerfallserscheinungen aus. Unna hat sie als „Chromatotexis" (Kernschmelze) beschrieben, Veränderungen, die in das Gebiet der Karyorrhexis und Karyoschisis gehören. Man findet auch hier, wie in den Erythemflecken, reichliches Kernchromatin, meist in Form stark gefärbter Körnchen, Tropfen oder Fäden angeordnet, die vielfach netzartig miteinander verflochten sind; daneben kommt es zu einer eigentümlichen Ansammlung des Chromatins in Randnähe der Kerne, einer Veränderung, die der Kernwandhyperchromatose von Schmaus und Albrecht entspricht.

In der Umgebung derartiger Rotzknoten sind die Gefäße außerordentlich stark erweitert und strotzend mit Blut gefüllt. Die Intima ist häufig zugrunde gegangen, die Media nicht nennenswert verändert, die Adventitia zeigt jedoch vielfach deutliche Wucherungsvorgänge. Das Lumen derart schwer geschädigter Gefäße ist von einer diffus gefärbten, feinfaserigen nekrotischen Masse thrombotisch verschlossen; die Gefäßwände sind neben der Wucherung der adventitiellen Zellen noch durch eine starke leukocytäre Wandinfiltration verdickt. Letztere führt zu einer Auflockerung der Gefäß

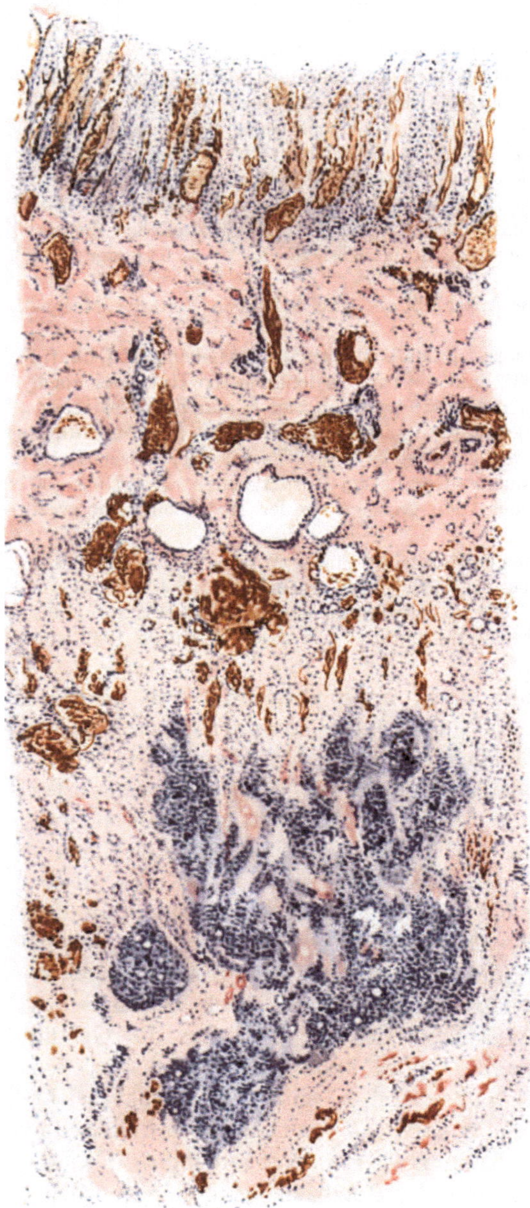

Abb. 163. Rotzgeschwür. Übersichtsbild. Rotzbacillen als violette Häufchen in dem leukocytären Infiltrat der tiefen Cutis. Weigertsche Fibrinfärbung. O = 19 : 1; R = 19 : 1. (Sammlung J. W. van der Valk-Groningen.)

wandschichten und auf diese sind wohl die ausgedehnten extravasculären Blutansammlungen zurückzuführen.

Eine von den cutanen Abscessen ausgehende starke Exsudation in und unter die Epidermis führt zur Entwicklung der Rotzpusteln. Dabei kommt es zur Auswanderung zahlreicher Leukocytenschwärme, die einmal zu epidermalen Pustelbildungen in den verschiedensten Schichten der Epidermis, zum anderen aber auch, infolge umschriebener Ansammlung unter der Epidermis, zu deren völliger Abhebung führen. Es kommt dabei oft eine fächerartige, multilokuläre Pustelbildung zustande, die uns die klinische Ähnlichkeit des Rotzpustelexanthems mit der Variola wohl verständlich macht. Nach Zerfall der Pusteldecke liegt dann das nekrotische Corium bloß: das Rotzgeschwür ist ausgebildet.

Im Bereich der Abscesse gehen selbstverständlich das kollagene und elastische Gewebe sowie die Anhangsgebilde der Haut völlig zugrunde. In einzelnen Fällen war gerade die Umgebung der letzteren der bevorzugte Sitz der Veränderung (BABES), eine Feststellung, die für die Pathogenese insoweit von Bedeutung ist, als damit die Möglichkeit einer Infektion ohne äußere Verletzung der Haut, lediglich durch Eindringen der Erreger durch die Haarfollikel wahrscheinlich gemacht und dann auch experimentell bewiesen werden konnte.

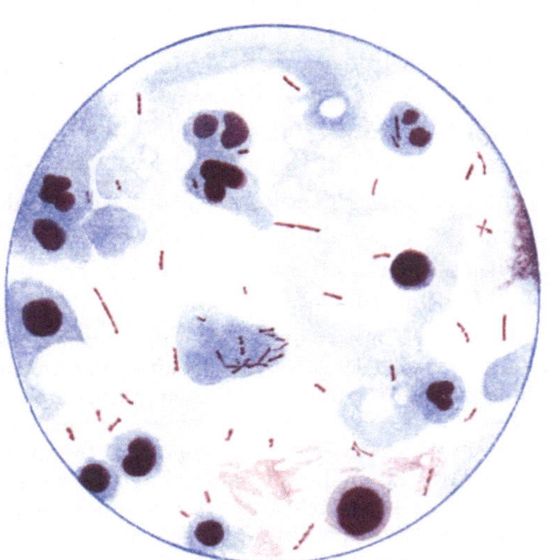

Abb. 164. Rotzbacillen im Eiter. Doppelfärbung nach FROSCH. (Aus JOCHMANN-HEGLER, Lehrbuch der Infektionskrankheiten, 2. Aufl.)

Die Rotzbacillen finden sich in der erkrankten Haut unregelmäßig zerstreut in reichlichen Mengen. Man trifft sie einmal im Bereich der thrombosierten und entzündeten Gefäße, dann aber auch oft in dichten Haufen (VAN DER VALK und SCHOO) innerhalb der Abscesse, und schließlich auch in den Hautpusteln. Sie dringen auch über das eigentlich erkrankte Gewebe hinaus vor und gelangen in die Lymphspalten, sei es in langen Zügen, sei es in büschelförmigen Haufen, manchmal die Lymphgefäße völlig verstopfend.

Die chronischen Rotzgeschwüre zeigen gegenüber den vorstehend geschilderten Veränderungen keinen nennenswerten Unterschied.

Differentialdiagnose: Die Diagnose der akuten Rotzerkrankung ist mit Rücksicht auf das eigenartige Krankheitsbild nicht schwierig. Anders steht es hingegen mit den chronischen Formen. Hier sind alle jene chronisch-infektiösen Hautentzündungen zu berücksichtigen, die mit ausgedehnteren Zerfallserscheinungen einhergehen können. Tuberkulose, Sporotrichose und vor allem die Syphilis kommen hierbei in Frage; in einzelnen Fällen auch serpiginöse Hautgeschwüre, wie sie gelegentlich durch den Streptobacillus hervorgerufen werden. Hier sind dann sämtliche Methoden klinischer und bakteriologischer Forschung zur Entscheidung heranzuziehen, da das histologische Bild oft im Stiche lassen wird.

Pathogenese: Die Eintrittsstelle der Rotzbacillen ist am häufigsten die Haut, dann wohl die Nase, seltener die Lungen. Eine Verletzung der Haut ist dabei durchaus nicht immer notwendig (s. oben) (Nockard, Cornil u. a.). Von der Eintrittsstelle aus schreitet die Infektion zunächst auf dem Lymphwege fort, kann dann aber jederzeit zur hämatogenen Ausbreitung führen. Ob bei den einzelnen Rotzbacillenstämmen eine bestimmte Vorliebe für gewisse Organe und Organsysteme vorhanden ist (Stein), bedarf noch weiterer Beobachtungen.

λ) Durch Tuberkelbacillen.

Die Tuberkulose der Haut (Tuberculosis cutis).

Die tuberkulösen Erkrankungen der Haut werden durch den Kochschen Bacillus oder dessen Zerfallsprodukte (Lewandowsky) hervorgerufen, sei es, daß sie von außen oder durch Übergreifen von erkrankten Nachbarorganen oder schließlich auf dem Blut- bzw. Lymphwege in die Haut eindringen. Für die menschliche Pathologie kommen vor allem zwei der bekannten 4 Bacillenrassen, der Typus humanus und der Typus bovinus in Frage, zu welchen sich in seltensten Fällen auch noch der Bacillus der Geflügeltuberkulose gesellen kann (Lipschütz).

Morphologisch besteht zwischen ihnen kein Unterschied; sie unterscheiden sich lediglich durch die verschiedene Tierpathogenität und kulturelle Eigentümlichkeiten. Der Tuberkelbacillus hat die Gestalt eines langen, geraden oder wenig gebogenen schlanken Stäbchens und liegt meist einzeln oder zu wenigen, seltener mehreren in größeren Haufen zusammen. In jüngeren Formen färberisch homogen, treten in den älteren Bacillen ein oder mehrere körnchenartige Gebilde auf, deren Deutung als Dauerform nicht sicher erwiesen ist. Die Bacillen sind schwer färbbar, nach Gram positiv, säurefest (infolge des reichlichen Gehaltes an fettartigen Substanzen). Much konnte neben der eben beschriebenen durch verlängerte Gramfärbung noch eine granuläre Form der Tuberkelbacillen nachweisen, und zwar besonders dort, wo mit den gebräuchlichen Färbemethoden ein Nachweis sonst nicht oder nur sehr schwer zu führen war.

Der relativen Einheitlichkeit der Erreger steht eine außerordentliche Vielseitigkeit der klinischen Krankheitsbilder gegenüber, die auch dann noch eine sehr große ist, wenn wir von vornherein alle in ihrer Beziehung zum Tuberkelbacillus noch umstrittenen bzw. höchst wahrscheinlich mit ihm nicht in Zusammenhang stehenden übergehen.

Für die Erklärung dieser Vielheit von klinischen (und auch histologischen) Erscheinungsformen hat die experimentelle Forschung der letzten Jahrzehnte wertvolle Beiträge geliefert; aber auch hier hat sich als oberstes Gesetz die alte Erfahrung wiederum bestätigt, daß die Erscheinungen in der Natur sich nicht in Systeme einschachteln lassen. So sehen wir auch bei der Tuberkulose der Haut eine lange Reihe fließender Übergänge. Es sind vor allem wohl Gründe rein didaktischer Natur, daneben aber auch die einer genaueren Fragestellung, welche uns zwingen, trotzdem eine gewisse Reihe klinisch wohl gekennzeichneter Abarten jeweils gesondert zu betrachten. Da diese Formen zudem in ihrem histologischen Bilde gewisse Eigentümlichkeiten immer wieder in den Vordergrund stellen, scheint dieses Vorgehen auch für unsere Zwecke hier brauchbar. Dabei ist jedoch immer wieder zu betonen, daß es sich auch pathologisch-anatomisch stets um eine gewisse Normisierung handeln muß, zumal ja — wie dies im Abschnitt: Allgemeine pathologische Anatomie der Haut noch genauer dargelegt werden wird — die Spezifität der durch den Tuberkelbacillus im Gewebe hervorgerufenen Veränderungen eine durchaus problematische ist.

Für die Namengebung scheint es an der Zeit, dem Vorschlage JADASSOHNs endgültig folgend, die einzelnen Formen der Hauttuberkulose als „Tuberculosis cutis" mit dem entsprechenden, das klinische Bild kennzeichnenden und gleichzeitig auch unsere pathogenetische Betrachtungsweise hervorhebenden Beiworte zu benennen. Unter Berücksichtigung der ätiologischen Kenntnis über die Beteiligung des Tuberkelbacillus am Zustandekommen des Krankheitsbildes einerseits, unter Berücksichtigung des klinischen Gesamtbildes anderseits ergibt sich dann eine bereits von JADASSOHN begonnene, von LEWANDOWSKY dann weiter entwickelte Einteilung der tuberkulösen Hautveränderungen nach:

A. Formen, die meist in progredienten Einzelherden auftreten:

    1. Tuberculosis cutis luposa.

    2.   „   „   verrucosa et Tuberculum anatomicum.

    3.   „   „   colliquativa.

    4.   „   „   ulcerosa.

B. Auf dem Blutwege sich verbreitende Formen:

    1. Tuberculosis cutis miliaris acuta generalisata (Miliartuberkulose).

    2.   „   „   lichenoides.

    3.   „   „   papulo-necrotica.

    4.   „   „   luposa miliaris disseminata.

    5.   „   „   indurativa.

       a) Typus BAZIN.

       b)   „   DARIER-ROUSSY.

       c)   „   BOECK.

       d) Lupus pernio.

       e) Angiolupoid.

Die Einfügung der Tuberculosis cutis luposa miliaris disseminata in die Gruppe der exanthematischen Formen und hier im Zusammenhang mit den papulo-nekrotischen Tuberkuliden scheint mir aus pathogenetischen Gründen (s. d.) berechtigt; ebenso und aus den gleichen Erwägungen die Zusammenfassung des Erythema induratum Bazin, der subcutanen Sarkoide DARIER-ROUSSY mit dem Miliarlupoid BOECK und anschließend an diese mit dem Lupus pernio und dem Angiolupoid.

A. Formen, die meist in progredienten Einzelherden auftreten.

1. Tuberculosis cutis luposa.

Die Erkrankung ist klinisch gekennzeichnet durch das Lupusknötchen oder eigentlich besser den Lupusfleck (JADASSOHN). Es ist das ein zu Beginn unscheinbarer, roter bis braunroter, auf Glasdruck scharf abgesetzter, etwa stecknadelkopfgroßer Fleck von apfelgeleeartiger bis rehbrauner Farbe, der in ein hyperämisiertes Grundgewebe eingebettet ist und sich durch peripheres Wachstum vergrößert. Diese Vergrößerung geht regelmäßig oder unregelmäßig vor sich, so daß kreisförmige oder serpiginöse, polycyclische Herde entstehen, in deren Randabschnitten immer wieder neu aufschießende Primärefflorescenzen das Fortschreiten der Erkrankung anzeigen. Im weiteren Verlauf erfährt ein solcher Krankheitsherd eine Reihe von Umbildungen, über deren auslösende Ursachen wir größtenteils noch völlig im Unklaren sind, wenn auch zuzugeben ist, daß im erkrankten Gewebe liegende, rein örtliche Eigentümlichkeiten dabei eine Rolle spielen mögen.

Veränderungen der Epidermis können zur Schuppenbildung (Lupus pityriasiformis, psoriasiformis, exfoliativus), zu follikulären Hornbildungen (Lupus vulgaris erythematoides Leloir); Wucherungsvorgänge der Cutis — wie sie das Eindringen der

Tuberkelbacillen in die Haut gewöhnlich hervorruft — zu knötchen- und knotenförmigen Herden (Lupus tuberosus, tumidus, hypertrophicus, verrucosus) führen. Zerfallserscheinungen, wie sie die Entwicklung des entzündlichen Granulationsgewebes unmittelbar für Papillarkörper und Cutis, mittelbar dann auch für die Epidermis mit sich bringt, führen zu krustösen und ulcerösen Formen (Lupus crustosus, ulcerosus, ulcero-serpiginosus, excedens), Ausheilungsvorgänge zur Narbenbildung (Lupus sclerosus, cicatrisans), unter Umständen mit teilweisem Verlust der befallenen Glieder (Lupus mutilans).

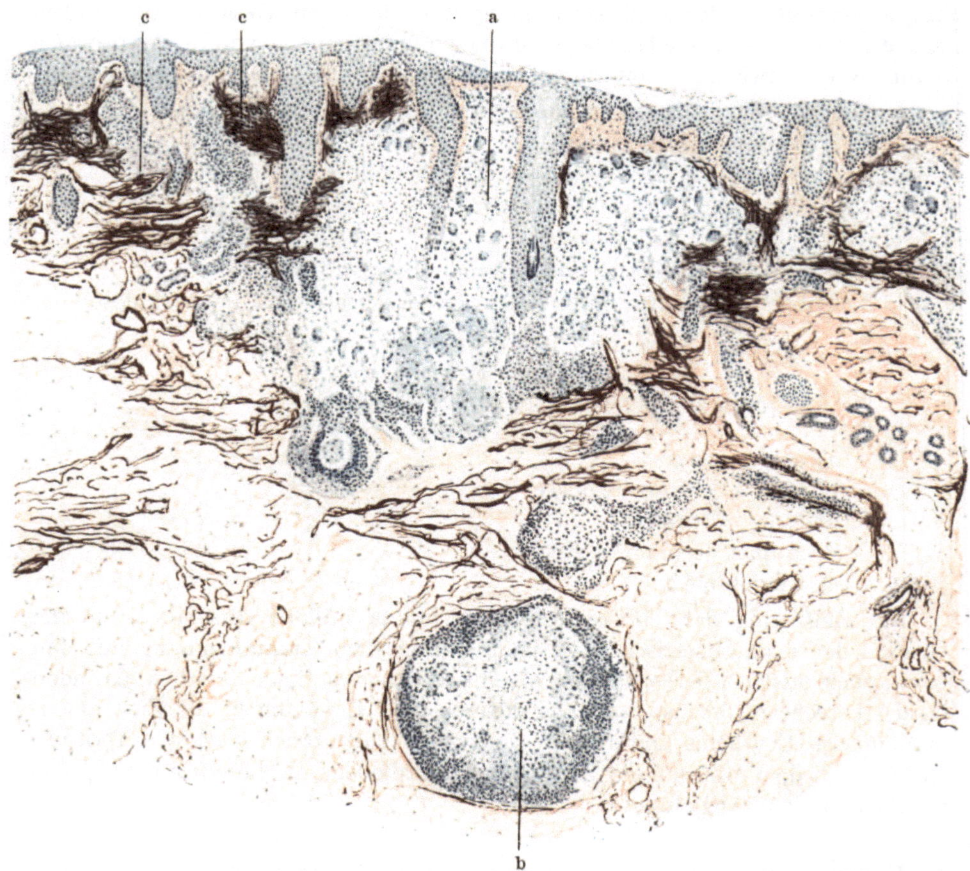

Abb. 165. **Tuberculosis cutis luposa in verschiedenen Schichten der Haut.** a in der Cutis, b in der Subcutis, c zusammengeballte, elastische Fasern. (Sammlung LEWANDOWSKY.)

Auf der Schleimhaut führen die gleichen Voraussetzungen, welche zur Bildung lupösen Gewebes in der Haut Anlaß geben, zu entsprechenden Veränderungen, wenn hier auch die lupöse Eigenart weniger durch das klinische Bild — das eine Unterscheidung von anderen tuberkulösen Schleimhautaffektionen meist nicht gestattet — als erst durch den histologischen Befund offenbar zu werden pflegt.

Diese verschiedenen Erscheinungsformen des Lupus auf der Haut und auch auf der Schleimhaut sind schon klinisch unschwer als verschiedene Entwicklungsstadien eines einheitlichen Krankheitsbildes zu erkennen, die gleichzeitig nebeneinander bestehen oder auseinander hervorgehen können, wobei dann die eine oder andere Veränderung überwiegt. Eine ins einzelne gehende Besprechung dieser Krankheitsbilder würde daher im Grunde genommen nur ein stetes Wiederholen bedeuten. Diese Tatsache tritt noch deutlicher im histologischen Bilde zutage, wo nur der anatomische Niederschlag des einzelnen Krankheitsherdes und dieser zudem noch ohne jene feineren und gröberen Abstufungen des Ausdrucks vorliegt, wie ihn das lebende Gewebe gerade hier in so vielseitiger Form zu bieten pflegt.

Histologisch spielen sich die Hauptveränderungen in jedem Falle im Bindegewebe ab, während die Beteiligung der Epidermis lediglich mittelbar bedingt ist. Die Grundlage der Veränderung ist der Tuberkel oder meist eine Zusammenhäufung von solchen. Es sind das jene wohlbekannten und ursprünglich als für die Tuberkelpilzerkrankung kennzeichnend angesehenen entzündlichen Granulationsgewebe, die sich in der Regel aus einem zentral mehr oder weniger verkästen Herd aufbauen, der von einer aus Riesenzellen, Epitheloiden, Lymphocyten und Plasmazellen bestehenden Gewebsschale umgeben ist. Als für die Tuberculosis cutis luposa bemerkenswerte Eigentümlichkeit tritt bei ihr die sonst nie fehlende Verkäsung im histologischen Bilde völlig zurück, ja sie wird meistens vermißt.

Jene, schon für die Klinik erwähnte Vielheit der Erscheinungsformen findet sich auch im histologischen Bilde wieder; ebenso die dort aufgeführten fließenden Übergänge, wobei es jedoch meistens gelingt, eine — wenn auch mehr äußerliche — Trennung in eine umschriebene (noduläre, circumscripte) und eine mehr flächenhafte (diffuse) Anordnung des tuberkulösen Granulationsgewebes festzustellen. Als histologische Grundlage zur Aufstellung dieser beiden Hauptformen betont UNNA, daß „bei der einen das tuberkulöse Gewebe das umgebende gesunde Gewebe tangential verdrängt, während es bei der anderen radiär (Lupus diffusus radians) in dasselbe einbricht." In manchen Fällen wird das histologische Bild völlig von der einen oder anderen Erscheinungsform beherrscht; bei der herdförmig umschriebenen meist reiner wie bei der diffusen, da bei dieser in den Randabschnitten zum wenigsten, oft aber auch über den ganzen Herd verteilt, hier und da vereinzelte Lymphocyten- bzw. Epitheloidzelltuberkel, gelegentlich auch nekrotisierende oder verkäsende Herde, nachweisbar sind. Wenn auch die reine Ausbildung derartiger Formen nicht eben häufig ist, sogar beide oder auch Übergänge am gleichen Gewebsschnitt zu sehen sind, so scheint doch die dem umschriebenen Lupus entsprechende Neigung zur Abkapselung und die dem diffusen entsprechende zum Fortschreiten auch für die Frage einer leichteren oder schwereren vollständigen Zerstörung auf therapeutischem Wege und damit der Heilbarkeit von einer gewissen Bedeutung (UNNA).

Als Beginn derartiger Tuberkelherde hat UNNA geglaubt, eine umschriebene Plasmazellwucherung annehmen zu dürfen, eine Ansicht, die nicht unwidersprochen bleiben konnte; anfangs in erster Linie wegen der überragenden Bedeutung, die UNNA diesen, seinen Plasmazellen für die Histiogenese des tuberkulösen Gewebes mitsamt dessen Lymphocyten, Epitheloiden (Plasmatochter- bzw. atrophischen Plasmazellen und homogen geschwollenen Zellen) und Riesenzellen beigemessen hat. Spricht schon das häufige Vorkommen von Plasmazellen auch bei einer Reihe anderer chronisch entzündlicher Prozesse gegen diese Sonderstellung, so wird sie noch unwahrscheinlicher dort, wo die Plasmazellen außerhalb des eigentlichen tuberkulösen Granulationsgewebes im umgebenden gesunden Bindegewebe liegen, ein Befund, auf den besonders LEWANDOWSKY hingewiesen hat. Schließlich ergab dann auch die exp. Tuberkuloseforschung, daß als einleitende Gewebsveränderung bei den Tuberkelbacillenüberimpfungen in erster Linie mehr **epitheloide Zellelemente** den Ausgangspunkt bilden, wenigstens bei der Überimpfung auf Tiere, ein Befund, der daher allerdings ja auch nur mit einem gewissen Vorbehalt zu verwerten ist. Da jedoch auf rein histologischem Wege diese Frage kaum zu klären sein dürfte, mag es bei diesem kurzen Hinweis hier sein Bewenden haben.

Der Tuberkelbacillus vermag sich im übrigen in jedem Hautabschnitt unter bestimmten, uns allerdings größtenteils noch unbekannten Bedingungen anzusiedeln. Dementsprechend finden wir das **tuberkulöse Granulationsgewebe in allen Coriumschichten**, vom Papillarkörper bis zur Subcutis, in erster Linie allerdings in der Cutis. Dabei bildet sich der Lymphocytentuberkel vielleicht mehr in den oberflächlichen, der Epitheloidzellentuberkel vielleicht eher in den tieferen Cutisschichten (LELOIR, JADASSOHN), aber auch

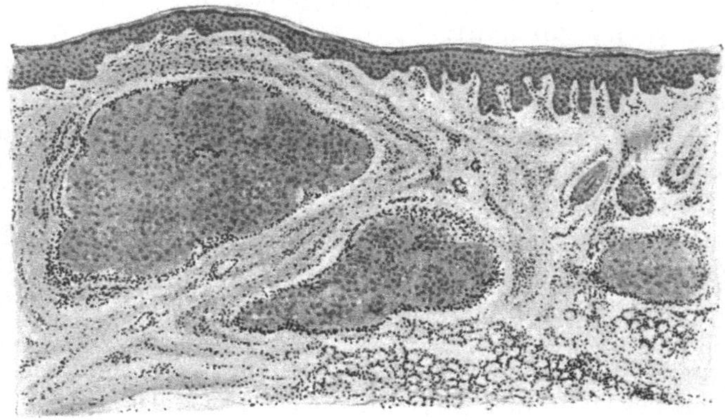

Abb. 166. **T u b e r c u l o s i s c u t i s l u p o s a** (♀, 17 jähr., Hals). Reiner Epitheloidzelltuberkel. O = 19:1; R = 19:1.

diese Regel — wenn man sie überhaupt als solche bezeichnen darf — ist nicht ohne Ausnahme, wie ja überhaupt meistens beide Zellformen am Aufbau beteiligt sind; die Lymphocyten und Plasmazellen mehr zum Rande hin, die Epitheloiden mehr zur Mitte. Die Plasmazellen umgeben dabei das eigentliche tuberkulöse Granulationsgewebe oft schalenartig. In den diffusen Herden beteiligen sie sich am Aufbau, indem sie namentlich die Gefäße mit einem weiten Zellmantel umkleiden und diese vielfach noch weit in die gesunde Umgebung hinein begleiten. Mastzellen finden sich in unregelmäßiger Zahl und Anordnung namentlich in den diffusen Infiltraten, dann auch in der Umgebung der Knötchen; polynucleäre Leukocyten in den nicht geschwürig zerfallenden Herden im allgemeinen selten, häufiger noch in den verkäsenden. Dabei sind Fälle bekannt geworden, wo einzig und allein nur die eine oder andere Zellform vorkommt, das tuberkulöse Granulationsgewebe also rein aus Lymphocyten- oder Epitheloidzelltuberkeln aufgebaut ist. Die letzteren sind allerdings in der Regel von einer wechselnd breiten lymphocytären Randzone umgeben, deren Abhängigkeit von dem Tuberkelbacillen- (BAUMGARTEN) oder Tuberkelbacillentoxingehalt (LEWANDOWSKY) noch durchaus hypothetisch erscheint. Tritt die Lymphocytenzahl sehr zurück, sind die epitheloiden Zellnester im wesentlichen nur durch eine zarte Bindegewebskapsel oder Spindelzellhaufen von dem umgebenden gesunden

Gewebe getrennt, zeigen sie dabei eine besondere Anlagerung an die Gefäße, so kann die Ähnlichkeit mit den Sarkoiden (s. d.) sehr ausgeprägt sein. Dieser auch beim Lupus vulgaris gelegentlich zu beobachtenden Sonderform hat LEWANDOWSKY eine zweite gegenübergestellt, bei der der Aufbau aus regelmäßigen, „vielfach deutlich konzentrisch geschichteten kleinen Tuberkeln, die ein zusammenhängendes Gefüge darbieten und nur durch schmale Lymphocytenscheiden voneinander scharf abgesetzt sind, an tumorartige Gebilde erinnert".

Die noduläre Form ist weiterhin durch den Reichtum an Riesenzellen gekennzeichnet, der namentlich in den Epitheloidzellentuberkeln auffällt, ein Befund, der durch die Histiogenese der Riesenzellen (in erster Linie amitotische

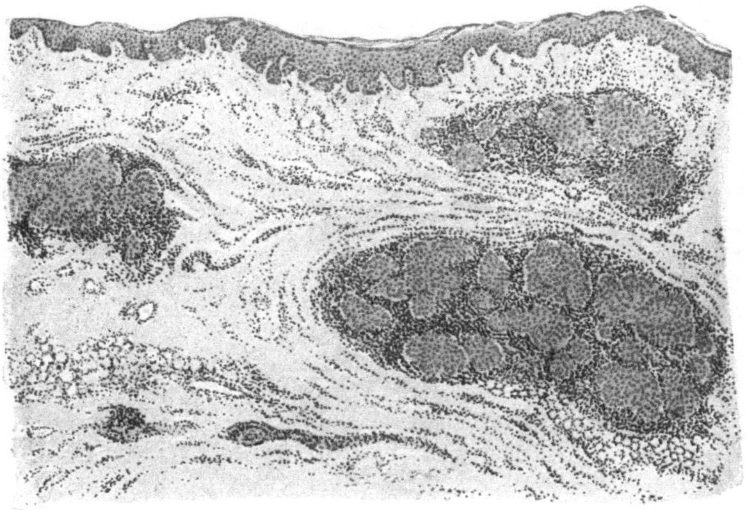

Abb. 167. **Tuberculosis cutis luposa** (♂, 25 jähr., Nacken). Epitheloidzell-Lymphocyten-tuberkel. O = 19:1; R = 19:1.

Teilung der Epitheloiden unter Verlust der Teilungsfähigkeit des Protoplasmas, dann auch wohl durch Zusammenfließen aus mehreren Epitheloidzellen) ohne weiteres verständlich ist. Daß andrerseits auch in den lymphocytären Tuberkeln, ja gelegentlich ganz unabhängig von beiden, derartige Riesenzellen mitten im entzündlichen lymphocytären Infiltrat vorkommen, mag als Beleg für die Beteiligung von epitheloiden Bindegewebsabkömmlingen auch bei diesen Formen dienen. Da jedoch die Bedingungen, unter denen einmal Lymphocyten, ein andermal Epitheloide als Hauptanteil der Zellproliferation herangezogen werden, uns noch völlig unbekannt sind, so kann naturgemäß auch über die Voraussetzungen zur Riesenzellbildung und damit für ihr zahlreiches Auftreten bzw. ihr oft auch völliges Fehlen ein stichhaltiger Grund bisher nicht angegeben werden.

Die Riesenzellen enthalten häufig neben Leukocyten und Kernresten noch die verschiedenartigsten Einschlüsse, vor allem elastische Fasern, die vielfach mit wohl aus dem Blutfarbstoff stammendem Eisen imprägniert oder auch verkalkt sind (UNNA, RONA); auch Reste kollagener Fasern wurden in ihnen gefunden (LOMBARDO). Ihr Gehalt an Tuberkelbacillen ist bei der Tuberculosis cutis luposa bei weitem nicht so reichlich wie bei mancher anderen Hauttuberkulose oder gar der innerer Organe.

Innerhalb der Infiltrate gehen das kollagene und elastische Gewebe bei der diffusen Form größtenteils zugrunde, während es sich bei der nodulären

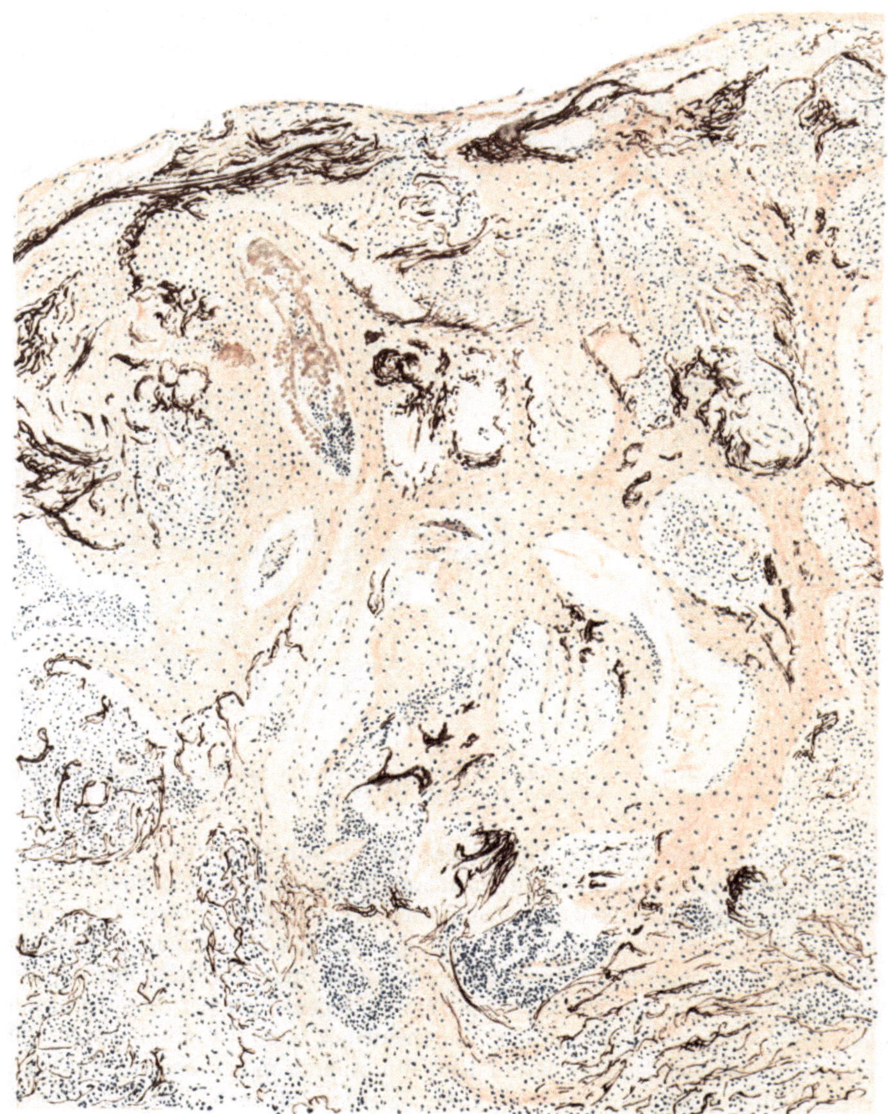

Abb. 168. Elastische Fasern im gewucherten Epithel bei Tuberculosis cutis luposa. (Sammlung LEWANDOWSKY).

zum Rande hin vielfach schalenartig wie ein Bindegewebswall zwischen das gesunde und kranke Gewebe stellt. Dabei finden sich in den Randabschnitten der tuberkulösen Zellinfiltration hin und wieder noch Reste des kollagenen Gewebes; elastische Fasern — außer in den Riesenzellen — gelegentlich auch noch

im Innern, so daß man namentlich bei der diffusen Form oft weite Gewebs-
strecken durchmustern kann, ohne überhaupt auf Reste der bindegewebigen
Grundsubstanz zu stoßen, während stärkere Vergrößerung immer noch feinste
elastische Faserbröckel hier und da sichtbar macht. Daß gelegentlich auch einmal im Zentrum der Tuberkel umschriebene Anhäufungen polynucleärer Leukocyten beobachtet werden (LOMBARDO), sei der Vollständigkeit halber erwähnt.

Das Verhalten der Blut- und Lymphgefäße ist — besonders mit Rücksicht auf die Ausbreitungswege des Lupus — besonders aufmerksam verfolgt

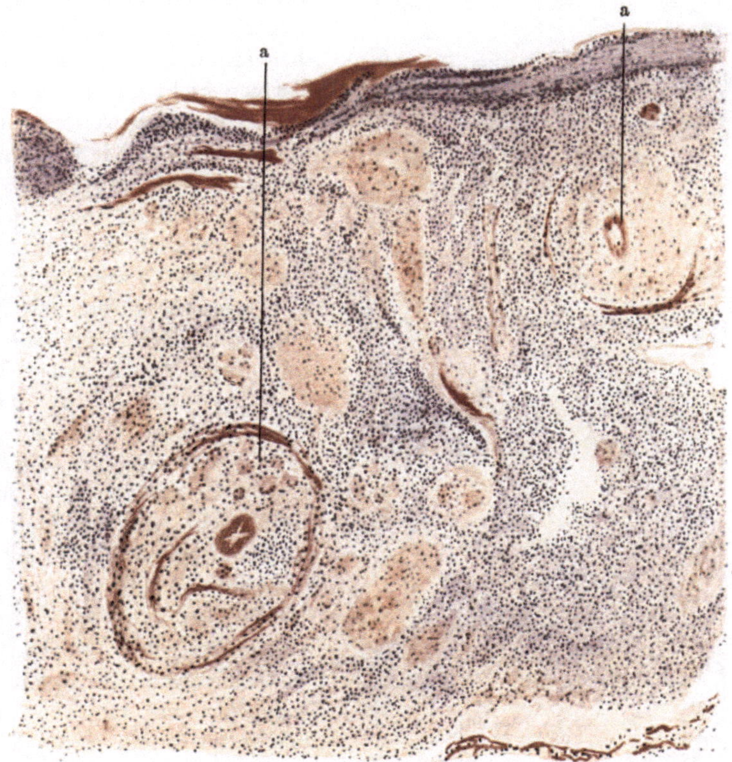

Abb. 169. Tuberkulös erkrankte Gefäßwände (a) bei Tuberculosis cutis luposa.
(Sammlung LEWANDOWSKY.)

worden. Es haben dabei weniger die namentlich in den oberen Schichten und
hier besonders über den Zellinfiltraten, in erster Linie wohl passiv durch Stauung
entstehenden Erweiterungen der Gefäße Beachtung gefunden — gelegentlich
riefen diese angiom- oder lymphangiomartigen Umbau des Gewebes und damit
in der klinischen Dermatologie eine besondere Namengebung (Lupus lymphangiomatosus, elephantiasticus) hervor — als vielmehr die unmittelbar für
die Gefäße des erkrankten Bezirks in Frage kommenden Veränderungen. Diese
äußerten sich einmal in nichtspezifischen, perivasculären und Wand-
infiltraten sowie Endothelwucherungen der Blut- sowohl als der Lymphgefäße, besonders der Venen. Sie führten vielfach zu obliterierenden Entzündungen der Intima, damit zu verlangsamtem Blutstrom und schließlich throm-
botischem Gefäßverschluß. Die Gefäße werden jedoch auch häufig unmittelbar

von dem tuberkulösen Gewebe in Mitleidenschaft gezogen, indem dieses in die Gefäßwände eindringt, sie infiltrierend durchsetzt, durchbricht, vor allem die Venen, während die Arterien mit ihren stärkeren Wandschichten länger Widerstand leisten. Diese sind daher durch entsprechende Färbung manchmal noch nachweisbar, wenn sonst nichts mehr auf die ehemalige Gefäßverteilung schließen läßt.

Trotz dieser Veränderungen kann von einer Gefäßlosigkeit der Tuberkel keine Rede sein; trifft dies schon für die umschriebenen Formen nicht zu, wo die einzelnen Zellherde von erweiterten Gefäßen umsponnen sind, so noch viel weniger für die diffusen, wo zahlreiche, vielfach neu gebildete, dann aber auch erweiterte größere Gefäße das Gewebe durchziehen, von lymphocytären und plasmacellulären Infiltraten umscheidet. Auf diese relativ gute Gefäßversorgung mag in der Haut die Seltenheit einer ausgedehnteren Verkäsung des tuberkulösen Granulationsgewebes zurückzuführen sein, wie sie doch für die inneren Organe die Regel bildet.

Während die Nerven dem tuberkulösen Gewebe sehr lange widerstehen und kennzeichnende Veränderungen an ihnen — im Gegensatz zur Lepra — nie beobachtet wurden, werden die Anhangsgebilde der Haut, und zwar zunächst die Haarfollikel und Talgdrüsen, später auch die Schweißdrüsen stets zerstört, wenn auch einzelne Bruchstücke, namentlich der Schweißdrüsenknäuel oder auch der

Abb. 170. Tuberculosis cutis luposa mit Neubildung zahlreicher kleiner Gefäße (a). (Sammlung LEWANDOWSKY.)

Follikelwandung, länger erhalten bleiben können. Letztere finden sich, aus dem Epidermisverbande durch das tuberkulöse Granulationsgewebe losgelöst, manchmal tief im Gewebe, vielfach in atypischer Epithelwucherung, oft Reste von Talg- und Hornmassen als milienartige Gebilde umschließend. Diese führen gelegentlich zur Entwicklung unspezifischen, entzündlichen Granulationsgewebes mit Fremdkörperriesenzellbildung, so daß eine Unterscheidung von den echten tuberkulösen perifollikulären Infiltraten fast unmöglich sein kann (JADASSOHN).

Die Beteiligung der **Epidermis** ist rein mittelbarer Natur und nach Stärke
und Art in erster Linie abhängig von Ausdehnung, Lage und Zustand des tuberkulösen Infiltrats. Sitzt dieses zu Beginn in den oberen Cutisschichten, so kann
die Epidermis noch unverändert sein; rückt es in den Papillarkörper hinauf
und in den Papillen zur Epidermis vor, so geht naturgemäß der normale Aufbau
verloren. Der Papillarkörper verstreicht, die Epithelleisten werden abgeflacht,
namentlich in der Mitte. Es zeigt sich hier vielfach eine Parakeratose der oberen
Hornschichten (**Lupus psoriasiformis**), während die Epithelleisten nach
der Seite hin vielfach in Wucherung geraten und als breite akanthotische
Massen gegen die Cutis vordringen, hier oft Reste elastischer, manchmal auch

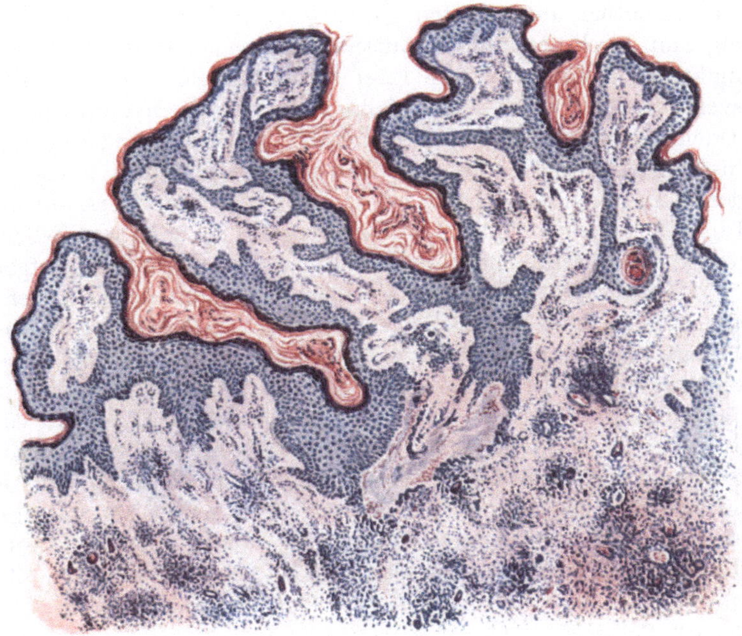

Abb. 171. **Tuberculosis cutis luposa papillomatosa.** (♀, 30jähr., Unterarm,
Beugeseite.) Hämatoxylin-Eosin. O = 35:1; R = 35:1.

kollagener Fasern umfassend (JADASSOHN). Überall dort, wo eine Neigung
zur stärkeren Hornanbildung besteht (behaarter Kopf, Streckseiten der
Extremitäten) führt die Epidermiswucherung häufig zur Hyperkeratose
(**Lupus verrucosus**).

Das im Verlauf der lupösen Erkrankung der Haut nicht so selten auftretende **Lupus-
carcinom** pflegt man vielfach auf derartige Epithelwucherungen zurückzuführen. Inwieweit diese jedoch bei seiner Entwicklung eine Rolle spielen, wie dies JADASSOHN betont
hat und wie sie zuerst ORTH zur Carcinomentwicklung in Beziehung gebracht hat, ist schwer
zu entscheiden. Ist doch schon histologisch vielfach eine Trennung: was ist noch reine
atypische Epithelwucherung, was ist bereits beginnendes Blastom sehr schwer (s. MIYAHARA).
Besonders ist zu beachten, daß einzelne der als präcancerös bekannten Veränderungen
nur mit einer gewissen Zurückhaltung zu verwerten sind, wenn auch das Zusammentreffen
der Atypie, des infiltrierenden Wachstums unter Entwicklung zahlreicher Mitosen zur
Vorsicht mahnen sollte. Am häufigsten handelt es sich um Basalzellenkrebse (Epitheliome) relativ gutartiger Natur; gelegentlich werden aber auch Stachelzellenkrebse

mit oft starker Neigung zur Verhornung beobachtet. Der Aufbau dieser Neubildungen unterscheidet sich jedoch im übrigen grundsätzlich nicht von ähnlichen Gebilden, die spontan im Gewebe entstanden sind. Eine genauere Darstellung erübrigt sich daher.

Hat das Infiltrat schließlich die Epidermis erreicht, so schmilzt diese sehr schnell auf wenige Zellagen zusammen; auch diese schwinden bald und dann liegt ein seichterer oder tieferer, unregelmäßig höckeriger Geschwürsgrund zutage. Entsprechend den mannigfachen Entwicklungsgraden des tuberkulösen Granulationsgewebes in der Cutis sind naturgemäß auch die epidermalen Veränderungen durchaus unregelmäßig. Auf engem Raum können parakeratotische, wuchernde, atrophisierende und daneben zerfallende Epidermisabschnitte miteinander abwechseln. Tritt dazu noch eine stärkere Exsudation, wie man sie namentlich über entzündlich veränderten Herden antrifft — sei die Entzündung nun durch spontane Zerfallserscheinungen im Lupusgewebe selbst oder sekundär durch eingedrungene Eitererreger ausgelöst — so werden die Epidermisveränderungen noch mannigfaltiger, indem das hinzutretende intercelluläre Ödem, zusammen mit den dann zahlreich durchwandernden Leukocyten zu pustulösen und ekzematoiden Bildungen führt. Diese äußern sich auf der zwar spongiösen, aber sonst nicht geschädigten Oberhaut in Form wechselnd dicker, aus einem fibrinösen Netzwerk, Leukocyten und Zelldetritus, aus eingetrocknetem Serum und parakeratotischen Hornzellen aufgebauter Krusten. Treten zu den oft in Gestalt kleiner Pseudoabscesse angehäuften Leukocytenherden stärkere Zerfallserscheinungen im Epithel, meist im Anschluß an Erweichungsprozesse im tuberkulösen Granulationsgewebe, so haben wir das Bild eines pustulös-ulcerösen Lupus vor uns. Dabei muß nicht immer die Einschmelzung primär von der Epidermis ausgehen; die Fälle sind vielmehr durchaus nicht selten, wo man unter einem zwar verdünnten, aber noch nicht weiter zerstörten Epithel und einem ödematösen Papillarkörper in der Tiefe der Cutis weitgehend nekrotisierte, eitrig eingeschmolzene Gewebsabschnitte findet. Als frühesten Beginn der letzteren möchte ich auch jene von Lombardo beobachteten Tuberkel mit polynucleären Leukocyten im erweichten Zentrum betrachten.

Diese beiden Formen der Gewebszerstörung, die von vornherein mit leukocytärer Einwanderung einschmelzende, daneben die lediglich durch nekrobiotischen Gewebszerfall entstandene, kann man unter Umständen in ein und demselben Krankheitsherd zusammen vorfinden, ohne daß ohne weiteres ein Anhalt für die Ursache dieser verschiedenen Zerfallsformen festzustellen wäre; am ehesten kommen bei der letzteren Form vielleicht noch toxische Einwirkungen der zerfallenden Tuberkelbacillen in Frage, obwohl deren geringe Anzahl auch das nicht immer wahrscheinlich macht.

Tuberkelbacillen finden sich nämlich an und für sich im lupösen Gewebe nur in geringer Zahl; innerhalb von Riesenzellen oder in und zwischen den Epitheloiden, und zwar um so zahlreicher und häufiger, je jünger der Krankheitsherd ist. Tritt schließlich ein Durchbruch der tuberkulösen Massen nach außen ein, so kann man sie auch in der Epidermis finden, in welcher sich dann auf dem ulcerierten Gewebe naturgemäß sekundär auch banale Eitererreger, vor allem Staphylokokken ansiedeln. Für das Zustandekommen des Gewebszerfalls in der Epidermis sind sie jedoch ebensowenig eine Voraussetzung, wie für den in der Cutis.

Die Tuberculosis cutis luposa der Schleimhäute weicht grundsätzlich in ihrem Aufbau nicht von dem der äußeren Haut ab.

Diesem Nebeneinander der verschiedenen Entwicklungsgrade des tuberkulösen Granulationsgewebes beim Lupus entspricht naturgemäß auch eine außerordentliche Vielgestaltigkeit in den Ausheilungsvorgängen. Dabei liegt es wohl in der Eigenart des tuberkulösen Virus und seiner Einwirkung auf das umgebende Gewebe, daß junge Tuberkel neben zerfallenden Infiltraten und die diesen folgende fibröse Umwandlung in ihren verschiedenen Entwicklungsgraden auf engem Raume gleichzeitig nebeneinander vorkommen. Es

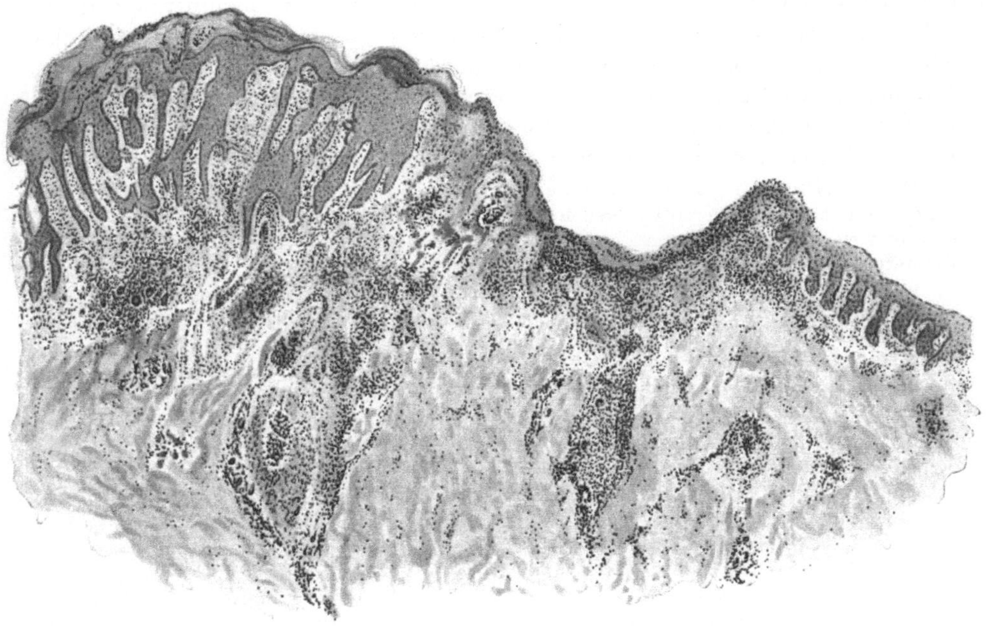

Abb. 172. **Tuberculosis cutis luposa exulcerans.** (♂, 21jähr., Wange.) Links ödematöse, gewucherte Epidermis mit Hyperkeratose, darunter Tuberkel mit Riesenzellen, z. T. um und in einem zugrunde gehenden Haarfollikel. In der Mitte Geschwürsbildung. O = 19:1; R = 16:1.

handelt sich jedoch dabei nie um eine einfache Resorption des tuberkulösen Gewebes, sondern die Ausheilung erfolgt nur auf dem Wege einer fibrösen, zunächst zellreichen, später zellärmeren Bindegewebsneubildung, wie wir das ja auch von anderen entzündlichen Granulationsgeweben her kennen.

An der Narbenbildung beteiligt sich — wie ich im Gegensatz zu UNNA betonen muß — auch das elastische Gewebe, und zwar durch Bildung zarter, neugebildeter Fasern, die gelegentlich einmal neben den dicken, kürzeren oder längeren Überresten des alten Elastins gefunden werden. Die fibromatöse Bindegewebsneubildung erfolgt dabei einmal vom Rande her, indem von hier aus vorwiegend horizontal fortschreitendes, zellreiches junges Bindegewebe in das eingeschmolzene Zellinfiltrat eindringt, wobei ihm meist neugebildete junge Gefäßsprossen den Weg weisen. Bei dieser narbigen Ausheilung pflegt die Bindegewebsneubildung häufig das erforderliche Maß zu überschreiten, so daß keloidähnliche Wülste und fibromatöse Bänder, ja gelegentlich sogar tumor- oder elephantiasisähnliche Bilder entstehen. Bei den letzteren spielt allerdings auch eine wohl durch den Ort der Entwicklung (Stauung) gegebene — von vornherein manchmal außerordentliche — Erweiterung der Lymphspalten und Lymphgefäße mit nachfolgendem Ödem eine Rolle. In derartigen Fällen treten dann die erweiterten Lymphgefäße manchmal unmittelbar mit dem tuberkulösen Granulationsgewebe in Berührung, wodurch naturgemäß die weitere Ausbreitung auf dem Lymphwege sehr erleichtert wird.

Differentialdiagnose: Wenn auch differentialdiagnostische Schwierigkeiten hier und — wie am Schlusse dieses Kapitels näher ausgeführt werden wird — bei jedem tuberkulösen bzw. jedem sog. spezifischen Granulationsgewebe sicherlich vorhanden sein mögen, so liegt doch gerade in dem scheinbar uneinheitlichen histologischen Bilde der Tuberculosis cutis luposa zugleich eine wertvolle Stütze für ihre Erkennung. Man muß nur daran denken, daß hier auf engem Raume, wie wohl bei keiner anderen Veränderung, alle diese oben beschriebenen Formen vom klassischen Tuberkel bis zum einfachsten uncharakteristischen Granulationsgewebe nebeneinander vorkommen können.

Die Folliculitis exulcerans serpiginosa nasi, die früher zur Acne gerechnet wurde, dürfte nach neueren Untersuchungen (FINGER) zur Hauttuberkulose gehören und nur einer eigentümlichen Form des Lupus vulgaris entsprechen. Differentialdiagnostische Erörterungen sind daher kaum erforderlich.

Auch der wegen seiner klinischen Ähnlichkeit mit dem Rhinosklerom seinerzeit von LION, dann von JADASSOHN und jüngstens von MARTENSTEIN beschriebene Lupus rhinoscleromatoides läßt sich von dem durch den Kapselbacillus und die MIKULICZschen Zellen hinreichend gekennzeichneten echten Rhinosklerom leicht unterscheiden.

Pathogenese: Mit Rücksicht auf die Zusammenfassung am Schluß seien hier über die Genese, und zwar die formale Genese nur wenige Worte gesagt. Wenn es auch keinem Zweifel unterliegen kann, daß neben dem am häufigsten zu beobachtenden Weg der Ausbreitung, nämlich dem des Fortkriechens durch die Lymphgefäße, auch die hämatogene Verschleppung eine Rolle spielt, so sind doch genauere und insbesondere beweiszwingende Beobachtungen gerade über diese Form recht selten und auch heute noch muß man — wie vor 20 Jahren JADASSOHN — die Beobachtung von WOLTERS, „die ein glücklicher Zufall diesem unter das Mikroskop lieferte" (LEWANDOWSKY), als die einzige bezeichnen, welche als Beweis für den Ausgang der tuberkulösen Wucherung von der Intima der Gefäße dienen kann. In diesem Falle fand sich ein typischer Epitheloidzelltuberkel, der die Gefäßwand verdickte und das Lumen vorwölbte, aber weder mit diesem, noch mit dem perivasculären Gewebe im Zusammenhang stand, demnach als primärer Tuberkel in der Gefäßwand, als typischer Intimatuberkel aufgetreten war. Die Veränderung war besonders im oberflächlichen, dann aber auch im tieferen Gefäßnetz der Cutis entstanden und hatte klinisch zu einem typischen Lupus nodularis geführt.

Daß daneben auch das tuberkulöse Granulationsgewebe von der Umgebung unmittelbar oder auch auf dem Lymphwege in die Gefäßwände eindringen, diese durchbrechen, das Gefäßlumen ausfüllen und auf diese Weise zu einer „sekundären" hämatogenen Aussaat führen kann, bedarf keiner besonderen Erwähnung. In der Regel erfolgt allerdings die Ausbreitung des tuberkulösen Granulationsgewebes durch einfaches Fortschreiten im Gewebe, in erster Linie auf dem Lymphwege.

Anhangsweise muß hier kurz auf die Genese des Lupuscarcinoms hingewiesen werden. Eine Häufung carcinomatöser Erkrankungen in den Lupusherden, namentlich den behandelten, ist nicht abzustreiten, wenn wir auch Näheres über die Ursache nicht kennen. Auf alle Fälle besteht ein Zusammenhang mit der Therapie, da das Carcinom bei den unbehandelten Fällen viel seltener ist. Mit Rücksicht auf die Entwicklung der Teercarcinome könnte man auch hier vielleicht Reizstoffen (Pyrogallol) eine Rolle zusprechen. Ein gehäuftes Auftreten bei röntgenbestrahlten Fällen erscheint ja ohne weiteres verständlich.

2. Tuberculosis cutis verrucosa.

Die Veränderung ist als selbständiges Krankheitsbild vielfach umstritten worden, nicht zuletzt, weil gelegentliche Weiterentwicklung zu einer echten

Tuberculosis cutis luposa beobachtet wurde. Die Ergebnisse neuerer immunbiologischer Forschung in ihrer Bedeutung für Morphologie und Histologie

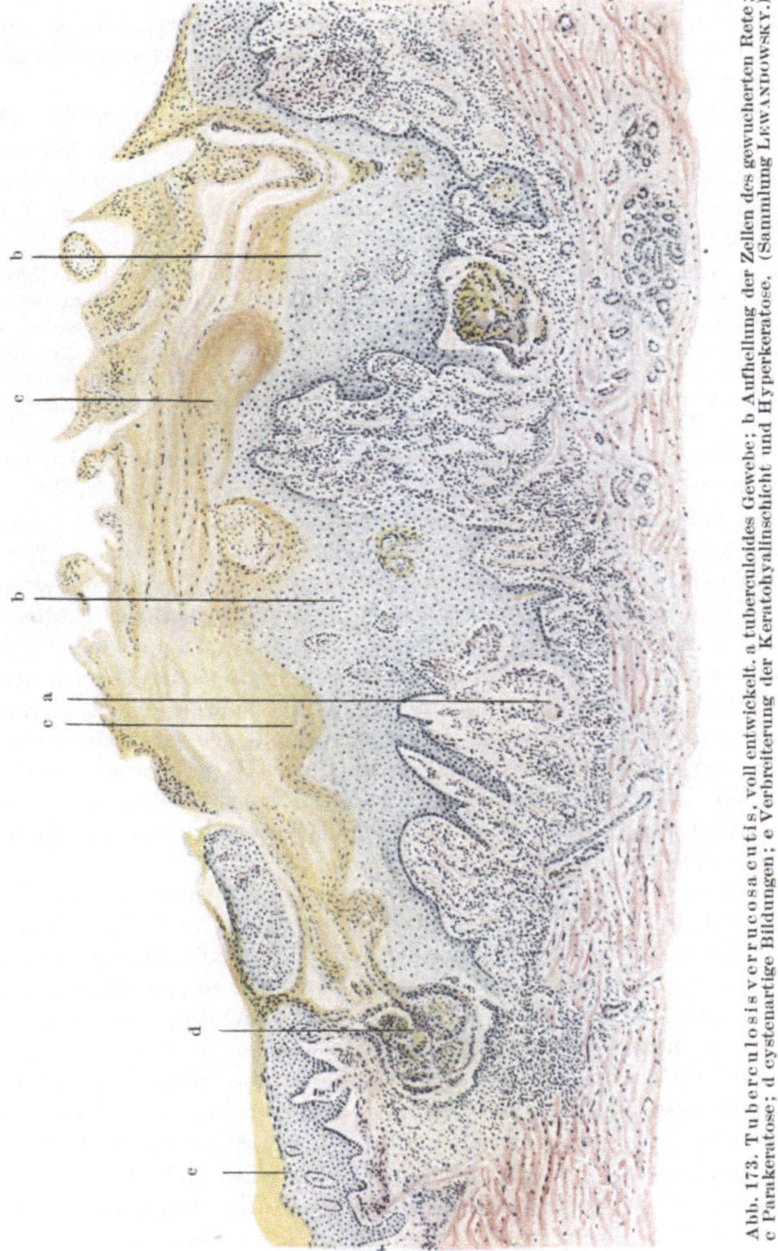

Abb. 173. Tuberculosis verrucosa cutis, voll entwickelt. a tuberculoïdes Gewebe; b Aufhellung der Zellen des gewucherten Rete; c Parakeratose; d cystenartige Bildungen; e Verbreiterung der Keratohyalinschicht und Hyperkeratose. (Sammlung LEWANDOWSKY.)

eines Krankheitsbildes zwingen jedoch unbedingt zu einer Sonderung. Das,
was zunächst in derartig gelagerten Fällen in die Erscheinung tritt, ist doch
eben die Tuberculosis cutis verrucosa, „eine durch ihre Neigung zur Bildung

von Verrukositäten ausgezeichnete, flächenhaft sich ausbreitende Tuberkulose
der Haut, welcher das charakteristische Element des Lupus, der typische Lupusfleck, fehlt" (JADASSOHN). Wenn im Verlaufe ihres Bestehens Umstellungen
in der (immunbiologischen und damit der) geweblichen Reaktionsfähigkeit
des erkrankten Bezirks die Bildung echter Lupusformen herbeiführen, so darf
dies meines Erachtens für die primäre Beurteilung des Geschehens nicht berücksichtigt werden.

Die im Vergleich zu manchen anderen Hauttuberkulosen leichte Dauer-
heilung berechtigt außerdem — besonders in ihrem Gegensatz zur Tuberculosis
cutis luposa — diese Abtrennung; ebenso die im Gegensatz zu den meisten Fällen
von Lupus vorhandene Neigung zur Verschleppung auf den großen Lymph-
wegen (Lymphangitis tuberculosa).

Klinisch beginnt die Veränderung als zunächst kleiner, mit zarten Hornschüppchen
bedeckter, braunroter Fleck, in dessen Mitte sich, gleichzeitig mit der Bildung derber Infiltrate in der Cutis, verruköse Wucherungen entwickeln, während eine erythematöse Randzone den Übergang zum Gesunden bildet. Auf diesem Stadium kann der Prozeß lange
unverändert in Form großer, polycyclischer oder kreisrunder, von schmutzigbraunen, zerklüfteten Hornmassen bedeckter Herde bestehen bleiben. Schließlich heilt er, meist unter
umschriebener Eiter- und auch Geschwürsbildung, mit dünnen zarten Narben ab.

Den warzigen Wucherungen entsprechend bieten im Gewebsschnitt die Veränderungen in der Epidermis das auffallendere, wenn auch nicht gerade
das für die Tuberculosis verrucosa kennzeichnende Bild. Letzteres ist vielmehr
durch die cutanen Infiltrate bedingt, denen allerdings die epidermalen Wucherungsvorgänge, was Ausdehnung und Begrenzung betrifft, vielfach ein eigenartiges Gepräge geben. In ihrem feineren Aufbau weichen die Infiltrate als
solche jedoch im Grunde genommen wenig von den beim Lupus beschriebenen
ab, was besonders aus der Untersuchung junger, beginnender Formen der verrukösen Hauttuberkulose hervorgeht. Bei diesen spielen die Epidermisveränderungen, abgesehen von einer oft schon vorhandenen, die Schuppung und
Warzenbildung hinreichend erklärenden Para- bzw. Hyperkeratose, noch keine
Rolle, zumal dann, wenn die zellige Infiltration noch in den mittleren und
tieferen Cutisabschnitten liegt, ohne den Papillarkörper oder gar die Epidermis
in Mitleidenschaft zu ziehen.

Das Infiltrat liegt zu diesem Zeitpunkt in den mittleren und oberen
Schichten der Cutis. Es besteht aus Lymphocyten- und Epitheloidzellentuberkeln, die mit spärlichen Riesenzellen durchsetzt sind. Die ersteren liegen
mehr in den oberflächlichen, die letzteren meist mehr in den tieferen Gewebslagen (JADASSOHN). Plasmazellen finden sich, namentlich als perivasculäre
Zellmäntel, in der Umgebung der Tuberkel, weniger in deren Randpartien.
An anderen Stellen ist jedoch eine eigentlich tuberkulöse Infiltration gar
nicht so sehr ausgeprägt; sie tritt vielmehr nahezu völlig zurück hinter einem
durchaus nicht kennzeichnenden Zellinfiltrat, das in erster Linie aus Lymphocyten, Plasmazellen, gewucherten Bindegewebszellen, Epitheloiden, dann
— namentlich in den späteren, auch klinisch durch Eiterbildung gekennzeichneten Stadien — aus zahlreichen polynucleären Leukocyten besteht. In
diesen Fällen ist vielfach nur in den Randabschnitten, und namentlich zur
Tiefe hin, typisch tuberkulöses Gewebe vorhanden. Dieses bildet dann
zusammen mit den auch über die diffusen Infiltrate unregelmäßig verstreuten
Riesenzellen und wechselnd stark vorgeschrittener, jedoch auch hier nicht

auffallend häufiger Verkäsung, oft den einzigen Anhaltspunkt für das Vorliegen eines tuberkulösen Granulationsgewebes.

Das elastische und kollagene Gewebe fällt naturgemäß innerhalb der zellig infiltrierten Gewebsabschnitte allmählich völliger Zerstörung anheim, genau so wie beim Lupus. Ebenso findet sich hier die dort schon erwähnte Neigung zur Bindegewebsneubildung zwischen den Infiltratzügen, in Gestalt erst zarter, dann derber fibrillärer Bindegewebsbündel.

Die Bacillenzahl entspricht derjenigen beim Lupus, wie man mit JADASSOHN und LEWANDOWSKY und im Gegensatz zu der ursprünglichen Annahme von PALTAUF und RIEHL betonen muß. Die vielfach in oberflächlichen Schichten nachweisbaren banalen Eitererreger, insbesondere Staphylokokken, spielen nur eine rein sekundäre Rolle.

Während in den frühesten Stadien der Veränderung die Beteiligung der Epidermis zunächst nur sehr geringfügig ist — hier kann das histologische Bild daher dem der Tuberculosis cutis luposa außerordentlich ähnlich sehen — treten in ihr alsbald einige kennzeichnende Wandlungen hervor, auf Grund deren in erster Linie die histologische Sonderstellung berechtigt erscheint. Sie werden durch eine unregelmäßige Wucherung des Epidermisepithels eingeleitet, die nach außen hin zur Bildung warzenartiger Erhebungen, nach dem Corium hin zur Entwicklung unregelmäßiger Epithelzapfen und Leisten führt, was naturgemäß den Aufbau des Papillarkörpers weitgehend umgestaltet.

Der Vorgang selbst beginnt mit einer Verbreiterung und Verlängerung der Epithelleisten infolge einer allmählich an Ausdehnung zunehmenden Acanthose des Stratum spinosum; mit einem inter- und intracellulären Ödem der Stachelzellen, das namentlich in den tieferen Epidermisschichten zu spongioider Umwandlung führen kann. In die so entstehenden, mit Serum angefüllten Höhlen wandern dann zahlreiche polynucleäre Leukocyten ein, oft in Form von Mikroabscessen das Gewebe durchsetzend. Sie finden sich von den oberflächlichsten bis zu den tiefsten Epidermislagen, hier nach Schwund der trennenden Epithelbrücke vielfach unmittelbar dem Papillarkörper aufliegend. An manchen Stellen steigen sie auch tiefer in die Infiltration hinab; hier durchsetzt mit eigenartigen Gebilden, die nur bei genauester Durchmusterung sich als kleinere oder größere Überreste meist ödematöser Colliquation verfallener, oft auch ballonierend degenerierter (UNNA) und isolierter Stachelzellen entpuppen.

Im Vordergrunde der Epidermisveränderungen steht jedoch die regelmäßig vorhandene starke Hyperkeratose; sei es, daß sie sich über der oft auf das Vielfache verbreiterten granulierten Schicht in gewaltigen kernlosen Hornmassen anhäuft oder aber dort, wo diese auf wenige Zellagen beschränkt oder überhaupt nicht nachweisbar ist, in Gestalt kernhaltiger parakeratotischer Hornlagen auftritt. Diese verschiedenen Erscheinungsformen trifft man im Bilde schroff nebeneinander und ohne jeglichen Übergang vor. Entsprechend dem unregelmäßigen Auf und Ab dieser Hyperkeratose finden sich auf engem Raum flache Hornplatten, spitze Hornstacheln — diese nicht nur aus den erweiterten Follikelund Schweißdrüsenostien, sondern auch aus anderen, unabhängig von diesen entstandenen Epithelbuchten hervorgehend — mit ihren trichter- und schalenartig, konzentrisch ineinander geschachtelten Hornlamellen nebeneinander vor, manchmal von Abschnitten unterbrochen, wo durch die oben erwähnten Pseudoabscesse ein ulceröser Bindegewebsherd unmittelbar zutage liegt.

Der Papillarkörper wird naturgemäß in Mitleidenschaft gezogen; plumpe kurze Papillen wechseln ab mit langen, schmalen oder oft völlig geschwundenen in einem unregelmäßigen, von zelligen Elementen und Epithelsprossen durch-

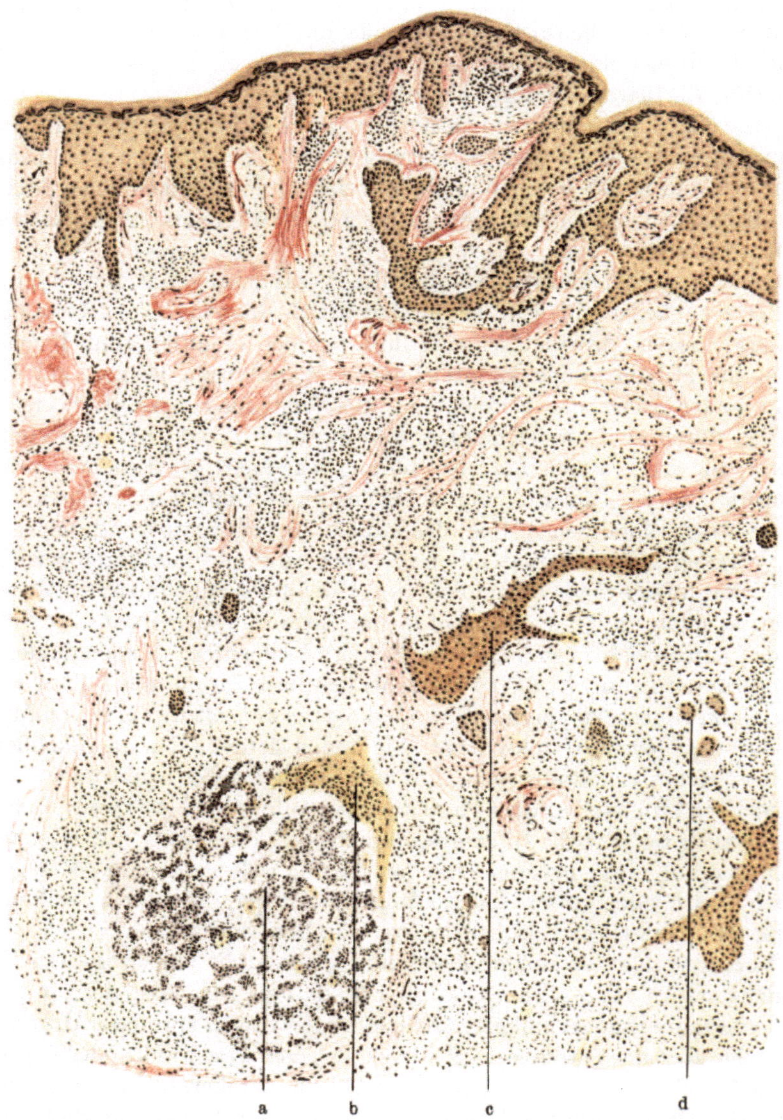

Abb. 174. **Tuberculosis verrucosa cutis.** a Erweichungsherd in der Tiefe mit epithelialer Bekleidung (b); c Epithelwucherung; d tuberkulöse Riesenzellen. (Sammlung LEWANDOWSKY.)

setzten Gewebe. Dieses tritt namentlich dann ein, wenn nun im weiteren Verlauf die Epithelleisten tief in die Cutis vorgedrungen sind und mit ihren oft zahlreichen, unregelmäßigen Fortsätzen das Infiltrat erreicht bzw. bereits durchsetzt haben. Die einzelnen epithelialen Leisten um- und durchwuchern die Zellherde (UNNA), bilden hier ein unregelmäßiges, vielmaschiges Netz, aus dem wieder einzelne Epithelzüge über die Infiltrationszone hinaus zur tieferen

Cutis hinabziehen. Dadurch scheint das Infiltrat näher an die Epidermis herangezogen, gewissermaßen von der Cutis in das Stratum papillare und subpapillare verlegt, während erstere vielfach völlig frei ist. Das mannigfache Auf und Ab an vordringenden Epithelsprossen, abgeschnürten Infiltrationsherden, ödematös geschwollenen Papillenköpfen und ödematöser oberer Cutis muß naturgemäß den feineren Aufbau des tuberkulösen Granulationsgewebes stören. Hier kommt es dann zu jenem völlig uncharakteristischen Gewebsaufbau, in welchem zunächst epitheloide- und Riesenzellen, dann aber auch die tuberkuloide Gewebsreaktion völlig verloren geht und sich meist nur noch in den Randabschnitten behauptet, während der eigentliche Erkrankungsherd aus einem aus Lymphocyten, polynucleären Leukocyten, wuchernden Bindegewebszellen und neugebildeten Gefäßsprossen aufgebauten Gewebe besteht. Oft kommen dazu noch die eben beschriebenen, in manchen Gewebsschnitten zudem frei zutage liegenden, d. h. nicht von Resten der Epidermis abgegrenzten Einschmelzungsherde (Pseudoabscesse); ferner cysten- und hornperlenartige Gebilde, die durch Eintrocknen der Abscesse und ihres aus parakeratotischen Hornlamellen und Zelldetritus bestehenden Inhalts entstehen, bei Erhaltenbleiben der verhornten Epidermisschale. Dies alles bietet ein zwar sehr buntes, aber doch völlig uncharakteristisches Bild. Dieses kann dadurch noch vielseitiger werden, daß es in den Infiltraten und auch um die Abscesse zu Blutaustritten aus den geschädigten zarten Gefäßen in das umgebende Gewebe kommt.

Die Rückbildung, die zuerst im Zentrum der Herde einsetzt, äußert sich einmal in einer Atrophie der gewucherten Epidermis, an die in späteren Stadien dann nur noch die mächtigen Hornmassen erinnern, während sie im übrigen, namentlich in den Epithelbuchten, auf wenige Lagen abgeplatteter Zellen beschränkt ist.

Im Corium kommt es dann zu einer Auflockerung der entzündlichen Infiltration, indem zunächst das Zellgefüge sich unter Bildung zahlreicher, neugebildeter und stark erweiterter Blut- und Lymphgefäßsprossen lockert; besonders in der Umgebung der älteren Herde. Die Lymphocyten schwinden, ebenso die epitheloiden- und Riesenzellen, indem in die Herde — ähnlich wie bei der Tuberculosis cutis luposa — zahlreiche Fibroblasten von der Peripherie her einwandern. Gleichzeitig kommt es zur Bildung jungen, kernreichen fibrillären Bindegewebes, das sich — bei der Tuberculosis cutis verrucosa in viel stärkerem Maße wie bei der Tuberculosis cutis luposa — zu derben fibromatösen Bindegewebsbündeln umwandelt, die — ebenfalls wieder genau wie beim Lupus — sich dann namentlich in den älteren Herden zu regelmäßigen horizontalen kollagenen Bündeln anordnen, zwischen die sich von den erhaltenen Fasern der Umgebung her allmählich wieder junges elastisches Gewebe in Form zarter Reiserchen vorschiebt, so daß zum Schluß eine platte Narbe übrig bleibt, mit völlig geschwundenem Papillarkörper und wenigen Epithellagen.

Das histologische Bild des Tuberculum anatomicum, des sog. Leichentuberkels, stimmt mit dem eben beschriebenen völlig überein; ebenso unterscheidet sich die von JADASSOHN aufgestellte Tuberculosis cutis fungosa serpiginosa bzw. verrucosa lymphangiectatica — Formen, die LEWANDOWSKY im Gegensatz zu der von RIEHL beschriebenen Tuberculosis cutis fungosa nicht zur kolliquativen, sondern hierher zur verrukösen Tuberkulose, vielleicht auch sogar zum papillomatösen Lupus rechnen wollte — von der Tbc. cutis verr.

nur durch die bei der serpiginösen fehlende Hornbildung bzw. die bei der lymphangiectatischen von vornherein stärker ausgeprägte Neigung zur Bildung

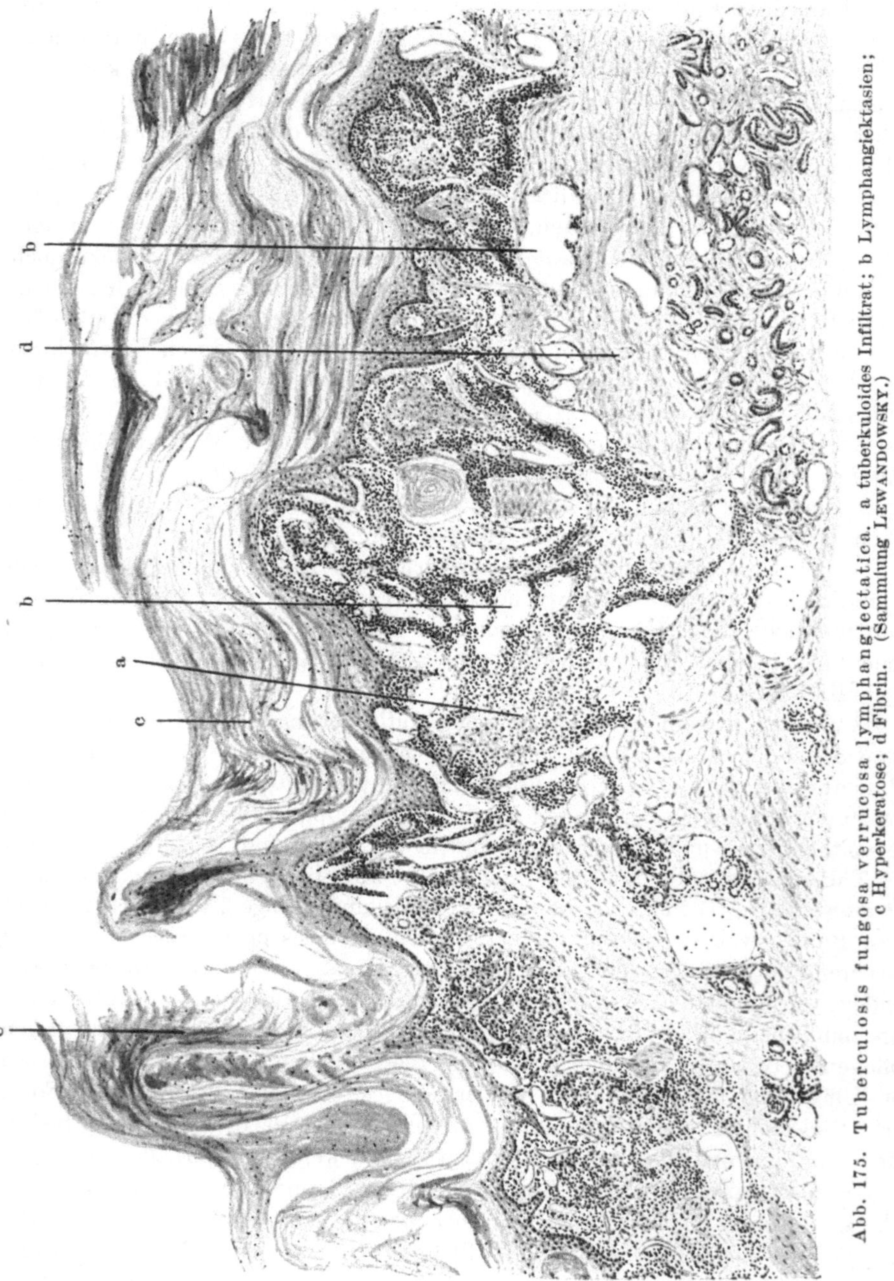

Abb. 175. Tuberculosis fungosa verrucosa lymphangiectatica. a tuberkuloides Infiltrat; b Lymphangiektasien; c Hyperkeratose; d Fibrin. (Sammlung LEWANDOWSKY.)

lymphangiomähnlicher Veränderungen, wie wir sie ja auch bei der Tuberculosis cutis verrucosa in den Spätstadien gelegentlich beobachten.

Differentialdiagnose: Die ausgedehnten und unregelmäßigen Epithelwucherungen, wie sie für die Tuberculosis cutis verrucosa als kennzeichnend zu betrachten sind, können gelegentlich einmal an Epitheliome denken lassen, namentlich dann, wenn nun dieser Eindruck noch verstärkt wird durch Hornperlenbildung in abgeschnürten Epidermisteilen. Eine genauere Durchmusterung wird allerdings dann doch an der mangelnden Atypie der einzelnen Zellen, die zwar verdrängend aber nicht infiltrierend wachsen, an der trotz der massigen Epithelleisten verhältnismäßig geringen Mitosenbildung, einen Anhalt zur Trennung ebenso finden, wie wir dies bei den verrukösen Erscheinungsformen der Lues sehen werden.

Differentialdiagnostische Schwierigkeiten, wie sie klinisch gelegentlich eine stärker gewucherte gewöhnliche Warze machen kann, spielen histologisch keine Rolle, ebensowenig verruköse Bildungen, wie sie sich im Anschluß an banale Eiterungen oder Fremdkörperreizungen einstellen können, wenn auch hier die häufig zu beobachtenden Riesenzellbildungen — manchmal zudem in tuberkuloider Anordnung — den Ungeübten straucheln machen. Anders steht es hingegen mit der Trennung von den entsprechenden luetischen Krankheitsprodukten, namentlich der tertiären Syphilis, bei der das Versagen der WASSERMANNschen Reaktion eine histologische Klärung gerade häufig besonders wünschenswert machen wird. Nicht immer bietet sich hier ein ganz überwiegend aus Plasmazellen aufgebautes perivasculäres Infiltrat bei völligem Fehlen tuberkuloiden Gewebsaufbaues — wie im Falle LEWANDOWSKYS — und dann muß schließlich die Diagnose ex juvantibus als alleiniger Ausweg übrig bleiben, wobei nebenbei bemerkt dem Salvarsan der Vorzug zu geben ist, mit Rücksicht auf die Beeinflußbarkeit auch tuberkulösen Gewebes durch Jodkali und Quecksilber.

Sporotrichose, Blastomykose, tiefe Trichophytien können ebenso wie etwa Jod- bzw. Bromexantheme mit verrukösen Bildungen einhergehen. Hier ist — namentlich bei den ersteren — aus Gründen allgemein histogenetischer Natur histologisch eine Entscheidung oft nicht zu treffen. Auch der Nachweis einzelner Krankheitserreger (z. B. gerade bei der Blastomykose, siehe GANS und DRESEL) im Sekret oder den oberflächlichen Gewebspartien, vermag da nicht zu entscheiden und oft ist nur durch kritische Anwendung sämtlicher biologischen, bakteriologischen und mikroskopischen Untersuchungsmethoden eine Klärung zu bringen.

Pathogenese: Den meist gutartigen Verlauf der Tuberculosis cutis verrucosa hat man einmal auf in ihrer Virulenz herabgesetzte (oder von vornherein weniger virulente, besonders bovine) Tuberkelbacillen, dann aber auch auf ein durch eine bereits bestehende Infektion relativ immunisiertes Gewebe zurückgeführt (HÜBNER). Letzteres gilt namentlich für Fälle ektogener Genese und insbesondere die reine Impftuberkulose (Verruca necrogenica). Daneben ist jedoch auch eine hämatogene Entstehung möglich, wie Fälle von JADASSOHN, HOFFMANN, BOURGEOIS u. a. zeigen.

Im übrigen scheint, wie besonders ZIELER hervorhebt, die Frage nach der Art des Erregers, ob Typus bovinus oder humanus, für den Verlauf nicht von entscheidender Bedeutung, denn auch bei ersterem kann der Verlauf recht bösartig sein.

3. Tuberculosis cutis colliquativa cutanea et subcutanea.

Die kolliquative Tuberkulose, das Scrophuloderm, die häufigste und klinisch formenreichste Art der Hauttuberkulosen, tritt häufiger im kindlichen und jugendlichen Alter als beim Erwachsenen — in der Regel als sekundäre, von darunter liegenden Organen

ausgehende Kontiguitätstuberkulose oder auch in selteneren Fällen hämatogen auf.
Daneben sind, wenn auch nur vereinzelt, Fälle primärer Erkrankung der Haut nach
exogener Infektion beobachtet worden. Sie beginnt als schmerzloses, zunächst unter der
Haut verschiebliches, kugeliges, scharf umschriebenes, derbes, allmählich sich vergrößerndes,
alsbald zentral ausgedehnt erweichendes und dann vielfach fluktuierendes Gebilde. Sie
tritt mit Vorliebe an der Cutis-Subcutisgrenze oder in deren Nähe auf. Demgemäß wird
die überdeckende Haut erst beim Vordringen des Knotens in Mitleidenschaft gezogen;
sie wird vorgewölbt, blaurot verfärbt, schließlich in der Mitte verdünnt.

In diesem Stadium ist noch Rückbildung möglich; sie erfolgt unter Hinterlassung einer
eingezogenen, im übrigen äußerlich als solche nicht erkennbaren Narbe. Vereinzelt wurde
Umwandlung in reaktionslose, fibromatöse, zentral verkäste (ARZT und KUMER) bzw. verkalkte (KRAUS), fremdkörperartige Bildungen beobachtet.

Erfolgt jedoch der Durchbruch, so entleert sich eine eitrige, zähflüssige, häufig
sanguinolente, mit nekrotischen Gewebsfetzen durchsetzte Masse. Der Tuberkelbacillennachweis gelingt sehr häufig, allerdings leichter in der Geschwürs- bzw. Absceßwand, wie
in den eitrigen Gewebsbröckeln. Je nach oberflächlicherem oder tieferem Sitz entsteht ein
Geschwür mit blauroten, überhängenden Rändern und schmierigeitrigem, von wuchernden
Granulationen durchsetztem Grunde. Die letzteren ragen oft pilzartig aus dem Geschwürsgrunde hervor (Fungus tuberculosus). Saß der Prozeß tiefer, so erfolgt der Durchbruch
nach außen in Form eines Fistelganges, — röhrenförmiges Scrophuloderm UNNAS, —
der bei der sekundären kolliquativen Tuberkulose die Regel ist, und dann eine Verbindung mit dem unter der Haut gelegenen, kolliquativ eingeschmolzenen primären Herd
(Drüsen, Knochen, Gelenke usw.) darstellt. In Fällen von Geschwürsbildung entstehen
vielfach durch das Zusammenfließen mehrere Einzelherde ausgedehnte Einschmelzungs-
bezirke. Eine Ausheilung kann dann naturgemäß nur mit Bildung unregelmäßiger, eingezogener Narben erfolgen. Diese sind häufig mit keloidartigen oder fibromatösen Brücken
durchsetzt, die oft Narbencomedonen enthalten; daneben finden sich gelegentlich auch
sekundäre, echte lupöse Infiltrate sowie die klinisch von diesen manchmal schwer zu unterscheidenden fleckförmigen Herde sog. kolloider Degeneration (s. d.).

Zur Tuberculosis cutis colliquativa, und zwar zur sekundären ist auch die Tuberculosis fungosa RIEHL zu rechnen, ferner die framboesieformen bzw. vegetierenden,
geschwulstähnlichen, bald mehr flach aufsitzenden, bald mehr polypös oder papillomatös
gestielten Veränderungen. Vielleicht gehört hierher auch die sog. Folliculitis bzw.
Acne exulcerans serpiginosa nasi (KAPOSI u. a.), deren Zugehörigkeit zur Blastomykose (s. d.), wie manche Forscher meinen, kaum aufrecht zu erhalten ist (GANS und
DRESEL).

Histologisch finden wir bei der Tuberculosis cutis colliquativa als kennzeichnende Veränderung ein zunächst in den tiefen Hautschichten beginnendes,
dann nach der Oberfläche vordringendes, frühzeitig zentraler Verkäsung anheim-
fallendes tuberkulös entzündliches Granulationsgewebe. Es scheint bisher
noch nicht gelungen, die frühesten Anfänge der Veränderung zu Gesicht
zu bekommen. Im Zentrum auch scheinbar jüngster, eben gerade als tiefe
cutane-subcutane Knötchen tastbarer Herde fand sich stets bereits eine
wechselnd stark vorgeschrittene Erweichung (JADASSOHN). Davon machen
auch mir vorliegende Frühfälle keine Ausnahme. Es ist daher auch bis heute
noch nicht mit Sicherheit zu entscheiden, auf welchem Wege der Erreger hier
in die Haut gelangt und insbesondere, wie und wo er hier seine Wirksamkeit
beginnt, wenn auch das primäre Freibleiben von Arterien und Venen sicher
scheint. Dagegen ist der Nachweis größerer, am Rande der kleinsten subcutanen
Knoten gelegener Lymphgefäße, deren Verlauf auf das Zentrum der Zellinfiltrate
hinführte, wo er sich verlor (UNNA), hierfür nur mit Zurückhaltung zu verwerten.
Ebenso steht es mit den am Rande erweichter Herde häufig anzutreffenden
frischen, im wesentlichen aus Epitheloid- und Riesenzellen aufgebauten Knötchen,
deren Mitte alsbald von einem aus Lymphocyten, polynucleären Leukocyten,

Zell- und Kerndetritus bestehenden nekrobiotischen Erweichungsherd eingenommen wird.

Der ausgebildete Herd, mehr oder weniger kugelförmig, oft mit einzelnen, unregelmäßigen Ausläufern ins umgebende Gewebe vordringend und meist an

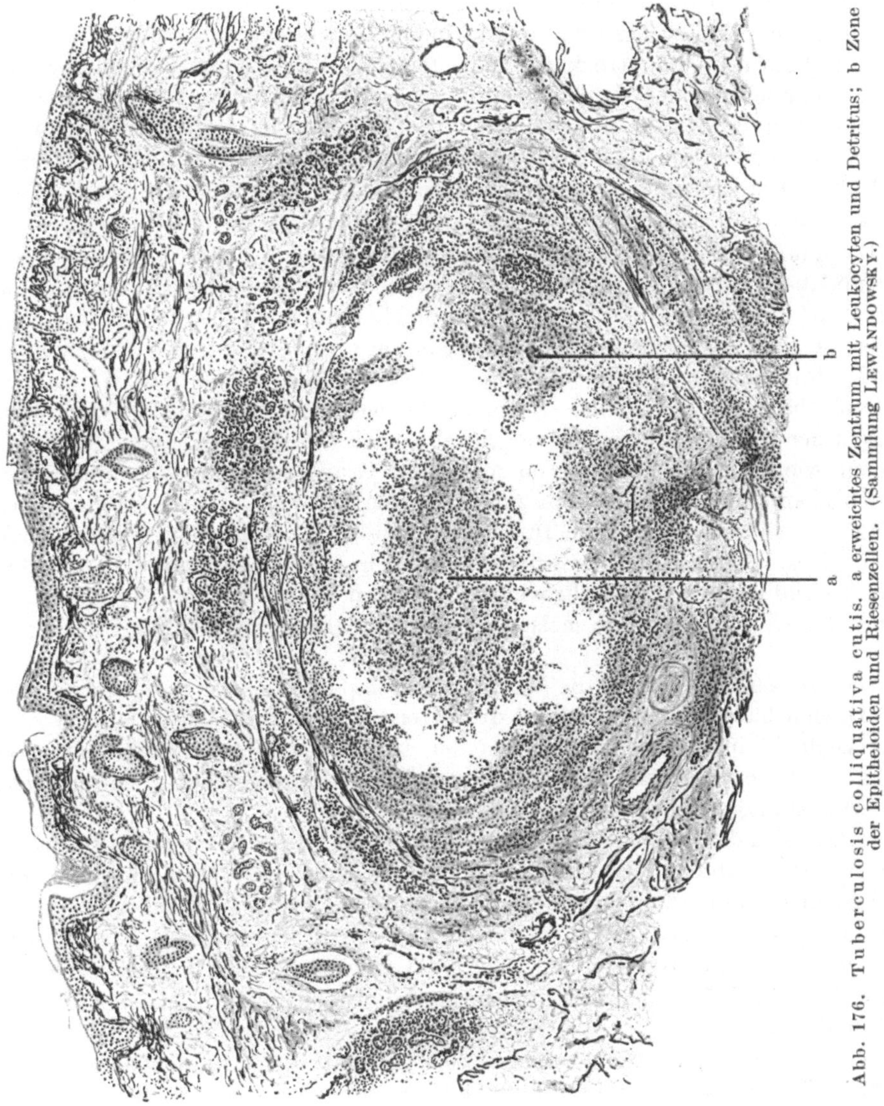

Abb. 176. Tuberculosis colliquativa cutis. a erweichtes Zentrum mit Leukocyten und Detritus; b Zone der Epitheloiden und Riesenzellen. (Sammlung LEWANDOWSKY.)

der Cutis-Subcutisgrenze gelegen, zeigt im übrigen den gewohnten Aufbau: Innerhalb eines wechselnd breiten Lymphocytenringes findet sich eine Anhäufung von epitheloiden und Riesenzellen. In seinen Außenabschnitten wird er manchmal von nur wenigen, manchmal auch von zahlreichen Plasmazellen durchsetzt, stets jedoch von einer Zone wuchernder Bindegewebszellen entweder schalenartig eingefaßt oder locker umgrenzt. Nach der Mitte hin nimmt die Färbbarkeit dieser Zellformen nach und nach ab; ihre Grenzen werden verwaschen, sie gehen über in eine kernarme, wechselnd breite, von einem meist gutentwickelten Fibrinnetz (LOMBARDO) durchzogene nekrotische Zone. Diese umschließt dann zentral eine mehr oder weniger ausgedehnte, mit völlig verkästen Gewebs- und Zellresten, Fibrin, polynucleären Leukocyten, gelegentlich auch reichlichen Resten elastischer Fasern (JADASSOHN) durchsetzte Höhle. Elastisches und kollagenes Gewebe schwinden schließlich völlig. Eine Trennung dieser Nekrosen in eine „trockene" und „feuchte" Form, deren Entstehung von dem Gefäßreichtum der einzelnen Herde abhängig gedacht ist (UNNA) — so sehr sie im Einzelfall das Bild unterschiedlich gestalten mag —, ist meines Erachtens für das pathogenetische Geschehen nicht von grundsätzlicher Bedeutung, zumal auch die echte, trockene Verkäsung gegenüber Mischformen und reiner Verflüssigung eigentlich ziemlich selten ist (LEWANDOWSKY).

Die Umgebung der tuberkulösen Herde im cutanen Binde- sowohl als auch im subcutanen Fettgewebe, weist eine Reihe von Veränderungen auf, die zum Teil spezifischer, zum Teil unspezifischer Art sind. Die letzteren äußern sich in den Bindegewebssepten als die erweiterten Blut- und Lymphgefäße strangartig begleitende Zellzüge. Diese sind aus Plasmazellen — manchmal in überwiegender Zahl —, aus Mastzellen, Lymphocyten, Fibroblasten, gelegentlich auch epitheloiden und einzelnen Riesenzellen aufgebaut, Veränderungen, wie sie jedem chronisch entzündlichen Granulationsgewebe entsprechen. Daneben kommt es jedoch auch zum Schwund des Fettgewebes, indem dieses völlig durch das unspezifische Infiltrat ersetzt wird. Außerdem treten jedoch in der Regel auch mehr spezifisch kennzeichnende Zellinfiltrate mit echter Tuberkelbildung auf, namentlich in der nächsten Umgebung des Mutterherdes, wobei diese jüngsten Herde meist in eine dichte Bindegewebshülle eingelagert sind.

Die Gefäße, besonders die Venen und Lymphgefäße, nehmen an den Veränderungen häufiger teil, während die Arterien meist frei bleiben. Die Venen sind vielfach durch eine Wucherung der Intima sowie Endothelproliferation völlig obliteriert, die Lymphgefäße von Lymphocyten erfüllt; selbst echte Tuberkelbildung ist beschrieben (JADASSOHN).

Nähert sich das Infiltrat der Epidermis, so wird diese über den am stärksten vorgewölbten Abschnitten allmählich abgeflacht. Der Papillarkörper verstreicht hier, während er nach dem Rande zu nicht selten in Wucherung gerät, ganz ähnlich, wie wir das bei manchen Fällen von Tuberculosis cutis luposa gesehen haben. Von diesen gewucherten Epidermisabschnitten werden nicht selten Reste des Bindegewebes, namentlich als Bruchstücke elastischer Fasern, eingeschlossen.

In der Mitte, über dem tuberkulösen Infiltrat, kann schließlich eine auf wenige Zellagen beschränkte atrophische Hautdecke übrig bleiben, die — manchmal nach voraufgehender mäßiger Parakeratose — endlich der Einschmelzung in mehr oder weniger ausgedehntem Grade verfällt. Nicht immer ist jedoch ein unmittelbares Heranrücken des tuberkulösen Herdes an die Epidermis erforderlich. Die Einschmelzung erfolgt dann, namentlich bei den tiefer sitzenden Formen, mehr röhrenförmig, indem sie das gesunde Gewebe auf engem Raume durchsetzt. Sie erreicht die Epidermis unter Entwicklung einer manchmal spezifischen, manchmal auch unspezifischen Gewebsreaktion in der nächsten

Umgebung — Veränderungen wie sie auch die nächste Nachbarschaft der flachen Geschwüre aufweist — und führt schließlich zum Durchbruch. Dabei entleeren sich dann die verkästen und verflüssigten Massen nach außen: Die Fistel ist fertig. Aus ihr wuchert vielfach ein Granulationsgewebe hervor, das manchmal unspezifisch, oft jedoch auch durch spezifisch tuberkuloiden Gewebsaufbau gekennzeichnet ist.

In beiden Fällen sucht das umgebende Epithel sehr bald durch übermäßige Wucherung den entstandenen Verlust auszugleichen. Dadurch kommt es einmal zur Überhäutung der oberflächlichen, überhängenden Geschwürsränder und über diese hinweg, auch der Unterseite der lappenartigen Gebilde. Hier treten die Epidermiszellen meist in abgeplatteter Form auf, um schließlich — wenn meist auch sehr unvollkommen — auf den Geschwürsgrund hinüberzuwuchern. Bei der Fistelbildung steigt das Epithel wechselnd weit in diese hinab, ja manchmal kann es die ganze Absceßhöhle auskleiden. In beiden Fällen ist es jedoch gleichermaßen hinfällig, aus großen ödematösen Zellen aufgebaut, mit weiten, von Leukocyten durchsetzten Saftspalten.

Derartige, von Epidermis bekleidete Hohlräume findet man gelegentlich auch wohl einmal ohne Zusammenhang mit der Außenwelt in der Tiefe der Cutis vor. In solchen Fällen wird die Frage schwer zu beantworten sein, ob es sich hier um alte, ehemals durch eine Fistel mit der Oberhaut verbundene und von dort her epithelisierte Absceßwände handelt oder ob vorgedrungene Epithelsprossen — die ja auch von den Anhangsgebilden der Haut ausgegangen sein können — dies bewirkten.

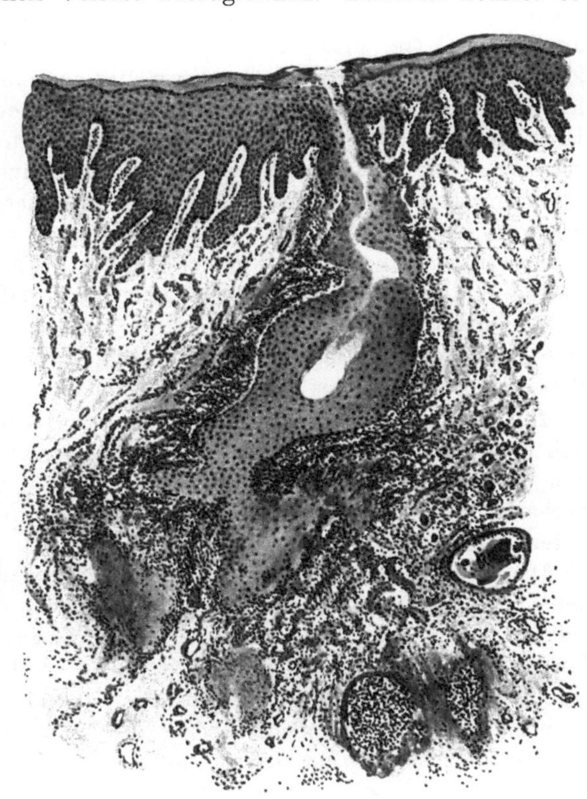

Abb. 177. **Tuberculosis cutis colliquativa** (♂, 31 jähr., Kreuzbein.) Röhrenförmiger Durchbruch durch die acanthotische Epidermis mit Ausbildung eines epithelbekleideten Fistelganges; in der Cutis umschriebene Erweichungsherde; rechts tuberkuloides Granulationsgewebe. O = 35:1; R = 35:1.

Tuberkelbacillen finden sich meist nur spärlich, gelegentlich aber auch sehr reichlich, namentlich in jüngeren Herden; am regelmäßigsten kann man sie in der Übergangszone vom nekrotischen in das zellig infiltrierte Gewebe nachweisen.

Das Nebeneinander vordringender und ausheilender Absceßherde, Fisteln und oberflächlicher Geschwüre, wie wir es gerade bei der Tuberculosis colliquativa sehr häufig finden, gibt naturgemäß auch den Ausheilungsvorgängen ein buntes Gepräge. Dieses wird noch dadurch erhöht, daß neben dem eingeschmolzenen Gewebe vielfach noch Reste gesunder Haut als Streifen oder Brücken erhalten bleiben. Diese werden selbstverständlich in die schließlich erfolgende Narbenbildung mit hineingezogen. Da sie, ähnlich wie die Geschwürsränder, oft auch auf der Unterseite epithelisiert werden, bilden sie in der Narbe oft derbe Hautbrücken (Fibromatoide), die auf kürzere oder längere Strecken auch einmal frei über die neugebildete, zarte Epidermisdecke hinwegziehen können. In der Epitheldecke dieser fibromatoiden Narben sind die Follikel häufig auffallend erweitert und enthalten im Innern konzentrisch geschichtete Hornlamellen (Horncysten: UNNA, Narbencomedonen). Im bindegewebigen Anteil dieser Gebilde wird in der Mehrzahl der Fälle fast die gesamte Cutis von elastischem Gewebe erfüllt; seltener, daß dieses sich lediglich als inselförmiger Herd auf den Papillarkörper beschränkt, unterwärts vielfach von zwei der erweiterten Follikel begrenzt (FRIEDMANN). Diese elastischen Fasern sind außerordentlich dicht gelagert, so daß sie oft ein völlig verfilztes Netz bilden, in welchem sich als Degenerationserscheinung kolloid umgewandelte Herde, oft mit eingelagerten Elastintropfen (FEULARD-BALZER u. a.), Elastorhexis und Elastoklasis (DARIER) vorfinden.

Differentialdiagnose: Durch die zuletzt geschilderten Veränderungen ergibt sich eine gewisse Ähnlichkeit mit dem Pseudoxanthoma elasticum (s. d.), von dem sich erstere jedoch durch die stets — wenn auch nur in Resten — vorhandenen Wucherungen der Epidermis sowie das entzündliche Zellinfiltrat unterscheiden.

Die klinisch gelegentlich an eine banale Pyodermie — wie sie übrigens neben Staphylokokken und Streptokokken auch Pseudodiphtherie- und Colibacillen hervorrufen können —, ferner an Acne, Furunkulose erinnernden Formen sind histologisch durch das, wenn auch nur in Resten vorhandene sog. spezifische Granulationsgewebe hinreichend erkennbar. Auch gelingt es ja meist leicht, bei den nicht tuberkulösen, eben erwähnten Veränderungen, die Erreger festzustellen, ein Beweis, der allerdings um so weniger verwertbar ist, als diese ja auch sekundär sich in das kolliquativ-tuberkulöse Gewebe einnisten können. Die stets vorhandene und ausgesprochen zentrale Verkäsung schützt vor einer Verwechslung mit der Tuberculosis cutis luposa oder verrucosa.

Schwieriger ist schon die Trennung von der Syphilis; klinisch kann dies unter Umständen ganz unmöglich sein und auch histologisch ist es in manchen Fällen nur mit einem gewissen Vorbehalt erreichbar. Die hier wie dort vorhandene Verkäsung macht das Bild, ebenso wie der auch bei der gummösen Lues — und um diese handelt es sich ja in erster Linie — vielfach im Vordergrunde der Veränderung stehende tuberkuloide Gewebsaufbau (Epitheloide, Riesenzellen), zu einem oft außerordentlich ähnlichen. Wenn auch bei der Lues in der Regel die Plasmazellbeteiligung am Aufbau der Infiltrate eine reichlichere ist, wenn sie auch gerade hier in ihren klassischen Entwicklungsformen zu beobachten sind — besonders in Gestalt der kennzeichnenden perivasculären, die veränderten Gefäße zylinderförmig umscheidenden Zellzüge — so ist doch oft eine vorbehaltlose Entscheidung nicht möglich. Weitgehend zerstörte, aber an Resten ihres elastischen Faserrings noch erkennbare Gefäße sind — wenn auch meist nicht so regelmäßig — bei der Tuberkulose ebenso zu beobachten, wie die von GEBER als für das gummöse Syphilid kennzeichnend angegebene Phlebitis obliterans (näheres s. bei der tertiären Lues).

Bei weitem schwerer noch ist jedoch unbedingt die Unterscheidung von den mykotischen Erkrankungen der Haut, vor allem von der Sporotrichose. Allerdings besteht bei der Tuberculosis cutis colliquativa stets zentral eine massige Verkäsung im Gegensatz zu der unvollständigen, strichförmigen bei der Sporotrichose. Bei dieser finden sich vielmehr nekrotische und normal färbbare Zellen eng nebeneinander vor. Die Tuberkulose neigt zum peripheren Fortschreiten, die Sporotrichose zur Abkapselung. Die Gefäßveränderungen sind hier viel geringer wie dort. Vor allem aber findet man bei der Sporotrichose jene eigentümliche Anordnung des Gewebes in 3 Zonen: starke Lymphocyten- und Plasmazellwucherung in den Randabschnitten, besonders perivasculär; zur Mitte hin Epitheloide und Riesenzellen, im Zentrum schließlich eine Erweichung, die jedoch im Gegensatz zur Tuberkulose nie massig wird. DE BEURMANN und GOUGEROT haben den Gewebsaufbau der Sporotrichose treffend bezeichnet als: syphilisähnlich am Rande, tuberkuloid in den mittleren und banal eitrig in den zentralen Abschnitten. Aber alle diese histologischen Kennzeichen sind schwankend und daher sind wir für eine sichere Unterscheidung gerade hier auf die sonstigen Untersuchungsmethoden angewiesen.

Pathogenese: Die Tuberculosis cutis colliquativa ist in der Mehrzahl der Fälle sicherlich sekundärer Natur, indem ein Fortschreiten per contiguitatem von anderen primär erkrankten Geweben aus erfolgt. Dies trifft hauptsächlich für die regionär beschränkten, vereinzelt vorhandenen Krankheitsherde zu. Daneben ist jedoch noch eine disseminierte Form bekannt geworden, namentlich bei Kindern, die augenscheinlich und in erster Linie hämatogen entsteht (JADASSOHN), wenn sie auch nach exogener Infektion beobachtet wurde.

Ob und inwieweit die bei der Tuberculosis colliquativa im Vordergrunde stenende Neigung zur Erweichung — die ja auch beim Lupus vorhanden sein kann — durch die Lokalisation bedingt ist (ZIELER), wäre noch zu untersuchen, wobei zuzugeben ist, daß in der Subcutis eine Einschmelzung entzündlicher Gewebsneubildungen eher erfolgt wie in der Cutis (TEREBINSKY). Ob sie mit der Ausbreitung auf dem Lymphwege in Beziehung steht, erscheint hingegen fraglich. Ebenso sind die besonderen Bedingungen, welche gerade hier im Gegensatz zu allen anderen Hauttuberkulosen dazu führen, noch völlig unbekannt.

Der Zweifel wird verstärkt, wenn man sich daran erinnert, daß ja auch sicher hämatogene kolliquative Hauttuberkulose vorkommt. Nur so viel scheint gewiß, daß Sekundärinfektionen durch banale Eitererreger dabei keine Rolle spielen, daß hingegen der Anzahl der die Erkrankung auslösenden Tuberkelbacillen eine gewisse Bedeutung zukommt.

4. Tuberculosis cutis ulcerosa.

Die an der Haut selbst außerordentlich seltene Erkrankung findet sich häufiger an der Schleimhaut bzw. an den Hautschleimhautgrenzen der Körperöffnungen; fast ausschließlich bei an vorgeschrittener Organtuberkulose leidenden Menschen. Sie tritt in Form kleiner, etwa hirsekorngroßer, zunächst hellroter Knötchen auf, die sich sehr schnell in pustelartige, gelbe Körnchen umwandeln und dann rasch geschwürig zerfallen. Da die Erkrankung meist erst in diesem Zustand zur Beobachtung gelangt, hat man vielfach geglaubt, hier eine primär ulceröse Hauttuberkulose vor sich zu haben, was sich nur daraus erklärt, daß das erste papulöse Stadium außerordentlich schnell vorübergeht.

Die vielförmigen, durch das Zusammenfließen mehrerer derartig zerfallender Knötchen häufig auch polycyclisch begrenzten, meist verhältnismäßig oberflächlichen Geschwüre, zeigen einen unregelmäßig höckerigen, gelb- bis rötlichbraunen Grund, sowie mäßig infiltrierte, kaum unterhöhlte, blaurote Ränder. Die Schmerzhaftigkeit der Geschwüre ist oft außerordentlich stark, oft kaum vorhanden und hängt weitgehend von der Lokalisation ab.

Neben dieser ulcerösen miliaren Haut- bzw. Schleimhauttuberkulose — die man infolge Verwechslung dieser kleinen gelben, häufig durchaus keine Tuberkelknötchen, sondern miliare Abscesse darstellenden Körnchen mit den miliaren Tuberkeln innerer Organe früher glaubte als die eigentliche Hauttuberkulose ansehen zu müssen — findet man eine zweite atypische Gruppe tuberkulös-ulceröser Veränderungen an der Haut, besonders an den Genitalien. Hier bilden sie fast die einzige Form tuberkulöser Veränderungen überhaupt und treten in Gestalt unregelmäßiger, schlecht granulierender und schwer heilender Ulcerationen mit schlaffen, unterhöhlten oder derb infiltrierten Rändern auf.

Das histologische Bild dieser ulcerösen, miliaren sowohl wie der atypischen tuberkulösen Veränderungen ist bei weitem nicht so kennzeichnend aufgebaut, wie bei den anderen tuberkulösen Erkrankungen der Haut. Meist findet sich in den geschwürig zerfallenden Abschnitten ein mehr oder weniger nekrotisches Granulationsgewebe, das von einem jedes kennzeichnenden Aufbaues entbehrenden Zellinfiltrat eingefaßt bzw. begrenzt ist: Polynucleäre Leukocyten, häufig zu kleinsten Abscessen angesammelt, Lymphocyten, wuchernde Bindegewebszellen, vereinzelte epitheloide- und Riesenzellen. Das Ganze, stark ödematös und durchsetzt mit Zell- und Gewebsdetritus, manchmal auch spärlichen Resten elastischer und kollagener Fasern, zusammengesintertem Serum und Fibrin, bietet eher den Anblick einer diffusen, akut entzündlich einschmelzenden Veränderung.

Ein Anhalt für die spezifische Natur des Prozesses findet sich allenfalls in der Umgebung der Geschwüre, hier gelegentlich auch einmal unmittelbar unter der Hornschicht (MIYAHARA), und zwar in Gestalt einzelner, vorwiegend lymphocytärer, häufig verkäsender Tuberkel. Trotzdem ist der Charakter der Veränderung gerade bei diesen ulcerösen Hauttuberkulosen durch den meist außerordentlich reichlichen Gehalt des Granulationsgewebes an Tuberkelbacillen — auf den kein Geringerer als EHRLICH (1885) zuerst hingewiesen hat — leicht zu sichern. Die Bacillen finden sich dabei in größerer Zahl im banalen, weniger im spezifisch tuberkulös aufgebauten Entzündungsherd, was ja unserer Vorstellung von der Pathogenese dieses Granulationsgewebes durchaus entspricht.

Die Epidermis am Rande dieser Geschwüre ist ödematös verbreitert; die einzelnen Zellen, namentlich der tieferen Schichten, sind gequollen, die Hornschicht ist parakeratotisch.

Differentialdiagnose: Nicht eben selten kommt es — bei den atypischen häufiger, wie bei den miliaren ulcerösen Herden — zu atypischer Epithelwucherung, die gelegentlich einmal ein carcinomähnliches Aussehen annehmen kann und, als solche verkannt, auch operativ angegangen worden ist. Der Tuberkelbacillengehalt, der auch hier bei den atypischen Ulcera im banal entzündlichen Granulationsgewebe reichlicher ist wie im typisch tuberkulösen, wird eine Diagnose jedoch stets gestatten, vorausgesetzt, daß überhaupt an Tuberkulose gedacht wird. Ähnlich liegen die Dinge bei den häufig mit venerischen Erkrankungen verwechselten tuberkulösen Geschwüren an den Genitalien, namentlich bei der Frau, wo jedoch in der Regel eine genaue klinische bzw. bakteriologische Untersuchung zur Klärung der Frage genügt.

Schwieriger kann schon die Unterscheidung der sog. schankriformen tuberkulösen Geschwüre der Lippen sein, die wiederholt beschrieben wurden (BROCQ, JADASSOHN u. a.) und leicht mit syphilitischen Primäraffekten verwechselt werden können. Aber auch hier bringt reichlicher Bacillengehalt schließlich eine Entscheidung, wenn diese nicht bereits vorher durch die klinische Untersuchung gesichert ist.

Anhangsweise sei auf einen in das Gebiet der Tuberculosis cutis propria gehörigen, von LIPSCHÜTZ beobachteten, durch den Typus gallinaceus verursachten Fall von Hauttuberkulose hingewiesen. Dieser wich histologisch von den gewohnten, sowohl banal entzündlichen wie auch spezifisch gebauten Bildern ab und war durch ein eigenartiges, chronisch entzündliches, gut vascularisiertes Granulationsgewebe gekennzeichnet. Dieses bestand der Hauptsache nach aus epitheloiden Zellherden, wenigen Lymphocyten, meist am Rande jener und spärlichen Plasmazellen sowie Fibroblasten. Das Ganze war in ein lockeres, etwas ödematöses Gewebe eingelagert. Verkäsung fehlte völlig. Die Bacillen fanden sich in dichten Büscheln im Protoplasma der Zellen, und zwar sowohl innerhalb der Infiltrate, als auch in den polynucleären Leukocyten der entstandenen Abscesse.

Pathogenese: Die Erkrankung tritt in der Regel nur in Fällen ausgedehnter Tuberkulose der Visceralorgane auf, und zwar sekundär, sowohl per contiguitatem als auch durch Autoinokulation. Eine primäre ulceröse Hauttuberkulose ist wohl nur dort möglich, wo ein gegen Tuberkelbacillen ungeschützter, d. h. nur zu geringer oder gar keiner Antikörperbildung fähiger Organismus von einer massigen Einimpfung betroffen wird. In den meisten Fällen spielt wohl die Selbstüberimpfung die Hauptrolle, und zwar mit äußerst zahlreichen Bacillen in einem Körper, dessen letzte Abwehrkräfte im Kampfe gegen den Tuberkelbacillus bereits verbraucht sind (LEWANDOWSKY). Diese immunbiologischen Momente spielen bei der Entwicklung des Krankheitsbildes wohl eine entscheidende Rälle; örtliche Besonderheiten des Hautbodens (UNNA) kommen wohl nur soweit in Frage, als sie — sei es von Natur aus, sei es durch sekundäre Veränderungen (Einrisse, Kratzwunden) — ein leichteres Haften des Erregers ermöglichen.

B. Auf dem Blutwege sich verbreitende Formen.

1. Tuberculosis cutis miliaris acuta generalisata (akute Miliartuberkulose).

Die selten beschriebene Erkrankung tritt in erster Linie im frühen Kindes- bzw. Säuglingsalter auf, namentlich im Anschluß an akute Infektionskrankheiten. Beim Erwachsenen wurde sie nur in wenigen Fällen beobachtet (NAEGELI, HEDINGER, NOBL). Sie beginnt, meist im Verlaufe einer allgemeinen Miliartuberkulose, gelegentlich auch als deren erstes Anzeichen, und zwar mit einem oft kaum sichtbaren, papulösen, papulo-, vesico- bzw. pustulösen oder krustösen, häufig hämorrhagischen Exanthem. Die livide bis braunroten, stecknadelkopf bis hirsekorngroßen, flachen Efflorescenzen sind ziemlich dicht, oft gruppiert gestellt und heilen, falls die Allgemeinerkrankung nicht vorher zum Tode führt, innerhalb weniger Tage mit zentral gedellten Pigmentflecken ab.

Das Ergebnis der histologischen Untersuchungen ist nicht einheitlich. LEINER und SPIELER, denen wir die jüngste zusammenfassende Darstellung verdanken, schildern die Efflorescenzen als „teils knotenförmige, teils streifenförmig rarefizierte Nekroseherde in Cutis und Subcutis", deren Mitte meist thrombosierte Gefäße mit stark verdickten, hyalin degenerierten Wandungen aufweist. In diesen Nekroseherden fanden sie lediglich eine schlecht färbbare, äußerst kernarme, zum Teil homogene Grundsubstanz, hingegen nicht die für tuberkulöses Granulationsgewebe kennzeichnenden Zellformen. „Den tiefen Nekroseherden entsprechen in der Epidermis und dem angrenzenden Papillarkörper vielfach ganz ähnliche, zentral nekrotische Infiltrate mit linsenförmiger Einlagerung in das hyper- und parakeratotisch veränderte Stratum corneum. Das Gewebe in der Umgebung der Nekroseherde zeigt geringe, namentlich perivasculäre kleinzellige Infiltration; daneben zum Teil strotzend gefüllte, erweiterte Lymphgefäße, zum Teil Blutaustritte bis in die oberflächlichsten

Epidermisschichten. Tuberkelbacillen finden sich in außerordentlich großer Menge, gruppen- und stellenweise förmliche Rasen bildend, sowohl in den nekrotischen Epidermisveränderungen, als auch in den tiefen Nekroseherden der Cutis und Subcutis und — was das bedeutungsvollste ist — auch in den Gefäßthromben."

Doch nicht immer entspricht der histologische Befund dem eben gezeichneten Bilde. Mir selbst liegt zwar ein dieser Schilderung durchaus entsprechender Fall vor, doch sind auch klinisch ganz gleichartige beschrieben, bei denen sich kennzeichnend tuberkulöse Veränderungen vorfanden: Verkäsung, Epitheloidzellen, Riesenzellen, Lymphocyten in Gestalt echter Miliartuberkel. Schließlich sind auch Beobachtungen bekannt geworden — und diese scheinen mir relativ die häufigsten zu sein — die gewissermaßen diese beiden gegensätzlichen geweblichen Veränderungen vermittelnd zu verbinden vermögen: chronisch entzündliche Infiltration aus Lymphocyten, Plasma- und Epitheloidzellen, häufig mit zentraler Nekrose.

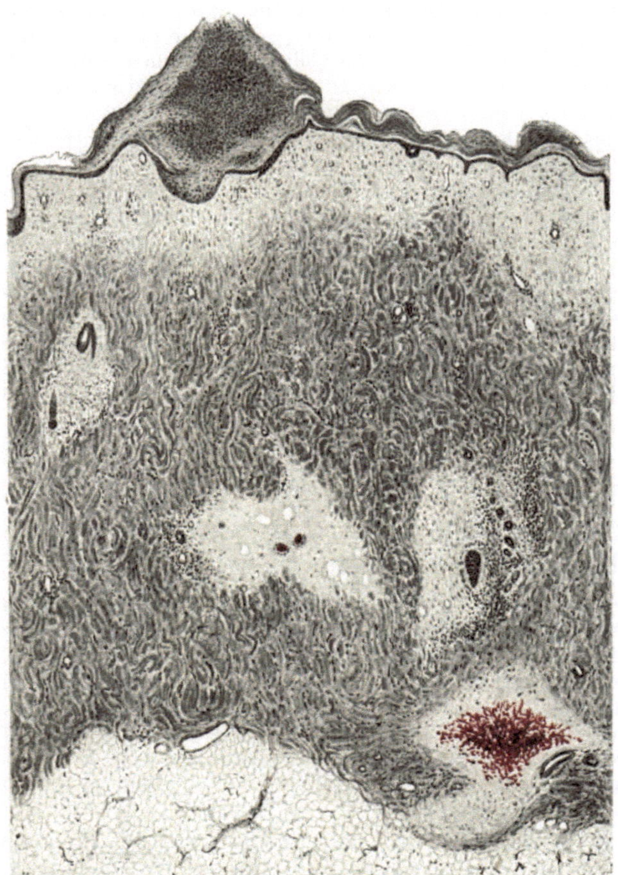

Abb. 178. **Tuberculosis cutis miliaris acuta generalisata haemorrhagica.** An der Cutis-Subcutisgrenze ein Nekroseherd mit massigem Tuberkelbacillenrasen; in der Cutis eine weitere Nekrose um zwei thrombosierte, Tuberkelbacillen führende Gefäße. (Nach LEINER und SPIELER: Ergebn. d. inn. Med. Bd. 7.)

Differentialdiagnose: Namentlich diese letztere Form kann eine Unterscheidung von den nahestehenden papulo-nekrotischen Tuberkuliden sowohl klinisch wie auch histologisch oft unmöglich machen, wenn nicht der schnell zum Tode führende Verlauf, der Nachweis der doch in der Regel zahlreich vorhandenen Tuberkelbacillen, die hämorrhagische Beschaffenheit der Efflorescenzen einen Anhalt gibt. Aber gerade für jene, die miliare Aussaat überstehenden Fälle, sind die Schwierigkeiten außerordentlich groß, da sich augenscheinlich dann in den Efflorescenzen Tuberkelbacillen nicht mehr nachweisen lassen (RENSBURG). Eine Verwechslung der hämorrhagischen, namentlich von LEINER und SPIELER beobachteten Formen, mit

Purpura simplex, mit septisch-hämorrhagischen Exanthemen oder gar mit der Roseola typhosa ist nur bei ganz oberflächlicher Betrachtung möglich.

Pathogenese: Die verschiedenen Erscheinungsformen der miliaren Hauttuberkulose werfen ein bezeichnendes Licht auf die gegenseitige Abhängigkeit von Bacillenzahl, Antikörperbildung und Gewebsreaktion. Das Auftreten banal entzündlicher Veränderungen mit massenhaften Tuberkelbacillen auf der einen, die Entwicklung eines chronisch entzündlichen, tuberkuloiden Granulationsgewebes mit wenigen oder gar keinen Bacillen auf der anderen Seite, ist doch nur dann verständlich, wenn man in ersterem Falle mangelnde Anti-

Abb. 179. Derselbe Fall wie Abb. 178. Nekroseherd und Tuberkelbacillenrasen bei starker Vergrößerung.

körperbildung und damit mangelnde Gewebsabwehr annimmt, sei diese nun durch die gewebsvergiftende und zerstörende Wirkung der zahlreichen Bacillenleiber oder — wie bei Leiner und Spieler — auch noch rein mechanisch durch die plötzlich einsetzende Kreislaufsstörung infolge der bacillären Embolien bedingt. In anderen Fällen hingegen wird eine Antikörperbildung und damit eine spezifische Gewebsabwehr möglich, sei es, daß der erkrankte Organismus genügend Zeit dazu hat, sei es, daß von vornherein bereits gewisse Mengen Antikörper vorhanden waren. Wir müssen auf diese Frage am Schlusse des ganzen Abschnittes noch zusammenfassend zurückkommen.

2. Tuberculosis cutis lichenoides.

Der von F. v. Hebra aus der Gruppe der lichenartigen Hautveränderungen herausgehobene und auch bereits zur Tuberkulose in nahe ätiologische Beziehung gebrachte Lichen

scrophulosorum wurde dann von SACK bzw. JACOBI auf Grund des positiven Bacillen-
befundes mit obiger Bezeichnung treffend benannt. Die Erkrankung tritt — fast nur bei
Jugendlichen, und zwar meist bei Menschen mit anderweitiger Tuberkulose — in erster
Linie am Rumpf, viel seltener an den Extremitäten auf und ist nur ganz vereinzelt im Gesicht
oder gar auf dem behaarten Kopf beobachtet worden. Die Einzelefflorescenzen, kleinste,
braun bis rötliche, von feinsten Schüppchen bedeckte, meist perifollikuläre Knötchen, sind
an und für sich für das Krankheitsbild nicht sehr kennzeichnend, zumal sich bei ihnen häufig
eine Reihe von Abweichungen zeigt. Als solche seien genannt: zentrale Hornstachelbildung
(als Zeichen einer allgemeinen Neigung des Trägers zur Dyskeratose), Lichen ruber-artig
abgeflachte Papeln (JADASSOHN, VIGNOLI-LUTATI), zentrale Bläschen oder Pustelbildung
oder gar Umwandlung in acneiforme und nekrotische Gebilde, mithin Übergang zu den
papulo-nekrotischen Tuberkuliden (Acne cachecticorum, scrophulosorum).

Kennzeichnend für die Veränderung ist vielmehr das Auftreten in gruppierten, aus
wechselnd zahlreichen Einzelknötchen aufgebauten, runden bis bogenförmigen, in der
Mitte oft abheilenden, bräunlichen, abgeflachten, zum fortschreitenden Rande hin mehr
rötlichen schuppenden Herden von wechselnder Größe. Diese stehen meist unregelmäßig
und vereinzelt, überziehen gelegentlich auch einmal die ganze Haut und machen dann einen
ekzemartigen Eindruck (Eczema scrophulosorum).

Die an und für sich gutartige Erkrankung tritt oft ganz plötzlich nach Art hämatogener
Exantheme auf, um ebenso schnell, meist unter stärkerer Abschuppung, zu verschwinden;
in anderen Fällen kann sie über lange Zeit bestehen, ohne irgendwelche besonderen Beschwerden zu machen und heilt dann meist mit brauner Verfärbung der Haut, seltener mit feinster
umschriebener Narbenbildung ab.

Die histologischen Veränderungen des Lichen scrophulosorum beschränken
sich im großen ganzen auf Papillarkörper und obere Cutis; sie treten in erster
Linie „an, um oder in" den Haarfollikeln (KAPOSI), daneben jedoch in der
Umgebung der Schweißdrüsenausführungsgänge (LUKASIEWICZ) und schließlich
auch ohne besondere Beziehung zu irgendwelchen Anhangsorganen der Haut
in der obersten Cutis unmittelbar unter oder in nächster Nähe der Epidermis
auf. Dabei läßt sich jedoch in geeigneten Fällen als Ausgangspunkt stets das
oberflächliche Gefäß- bzw. Capillarsystem und das perivasculäre Gewebe feststellen, so daß auch die Vorliebe für das perifollikuläre Auftreten zwanglos auf das
hier besonders reichlich ausgebildete Gefäßgeflecht zurückgeführt werden kann.

Als Einleitung der Veränderung findet man hier zunächst eine mäßige
lymphocytäre Zellansammlung um die kleinsten perifollikulären Gefäße, und
zwar in erster Linie um die den Fundusanteil der Follikel umgebenden. Hier
entwickeln sich dann mehr länglich-schlauchförmige (PAUTRIER) oder auch
mehr rundlich-knotenförmige Zellherde. Diese weisen nun je nach dem Zeitpunkt der Untersuchung und den vorher gegangenen, mehr oder weniger deutlichen Abwehrreaktionen des Gewebes einen Bau auf, der vom banal entzündlichen Granulationsgewebe bis zum typisch tuberkulösen alle
Übergänge zeigen kann. Dabei finden sich diese Verschiedenheiten häufig
am gleichen Herd und man wird in der Regel bei längerem Suchen auch da einen
tuberkuloiden Gewebsaufbau beobachten können, wo der erste Eindruck ein
banal entzündlicher war (JADASSOHN-LEWANDOWSKY). Diese Tatsache kommt
uns heute durchaus nicht mehr überraschend vor, fügt sie sich doch unserer
Vorstellung von den Beziehungen zwischen Gewebsaufbau und Immunität des
Organismus bzw. Zahl und Wirkung der Tuberkelbacillen ohne weiteres ein;
es ist uns daher auch heute schwer verständlich, daß man eine Zeitlang glaubte,
in dem Fehlen der tuberkuloiden bzw. dem Vorwiegen der banal entzündlichen
Gewebsreaktion einen Beweis für die nicht spezifisch tuberkulöse Ätiologie
der Erkrankung sehen zu dürfen.

Das tuberkuloide Gewebe entspricht in seinem Aufbau einem um ein Vielfaches verkleinerten Lupusknötchen (LEWANDOWSKY), namentlich dann, wenn die hier im allgemeinen ja ziemlich häufige zentrale Verkäsung noch nicht eingesetzt hat. Die Veränderung bietet dann den Anblick des klassischen Tuberkels: Eine wechselnd breite, manchmal jedoch nicht sehr ausgedehnte lymphocytäre Randzone umgibt ein aus schön entwickelten Epitheloiden und LANGHANSschen Riesenzellen, mit den kennzeichnenden wandständigen Kernen, aufgebautes Zentrum. Je älter der Herd, um so ausgesprochener dieser rein tuberkuloide Aufbau, so daß schließlich die Lymphocytenzone völlig zurücktritt und das aus Epitheloiden, Riesenzellen und in diesen Spätstadien auch aus wuchernden Fibroblasten bestehende Infiltrat in eine oft deutlich abgesetzte Bindegewebsschale eingebettet ist.

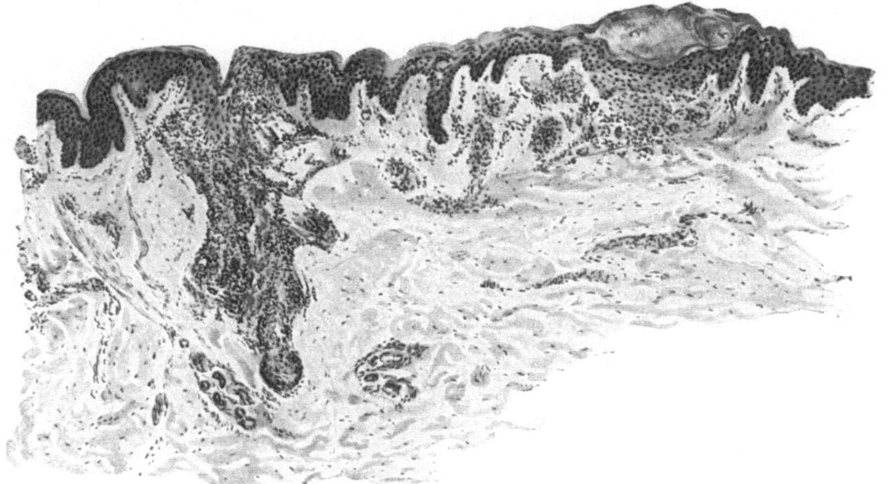

Abb. 180. **Tuberculosis cutis lichenoides** (Lichen scrophulosorum) (♂ 12jähr., Bauch). Links perifollikulärer Tuberkel, rechts oberflächliches, riesenzellhaltiges Infiltrat mit Ödem der Epidermis und subcornealer Bläschenbildung. O = 45 : 1; R = 40 : 1.

Dieser klassische Knötchenaufbau findet sich jedoch durchaus nicht immer vor; vielfach kommt er auch nur andeutungsweise zur Entwicklung. Dann findet man wenige Epitheloide, von einzelnen Riesenzellen durchsetzt, manchmal auch ohne diese und nur von einem Lymphocytenwall umgeben oder gar unregelmäßig zwischen diesen zerstreut, oft unter Beteiligung einiger Plasmazellen.

Innerhalb der Zellinfiltration gehen kollagene und elastische Fasern meist völlig zugrunde, und zwar auch dann, wenn es nicht zu einer zentralen käsigen Einschmelzung des Gewebes gekommen ist, wie sie — wenn auch nicht als massige Verkäsung, so doch in Form kleinster Nekrosen — besonders bei klinisch hochgradig ausgeprägten Fällen besonders von LEWANDOWSKY häufig beobachtet wurde.

Die Gefäße innerhalb der Knötchen fehlen manchmal völlig; in anderen Fällen wieder sind sie, wenn auch spärlich und mit verdickter und infiltrierter Wandung, vorhanden.

Veränderungen der Epidermis über den Zellherden sind infolge der nahen räumlichen Beziehungen — Vorliebe des Infiltrats für das Stratum papillare und subpapillare — in der Regel stets vorhanden. Sie äußern sich neben einer regelmäßig auftretenden Parakeratose in einem Ödem der Stachel-schicht, das vielfach zu Quellung und körnigem Zerfall der Epithelien und damit schließlich zur Abstoßung der Epidermis führt, so daß nach Entfernung der zarten parakeratotischen Schüppchen der Infiltrationsherd frei zutage liegt.

Der perifollikuläre oder — in seltenen Fällen (JADASSOHN) — um die Schweißdrüsenausführungsgänge auftretende Prozeß, unterscheidet sich grundsätzlich nicht von den eben beschriebenen, wenn er auch durch gewisse Besonderheiten des Entstehungsortes ein eigentümliches Gepräge erhält. Dieses kann z. B. gerade bei den letztgenannten Formen eine außerordentliche Ähn-lichkeit, ja Übereinstimmung mit dem Lichen nitidus zeigen (s. Abb. 181).

Bei den perifollikulären Herden durchsetzt das banal entzündliche, — dann hier häufiger polynucleäre Leukocyten, daneben auch Mastzellen und

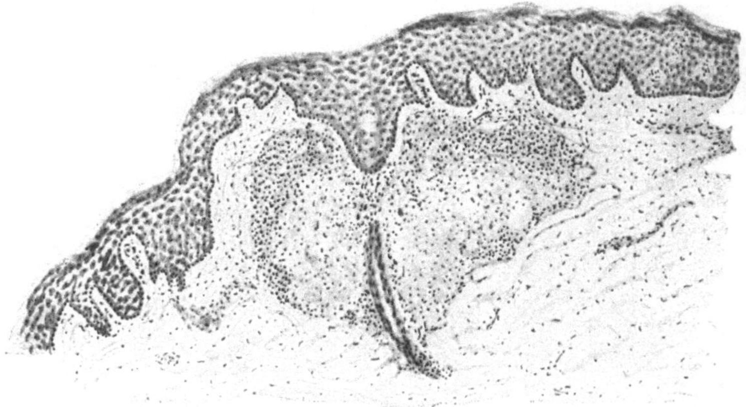

Abb. 181. Tuberculosis cutis lichenoides (plane Form). Tuberkuloides Infiltrat um einen Schweißdrüsenausführungsgang. (Sammlung LEWANDOWSKY.)

spindelige Bindegewebszellen enthaltende — oder aber ausgesprochen tuber-kuloide Infiltrat das den Follikel umgebende Gewebe; es reicht meist von der Haarpapille bis hinauf zum Follikelostium (s. Abb. 180). Die Größe der Infiltrate schwankt auch hier von wenigen — oft auf eine einzige Riesenzelle und wenige Epitheloide beschränkte — Zellen bis zu den Follikel völlig einfassenden, dann in der Tiefe meist schärfer abgesetzten, in den oberen Cutisschichten mehr diffusen Zellherden. Diese sind dann aus zahlreichen Epitheloiden, Lymphocyten und Riesenzellen, weniger aus Plasma- und Mastzellen aufgebaut, zu denen gelegent-lich noch einzelne polynucleäre Leukocyten treten. Auch hier läßt sich der Ausgang der Veränderung von dem papillaren und subpapillaren Gefäß-system feststellen, indem zentral mehr oder weniger veränderte oder auch ganz normale Gefäße stets nachweisbar sind. Elastisches und kollagenes Gewebe sind in ihrem Verhalten, gerade wie oben, von dem Aufbau der Infiltrate weit-gehend abhängig; tuberkuloider Aufbau bedingt weitgehende Zerstörung, während in den banalen lymphocytären Zellherden kaum eine Änderung vor-handen sein muß.

Die Beteiligung der Follikelwandung selbst ist verschieden stark aus-gesprochen. Manchmal völlig normal, manchmal weitgehend eingeschmolzen, in anderen Fällen wieder lediglich von einem schwächeren oder stärkeren, vielfach mit einem Ödem vergesellschafteten lymphocytären Infiltrat durchsetzt. LEWANDOWSKY sah ganz vereinzelt kleinste Tuberkelbildungen mitten im Follikelepithel, die er — da eine Entstehung aus epithelialen Elementen nicht in Frage kommt — auf eine sekundäre Einschließung bindegewebiger Hautabschnitte durch das wuchernde Follikelepithel zurückführen möchte, wie man es ja besonders in der Tiefe nicht selten beobachten kann. Die Talgdrüsen bleiben manchmal unverändert; meist fallen sie jedoch, namentlich in vorgeschrittenen Stadien, der Infiltration zum Opfer. Auch der Haarbalg kann von den eindringenden Infiltratzellen zerstört werden, indem zunächst eine Trennung der äußeren von der inneren Wurzelscheide einsetzt, schließlich auch die Haarwurzel zellig infiltriert und dann der gesamte Follikel entzündlich eingeschmolzen, das Haar abgestoßen wird. Der Vorgang geht häufig einher mit einer tuberkuloiden Fremdkörperreaktion des Gewebes (RIEHL), die naturgemäß gerade hier nicht immer sicher von dem eigentlichen tuberkulösen Infiltrat zu unterscheiden sein wird.

Zwei Veränderungen sind noch erwähnenswert: einmal die Neigung zur Bildung von Hornstacheln in den dann meist erweiterten Follikelostien und zum anderen die Pustelbildung auf der Höhe der Knötchen. Auch diese, bei Eintrocknung sich in Krusten umwandelnden Pusteln treten mit Vorliebe an den Follikelausgängen auf. Letztere Veränderung ist sicherlich durch das starke Ödem und die dadurch hervorgerufene Spongiose in der geschwollenen, mit zahlreichen Mitosen (EHRMANN) durchsetzten Epidermis bedingt, wozu dann noch sekundär einwandernde Leukocyten kommen. Die Hornstacheln, in deren Zentrum man nicht selten noch ein oder auch zwei Lanugohaare antreffen kann, entstehen durch eine Hyper- und Parakeratose der Follikelwand. Diese führt zur Ansammlung lamellär geschichteter Hornmassen, hauptsächlich in dem erweiterten Trichter, aber auch bis ziemlich tief in den Follikel hinein und damit zu der Stachelbildung. Pustel- sowohl wie Hornstachelbildung sind jedoch lediglich als mittelbare, durch das perifollikuläre Infiltrat hervorgerufene Veränderungen zu betrachten, die mit dem krankmachenden Vorgang als solchem nur in lockerem Zusammenhange stehen.

Die Rückbildung der Veränderung erfolgt in der Regel ohne Narbenbildung, da eine völlige Zerstörung der Epidermis doch zur Ausnahme zu gehören scheint; in der Cutis, gelegentlich wohl auch in der Subcutis (KLINGMÜLLER), wird sich allerdings in den mit tuberkuloidem Gewebsaufbau einhergehenden Fällen so gut wie stets eine — wenn auch wenig kennzeichnende — Narbenbildung feststellen lassen.

Differentialdiagnose: Auf die differentialdiagnostischen Schwierigkeiten gegenüber dem Lichen nitidus wurde für die gewöhnlichen Formen schon hingewiesen; die hämorrhagisch-pustulöse Form des Lichen scrofulosorum (Acne cachecticum) dürfte hingegen leicht erkennbar sein. Praktisch von viel größerer Bedeutung ist jedoch die Unterscheidung von den lichenoiden mikropapulösen Syphiliden, die tatsächlich oft weder klinisch noch histologisch durchführbar sein dürfte, so daß man auf sämtliche Hilfsmittel, ja sogar schließlich auf eine Diagnose ex juvantibus zurückzugreifen gezwungen sein kann. Auch der Lichen trichophyticus erlaubt histologisch oft keine

Entscheidung. Demgegenüber macht die Trennung von gewissen Ekzemformen einerseits, von der namentlich bei stärkerer Hornstachelbildung
ähnlichen Pityriasis rubra pilaris, der Keratosis suprafollicularis
rubra et alba andrerseits oder gar dem Lichen ruber planus bezw.
acuminatus, schließlich auch dem Lichen spinulosus (CROCKER), histologisch weniger Schwierigkeiten.

Pathogenese: Kausalgenetisch hat heute, trotz der wenigen positiven Bacillenbefunde
[JACOBI, BETTMANN, LEWANDOWSKY (MUCHsche Form)], die — was histogenetisch von
Bedeutung ist — zudem nur bei frischen, pustulösen Herden möglich waren, die Entstehung
der Tuberculosis cutis lichenoides durch hämatogen ausgeschwemmte Tuberkelbacillen
allseitig Anerkennung gefunden. Der wechselnde Gewebsaufbau, vom banal entzündlichen
zum typisch tuberkuloiden, erscheint uns heute durchaus verständlich.

3. Tuberculosis cutis papulo-necrotica.

Nicht selten finden sich bei der Tuberculosis cutis lichenoides größere
Efflorescenzen, akneiformer oder auch nekrotischer Art, oder gar derbe blaurote Papeln, die man als Übergangsformen zu den papulo-nekrotischen Tuberkuliden ansehen darf. Diese treten im Gegensatz zur ersteren im allgemeinen
nicht im kindlichen, sondern mehr im Pubertätsalter und später auf und sind
hier — im Gegensatz zu dort — durch gutartigen Verlauf gekennzeichnet.

Je nach der Ansiedlung in den oberflächlicheren oder tieferen Hautschichten
hat eine rein morphologisch eingestellte Forschungsrichtung früher geglaubt,
zwei verschiedene Erkrankungen (Folliclis bzw. Acnitis) annehmen zu
müssen, eine Stellungnahme, der durch die neuere Immunitätsforschung die
Grundlage entzogen ist. Heute wissen wir, daß „alle diese „Tuberkulide" durch
Tuberkelbacillen verursacht werden, die meist auf dem Blutwege in die Haut
gelangen und dort durch Immunitätsvorgänge zugrunde gehen, wobei je nach
der Intensität und Schnelligkeit des Prozesses, bald entzündliches und nekrotisches, bald tuberkuloides Gewebe entsteht" (LEWANDOWSKY).

Die Veränderung besteht klinisch aus scharf abgesetzten, stecknadelkopf- bis erbsengroßen, braun oder blauroten, runden derben Knötchen, mit zunächst glatter, dann leicht
schuppender Oberfläche. Allmählich entsteht auf der Kuppe des Knötchens eine graugelbe
Verfärbung, die dann häufig unter Entleerung weniger Eitertropfen zu einer Delle einsinkt.
Die entstehende Kruste oder Schuppe bleibt verschieden lange erhalten; sie wird schließlich abgestoßen und hinterläßt eine scharf ausgestanzte, kleine runde Narbe.

Die außerordentlich gut gekennzeichnete Erkrankung tritt exanthemartig auf, unter
Bevorzugung der Streckseiten der Extremitäten; sie verbreitet sich aber auch über den
ganzen Körper einschließlich des Gesichts; hier kann sie als „Acnitis" eine außerordentliche Ähnlichkeit, ja Übereinstimmung mit dem gleich zu beschreibenden Lupus follicularis disseminatis miliaris bzw. der sog. Acne teleangiectodes KAPOSI aufweisen. Nach meist nicht langem Bestande erfolgt die Rückbildung ebenso reiz- und schmerzlos wie der Beginn.

Die mikroskopischen Veränderungen schwanken je nach dem Stadium der
Erkrankung. Formen, die jegliche für Tuberkulose kennzeichnende Veränderung vermissen lassen und lediglich einfach entzündliche Zellansammlungen
in den oberen Cutisschichten bzw. im Papillarkörper aufweisen, stehen durchaus tuberkuloid aufgebauten Herden gegenüber. Je nachdem sich die Veränderung ferner in den oberflächlicheren oder tieferen Schichten der Haut
ansiedelt, kann man außerdem noch eine auf Epidermis und Papillarkörper
beschränkte, der Folliclis entsprechende, von einer in der oberen und mittleren

Cutis gelegenen, der Acnitis entsprechenden Form unterscheiden. Dabei ergibt sich jedoch aus der histologischen Betrachtung zwanglos, daß ein grundsätzlicher Unterschied zwischen diesen beiden Formen nicht besteht.

Die Veränderung geht — wie alle diese hämatogenen Prozesse — vom Gefäß-Bindegewebsapparat aus. Sie äußert sich zu Beginn als eine mäßige Erweiterung der mittleren oder tieferen Cutisgefäße bzw. der des Papillarkörpers. Gleichzeitig tritt eine wenig oder gar nicht kennzeichnende perivasculäre Zellinfiltration auf. An dieser beteiligen sich einmal die Perithelien der Gefäße, dann lymphocytäre und vor allem bindegewebige Zellelemente. Sehr bald setzt jedoch eine stärkere Auswanderung polynucleärer Leukocyten aus den Gefäßen und Capillaren ein. Sie durchsetzen das perivasculäre, die

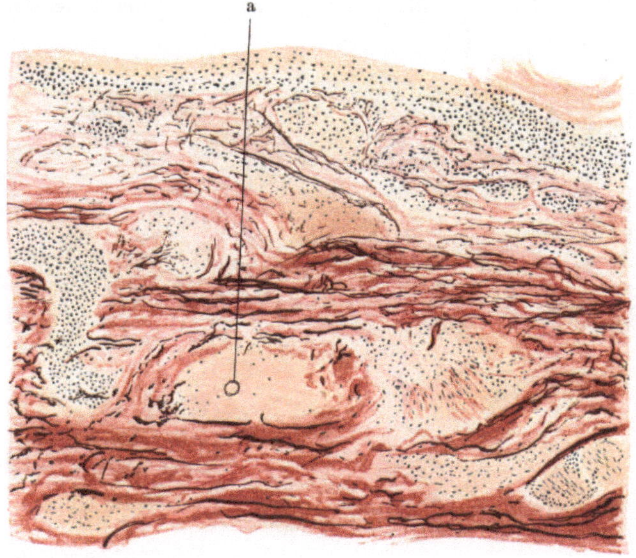

Abb. 182. **Tuberculosis cutis papulo-necrotica.** a Elastische Membran einer Arterie im Zentrum eines kleinen Nekroseherdes. (Sammlung LEWANDOWSKY.)

Gefäße rundlich oder strangförmig umscheidende Infiltrat und dieses verfällt zentral sehr bald einer ausgedehnten Nekrose. Je nachdem nun die Entwicklung in oberflächlicheren oder tieferen Abschnitten des Coriums begann, findet man auf der Höhe der Veränderung, bald in der Epidermis, bald in Papillarkörper oder oberer bzw. mittlerer und tieferer Cutis ein kugelförmiges oder ovales Zellinfiltrat. Dieses weist entweder nur gewöhnliche, banal entzündliche Zellformen auf, oder aber es ist aus Lymphocyten, wuchernden Fibroblasten, Epitheloiden und auch vereinzelten Riesenzellen zusammengesetzt, mitunter in tuberkuloider Anordnung. Diese Zellherde umhüllen mantelförmig eine mehr oder weniger stark ausgebildete Nekrose. Elastisches und kollagenes Gewebe gehen in dem Infiltrat zugrunde, ebenso hier gelegene Anhangsgebilde der Haut.

Als Ausgangspunkt dieser Gewebseinschmelzung gelingt es häufig, ein obliteriertes oder thrombosiertes Gefäß — Arterien sowohl wie Venen — oder dessen Reste in Gestalt elastischer, kennzeichnend angeordneter Fasern nachzuweisen. Auf diese Tatsache, deren entscheidende Bedeutung für die

Pathogenese nachher noch näher dargetan werden muß, haben mit Nachdruck zuerst PHILIPPSON und TÖRÖK hingewiesen. Diese thrombosierten Gefäße lassen sich häufig noch bis in die Umgebung der Nekroseherde verfolgen. Hier findet man sie zwischen den aus Lymphocyten, Fibroblasten, manchmal auch aus Epitheloiden und LANGHANSschen Riesenzellen aufgebauten Infiltraten als kurze, plumpe, mit polynucleären Leukocyten oder zusammengesinterten roten Blutkörperchen, mit fibrinösen und nekrotischen Massen und vereinzelt auch Lymphocyten angefüllte Gebilde. Dabei ist diese Thrombose durchaus nicht immer eine vollständige; Abschnitte fast völligen Verschlusses wechseln — auch am gleichen Gefäß — mit wandständigen, das Lumen nur zur Hälfte oder noch weniger ausfüllenden Thromben ab. Die Gefäße der weiteren Umgebung bis in das Gesunde hinein, sind sehr stark erweitert und prall

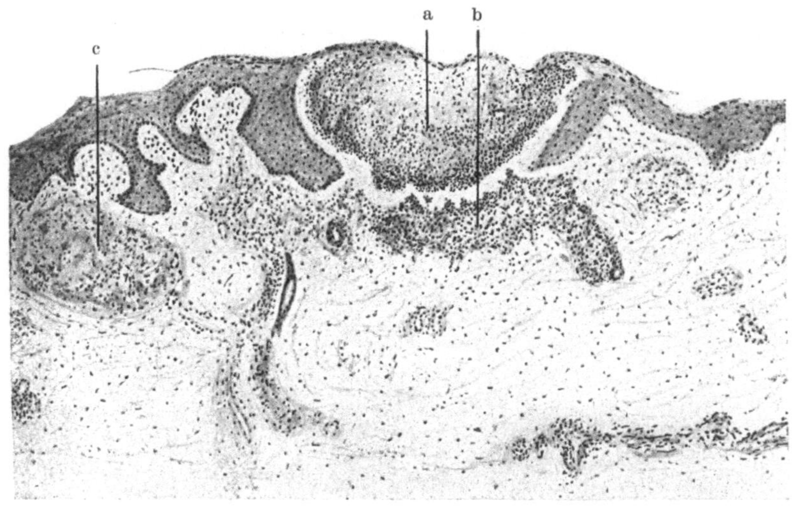

Abb. 183. **Tuberculosis cutis papulo-necrotica.** a Oberflächlicher Nekroseherd; b unspezifische entzündliche Veränderungen; c tuberkuloides Granulationsgewebe. (Sammlung LEWANDOWSKY.)

gefüllt, vielfach von kleineren oder größeren perivasculären Infiltraten umscheidet. Diese letzteren finden sich auch um das Gefäßgeflecht der Hautanhangsgebilde, insbesondere der Haarbälge, Talg- und Schweißdrüsen; häufig ziehen sie von diesen, wenn auch schmaler werdend, den Gefäßen folgend in die tiefere Cutis und sogar bis zur Subcutis hinab. Auch hier, fernab vom Orte des Hauptgeschehens, finden sich nicht selten kleinere und größere Gefäße, deren entzündlich infiltrierte und verdickte Wandung, deren mehr oder weniger ausgedehnt thrombotisch verlegtes Lumen auf eine Beteiligung an dem Prozeß hinweist.

Das umgebende Bindegewebe ist im übrigen nicht erheblich in Mitleidenschaft gezogen. Es besteht lediglich ein wechselnd starkes Ödem und dadurch eine Erweiterung der Lymphspalten.

Die Epidermisveränderungen sind naturgemäß völlig abhängig von der Lokalisation der Infiltrate. Bei den um die mittleren und tieferen Cutisgefäße entstandenen Formen bleibt die Oberhaut auf lange Zeit unverändert; lediglich eine mäßige Parakeratose kann an den in der Tiefe sich abspielenden Vorgang erinnern. Beginnt hingegen die Veränderung in oder um die Gefäße und Capillaren des Stratum papillare bzw. subpapillare, so ist die Epidermis stets be-

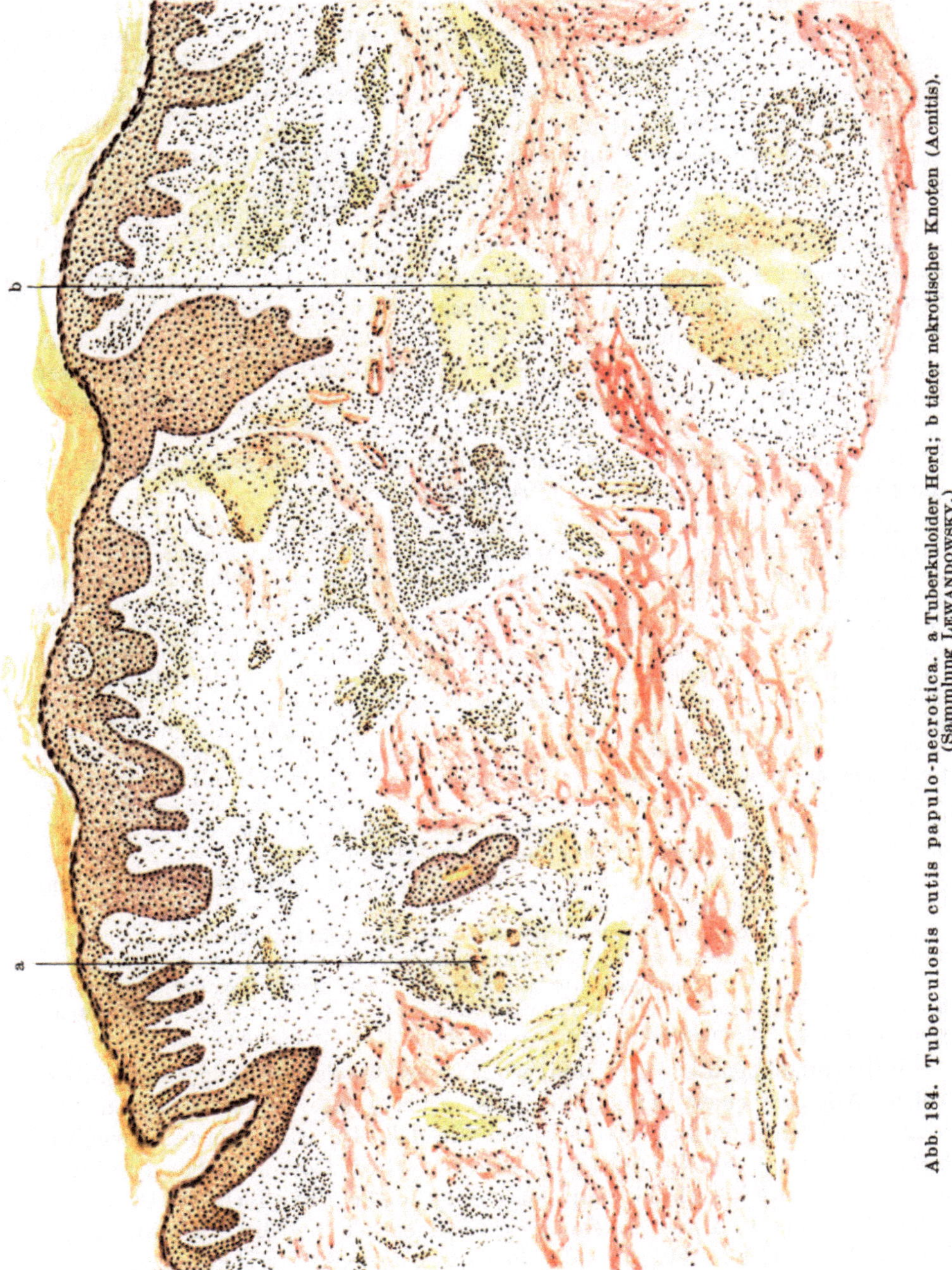

Abb. 184. Tuberculosis cutis papulo-necrotica. a Tuberkuloider Herd; b tiefer nekrotischer Knoten (Acnitis). (Sammlung LEWANDOWSKY.)

teiligt, sei es in Gestalt mehr exsudativer Vorgänge in den jüngeren, sei es in Gestalt parakeratotischer oder gar nekrotisierender, in den

älteren Herden. Bei den ersteren findet man nicht selten in der meist auch vorher noch akanthotisch gewucherten Epidermis **umschriebene Nekrosen,** die oft von einem linsen- bis kugelförmigen, aus polynucleären Leukocyten, Fibrin, Zell- und Kerndetritus aufgebauten kleinsten pustelähnlichen Infiltrat umgeben sind; dicht unter der Hornschicht gelegen, wird es meist nur von wenigen abgeflachten, zudem parakeratotischen Zellagen überdeckt. Zum Papillarkörper hin sind diese kleinen Epidermisnekrosen manchmal durch ein flaches Band eines unspezifischen Infiltrats abgesetzt. In anderen Fällen wieder — und diese in erster Linie entsprechen den als **Folliclis** bezeichneten — finden sich in der Epidermis nur flache, polynucleäre Leukocyten und Kerntrümmer enthaltende **Pusteln,** unterhalb deren das eigentliche Infiltrat durch eine schmalere oder breitere Brücke gesunden Gewebes abgetrennt liegt, sei es kennzeichnend tuberkuloid aufgebaut oder lediglich als banal entzündliche Zellansammlung. Ein solches Bild ist immerhin selten. Meist trifft man die Veränderung schon weiter vorgeschritten. Der schmale Grenzstreifen ist dann ebenfalls in diese eingezogen, oft als schmale, fistelähnliche Röhre, oft als breiter keilförmiger Herd. Dann ergeben sich Bilder, die einen kragenknopfähnlichen Querschnitt zeigen können, oder aber auch furunkelähnliche Formen; die letzteren namentlich dann, wenn das untere Infiltrat — wie es bei der **Acnitis** die Regel ist — nun weitgehend eitrig eingeschmolzen ist.

Anhangsweise sind hier noch einige von dem gewohnten Bilde **abweichende Formen** anzuführen, die sich einmal durch die Größe der Einzelefflorescenzen, dann aber auch durch Ausbreitung und Ausdehnung der Krankheitsherde als Besonderheiten kennzeichnen. Es hat dabei durchaus den Anschein, als ob auch mit dem bisher Beobachteten die Reihe der Möglichkeiten durchaus noch nicht erschöpft ist. Gerade hier dürfen wir vielmehr von einer genauen Untersuchung derartiger, von der Norm abweichender Krankheitsbilder noch eine wertvolle Vervollständigung der „Tuberkulide" erwarten. Es handelt sich dabei einmal um die **gruppierten,** annulären und **großpapullösen** (JADASSOHN, SCHERBER, HAUSER), zum anderen um die **exanthemartigen** Formen (KREN, vielleicht auch HASLUND). Bei den ersteren zeigt sich klinisch und auch histologisch als besondere Eigentümlichkeit der Primärpapeln keinerlei Neigung zur Umwandlung in pustulöse, akneiforme oder zentral nekrotisierende Efflorescenzen. Bei den letzteren sprach vor allem der histologische Befund — wenn auch nicht immer in restlos eindeutigem Sinne (HASLUND) — für die Zugehörigkeit mindestens zu hämatogen tuberkulösen Prozessen.

Vielleicht wäre auch die als Dermatitis nodularis necrotica (WERTHER, KLINGMÜLLER) beschriebene Veränderung hier anzuführen.

Allerdings darf man dabei nicht vergessen, daß trotz dieser allgemeinen Einordnung derartiger Veränderungen noch einige Fragen übrig bleiben, deren Klärung weiterer einschlägiger Beobachtung überlassen werden muß. Bei dieser wird allerdings weniger von histologischer Seite, zum mindesten nicht von dieser allein, Aufklärung zu erwarten sein; vielmehr nur in Zusammenarbeit mit den Erfahrungen der Immunobiologie.

Differentialdiagnose: Die Zeiten, wo man als Beweis für die spezifisch tuberkulöse Ätiologie einer Veränderung eine „tuberkulöse" Gewebsreaktion verlangte, sind längst vorbei. Heute wissen wir, daß ein **Ausschlag unzweifelhaft tuberkulöser Natur weder einen tuberkulösen Aufbau zeigen, noch lokal auf Tuberkulin reagieren oder gar Tuberkelbacillen enthalten muß.** Diese Erkenntnis ist namentlich für das Verständnis der Tuberkulide von ausschlaggebender Bedeutung gewesen. Sie macht es jedoch andererseits erklärlich, daß gerade hier differentialdiagnostische Erörterungen auf rein histologischer Grundlage nur von bedingtem Werte sein können. Gerade hier ist das gesamte Rüstzeug unserer Untersuchungsmethoden erforderlich.

Die Berechtigung zu dieser Auffassung wird besonders klar bei Versuchen, die pathogenetische Stellung, z. B. der Parapsoriasis — die bekanntlich von einigen französischen Forschern als eine besondere Form der Tuberkulide angesehen wird —, allein auf Grund geweblicher Eigentümlichkeiten zu klären. Es bestehen zwar zwischen beiden deutliche Unterschiede, namentlich die Epidermisveränderungen weichen erheblich voneinander ab, auch scheint tuberkuloider Gewebsaufbau so gut wie nie beobachtet zu sein. Aber das allein reicht zur Stellungnahme doch nicht aus. Wenn wir daher hier mit LEWAN-DOWSKY „Übergänge" zu den Tuberkuliden bzw. zur Tuberculosis cutis lichenoides auch nicht zulassen wollen (CIVATTE, MILIAN), vielmehr diese Krankheitsbilder als „klinisch und anatomisch fest umschrieben" betrachten müssen, so ist doch Zurückhaltung nötig, da eine endgültige Festlegung auf Grund nur histologischer Daten nicht durchführbar scheint.

Nicht viel anders steht es mit der Trennung namentlich der großpapulösen Tuberkulide vom Granuloma annulare, mit dem oft eine außerordentliche Ähnlichkeit gerade wegen der Neigung zu ringförmiger Anordnung besteht. Auch im histologischen Bilde ist eine gewisse Übereinstimmung vorhanden, indem bei beiden lymphocytäre, mit Epitheloidzellen durchsetzte Infiltrate, sowie herdweise Nekrosen beobachtet wurden. Das Granuloma annulare kennzeichnen jedoch die rein aus Epitheloidzellen aufgebauten Herde (ARNDT), die zudem in Zügen zwischen das kollagene Gewebe eingelagert sind; Lymphocyten und vor allem Plasmazellen, wie sie bei den großpapulösen Tuberkuliden anzutreffen sind (HAUSER), wurden nie beobachtet. Schließlich gewährt schon rein klinisch die beim Granuloma annulare niemals eintretende stärkere Narbenbildung einen Anhalt, da die Abheilung hier, wenn überhaupt eine Veränderung eintritt, nur mit leichter Atrophie einhergeht.

Durchgreifende histologische Unterschiede bestehen hingegen gegenüber der Papel des Lichen ruber planus (s. d.), die vereinzelt klinisch zu differentialdiagnostischen Erörterungen veranlaßt hat (KAUFMANN-WOLF u. a.).

Schließlich kommen auch bei Tuberkulösen klinisch unter dem Bilde der nekrotisierenden Papel verlaufende Hautveränderungen vor, die durch banale Eitererreger hervorgerufen werden (GOUGEROT u. a.), also Pyodermien, Ecthyma terebrans, gewisse Acneformen; hier kann die histologische Untersuchung — wie aus oben Gesagtem hervorgeht — gelegentlich einmal im Stich lassen. Klinische und bakteriologische Bewertung werden dann von ausschlaggebender Bedeutung sein.

Mit dem Lupus follicularis disseminatus miliaris sind die papulonekrotischen Tuberkulide so häufig durch Übergangsformen verbunden, daß eine differentialdiagnostische Trennung nicht nur unmöglich ist, sondern daß aus dort näher zu erörternden Gründen eine enge Annäherung dieser beiden Formen der Hauttuberkulose geboten erscheint.

Pathogenese: Es darf heute als feststehend angenommen werden, daß die papulo-nekrotischen Tuberkulide hämatogener Einschwemmung von Tuberkelbacillen ihre Entstehung verdanken (JADASSOHN). Diese Annahme stützt sich einmal auf die bereits erwähnten, zuerst von PHILIPPSON und TÖRÖK in ihrer grundsätzlichen Bedeutung erkannten Gefäßveränderungen; die pathologischen Befunde vor allem an den Venen, dann aber auch an den Arterien (ALEXANDER, KREN, WERTHER u. a.). Dazu kommt dann der nun doch schon wiederholt gelungene Tuberkelbacillennachweis, sei es im mikroskopischen Präparat

(BOSELLINI, WHITFIELD, FEER u. a.) oder — was häufiger der Fall war — im Tierversuch (GOUGEROT, LIER u. a.).

Die, im Gegensatz zu dem doch auf ganz ähnlicher pathogenetischer Grundlage entstehenden Lichen scrofulosorum stets vorhandene Nekrose wird heute von der Mehrzahl der Forscher auf die infolge der Gefäß-, besonders der Arterienthrombosen, entstehenden Kreislaufstörungen zurückgeführt. In vielen Fällen mag als unterstützende Ursache zu diesen noch die schädigende Wirkung der freiwerdenden Tuberkelbacillengifte kommen.

Anschließend soll hier eine mit der Tuberkulose und zwar den papulo-nekrotischen Tuberkuliden vielleicht in engerem Zusammenhang stehende Veränderung erwähnt werden, die als

Chilblain Lupus

erstmalig von HUTCHINSON beschrieben, dann später jedoch mit dem Lupus pernio BESNIER-TENNESON vielfach zusammengeworfen wurde, da ja beide Krankheitsbezeichnungen, in verschiedenen Sprachen zwar, aber doch wörtlich dasselbe ausdrücken.

Der Chilblain Lupus beginnt mit lividroten Flecken. Diese entwickeln sich zu kleineren und größeren, gelegentlich gedellten Papeln, die oft in der Mitte krustös umgewandelt werden und dann mit scharf abgesetzten Narben abheilen. Damit vergesellschaftet sind pernioartige Gefäßerweiterungen der Hände und des Gesichts, sowie an Lupus erythematodes erinnernde Veränderungen, die wohl durch das Zusammenfließen mehrerer derartiger Papeln entstehen. In vollentwickelten Fällen finden sich innerhalb der bläulich livid verfärbten, ödematösen Krankheitsherde ziemlich scharf umschriebene, derb infiltrierte, psoriasisähnlich schuppende flache Papeln, die in der Mitte ein etwa linsengroßes nekrotisches Knötchen tragen. Gelegentlich kann sich die Veränderung auf derartige schuppende Flecke mit zentraler Nekrose beschränken, die in acroasphyktischen Gewebsabschnitten, besonders an den Händen, auftreten.

Die histologisch auffallendste Veränderung ist eine außerordentlich starke Erweiterung und pralle Füllung des papillaren und subpapillaren Gefäßnetzes (EHRMANN). Diese Gefäße werden, besonders unterhalb der Papillen, von lymphocytären Infiltraten eingescheidet, in denen nur vereinzelt Plasmazellen beobachtet wurden.

In diesen erweiterten Gefäßen sind die Kerne der Endo- und Perithelien vermehrt und vergrößert. Dies führt zum Verschluß der Gefäße, gelegentlich unter gleichzeitiger Thrombose. In einem derart veränderten Bezirk entwickelt sich dann eine umschriebene Nekrose, die in ihrem klinischen Aussehen sowohl als auch dem histologischen Aufbau eine gewisse Ähnlichkeit mit den papulo-nekrotischen Tuberkuliden aufweist. Diese Nekrosen sitzen in der Epidermis und im Papillarkörper und reichen kegelförmig mit der Spitze nach abwärts. In ihrer Umgebung findet sich ein tuberkuloides Granulationsgewebe, das neben Lymphocyten und Plasmazellen gelegentlich auch Epitheloide und Riesenzellen enthält (FISCHL).

Die Epidermisveränderungen sind wohl rein sekundärer Natur. Sie bestehen in einer sehr starken Hyperkeratose und leichten Akanthose, besonders in der nächsten Umgebung der nekrotischen Zentren. Die Epidermiswucherung dehnt sich auch auf die Anhangsgebilde der Haut aus, so daß Veränderungen zustande kommen, wie wir sie vom Lupus erythematodes her kennen.

Differentialdiagnostisch ist daher auch die Trennung von diesem manchmal nicht leicht. Sie wird allerdings überall dort unschwer durchzuführen sein, wo typische papulo-nekrotische Tuberkulide auf der Haut bei umschriebenem Lupus erythematodes vorhanden sind und gleichzeitig eine lokale Asphyxie auf die

Stauungserscheinungen hinweist. Eine Verwechslung mit dem Lupus pernio ist histologisch kaum möglich, da dieser einmal durch den gleichmäßigen Aufbau aus Epitheloidzellherden mit nur vereinzelten Riesenzellen gekennzeichnet ist und zum anderen die beim Chilblain Lupus stets vorhandenen, homogenen umschriebenen Nekrosen dort fehlen. Vor Verwechslung mit dem Lupus vulgaris schützen die bei diesem nie vorhandenen auffallenden Gefäßerweiterungen.

Pathogenetisch steht die Erkrankung höchstwahrscheinlich der Tuberkulose nahe, da sie so gut wie stets im Zusammenhang mit anderweitiger Organtuberkulose beobachtet wurde (EHRMANN, FISCHL). Eine Erklärung für ihr gehäuftes Auftreten bei weiblichen Personen läßt sich nur sehr hypothetisch durch Hinweis auf die dort häufig vorhandenen peripheren Kreislaufstörungen geben.

4. Tuberculosis cutis luposa disseminata miliaris.

Nach dem im vorhergehenden Abschnitt Gesagten sind die papulo-nekrotischen Tuberkulide klinisch gekennzeichnet durch ihre auffallende Gutartigkeit, durch ihre Neigung zur Dissemination und Symmetrie, zum schubweisen Auftreten, häufigen Mangel typisch tuberkulösen Gewebsaufbaues und den nur ausnahmsweise möglichen Nachweis von Tuberkelbacillen. Gerade die beiden letzteren Gesichtspunkte bedeuten jedoch heute keine entscheidenden Grenzen mehr, denn auch sicher durch den KOCHschen Bacillus hervorgerufene Erkrankungen verhalten sich gegebenenfalls genau so. Diese Dinge sind in weitestem Maße abhängig von dem Zeitpunkt der Untersuchung und den Immunitätsverhältnissen des Krankheitsträgers.

Besonders eindrucksvoll scheint dies für die Tuberculosis cutis lup. mil. diss. Diese wird zwar heute vielfach noch als Abart des Lupus vulgaris betrachtet, mit dem sie Primärefflorescenzen und Ausgang gemeinsam habe. Aber das letztere namentlich kann nicht zugegeben werden. Es mag für die Einzelefflorescenz richtig sein, für den Gesamtverlauf jedoch — und dieser bestimmt doch schließlich das Kennzeichnende einer Veränderung — bestehen erhebliche Unterschiede. Dort hartnäckiges Fortbestehen, Zerstörung ganzer Hautbezirke, hier gutartige disseminierte Herde, die nur eine umschriebene Zerstörung machen. Daher möchte ich hier über JADASSOHNS Vorschlag, den Lupus follicularis disseminatus miliaris auf die Grenze zwischen Tuberkulose und Tuberkulide zu stellen — wenn man diesen Unterschied überhaupt aufrecht erhalten darf — hinausgehen und mit HERXHEIMER und FRICK, SASAKAWA ihn der Tuberculosis cutis papulo-necrotica zuzählen, wenn wir auch aus klinischen und vor allem didaktischen Gründen eine besondere Aufstellung beibehalten haben.

Das zuerst 1878 von Fox beschriebene, verhältnismäßig seltene, nach Verlauf und Aufbau seiner Efflorescenzen vom Lupus vulgaris scharf getrennte Krankheitsbild, tritt meist im Gesicht, seltener am behaarten Kopf und stets schubweise auf. Auch an den Extremitäten sind histologisch (und klinisch) in vielem ähnliche Bilder beobachtet worden, wie dies z. B. der von FANTL beschriebene, als Erythema nodosum verlaufene Fall zeigte.

Es handelt sich einmal um oberflächliche, stets einzeln stehende, manchmal folliculäre, schrotkorn- bis erbsengroße, halbkugelig vorspringende durchscheinende Flecke oder Knötchen von hell- bis bräunlichroter Farbe und weicher Konsistenz. Sie sind von einer verdünnten glatten Epidermis überzogen, in deren Mitte oft ein gelbliches, jedoch meist nicht pustulöses Zentrum sichtbar ist. Nach wechselnd langem Bestande bilden sich diese oft ganz lupusähnlichen Knötchen unter Hinterlassung kleinster, scharf ausgestanzter Narben zurück, während gleichzeitig an anderen Stellen neue emporschießen können.

Daneben finden sich nicht nur im Gesicht, sondern auch an Extremitäten und Rumpf, vielfach folliclis- oder acnitisähnliche, kurz an papulo-nekrotische Tuberkulide erinnernde Efflorescenzen, über denen, wenn sie in der Tiefe liegen, die Epidermis lediglich blaurot verfärbt ist; es dürfte sich dabei um grundsätzlich gleichartige, nur durch die Ansiedlung in verschiedenen Schichten der Haut als Besonderheit erscheinende Veränderungen handeln (LEWANDOWSKY).

Histologisch bietet die Erkrankung verhältnismäßig häufig den schönsten Typus klassischer Tuberkulose, wie er sonst in der Haut zu den Seltenheiten gehört. Insbesondere wird hier die zentrale Verkäsung in den meisten Fällen nicht vermißt. Die einzelnen Herde treten so gut wie regelmäßig im engeren

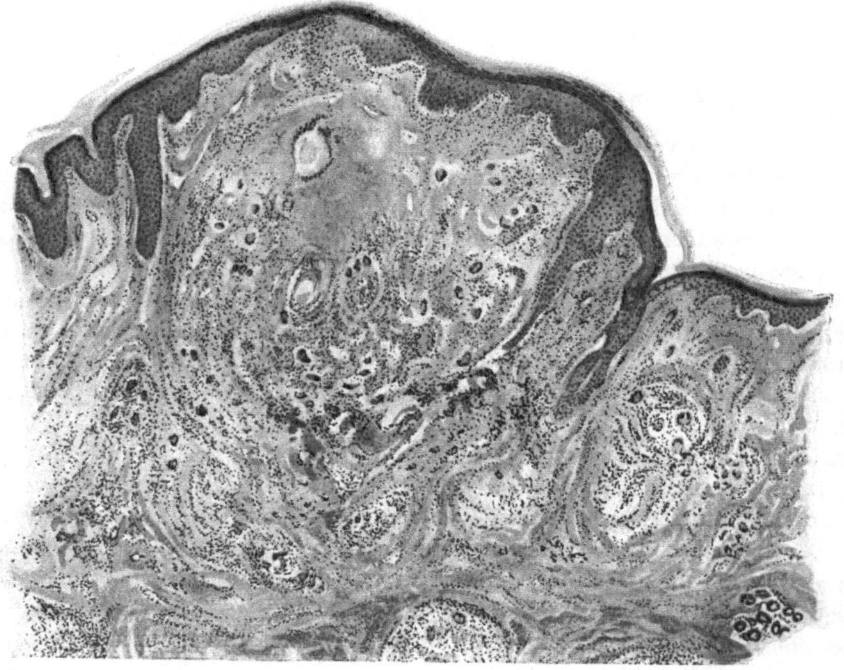

Abb. 185. Tuberculosis cutis lup. mil. diss. (♂, 35jähr., Wange). Beispiel einer klassischen Form der Tuberkulose. Zentrale Verkäsung, tuberkuloider Randabschnitt mit zahlreichen Riesenzellen.
O = 35 : 1; R = 30 : 1.

perivasculären Gewebe auf, sei es nun des oberflächlicheren oder des tieferen Gefäßnetzes. Dabei findet sich, in meinem Material (3 Fälle) ebenso wie in dem von BRINITZER, von SASAKAWA und KUMER beobachteten, in der Mitte eine wechselnd ausgedehnte Verkäsung und als deren Zentrum Reste des elastischen Gefäßringes, augenscheinlich einer Vene. Im übrigen sind das elastische und kollagene Gewebe hier völlig geschwunden.

Diese manchmal sehr ausgedehnte, in anderen Fällen nur durch eine verwaschene Färbbarkeit des Gewebes angedeutete Verkäsung stellt daher meist das Zentrum eines ziemlich scharf begrenzten, im Papillarkörper oder wechselnd tief in der Cutis gelegenen Knötchens dar, das aus Epitheloiden und echten LANGHANSschen Riesenzellen besteht, die von einem verschieden breiten Lymphocytenring eingefaßt sind. Das ganze Infiltrat ist dann noch in ein verdichtetes Bindegewebslager eingebettet; die Gefäße in der gesunden Umgebung, besonders die Arterien, sind vielfach stark erweitert.

Am Rande des verkästen Bezirks ist das kollagene Gewebe oft stärker entwickelt; es schickt septenartige Ausläufer in die Nekrose hinein, in der auch elastische Fasern als Überreste von zerstörten Schweißdrüsenknäueln nachgewiesen wurden (LÖWENBERG).

Die Epidermisveränderungen sind — wie bei allen spezifisch entzündlichen Granulationsgeschwülsten — durchaus mittelbarer Natur, wenn sie auch beim Lupus follicularis disseminatus miliaris gewisse Regelmäßigkeiten aufweisen.

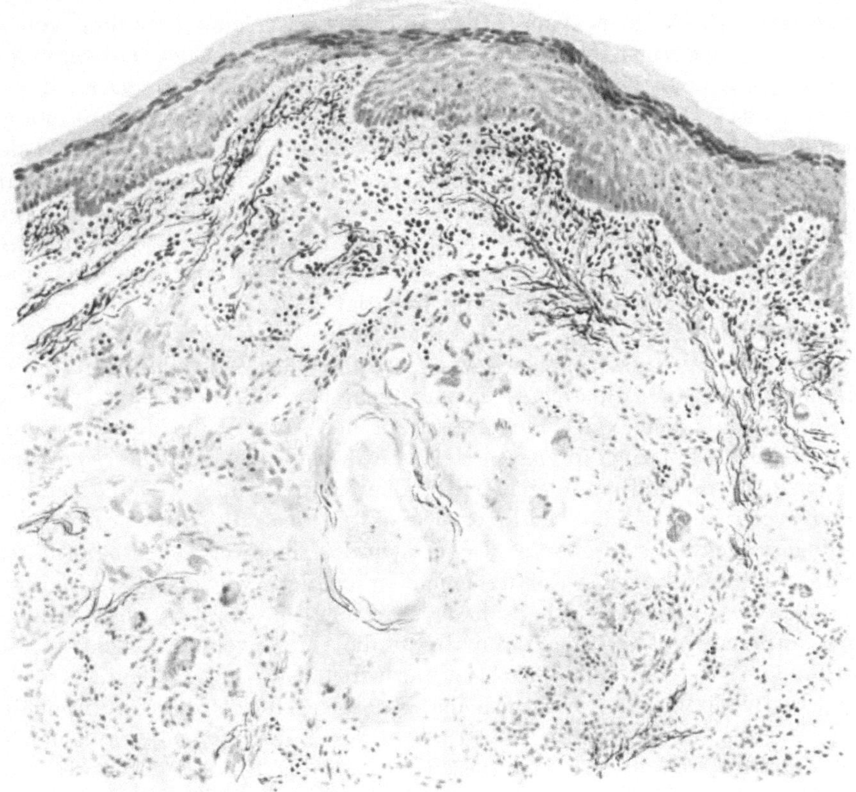

Abb. 186. Tuberculosis cutis lup. miliaris diss. (♂, 26jähr., Wange). Reste der Elastica einer Venenwand im Zentrum eines nekrotischen, in den Randabschnitten tuberkuloiden Herdes. Gefäße der Umgebung stark erweitert. Saures Orcein — polychromes Methylenblau. O = 128:1; R = 110:1.

Diese sind in erster Linie bedingt durch eine so gut wie stets vorhandene oberflächliche Ansiedlung wenigstens eines Teiles des Zellinfiltrates. Über diesem ist die Epidermis abgeflacht, der Papillarkörper mehr oder weniger verstrichen, ohne daß zunächst weitergehende Störungen zu finden wären. Auf der Höhe der Entwicklung allerdings, wenn klinisch die pustelähnliche zentrale Umwandlung sichtbar ist, ist das Epidermisepithel stets erheblich verschmälert. Gerade dadurch täuschen die dann durchscheinenden, verkästen Massen eine Pustelbildung vor. Eine solche ist in Wirklichkeit jedoch sehr selten, wenn Ansätze dazu auch vereinzelt beobachtet wurden (BRUUSGAARD, FANTL, eigener Fall). Die häufig vorhandenen Krusten bestehen aus lockeren, wellig aufeinander geschichteten, zum Teil parakeratotischen, abgestoßenen mit Serum durchtränkten Hornschüppchen.

Gelegentlich wird als Ausgangspunkt der Veränderung ein Follikel oder eine Schweißdrüse bezeichnet, oder vielmehr das diese umspinnende Gefäßnetz. Daher ist auch der Befund von Milien oder follikularen Cystenbildungen im Zentrum der Infiltrate durchaus verständlich.

Die oben geschilderte Verkäsung ist jedoch kein unbedingt zu verlangender Befund, auch nicht in Form einer bloßen Andeutung in Gestalt einer schlechten Gewebsfärbbarkeit. In solchen Fällen ist daher auch eine Trennung von den entsprechenden Formen der gewöhnlichen papulo-nekrotischen Tuberkulide — wie wir mit ZIELER betonen müssen — nicht immer möglich. Denn die von LEWANDOWSKY getroffene Unterscheidung: Bei Tuberculosis cutis miliaris disseminata tuberkelähnliches Gewebe mit Verkäsung im Zentrum, und demgegenüber bei den papulo-nekrotischen Tuberkuliden ein unspezifisches Granulationsgewebe um einen zentralen, nekrotisierten Bezirk, trifft doch eben nur für die klassischen Fälle zu, also für jene, für die eine differentialdiagnostische Trennung gar nicht in Frage kommt, soweit man diese auf Grund der histologischen Bilder überhaupt noch für berechtigt hält.

Differentialdiagnose: Also nicht immer findet sich diese „klassische Form" der Tuberkulose! Ganz abgesehen von der fehlenden Verkäsung, sind die Veränderungen manchmal histologisch auch nicht so scharf abgesetzt; sie zeigen sogar hier und da einen ganz uncharakteristischen Aufbau: ein diffuses lymphocytäres Infiltrat mit eingesprengten Haufen von Epitheloiden. Dieses entspricht zwar vielfach im Aufbau kleinerer Randherde den miliaren Tuberkeln oder erinnert sonstwie an die tuberkulöse Struktur, aber die Entscheidung kann trotzdem manchmal schwer sein. Denn auch der Nachweis scheinbar typischer Tuberkel mit Riesenzellen schützt nicht unbedingt vor einer Verwechslung mit der oft durch ein tuberkuloides Granulationsgewebe ausgezeichneten Acne vulgaris, namentlich dann, wenn die für gewöhnlich nicht typische Anordnung hier doch einmal nachgeahmt wird.

Schwierigkeiten kann im einzelnen Fall gelegentlich die Unterscheidung von banalen Acneknötchen bzw. Pusteln der Rosacea auch dann machen, wenn die eine oder andere von diesen neben den Efflorescenzen des Lupus follicularis disseminatus vorkommt. Auch das histologische Bild mag Zweifel zunächst manchmal da erwecken, wo sich ein tuberkuloides Granulationsgewebe mit Epitheloiden und Riesenzellen vorfindet, wie es besonders bei indurierten Acneformen nicht eben selten anzutreffen ist. Hier hilft dann neben klinischer Durcharbeit, besonders bezüglich Tuberkulose anderer Organe, nur eine genaue Auflösung des Befundes, insbesondere hinsichtlich des feineren Gewebsaufbaues, der gerade bei der Acne jene typische Anordnung des tuberkulösen Granulationsgewebes doch nur außerordentlich selten oder so gut wie nie zeigt.

Eine Stellungnahme zum kleinpapulösen Syphilid erscheint überflüssig, da eine solche Verwechslung doch nur bei oberflächlichster Untersuchung vorkommen kann und dabei pflegt ja auch der Histologie kein besonderes Gewicht beigelegt zu werden.

Lupus vulgaris disseminatus postexanthematicus und Lupus follicularis disseminatus sind schon klinisch so scharf umschriebene Krankheitsbilder, daß eine Unterscheidung nicht schwer fallen dürfte. Allerdings können die histologischen Veränderungen weitgehend übereinstimmen, wenn auch die beim Lupus follicularis disseminatus miliaris in der Regel vorhandene zentrale Verkäsung ja gerade beim echten Lupus so gut wie nie vorkommt.

Eine Krankheit, die noch in Betracht kommen kann, ist die diffus infiltrierende Form des sog. multiplen benignen Miliarlupoids (s. d.), das klinisch gelegentlich in Form kleinerer, von Gefäßen überdeckter Knötchen auftritt, die an Rosacea erinnern. Die weitere Entwicklung der Veränderung, zusammen mit dem dann doch ganz anderen, histologisch außerordentlich kennzeichnenden Bilde, werden auch hier eine Trennung gestatten.

Zu erwähnen ist schließlich noch die Acne teleangiectodes KAPOSI. Hier hat die fortschreitende Forschung für eine Reihe der bekannt gewordenen Fälle eine weitgehende Übereinstimmung mit der Acnitis BARTHÉLEMY dargetan (W. PICK). Da wir diese heute als die tiefere Form der Tuberculosis cutis papulonecrotica betrachten und letztere auch meines Erachtens in engster Beziehung zum Lupus follicularis miliaris disseminatus steht, dürfte eine weitere Trennung dieser Krankheitsbilder — zu der eine rein morphologische Betrachtungsweise naturgemäß unbedingt kommen mußte — nicht mehr erforderlich sein.

5. Tuberculosis cutis indurativa.

Unter dieser, erstmals wohl von KYRLE und LEWANDOWSKY geschaffenen Bezeichnung möchte ich jene Formen der Hauttuberkulose zusammenfassen, welchen als Grundvorgang die unauffällige Entwicklung aus kleinsten Gewebsverdichtungen in Cutis, Subcutis und subcutanem Fettgewebe gemeinsam ist, und deren ätiologischer Zusammenhang mit dem KOCHschen Bacillus nicht nur durch rein klinische, sondern auch beweiskräftige bakteriologische Befunde dargetan wurde. Es handelt sich dabei um jene, in klassischen Fällen wohl meist durch eine Reihe klinischer sowohl wie histologischer Eigentümlichkeiten voneinander scharf abgrenzbaren Hauterkrankungen: um das Erythema induratum BAZIN, die subcutanen Sarkoide DARIER-ROUSSY, das Miliarlupoid BOECK und den mit diesem aufs engste zusammengehörigen, wenn nicht identischen Lupus pernio. Zwischen ihnen allen hat die Forschung des letzten Jahrzehnts jedoch sichere Übergänge festgestellt. Diese finden sich ebenso sehr auf klinischem, wie auf histologischem Gebiet. Ihnen drückt unsere heute sicher begründete Kenntnis von den Beziehungen zwischen krankhaftem Gewebsaufbau, Krankheitserregern und Immunitätsverhältnissen des erkrankten Organismus den Stempel engster Zusammengehörigkeit auf.

Es kann natürlich hier nicht meine Aufgabe sein, die Gründe ausführlich darzulegen, die zu dieser Zusammenfassung führten. Die beweiskräftigsten von ihnen werden bei Erörterung der Pathogenese überdies klargelegt werden müssen. Hier seien daher nur einige Gesichtspunkte herausgegriffen, welche klinisch diese Stellungnahme bedingen. Ihre histologische Ergänzung werden wir ja nachher notwendig entwickeln müssen.

Das Bestreben zu dieser Zusammenfassung geht auf JADASSOHN zurück, der schon frühzeitig darauf hingewiesen hat, daß Beziehungen zwischen Erythema induratum BAZIN, BOECKschem Miliarlupoid und Lupus pernio bestehen.

Das Krankheitsbild des **Erythema induratum** war schon bald nach seiner Aufstellung von anderer Seite wesentlich erweitert worden. Nach BAZIN handelte es sich um rote, harte, bis walnußgroße, gewöhnlich an der äußeren unteren Fläche der Unterschenkel, dann aber auch an den oberen Extremitäten und sogar im Gesicht auftretende Knoten. Diese sitzen in der Cutis und Subcutis mehr oder weniger scharf gegen die Umgebung abgegrenzt und sind nicht druckempfindlich.

Die Erweiterungen bezogen sich im wesentlichen zunächst auf das klinische Bild. Zerfallende Knoten (HARDY, HUTCHINSON u. a.), große plattenförmige Infiltrate (FOURNIER, HARTTUNG und ALEXANDER), deutlich orbikuläre Anordnung (PINKUS, WOLFF, PRINGLE) wurden beschrieben. Auch Abweichungen von der meist symmetrischen Lokalisation wurden bekannt, wo nur die Haut des Stammes befallen war oder die Erkrankung nur einseitig auftrat. Auch Kombinationen dieser verschiedenen Formen wurden beobachtet.

Durch derartige Erweiterungen dieses Krankheitsbildes war naturgemäß die Grenze gegenüber einer Reihe von Dermatosen eine ganz und gar unscharfe geworden. Dies gilt einmal für das **subcutane Sarkoid** (DARIER-ROUSSY).

Diese verhältnismäßig seltene Erkrankung führt zur Entwicklung schmerzloser, subcutaner, langsam entstehender Neubildungen, die stets umschrieben bleiben und keinerlei Neigung zu geschwürigem Zerfall zeigen. Die Knoten sind hier bis walnußgroß, hart, auf der Unterlage verschieblich und treten ausschließlich am Rumpf und zwar symmetrisch auf. Diese Form unterscheidet sich also von dem Erythema induratum lediglich durch ihr Auftreten am Stamm sowie den meist tieferen Sitz der Knoten. Da, wie wir gleich sehen werden, der histologische Befund dem ersteren ganz entspricht und auch bei diesem das Befallensein allein des Stammes beschrieben wird, so liegt kein Grund vor, hier noch eine Trennung aufrecht zu erhalten.

Dies gilt noch mehr für jene „dem Erythema induratum nahestehenden Sarkoide" DARIERS, umschriebene, schmerzlose, nur selten zerfallende, vorzüglich an den Streckseiten der Extremitäten, seltener am Stamm oder im Gesicht auftretende Infiltrate. Die Krankheitsherde entwickeln sich schubweise als subcutane bis haselnußgroße Knoten, die sich zu mehreren vereinigen, mit der Haut verwachsen und oft in der Mitte etwas eingesunken sind. Die Haut über ihnen ist blaurot verfärbt.

Endlich gehören hierher die miliaren Lupoide von BOECK und damit auch der Lupus pernio, deren Übereinstimmung in klinischer und histologischer Beziehung schon wiederholt betont, deren ätiologisch gemeinsamer Ursprung durch die Untersuchungen einerseits von BOECK, KYRLE, anderseits von SCHAUMANN, GANS, JÜNGLING besonders dargetan wurde.

Beim **miliaren Lupoid** unterscheidet BOECK drei Formen, eine großknotige, eine kleinknotige und eine diffus infiltrierte. Dabei kommt es oft nach anfänglich umschriebenem Erythem (KYRLE) sehr bald zur Entwicklung bis nußgroßer bzw. plattenartiger Knoten in der ganzen Haut unter Bevorzugung des Gesichts, der Schultern sowie der Streckseiten der Extremitäten [hier Erythema nodosum (BERING, LEWANDOWSKY)]. Die Veränderungen wurden auch an den Schleimhäuten, ja sogar an Drüsen (TEREBINSKY, DARIER, SCHAUMANN, LEWANDOWSKY), an inneren Organen (SCHAGENHAUFER, KYRLE, KUZNITZKY und BITTORF, SCHAUMANN, LUTZ) und dem Knochensystem (BOECK, MOROSOW) beobachtet, wobei es dahingestellt bleiben muß, inwieweit hier aber noch andere Krankheitsformen im Spiele sind. Als wichtiges Kennzeichen dieser Knötchen nennt BOECK eine auf Glasdruck manchmal erkennbare Zusammensetzung aus kleinen, punktförmigen gelblichen Körnchen. Besonders kennzeichnend ist das histologische Bild, das sich jedoch, wenn allerdings auch nur in vereinzelten Herden auch beim Erythema induratum, ja sogar beim Lupus vulgaris vorfinden kann, und das völlig übereinstimmt (ARNDT, ZIELER, GANS) mit dem des Lupus pernio. Bemerkenswert ist die Rückbildungsfähigkeit der Infiltrate, die nach KYRLE für die Erkrankung außerordentlich kennzeichnend ist.

Der **Lupus pernio** tritt in Form blauroter bis dunkelblauer, nicht scharf abgesetzter Hautverfärbungen auf, denen in der Cutis derbe Platten oder mehr knotige Infiltrate entsprechen. Auch bei ihm finden sich neben Haut- und Schleimhauterscheinungen (BOECK, LICHAREW, SCHAUMANN) solche der Drüsen (KREIBICH, BOECK), inneren Organe (BLOCH und SIEBENMANN, KÜHLMANN) und Knochen (BOECK, KLINGMÜLLER, JÜNGLING, GANS). Auch hier zeigen sich nach Wegdrücken der blauen Farbe jene eigentümlich graugelbbräunlichen Körnchen. An der Oberfläche sind oft Teleangiektasien, im Zentrum

Rückbildungserscheinungen nachweisbar. Auch für den Lupus pernio gilt das über die Beziehung zum Erythema induratum Gesagte.

Es zeigt sich somit, daß eine scharfe Abgrenzung der in Rede stehenden Veränderungen vom Erythema induratum nicht mehr möglich ist. Am ehesten wäre sie vielleicht noch beim Boeckschen Lupoid und damit dem Lupus pernio durchführbar, insbesondere unter Berücksichtigung des gleichmäßigen histologischen Aufbaus dieser Dermatosen. Doch handelt es sich auch bei diesen Abweichungen nicht um so schwerwiegende, als daß sie für eine Sonderung der Erkrankungsformen genügen würden. In der Regel findet sich vielmehr ein weitgehend gemeinsamer Aufbau, so daß zwar für einzelne der Boeckschen Erkrankungsformen — namentlich unter Berücksichtigung des klinischen Verlaufs (Kyrle) — eine Trennung durchführbar wäre, dies aber im allgemeinen schwer möglich sein dürfte.

Zusammenfassend handelt es sich also bei den besprochenen Erkrankungen um eine Gruppe klinisch und histologisch in vielem übereinstimmender oder durch fließende Übergänge verbundener Veränderungen, deren Zusammengehörigkeit letzten Endes durch den gemeinsamen Erreger, den Kochschen Bacillus betont wird. Es folgt aus allem, daß Lewandowsky recht hat, wenn er keinen Grund und keine Möglichkeit sieht, die Darierschen subcutanen Sarkoide vom Erythema induratum zu trennen und daß andererseits auch unmittelbare Übergänge zu den Boeckschen miliaren Lupoiden und mit ihnen zum Lupus pernio bestehen. Dabei darf jedoch nicht vergessen werden, daß es klinisch ganz ähnliche Veränderungen geben mag, über deren Ätiologie wir noch völlig im unklaren sind.

Aus Gründen klarer Übersicht werde ich im folgenden in der histologischen Schilderung zunächst einmal den klassischen Befund der einzelnen der eben besprochenen Dermatosen darzustellen versuchen. In einer daran anschließenden zusammenfassenden Besprechung wird sich dann noch die Möglichkeit geben, jene auf das Zusammengehörige hinweisenden Eigentümlichkeiten besonders zu unterstreichen.

a) Erythema induratum Bazin.

Die pathologische Anatomie der Veränderung ergibt selbst bei völlig übereinstimmendem klinischen Verlauf oft durchaus abweichende histologische Bilder. Diese Tatsache trifft in womöglich noch weiterem Umfange für den Gewebsaufbau des typischen Erythema induratum Bazin im Vergleich zu dessen atypischen Formen zu. Die Untersuchungsergebnisse haben daher zu einer einheitlichen Darstellung bisher nicht führen können. Einmal handelt es sich um Veränderungen, die für die Tuberkulose kennzeichnend sind, mit der Einschränkung selbstredend, die wir heute allgemein für eine diesbezügliche Bewertung histologischer Gewebsveränderungen voraussetzen. In anderen Fällen wieder hat man Veränderungen festgestellt, die nicht im geringsten an einen spezifischen Aufbau erinnern, vielmehr einfach entzündlicher Art oder auch durch eine Wucheratrophie des Fettgewebes auffallend sind.

Als Ausgangspunkt der Veränderungen läßt sich jedoch — bei entsprechend weit gefaßten Untersuchungen — übereinstimmend das Gefäßsystem der Cutis, Subcutis bzw. des subcutanen Fettgewebes feststellen; in erster Linie das venöse, dann aber auch das arterielle. Es handelt sich in der Hauptsache um die bekannten proliferativen und exsudativen Vorgänge. Dabei bleiben Papillarkörper und obere Cutis meist frei, lediglich die Ausläufer einiger perivasculärer Infiltrate dringen dorthin vor.

Am Hauptsitz der Veränderung findet man in jüngeren Stadien deutliche Gefäßwanderkrankungen: lymphocytäre und plasmacelluläre Infiltration,

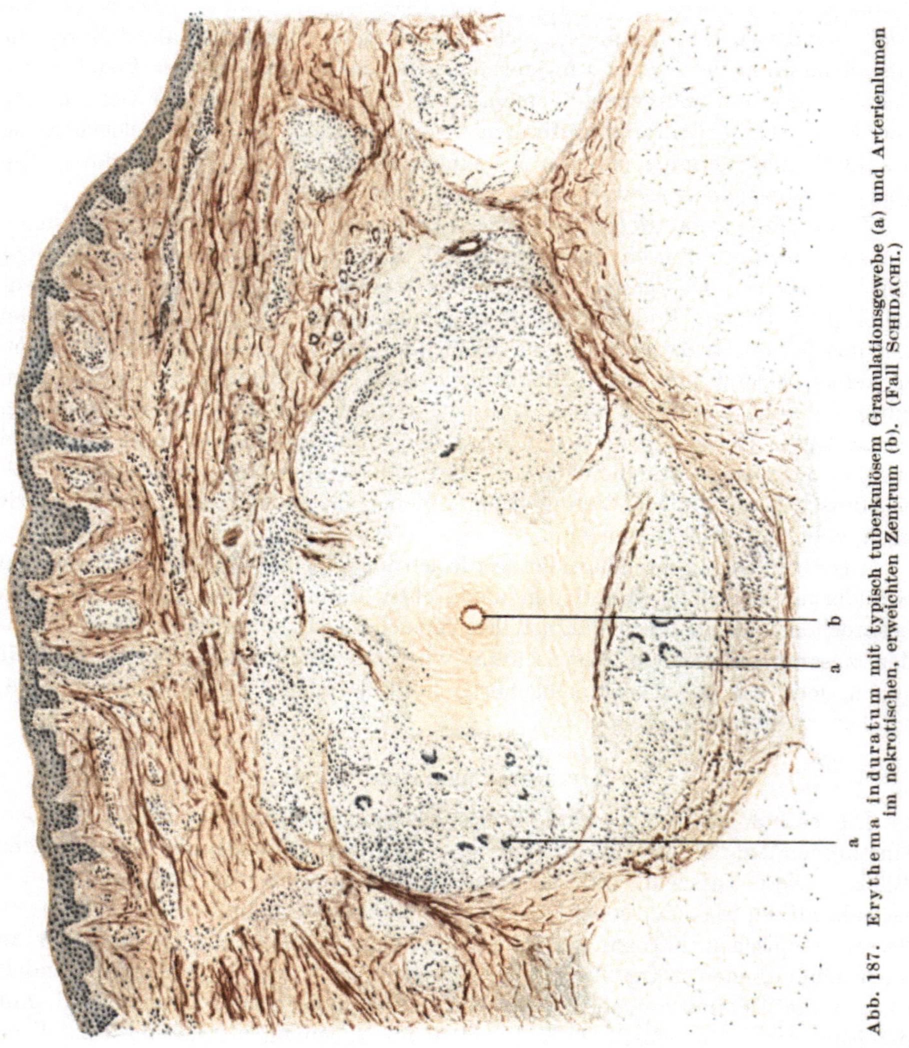

Abb. 187. Erythema induratum mit typisch tuberkulösem Granulationsgewebe (a) und Arterienlumen im nekrotischen, erweichten Zentrum (b). (Fall SCHIDACHI.)

dazu Verdickung der Adventitia und Media, zuweilen auch Wucherungen des Endothels bis zu völligem Verschluß des Lumens. Hierzu tritt in der Regel eine wechselnd ausgedehnte, perivasculäre Zellansammlung. Diese ist an manchen Stellen von durchaus tuberkuloidem Bau; an anderen wieder — bei den gleichen Gefäßveränderungen — durchaus banaler Natur. Dies trifft nicht nur für verschiedene Kranke oder Krankheitsherde zu, sondern oft für verschiedene Stellen ein und desselben Knotens.

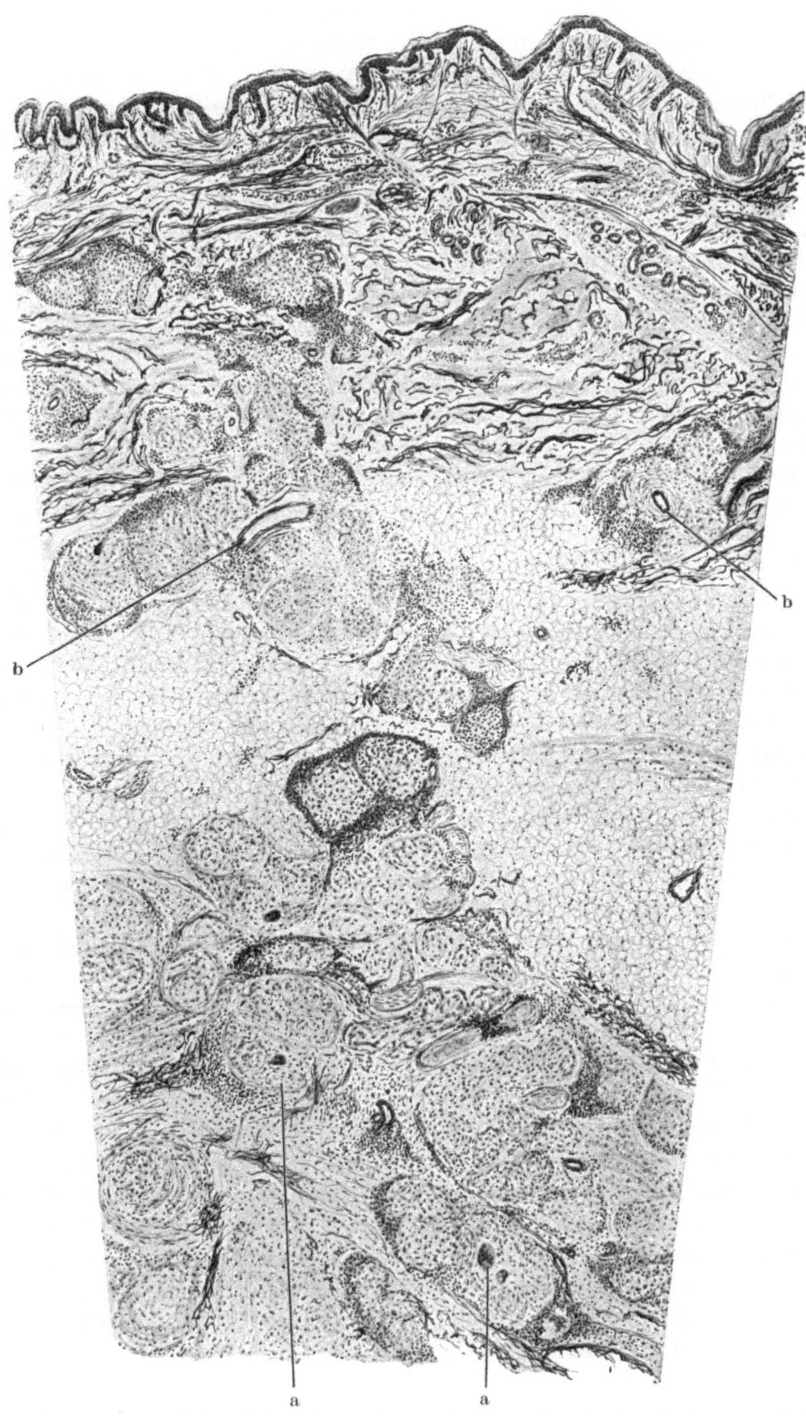

Abb. 188. Erythema induratum. a tuberkuloide Herde in der Tiefe; b Gefäße im Zusammenhang mit den Krankheitsherden. (Sammlung Lewandowsky.)

Im ersteren Falle finden sich die Veränderungen des klassischen tuberkulösen Granulationsgewebes: Tiefere Cutis, Subcutis und vielfach auch noch subcutanes Fettgewebe sind durchsetzt von scharf umgrenzten Zellinfiltraten, die in runder, ovaler oder strangförmiger Gestalt die Gefäße umscheiden. Sie bestehen in erster Linie aus Epitheloiden, weniger aus Lymphocyten und Plasmazellen — diese dann meist in der Randzone bzw. zum Gesunden hin — und typischen LANGHANSschen Riesenzellen in wechselnder Zahl. Der ganze Zellherd ist meist von einer mehrschichtigen straffen Bindegewebskapsel umhüllt, die aus jüngeren, dann zell- und gefäßreicheren oder älteren und dann an diesen ärmeren Gebilden aufgebaut ist.

Je älter der Herd, um so zellarmer und schärfer abgesetzt ist also die Bindegewebshülle. Von ihr ziehen wechselnd breite Ausläufer ins subcutane Fettgewebe und bilden hier unregelmäßige Felder, in denen sich — neben normalen Fettläppchen — eine entzündliche Infiltration in verschiedensten Graden der Entwicklung vorfindet.

Die Mitte derartiger Zellherde zeigt manchmal weitreichende Verkäsung und Verflüssigung, so daß sich beim Anschneiden eine ölige Flüssigkeit entleert. Das Gewebe ist hier dann völlig homogen und strukturlos, gelegentlich auch von zahlreichen polynucleären Leukocyten durchsetzt. Oder die Knötchen zerfallen im Zentrum ohne Ansammlung von Leukocyten und ohne Erweichung (LEWANDOWSKY). Aber auch zu diesem vorgeschrittenen Zeitpunkt läßt sich der Ausgang der Veränderung vom Gefäßsystem noch oft feststellen, indem in der Mitte sich noch Reste arterieller oder venöser Gefäße in ihren elastischen Anteilen mehr oder weniger gut erhalten haben.

In derartigen älteren Herden tritt der tuberkuloide Charakter der Knötchen manchmal erheblich zurück, indem die Riesenzellen geschwunden, die Epitheloiden und Lymphocyten zum größten Teile durch Fibroblasten und wuchernde Bindegewebszellen ersetzt sind. Dann erinnert oft nur noch das nekrotische Zentrum mit der eigenartigen, scharf abgesetzten Bindegewebsschale an den tuberkuloiden Aufbau.

Gelegentlich findet sich auch ein Befund, der an die Tuberculosis cutis colliquativa erinnert: mehrere zentral verkäsende Zellherde, die durch schmale zellreiche Bindegewebssepten voneinander getrennt und innerhalb deren elastische und kollagene Fasern völlig geschwunden sind.

Findet man nun neben derartigen zerfallenden, an und für sich schon wenig bezeichnenden Veränderungen — wie das nicht eben selten vorkommt — dann noch Zellinfiltrate, deren Aufbau aus banal entzündlichem Granulationsgewebe keinerlei Hinweis für einen tuberkulösen Vorgang bietet, so haben wir jene andere Form der Gewebsstruktur vor uns, wie sie beim Erythema induratum BAZIN bekannt ist. Eine Ablehnung der tuberkulösen Ätiologie ist jedoch auch hier nicht statthaft, da sich auch in solchen Fällen sichere Beweise für eine solche vorgefunden haben. Auch bei dieser finden sich die obengenannten Gefäßveränderungen, die Endarteriitis und Endophlebitis. In der Regel trifft man dann allerdings keine abgesetzten Zellherde, sondern eine diffus entzündliche Veränderung, wie sie in erster Linie im subcutanen Gewebe als entzündliche Wucheratrophie des Fettgewebes auftritt. Diese pflegt nach der Cutis hin ziemlich scharf begrenzt zu sein, während sie im übrigen ziemlich unregelmäßig in die Umgebung übergeht. Es handelt sich dabei einmal um dichte Ansammlungen von Lymphocyten und Fibroblasten, die von zahlreichen kleinsten Höhlen durchsetzt sind. Diese entsprechen ausgefallenen Fettzellen. Sie nehmen in den mittleren Abschnitten der Zellherde an Ausdehnung zu und lassen sich hier als wechselnd große, polycyclisch geformte Lücken erkennen, die völlig gewebsfrei und von dem wuchernden Fettgewebe umgrenzt sind.

An anderen Stellen wieder steht die Bindegewebswucherung im Vordergrunde. Diese hat zum Teil bereits große, zusammenhängende Herde des Fettgewebes völlig ausgeschaltet und läßt den oben beschriebenen tuberkuloiden Aufbau erkennen. Diesem geben die hier besonders zahlreichen vielkernigen, den LANGHANSschen oft sehr ähnlichen Riesenzellen, wie sie auch die entzündliche Fettgewebswucherung mit sich bringt, ein besonderes Gepräge.

Gewebsnekrosen finden sich gelegentlich auch innerhalb des gewucherten Fettgewebes (KRAUS). Hier sind naturgemäß elastisches und kollagenes Gewebe völlig geschwunden. Trotzdem bleibt der Grundaufbau des Gewebes stets angedeutet. In den älteren, bindegewebig umgewandelten Herden finden sich nicht selten elastische Fasern in Gestalt zahlreicher, junger, dünner, neugebildeter Reiserchen.

Dieses Zusammentreffen echt tuberkulösen Granulationsgewebes einerseits, banal entzündlicher Veränderungen und schließlich jener tuberkuloseähnlichen, oft bis zu scheinbarer Verkäsung fortgeschrittenen Nekrosen im wuchernden Fettgewebe andrerseits, kann das histologische Bild des Erythema induratum BAZIN zu einem äußerst

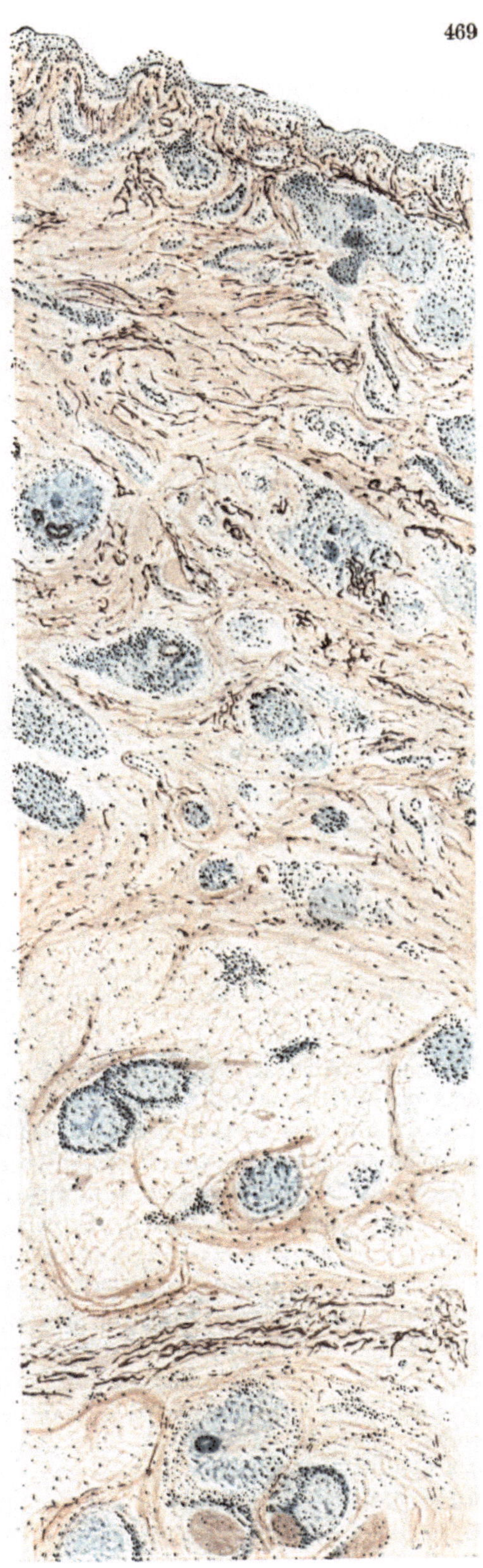

Abb. 189. Sarkoid DARIER. (Samml. LEWANDOWSKY.)

bunten und unregelmäßigen, oft auch völlig unkennzeichnenden machen. Dieser Eindruck wird noch dadurch verstärkt, daß die Veränderungen der oberen Cutis bzw. der Epidermis — wenn sie überhaupt vorhanden sind — durchaus mittelbarer Natur sind und keinerlei Unterlagen für das Erkennen des Vorganges bieten.

Vergleicht man damit Form

b) Sarkoid DARIER-ROUSSY,

so ergibt sich eine weitgehende Übereinstimmung. Restlos gilt diese für die dem Erythema induratum BAZIN nahestehenden Sarkoidformen, die „Sarcoides noueuses et nodulaires des membres". Bei diesen sind vornehmlich das subcutane Zellgewebe, daneben aber auch die tieferen Schichten des Coriums beteiligt. Die Veränderung geht auch hier von den Gefäßen aus. Neben den kleinsten sind auch die größeren Arterien und Venen befallen (Panarteriitis und Panphlebitis obliterans), meist in ganz unkennzeichnender Art. Daneben findet man kleine, nekrotische Herde, im Fettgewebe sowohl wie in den Bindegewebssepten, sowie eine Zellinfiltration, die das Fettgewebe stellenweise ersetzt und aus Lymphocyten, Fibroblasten und Riesenzellen besteht: bald typische Wucheratrophie des Fettgewebes nach FLEMMING, bald mehr oder weniger tuberkuloide

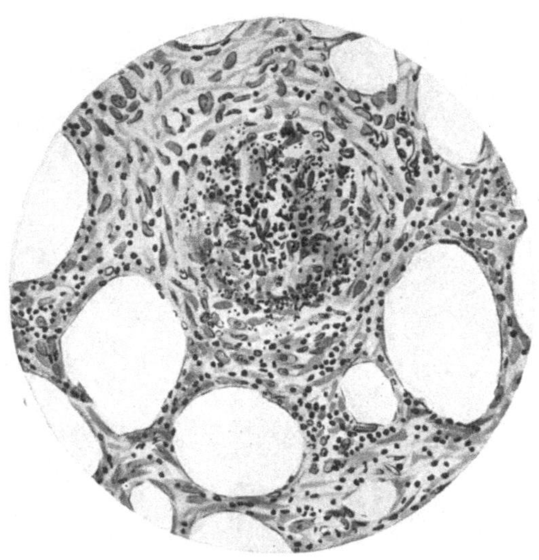

Abb. 190. Sarkoid DARIER-ROUSSY (♂, 45jähr.). Nekroseherd im wuchernden Fettgewebe. O = 290:1; R = 210:1.

Knötchen. Alles in allem ein Befund, der in seiner Buntheit durchaus mit dem des Erythema induratum BAZIN übereinstimmt.

Und von hier finden sich unmittelbare, in ihrem histologischen Aufbau ganz entsprechende Übergänge zu den eigentlichen subcutanen Sarkoiden DARIER-ROUSSYS. Die Infiltrate sitzen hier ebenfalls hauptsächlich in der Subcutis, mit Ausläufern sowohl in die Cutis wie ins subcutane Fettgewebe. Sie bestehen größtenteils aus Lymphocyten, jungen Bindegewebszellen, Epitheloiden und zahlreichen typischen LANGHANSschen oder gewöhnlichen Riesenzellen, die häufig in richtigen tuberkuloiden Zellherden zusammenliegen. Die Veränderungen der Blutgefäße entsprechen völlig den oben angegebenen, ebenso die Wucheratrophie des Fettgewebes in der Subcutis.

Liegt nach alledem kein Grund vor, die in Rede stehenden Veränderungen anders, denn als wechselnde, von den besonderen Immunitätsverhältnissen des betreffenden Organismus und dem Orte der primären Ansiedlung des Erregers abhängige Abarten ein und desselben pathogenetischen Geschehens zu betrachten, so ist die Berechtigung zu dieser Auffassung für Form

c) **Miliar-Lupoid Boeck und Lupus pernio**

doch nicht so ohne weiteres zu ziehen. Diese unterscheiden sich durch Aussehen, Umfang, Sitz und Verteilung, also schon durch klinische Eigentümlichkeiten ohne weiteres von den vorstehenden. Aber trotz dieser Unterschiede kann man sich des Eindrucks nicht verschließen, daß man es bei beiden mit

verwandten Gruppen zu tun hat, die zudem ihrem Wesen nach gleichartig sein dürften. Sehen wir zu, wie sich die histologische Untersuchung hierzu stellt!

Die Histogenese des **Boeckschen Lupoides** ist durch die Untersuchungen Kyrles von Anfang bis Ende restlos klargelegt. Danach handelt es sich zu Beginn um banal entzündliche Veränderungen, in Form streng an die erweiterten Gefäße gebundener, zum Teil diesen einseitig, knospenartig aufsitzender, zum Teil sie zylinderartig umscheidender Infiltrate im Stratum papillare und in der Cutis. Diese Zellherde bestehen in erster Linie aus Lymphocyten, denen allerdings bereits zu diesem Zeitpunkt wuchernde Bindegewebszellen und namentlich zentral auch Epitheloide beigemengt sind, wenn auch in

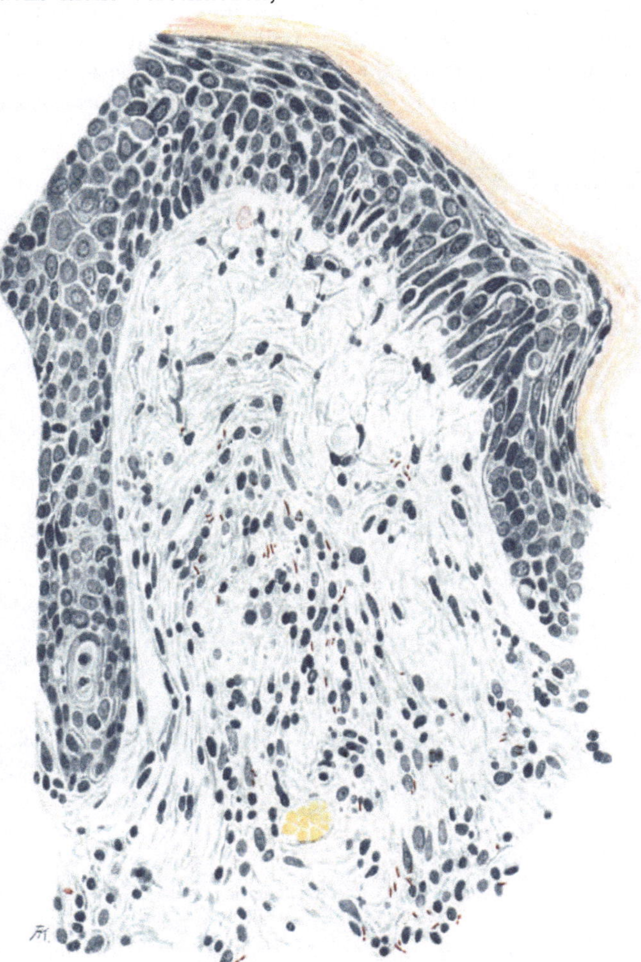

Abb. 191. Boecksches Lupoid: Anfangsstadium; banale, akut entzündliche Veränderungen, perivasculäre Infiltrate aus Lymphocyten, gewucherten Bindegewebszellen und vereinzelten Epitheloiden; zahlreiche säurefeste Bacillen. (Sammlung Kyrle.)

geringer Zahl. Im Bereiche der größeren Zellherde, reichlicher noch an Stellen schwächerer Infiltration, fanden sich viele säurefeste Stäbchen, unregelmäßig im Gewebe verstreut.

Sehr schnell wird jedoch die banal entzündliche durch eine mehr und mehr spezifischen Aufbau annehmende Zellinfiltration ersetzt. Die einzelnen umschriebenen Zellherde sind schärfer gegen die Umgebung abgegrenzt; sie haben an Größe zugenommen und sind von dem größtenteils verdrängten

Bindegewebe vielfach schalenartig umgeben. Hingegen haben die einfachen, perivasculären Zellmäntel an Ausdehnung abgenommen; sie sind in Rückbildung begriffen. Vielfach sind die Capillaren schon wieder völlig frei von dieser Infiltration. In den umschriebenen Zellherden beherrscht nunmehr die Epitheloidzelle das Bild, während lymphocytäre und Bindegewebszellen mehr und mehr zurücktreten und vielfach nur noch als schmale Säume die Epitheloidzellknötchen umfassen. Zu diesem Zeitpunkt sind nur noch wenige KOCHsche Bacillen und auch diese nicht allzu gut färbbar vorhanden; sie haben augenscheinlich ihre Säurefestigkeit eingebüßt.

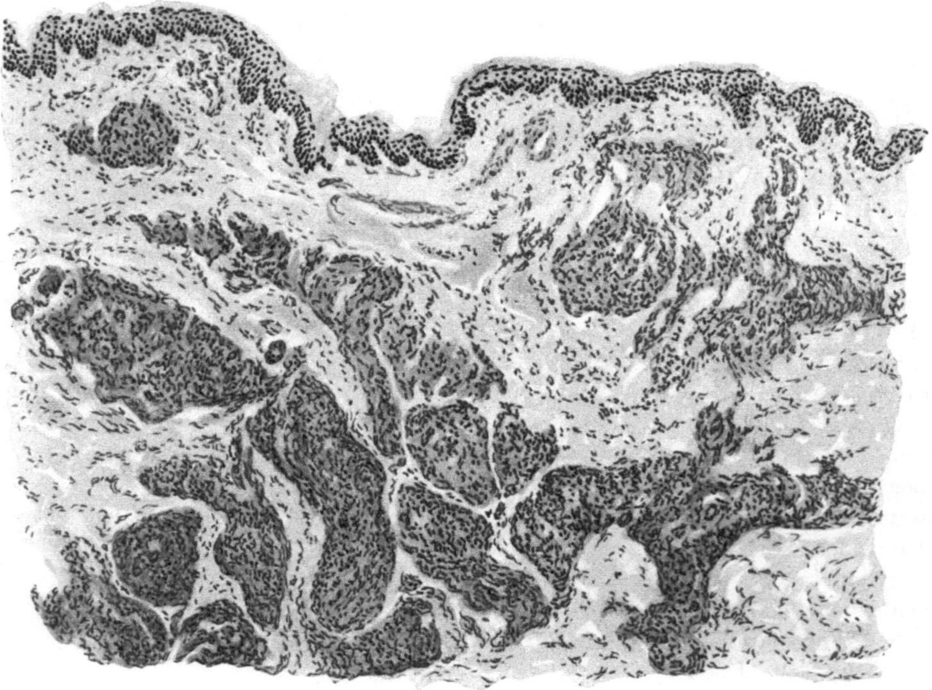

Abb. 192. Miliarlupoid BOECK (kleinknotige Form) (♀, 33jähr., Unterarm, dorsal). Platten- und walzenförmige Infiltrate im oberen Corium, aus Epitheloiden und vereinzelten Lymphocyten und Riesenzellen aufgebaut. O = 128:1; R = 128:1.

Nach etwa 4—5 Wochen hatten die Veränderungen den kennzeichnenden Aufbau des Miliarlupoids erreicht; Bacillen waren im Gewebe nun nicht mehr nachweisbar. Cutis und Subcutis waren durchsetzt von scharf umgrenzten, rundlichen, gelappten oder strang- bis plattenförmigen Zellherden. Diese bauten sich in erster Linie, ja oft so gut wie ausschließlich aus Epitheloidzellen auf. So regelmäßig, wie dies KYRLE und vor ihm ja auch schon BOECK betonte, erschien mir allerdings dieser Aufbau an meinem Material durchaus nicht vorhanden, wie dies ja auch HERXHEIMER, JADASSOHN und ZIELER angeben. Das Vorhandensein von Lymphocyten und von Riesenzellen war vielmehr wechselnd; teils waren die Zellherde frei davon, teils zeigten sie stärkere Beimengungen dieser Zellformen, ja erstere können gelegentlich sogar überwiegen (ALTMANN).

Eine Ausdehnung der Veränderungen auf die Umgebung der Hautnerven (WINKLER, URBAN) oder gar deren spezifische Beteiligung — wie dies MAZZA wohl infolge Verwertung eines verkannten Falles von Lepra nervosa schildert — ist seitdem kaum beobachtet und auch mir nicht zu Gesicht gekommen.

Die Rückbildung der Zellherde erfolgt nach KYRLE unter fortschreitender Vakuolisierung der Epitheloidzellen, ohne daß im übrigen der Aufbau des Infiltrates bezüglich Lagerung und Abgrenzung irgendwie geändert würde. An einzelnen Stellen kann es dabei in der Mitte der Zellherde zur völligen Verflüssigung der Zellen kommen unter Schwund der Kerne und Entwicklung einer mit Eosin homogen blaßrot färbbaren Masse, „also ein Bild, wie es bei zentralen Erweichungs- und Verkäsungs-Vorgängen in einem Tuberkel gefunden wird". Gleichzeitig hat die Zahl der Rundzellen zugenommen, sowohl am Rande als auch in der Mitte der degenerierten Zellherde.

Unter reichlicher Entwicklung junger Gefäßsprossen bleibt schließlich ein Granulationsgewebe zurück, in welchem nach völligem Abklingen der Veränderung lediglich eine leichte Atrophie des Papillarkörpers, eine mäßige Verdichtung des Bindegewebes und reichliche, aber zarte, von schmalen Rundzellsträngen begleitete Capillaren an die vorhergegangenen Prozesse erinnern.

d) Lupus pernio.

Genau die gleichen Epitheloidzelltuberkel wie auf der Höhe der Entwicklung des BOECKschen Lupoides finden sich nun in der gleichen Reinheit — und daher kann ich hier KYRLE bezüglich deren entscheidender Bedeutung für die Diagnose des BOECKschen Lupoids nicht beipflichten, es sei denn, man identifiziert beide — beim Lupus pernio.

„Das eigentliche Element ist histologisch mit jenen (Erythema induratum und Sarkoid BOECK) fast identisch" (LEWANDOWSKY).

Die eigentlichen pathologischen Veränderungen sind auf Papillarkörper und Corium beschränkt. Die Beteiligung der Epidermis ist hier wie bei den übrigen rein mittelbar, eine besondere Darstellung daher nicht erforderlich. Die Veränderung im Corium besteht einmal aus mehr oder minder scharf umschriebenen Zellinfiltraten. Zu diesen tritt als weitere bemerkenswerte Erscheinung eine auffallende Erweiterung der venösen und der Lymphgefäße, und zwar vornehmlich in Papillarkörper und oberster Cutis. Die zugehörigen Arterien zeigen ausgesprochen endarteriitische Veränderungen.

Die Zellinfiltrate, hauptsächlich in Cutis und Subcutis anzutreffen, ordnen sich manchmal zu mehr oder weniger abgeflachten Platten, in anderen Fällen wieder mehr zu runden bis ovalen, also eher kugeligen Gebilden an. Ein Grund, mit Rücksicht darauf zwei Unterarten des Lupus pernio aufzustellen, kann um so weniger anerkannt werden, als nicht eben selten beide Formen nebeneinander vorkommen, die flachen in den oberen, die runden in den unteren Bindegewebslagen. Die Infiltrate sind meist gegen die Umgebung scharf abgesetzt, nur vereinzelt ziehen kurze Fortsätze zum Gesunden. Das Ganze ist eingebettet in eine aus Resten des kollagenen Gewebes und neugebildeten elastischen Fasern aufgebaute Bindegewebskapsel. Innerhalb der Zellherde ist das Bindegewebe aufgesplittert, zum Teil geschwunden.

Die Infiltrate selbst haben einen eigenartigen Aufbau. Sie bestehen im Zentrum fast ausschließlich aus Epitheloidzellen, durchsetzt mit jungen Bindegewebszellen, beide hier und da in Pyknose.

Die wuchernden Bindegewebszellen finden sich besonders zahlreich entlang junger Gefäßsprossen, die das entzündliche Granulationsgewebe in

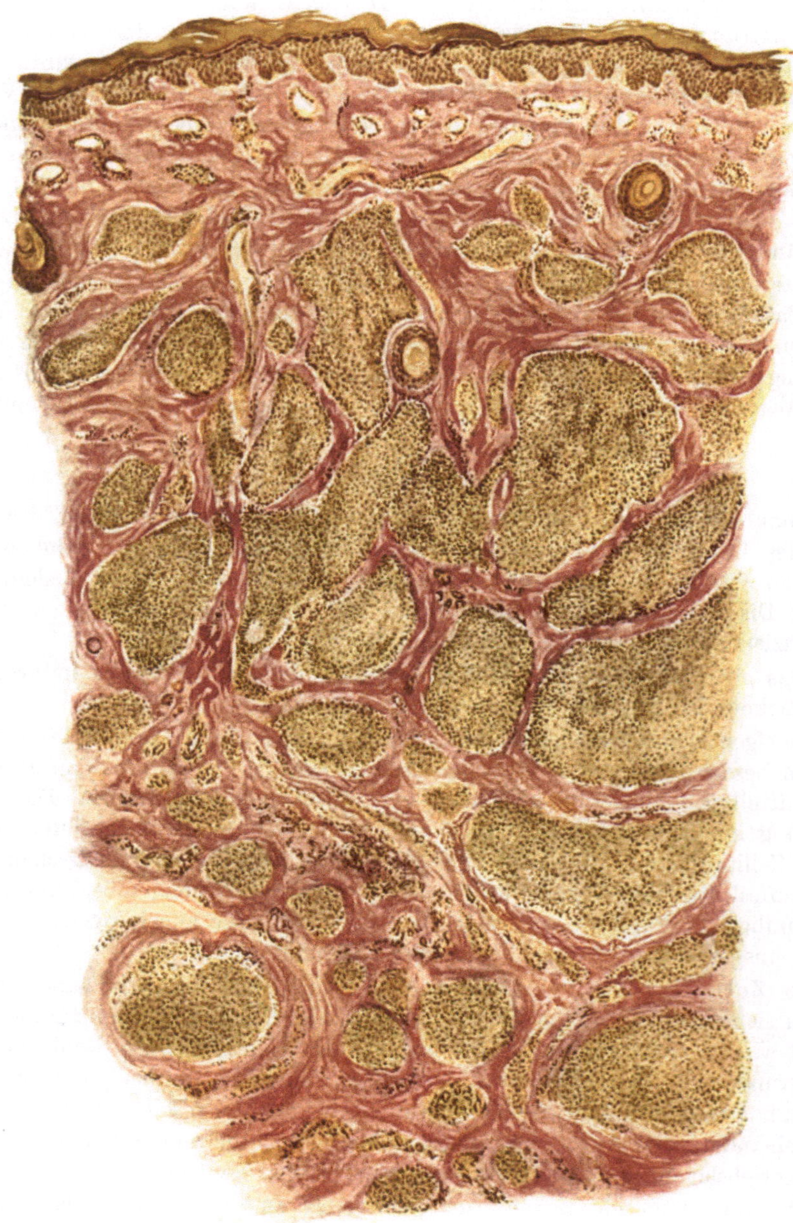

Abb. 193. Lupus pernio (♂, 32 jähr., Mittelfinger, seitlich.) Reine Epitheloidzelltuberkel. Erweiterung des oberflächlichen Gefäßnetzes. Reste der Schweißdrüsen. Hämatoxylin-VAN GIESON. O = 35:1; R = 35:1.

auffallend reichem Maße durchsetzen, was als Erklärung für dessen geringe Zerfallsneigung von Bedeutung scheint. Die Gefäßsprossen zeigen deutliche Endothelwucherung; in ihrer Umgebung findet man neben den jungen Bindegewebszellen eine stärkere Anhäufung von Lymphocyten. Hier und da sind in den Infiltraten auch echte Langhanssche Riesenzellen vorhanden, während Plasmazellen und Leukocyten, wenn überhaupt, so nur ganz vereinzelt sichtbar sind, letztere jedoch ausschließlich innerhalb der Gefäße. Die Randpartien des Granulationsgewebes zeigen hier und da eine stärkere Anhäufung von Lymphocyten, deren Auftreten jedoch meist an die nähere Umgebung der Gefäße geknüpft ist.

Die Schweißdrüsen sind überall dort, wo das Granulationsgewebe sich entwickelt hat, zugrunde gegangen und nur in vereinzelten Resten erhalten. Ebenso die Schweißdrüsenausführungsgänge.

Die endarteriitischen Veränderungen finden sich auch an den Gefäßen der tieferen Cutis.

Tuberkelbacillen ließen sich im Schnitt bisher nicht auffinden, auch nicht in Form der Muchschen Granula; sie wurden jedoch im Tierversuch von Schaumann sowie von Gans nachgewiesen.

Anhangsweise sei hier kurz erwähnt, daß sich beim Lupus pernio eigentümliche cystenartige Knochenaufhellungen im Röntgenbilde feststellen ließen, denen histologisch einmal ein spezifisches Granulationsgewebe (Schaumann), ein andermal ein ganz banales, chronisch entzündliches Gewebe ohne regressive Veränderungen entsprach (Gans).

Kurz zu besprechen ist dann schließlich noch ein als

e) Angiolupoid (Brocq und Pautrier)

bezeichnetes Krankheitsbild, das — soweit man aus den wenigen bekannten Beobachtungen schließen darf — in engster Beziehung zu den vorhergehenden steht, ja nach einigen Schriftstellern unmittelbar dem Boeckschen Lupoid einzuordnen ist (Boeck, Jadassohn, Zieler).

Die bisher nur bei Frauen, stets mit anderweitiger Tuberkulose vergesellschaftet, und immer nur um das 40. Lebensjehr herum beobachtete Erkrankung — die Lewandowsky nicht dem Miliarlupoid gleichstellen, sondern als Sonderform einreihen möchte — sitzt vor allem auf dem Nasenrücken und dessen nächster Umgebung in Gestalt bläulich-roter, mit einer gelben Farbenbeimischung durchsetzter Herde. Sie zeigen bis $2^1/_2$ cm Durchmesser und keinerlei Neigung zu spontaner Rückbildung, kein Zeichen von Schuppung oder Atrophie der Haut. Im Gegensatz zum Miliarlupoid steht im Vordergrunde der Veränderung eine Erweiterung der Hautgefäße, die als Beginn der Erkrankung zu betrachten ist.

Ist auch der histologische Bau der beiden Krankheitsbilder fast übereinstimmend (Brocq und Pautrier), so sind doch gewisse Unterschiede vorhanden, auf deren Hervorhebung die Schilderung sich hier beschränken kann. Sie bestehen in einer Verschiedenheit der entzündlichen Zellgewebsneubildung, je nachdem wir die oberflächlicheren oder die tieferen Bindegewebsschichten vor uns haben. In den ersteren finden sich um bedeutend erweiterte Hautgefäße verstreute Lymphocytenhaufen, welche in großer Anzahl die aus Epitheloiden, Riesen- und hypertrophischen Bindegewebszellen aufgebauten Infiltrate durchsetzen. In den unteren Schichten findet man im Gegensatz dazu einen dem Boeckschen Lupoid durchaus entsprechenden Aufbau in Gestalt der bekannten einzelstehenden, scharf umschriebenen Epitheloidzelltuberkel, wie sie ja beim Miliarlupoid das ganze Bild beherrschen. Diese Zweischichtigkeit ist beim Angiolupoid stets gefunden worden und sie scheint mir vorläufig die einzige Begründung für eine Sonderstellung zu sein.

Differentialdiagnose: Versuchen wir nun schließlich eine zusammenfassende Übersicht über den histologischen Aufbau der vorstehend besprochenen

Veränderungen zu geben, so sieht man im Grunde genommen bei jeder von ihnen alle die Züge wiederkehren, die man bei der anderen als Hauptmerkmale geschildert hat. Es wechseln bei allen Gewebsbildungen durchaus nichtssagend entzündlicher Natur ab mit kennzeichnend tuberkuloid aufgebauten umschriebenen Zelleinlagerungen, sei es in Cutis, Subcutis oder subcutanem Fettgewebe, sei es vereinzelt oder in größeren Herden. Es wechseln bei allen stärker entzündlich infiltrierte Herde, bei denen die Lymphocytenansammlung im Vordergrunde steht, ab mit Bezirken reiner Epitheloidzelltuberkel, wo diese so gut wie ausschließlich das Bild beherrschen. Völlige Übereinstimmung herrscht ferner in Form und Anordnung der zelligen Elemente, sowie in ihren Beziehungen zum umgebenden bzw. infiltrierten Bindegewebe.

Unterschiede finden sich eigentlich allein bei der Rückbildung. Auch dieses gilt nur für die Gegenüberstellung des Erythema induratum BAZIN und der DARIER-ROUSSYschen Sarkoide einerseits, zu dem BOECKschen Lupoide und dem Lupus pernio andrerseits. Derart stark ausgesprochene Herdnekrosen, wie beim BAZINschen Erythem, kommen beim BOECKschen Lupoid nicht vor; aber auch dieser Zerfall kommt ja durchaus nicht regelmäßig zur Beobachtung. (NOBL).

Wenn wir demnach auch keine Veranlassung haben, eine aus Zeiten rein klinisch-morphologischer Betrachtungsweise herrührende Trennung jener Krankheitsbilder in dem Ausmaße fortzusetzen — die gleich zu besprechende Pathogenese wird die Zusammenhänge noch schärfer herausarbeiten —, so ist dies doch notwendig gegenüber einigen anderen Formen der Tuberkulose, vor allem gegenüber der Tuberculosis cutis luposa. Denn bei dieser finden sich häufig einzelne Knötchen, die histologisch eine Trennung von den eben beschriebenen Formen nicht ermöglichen werden. Dies gilt namentlich für die auch hier vorkommenden reinen Epitheloidzelltuberkel (s. Abb. 166). Im Vergleich zu jenen beim BOECKschen Lupoid sind derartige Befunde jedoch zu vereinzelt und auf nur wenige Knötchen, ja meist nur wenige Schnitte eines einzelnen Knötchens beschränkt, als daß sie für eine richtige Diagnosenstellung ernstlich gefährlich werden könnten.

Andrerseits zeigt auch das BOECKsche Lupoid gelegentlich einmal Herde in der Cutis, wo die Lymphocytenansammlung die der Epitheloidzellen überwiegt und auch die scharfe Abgrenzung der Zellhaufen infolge einer diffusen Infiltration von Lymphocyten in die Umgebung schwindet. Kommen dann noch zahlreiche Riesenzellen hinzu, so kann ein Bild entstehen, das eine große Ähnlichkeit mit lupösem Gewebe hat (NOBL, ALTMANN). Aber das sind immerhin doch Ausnahmen!

Leicht zu erkennen sind auch jene vereinzelten Fälle, wo sich dem Erythema induratum eine an den Mündungen der Follikel auftretende, der Acne scrofulosorum ähnliche, eitrige Folliculitis vergesellschaftet hatte (BOSELLINI). Eine ausreichend tiefe Biopsie wird auch hier die wahre Eigenart der Veränderung stets erkennen lassen.

Ebenso ist der Lupus follicularis disseminatus miliaris, mit dem namentlich die kleinknotige Form des BOECKschen Lupoides klinisch leicht zu verwechseln ist, histologisch stets zu unterscheiden.

Verwickelter gestalten sich die Verhältnisse schon gegenüber dem Erythema nodosum, in erster Linie natürlich im Vergleich zum Erythema induratum, wenn auch Ulcerationen — wie sie das Erythema induratum gelegentlich zeigt — bei ihm ausgeschlossen sind. Hier werden wir der Grenzen histologischer Beweisführung wieder einmal so recht bewußt. Denn wir finden häufig Bilder, die sich histologisch in gar nichts von den klassischen tuberkuloiden des Erythema induratum unterscheiden (wie wir ja andrerseits auch bei diesem ganz banalen Gewebsaufbau kennen lernten) und bei denen trotzdem auch nicht der geringste Anhalt für eine tuberkulöse Ätiologie der Veränderung vorliegt. Andrerseits kennen wir klinisch rein als nodöse Erytheme zu beurteilende Fälle, bei denen als Erreger Tuberkelbacillen ohne weiteres nachzuweisen waren (LANDOUZY u. a.). Kurz: wir sind oft nicht imstande, diese beiden Dermatosen klinisch oder histologisch voneinander abzugrenzen. Manchmal mag dann der weitere Verlauf Aufklärung in der einen oder anderen Richtung bringen, wie z. B. im Falle LEWANDOWSKYS, der ebenso wie jener BEHRINGS lehrt, „daß es eine Form des BOECKschen Sarkoids gibt, die ganz akut mit Schwellung der Speicheldrüsen, Lymphdrüsen und Milz einsetzen kann, worauf nach wenigen Tagen sich ein Exanthem zeigt, das besonders die Streckseiten der Extremitäten einnimmt und aus blaß- bis bläulichroten Infiltraten besteht". In anderen Fällen hingegen war man mangels jeglicher Anhaltspunkte für eine tuberkulöse Ätiologie oft versucht, andere Erreger bekannter oder unbekannter Natur anzunehmen.

Schwierigkeiten macht es auch, die indurativen Tuberkulosen von manchen anderen knotenförmigen Veränderungen luetischer, sporotrichotischer und besonders lepröser Natur abzugrenzen, zumal manche von diesen auch histologisch einen durchaus tuberkuloiden Aufbau zeigen (JADASSOHN, PHILIPPSON, PAUTRIER u. a.).

Ähnliche Fragen ergeben sich auch für die Stellung mancher Fälle von Lupus pernio zur Lymphogranulomatose. Zwar lassen sich die meisten Fälle zu dem von KREIBICH beschriebenen — den er zur Lymphogranulomatose rechnen möchte — nicht in Beziehung bringen. Dagegen sind Beobachtungen bekannt geworden (POEHLMANN, BRUHNS und ALEXANDER), wo bei Lupus pernio Lymphocyten und Plasmazellen, Epitheloide und Riesenzellen in einer Anordnung vorkamen, die der bei der Lymphogranulomatose ganz ähnlich erschien. Hätten wir in der Lymphogranulomatose, wie es oft den Anschein hat, tatsächlich eine eigenartige, besondere Tuberkuloseform vor uns (FRAENKEL und MUCH), so würden diese Schwierigkeiten ja ohne weiteres verständlich sein.

Sie treten jedoch auch bei einer ganzen Reihe anderer entzündlicher Gewebsneubildungen auf. Vor allem finden sie sich einmal bei der entzündlichen Wucheratrophie des Fettgewebes, zum anderen bei den bekannten entzündlichen Fremdkörperreaktionen des Gewebes. Diese haben sogar dahin führen können, die tuberkulöse Ätiologie der Sarkoide überhaupt fallen zu lassen und deren Entstehung auf eine besondere Disposition zurückzuführen, die auf die verschiedensten Fremdkörperreize — zu denen dann auch die Tuberkelbacillen zu rechnen wären — mit tuberkuloiden Bildungen antwortet (OPPENHEIM).

Die Fälle von entzündlicher Atrophie des Fettgewebes bilden, soweit sich bei ihnen nicht doch eine tuberkulöse Ätiologie hat nachweisen lassen, noch ein durchaus dunkles Gebiet, das allein histologisch auch nicht aufzuklären ist. Es verbergen sich dahinter wohl eine ganze Reihe ätiologisch verschiedener Veränderungen, deren Klarstellung oft auch für den Einzelfall nicht immer möglich sein wird.

Die seltenen Fälle, wo echte Sarkome einmal nach Sitz und Ausbreitung differentialdiagnostisch in Betracht zu ziehen sind, werden unschwer zu erkennen sein. Näheres hierüber dort.

Pathogenese: Wenn wir hier versuchen, unter kurzer Zusammenfassung der verschiedenen, im vorstehenden Abschnitt zerstreuten diesbezüglichen Bemerkungen die Pathogenese der indurativen Tuberkulose der Haut zu erörtern, so kann dies nur in wenigen Sätzen geschehen. Die Klärung der Entstehungsart der verschiedenen Bilder ist vor allem den Arbeiten JADASSOHNS, ZIELERS, LEWANDOWSKYS und KYRLES zu verdanken.

„Wo Bakterien sich im Körper schrankenlos vermehren, da antwortet der Organismus mit den unspezifischen Reaktionen der Entzündung; wo Bakterien unter Einwirkung von Antikörpern langsam verfallen, wo Bakterieneiweiß durch ihre Tätigkeit abgebaut wird, da entstehen Tuberkel und tuberkuloide Strukturen (LEWANDOWSKY)".

Dieses allgemein biologische Gesetz gilt in ganz besonderem Maße für die Tuberkulose, für die ja auch in erster Linie seine Aufstellung möglich wurde. Dabei spielen die gegenseitige Einwirkung von Quantität und Qualität des Erregers sowie die allgemeinen und örtlichen Immunitätsreaktionen im befallenen Organismus die Hauptrolle. Sie bieten uns überhaupt erst den Schlüssel zum Verständnis der Vorgänge in der Haut. Dabei ist wohl die Annahme notwendig, daß im tuberkulös erkrankten Körper vorhandene Abwehrkräfte den Tuberkelbacillus aufschließen und vernichten, aber gleichzeitig eine Noxe freimachen, welche die Bildung des tuberkuloiden Gewebes bewirkt. Es ist an und für sich ganz gleichgültig, ob es sich dabei um tote oder lebende Bacillen handelt (VOLK). Auf die ganzen Zusammenhänge hier einzugehen, ist unmöglich.

Die erstmalige Einschwemmung der Tuberkelbacillen erfolgt auf dem Blutwege, wie die durchwegs verfolgbaren Beziehungen der Hautherde zu den kleinen Hautgefäßen, Arterien sowohl wie Venen, dartun. Die weitere, rein örtliche Ausbreitung mag dann auf dem Lymphwege vor sich gehen, wie dies namentlich für das BOECKsche Lupoid und den Lupus pernio der Fall zu sein scheint.

Stillschweigende Voraussetzung für das Vorstehende ist selbstverständlich die Annahme des KOCHschen Bacillus als des Erregers der Erkrankungen. Es darf jedoch nicht unerwähnt bleiben, daß für manche der beobachteten Fälle diese Annahme nicht hinreichend begründet werden konnte. Wir verstehen es daher, wenn gerade für die indurative Tuberkulose und bei ihr besonders für die BOECKschen Lupoide und den Lupus pernio andere Grundlagen angenommen wurden [selbständige Erkrankungen unbekannter Ätiologie (ZIELER, KREIBICH u. a.), Symptomkomplex verschiedener Ursachen (PAUTRIER), Lues (DARIER, KERL u. a.) usw.], wenn auch seit den Untersuchungen KYRLES, SCHAUMANNs und GANS für die meisten Fälle die tuberkulöse Ätiologie höchst wahrscheinlich ist.

μ) Durch Leprabacillen.

Die Lepra

zählt seit der Entdeckung des Leprabacillus durch ARMAUER HANSEN bzw. NEISSER zu den chronisch entzündlichen Granulationsgeschwülsten und bildet mit Tuberkulose und Syphilis eine große, aus einer ganzen Reihe biologischer, klinischer sowohl wie pathologisch-anatomischer Gesichtspunkte heraus zusammengehörige Gruppe. Die Ähnlichkeit äußert sich im klinischen Verlauf ferner in Gestalt eines auch bei der Lepra, wenn auch selten, zur Beobachtung kommenden, häufig in der Nase sitzenden Primäraffektes. Diesem folgt meist erst sehr viel später eine sekundäre Ausbreitung, zunächst auf dem Lymphwege, mit der noch zum ersten Stadium zu zählenden Drüsenschwellung, dann auf dem Blutwege in Form der beiden, klinisch voneinander unterschiedenen Bilder, der Lepra tuberosa und Lepra anaesthetica. Schließlich kommt es zur Ausbreitung auf die inneren Organe, sowie zu ulcerösen Prozessen in der Haut (offene Lepra JADASSOHNs). Diesen Erscheinungsformen gehen zudem auch flüchtige maculöse und papulöse Erytheme — meist als Vorläufer der tuberösen — oder pemphigusähnliche Blasen — diese als Vorläufer der anästhetischen Lepra —, ferner Allgemeinerscheinungen in Gestalt von Fieber und Störungen des Allgemeinbefindens voraus. Die Erytheme schwinden wieder oder lassen eigentümliche, polycyclische, hyper- oder depigmentierte Flecke zurück.

Ein grundsätzlicher Unterschied — früher ein lebhafter Streitpunkt — wird dabei heute zwischen diesen beiden Formen nicht mehr angenommen. Ihre Entwicklung, ebenso die der sog. Mischformen, wird lediglich von der Zahl und der Entwicklung der Bacillen in der Haut und deren durch anaphylaktische bzw. allergische Zustände bedingten besonderen Reaktionsfähigkeit abhängig gemacht.

Wenn demnach auch der bereits von VIRCHOW vertretene Grundsatz der Einheit aller Lepraformen heute anerkannt ist, so bleibt doch nach Verlauf und klinischem Bilde die Einteilung der Hautlepra in jene zwei Formen bestehen, zumal sie auch histologisch und vor allem bakteriologisch bedeutende Unterschiede zeigen. Dabei ist jedoch zu berück-

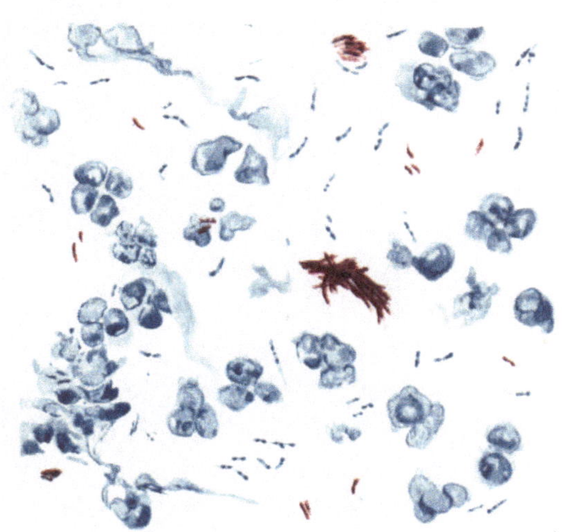

Abb. 194. Lepra tuberosa (♀, 56 jähr., Ausstrich aus dem Nasensekret) Leprabacillen. „Zigarrenbündelform“. Säurefeste (rote) und weniger säurefeste (blaue) Stäbchen; granulierte Formen. Carbolfuchsin - Methylenblau. O = 1480:1; R = 1000:1.

sichtigen, daß es praktisch oft unmöglich ist, im Einzelfall das Krankheitsbild der einen oder anderen Gruppe einzuordnen, was naturgemäß vielfach zu Mißverständnissen geführt hat.

Der Leprabacillus, ein langes, gerades oder seltener leicht gekrümmtes, an den Enden oft zugespitztes Stäbchen ist säurefest, wenn auch weniger als der Tuberkelbacillus; er färbt sich wie dieser nach GRAM, dabei oft auch in einer granulären Form (MUCHS Granula, UNNA-LUTZ' Kokkothrixform), ferner nach MARCHI (schwarz) und mit WEIGERTs Markscheidenmethode (ASKANAZY). Durch Osmiumsäure wird er infolge seiner Fetthülle geschwärzt (NEISSER, UNNA). Diese Fetthülle ist bei den einzelnen Bacillen jedoch verschieden stark entwickelt und führt zu einem wechselnden Verhalten, was bei bestimmten Färbungen schärfer hervortritt, so besonders bei der von UNNA angegebenen Viktoriablau-Safraninmethode. Diese färbt einen Teil der Bacillen blau, einen anderen metachromatisch safraningelb, ohne daß daraus ohne weiteres — wie dies UNNA möchte — ein Schluß auf lebende (blaue) oder abgestorbene Bacillen berechtigt wäre (TEREBINSKY, JADASSOHN, ARNING). Ähnliche Farbenunterschiede kann man übrigens auch bei der üblichen Säurefuchsinfärbung und nachfolgender Methylenblaugegenfärbung beobachten (s. Abb. 194).

Im Gewebe findet er sich in großen Massen, vielfach in Haufen, „zigarrenbündel“artig zusammenliegend, und zwar sowohl extracellulär, in den Lymphspalten des Gewebes, als auch intracellulär. Züchtungsversuche sind bisher noch nicht einwandfrei gelungen, dagegen wohl Übertragungen auf das Tier (Ratten, Mäuse, Affen).

Die **Lepra tuberosa** s. **cutanea**

tritt an allen Körperstellen, mit Vorliebe jedoch im Gesicht und an den Streckseiten der Extremitäten auf; meist in Gestalt papulo-nodöser, bis taubeneigroßer, braunroter, hellerer oder dunklerer, in der Haut nicht oder nur wenig verschieblicher Knoten (Leprome), die allmählich zu größeren, derben bis knorpelharten Platten zusammenfließen. Sie geben dann dem befallenen Hautabschnitt ein eigenartig gedunsenes Aussehen (Leontiasis). Fort- und

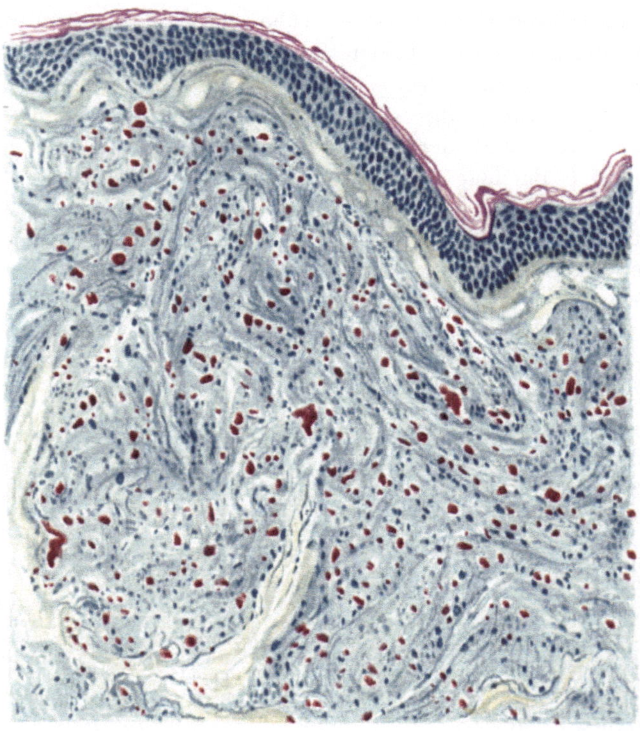

Abb. 195. Lepra tuberosa (♂, 31 jähr., Stirnhaut). Bacillenfärbung (ZIEHL). Außerordentlicher Bacillenreichtum, geringe Gewebsreaktion. Bacillenfreier subdermaler „Grenzstreifen". Bacillen zum Teil frei in den Lymphspalten des Gewebes, zum Teil in „Leprazellen" (Histiocyten). Erweiterte Blut- und Lymphgefäße. O = 147 : 1; R = 120 : 1.

Rückbildungserscheinungen, mit Erweichung der Knoten, Übergang der anästhetischen in die tuberöse Form, auch geschwüriger Zerfall werden beobachtet.

Die wichtigsten und gleichzeitig auch kennzeichnendsten Veränderungen treten im Papillarkörper bzw. in der Cutis auf, da die krankhaften Vorgänge sich in erster Linie am Bindegewebsapparat abspielen, während die Störungen der Epidermis hauptsächlich mittelbarer Natur sind. Eine besondere Note erhält der Lepraknoten durch die, im Vergleich zu dem gewaltigen — bei keiner anderen Infektionskrankheit beobachteten — Reichtum an Bacillen außerordentlich geringfügige Reaktion des Gewebes, so daß man geradezu von einem saprophytären Verhalten zwischen Bacillen und Gewebe gesprochen hat. Bemerkenswert ist, daß auch hier eine von Veränderungen und insbesondere auch von Bacillen freie, schmale bindegewebige Randzone, der auch von anderen

entzündlichen Granulationsgeweben her bekannte „Grenzstreifen", die Epidermis von dem im Bindegewebe liegenden cellulären Infiltrate abgrenzt. Dieses
reicht oft bis ins Fettgewebe hinab und hat die Epidermis vielfach zu einem
dünnen Streifen ausgezogen, dessen Leistensystem völlig verstrichen ist und der
mit dem Papillarkörper einen mehr oder weniger gleichmäßig verlaufenden Bogen
bildet. Die Lymph- und Blutgefäße im Grenzstreifen sind oft sehr stark erweitert, ebenso in der übrigen Umgebung der leprösen Infiltrate. In ältern
Herden ist das lepröse Granulom gegen die Umgebung meist ziemlich deutlich
abgesetzt. In jüngeren und fortschreitenden Abschnitten dringen hingegen

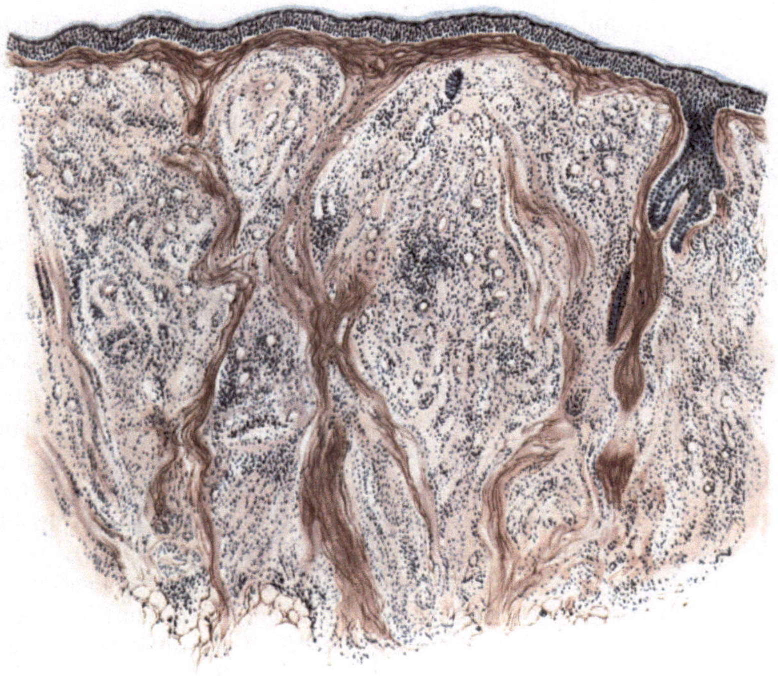

Abb. 196. Lepra tuberosa (♀, 56jähr., Haut vom Kinn). Übersichtsbild. Verstrichener Papillarkörper; „Grenzstreifen"; atrophierte Epidermis und Haarfollikel. Herdförmige Verdrängung bzw.
Auflösung des Bindegewebes durch ein gefäßreiches Granulationsgewebe mit hauptsächlich
perivasculärem Infiltrat. Polychrom. Methylenblau-neutr. Orcein. O = 40:1; R = 40:1.

unregelmäßige, die Gefäße — namentlich in der Umgebung der Haare und
Drüsen — begleitende Zellmäntel diffus in die gesunde Umgebung ein, sodaß
das Infiltrat im Schnitt ein insel- oder mantelförmiges Aussehen bietet. Der
junge Lepraknoten kann jedoch auch als diffuse Zellinfiltration ohne deutliche
perivasculäre oder periglanduläre Anordnung auftreten, wobei das normale
Bindegewebe stellenweise schwindet, während es ja in der Regel kaum nennenswert beeinflußt und lediglich durch die Bacillen und Zellmassen auseinandergedrängt wird. Die Gefäße in diesem Bezirk zeigen neben sehr starker Erweiterung eine ausgesprochene Endo- und Perivasculitis.

Die zellige Infiltration besteht zum größten Teil aus Bindegewebszellen
und Epitheloiden, neben denen sich noch Lymphocyten, spärliche Mast- und
Plasmazellen, vereinzelt auch echte LANGHANSsche und Fremdkörperriesenzellen

vorfinden. Auch im nicht geschwürig zerfallenen Herd kann man vereinzelte Leukocyten antreffen. Bacillen enthalten diese Zellarten in der Regel
nicht, wenn auch vereinzelte Beobachtungen darüber vorliegen. Jene finden
sich vielmehr einmal frei in den Lymphspalten des Gewebes, sei es einzeln, sei
es in Haufen, die vielfach die Lymphräume ausfüllen (UNNA, KLINGMÜLLER).
Zum anderen finden sie sich jedoch auch äußerst zahlreich in einer Zellart, die
zum Teil von den Bindegewebszellen (FAVRE und SAVY), zum Teil von den adventitiellen Zellen in der Umgebung der Capillaren, zum Teil von den Endothelien
der Blut- und Lymphgefäße (JEANSELME, SCHÄFFER, BABES) abgeleitet wird:
den Leprazellen.

Mit Rücksicht auf die besonders von HERXHEIMER durchgeführte vergleichende Untersuchung dieser Zellart in den verschiedensten Organen darf
man wohl annehmen, daß es sich dabei in erster Linie um die gleichen
Zellen handelt, die wir seit ASCHOFF und KIYONO als besondere farbstoff-
speichernde Zellen, als Zellen des reticulo-endothelialen Systems, als Histiocyten kennengelernt haben. In diesen, in biologischer Hinsicht besonders
bemerkenswerten Zellen, deren Protoplasmaleib bei der Berührung mit den Leprabacillen eine kennzeichnende Umwandlung durchmacht, hätten wir den Ausgangspunkt der VIRCHOWschen Leprazellen zu suchen. Diese Zellen blähen
sich zunächst auf, ebenso ihre Kerne. Ihr Protoplasma wird schaumig umgewandelt. Die derart veränderten Zellen fließen manchmal zu mehreren zusammen,
sodaß sie riesenzellenartige Formen annehmen. Ihr Protoplasma verfällt allmählich einer lipoiden Degeneration (CEDERCREUTZ), und zwar handelt es
sich, soweit aus dem färberischen Verhalten geschlossen werden darf, häufig um
einen Cholesterinfettsäureglycerinester, wahrscheinlich mit Beimengung freier
Fettsäuren (HERXHEIMER). Ob CEDERCREUTZ' Annahme, daß diese fettartige
Substanz in der tiefer gelegenen Gloea ein isotroper, homogener, lipoidartiger
Stoff, in den oberflächlich gelegenen epithelialen Zellen mancher Leprome aber
eine doppelbrechende, cholesterinartige Verbindung sei, regelmäßig zutrifft,
bedarf noch weiterer Beobachtung. Neben der lipoiden Degeneration verfallen die
Zellen jedoch auch einer vakuolären. Diese äußert sich im Auftreten mehrerer
kleinerer oder auch einzelner größerer Vakuolen im Zellprotoplasma, durch
die der zunächst ebenfalls geschwollene Kern verschoben und meist abgeplattet
dem Zellrande genähert wird, ohne daß er zunächst irgendwelche Veränderungen
erleidet. Erst später geht er durch Schrumpfung, Pyknose und Karyorrhexis
zugrunde. Die Überbleibsel bilden dann mit den Resten vakuolärer Zelltrümmer,
verschleimten Bacillenhaufen und RUSSELschen Körpern — den Überbleibseln
hyaliner Umwandlung — den Hauptbestandteil der dann meist auch klinisch
bereits erweichten leprösen Knoten. In diesen sind dann vielfach auch Drüsen
und Anhangsgebilde der Haut entartet bzw. zugrunde gegangen, während sie in
jungen Knoten meist unverändert bleiben. Die Capillaren und größeren Gefäße
sind jedoch auch in den voll entwickelten Knoten noch erhalten, meist sogar
stark erweitert.

Bei stärker erweichten Herden ist das Zentrum nekrotisch, meist gegen
die Umgebung scharf abgesetzt, mit Zell- und Kerntrümmern, Leukocyten und
fibrinösen Massen durchsetzt. Nach außen hin wird dieser Bezirk ringförmig
durch einen Wall von Leukocyten, Lymphocyten, Plasmazellen, Riesen- und
Leprazellen abgegrenzt. Bacillen finden sich in dem nekrotischen Abschnitt

nicht mehr oder nur noch als verschleimte Haufen (UNNAs Gloea), in der Ring-
zone nur vereinzelt. Über derartig zerfallenden Lepromen pflegt die Epidermis
zunächst zu wuchern. Die unteren Schichten zeigen reichliche Mitosen. Schließlich fällt aber auch diese gewucherte Epidermis dem geschwürigen Zerfall zum
Opfer und dann trifft man auch hier reichlichere Bacillen.

Freie Leprabacillen finden sich einmal in den Haarfollikeln, wo sie in
langgestreckten Zügen in den interepithelialen Spalträumen bis in die innere
Wurzelscheide vordringen (BABES). Außerdem sitzen sie noch in den glatten
Muskelfasern der Haut, in den Fettzellen, die dabei allmählich zugrunde gehen,
in den Talg- und Schweißdrüsen (TOUTON, UNNA, BABES) — dürfen jedoch nicht
mit den hier normalerweise vorkommenden säurefesten Körnchen verwechselt

werden. Sie finden sich
schließlich auch in den
Endothelien der Gefäße,
während die Leukocyten,
sowie die Epithelien der
Epidermis Bacillen meist
nur bei geschwürig zer-
fallenden Knoten enthalten.

Diese mit Bacillen be-
ladenen Zellen sind in ihrem
morphologischen Aufbau so
gut wie unverändert, ebenso
die in ihnen liegenden Bacillen. Anders steht es dagegen mit letzteren in den
oben mit ihren Verände-
rungen eingehend geschil-
derten Zellen des reticulo-
endothelialen Systems, den
Leprazellen. In den An-
fangsstadien sind zwar auch
hier Veränderungen kaum

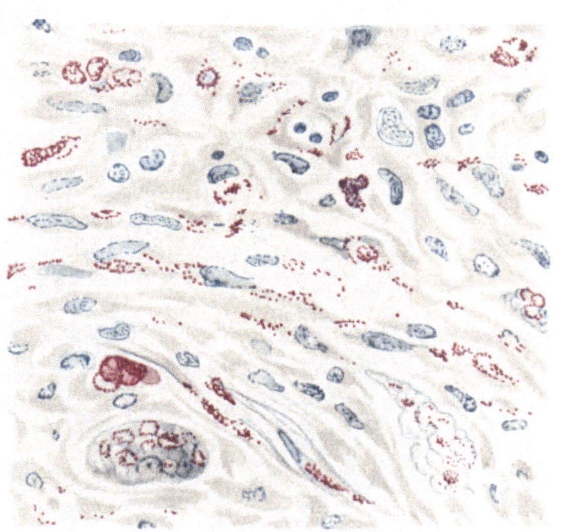

Abb. 197. Lepra tuberosa (♂, 31jähr., Stirnhaut, Bacillenfärbung). Leprabacillenhaltige Histiocyten (zum Teil Capillarendothelien); „Schaumzellen" und „Schaumriesenzellen" in
verschiedenen Stadien der vakuolären u. lipoiden Degeneration.
Carbolfuchsin-Methylenblau. O = 400:1; R = 400:1.

zu sehen, obwohl die Zellen äußerst zahlreiche Bacillen enthalten, die sich mit
Vorliebe der Randzone der Vakuolen anlagern. In dem Maße, wie dann die
Zellen verändert werden, leiden auch die Bacillen. Sie verlieren ihre
scharfe Zeichnung, klumpen zu formlosen, schleimigen Massen zusammen, aus
denen nur noch vereinzelte Stäbchen oder auch nur zerfallene Körner, also
echte Zerfallsformen, hervorragen. Diese haben auch ihre Säurefestigkeit
größtenteils eingebüßt (abgestorbene Bacillen UNNAs). Von den Bacillen
stammende Massen, die „braunen Elemente" HANSENs, die „Gloea" UNNAs,
die „Globi" NEISSERs, finden sich jetzt im Innern der Vakuolen, diese vielfach völlig ausfüllend. Schließlich verliert die „Leprazelle" ihren Zellcharakter;
die mit Bacillen und schleimigen Massen gefüllten Vakuolen liegen durchmengt
mit Kernresten frei im Gewebe, meist im zentralen Abschnitt des Leproms.

Dieses Neben- und Ineinander von Leprabacillen und Zellveränderungen
macht, wie schon JADASSOHN betont, hier eine Entscheidung über Ursache
und Wirkung im Grunde unmöglich. Wir lassen es daher dahingestellt und

begnügen uns mit der Feststellung des Befundes als eines eigentümlichen, die
Lepra histologisch hinreichend kennzeichnenden. Diese Feststellung ist um so
notwendiger, als im übrigen die geweblichen Veränderungen durchaus nicht so eigenartig sind, als daß sie dem Gewebe histologisch
ein besonderes Gepräge verleihen könnten.

Schon BABES stellte auf Grund seiner Untersuchungen verschiedene Ent-
wicklungswege des leprösen Granulationsgewebes fest, indem er bacillär-
embolisch entstandene, diffus in Cutis und Subcutis infiltrierend fortschreitende,
perifollikuläre, perivasculäre und in den Schweißdrüsen sich unter gleichzeitiger

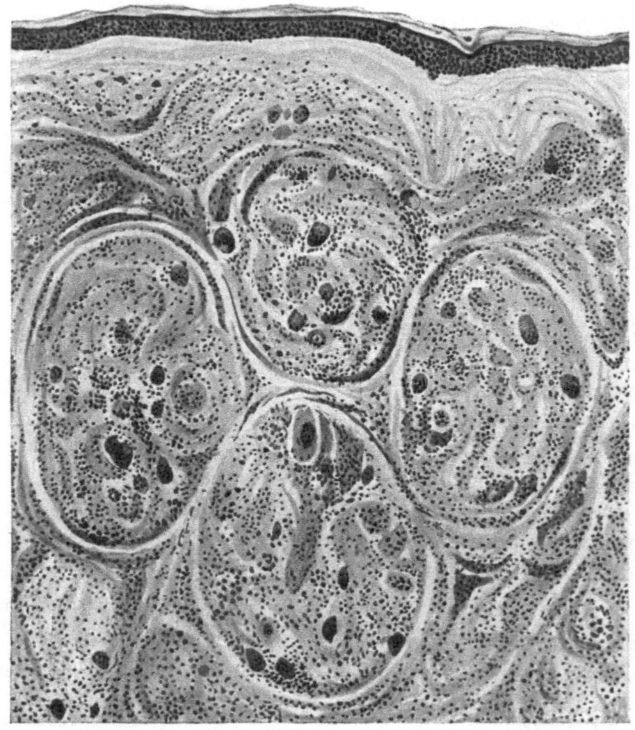

Abb. 198. Lepra tuberosa. (♀, 56jähr., rechter Unterarm, dorsal). Tuberkuloide Form.
„Grenzstreifen". (Halb schematisch.) O = 77:1; R = 60:1.

Wucherung entwickelnde Knoten unterschied. Diese alle können auch noch
durch ihre Weiterentwicklung zu schwieligen oder narbenartigen Bildungen voneinander abweichen. Als besondere Formen der Hautknoten beschreibt
er auch schwielige und warzige Leprome, die er ebenso wie die Schweiß-
drüsenleprome auf die langsame, als formativen Reiz wirkende Entwicklung der
Bacillen zurückführen möchte. Wenn eine derartige Umwandlung in ein bacillen-
und zellarmes Bindegewebe, in hyaline Degeneration, in seltenen Fällen auch
Verkäsung und eitrige Einschmelzung — diese auch ohne Sekundärinfektion
(SUGAI) — in der Regel auch nur in alten Lepromen vorkommt, so nötigt doch
die Möglichkeit im Einzelfall einmal derartige Herde zu treffen, hier wenigstens
zu diesem kurzen Hinweis. Ferner hat JADASSOHN als erster auf tuberkuloide
Lepraformen aufmerksam gemacht, die neben dem histologischen auch im

klinischen Bilde dem Lupus sehr ähnlich sein können. Sie wurden neben
der Haut auch an den Nerven, Lymphdrüsen u. a. beschrieben (Lit. bei
KEDROWSKI).

Bei dieser tuberkuloiden Lepra ist die Haut von zahlreichen, verschieden
großen, scharf abgesetzten, später zusammenfließenden Knötchen durchsetzt,
die in der Randzone namentlich aus Lymphocyten und Plasmazellen, nach
der Mitte hin aus Epitheloiden und vereinzelten LANGHANSschen Riesenzellen
bestehen. Auch sie sind anfangs von der Epidermis durch einen schmalen
Grenzstreifen getrennt, der jedoch bei älteren Herden schwindet, so daß das
Infiltrat bisweilen das Stratum basale erreicht und hier oft eine zentrale Einschmelzung entsteht. Derartige Herde habe ich jedoch auch an einzelnen Stellen
in im übrigen rein tuberösen Formen angetroffen, so daß die Annahme, daß es
sich hier um Übergänge handelt, durchaus gerechtfertigt ist. Bacillen finden
sich in derartigen Herden nur äußerst spärlich. Ganz im Gegensatz dazu steht
jener von KYRLE beobachtete, mit septikämischen Allgemeinerscheinungen verlaufene Fall, wo sich im Anschluß an erythematöse Herde furunkelartige,
schmerzhafte Infiltrate bildeten, die an der Oberfläche vereiterten und in
ihrem zähflüssigen Eiter unzählige säurefeste Stäbchen enthielten. (Über die
allgemein biologische Bedeutung derartiger Gegensätze siehe den Abschnitt:
Tuberkulose.)

Die tuberkuloide Lepra darf nach JADASSOHN auch als Übergangsform zu
der maculo-anästhetischen betrachtet werden, bei der sie ja meist gefunden
wurde. Mit ihr hat sie auch den spärlichen Bacillenbefund gemeinsam. Aber
auch davon abgesehen, scheint eine strenge Scheidung der beiden Formen im
histologischen Bilde nicht immer durchführbar, so daß an der eingangs betonten
Einheitlichkeit auch von pathologisch-anatomischen Gesichtspunkten aus fest-
gehalten werden darf.

Der
Lepra maculo-anaesthetica

geht vielfach eine Blasenbildung in der Haut (Pemphigus leprosus) voraus, nach deren
Abheilen eine anästhetische Hautstelle zurückbleibt. Im allgemeinen entwickelt sie sich
allerdings viel schleichender wie die tuberöse Form. Sie entsteht im Anschluß an maculöse
Exantheme des Prodromalstadiums in Form zunächst äußerlich unveränderter oder unregelmäßig ringförmiger roter, wechselnd stark pigmentierter Flecke (Lepride), die man
seit KYRLES Beobachtung als Folgen einer Leprasepsis verschieden starken Grades bezeichnen darf. Diese maculösen Flecke sind zunächst überempfindlich, sinken zentral etwas
ein, meist mit gleichzeitigem Pigmentschwund. (Dabei auftretende starke Schmerzen weisen
auf die unmittelbare Beteiligung des peripheren Nervensystems hin.) Nach und nach
schwinden sie wieder und hinterlassen eine Anästhesie der betreffenden Nerven und zugehörigen Hautabschnitte. Diese fallen schließlich infolge trophischer Störungen einer
ausgedehnten Zerstörung anheim (Lepra mutilans). Unter Umständen vermag diese
Form auszuheilen.

Anhangsweise sei erwähnt, daß UNNA sein „Neuroleprid" zugunsten der von ARNING
vorgeschlagenen Bezeichnung „Lepride" aufgegeben hat, da er doch noch Bacillen, wenn
auch gelbe, nach seiner Ansicht also abgestorbene, in den Gefäßsträngen der Haut gefunden
hat und damit der ihn zur Aufstellung dieser Sonderform veranlassenden Ansicht der Boden
entzogen war.

Bei der anästhetischen Form fehlt in der Regel die für die lepröse Veränderung kennzeichnende Leprazelle. Wir haben daher hier kein eindeutiges Bild
zu erwarten, finden vielmehr eine einfache chronische Entzündung ohne
besondere Kennzeichen. Entweder handelt es sich um kleinzellige Infiltrate

vorwiegend lymphocytären Charakters oder aber es treten jene eben beschriebenen tuberkuloiden Gewebsveränderungen auf. Entsprechend dem Beginn auch dieser Formen auf hämatogenem Wege, als echte Bacillenembolien in die Haut (GERLACH u. a), spielt sich die Veränderung anfangs nur an und in nächster Nähe der Blutgefäße ab; es handelt sich vor allem um jene der Nerven und Schweißdrüsen, seltener der Talgdrüsen und Musc. arrect. pil. Hier kommt es zur Bildung mehr oder weniger strangförmiger, auf dem Querschnitt inselförmiger Infiltrate, die in der Hauptsache aus Lymphocyten und Plasmazellen, wenigen Leukocyten, einigen Mast- und gewucherten Bindegewebszellen, sowie vereinzelten Epitheloiden bestehen. Die Zellansammlung tritt in der Regel — und im Gegensatz zum Leprom — als diffuses Infiltrat dicht an die Epidermis heran (ARNING). Diese zeigt daher hier häufiger Störungen in ihrem Verhalten, vor allem eine stärkere und überstürzte Verhornung, die zu der auf solchen Flecken auch klinisch häufig sichtbaren Schuppenbildung führt.

In anderen Fällen kommt es zur Bildung von zuweilen mit Fibrin gefüllten Lücken in der Oberhaut, die durch Vakuolisierung der Epithelien und nachheriges Zusammenfließen zu größeren Hohlräumen entstehen (Pemphigus leprosus). Der Pigmentgehalt dieser Bezirke ist namentlich bei stärkerer Entwicklung zunächst vermehrt; mit dem Einsetzen der Rückbildungserscheinungen schwindet er jedoch schließlich völlig.

Hier kommt nicht immer eine direkte, sondern manchmal nur eine mittelbare Wirkung der Bacillen in Frage, im Sinne einer schließlich fleckweise zur Atrophie führenden Ernährungsstörung der Epidermis infolge der Veränderungen in der Cutis; denn Bacillen sind in diesen blasigen Hohlräumen, wie überhaupt im Epithel, häufig nicht zu finden, auch in Fällen, wo sie zu Beginn der Veränderung im übrigen Gewebe etwas reichlicher aufgetreten waren. Sie lassen sich hier primär in den embolisierten Capillaren, in den Endothelien, dann auch in den Lymphspalten und nicht nur, wie UNNA ursprünglich annahm — später aber als irrig erkannte —, in den Nerven, sondern gleichzeitig auch in den übrigen Hautabschnitten feststellen.

Vor allem sind allerdings die kleinen Hautnerven der Cutis, dann aber auch die größeren der Subcutis an der Entzündung besonders stark beteiligt. Diese äußert sich im wesentlichen in einer interstitiellen Neuritis (ASKANAZY), die mit einer anfangs kaum nennenswerten Verdickung des Perineuriums beginnt. Zu der Vergrößerung und zahlenmäßigen Zunahme der Zellen hier und in den sub- und perineuralen Lymphgefäßen tritt sehr bald eine Bindegewebswucherung des Endoneuriums. Peri- und Endoneurium vergrößern sich dabei auf ein Vielfaches und fallen schließlich größtenteils einer fibrösen Umwandlung anheim, wobei die spezifisch nervösen Elemente zugrunde gehen. Ein ähnliches Schicksal erleiden die VATER-PACINIschen Körperchen (BABES). Neben der bindegewebigen Degeneration sind auch richtige Nekrosen der Nerven beobachtet worden (ARNING u. a.).

Bacillen finden sich anfangs im Bindegewebe des Peri- und Endoneuriums und in den Fibrillenscheiden, sowohl einzeln, wie zu 2—3, sowie in Haufen; äußerst selten, und dann auch nur in den tiefer liegenden Nerven, als kleine Globi (LIE). Auch hier finden sie sich sowohl intra- wie extracellulär in den Lymphspalten, am reichlichsten in den stärker gewucherten Abschnitten. Das eigentlich nervöse Gewebe schwindet in der Weise, daß die Bindegewebsumwandlung fortschreitet; gleichzeitig mit ihr nimmt auch die Zahl der Bacillen schnell ab, so daß sie im vollentwickelten, empfindungslosen Fleck nur sehr spärlich, manchmal überhaupt nicht mehr nachzuweisen sind. Aber auch zu Beginn der Veränderungen steht die geringe Zahl der Bacillen in auffallendem Gegensatz zu deren Vorkommen in ungeheuren Mengen bei den Lepromen, wenn sie auch grundsätzlich in jedem leprösen Fleck, sei er nun erythematös, pigmentiert oder depigmentiert, infiltriert oder nicht, anzutreffen sind (DARIER). Sie finden

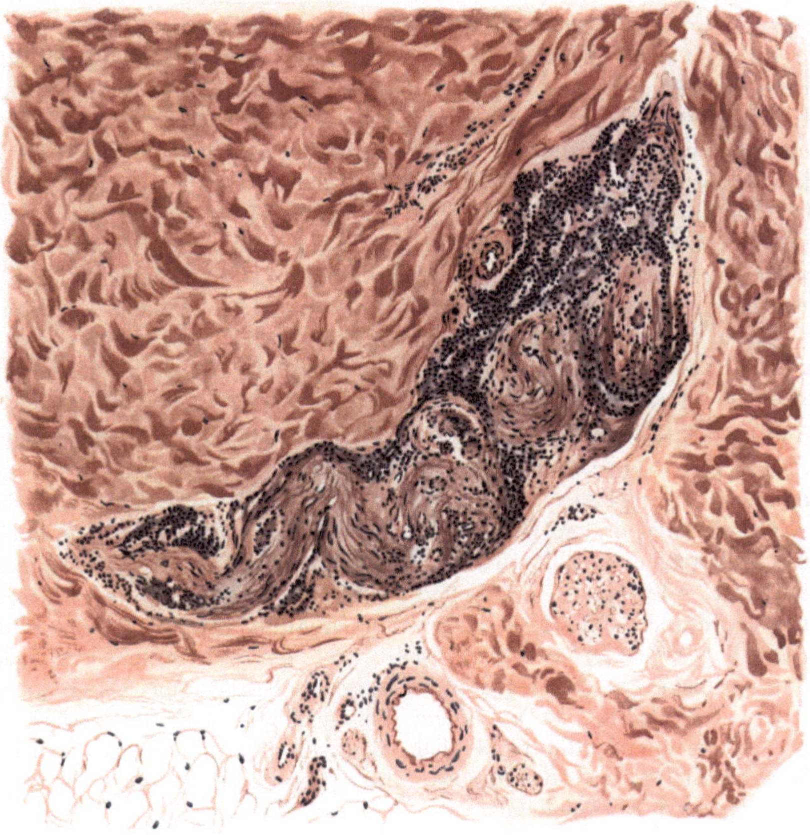

Abb. 199. Lepra maculo-anaesthetica. (♀, 24 jähr., Unterschenkel, dorsal.) Interstitielle Neuritis eines kleinen Hautnerven an der Cutis-Subcutisgrenze. Polychrom. Methylenblau-neutr. Orcein. O = 128 : 1; R = 115 : 1.

sich in den frischen, roten Flecken überall zerstreut, nehmen aber in den älteren schnell ab. In den ringförmigen Flecken finden sie sich nur noch in der Randzone und auch hier nur sehr spärlich.

Differentialdiagnose: Keine andere Gruppe von Krankheitserregern hat sich im Laufe der letzten Jahre eine stärkere Einschränkung bezüglich der Spezifität der durch sie gesetzten Gewebsveränderungen gefallen lassen müssen, als diejenige der chronischen Infektionskrankheiten, insbesondere die der säurefesten Bacillen. Die Zeiten, wo man glaubte, auf Grund eines „typischen" Aufbaus die Zugehörigkeit eines bestimmten histologischen Bildes zu einer ätiologisch bestimmten Erkrankung annehmen zu dürfen, sind endgültig vorüber. Auch hier hat sich der genugsam betonte Satz bestätigt, daß die Natur nicht in Gruppen eingezwängt werden kann; wir haben gerade bei den „Säurefesten" gelernt, daß von der banalsten entzündlichen Reaktion bis zum scheinbar eindeutigst aufgebauten, krankhaft veränderten Gewebsbild alle Übergänge vorkommen. Daher kann die Differentialdiagnose hier vor unüberwindlichen Schwierigkeiten stehen. Dies trifft insbesondere für die Gewebsveränderungen der maculo-anästhetischen und tuberkuloiden Lepraformen zu, bei denen in gewissen Punkten eine große Ähnlichkeit mit der Tuberkulose und der Lues besteht. Auf die histologische und auch klinische Ähnlichkeit der tuberkuloiden Lepra mit den Sarkoiden hat erst neuerdings BRUUSGAARD hingewiesen. Eine Entscheidung auf Grund des histologischen Bildes ist daher oft unmöglich; es sei denn, daß es gelingt, hier die wenn auch selten vorhandenen Leprazellen mit dem ganzen Drum-und-Dran der eingelagerten und veränderten Bacillen festzustellen. Damit wären dann ja allerdings schon Übergangsformen zu den Lepromen vorhanden, wo die Entscheidung an und für sich leichter ist. Denn die vakuoläre und lipoide Entartung der Epitheloiden und Histiocyten tritt im Leprom scharf hervor. Letztere wird zwar auch in luetischen und tuberkulösen Gewebsherden gelegentlich gefunden, aber doch lange nicht in diesem Ausmaß. Daher bilden die Bacillenmassen — den braunen „Elementen" HANSENs, den „Globi" NEISSERs oder der „Gloea" UNNAs entsprechend — zusammen mit der lipoiden Degeneration „ein charakteristisches Attribut" der (tuberösen) Lepra (HERXHEIMER).

Grundsätzlich ist indessen der histologische Aufbau bei den drei Erkrankungen Lues, Tuberkulose, Lepra gleichartiger Natur. Abweichungen in der einen oder anderen Richtung lassen sich, zum mindesten andeutungsweise, auch bei den ersteren Granulomen finden (CEDERCREUTZ). Allerdings bleiben in den leprösen Herden Capillaren und Blutgefäße im Gegensatz zum gefäßlosen Tuberkel und den mit schwersten Gefäßschädigungen einhergehenden syphilitischen Herden dauernd und meist sehr stark erweitert erhalten. Die Aufbauunterschiede liegen jedoch weniger in Reaktionsverhältnissen der cytologischen Elemente, als vielmehr in bakteriologischen und biologischen Eigentümlichkeiten (JADASSOHN). Von den ersteren ist vor allem die ungeheure Zahl der vorhandenen Bacillen kennzeichnend, die tatsächlich alles übertrifft, was man sonst bei Infektionskrankheiten zu Gesicht bekommt. Dazu kommt ihre Neigung zu Bacillenhaufen und Klumpen auszuwachsen, die dann als „Globi" dem histologischen Bilde ein kennzeichnendes Gepräge geben.

Pathogenese: Diese biologischen Eigentümlichkeiten: der Bacillenreichtum bei der einen, die Bacillenarmut bei der anderen Form, sind die Grundlage für unsere Auffassung von der Pathogenese des leprösen Granulationsgewebes geworden. Ersterem entspricht eine herabgesetzte Reaktionsfähigkeit des Organismus, der den Bacillen ein nahezu ungehemmtes Wachstum gestattet, letzterer ein von Hause aus oder durch die eintretende Infektion kraftvoll den Kampf gegen den Eindringling aufnehmendes Gewebe (ARNING, JADASSOHN).

Es ist dabei heute nicht mehr zweifelhaft, daß der Entwicklung leprösen Gewebes in der Haut, abgesehen von der auf den Primäraffekt folgenden Ausbreitung auf dem Lymphwege, in der Regel stets eine Einschwemmung auf dem Blutwege, eine bacilläre Embolie, vorausgeht, die von GOUGEROT als sekundäre Inkubation bezeichnet wurde. Auch die Nervenherde sind Folgen solch hämatogener Ausbreitung. Ob jedoch die Lepra tatsächlich — in ihrer anästhetischen, aber auch in ihrer tuberösen Form — eine ausgesprochene Nervenkrankheit ist (ASKANAZY), bei der der Bacillus (aus Nahrungsrücksichten?) nicht nur die großen Nervenstämme, sondern auch die kleinen Haut- und Schleimhautäste primär ergreift, bedarf noch weiterer Untersuchung an möglichst jungen Krankheitsherden.

In Anlehnung an die Tuberkulose und Lues wird das lange Verborgenbleiben der primären Infektion, das isolierte Bestehenbleiben des Primäraffektes, auf eine anfängliche
geringe Wirksamkeit der Bacillen auf das Gewebe bzw. eine erhebliche Widerstandsfähigkeit
des letzteren zurückgeführt. Dieser folge erst nach längerem Bestehen der Infektion ein
Stadium der Überempfindlichkeit, ein anaphylaktischer Zustand mit weiterer Ausbreitung,
Übergang in relative Immunität und somit chronischen Verlauf (HERXHEIMER).

c) Hautentzündungen durch pathogene Spirillen.

α) *Durch Choleraspirillen.*

An Exanthemen bei Cholera wurden maculo-papulöse, urticarielle Erytheme in
Gestalt hirsekorn- bis markstückgroßer, hellroter Flecke beobachtet, die manchmal zentral
eine Hämorrhagie zeigten. Der Ausschlag begann manchmal an den oberen Teilen des
Körpers, um von da nach abwärts zu schreiten; er kann aber auch an jeder anderen Hautstelle auftreten. Das Exanthem bildete sich im Laufe weniger Tage aus, um dann allmählich wieder zu verschwinden; manchmal unter leichter Schuppenbildung. In anderen
Fällen überwogen masernartige (SOUČEK) oder konfluierende Ausschläge (ARZT). Erwähnenswert ist die bereits von FRORIEP dargestellte eigentümliche Cyanose und Faltenbildung der Haut bei Cholerakranken.

Die Hautveränderungen sind, soweit man dies bis heute entscheiden kann, auf
toxische Vorgänge zurückzuführen.

β) *Durch die Spirochaeta pallida.*

Die Syphilis der Haut.

Als Erreger der Syphilis ist die 1905 von SCHAUDINN und E. HOFFMANN
entdeckte Spirochaeta pallida (Treponema pallidum) heute allseitig anerkannt.
Die Stellung des ursprünglich von SCHAUDINN zu den Protozoen, und zwar
den Trypanosomen gerechneten Erregers ist heute noch umstritten; während
einige Forscher ihn noch als tierisches Gebilde betrachten, halten andere (MEI-
ROWSKY u. a.) ihn für pflanzlicher Herkunft.

Die Spirochaeta pallida ist ein zarter, korkzieherartig gewundener (4—20fach), faden-
förmiger, an den Enden zugespitzter, lange geißelartige Fortsätze tragender, sehr schwach
lichtbrechender Körper von 4—14 μ Länge und höchstens $^1/_4 \mu$ Breite (SCHAUDINN). Der
durch die Art seiner Fortbewegung sehr gut gekennzeichnete Erreger trägt manchmal am
Ende oder in der Mitte des Körpers eine knopfartige Verdickung. Er ist schwer färbbar
und nimmt im Ausstrich, nach GIEMSA gefärbt, im Gegensatz zu den bläulich gefärbten
anderen Spirillen, eine mehr rötliche bis zart rosa Farbe an. Zur Darstellung im Schnitt
haben sich Versilberungsverfahren am besten bewährt, von denen im Gewebsblock die
von LEVADITI abgeänderte RAMON Y CAJALsche Methode, im frisch formolfixierten Gefrier-
schnitt eine noch nicht bekannt gegebene STEINERsche Methode am empfehlenswertesten
ist. Für schnellen Nachweis aus dem Gewebssaft haben das BURRIsche Tuscheverfahren
und vor allem die Untersuchung im Dunkelfeld allgemein Eingang gefunden.

Das primäre Syphilid.
(Primäraffekt, Ulcus durum).

Bei der erworbenen Syphilis erfolgt die Ansteckung, sei es auf geschlechtlichem oder
nichtgeschlechtlichem Wege, durch das Eindringen des Erregers in die Haut, bei der angeborenen Syphilis sicher auf placentarem Wege über den mütterlichen Blutkreislauf; ob
auch bereits mit der Eizelle, ist sehr fraglich. Die ersten Veränderungen bei der erworbenen Syphilis treten in der Regel im Verlaufe von etwa 3 Wochen nach der
Ansteckung — manchmal auch früher oder später — auf. Sie können auf der Höhe
der Entwicklung das Bild des klassischen Primäraffektes, des „Ulcus durum" bilden.
Aus bisher noch nicht völlig bekannten Gründen muß es jedoch durchaus nicht immer
zur Entstehung dieses kennzeichnenden Befundes kommen: als Folge des ersten Haftens
des Erregers kann vielmehr eine manchmal kaum oder überhaupt nicht sichtbar werdende

initiale Papel mit nicht veränderter oder nur leicht schuppender Oberfläche, die harmloseste oberflächliche Erosion, ebenso wie das tiefste Geschwür, beobachtet werden. In der Regel fühlt man jedoch unter dieser flachen, feuchten, roten, lackartig glänzenden Erosion oder dem oberflächlichen Geschwür in der Tiefe der Cutis eine kennzeichnende, scharf von der Umgebung abgesetzte, derb elastische, fast knorpelharte Gewebsverdichtung. Diese knotige Infiltration, die je nach dem Sitz die verschiedensten Formen (flache: Pergamentschanker, oder ovale bis kugelige) aufweist, läßt sich leicht von der Umgebung abheben, wenn nicht Eigentümlichkeiten des Sitzes (Labien) zu einer diffusen Verhärtung des ganzen Gewebes führen (Oedema indurativum). Der Primäraffekt pflegt sich nach verschieden langem Bestande unter Hinterlassung eines noch längere Zeit fühlbaren knotigen Infiltrats zurückzubilden.

Auf das Eindringen der Spirochäten in die Haut antwortet zunächst und in erster Linie der Gefäßbindegewebsapparat; an ihm spielt sich auch hauptsächlich der ganze Lauf der chronisch entzündlichen Granulationsgewebsentwicklung ab, während man die Beteiligung der Epidermis in mancher Hinsicht als eine mittelbare, in anderer als eine unmittelbare ansehen darf. In Papillarkörper und Cutis entwickelt sich eine scharf umschriebene, zentral außerordentlich dichte Zell-

Abb. 200. Spirochaeta pallida im Leuchtbild nach E. HOFFMANN. Reizserum. Osmium - Giemsa - Tanninmethode. (Sammlung E. HOFFMANN.) O = 800:1; R = 800:1.

infiltration, die von den Lymphgefäßen und Venen (NEUMANN, RIEDER, EHRMANN) ihren Ausgang nimmt und manchmal an diesen entlang strahlenförmig in die Umgebung vordringt. In der Tiefe beschränkt sie sich auf die Umgebung der Blutgefäße, namentlich der Schweißdrüsen und Nerven. Die Infiltration besteht zu Beginn überwiegend aus Plasmazellen und Lymphocyten; diese in wechselnder, meist geringerer Zahl. Den Bindegewebsspalten entsprechend liegen diese Zellen in scharf abgesetzten dichten Haufen zusammen und begleiten die in kennzeichnender Weise veränderten Gefäße, wobei die Lymphocyten meist den inneren, die Plasmazellen einen äußeren Mantel bilden. Zunächst erkranken die Lymphgefäße und Venen. Es entsteht eine Endothelwucherung, die das Lumen vielfach verlegt, bei gleichzeitiger Wucherung der mittleren und äußeren Gefäßwandschichten in Form meso- und periphlebitischer Prozesse. Das von zahlreichen neugebildeten, weiten, stark gefüllten Blutcapillaren durchzogene Bindegewebe ist manchmal durch Mengen ausgetretener roter Blutkörperchen bzw. ausgefallenen Blutfarbstoff auseinandergedrängt, zeigt aber zunächst keine weiteren Veränderungen. Erst bei längerem Bestand des Primäraffektes entwickelt sich eine zunächst perivasculäre Neubildung von zarten, vielfach geschlängelten und miteinander verflochtenen jungen Bindegewebsfibrillen (sog. Gitterfasern), deren Entwicklung nach ZURHELLE zeitlich der Plasmazellbildung parallel geht bzw. mit diesen sich wieder zurückbildet unter Umwandlung in kollagenes Gewebe. Ob dieses fibromatöse (Fibrom UNNAs) oder gar bereits jenes Gitterfasergeflecht die eigentümliche Härte des Schankers bedingt, erscheint um so zweifelhafter, als auch eine ganze Reihe sogar weicher entzündlicher Gewebsneubildungen (Lupus, Lepra) derartige Bindegewebsfasern aufweisen und andererseits die klinisch derben Gebilde der Sklerodermie, der Keloide sie vermissen lassen. — Das elastische Gewebe schwindet innerhalb der Infiltrate schon frühzeitig und liegt später nur noch in Resten vor.

Die Epidermis ist über den Randabschnitten des Infiltrats oft erheblich gewuchert, namentlich die Stachelschicht. Diese reicht in Gestalt breiter, kurzer oder längerer Epithelleisten meist ziemlich gleichmäßig in den entsprechend umgestalteten Papillarkörper hinab. Nach der Mitte des Infiltrats zu verdünnt sich die Epidermis; sie ist aber anfangs noch erhalten. Erst wenn die weitere Ausbildung des Infiltrats zu einer Stauung im venösen Gefäßsystem der Cutis und dadurch mittelbar zu einer Ernährungsstörung der Epidermis geführt hat, schwindet diese zunächst in den mittleren Abschnitten. Die anfangs gewucherten Reteleisten werden wieder schmäler; die suprapapillare Stachelschicht ist zu einem oft feinwabigen, aus zusammengepreßten Zellen bestehenden Netzwerk umgewandelt. Die stärker in die Tiefe eingewucherten Leisten werden vielfach von der Epidermis abgeschnürt, so daß man gelegentlich — namentlich am Geschwürsrande — tief in der Cutis eigenartig unregelmäßige, manchmal in der Mitte eine Hornlamelle bergende Reste jener gewucherten Reteleisten vorfindet. Nach der Mitte hin schwindet allmählich das ganze Epithel, indem die Stachelschicht mehr und mehr einem inter- und intracellulären Ödem verfällt. Ihr Maschenwerk ist dann dem einer vereiterten Pocke nicht unähnlich (UNNA). Die Stachelschicht fällt schließlich völliger Zerklüftung anheim. Über sie hinweg zieht dann eine flache Schicht zusammengepreßter, wechselnd dicht von Leukocyten durchsetzter und daher bei entsprechender Färbung sehr stark hervortretender, abgeplatteter Übergangszellen, gelegentlich noch vom Stratum lucidum überlagert, während das Stratum corneum bereits sehr frühzeitig geschwunden ist. Schließlich zerfällt dann die Epidermis in der Mitte vollständig.

Der Geschwürsgrund wird dann von einer aus Leukocyten und nekrotischen Gewebsresten bestehenden Schicht gebildet, die von einem in den oberen Abschnitten zarten, in den tieferen Schichten der Kruste aus dicken, wabenartig ausgehöhlten Balken bestehenden Fibrinnetz durchzogen wird (URBACH). Den Geschwürsrand bilden oft mächtig gewucherte, ödematöse und stark verzweigte epitheliale „Grenzleisten", die — besonders wenn ausnahmsweise auch einmal die Hornschicht an der allgemeinen Wucherung der Epidermis teilgenommen hat — wallartig die geschwürig eingesunkene Mitte umgeben. In der näheren Umgebung des Geschwürs fehlt gewöhnlich das Stratum granulosum und die auch hier vielfach ödematös geschwollenen, von Leukocyten durchsetzten Stachelzellen gehen unmittelbar in die parakeratotische Hornschicht über.

Auf der Höhe der Entwicklung wird die Cutis unterhalb der zerfallenden Epitheldecke von einer dichten, aus Lymphocyten und Plasmazellen aufgebauten

Infiltration eingenommen, die das „Massiv der Sklerose" (EHRMANN) bildet. Diese Zellhaufen werden von gewucherten und verdickten kollagenen Bindegewebsbündeln durchsetzt, die mit jenen zusammen ein dichtes Flechtwerk bilden.

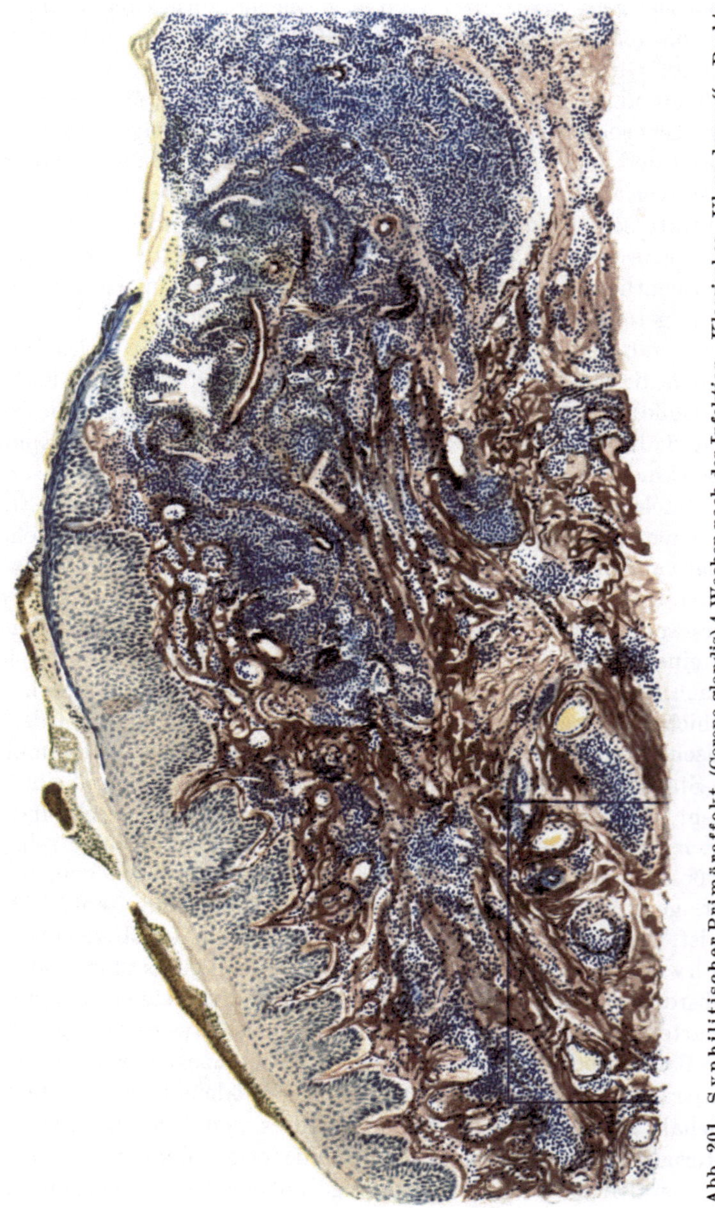

Abb. 201. Syphilitischer Primäraffekt (Corona glandis) 4 Wochen nach der Infektion. Klassisches „Ulcus durum". Rechts geschwürig zerfallende, links akanthotisch gewucherte Epidermis. Erweiterte Gefäße mit ausgedehnten perivasculären Infiltraten, in deren Bereich kollagenes und elastisches Gewebe größtenteils gestört ist. Saures [Orcein-polychromes Methylenblau. O = 30:1; R = 24:1.

Schon vor der Entdeckung der Spirochaeta pallida haben die Gefäßveränderungen die Aufmerksamkeit der Forscher besonders auf sich gezogen; sah man doch hier die Veränderung einsetzen und hoffte daher hier am ehesten Aufklärung über die Ursache der Erkrankung zu finden. EHRMANN, der sehr wertvolle Beiträge zur Erforschung dieser Gefäßveränderungen geliefert hat, betont die erhebliche Vermehrung der Blutgefäße am Rande des Sklerosenmassivs, während nach der Mitte zu und besonders unmittelbar unter der Erosion eine Abnahme und schließlich ein Schwund der früher neugebildeten und zunächst durch Stauung stark erweiterten Gefäße stattfindet. Innerhalb des dichten Infiltrats sind die neugebildeten Blutgefäße zusammengepreßt, die Venen stärker wie die Arterien, was zu einer Stauung im oberflächlichen Capillarnetz und daher zur Dehnung der Wandung mit vielfachem Durchtritt roter Blutkörperchen führt, während ausgetretener Blutfarbstoff die eigentümliche Farbe der Erosion bedingt. Die Adventitia der Gefäße ist schon in der Umgebung des Knotens durch eingelagerte Plasmazellen unregelmäßig auf-

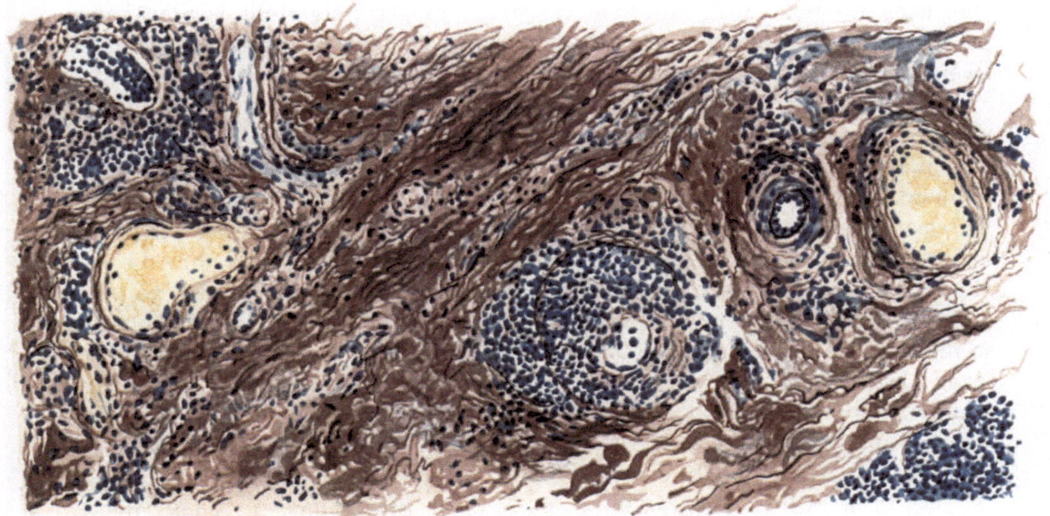

Abb. 202. Syphilitischer Primäraffekt. Ausschnitt aus Abb. 201 bei starker Vergrößerung. Gefäßveränderungen: Auffaserung der Gefäßwände durch Lymphocyten- und Plasmazellinfiltration; Intimawucherung. Endovasculitis obliterans. O = 400:1; R = 320:1.

getrieben. Im Sklerosenmassiv tritt dazu eine völlige Auffaserung der Venen-, sowie der Arterienwandung. Die Intima wird gegen das Lumen der Gefäße vorgetrieben. Eine gleichzeitig an einzelnen größeren Gefäßen — Arterien sowohl wie Venen — auftretende Endarteriitis bzw. Endophlebitis obliterans beschleunigt die eben erwähnte Verengerung und kann schließlich auch den völligen Verschluß zur Folge haben.

An Injektionspräparaten sah EHRMANN die Lymphcapillaren in jeder Papille ein schlingenförmiges Netz bilden, welches in dem gleichmäßig entwickelten Infiltrat von dem reichlicher entwickelten Blutcapillarnetz durchflochten wurde. Im Stratum subpapillare aber, wo die Lymphgefäße den Grundstock des Infiltrats bilden, wurden diese beiden von dem Blutcapillarnetz korbgeflechtartig umhüllt. Die Vorliebe des Infiltrats für die Lymphgefäße läßt sich auf Reihenschnitten bis in die zugehörigen Lymphdrüsen verfolgen; sie zeigt sich auch — soweit diese überhaupt noch ergriffen sind — an den größeren Arterien. Hier durchsetzt es allerdings eigentlich den periarteriellen

Lymphraum und nicht die Arterie selbst. In diesen Lymphgefäßen finden sich vielfach sog. „Lymphzelleninfarkte".

Was nun die besonderen Beziehungen des Infiltrats zu den Lymphgefäßen betrifft, so umgibt es diese bald fortlaufend, bald in spindeligen oder auch nur der einen oder anderen Seite angelagerten Anhäufungen von Lymphocyten und — in den dichteren Abschnitten kleineren, zum Rande hin größeren — Plasmazellen (Unna). Mastzellen finden sich in den Infiltraten in mäßiger Zahl; außerdem noch große, spindelige, vielfach mitotisch sich teilende Bindegewebszellen mit großen blassen Kernen, netzartig das Ganze durchziehend. Das Infiltrat reicht bis an das Lymphgefäßendothel und führt hier zu einer Endolymphangitis proliferativa obliterans bei gleichzeitigem Schwund des Endothelsaums. Nach außen dehnt es sich knotenfömig aus, was bei entsprechender Größe auch von dem tastenden Finger festgestellt werden kann. An den größeren, eine Muscularis besitzenden Lymphgefäßen konnte Ehrmann zwei Infiltrationsschichten nachweisen; als Hauptmasse eine äußere, nur bis an die Muscularis reichende (Perilymphangitis) und unter dem Endothel in einer gewucherten Bindegewebsschicht, die hier in verschiedener Dicke die Innenfläche des Lymphgefäßrohrs verkleinert, eine Intimawucherung als zweite dünnere Zellschicht (Endolymphangitis). Die Verhältnisse treten besonders bei elastischer Faserfärbung deutlich hervor, während der Nachweis junger, in die intimalen Wucherungen eindringender neugebildeter Capillaren ohne die von Ehrmann angewandten Injektionsmethoden sehr schwierig ist. In den von den äußeren Infiltraten der Lymphgefäße ausgehenden „Bubonuli" fand Ehrmann das zentrale Papillargefäßnetz geschwunden und die Mitte des Infiltrats fettig degeneriert, was er jedoch nicht als wirkliche Verkäsung, vorzeitige Gummenbildung (Koch), sondern ebenso wie Nobl als gewöhnlichen, den Veränderungen an der Oberfläche des Geschwürs entsprechenden Rückbildungsvorgang, als Nekrose betrachtet.

Der Primäraffekt pflegt sich — auch ohne Behandlung — nach einigen Monaten wechselnd schnell und in verschiedenem Grade zurückzubilden, unter Hinterlassung einer häufig noch sehr lange tastbaren Verdichtung in der Cutis. Die Gewebsveränderungen solcher, von verschiedenster Seite untersuchter Sklerosenreste beschränken sich auf umschriebene, hauptsächlich perilymphangitische Infiltrate vorwiegend aus Lymphocyten und wenigen Plasmazellen sowie Verengerung der Gefäßwände infolge Proliferation in erster Linie der Adventitia. Daneben liegen jedoch vereinzelt auch Beobachtungen vor, wo um die Reste der neugebildeten Blutcapillaren derartige Zellinfiltrate mit wechselnd zahlreichen Riesenzellen aufgetreten sind (Unna), die sogar durch den reichlichen Gehalt an epitheloiden Zellen gelegentlich einmal an den Aufbau des Boeckschen Sarkoids erinnerten (Habermann).

Die Epidermis ist in diesen abgeheilten Sklerosen in der Regel schmäler als normal, entsprechend der Narbenbildung mit niedrigeren oder völlig verstrichenen Epithelleisten; stellenweise findet sich jedoch auch unter der Narbe noch eine Epithelwucherung, insbesondere in den Leisten.

Der Spirochätengehalt abgeheilter Sklerosen hängt in weitestem Maße von dem Grade der antiluetischen Behandlung ab. Habermann konnte sie in 8 regelrecht behandelten Fällen der Bonner Klinik weder histologisch noch durch Tierimpfung nachweisen, während Gans in einem über $^1/_2$ Jahr lang hydrotherapeutisch behandelten

Falle noch ein positives Ergebnis hatte, wie es ja auch bei regelrecht behandelten Fällen gelegentlich beobachtet wird.

Als Sekundär- (Tomasczewski) bzw. Pseudoschanker (Frieboes) sind Sekundärveränderungen beschrieben, die klinisch und auch histologisch

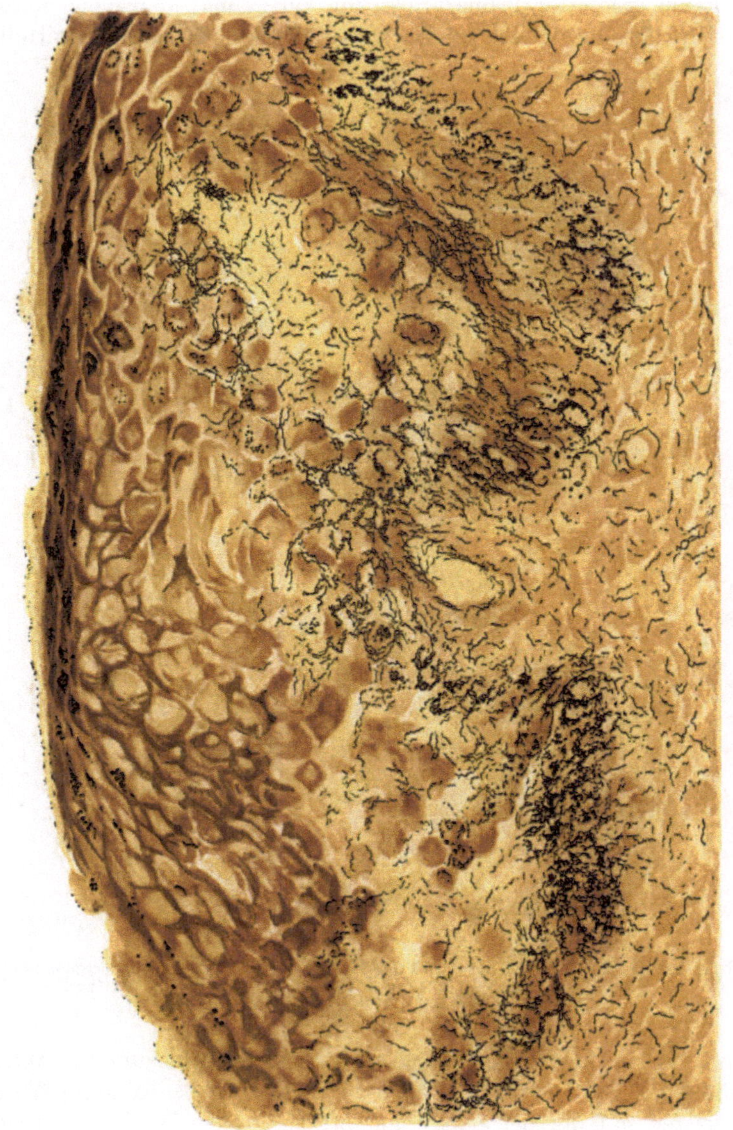

Abb. 203. Syphilitischer Primäraffekt. Rechte Hälfte des Gewebsstückes von Abb. 201. Spirochätendarstellung; links geschwüriger, rechts akanthotisch gewucherter Bezirk. Spirochäten im geschwürigen Teil nur in den tieferen Lagen, unterhalb der Nekrose. Die Vorliebe für die Gefäßwände deutlich sichtbar. (Keratohyalin ebenfalls schwarzbraun dargestellt.) Levaditi-Verfahren. O = 412:1; R = 412:1.

eine außerordentliche Ähnlichkeit mit einem Primäraffekt zeigen können. Während Ehrmann ihre Entwicklung auf das erneute Auftreten von Spirochäten in den Lymphspalten und Lymphgefäßen zu einem späteren Zeitpunkt zurückführen möchte, ist man heute geneigt, in ihnen den Ausdruck eines erneuten Aktivwerdens bei der Behandlung nicht völlig abgetöteter Spirochätenherde zu erblicken.

Der Spirochätengehalt der Initialsklerose ist verschieden, nicht nur nach dem Alter des Krankheitsherdes, sondern auch nach der Stelle, die gerade vorliegt. Soweit ein Urteil auf Grund einzelner im Schrifttum niedergelegter und eigener Untersuchungen frühester Fälle (mir stand u. a. ein sieben Tage p. i. aufgetretener, kaum erodierter Primäraffekt zur Verfügung) abgegeben werden kann, siedeln sich die eingedrungenen Erreger — soweit sie nicht unmittelbar

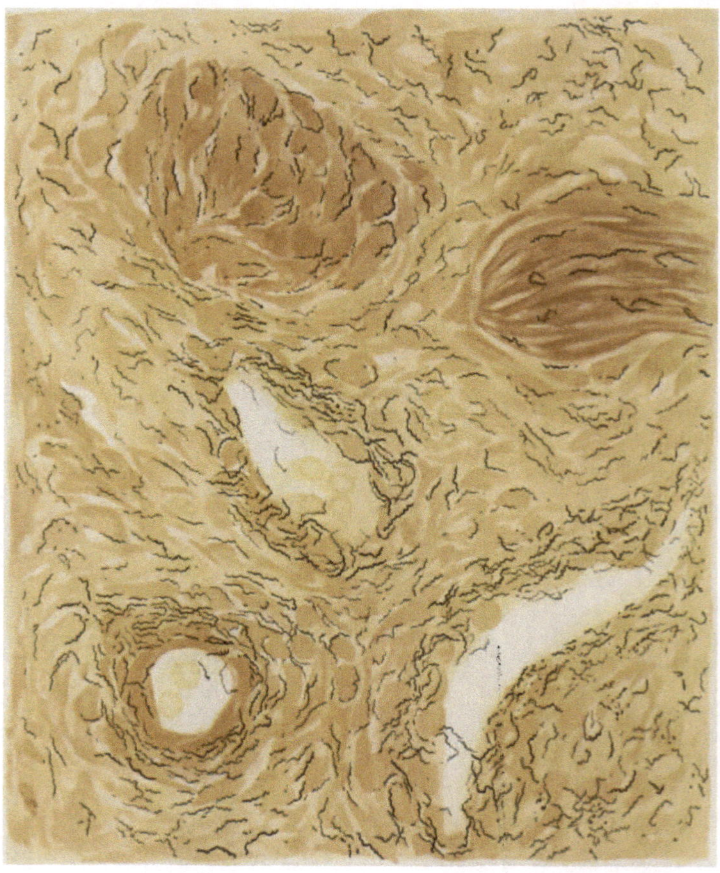

Abb. 204. Syphilitischer Primäraffekt. (Aus der Tiefe der Abb. 203.) Spirochätenlagerung in bezug auf Vene (in der Mitte), Arterie (links unten), Muskel (oben), Lymphgefäß (rechts unten). LEVADITI. O = 1100:1; R = 1000:1.

in die Cutis gelangen — zunächst im Stratum basale und spinosum an. Wenigstens scheint die schon von UNNA, dann auch von EHRMANN beobachtete Wucherung der Reteleisten mit der beträchtlichen, oft zu großen Höhlen führenden Erweiterung der interspinalen Saftspalten und ihrem äußerst reichlichen Spirochätengehalt kaum anders erklärlich. Aber auch in den jüngsten der untersuchten Fälle ist bereits eine beträchtliche Erweiterung und Vermehrung der Capillaren mit perivasculärer Infiltration und Wucherung der fixen Bindegewebszellen, ein Ödem des Bindegewebes mit Auflockerung der einzelnen Fibrillen festzustellen. Daher möchte ich auch die Epidermisveränderungen nicht lediglich und allein auf die Spirochätenwirkung zurückführen.

Zwischen den Fibrillen, in den Gewebsspalten, finden sich die Spirochäten — genau so wie am fortschreitenden Rande eines älteren Primäraffekts — oft in außerordentlich reichlicher Menge. Sie bilden hier dichte, die Blut- und Lymphgefäße umspannende Netze, die sich bis zu den mittleren Abschnitten des „Sklerosenmassivs" verfolgen lassen. Die Wandung der Lymphgefäße, in geringerem Grade auch die der kleinen Venen, durchsetzen sie, dringen in deren Lumen sowie zwischen die einzelnen Fasern der kleineren Nerven ein. In Primäraffekten des Praeputiums und der Penishaut findet man sie schon sehr frühzeitig im Peri- und Endoneurium; im übrigen aber auch eingeschlossen in Fibroblasten, Endothelien und Leukocyten, und zwar am häufigsten in den peripheren Abschnitten (HOFFMANN, EHRMANN).

Um und in den Gefäßen findet man sie entweder vereinzelt oder in büschel- bis zopfförmigen langen Zügen an- und ineinandergelagert, im Querschnitt als schwarze Punkte; in den Zellen, namentlich den Bindegewebszellen, seltener in Lymphocyten, Leukocyten und auch Endothelien, zum Teil in körnigem Zerfall [echte Phagocytose (EHRMANN, LEVADITI)]. In dem Maße, wie die Infiltration zunimmt, wird die Zahl der Spirochäten geringer, so daß schließlich im voll entwickelten Primäraffekt das Sklerosenmassiv in der Mitte nur sehr wenige, nach dem Rande hin reichlichere und der ödematöse aber noch nicht infiltrierte Bindegewebsrand äußerst zahlreiche Spirochäten enthält. Diese sind — aus leicht verständlichen Gründen — die Schrittmacher der Infiltration, der wiederum neue, von den eben erst entstandenen, das Infiltrat durchsetzenden Capillaren ausgehende junge Gefäßsprossen vorausziehen (EHRMANN). Ist die Mitte des Primäraffekts erst oberflächlich geschwürig verfallen, so nimmt hier und in dem unmittelbar darunter liegenden Infiltrat die Zahl der Erreger sehr schnell ab; bald finden sie sich dann nur noch im gewucherten Randepithel, hier allerdings mitunter noch sehr zahlreich.

Differentialdiagnose: Schwierigkeiten dürften der histologischen Untersuchung kaum erwachsen. Wenn das klassische Bild auch durch Mischinfektionen, insbesondere mit Ulcus molle weniger deutlich werden kann, so dürfte doch die für den Primäraffekt kennzeichnende perilymphangitische, weniger die periphlebitische Lymphocyteninfiltration in der Regel genügende Unterscheidungsmöglichkeiten bieten. Wie schon aus den Untersuchungen von AUSPITZ und UNNA hervorgeht, ist dies in frischen Fällen so gut wie immer möglich; denn beim Ulcus molle handelt es sich um eine echte Abszeßbildung, die schnell zu einer tiefgehenden, bis in die Subcutis reichenden Zerstörung führt, der auch die elastischen und kollagenen Fasern zum Opfer fallen. Das Infiltrat ist ausgezeichnet durch den außerordentlichen Reichtum an Leukocyten, Überresten von Epithelien, Zellkernen und Bindegewebszellen. Das Ganze wird umsäumt von einem Mantel aus Plasmazellen. Insbesondere bleiben die das Infiltrat umgebenden Gefäße frei von Veränderungen im Gegensatz zum Primäraffekt. Wir finden eben beim Ulcus molle eine grundsätzlich andersartige Anordnung der das Infiltrat aufbauenden Zellen. Dazu kommt schließlich noch der wohl regelmäßig durchführbare Nachweis der Erreger. Selbst beim gemischten Schanker ist eine Trennung der beiden Affektionen möglich. Dem Ulcus molle entspricht das in der Mitte zerfallende Geschwür mit zahlreichen Leukocyten und nekrotischen Gewebsresten, mit den diese umgebenden unterminierten Rändern bei verdicktem Epithel; dem Primäraffekt hingegen ein jenes schalenartig einhüllendes, rein „syphilitisches" Infiltrat mit seinen Ausläufern entlang den Gefäßen.

Bei abheilenden Geschwüren kann allerdings die Entscheidung undurchführbar werden, wenn nicht ein positiver Spirochätenbefund — ein negativer besagt nichts — die Frage klärt.

Gelegentlich kommt differentialdiagnostisch noch der Herpes progenitalis in Betracht (s. d.). Da dieser jedoch in erster Linie die Epidermis betrifft: Ödem der Stachelschicht, Bläschenbildung, ballonierende Degeneration bei jeglichem Mangel einer organisierten Infiltration in Papillarkörper und Cutis, so liegen genügende Unterscheidungsmerkmale vor.

Die exanthemartigen Syphilide
(Hauterscheinungen der sog. sekundären Syphilis).

Im Gegensatz zum Primäraffekt, wo die Spirochäten in erster Linie in den Gewebsspalten und Lymphgefäßen, weniger den Blutgefäßen auftreten, erfolgt das den Hautveränderungen der Sekundärperiode vorausgehende Eindringen der Erreger von der Blutbahn aus. Sie haften hier in den kleinsten Hautgefäßen und Capillaren, um aus diesen in das umgebende Gewebe vordringend, jene entzündliche Gegenwirkung auszulösen, die sich klinisch etwa 9—10 Wochen nach der Ansteckung in den verschiedenen, mehr oder weniger symmetrisch auftretenden, unter der Gesamtbezeichnung „Sekundärexantheme" bekannten Formen äußert.

Maculöse Syphilide.

Sie werden in der Regel durch die sog. „Roseola specifica" eingeleitet: verschieden geformte, wechselnd große, meist nicht oder nur mäßig erhabene (Roseola maculo-papulosa) Flecke, bald vereinzelt, bald zusammenfließend, von anfangs zartrosa, später braun bis kupferroter Farbe. Sie treten ohne subjektive Beschwerden zu machen zunächst am Rumpf, besonders an dessen Seiten auf, um nach einigen Wochen unter allmählichem Abblassen wieder zu verschwinden.

Die histologischen Veränderungen sind bei der Roseola zwar geringfügig, aber bereits deutlich ausgesprochen. Sie spielen sich, wie ja überhaupt die syphilitischen Veränderungen, in erster Linie am Gefäßapparat ab. Die Gefäße des papillaren und subpapillaren Netzes sind erweitert, die Endothelien vermehrt und geschwollen; ähnlich verhalten sich die perivasculären fixen Bindegewebs- und die adventitiellen Zellen, so daß manchmal die perivasculäre Zellvermehrung recht deutlich ausgesprochen ist, wenn auch eigentliche Entzündungszellen, vor allem Lymphocyten und Plasmazellen, ebenso wie die später stets vorhandene perivasculäre Bindegewebsneubildung (Gitterfasern) noch fehlen. Fibrin ist nicht nachweisbar. Nimmt der entzündliche Charakter der Veränderung zu, zeigt die Macula klinisch eine leichte Schwellung (Roseola urticata UNNAS), so findet man die Bindegewebsfibrillen bereits wechselnd stark ödematös aufgelockert; die erweiterten Gewebsspalten sind von zunächst wenigen, bei stärkerer Entwicklung reichlicheren Lymphocyten und auch polynucleären Leukocyten durchsetzt. Das Ödem führt in der Epidermis zu einer Erweiterung der Intercellulärräume, in die ebenfalls Leukocyten eindringen: Veränderungen, die bei der JARISCH-HERXHEIMERschen Reaktion besonders deutlich werden.

Finden sich in der Umgebung der erweiterten Gefäße neben dem Ödem und der einfachen perivasculären Hyperplasie bereits strangartige, häufig

zunächst an den Gefäßen der Knäueldrüsen und Haarfollikel (UNNA) auftretende, fleckförmige entzündliche Zellansammlungen, vor allem von Lymphocyten und Plasmazellen, so kann man diese meist auch klinisch stärker vorgewölbten Krankheitsherde (Roseola granulata UNNA's) als Übergang
zum papulösen Syphilid, als maculo-papulöses Syphilid bezeichnen.

Im einzelnen läßt sich nämlich in diesen Infiltraten eine äußere Randzone
großer gut entwickelter Plasmazellen unterscheiden, denen nach der Mitte hin
aufgehellte und oft auch noch geschwollene Plasmazellen folgen, die von kleinen
einkernigen Lymphocyten durchsetzt sind und gelegentlich neben wenigen
feinen Spindelzellen und polynucleären Leukocyten auch noch vereinzelte vielkernige Riesenzellen umschließen können. Da das elastische und kollagene

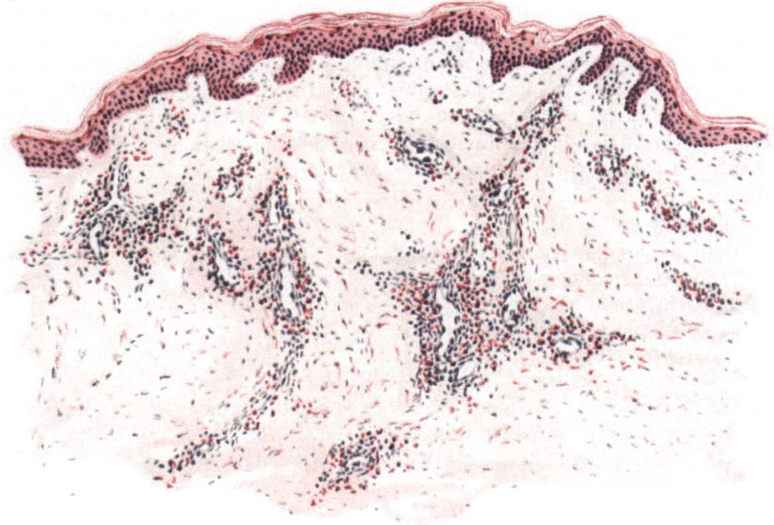

Abb. 205. Lues II. Maculöses, urticarielles Exanthem (Roseola) (♀, 20jähr., Bauch,
Exanthem seit 6 Tagen bestehend). Gefäße erweitert, Endothelien geschwollen, Ödem und
perivasculäre Zellwucherung mäßigen Grades. Methylgrün-Pyronin. O = 128:1; R = 110:1.

Gewebe innerhalb der Zellherde sich auch verschieden verhält: das erstere
schwindet, während das letztere sich, wenn auch häufig nur fleckförmig, über
längere Zeit erhält, so findet sich hier bereits eine ausgesprochene Anlehnung
an das eigentliche papulöse Syphilid.

Anhangsweise sei auf die zuerst von EHRMANN näher beschriebene, bei Menschen mit
habitueller Livedo marmorata auftretende Endarteriitis der kleinen Hautgefäße im Bereiche
früherer großmaculöser Syphilide hingewiesen, welche auf der Haut die von EHRMANN sog.
Livedo racemosa syphilitica bedingt; sie ist nach EHRMANN auf den Einfluß der von
den Endothelien und der Intima bei der sekundären Aussaat aufgenommenen Spirochäten
und eine dadurch bedingte Sklerosierung der kleinen Hautarterien zurückzuführen.

Papulöse Syphilide.

Die Papel beherrscht im klinischen Bilde die Veränderungen der sekundären Periode.
Sie tritt, meist ohne besondere Beschwerden zu machen, als stecknadelkopf- bis über erbsen-
großes, die Haut überragendes Knötchen von zunächst heller (fleischfarbener), später dunkelroter Farbe und anfangs unveränderter Oberfläche auf, um sich allmählich unter Schuppung, Verstärkung und schließlich Abblassen ihrer Farbe narbenlos zurückzubilden. Sie

32*

hebt sich gegen die Umgebung scharf ab; auf Glasdruck tritt ein braungelbliches Infiltrat (Plasmom UNNAs) scharf hervor.

Die Klinik pflegt klein- und großpapulöse Syphilide zu unterscheiden und diese wiederum zeigen je nach dem Sitz und wohl auch nach besonderen, im erkrankten Körper gelegenen, noch nicht näher ergründeten Bedingungen verschiedene Verlaufsformen, so daß man sie außerdem noch nach einfachen und gemischtpapulösen Syphiliden trennt. Inwieweit und ob Virulenzschwankungen des Erregers hierbei eine Rolle spielen, ist noch nicht entschieden. Sicherlich liegen diesem verschiedenen Verlauf ursprünglich doch wohl gleichartiger Veränderungen neben örtlichen auch allgemeine Eigentümlichkeiten des erkrankten Organismus zugrunde; ob man das als „Mischform" zwischen Syphiliden und anderen Dermatosen betrachten soll (UNNA), bleibe dahingestellt. Für eine klinisch rein beschreibende Betrachtung mag dies zwar manchmal von Vorteil sein; eine kausalgenetische Erkenntnis vermag dies jedoch ebensowenig zu geben, wie die des Bedingtseins durch die verschiedenen Reaktionsformen der Haut (französische Forscher), solange wenigstens nicht, bis wir deren eigentliche Ursachen kennen. JADASSOHNs Allergiebegriff kommt hier — ursprünglich wohl von immunbiologischen Gesichtspunkten ausgehend — für unsere Fragestellung auch nicht ohne weiteres in Betracht, wenn er auch für die experimentell-klinische Forschung von Wert ist. — Solange wie daher die eigentliche Ursache dieser Mannigfaltigkeit noch in Dunkel gehüllt ist, scheint es hier angebracht, sich auf rein beschreibende Gesichtspunkte zu beschränken.

Die syphilitischen Hauterscheinungen in der Sekundärperiode (Sekundärsyphilide) wären daher in Anlehnung an UNNA einzuteilen in:

I. Maculöse Syphilide.

II. Papulöse Syphilide.

    A. Rein papulöse Syphilide.

        1. Miliare, lichenoide Syphilide (Lichen syphiliticus).

        2. Kleinpapulöse Syphilide.

        3. Lentikuläre Syphilide.

        4. Großpapulöse Syphilide.

        5. Nodöse Syphilide (Erythema nod. syph.).

    B. Durch den anatomischen Sitz bedingte Sonderformen:

        1. Papeln der Handteller und Fußsohlen.

        2. Hypertrophierende Papeln (Condyloma latum).

        3. Alopecia syphilitica.

          Anhang: Die Lues congenita.

    C. Durch Weiterentwicklung (sekundäre Umwandlung) bedingte Sonderformen.

        1. Papulo-squamöse Syphilide (psoriasiforme Syphilide).

        2. Papulo-krustöse Syphilide.

        3. Papulo-pustulöse Syphilide.

          a) Akneiforme Syphilide.

          b) Varicelliforme Syphilide.

          c) Varioliforme Syphilide.

        4. Ulceröse Syphilide (Ekthyma s., Rupia s.).

III. Pigmentverschiebungen im Verlauf der sekundären Syphilis.

        1. Depigmentierung (Leukoderma syphil.).

        2. Hyperpigmentierung (Pigmentsyphilis BOCKHART).

Für unsere Erörterung werden die Verhältnisse dadurch erheblich vereinfacht, daß miliare, lichenoide und kleinpapulöse Syphilide histologisch keinen grundsätzlichen Unterschied zeigen, ebenso lentikuläre und großpapulöse. Die histologische Darstellung kann sich daher bei den: A. rein papulösen Syphiliden beschränken auf 1. kleinpapulöse Syphilide (mit den Sonderformen der lichenoiden und follikulären Syphilide) und 2. großpapulöse Syphilide (mit den lentikulären und scheibenförmigen Syphiliden).

A. Rein papulöse Syphilide.

Das kleinpapulöse Syphilid erscheint im Gewebsaufbau, wie das oben kurz angedeutet, lediglich als eine fortgeschrittene Entwicklung der Roseola. Die Veränderungen sind daher auch hier in erster Linie an den Gefäßapparat gebunden. Befällt die syphilitische Zellinfiltration dabei vorzugsweise die — vielleicht schon vorher irgendwie geschädigten und daher leichter angreifbaren — Gefäßknäuel des Haarbalg-Talgdrüsen-apparates, so entsteht das lichenoide follikuläre Syphilid (Syphilides pilaires, franz. Autoren), dessen Übergang zum pustulösen, insbesondere akneiformen Syphilid, später noch zu besprechen ist. Dabei sind jedoch diese lichenoiden, mohn- bis höchstens hirsekorngroßen, oft in Herden gruppierten und häufig von einem Haar durchbohrten Papeln durchaus nicht immer an die Follikelmündung gebunden; manchmal wird dieser Sitz nur vorgetäuscht (EHRMANN).

Kleinpapulöse Syphilide.

Histologisch bildet sich als Besonderheit dieser pilairen Papeln — um dies vorwegzunehmen — eine kernlose, oft stark verdickte, stellenweise auch ab-

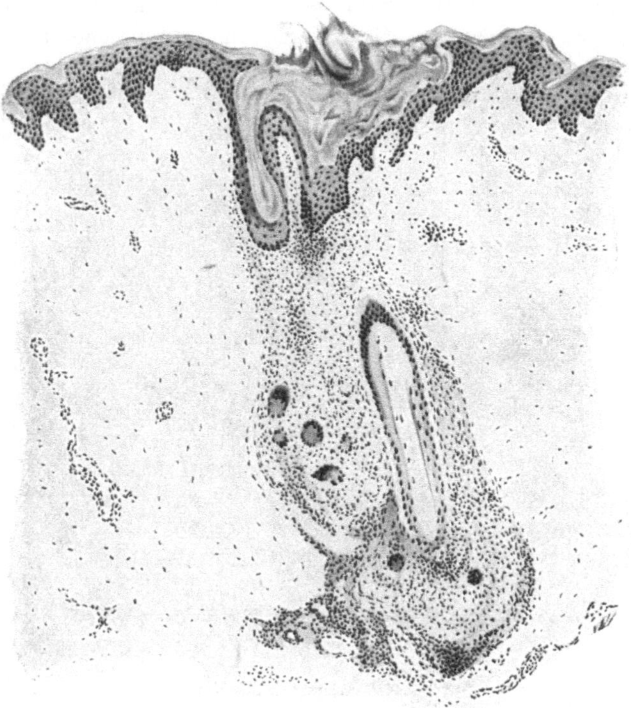

Abb. 206. Lues II. Peripilaires, lichenoides Syphilid (♀, 32jähr., Rücken, Infektion vor ¹/₂ [?]) Jahr. Hyperkeratose des Follikelostiums, Akanthose der Epidermis. Perifollikuläres, scharf abgesetztes, riesenzellhaltiges Infiltrat. O = 128:1; R = 100:1.

gelöste Hornschicht (s. Abb. 206), welche die Mündung der Haarbälge zum Teil verlegt. Die übrigen Epidermisschichten sind zum Teil erheblich verschmälert, oft auf 2—3 Zellagen, hier und da von vereinzelten Leukocyten, in den basalen Schichten oft aber auch von Zellen des entzündlichen Infiltrates durchsetzt. Die ursprüngliche Follikelform geht dabei natürlich meist völlig verloren. Das Ostium wird durch die hyperkeratotischen Massen unregelmäßig erweitert, ausgebuchtet; der Haarfollikel von einem, entsprechend der Gefäßverteilung gegen die Umgebung in der Regel ziemlich scharf abgesetzten Zellinfiltrat völlig eingehüllt. Dieses Infiltrat besteht in der Hauptsache aus Lymphocyten, zum Rande hin aus Plasmazellen und vereinzelten Mastzellen, daneben auch echten Riesenzellen; es führt zu einer Zerstörung des elastischen Gewebes. Ein ganz ähnlicher Gewebsaufbau wurde von JADASSOHN u. a., neuerdings von

Arning, bei generalisierten großpapulösen (tuberkuloiden) Syphiliden der Sekundärperiode vorgefunden (s. Abb. 207), wo das aus Lymphocyten, Plasma-, Epitheloid- und namentlich in der Randzone reichlichen Riesenzellen bestehende Infiltrat den „typischen Aufbau des Tuberkels" zeigte, der sich jedoch durch das völlige Fehlen von Nekrosen und die Einhüllung in einen dichten Plasmazellgürtel von dem durch den Tuberkelbacillus hervorgerufenen Knötchen unterschied. Als für die Pathogenese bemerkenswert sei gleich hier hinzugefügt, daß ein Spirochätennachweis in diesen tuberkuloiden Gewebsstrukturen nicht gelang.

Beim eigentlichen **kleinpapulösen Syphilid** erstreckt sich das Zellinfiltrat meist linsenförmig über wenige Papillen; es sendet dabei von seiner stärker gewölbten unteren Grenze der Gefäßverteilung entsprechend nach abwärts

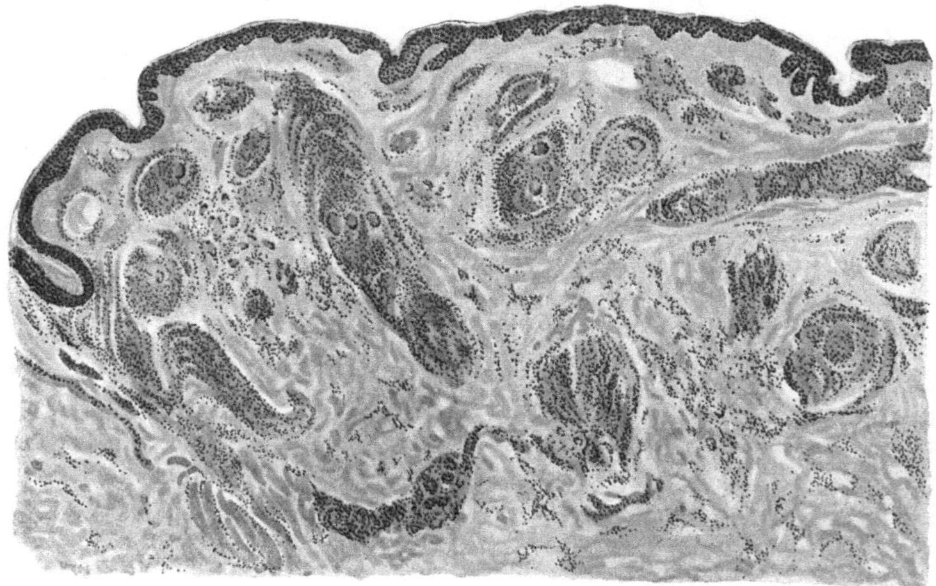

Abb. 207. Lues II. Papulöses Syphilid. Scharf abgesetzte, perivasculäre, aus Lymphocyten, Plasma-, Epitheloid- und Riesenzellen aufgebaute, „tuberkuloide" Infiltration hauptsächlich in der Cutis. O = 35:1; R = 35:1. (Sammlung Arning.)

noch einen oder mehrere Ausläufer in die Cutis vor. Der primäre Angriff auf den Gefäßapparat führt hauptsächlich zu Veränderungen im bindegewebigen Teil der Haut mit nur mittelbarer Beteiligung der Epidermis. Jene äußern sich, neben einem wechselnd starken Ödem der Papillen, zunächst nur in einem Verstreichen der Epidermis-Cutisgrenze und einer über der Mitte der Infiltration stärkeren Abflachung der ödematösen, von einzelnen Leukocyten durchsetzten Oberhaut. Diese enthält, namentlich über den Randabschnitten des Infiltrats, Mitosen in wechselnder Zahl; erst später treten sekundäre Umbauvorgänge in ihr auf (s. u.).

Großpapulöse Syphilide.

Grundsätzlich unterscheiden sich übrigens auch die Zellinfiltrate der großpapulösen, beet- oder linsenförmigen Syphilide im Aufbau nicht von den kleinpapulösen, wenn sie auch mehr den Typus der vereinzelt und meist als Rezidivexantheme auftretenden Papeln bilden. Ein Unterschied besteht eigentlich nur in der verschiedenen Lokalisation, indem das beetförmige Syphilid sich als weniger dichtes und meist nicht so scharf abgesetztes Infiltrat um das papilläre und subpapilläre Gefäßnetz ansiedelt (EHRMANN), um — dies entsprechend den kleinpapulösen Syphiliden — einige Äste senkrecht nach unten

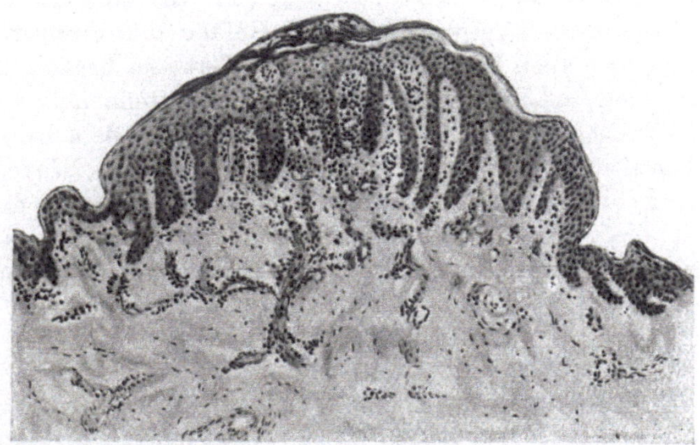

Abb. 208. Lues II. Lichenoides Syphilid (Lichen syphil.) (♀, 1 Jahr, Oberschenkel, Streckseite, Infektion extragenital vor 12 Wochen). Auf wenige Papillen beschränktes, riesenzellhaltiges Infiltrat um erweiterte Capillaren, in die Cutis hinabreichend. Ödem im Papelbereich, zentrale Parakeratose mit Schüppchenbildung. O = 66:1; R = 60:1.

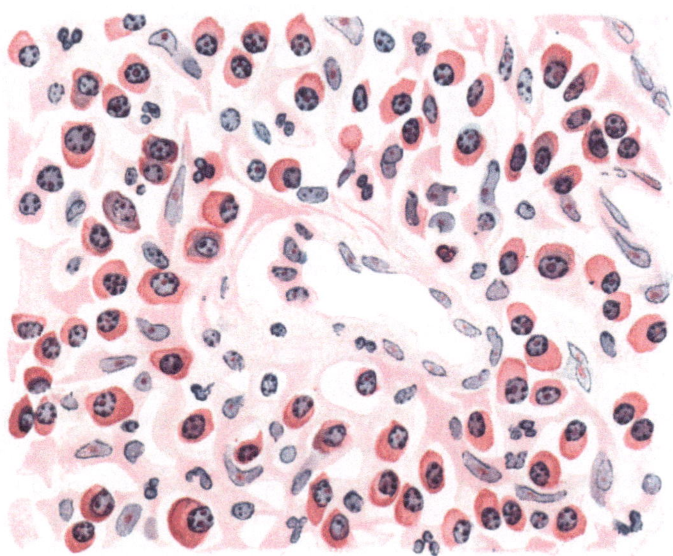

Abb. 209. Lues II. Papulöses Syphilid. Ausschnitt aus etwa 20 Tage alter Papel, bei unbehandelter Krankheit. Perivasculäres Plasmazellinfiltrat. Methylgrün-Pyronin. O = 1050:1; R = 900:1.

in die gesunde, lediglich durch geringe Bindegewebszellwucherung, vielleicht auch vermehrte Mastzellansammlung veränderte Cutis vorzuschieben. Das linsenförmige Infiltrat erscheint demgegenüber schärfer begrenzt und zur Cutis hin stärker ausgebuchtet.

Das ganz frische Infiltrat besteht nach EHRMANN aus Lymphocyten, denen nach wenigen Tagen sich zahlreiche Plasmazellen zugesellen. Auf der

Höhe des Prozesses erscheinen daneben auch wuchernde Bindegewebszellen, zum Teil vielkernig, und Riesenzellen, letztere allerdings nicht regelmäßig. Zu diesem Zeitpunkt wird der Aufbau des Infiltrats aus einer zentralen Grundmasse und den von dort aus den Lymph- und Blutgefäßen der Umgebung entlang ziehenden Zellsträngen besonders deutlich. Inselförmig treten aus dem Infiltrat die erweiterten Lymphspalten und Gefäße mit ihren geschwollenen Endothelien, daneben auch Reste des kollagenen Gewebes hervor. Als schmaler homogener Bindegewebssaum umhüllen sie Gefäße und trennen diese von dem Infiltrat, das hier meist aus in Zentrum reichlicheren, nach dem Rande hin spärlicheren Plasmazellen, Lymphocyten und hypertrophischen Bindegewebszellen besteht. Als Zentrum läßt sich mehr oder weniger deutlich stets eine komprimierte Capillare oder ein größeres Blutgefäß feststellen (Unna), ohne daß es immer möglich wäre, arterielles oder venöses System zu unterscheiden.

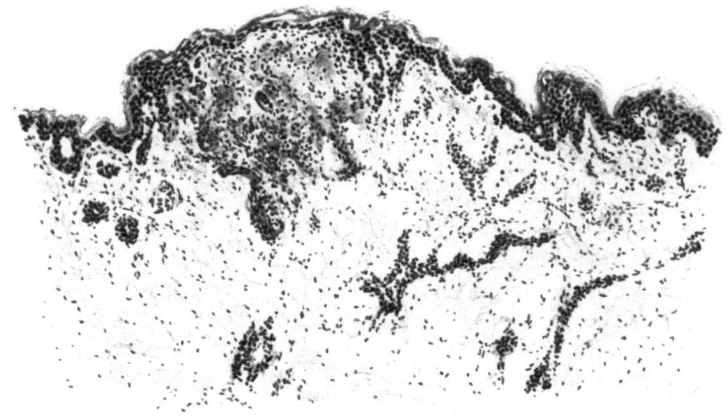

Abb. 210. Lues II. Mikropapulöses Syphilid (♂, 17jähr., Bauch, Infektion vor 3 Monaten). Scharf begrenzte, riesenzellhaltige Infiltration im Strat. papillare und subpapillare unter einer atrophischen Epidermis. Perivasculäre Infiltration um die tieferen Gefäße. O = 66:1; R = 66:1.

Nach dem Rande zu treten die gewucherten Bindegewebszellen hinter den Plasmazellen an Zahl zurück; schließlich werden auch diese weniger und nur vereinzelt deuten sie dann zum Gesunden hin mit den auch hier noch geschwollenen und vermehrten Endo- und Perithelien die bestehende Veränderung an. Das elastische Gewebe schwindet innerhalb der Infiltrate bis auf geringe Reste, wenn auch in der Regel nicht so ausgedehnt wie bei den kleinpapulösen Formen.

Die Epidermisveränderungen sind meist wenig stark ausgeprägt. Überall dort, wo das Infiltrat das Epidermisepithel erreicht, ist dieses von Lymphocyten, Leukocyten, oft auch einzelnen Riesenzellen durchsetzt; es zeigt ein wechselndes intercelluläres Ödem. Als dessen Folge fehlt vielfach das Stratum granulosum. Es tritt eine mäßige Parakeratose auf, die sich klinisch in leichter Abschuppung äußert. Über die pustulös-ulcerösen Formen siehe später.

In seltenen Fällen wird dieses histologisch einfache Bild des papulösen, gelegentlich auch das des maculösen Syphilids durch eine hinzutretende Hämorrhagie weniger übersichtlich. In den Bindegewebsspalten, zwischen den Infiltratherden, vom Papillarkörper bis unter Umständen in die Subcutis hinabreichend, finden sich dann braunrote Ansammlungen roter Blutkörperchen, teils in gleichmäßig zusammenhängenden, mit den anderen Gewebsteilen aufs innigste vermischte Massen, teils in Streifen angeordnet, die dem Verlaufe der Bindegewebsbündel folgen; in frischeren Herden in ihrer Form noch deutlich erhalten, später nur noch als Körnchen von Blutpigment. Blutgefäße sind inmitten dieser Herde meist nicht mehr nachzuweisen; dagegen treten sie am Rande namentlich als vollgepfropfte Venen deutlich hervor. Ob diese Blutungen in Papillarkörper und Cutis durch Diapedese, im Hypoderm aber durch Zerreißung kleinster Gefäße[1]) eintreten (PICCARDI in Anlehnung an SACK), bedarf noch weiterer Untersuchung.

Nodöse Syphilide.

Histologisch reihen sich den großpapulösen die knotigen Syphilide an. Das akute (sog. Erythème noueux syphil. MAURIACS) bzw. sub-

akute nodöse Syphilid erscheint klinisch zwar als eine Sonderform, weicht histologisch jedoch, entsprechend den Unterschieden des kleinpapulösen vom großpapulösen, von letzterem nur durch seine Anlehnung vorzugsweise an die größeren und tieferen Venen des Unterhautzellgewebes ab; es ist die zu Rückbildung ohne Erweichung neigende nodöse Form JADASSOHNs, von der er eine zweite wegen ihrer Neigung zu Einschmelzung und Durchbruch (MARCUSE) als zu den Gummen hinüberleitend unterscheidet. Die Erkrankung geht bei allen diesen Formen von den an

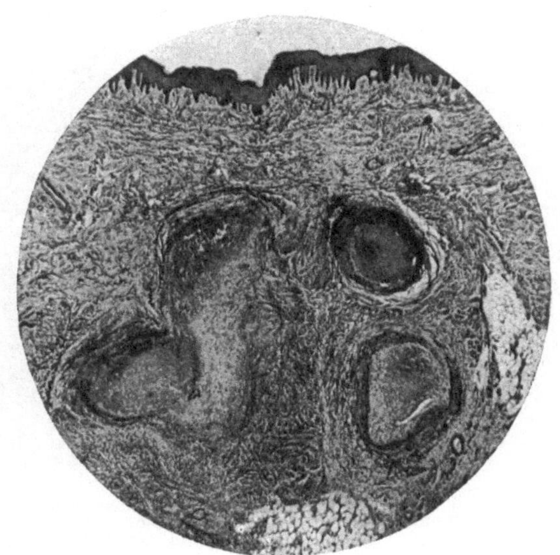

Abb. 211. Subakutes nodöses cutan-subcutanes Syphilid mit hochgradiger Phlebitis syphilitica. Varicöse Venen bei sekundärer Lues einer Frau. O = 15:1; R = 15:1. (Sammlung E. HOFFMANN.)

Zahl erheblich vermehrten Vasa vasorum der Media und Adventitia aus (HOFFMANN). Es handelt sich dabei um eine mit meist mächtiger, aber unregelmäßiger Intimawucherung verlaufende Phlebitis syphilitica, die, wie erst neuerdings FISCHL nachgewiesen hat, auf dem unmittelbaren Eindringen von Spirochäten höchst wahrscheinlich aus den kleinsten Arterien durch die Adventitia und Muscularis in die Intima der durch irgend eine vorhergehende Noxe geschädigten Venen beruht. Das Zellinfiltrat entspricht in seinem Aufbau durchaus den früher geschilderten. Zum Unterschied von den Papeln sind hier Epidermis, Papillarkörper und obere Cutis nicht verändert (s. Abb. 211). Erst im mittleren und unteren Cutisdrittel finden sich die aus Plasmazellen, Lymphocyten, Epitheloiden, vereinzelten Leukocyten und Riesenzellen sowie gewucherten Fibroblasten aufgebauten

---

[1]) Infolge zelliger Infiltration der Gefäßwand, endophlebitischer bzw. endarteriitischer, kurz frühzeitiger syphilitischer Gefäßveränderungen.

Infiltratmäntel um, und besonders in den Gefäßwänden. Sie lassen sich bis
zur Subcutis und zum subcutanen Fettgewebe hin verfolgen, um meist hier
erst ihre größte Ausdehnung zu erreichen. Als Ausgangspunkt der Veränderung kommen in erster Linie die Teilungsstellen kleinster cutaner
Venen in Betracht. Das Lumen der manchmal mehr, manchmal weniger
stark gewucherten Intima ist meist durch einen wandständigen, oft zu völligem
Verschluß führenden Thrombus verstopft, dessen organisierter Teil im Gegensatz zu den gewöhnlichen Thrombophlebitiden in älteren Fällen reich an
echten LANGHANSschen Riesenzellen sein kann.

Die celluläre Gewebsreaktion greift vielfach auch auf das dann atrophisierende, ödematöse Fettgewebe, ja sogar die Muskelfascie (SCHERBER) über,
wobei die einzelnen Fettzellen erheblich verkleinert erscheinen. In anderen

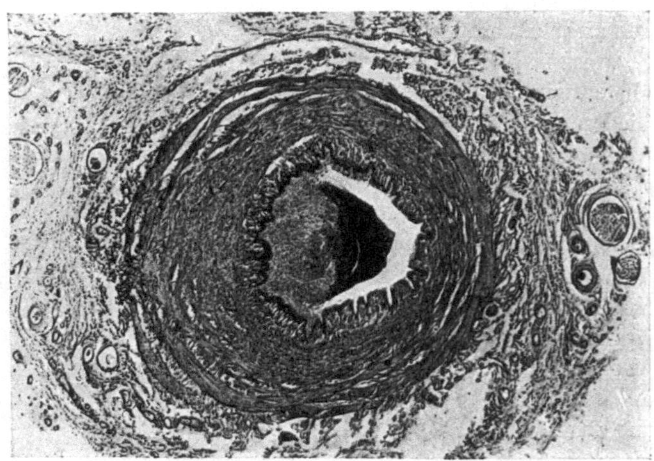

Abb. 212. Phlebitis syphilitica der Vena saphena magna vom Unterschenkel eines jungen
Mannes. Hochgradige Endo-, Meso- und Periphlebitis. O = 19:1; R = 19:1.
(Sammlung E. HOFFMANN.)

Fällen pflegt das Granulationsgewebe sich zum Teil nekrobiotisch umzuwandeln
(MARCUSE), so daß der mit Phlebitis proliferans et obliterans beginnende Prozeß
als Einleitung zur Gummenbildung betrachtet werden kann.

Bei der Abheilung der papulösen Syphilide fällt das klinische Ende der
Papel durchaus nicht mit dem histologischen zusammen; dieses pflegt vielmehr
jenes erheblich zu überdauern (UNNA). Der Rückbildungsvorgang spielt sich in
erster Linie an den Plasmazellen als den protoplasmareichsten und daher auch
wohl wandelbarsten Zellen des Infiltrats ab. Hingegen bleiben Lymphocyten,
Epitheloid-, Riesen- und auch die gewucherten Bindegewebszellen lange Zeit
unverändert. Im Körper der Plasmazellen bilden sich Vakuolen von unregelmäßiger Form, so daß die Zellen manchmal wie „zerfetzt“ oder ausgelaugt
aussehen. Ihre scharfe Grenze wird verwaschen; dabei bleiben unregelmäßige
Fortsätze als Reste erhalten, so daß viele dieser Zellen eine weitgehende Ähnlichkeit mit den übrigen Bindegewebs- oder auch Epitheloidzellen aufweisen.
Da ihr Protoplasma gleichzeitig seine tiefe Färbbarkeit einbüßt, treten die Kerne
besonders groß und blaß hervor, was jenen Eindruck noch verstärkt und die
Annahme von Übergängen zwischen diesen Zellformen wohl verständlich macht.

Die aus den Zellen ausgeschwemmten Protoplasmateilchen liegen zunächst
als runde oder unregelmäßig gebaute Körnchen und Klumpen frei in den Gewebsspalten; sind sie schließlich völlig geschwunden, so bleibt ein erheblich verkleinerter Zellhaufen inmitten aufgesplitterten Bindegewebes mit weit geöffneten Lymphspalten als Überrest der Veränderung noch lange erhalten.

Bei den rein papulösen Syphiliden erfolgt die Abheilung in der Regel klinisch
ohne Narbenbildung, da Epidermis und Papillarkörper an den Vorgängen
zwar beteiligt, aber doch nicht so schwer verändert sind, daß es zur Einschmelzung
kommt. Daher findet man als Überrest einer abgeheilten Papel lediglich noch eine wechselnd starke Parakeratose, vereinzelte Leukocyten in

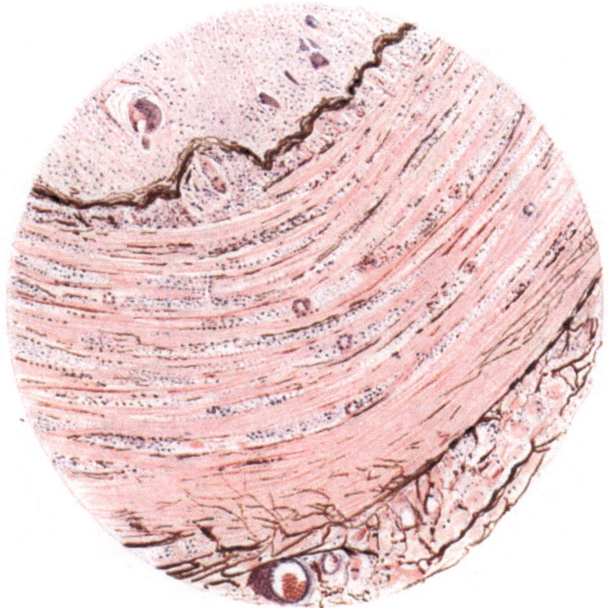

Abb. 213. Phlebitis syphilitica der Vena saphena magna in der Sekundärperiode. Endo-, Meso-
und Periphlebitis, Riesenzellen im Lumen, Rarefikation der Elastica. O = 60:1; R = 60:1.
(Sammlung E. Hoffmann.)

Epidermis und Cutis, hier zusammen mit Lymphocyten, Epitheloid- und vereinzelten Riesenzellen als Resten des perivasculären Infiltrats, ferner eine
namentlich bei stärker pigmentierten Menschen vermehrte Pigmentansammlung am Rande des Infiltrats im Stratum basale und papillare (Ehrmann), eine Vermehrung (?) der Mastzellenkörnelung in Form einzelner Granula
bis zu halbseitiger oder gar dichtester Anfüllung des ganzen Zelleibs mit bei
polychr. Methylenblaufärbung metachromatisch violett-roten Körnchen (Unna).

Daß auch bei dieser Art der Rückbildung — wenn auch nicht klinisch, so doch
histologisch — eine Narbenbildung überall da eintreten muß, wo das spezifische
Infiltrat zu einer Zerstörung des Bindegewebes geführt hat, zeigen jene wenigen,
als Atrophia maculosa luetica bekannten Fälle. Bemerkenswert ist im histologischen Bilde, welches im großen ganzen und insbesondere in den Gefäßveränderungen durchaus dem der Atrophia maculosa cutis idiopathica
entspricht, daß auch hier die Atrophie weit über die Grenzen der

Zellinfiltration hinausgeht, eine Beobachtung, die insoweit für die Genese der umschriebenen Hautatrophien von Bedeutung ist, als sie die Möglichkeit rein toxischer Schädigung und Zerstörung des Bindegewebes, insbesondere der Elastica, zu beweisen scheint.

Die klinischen Eigentümlichkeiten der

B. durch den anatomischen Sitz bedingten Sonderformen

werden durch deren histologischen Aufbau völlig verständlich. Bei den Papeln der Handteller bzw. Fußsohlen nimmt die hier schon physiologischerweise

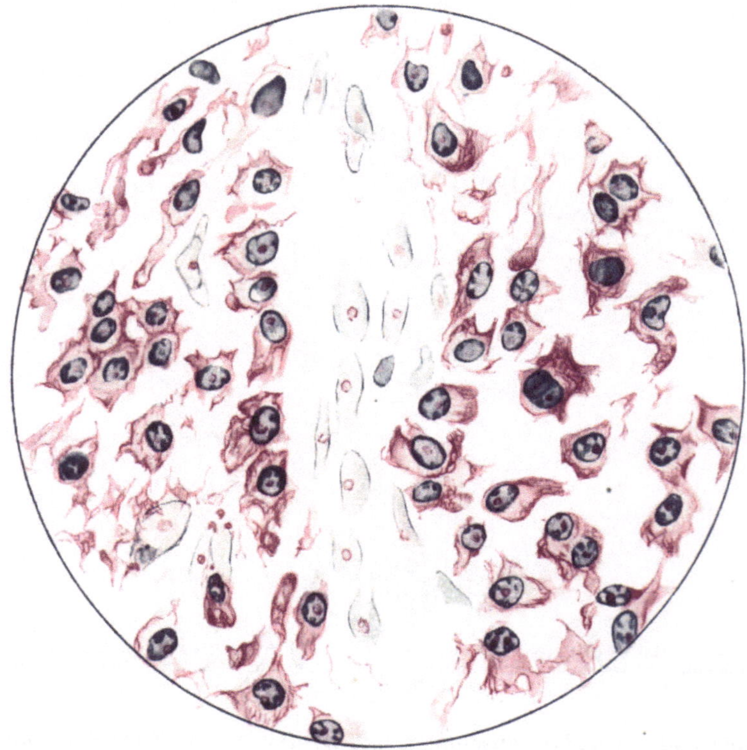

Abb. 214. Lues II. Papulöses Syphilid. Gleicher Fall wie Nr. 209 in Abheilung. Ausschnitt aus gleichgroßer Efflorescenz. Perivasculäre Plasmazellherde in Auflösung. Methylgrün-Pyronin. O = 1480:1; R = 1300:1.

breitere Epidermis erheblicheren Anteil an der Papelbildung. Dabei findet sich, entsprechend den Bildern anderer Dyskeratosen dieser Gegend, eine unter Umständen sehr starke Verbreiterung und Verlängerung der interpapillaren Stachelschicht neben einer regelmäßigen, oft aber sogar verschmälerten suprapapillaren (UNNA); beide werden von einem wechselnd stark verbreiterten Stratum granulosum und corneum überzogen, Veränderungen, die gelegentlich einmal in Schwielen, Clavi oder gar Hauthornbildungen ausarten können (Clavi syphilitici etc.). Den Hauthörnern entspricht jedoch histologisch meist ein auf einer erodierten Papel entstandenes Papillom (AUDRY und CONSTANTIN, eigene Beobachtung), womit diese Veränderung also dem Condyloma latum näher gerückt ist. Bei den Clavi hingegen finden wir in Corium

und Papillarkörper die kennzeichnenden Zellansammlungen, die in den feinsten
Endzweigen der Gefäße des Papillarkörpers mit den geschwollenen Endothelien
zu breiten, streifenförmig oder auf dem Querschnitt runden Zellinseln zusammenfließen, in welchen meist Plasmazellen das Bild beherrschen. Über diesen Zellherden sind die Papillen unregelmäßig verbreitert und verlängert, manchmal
verzweigt und ausgebuchtet. Basal- und Stachelzellschicht der Epidermis sind
im übrigen nicht verändert, dagegen das Stratum granulosum oft auf das Doppelte
und mehr verbreitert, in noch stärkerem Grade das Stratum corneum, während
das Stratum lucidum nicht immer so deutlich sichtbar ist wie in der Norm.
In anderen Fällen führt das in Papillarkörper und Cutis vorhandene, im übrigen
in seinem feineren Aufbau durchaus dem der Papel entsprechende syphilitische
Zellinfiltrat zu einer Störung der normalen Verhornung; es kommt zum Schwund
des Stratum granulosum und zur Parakeratose, klinisch zum psoriatiformen
Syphilide der Handteller bzw. der Fußsohlen; differentialdiagnostische
Schwierigkeiten bestehen histologisch nicht.

Die Wucherung der interpapillaren, die Rückbildung der suprapapillaren
Stachelschicht nimmt besonders ausgeprägte Formen an bei der flachen nässenden Papel, dem sog.

Condyloma latum.

Dieses findet sich vornehmlich an Kontaktstellen der Haut, dann auch an
den Übergangsstellen der äußeren Haut zur Schleimhaut vor. Mit Ehrmann
kann man histologisch zwei verschiedene Formen unterscheiden, indem
einmal die Wucherung in Papillarkörper und Epidermis das Bild beherrscht,
der gegenüber die Beteiligung der eigentlichen Cutis gering erscheint; klinisch
entspricht dies der scharf abgesetzten erhabenen Papel. Bei der anderen, klinisch
mehr kugelig-wulstigen Form findet sich die Zellansammlung hauptsächlich in
den tieferen Cutisschichten und die Epithelwucherung scheint erst sekundärer
Natur. Das spezifische Zellinfiltrat stimmt im übrigen nach Anordnung und
Aufbau mit dem der großpapulösen Syphilide völlig überein. Ihre besondere
Note erhält die kondylomatöse Papel nur durch die überaus starke und unregelmäßige Verlängerung der von erheblich erweiterten Blut- und Lymphgefäßen durchzogenen, ödematös geschwollenen Papillen, die oft kleine Tochterpapillen abzweigen. Dem parallel geht eine starke Wucherung (Acanthose)
und ödematöse Auflockerung der Reteleisten, deren vielfach zu kleinen
Hohlräumen erweiterte und von einem äußerst feinmaschigen Fibrinnetz durchzogene Saftspalten von zahlreichen polynucleären Leukocyten durchsetzt
sind. Das starke Ödem führt zum Keratohyalinschwund, zu Lockerung
und vielfach Abstoßung der oberflächlicheren Epithelschichten, unter Umständen
mit stärkerem Gewebszerfall. Die aufgelagerte Kruste ist dabei von breiten,
Leukocyten-, Gewebs- und Kerndetritus einschließenden Fibrinbändern
durchsetzt (Urbach). Die hier häufig vorhandenen banalen Eiterkokken sind
infolge der Reizwirkung ihrer zerfallenden Zelleiber bzw. Toxine für die Entstehung der kondylomatösen Papel vielfach verantwortlich gemacht worden,
ohne daß das letzte Wort hierüber schon gesprochen ist.

Bei den klinisch noch trockenen Formen des breiten Kondyloms folgt
auf die Stachelschicht eine gutentwickelte Körnerschicht mit mehr oder weniger
verdickter Hornschicht, namentlich über breiteren Epithelleisten. Die Stachelschicht weist übrigens bei allen Formen neben dem intercellulären auch ein

starkes intracelluläres Ödem auf und damit eine Vergrößerung auch der einzelnen Zellen; außerdem finden sich in den Epithelleisten zahlreiche Mitosen.

Bei der Rückbildung der kondylomatösen Papel stoßen sich die nekrotischen Epidermispartien unter Hinterlassung wechselnd tiefer Buchten ab, die dann von neugebildeter Hornschicht überzogen werden. Auch das celluläre Infiltrat schwindet langsam, unter Bildung meist zahlreicher Riesenzellen, und macht schließlich einem derben Bindegewebe Platz. Auf pigmentierter Haut findet man dann ein Leukoderm, dem histologisch zentral ein Schwund

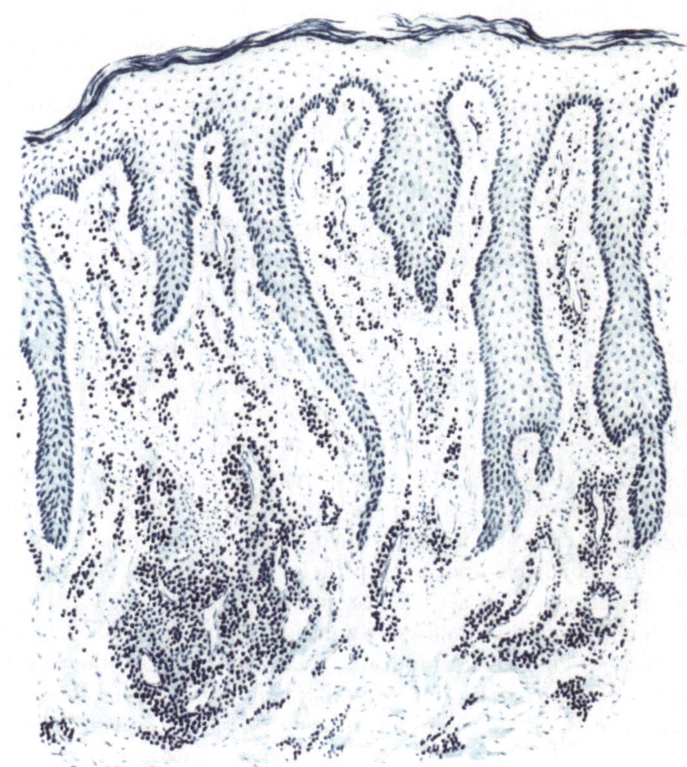

Abb. 215. Lues II. Condyloma latum (♀, 21jähr., Infektion vor ¹/₂ Jahr). Starke Akanthose, besonders einzelner Epithelleisten, Ödem, Keratohyalinmangel, Verlängerung der Papillen. Plasmazellinfiltrate um die erweiterten Gefäße. Polychromes Methylenblau. O = 128 : 1; R = 120 : 1.

der Pigmentzellen, zum Rande und damit zum Gesunden hin eine allmähliche Vermehrung derselben mit gesteigertem Pigmentgehalt, zumal in der Cutis entspricht, während die Epidermiszellen auch im peripheren Abschnitt der Papel kein Pigment enthalten (EHRMANN).

Differentialdiagnostisch kann klinisch die Unterscheidung vom spitzen Kondylom, besonders aber vom Pemphigus vegetans oder auch schließlich von einer malignen Neubildung schwierig sein; histologisch ist sie namentlich unter Berücksichtigung des spezifischen Zellinfiltrates leicht durchzuführen.

Die   **Alopecia syphilitica**

ist die Folge in entsprechender Anordnung aufgetretener, maculöser oder auch papulöser syphilitischer Efflorescenzen, ohne daß diese — namentlich erstere — klinisch stets feststellbar gewesen sein müssen. Histologisch findet man ein **perivasculäres syphilitisches Zellinfiltrat, das vorzugsweise die Haarfollikel an ihrem unteren Teil in verschiedener Ausdehnung und verschiedener Anordnung befällt.** Aber auch die interfollikulären Gefäßbezirke, namentlich des oberflächlichen Netzes, sind von der Infiltration befallen; die tieferen Gefäßschlingen der Cutis, ebenso wie die der Schweißdrüsenknäuel und der Talgdrüsen beteiligen sich jedoch nur in besonders schweren und ausgedehnten Fällen. Im Querschnitt tritt das Infiltrat bald nur einseitig, bald den Follikel vollständig umschließend, bald auf zwei gegenüberliegenden Seiten auf; auf Längsschnitten reicht es vom Boden des Follikels, diesem manchmal auch kappenartig anhängend, mehr oder weniger hoch nach oben bis in die Gegend der Talgdrüsen und erreicht meist oberhalb des Bulbus seine größte Ausdehnung (GIOVANNINI). In besonders ausgeprägten Fällen wird der ganze Follikel von dem Zellinfiltrat umhüllt. Ob das Haar selbst noch vorhanden oder bereits ausgefallen oder gar bei fehlendem Haar das Infiltrat nahezu völlig zurückgebildet ist, hängt lediglich von dem Zeitpunkt der Untersuchung ab.

Anhang:

Die bei der

Lues congenita

meist an diffuse, flächenhaft ausgebreitete oder mehr circumscripte Erytheme sich anschließenden flächenhaften oder umschriebenen **Hautinfiltrate** stimmen in ihrem histologischen Aufbau in mancher Hinsicht mit den maculösen und papulösen Veränderungen der sekundären bzw. tertiären Periode der Lues acquisita überein. Daneben bestehen jedoch auch wichtige Unterschiede. Als solche sei hervorgehoben einmal der insbesondere im histologischen Bilde **mehr diffuse Charakter** der zelligen Gewebsinfiltration; ferner das ausgesprochene Hervortreten „**akut-entzündlicher**" Prozesse, der stärkere Leukocytengehalt bis zur Bildung **absceßartiger Miliarsyphilome**; das Zurücktreten, ja sogar völlige **Fehlen von Plasmazellen**. P. SCHNEIDER erblickt darin den Ausdruck andersartiger (geringgradigerer) immunbiologischer Vorgänge, die um so ausgesprochener sind, je früher das Kind bzw. der Foetus der Lues zum Opfer fällt. Dabei ist erwähnenswert, daß hier die Erkrankungsherde in der Haut in erster Linie um die **Schweißdrüsen** (daher besonders Befallensein von Handtellern und Fußsohlen) auftreten (HOCHSINGER), eine Tatsache, die sowohl für die diffusen syphilitischen Hautprozesse, wie für den Pemphigus syphiliticus neonatorum zutrifft und von HOCHSINGER formalgenetisch auf eine entwicklungsgeschichtliche Grundlage zurückgeführt wurde: Besondere Affinität der Spirochäten zu jenen Organen, welche während der Fötalzeit besonders entwickelt sind. Vielleicht handelt es sich dabei jedoch nicht um die Entwicklungsvorgänge als solche — die sich ja fast überall abspielen —, sondern um „funktionelle Reize", durch welche die Spirochäten zur Ansiedlung veranlaßt werden. Auch die Entwicklungsunreife des fötalen Gewebes mit ihrer Hyperplasie der zelligen Bindegewebselemente und der dadurch vielleicht bedingten besonderen Reaktionsfähigkeit mag eine Rolle spielen (P. SCHNEIDER). Die Zellinfiltrate gehen dort von den periglandulären Blutgefäßen, sowie von dem periadventitiellen Gewebe der kleinsten Arteriolen und postcapillaren Venen des cutanen Gefäßnetzes aus.

Die für die Lues congenita pathognomonisch so wichtigen Lippenrhagaden des Säuglings zeigen auf der Höhe ihrer Entwicklung unter einem nekrotischen Schorf in einem stark ödematösen Epithel wechselnd ausgedehnte hämorrhagische Herde, durchsetzt mit Leukocyten- und Zelltrümmern, wobei die cellulären Veränderungen hinter den rein serösen an Stärke zurücktreten. In den vakuolisierten unteren Epidermisschichten finden sich reichliche Spirochäten; in der im übrigen von dem bekannten syphilitischen Zellinfiltrat durchsetzten Cutis nur wenige. Hier liegen sie im Lumen der zum Teil durch ausgedehnte Endothelwucherung verschlossenen Blut- und Lymphgefäße, im Inneren der Nervenbündel sowie gelegentlich auch in den Ausführungsgängen der Lippendrüsen. Dabei handelt es sich bei den späteren „Narben" histologisch durchaus nicht immer um solche; denn der Papillarkörper ist überall vorhanden, das Epithel stellenweise oft eher breiter wie schmäler, wenn auch stellenweise furchenartig eingezogen.

In Gewebsschnitten des

Pemphigus syphilit. neonatorum,

bei dem in der Haut sowohl wie im Blaseninhalt die Spirochäten besonders reichlich vorhanden sind, fand UNNA im Gegensatz zu dem gewohnten Infiltrat keine Plasma- und Riesenzellen, während die perivasculäre Wucherung der fixen Bindegewebszellen im Papillarkörper sowohl als der obersten Cutis die Norm erheblich überstieg. In der Tat weicht hier das Bild durch das starke Ödem und die diffuse Infiltration des von erweiterten Gefäßsprossen und zahlreichen Schweißdrüsenanlagen durchzogenen Gewebes sehr stark von dem bei der Syphilis gewohnten ab, wenn auch riesenzellartige Formen — allerdings nicht LANGHANSsche — nach meinen Befunden in den Infiltraten durchaus nicht selten sind (s. Abb. 216).

Das Epidermisepithel ist durch dieses starke, vorwiegend intercelluläre Ödem sehr aufgelockert, die Hornschicht dort, wo sie widerstandsfähig genug ist, vor allem an Handteller und Fußsohle, auf weite Strecken blasig abgehoben. Das Stratum granulosum scheint kaum verändert. Die Zellen der tieferen Epidermisschichten, hauptsächlich des Stratum basale und der unteren Stachelschicht sind aufgelockert; die zwischen den einzelnen Zellen liegenden feinen Spalträume von einer feingekörnten Exsudatmasse gefüllt. Diese ist von einzelnen losgelösten Epithelien, dann aber auch von wechselnd vielen mono- und polynucleären Leukocyten durchsetzt. Die Gewebsauflockerung bedingt ein Verstreichen der Epidermis-Bindegewebsgrenze, ein Loslösen einzelner Epithelien und Epithelhaufen aus dem Gesamtverbande. Außerdem fallen in der Epidermis kleinere und größere, scharf umschriebene, von Epithelzellen begrenzte unregelmäßige Bläschenbildungen auf, die auch die eben genannten Gebilde enthalten. Papillarkörper und obere Cutis sind durch das Ödem ebenfalls erheblich aufgelockert, die Bindegewebsfasern auseinandergedrängt und von zahlreichen Lymphocyten umgeben. Die Zellinfiltrate werden dichter um die Blutgefäße, namentlich in der Nähe der Schweißdrüsenknäuel, begleiten aber auch einzelne Gefäße in die Cutis hinunter. In dem ganzen Gebiet sind die Gefäße, namentlich die Präcapillaren und Venen, sehr stark gefüllt, die Lymphgefäße klaffend erweitert.

Geht die Hornschicht schließlich doch verloren oder hält sie von vornherein dem Strome des andrängenden Exsudates nicht stand, so bilden sich
im übrigen weiter nicht kennzeichnende krustöse Auflagerungen, nach deren

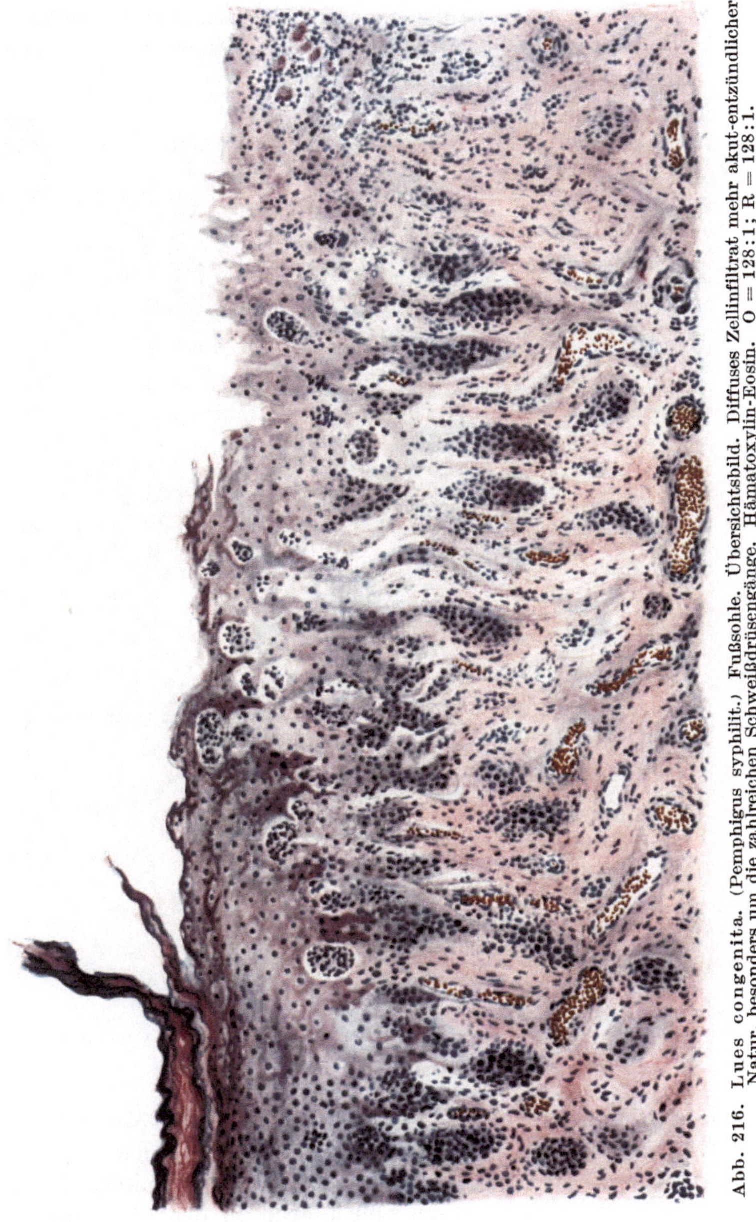

Abb. 216. Lues congenita. (Pemphigus syphilit.) Fußsohle. Übersichtsbild. Diffuses Zellinfiltrat mehr akut-entzündlicher Natur, besonders um die zahlreichen Schweißdrüsengänge. Hämatoxylin-Eosin. O = 128 : 1; R = 128 : 1.

Abheben dann die erodierte, ödematös aufgelockerte und von Leukocyten
durchsetzte Stachelschicht frei zutage liegt.

Spirochäten finden sich in den obersten Schichten des Gewebes, sowohl
in der Epidermis wie im Papillarkörper, in manchmal außerordentlichen Mengen.

In der Epidermis liegen sie in und zwischen den Basal- und Stachelzellen, sowohl supra- wie interpapillär, hier und da bis zum Stratum corneum hinauf (BUSCHKE, FISCHER) ganz unregelmäßig verteilt. Am reichlichsten, in dicken Nestern, sieht man sie an der Epidermis-Cutisgrenze, teils in den gelockerten Epithelien, teils in den erweiterten Gewebsspalten oder konzentrisch die Blutgefäße umgebend; vielfach finden sie sich auch in diesen. In den tieferen Gewebsschichten

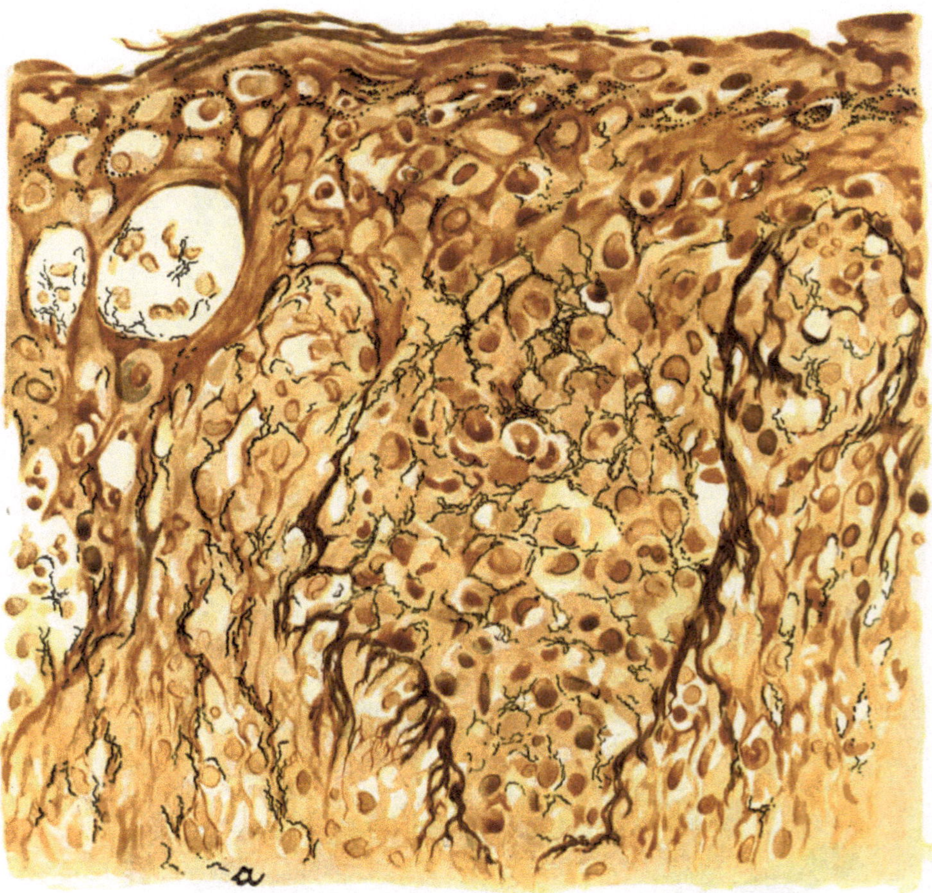

Abb. 217. Lues congenita. Pemphigus syphilit. Zahlreiche Spirochäten in der ödematösen, zum Teil vesiculösen Epidermis und im Strat. papillare; hier besonders in den Capillarwänden (a). LEVADITI. O = 525:1; R = 500:1.

nur noch vereinzelt sichtbar, fehlen sie in Subcutis und Fettgewebe vollständig. Besonders auffallend ist jedoch ihre Ansammlung in den Schweißdrüsen, sowohl in den sezernierenden Epithelien, als auch im peri- und interglandulären Bindegewebe, in den Nerven und schließlich auch in den Hautmuskeln und Haarfollikeln. —

Die wahrscheinlich durch eigenartige, bisher noch unbekannte oder nur vermutete Wechselwirkungen zwischen erkranktem Organismus und eingedrungenem Erreger,

C. durch sekundäre Umwandlung bedingten Sonderformen
betonen ihre Eigentümlichkeit im histologischen Bilde in erster Linie durch
einen vom gewohnten abweichenden Aufbau der Epidermis und des Papillarkörpers. Beim papulo-squamösen, psoriasiformen Syphilid (s. Abb. 218)
ist die Stachelschicht verdickt, die Reteleisten sind entsprechend akanthotisch
gewuchert, verbreitert, verlängert und abgestumpft; die Papillen, ebenso wie
die untersten Epidermislagen, ödematös geschwollen. Das Stratum granulosum
fehlt fast vollständig, so daß die zum Teil parakeratotische Hornschicht an
manchen Stellen unmittelbar der von einem inter- und intracellulären Ödem
verbreiterten Stachelschicht aufliegt. In der Hornschicht sieht man zwischen

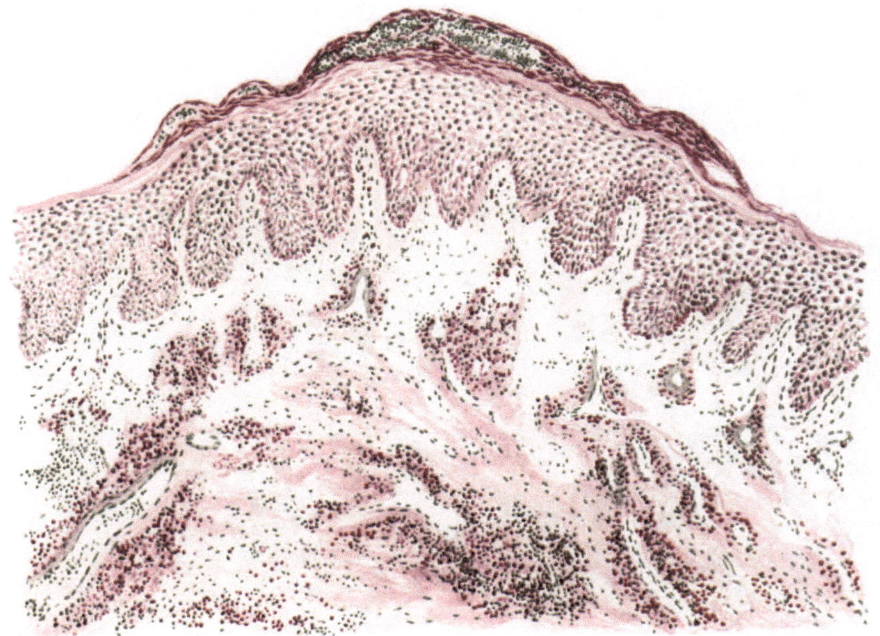

Abb. 218. Lues II. Psoriasiformes Syphilid. (♂, 53jähr., Oberschenke', Innenseite.)
Infektion unbekannt. Methylgrün-Pyronin. O = 128:1; R = 100:1.

den einzelnen unvollständig verhornten Zellagen fleckweise kleinste Leukocytenherde, die manchmal den „Mikroabscessen" der Psoriasis völlig entsprechen.
Das papillare und cutane Zellinfiltrat ist im Vergleich zu den gewöhnlichen
flachen Papeln erheblich weniger ausgeprägt, ja im Stratum papillare oft
kaum angedeutet, weicht aber im übrigen nach Aufbau und Anordnung von
dem gewohnten Bilde nicht ab.

Nimmt das Ödem und damit die Exsudation stärkere Maße an, kommt
es zur Bildung der kleinen Hohlräume bereits in den mittleren Epithellagen,
füllen sich diese Hohlräume und die erweiterten Saftspalten reichlicher mit
Leukocyten und fibrinösem Exsudat, so sind die Bedingungen zur Bildung
der klinisch als papulo-krustöses Syphilid bezeichneten Krankheitsform
gegeben. Es pflegt dann nämlich die meist parakeratotische, abgestoßene
Hornschicht in eine aus Fibrin, Leukocyten und Zelldetritus gebildete Kruste eingehüllt zu werden; wiederholt sich dieser Vorgang mehrere

Male unter- und nacheinander, so wird die Krustenbildung immer dicker. Von
diesem krustösen Syphilid führt eine stärkere Zunahme des Ödems, eine weitere
Auflockerung der Stachelschicht durch ein mit Leukocyten und Zelltrümmern
durchsetztes Exsudat, eine herdförmige Auflösung umschriebener Epithelbezirke
unter Schwund vornehmlich der Epidermisleisten und Bildung großer pustulöser
Herde zum papulo-pustulo-krustösen Syphilid (s. Abb. 222). Bei dieser
Form nimmt der Epithelschwund noch stärkere Grade an; vielfach bleibt
nur eine dünne, aus schmalen abgeplatteten Stachel- und parakeratotischen
Hornzellen bestehende Decke übrig, unter der die Pustel mehr oder weniger

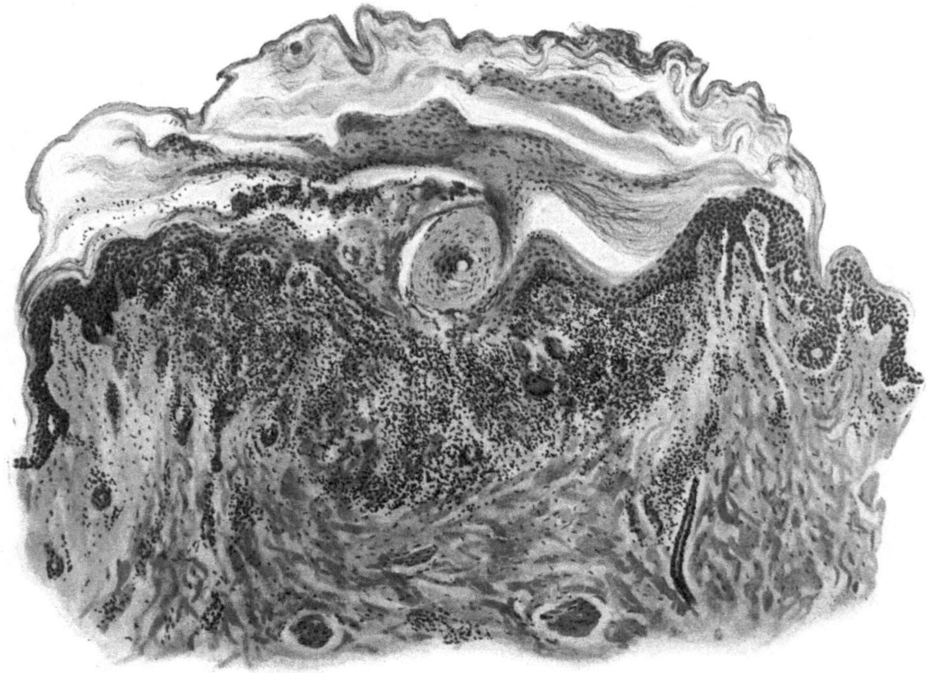

Abb. 219. Lues II (♀, 54jähr., Sternum, Infektion vor 3 Monaten.) Lenticuläres, krustöses
Syphilid. O = 66:1; R = 60:1.

oberflächlich (Impetigo syphil.) oder tiefer in das Stratum papillare und die
Cutis hinabreicht, so daß nach ihrer Abhebung ein wechselnd tiefer Gewebs-
verlust übrig bleibt (pustulo-ulceröses Syphilid). Im ersteren Falle bilden
dann die Reste des spezifischen Zellinfiltrates die Basis der Pustel. Wenn diese
schließlich platzt, der letzte Rest des Epithels schwindet, bleiben ulceröse Formen
als seichtere oder tiefere Excoriationen oder Geschwüre (Ecthyma syphil.)
übrig. Verläuft hier der ganze Vorgang der Krustenbildung in einem gewissen
gleichmäßigen Rythmus von Exsudation und Proliferation, so führt er zu dem
als Rupia namentlich bei der Lues maligna bekannten Bilde. Diese verschiedenen Formen der pustulösen und ulcerösen Syphilide kommen dabei selten
und nur auf kurze Zeit rein vor, meist findet man bei längerer Dauer
des Prozesses die verschiedensten Entwicklungsstadien nebeneinander.

Bisweilen treten derartige Pusteln auch unmittelbar als erste Äußerung syphilitischer Exantheme auf, in Form stecknadelkopf- bis hanfkorngroßer, zu Beginn nahezu klarer, sich aber schnell eitrig trübender Bläschen (Varicellae und Variola syphil.) (s. Abb. 220). Histologisch sind es oberflächliche, unter der Hornschicht liegende, mit wechselnd zahlreichen Leukocyten und einem zarten Fibrinnetz durchsetzte, anfangs seröse Bläschen, die die Horn- und oberen Stachelzellagen oft fächerförmig auseinander gedrängt haben und häufig aus mehreren kleineren Bläschen zusammengeflossen sind. Daher ist eine Ähnlichkeit mit den Varicellen bzw. den Variolapusteln, wenn auch nur andeutungsweise, vorhanden.

Bei den acneiformen, besser wohl perifollikulären Syphiliden (s. Abb. 221), die gewöhnlich mit anderen kleinpapulösen, lichenoiden und pustulösen Efflo-

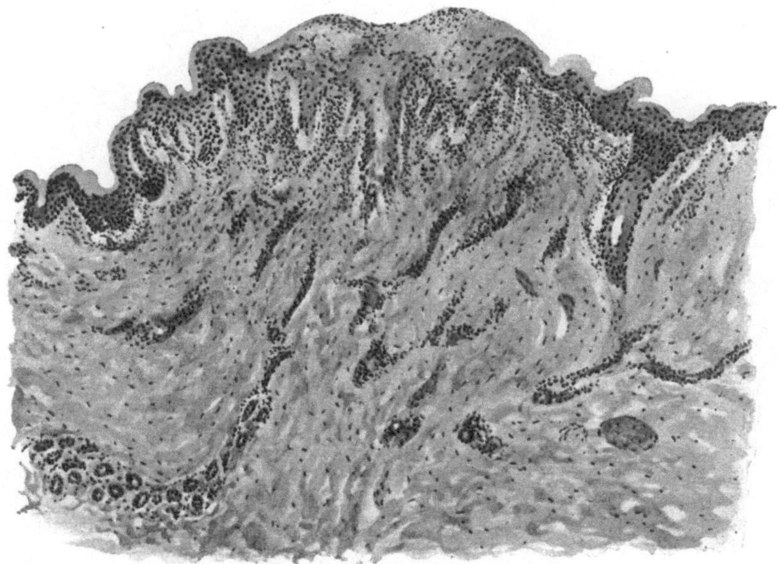

Abb. 220. Lues II. (♂, 8 Mon., Oberschenkel, Streckseite, extragenitale Infektion vor 10 Wochen.) Varioliformes Syphilid. O = 66:1; R = 66:1.

rescenzen zusammen vorkommen, findet sich über dem follikulär oder perifollikulär auftretenden spezifischen Zellinfiltrat, das häufig Riesenzellen enthält, eine kleine Pustel, die den eben beschriebenen völlig entspricht.

Im allgemeinen gehen diese krustös-pustulösen und ulcerösen Prozesse mit einer stärkeren Blut- und Lymphgefäßwucherung, mit einem stärkeren Ödem des Papillarkörpers und des Rete, mit einer pralleren Füllung der Blutgefäße einher wie die einfach papulösen Formen. Das spezifische Zellinfiltrat tritt demgegenüber an Stärke und Ausdehnung mehr zurück, aber meist ist seine Entwicklung doch so ausgesprochen, daß differentialdiagnostische Schwierigkeiten auch hier kaum entstehen dürften.

Pigmentverschiebungen im Verlauf der Syphilis.

(Über das Leucoderma syphil. und seine Pathogenese s. Abschnitt Pigmentstoffwechsel.) Neben diesem — nach der heute zumeist geltenden Ansicht — indirekt als Depigmentierung auf Grund vorhergegangener luetischer Veränderungen sich entwickelnden

Leukoderm, wird von manchen Forschern (FOURNIER, MAJEFF, BOCKHARDT, UNNA u. a.)
noch eine direkte, maculöse Pigmentsyphilis beschrieben, als deren eine klinische Äußerung namentlich von der französischen Schule das häufiger zu beobachtende Collier de Venus
(seit NEISSER von den meisten deutschen Autoren mit dem Leucoderma lueticum identifiziert), dann aber als selteneres Krankheitsbild die durch plötzlich auftretende, braune
bis kohlschwarze Pigmentierungen i n syphilitischen Erscheinungen gekennzeichnete e c h t e
·akute postexanthematische Pigmentsyphilis erwähnt wird. Diese kann sich
klinisch äußern in Form von Flecken, netzförmigen Pigmentierungen, diffusen, nicht netzförmigen, rauchigen, schmutzigen Verfärbungen oder universellen Marmorierungen der Haut.

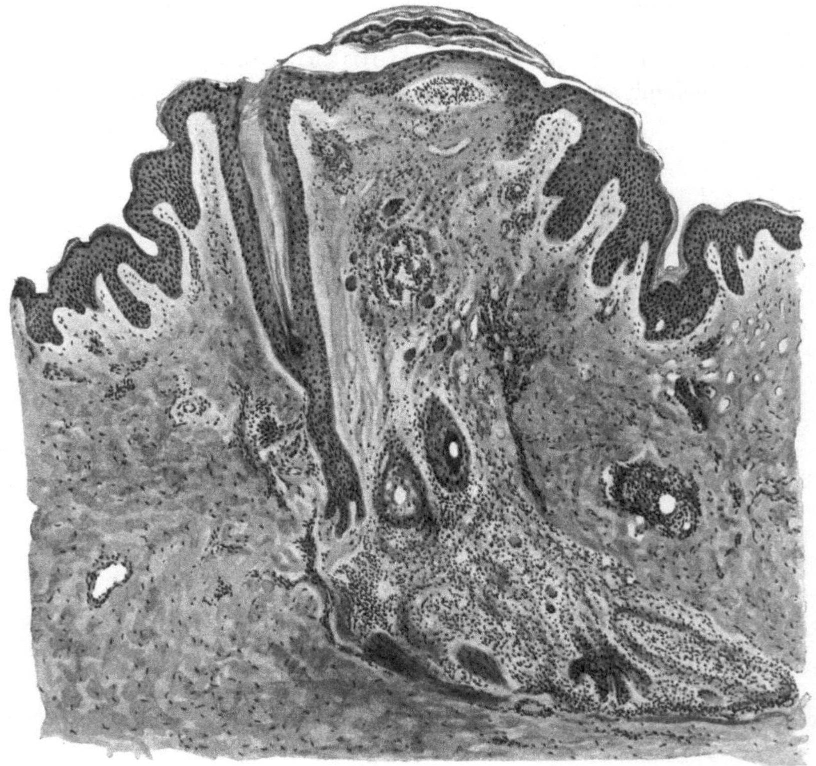

Abb. 221. L u e s II (♂, 24jähr., Rücken, Infektion unbekannt). A c n e i f o r m e s S y p h i l i d.
O = 77:1; R = 70:1.

Histologisch zeigen derartige, ungefärbt durch den intensiv gelbbraunen
Grundton auffallende Gewebsschnitte, eine ä u ß e r s t s t a r k e P i g m e n t i e r u n g
der unteren Epidermisschichten und eine wenig schwächere der Cutis, hier die
Gefäße vor allem des Rete vasc. subpap. umfassend und nach unten hin mantelförmig umscheidend. Das P i g m e n t liegt als dunkelschwarzbraune, körnige Masse
inter- und intracellulär in der Epidermis; in der Cutis eng an die Umgebung der
Gefäße gelagert in mehr rötlich-goldbraunen Ansammlungen (P. UNNA). Derartige echte Melaninpigmentierungen sind nicht zu verwechseln mit den gelegentlich nach hämorrhagischen Syphiliden zu beobachtenden braungelben
Flecken, die sich histologisch als teils freie, teils phagocytierte, im Bindegewebe
liegende goldgelbe Granula erweisen, welche als aus dem Blutfarbstoff stammen-
des Hämosiderin mit Ferrocyankali und Salzsäure die BerlinerBlaureaktion geben.

Wenn auch grundsätzlich eine scharfe Trennung der sekundären von den
regionär umschriebenen Syphiliden
(Hauterscheinungen der sog. tertiären Syphilis)

nicht berechtigt ist, so zeigt uns das histologische Bild doch gewisse Unterschiede,
indem gegenüber dem mehr infiltrativ-entzündlichen Wesen der ersteren bei
den letzteren die Bildung richtiger Granulationsgeschwülste im Vordergrunde
steht. Bei ihnen unterscheidet man, der Dermatologe im allgemeinen strenger
wie der pathologische Anatom, zwei Formen spezifischer Veränderungen. Die

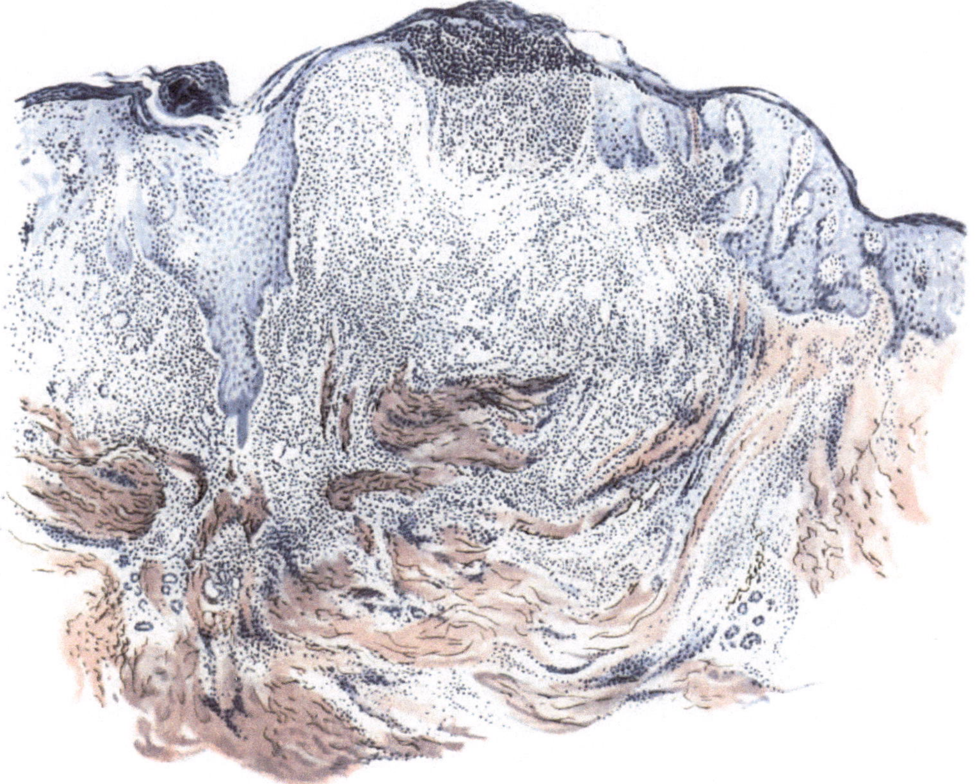

Abb. 222. Lues III (♀, 61jähr., Oberarm). Pustulöses (ulcero-krustöses) Syphilid. Orcein-
polychromes Methylenblau. O = 35:1; R = 35:1.

eine, das syphilitische Gummi, welches der alten klassischen Darstellung
syphilitischer Gummen entspricht, und bedingt ist durch eine massige Nekrose
infolge schnell einsetzender völliger Hemmung der arteriellen Blutzufuhr eines
mehr oder weniger ausgedehnten Gefäßbezirks, vornehmlich im Hypoderm, und
eine zweite das sog. tertiäre (tubero-ulcero-serpiginöse) Syphilid, das
doch noch mehr vom Charakter der produktiven Entzündung zeigt, damit den
sekundären Formen näher steht und von diesen auch histologisch im Grunde nicht
zu unterscheiden ist. Es führt in seinem Verlaufe neben vielen der Sekundärperiode entsprechenden papulösen Produkten zur Bildung typischer tuberkuloider Veränderungen, mit Epitheloid- und Riesenzellen sowie unter Umständen
geringgradiger Nekrose. Es ist in erster Linie eine Erkrankung der oberen Cutis.

Tubero-ulcero-serpiginöse Syphilide.

Klinisch und histologisch wiederholt das tertiäre tuberöse Syphilid „in etwas vergrößertem Maßstabe und mit geringen strukturellen Abweichungen aufs genaueste den Typus der sekundären Papel" (UNNA).

Dementsprechend finden wir auch hier bei etwas längerem Bestande alle jene Entwicklungsformen (krustös, ulcerös, serpiginös) wieder, wie wir sie dort gesehen haben. Gegenüber dem exanthemartigen, symmetrischen Auftreten der papulösen Syphilis der Sekundärperiode haben wir jedoch bei der tertiären Syphilis regionär beschränkte papulo-tuberöse

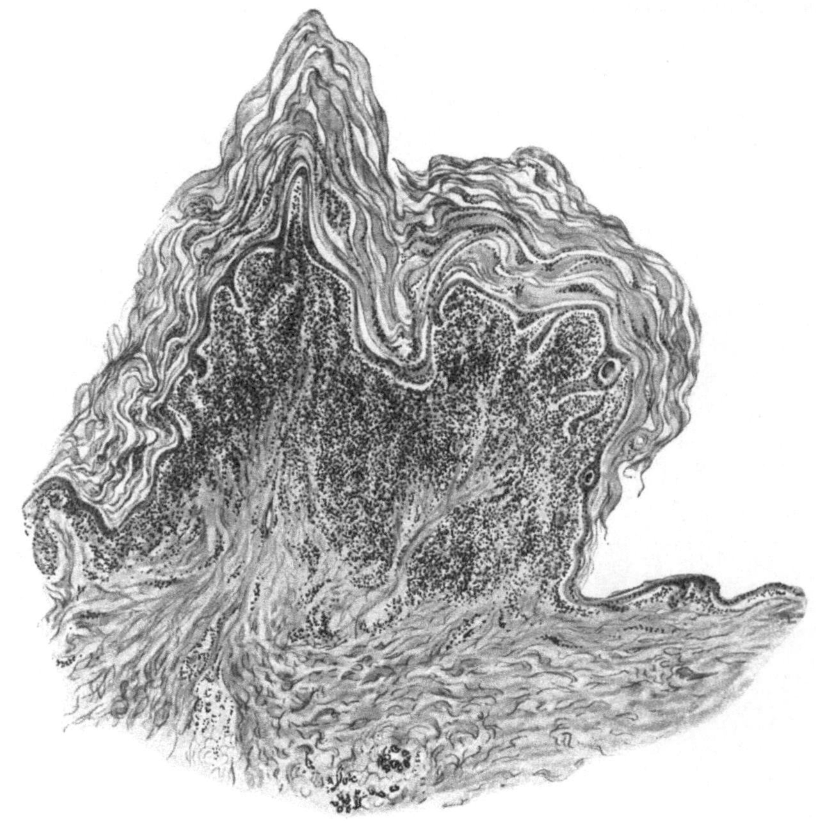

Abb. 223. Lues III (♀, 49 jähr., Bauch, Infektion vor 25 Jahren). „Cornu cutaneum" syphilit. O = 31 : 1; R = 31 : 1.

Herde, die unregelmäßig verteilt, als einzelne oder wenig zahlreiche, kupfer- bis schinkenfarbige, linsen- bis bohnengroße, deutlich vorgewölbte derbe Knötchen auftreten und nach längerem Bestand und zunächst brauner Pigmentansammlung abblassend, schließlich unter auch klinisch wahrnehmbarer Narbenbildung abheilen. Die Oberfläche kann glatt sein; meist ist sie jedoch von Schuppen oder Krusten bedeckt, selten papillomatös, häufiger geschwürig zerfallen, wobei dann unregelmäßige, serpiginöse, aber scharf begrenzte Geschwüre entstehen, die Neigung zu fortschreitender Ausbreitung bei Vernarbung der älteren Bezirke zeigen. Die eben beschriebenen verschiedenen Formen können vielfach an ein und demselben Krankheitsherde nebeneinander vorkommen.

Histologisch erinnert das Bild der tuberösen Syphilide außerordentlich an die syphilitische Papel: Entwicklung eines im Gegensatz zu dieser allerdings meist scharf umschriebenen, linsenförmigen, perivasculären, plasma- und lymphocellulären Infiltrats im Stratum papillare und subpapillare bis zur mittleren Cutis, mit wechselnd zahlreichen Epitheloiden und zum Teil bereits zentral verkäsenden Riesenzellen sowie Wucherung der Fibroblasten. Dabei finden sich in diesen diffusen Zellinfiltraten vielmals kleinere Herde, die genau dem Aufbau epitheloider Tuberkel entsprechen und dadurch histologisch eine Trennung vom Lupus vulgaris oft schwer, ja unmöglich machen können (NICOLAS et FAVRE, ARNDT u. a.). An anderen Stellen wieder fehlen Epitheloide und Riesenzellen nahezu vollständig; das Infiltrat besteht lediglich aus umschriebenen Herden von Lymphocyten und Plasmazellen.

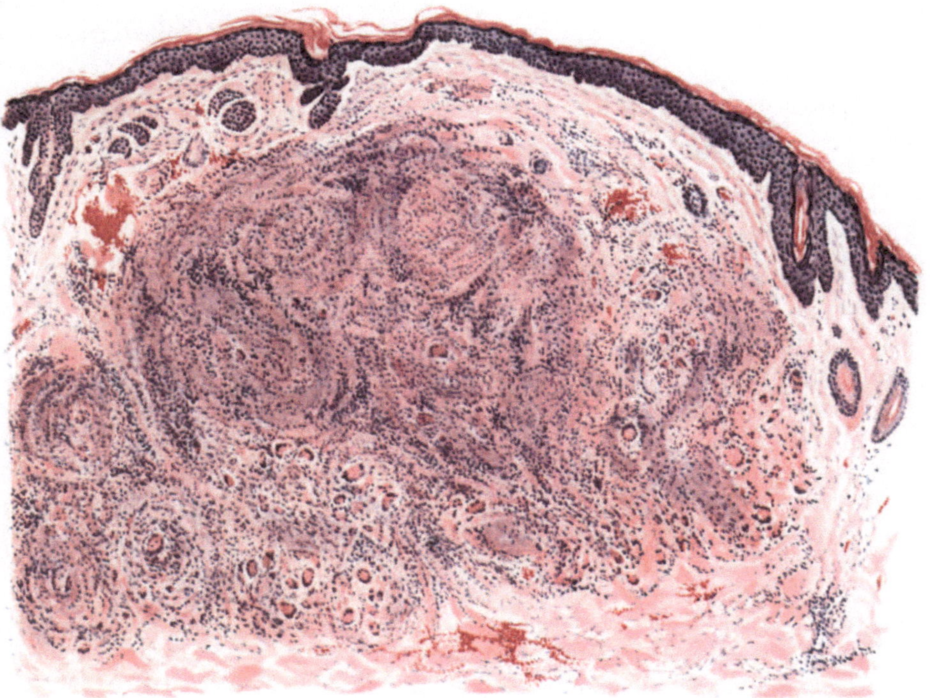

Abb. 224. Lues III (♀, 50jähr., Naso-Labialfalte). Nodöses tuberkuloides Syphilid. Hämatoxylin-Eosin. O = 35:1; R = 35:1.

Dabei sind im Gegensatz zur sekundären Syphilis die Gefäße erheblich vermehrt, stärker erweitert, namentlich am Rande der Zellherde, ihre Wandung deutlich verdickt. Das elastische Gewebe im Corium ist innerhalb der Zellherde geschwunden; das kollagene Gewebe, soweit es nicht durch das Infiltrat zerstört ist, dicker und plumper, besonders im Papillarkörper, dessen Aufbau dadurch mehr dem der Cutis entspricht, namentlich unter Berücksichtigung der weit klaffenden Blut- und Lymphgefäße (UNNA).

Die Epidermis nimmt nur passiv an den Veränderungen teil; das wachsende Zellinfiltrat führt zu einem Verstreichen des Papillarkörpers, zur Abflachung und schließlich zum Schwund der Epithelleisten, zur Verdünnung der übrigen Epidermisschichten, in erster Linie der Stachelschicht.

Erfolgt bereits im rein tuberösen Stadium eine Rückbildung, so beginnt diese mit einer Resorption des Zellinfiltrats zunächst im Papillarkörper, dann aber auch in der oberen Cutis, unter gleichzeitigem Ersatz durch ein zunächst an jungen Fibroblasten reiches, bald derber und fester werdendes Bindegewebsgerüst, das von weit klaffenden Blut- und namentlich Lymphgefäßen durchzogen ist. Zu diesem Zeitpunkt erinnern nur noch wenige, namentlich an den Teilungsstellen der kleinen Gefäße liegende Infiltrationsherde an die spezifische Veränderung (s. Abb. 225). Auch diese schwinden schließlich und es bleibt eine zunächst bräunliche, dann zart weiße, leicht narbige glatte Einsenkung der Haut zurück, der unter einem verstrichenen Papillarkörper ein in derben horizontalen Bündeln angeordnetes Bindegewebsfeld entspricht.

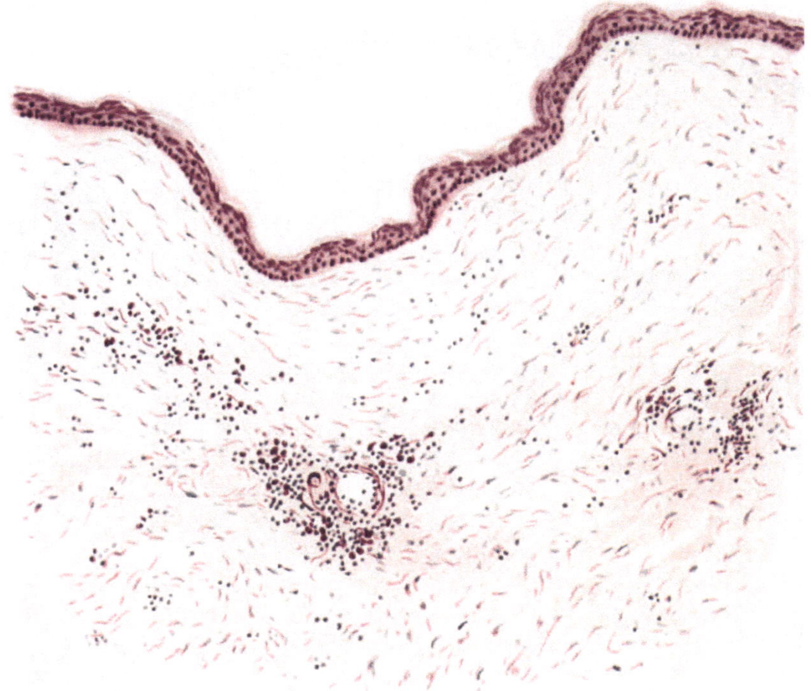

Abb. 225. Lues III (♂, 50jähr., Narbe vom Unterschenkel) mit Resten „syphilitischer" Zellinfiltrate um die starren, erweiterten Gefäße. Methylgrün-Pyronin. O = 147:1; R = 130:1.

Die Epidermisveränderungen bei den krustösen und ulcerösen Tubercula und Tubera der Lues III weichen grundsätzlich nicht von den früher bei der sekundären Syphilis geschilderten ab[1]).

---

[1]) Die zu Beginn wechselnd stark ausgeprägte, sowohl inter- wie suprapapilläre Akanthose geht mit der Entwicklung des Zellinfiltrates im Corium allmählich wieder zurück, zuerst in den Epithelleisten, dann auch in der suprapapillären Stachelschicht. Dann tritt die infolge der vorhergehenden Hypertrophie sämtlicher Epidermisschichten meist erheblich verdickte Hornschicht unter Umständen sehr nahe an die abgeflachten Papillenspitzen heran, von diesen nur durch wenige Stachelzellagen getrennt. Die zu diesem Zeitpunkt stets vorhandene und hier besonders reichliche Leukocytenauswanderung führt, zusammen mit ausgetretenem Serum, in den zum Teil höhlenförmig erweiterten Saftspalten zu kleinsten Mikroabscessen, ähnlich wie bei der Psoriasis, wie wir das ja auch bei der Lues II gesehen haben. Nehmen Exsudation und Leukocytose zu, wird die Krustenbildung stärker, das oberflächliche Zellinfiltrat im Papillarkörper eingeschmolzen, so zerfällt vielfach diese hinfällige Decke völlig und wir haben das oberflächliche, ulceröse tertiäre Syphilid

In der Cutis dagegen zeigt die Entwicklung zum ulcerösen Syphilid einige
Eigentümlichkeiten des Gewebszerfalls, die in gewisser Hinsicht bereits
eine Ähnlichkeit mit der formalen Genese gummöser Veränderungen der Tertiär-
periode aufweisen. Der Prozeß geht von erweiterten, perivasculären, sehr stark
infiltrierten, in ein eigenartig gequollenes Gewebe eingelagerten Gefäßen aus,
deren Lumen einmal durch eine starke Endothelwucherung (Endophlebitis), dann aber auch durch die die Gefäßwand durchsetzenden Infiltratzellen
verengt und schließlich unter Schwund des elastischen Gewebes völlig verschlossen wird (Phlebitis und Periphlebitis obliterans) (s. Abb. 226).

Dieser Vorgang kann gelegentlich einmal das histologische Bild völlig beherrschen, namentlich bei Übergangsformen sekundärer zu tertiärer Syphilis.

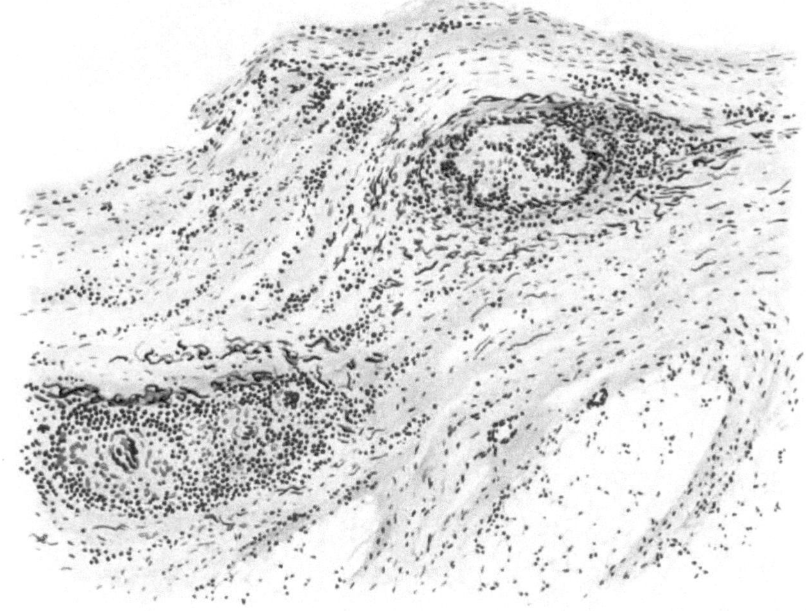

Abb. 226. Lues III (♀, 38jähr., Unterschenkel). Ulceröses Syphilid. Phlebitis und Periphlebitis
obliterans. Saures Orcein-polychromes Methylenblau. O = 128:1; R = 110:1.

Hier kommt es dann zu einem „eigenartigen knotenförmigen, cutan-subcutan
gelegenen, immer mit der Haut verschieblichen, in Einzahl, meist aber in Mehrzahl vorhandenen Krankheitsbild. Meist sitzen diese rundlichen, spindeligen
oder strangförmigen Herde an den unteren Extremitäten (sog. Erythema
nodosum syphiliticum), gelegentlich auch anderswo, so häufiger in zahlreichen Exemplaren an Stirn, Schläfen und behaartem Kopf. Sie stellen schwere
Gefäßschädigungen mit perivascularem Infiltrat, Endothelwucherung, Gefäßverschluß und Zerstörung der Gefäßwand dar" (FRIEBOES).

Die derartig gehemmte Blutversorgung führt unter Umständen sehr schnell
zu zentraler Erweichung und Verkäsung; es ist dann nur eine Frage

---

vor uns. An anderen Stellen kann mit dem Zerfall gleichzeitig eine mächtige Wucherung
der Stachelzellen über dem papillären Infiltrat zu den papillomatösen tertiären
Syphiliden führen. Davon abgesehen, bestehen jedoch, wie hieraus hervorgeht, keine
erheblichen Unterschiede.

der Ausdehnung und topographischen Lagerung des ganzen Prozesses, ob es
bei einer miliaren Gummenbildung — bei oberflächlicher Lage vielleicht
mit Einbruch in die Epidermis und daher mit nachfolgender Vernarbung —
bleibt oder aber, wenn das nicht der Fall ist, der tuberöse Herd äußerlich keine
Veränderung setzt oder schließlich — infolge des Schwundes weiter Gewebsbezirke — eine auch klinisch feststellbare Erweichung, eine gummöse tertiär
luetische Bildung eintritt.

Gummöse Syphilide.

Klinisch kommt es in solchen Fällen, am häufigsten an den Unterschenkeln, am Kopf,
besonders am Schädeldach, aber auch an jeder anderen Körperstelle, zur Entwicklung

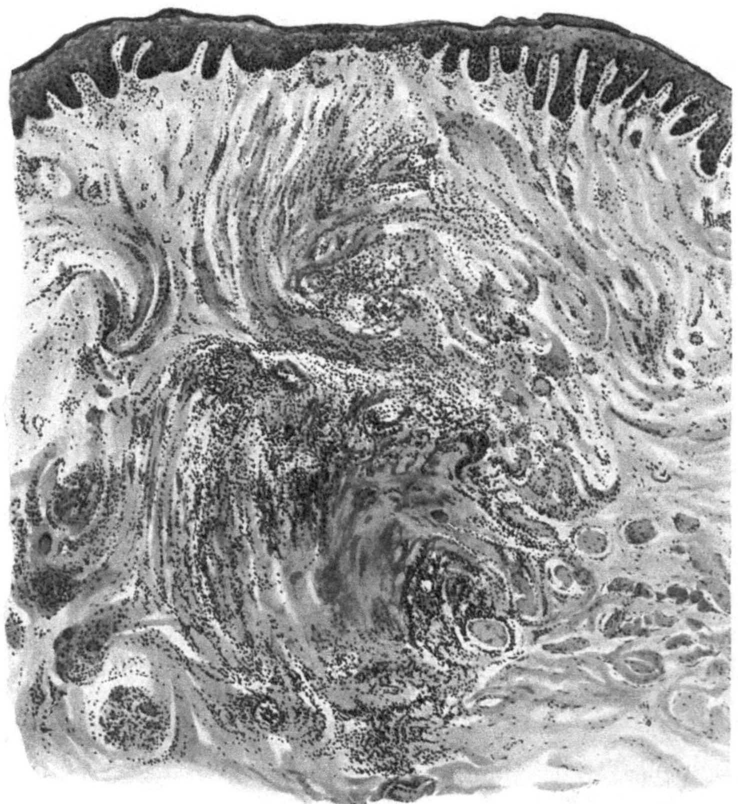

Abb. 227. Lues III (♂, 40jähr., Rücken). Miliares Gummi. O = 35:1; R = 30:1.

kaum schmerzhafter, tief in Cutis und Subcutis gelegener (unter Umständen bei sekundären
Hautgummen auch in die Tiefe der Muskulatur und der Knochen reichender), ziemlich
scharf umschriebener, wechselnd großer Knoten von zunächst teigig fester, später — falls
nicht vorher eine spontane Rückbildung einsetzt — vielfach weicherer Beschaffenheit.
Die namentlich über den tiefer gelegenen Gummen zunächst unveränderte Haut wird
bei Annäherung des Granulationsgewebes blaurot, livide verfärbt, um endlich geschwürig
zu zerfallen. Dabei entstehen dann meist kreisförmige oder ovale Ulcera mit scharfem,
unterwühltem Rande und schmierig belegtem, leicht blutendem Grunde. Gelegentlich kommt
es auch nur zu einem, den tiefgelegenen Gummiknoten mit der Haut verbindenden Fistelgang, ähnlich wie bei der colliquativen Hauttuberkulose.

Im histologischen Bilde ist die Zellbeteiligung am Infiltrataufbau durchaus die gleiche wie beim tuberösen Syphilid. Das Infiltrat ist hier in seiner Gesamtverteilung jedoch schärfer abgesetzt, ziemlich schroff findet der Übergang des infiltrierten in das zellfreie Gewebe der Umgebung statt. Auch bei den Gummen läßt sich in den Frühstadien der Ausgang von einer, in ein dichtes spezifisches Infiltrat eingelagerten, perivasculären Bindegewebsneubildung feststellen. Später findet man hier junges, sehr zellreiches Granulationsgewebe, das aus wuchernden, fixen Bindegewebszellen, Epitheloid- und Riesenzellen aufgebaut und in der Mitte in wechselndem Maße der Verkäsung anheimgefallen ist, was schlechte Färbbarkeit des Gewebes, Kern- und Zelldetritus kundtun. Diese zentral verkäste Partie wird dann von einem scharfen Lymphocytenwall abgegrenzt. Kommt es zur Aufsaugung dieser nekrotischen Massen, so entwickelt sich an ihrer Stelle ein zunächst zellreiches, dann zellarmes, derbes Narbengewebe. Da vielfach zahlreiche derartige Einzelherde zusammenliegen, kann das Ganze schließlich zentral ausgedehnte diffuse Verkäsung zeigen, während zum Rande hin kleine, aus Lymphocyten, Plasmazellen, Epitheloid- und Riesenzellen aufgebaute, teils gefäßhaltige, teils gefäßlose Knötchen auftreten. Fibrin ist in diesen geschlossenen Gummen nicht sicher nachzuweisen, wenn auch — falls eine massige Koagulationsnekrose noch nicht vorhanden ist — zwischen den Infiltratzellen ein breitmaschiges, feinfaseriges, nach WEIGERT allerdings kaum färbbares Netzwerk feststellbar sein kann, das vielleicht seine spezifische Färbbarkeit eingebüßt hat (URBACH). In den gummösen Geschwüren ist hingegen sowohl in den Krusten, als auch unterhalb derselben, in den noch nicht verkästen Gewebsteilen, ein fibrinöses Netzwerk vorhanden.

Das elastische und kollagene Gewebe, zentral meist eingeschmolzen, ordnet sich zum Rande hin in zum Teil neu entstandenen, schalenartigen Gebilden um das Infiltrat an. Bei den nodösen sowohl wie den ulcerösen Syphiliden finden sich nämlich im Infiltrat überall dort, wo die elastischen Fasern zugrunde gegangen sind, neugebildete Gitterfasern, mit Ausnahme der nekrotischen Bezirke (ZURHELLE). Zwischen beiden trifft man als intermediäre Schicht eine Zone, in der das spezifische Infiltrat außerordentlich zellreich, in erster Linie aus Lymphocyten und Plasmazellen aufgebaut ist. Alles in allem ein Anblick, wie wir ihn ganz ähnlich bei der Tuberkulose zu sehen gewohnt sind.

Kommt die gummöse Bildung in die Nähe der Epidermis, so bleibt diese naturgemäß nicht unbeeinflußt und man findet, je nach dem Zeitpunkt der Untersuchung, alle Grade des Gewebsabbaues, vom einfachen Ödem über die Epidermisverdünnung bis zum geschwürigen Zerfall, wobei dann die Geschwürsränder infolge der scharfen Absetzung des Cutisinfiltrates bzw. der Gefäßverlegung ziemlich scharf zum Grunde abfallen. Dieser besteht hauptsächlich aus Leukocyten und Zelldetritus, beide eingelagert in eine verkäste Grundmasse, die gegen das umgebende gesunde Gewebe durch ein scharfbegrenztes, zellreiches, mehr oder weniger spezifisch aufgebautes Infiltrat abgesetzt ist.

Spirochäten finden sich bei den maculösen Exanthemen vornehmlich im subpapillären Gefäßnetz, etwas reichlicher in den ab- wie in den zuführenden Stämmchen, während sie in den Capillaren der Papillen um so seltener werden, je näher man der Epidermis kommt. Sie durchsetzen das ganze Gefäßgewebe, von den Endothelien im Lumen bis ins perivasale Bindegewebe.

Phagocytiert finden sie sich in den Endothelien spärlich, häufiger in den Perithelien, insbesonders den gewucherten Fibroblasten (EHRMANN), daneben auch in einzelnen Leukocyten. In den papulösen Syphiliden der sekundären Syphilis wurden sie zuerst von LEVADITI, in krustösen von EHRMANN, in annulären Formen von ERICH HOFFMANN nachgewiesen. Sie finden sich bei den papulösen Formen besonders reichlich in der Epidermis, namentlich in den erweiterten Lymphspalten des Stratum basale und unteren Stratum

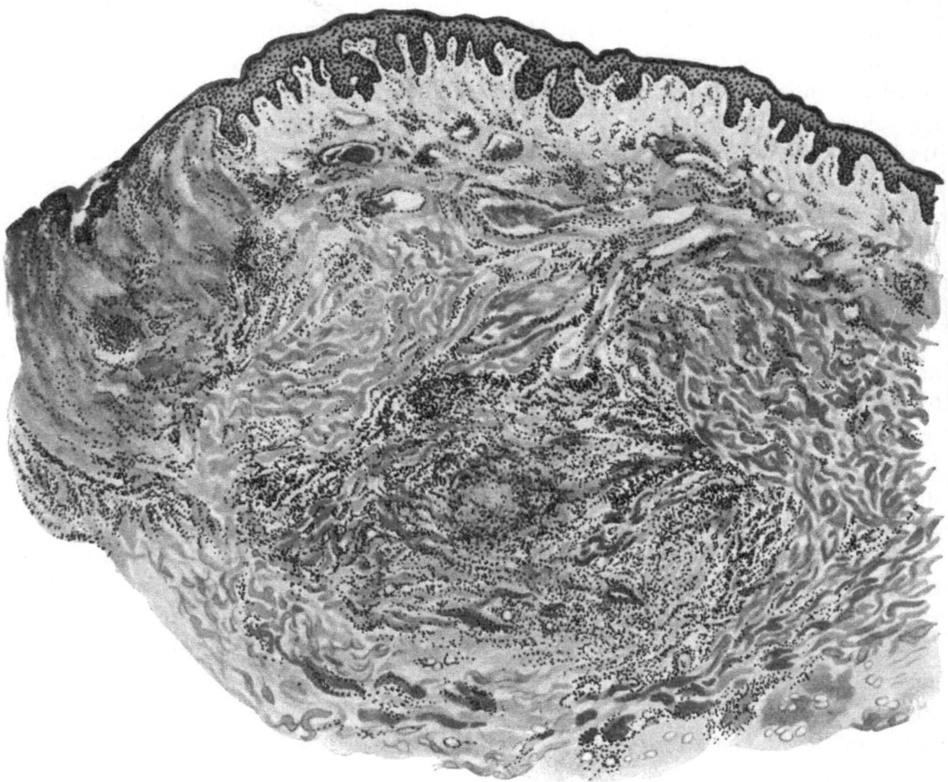

Abb. 228. Lues III (♀, 66jähr., Sternalgegend). Gummen. Randabschnitt. Links gummöser Zerfall unter der nekrotischen Epidermis, rechts umschriebenes Gummi an der Cutis-Subcutisgrenze. Darüber stark erweiterte Gefäße. O = 31:1; R = 31:1.

spinosum, aber auch bis zur Hornschicht hinauf (MINASSIAN, TIÈCHE). Sie treten hier nicht nur innerhalb des erkrankten Bezirks, sondern auch in der klinisch und histologisch scheinbar gesunden Umgebung auf.

In der Cutis lassen sich die Spirochäten meist im perivasalen Gewebe, besonders des Papillarkörpers nachweisen; aber auch hier ist die Verteilung durchaus ungleichmäßig. Am reichlichsten und regelmäßigsten finden sie sich im sekundären Stadium unbedingt in den nässenden Papeln (BERTARELLI), und zwar in großen Mengen; manchmal zu dichten Netzwerken und verfilzten Haufen angeordnet im Stratum papillare und der Epidermis; hier besonders oberhalb der Papillen, wo das intercelluläre Ödem der Epidermis am stärksten ausgebildet ist. Sie reichen bis in die obersten Epithellagen hinauf, hier manchmal mit anderen Spirochätenarten vergesellschaftet. Aber auch in den Infiltraten der Cutis, auch hier wieder besonders in der Umgebung der Gefäße und in deren Lumen, sind sie zahlreich vorhanden.

Für die Entstehung des Leucoderma syphiliticum mag es von Bedeutung sein, daß — wie Erich Hoffmann zuerst betont hat — das Pigment in der Epidermis, soweit die Spirochäten vorgedrungen sind, fehlt oder doch erheblich vermindert ist.

Relativ häufig werden die Spirochäten auch im Follikelepithel gefunden, ferner im Haarbalg, in der Wurzelscheide und in den Haarpapillen, seltener bei lichenoiden, kleinpapulösen und pustulösen Syphiliden und noch seltener bei der tertiären Syphilis sowie der Lues maligna, Tatsachen, auf die bei der Pathogenese noch zurückzukommen ist. Bei der tertiären Syphilis finden sich die Spirochäten jedoch nicht im Geschwürsbelag oder Geschwürsgrunde, sondern in den geschlossenen Läsionen und den Gummen, — hier allerdings außerordentlich selten — und zwar besonders auch hier in den Gefäßwandungen und perivasalen Lymphräumen der Randzonen (E. Hoffmann, Blaschko).

Differentialdiagnose: Wie oben schon kurz angedeutet, steht die Unterscheidung von der Tuberkulose an erster Stelle. Dabei kann es sich nicht allein um Gewebe des tertiären, sondern gelegentlich auch solche des Sekundär- ja sogar des Primärstadiums handeln. Bei diesem letzteren dürfte bei genauer Berücksichtigung des dort bereits Gesagten eine Schwierigkeit jedoch kaum bestehen. Für die sekundären und tertiär-luetischen Veränderungen bzw. die entsprechenden durch den Tuberkelbacillus hervorgerufenen Formen wird man naturgemäß zunächst einen Anhaltspunkt im Nachweis des Erregers suchen, was allerdings, auch im Tierversuch, nicht immer gelingt. Da auch die Wassermannsche Reaktion erfahrungsgemäß in etwa 30% sicher tertiär-luetischer Fälle negativ ausfällt und gerade die tuberösen und ulcerösen bzw. gummösen Erkrankungen dieses Stadiums in erster Linie differentialdiagnostische Schwierigkeiten bereiten, so bleibt der Wunsch nach sicheren Unterscheidungsmerkmalen bestehen. Solche sind jedoch, um das gleich vorweg zu nehmen, in manchen Fällen histologisch sicherlich nicht zu erbringen. Insbesondere ist der Standpunkt, daß wir im Epitheloid-Rundzellen-Tuberkel und in der Langhansschen Riesenzelle mit ihren typisch wandständigen Kernen ein ausschließliches Produkt des Tuberkelbacillus vor uns hätten, längst aufgegeben. Auch die von Baumgarten u. a. vertretene Ansicht, daß stark verkäste gummenähnliche „tuberkulöse" Granulationsgewebe durch das Vorhandensein typischer Miliartuberkel in ihrer Umgebung sich als echte durch den Tuberkelbacillus bedingte Veränderungen kennzeichneten, ist durch entgegengesetzte Befunde, unter anderem auch in der Haut, widerlegt (Lubarsch). Man muß vielmehr heute zugeben, daß die gummösen Produkte der Spirochaeta pallida sich in nichts mit Sicherheit von den Infiltrationen anderer chronisch entzündlicher Gewebsneubildungen unterscheiden. Diesen Standpunkt hat bereits schon Virchow vertreten und er hat Recht behalten, wenn auch insbesondere von pathologisch-anatomischer Seite eine Reihe von Beweismitteln angeführt sind, die — wenn sie alle zusammentreffen — in vielen Fällen eine histologische Entscheidung gestatten. Als solche erwähnt Lubarsch, daß die Verkäsung im Gummiknoten meist eine diffusere und ausgedehntere sei als im Tuberkel und hier im Stadium der bindegewebigen Metamorphose, beim Tuberkel dagegen stets vorher auftrete. Daher sind Bindegewebsbündel und Blutgefäße in verkästen Gummen trotz fehlender Kernfärbung im Gegensatz zu den amorphen Massen des verkästen Tuberkels in der Form wenigstens

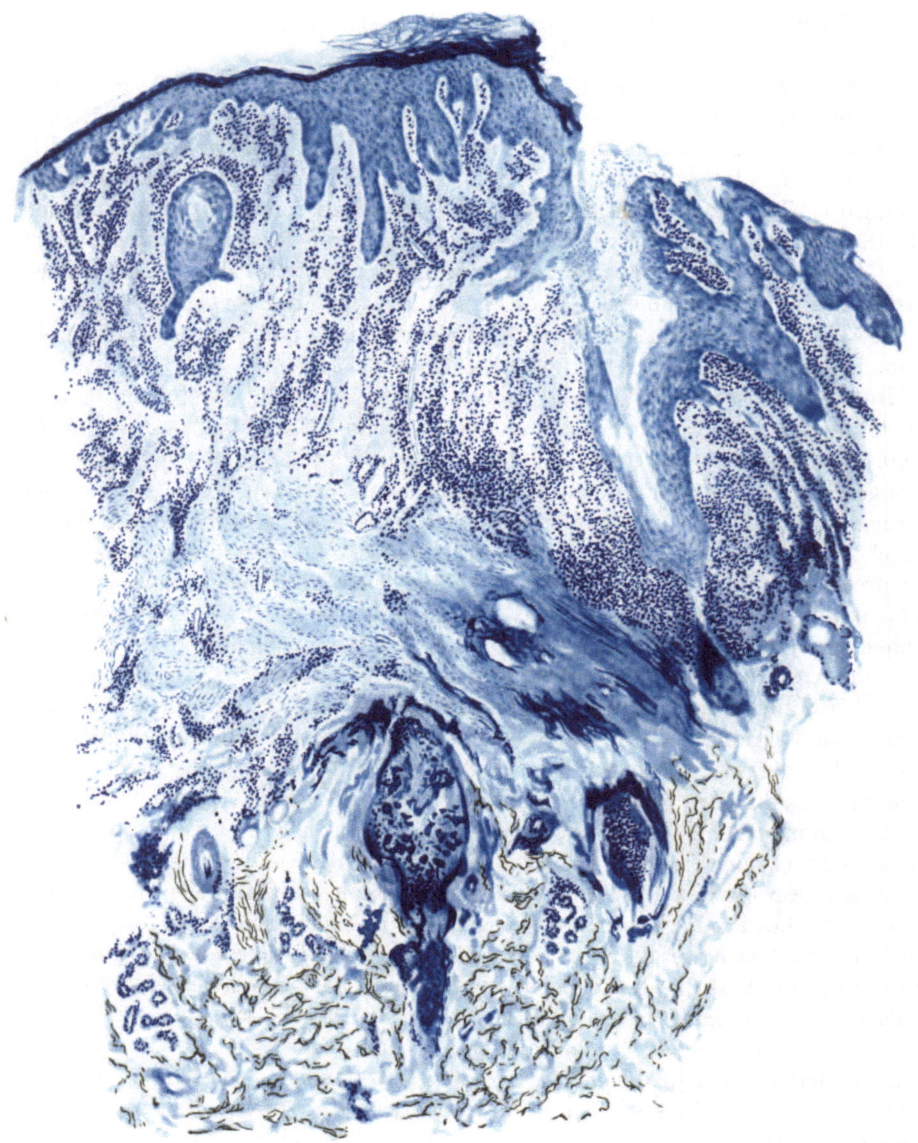

Abb. 229. Lues III (♂, 48jähr., Nackengegend). Pustulös-ulceröses Syphilid mit narbiger Ausheilung, klinisch an Keloidacne erinnernd. Polychromes Methylenblau. O = 31:1; R = 31:1.

meist noch gut erkennbar, zumal sich bei entsprechender Färbung vielfach auch in scheinbar echten Tuberkeln in der Umgebung diffuser Verkäsung noch verschlossene, aber in ihrem elastischen Anteil noch wechselnd gut erhaltene Blutgefäße als Beweis für die luetische Natur der Veränderung vorfinden.

Hingegen können endarteriitische bzw. endophlebitische Prozesse in der Umgebung verkäster Herde für sich allein nichts Entscheidendes bedeuten.

Auch die von LUBARSCH betonte, im Vergleich zur Tuberkulose relative Armut der Gummen an Epitheloidzellen im Verhältnis zu den kleinen Granulations- und Plasmazellen, scheint neuerdings durch den Nachweis rein aus Epitheloidzellen bestehender und daher sarkoidähnlicher, aber zum Teil gummös erweichter tertiär-luetischer Krankheitsprodukte (PAUTRIER) in ihrer Beweis-

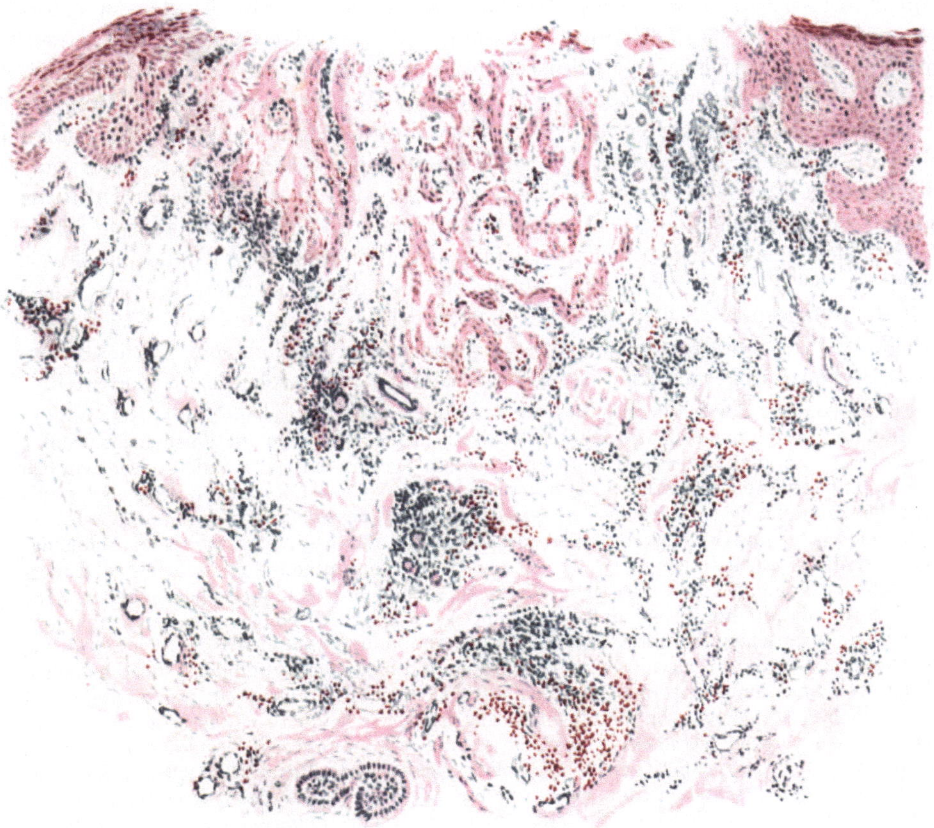

Abb. 230. Lues III (♀, 33jähr., Bauch, seit 1¹/₂ Jahren bestehend, Infektion vor 9, 1 Kur vor 8 Jahren). Tubero-ulceröses Syphilid. Atypische Epithelwucherung. Methylgrün-Pyronin. O = 16:1; R = 14:1.

kraft eingeschränkt, wenn auch nicht völlig erschüttert. Dagegen ist der im Vergleich zum Tuberkel reichlichere Gehalt der Gummen an Fibroblasten und faserigem Bindegewebe ein schätzenswertes Hilfsmittel, während die namentlich von dermatologischer Seite in den Vordergrund gestellte Endophlebitis obliterans nicht unbedingt immer für Syphilis sprechen muß (HERXHEIMER). Auch die Trennung von der Sporotrichose (s. d.) ist meist sehr schwer. Einen gewissen Anhalt bietet die fast immer, auch bei den diffusen Formen vorhandene Anordnung des sporotrichotischen Gewebes in 3 Zonen: am Rande der Ring hypertrophischer Bindegewebszellen, dann die Zone der degenerierten Epitheloiden und Riesenzellen und schließlich in der Mitte die polynucleären neutrophilen Leukocyten und Makrophagen, teils nekrotisch und teils wohl erhalten, in engem Beieinander; es fehlen bei der Sporotrichose die kleinen Gummen an den Gefäßen der scheinbar gesunden Umgebung, häufig auch elastische und kollagene Faserreste im verkästen Bezirk.

Neben Tuberkulose und Sporotrichose sind dann noch die malignen epithelialen Neubildungen von differentialdiagnostischer Bedeutung. Namentlich bei den zerfallenden tertiären Syphiliden, in erster Linie tubero-ulceröser Natur, findet man nicht eben selten hochgradige atypische Epithelwucherungen (s. Abb. 230), die unter Umständen tief in der Cutis isoliert sitzen, manchmal mit richtiger Hornperlenbildung, und durch ihre reiche Verästelung, ihr ausgedehntes breites und tiefes Wachstum auffallen. Meistens bewahren sie ja trotzdem den normalen Epithelaufbau. Andrerseits finden sich in derartig gewucherten Epithelherden gelegentlich einmal völlig entdifferenzierte, beinahe syncytiale Epithelsprossen tief im entzündlichen Infiltrat, so daß sie durchaus einem beginnenden Carcinom entsprechen. Derartige Bilder finden sich jedoch meist auf verhältnismäßig umschriebener Stelle; und dies wird in der Deutung immerhin etwas zurückhaltend machen müssen. Aus rein histologischen Gesichtspunkten heraus wird aber in solchen Fällen eine Ablehnung des beginnenden Carcinoms nicht immer möglich sein. Glücklicherweise haben wir gerade hier in unserer Therapie eine schnell klärende Hilfe.

Pathogenese: Für das Verständnis der Genese der syphilitischen Krankheitsprodukte ist Zahl und Verteilung der Spirochäten in den verschiedenen Stadien und Formen von größter Bedeutung. Es geht aus dieser Kenntnis nämlich hervor, daß — gerade so wie wir das bei der Tuberkulose gesehen haben und es heute von einzelnen Forschern bereits als Grundsatz der Entstehung sog. spezifischen Granulationsgewebes überhaupt betrachtet wird — Spirochätenzahl und Entstehung eines spezifischen Infiltrates in gegenseitigem Abhängigkeitsverhältnis voneinander zu stehen scheinen. Auf die immun-biologischen Erklärungsversuche (Allergie, JADASSOHN) dieser Tatsache kann ich hier nicht näher eingehen. Ich möchte nur darauf hinweisen, daß bei den mit schwersten Allgemeinerscheinungen einhergehenden, augenscheinlich durch plötzliche Einschwemmung zahlreicher Spirochäten in die Blutbahn entstehenden pustulösen, varioliformen und malignen Syphiliden, sowie manchen Fällen von Lues congenita, das Gewebssubstrat vielfach ein durchaus unspezifisches, banal entzündliches ist. Wenn wir andrerseits beobachten, wie bei den so außerordentlich spirochätenarmen tertiär-luetischen, tuberösen sowohl wie gummösen Krankheitsprodukten, die Entwicklung dieses „spezifischen" Granulationsgewebes die Regel ist, so ist man versucht, hierin gewisse Gesetzmäßigkeiten zu erblicken. Diese sind zwar dazu angetan, einerseits unsere Anschauungen über die „Spezifität" einer Gewebsveränderung für ganze bestimmte Erreger — wie das bis heute noch vielfach angenommen wird — erheblich zu erschüttern, uns andrerseits aber zu zeigen, wie auch hier ein allgemein gültiges Gesetz auftaucht, das seinerzeit wohl zuerst von JADASSOHN angedeutet, dann von LEWANDOWSKY experimentell für die Tuberkulose erwiesen und schließlich von KYRLE für eben diese klinisch und histologisch ausführlich dargelegt worden ist (näheres s. Tuberkulose).

γ) *Durch die Spirochaeta pallidula (pertenuis Castellani).*

Framboesie.

Die Framboesie (Yaws, Tonga, Pian) kommt vor in Nordafrika, Algier, Madagaskar und den tropischen Teilen von Asien, Amerika, daneben aber auch in Australien und gelegentlich einmal — eingeschleppt — in anderen Ländern. Ebenso wie bei der Syphilis finden sich auch bei ihr die verschiedensten Erkrankungsformen, in erster Linie der Haut, dann auch der Knochen und Gelenke; allerdings ist bei den letzteren die Frage, inwieweit Verwechslung mit Syphilis vorliegt, noch nicht geklärt. Man pflegt bei ihr ähnlich wie bei der Syphilis Früh- und Spätstadien zu unterscheiden.

Die Erkrankung wird durch die 1905 von Castellani entdeckte Spirochaeta pertenuis (pallidula) hervorgerufen; es ist dies ein feinstes, gleichmäßig fadenförmiges, korkzieherartig gewundenes Gebilde von meist 8—12 oder auch 4—20 und mehr Windungen und bis zu 20 μ Länge. An den Enden sind diese Spirochäten meist kurz zugespitzt und tragen manchmal eine feine Anschwellung. Castellani beschreibt eine feine endständige Geißel, Blanchard eine ondulierende Membran: Angaben, die noch weiterer Bestätigung harren.

Inwieweit morphologische Unterschiede von der Spirochaeta pallida wirklich bestehen, (v. Prowazek, Castellani, Levaditi, Martin) ist noch nicht restlos entschieden. Zur Darstellung im Ausstrich eignet sich die Leishmansche oder Giemsasche Modifikation der Romanowsky-Färbung.

Die Erkrankung beginnt mit einer Muttereffloreszenz (Henggeler), die meist als schmieriges Granulationsgeschwür beschrieben wird, nach Hallenberger jedoch — falls Verunreinigungen ferngehalten werden — als typisches framboesisches Papillom auftritt. Die Ansteckung erfolgt in der Hauptsache extragenital durch unmittelbare Berührung und führt nach rund 3 Wochen zu dem primären Papillom, welchem dann nach 3—10 Wochen ein Allgemeinausbruch entweder als maculöses Exanthem (Roseola) oder auch als Polypapillomatose folgt. Die Veränderungen sitzen mit einer gewissen Vorliebe an den Schleimhautübergängen, dann auch an den Kontaktflächen des Körpers, kommen jedoch auch an jeder anderen Stelle vor. Sie bilden sich nach mehrwöchigem Bestande entweder zurück oder zerfallen geschwürig und heilen dann unter Narbenbildung aus. Nach einer oft jahrelangen Latenzperiode kann es dann, häufig im Anschluß an Gelenkschmerzen, zu erneuter Geschwürsbildung kommen, die unter Umständen schwere Zerstörungen des harten und weichen Gaumens, der Nase (Rhinopharyngitis mutilans), sowie der Haut und der Knochen hervorruft (Hallenberger).

Das framboesische Papillom zeigt histologisch einen Aufbau, der bei oberflächlicher Betrachtung wohl an syphilitische Veränderungen erinnern kann, bei genauerer Durchmusterung jedoch kennzeichnende Unterschiede darbietet, die sich vor allem in der Umgebung der Gefäße feststellen lassen.

Diese Veränderungen sind in ganz frisch aufgeschossenen Papillomen zunächst sehr gering; man findet lediglich eine Zellansammlung, besonders um die erweiterten papillaren und subpapillaren Gefäße. Es handelt sich dabei in erster Linie um Plasmazellen (Henggeler). Die Infiltrate nehmen bei längerem Bestande an Dichtigkeit außerordentlich zu; sie fließen ineinander über, so daß eine Trennung in einzelne Herde nicht mehr möglich ist. Nunmehr finden sich neben den Plasmazellen auch zahlreiche polynucleäre Leukocyten, weniger Lymphocyten und mäßig gewucherte Bindegewebszellen. Mastzellen trifft man verhältnismäßig häufig. Nach der tieferen Cutis hin und selbst bis zu den Schweißdrüsenknäueln ziehen sich von dem diffusen Infiltrat des Papillarkörpers aus umschriebene perivasculäre Zellmäntel.

In dem Maße, wie das cutane Infiltrat heranwächst, treten auch stärkere Epidermisveränderungen auf. Es kommt zu einer ausgedehnten Parakeratose und mächtigen Wucherung besonders der interpapillären Stachelschicht der Epidermis. Dabei sind nicht nur die Zellen als solche durch reichliche Mitosen an Zahl erheblich vermehrt, sondern sie sind auch durch ein inter- und intracelluläres Ödem auseinandergedrängt bzw. vergrößert. Der ganze ödematöse Oberhautbezirk wird, besonders über der Mitte der Wucherung, von zahlreichen polynucleären Leukocyten durchsetzt, die an manchen Stellen in der Epidermis sowohl wie an der Grenze zum Papillarkörper sich in umschriebenen miliaren Absceßbildungen anhäufen. Die Zeichnung des Papillarkörpers ist an solchen Stellen völlig verwaschen. Im Vordergrunde steht jedoch, entsprechend der unregelmäßigen Wucherung der Epidermisleisten, eine starke Verlängerung und unregelmäßige Verzweigung der einzelnen Papillen, wodurch eine große Ähnlichkeit mit den nässenden Papeln der Syphilis hervorgerufen wird.

In diesen älteren Herden gesellen sich zu den Plasmazellen, namentlich in den Randabschnitten des Infiltrats, Lymphocyten und Fibroblasten, so daß dann das reine Plasmom der Framboesie nur noch in den mittleren Abschnitten erhalten bleibt. Das elastische Gewebe und auch das Bindegewebe werden von dem Infiltrat zunächst auseinandergedrängt, aufgelockert und schwinden schließlich völlig.

An den Gefäßen finden sich, abgesehen von einer mäßigen Erweiterung, keinerlei Veränderungen, auch da nicht, wo sie von dichten Zellmänteln umgeben sind. Nur vereinzelt sieht man eine mäßige Quellung der Endothelien.

34*

Die lichenoiden, die lupusähnlichen und auch die pustulo-ulcerösen Veränderungen, wie sie sich gelegentlich bei der Framboesie vorfinden, zeigen in ihrem histologischen Aufbau grundsätzlich keinen Unterschied von dem vorstehend gegebenen Bilde. Alles das, was sich an Einschmelzungserscheinungen, nekrotischem oder degenerativem Gewebszerfall feststellen läßt, ist wohl auf sekundäre Einflüsse zurückzuführen. Es kommt dabei, namentlich bei den Spätformen, zuweilen zu Riesenzellbildungen und zu einer ausgesprochenen, tiefen Wucherung der Epidermis, letzteres namentlich am unterminierten Rande des framboesischen Geschwürs. Das dann vorhandene, den Geschwürsgrund auskleidende Granulationsgewebe zeigt in seinem histologischen Aufbau nichts Kennzeichnendes mehr. Die gummösen Bildungen, wie sie ebenfalls in diesen Spätstadien beobachtet werden, finden sich als bindegewebige, von einem dichten Lymphocyten- und Plasmazellwall umgebene, unscharf begrenzte Wucherungen, innerhalb deren man häufig eine Umwandlung in zunächst gallertartiges Bindegewebe und schließlich in eine homogene gallertartige Masse beobachten kann, in welcher Gefäße und Zellinfiltrat noch lange unverändert erhalten bleiben. Meist heilen derartig umgewandelte Gummen mit tief eingezogener Narbe ab; nur selten kommt es zum Durchbruch nach außen und damit zur Geschwürsbildung. Daneben sind manchmal auch noch verkäsende und fettige Degenerationsprozesse an dem Untergang dieser framboesischen, bindegewebigen Neubildungen beteiligt.

Differentialdiagnose: Die wichtigste und klinisch auch wohl schwierigste Unterscheidung ist diejenige von der Syphilis. Histologisch ist dies jedoch leichter. Dazu dienen vor allem die bei der Syphilis vorhandenen eigentümlichen Gefäßveränderungen. Für die Unterscheidung der syphilitischen Primärefflorescenz von der Muttereffloreszenz der Framboesie reicht allerdings die klinische Betrachtung völlig aus; dies gilt auch für die Sekundärexantheme. Schwierig ist lediglich die Unterscheidung der Spätformen beider Erkrankungen. Für diese ist das klinisch oft unmöglich. Da gestattet nun das histologische Bild eine sichere Trennung. Die Erreger sind allerdings wegen ihrer großen Ähnlichkeit dafür nicht zu verwerten, zumal sie auch gerade bei diesen Formen nur sehr selten gefunden werden. Als einziges sicheres Unterscheidungsmerkmal bleibt vielmehr nur die syphilitische Gefäßveränderung, die in jedem Falle ausschlaggebend sein muß. Bei der Framboesie findet sich lediglich eine Endothelwucherung und auch diese nur selten und andeutungsweise. Alle anderen Unterscheidungsmerkmale (stärkere Epithelwucherung bei der Framboesie, geringere beim syphilitischen Kondylom, schärfere Absetzung der Zellinfiltrate mit ihrem kennzeichnenden Aufbau aus Lymphocyten, Plasmazellen und Fibroblasten bei der Syphilis, unscharfe Begrenzung und außerordentlicher Plasmazellreichtum bei der Framboesie) sind unzuverlässig (Schamberg und Klauder, Hallenberger u. a.). Ob eine Trennung der Boubas brasiliana von der Framboesie (Breda) notwendig ist, da bei dieser die Castellanische Spirochäte nie gefunden wurde (Verroti), ist noch nicht zu entscheiden. Histologisch besteht zwischen beiden Erkrankungen auf alle Fälle eine weitgehende Übereinstimmung.

Pathogenese: Die Erkrankung wird heute wohl allgemein auf die Spirochaeta pallidula zurückgeführt, für deren Eindringen eine, wenn auch noch so geringfügige Epidermisverletzung notwendig ist. Die Ansteckung erfolgt meist im Kindesalter. Trotz der weitgehenden morphologischen Ähnlichkeit des Erregers mit dem Syphiliserreger, handelt es sich, wie besonders die Untersuchungen Neissers ergeben haben, um zwei verschiedene Krankheiten, die sogar bei ein- und demselben Affen experimentell hervorgerufen werden konnten. Dies gilt auch, obwohl Levaditi sowie Larrier nachgewiesen haben, daß syphilisinfizierte Affen gegen Framboesie immun waren, während framboesiekranke Affen mit Syphilis angesteckt werden konnten.

Anhang:

Ulcus tropicum.

Hier sei zunächst eine als Ulcus tropicum bezeichnete tropische Hautkrankheit erwähnt, die in Gestalt schmutziggrau-rötlicher, putrid riechender Geschwüre bald oberflächlich als Hautnekrose auftritt, bald tiefer reichend das ganze subcutane Gewebe, ja selbst darunter gelegene Organteile zur nekrotischen Einschmelzung bringt. Das Geschwür tritt meist im unteren Drittel der Unterschenkel auf und ist zu Beginn ausgesprochen kreisrund. Die Umgebung ist stets ödematös; die steil abfallenden oder leicht unterminierten

Ränder sind aufgeworfen und meist schmutziggrau verfärbt. Die Geschwürsfläche ist von einem glasigen, gelblichen, stark stinkenden Schleim bedeckt, der bisweilen zu pseudo-membranösen Auflagerungen führt (PROWAZEK).

Histologisch findet man in den Randpartien ein großzelliges, ödematöses, lockeres, nach der Tiefe zu ein festeres Gewebe. Dieses ist von zahlreichen polynucleären Leukocyten und Erythrocyten, vereinzelten Eosinophilen, nach der Tiefe in zunehmender Zahl von Plasmazellen durchsetzt und von reichlichen erweiterten Blutgefäßen durchzogen. Die Geschwürsdecke besteht aus fibrinösen, mit polynucleären Leukocyten und zugrunde gehenden Gewebsresten durchsetzten Massen. Das Geschwür reicht verschieden weit in die Tiefe und wird hier durch wechselnd große extravasculäre Blutansammlungen von dem darunterliegenden gesunden Gewebe abgetrennt. In diesem Gewebe finden sich neben spindelförmigen Bakterien auch Spirochäten, die man als die Erreger ansieht.

Stomatitis gangraenosa (Noma).

Mit Noma (Wasserkrebs) bezeichnet man eine als Stomatitis gangraenosa der Wangen-schleimhaut beginnende, schnell fortschreitende feuchte, schwarzrote bis schmutziggrau-grüne Gangrän, die sehr schnell durch das Gewebe der Wange nach außen durchbricht. Sie kann außerdem an anderen Körperöffnungen (an der Vulva, seltener am äußeren Gehör-gang) auftreten. Die Veränderung ist hauptsächlich durch den schnell fortschreitenden Gewebszerfall gekennzeichnet. Man muß von ihr alle jene Prozesse trennen, bei denen es zwar zum Gewebszerfall kommen kann, aber dieser nicht primär und unbedingt zum Krank-heitsbild gehört (Phlegmone, Erysipel, Decubitus, Thrombosen usw.).

Die Noma ist übertragbar und entpricht, wie heute allgemein angenommen wird, dem früher so gefürchteten Hospitalbrand.

Im histologischen Bilde ist die Erkrankung eine durch frühzeitigen nekrotischen Gewebszerfall gekennzeichnete Entzündung. Man kann dabei mehr oder weniger deutlich mehrere (meist drei), gelegentlich auch nur zwei verschiedene Zonen unterscheiden: eine oberflächlich zerfallende, eine in der Tiefe liegende, anscheinend noch gesunde Gewebspartie und eine zwischen diesen beiden liegende Übergangszone (MATZENAUER).

Am Rande des geschwürig zerfallenden Gewebes findet man als Übergang zum Gesunden einen Bezirk, in welchem die Epidermis gelockert oder auch abgehoben ist und das ganze Gewebe die Kernfärbbarkeit verloren hat. Viel ausgesprochener ist dies jedoch im cutanen sowie dem subcutanen Zellgewebe der Fall, wo — entsprechend ihrem Beginn von der Wangenschleimhaut aus — die Veränderung viel ausgedehnter erscheint, als dies den nekrotischen Ab-schnitten der äußeren Haut entspricht. In diesem oberflächlichen Bezirk selbst findet man nur noch diffus gefärbte kernlose Zellen, die mit ausgetretenen Blutkörperchen und Fibrin zu einer scholligen, oft in homogenen Streifen und Zonen angeordneten Masse verschmolzen sind.

Unmittelbar darunter und in engstem Zusammenhang mit diesem ein-geschmolzenen Gewebe findet man eine dichte, aus polynucleären Leukocyten und wuchernden Bindegewebszellen sowie wechselnd zahlreichen, aus den Gefäßen ausgetretenen roten Blutkörperchen bestehende Zellansammlung. Diese durchsetzt die erweiterten Lymphspalten, umspinnt die Gefäße sowohl der Haut wie der Anhangsgebilde. Die Gefäße selbst sind zum Teil throm-botisch verschlossen, andere wieder zeigen lediglich eine Wucherung ihrer Wandelemente, die zu einer Peri- sowohl wie Endovasculitis geführt haben, namentlich an den Arterien. Derartige Veränderungen lassen sich naturgemäß nur dann feststellen, wenn das Fortschreiten der Gangrän verhältnismäßig langsam erfolgt ist, so daß überhaupt Zeit zur Entwicklung einer Gewebs-reaktion blieb.

In anderen Fällen findet man die Gefäße und Anhangsgebilde mitsamt dem elastischen und kollagenen Gewebe bereits von der Einschmelzung weitgehend ergriffen. Es geht dann der nekrotische Gewebsabschnitt ziemlich plötzlich in die scheinbar noch wenig veränderte gesunde Umgebung über, so daß man nur zwei Zonen unterscheiden kann. Aber auch in diesem scheinbar gesunden Abschnitt deutet ein weitgehender Verschluß der Gefäße durch geronnenen Inhalt, das Austreten roter Blutkörperchen in die Umgebung, die hyalinartige Homogenisierung der Gefäßwand bereits auf eine schwere Schädigung hin. Bindegewebe und Muskulatur sind auseinandergedrängt, verwaschen in der Zeichnung, zum Teil und namentlich bei den hämorrhagischen Fällen, von ausgedehnten Blutmassen durchsetzt.

Ein dichter Filz fibrinöser Massen reicht von den oberflächlicheren zu den tieferen Abschnitten der Nekrose hinab und bedingt so jenes feste Zusammenhalten, das im klinischen Bilde die Noma als einen echt diphtherischen Prozeß kennzeichnet. Oft findet sich das Fibrin an der Übergangszone des nekrotischen zum entzündlich infiltrierten Gewebe in Form einer dichten, wallartigen Anhäufung. Seine Fasern lassen sich aber auch noch weit ins Gesunde hinein verfolgen, wobei sie besonders die stark erweiterten und gefüllten Blutgefäße umhüllen.

In diesem zerfallenden Gewebe, aber meist auch noch weit in jenen Bereich hinein, wo die Gewebsfärbung noch eine deutliche Zeichnung erkennen läßt, finden sich nun die verschiedenartigsten Mikroorganismen. Diese häufen sich an der Übergangszone in das noch weniger veränderte Gewebe oft in so dichten Massen an, daß sie bei entsprechender Färbung hier wie ein vorrückender Wall erscheinen. Von diesem ziehen dann Verzweigungen und Fortsätze in das nekrotische Gewebe hinunter, hier oft unregelmäßige Netzformen bildend. In den oberflächlichen, d. h. den ältesten Schichten des gangränösen Herdes werden sie dann schließlich weniger. Es handelt sich dabei um die verschiedensten Formen der Bakterien sowohl, als auch um Spirochäten und Spirillen und endlich um fadenartige Pilze.

Pathogenese: Selbstverständlich hat es nicht an Versuchen gefehlt, das eine oder andere dieser Lebewesen als auslösende Ursache für die so schnell verlaufende Gangrän verantwortlich zu machen. Am geringsten scheint noch die Bedeutung der Pilzfäden, die man am ehesten geneigt ist, als sekundäre Eindringlinge zu betrachten. Inwieweit im übrigen Bakterien oder Spirillen primär verantwortlich sind, dürfte kaum zu entscheiden sein. Wir wissen dies ja auch von der PLAUT-VINCENTschen Angina. Dort wie hier liegt es nahe, in dem Zusammenwirken der verschiedenen Erregerformen die Grundlage für die schnell fortschreitende Gangrän zu suchen. Allerdings ist auch diese Frage nach der Ätiologie ebenso wenig wie die nach der Pathogenese der Noma bis heute restlos gelöst. Die Grundkrankheit, an die sich die Gangrän anschließt, kann ganz verschiedener Art sein. Als Erkrankung sui generis ist die Noma wohl kaum zu betrachten. Es wird sich viel eher um eine Komplikation schwerst verlaufender infektiöser Erkrankungen bei hochgradig geschwächten Kranken, namentlich Kindern handeln. Anscheinend schafft dabei die schwere Allgemeinerkrankung die Voraussetzung, unter der dann jene auch in der gesunden Mundhöhle häufig vorkommenden Erreger ihr zerstörendes Werk beginnen.

6. Chronisch-entzündliche Granulationsgeschwülste unbekannter Ätiologie.

Lupus erythematodes (CAZENAVE).

Unter der Bezeichnung Lupus erythematodes (statt Lupus vielleicht besser „Granuloma") faßt man auf Grund gewisser klinischer Eigentümlichkeiten eine Gruppe meist chronischer, seltener akut verlaufender Hauterkrankungen zusammen, deren genetische Einheitlichkeit noch durchaus umstritten ist, wenn auch heute gewisse Zusammenhänge mit der Tuberkulose im Vordergrunde zu stehen scheinen (s. Pathogenese).

Die chronische, häufigere Form (Lupus erythematodes discoides) tritt meist symmetrisch und unter Bevorzugung des Gesichtes, der Ohren und des behaarten Kopfes, seltener an den Händen und Füßen, dem Rumpf und den Schleimhäuten auf. Sie beginnt mit an und für sich wenig kennzeichnenden hellroten Flecken, die sich allmählich kreisförmig ausdehnen (Erythème centrifuge, BIETT), wechselnd stark schuppen und nach einiger Zeit in der Mitte unter weißlicher oder graubrauner Verfärbung atrophisch einsinken, während der erhabene Rand in hell- bis blauroter Farbe sich scharf gegen die Umgebung absetzt. Der Erkrankungsherd zeigt eine wechselnd starke Verhornung; diese tritt, je nach ihrer Stärke, lediglich in Form feiner, den Follikelöffnungen entsprechender Knötchen oder als dicke, schwer ablösbare Schuppenauflagerung von grauweißer Farbe auf, an deren Unterseite nach dem Abheben wechselnd mächtige Hornzapfenbildungen sichtbar werden.

Man hat je nach dem Vorherrschen der einen oder anderen dieser Begleiterscheinungen für die Erkrankung verschiedene Bezeichnungen vorgeschlagen (Seborrhoea congestiva, Hebra, Erythème centrifuge, BIETT, Ulerythema centrifugum, UNNA).

Neben der chronischen ist eine akute Erkrankungsform bekannt (Lupus erythematodes acutus), die exanthemartig auftritt und in ihren klinischen Erscheinungsformen eine gewisse Ähnlichkeit mit der vorigen hat. Sie kann sich aus der chronischen Form oder aber auch plötzlich ohne vorhandenen oder auftretenden Lupus erythematodes discoides entwickeln (echter Lupus erythematodes acutus KAPOSI) und pflegt in den meisten Fällen unter hohem Fieber und schwersten Allgemeinerscheinungen zum Tode zu führen. Zum gleichen Krankheitsbild kann man wohl das Erythema perstans zählen, das KAPOSI, dem wir auch die erstmalige Darstellung der exanthematischen akuten Form verdanken, von dieser noch besonders abgegrenzt wissen wollte.

Der histologische Untersuchungsbefund ist naturgemäß je nach dem zur Untersuchung gelangenden Stadium der Erkrankung ganz verschieden, aber auch bei an und für sich den gleichen klinischen Krankheitsformen sind die Ergebnisse derart wechselnd gewesen, daß von einem kennzeichnenden histologischen Aufbau der Erkrankung kaum gesprochen werden kann (LENGLET, JADASSOHN).

Die einzelnen Veränderungen sind erst dann für die Diagnose verwertbar, wenn sie in bestimmten Zusammenhängen angetroffen werden, wenn jene eigenartige „Kombination verschiedener pathologischer Erscheinungen und Zustände" vorliegt, die eben dem Lupus erythematodes entspricht (LEWANDOWSKY).

Der Beginn der Veränderung spielt sich vor allem und nach dem Urteil sämtlicher Untersucher am Gefäßsystem des Papillarkörpers (LELOIR, VEIEL u. a.) und vor allem des Stratum subpapillare und der Cutis ab (LENGLET, UNNA, SCHOONHEID), so sehr auch im klinischen und histologischen Bilde die Epidermisveränderungen im Vordergrunde zu stehen scheinen. In diesem ersten, dem erythematösen Stadium, sind die Blut- und Lymphgefäße strotzend gefüllt und außerordentlich erweitert, ihre Wandung daher verdünnt. Nur selten wurde eine umschriebene Verdickung der Gefäßwand beobachtet; die von GEBER, LELOIR u. a. erwähnte, bis zu völligem Verschluß führende Endothelwucherung (Endovasculitis obliterans) muß als ganz vereinzelte Ausnahme angesehen werden. Zu dieser Gefäßdilatation, die namentlich an den subepithelialen Lymphgefäßen häufig zur Bildung „lymphsee"-artiger Erweiterungen führt (UNNA, JADASSOHN), tritt ein wechselnd starkes Ödem, das sich besonders deutlich im Stratum papillare ausprägt, aber auch im Stratum subpapillare und der Cutis in der Regel — wenn auch in schwächerem Grade — nachweisbar ist. In den frühesten Stadien und — was ihnen im großen ganzen entspricht — im fortschreitenden Rande älterer Herde tritt demgegenüber die celluläre Infiltration anfangs erheblich zurück. Auffälliger sind die zu diesem Zeitpunkt nicht eben selten vorhandenen und manchmal recht ansehnlichen Blutungen (KAPOSI, LELOIR, HOLDER, KYRLE u. a.), die bei dem eben geschilderten Verhalten der Gefäße durchaus verständlich erscheinen. In den wenigen Fällen, wo eine Untersuchung ganz frischer (höchstens bis zu 2 mm breiter) Erkrankungsherde möglich war, bestand die zellige Infiltration um die Gefäße, die sich fast ausschließlich auf das Stratum subpapillare beschränkte, aus zahlreichen Plasmazellen (LEWANDOWSKY). UNNA spricht sogar von einem richtigen Plasmom, dessen Plasmazellen jedoch sehr bald einer

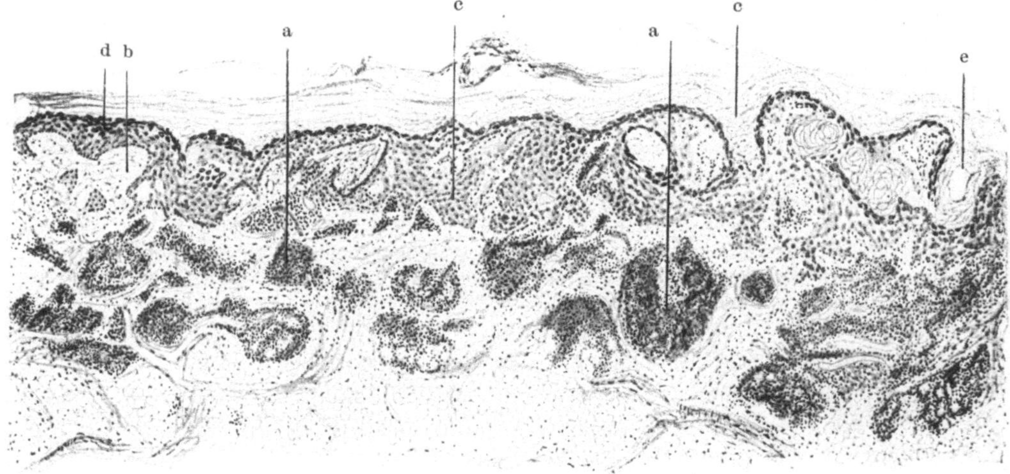

Abb. 231. Lupus erythematodes. Übersichtsbild. a Lymphocytenherde; b Ödem des Papillarkörpers; c Verbreiterung des Rete; d Verbreiterung der Keratohyalinschicht; e Hyperkeratose. (Sammlung LEWANDOWSKY.)

„spezifischen Atrophie" unterliegen, so daß dann alle Lymphspalten der zentralen Zellherde dicht mit protoplasmatischen Bröckeln erfüllt sind, ein Befund, der allerdings von anderen Untersuchern in diesem Ausmaß nicht festgestellt wurde. Es überwiegen im Gegenteil jene Beobachtungen, wo in den Zellinfiltraten, die sich anfangs ja streng an die Gefäße halten und erst später mehr diffus über den ganzen erkrankten Abschnitt verteilt sind, Plasmazellen nahezu völlig fehlten und die Hauptmasse des Infiltrats neben vermehrten Bindegewebszellen aus Rundzellen bestand, die in ihrem feineren Aufbau durchaus den Lymphocyten entsprachen. Mitosen sind sehr selten (SCHOONHEID, JADASSOHN). Vereinzelt, besonders in der Umgebung der Follikel, in den Reteleisten und Haarscheiden trifft man auch auf polynucleäre Leukocyten. Die Rundzellen bilden auf der Höhe der Erkrankung die Grundlage der Infiltration, die sich von anderen entzündlichen Zellansammlungen besonders dadurch unterscheidet, daß die einzelnen Rundzellen nicht so dicht und eng, sondern nur locker beieinander liegen (SCHOONHEID, KYRLE), ein Befund, der besonders dort recht auffallend wird, wo die Zellherde sehr reichlich und weit ver-

breitet auftreten. Von hier bis zu der von Unna und Buri beschriebenen
zentralen „Kanalisierung“, einer enormen Erweiterung der „Saftspalten und
Lymphgefäße“ in den mittleren Teilen der Zellherde, finden sich alle Übergänge.
Allerdings zählen Fälle, wo sich ein „richtiges Röhrensystem“ (Unna) feststellen läßt, zu den Ausnahmen und auch dann scheint eine Entstehung infolge
äußerst starker Ödematisierung des Gewebes verständlicher als eine „inselartige Einschmelzung“ der Zellherde. In diesen finden sich neben den Rundzellen kleinere und größere typische Plasmazellen, vor allem am Rande der
Zellherde. Die Zahl der Mastzellen scheint gegenüber der Norm nicht wesentlich verändert. Über das Vorkommen von Riesenzellen sind die Meinungen
geteilt. Während Lewandowsky noch betonte, daß sich alle neueren Unter-

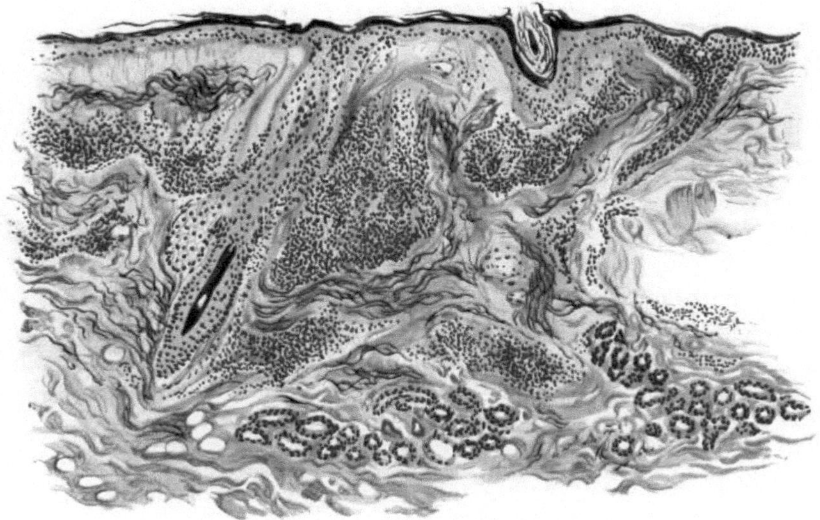

Abb. 232. Lupus erythematodes discoides. Älterer Herd. (♀, 25jähr., Wange.) Hyper-
keratose, vor allem follikulär; Atrophie der übrigen Epidermisschichten; zur Cutis scharf abgesetzte
Infiltrate. Homogenisiertes Bindegewebe im Stratum papillare (Grenzstreifen). Orcein-polychromes
Methylenblau. O = 66 : 1; R = 66 : 1.

sucher im Gegensatz zu den älteren Befunden von Audry darin einig seien,
daß echte Langhanssche Riesenzellen, epitheloide Zellen in größeren Haufen
oder tuberkelähnlicher Anordnung nicht vorkommen, liegen einige Beobachtungen
aus jüngster Zeit vor (Altmann), laut welchen ihr bereits von Darier, Jadassohn und Ehrmann erwähntes Vorhandensein bestätigt wird, wenn ihnen auch
eine besondere Bedeutung nicht zukommen dürfte (Zieler). Auch lupoide Einlagerungen wurden beschrieben (C. A. Hoffmann), in Fällen, wo eine Verwechslung mit jenen dem Lupus erythematodes ähnlichen echten Lupusformen (Lupus
erythematoides) sicher ausgeschlossen werden konnte. Nach eigenen Befunden
ist jedoch ein Teil derartiger Riesenzellen sicherlich als Fremdkörperriesenzellen
anzusprechen, wie sie in der Umgebung entzündeter Haarfollikel nicht eben
selten beobachtet werden. Vereinzelt trifft man innerhalb der Infiltrate auf
eine hyaline Umwandlung einzelner Zellen, die Russelschen Körperchen.

Die Zellinfiltration, anfangs strang- und knötchenförmig die Gefäße begleitend, ist später mehr diffus verteilt, beschränkt sich aber auch dann auf

das Stratum subpapillare und die Cutis. Sie reicht nur an vereinzelten Stellen tiefer hinunter; dies besonders dort, wo das Gefäßsystem der Hautanhangsgebilde die Entwicklung begünstigte. Der Papillarkörper ist in der Regel frei, wenn auch namentlich von JADASSOHN Beobachtungen vorliegen, wo bei oberflächlichen Fällen und am Rande ausgedehnter Krankheitsherde die Zellansammlungen bis dicht an das Epithel heranreichen. Ganz allgemein zeigen jedoch die einzelnen Fälle, gleichgültig ob es sich um frische oder länger bestehende handelt, in dieser Hinsicht eine außerordentliche Verschiedenheit, so daß von einer besonderen Regel (ältere Fälle: diffuse Infiltration, LELOIR)

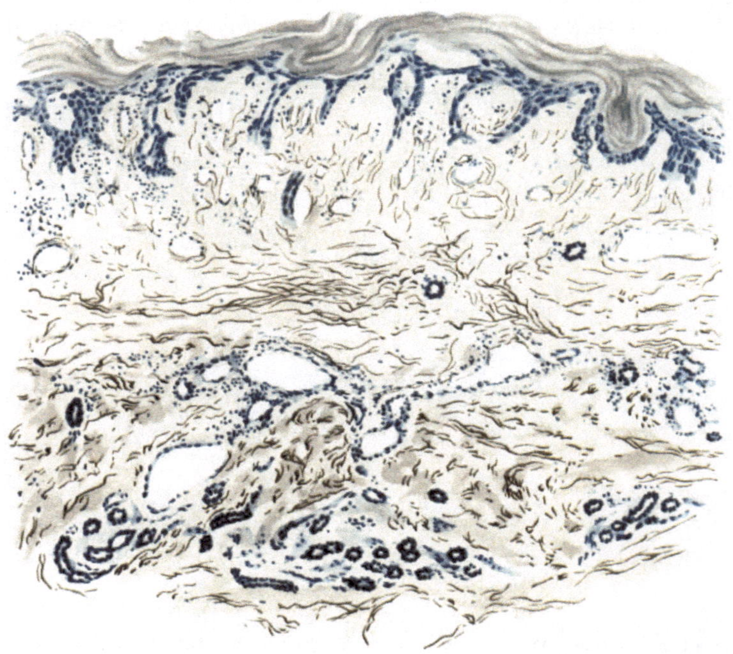

Abb. 233. L u p u s e r y t h e m a t o d e s d i s c o i d e s. (♀, 17jähr., Kleinfingerrücken, angeblich seit 8 Wochen bestehend.) Hyperkeratose, Atrophie der übrigen Epidermis, starkes Ödem im Stratum papillare und subpapillare mit Auflockerung des elastischen und kollagenen Gewebes. Starke Erweiterung der Lymph- und Blutgefäße bei sehr geringgradiger diffuser Zellinfiltration, besonders im Stratum papillare. Saures Orcein-polychromes Methylenblau. O = 66 : 1; R = 60 : 1.

hier kaum gesprochen werden kann. Darin stimmen jedoch eigene Befunde mit denen der meisten Beobachter überein, daß, so tief auch die Zellansammlung in der Mitte eines Erkrankungsherdes sein mag — sie wurde sogar im Unterhautzellgewebe festgestellt —, sie nach dem Rande zu immer oberflächlicher wird (JADASSOHN). Die tiefen Herde sowohl wie die der Randabschnitte sind dabei auch dann mehr oder weniger scharf abgesetzt, wenn im übrigen die Zellansammlung sich diffus über den Erkrankungsherd verteilt (BURI, LELOIR, AUDRY, JADASSOHN, LENGLET u. a.).

Das entzündliche Ödem führt gelegentlich zu einer L ü c k e n b i l d u n g zwischen Epidermis und Cutis (UNNA, JADASSOHN); im Papillarkörper bedingt es eine Auseinanderdrängung der elastischen und kollagenen Fasern, so daß das Bindegewebe in ein zartes Netzwerk aufgelöst ist, die elastischen Fasern namentlich zur Epidermis hin nur noch als zarteste langgestreckte Reiserchen erkennbar bleiben, während die Bindegewebsfasern oft mehr gequollen sind und ein homogenes, hyalines Aussehen haben (Unna). Damit nicht zu verwechseln ist der — wie bei vielen anderen chronisch infektiösen Granulationsgewebsbildungen — auch hier zu beobachtende dicht unter dem Epithel hinziehende Grenzstreifen, der lediglich als Folge des hier stets vorhandenen, wenn auch oft nur geringen Ödems zu betrachten ist. Mit einer irgendwie gearteten Degeneration (hyaline Degeneration, Holder) hat dieser Grenzstreifen, wie auch Schoonheid und Lewandowsky bereits hervorgehoben haben, nichts zu tun.

Innerhalb der Infiltrate gehen die kollagenen, dann auch die elastischen Fasern zugrunde, und zwar zunächst und ziemlich schnell innerhalb der Zellherde selbst (Lenglet), allmählich aber auch in dem zwischen diesen liegenden Gewebe (Unna). Am längsten bleiben sie noch im Papillarkörper, und namentlich in Epidermisnähe, als mehr oder weniger aufgequollene, verklumpte, homogene kolloide Blöcke liegen. Man hat geglaubt darin ein besonderes Kennzeichen für den Lupus erythematodes sehen zu dürfen (Kyrle, Schoonheid). Die Tatsache, daß es sich in den meisten der untersuchten Fälle um Erkrankungsherde im Gesicht, vor allem der Wangen handelt, macht jedoch die Auswertung derartiger Veränderungen des elastischen Gewebes sehr schwierig. Sie finden sich nämlich in mehr oder weniger ausgesprochenem Maße, wie ich selbst mich an Kontrollpräparaten überzeugen konnte, in ganz ähnlicher Form bei den verschiedensten Erkrankungen der Gesichtshaut und auch ohne diese nicht nur in älteren, sondern auch in verhältnismäßig mittleren Jahren, vorausgesetzt, daß die Träger den entsprechenden Witterungseinflüssen ausgesetzt waren (Landleute u. s. w.). Eine Verwertung im Sinne der Diagnose: Lupus erythematodes kann daher, wie dies schon Jadassohn in Übereinstimmung mit Jarisch, W. Pick und Kreibich und erst jüngstens wieder Arzt betont hat, diesen Veränderungen nicht ohne weiteres zugesprochen werden. Damit soll jedoch durchaus nicht bestritten sein, daß die dem Lupus erythematodes zugrunde liegende Noxe die Entstehung derartiger Gebilde erleichtere oder gar beschleunige.

An den Gefäßen selbst sind im übrigen nennenswerte Veränderungen nicht festgestellt worden. Von einer geringen Endothelschwellung abgesehen, zeigen sie in der Regel keine Störungen. Vereinzelt beobachtete Endarteriitiden oder Endophlebitiden bzw. Thrombosen (Leloir, Ravogli, Lenglet, Delbanco) dürften für die Erkrankung kaum kennzeichnend sein.

Den Veränderungen der Hautanhangsgebilde wurde früher große Bedeutung beigelegt, besonders in Hinsicht auf die Hebrasche Meinung, daß die Talgdrüsen den Ausgangspunkt der Veränderung darstellten. Neumann, Kaposi, H. v. Hebra u. a. glaubten eine Hypertrophie der Talgdrüsen annehmen zu dürfen, ein Irrtum, der wohl in erster Linie darauf zurückzuführen ist, daß die Untersuchungen an der Gesichtshaut vorgenommen wurde, wo ja an und für sich die Talgdrüsenausbildung sehr mächtig ist (Unna). Das gleiche trifft für die Nase zu, wo Schoonheid in einem Falle die Talgdrüsen-Hypertrophie beim Lupus erythematodes besonders hervorhebt. Befunde von anderen Hautstellen (Handfläche, [J. Neumann], Schleimhaut), an welchen diese reiche Talgdrüsenbildung nicht so im Vordergrunde steht oder überhaupt fehlt, zwingen vielmehr zu der zuerst von Geber vertretenen Ansicht, daß eine Vergrößerung dieser Drüsen kaum anzunehmen sei (Jadassohn, Unna). Hingegen wird allgemein auf eine im Anschluß an eine Verfettung aller Drüsenzellen auftretende Atrophie hingewiesen. Diese wird von einem Teil der Forscher (SCHÜTZ, UNNA) auf die vollständige Verfettung aller Drüsenzellen und eine dadurch hervorgerufene Stauung, von anderen (GEBER, JADASSOHN) auch auf den Druck des die Drüsen oft dicht umspinnenden Infiltrates zurückgeführt. Vereinzelt mag auch das Eindringen von Wanderzellen in die Drüsenläppchen zu deren Untergang führen (JADASSOHN). Am Haarfollikel selbst wurden Sproßbildung und reichliche Mitosen beobachtet, die sich allerdings nach UNNA auf den oberen Abschnitt des Follikels beschränken sollen, während der mittlere und untere unverändert bleibe, so daß die Haarbildung selbst keine Störungen erleiden müsse (BURI). Andererseits führen Vorgänge in der Epidermis, auf die gleich einzugehen ist, zur Bildung oberflächlicher Haarcysten (UNNA), zur Aufsplitterung oder völligen Zurückdrängung der Haare, so daß die Follikel nicht selten völlig zugrunde gehen.

Die Schweißdrüsen und Schweißdrüsenausführungsgänge sind in der Regel erweitert, eine Veränderung, die durch die Verstopfung der Ostien mit Hornmassen und die dadurch bedingte Sekretretention ohne weiteres verständlich erscheint. Genau wie bei den Talgdrüsen kommt es auch bei den Schweißdrüsentubuli durch das dichte periglanduläre Zellinfiltrat zu degenerativen Vorgängen. Irgend eine Besonderheit kommt jedoch auch diesen nicht zu.

Die Veränderungen der Epidermis betrachtet man heute entgegen früheren Anschauungen als rein sekundärer Art. Immerhin findet man schon sehr frühzeitig eine Hyperkeratose an Stellen, wo eine entsprechende Epithelwucherung im übrigen noch völlig fehlt (UNNA). Man möchte daher doch engere Zusammenhänge zwischen der die Krankheit auslösenden Noxe und den Epidermisveränderungen vermuten, als dies z. Zt. geschieht. In der Regel pflegt allerdings zugleich mit der starken Hyperkeratose eine wechselnd starke Wucherung der übrigen Epidermisschichten einzusetzen. Diese ist ungleichmäßig über die erkrankte Hautstelle verteilt und führt besonders an den Follikel- und Schweißdrüsenöffnungen, dann aber auch unabhängig von diesen, zu einer Verbreiterung der Stachelschicht und einer Verlängerung der Epithelleisten. Das von der Cutis zur Oberfläche vordringende Zellinfiltrat ruft jedoch sehr bald eine umschriebene Abflachung der Stachelschicht hervor. Besonders deutlich ist dies an den Stellen, wo von der Oberfläche her jene hyperkeratotischen Zapfen in die Tiefe drängen. Hier findet man dann schließlich statt einer Hypertrophie eine umschriebene Atrophie der Epidermis. Ihre Zellen sind durch das vom Papillarkörper herübergreifende Ödem gequollen, oft auseinandergedrängt und verfallen häufig einer Art hyaliner Degeneration (RUSSELsche Körper), so daß schließlich nur noch eine schmale Lage plattgedrückter Epithelien den ödematös geschwollenen Papillarkörper von dem Hornstachel trennt. In diesen eingesenkten kleinen Hornzapfen bleiben die Zellkerne nicht selten erhalten, so daß man hier innerhalb der sonst ganz allgemein vorhandenen echten Hyperkeratose kleinste umschriebene parakeratotische Herde antrifft (s. Abb. 234). Die geringe Widerstandsfähigkeit dieser Epithelschicht macht die Neigung zur Blutung nach Entfernung des Hornzapfens leicht verständlich.

Die Hornzapfenbildung beschränkt sich durchaus nicht auf die Follikel- und Schweißdrüsenöffnungen, sondern sie findet sich auch unregelmäßig zerstreut über die ganze Oberfläche, wenn sie hier im allgemeinen auch flacher ist. In den Haarfollikeln führt sie zur cystenartigen Erweiterung der Haarbalgtrichter, die man früher fälschlich als Milien (Neumann) bezeichnete.

An den übrigen Hautstellen ist die Hyperkeratose gleichmäßiger; die Hautoberfläche verläuft daher mehr oder weniger leicht gewellt. Das Verhalten des Stratum granulosum wechselt; es erscheint meist verbreitert. Dabei handelt es sich jedoch eher um eine Vergrößerung der einzelnen Zellen, als um eine zahlenmäßige Zunahme, was schon daraus hervorgehen dürfte, daß der Keratohyalingehalt der einzelnen Zelle scheinbar schwächer ist als gewöhnlich. Die Stachelschicht wechselt in ihrem Verhalten. Suprapapillär ist sie an einzelnen Stellen deutlich verbreitert mit plumperen Epithelleisten; an anderen Stellen von vornherein deutlich verschmälert, unter mehr oder weniger ausgedehntem

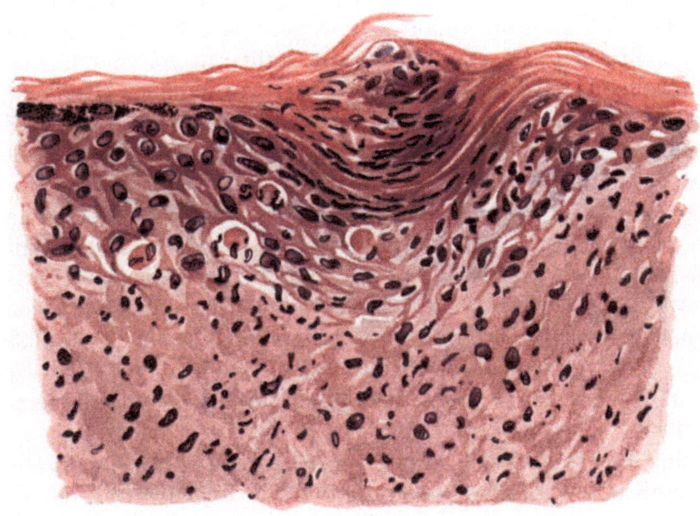

Abb. 234. Lupus erythematodes subacutus (♀, 41jähr., Regio mastoidea). Hyperkeratose mit Hornpfropf (z. T. parakeratotisch bei fehlendem Stratum granulosum). In der Epidermis Ödem, trübe Schwellung des Protoplasmas, Schwund der „Stacheln", Vakuolisierung der Kerne, hyaline Umwandlung einzelner Zellen, Durchwanderung polynucleärer Leukocyten. Ödem des Papillarkörpers mit Zell- und Kernzerfall. Hämatoxylin-Eosin. O = 290:1; R = 290:1.

Schwund ihres Leistensystems. Auf der Höhe der Veränderung steht die Hyperkeratose entschieden im Vordergrunde, häufig vergesellschaftet mit einem mächtig vergrößerten Stratum granulosum und lucidum. Aber auch diese Angaben werden von anderen Untersuchern bestritten und die ganze Hornschicht vielfach als unverändert beschrieben. Für die späteren Stadien wird allgemein die Verschmälerung der Epidermis, manchmal noch mit wechselnder Verdickung ihrer Hornschicht angegeben.

Feinere Veränderungen der Epidermis (trübe Schwellung des Protoplasma, Schwund der „Stacheln", Vakuolisierung der Kerne, hyaline Umwandlung einzelner Zellen, Durchwanderung polynucleärer Leukocyten, Reste elastischer Fasern im Epidermisepithel) werden beschrieben, ohne daß diesen Veränderungen eine besondere Bedeutung beizumessen wäre. Sie alle sind in erster Linie auf das auch in der Epidermis vorhandene Ödem zurückzuführen, welches nicht bloß zu inter-, sondern auch zu intracellulärer Flüssigkeitsansammlung, damit neben Quellung der einzelnen Zellen auch zur Verbreiterung der

Intercellularlücken führt. Je nach dem Grade des entzündlichen Ödems sind diese Veränderungen mehr oder weniger stark ausgeprägt; sie werden dort am stärksten sein, wo der entzündliche Prozeß am ausgiebigsten auftritt. Daher wird es leicht verständlich, daß wir die stärksten Grade des Ödems in Gestalt richtiger Bläschen- und Blasenbildung gerade beim Lupus erythematodes acutus antreffen.

In dem Maße, wie die entzündlichen Veränderungen zurückgehen, schwindet naturgemäß auch das Ödem. Es hat durch seinen verhältnismäßig langen Bestand jedoch die Epidermis so sehr in Mitleidenschaft gezogen, daß in abheilenden Krankheitsherden die Oberhaut auf wenige Zellagen verringert ist. Über der Mitte dieser atrophischen Herde ist dann auch das Pigment geschwunden; manchmal setzt dieser Pigmentschwund schon ziemlich früh ein. Daneben finden sich allerdings häufig zerstreute oder haufenweise aneinandergelagerte Pigmentzellen am oberen Rand der Infiltrate, seltener in den tieferen Cutisabschnitten (JADASSOHN). Innerhalb der atrophischen Herde werden an stark behaarten Stellen die „Haarcysten" mit der gewucherten Hornschicht abgestoßen, die Haarbalgtrichter verkürzt und ausgeglichen (UNNA). Der Haarwuchs kann sich dabei wieder einstellen, während die Haarfollikel der Lanugohärchen vielfach völlig zugrunde gehen. Die in diesen glatt und haarlos erscheinenden, abgeheilten Herden vorhandene Narbenbildung führt UNNA auf das Einsinken des Papillarkörpers durch Schwund kollagener Substanz, die auffallende Weiße dieser Narben auf ausgedehnte Lymphangiektasien zurück, denen nur spärliche und verengte, oft völlig verschlossene Blutgefäße gegenüber stehen. Andere Beobachter (SCHOONHEID) haben derartige Lymphveränderungen nicht gesehen. Auch ich konnte sie in nennenswertem Ausmaß nicht feststellen.

Ebenso sind die Rückbildungsvorgänge in der Cutis durchaus nicht gleichartig beschrieben, ausgenommen die kolloide Degeneration der elastischen Fasern, die allgemein bestätigt wird. Daneben wurde, namentlich früher, von fettiger, hyaloider und glasiger Degeneration gesprochen, Angaben, die allerdings von Forschern, denen bessere Untersuchungsmethoden zur Verfügung standen (UNNA, JADASSOHN u. a.), nicht bestätigt wurden. Wenn man von der Auflockerung der Zellen und des Gewebes durch das Ödem, worauf besonders UNNA hingewiesen hat, absieht, bleibt nur noch die von JADASSOHN gerade beim Lupus erythematodes mit besonderer Regelmäßigkeit beobachtete Umwandlung des Granulationsgewebes in „unregelmäßig fädige, bald sehr lang gezogene, bald an Bindegewebsbündelkerne erinnernde Gebilde" übrig, um den Schwund desselben verständlich zu machen. Es handelt sich dabei um eine vielleicht schleimähnliche Substanz, die wahrscheinlich von den Zellkernen abstammt und entweder in umschriebenen kleinsten Herden innerhalb oder am Rande der Infiltrate sichtbar wird, in anderen Fällen jedoch die gesamte Infiltratmasse ersetzt hat. Die Gebilde ähneln den langgezogenen Kernen wandernder Leukocyten, sind jedoch meist länger gestreckt, oft zu langen fädigen Formen. Über die Natur dieser Veränderungen herrscht noch keine Klarheit; JADASSOHN denkt dabei auch an „eine fibrinoide Ausscheidung". Alles in allem sind wir über diese der endgültigen Abheilung des Lupus erythematodes zugrunde liegenden Vorgänge noch nicht hinlänglich unterrichtet; das gleiche gilt für den Aufbau der wirklich abgeheilten Abschnitte.

Der Aufbau des Gewebes beim Lupus erythematodes der Schleimhäute
weicht grundsätzlich nicht von dem der äußeren Haut ab. Pautrier und Fage

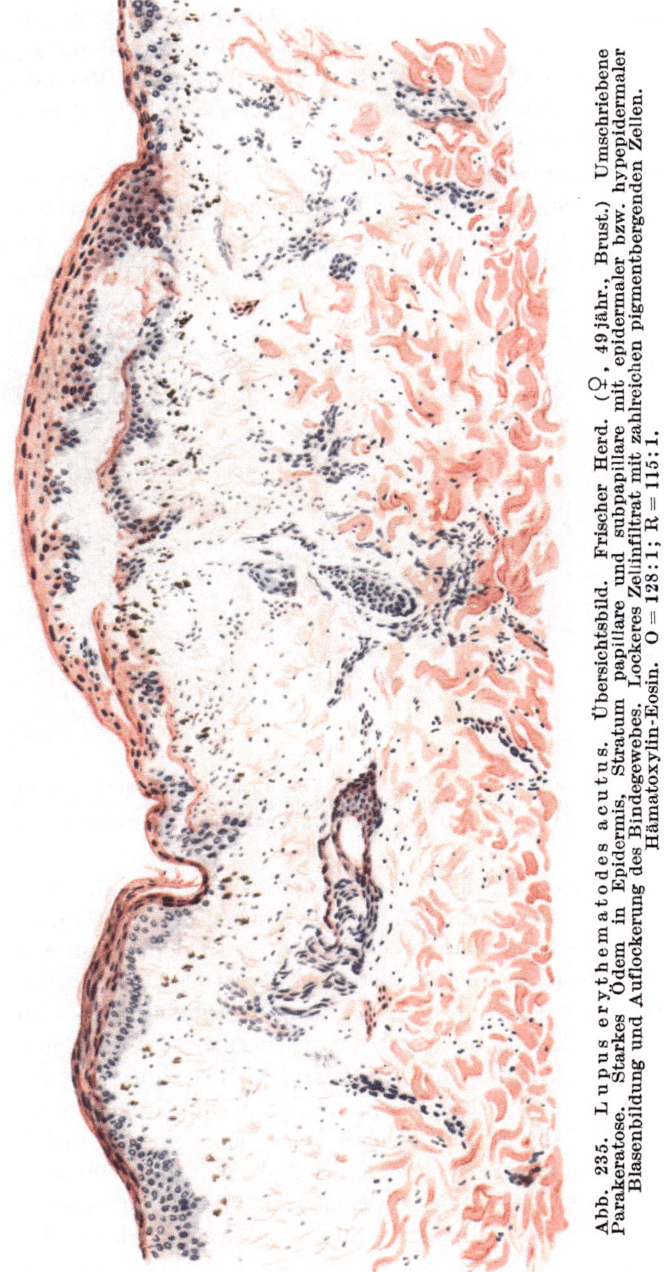

Abb. 235. Lupus erythematodes acutus. Übersichtsbild. Frischer Herd. (♀, 49 jähr., Brust.) Umschriebene Parakeratose. Starkes Ödem in Epidermis, Stratum papillare und subpapillare mit epidermaler bzw. hypepidermaler Blasenbildung und Auflockerung des Bindegewebes. Lockeres Zellinfiltrat mit zahlreichen pigmentbergenden Zellen. Hämatoxylin-Eosin. $O = 128 : 1$; $R = 115 : 1$.

erwähnen die Umwandlung der Schleimhautepithelien in echte Hornzellen,
so daß hier richtige Keratose mit Hornzapfenbildung, gerade wie an der Epidermis, beobachtet wird.

Von anderen Erscheinungsformen des chronischen Lupus erythematodes wären noch kurz die an und für sich unbedeutenden Abweichungen zu erwähnen, welche an den pernioähnlichen Papeln des Hand- und Fingerrückens (Chilblain-Lupus von Hutchinson, Lupus pernio von Besnier) ähnliche Fälle beobachtet wurden. Bei ihnen steht die starke gleichmäßig derbe Hyperkeratose im Vordergrunde; das Ödem und alle davon abhängigen Veränderungen sind geringer entwickelt, während im übrigen ein Unterschied von dem gewöhnlichen Bilde nicht auffällt (Unna).

Beim **Lupus erythematodes acutus** steht, wie das für die Epidermisveränderungen oben bereits angeführt wurde, die äußerst starke Entwicklung des Ödems im Vordergrunde. Die gleichen ausgedehnten Flüssigkeitsansammlungen finden sich auch im Papillarkörper und in der Cutis, so daß hier

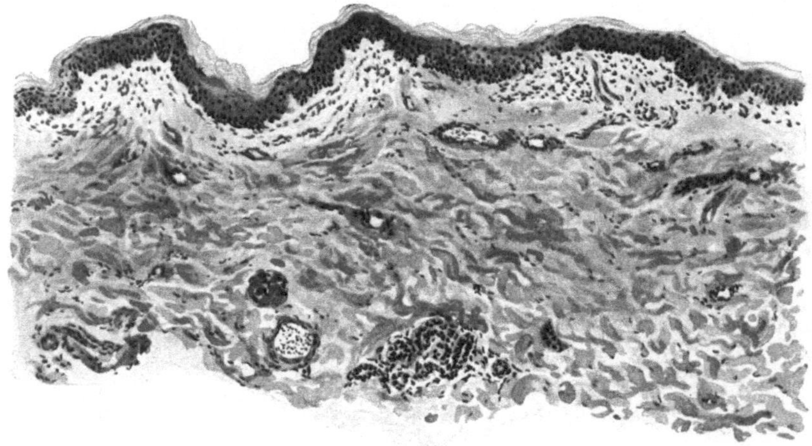

Abb. 236. Lupus erythematodes acutus in Abheilung. (♀, 49jähr., Oberarm, Streckseite.) Fleckweise noch Reste des Epidermisödems, scharf abgesetzte homogenisierte Bindegewebsherde in Stratum papillare und subpapillare mit Resten geringgradiger Zellinfiltration und erweiterten Gefäßen. O = 66:1; R = 60:1.

jene eigenartige Lockerung des Zellinfiltrates noch auffallender erscheint wie bei den chronischen Formen. Grundsätzlich sind jedoch die Veränderungen hier wie dort die gleichen. Je nach dem Grade des Ödems kann man daher vom histologischen Bilde der frisch aufschießenden Papel des Lupus erythematodes discoides alle Übergänge feststellen bis zu den Gewebsveränderungen beim Erysipelas perstans bzw. bei den akuten Erythematodesformen. Hier finden sich jedoch in der Regel ausgedehnte Hämorrhagien; es kommt häufiger zu einer völligen Abhebung der Epidermis von der Cutis, und damit zur Bläschen- und Blasenbildung, wie wir sie in diesem Ausmaß sonst nur noch beim Erythema exsudativum multiforme zu sehen gewohnt sind (s. Abb. 235). Das Ödem kann natürlich auch in den höheren Schichten der Epidermis stärker auftreten und dann zu epidermaler Bläschenbildung führen. In der Umgebung dieser Bläschen findet man dann alle Stadien vakuolärer Degeneration der Epithelzellen, was wiederum zu Störungen in der Keratohyalinbildung und damit, wie das besonders deutlich ein von Gans aus der Heidelberger Hautklinik untersuchter Fall zeigte, im Gegensatz zu der gewöhnlich vorhandenen Hyperkeratose zu ausgedehnter Parakeratose und Krustenbildung (Jadassohn u. a.) Anlaß gibt.

Besteht so grundsätzlich kein Unterschied im geweblichen Aufbau der beiden Erscheinungsformen, so sind doch eigentümliche Pigmentierungsvorgänge besonders erwähnenswert, wie sie Petrini, Verrotti und dann auch Gans in dem eben erwähnten Falle beobachten konnte. Es handelt sich dabei um eine ausgedehnte Hyperpigmentierung, die sich sowohl im Gesicht (Verrotti) als auch am gesamten Körper im Bereich der erkrankt gewesenen Hautabschnitte (Gans) vorfand. An Kopf und Händen ausgesprochen diffus, war das Pigment in unserem Falle am Rumpf eigentümlicherweise fast rein follikulär angeordnet. Es fand sich mikroskopisch in sämtlichen Lagen der Epidermis,

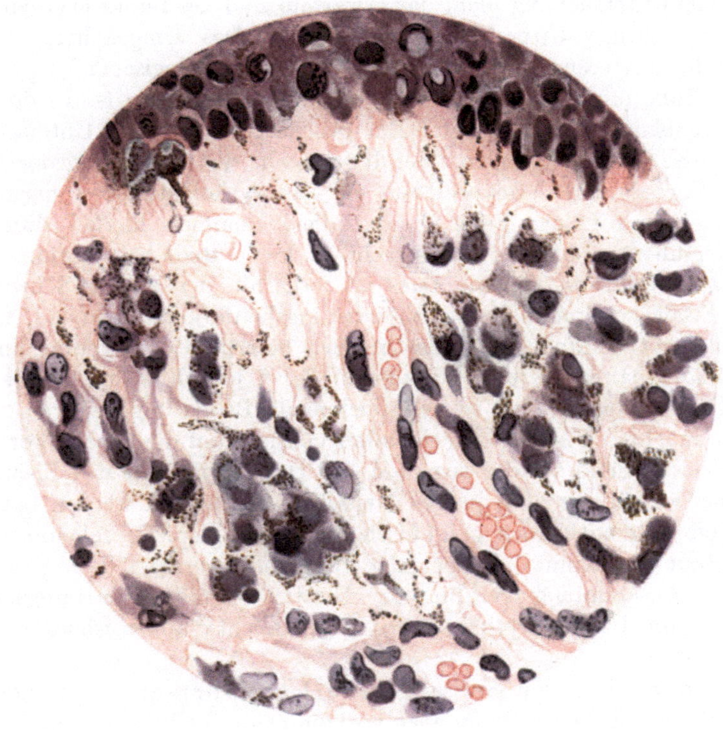

Abb. 237. Lupus erythematodes acutus. (♀, 49jähr., Oberarm, Streckseite.) Zahlreiche Melaninpigment tragende Zellen in einem ödematös aufgelockerten Gewebe an der Grenze von Epidermis und Papillarkörper. In der Mitte nach rechts unten ziehend eine Kapillare. Hämatoxylin-Eosin. O = 480:1; R = 430:1.

sogar bis zur Hornschicht hinauf und, wenn auch in geringerer Menge, im Papillarkörper, sowie anscheinend auch innerhalb erweiterter Lymphgefäße (Petrini). Die pigmenttragenden Zellen waren im Gegensatz zu den bei anderen Pigmentierungsvorgängen in der Cutis vorhandenen auffallend groß, plump und oft abgerundet.

Über der Genese dieser Hyperpigmentierung liegt noch völliges Dunkel. Mit Rücksicht auf die beim akuten Lupus erythematodes vorhandenen ausgedehnteren Blutungen ist Petrini geneigt, eine hämatogene Entstehung anzunehmen. Verrotti denkt an Zusammenhänge mit der in seinem Fall vorhandenen Amenorrhöe. Gans ist bei der 52jährigen Frau, die nach Abheilung der Hauterkrankung einer eitrigen Pleuritis erlag und bei der die Sektion keinerlei Anhaltspunkte für Tuberkulose ergab, eine Klärung nicht möglich gewesen. In keinem der Fälle gelang es jedoch, in den Pigmentkörnchen Eisen nachzuweisen. Gans ist daher eher geneigt, das Pigment als Melanin anzusehen und möchte bezüglich der Entstehung an ähnliche Vorgänge denken, wie er sie für die Arsen-melanose (siehe diese) entwickelt hat.

Differentialdiagnose: Bereits früher wurde auf die von den verschiedensten Forschern betonte Unmöglichkeit hingewiesen, im Gewebsaufbau des Lupus erythematodes für diesen kennzeichnende Veränderungen festzustellen. Trotzdem wird man auf Grund einer gewissen Regelmäßigkeit ihres Zusammentreffens meist zu einer Entscheidung kommen können. Daß auch ein offenbar kenn-zeichnendes klinisches Bild nicht immer den Tatsachen entsprechen muß, hat ein von KYRLE berichteter Fall besonders deutlich gemacht, wo sich bei der histologischen Untersuchung nicht das erwartete Bild des Lupus erythematodes, sondern ein richtiger Lupus vulgaris ergab. Das Umgekehrte, die Ver-wechslung des letzteren mit dem ersteren wird bei histologischer Untersuchung allerdings kaum möglich sein, da sich beim Lupus vulgaris (s. d.) doch stets der kennzeichnende Aufbau zeigt. Ein gleiches gilt für eine Unterscheidung von luetischen Veränderungen. Bei diesen steht die Beteiligung der Plasma-zellen im Vordergrunde, wovon beim Lupus erythematodes wenigstens für nicht gerade ganz frische Fälle — und diese kommen hierbei differential-diagnostisch überhaupt nicht in Betracht — keine Rede sein kann. Für die Tuberkulose sowohl wie für die Lues ist fernerhin der völlige Schwund des elastischen Gewebes innerhalb der Erkrankungsherde kennzeichnend, während beim Lupus erythematodes das Elastin auch innerhalb der Knoten an vielen Stellen völlig erhalten bleibt. Wir können dabei jedoch nicht so weit gehen, daß wir dieser Tatsache eine so kennzeichnende Bedeutung beilegen, wie das KYRLE tun möchte. Dies schon nicht mit Rücksicht auf die oft außerordentlich ähnlichen Verhältnisse bei der sog. senilen Degeneration des Elastins, die ja schon bei verhältnismäßig jungen Menschen angetroffen werden kann, und meiner Erfahrung nach auch in klinisch und mikroskopisch scheinbar unver-änderter Haut vorkommt. Dabei mag zugegeben werden, daß gerade eine herdförmige Ansammlung verklumpter Elastica unmittelbar unterhalb der Epidermis beim Lupus erythematodes des Gesichts außerordentlich häufig beobachtet wird.

Die Unterscheidung von gewissen Tuberkulidformen — besonders not-wendig dort, wo beide nebeneinander vorkommen — läßt sich durch die bei diesen stets vorhandene, wechselnd ausgedehnte Gewebsnekrose ohne weiteres durchführen.

Die im atrophischen Stadium im histologischen Bilde häufig vorhandene Ähnlichkeit der Coriumveränderungen mit jenen der Dermatrophia cutis idiopathica gibt zu Verwechslungen keinen Anlaß, da bei letzterer die auf-fallende Hyperkeratose stets fehlt. Für gewisse Erscheinungsformen des chronischen Lupus erythematodes kann klinisch ferner eine Unterscheidung von chronisch verlaufenden Ekzemformen Schwierigkeiten machen. Histologisch haben wir jedoch in der Akanthose, der Spongiose und Parakeratose, in dem völligen Fehlen irgendwelcher atrophischen Veränderungen die Möglichkeit sicherer Unterscheidung.

Für den akuten Lupus erythematodes wäre dann noch die Unterscheidung vom Erysipel erforderlich (Erysipelas perstans), eine Aufgabe, die mit Rück-sicht auf die Lokalisation im Gesicht wohl stets nur klinisch und nie histo-logisch zu lösen sein wird.

Schleimhauterscheinungen, wie sie vereinzelt namentlich an der Mundschleimhaut beobachtet wurden, dürften sowohl vom **Lichen ruber planus** als auch vom **Pemphigus vulgaris** auf Grund der klinischen Veränderungen zu trennen sein; schwieriger kann die Differentialdiagnose gegenüber der **Leukoplakie** werden; jedoch haben wir es bei dieser stets mit Veränderungen zu tun, die wenigstens primär keinerlei entzündliche oder atrophische Erscheinung zeigen.

Pathogenese: Die Ätiologie und Pathogenese des Lupus erythematodes ist bisher noch nicht restlos geklärt. Dabei stellen seine verschiedenen Formen, die akuten sowohl wie die chronischen, im wesentlichen höchstwahrscheinlich einen gleichartigen und einheitlichen Vorgang dar, wobei fließende Übergänge vom einen zum anderen bestehen (JADASSOHN). Es handelt sich sicherlich um einen chronischen Entzündungsprozeß, der seinen Ausgang von den Gefäßen nimmt. Über die auslösende Ursache allerdings sind wir noch durchaus im unklaren. Wenn man von den wenigen Fällen absieht, bei welchen die tuberkulöse Ätiologie äußerst wahrscheinlich erscheint (GOUGEROT, BLOCH und FUCHS, E. HOFFMANN u. a.), so sind wir gezwungen, für die große Mehrzahl der Fälle, namentlich der akuten, ein Ignoramus zu gestehen. Es ist sehr wohl möglich, daß ein Zusammenhang mit der Tuberkulose in jedem Falle vorhanden ist; vielleicht ist aber auch diese nicht die Grundlage, sondern nur die Voraussetzung, welche dem uns noch unbekannten Erreger den Weg bahnt (LEWANDOWKY).

Ulerythema acneiforme.

In engem Zusammenhang mit dem Lupus erythematodes scheint mir ein als **Ulerythema acneiforme** zunächst von UNNA, später auch von RILLE und von GANS beschriebenes Krankheitsbild zu stehen. Es handelt sich um eine auf umschriebene Teile des Kopfes beschränkte, als flache rote Papeln beginnende, dann unter Comedonenbildung abblassende und narbig einsinkende Veränderung. Histologisch finden sich im **papulösen Stadium** eine starke Hyperkeratose des ganzen Deckepithels und der ganzen Haarbälge mit comedoartiger Hornpfropfbildung, deutliche **Akanthose** der Stachelschicht, ausgedehnte multilokuläre **Zellinfiltrate** sowie **Ödem** und Rarefikation des Stratum papillare, subpapillare und oberer Cutis; Hypertrophie des muskulären und fleckweise des elastischen Gewebes. Im **atrophischen Narbenstadium** fand GANS ein normales oder auch verschmälertes Deckepithel, also keine Hyperkeratose mehr, eine narbige Atrophie des Papillarkörpers und der Cutis mit Schwund sämtlicher Anhangsgebilde der Haut außer den Knäueldrüsen und Muskeln.

Von der **Acne vulgaris** unterscheidet sich das Ulerythema acneiforme vor allem durch die allgemeine Hyperkeratose und regelmäßige Akanthose der gesamten Decke, das gleichmäßig auftretende perivasculäre Infiltrat, das Ödem und schließlich die umschriebene, aber gleichmäßige Atrophie (GANS).

Granuloma annulare.

Das 1895 zuerst von COLCOTT FOX beschriebene Krankheitsbild wurde auf Grund teils morphologischer, teils pathologisch-anatomischer Eigentümlichkeiten mit den verschiedensten Namen belegt. Von diesen seien erwähnt: Lichen annularis (GALLOWAY), ringed eruption of the fingers (C. FOX), éruption circinée chronique de la main (DUBREUILH), néoplasie circinée et nodulaire (BROCQ), erythémato-sclérose circinée du dos de la main (AUDRY), sarkoide Geschwülste der Haut (RASCH und GREGERSEN), benigne Sarkoidgeschwulst der Haut (GALEWSKY). Die von R. CROCKER herrührende Bezeichnung: Erythema elevatum et diutinum, unter der verschiedene Fälle von sicherem Granuloma annulare beschrieben wurden, ist heute einem anderen Krankheitsbilde vorbehalten. Der Name Granuloma annulare stammt ebenfalls von R. CROCKER.

Es handelt sich dabei um eine Veränderung, die durch das Auftreten linsengroßer weißlicher, glatter keloidartiger Knötchen gekennzeichnet ist, welche besonders an den Streckseiten der Hände und Finger, dann auch der Füße auftreten und ohne besondere Beschwerden zu machen, jahrelang bestehen bleiben können. Die Erkrankung wurde auch an den Vorderarmen, Unterschenkeln, Knien, Ellenbogen, am Gesäß, gelegentlich auch am Halse und im Gesicht (Ohren), sowie dem behaarten Kopf angetroffen. Sie ist besonders gekennzeichnet durch die Neigung der Knötchen, sich in Ringform anzuordnen.

Als gewebliche Grundlage der Veränderung findet sich ein vorwiegend auf die mittlere Cutis beschränktes Granulationsgewebe, das in den zentralen Abschnitten meist scharf gegen die Umgebung abgesetzt ist, nach dem Rande zu unregelmäßiger wird und sich allmählich verliert. Die Epidermisveränderungen sind, um dies gleich vorweg zu nehmen, rein mittelbarer Natur und in weitestem Maße von der Entwicklung des cutanen Infiltrats abhängig. Über jüngeren und kleineren Erkrankungsherden finden wir die Oberhaut daher gar nicht oder kaum verändert, über älteren kann es gelegentlich zu einer Verbreiterung der Stachelschicht mit oft ungewöhnlich zahlreichen Mitosen, zu einem wenn auch schwachen Ödem und damit wohl in Zusammenhang stehend, zu einem Schwund des Keratohyalin und einer Parakeratose kommen, Veränderungen, die sich allerdings stets auf die nächste Nachbarschaft des cutanen Erkrankungsherdes beschränken. Gelegentlich beobachtet man auch eine Durchwanderung polynucleärer Leukocyten in wechselndem Maße.

Der Papillarkörper und das Stratum subpapillare sind, wenn man von einer geringgradigen mehr oder weniger ausgesprochenen perivasculären kleinzelligen Infiltration absieht, in der Regel wenig verändert. Nur vereinzelt reichen die Ausläufer des hauptsächlich in der Cutis sitzenden Erkrankungsherdes bis in das Stratum papillare hinauf. Das Stratum subpapillare wird häufiger in Mitleidenschaft gezogen, und zwar wird seine Beteiligung um so stärker, je mehr man sich dem eigentlichen Sitz der Veränderung nähert. Nach abwärts reicht diese meist bis an die Grenze der Subcutis.

Am Haupterkrankungsherd lassen sich auf Grund des histologischen Aufbaues deutlich zwei oder vielleicht auch drei verschiedene Abschnitte unterscheiden. Es hebt sich meist ein zentraler, mehr oder weniger nekrotischer Bezirk von einem peripheren, zellig-infiltrierten ab, der den ersteren wallartig umgibt. Dieser Wall wird aus zwei verschiedenen Arten von Zellen gebildet. Es sind dies einmal gewucherte Bindegewebszellen mit breitem Protoplasmasaum und rundem, ovalem oder spindelförmigem Kern, der häufig mitotische Teilungsvorgänge zeigt. Ansammlungen dieser epitheloiden Zellen findet man in zwei verschiedenen Gruppierungen vor. Entweder sind sie zu Zügen angeordnet und manchmal so dicht gelagert, daß eine Zwischensubstanz nicht nachweisbar ist, man also von einer epithelartigen Anordnung, von epitheloiden Zellen im Sinne VIRCHOWs sprechen kann (ARNDT), oder aber, und dies ist häufiger, sie liegen in den Maschen eines kollagenen Fasernetzes, das zum Teil dem auseinandergedrängten bindegewebigen Mutterboden, zum Teil vielleicht aber auch neugebildetem Bindegewebe entspricht. Besonders dicht finden sich diese epitheloiden Zellen in der unmittelbaren Umgebung des zentralen nekrotischen Gewebsbezirks.

Zum Gesunden hin sind ihnen immer reichlicher werdende Mengen von Lymphocyten beigemengt, zwischen denen vereinzelte polynucleäre Leukocyten, Mastzellen und gelegentlich auch einmal eine Plasmazelle anzutreffen sind.

Die erweiterten Gefäße in der Umgebung des Haupterkrankungsherdes sind von einem zarten perivasculären Infiltrate umgeben, das sich hauptsächlich aus Lymphocyten und gewucherten Gefäßwandzellen in wechselnder Zahl aufbaut. Von den Gefäßen sind namentlich die Venen durch eine deutliche Intimawucherung in wechselndem Grade verschlossen. Die Arterien erscheinen hingegen unverändert. Auch die neugebildeten Gefäßsprossen, wie sie in diesem Bezirke

vielfach anzutreffen und zum Rande des Erkrankungsherdes hin besonders zahlreich sind, zeigen geschwollene Endothelien und Intimawucherung.

Die Veränderungen des zentralen Abschnittes des Erkrankungsherdes sind verschieden, je nach dem Zeitpunkt, zu welchem die Untersuchung
erfolgt. Die voneinander abweichenden Ergebnisse einzelner Untersucher erscheinen auf diese Weise erklärlich. In den klassischen Fällen folgt auf die
dichteste Anhäufung der Epitheloidzellen ziemlich unvermittelt und scharf
abgesetzt ein großer nekrotischer Herd, in welchem der Aufbau des
Bindegewebes nur schlecht oder gar nicht mehr sichtbar ist und nur spärliche Zell- und Kernreste von dem ursprünglichen Gewebe übrig geblieben sind.
Unter ihnen lassen sich meist eine Reihe gut erhaltener polynucleärer Leukocyten feststellen, im Gegensatz zu den Randabschnitten des Knotens und dessen

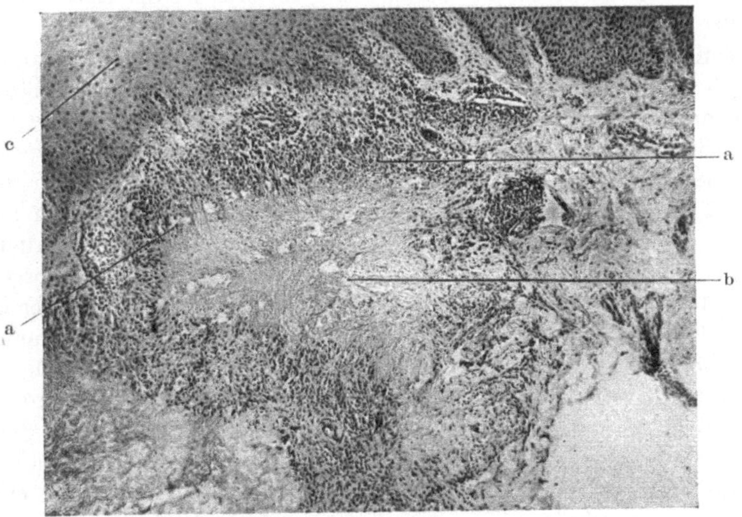

Abb. 238. Typischer Granuloma annulare Herd. a peripherer Infiltrationswall;
b zentraler Nekroseherd; c Epiderm's. (Sammlung der Kieler Hautklinik.)

Umgebung, wo sie fast vollkommen fehlen. Von dem nekrotischen Zentrum aus
ziehen meist radiär angeordnete Bindegewebssepten in das umgebende
Zellinfiltrat hinein. Sie sind ebenfalls eigenartig verändert. Es handelt sich dabei
um eine Nekrose des kollagenen Gewebes, die sich bei van Gieson-
färbung in schmutzig-gelblichen Streifen von den rotgefärbten wohlerhaltenen
kollagenen Fasern deutlich abhebt und zur Mitte der einzelnen Krankheitsherde
hin an Ausdehnung zunimmt. Außerdem trifft man, namentlich im Bereich
der Zellherde, nicht eben selten leuchtend rote, homogene, in kleinen Haufen zu
mehreren zusammenliegende Kugeln (Russelkörper) hyalin umgewandelten Bindegewebes vor. Innerhalb der Nekrosen kann man gröbere und feinere, blaßrötlich
gefärbte Fasern antreffen, die teils als Reste des kollagenen Muttergewebes, teils
als neugebildetes junges fibrilläres Bindegewebe anzusprechen sind.

Das elastische Gewebe geht in dem ganzen erkrankten Bezirk meist völlig
verloren; nur in den Randabschnitten bleiben vereinzelte, wenn auch zartere
Fasern erhalten. Überhaupt ist der Grad der Nekrose des elastischen und kollagenen Gewebes ein wechselnder.

In länger bestehenden Krankheitsherden tritt die Nekrose zurück gegenüber einer reichlicheren und gleichmäßig entwickelten Neubildung zahlreicher junger Bindegewebszellen und Bindegewebsfasern, die auf regenerative Vorgänge in dem nekrotischen Abschnitt zurückzuführen sind. In solchen Fällen ist dann auch das periphere Zellinfiltrat lockerer geworden und weniger dicht, also in Rückbildung.

Es sind jedoch auch Fälle bekannt geworden, die klinisch durchaus dem Granuloma annulare entsprachen, wo diese Nekrosen indessen völlig fehlten. Statt dessen fand sich lediglich eine umschriebene Bindegewebsneubildung; auch regressive Erscheinungen waren nur in geringem Maße festzustellen. Ebenso fehlten entzündliche Veränderungen (KENEDY u. a.). Derartige Befunde erscheinen uns nach dem vorstehend Gesagten durchaus erklärlich.

Besonders erwähnenswert erscheint ferner eine Beobachtung STETTLERS, der in einem Falle an zwei Stellen typisch tuberkuloide Gewebsstruktur fand, die so ausgesprochen war, daß man „das kleine, an einen Follikel gelehnte Knötchen aus Epitheloid- und Riesenzellen getrost als Lichen scrophulosorum hätte demonstrieren können".

Differentialdiagnose: Eine derartige Beobachtung erscheint für die Differentialdiagnose, insbesondere aber für die Beziehungen der Erkrankung zur Tuberkulose von einer gewissen Bedeutung.

Wenn wir auch heute weiter denn je davon entfernt sind, den mehr oder weniger tuberkuloiden Gewebsaufbau als Kennzeichen einer spezifisch tuberkulösen Ätiologie anzusprechen, so gewinnen derartige Beobachtungen doch an Wert, wenn dann weiterhin Fälle bekannt werden, wie jener von HAUSER und besonders der von VOLK als „Erythema elevatum et diutinum" vorgestellte, bei welchem gleichzeitig eine sichere Hauttuberkulose bestand. (Über die Beziehungen des Erythema elevatum et diutinum zum Granuloma annulare s. später.) Dabei würde sicherlich das Granuloma annulare den papulo-nekrotischen Tuberkuliden näher stehen (STETTLER), als den sogenannten benignen Sarkoiden (RASCH und GREGERSEN, GALEWSKY, HARTZELL). Bei diesen ist eine Nekrose sehr selten zu beobachten; sie sind außerdem durch den homogenen Aufbau aus epitheloiden Zellen, durch die scharfe Abgrenzung der einzelnen Herde in einer Art fibröser Kapsel hinlänglich unterschieden.

Auf die nahen Beziehungen zu den papulo-nekrotischen Tuberkuliden hat auf Grund histologischer Ähnlichkeit bereits ARNDT hingewiesen, nachdem schon GRAHAM LITTLE die Erkrankung zur Tuberkulose rechnen wollte. Im Gegensatz zum Granuloma annulare findet man jedoch bei den acneiformen Tuberkuliden — und nur diese kommen differentialdiagnostisch in Frage — ein wenig kennzeichnendes, aus Lymphocyten, Leukocyten, Plasmazellen, Epitheloiden und Riesenzellen bestehendes Granulationsgewebe, während beim Granuloma annulare im allgemeinen die Wucherung der Bindegewebszellen im Vordergrunde steht (ARNDT).

Vom Lupus erythematodes unterscheidet sich das Granuloma annulare hinlänglich durch die dort stets besonders ausgedehnten Epidermisveränderungen (Hyperkeratose und Akanthose, neben mehr oder weniger ausgesprochener Atrophie; teils diffus, teils knötchenförmig auftretende lymphocytäre Zellansammlungen vor allem im Stratum subpapillare, dann aber auch in den verschiedenen Schichten der Cutis).

Ebenso leicht durchführbar ist eine Trennung von den Keloiden, mit denen der Einzelherd des Granuloma annulare eine gewisse Ähnlichkeit aufweisen kann. Histologisch besteht zwischen den beiden Veränderungen keinerlei Beziehung.

Mit Rücksicht auf die pathogenetischen Schlußfolgerungen bedeutungsvoller ist hingegen die Unterscheidung vom Lichen ruber planus. Man muß dabei allerdings von vornherein absehen von einer Stellungnahme zu jenem von LIEBREICH beschriebenen Falle, bei welchem vielleicht die klinisch nach Aussehen und Form der Einzelefflorescenz an Granuloma annulare erinnernden Herde eine unbekannte Abart der Lichen ruber-Efflorescenzen gewesen, oder aber beide Erkrankungen zufällig einmal gleichzeitig nebeneinander vorgekommen sind. Ob sich wirklich im Sinne von BROCQ fließende Übergänge vom Granuloma annulare zum Lichen ruber planus feststellen lassen, scheint zur Zeit noch sehr fraglich. Denn im histologischen Bilde bestehen zwischen beiden erhebliche Unterschiede. Es fehlt beim Granuloma annulare die weitgehende Epidermisveränderung, der Papillarkörper ist so gut wie völlig frei, während er beim Lichen ruber planus gerade vorwiegend oder fast ausschließlich befallen ist. Diese Infiltrate bestehen hauptsächlich aus Lymphocyten und sind gegen die Cutis scharf abgesetzt. Beim Granuloma annulare finden wir vorwiegend Herde gewucherter Bindegewebszellen, welchen Lymphocyten nur in den Randabschnitten beigesellt sind. Die Infiltrate liegen in den mittleren und tieferen Schichten der Cutis und umschließen eine wechselnd ausgebildete zentrale Bindegewebsnekrose, die sich, wenn überhaupt, beim Lichen ruber planus nur an der Epidermis-Cutisgrenze vorfindet.

Außerordentliche Schwierigkeiten macht hingegen die Unterscheidung des Granuloma annulare von jenen wenigen, als Erythema elevatum et diutinum beschriebenen Krankheitsbildern. Einige von diesen kann man auf Grund unserer heutigen Auffassung beim Granuloma annulare einreihen (HALLE, ZWEIG, VOLK, BUNCH). Es bleiben aber trotzdem noch einige Fälle übrig, die hier nicht ohne weiteres unterzubringen sind. Soweit man sich auf Grund der mitgeteilten histologischen Befunde ein Urteil bilden darf, weichen vor allem zwei Fälle grundsätzlich von dem Aufbau des klassischen Granuloma annulare ab. Es sind dies die Beobachtungen von DALLA FAVERA und PICCARDI. Histologisch bestand die Veränderung in beiden Fällen in der Hauptsache aus einer mächtigen Zellinfiltration, die sich einmal perivasculär, dann auch zwischen den kollagenen Fasern der Cutis ausbreitete. Sie enthielt größtenteils mehrkernige neutrophile Leukocyten, spärliche eosinophile Leukocyten und große einkernige Zellen mit basophilem Protoplasma. Gerade durch das Vorherrschen der polynucleären Leukocyten sind diese beiden Fälle vom Granuloma annulare grundsätzlich zu unterscheiden.

Pathogenese: Formalgenetisch liegt beim Granuloma annulare sicherlich ein chronisch-infektiöses Granulationsgewebe vor, das seinen Ausgangspunkt vom Gefäßnetz der mittleren Cutis nimmt. Auf Grund neuerer Veröffentlichungen wird es dabei immer wahrscheinlicher, daß wir diese Bildungen zum Tuberkelbacillus ätiologisch in Beziehung bringen dürfen. Die Erkrankung würde dann den papulo-nekrotischen Tuberkuliden nahestehen. Eine sichere Entscheidung ist jedoch bisher noch nicht möglich.

Granuloma nitidum (Lichen nitidus).

Die 1907 von PINKUS erstmalig beschriebene Veränderung tritt, ohne subjektive Beschwerden zu machen, in Form nahe beisammen stehender, aber stets isoliert bleibender, kleiner, bis zu stecknadelkopfgroßer, flacher, rundlich oder polygonaler, aber scharf begrenzter, bei auffallendem Licht weißlich glänzender Knötchen auf, die in ihrer Farbe entweder der umgebenden Haut entsprechen oder eine gelbrötliche Eigenfarbe zeigen. Bevorzugt ist das männliche Geschlecht und bei ihm als Sitz meist der Penis und dessen

Umgebung; die Veränderung ist jedoch auch bei Frauen sowie in ausgedehnter, besonders an die Beugefläche gebundener und sogar generalisierter Form (KYRLE und MAC DONAGH) bekanntgeworden. An der Mundschleimhaut hat sie ARNDT einmal beobachtet.

In einem der von PINKUS beschriebenen und als frühes Stadium gedeuteten Fälle war die Epidermis bis zum Rande des gleich zu schildernden Infiltrates völlig normal. Über dem Infiltrat war sie zu einer dünnen, mehr oder weniger bogenförmig verlaufenden, aus wenigen abgeflachten Epithellagen bestehenden Platte umgewandelt, die an ihrer Unterseite unregelmäßig „angenagt" oder auch eng zusammengepreßt war. Die Hornschicht war auf dem Gipfel des Knötchens deutlich nach Art eines gewundenen, von wenigen kernhaltigen Hornzellen umgebenen Zapfens verdickt. Leistenbildung und Papillen fehlten; mit ihnen auch das Stratum basale überall dort, wo das celluläre Infiltrat der Cutis an die Epidermis herantrat. Die Veränderung ähnelte zu dieser Zeit außerordentlich jüngsten Lichen planus-Knötchen, namentlich bezüglich Auflösung und Verflüssigung der unteren Epithellagen, die durch ein Ödem nach Art der Lückenbildung von den Papillen stellenweise abgehoben waren. Zu dem serösen kam in diesem Falle noch ein celluläres Exsudat von polynucleären Leukocyten, die das Epithel über dem

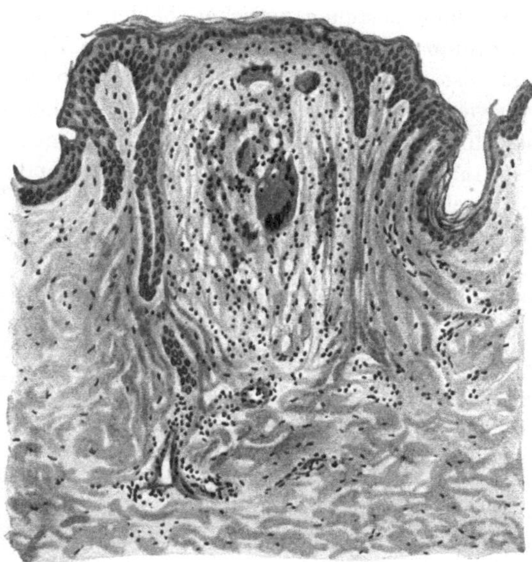

Abb. 239. Granuloma nitidum (Lichen nitidus). Umschriebenes, gegen die Cutis scharf abgesetztes tuberkuloides Infiltrat unter der vorgewölbten und abgeflachten Epidermis. Hyaline Wandverdickung der erweiterten Gefäße. O = 128:1; R = 128:1.

befallenen Bezirk wallartig durchsetzten; ein Befund, der allerdings von anderen Beobachtern (ARNDT, KYRLE, LEWANDOWSKY) nicht erhoben wurde.

In älteren Fällen mit stärkerer Hyperkeratose findet sich als Zentrum des Knötchens meist ein breiter, zentral verhornter Epithelzapfen, dessen unterste Zellagen dann ebenfalls die den übrigen entsprechende Umwandlung zeigen. In anderen Fällen bilden Schweißdrüsenausführungsgänge oder Follikelöffnungen die Mitte des Knötchens, und zwar finden sich diese verschiedenen Formen gelegentlich an ein und demselben Kranken vor (LEWANDOWSKY).

Das Primäre und Wesentliche der Veränderung spielt sich jedoch nicht im Epithel, sondern in Papillarkörper und oberer Cutis ab. Hier findet sich ein kennzeichnendes Infiltrat, das „geradezu einen kleinen, mit seiner Oberfläche an die Epidermisseite angepreßten Tuberkel" darstellt (PINKUS). Dabei ist es an manchen Stellen sehr schwierig, eine scharfe Grenze zwischen beiden zu finden. Das gegen die umgebende Cutis hin jedoch scharf abgesetzte, längsovale oder auch kugelige Infiltrat besteht so gut wie ausschließlich aus Epitheloiden, Fibroblasten, zahlreichen Riesenzellen — entweder vom LANG-

HANSschen Typus oder mehr Fremdkörperriesenzellen ähnelnd — und Lymphocyten. Die drei ersteren, häufigeren Zellarten bilden von wenigen Lymphocyten
durchsetzt vielfach das Zentrum; sie sind von letzteren in Form eines Lympho-
cytenwalls von wechselnder Breite umgeben, der so die Randzone des Infiltrates
darstellt. Elastisches und kollagenes Gewebe sind meist geschwunden,
gelegentlich noch in kurzen Bruchstücken erhalten. Eine zentrale Nekrose des
Infiltrates wurde zwar von LEWANDOWSKY beobachtet, findet sich jedoch nur
in älteren Herden.

Besondere Beachtung verdienen die mit einer gewissen Regelmäßigkeit
auftretenden Gefäßveränderungen, namentlich für die Deutung der Pathogenese. KYRLE-MAC DONAGH sowie auch DALLA FAVERA betonen die Erweiterung,
hyaline Wandverdickung und Endothelwucherung der Papillargefäße, die gelegentlich auf größere Strecken völlig verschlossen waren. Als besonders kennzeichnend erwähnen sie auch das unmittelbare Aufhören dieser Gefäßveränderungen am Rande des Infiltrats, über den perivasculäre Zellzylinder nur selten
und nur auf kurze Strecken hinausgehen.

Differentialdiagnose: Wenn auch die Unterscheidung von beginnenden
Lichen planus-Papeln in den meisten Fällen nicht möglich gewesen ist, so
ergab doch die histologische Untersuchung bei einige Zeit bestehenden Veränderungen stets sichere Anhaltspunkte. Diese sind vor allem durch den tuberkuloseähnlichen eigenartigen Aufbau gewährleistet, der beim Lichen planus
trotz der dort auch vorkommenden Riesenzellbildungen niemals in dieser Eindeutigkeit zu beobachten ist.

Eine gewisse Ähnlichkeit besteht jedoch histologisch einmal mit dem
Lichen scrophulosorum und zum anderen mit den miliaren papulösen
Syphiliden. Abgesehen von den namentlich bei letzteren selten fehlenden
kennzeichnenden Zellformen (Plasmazellen vor allem), den viel stärker ausgesprochenen entzündlichen Veränderungen bei diesen beiden sicher spezifischen Hautveränderungen, gibt vor allem die Lokalisation des Infiltrates
einen Anhaltspunkt. Beim Lichen scrophulosorum und beim miliar-papulösen
Syphilid in der Regel perifollikulär, bildet diese Lokalisation hier die Ausnahme. Nun wurde ja allerdings der Lichen scrophulosorum auch um Schweißdrüsenausführungsgänge beobachtet. In solchen Fällen kann dann histologisch
eine Unterscheidung schlechterdings unmöglich werden. Der monomorphe
Aufbau des Lichen nitidus wird jedoch klinisch wohl stets eine Trennung von
den bunten Bildern des Lichen scrophulosorum gestatten.

Pathogenese: Die Erkrankung steht nach unserer heutigen Ansicht den Tuberkuliden
nahe, wenn auch der endgültige Beweis hierfür — als welcher ARNDTS Nachweis eines
nach FRAENKEL-MUCH darstellbaren Stäbchens nicht angesehen werden kann — noch zu
führen ist. Der gewebliche Aufbau weist jedoch auf die Gefäße als den Angriffspunkt der
auslösenden Schädigung hin. Da fernerhin die große Mehrzahl der Fälle bei sicher tuberkulösen Menschen beobachtet wurde, hat die Annahme LEWANDOWSKYS, daß es sich beim
Lichen nitidus um eine hämatogene Form der Hauttuberkulose handle, manches für sich.

Granuloma teleangiectaticum.

Unter Granuloma teleangiectaticum (Gr. pediculatum benignum) versteht man schnell-
wachsende Wucherungen, die jedoch nicht zu den echten Blastomen, sondern zu den sog.
infektiösen Granulationsgeschwülsten zu rechnen (BENNECKE, KREIBICH u. a.) und von
den gewöhnlichen Granulationswucherungen zu trennen sind. Die Veränderung tritt mit
Vorliebe an Verletzungen leichter ausgesetzten, unbedeckten Körperstellen entweder als

breit aufsitzendes oder häufiger als gestieltes pilzförmiges Gebilde auf. Diese Geschwülste wachsen sehr schnell, meist schmerzlos, und neigen bei oberflächlichem Zerfall leicht zu heftigen Blutungen. In der Regel vereinzelt auftretend, wurden sie auch multipel gefunden (DELORE, KÜTTNER, REITMANN u. a.). Die meisten dieser infolge falscher ätiologischer Voraussetzungen als menschliche „Botryomykose" bezeichneten Gebilden stimmen in ihrem klinischen Verhalten überein. Man kann bei ihnen eine mehr mit akuteren und eine andere mehr mit chronischen Entzündungserscheinungen verlaufende Form unterscheiden. Daneben sind jedoch, namentlich in der französischen Literatur, eine Reihe von Fällen veröffentlicht, die nicht ohne weiteres in das Krankheitsbild passen und infolge ihrer ungenauen Darstellung auch kaum einzuordnen sind. Außerdem wurden in den Tropen ähnliche multipel auftretende Veränderungen beobachtet (BASSEWITZ und BENNECKE), die mehr ein exanthemartiges Auftreten an den verschiedensten Hautstellen bzw. den Schleimhäuten zeigten.

Histologisch weichen diese klinisch einander außerordentlich ähnlichen, sog. Botryomykome des Menschen in verschiedener Hinsicht voneinander ab und je nach dem Vorherrschen der einen oder anderen Gewebsveränderung ist das anatomische Bild verschieden. Bei den klassischen Fällen, wie sie namentlich von BENNECKE, KÜTTNER und REITMANN beschrieben wurden, kann man in den Frühstadien eine scharfe Absetzung gegen die Umgebung feststellen, im Gegensatz zu den älteren Wucherungen, wo diese scharfe Abgrenzung verloren geht. Aber auch an diesen kann man deutlich drei verschiedene Abschnitte unterscheiden. Bei einem Durchschnitt zeigt sich, daß die Wucherung aus einer Basis hervorgeht, die im Corium wurzelt und häufig durch mehrere wechselnd dichte Bindegewebslagen von der Umgebung abgegrenzt ist (KÜTTNER). Irgendwelche Beziehungen zu den Schweißdrüsen, wie dies früher von französischer Seite (PONCET und DOR) angenommen wurde, lassen sich nicht feststellen. Auch in den Fällen, wo die bindegewebige Schale nicht so scharf abgesetzt ist und die Wurzel ohne regelmäßige Begrenzung in die normale Haut übergeht, findet man lediglich Veränderungen an den Gefäßen und am Bindegewebe, dagegen keine an den Anhangsgebilden. Aber auch hier bleibt die bereits von BENNECKE betonte Einteilung in drei Abschnitte: die der Haut aufsitzende eigentliche Geschwulst, der schmale oder breitere Stiel, der allerdings bei den breit und flach aufsitzenden Formen fehlen kann, und schließlich der in der Cutis liegende Fuß. Das Bindegewebe im „Fuß" ist in wechselndem Maße und meist strichweise oder zu Haufen angeordnet zellig infiltriert. Die Infiltration zieht sich namentlich die Gefäße entlang und besteht aus gewucherten Bindegewebszellen, denen leukocytäre Elemente in verschiedener Menge beigemischt sind. Zu ihnen treten Mastzellen und gelegentlich auch Plasmazellen (REITMANN). Diese durch schmälere oder breitere Bindegewebssepten gewissermaßen in einzelne Haufen geteilten Zellherde werden von zahlreichen erweiterten Gefäßen, namentlich Venen und Capillaren durchzogen, deren Endothelien stark geschwollen sind. Vereinzelt sind Gefäße durch Intimawucherung und Thrombose völlig verschlossen (BENNECKE). Dort, wo die Geschwulst stielförmig der Haut aufsitzt, steigt ein verzweigtes, aber gegenüber dem „Fuße" auch verdichtetes Bindegewebsgerüst von diesem in den Geschwulstkörper empor. Die Epidermis in der Umgebung des Stieles ist meist gewuchert, gelegentlich hyperkeratotisch, und diese Wucherung setzt sich noch wechselnd weit auf die eigentliche Geschwulst fort. Dann wird der Epithelbelag jedoch mehr oder weniger plötzlich schmal und kann schließlich völlig schwinden, so daß der eigentliche Geschwulstkörper mit seinem Stroma frei zutage liegt.

Der Aufbau der Wucherung ändert sich dort, wo sie das Niveau der umgebenden Haut verläßt. Im Vergleich zur Geschwulstwurzel treten hier die erweiterten Capillaren und Gefäße gegenüber den Zellmassen stärker hervor. Nach der Höhe zu lösen sich diese erweiterten Gefäße in eine Reihe einzelner Capillaren auf, die vielfach miteinander in Verbindung stehen und so ein weitmaschiges Netz bilden. Die Wand der Capillaren wird von einem ziemlich kernreichen Endothel gebildet. Zwischen den Capillaren findet sich ein wechselnd stark entwickeltes, meist recht zartes Bindegewebe, das nach oben zu immer

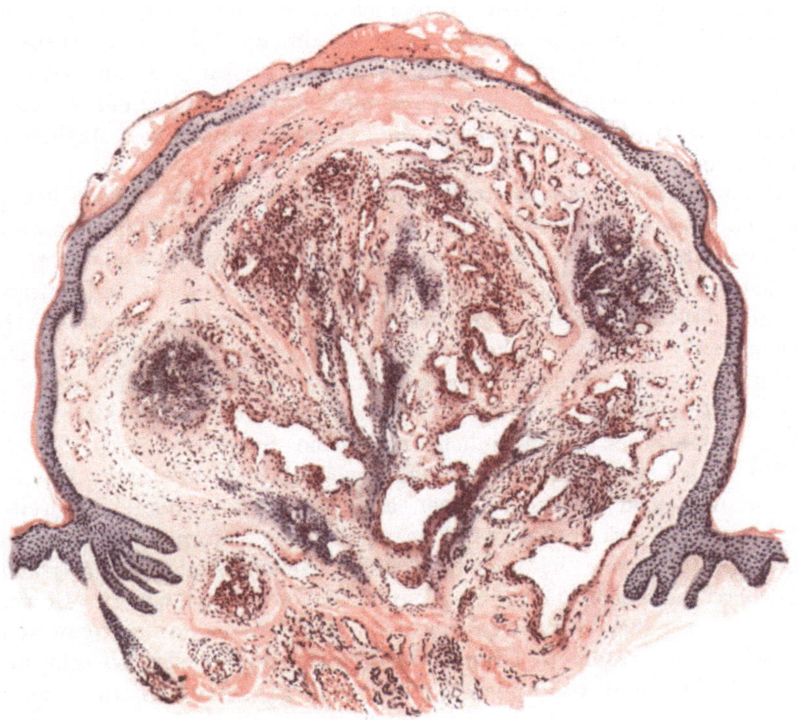

Abb. 240. Granuloma teleangiectaticum. (♀, 32jähr., Grav. mens. II. Wange.) Übersichtsbild. Zahlreiche zum Teil erweiterte Blutgefäße und Capillaren in einem zellreichen Gewebe. Ausgedehnter hypepidermaler Bluterguß auf der Kuppe der Geschwulst. Über der verdünnten Epidermis von Leukocyten durchsetzte Blutkruste. Hämatoxylin - Eosin. O = 31:1; R = 25:1.

spärlicher wird. Hier sind die Capillaren oft von einem Netzwerk feinster Fäserchen umsponnen, die als Capillarsprossen angesehen werden. Im eigentlichen Geschwulstkörper treten also die Zellansammlungen immer stärker zurück zugunsten der erweiterten und vermehrten Gefäße. Daher besteht die Geschwulst hier nur noch aus einem wirren Gemenge einander umspinnender, weiter und enger Capillaren, in deren Umgebung zellige Elemente fast völlig fehlen, so daß man fast an ein kavernöses Angiom erinnert wird. In anderen (älteren) Fällen tritt eine Bindegewebsneubildung stärker in den Vordergrund, die stellenweise in Form breiter Balken die Geschwulst durchsetzt.

Die oberflächlichsten Schichten der Wucherung sind meist ödematös geschwollen; die Gefäße weit auseinandergedrängt, zum Teil thrombotisch verschlossen, das Bindegewebe recht spärlich, seine Fasern oft durch ausgedehnte

Blutextravasate auseinandergedrängt. Der Zusammenhang zwischen diesen und der Epidermis wird, soweit letztere überhaupt noch vorhanden ist, dadurch gelockert. Wo die Hautdecke geschwunden ist, überzieht ein mit Leukocyten- und Epitheldetritus durchsetztes, eingetrocknetes Exsudat das Geschwulstgewebe. Auch hier finden sich häufig Hämorrhagien, die sowohl die Kruste, als wie auch das darunter liegende Gewebe unregelmäßig durchsetzen und als Überreste vorangegangener Capillarblutungen zu betrachten sind. In manchen Fällen führt das Ödem, falls eine Abstoßung der Epidermis nicht eintritt, zur Parakeratose der bedeckenden Hornschicht. Die locker aneinandergelagerten parakeratotischen Lamellen werden dann in die entstehenden Krusten mit einbezogen; es siedeln sich sekundär oft Kokkenmassen darin an. Das Ganze bildet dann, zusammen mit den massenhaft zerfallenden Leukocyten und Epidermiszellen dichte Auflagerungen, die keinerlei regelmäßigen Aufbau mehr erkennen lassen.

Die Darstellung, wie sie im vorstehenden gegeben wurde, ist noch bezüglich des feineren Aufbaus der Zellherde zu ergänzen. Die Zellansammlungen — in der Hauptsache gewucherte Bindegewebszellen — überwiegen namentlich in den tieferen Abschnitten der Geschwulst manchmal das Bindegewebe so weitgehend, daß das Ganze den Anschein proliferierender Angiome (KONJETZNY) oder gar maligner sarkomatöser Neubildungen machen kann [DALLA FAVERA u. a. (siehe Differentialdiagnose)]. Vereinzelt wurden jedoch auch Degenerationserscheinungen im Geschwulstgewebe beobachtet.

DALLA FAVERA sah eigentümliche homogene Schollenbildung, die durch Aufquellen und Verschmelzen der Bindegewebsfibrillen entstand. Die Kerne blieben anfangs noch erhalten, gingen aber später zugrunde. Bei weiterem Fortschreiten der Veränderung fand er verschieden geformte, rundliche oder auch zackige homogene hyaline Herde, die stellenweise von massenhaften Fremdkörperriesenzellen und Lymphocyten eingeschlossen waren. In einigen Fällen wieder ist der Gefäßreichtum der Geschwülste geringer gewesen, in anderen wiederum traten im Granulationsgewebe Riesenzellen so sehr in den Vordergrund, daß man von einem Granuloma gigantocellulare sprechen konnte (KREIBICH).

Eine besondere Erwähnung verlangen dann noch jene von SCHRIDDE beobachteten Zelleinschlüsse in einem Falle, der histologisch den tropischen Granulomen entsprach. Es handelte sich um eigentümliche Einschlußkörperchen, die nur in Angioblasten und nie in anderen Zellen und auch nur bei jüngsten Bildungen zu beobachten waren. SCHRIDDE bringt sie in Beziehung zu den von MARZINOWSKY und BOGROW bzw. BETTMANN und WASIELEWSKI bei der Orientbeule beschriebenen, faßt sie demnach als Protozoen auf, die zu den Leishmanien zu rechnen wären. Diese Beobachtung steht bis jetzt völlig vereinzelt da; sie war auch bei eigens daraufhin untersuchten anderen, ebenfalls jüngsten Entwicklungsstadien nicht festzustellen [HAMMERSCHMIDT und LUDOVIC) (siehe Pathogenese)].

Differentialdiagnose: Bei einem Vergleich des histologischen Aufbaus der tierischen Botryomykose mit dem Granuloma teleangietaticum ist es ohne weiteres ersichtlich, daß von irgendwelcher geweblichen Ähnlichkeit zwischen den tierischen und menschlichen Geschwülsten keine Rede sein kann. Das Botryomykom des Pferdes ist histologisch als ein Mykofibrom oder Mykodesmoid

(JOHNE) zu betrachten, das im wesentlichen aus derbem, fibrösem Bindegewebe mit eingestreuten absceßartigen, die Botryomycespilze enthaltenden Herden besteht. Bei den menschlichen Geschwülsten handelt es sich lediglich um stark erweiterte Blutgefäße, die in ein wechselnd zellreiches, echtes Granulationsgewebe eingelagert sind. Dieser Zellreichtum und die Größe der neugebildeten Blutcapillaren unterscheiden das Granuloma teleangiectaticum auch von den **einfachen Granulomen**. Die geradezu angiomartige Vermehrung der Capillaren und die Wucherung der endothelialen Elemente werden bei diesen nie vorgefunden.

Schwierigkeiten kann unter Umständen eine Trennung von dem **Sarkoma idiopathicum multiplex haemorrhagicum** KAPOSI machen (KREIBICH, TRUFFI), mit dem oft eine außerordentliche Ähnlichkeit besteht. Auch bei diesem findet sich eine Neubildung der gewöhnlich erweiterten Blutcapillaren, eine Wucherung und Erweiterung der Lymphgefäße, eine Wucherung von Spindelzellen. Diese Lymphgefäßwucherung tritt zwar beim Granuloma teleangiectaticum nur selten auf (HANSEMANN). Anderseits ist jedoch auch das Vorkommen von Blutungen bei beiden Erkrankungsformen ein weiterer Grund für eine leichte Verwechslung. Eine solche ist auch möglich hinsichtlich **echter Sarkome** (namentlich **Angiosarkome**), mit denen die zellreichen Formen des Granuloma teleangiectaticum eine so große Ähnlichkeit haben, daß man oft vor einer außerordentlich schweren und überdies äußerst verantwortlichen Aufgabe steht. Die Verantwortung ist um so größer, als ja vereinzelt auch klinisch sicher als Granuloma teleangiectaticum erscheinende Fälle sich histologisch als echte Sarkome (Fibrosarkom, FRÉDÉRIC) entpuppten. Ein gewisser Anhaltspunkt besteht insoweit, als sich auch bei scheinbarer Bösartigkeit derartiger Granuloma teleangiectatica stets nur ein zwar schnelles, aber doch begrenztes Wachstum ergibt, das ausschließlich nach außen gerichtet ist und niemals die tieferen Schichten der Haut infiltriert.

Pathogenese: Die ursprüngliche Annahme von PONCET und DOR, laut welcher ein ätiologischer Zusammenhang mit der Botryomykose der Tiere bestehe, ist zwar längst als irrtümlich erkannt, aber auch heute noch ist ein Erreger mit Sicherheit nicht nachgewiesen. Klinische Gründe sprechen allerdings sehr bestimmt dafür, daß die fraglichen Neubildungen von einer äußeren, wahrscheinlich infektiösen Ursache herrühren, die durch irgend ein Trauma in den Körper eingeführt wird.

Ein in vielen Fällen aus den Wucherungen gezüchteter Staphylococcus (BODIN, KÜTTNER, HARTZELL u. a.), der sogar zur Bezeichnung **Granuloma pyogenicum** (HARTZELL) bzw. **Staphylococcosis cutis** (GALLI VALERIO) führte, ist in seiner pathogenetischen Bedeutung noch sehr umstritten. Das gleiche gilt für LETULLEs Amöbenfunde, sowie auch für SCHRIDDES Protozoen. Fest steht jedoch, daß es sich um chronisch infektiöse Granulationsgeschwülste mit unbekanntem Erreger handelt. Für einen blastomatösen Charakter (KONJETZNY, MARTENS und HANSEMANN) liegt kein sicherer Anhaltspunkt vor. Da wir durch neuere Forschung auch die Übertragbarkeit mancher Sarkomarten (Hühnersarkome) kennen gelernt haben, wird uns die Ähnlichkeit im histologischen Bilde dieser verschiedenen Erkrankungsformen der Haut verständlich, wenn wir uns auch über die eigentliche Grundlage der Veränderung heute noch kein sicheres Urteil bilden können.

Lymphogranulomatosis cutis.

Die Lymphogranulomatosis [Lymphomatosis granulomatosa (E. FRAENKEL), malignes Granulom (BENDA)] wurde 1898 von STERNBERG aus jener 1832 von HODGKIN aufgestellten Krankheitsgruppe herausgehoben, welche ursprünglich alle mit Milztumor und Drüsenschwellung ohne kennzeichnende Blutbildveränderung verlaufenden Erkrankungen des lymphatischen Apparates umfaßte. COHN-HEIM hatte von diesen schon 1865 die Pseudoleukämie abgetrennt, die ohne Vermehrung der Blutlymphocyten unter fortschreitender Wucherung des Lymphdrüsensystems zum Tode führt. KUNDRAT schließlich versuchte hier eine Trennung der rein hyperplastischen von den entzündlichen Granulations-geschwülsten durchzuführen. Zu diesen letzteren wird heute allgemein auch die PALTAUF-STERNBERGsche Krankheit gerechnet, die sich durch ihren eigentüm-lichen histologischen Aufbau als Besonderheit kennzeichnet.

Klinisch führt die meist im mittleren Alter auftretende, aber auch Kinder und Greise befallende Erkrankung unter wechselndem, gelegentlich remittierendem, ausnahmsweise auch einmal fortdauerndem Fieber, nach und nach zur Vergrößerung einer oder meist mehrerer Drüsengruppen, manchmal mit gleichzeitiger Milz- und Leberschwellung, sowie Leukocytose und Eosinophilie im Blute, schließlich unter fortschreitender Kachexie zum Tode. In den erkrankten Organen und Organsystemen findet sich jenes eigenartige, aus um-schriebenen Knoten oder diffusen Infiltraten aufgebaute entzündliche Granulationsgewebe. Als erster berichtete 1906 GROSS über eine dabei vorkommende spezifische, d. h. histo-logisch aus typischem Granulationsgewebe aufgebaute Hautveränderung, bei der übrigens im Gegensatz zur Lymphogranulomatosis innerer Organe eine Milzvergrößerung nur in etwa ein Achtel der Fälle beobachtet wurde (WIRZ). Die weitere Forschung ergab schließ-lich, daß wir bei der Lymphogranulomatosis zwei verschiedene Arten von Hautverände-rungen unterscheiden können, die man bisher mit Rücksicht auf ihren histologischen Aufbau in nicht spezifische und spezifische getrennt hat, ohne daß im Einzelfall eine derartige Trennung immer möglich oder gar berechtigt wäre (s. u.). Von den einwandfrei als kenn-zeichnend zu betrachtenden histologischen Veränderungen in der Haut an kennt man bei ihr alle Übergänge bis zu ganz uncharakteristischen Granulationsgeweben, so daß wir heute — da in allen diesen Fällen die Veränderungen an den inneren Organen eine sichere Lympho-granulomatosis ergaben — eine derartige Unterscheidung nur noch mit einem gewissen Vorbehalt anerkennen dürfen.

Als nichtspezifische oder auch toxische Hautveränderungen betrachtet man pruri-ginöse, daher oft zerkratzte, mit Excoriationen einhergehende Befunde, mit und ohne Pigmentationen, vereinzelt auch der Mundschleimhaut (BACHER); hartnäckigen und oft der eigentlichen Erkrankung lange vorausgehenden Pruritus, urticarielle, erythematöse, erythro-squamöse, bullöse, pemphigusartige, in selteneren Fällen auch einmal hämor-rhagische oder skarlatiniforme (?) Ausschläge. Ob gelegentlich umschriebene, mehr oder weniger ödematöse Schwellungen der Haut ebenfalls hierher gehören, muß noch dahin-gestellt bleiben.

In den an und für sich viel selteneren spezifischen Fällen, bei denen klinisch zwar nicht immer, histologisch jedoch stets kennzeichnende Veränderungen vorhanden sind, handelt es sich einmal um eine Reihe unregelmäßig über den Körper verstreuter, blau- bis braunroter, wechselnd harter, hanfkorn- bis bohnengroßer Knoten und Knötchen, die je nach dem Sitz mehr oder weniger deutlich aus der Haut hervorragen, meist glatt, gelegentlich auch einmal erodiert oder gar ulceriert sind. Zum anderen findet man nur wenige, oft nur einen einzigen kleineren oder größeren Knoten, der gelegentlich einmal ohne eigentliche Oberhautveränderungen tief in der Haut auftreten und dann zu irrtümlichen Deutungen (Blastomen) Anlaß geben kann. Ferner kommen auch Bilder vor, die an das Granuloma fung. erinnern, wo dann neben flachen oder gröberen Tumoren auch ekzemartige Infiltrate auftreten und schließlich sind vereinzelte Fälle bekannt geworden, wo eine hartnäckige Geschwürsbildung die Krankheit einleitete (ARZT u. a.).

Die histologische Diagnose der spezifischen Hauterkrankung beruht in erster Linie auf dem Nachweis der von STERNBERG in klassischer Weise dar-gestellten Veränderungen, die grundsätzlich an der Haut nicht anders aufgebaut sind wie an den inneren Organen. Hier wie dort findet sich ein durch die Ver-schiedenartigkeit seiner Zellformen ausgezeichnetes Granulationsgewebe, das aus kleinen und größeren Lymphocyten, aus großen Epitheloiden, aus jenen eigenartigen, als STERNBERGsche bekannten Riesenzellen, sowie aus Plasmazellen in wechselnder Zahl besteht. Das normale Gewebe wird allmählich völlig verdrängt; das Infiltrat führt schließlich zu umschriebener Nekrose, der eine narbige Umwandlung folgt. Dergestalt aufgebaute, gegen die Umgebung zunächst mehr oder weniger kugelförmig und scharf, später eher unregelmäßig abgesetzte Zellherde treten anfangs in der subpapillaren Cutis und bis weit in

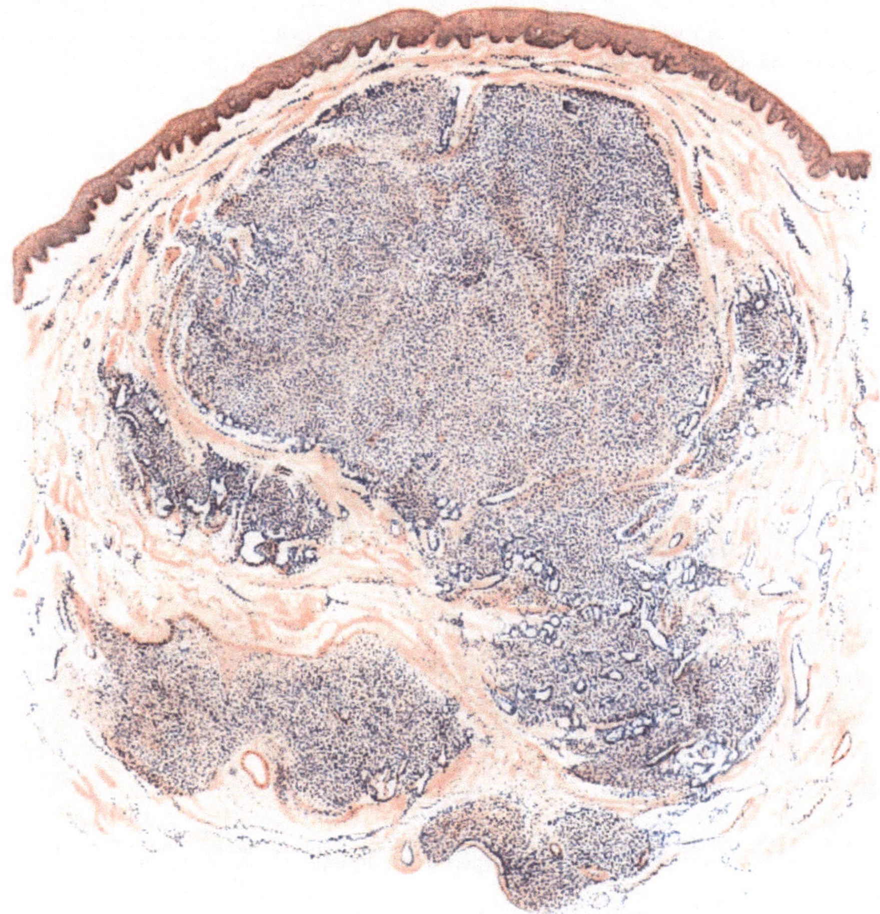

Abb. 241. L y m p h o g r a n u l o m a t o s i s c u t i s. Frischer Herd. Übersichtsbild. Scharf abgesetzte Zellherde in Cutis und Subcutis, besonders um die (erhaltenen) Schweißdrüsen. O = 20:1; R = 16:1. (Sammlung ARZT.)

die Subcutis hinein auf. Sie siedeln sich in erster Linie vielfach um die Haarfollikel, Talg- und Schweißdrüsen herum an, von denen erstere allmählich schwinden, während die Schweißdrüsen und ihre Ausführungsgänge selbst in den größten Granulationsherden erhalten bleiben können (ARNDT). Die jungen Zellherde neigen ebenso wie die Randabschnitte älterer Herde im Aufbau der Zellen zu scharf umschriebenen, runden oder ovalen Knoten, die in einen wechselnd ödematösen, manchmal auch hyalin umgewandelten, vielfach aber auch nicht veränderten Bindegewebsring eingelagert sind. Blut- und Lymphgefäße sind darin meist stark erweitert und gefüllt;

letztere gelegentlich auch leer und weit klaffend. Im einzelnen Zellherd läßt sich vielfach eine schmale, schärfer und dunkler gezeichnete, aus dicht gedrängten kleinen Lymphocyten aufgebaute Randzone von einer helleren, verwascheneren, durch lockerer aneinander gelagerte Zellen gebildeten Mitte unterscheiden: „Lymphdrüsenknötchen ohne Keimzentrum" (ARNDT).

Schon schwächere Vergrößerungen zeigen in der Mitte der Infiltrate jene eigenartigen großen, dunklen, vielkernigen STERNBERG-Zellen, die manchmal zu (sarkomartigen) Haufen geordnet, ein anderes Mal eher gleichmäßig über das

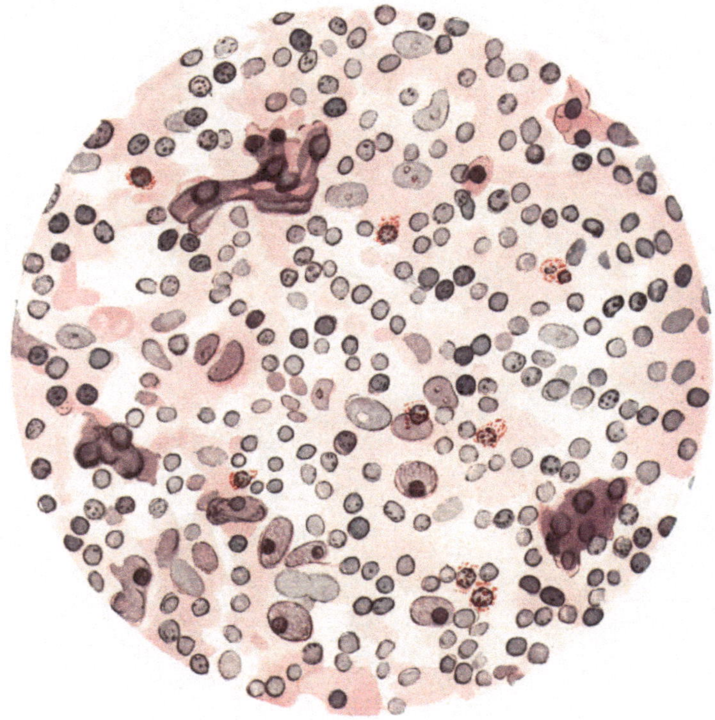

Abb. 242. Lymphogranulomatosis cutis. Kennzeichnendes Zellinfiltrat mit STERNBERGschen Riesenzellen. Hämatoxylin-Eosin. O = 900:1; R = 900:1.

Gewebe verteilt sind. Bei stärkerer Vergrößerung gibt ein solcher Herd durch die Vielheit seiner Zellformen ein außerordentlich bewegtes Bild: Neben zahlreichen völlig nackten oder von einem schmalen Protoplasmarand umsäumten, namentlich in den Randteilen auftretenden, lymphknotenartig angehäuften oder ungleichmäßig über den ganzen Herd verteilten kleinen Lymphocyten, vereinzelten Lymphoblasten, lymphocytären Plasmazellen (den Plasmatochterzellen UNNAS), hier und da auch eigentlichen Plasmazellen, treten zur Mitte hin zahlreiche, lebhaft wuchernde fixe Bindegewebs- und Endothelzellen auf, die durch ihren hellen bläschenförmigen Kern, ihr spindel- oder auch sternförmig verzweigtes Protoplasma den hellen Farbenton des Zentrums bedingen. Ferner finden sich Mastzellen in wechselnder Zahl, reichlicher am Rande, weniger in der Mitte. Polynucleäre Leukocyten sind zwar auch in nicht zerfallenen Knoten ziemlich gleichmäßig verteilt und in mäßiger Zahl vorhanden, finden

sich naturgemäß aber dann besonders zahlreich, wenn sekundäre Einflüsse
die reine Lymphogranulomnatur des Gewebes gestört haben. Ziemlich regelmäßig beleben eosinophile Leukocyten, manchmal in großer Zahl das Bild,
namentlich in den tieferen Cutisherden und zur Subcutis hin. Sein besonderes
Gepräge erhält das lymphogranulomatöse Infiltrat jedoch erst mit den schon
genannten STERNBERGschen „Riesenzellen", größeren protoplasmareichen
Zellen mit großen, dunkel gefärbten, runden, ovalen oder glatten Kernen, die
nicht so selten mehrfach zu zweien oder dreien zusammengelagert oder auch
gelappt erscheinen. Vereinzelte solcher Zellen besitzen eine größere Anzahl
(5—6) Kerne. An manchen sind die Kerne auffallend groß, rund und enthalten
mit Eosin färbbare Kernkörperchen oder, was seltener der Fall ist, die
Kerne sind blaß gefärbt und enthalten eine oder zwei sich mit Eosin färbende
Nucleolen. In der Mehrzahl sind sie jedoch chromatinreich (STERNBERG). Mit
Methylgrün-Pyronin wird das unregelmäßige, lang ausgezogene spindelförmige

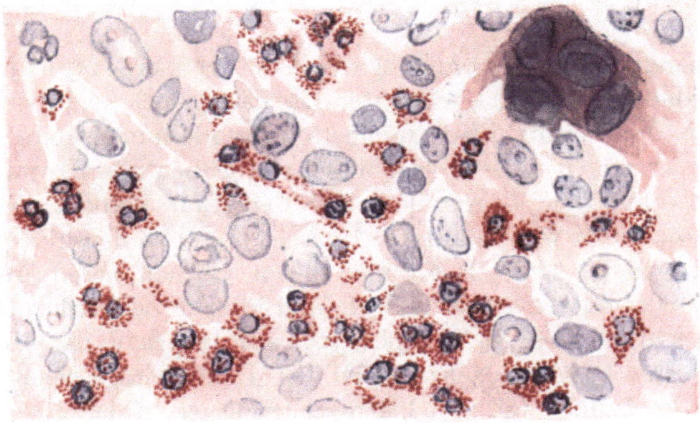

Abb. 243. Lymphogranulomatosis cutis. Zellinfiltrat mit STERNBERGscher Riesenzelle
und zahlreichen Eosinophilen — Hämatoxylin-Eosin. O = 900:1; R = 900:1.

oder auch rundliche bis ovale Protoplasma dieser Zellen meist rot gefärbt
— seltener ist es leicht acidophil —, während der vielgestaltige [rund, oval,
nierenförmig, unregelmäßig glatt, korkzieherartig gewunden, hufeisen- oder
hirschgeweihartig, ringförmig (ARNDT)] Kern, häufig in Mitose, meist tief dunkelgrün erscheint, so daß die mit Pyronin leuchtend rot gefärbten Kernkörperchen,
zwei oder auch mehrere an der Zahl, deutlich hervortreten.

Die solcher Art gebauten Zellherde sind in ein zwar stark aufgefasertes
und auseinander gedrängtes, im übrigen aber nicht weiter verändertes kollagenes Gewebe eingelagert, das mit den eingeflochtenen, ebenfalls
zersplitterten elastischen Fasern überall als feineres oder gröberes Netzwerk nachweisbar ist, am Rande deutlicher und dichter wie nach der Mitte hin. In länger
bestehenden Herden ist das elastische Gewebe hingegen völlig zerstört, auch die
groben Bindegewebsbündel sind geschwunden oder im Anschluß an ein wechselnd
starkes Ödem in plumpe hyaline Bruchstücke umgewandelt. An anderen Stellen
findet sich ein dicht gefügtes, kernarmes oder auch ein zellreiches junges Gewebe,
das man mit ARNDT als beginnende fibröse Induration betrachten kann.

Diese Veränderungen trifft man jedoch nur innerhalb der dichten Zellinfiltrate in der mittleren Cutis und Subcutis. Zum Stratum

papillare und damit zur Epidermis hin sind die Zellansammlungen diffuser und lockerer, das Gewebe meist stärker ödematös, so daß sich diese subepitheliale Zone meist ziemlich
scharf von dem erst in der Höhe des subpapillaren Gefäßnetzes
auftretenden dichten Infiltrat abhebt. Irgendwie für die Lymphogranulomatosis kennzeichnende Veränderungen finden sich im übrigen im
Stratum papillare und in der Epidermis nicht; soweit in letzterer Umbauvorgänge atrophischer oder hypertrophischer Art auftreten, sind sie rein mittelbarer Natur und daher hier auch nicht weiter zu erörtern.

Erwähnt seien noch eigenartige Gefäßveränderungen, wie sie Rusch als destruierendes
Wachstum des Granulationsgewebes zwischen die Muskelfasern einer mittelgroßen Arterie
und Wucherung in der Intima desselben Gefäßes, Arndt als Wandverdickung und -infiltration
der neugebildeten Gefäße, vor allem der Venen des tiefen Netzes schildert. Diese waren
vielfach in dichtes Granulationsgewebe völlig eingeschlossen und nur an ihrem elastischen
Faserring erkennbar. Auf derartige schwerere Gefäßwandschädigungen mag auch wohl
das Auftreten zahlreicher Blutungen und Pigmentablagerungen in beiden Beobachtungen
zurückzuführen sein.

Die vorstehend gegebene Darstellung ist als die der klassischen Form der
Lymphogranulomatosis cutis zu betrachten. Es darf jedoch kein Zweifel darüber
vorhanden sein, daß bei ihr histologische Bilder vorkommen können, die auch
nicht mehr die geringsten Beziehungen zu jener erkennen lassen, obwohl klinisch
zweifellos eine echte Lymphogranulomatose der Haut vorliegt (Kren u. a.).
Ansätze zu diesen daher wohl häufig zu Unrecht (s. o.) zu den „unspezifischen"
Hautveränderungen gerechneten Formen bieten vielfach bereits die Randabschnitte älterer oder auch einzelne kleinere und jüngere Zellherde. Diese weisen
dann wohl nur kleine und große Lymphocyten auf, innerhalb deren in der Mitte
mehr Endothel- und Epitheloidzellen, nach dem Rande einige baso- oder acidophile polynucleäre Leukocyten und Plasmazellen liegen. Oder die Mitte ist aus
einem Gefüge lockerer, gewucherter Bindegewebs- und Endothelzellen aufgebaut,
zwischen denen ganz vereinzelt eine Riesenzelle sichtbar ist. Schließlich gar
bestehen sämtliche Infiltrate lediglich aus Lymphocyten und Plasmazellen
und geben daher ein durchaus uncharakteristisches Bild.

Differentialdiagnose: Derartige Befunde zwingen dann meist schon zu
differentialdiagnostischen Erwägungen, die demnach getrennt zu besprechen sind,
einmal für jene Formen, die bei sicherer Lymphogranulomatose einen für diese
nicht eigenartigen Aufbau zeigen, zum anderen für die Möglichkeit der Trennung
von anderen klinisch und auch geweblich ähnlichen Krankheitsbildern.

Zu den eben genannten, durch das Fehlen typischer Sternbergscher Zellen nicht
mehr hinreichend gekennzeichneten wären dann Fälle zu zählen, wie der Dössekers,
wo bei einer sicheren Lymphogranulomatosis der inneren Organe in einem länger bestehenden
Hauttumor ein Granulationsgewebe gefunden wurde, das zahlreiche Lymphocyten, einen
wechselnden Reichtum an Plasmazellen, Fibroblasten und Epitheloiden in einem meist
deutlichen, mehr oder weniger gefäßreichen Reticulum enthielt. Anzuschließen ist hier
Bachers Fall 1, der bei sicherer Lymphogranulomatosis ebenfalls einen durchaus nicht
kennzeichnenden Aufbau der Hautveränderung zeigte, indem neben den eingangs erwähnten
unspezifischen und daher hier nur kurz mitzuteilenden perivasculären Zellinfiltrationen
chronisch-entzündlicher Natur, im Stratum subpapillare neben starker Gefäßfüllung eine
aus Lymphocyten, Fibroblasten, Plasma-, Epitheloid- und vereinzelten Riesenzellen vom
Langhansschen Typus bestehende diffuse Infiltration beobachtet wurde. Dabei ist hervor-
zuheben, daß ein Zusammenhang mit Tuberkulose mit Rücksicht auf die negative Tuber-
kulinreaktion abgelehnt wurde.

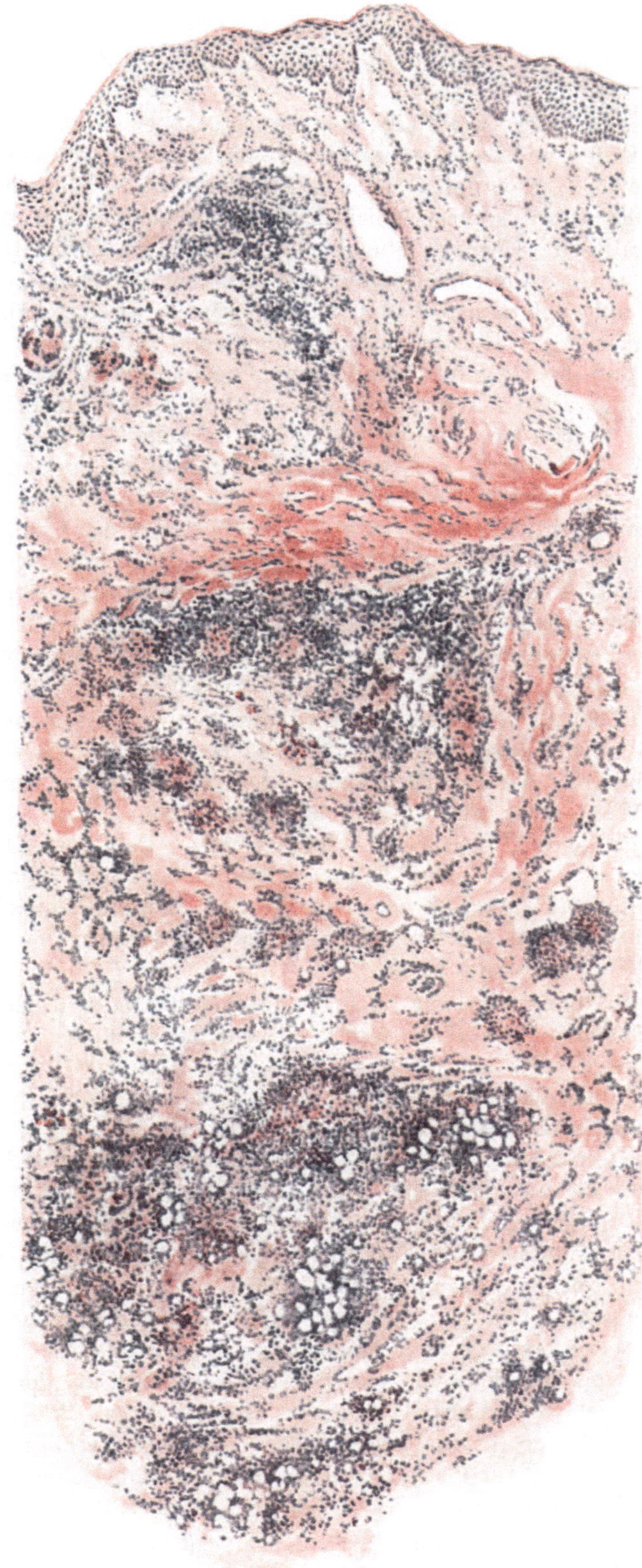

Abb. 244. L y m p h o g r a n u l o m a t o s i s c u t i s (♂, 70 jähr., Kniekehle). Übersichtsbild. Diffuse, unscharf begrenzte Zellherde im aufgelockerten, aber sonst nicht veränderten Binde- und subcutanen Fettgewebe. Panchrom. O = 35 : 1; R = 30 : 1.

36*

Wenn man an der Zugehörigkeit, wenigstens der Hauterscheinungen, gerade dieses Falles zur Lymphogranulomatose noch einigen Zweifel hegen kann, so muß zugegeben werden, daß — wie aus dem oben Gesagten hervorgeht — die Lymphogranulomatose histologisch nicht immer sicher zu erkennen ist. Dies gilt ganz besonders für die Unterscheidung vom Granuloma fungoides (s. d.), mit dem eine gewisse Ähnlichkeit manchmal nicht von der Hand zu weisen ist (Fall ARNDT), ohne daß man deshalb berechtigt wäre — wie K. ZIEGLER — eine Übereinstimmung dieser Erkrankungen anzunehmen. Daher ist es von besonderem Wert, daß die Diagnose Lymphogranulomatose meist und schon frühzeitig mit einer gewissen Wahrscheinlichkeit aus dem klinischen Krankheitsverlauf gestellt werden kann, da histologisch manche Fälle von Granuloma fungoides — nach ARNDT sind es vorwiegend „ekzematoide Formen und flache Infiltrate" — eine gewisse Übereinstimmung mit der Lymphogranulomatosis zeigen. Für die eigentlichen geschwulstartigen Bildungen der Lymphogranulomatose bieten die regelmäßig und meist in großer Zahl vorhandenen STERNBERGschen Zellen — von Ausnahmen wie Fall DÖSSEKER abgesehen — jedoch eine ausgezeichnete diagnostische Handhabe, da sie im Tumorstadium des Granuloma fungoides — wenn überhaupt — so nur ganz vereinzelt vorhanden sind.

Auch bei der Lymphogranulomatose findet sich eben ein allmählich fortschreitender Übergang von ganz unausgesprochen zu durchaus eindeutig aufgebautem Granulationsgewebe (s. o.): Tatsachen, die ja in keiner Hinsicht als eine Besonderheit der Lymphogranulomatose zu betrachten sind, vielmehr in ähnlicher Weise mehr oder weniger bei allen entzündlichen Granulationsgeschwülsten gelegentlich beobachtet werden können. Daß trotz aller Umsicht vereinzelt autoptisch eindeutige Fälle intra vitam einfach nicht erkannt werden können, zeigt der Fall KREN, wo neben spezifischen, allerdings zunächst in ihrer Bedeutung unbekannten ulcerösen Hautveränderungen kaum eine periphere Drüsenschwellung bestanden hatte.

Im Vergleich zum Granuloma fungoides machen die meisten der übrigen in Betracht kommenden Erkrankungen differentialdiagnostisch weniger Schwierigkeiten. Zwar ist die Stellung der Lymphogranulomatose zur Lymphosarkomatose noch umstritten, da sehr erfahrene Pathologen (CHIARI-YAMASAKI) Übergänge zwischen beiden feststellen und sie daher zu den eigentlichen Neoplasmen rechnen möchten (ORTH-TSUNODA). Dabei handelt es sich allerdings wohl mehr um die grundsätzliche Frage, inwieweit bei derartigen Veränderungen so vereinzelte Befunde wie diffuse Infiltration und schrankenloses Wachstum, wie Einbrüche und Fortschreiten in den Blutgefäßen, namentlich den Venen, zu solchen Ansichten berechtigen, zumal wenn man das beim Granuloma fungoides über die „infektiöse" Natur mancher „Sarkome" Gesagte hier wiederum berücksichtigt. Für gewöhnlich weicht ja das Bild der Lymphogranulomatose von dem der Lymphosarkomatose erheblich ab; denn bei dieser findet sich in einem reticulumartigen Gerüst ein einförmiges Bild gleichartiger größerer oder kleinerer lymphatischer Zellen. Ähnliche Verhältnisse, jedoch durch den klinischen Befund ebenfalls hinreichend gekennzeichnet, finden sich bei den leukämischen Erkrankungen der Haut (s. d.).

Pathogenese: Formalgenetisch sei lediglich erwähnt, daß die Mehrzahl der Untersucher für eine endotheliale Abkunft der STERNBERGschen Zellen und mit Rücksicht auf den meist nicht nennenswert geänderten Blutbefund, insbesondere die durchaus nicht notwendig vor-

handene Lymphocytose, für eine histiogene Entstehung der lymphocytären und plasmacellulären Infiltrate eintritt: eine späte aber durchaus begründete Anerkennung jener von
UNNA seit jeher vertretenen Ansicht. Das Auftreten gerade von Hautveränderungen bei
der Lymphogranulomatosis wird neuerdings durch eine besondere Aktivität der Haut als
eines lymphocytären Organs in diesen Fällen dem Verständnis näher zu bringen versucht
(WIRZ, in Anlehnung an RIBBERT), ohne daß damit das letzte Wort in dieser Frage
gesagt sein könnte.

Kausalgenetisch ist vorderhand eine Klärung nicht zu geben. Zwar scheint das in
einer sehr großen Zahl der Fälle zunächst von FRAENKEL und MUCH gefundene, dann von
vielen anderen Forschern bestätigte granuläre Virus oder dessen Toxin für eine einheitliche
Genese der Lymphogranulomatosis zu sprechen. Wieweit jedoch dabei Beziehungen zur
Tuberkulose — ein Nebeneinander oder Ineinander (CEELEN, RABINOWITSCH) — oder zu
wiederholten und abgeschwächten anderen Infektionen (ASCHOFF, LÖWENBACH) bestehen
und zu welchen, ist so lange kaum zu entscheiden, als der bakteriologische Charakter jener
Erregerform nicht entschieden ist. Daß in dem einen oder anderen Falle das Krankheitsbild
der Lymphogranulomatosis auch noch durch andere Ursachen bedingt sein kann (diphteroide
Stäbchen, GRUMBACH), ist durchaus denkbar, zumal wir uns ja mehr und mehr daran
gewöhnen müssen, nicht so sehr die Art des Erregers, als vielmehr die Reaktionsfähigkeit
i. e. die individuelle Disposition der Haut (KYRLE) mit dem durch sie gegebenen Verhalten gegenüber dem Erreger, in weitestem Maße für den morphologischen Aufbau verantwortlich zu machen.

Granuloma fungoides (Mycosis fungoides).

Seit den grundlegenden Untersuchungen PALTAUFS und v. ZUMBUSCHS
darf man das Granuloma fungoides wohl endgültig zu den sog. spezifischen
Granulationsgeschwülsten rechnen, und es als eine Allgemeinerkrankung auffassen, die gewöhnlich auf die Haut beschränkt ist, bei der in selteneren Fällen
jedoch so gut wie alle Organe und Organsysteme von dem eigenartigen Granulationsgewebe ergriffen werden können. Damit ist das Granuloma fungoides
von den Leukämien und Pseudoleukämien der Haut einerseits, von den Leuko-
und Lymphosarkomatosen andererseits als selbständiges Krankheitsbild abgegrenzt. Dieses dürfte daher auch für die Betrachtung als cutane Lymph-
adenie (französische Forscher) keinen Anhaltspunkt mehr bieten. Umstritten
sind lediglich noch jene Fälle (v. ZUMBUSCH, ZURHELLE) von Granuloma fungoides
der Haut mit Metastasen innerer Organe, die in ihrem histologischen Aufbau
von der Norm abweichen und durch die ziemliche Gleichartigkeit und den
Aufbau ihrer Zellen (lymphocytenartig) an Sarkome erinnern. Diese Frage
dürfte erst dann geklärt werden, wenn es gelingt, andere denn rein histologische
Beweise für den entzündlichen oder Sarkomcharakter eines Gewebes zu
erbringen, zumal wir heute — wenn auch nur bei Tieren — histologisch echte
Sarkome kennen, die durch tumorzellfreie Filtrate experimentell übertragbar
sind (PEYTON-ROUS, TEUTCHLÄNDER).

Es handelt sich um eine chronische, Jahre und Jahrzehnte fortdauernde Erkrankung
der gesamten Hautdecke, die durch das Auf und Ab, durch das schnelle Kommen und
Gehen ihrer Erscheinungsformen bei zunächst kaum gestörtem Allgemeinbefinden gekennzeichnet ist. Sie beginnt mit einem jahrelangen, meist sehr stark juckenden, aber sonst
wenig kennzeichnendem Vorstadium, dem prämykotischen. Dieses wurde als erythem-,
urticaria- (DUHRING, VIDAL-BROCQ), ekzem-, psoriasis-, lichenähnliche, als ödematöse,
nässende, schuppende, verrucöse, hyperkeratotische (JEANSELME und BLOCH), oder auch
bläschenartige (KÖBNER u. a.) und selbst blasige (HALLOPEAU) Erscheinungsform beobachtet. Nach und nach entstehen in den allmählich auch diffus und stärker infiltrierten
Hautabschnitten an Zahl und Größe wechselnde, eigenartig teigig-weiche, erbsen- bis
kleinapfelgroße, normal oder düsterrot bis fast schwarze, oft zentral zerfallende oder
auch sich rückbildende Knoten, die der Unterlage breit oder gestielt aufsitzen. Diesen

geschwulstartigen Wucherungen verdankt die Erkrankung den Namen (Mycosis fungoides v. ALIBERT). Falls nicht eine andere Erkrankung schließlich das Ende beschleunigt, führt das Granuloma fungoides unter stärkerer Entkräftung schließlich stets zum Tode.

Neben der eben kurz dargestellten klassischen Form, wie sie ALIBERT-BAZIN gezeichnet haben, hat man im Laufe der Zeit noch andere, zum Teil davon beträchtlich abweichende Formen kennengelernt. Die Abart VIDAL-BROCQs, die sog. Mycosis fungoides d'emblée, bei der primär und ohne sonstige Hautveränderungen Tumoren auftreten, während die prämycotischen Erscheinungen überhaupt nicht oder erst später folgen, und schließlich als dritte der Abarten die BESNIER-HALLOPEAUs, die von vornherein und über die Gesamtdauer der Erkrankung als generalisierte, exfoliierende Erythrodermie (Pityriasis rubra idiopathica), als diffuse Form der Mycosis fungoides (LEREDDE) erscheint. Neuerdings klinischerseits hervortretende Bestrebungen, den durch den Gegensatz von auf die Haut beschränkten und mit Allgemeinveränderungen einhergehenden Formen entstehenden Schwierigkeiten dadurch aus dem Wege zu gehen, daß man nur die klassische Form ALIBERT-BAZINS, unter Umständen auch noch die Mycosis fungoides d'emblée als Mycosis fungoides bezeichnet, alle anderen Abarten aber möglichst anders unterzubringen sucht, müssen angesichts der übereinstimmenden histologischen Befunde an der Haut sowohl wie an den inneren Organen als nicht ohne weiteres berechtigt bezeichnet werden.

Der Ausgangspunkt aller histologischen Veränderungen ist das unter der Oberhaut und dem Papillarkörper gelegene subpapilläre Gefäßnetz der Haut. In dem langdauernden ersten Stadium mit seinen oberflächlichen Veränderungen ist es zum Teil ganz allein befallen, zum Teil mit Ausstrahlung in den darüberliegenden Papillarkörper und die Oberhaut. Wir finden entsprechend den verschiedenen klinischen Erscheinungsformen naturgemäß auch histologisch voneinander ganz abweichende und daher für die Mycosis fungoides als solche nicht kennzeichnende Befunde. Diese lassen sich im Frühstadium nur aus den eigentümlichen cellulären Wucherungen um die oben genannten Gefäße feststellen. Die Epidermisveränderungen sind also rein mittelbarer Natur und geben dem histologischen Bilde durchaus nichts Kennzeichnendes.

Bei den allerfrühesten Erscheinungen, den erythematösen umschriebenen Herden beschränken sich die Veränderungen auf eine wechselnd deutliche, manchmal auch fehlende Verbreiterung der Epidermis, deren untere Schichten meist ödematös und von einzelnen Leukocyten durchsetzt sind, während die übrigen Schichten kaum verändert, die Hornschicht an einzelnen Zellen kernhaltig erscheint. Auch die Veränderungen im Stratum papillare und in der Cutis sind durchaus noch nicht kennzeichnend, wenn auch die während des ganzen Verlaufs vorhandene Erweiterung der Blut- und Lymphgefäße des Stratum subpapillare hier schon deutlich wird. Im gleichen Bezirk findet man eine mäßige Vermehrung der Bindegewebszellen, Mast- und Plasmazellen in wechselnder Zahl, bald mehr (PHILIPPSON, PALTAUF), bald weniger, ein normales, lediglich im Stratum papillare mäßig ödematöses Bindegewebe. Alles in allem ein Befund, der kaum differentialdiagnostisch verwertbar ist.

Auch in jenen seltenen Fällen, wo die Krankheit von vornherein oder während des ganzen Verlaufes mit einer sog. primären Erythrodermie einhergeht, ist das histologische Bild nicht immer ein kennzeichnendes, wenn es auch manche Anhaltspunkte bietet. Entsprechend der Anordnung des subpapillaren Gefäßnetzes bilden die hauptsächlich perivasculär gelegenen Zellverbände durch Zusammenfließen der einzelnen Herde ein diffuses, bandartig ausgebreitetes Infiltrat. Dieses ist gegen die tieferen, zellärmeren Lagen der Cutis hin sehr deutlich abgegrenzt; es ist entweder auf dieses Gefäßnetz beschränkt oder zieht mit den von diesem senkrecht gegen die Papillen aufsteigenden, erweiterten

und reichlich mit Blut gefüllten Präcapillaren und Capillaren in die Höhe.
Es breitet sich als wechselnd dichte Ansammlung verschiedenartigster Zellen
zwischen den aufgelockerten und auseinandergedrängten Bindegewebsbündeln
aus, in diese wie in ein Netzwerk eingelagert. Das Bindegewebe ist meist sehr
stark ödematös, die Papillen daher geschwollen, keulenförmig aufgetrieben und
von weiten Gefäßen durchzogen. Sie drängen die Epidermis zurück, verschmälern
dabei besonders die suprapapillare Stachelschicht und dringen an manchen
Stellen bis in die obersten Epidermislagen vor. Das Epithel über diesen dauernd
ödematösen Abschnitten ist vielfach gewuchert und mit Leukocyten durchsetzt.
Auch die Epithelleisten zeigen diese Erscheinung und sind dann breit und plump.
An anderen Stellen, wo das Ödem fehlt, schieben sie sich als lange schmale

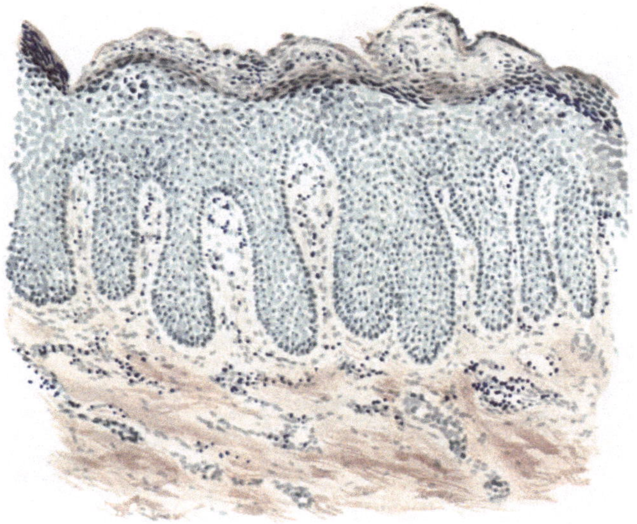

Abb. 245. Granuloma fungoides. Prämykot. „Ekzem“. (♀, 45 jähr., Schulter.)
Parakeratose, Akanthose, Leukocytenauswanderung, Ödem in Epidermis und Papillarkörper; Blut-
und Lymphgefäße des Stratum subpapillare erweitert; geringgradige Zellinfiltration. Polychromes
Methylenblau, neutrales Orcein. O = 128 : 1; R = 100 : 1.

Gebilde bis in die Cutis vor. Stratum basale und spinosum sind verbreitert,
ebenfalls ödematös geschwollen. Ihre zum Teil vakuolisierten Zellen sind zwar
recht groß, zeigen aber nur wenige Kernteilungen. Stellenweise fehlt über den
ödematösen Abschnitten die Körnerschicht; die häufig verbreiterte Hornschicht
erscheint dann kernhaltig, vielfach locker geschichtet und in zarten Lagen
abgehoben. An anderen Stellen wieder ist sie ebenfalls ödematös, von kleinsten
Bläschen oder Krusten durchsetzt.

Am Aufbau der Infiltrate beteiligen sich bei der Erythrodermie in erster
Linie gut entwickelte Plasmazellen in wechselnder Zahl. Daneben fällt jedoch
bereits hier ein auffallender Formwechsel dieser und anderer am Aufbau der
Infiltrate beteiligter Zellen auf. Neben wenigen, abgerundeten ovalen Plasmazellen mit typischem Kern sind die meisten unregelmäßig begrenzt, mit Ausläufern versehen, der Kern wechselnd chromatinreich. Daneben finden sich
zahlreiche Mastzellen, sowie Bindegewebszellen verschiedener Form und Größe,
die vermengt mit den Plasmazellen in das ödematös aufgelockerte bindegewebige

Netzwerk eingelagert sind. Eosinophile Zellen treten namentlich am Rande des Infiltrates in reichlicher Menge auf (LEREDDE, PALTAUF). Neben ihnen findet man noch gewöhnliche Lymphocyten und gelegentlich bereits einzelne auffallend große, verschieden geformte Zellen mit großen Kernen: kurz, das Infiltrat ist zwar durchaus noch nicht kennzeichnend für das Granuloma fungoides, es finden sich in ihm jedoch in den Grundzügen bereits jene Zellformen wieder, die den späteren Stadien der Erkrankung histologisch ihr kennzeichnendes Gepräge verleihen.

Anders liegen die Dinge bereits im Stadium der Infiltration. Das in erster Linie Kennzeichnende bei diesem ist bedingt durch den Sitz und Aufbau des in der subpapillären Schicht regelmäßig vorhandenen Infiltrates. Es tritt

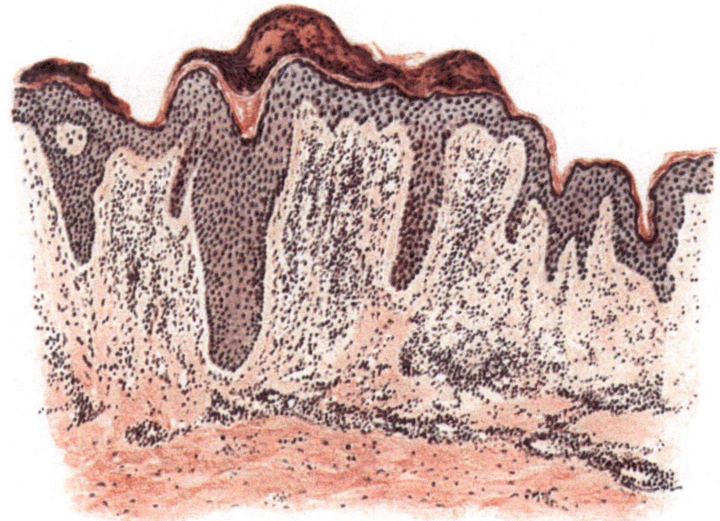

Abb. 246. Granuloma fungoides. Beginnende Tumorbildung. (♀, 35 jähr., Rücken.) Para-keratose, Akanthose nur noch in den Epidermisleisten. Ödem in Epidermis und Papillarkörper. Stärkere Zellinfiltration um die erweiterten Gefäße. O = 128:1; R = 100:1.

schon ziemlich frühzeitig als gleichmäßige Zellansammlung in der oberen Cutis bis an das obere Gefäßnetz heran auf (UNNA). Auch die Papillen sind daran meist, wenn auch in schwächerem Maße beteiligt. Hier kommt es um die Blut-capillaren herum, aber auch frei in den Lymphspalten primär zu Zellanhäufungen (PALTAUF), ohne daß der Zusammenhang des Gewebes irgendwie durch Ein-schmelzen oder Zerreißen der Bindegewebsfasern gestört würde. Es handelt sich stets lediglich um eine Einlagerung zwischen die Bindegewebs-züge, wodurch bei weiterer Entwicklung der Zellherde jener eigentümliche, an das Reticulum der Lymphdrüsen erinnernde Aufbau zustande kommt, der vielfach zu Mißdeutungen geführt hat (s. u.). Es ist UNNAs Verdienst, zuerst auf die das Granuloma fungoides kennzeichnende Polymorphie der die Infiltrate aufbauenden Zellen hingewiesen zu haben. Den Haupt-bestandteil bilden Zellen mit runden chromatinreichen Kernen und spärlichem Protoplasmarand (Lymphocyten), zwischen denen vereinzelt größere proto-plasmareiche Rundzellen (BRANDWEINER), aber nur wenige Plasmazellen (KRZYSTALOWICZ), gelegentlich auch Riesenzellen (UNNA, PHILIPPSON) auftreten. Diese Riesenzellen sind eigentümliche, mehrkernige (bis zu 20) Zellen, die im Gegensatz zu den echten Riesenzellen der spezifischen Granulationsgewebe (Tuberkulose usw.), ein noch völlig normales schaumiges, durchaus nicht homogenisiertes Protoplasma besitzen. Vielfach, und wie es auch mir scheint, in vermehrter Zahl findet man Mastzellen; in den ödematösen Gewebsabschnitten als langspindelige, stern- oder spinnenartige Formen mit dicht angehäuften Granula, während sie in den tieferen Cutisabschnitten ihren gewöhnlichen Aufbau zeigen (Lukasciewicz). In den Zellverbänden sind bereits in diesem Stadium eosinophile Zellen in wechselnder Zahl gefunden worden, während polynucleäre Leukocyten außerordentlich selten angetroffen werden. Die Mannigfaltigkeit dieser Infiltrate wird noch bunter durch einen, dem Granuloma fungoides eigentümlichen, regelmäßig zu beobachtenden frühzeitigen Kern- und Zellzerfall (Unna).

Von Anfang an ist das Infiltrat von einer großen Zahl fein- bis grobkörniger Kernbröckel und Protoplasmareste durchsetzt, die dem Bilde ein besonderes Gepräge verleihen. In einzelnen Fällen feststellbare kleinere Blutungen aus den stets erweiterten und stark gefüllten Gefäßen vollenden das bunte Bild.

Die Blut- und Lymphgefäße in dem veränderten Bezirk und dessen nächster Umgebung sind regelmäßig erweitert, namentlich die meist auch reichlich bluthaltigen Capillaren, deren Endothelien zu dieser Zeit — im Gegensatz zu späteren Stadien — noch völlig unverändert sind. Die Anhangsgebilde der Haut werden zwar bereits von den Zellinfiltraten mehr oder weniger stark umsponnen, zeigen jedoch im übrigen noch keine Veränderung.

Gegenüber diesen so ziemlich regelmäßig feststellbaren Befunden tritt ein in Papillarkörper und Corium wechselnd stark auftretendes Ödem sowie eine Wucherung fixer Bindegewebszellen an Bedeutung zurück. Beide halten sich im Corium in bescheidenen Grenzen, so daß das elastische und kollagene Gewebe kaum in Mitleidenschaft gezogen werden.

Die Veränderungen der Epidermis sind, wie das oben schon betont wurde, rein sekundärer Natur. Nur unter diesem Gesichtspunkt seien sie hier kurz erwähnt; eine eingehende Darstellung hieße nämlich nichts anderes, als die bereits erwähnte klinisch hervortretende, rein morphologische Ähnlichkeit mit einer Reihe anderer Dermatosen (Ekzem, Lichen usw.) nun histologisch im einzelnen durchführen, ohne daß damit für die Kennzeichnung des Granuloma fungoides ein besonderer Gewinn verbunden wäre. Wie stets bei den spezifischen Granulomen sind die Epidermisveränderungen um so ausgesprochener, je näher die Infiltrate der Cutis an das Epithel heranrücken. Dann gehen die proliferierenden Bindegewebszellen in der Umgebung der Infiltrate oft unmittelbar in die gewucherten Epidermiszellen über. Im allgemeinen ist nämlich das Epithel in diesem Stadium gewuchert, weniger in der supra-, stärker in der interpapillären Stachelschicht, die mit zahlreichen Mitosen durchsetzt ist. Die Reteleisten sind daher meist unregelmäßig verbreitert und dringen gelegentlich tief und weit verzweigt in die Cutis vor. Die ganze Epidermis ist von einem wechselnd starken intercellulären Ödem durchsetzt. Dieses drängt die Zellen auseinander. In den erweiterten Lücken finden sich polynucleäre Leukocyten, wenn auch meist nur in bescheidener Zahl. Körner- und Hornschicht erscheinen zunächst nicht verändert. Nimmt das Ödem jedoch zu, so entwickeln sich hier umschriebene intercelluläre Bläschen, an anderen Stellen ein an die Spongiose erinnerndes

Bild. Vereinzelt kommt es auch wohl zu einer blasenartigen Abhebung der Epidermis vom Corium. In diesen bläschenartigen Hohlräumen finden sich gelegentlich einmal aus der Cutis abgeschwemmte Zellhaufen, manchmal noch in mitotischer Teilung der Zellen (UNNA), in anderen Fällen Blut- oder Fibringerinnsel, ohne daß diesen Befunden eine besondere Bedeutung zukommt. Eine Körnerschicht ist über derartig ödematösen Abschnitten vielfach nicht vorhanden. Daher bildet sich eine kernhaltige, oft verdickte Hornschicht, die zum Teil in zarten Lamellen abgehoben ist und die klinisch zu beobachtende Schuppung hinlänglich erklärt. Überall dort, wo das Ödem auf den Papillarkörper und die unteren Epithellagen beschränkt bleibt, muß sich die Epidermis umschrieben vorwölben, was zu mehr papulösen Herden namentlich dann führt, wenn Stachel- und Hornschicht auch an der allgemeinen Hypertrophie beteiligt sind. Wird das Ödem hingegen stärker, so werden die obersten Epithellagen gelegentlich abgeschwemmt und es ist dann ein dem Eczema madidans ähnliches zeitweiliges Nässen sehr wohl verständlich.

Zu Beginn der Tumorbildung wird das Beherrschende der cutanen Vorgänge noch deutlicher, indem die Zellinfiltration mehr und mehr zunimmt. Sie erstreckt sich vom Stratum subpapillare in die Cutis hinunter bis ins Unterhautzellgewebe, während der Papillarkörper zunächst nur fleckweise befallen wird. Dadurch tritt hier ein hellerer Bindegewebsstreifen hervor, der sich zwischen Infiltrat und Epidermis einschiebt. Er ist übrigens auch von einer ganzen Reihe anderer entzündlicher Granulationsprozesse her bekannt.

Die Infiltration hat sich nun auch um die Anhangsgebilde der Haut, die Haarfollikel und Drüsen stärker ausgedehnt. Die Zellhaufen fließen mehr und mehr zusammen, so daß ihre Beziehungen zu den Gefäßen nicht mehr so deutlich sind wie früher. An den Rändern der Infiltrate ist die Epidermis meist noch nicht verändert; zur Mitte hin zeigt sie eine von der Ausdehnung der Zellherde abhängige, wechselnd weit vorgeschrittene Atrophie, die an manchen, Stellen sogar zu völligem Schwund geführt hat. Im weiteren Verlauf der Tumorbildung werden auch die Anhangsgebilde in die Atrophie einbezogen, so daß sie schließlich schwinden. Der Papillarkörper, anfangs noch deutlich abgesetzt, verstreicht allmählich und die Epidermis-Cutisgrenze wird in eine leicht wellenförmige Linie verwandelt, die in gewissen, manchmal fast regelmäßigen Abständen durch schmale Reste der Reteleisten unterbrochen wird. Im Bereich der Zellinfiltrate sind die elastischen Fasern völlig geschwunden, das Kollagen ist zu feinsten Faserresten aufgesplittert, die in ihrem Aufbau an das Reticulum der Lymphknoten erinnern und so die irrtümliche Auffassung mancher Forscher über den Charakter der Erkrankung wohl verständlich machen. Gelegentlich wurde eine basophile Reaktion (Kollazin) dieser kollagenen Fasern (TRYB), eine eigenartige (hyaline?) Degeneration (HERXHEIMER und HÜBNER), vereinzelt auch der Reste des Elastins beobachtet (GALLOWAY und MAC LEAD). Daneben tritt dann auch neugebildetes Bindegewebe auf. Hier und da findet man noch Reste von Haarbälgen und Drüsen, von denen namentlich die letzteren oft recht lange erhalten bleiben. Die Gefäße innerhalb der Infiltrate sind deutlich erweitert, ihre Endothelien geschwollen und vermehrt. Die Wandung der größeren Arterien und Venen ist vielfach hyalin umgewandelt; in anderen Fällen haben lymphocytäre Wandinfiltrate ihre Adventitia und Muscularis in ähnlicher Weise aufgefasert wie das umgebende Bindegewebe. Die so entstandenen

Maschen sind von Infiltratzellen durchsetzt, das Gefäßlumen manchmal durch
Thrombenbildung völlig verschlossen (DOUTRELEPONT, PHLIIPPSON). In
solchen Fällen durchziehen dann breite solide hyaline Stränge das Granulom,
die nur aus der kreis- oder zylinderförmigen Anordnung der sie begleitenden
elastischen Fasern als Reste früherer Gefäße erkennbar sind. Daneben findet
man zahlreiche neugebildete und erweiterte Gefäßsprossen, wie sie von früheren
Stadien her ja hinlänglich bekannt sind.

Die Spätveränderungen der Tumoren des Granuloma fungoides sind
in der Cutis ebenso wechselnd wie an der Oberfläche. Hier können sie sich in

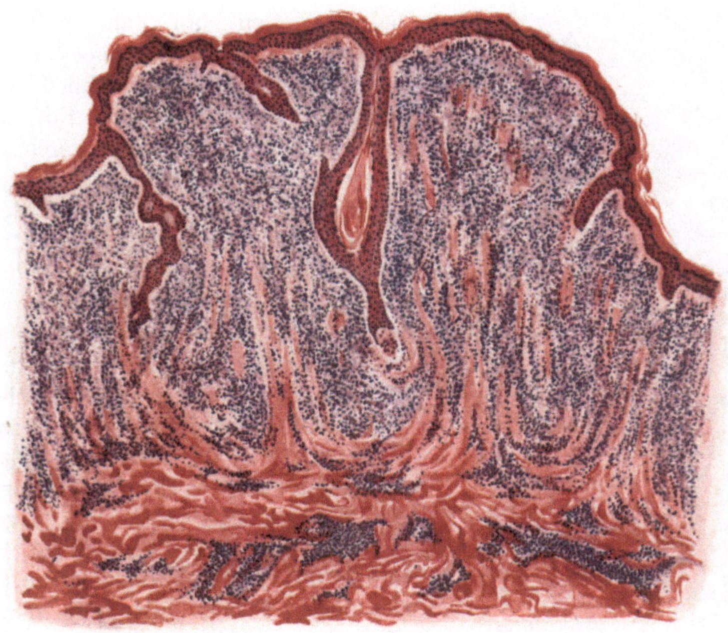

Abb. 247. Granuloma fungoides. Tumorstadium. (♂, 41jähr., Schulter.) Dichte
Zellinfiltrate im Stratum papillare und subpapillare. Papillarkörper verstrichen. Rückbildung der
Epidermis bis auf schmale langgestreckte Reteleisten. Hämatoxy.in-Eosin. O = 35:1; R = 28:1.

einem wechselnd starken Ödem und unregelmäßiger Wucherung der Epidermisepithelien neben ausgedehntem Zerfall ganzer Hautabschnitte äußern. Diese
zerfallenden Gewebe bilden einen guten Nährboden für Kleinlebewesen mancher
Art, die sekundär einwandern und vielfach zu Irrtümern bezüglich der Ätiologie
der Erkrankung geführt haben. Die Epidermisveränderungen sind daher hier
ebensowenig kennzeichnend, wie in den ersten Stadien.

Der celluläre Aufbau der Infiltrate bleibt auch im Tumorstadium grundsätzlich der gleiche wie bei den infiltrierten Formen. Es tritt jedoch die perivasculäre Anhäufung zurück gegenüber einer gleichmäßigen Verteilung über
den ganzen Bezirk, bei der sich manchmal eine säulenartige Anordnung der
Zellmassen beobachten läßt (UNNA). Sie beschränkt sich in der Regel auf den
Papillarkörper und den oberen Teil der Cutis, und hört oft mit einer scharfen
Grenze gegen die Subcutis hin auf, während sie sich nach den Seiten allmählich
verliert. In anderen Fällen ziehen, vom Stratum subpapillare ausgehend, längs

der Gefäße um die Follikel und Drüsen angeordnete Zellherde in verschiedener Richtung nach abwärts, mannigfach miteinander verflochten und schließlich zu einer einzigen Zellmasse zusammenfließend. Die Mannigfaltigkeit der das Infiltrat aufbauenden Zellformen ist, da sich vielfach neben den proliferativen auch bereits Rückbildungserscheinungen bemerkbar machen, womöglich noch auffallender. Statt der säulenartigen Anordnung tritt dann meist eine Regellosigkeit in der Verteilung der Zellen in den Vordergrund; hier sind sie dichter, dort lockerer in das aufgesplitterte Bindegewebe eingelagert. Unter den Zellen fallen proto-plasma - plasmareiche Formen mit großen, dunklen, unregelmäßig gelagerten Kernen auf (große mononucleäre Zellen); daneben, jene an Zahl überragend, kleinere und größere lymphocytäre Zellen mit zahlreichen Mitosen, schließlich auch Plasma-, Mastzellen und Eosinophile, letztere zahlreicher in jüngeren als in älteren Tumoren. Dazu treten gewucherte Bindegewebszellen und, besonders in älteren Herden, zahlreiche Pigmentzellen. Ferner findet man große, reichlich mito-tisch sich teilende, rundliche oder ovale, aber auch unregelmäßig vielgestaltige, wenig scharf begrenzte Zellen mit großen, gut gefärbten Kernen, die an Epitheloid-zellen erinnern. Sie werden von einzelnen Forschern von den Bindegewebszellen, von anderen von den Endothelien der Blut- und Lymphgefäße abgeleitet (Secchi). Auf der Höhe der Wucherung bilden diese Zellen mit ihrem deutlichen Proto-plasma und den großen Kernen den Hauptbestandteil des Gewebes, oft von einem Lymphocytenring kranzartig um-geben. In den Frühstadien führen sie häufig zur Bildung eigenartiger, viel-gestaltiger Riesenzellen mit 10—20 und

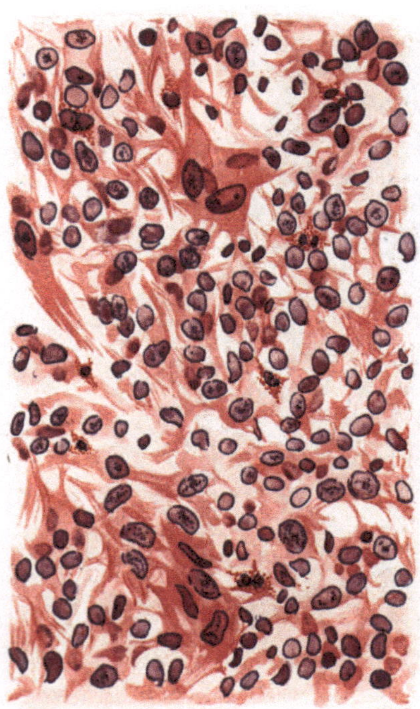

Abb. 248. Granuloma fungoides. Tumor-stadium. (♂, 41jähr., Schulter.) Polymorphes Zellinfiltrat. O = 480:1; R = 400:1.

noch mehr Kernen in einem schaumartigen Protoplasma. Diese Riesenzell-formen werden von manchen Forschern (Herxheimer-Hübner) als spezifisch für das Granuloma fungoides angesehen; andere wieder, und auch ich, haben sie nicht mit der Regelmäßigkeit angetroffen, die eine solche Stellung-nahme rechtfertigen würde. Auch Fremdkörperriesenzellen finden sich, namentlich in älteren Fällen (Paltauf); einmal in der Nähe der Haarfollikel und wuchernden Epithelleisten, außerdem jedoch auch in dichten Zellinfiltraten. Sie enthalten vereinzelt Reste elastischer Fasern (Delbanco). Das Bild wird noch bunter durch die vielen unregelmäßig geformten Protoplasma- und Kern-reste. Sie werden in dieser Menge in keinem anderen Granulationsgewebe an-getroffen und sind daher besonders kennzeichnend.

Die Veränderungen an erkrankten S c h l e i m h a u t abschnitten unter-scheiden sich grundsätzlich nicht von jenen an der äußeren Haut (Gödel).

Die klinisch so auffallende, oft außerordentlich schnelle Rückbildung
der Granulome wird histologisch eingeleitet durch Einschwemmung von Kern-
und Zellzerfallsresten in erhalten gebliebene bzw. neugebildete und stark erweiterte Gefäße. In diesen sind sie als wolkige oder auch granulierte, von dichten
Fibrinfaserbündeln durchzogene Massen feststellbar. Sie finden sich namentlich
in den Gefäßen der Umgebung umschriebener Zerfallsherde, in denen Karyorrhexis und Karyolysis der Zellen die Rückbildung einleiten. Innerhalb dieser
Herde schwindet allmählich das Infiltrat, die Gefäße verlieren ihre Zellmäntel,
treten daher mit ihrer hyalinen Wandung wieder stärker hervor. Das zellreiche,
neugebildete (?) kollagene Gewebe nimmt an Dichte zu. Schließlich bleibt
neben wenigen Plasma- und Mastzellen ein von feinsten Bindegewebsfasern,
mehr oder weniger reich von Pigmentzellen durchsetztes, im übrigen jedoch
narbig nicht verändertes Gewebe zurück. Lediglich der stärkere Pigmentgehalt
und der eigentümlich starre Verlauf der dickwandigen Gefäße erinnern an den
überstandenen Prozeß.

Kommt es zur ulcerösen Rückbildung der Knoten, so wandern in die
nekrotischen Gewebsherde zahlreiche polynucleäre Leukocyten ein. Gleichzeitig dringen von der Oberfläche häufig Mikroorganismen in die Tiefe, die den
Gewebszerfall beschleunigen. Ob tatsächlich, wie dies UNNA annimmt, derartige ulceröse Rückbildungen überhaupt nur der sekundären Einwanderung
von Kleinlebewesen zuzuschreiben sind, scheint mir nicht unbedingt wahrscheinlich. Derartige nekrotische Herde finden sich doch auch tief im Granulationsgewebe vor, fern von Bakterien und viel zu weit von der Oberfläche entfernt, als
daß die dort allerdings regelmäßig zu beobachtenden Schmarotzer oder deren
Giftstoffe als Ursache in Frage kommen könnten.

Differentialdiagnose: Bei einer nach Beginn und Verlauf klinisch so wechsel-
vollen Erkrankung, die daher so große Ähnlichkeit mit einer ganzen Reihe der
verschiedensten Dermatosen haben kann, kommt naturgemäß der histologischen
Diagnose eine ganz besondere und in der Regel ausschlaggebende Bedeutung
zu. Wenn wir auch nicht so weit gehen wollen wie LEREDDE, der bereits den
initialen Veränderungen an der Haut histologisch eindeutigen Wert beimißt
und andererseits wie VERROTI, der keine Möglichkeit einer histologischen Unterscheidung von anderen wuchernden Granulomen sieht, so muß doch betont
werden, daß eine sorgfältig durchgeführte Untersuchung gerade hier auch in
manchen frühen Stadien durch Ausschluß der einen oder anderen noch in Frage
stehenden Erkrankung von entscheidendem Wert sein kann. Es handelt sich
um die Trennung einmal von den sog. Blutkrankheiten und deren Erscheinungsformen in der Haut sowie der Lymphogranulomatose, zum anderen von den
verschiedenen spezifischen Granulationsgeschwülsten und schließlich von bestimmten Fällen der idiopathischen generalisierten exfoliierenden Erythrodermien. Zwar wird sich im Einzelfall ein großer Teil dieser Veränderungen
bereits durch eine genaue klinische, insbesondere hämatologische Untersuchung
ausschließen lassen. Aber es bleiben trotzdem noch Fälle genug übrig, bei
denen der Histologe ein entscheidendes Wort mitreden kann.

Die echten Sarkome sowohl wie die Lymphosarkome und die leukotischen Tumoren der Haut unterscheiden sich in ihrem histologischen Aufbau vor allem durch die jeweilige Einförmigkeit bzw. Gleichartigkeit der Zellen
oder des Gewebes hinreichend von dem Granuloma fungoides. PALTAUF

insbesondere hat darauf hingewiesen, daß bei den lymphatischen, leukämischen, aleukämischen oder leukosarkomatösen Tumoren immer nur lymphatische bzw. myeloische Zellen die Infiltrate aufbauen. Dabei verhält sich das durch die Infiltration auseinandergedrängte Bindegewebe einfach passiv und zeigt keinerlei Proliferation wie beim Granuloma fungoides. Beim Sarkom findet sich so gut wie niemals eine stärkere Wucherung des Epidermisepithels; im Gegenteil, durch die andrängenden Geschwulstmassen wird die Epidermis vorgedrängt und verschmälert. Das Sarkom sitzt außerdem mehr in den tieferen Schichten des Coriums und wächst langsamer oder schneller nach dem Papillarkörper zu. Aber selbst bei länger bestehenden Fällen bleibt noch immer ein Teil des oberen Drittels von der sarkomatösen Neubildung frei. Im Gegensatz dazu wird beim Granuloma fungoides in erster Linie das Gebiet des oberflächlichen Gefäßnetzes befallen; das Granulom reicht bis an die äußerste Grenze des Papillarkörpers heran.

Von den entzündlichen Granulationsgeweben unbekannter Ätiologie zeigt zweifellos nur die Lymphogranulomatose (STERNBERG-PALTAUF) mit ihrer ebenfalls außerordentlichen Polymorphie der Zellen ähnliche Bilder wie das Granuloma fungoides. Aber einmal werden bei ihr äußerst selten Hauttumoren gefunden, im Gegensatz zum Granuloma fungoides, das ja stets in der Haut auftritt. Zum anderen findet sich bei der Lymphogranulomatose nie jener akute Zell- und Kernzerfall, wie er uns zusammen mit der Geschwürsbildung von dem Granuloma fungoides her geläufig ist; die Rückbildung geht vielmehr mit trockener, der Verkäsung ähnlicher Nekrotisierung einher. Arterienveränderungen in der Haut — wie sie DOUTRELEPONT beim Granuloma fungoides feststellte, allerdings erst an den Arterienästen der tieferen Cutis — fehlen ebenfalls. In erster Linie gestatten aber die STERNBERGschen Zellen mit ihren tief gelappten, geweihartigen Riesenkernen in den meisten Fällen ohne weiteres eine Unterscheidung. Außerdem ist der klinische Befund bei der Lymphogranulomatose (s. d.) meist so eindeutig (Pruritus, multiple Drüsenschwellungen, schneller Verlauf mit frühzeitiger Kachexie), daß er eine Unterscheidung gestattet. Nur die in ihrer Stellung noch durchaus nicht endgültig geklärten sog. mycotischen Erythrodermien (BESNIER, HALLOPEAU), die nach ARNDT vielleicht der Lymphogranulomatose näher stehen als dem Granuloma fungoides, auf alle Fälle von deren eindeutigen Formen erheblich abweichen, können manchmal einmal eine Klärung unmöglich machen.

Gelegentlich kann die Trennung von der Tuberkulose und der Syphilis schwierig sein. Zwar kommen Nekrosen, wie sie bei der Tuberkulose zur Regel gehören, beim gewöhnlichen Verlauf des Granuloma fungoides nicht vor; auch bietet das Zellinfiltrat im allgemeinen ein anderes Bild: keine ausgesprochene Lagerung um die Gefäße, zahlreiche und wohlgebildete Plasmazellen, Riesenzellen mit homogenisiertem, nicht mit normalem, schaumigem Protoplasmaleib. frühzeitiger Schwund des Bindegewebes. Bei der Lues in erster Linie perivasculäre Anlagerung der Infiltrate unter starker Erweiterung der Blutgefäße, Auch hier meist ein Vorherrschen gut entwickelter, typischer Plasmazellen, Seltenheit der Mitosen (ähnlich wie bei der Tuberkulose), Neigung des Kollagen zu selbständiger Wucherung, nur mäßige Hyperplasie der Bindegewebszellen innerhalb der Infiltrate, die im Gegensatz zum Granuloma fungoides keinerlei Neigung zum Verschmelzen der einzelnen Herde erkennen lassen.

Schwer, ja fast unmöglich kann in manchen Fällen jedoch klinisch ebenso wie histologisch eine Unterscheidung von jenen ekzematösen, lichenoiden u. a. Veränderungen sein, die dem Tumorstadium des Granuloma fungoides voranzugehen pflegen. Die große Mannigfaltigkeit der Zellen einschließlich der Plasmazellen, die zahlreichen Mitosen, die Lagerung der Zellansammlungen im oberen Corium, um das Gefäßnetz des Stratum subpapillare und papillare, die Erweiterung der Gefäße in der Umgebung und insbesondere oberhalb der Infiltrate, zusammen mit den durch das begleitende Ödem hervorgerufenen Veränderungen, gestatten jedoch in den meisten auch dieser Frühfälle von Granuloma fungoides histologisch schließlich eine Stellungnahme.

Pathogenese: Formalgenetisch ist die mycotische Gewebsbildung ein Granulom, „dessen Entwicklung mit entzündlichen Erscheinungen, beträchtlicher Hyperämie, Ödem, auch Ausscheidung von Fibrin bei geringer Zellemigration einsetzt, wobei unter Auffaserung und Auflockerung des Bindegewebes eigenartige Zellen auftreten, deren Proliferation zum charakteristischen Granulationsgewebe führt" (Paltauf und Scherber).

Kausalgenetisch ist das Granuloma fungoides noch völlig ungeklärt. Nur so viel scheint festzustehen, daß die gesuchte Ursache auf dem Blutwege in die Haut eindringt. Für die Auffassung des Granuloma fungoides als eines Neoplasmas, wie es namentlich von französischer Seite geschieht, liegt keine Berechtigung vor. An dieser Stellungnahme vermögen auch Fälle wie der letzthin von Zurhelle beschriebene nichts zu ändern (s. oben).

Die Beobachtung Gougerots, welcher bei einem histologisch der Mycosis fungoides nahestehenden Erkrankungsfalle im Tierversuche einen positiven Tuberkelbacillenbefund erzielte, mahnt auch hier daran, die Beweiskraft histologischer Beobachtungen nicht zu überschätzen.

Die Leukosen der Haut.

Die leukämischen und aleukämischen Lymphadenosen bzw. Myelosen der Haut treten meist als Begleiterscheinung allgemeiner, geschwulstähnlicher Erkrankungen des hämatopoetischen Apparates auf, die man seit Orth als Hämoblastosen bezeichnet. Diese geschwulstähnlichen Erkrankungen des blutbildenden Apparates werden in drei große Gruppen eingeteilt; einmal die auf einer Hyperplasie der Parenchymzellen des leukopoetischen Gewebes beruhenden sog. Leukosen (die des erythroplastischen spielen hier keine Rolle); zum anderen die vom interstitiellen Gewebe der Blutbildungsorgane ausgehenden chronisch entzündlichen Granulationsgeschwülste, die sog. Granulome, und schließlich die echten Geschwülste des hämatopoetischen Apparates. Von ihnen beschäftigt uns zunächst nur die erste.

Seitdem Ehrlich die schon von Virchow betonte Unterscheidungsmöglichkeit mittels des Blutbefundes durch seine grundlegenden Färbungsmethoden durchgeführt hat, trennen wir bei ihnen eine myeloische, mit einer hyperplastischen Wucherung des myeloischen Gewebes einhergehende (Myelose) von einer lymphatischen Leukämie (Lymphadenose), bei der eine hyperplastische Wucherung des lymphadenoiden Gewebes auftritt. Je nachdem dabei eine absolute oder nur eine relative Vermehrung der weißen Blutzellen statthat, zerfallen beide in eine leukämische oder aleukämische Untergruppe, wobei in letztere im großen ganzen jene früher als Pseudoleukämie bezeichneten, geschwulstähnlichen Systemerkrankungen einbezogen werden, soweit es sich dabei nicht um Veränderungen handelt, die überhaupt nicht hierher zu rechnen sind (Lymphosarkomatosen, Lymphogranulomatosen). Der klinische Verlauf jener Erkrankungsformen gestattet weiterhin eine ungezwungene Trennung nach akuten, selteneren, bei denen in ihrer Bedeutung noch ungeklärte septische Vorgänge auftreten, und chronischen, häufigeren Formen, die sich zudem meist durch das Auftreten verschiedenartiger Blutzellen (Myeloblasten, Myelocyten bzw. Lymphoblasten und Lymphocyten) unterscheiden. (Näheres hierüber in den Lehr- und Handbüchern der Hämatologie.)

Für eine zusammenfassende Betrachtungsweise vereinfacht sich die Darstellung außerordentlich durch die Tatsache, daß ein grundsätzlicher Unterschied zwischen den leukämischen und aleukämischen — oder subleukämischen, wie sie noch ARNDT unterscheidet — Krankheitsgruppen kaum noch besteht, da es sich nur um Mengen-, jedoch nicht um artmäßige Abweichungen, nach neueren Untersuchungen eher um ein dauerndes, wenn auch langsames Hin und Her im leukotischen Blutbilde handelt; schließlich stimmen auch die makro- und mikroskopischen Veränderungen weitgehend überein.

In unserem besonderen Falle kommt hinzu, daß auch die Hautveränderungen sich für die Myelosen sowohl wie die Lymphadenosen klinisch in wenige Gruppen einteilen lassen, die auch pathologisch-anatomisch und histologisch einander völlig entsprechen. Sie lassen sich trennen einmal in unspezifische, mit dem Grundleiden nur in lockeren, zudem ungeklärten Beziehungen stehende, ähnlich auch bei einer ganzen Reihe anderer Erkrankungen vorkommende Hautveränderungen erythrodermatischer, Pityriasis rubra Hebrae ähnlicher (JADASSOHN, NICOLAU), urticarieller, bullöser, pruriginöser (Prurigo lymphatica) und hämorrhagischer Natur (Leukämide AUDRYS, Lymphadenoide oder Myeloside ARNDTS). Diese Gruppe wird vielleicht in dem Maße schwinden, als wir ganz allgemein über die Voraussetzungen urteilen gelernt haben, die zu solchen Hautveränderungen führen, wie dies uns FISCHLS Fall von Herpes zoster generalisatus bei leukämischer Lymphadenose und spezifischen Veränderungen im Ganglion Gasseri zeigt.

Ihnen gegenüber zu stellen sind jene selteneren spezifischen, klinisch sowohl wie histologisch scharf gezeichneten, in ihren leukämischen und aleukämischen Formen völlig übereinstimmenden Äußerungen leukotischer Allgemeinerkrankungen in der Haut, die klinisch in vereinzelten Fällen als universelle, häufiger als mehr oder weniger scharf umschriebene Herde auftreten. Ganz allgemein sei erwähnt, daß auch Fälle primären Befallenwerdens und Beschränktbleibens auf die Haut — wenn auch sehr selten — bekannt geworden sind (HIRSCHFELD), daß ferner die Lymphadenosen der Haut bei weitem häufiger beobachtet werden als die Myelosen. Daher sind wir auch über diese viel weniger unterrichtet als über jene.

a) Die Lymphadenosis cutis universalis,

wie ARNDT das von RIEHL aufgestellte Bild der universellen infiltrativen lymphadenotischen Erythrodermie genannt hat, erscheint klinisch als stark juckende, hellere oder dunklere bis braunrote und indianerfarbene, gleichmäßige (RIEHL, LINSER, ARNDT) oder durch gleichförmige Aneinanderreihung kleinster Knötchen (RODLER-ZIPKIN, WERTHER) gekennzeichnete diffuse Schwellung der gesamten Körperhaut, die dort, wo diese der Unterlage weniger fest anliegt, zu ausgedehnten Wulstbildungen führt. Die Oberfläche ist glatt oder schuppt in wechselndem Maße, zeigt hier und da ekzematöse oder lichenoide Umwandlung, nässende, oberflächlich erodierte Bezirke, Störungen im Haar- und Nagelwachstum: alles in allem eine Erkrankung, die sich ohne weiteres nicht von entsprechenden Veränderungen verschiedenartigster Herkunft (Granuloma fungoides, Pityriasis rubra Hebrae usw.) trennen läßt, wenn nicht die Gesamterkrankung als solche einen Hinweis in Richtung der Leukose gibt. (Inwieweit die Lymphodermia perniciosa KAPOSI und ob sie hierher zu rechnen ist oder nicht viel eher zu den mykotischen Erythrodermien im Sinne BESNIER-HALLOPEAUS (NEKAM, PALTAUF, ARNDT) dürfte wohl nie restlos zu entscheiden sein, da, wie schon ARNDT betont, die Untersuchung dieses und ähnlicher Fälle des älteren Schrifttums zu wenig ein-

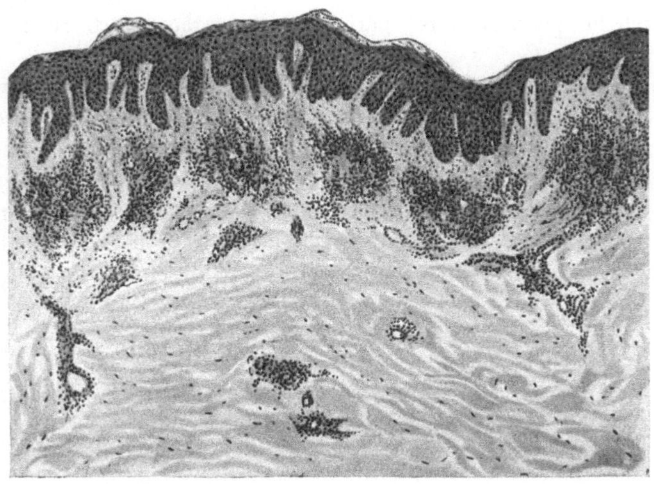

Abb. 249. Lymphadenosis cutis universalis. (Erythrodermia lymphatica.) Parakeratose und Akanthose der Epidermis. Knötchenförmige Infiltration in der Cutis, vorwiegend perivasculär. O = 29:1; R = 29:1. (Sammlung WERTHER.)

gehend bleiben mußte, als daß sie beim jetzigen Stande dieser Fragen noch eine sichere Einreihung gestatten würde.)

Histologisch liegt der Veränderung ein dichtes, gleichmäßiges Infiltratband oder eine dichte Anhäufung miliarer Knötchen in den oberen und mittleren Cutisschichten zugrunde, je nachdem wir es mit der einen oder anderen

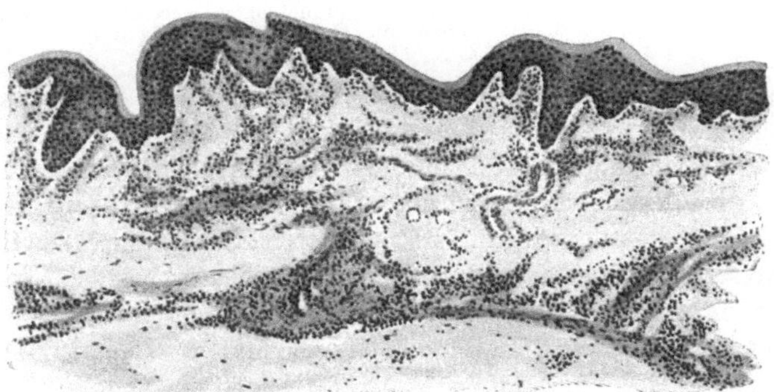

Abb. 250. Lymphadenosis cutis universalis. (Erythrodermia lymphatica.) (♂, 59jähr., Bauch.) Gleichmäßiges perivasculäres Zellinfiltrat in der oberen und mittleren Cutis. In der Epidermis links umschriebenes Ödem und beginnende Bläschenbildung. O = 128:1; R = 128:1.

Entstehungsart der diffusen Hauterkrankung zu tun haben. Die Zellansammlung hält sich dabei, wie die Durchsicht der schon beschriebenen und eines eigenen Falles ergibt, eng an das stark erweiterte obere Gefäßnetz der Cutis, unter völliger Freilassung der papillären Gefäße, so daß sie zum Epithel hin durch ein meist ziemlich gleichmäßiges Band scheinbar normalen Bindegewebes abgetrennt ist, das nur hier und da von schmalen, bis zu den Basalzellen reichenden

Zellsträngen durchbrochen wird. Nach den Seiten und nach unten zu ist in den Frühstadien die Begrenzung dieser Zellherde unscharf; sie setzen sich oft als längere oder kürzere perivasculäre Stränge fort, um erst später mit einer ziemlich scharfen Linie zur unteren Cutis hin zu enden. Hier finden sie sich dann nur noch als spärliche perivasculäre, peri- oder interglanduläre Infiltrate in den tieferen Schichten.

Die Cutis selbst ist wenig verändert, abgesehen von einem namentlich über dem Infiltrat, also in erster Linie in dem freien Grenzstreifen, meist sehr starken Ödem. Die eingelagerten Zellherde bedingen lediglich ein Auseinanderdrängen der Bindegewebsbündel, die besonders innerhalb der stärkeren Infiltrate zu feinsten Fasern aufgesplittert sind, ohne daß irgendwelche reaktiven Vorgänge festzustellen wären. Hier kann dann auch das elastische Gewebe bis auf spärliche, kurz zusammengeschnurrte plumpe Fasern geschwunden sein, während

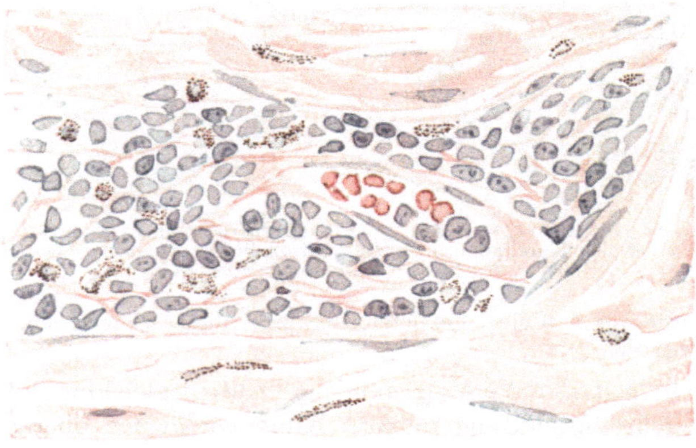

Abb. 251. Lymphadenosis cutis universalis. (Erythrodermia lymphatica.) (♂, 59 jähr., Bauch.) Perivasculäres Infiltrat aus Lymphocyten, Lymphoblasten, vereinzelten Eosinophilen und Bindegewebszellen. Panchrom. O = 412 : 1; R = 412 : 1.

es an anderen Stellen weniger gelitten hat, wenn auch in der Regel stets mehr als das Kollagen. Nur selten zeigt dieses einzelne, hyalin umgewandelte Bündel in unmittelbarer Umgebung der Zellherde (ARNDT, eigene Beobachtung). Die Blutgefäße im erkrankten Bezirk sind erheblich erweitert, zum Teil stark gefüllt, unter Vorherrschen der im Infiltrat sichtbaren Zellformen. Die Gefäßwände sind stellenweise von diesen Zellen durchsetzt, ihre Endothelien in der Regel stark geschwollen, die ganzen Herde von neugebildeten Capillaren durchzogen.

Den Zellansammlungen gibt die Einförmigkeit ihres Aufbaues ein äußerst kennzeichnendes Gepräge (s. Abb. 251). Sie bestehen einzig und allein aus Lymphocyten, die sich nur durch Größe, Kernform und verschiedenen Protoplasmagehalt voneinander unterscheiden. Man kann unter ihnen kleine und große Lymphocyten, vereinzelt auch Lymphoblasten erkennen, die sich von den ersteren durch den stets zentral gelegenen großen, meist regelmäßig runden, manchmal auch seitlich eingebuchteten blassen Kern und den größeren Zelleib unterscheiden. Daneben finden sich auch Zellen mit pyknotischen Kernen sowie Kernreste frei im Gewebe liegend; außerdem in amitotischer Teilung begriffene Formen, bei denen diese vielfach so überstürzt vor sich zu gehen scheint, daß die Protoplasmaverteilung mit der Kernteilung nicht gleichen Schritt halten kann, so daß eigentümliche große, mehrkernige Zellen entstehen, deren Kerne „auf einem Haufen" zusammenliegen, umgeben von einem schmalen, unregelmäßig geformten Zelleib. Plasmazellen finden sich, wenn überhaupt, nur am Rande der Infiltrate; Mastzellen, eosinophile Leukocyten jedoch über den ganzen Infiltrationsherd verteilt, wenn auch in wechselnder Menge. Ähnlich verhalten sich die wenigen Bindegewebszellen, die durch ihren langen, ovalen, blassen Kern leicht als solche erkennbar sind. Die Beobachtung LANGHANSscher Riesenzellen durch RODLER-ZIPKIN sei erwähnt, obwohl sie kaum in Beziehung zu dem Grundprozeß stehen dürften. Haarfollikel und Talgdrüsen pflegen innerhalb der infiltrierten Zone nach und nach zugrunde zu gehen, während die Schweißdrüsen auffallend lange widerstehen.

Die Veränderungen der Epidermis und des Papillarkörpers sind vorwiegend rein mittelbarer Natur. Überall dort, wo das Ödem des Grenzstreifens stärker wird, ist auch das Stratum basale aufgelockert und zeigt hier und da Neigung zu miliarer Bläschen- oder auch ausgesprochener Blasenbildung (LEHNER) (s. Abb. 250). Im übrigen ist der Papillarkörper meist verbreitert, gelegentlich auch verstrichen oder zu einem bogenartigen Streifen umgewandelt.

b) Die Lymphadenosis cutis circumscripta

tritt im Gegensatz zur vorigen von vornherein in Form weniger oder zahlreicher, wechselnd großer, umschriebener Hautknoten von eigentümlich teigiger Beschaffenheit auf, deren braun bis blaurote, glatte Oberfläche von zarten Teleangiektasien durchzogen ist. Die Knoten sitzen in erster Linie im Gesicht, seltener am Rumpf oder an den Extremitäten, auf meist unveränderter Haut in Form flacher, kaum die gesunde Haut überragender fleckförmiger und breiterer Herde bis zu flach halb kugelig vorspringenden, geschwulstartigen Bildungen von Apfelgröße. Sie entwickeln sich ohne Beschwerden zu machen und pflegen mit seltenen Ausnahmen (NICOLAU, RUSCH) auch ohne Geschwürs- oder Narbenbildung zurückzugehen. Vereinzelt wurden auch papillomatöse Bildungen beobachtet (BERNHARDT).

Im Gegensatz zur diffusen Form handelt es sich hier histologisch um scharf abgesetzte, umschriebene oder auch nach dem Rande in Einzelstränge sich auflösende Knötchen und Platten von wechselnder Größe. Sie sind anfangs deutlich um Gefäße, Haarfollikel, Talg- und Schweißdrüsen oder Nerven angeordnet und durch schmälere oder breitere Bindegewebshüllen voneinander getrennt. Der einzelne Knoten kann dabei von einem zusammenhängenden Zellhaufen gebildet werden, er kann sich aber auch aus einer Vielzahl kleiner Knötchen zusammensetzen (s. Abb. 252), die dann im Schnitt als inselartige Herde in dem bindegewebigen See verteilt sind. Es finden sich demnach — wie im Gegensatz zu ARNDT angenommen werden muß — im histologischen Bilde doch Übergänge von den diffus infiltrierten über die miliaren knötchenförmigen Infiltrate zu den eigentlichen papulösen und nodösen Formen, wie dies WERTHER schon angedeutet hat. Wirkliche Unterschiede sind eher im feineren Aufbau der Infiltrate zu suchen.

Auch bei ihnen tritt jene eigenartige Abgrenzung gegenüber dem Stratum papillare und subpapillare unter Freibleiben dieses als eines schmalen, ödematösen, von erweiterten Gefäßen und Lymphspalten durchzogenen Bindegewebsbandes deutlich hervor. Dieses bleibt noch erhalten, wenn die wachsenden Zellhaufen den Papillarkörper bereits zu einem langgestreckten, flach gebogenen Streifen ausgezogen haben, der nur hier und da durch eine schmale, oder auch breite, kurze, aus der im ganzen atrophisch abgeflachten Epidermis

hervorragende Epithelleiste unterbrochen wird.   Hier sei jedoch betont, daß
dieser bindegewebige Grenzstreifen durchaus keine Eigentümlichkeit leukotischer
Prozesse ist, wenn er auch durch das „Schwimmen" (PINKUS) der erweiterten
Lymph- und Blutgefäße auf dem darunter liegenden Infiltrat hier eine besondere
Note erhält.   Der Grenzstreifen findet sich vielmehr bei einer ganzen Reihe
anderer spezifischer Granulationsgeschwülste bekannter oder auch unbekannter
Ätiologie.

Zur Subcutis hin reicht das leukotische Zellinfiltrat bis weit ins subcutane
Fettgewebe hinein, dieses manchmal völlig überdeckend.   Innerhalb dieser
Zellherde ist das kollagene Gewebe aufgesplittert, oft bis zu feinsten Fäserchen,
manchmal deutlich zusammengedrückt und hyalin entartet.   Es bleibt jedoch
anscheinend selbst in den ältesten Herden, wenn auch weniger deutlich färbbar,

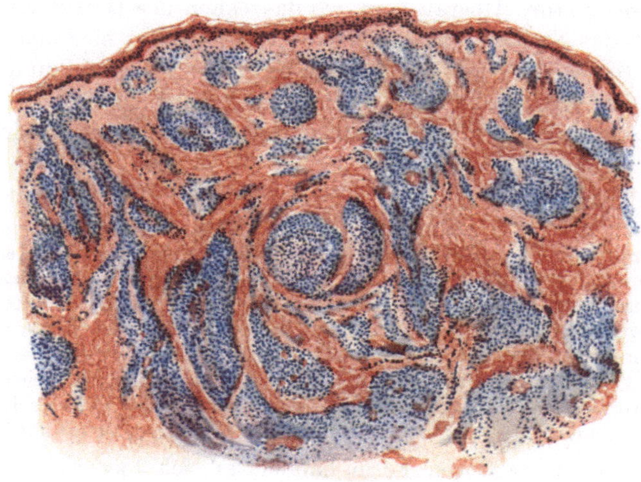

Abb. 252. Lymphadenosis cutis circumscripta. (♂, 63 jähr., Unterarm, Streckseite.)
Scharf abgesetzte knötchen- und plattenförmige Herde im Corium. Abflachung der Epidermis,
freier „Grenzstreifen". Panchrom. O = 31:1; R = 25:1.

erhalten, im Gegensatz zum elastischen Gewebe, das innerhalb der Infiltrate
verhältnismäßig früh verschwunden ist und nur am Rande in kurzen, plumpen,
oft auch chemisch (?) umgewandelten —dies namentlich bei älteren Leuten —
Resten sichtbar bleibt.

Haare, Talg- und Schweißdrüsen, in jüngeren Herden oft kaum verändert, wenn auch vielfach von spezifischen Infiltraten umsponnen, pflegen allmählich dem wachsenden Druck der Zellmassen zu weichen, um schließlich in
alten Herden völlig verloren zu gehen.   Am längsten scheinen, wie so oft, auch
hier die Schweißdrüsen Widerstand zu leisten.   Die Blut- und Lymphgefäße
in der Umgebung der Herde sind stark erweitert, klaffend, zum Teil leer, zum Teil
strotzend gefüllt; ebenso verhalten sich die zahlreichen, innerhalb der Infiltrate
neu gebildeten Blutgefäße, deren Wandung häufig verdickt oder auch hyalin
umgewandelt ist.   An den kleineren und mittelgroßen Venen fand ARNDT im
Gegensatz zu den völlig normalen Arterien in einem seiner Fälle die Gefäßwände
von lymphocytären Infiltraten durchsetzt, das Lumen vielfach völlig verschlossen
oder durch Haufen von Lymphocyten und roten Blutkörperchen verengt, ohne
daß diesem Befund eine besondere Bedeutung beizulegen wäre.

Die Bildung der Zellherde geht auch hier von dem tiefen Gefäßnetz der Cutis aus. Sie dringen dann nach oben und unten als zunächst eng an die Gefäße angelehnte Zellzüge vor. In den jüngsten Stadien findet man perivasculäre, die Gefäße zylinder- oder streifenförmig umgebende, vielfach miteinander durch zarte Zellstränge verbundene Infiltrate, die durch die Eintönigkeit der sie aufbauenden Zellformen einen nicht zu verkennenden Eindruck machen. In länger bestehenden Herden lassen sich dann alle Übergänge bis zu den großen umschriebenen, knotenförmigen Infiltraten feststellen. Der Zellaufbau dieser knotigen Infiltrationsherde, bei denen die Einlagerung der Zellen in das zarte Netzwerk des präexistenten Bindegewebes noch deutlich erkennbar bleibt, ist vielleicht noch eintöniger als der der diffusen. Dies ist in erster Linie bedingt durch das fast völlige Fehlen der großen Lymphocyten bzw. Lymphoblasten — diese finden sich nur vereinzelt, wenn auch über das ganze Infiltrat und selbst die erweiterten Gefäße verstreut — und deren atypische Begleitformen, insbesondere aber auch den so gut wie völligen Mangel der zahlreichen Zellteilungsvorgänge sowie der Capillarendothelwucherung (ARNDT). Statt dessen bestehen hier die Zellhaufen vorwiegend aus kleinen Lymphocyten, die durch ihren schmalen basophilen, ungranulierten Protoplasmasaum, den oft völlig nackten, tief dunkel gefärbten, hier und da radspeichenartige Chromatinzeichnung aufweisenden Kern ganz den Zellformen normaler Lymphdrüsen entsprechen.

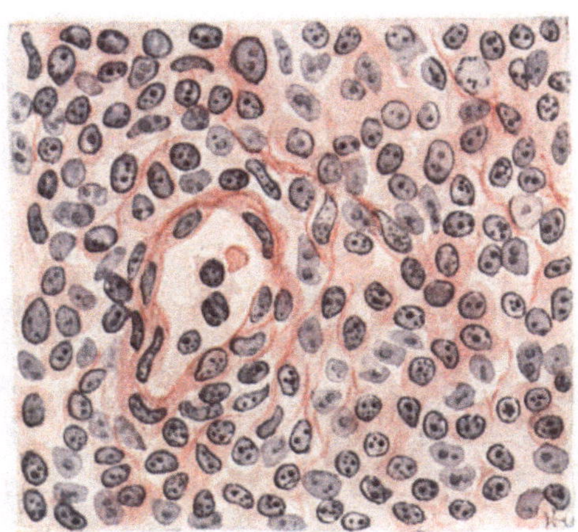

Abb. 253. Lymphadenosis cutis circumscripta.) (♂, 46jähr., Supraorbitalrand.) Perivasculäres rein lymphocytäres Infiltrat in einem zarten bindegewebigen Netzwerk. Erweitertes Blutgefäß mit verdickter, hyalin entarteter Wandung. Hämatoxylin-Eosin. O = 450:1; R = 420:1.

In der Regel findet man Mastzellen und Plasmazellen (lymphocytäre und lymphoblastische der Autoren) nur selten und fast nur in den Randabschnitten; ähnlich verhalten sich die gewucherten Bindegewebszellen.

Gelegentlich trifft man in der Umgebung zugrunde gehender Anhangsgebilde der Haut auch wohl einmal Fremdkörperriesenzellen (NICOLAU, eigene Beobachtung), ohne daß diesen Befunden besondere Bedeutung beizumessen wäre. Auch das Auftreten körniger oder krystallinischer Pigmente vermag das eintönige Bild nicht wesentlich zu beleben. Sie finden sich besonders in der Umgebung der Infiltrate, und zwar an deren oberem Rande meist innerhalb vielfach verzweigter Zellen, in den mittleren Abschnitten eher frei im Gewebe liegend.

c) Die Myelosen der Haut.

Bei den mit einer Hyperplasie des myeloischen Gewebes einhergehenden Leukosen, den sog. Myelosen sind an und für sich Hauterscheinungen weit seltener und daher in erheblich geringerer Zahl bekannt geworden wie bei den Lymphadenosen, obwohl erstere häufiger vorkommen wie letztere. Klinisch unterscheidet man bekanntlich neben akuten und chronischen Formen auch hier eine leukämische, häufigere, von einer aleukämischen Myelose, deren Vorkommen von einigen Seiten ja überhaupt noch bestritten wird (SCHRIDDE), wenn auch sichere Fälle vorgekommen zu sein scheinen (HIRSCHFELD). Beide gehen mit einer gewaltigen Milzschwellung einher, mit oder ohne Auftreten eines myeloischen Blutbefundes. Die Myelosen, namentlich die akuten Formen, mit ihrem wechselnden Gehalt an myelocytären, myeloblastischen, mikroblastischen Blutzellen sind im übrigen noch viel weniger erforscht wie die Lymphadenosen, weshalb hier noch mehr wie dort ein Hinweis auf einschlägige Beobachtungen allgemein pathologisch-anatomischer Art angebracht erscheint.

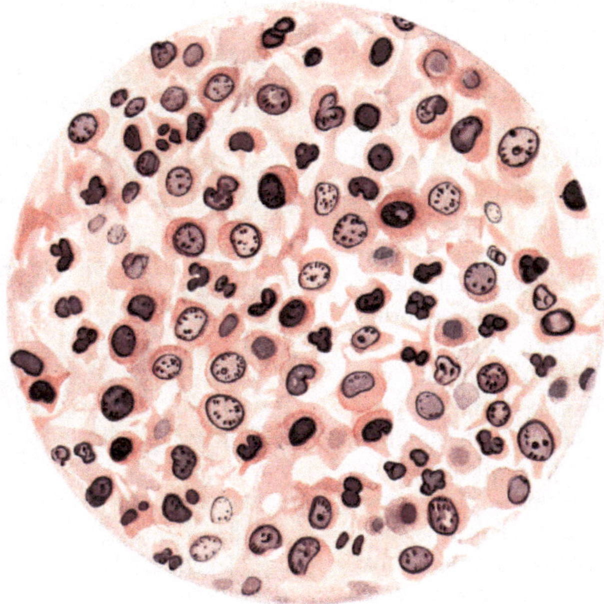

Abb. 254. **Myeloischer Zellherd.** Myelocyten, Myeloblasten. O = 1050 : 1; R = 1000 : 1.

Entsprechend den Hauterscheinungen bei der Lymphadenose kann man auch hier unspezifische und spezifische unterscheiden, wobei es allerdings wegen der Seltenheit der Befunde und ihrer meist ungenauen histologischen Durchforschung noch viel mehr wie dort dahingestellt bleiben muß, inwieweit auch diesen klinisch unspezifischen Hautveränderungen (Hämorrhagien, Erythemen, urtikariellen, ekzematösen (?) (BURCHHARDT), papulösen, vesiculösen und bullösen Exanthemen, Abscessen, Furunkeln) histologisch echte myeloische Gewebsveränderungen zugrunde liegen.

An spezifischen Hautveränderungen fand man einmal seborrhoische Ekzeme (BURCHHARDT), diffuse Erythrodermien (RODLER-ZIPKIN), hämorrhagische Exantheme oder häufiger geschwulstartige, gelegentlich ulcerierende cutane Bildungen von wechselnd blauer bis rotbrauner Farbe. Im Gegensatz zu den leukämischen Lymphadenosen mit ihrer Vorliebe für Gesicht und Kopf, befallen die Myelosen in erster Linie den Rumpf.

In ihrem allgemeinen Aufbau, ihrem Verhalten zum Wirtsgewebe, insbesondere zu den Gefäßen, unterscheiden die Zellansammlungen der Myelosen sich grundsätzlich nicht von den Lymphadenosen. Eine diesbezügliche Darstellung erübrigt sich daher hier. Lediglich die die Infiltrate aufbauenden Zellformen verlangen besondere Berücksichtigung. Auf das eigenartige, von sonstigen

infiltrativen Prozessen abweichende, reihenweise Vordringen der sie aufbauenden
Zellen zwischen die Bindegewebsbalken, ihre gelegentliche Vorliebe für die Umgebung der Schweißdrüsen, hat besonders ZURHELLE aufmerksam gemacht. Sie
bestehen in erster Linie oder fast ausschließlich aus großen einkernigen Zellen mit
schmalem oder breitem neutrophil gekörntem Protoplasmaleib, eben Myelocyten oder Myeloblasten, denen sich in vielen Fällen noch, diesen Frühstadien entsprechend, ein- oder mehrkernige Eosinophile oder auch Mastzellen
beigesellen. Dazwischen finden sich wohl auch auffallend kleine Zellformen:
Mikromyelocyten (BRUUSGAARD). Kennzeichnend und daher auch für die Erkennung von großem Wert ist die Oxydasereaktion, die in manchen Zellen,
wenn auch lange nicht so häufig wie in den Zellinfiltraten innerer Organe, positiv
auffällt. In ZURHELLES Fall war sie auf große Zellen im Lumen der Gefäße und
deren nächste Umgebung beschränkt, während die Hauptmasse einen negativen
Ausfall ergab. Genau so verhielt sich ein neuerdings von mir beobachteter Fall.

Aber schon ZURHELLES Fall war keine reine Myelose mehr; er wird vielmehr als myeloide
subleukämische Chloroleukämie mit nur angedeutetem Chloromcharakter angesprochen,
der zudem durch seine engen Beziehungen zu den Schweißdrüsen eine besondere Note
zeigte (E. HOFFMANN). Er ist also als Übergang von den gewöhnlichen Leukämien zu den
typischen Chloromen aufzufassen. Ihm nahe stehen Fälle, wie jener von STERNBERG als
Chloromyelosarkom bezeichnete, wo sich in einem tumorartigen Knoten ein vorwiegend
aus großen mononucleären, neutrophilen Zellen, aus polynucleären neutrophilen Leukocyten, aus Lymphocyten und einzelnen kernhaltigen roten Blutkörperchen bestehendes
Infiltrat fand. Derartige Formen leiten jedoch bereits zu den echten Chloromen über,
der grün gefärbten Varietät der rein hyperplastischen oder der aggressiv wachsenden,
sarkoiden Wucherungen, die man heute meist geneigt ist (LEHNDORFF), als myelogenen
Ursprungs zu betrachten, zumal das Blutbild durchaus dem der akuten myeloischen Leukämie gleicht. Trotzdem muß betont werden, daß derartige Fälle auch bei rein lymphati-
schem Blutbefund beobachtet wurden (HIRSCHFELD). Auch bei den Chloromen wird gelegentlich eine Hautbeteiligung, meist in Form grüner bis grün-schwarzer Knoten
beobachtet (FABIAN, STEVENS, JACOBAEUS u. a.). Ob es zweckmäßig und richtig ist, die
Chlorome im Gegensatz zu LEHNDORFF, NAEGELI, FRAENKEL von den leukämischen
Myelosen zu trennen und sie den echten Geschwülsten zuzurechnen, da sie nach SCHRIDDE
stets ein aggressives Wachstum zeigen sollen, wäre noch zu entscheiden, zumal letzteres
kein ausschlaggebendes Moment zu sein scheint (FRAENKEL).

Ihnen anzuschließen wären dann die sich ebenfalls durch ein infiltrierendes geschwulst-
artiges Wachstum von den echten lymphatischen Leukämien unterscheidenden Leukosarkomatosen im Sinne STERNBERGS, bei denen die Veränderung des weißen Blutbildes
sich als absolute und relative Vermehrung der großen mononucleären Zellen äußert. Aber
auch ihre Stellung im System ist noch umstritten (PAPPENHEIM), zum mindesten neigt
man dazu, ähnlich wie bei den Chloromen, eine myeloische und eine lymphatische Form
zu unterscheiden (FRAENKEL, GRAETZ) oder sie gar als echte Leukämien zu betrachten,
die aus unbekannten Gründen örtlich infiltrierendes Wachstum zeigen. Hierher gehört
auch der von BUSCHKE und HIRSCHFELD beobachtete Fall.

Aus dieser kurzen Übersicht ist ohne weiteres der Schluß zu ziehen, daß eine
scharfe Grenze zwischen Leukosarkomatosen und echten Leukämien nicht
festzustellen ist. Ob damit allerdings auch die Annahme eines fließenden
Überganges zwischen beiden gestattet ist, erscheint zum mindesten so lange
zweifelhaft, als wir die Ursachen weder der einen noch der anderen kennen.

Anhangsweise sei erwähnt, daß als eigentliche Geschwülste hingegen wohl die Myelome
aufzufassen sind, meist in Knotenform auftretende, geschwulstartige Wucherungen myeloischer Gewebszellen, die zwar vorwiegend im Knochengewebe sitzen, jedoch auch in anderen
Organen — autochthon (?) — vorkommen und dann als Myelosarkome bezeichnet werden
(SCHRIDDE). Aber auch hier sind Stimmen vorhanden, die die Erkrankung als eine Systemerkrankung des hämatopoetischen Apparates betrachten. Der histologische Aufbau ist

verschieden. Man kennt Myelome, die nur rein aus einer Zellform bestehen: neutrophilen Myelocyten, myelocytäre Myelome (Myelocytome) und entsprechend myeloblastische (Myeloblastome), lymphocytäre (Lymphocytome), plasmacellulare (Plasmacytome, Plasmamyelome KREIBICHS), erythroblastische (Erythroblastome) Myelome. Daneben gibt es aber auch gemischtzellige Formen, die aus mehreren dieser Zellarten bestehen (z. B. Erythro-Myeloblastom SCHRIDDES). Hierher gehört auch der von BLOCH als BENCE-JONESsche Dermatitis bezeichnete Fall, der neben starken Entzündungserscheinungen im Papillarkörper atrophische, hypertrophische und degenerative Zustände der Epidermis, vor allem aber eine als körnige Elastolyse bezeichnete Umwandlung des Elastins zeigte.

Differentialdiagnose: Im Anschluß an die vorstehende Aufstellung muß jedoch beachtet werden, daß eine allgemein zufriedenstellende und insbesondere allen Beobachtungen gerecht werdende Formel bisher noch nicht gefunden worden ist. Sie wird auch wohl so lange unbekannt bleiben, bis wir schließlich die Ursachen dieser verschiedenartigen Erkrankungen mit vorliegender Beteiligung des hämatopoetischen Apparates kennen gelernt haben. Der Versuch, diese Krankheitsbilder zu trennen, muß daher, soweit er sich nicht auf ganz groblinige Unterschiede beschränkt, notgedrungen scheitern. Er sei daher beiseite gelassen, zumal er von rein dermatologischem Gesichtspunkte aus überhaupt nicht durchzuführen ist.

Trotzdem tauchen hier eine Reihe von Fragen auf, die wenigstens kurz beantwortet werden müssen. Zunächst sei erwähnt, daß es eine Reihe von Erkrankungen bekannter Ätiologie gibt, bei denen gelegentlich eine weitgehende Ähnlichkeit mit der lymphatischen oder myeloischen Leukämie, namentlich im Blutbilde, auftritt, z. B. Sepsis, Intoxikationen mit Blutgiften, metastatische Tumoren im Skelettsystem, zuweilen kongenitale Lues der Säuglinge. Derartige, vielfach in Heilung ausgehende Erkrankungen haben selbstverständlich mit den in Rede stehenden Veränderungen nichts zu tun; es handelt sich um „leukämoide" Erkrankungen (HIRSCHFELD).

Lymphadenosen und Myelosen sind naturgemäß leicht zu unterscheiden. Bei ersteren das eintönige Bild kleiner protoplasmaarmer lymphocytärer Zellen mit stark färbbarem Kern und schmalem Protoplasmasaum, daneben gelegentlich Plasmazellen; bei letzteren vorwiegend große, Myeloblasten ähnliche Zellen in einem Infiltrat, an welchem außerdem noch, wenn auch in wechselnder Zahl, neutrophile und eosinophile Myelocyten, Mikrolymphocyten, Mastzellen, polynucleäre Leukocyten und kernhaltige rote Blutkörperchen beteiligt sind. Von den Zellen gibt zudem wenigstens ein Teil eine positive Oxydasereaktion.

Dieser eintönige bzw. eigenartige Aufbau gestattet in den meisten Fällen eine Unterscheidung von klinisch ähnlich aussehenden, namentlich mit Knotenbildung einhergehenden Hautveränderungen, vor allem von den Sarkomen. Das im Gegensatz zu den Leukosen klinisch meist als einzelner Knoten auftretende echte Sarkom der Haut unterscheidet sich schon durch die völlige Zerstörung des Stützgewebes innerhalb seiner Zellherde; wenn auch im Einzelfall namentlich das kleinzellige Rundzellensarkom gegenüber der leukämischen Lymphadenose Schwierigkeiten machen kann. Jedoch gestattet auch hier der reichliche Gehalt der Sarkome an, zudem vielfach atypischen, Mitosen gegenüber deren spärlichem Vorkommen bei den Lymphadenosen eine Trennung. Ähnlich liegen die Dinge für die echten Lymphosarkome. Bei diesen sind die Hautherde in der Regel aus großen rundlichen mononucleären Zellen zusammengesetzt, deren Kerne ein lockeres weitmaschiges Chromatingerüst zeigen.

Das multiple idiopathische hämorrhagische Pigmentsarkom wird in seinen klassischen Formen kaum Schwierigkeiten machen; es kann jedoch — namentlich bei Beginn im Gesicht — gelegentlich einmal leukotischen Tumoren sehr ähnlich sehen. Jedoch erlaubt der Aufbau der stark vascularisierten, von Hämorrhagien und meist extracellulär gelegenen eisenhaltigen Pigmentkörnern und -schollen durchsetzen Infiltrate aus Lymphocyten, Plasma- und Spindelzellen kaum eine Verwechslung mit den rein lymphocytären Lymphadenosen, zumal sie nicht an der Cutis- sondern an der Subcutisgrenze liegen.

Von echten Tumoren der Haut können gelegentlich einmal Myome, von chronisch entzündlichen Granulationsgeschwülsten tuberkulöse und tuberkuloide (Lupus tumidus, Lupus pernio, Sarkoide), dann aber auch luetische Knotenbildungen, namentlich bei Sitz im Gesicht, zu Verwechslungen Anlaß geben. Die histologische Unterscheidung dieser Erkrankungen wird allerdings niemals Schwierigkeiten machen, zumal regressive Metamorphosen im Sinne einer Verkäsung oder massigen Nekrose bei den Leukosen nie beobachtet wurden.

Auch die hier zu nennende Lymphogranulomatose und besonders das Granuloma fungoides dürften im allgemeinen leicht zu trennen sein. Bei ersterer bietet das eigentümliche Granulationsgewebe, bei letzterer in erster Linie die Polymorphie des Zellinfiltrates mit den ausgesprochen proliferativen Vorgängen am Bindegewebs- und Gefäßapparat, der vorwiegenden Ansiedelung im subpapillären Gefäßnetz und oberen Drittel der Cutis propria meist genügend Anhaltspunkte. Das ist um so notwendiger zu betonen, als von verschiedenster, namentlich französischer und italienischer Seite (Trousseau, Pelagatti) versucht wurde, Beziehungen zwischen Granuloma fungoides und Leukosen aufzustellen.

Außerordentliche Schwierigkeiten können hingegen jene Fälle diffuser generalisierter Erythrodermien bieten, die als allgemeine Röte, mit wechselnd starker Schwellung der Haut und gleichzeitig der Lymphknoten, der Milz und Leber einhergehen. Sie finden sich nicht nur bei der Lymphogranulomatose, der Mycosis fungoides, sondern auch bei der sog. Pityriasis rubra Hebra-Jadassohn, ferner bei generalisierter, rein hyperplastischer, gelegentlich auch aggressiv-maligner Wucherung des lymphatischen Apparates. Das Blutbild allein ist für die Erkenntnis dieser oft recht schwer zu beurteilenden Fälle nicht ausreichend, wie sich ja aus dem einleitend zu diesem Abschnitt Gesagten schon ohne weiteres ergibt. Aber auch die histologische Untersuchung, auf die wir bei der völligen Unkenntnis der Ursachen angewiesen sind, vermag hier manchmal nicht zu klären. Insbesondere kommt der lokalen Eosinophilie, wie sie sich bei den leukotischen Erythrodermien mit Vorliebe findet, keine entscheidende Bedeutung zu. Ähnlich liegen die Dinge bei dem als Prurigo lymphatica bezeichneten Krankheitsbilde. Der den sichtbaren Hautveränderungen zugrunde liegende histologische Befund gestattet keine Abgrenzung der leukämischen oder aleukämischen Erythrodermien gegenüber jenen anderen, oben erwähnten universellen. Hier muß das ganze Rüstzeug unserer klinischen, hämatologischen und histologischen Untersuchungsmethoden (Lymphdrüsenexstirpation) herangezogen werden, um schließlich, wenn möglich, doch noch zu einer Diagnose zu kommen.

Pathogenese: Kausalgenetisch sind die Leukosen und damit auch die der Haut noch völlig ungeklärt. Infektiöse und blastomatöse (Nucleom TRYBS) Ursachen wurden angeschuldigt, ohne daß bis heute eine Entscheidung möglich wäre. Die von einzelnen Untersuchern (FRAENKEL und MUCH: grampositive, nicht ziehlfeste, ARNDT: grampositive und ziehlfeste, COLEY und EWING: echte Tuberkelbacillen) in wenigen Fällen erhobenen Befunde bedürfen noch erheblicher Erweiterung, wenn sie auch die infektiöse Ätiologie mancher dieser Erkrankungen wahrscheinlich gemacht haben. Mit Rücksicht auf die neuerdings mit filtrierbarem, also zellfreiem Material möglich gewordene Übertragung von Sarkomen (Hühnersarkomen) gewinnt diese Ansicht erneut eine besondere Stütze (Hühnerleukämie, ELLERMANN und BANG). Doch muß hier im übrigen auf die Handbücher der allgemeinen Pathologie verwiesen werden, wo auch über die Beziehungen akuter Infektionen zur Entwicklung myeloischer Zellherde Beobachtungen vorliegen (Lit. s. GANS).

Formalgenetisch führt man die Entstehung der Hautinfiltrate nicht mehr auf Auswanderung lymphocytärer und myeloischer Zellelemente aus der Blutbahn zurück, sondern hält seit EHRLICH und PINKUS eine autochthone Entstehung für wahrscheinlich. Diese Ansicht erhält ja auch durch die RIBBERTsche Lehre vom ubiquitären Vorkommen lymphatischen Gewebes eine Stütze. Diese gewöhnlich nur in Spuren vorhandenen lymphatischen Zellherde geraten nach PINKUS durch die leukämische Noxe in Wucherung, ganz ähnlich wie wir das in anderen entsprechenden Geweben kennen. Daß daneben auch eine Auswanderung zelliger Elemente aus der Blutbahn (SCHRIDDE, ORTH, HIRSCHFELD u. a.) und deren Wucherung im Gewebe möglich ist, zeigen die Beobachtungen von NEKAM und ARNDT, die zahlreiche in indirekter Kernteilung begriffene Lymphocyten und Lymphoblasten nachwiesen.

Das häufigere Auftreten lymphatischer gegenüber myeloischen Hautveränderungen kann man mit PINKUS darauf zurückführen, daß auch sonst lymphatische Zellen vielfach in der Haut vorgefunden werden, die sich dann an den gewöhnlichsten pathologischen Veränderungen beteiligen, während die myeloischen Zellelemente in dem unfertigen Zustande, in dem sie im Blute kreisen, in der Haut völlig fehlen. Daher dürfen wir seit M. B. SCHMIDT und insbesondere SCHRIDDE auch eine autochthone Entstehung des extramedullären myeloischen Gewebes annehmen, wobei wir es dahingestellt sein lassen wollen, ob dieses von den Endothelien der Blutcapillaren (SCHRIDDE) oder von den Zellen der Adventitia ausgeht.

Literatur.

Die Literatur wurde möglichst lückenlos berücksichtigt. In der nachfolgenden Aufstellung war das jedoch mit Rücksicht auf den Umfang nicht möglich. Es sind daher neben den grundlegenden hier nur die neueren Arbeiten aufgeführt und das Aufsuchen der übrigen dadurch erleichtert, daß auf Arbeiten mit ausführlicherem Literaturnachweis durch Anfügen der Bezeichnung (Lit.) hingewiesen ist.

Allgemeines (Lehr- und Handbücher.)

ASCHOFF: Lehrb. d. Pathol. u. pathol. Anat. 5. Aufl. Jena: 1921. — BESNIER-BROCQ-JACQUET: La Pratique dermatologique. Paris: 1900. BOSELLINI: La dermatologia nei suoi rapporti con la medicina interna. — BROCQ: PRÉCIS-Atlas de Pratique dermatologique. Paris: 1921. — CASSIRER, R.: Die vasomotorisch-trophischen Neurosen. 2. Aufl. Berlin: 1912. — FINGER: Die Hautkrankheiten. Leipzig-Wien: 1907. — GALEWSKY: Die wichtigsten Erkrankungen der Haut aus Handb. d. Kinderheilk. PFAUNDLER-SCHLOSSMANN. Leipzig: 1910. — HELLER: Die Krankheiten der Nägel. Berlin: 1900. — Die vergleichende Pathologie der Haut. Berlin: 1910. — JARISCH-MATZENAUER: Die Hautkrankheiten. 2. Aufl. Wien-Leipzig: 1908. — JESIONEK: Die Biologie der Haut. — LANG: Lehrbuch der Hautkrankheiten. Wiesbaden: 1902. — LESSER: Lehrbuch der Hautkrankheiten. Berlin: 1913. — MACLEOD, J. M. H.: Practical handbook of the Pathology of the Skin. etc. London: 1903. — MRACEK: Handbuch der Hautkrankheiten. Wien: 1901—1909. — NEISSER und JADASSOHN: Hautkrankheiten in: EBSTEIN-SCHWALBE: Handb. d. prakt. Med. Bd. 3, 2. Teil. Stuttgart: 1901. — NEISSER-JACOBI: Ikonographia dermatologica. Berlin u. Wien 1906—1912. — PLEHN, ALBERT: Die tropischen Hautkrankheiten. Aus MENSE: Handb. d. Tropenkrankh. Leipzig: 1924. — RIECKE: Lehrbuch der Hautkrankheiten. 6. Aufl. Jena 1921. — ROST: Versuch und Einteilung der Hautkrankheiten auf kausalgenetischer Grundlage. 12. Kongr. d. Deutsch. Dermat. Ges. 1921. Arch. f. Dermatol. Bd. 138. 1922. — SUTTON, RICHARD L.: Diseases of the Skin. 5. Aufl. St. Louis: 1923. — SIMON: Die Hautkrankheiten durch anatomische Untersuchungen erläutert. Berlin: 1851. — TENDELOO: Allgemeine Pathologie. Berlin: Springer 1925. — UNNA: Histopathologie der Hautkrankheiten. Berlin: 1894. — Histologischer Atlas zur Pathologie der Haut. Hamburg u. Leipzig 1910.

Normale Anatomie und Entwicklungsgeschichte . . S. 1

BONNET: Lehrb. d. Entwicklungsgeschichte. 2. Aufl. Berlin: 1912. — CONE: Zur Kenntnis der Zellveränderungen usw. in der Epidermis. Frankfurt. Zeitschr. f. Pathol. 1. 1907. — FRIEBOES: Zeitschr. f. d. ges. Anat. Abt. 1. Bd. 61 u. 68; Arch. f. Dermatol. u. Syphilis. 136, 139, 140. Dermatol. Zeitschr. 31, 1920. 32, 1920. — HANAWA, S.: Zur Kenntnis des Glykogens und des Eleidins in der Oberhaut. Arch. f. Dermatol. u. Syphilis. Bd. 118, S. 357—385. 1913. — HOEPKE: Die Epithelfasern der Haut und ihre Verbindung mit dem Corium. Ergebn. d. Anat. u. Entwicklungsgesch. Bd. 25. 1924. — Der Aufbau des Epithels im Spitzenkondylom. Zeitschr. f. Anat. u. Entwicklungsgesch. Bd. 75. H. 3/4. 1925. — KRAUSE: Die Entwicklung der Haut und ihrer Nebenorgane in O. HERTWIG: Handb. d. Entwicklungslehre. Jena: 1906. — KREIBICH: Nervenzellen der Haut. Arch. f. Dermatol. u. Syphilis. Bd. 124. 1917. — PAKHEISER: Beitrag zum Rongalitweißbild der Haut. Dermatol. Zeitschr. Bd. 38. 1923. — PINKUS: Die Entwicklungsgeschichte der Haut in KEIBEL-MALL: Handbuch der Entwicklungsgeschichte des Menschen. Bd. 1. 1910. Bd. 2. 1911. Leipzig: Hirzel. — RAUBER-KOPSCH: Lehrb. d. Anat. Bd. 6. Leipzig: 1923. — SHAPIRO: On the epithelial fibres in the skin of mammals. Quart. journ. of microscop. science. London, 68. Part. 1. 1924. — SCHIEFERDECKER: Über morphologische Sekretionserscheinungen in den ekkrinen Hautdrüsen des Menschen. Arch. f. Dermatol. u. Syphilis. Bd. 132. 1921. — SCHMIDT, J. W.: Dermatologische Zeitschrift. 36. 1922. 2 Arbeiten. — UNNA: Zur feineren Anatomie der Haut. Berlin. klin. Wochenschr. 1921.

Siehe: Lehrbücher d. gerichtl. Med. v. HOFMANN-HABERDA. — HUNZIKER, HANS: Über die Befunde bei Leichenausgrabungen auf den Kirchhöfen Basels. Frankfurt. Zeitschr. f. Pathol. Bd. 22, H. 2. 1919. —MÜLLER, W.: Postmortale Dekomposition und Fettwachsbildung. Zürich: 1913.

MÖNCKEBERG in KREHL-MARCHAND: Handb. d. Allg. Pathologie. Bd. 4. Leipzig 1923. — SCHIDACHI: Atrophie des subkutanen Fettgewebes. Arch. f. Dermatol. u. Syphilis. Bd. 90. 1908. — TENDELOO: Allgemeine Pathologie. Berlin 1925.

AWOKI: Pathologie der elastischen Fasern. Virchows Arch. f. pathol. Anat. u. Physiol. Bd. 255, H. 3, S. 710. 1925. — HIMMEL: Zur Kenntnis der senilen Degeneration der Haut. Arch. f. Dermatol u. Syphilis. Bd. 64. 1903 (Lit.). — HUBER: Über Atrophia idiop. diff. progr. cutis im Gegensatz zur senilen Atrophie der Haut. Arch. f. Dermatol. u. Syphilis. Bd. 52. 1900. — KREIBICH: Über Bindegewebsdegeneration. Arch. f. Dermatol. u. Syphilis. Bd. 130. 1921. — KRZYSTALOWICZ: Inwieweit vermögen alle bisher angegebenen Färbungen des Elastins auch Elazin zu färben. Monatshefte f. prakt. Dermatol. Bd. 30. 1900. — METSCHNIKOFF: Etudes biologiques sur la viellesse. Ann. de l'inst. Pasteur 1901. — DU MESNIL DE ROCHEMONT: Über das Verhalten der elastischen Fasern bei pathologischem Zustand der Haut. Arch. f. Dermatol. u. Syphilis. Bd. 25. 1893. — MÖNCKEBERG: in KREHL-MARCHANDS Handb. d. Allg. Pathol. Leipzig: 1923. — MÜHLMANN, M.: Veränderungen im Greisenalter. Zentralbl. f. Pathol. 11. 1900. — NAUNYN: in SCHWALBES Lehrb. d. Greisenkrankheiten. Stuttgart: 1909. — PASSARGE und KRÖSING: Schwund und Regeneration des elastischen Gewebes der Haut. Dermatol. Studien 1894 (Lit.). — REIZENSTEIN: Über die Altersveränderungen der elastischen Fasern in der Haut. Monatshefte f. prakt. Dermatol. 18. 1894. — SAALFELD: Zur pathologischen Anatomie der Haut im Alter usw. Arch. f. Dermatol. u. Syphilis. Bd. 132. 1921. — SCHMIDT, M. B.: Über die Altersveränderungen der elastischen Fasern in der Haut. Virchows Arch. f. pathol. Anat. u. Physiol. Bd. 125. 1891. — UNNA: Basophiles Kollagen, Kollagen und Kollastin. Monatshefte f. prakt. Dermatol. 19. 1894. — VIGNOLO-LUTATI: Die glatte Muskulatur in den senilen und präsenilen Atrophien der Haut. Arch. f. Dermatol. u. Syphilis. Bd. 74. 1905 (Lit.).

BALZER in: BESNIER, BROCQ, JACQUET: La pratique dermatol. 4. — BRÜNAUER, ST. R.: Striae cutis distensae bei schwerer Shiga-Kruse-Dysenterie, ein Beitrag zur Pathogenese. Arch. f. Dermatol. u. Syphilis. 143. — HEGLER, C.: Über Striae distensae cutis. Dermatol. Wochenschr. Bd. 72. 1921. — JADASSOHN: Über „Kalkmetastasen" in der Haut. Arch. f. Dermatol. u. Syphilis. Bd. 100. 1910. — JORES: Die regressiven Veränderungen des elastischen Gewebes. Ergebn. d. allg. Pathol. u. pathol. Anat. Bd. 8. 1904 (Lit.). —KÖBNER: Striae cutis distensae. Münch. med. Wochenschr. 1904. — PASSARGE und KRÖSING: Schwund und Regeneration des elastischen Gewebes der Haut usw. Dermatol. Studien. Bd. 18. 1894. — PICHLER: Ein Fall von pigmentierten Schwangerschaftsstreifen. Monatsschr. f. Geburtsh. u. Gynäkol. Bd. 20. 1904. — ROSENTHAL: Striae dist. et keloideae. Ikonographia dermatol. 7. — SCHULZ: Über das Verhalten der elastischen Fasern in der normalen und pathologisch veränderten Haut. Dissert. Bonn 1893. — ZIELER: Zur Pathogenese der Dehnungsstreifen der Haut (Striae cutis distensae). Münch. med. Wochenschrift 1905 (Lit.).

Dermatrophia idiopathica progressiva . . . . S. 25

BECK: Beitrag zur Lehre von der idiopathischen Hautatrophie. Arch. f. Dermatol. u. Syphilis. Bd. 100. 1910. — BEHRING: Über Dermatitis atrophicans chronica idiopathica usw. Arch. f. Dermatol u. Syphilis. Bd. 113. 1912. — BURKHARD, H.: Zur Pathogenese der idiopathischen Hautatrophie. Dermatol. Zeitschr. Bd. 25, H. 3. 1918. — EHRMANN: Acrodermatitis atrophicans. 11. Kongr. d. Dermatol. Ges. Wien 1913. — FABRY: Mitteilungen über Hautatrophie. Dermatol. Wochenschr. Bd. 64. 1918. — FINGER und OPPENHEIM: Die Hautatrophie. Wien: 1910. — HERXHEIMER und SCHMIDT: Über „strangförmige Neubildungen" bei der Acrodermatitis chronica atrophicans. Arch. f. Dermatol. u. Syphilis. Bd. 105. 1910. Bemerkung zu dem Artikel: Eine vergleichende Studie über Acrodermatitis usw. von KANSKY und SUTTON: The journ. of cut. dis. incl. syph. 27. — HODARA: Histologische Untersuchung eines Falles von idiopathischer progressiver Hautatrophie. Dermatol. Wochenschr. Bd. 57. 1913. — HUDELO und CAILLIAU: Histologische Untersuchungen eines Falles von makulöser Atrophie. Bull. de la soc. franç. de dermatol. 1921. Nr. 8. p. 372—375. — JADASSOHN: Diskussionsbem. 11. Kongr. Wien 1913. — JESSNER: Über Acrodermatitis atrophicans. Verhandl. d. Bresl. Ges. Arch. f. Dermatol. u. Syphilis. Bd. 133. — JESSNER, M.: Zur Kenntnis der Acrodermatitis chronica atrophicans. Arch. f. Dermatol. u. Syphilis. Bd. 134, S. 478. 1921. — IRVINE: Idiopathische Atrophie der Haut. Journ. of the Americ. med. assoc. 1913. — KANSKY und SUTTON: The journ. of cut. dis. incl. syph. 27. — KLAAR: Acrodermatitis chronica atrophicans mit Sarkombildung. Arch. f. Dermatol. u. Syphilis. Bd. 134. 1921. — LOMHOLT: Acrodermatisis chronica atrophicans usw. Dermatol. Zeitschr. 1917. S. 485. — NOBL: Über das Kombinationsbild der idiopathischen Hautatrophie und herdförmigen Sklerodermie. Arch. f. Dermatol. u. Syphilis. Bd. 93. 1908. — Idiopathische Hautatrophie. Wien. derm. Ges. 16. Nov. 1916. Arch. f. Dermatol. u. Syphilis. Bd. 125. 1918. — OPPENHEIM: Beiträge zur Klinik und Ätiologie der atrophisierenden Dermatitiden. Wien. klin. Wochenschrift 1912 und Wien. derm. Ges. 29. 1. 1913. Arch. f. Dermatol. u. Syphilis. Bd. 115. — Dermatitis atrophicans. Wien. klin. Wochenschr. 1913. — Über die Ausgänge der Dermatitis atrophicans. Arch. f. Dermatitis u. Syphilis. Bd. 102. 1910. — PAUTRIER und ELIASCHEFF: Contrib. à l'étude de la dermatite chr. atroph. Ann. de derm. etc. 1921. — RUSCH: Atroph. idiop. mac. Wien. derm. Ges. 14. 11. 1916. Arch. f. Dermatol. u. Syphilis. Bd. 125. 1918. — SINGER, OSKAR: Beiträge zur Klinik und Ätiologie der Hautatrophien. Arch. f. Dermatol. u. Syphilis Bd. 136, H. 2, S. 198—206. 1921. — SMILOVICI: Cutismyome und Keloidbild im Bereiche einer Acrodermatitis chronica atrophicans. Arch. f. Dermatol. u. Syphilis. Bd. 124. 1917. — WISE: Acroderm. chron. atroph. The Brit. journ. of Dermatol. 32. — ZÜRN: Fibrombildung bei Acrodermatitis chronica atrophicans. Charit.-Ann. 1913. 37.

Poikilodermia atrophicans vascularis . . . . S. 35

BETTMANN: Über die Poikilodermia atrophicans vascularis. Arch. f. Dermatol. u. Syphilis. 1921. 129. — BRUCK: Über Poikilodermia atrophicans vascularis. Dermatol. Wochenschr. 1919. 68. — FLEHME: Über einen Fall von Poikilodermia atrophicans vascularis (JACOBI) Arch. f. Dermatol. u. Syphilis. 1921. 135. — GLÜCK: Dermatitis atrophicans reticularis mit mucinöser Degeneration der kollagenen Fasern. Arch. f. Dermatol. u. Syphilis. 1913. 118. — JACOBI: Poikilodermia atrophicans vascularis. Verhandl. d. 9. Kongr. d. dtsch. dermatol. Ges. Bern 1906. S. 320 und Iconographia. Derm. 1908. 3. — LANE, JOHN: Poikilodermia atrophicans vasculare. Arch. of dermatol. a. syphilol. Vol. 4, Nr. 5, p. 563 bis 585. 1921. — MÜLLER: Atrophodermia erythematodes vascularis. Arch. f. Dermatol. u. Syphilis. 1911. 109. — PETGES et CLÉJAT: Sclérose atrophique de la peau etc. Ann. de dermatol. et de syphiligr. 1906. 7. — ZINSSER: Atrophia cutis reticularis cum pigmentatione etc. Iconographia Dermatol. 1910. 5.

Kraurosis vulvae . . . . S. 38

BALDY and WILLIAMS: Kraurosis vulvae. The Americ. journ. of the med. sciences. Vol. 118, Nr. 5. 1899. — BREISKY: Über Kraurosis vulvae, eine wenig beachtete Form von Hautatrophie am Pudendum muliebre. Zeitschr. f. Heilk. 1885. 6. — DELBANCO: Kraurosis glandis et praeputii. Verh. d. Deutsch. derm. Ges. 1908. Frankfurt. — EWALD: Kraurosis vulvae. New York. med. Monatsschr. Bd. 13. 1901. — GALEWSKY: Über Leuko keratosis, Kraurosis glandis et praeputii. Arch. f. Dermatol. u. Syphilis. 1910. 109, S. 262. — Heller, J.: Ein Fall von Kraurosis vulvae. Zeitschr. f. Geburtsh. u. Gynäkol. Bd. 43. 1900. — Jung, Ph.: Zur Ätiologie der Kraurosis vulvae. Zeitschr. f. Geburtsh. u. Gynäkol. 52, H. 1. 1904. — Rosenstein, B.: Über Kraurosis vulvae. Monatsschr. f. Geburtsh. u. Gynäkol. 15. — Seeligmann, L.: Über Kraurosis und Pruritus vulvae. Zentralbl. f. Gynäkol. 1911. Nr. 43. — Szasz: Über leukoplak. Veränderungen der Vulva, ohne Beziehung zur Kraurosis vulvae, nebst 2 Fällen von Vulvaca. Monatsschr. f. Geburtsh. u. Gynäkol. 1903. 17.

Blepharochalasis . . . . S. 40

Bresson: La blépharochalasis. Thèse de Lyon. 1913. — Fehr: Ein Fall von Lidhauterschlaffung usw. Zentralbl. f. prakt. Augenheilk. 1898. — Fuchs, E.: Über Blepharochalasis. Wien. klin. Wochenschr. 1896. — Kagoshima: Zwei Fälle von Blepharochalasis usw. (japanisch). Nippon Gankagakkai zassi. Bd. 18. 1914. — Lodato: Blefarocalasi etc. Arch. di ottalmol. Vol. 11. 1903. — Loeser: Über Blepharochalasis etc. Arch. f. Augenheilk. Bd. 61. 1908. — Scerint: Un cas de blépharochalasis. Arch. d'ophth. 1906. 26. — Weidler: Blepharochalasis. Report of two cases etc. Journ. of the Americ. med. assoc. Vol. 61. 1913.

Alopecia areata . . . . S. 41

Bettmann: Abrinalopekie. Verhandl. d. int. dermatol. Kongr. 1904. — Giovannini: Über einen Fall universeller Alopecia areata usw. Arch. f. Dermatol. u. Syphilis. Bd. 78. 1906. — Montgomery: Die Alopecie der Hypothyreosis. Journ. of cut. dis. 33. 1915. — Pöhlmann: Beiträge zur Ätiologie der Alopecia usw. Arch. f. Dermatol. u. Syphilis. Bd. 114. 1913 (Lit.). — Sabouraud: Sur les origines de la pélade. Ann. de derm. et de syphilogr. 7. 1896. — Sack: Haarkrankheiten in Mraceks Handbuch der Hautkrankheiten. 1907.

Ichthyosis vulgaris . . . . S. 47

Bargigli: Sopra un casi di Ittiosi istrice. Giorn. ital. di dermatol. e sifilol. 1907. — Beck: Über anatomische usw. Veränderungen der Schilddrüse bei Ichthyosis. 11. Kongr. Wien 1913. Arch. f. Dermatol. u. Syphilis. Bd. 119. 1914. — Bruhns: Die atypischen Ichthyosisfälle usw. Arch. f. Dermatol. u. Syphilis. Bd. 113. 1912. — Gassmann: Histologische und klinische Untersuchungen über Ichthyosis. Arch. f. Dermatol. u. Syphilis. Erg.-H. 1904 (Lit.). — Joseph: Ichthyosis hystrix. Berlin. Dermatol. Ges. 1. 3. 1897. Arch. f. Dermatol. u. Syphilis. 45. 1898. — Kyrle: Hyperkeratose und Hyperpigmentation. Arch. f. Dermatol. u. Syphilis. Bd. 104. 1910. — Mc Leod: 3 cases of Ichthyosis etc. Brit. med. journ. 1909. — Martinotti: Ricerche sulle anomalie e le alterazioni del processo della corneificazione etc. Giorn. ital. di dermatol. e sifilol. 1920 fino 1924. — Mortimer: Atypische Läsionen bei Ichthyosis. Journ. of cut. dis. incl. syph. 1904. — Stümpke: Zur Pathologie und Klinik der Ichthyosis. Arch. f. Dermatol. u. Syphilis. Bd. 123. 1916.

Keratoma hereditarium . . . . S. 53

De Beurmann et Gougerot: Porokératose pap. palm. et plant. Ann. de dermatol. et de syph. 1905. — Brauer: Über eine besondere Form des hereditären Keratom usw. Arch. f. Dermatol. u. Syphilis. Bd. 114. 1913. (Lit.). — Buschke und Fischer: Keratodermia maculosa diss. symm. etc. Iconogr. dermatol. 5. — Fischer, H.: Familiär hereditäres Vorkommen von Keratoma palm. et plant. usw. Dermatol. Zeitschr. 32. 1921. — Galeskwy: Über Keratodermia mac. usw. 12. Kongr. d. Deutsch. Dermatol. Ges. Hamburg 1921. Arch. f. Dermatol. u. Syphilis. Bd. 138. 1921. — Gans: Keratoma periporale. 13. Kongr. d. Dtsch. Dermatol. Ges. München 1923. Arch. f. Dermatol. u. Syphilis. Bd. 145. — Hahn: Über das Keratoma palm. et plant. usw. Dermatol. Zeitschr. Erg.-H. 1911. — Krzysztalowicz: Histologie der Keratoma plant. usw. Poln. Ref. Arch. f. Dermatol. u. Syphilis. Bd. 117. — Nass: Ein Fall von Kerat. palm. et plant. usw. Dermatol. Zeitschr. Bd. 33. 1921. — Raff: in Neissers stereoskop. Atlas. 1896. — Vörner: Kerat. heredit. palm. et plant. Arch. f. Dermatol. u. Syphilis Bd. 56. 1901 (Lit.). — Weitere Beobachtungen über Kerat. palm. usw. Arch. f. Dermatol. u. Syphilis. Bd. 88. 1907.

Keratosis suprafollicularis (rubra et alba) . . . . . S. 59

AUDRY: Keratosis circumpilaris. Monatshefte f. prakt. Dermatologie. 38. 1904. — BROCQ: Notes p. servir à l'histoire de la keratose pilaire. Ann. de dermatol. et de syphiligr. 1900. — CHALMERS and GIBBON: The Keratosis pilaris etc. Journ. of trop. med. a. hyg. 24. 1921. — GIOVANNINI: Zur Histologie der Keratosis pilaris. Arch. f. Dermatol. u. Syphilis. Bd. 63. 1902 (Lit.). — KLINGMÜLLER: Keratosis pilaris. Bresl. Dermatol. Ges. Arch. f. Dermatol. u. Syphilis. Bd. 60. 1901. — MC LEOD: 3 Cases of Ichthyosis follicularis. Brit. journ. of dermatol. 1909. — MIBELLI: Die Ätiologie und Varietäten der Keratosen. Monatshefte f. prakt. Dermatol. 24. 1897 (Lit.). — NEISSER: Diskussion zu KLINGMÜLLER. — PICCARDI: Keratosis pilaris e Keratosis spinulosa. Turin 1906.

Keratosis follicularis MORROW-BROOKE . . . . . S. 64

BROOKE: Keratosis follicularis contagiosa. Atlas internat. de mal. rares de la peau. 22. — EHRMANN: Keratosis follicularis. Wien. Derm. Ges. 22. X. 1902. Arch. f. Dermatol. u. Syphilis. Bd. 64. — GUTMANN: Ein Beitrag zur Kenntnis ungewöhnlicher Keratosisformen. Arch. f. Dermatol. u. Syphilis. Bd. 80. 1907 (Lit.). — LEWANDOWSKY: Zur Kenntnis der Keratosis follicularis. MORROW-BROOKE. Arch. f. Dermatol. u. Syphil s. Bd. 101. 1910. — MORROW: Keratosis follicularis etc. Journ. of cut. a. ven. dis. 1886. — SAMBERGER, FRANZ: Zur Pathologie der Hyperkeratosen. Arch. f. Dermatol. u. Syphilis. Bd. 76. 1905 (Lit.).

Keratosis spinulosa . . . . S. 67

ADAMSON: Lichen pilaris seu spinulosus. Brit. med. journ. 1905. — BECK: Über Keratosis spinulosa. Dermatol. Wochenschr. 55. 1912 (Lit.). — BOTTELLI: A proposito di un caso di cheratosi follicolare. Giorn. ital. di dermatol. e sifilol. 1910. — COPPOLINO: Keratosis follicularis spinulosa. Arch. f. Dermatol. u. Syphilis. Bd. 116. 1913. — FREUND, E.: Contributio allo studio della keratosis spinulosa. (Lichen pilaris seu spinulosus Crocker). Giorn. ital. di dermatol. e sifilol. 64. 1923. Dermatol. Wochenschr. 1925. — LEWANDOWSKY: Über Lichen spinulosus. Arch. f. Dermatol. u. Syphilis Bd. 73. 1905. — PICCARDI: Keratosis pilaris e Keratosis spinulosa. Turin 1906 (Lit.). — VIGNOLO-LUTATI: Beitrag zum Studium der Keratosis spinulosa. Monatshefte f. prakt. Dermatol. 52. 1911.

Hyperkeratosis follicularis vegetans . . . . . S. 70

BELLINI: Dischertoma nevico (Psorospermosi etc.) Giorn. ital. di dermatol. e sifilol. 55. 1914 (Lit.). — JORDAN: Die DARIERsche Krankheit Dermatol. Wochenschr. 73. 1921. — KYRLE: Wien. Derm. Ges. 22. II. 1917. Ref.: Arch. f. Dermatol. u. Syphilis. Bd. 125. 1920 — PINKUS und LEDERMANN: Beitrag zur Histologie und Pathologie der DARIERschen Krankheit. Arch. f. Dermatol. u. Syphilis. Bd. 131. 1921 (Lit.). — SIBLEY: Case of Keratosis follicularis. Proc. of the roy. soc. of med. 15. II. 1917. — SPIETHOFF: Beitrag zur Pathologie des Morbus Darier. Arch. f. Dermatol. u. Syphilis. Bd. 109. 1911. — SPITZER: Zur Kenntnis der DARIERschen Krankheit. Arch. f. Dermatol. u. Syphilis. Bd. 135. 1921.

Angiokeratoma MIBELLI . . . . S. 78

FABRY: Angiokeratoma circumscriptum usw. Dermatol. Zeitschr. 22. H. 1. — Angiokeratoma. Arch. f. Dermatol u. Syphilis. Bd. 123. 1916. — FROHWEIN: Zur Angiokeratomfrage. Monatshefte f. prakt. Dermatol. 42. 1906 (Lit.). — GUSZMANN: Beiträge zur Klinik und Anatomie des Angiokeratom. Virchows Arch. f. pathol. Anat. u. Physiol. Bd. 213. 1913. — MIBELLI: Angiokeratoma. Giorn. ital. di dermatol. e sifilol. 24. 1889. — PAUTRIER: Über die tuberkulöse Natur des Angiokeratom. Arch. f. Dermatol. u. Syphilis. Bd. 69. 1904. — SCHEUER: Drei Fälle von Angiokeratoma Mibelli. Arch. f. Dermatol. u. Syphilis. Bd. 98. 1909 (Lit.). — STÜMPKE: Angiokeratoma corporis diffusum. Arch. f. Dermatol. u. Syphilis. Bd. 121. 1916. — WIESNIEWSKI: Zur Kenntnis des Angiokeratoma. Arch. f. Dermatol. u. Syphilis. Bd. 45. 1898.

Porokeratosis MIBELLI . . . . S. 80

HIMMEL: Ein Fall von Porokeratosis (Mibelli). Arch. f. Dermatol. u. Syphilis. Bd. 84. 1907 (Lit.). — HODARA, M.: Fall von Porokeratosis Mibelli. Dermatol. Wochenschr. Bd. 73, Nr. 40, S. 1049—1050. 1921. — MARTINOTTI, L.: Ric. sulle anomalie e le alteraz. del processo della corneficazione etc. III. Giorn. ital. di dermatol. e sifilol. Vol. 62, 307. 1921. — PASINI: Porokeratose. Kongr. Rom 1912. Arch. f. Dermatol. u. Syphilis. Bd. 112. 1913. — SCADUTO: Ein Fall von Porokeratose. Giorn. ital. di dermatol. e sifilol. 1909. — SCHOLL, OTTO KONRAD: Ein halbseitig lokalisierter Fall von Porokeratosis Mibelli. Dermatol. Wochenschr. Bd. 70. 1920. — SELLEI, J.: Ein Fall von Porokeratosis. Dermatol. Wochenschrift 68. 1919. S. 241. — SEVERING: Porokeratosis Mibelli. Dermatol. Zeitschr. Bd. 26, 292. 1920. — WRIGHT: Porokeratosis. Arch. of dermatol. and syph. Vol. 4. 1921.

Pityriasis rubra pilaris (DEVERGIE) . . . . . . S. 84

BESNIER: Du P. r. p. Ann. de dermatol. et de syphiligr. 10. 1889. — BLOCH: Schweiz. med. Wochenschr. 1921. — DELBANCO und UNNA jr.: Zur Klinik und Histologie d. P. r. p. DEV. Arch. f. Dermatol. u. Syphilis. Bd. 135. 1921. — FIDAO: Über P. r. p. Inaug.-Diss. Leipzig 1911. — GÄRTNER: Zwei Fälle von P. r. p. Arch. f. Dermatol. u. Syphilis. Bd. 129. 1921. — HODARA: Histologische Untersuchungen zweier Fälle von P. r. p. Monatshefte f. prakt. Dermatol. 46. 1908. — NEISSER: Lichen r. ac. oder P. r. p. Arch. f. Dermatol. u. Syphilis. Bd. 123. 1916. — NIELSEN: Generalisierte P. r. p. usw. Monatshefte f. prakt. Dermatol. 50. 1910. — RIECKE: Lichen ruber in MRACEKs Handbuch 1905 (Lit.). — SOWINSKI: Zur Pathologie der P. r. p. Arch. f. Dermatol. u. Syphilis. Bd. 91. 1908. — TOMKINSON: Case of P. r. p. Brit. journ. of dermatol. 1910. — VIGNOLO-LUTATI: Über P. r. p. Arch. f. Dermatol. u. Syphilis. Bd. 79. 1906.

Acanthosis nigricans . . . . S. 91

BERON: Ein Fall von Acanthosis nigricans Monatshefte f. prakt. Dermatol. 49. 1909. — BOGROW: Beitrag zur Kenntnis der Dyst. pap. et pig. usw. Arch. f. Dermatol. u. Syphilis. Bd. 94. 1909 (Lit.). — CAVAGNIS: Acanthosis nigricans. Giorn. ital. di dermatol. e sifilol. 1912. — DARIER: Dyst. pap. et pig. Ann. de dermatol. et de syphiligr. 1893. — DUBREUILH: Acanthosis nigricans etc. Ann. de dermatol. et de syphiligr. 1918/19. — GROUVEN und FISCHER: Beitrag zur Acanthosis nigricans. Arch. f. Dermatol. u. Syphilis. Bd. 70. 1904. (Lit.). — JANOVSKY: Acanthosis nigricans. Intern. Atl. selt. Hautkrankh. 1890. — MARKLEY: Acanthosis nigricans etc. Journ. of the Americ. med. assoc. 1915. — PETRINI DE GALATZ: Acanthosis nigricans. Ann. de dermatol. et de syphiligr. 1914. — POLLITZER: Acanthosis nigricans. Intern. Atl. selt. Hautkrankh. 1890. — WOLLENBERG: Beitrag zur Kenntnis der Acanthosis nigricans. Arch. f. Dermatol. u. Syphilis. Bd. 113. 1912 (Lit.).

Hyperkeratosis linguae . . . . S. 94

BROSIN: Über die schwarze Haarzunge. Dermatol. Stud. 7. 1888. — HEIDINGSFELD: Schwarze Haarzunge. Journ. of the Americ. med. assoc. 1910 und Verhandl. d. Ges. dtsch. Naturforsch. u. Ärzte. 82. Versamml. 1910. — LEBAR: Haarzunge und Keratochromoglossitiden. Ann. de dermatol. et de syphiligr. 1917. Ref. Arch. f. Dermatol. u. Syphilis. Bd. 125. — OPPENHEIM: Drei Fälle von schwarzer Haarzunge. Wiener derm. Ges. 22. 3. 1917. Arch. f. Dermatol. u. Syphilis. Bd. 125. — SCHNABEL: Schwarze Haarzunge. Inaug.-Diss. Leipzig 1904 (Lit.). — SIMONELLI: Hyperkeratosis nigricans linguae. Soc. tal. Dez. 1908. Arch. f. Dermatol. u. Syphilis. Bd. 97. 1909.

Sklerodermie . . . . S. 97

BIZZOZERO: Sclerodermia circ. usw. Dermatol. Zeitschr. 22. 1915. — BRUHNS: Knotenbildungen bei Sklerodermie. Arch. f. Dermatol. u. Syphilis. Bd. 129. 1921. — CURSCHMANN, H.: Über sklerodermische Dystrophien. Med. Klinik. Jg. 17, 41, S. 1223—1225. 1921. — DREUW: White spot disease oder Sclerodermia circ. Dermatol. Stud. 21. 1910. — FISCHER: Über eine dem Lichen sclerosus angenäherte Form der Sclerodermia circ. Arch. f. Dermatol. u. Syphilis. Bd. 110. 1911. — HAZEN: A unusual case of white spot disease.

Journ. of the Americ. med. assoc. 1913. — HERZOG: Über cystische Degeneration der Spinalganglien usw. bei progressiver Sklerodermie. Schweiz. med. Wochenschr. 1920. — HOFFMANN, E.: Über einen mehrere Jahre hindurch beobachteten Fall von Lichen sclerosus. Icon. dermatolog. 4. 1909. — JONES: Sclerodermia guttata. Brit. journ of dermatol. 1915. — JULIUSBERG: Über White spot disease. Dermatol. Zeitschr. 1908. — KREN: Über Sklerodermie der Zunge usw. Arch. f. Dermatol. u. Syphilis. Bd. 95. 1909. — KRETZMER: Zwei Fälle von Sclerodermia circ. usw. Arch. f. Dermatol. u. Syphilis. Bd. 118. 1913. — KRZYSTALOWICZ: Beitrag zur Histologie der diffusen Sklerodermie. Monatsh. f. prakt. Dermatol. 42. 1906. — LEWIN und HELLER: Die Sklerodermie. Berlin: 1895 (Lit.). — MC KEE and WISE: White spot disease. Journ. of cut. dis. incl. syph. 32. 1914. — MEIROWSKY: Sclerodermia diffusa und circ. Icon. dermatolog. 7. — MONTGOMERY and ORMSBY: White spot disease etc. Journ. of cut. dis. incl. syph. 25. 1907. — PETGES: Morphea guttata et White spot disease. Ann. de dermatol. et de syphiligr. 1916. — REITMANN: Über eine eigenartige, der Sklerodermie nahestehende Affektion. Arch. f. Dermatol. u. Syphilis. Bd. 92. 1908. — RIECKE: Zur Kenntnis der Weißfleckenkrankheit. Arch. f. Dermatol. u. Syphilis. Bd. 99. 1910 (Lit.). — RUETE: Sclerodermia ulcerosa lineares. Icon. dermatolog. 7. — SAVATARD: A case of sclerodermia guttata. Brit. journ. of dermatol. a. syph. Vol. 33, Nr. 7, p. 266—267. 1921. — SCHOLTZ: Sklerodermie. Arch. f. Dermatol. u. Syphilis. Bd. 92. 1908. — VIGNOLO-LUTATI: Beitrag zum Studium der Sclerodermia circ. Dermatol. Zeitschr. 1912. — ZARUBIN: Histologie der Sclerodermia circ. Arch. f. Dermatol. u. Syphilis. Bd. 55. 1901. — v. ZUMBUSCH: Über Lichen albus usw. Arch. f. Dermatol. u. Syphilis. Bd. 82. 1906.

Sklerödem . . . . S. 105

BUSCHKE: Über das Sklerödem usw. Dermatol. Wochenschr. 70. 1920. — CARPENTER and NEAVE: Microscop. and chem. obs. on a case of scler. neonat. Lancet 1906. — HOFFMANN, E.: Klin. Wochenschr. 1923. — LUITHLEN: Die Zellgewebsverh. der Neugeborenen. Wien: 1902. — MAYERHOFER: Klinik des sog. Sklerödems der Neugeborenen. Jahrb. f. Kinderheilk. 81. 1915 (Lit.). — MENSI: Sklerem etc. Giorn. ital. di dermatol. e sifilol. 1912. — MEYER, L. F.: Über Sklerodermie bei Säuglingen. Dtsch. med. Wochenschr. 1919. — NOBEL: Sklerödem der Erwachsenen. Wien. med. Wochenschr. 1919.

Pseudoxanthoma elasticum . . . . . . S. 107

ARZT: Zur Pathologie des elastischen Gewebes der Haut. Arch. f. Dermatol. u. Syphilis. Bd. 118. 1913 (Lit.). — DARIER: Pseudoxanthoma elasticum. Monatsh. f. prakt. Dermatol. 23. 1896. — FRIEDMANN: Ein Beitrag zur Kenntnis des Pseudoxanthoma elasticum (DARIER). Arch. f. Dermatol. u. Syphilis. Bd. 134. 1921 (Lit.). — GUTMANN: Über Pseudoxanthoma elasticum. Arch. f. Dermatol. u. Syphilis. Bd. 75. 1905. — HERXHEIMER und HELL: Ein Beitrag zur Kenntnis des Pseudoxanthoma elasticum. Arch. f. Dermatol. u. Syphilis. Bd. 111. 1912. — HEUCK: Fall von Pseudoxanthoma elasticum. Münch. dermatol. Ges. Sitzg. v. 7. VII. 1921; Zentralbl. f. Haut- u. Geschlechtskrankh. II. S. 254. — JULIUSBERG: Über Pseudoxanthoma elasticum (Elastom der Haut). Arch. f. Dermatol. u. Syphilis. Bd. 84. 1907. — MILIAN: Pseudoxanthome élastique. Bull. de la soc. franç. de dermatol. et de syphil. 1914. — THRONE and GOODMAN: Pseudoxanthoma elasticum. Arch. of dermatol. a. syphilol. Vol. 4, Nr. 4. p. 419—447. 1921. — WERTHER: Über Pseudoxanthoma elasticum. Arch. f. Dermatol. u. Syphilis. Bd. 69. 1904.

Kolloide Degeneration . . . . S. 110

ARZT: Zur Kenntnis des Pseudomilium colloidum. Arch. f. Dermatol. u. Syphilis. Bd. 118. 1913 (Lit.). — HARTZELL: Kolloide Entartung der Haut usw. Ref. Arch. f. Dermatol. u. Syphilis. Bd. 122. 1916. — JORES, L.: Über eine der fettigen Metamorphose analoge Degeneration des elastischen Gewebes. Zentralbl. f. allg. Pathol. u. path. Anat. Bd. 14. 1903. S. 865. — JULIUSBERG: Über kolloide Degeneration der Haut usw. Arch. f. Dermatol. u. Syphilis. Bd. 61. 1902 (Lit.). — KREIBICH: Bindegewebsdegeneration. Arch. f. Dermatol. u. Syphilis. Bd. 130. 1921. — KREIBICH, C.: Über lipoide Degeneration des Elastins der Haut. Arch. f. Dermatol. u. Syphilis. Bd. 116. S. 325—328. 1913. — MILIAN: Pseudomilium colloidale etc. Ann. de dermatol. et de syphiligr. 1917. — UNNA: Hyalin und Kolloid im bindegewebigen Abschnitt der Haut. Monatshefte f. prakt. Dermatol. 19. 1894. — VIGNOLO-LUTATI: Beitrag zum Studium der sog. kolloiden Degeneration. Giorn. ital. di dermatol. e sifilol. 1914. — WERTHER: Pseudomilium elasticum. Verhandl. d. Ges. dtsch. Naturforsch. u. Ärzte. 1906; Arch. f. Dermatol. u. Syphilis. Bd. 88. 1907.

Vitiligo, Leukoderm . . . . S. 115

ALMQUIST, J.: Über Leukoderma verschiedenen Ursprungs und 2 Fälle nach Pityriasis rosea. Dermatol. Zeitschr. 41. 1924. — BLOCH: Pathogenese der Vitiligo. Arch. f. Dermatol. u. Syphilis. Bd. 124. 1917 (Lit.). — BLUMENFELD: Zur Kenntnis des Leucoderma psoriat. Arch. f. Dermatol. u. Syphilis. Bd. 96. 1909. — BRANDWEINER: Leucoderma syphiliticum. Leipzig und Wien: 1907. — EHRMANN und WERTHEIM: Zur Frage des Leucoderma syphil. Arch. f. Dermatol. u. Syphilis. Bd. 143. 1913 (Lit.). — EMA: Pigmentanomalien durch Syphilis. Japan. Zeitschr. f. Dermatol. u. Urol. 12. 1912. — GEBER: Über die Entstehung des Leucoderma syphiliticum. Arch. f. Dermatol. u. Syphilis. Bd. 114. 1913. — GOLD-MANN: Pigmentveränderungen der Haare und Haut und Alopecie infolge von Verletzungen des Zentralnervensystems. Dermatol. Zeitschr. 1917, H. 6, S. 359. — HUECK: Die pathologische Pigmentierung in MARCHAND - KREHL: Handb. d. allg. Pathol. Bd. 3, 2. Leipzig: 1922. — LEDERMANN: Über Leucoderma psoriaticum. Arch. f. Dermatol. u. Syphilis. Bd. 84. 1907. — LIPSCHÜTZ: Über die Beziehungen der Spir. pallida zu Hautpigment usw. Dermatol. Zeitschr. 14. 1907. — MARC: Beitrag zur Pathologie der Vitiligo usw. Virchows Arch. f. pathol. Anat. u. Physiol. Bd. 136. 1894. — RILLE: Leukoderm infolge von Psoriasis vulgaris. Verhandl. d. 71. Vers. d. Ges. dtsch. Naturforsch. u. Ärzte 1899.

Ochronose . . . . S. 120

GROHS und ALLARD: Alkaptonurie und Ochronose. Mitt. a. d. Grenzgeb. d. Med. u. Chirurg. 1908. — PICK: Über die Ochroncse. Berlin. klin. Wochenschr. 1906 u. 1911. — PINCUSSOHN: Alkaptonurie. Ergebn. d. inn. Med. u. Kinderheilk. 8. 1912 (Lit.). — POPE: A case of ochronosis etc. Lancet 1906. — POULSEN: Über Ochronose bei Menschen und Tieren. Beitr. z. pathol. Anat. u. z. allg. Pathol. 48. 1910.

Melanosen . . . . S. 121

GANS: Zur Histologie der Arsenmelanose. Beitr. z. pathol. Anat. u. z. allg. Pathol. Bd. 60. 1914 (Lit.). — HABERMANN: Über die sog. Kriegsmelanose usw. Dermatol. Zeitschrift 30. 1920 (Lit.). — KERL: Über die Melanose (RIEHL). Arch. f. Dermatol. u. Syphilis. Bd. 130. 1921. — NÖRDLINGER, ALICE: Über einen Fall von schwerer Melanose und Hyperkeratose. Arch. f. Dermatol. u. Syphilis. Bd. 131, S. 257—264. 1921. — STAHL, L.: Über Keratosis und Melanosis arsenicalis. Dermatol. Wochenschr. Bd. 63. 1916. — THIBIERGE: Ann. de dermatol. et de syphiligr. 1918/19. Nr. 4.

Morbus Addisonii . . . . S. 124

ANSCHÜTZ: Über den Diabetes mit Bronzefärbung der Haut usw. Dtsch. Arch. f. klin. Med. Bd. 62. 1899. — BITTORF: Die Pathologie der Nebennieren und der Morbus Addison. Jena: 1908 (Lit.). — Über die Pigmentierung beim Morbus Addison. Dtsch. Arch. f. klin. Med. Bd. 136. 1921. — BLOCH und seine Schule: Arbeiten über Dioxyphenylalanin. (Dopa.). — BLOCH und LÖFFLER: Untersuchungen über die Bronzefärbung der Haut bei Morbus Addison. Dtsch. Arch. f. klin. Med. Bd. 121. 1917. — CARDEILHAC: De la cachexie pigmentaire consécutive aux purpuras. Thèse de Paris. 1898. — FRENCH: Sixty-eight cases of pernicious anaemia. Guy's hosp. reports. 63. 1909. — GANS: Die Entstehung des Hautpigments. Ref. Zentralb. f. Haut- und Geschlechtskrankh. Bd. 4. H. 1. 1922. — HUECK: Die patholog. Pigmentierung in: KREHL-MARCHANDS Handb. der allg. Pathol. Bd. 3. Leipzig; 1922. — v. KAHLDEN: Beiträge zur pathol. Anat. d. Addison. Virchows Arch. f. pathol. Anat. u. Physiol. Bd. 114. 1888. — KREISSL: Hämochromatosis der Haut. Arch. f. Dermatol. u. Syphilis. Bd. 72. 1904. — LESCHCZINER: Zur Frage des traumatischen Morbus Addisonii. Virchows Arch. f. pathol. Anat. u. Physiol. Bd. 221. 1916. — MEIROWSKY: Über den Ursprung des melanotischen Pigments der Haut und des Auges.

Leipzig: 1908 (Lit.). — Nägeli: Blutkrankheiten und Blutdiagnostik. Leipzig: 1912. — Pförringer: Zur Entstehung der Hautpigmentation bei Morbus Addisonii. Zentralbl. f. allg. Pathol. u. pathol. Anat. 11. 1900. — Roth: Zur Pathogenese und Klinik der Hämochromatosen. Dtsch. Arch. f. klin. Med. Bd. 117. 1915 (Lit.). — Schucany: Pigmentation der Haut bei perniziöser Anämie. Arch. f. Dermatol. u. Syphilis. Bd. 121. 1916.

Hämochromatose . . . . S. 126

Nienhold, Else: Über einen Fall von hochgradiger allgemeiner Hämochromatose. Arbeiten aus dem pathol.-anat. Institut Tübingen. Bd. 9, H. 1. 1914. — Sträter, R.: Beitrag zur Lehre von der Hämochromatose und ihren Beziehungen zur allgemeinen Hämosiderose. Virchows Arch. f. pathol. Anat. u. Physiol. Bd. 218, H. 1. Weitere Angaben siehe unter Morbus Addissonii.

Myxödem . . . . S. 127

Beck: Über histologische Veränderungen der Haut bei Myxödem. Monatshefte f. prakt. Dermatol. Bd. 24. 1897 (Lit.). — Bircher, E.: Fortfall und Änderung der Schilddrüsenfunktion als Krankheitsursache. Ergebn. d. allg. Pathol. u. pathol. Anat. Bd. 15, 1. Abt. 1911. — Burchard: Lokalisierte myxödematöse Veränderungen der Haut. Schles. dermatol. Ges. Breslau. Sitzg. v. 29. 6. 1921; Zentralbl. f. Haut- u. Geschlechtskrankh. Bd. 2, H. 9, S. 425. — Ceelen, W.: Über Myxödem. Beitr. z. pathol. Anat. u. z. allg. Pathol. Bd. 69. 1921. — Dösseker: Fall von atypischem tuberösem Myxödem. Arch. f. Dermatol. u. Syphilis. Bd. 123, S. 76 u. 205. 1916. — Gans: Über die Beziehungen von Hautveränderungen zu den Störungen der endokrinen Drüsen. Zentralbl. f. Haut- und Geschlechtskrankh. Bd. 12, H. 1. 1924. — Lewtschenkow: Seltener Fall von myxomatöser Hautdegeneration. Monatsh. f. prakt. Dermatol. Bd. 50. 1910. — Löschke: Mannheimer Tagung Südwestd. Pathologen. 1924. — Perutz und Gerstmann: Allgemeinerkrankung der Haut und Muskulatur und Aplasie der Thyreoidea. Zeitschr. f. klin. Med. 84. 1917. — Rebaudi, St.: Der Schweißdrüsenapparat während der normalen und der pathologischen Schwangerschaft. Beitr. z. Geburtsh. u. Gynäkol. Bd. 17, S. 11. 1912. — Rühl, K.: Über eine sonderbare menstruelle Hauterscheinung. Dermatol. Wochenschr. 1912. 54, S. 581. — Tryb: Über eine seltene Erkrankung der Haut mit Schleimanhäufungen. Arch. f. Dermatol. u. Syphilis. Bd. 143. 1923. — Wälsch, Ludwig: Über Veränderungen der Achselschweißdrüsen während der Gravidität. Arch. f. Dermatol. Bd. 114. 1913.

Adipositas dolorosa . . . . S. 130

Dammann: Zur Pathologie der Adipositas dolorosa. Frankfurt. Zeitschr. f. Pathol. Bd. 12. 1913. — Dercum and Mc Carthy: Autopsy in a case of Adipositas dolorosa. Americ. journ. of the med. sciences. 1912. — Dobrovici: Adipositas dolorosa. Bull. de la soc. franç. de dermatol. 20. 4. 1914. — Mc Cormac: Case of Dercum disease. Proc. of the roy. soc. of med. 14. 1921. — Marchand et Nouet: Etude anatomo-pathol. d'un cas de mal. de Dercum etc. Nouvelle Iconogr. de la Salpêtrière. 1911. — Ménéau: La maladie de Dercum. Journ. des mal. cut. et syph. 10. 1909. — Schwenkebecher: Über die Adipositas dolorosa. Dtsch. Arch. f. klin. Med. 80. — Thimm: Adipositas dolorosa usw. Monatsh. f. prakt. Dermatol. 37. 1903.

Lipodystrophia progressiva . . . . S. 131

Feer: Zwei Fälle von Lipodystrophia progressiva. Jahrb. f. Kinderheilk. 82. 1915. — Kuznitzky und Melchior: Subcutane Lymphsackbildung und Kalkablagerung usw. Arch. f. Dermatol. u. Syphilis. Bd. 123. 1916. — Rost, G. A.: Über Lipodystrophia progressiva usw. Arch. f. Dermatol. u. Syphilis. Bd. 147. 1924. — Simons: Eine seltene Trophoneurose (Lipodystrophia progressiva). Zeitschr. f. d. ges. Neurol. u. Psychiatrie. 5. 1911 u. 19. 1913.

Amyloidosis der Haut . . . . S. 132

Gross, H.: Über Amyloidtumoren der Zunge. Dtsch. Zeitschr. f. Chirurg. Bd. 84. — Gutmann: Zur Kenntnis der Amyloidosis der Haut. Dermatol. Zeitschr. 38. 1923. —

Jadassohn: Hautkrankheiten bei Stoffwechselanomalien aus v. Noorden: Handb. d. Pathol. d. Stoffwechsels. Bd. 2. Berlin: 1905. — Juliusberg: Eigentümliche, lichen-ruberähnliche Hautveränderung usw. Festschr. Kaposi, Erg.-Bd. Arch. f. Dermatol. u. Syphilis 1900 und Dermatol. Zeitschr. 39. 1923. — Kenedy: Über herdförmige Amyloidentartung bei einem Falle von Dermatitis atrophicans diffusa. Arch. f. Dermatol. u. Syphilis. Bd. 136. 1921. — Königstein, Hans: Über Amyloidablagerung als pathologisch-anatomischer Befund bei Dermatosen. Wien. klin. Wochenschr. 1921. — Kreibisch, C.: Über Amyloiddegeneration der Haut. Arch. f. Dermatol. u. Syphilis. Bd. 116, S. 285—288. 1913. — Kuczynski, Max H.: Weiterer Beitr. z. Lehre vom Amyloid. Klin. Wochenschr. Jg. 2, Nr. 48. 1923. — Leupold, E.: Untersuchung über die Mikrochemie und Genese des Amyloids. Beitr. z. pathol. Anat. u. z. allg. Pathol. Bd. 64. 1918. — Schilder, Paul: Über die amyloide Entartung der Haut. Frankfurt. Zeitschr. f. Pathol. 3. 1909.

Xanthomatosis der Haut . . . . S. 136

Anitschkow: Experimentelle Untersuchungen über die Ablagerung von Cholesterinfetten usw. Arch. f. Dermatol. u. Syphilis. Bd. 120. 1914. — Arning und Lippmann: Essentielle Cholesterinämie mit Xanthombildung. Zeitschr. f. klin. Med. 89. 1920. — Arzt: Beiträge zur Xanthomfrage. Arch. f. Dermatol. u. Syphilis. Bd. 126. 1919 (Lit.). — Aschoff: Zur Morphologie der lipoiden Substanzen. Beitr. z. pathol. Anat. u. z. allg. Pathol. 47. 1909 (Lit.). — Bürger und Reinhart: Über die Genese des Xanthoma diabeticum. Dtsch. med. Wochenschr. 1919. — Chvostek: Xanthelasma und Ikterus. Zeitschr. f. klin. Med. 73. 1911 (Lit.). — Curschmann: Über seltene Formen der pluriglandulären endokrinen Insuffizienz usw. Zeitschr. f. klin. Med. 87. 1919. — Fahr: Zur Frage des Xanthoms. Zentralblatt f. allg. Pathol. u. pathol. Anat. 30. 1920. — Gaucher et Druelle: Xanthelasma aigu. Ann. de dermatol. et de syphiligr. 1904. — Hoessli: Experimentell erzeugte Cholesterinablagerungen usw. Bruns' Beitr. z. klin. Chir. 95. 1914. — Hoffmann: E.: Über weitverbreitete Hautxanthome bei hochgradiger Lipämie. Dtsch. med. Wochenschr. 1918. — Kawamura: Die Cholesterinverfettung usw. Jena: 1911. — Knowles: The Path. of Xanth. tub. mult. Brit. Journ. of dermatol. 32. 1914. — Lebedew: Exp. Xanth. Dermatol. Wochenschr. 59. 1914. — Linser: Über das Xanthom. Med. Klinik. 1915. — Lubarsch: General. Xanthom bei Diabetes. Dtsch. med. Wochenschr. 1918. — Nicol: Ein Fall von Xanthelasma usw. Beitr. z. pathol. Anat. u. z. allg. Pathol. 65. 1919. — Pollitzer und Wile: Xanth. tub. mult. Journ. of cut. dis. incl. Syph. 30. — Schmidt, E.: Beitrag zur Xanthomfrage. Arch. f. Dermatol. u. Syphilis. Bd. 140. 1922 (Lit.). — Siemens: Zur Kenntnis der Xanthome. Arch. f. Dermatol. Bd. 136. 1921. — Stancanelli: Xanthelasma etc. Giorn. ital. di dermatol. e sifilol. 1910. — Thibièrge et Weissenbach: Xanth. tub. diss. et generalis. Bull. et mém. de la soc. méd. des hôp. de Paris. 1911. — Ullmann: Diskussionsbemerkung. Wien. derm. Ges. 21. V. 1914; Arch. f. Dermatol. u. Syphilis. Bd. 119. 1914.

Verkalkung in der Haut . . . . S. 147

Dösseker: Kalkablagerungen, spez. sog. verkalkende Epitheliome der Haut. Arch. f. Dermatol. u. Syph. Bd. 129. 1921. — Drucker: Kalkablagerung unter die Haut. Dtsch. med. Wochenschr. 1919. — Jadassohn: Über „Kalkmetastasen" in der Haut. Arch. f. Dermatol. u. Syphilis. Bd. 100. 1910. — Kerl: Beitrag zur Kenntnis der Verkalkungen der Haut. Arch. f. Dermatol. u. Syphilis. Bd. 126. 1919 (Lit.). — Kuznitzky und Melchior: Subcutane Lymphsackbildung und Kalkablagerungen usw. Arch. f. Dermatol. u. Syphilis. Bd. 123. 1916. — Lewandowsky: Über subcutane und periartikuläre Verkalkung. Virchows Arch. f. pathol. Anat. u. Physiol. Bd. 181. 1906. — Mc Leod: Oberflächliche Ulcerationen durch Kalksteine. Proc. of the roy. soc. of med. 16. VII. 1914. — Mosbacher: Ein Fall von Kalkablagerung usw. Dtsch. Arch. f. klin. Med. Bd. 128. 1918. — Pontoppidan: Subcutaner Kalkknoten bei pluriglandulärer Insuffizienz. Hospitalstidende. 64. 1921. Ref. Zentralblatt f. Hautkrankh. 1. 1921. — Pospelow: Ein Fall von Kalkablagerung in der Haut. Arch. f. Dermatol. u. Syphilis. Bd. 140. 1922. — Schmidt, M. B.: Die Verkalkung in: Marchand-Krehls Handb. III, 2. Abt. Leipzig 1921. — Schnitzer: Über die Verkalkungen im Unterhautzellgewebe. Arch. f. Dermatol. u. Syphilis. Bd. 132. 1921 (Lit.). — Thibièrge und Weissenbach: Concrétions calcaires sous-cut. et sclérod. Ann. de dermatol. et de syphiligr. 1911. — Versé: Über Calcinosis universalis. Beitr. z. pathol. Anat.

u. z. allg. Pathol. 53. 1912 (Lit.). — Weissenbach: Recherches etc. sur les réactions du tissu conj. etc. Ann. de dermatol. et de syphiligr. 1913.

Knochenbildung in der Haut . . . . . . S. 152

Askanazy: Verhandl. d. dtsch. pathol. Ges. 1900. — Benelli, E.: Ossification von Laparotomienarben. Bruns' Beitr. z. klin. Chirurg. 75. H. 3. S. 549. — Chiari: Über die herdweise Verkalkung und Verknöcherung des subcutanen Fettgewebes usw. Zeitschr. f. Heilk. 1907. Suppl.-H. — Fraenkel, E.: Über heteroplastische symmetrische Knochenbildung in der Subcutis. Dermatol. Wochenschr. 75. 1922. — Koch, W.: Die Osteome als Exostosen usw. Berlin. klin. Wochenschr. 1907. — Linser: Über verkalkte Epitheliome und Endotheliome. Bruns' Beitr. z. klin. Chirurg. 26. 1900. — Saltykow: Über Verknöcherung der verkalkten Hautepitheliome. Zentralbl. f. allg. Pathol. u. pathol. Anat. 24, S. 481. — Sehrt: Über Knochenbildung in der Haut. Virchows Arch. f. pathol. Anat. u. Physiol. Bd. 200. 1910. — Strassberg: Über heterotope Knochenbildung in der Haut. Virchows Arch. f. pathol. Anat. u. Physiol. Bd. 203. 1911. — Vörner: Über eine Mischgeschwulst der Haut. Arch. f. Dermatol. u. Syphilis. Bd. 79. 1906. — Weissenbach: Recherches anatomo-cliniques et exp. sur les réactions du tissu conjonctif, au voisinage des dépots calcaires etc. Ann. de dermatol. et de syphiligr. 1913, p. 513.

Hautveränderungen bei Diabetes mellitus . . . . S. 154

Gross, L.: Hautaffektionen bei Diabetes mellitus. Inaug.-Diss. Erlangen: 1897. — Hanot: Diabète bronzé. Brit. journ. of dermatol. 1896. — Heller, Julius: Über Hautveränderungen beim Diabète broncé. Dtsch. med. Wochenschr. 1907. Nr. 30. — Koch, H.: Über ein maculöses Exanthem bei Diabetes mellitus. Arch. f. Dermatol. u. Syphilis. Bd. 124, S. 845. 1919. — Ungeheuer, R.: Ein Fall von Bronzediabetes usw. Virchows Arch. f. pathol. Anat. u. Physiol. Bd. 216. 1914.

Hauterkrankungen bei Urämie . . . . . S. 155

Bloch: Ergebn. d. inn. Med. u. Kinderheilk. 1908. II. — Chiari, H.: Über einen Fall von urämischer Dermatitis. Prag. med. Wochenschr. Bd. 30. 1905. — Dalché et Claude: Bull. et mém. de la soc. méd. des hôp. de Paris. T. 20. 1903. — Gruber, G. B.: Über die Pathologie der urämischen Hauterkrankungen. Dtsch. Arch. f. klin. Med. Bd. 121. 1917 (Lit.). — Herxheimer, G. und W. Roscher: Über Hautveränderungen bei Nephritis usw. Münch. med. Wochenschr. 1918. — Portig: Eine seltene Hauterscheinung auf der Haut eines Patienten mit Niereninsuffizienz. Münch. med. Wochenschr. 1912.

Ödemkrankheit . . . . S. 157

Bettinger, H.: Die Ödemkrankheit usw. Virchows Arch. f. pathol. Anat. u. Physiol. Bd. 234. 1921. — Jansen, W. H.: Ödemkrankheit. Dtsch. Arch. f. klin. Med. Bd. 131. 1920 (Lit.). — Lubarsch: Zur pathologischen Anatomie der Erschöpfungs- und Ernährungskrankheiten. 18. Tagung d. Dtsch. Pathol. Ges. Jena: 1921. — Marchand. F.: Das Ödem im Lichte der Kolloid-Chemie. Zentralbl. f. allg. Pathol. u. pathol. Anat. 22, S. 625. — Prym: Allgemeine Atrophie, Ödemkrankheit und Ruhr. Dtsch. med. Wochenschrift 44. 1918.

Skorbut . . . . S. 158

Aschoff, L. und W. Koch: Skorbut. H. 1 d. Veröff. a. d. Geb. d. Kriegs- u. Konstitutionspathol. Jena: 1919. — Feig, S.: Beitrag zur Kenntnis des Skorbuts mit besonderer Berücksichtigung seiner hämorrhagischen Komponente. Med. Klinik. 1918. S. 1207. — Nicolau: Dermatitis papulo-keratotica scorbutica. Ann. de dermatol. et de syphiligr. 18/19, p. 397. — Saxl, P. und J. Melka: Über den Skorbut und seine Beziehungen zu den hämorrhagischen Diathesen. Med. Klinik. 1917. S. 986. — Tüchler: Über Skorbut. Med. Klinik. 1918. — Wallgren, Arvid: Zur Symptomatologie und Pathogenese des Oedema scorbuticum invisibile. Zeitschr. f. Kinderheilk. Bd. 31.

598 Literatur.

Akute multiple Hautgangrän . . . . . . S. 161

BRANDWEINER: Multiple neurotische Hautgangrän. Monatsh. f. prakt. Dermatol. 39.
1904. — CASSIRER, R.: Die vasomotorisch-trophischen Neurosen. Berlin: 1901. — CRONQUIST
und BJERRE: Ein Fall von echter spontaner Hautgangrän usw. Arch. f. Dermatol. u.
Syphilis. Bd. 103. 1910. — DINKLER: Über akute multiple Hautgangrän. Arch. f. Dermatol.
u. Syphilis. Bd. 71, S. 61. 1904. — SUDECK, P.: Symmetrische neurotische Gangrän nach
Lumbalanästhesie. Dtsch. Zeitschr. f. Chirurg. 106. 1910. S. 618. — ZIELER: Über akute
multiple Hautgangrän nebst Untersuchungen über durch rohe Salzsäure hervorgerufene
Nekrosen. Dtsch. Zeitschr. f. Nervenheilk. Bd. 28. 1905.

Syringomyelie . . . . S. 163

BONNET, L.: Malum perforans pedis etc. Ann. de dermatol. et de syphiligr, 1910. —
FISCHER, W.: Über Blasenbildung bei Syringomyelie. Arch. f. Dermatol. u. Syphilis.
Bd. 113. 1912. — KREIBICH, C.: Über Decubitus acutus und Blasenbildung bei Nervenkrank-
heiten. Arch. f. Dermatol. u. Syphilis. Bd. 92, S. 425. 1908. — SCHLESINGER, HERMANN:
Über Blaseneruptionen an der Haut bei zentralen Affektionen des Nervensystems. Dtsch.
med. Wochenschr. 1907. — STEINBERG: Trophische Störungen bei Schußverletzungen
peripherischer Nerven. Wien. klin. Wochenschr. 1915.

RAYNAUDsche Gangrän . . . . S. 164

BECK, KARL: RAYNAUDsche Krankheit beim Säugling. Jahrb. f. Kinderheilk. Bd. 72,
1910. — BELKOVSKY, J. M.: Beitrag zur Pathologie der sog. RAYNAUDschen Krankheit
cder symmetrischen Gangrän. Neurol. Zentralbl. 1905, S. 836. — KOLISCH: Zur Kenntnis
der sog. RAYNAUDschen Krankheit. Frankfurt. Zeitschr. f. Pathol. Bd. 5, H. 3. 1910. —
SÄNGER, ALFRED: Über symmetrische Gangrän. Unnas Dermatol. Stud. Bd. 21, S. 276. 1910.

Entzündungen aus mechanischen Ursachen . . S. 164

BENEKE, R.: Über Hornschichtabhebungen an der Haut abgestürzter Flieger. Beitr.
z. pathol. Anat. u. z. allg. Pathol. Bd. 69, S. 366—372. 1921. — DIETRICH, A.: Druckbrand
und Gesäßmuskel. Virchows Arch. f. pathol. Anat. u. Physiol. Bd. 226, H. 1. 1919. —
EWALD: Hartes traumatisches Ödem des Handrückens. Ärztl. Sachverst.-Zeit. Bd. 20,
S. 179. 1914. — HOHMANN, G.: Zur Erklärung des harten traumatischen Ödems des Hand-
rückens. Münch. med. Wochenschr. 1916. 51, S. 1810. — KREIBICH: Zur Blasenbildung
und Cutis-Epidermisverbindung. Arch. f. Dermatol. u. Syphilis. Bd. 63. 1902. —
KÜTTNER, H.: Verschüttungsnekrose ganzer Extremitäten. Bruns' Beitr. z. klin. Chirurg.
Bd. 112, H. 5. — LANGE, ERICH: Stauungsblutungen infolge traumatischer Rumpf-
kompression. Dtsch. Zeitschr. f. Chirurg. Bd. 120, S. 76. 1913. — MARX, M. A.: Über den
Tod durch Verschüttung (Hautblasen in 2 Fällen). Vierteljahrsschr. f. gerichtl. Med.
III. Folge, Bd. 56. 1918. — SKLAREK: Beiträge zur Kenntnis der Schwielen und Hühner-
augen. Arch. f. Dermatol. u. Syphilis. Bd. 85. 1907 (Lit.). — STROHMEYER: Über das harte,
traumatische Ödem des Handrückens. Dtsch. Zeitschr. f. Chirurg. Bd. 141, H. 3/4. —
WIETING: Zur Pathogenese des „Wundliegens". Dtsch. med. Wochenschr. Bd. 45, Nr. 8.
1919.

Entzündungen aus anderen physikalischen Ursachen . S. 170

a) Durch Hitzewirkung . . . . S. 170

HARTZEL: Erythema ab igne. Journ. of cutan. dis. includ. syph. Vol. 30. 1912. —
LEERS, O. und R. RAYSKY: Studien über Verbrühung. Virchows Arch. f. pathol. Anat.
u. Physiol. Bd. 197. 1909. — MAGNUS, G.: Über Verbrennungen durch das Geschoß. Med.
Klinik. 1916. Nr. 45. — MARCHAND: Die thermischen Krankheitserscheinungen in MAR-
CHAND-KREHL: Handb. d. allg. Pathol. I. Leipzig 1908 (Lit.). — PAUTRIER et SIMON: Note
sur les lésions histologiques provoquées par le grattage méthodique etc. Ann. de dermatol.
et de syphiligr. 1909. — RAYSKY: Beiträge zur Kasuistik der lokalen und allgemeinen
Veränderungen beim Tode durch Verbrennung. Virchows Arch. f. pathol. Anat. u. Physiol.

Bd. 201, S. 208. 1910. — RIBBERT: Das pathologische Wachstum der Gewebe usw. Bonn: 1896 (Lit.). — TEREBINSKY, W.: Beitrag zur Wirkung von Hyperämie und von mechanischen Reizen auf die Epidermis. (Mitosenzahl im Epithel benigner Tumoren, Histologie der Reibungsblasen.) Arch. f. Dermatol. u. Syphilis Bd. 99. 1910. — TÖRÖK: Hautveränderungen durch mechanische Reizung. Arch. f. Dermatol u. Syphilis. Bd. 63. 1902. — TOUTON: Vergleichende Untersuchungen über die Entwicklung der Blasen in der Epidermis. Diss. Tübingen: 1882. — ULLMANN: Durch Hitzeeinwirkung hervorgerufene Hautschädigungen in ULLMANN, OPPENHEIM, RILLE: Die Schädigungen der Haut durch Beruf und gewerbliche Arbeit. Bd. I. Leipzig: 1922 (Lit.).

b) Durch Kältewirkung . . . . S. 175

FUERST, E.: Über die Veränderungen des Epithels durch leichte Wärme- und Kälteeinwirkungen usw. Beitr. z. pathol. Anat. u. z. allg. Pathol. 24. 1898. (Lit.). — HECHT, VIKT.: Zur Pathologie und Therapie der Erfrierungsgangrän. Wien. med. Wochenschr. 1915. Nr. 40. — HODARA: Beitrag zur Pathologie der Erfrierung. Monatsh. f. prakt. Dermatol. Bd. 22. 1896. — Histologische Studien über 3 Fälle von Frostbeulen. Monatsh. f. prakt. Dermatol. 42. 1906. — KLINGMÜLLER: Pernionen an den Unterschenkeln. Arch. f. Dermatol. u. Syphilis. Bd. 135. 1921. — KRIEGE: Über hyaline Veränderungen der Haut durch Erfrierung. Virchows Arch. f. pathol. Anat. u. Physiol. Bd. 116. 1889. — KYRLE: Durch Kältewirkung hervorgerufene Veränderungen der Haut in: ULLMANN, OPPENHEIM, RILLE: Die Schädigungen der Haut durch Beruf usw. Leipzig: 1922 (Lit.). — NÄGELSBACH, E.: Thrombose und Spätgangrän nach Erfrierung. Münch. med. Wochenschr. 1919. Nr. 13, S. 353. — PICK, L.: Erfrierungen in: ASCHOFF: Handb. d. Kriegspathologie 1920. — SCHMINKE: Volkmanns Samml. klin. Vortr. 1918. — SONNENBURG und TSCHMARKE: Verbrennung, Erfrierung. Neue Dtsch. Chirurg. Bd. 17. 1915.

c) Durch strahlende Energie . . . . S. 181

ADAMSON: Livedo reticularis. Brit. journ of dermatol. 1916. — ASCHOFF: Die strahlende Energie als Krankheitsursache KREHL-MARCHAND: Handb. d. allg. Pathol. I. Leipzig 1908 (Lit.). — BERING: Zur Biologie der physiologischen und pathologischen Wirkungen des Lichtes usw. Ergebn. d. allg. Pathol. u. pathol. Anat. Bd. 17, 1. 1914 (Lit.). — EHRMANN: Zur Frage der Livedo racemosa bei Tuberkulose. Dermatol. Wochenschr. Bd. 69, S. 556. — FINSEN, NIELS R.: Bedeutung der chemischen Strahlen des Lichtes für Medizin und Biologie. Leipzig: 1899. — HAMMER: Über den Einfluß des Lichtes auf die Haut. Stuttgart 1891. — HESS und KERL: Über die Pathogenese der Livedo und ihr nahestehender Hautveränderungen. Dermatol. Zeitschr. Bd. 33. 1922. — JANSEN: Über Gewebssterilisation und Gewebsreaktion bei FINSENS Lichtbehandlung. Beitr. z. pathol. Anat. u. z. allg. Pathol. 41. 1907. — JESIONEK: Lichtbiologie und Lichtpathologie. Braunschweig: 1912 (Lit.). — LEHNER und KENEDY: Zur Kenntnis der Entzündungen der Haut mit netzförmiger Zeichnung. Arch. f. Dermatol. u. Syphilis. Bd. 136. 1922 (Lit.). — LEREDDE et PAUTRIER: Photothérapie et Photobiologie. Paris: 1903. — Mc LEOD: The pathological changes in the skin produced by the rays from a Finsen-lamp. Brit. med. journ. 1902. — MEIROWSKY: Untersuchungen über die Wirkung des Finsenlichtes auf die normale und tätowierte Haut. Monatsh. f. prakt. Dermatol. 42. 1906. — MÖLLER: Der Einfluß des Lichtes auf die Haut. Biblioth. med. D. II, H. 8. Stuttgart: 1900. — PELLER: Zur Kenntnis der Livedo racemosa. Dermatol. Wochenschr. 73. S. 1157. 1921. — ZIELER: Über die Wirkung des konzentrierten elektrischen Bogenlichts auf die normale Haut. Dermatol. Zeitschr. Bd. 13. 1906.

Hydroa vacciniforme . . . . S. 184

BOWEN: Hydroa vacciniforme with histolog. examination. Journ. cut. a. gen.-urin. dis. 1894. — FRAENKEL, HEGER und SCHUMM: Zur Lehre von der Hämatoporphyria congenita. Dtsch. med. Wochenschr. 1913. S. 842. — GÜNTHER: Die klinischen Symptome der Lichtüberempfindlichkeit. Dermatol. Wochenschr. 68. 1919 (Lit.). — IKEDA: Hydroa vacciniforme. Inaug.-Diss. Rostock 1904. — MARTENSTEIN, H.: Experimentelle Untersuchungen bei Hydroa vacciniforme. Arch. f. Dermatol u. Syphilis. Bd. 140. 1922. —

MIBELLI: Die Histologie der Hydroa vacciniforme usw. Giorn. ital. di dermatol. e sifilol. 1896 und Monatsh. f. prakt. Dermatol. 24. 1897. — PAUTRIER et PAYENNEVILLE: Hydroa vacciniforme. Bull. de la soc. franç. de derm. 24. 1913. — PERUTZ: Hydroa aestivale und vacciniforme Arch. f. Dermatol. u. Syphilis. Bd. 124. 1917. — RADAELI: Contributio alla conoscenza dell' hydroa vacciniforme di Bazin. Giorn. ital. di dermatol. e sifilol. 1911.

Xeroderma pigmentosa . . . . S. 188

LÖWENBACH: Xeroderma pigmentosum in MRACEKS Handbuch 1903. — NICOLAS et FAVRE: Deux observations pour servir de contribution à l'étude clinique et histologique du xeroderma pigmentosum. Ann. de dermatol. et de syphiligr. 1906. p. 536. — NOBL: Xeroderma pigmentosum. Tagung d. W. dermatol. G. 7. 11. 1918; Arch. f. Dermatol. u. Syphilis. Bd. 125. 1919. — ROUVIER, G.: Le Xeroderma pigmentosum. Paris: 1910. — SCHONNEFELD: Über Xeroderma pigmentosum. Arch. f. Dermatol. u. Syphilis. Bd. 104. 1910 (Lit.).

Pellagra . . . . S. 194

ALESSANDRINI, G. e A. SCALA: Contributo nuovo alla etiologia et patogenesi della pellagra. Ann. d'igiene sperimentale. Vol. 24. 1914. — ASCHOFF in KREHL-MARCHAND: Handb. d. allg. Path. Bd. I. Leipzig 1908. — BABES und SION: Die Pellagra. Nothnagels Spez. Pathol. u. Therapie. Bd. 24, H. 2, Abt. 3. — BABES, A. et AUREL A. BABES: Travaux sur la Pellagre, executés sous la direction de V. Babes. Bukarest 1923. — FIOCCO, G. B.: Istopatologia dei pellagrodermi. Atti del V. congr. pellagr. 1912. — JADASSOHN: Über den pellagrösen Symptomenkomplex bei Alkoholikern in der Schweiz. Korresp.-Blatt f. Schweiz. Ärzte. 1915. Nr. 52. 1916. Nr. 1. — MERK, L.: Die Hauterscheinungen der Pellagra. Innsbruck: 1909. — OPPENHEIM, M.: Über pellagraähnliche Hauterkrankungen unter der Bevölkerung Wiens. Wien. med. Wochenschr. 1920. Nr. 30—32. — ORMSBY, O. S.: Pellagra. Journ. of cut. dis. Vol. 30. 1912. — ORMSBY und SINGER: Clinical and pathologic. studies. Rep. of Pellagra Com. of State of Illinois. Springfield: 1912. — RAUBITSCHEK, H.: Pathologie, Entstehungsweise und Ursachen der Pellagra. Ergebn. d. allg. Pathol. u. pathol. Anat. 1915 (Lit.). — ROBERTS: Pellagra. London 1912. — SMITH, C. S.: Buchweizenvergiftung. Arch. of internal med. 1909. — v. VERESS, FRANZ: Über Pellagra mit besonderer Berücksichtigung der Verhältnisse in Ungarn. Arch. f. Dermatol. u. Syphilis. Bd. 81. S. 233—258. 1906. — VOLLMER: Zur Histologie der Pellagrahaut. Arch. f. Dermatol. u. Syphilis. Bd. 57, S. 169. 1901. — VOLPINO, G.: Il minofagismo ed i suoi rapporti colla pellagra. Gazz. internaz. med.-chir. 1914. Nr. 14. — WISE, F. u. M. F. LAUTMAN: Pellagra in New York usw. Journ. of cut. dis. 1915.

Melanodermitis toxica . . . . S. 198

HABERMANN: Dermatol. Zeitschr. 30. 1920. — HAXTHAUSEN: Epithelproliferationen, hervorgerufen durch Einwirkung von Anilin auf die Haut. Dermatol. Zeitschr. Bd. 23, S. 595. — HOFFMANN, ERICH: Über eine eigenartige Form der Melanodermie (Melanodermitis toxica lichenoides et bullosa). Dermatol. Zeitschr. Bd. 27. 1919. — KERL: „Melanose (RIEHL)“. Arch. f. Dermatol. u. Syphilis. Bd. 130. 1921 (Lit.). — KISSMEYER, A.: Über Teer-Melanose. Arch. f. Dermatol. u. Syphilis. Bd. 140. 1922. — RIEHL, G.: Über eine eigenartige Melanose. Wien. med. Wochenschr. 1917. Nr. 25. — SCHÄFFER, J.: Über Melanodermie des Gesichts (sog. Kriegsmelanose). Med. Klinik. 1918. Nr. 44, S. 1079.

Durch Röntgenstrahlen . . . . S. 198

BAERMANN und LINSER: Beitr. zur chirurgischen Behandlung und Histologie der Röntgenulcera. Münch. med. Wochenschr. 1904. — BARTHÉLEMY, OUDIN und DARIER: Über Veränderungen an der Haut usw. Monatsh. f. prakt. Dermatol. 25. 1897. — FREUND und OPPENHEIM: Über bleibende Hautveränderungen nach Röntgenbestrahlung. Wien. klin. Wochenschr. 1904. — GASSMANN: Zur Histologie der Röntgenulcera. Fortschr. a. d. Geb. d. Röntgenstr. 2. 1898/99. — HÄNDLY, P.: Pathologisch-anatomische Ergebnisse der Strahlenbehandlung. Strahlentherapie. Bd. 12, H. 1, S. 1—87. 1921. — KRAUSE, P. und ZIEGLER: Experimentelle Untersuchungen über die Einwirkung der Röntgenstrahlen auf tierische Gewebe. Fortschr. a. d. Geb. d. Röntgenstr. 10. 1906/07. — Linser: Beitr. zur Histologie der Röntgenwirkung auf die normale menschliche Haut. Fortschr. a. d. Geb. d. Röntgenstr. 8. 1904/05. — Rost: Experimentelle Untersuchungen über die biologische Wirkung von Röntgenstrahlen usw. Strahlentherapie. 6. 1915 (Lit.). — Scholz, W.: Über den Einfluß der Röntgenstrahlen auf die Haut im gesunden und kranken Zustande. Arch. f. Dermatol u. Syphilis. Bd. 59. 1902. — Unna, P. G.: Die chronische Röntgendermatitis usw. Fortschr. a. d. Geb. d. Röntgenstr. 8. 1904 (Lit.). — Weishaupt, E.: Hautveränderungen bei Strahlentherapie der Carcinome (Röntgenulcera). Arch. f. Gynäkol. Bd. 109. H. 1/2. — Wetterer: Handb. d. Röntgen- u. Radiumtherapie. 3. Aufl. Leipzig: 1919.

Durch Radiumstrahlung . . . . S. 208

Darier: Radiodermitis ulcerosa etc. Ann. de dermatol. et de syphiligr. 1912. p. 541. — Dohi und Maki: Histologische Untersuchung des normalen und pathologischen Gewebes unter dem Einflusse der Radiumstrahlen. Japanische Zeitschr. f. Dermatol. u. Urol. Bd. 13, H. 3. 1913. — Friedländer: Über chronische Thoriumdermatitis. Arch. f. Dermatol. u. Syphilis. Bd. 113. 1912. — Guyot: Experimentelle Untersuchungen über die Wirkung des Radiums auf die Haut. Arch. f. Dermatol. u. Syphilis. Bd. 97. 1909. — Halkin: Über den Einfluß der Becquerelstrahlen auf die Haut. Arch. f. Dermatol. u. Syphilis. Bd. 65. 1903. — Kaiser-ling, C.: Histologie der Radiumwirkung in Handb. d. Radiumbiologie u. -therapie. Wiesbaden: 1913 (Lit.). — Thiess: Wirkung der Radiumstrahlen auf verschiedene Organe und Gewebe. Mitt. a. d. Grenzgeb. d. Med. u. Chir. 1905. — Werner: Experimentelle Untersuchungen über die Wirkung der Radiumstrahlen usw. Zentralbl. f. Chirurg. 1904.

Durch elektrischen Strom . . . . S. 211

Giovannini: Über die durch die elektrolytische Epilation hervorgerufenen histologischen Veränderungen. Arch. f. Dermatol. u. Syphilis. Bd. 32, S. 3. 1895. — Hulst: Hautveränderungen durch den elektrischen Strom. Nederlandsch tijdschr. v. geneesk. 65. 1921. — Jellinek: Schädigungen der äußeren Hülle durch den elektrischen Strom in Ullmann-Rille: Die Schädigungen der Haut. Leipzig: 1922. — Kawamura: Elektro-pathologische Histologie. Virchows Arch. f. pathol. Anat. u. Physiol. Bd. 231. 1921. (Lit.). — Kreibich: Über die durch den faradischen Pinsel hervorgerufenen Entzündungen usw. Dtsch. med. Wochenschr. 1907. — Mieremet: Hautveränderungen durch die Einwirkung des elektrischen Stroms usw. Klin. Wochenschr 1923. (Lit.). — Riehl: Die Spuren des elektrischen Starkstroms in der Haut. Münch. med. Wochenschr. 1923. — Schmidt, M. B.: Über Starkstromverletzung. 14. Tagung d. dtsch. pathol. Ges. 1910. — Schridde: Zentralbl. f. allg. Pathol. u. pathol. Anat. 32. 1922.

Entzündungen durch chemische Ursachen . . S. 213

Bargum: Veränderungen der Haut nach Ätzung mit rauchender NO_3H. Monatsh. f. prakt. Dermatol. Bd. 26. 1898. — Bettmann: „Chlorakne" usw. Dtsch. med. Wochenschr. 1901. — Buck: Histologie der Hautentzündung durch Pyrogallol. Monatsh. f. prakt. Dermatol. 21. 1895. — Corlett, W.: Dermatitis hiemalis etc. Journ. of the Americ. med. assoc. Vol. 39. 1903. — Colombo, G. L.: Die Alterationen der Schweißdrüsen in einem Falle von akuter Sublimatvergiftung. Arch. per le science med. Nr. 8. 1910. — Fasani-Volarelli, F.: Untersuchungen und Bemerkungen über den Einfluß der Alkalien auf die Haut (ital.). Studium. Jg. 11, Nr. 5, S. 144. 1921. — Fischl: Hautveränderung bei Leuchtgasvergiftung. Wien. Dermatol. Ges. 10. 2. 1921; Zentralbl. f. Haut- u. Geschlechtskrankh. 3, S. 109. 1921. — Flury, Ferdinand und Hermann Wieland: Über Kampfgasvergiftungen. VII. Die pharmakologische Wirkung des Dichloräthylsulfids (Thiodiglykolchlorid, Gelbkreuzstoff, Senfgas, Yperit, Lost). Zeitschr. f. d. ges. exp. Med. Bd. 13, H. 1—6, S. 367—483. 1921. — Fricken-haus: Histologische Untersuchungen über die Einwirkungen des Acid. carb. liqu. auf die gesunde Haut. Monatsh. f. prakt. Dermatol. 22. 1896. — Heitzmann, Otto: Über Kampfgasvergiftungen. VIII. Die pathologisch-anatomischen Veränderungen nach Vergiftung mit Dichloräthylsulfid unter Berücksichtigung der Tierversuche. Zeitschr. f. d. ges. exp. Med. Bd. 13, H. 1—6. S. 484—522. 1921. — Heuss: Über chronische Primeldermat. Monatsh. f.

prakt. Dermat. Bd. 29. — Hodara: Histologische Untersuchungen über die Wirkung des Chrysarobins. Monatsh. f. prakt. Dermatol. Bd. 31. 1900 u. Bd. 32. 1900. — Histologische Untersuchungen über die Einwirkung des Salicyls auf die gesunde Haut. Monatsh. f. prakt. Dermatol. Bd. 23. 1896. — Hodara und Houloussi: Experimentelle histologische Untersuchungen über die Wirkung des Sublimats auf die Haut. Dermatol. Wochenschr. Bd. 73, Nr. 42, S. 1100—1104. 1921. — Hoffmann, E.: Über eine durch Scilla maritima hervorgerufene vesiculöse Dermatitis. Dermatol. Zeitschr. Bd. 12. 1905. — Kellogg: Über das Resorcin in der Dermatotherapie. Monatsh. f. prakt. Dermatol. Bd. 24. 1897. — Kopytowski, W.: Beitrag zu den pathologischen Veränderungen der gesunden Haut nach Schwefelwirkung. Arch. f. Dermatol. u. Syphilis. Bd. 114, S. 89—100. 1913. — Beitrag zur pathologischen Anatomie der gesunden Haut nach Einwirkung von β-Naphthol. Arch. f. Dermatol. u. Syphilis. Bd. 93, S. 41. 1908. — Texturveränderungen der Haut, hervorgerufen durch Vesicantia. Nowiny Scharskie. Nr. 2. 1897. Ref. Arch. f. Dermatol. u. Syphilis. 40. S. 110. 1897. — Kulisch: Sind die durch Cantharidin und Crotonöl hervorgerufenen Entzündungen der Haut Ekzeme? Monatsh. f. prakt. Dermatol. Bd. 26. 1898. — Laegnel-Lavestine et Alajouanine: Intoxication par le gaz d'éclairage etc. Bull. et mém. de la soc. méd. des hôp. de Paris. Jg. 37, Nr. 12, p. 484—488. 1921. — Lehmann, W.: Über Chloracne. Arch. f. Dermatol. u. Syphilis. Bd. 77, S. 265. 1905. — Marcotty: Raupenhaarverletzung des Auges und der Haut. Dtsch. med. Wochenschr. Bd. 47, Nr. 34, S. 10—15. 1921. — Rösler, O. A.: Gastroadenitis und periphere symmetrische Haut- und Knochengangrän bei Phosphorintoxikation. Zeitschr. f. klin. Med. Bd. 83, H. 1 u. 2. — Thibierge, S.: Efeu-Dermatitis usw. Ann. de dermatol. et de syphiligr. 1909. S. 112. — Thibierge, Pagniez: L'acné chlorique. Ann. de dermatol. et de syphiligr. 1900, p. 815. — Unna, P. G.: Die Wirkung des Höllensteins. Dermatol. Wochenschr. Bd. 63. 1916. — Velden, R. v. d.: Über Kampfgasvergiftungen. X. Dichloräthylsulfid. Zeitschr. d. f. ges. exp. Med. Bd. 14, S. 1. 1921.

Arzneiexantheme . . . . S. 222

Almquist, J.: Über merkurielle Dermatosen usw. Arch. f. Dermatol. u. Syphilis. Bd. 141. 1922. (Lit.). — Bärmann, Gustav: Über Chinintod. Münch. med. Wochenschr. 1909. — Bettmann: Über Hautaffektionen nach innerlichem Arsengebrauch. Arch. f. Dermatol. u. Syphilis. Bd. 51. 1900. — Brocq, L.: Über eine unbekannte ulcerös-vegetierende Krankheit (Pseudobromurid). Ann. de dermatol. et de syphiligr. 1918/19. Nr. 9/10. — Engmann, M. F. and W. H. Mook: A Contribution to the Histo-pathology and the theorie of Drug Eruptions. Journ. of cut. dis. incl. syph. Vol. 24. 1906. — Fischel, Rich. und Paul Sobotka: Über Jododerma tuberosum nebst Bemerkungen zu mehreren den Jodismus betreffenden Fragen. Arch. f. Dermatol. u. Syphilis. Bd. 102. 1910 (Lit.). — Gans: Zur Histologie der Arsenmelancse. Beitr. z. pathol. Anat. u. z. allg. Pathol. Bd. 60. 1914 (Lit.). — Giovannini: Zur Histologie der Jodacne. Arch. f. Dermatol. u. Syphilis. Bd. 45, S. 3. 1898. — Hoffmann, E:. Fall von Jododerma tuberosum bullosum. Arch. f. Dermatol. u. Syphilis. Bd. 103, S. 93—102. 1910. — Hg-Dermatitis. Berlin. klin. Wochenschr. 1902. — Jesionek: Ein Fall von Jododerma tuberosum. Beitr. z. Dermatol. u. Syphilis. Festschr. Neumann. 1900, S. 331 (Lit.). — Kudisch: 3 Fälle von Bromoderma tuberosum vegetans aut papillomatosum. Dermatol. Zeitschr. Bd. 19, S. 713. 1912. — Lewandowsky: Fall von Bromoderma tuberoso-ulcerosum. Ärztl. Ver. Hamburg 12. IV. 1910. Arch. f. Dermatol. u. Syphilis. Bd. 105, S. 308. 1910. — Mibelli: Über die sog. Antipyrinexantheme. Monatsh. f. prakt. Dermatol. Bd. 26. 1898. — Montgomery: Eine Jodkalieruption usw. Journ. of cut. dis. incl. syph. Vol. 22, Nr. 2. — Panichi: Contrib. alla casistica dell acne bromica. Giorn. ital. delle mal. ven. e della pelle 32. H. 5, p. 575. 1897. — Pasini: Sur la pathogénie des éruptions bromiques. Ann. de dermatol. et de syphiligr. 1906. — Peter: Über hämatogenes Jodekzem und seine Bedeutung für die Ekzemlehre. Dermatol. Zeitschr. Bd. 26, S. 71. — Pini: Bromoderma nodosum fungoides. Arch. f. Dermatol. Bd. 52, S. 163. 1900. — Polland, R.: Ein Fall von Jodpemphigus mit Beteiligung der Magenschleimhaut. Wien. klin. Wochenschr. 1905. Nr. 12. — Pospelow jun. W. A.: Ein Fall von Jododerma tuberosum fungoides. Dermatol. Wochenschr. 55. 1912. — Schäffer: Exanthema vegetans ex usu Bromi. Iconographia dermatologica. Fasc. 4. 1909. — Scherer, F.: Das Bromoderma im Säuglingsalter. Monatsschr. f. Kinderheilk. Bd. 10. — Zumbusch, Leo v.: Die toxischen (Arznei-)Exantheme in Jesionek: Prakt. Ergebn. d. Haut- u. Geschlechtskrankh. Bd, 1. Wiesbaden: 1910.

Autotoxische Exantheme, Urticaria . . . . S. 232

ADLER: Über pigmentierte Urticaria. Dermatol. Zeitschr. Bd. 21. 1915. — BAUM: Ein Fall von sog. Urticaria perstans. Icon. dermatol. H. 1. 1906. — GILCHRIST, C.: Some experimental observations on the histopathology of Urticaria factitia. Journ. of cut. dis. incl. syph. 1908. 26. — JADASSOHN und ROTHE: Zur Pathogenese der Urticaria. Berlin. klin. Wochenschr. 1914. Nr. 11. — KERL, WILH.: Zur Kenntnis der pigmentierten Urticariaformen. Arch. f. Dermatol. u. Syphilis. Bd. 118, S. 563—577. 1913. — KREIBICH: Über „Urticaria chronica". Arch. f. Dermatol. u. Syphilis. Bd. 48. 1899. — MUCHA: Urticaria chronica papulosa. Icon. dermatol. 1909. — ROGG: Beitrag zur Kenntnis und Therapie der Urticaria papulosa necroticans recidiva. Arch. f. Dermatol. u. Syphilis. Bd. 140. — SAMBERGER: Entzündliche und urticarielle Hautreaktion. Dermatol. Wochenschr. 71 u. 72. — SCHERBER: Urticaria und urticarielle Exantheme. Arch. f. Dermatol. u. Syphilis. Bd. 121, S. 765. 1916. (Lit.). — SCHMIDT: Über einen Fall von Urticaria perstans simplex. Icon. dermatol. 1907. S. 65. — TÖRÖK und LEHNER: Zur Anatomie und Pathogenese der Urticaria. Arch. f. Dermatol. u. Syphilis. Bd. 132. 1921. u. Bd. 139. 1922. — WÄLSCH, L.: Über Acne urticaria. Arch. f. Dermatol. u. Syphilis. Bd. 72, S. 349. 1904. — WOLTERS: Beitrag zur Kenntnis der Urticaria perstans papulosa. Dermatol. Studien. Bd. 20, S. 566. 1910 (Lit.).

Prurigogruppe . . . . S. 242

ALEXANDER, A.: Zur Histologie des Lichen Vidal. Dermatol. Zeitschr. Bd. 33, S. 251. 1921. — DALOUS: Histologie du Lichen circonscrit chronique (neurodermite circonscrite). Ann. de dermatol. et de syphiligr. 1903. p. 667. — FREUND, E.: Su due casi della Dermatosi di Fox-Fordyce. Giorn. ital. delle mal. ven. al della pelle. 1924. — GASTOU: Le prurigo gestationis. Soc. franç. de dermatol. et de syph. Febr. 1900. — KIESS, O.: Beitrag zur Kenntnis der FOX-FORDYCEschen Krankheit. Dermatol. Wochenschr. Bd. 78. S. 1. 1924. — KREIBISCH, C.: Über Neurodermitis alba. Arch. f. Dermatol. u. Syphilis. Bd. 104, S. 3—8. 1910. — MATZENAUER: Prurigo, Strophulus in MRACEK: Handb. II. 1905. — RASCH: Prurigo nodularis. Arch. f. Dermatol. u. Syphilis. Bd. 123, S. 764. 1916 (Lit.). — TOUTON: Über Neurodermititis chronica circumscripta (BROCQ). Arch. f. Dermatol. u. Syphilis. Bd. 33. 1895 (Lit.). — VIGNOLO-LUTATI: Neurodermitis linearis psoriasiformis. Arch. f. Dermatol. u. Syphilis. Bd. 111. 1912 (Lit.). — WALTER: Ein Fall von FOX-FORDYCEscher Krankheit. Dermatol. Wochenschr. Bd. 74. 1922 (Lit.). — WARDE: 2 cases of Prurigo simpl. chron. Brit. journ. of dermatol. 1902. — WHITFIELD, A.: On the FORDYCE-FOX syndrome. Brit. journ. of dermatol. Vol. 35. 1923. — ZEISLER, J.: Prurigo nodularis. Journ. of. cut. diseas. Vol. 30. 1912.

Dermatitis herpetiformis . . . . S. 249

ALLGEYER: Histologische Untersuchungen bei einem eigenartigen Fall von Dermatitis herpetiformis mit Horncystenbildung. Arch. f. Dermatol. u. Syphilis. Bd. 47, S. 369. 1899. — FORDYCE: Bericht über eine schwere Dermatitis herpetiformis usw. Journ. of cut. and gen.-ur. dis. 1897. — HODARA, M.: Histol. Untersuchung eines Falles von Dermatitis herpetiformis usw. Monatsh. f. prakt. Dermatol. Bd. 49. 1909. — MILIAN: Dermatitis pustulosa DUHRING. Ann. de dermatol. et de syphiligr. 1918/19. Nr. 5, p. 193.

Pemphigus . . . . S. 251

BOTTELLI, C.: Beitrag zum Studium des Pemphigus vegetans (NEUNMAN). Giorn. ital. di mal. venere e della pelle. 1911. Nr. 4, p. 498. — FABRY, J.: Beitrag zur Klinik und Pathologie des Pemphigus foliaceus. Arch. f. Dermatol. u. Syphilis. Bd. 70, S. 183. 1904. — Pemphigus foliaceus. Arch. f. Dermatol. u. Syphilis. Bd. 121, S. 237. 1916. — FRÜHWALD: Pemphigus vegetans. Dermatol. Studien. Bd. 23. 1915 (Lit.). — HERXHEIMER: Über Pemphigus vegetans nebst Bemerkungen über die Natur der LANGERHANSschen Zellen. Arch. f. Dermatol. u. Syphilis. Bd. 36. 1896. — HOFFMANN, E.: Pemphigus vegetans. Berl. dermatol. Ges. 3. II. 1903. Arch. f. Dermatol. u. Syphilis. Bd. 65. 1903. — HÜBNER: Zur Histologie des Pemphigus. Arch. f. Dermatol. u. Syphilis. Bd. 119, S. 397. 1914. — JARISCH: Zur Anatomie und Pathogenese der Pemphigusblasen. Arch. f. Dermatol. u. Syphilis. Bd. 43. 1898. (Festschr. PICK). S. 341. — KANITZ, H.: Über einen Fall von Pemphigus foliaceus (nebst einigen Bemerkungen über das Wesen der „Hämatodermitiden"). Monatsh. f. prakt. Dermatol. Bd. 44. 1907. — Kreibich: Histologie des Pemphigus der Haut und Schleimhaut. Arch. f. Dermatol. u. Syphilis. Bd. 50. S. 209 u. 375. 1899. — Kürmeyer: Ein Fall von Pemphigus vegetans. Dermatol Zeitschr. 22. 1915. — Leredde: Etude sur le pemphigus foliacé de Cazenave. Ann de dermatol. et de syphiligr. T. 10. 1899. — Lipschütz, P.: Mikroskopische Befunde bei Pemphigus vulgaris. Arch. f. Dermatol. u. Syphilis. Bd. 119, S. 411. 1914. — Mikroskopische Untersuchungen über Pemphigus chronicus. Arch. f. Dermatol. u. Syphilis. Bd. 111, S. 675—738. 1912. — Lane and Lambert: Subacute malignant pemphigus with extensive bullae. Arch. of dermatol. a. syphilol. Vol. 4, p. 141. 1921. — Ravogli, A.: Pemphigus vegetans. Journ. of cut. dis. incl. syph. Vol. 24, 7. 1906. — Schärer, R.: Über einen Fall von Pemphigus vegetans mit Charcot-Leydenschen Krystallen in den Hautefflorescenzen. Med. Klinik. Jg. 17, S. 720. 1921. — Scherber, G.: Ein Fall von Pemphigus mit eigentümlichem Verlauf. Wien. klin. Wochenschr. Nr. 29. 1905. — Schultz, O.: The Pathologic Findings in a case of Pemphigus foliaceus. Cleveland med. journ. Vol. 6, p. 514. 1907. — Truffi, M.: Das Nikolskysche Phänomen beim Pemphigus. Giorn. ital. di dermatol. e. sifilol. 1905. Nr. 5. — v. Zumbusch, L.: Über 2 Fälle von Pemphigus vegetans mit Entwicklung von Tumoren. Arch. f. Dermatol. u. Syphilis. Bd. 73, S. 121. 1905.

Impetigo herpetiformis . . . . S. 261

Gavazzeni, G. A.: Ein Fall von Impetigo herpetiformis. Monatsh. f. prakt. Dermatol. Bd. 49. 1909. — Richter, Wilhelm: Zur Impetigo herpetiformis. Unnas Dermatol. Stud. (Unna-Festschr. Bd. I) Bd. 20, S. 189 (Lit.). — Rost, G. A.: Über Impetigo herpetiformis. Arch. f. Dermatol u. Syphilis. Bd. 131, 1922. — Schardon, E.: Über Impetigo herpetiformis. Arch. f. Dermatol. u. Syphilis. Bd. 132, S. 108—120. 1921 (Lit.). — Scherber, G.: Zur Kenntnis des Impetigo herpetiformis. Arch. f. Dermatol. u. Syphilis. Bd. 94, S. 227. 1909.

Dermatitis symmetrica dysmenorrhoica . . . S. 262

Matzenauer, R. und R. Polland: Dermatitis symmetrica dysmenorrhoica. Arch. f. Dermatol. u. Syphilis. Bd. 111, S. 385—454. 1912. — Polland, R.: Weitere Beiträge zur Dermatosis dysmenorrhoica symmetrica Matzenauer - Polland. Arch. f. Dermatol. u. Syphilis. Bd. 118, S. 260—284. 1913 (Lit.).

Ekzem . . . . S. 263

Bloch: Ekzemreferat. 3. Kongr. d. dtsch. dermatol. Ges. München 1923. Brocq: Neuere Bemerkungen über die Ekzeme. Ann. de dermatol. et de syphiligr. 1918/19, p. 49. — Brocq, Pautrier et Ayrignac: Symptomatologie, Histologie und Biochemie des papulo-vesiculösen Ekzems. Ann. de dermatol. et de syphiligr. 1911. — Cole, H. N.: Bakteriologische, histologische und experimentelle Beiträge zur Kenntnis der Ekzeme und der Pyodermien. Arch. f. Dermatol. u. Syphilis. Bd. 116, S. 207—242. 1913. — Feer, E.: Das Ekzem, mit besonderer Berücksichtigung des Kindesalters. Ergebn. d. inn. Med. u. Kinderheilk. Bd. 8, S. 316. 1912 (Lit.). — Hodara: Beitrag zur Histologie des Eczema cruris usw. Monatsh. f. prakt. Dermat. Bd. 27. 1898. — Kreibisch: Zur Anatomie des Eczema seborrhoicum und der seborrhoischen Warzen. Arch. f. Dermatol. u. Syphilis. Bd. 114. S. 228—232. 1913. — Nestorowsky: Die anatomischen Veränderungen der Haut bei Dishydrosis. Dermatol. Zeitschr. Bd. 13, S. 183, 359. 1906 (Lit.). — Pini und Bosellini: Über das Eczema rubrum universale. Monatsh. f. prakt. Dermatol. Bd. 27. 1898. — Riecke, E.: Ekzem in Jesioneks Ergebn. d. Haut- u. Geschlechtskrankh. Wiesbaden: 1910 (Lit.). — Ekzemreferat. 13. Kongr. d. dtsch. dermatol. Ges. München 1923. — Sutton: Histopathology of Pompholyx. Journ. of the Americ. med. assoc. 1913. — Török: Über das Verhältnis des Ekzems zur artefiziellen Hautentzündung und zur Impetigo. Dermatol. Wochenschr. Bd. 76, S. 273. 1923.

Psoriasis . . . . S. 281

Bosellini: Über den ps. Prozeß. Monatsh. f. prakt. Dermatol. Bd. 29. 1901 (Lit.). — Falk: Psoriasis arthropathica. Arch. f. Dermatol. u. Syphilis. Bd. 129. 1921. — Haslund: Die Histologie und Pathogenese der Psoriasis. Arch. f. Dermatol. u. Syphilis. Bd. 114. 1913

(Lit.). — Hoffmann, E. und R. Strempel: Über einen Fall von Psoriasis mit ausgedehntem großfleckigem Leucoderma psoriat. usw. Dermatol. Zeitschr. Bd. 38. 1923 (Lit.). — Jadassohn: Psoriasis und verwandte Dermatosen. Med. Klinik. 1915. — Kissmeyer: Psoriasis bullosa. Dermatol. Zeitschr. Bd. 24. 1917. — Kopytowsky: Contribution à l'anatomie patholog. du psoriasis. Ann. de dermatol. et de syphiligr. 1899. — Lipschütz: Untersuchungen über Psoriasis vulgaris. Arch. f. Dermatol. u. Syphilis. Bd. 127. 1919. — Munro: Note sur l'histopath. du psoriasis. Ann. de dermatol. et de syphiligr. 1898. — Nobl: Psoriasis arthropathica. Arch. f. Dermatol. u. Syphilis Bd. 123. 1916. — Reil: Über Veränderungen der Mundschleimhaut bei Psoriasis. Dermatol. Zeitschr. Bd. 32. 1921 (Lit.). — Schäfer: Über Psoriasis pustulosa. Dermatol. Zeitschr. Bd. 33. 1921. — Vignolo-Lutati: Über die Morphologie und Histologie der wahren Psoriasis rupioides. Arch. f. Dermatol. u. Syphilis. Bd. 120. 1914. — Wälsch: Über die Beziehungen zwischen Psoriasis und Gelenkerkrankungen. Arch. f. Dermatol. u. Syphilis. Bd. 104. 1910.

Lichen ruber . . . . S. 291

Alexander: Lichen sclerosus. Arch. f. Dermatol. u. Syphilis. Bd. 121. 1916. — Arndt: Lichen ruber verruc. B. G. 1907. Arch. f. Dermatol. u. Syphilis. Bd. 86. 1907. — Bizzozero: Über die Sclerodermia circumscripta und ihre Beziehungen zum Lichen sclerosus. Dermatol. Zeitschr. 21 1915. (Lit.). — Bueler, F. A.: Über Lichen obtuus. Arch. f. Dermatol. u. Syphilis. Bd. 136, S. 117. 1921 (Lit.). — Dalla Favera: Beitrag zur Histologie der Papel des Lichen plan. mit besonderer Berücksichtigung des Lichen der Schleimhäute. Monatsh. f. prakt. Dermatol. Bd. 48. 1909 (Lit.). — Danlos et Gaston: Lichen plan. à localisation pilaire etc. Ann. de dermatol. et de syphiligr. 1906. — Define: Lichen plan. obtusus (Unna). Giorn. ital. di dermatol. e sifilol. 1910. — Dubreuilh: Hist. du Lichen plan. des muqueuses. Ann. de dermatol. et de syphiligr. 1906. — Engman, Martin: Report of a case of Lichen plan. bullosus etc. Journ. of cut. dis. incl. syph. 22. 1904. — Finger: Ein Beitrag zur Frage des Lichen ruber ac. Arch. f. Dermatol. u. Syphilis. Bd. 124. 1917. — Flehme: Fall von Lichen ruber pemphigoides usw. Dermatol. Wochenschr. Bd. 73. 1921 (Lit.). — Fordyce, J. A.: The Lichen etc. Journ. of cut. dis. Vol. 28. 1909 (Lit.). — Galewsky: Ätiologie des Lichen ruber. Arch. f. Dermatol. u. Syphilis. Bd. 129. 1921. — Heller: Lichen ruber hypertrophicus (non hyperkeratosus). Dermatol. Stud. 21. 1910. — Hoffmann, E.: Lichen sclerosus usw. Icon. dermatol. 3. — Hoffmann: Lichen sclerosus der weiblichen Genitalien. Dermatol. Zeitschr. Bd. 21, S. 473. — Höke: Über einen Fall von xanthomisiertem Lichen obt. usw. Diss. Gelsenkirchen 1921. — Jadassohn: Beiträge zur Kenntnis des Lichen nebst einigen Bemerkungen über Arsentherapie. Arch. f. Dermatol. u. Syphilis. S. 877. Festschr. Kaposi. 1900. — Klingmüller: Über Lichen ruber verr. vegetans. Arch. f. Dermatol. u. Syphilis. Bd. 113. 1922. — Kreibich: Lichen sclerosus. Arch. f. Dermatol. u. Syphilis Bd. 124. S. 589. 1917. — Lipschütz: Lichen ruber framboesiformis. Icon. dermatol. 7. — Montgomery and Culver: Lichen sclerosus vulvae. Journ. of cut. dis. incl. Syph. 33. 1915. — Ormsby: Lichen plan. sclerosus et atrophicans etc. Journ. of the Americ. med. assoc. 1910. — Pautrier: Lichen obtusus corné. Bull. de la soc. franç. de dermatol. 1921. Nr. 8. — Pellier: Ann. de dermatol. et de syphiligr. 1917. — Pinkus: Lichen plan. zoniformis. Dermatol. Zeitschr. 12. 1905. — Pirilä: Über die Histologie und Pathologie des Lichen ruber plan. Dermatol. Zeitschr. 26. 1918. — Polano: Zur Histologie des Lichen ruber verr. Dermatol. Zeitschr. 14. 1907. — Poor: Zur Anatomie der Schleimhautaffektion bei Lichen plan. Dermatol. Zeitschr. 12. 1905. — Ravogli: Lichen plan. verr. Journ. of cut. dis. incl. syph. Vol. 22. 1904. — Rieke in Mraceks Handbuch. d. Hautkrankh. 1906/07. (Lit.). — Sabouraud: Sur quelques points de l'anat. pathol. du l. pl. etc. Ann. de dermatol. et de syphiligr. 1910. — Tamm: Blasen bei Lichen ruber plan. Dermatol. Zeitschr. 22. 1915. — Unna: Lichen. Dermatol. Wochenschr. 72. 1912. — Vignolo-Lutati: Del l. p. atr. e delle sue relazioni colle atrofie cutanee circonscritto. Giorn. ital. di dermatol. e sifilol. 1907 (Lit.). — Vörner: Dellenbildung bei Lichen ruber plan. der Schleimhaut. Dermatol. Zeitschr. 13. 1906. — v. Zumbusch: Über Lichen albus usw. Arch. f. Dermatol. u. Syphilis. Bd. 82. 1907.

Parapsoriasis . . . . S. 309

Arndt, G.: Über Brocqsche Krankheit usw. Arch. f. Dermatol. u. Syphilis. Bd. 100. 1910 (Lit.). — Bering, F.: Xanthoerythrodermia. Icon. dermatol. 7. — Bizzozero, E.:

Parapsoriasis en plaques. Giorn. ital. di dermatol. e sifilol. 1912. H. 6, p. 688. — BOGROW: Zur Klinik und Diagnose der Parapsoriasis en plaques (BROCQ). Dermatol. Zeitschr. 1911. — BROCQ, L.: Les parapsoriasis. Ann. de dermatol. et de syphiligr. 1902. p. 433. — BUCEK, A.: Beitrag zur Kenntnis der Parapsoriasis (BROCQ). Monatsh. f. prakt. Dermatol. 37. 1903. — CALLOMON: Zur Kenntnis der BROCQschen Krankheit. Erythrodermie pityriasiques en plaques disseminées. Arch. f. Dermatol. u. Syphilis. Bd. 114, S. 503—510. 1913. — CIVATTE: Les parapsoriasis de BROCQ. Thèse de Paris. 1906. — CORLETT, W. T. and O. T. SCHULTZ: Parapsoriasis etc. Journ. cut. dis. Vol. 27. 1909. — CSILLAG, J.: Zur Identität der Parakeratosis variegata mit einigen anderen bekannten Krankheitsformen. Arch. f. Dermatol. u. Syphilis. 76. 1905. S. 3—8. — FOX, C. T. and J. M. H. MACLEOD: On a case of Parakeratosis variegata. Brit. journ. of dermatol. 1901. — HELLER, FELIX: Über die Beziehungen der Parapsoriasis en gouttes zu der BROCQschen Krankheit. Arch. f. Dermatol. u. Syphilis. Bd. 108. S. 71—82. 1911 (Lit.). — HODARA, M.: Ein Fall von Parakeratosis variegata (UNNA), Exanthema psoriasiforme lichenoides (JADASSOHN), Parapsoriasis en gouttes (BROCQ). Dermatol. Wochenschr. Bd. 55, S. 848 u. 877. 1912 (Lit.) — JULIUSBERG: Über die Pityriasis lichenoides chronica. Arch. f. Dermatol. u. Syphilis. Bd. 50, S. 359. 1899. — KLAUSNER, E.: Die Beziehungen der UNNAschen Parakeratosis variegata zur Pityriasis lichenoides. Dermatol. Wochenschr. 56. 1913. — KRZYSTALOWICZ, F. v.: Ein Fall von Pityriasis lichenoides chronica (Parakeratosis variegata) usw. Arch. f. Dermatol. u. Syphilis. Bd. 124. S. 649. 1919 (Lit.). — MILIAN: Parapsoriasis. Soc. franç. de. dermatol. 7. II. 1907. — MUCHA: Über einen der Parakeratosis variegata (UNNA) usw. nahestehenden eigentümlichen Fall. Arch. f. Dermatol. u. Syphilis. Bd. 123. S. 586. 1916. — MUSCHTER: Parapsoriasis. Arch. f. Dermatol. u. Syphilis. Bd. 121, S. 918. 1916 (Lit.). — OPPENHEIM, M.: Pityriasis lichenoides mit varicellaähnlichem Vorstadium. Wien. dermatol. Ges. 24. II. 1921. Zentralbl. f. Hautkrankh. Bd. 1. 1921. — PINKUS: Ein Fall von psoriasiformem und lichenoidem Exanthem. Arch. f. Dermatol. u. Syphilis. Bd. 44. 1898. — RADCLIFF-CROCKER: Xantho-erythrodermia perstans. Brit. journ. of dermatol. 1905. — RIECKE, ERHARD: Über die sog. Parapsoriasis mit besonderer Berücksichtigung der Erythrodermia maculosa perstans. Arch. f. Dermatol. u. Syphilis. Orig. Bd. 131, S. 480—505. 1921. — RUSCH: Pityriasis lichenoides chronica. Wien. dermatol. Ges. 28. VI. 1917. Arch. f. Dermatol. u. Syphilis. Bd. 125, S. 175. 1918. — STOKES: Pityriasis lichenoides chronica (JULIUSBERG). Journ. of cut. dis. incl. syph. Vol. 34, p. 343. — WEISS, L.: Parakeratosis ostracea (scutularis). Journ. of the Americ. med. assoc. 1912. — WERTHER: Pityriasis lichenoides chronica usw. Dermatol. Zentralbl. Bd. 22, S. 320.

Erythrodermia exfoliativa general., Pityriasis rubra Heb.-Jad. S. 317

AUDRY et NANTA: Pityriasis Heb. und Erythrodermia leucaemica. Ann. de dermatol. et de syphiligr. T. 18/19, p. 329. — BRUUSGAARD: Beitrag zu den tuberkulösen Hauteruptionen usw. Arch. f. Dermatol u. Syphilis. Bd. 67. 1903. — v. CRIEGERN: Zur Kenntnis der Dermatitis exfoliativa acuta benigna (BROCQ), auch Erythème scarlatiniforme recidivante genannt. Dtsch. Arch. f. klin. Med. Bd. 95, H. 6. — FABRY: Ein Fall von Pityriasis Heb. mit Lymphdrüsentuberkulose. Arch. f. Dermatol. u. Syphilis. Bd. 91. 1908. — FIOCCO: Über einen Fall von Pityriasis Heb. Dermatol. Studien 20. 1910. — FOSTER: Beitrag zur Kenntnis der Pityriasis Heb. Arch. f. Dermatol. u. Syphilis. Bd. 93. 1908 (Lit.). — HALLE: Über einen Fall von Pityriasis Heb. Arch. f. Dermatol. u. Syphilis. Bd. 88. 1907. — JADASSOHN: Über die Pityriasis Heb. usw. Arch. f. Dermatol. Bd. 23/24. 1892. — JORDAN: Über einen Fall von Dermatitis exfoliativa chronica. Journ. russe de mal. cut. 1908. — KANITZ: Beitrag zur Klinik, Histologie und Pathogenese der Pityriasis Heb. Arch. f. Dermatol. u. Syphilis. Bd. 81. 1906. — LONGO, P.: Dermatitis chronica exfoliativa (Herpétides malignes Bazin). Giorn. ital. di dermatol. e sifilol. 1912. Nr. 6. p. 695. — LUITHLEN: Dermatitis exfoliativa Wilson und Erythema scarlatiniforme recidivans. Dermatol. Zeitschr. Bd. 9. 1902 (Lit.). — MONTGOMERY and BASSOE: A case of Pityriasis Heb. etc. Journ. of cut. dis. incl. syph. Vol. 24. 1906. — MORGAN, W. und ILIESCOU, C.: Beitrag zum Studium der exfoliierenden Erythrodermien, besonders der Pityriasis rubra. Ann. de dermatol. et de syphiligr. 1913. Nr. 11, p. 577. — MÜLLER: Ein Fall von Pityriasis Heb. usw. Arch. f. Dermatol. u. Syphilis. Bd. 87. 1907. — POLLAND: Über die Beziehungen gewisser Formen exfoliativer Erythrodermien zur Tuberkulose. Dermatol. Zeitschr. Bd. 21. 1914. — SACHS, O.: Zur Pathologie der generalisierten ex-

foliativen Erythrodermien. Arch. f. Dermatol. u. Syphilis. Bd. 118, S. 209—244. 1913 (Lit.).
— Wallhauser: A cas of Pityriasis Heb. Journ. of the Americ. med. assoc. 1912.

Erythrodermia desquamativa (Leiner) . . . . S. 321

Leiner, K.: Über eigenartige Erythemtypen und Dermatitiden des frühen Säuglingsalters. Wien u. Leipzig: 1912. — Moro: Über die Stellung der Erythrodermia desquamativa (Leiner) im Krankheitssystem. Münch. med. Wochenschr. 1911. Nr. 10.

Impetigo strept. u. staphyl. . . . . . . S. 326

Bockhart: Über die Ätiologie und Therapie der Impetigo usw. Monatsh. f. prakt. Dermatol. Bd. 6. 1887. — Callomon: Impetigo framboesiformis. Arch. f. Dermatol. u. Syphilis. Bd. 64, S. 421. — Dohi, K. und Sh. Dohi: Zur Klinik und Ätiologie der Impetigo contagiosa. Arch. f. Dermatol. u. Syphilis. Bd. 111. 1912. — Fuchs, D.: Beitrag zur Frage der Impetigo contagiosa und des Ecthyma. Arch. f. Dermatol. u. Syphilis. Bd. 139. 1921 (Lit.). — Herxheimer: Über Impetigo contagiosa vegetans usw. Arch. f. Dermatol. u. Syphilis. Bd. 38. 1897. — Kreibich: Zur Eiterung der Haut. Arch. f. Dermatol. u. Syphilis. 1901. Festschr. Kaposi. — Krzystalowicz, F.: Über chronische streptogene Hautaffektion sub forma einer bullösen Dermatitis (eines Pemphigus). Monatsh. f. prakt. Dermatol. Bd. 36. 1903. — Lewandowsky: Über Impetigo contagiosa s. vulgaris. Arch. f. Dermatol. u. Syphilis. Bd. 94. S. 164. 1909 und 12. Kongr. d. dtsch. dermatol. Ges. Hamburg 1921. Arch. f. Dermatol. 138. — Unna, P. G. und Frau Schwenter-Trachsler: Impetigo vulgaris. Monatsh. f. prakt. Dermatol. 28. 1899.

Ecthyma streptogenes . . . . S. 329

Reyher, P.: Zur Ätiologie und Pathogenese des Ecthyma cachecticum. Charité-Ann. Bd. 33, S. 161. 1909. — Walker, Norman und R. Cranston Law: Dermatitis gangraenosa infantum. Icon. dermatol. 4. 1909. (Weitere Angaben siehe bei Impetigo S. 326.)

Erysipel . . . . S. 331

Daléas, Pierre: A clinical study on erysipelas of the newly born. Internat. clin. Vol. 1. 1921. — Janni: Beitrag zur pathologischen Histologie der Haut bei Erysipelas. Zentralbl. f. Bakteriol., Parasitenk. u. Infektionskrankh., Abt. 1, Orig. Bd. 22, S. 733. 1897. — Reicke: Erysipelas staphylococcog. Zentralbl. f. inn. Med. 35. 1914.

Erysipeloid, Schweinerotlauf . . . . . . S. 335

Diemer: Zur Frage des Erysipeloids. Klin. Wochenschr. 1923. Nr. 22. — Düttmann: Schweinerotlauf und Erysipeloid. Bruns' Beitr. z. klin. Chir. Bd. 123. 1921. — Rahm: Der Schweinerotlauf beim Menschen. Bruns' Beitr. z. klin. Chirurg. Bd. 115, S. 664—675. 1919 u. Med. Klinik. 1922.

Impetigo follicularis staphylogenes . . . . S. 336

Bockhart, M.: Über die Ätiologie und Therapie der Impetigo usw. Monatsh. f. prakt. Dermatol. Bd. 6. 1887. — Nobl, G.: Originäre Kuhpocke oder Impetigo (Bockhart)? Dermatol. Wochenschr. Bd. 67, Nr. 33. 1918. (S. auch Impetigo S. 326.)

Sycosis coccogenes . . . . S. 339

Bockhart: Ätiologie und Therapie der Impetigo usw. Monatsh. f. prakt. Dermatol. 6. 1887. — Ehrmann: Follikuläre und perifollikuläre Erkrankungen usw. Mraceks Handbuch II. Wien 1902. (S. auch Impetigo S. 326.)

Folliculitis nuchae sclerotisans . . . . . . S. 342

Adamson: Dermatitis papillaris capillitii (Kaposi). Brit. journ. of dermatol. 1913. p. 69. — Pautrier und Gouin: Beitrag zum Studium der Histologie und der Pathogenese des Acnekeloids am Nacken. Ann. de dermatol. et de syphiligr. 1911. Nr. 4. — SCHEUER, O.: Beginnt die Dermatitis papillaris capillitii (KAPOSI) als Folliculitis oder nicht? Monatsh. f. prakt. Dermatol. 51. 1910. — SCHMIDT und WAGNER: Beitrag zur pathologischen Anatomie der Dermatitis papillaris capillitii (KAPOSI). Dermatol. Zeitschr. 1912. S. 581. — STANCANELLI, P.: Giorn. internaz. di Science med. 23. 1910. — TRYB, A.: Über das Nackenkeloid oder Dermatitis nuchae scleroticans. Dermatol. Wochenschr. Bd. 55, S. 1491. 1912. — VÖRNER, HANS: Neues von der Dermatitis capillitii (KAPOSI). Arch. f. Dermatol. u. Syphilis. Bd. 111, S. 647—674. 1912 (Lit.).

BEATTY, WALLACE: Fall von Folliculitis decalvans und Lichen spinulosus. Brit. journ. of dermatol. 1915. p. 331. — BROCQ: Des folliculites et perifolliculites décalvantes. Ann. de dermatol. et de syphiligr. 1889. — BROCQ, LENGLET et AYRIGNAC: Recherches sur l'alopécie atrophiante. Ann. de dermatol. et de syphiligr. 1905. — GRÜNFELD: Über Folliculitis decalvans. Arch. f. Dermatol. u. Syphilis. Bd. 95. 1909. — SAMBERGER, FR:. Folliculitis (sycosis) scleroticans. Arch. f. Dermatol. u. Syphilis. Bd. 83, S. 163. 1907.

BECK: Über Befunde in Resorcinschwarten. Monatsh. f. prakt. Dermatol. Bd. 25. 1897. — DUBREUILH: L'acné hypertrophique du nez et son traitement. Ann. de dermatol. et de syphiligr. 1903. p. 785. — TOUTON: Ätiologie und Pathologie der Acne. Verhandl. d. 6. Kongr. d. dtsch. dermatol. Ges. 1898. — UNNA, P. A.: Acne. Med. Klinik. 1908.

LEWANDOWSKY, F.: Zur Pathogenese der multiplen Abscesse im Säuglingsalter. Arch. f. Dermatol. u. Syphilis. Bd. 80, S. 179. 1906 u. Dtsch. med. Wochenschr. 1907.

FEHRMANN: Zur Histologie und Pathogenese der Achselhöhlenabscesse. Arch. f. Dermatologie u. Syphilis. Bd. 127. 1919. — GANS, O.: Zur Pathogenese der Achselhöhlenabscesse. Dermatol. Wochenschr. 1923. Nr. 15. — ROST: Klin. Wochenschr. 1922. Nr. 46.

BENDER: Beitrag zur Histologie der Dermatitis exfoliativa. Virchows Arch. f. pathol. Anat. u. Physiol. Bd. 99. 1900. — BIERENDE: Pemphigus neonatorum. Arch. f. Gynäkol. Bd. 114, H. 2, S. 411—427. 1921. — BLOCH: Über den Pemphigus acutus malignus neonatorum (non syph.). Arch. f. Kinderheilk. 28. 1900. — DALLA FAVERA, P. B.: Über Dermatitis exfoliativa neonatorum (RITTER). Arch. f. Dermatol. u. Syphilis. Bd. 98, S. 231. 1909 (Lit.). — DELBANCO, ERNST: Zur Ätiologie der Fingerkuppenimpetigo (TOURNIOLE-SABOURAUD) und des Pemphigus neonatorum. Dermatol. Wochenschr. Bd. 72, Nr. 18, S. 362—366. 1921. — FERRAND: Les dermites des nouveau-nés (erythèmes infantiles); étude histol. Ann. de dermatol. et de syphiligr. 1908. — HANSTEEN: Histologische und bakteriologische Momente zur Ätiologie der Dermatitis exfoliativa neonatorum (RITTER). Arch. f. Dermatol. u. Syphilis. 1901. Festschr. KAPOSI. S. 135. — HEDINGER: Über den Zusammenhang der Dermatitis exfoliativa neonatorum mit dem Pemphigus acutus neonatorum. Arch. f. Dermatol. u. Syphilis. Bd. 80, S. 349 (Lit.). — LUITHLEN: Dermatitis exfoliativa RITTER. Arch. f. Dermatol. u. Syphilis. Bd. 47, S. 323. 1899. — MENSI, E.: Dermatitis exfoliativa neonatorum etc. Giorn. d. R. Ac. di Medic. Turin. Nr. 4/5. April/Mai 1912. — MYRICK: Dermatitis exfoliativa neonatorum. Brit. journ. of dermatol. Vol. 60. 1909. — RICHTER: Über Pemphigus neonatorum. Dermatol. Zeitschr. Bd. 8. 1901 (Lit.). — RITTER v. RITTERSHAIN: Die exfoliative Dermatitis junger Säuglinge. Zentralztg. f. Kinderheilk. II. 1878/79. — WIRZ, A.: Über einen Fall von Dermatitis exfoliativa und seine Beziehungen zum Pemphigus neonatorum. Korresp.-Blatt f. Schweiz. Ärzte. 1916, Nr. 50, S. 1685. — WINTERNITZ: Ein Beitrag zur Kenntnis der Dermatitis exfoliativa neonatorum (RITTER). Arch. f. Dermatol. u. Syphilis. Bd. 44, S. 397. 1898. (Festschr. PICK).

Pyogene metastatische Dermatosen . . . . S. 365

FINGER: Ein Beitrag zur Kenntnis der Dermatitis pyaemica. Wien. klin. Wochenschr. 1896. Nr. 25. — FRÄNKEL, EUGEN: Über metastatische Hautaffektionen bei bakteriellen Allgemeinerkrankungen. UNNAS Dermatol. Studien. Bd. 20, S. 74. 1910. — FRAENKEL: Metastatische Dermatosen bei akuten bakteriellen Allgemeinerkrankungen. Arch. f. Dermatol. u. Syphilis. Bd. 129. S. 386. 1921. — GANS: Histopathologie polymorpher exsudativer Dermatosen in ihrer Beziehung zur speziellen Ätiologie. Arch. f. Dermatol. u. Syphilis. Bd. 130, S. 15. 1921 (Lit.). — JADASSOHN: Über Pyodermien, die Infektionen der Haut mit den banalen Krankheitserregern. Halle: 1912. — LEBET: Dermatites pyaemiques. Ann. de dermatol. et de syphiligr. 1903. p. 912. — LEHNDORFF und LEINER: Erythema annulare usw. Zeitschr. f. Kinderheilk. 23. 1922. — MERK: Zur Kenntnis der Dermatitis pyaemica. Arch. f. Dermatol. u. Syphilis. Bd. 63, S. 252. 1902. — PHILIPPSON: Über Embolie und Metastase in der Haut. Arch. f. Dermatol. u. Syphilis. Bd. 51, S. 33. 1900. — SCHERBER: Beitrag zur Klinik der hämorrhagischen Exantheme. Dermatol. Zeitschr. 25. 1918. — STRANDBERG, JAMES: Ein Fall von vesico-pustulösem Pyämid (MERK). Arch. f. Dermatol. u. Syphilis. Bd. 111, S. 83—90. 1912. — TANIMURA: Über eine Art von Septicotoxidermie (Erythema septicotoxicum). Arch. f. Dermatol. u. Syphilis. Bd. 141. 1922. — WERTHER: Beitrag zur Kenntnis der Pyämide. Münch. med. Wochenschr. 1913. Nr. 31.

Erythema nodosum . . . . S. 373

BRODIER: Erythème noueux dans le cours d'une infection puerpèrale. La méd. moderne. 1899. Nr. 62, p. 491. — DENEKE: Erythema nodosum atyp. Dtsch. med. Wochenschrift 1920. 9. — ERNBERG, HARALD: Das Erythema nodosum, seine Natur und seine Bedeutung. Jahrb. f. Kinderheilk. Bd. 95, 3. Folge 45, H. 1/2, S. 1—42. 1921. — FÖRSTER: Beziehungen des Erythema nodosum zur Tuberkulose. Journ. of the Americ. med. assoc. 1914. p. 1266. — GANS, O.: Die Histopathologie polymorpher exsudativer Dermatosen usw. Arch. f. Dermatol. u. Syphilis. Bd. 130. 1921. — HOFFMANN, E.: Über Ätiologie und Pathogenese des Erythema nodosum. Dtsch. med. Wochenschr. 1904. Nr. 51. — Erythema nodosum (+ Staphylokokken). Berlin. erm. Ges. 2. VII. 1901; Arch. f. Dermatol. u. Syphilis. Bd. 58. S. 288. — LANDOUZY: Über Erythema nodosum auf tuberkulöser Basis. Gaz. méd. de Paris. 1914. p. 37. — PHILIPPSON: Contributio allo studio dell' Eritema nodoso. Giorn. ital. di dermatol. e sifilol. 1895. — PICK, W.: Über die persistierende Form des Erythema nodosum. Arch. f. Dermatol. u. Syphilis. Bd. 72, S. 361. 1904. — SCHUMACHER: Ätiologie des Erythema nodosum. Zeitschr. f. Tuberkul. Bd. 21, H. 5, S. 468. — STÜMPKE, G.: Über die Beziehungen zwischen Erythema nodosum und Lues. Arch. f. Dermatol. u. Syphilis. Bd. 124, S. 670. 1919.

Periarteriitis nodosa . . . . S. 375

FAHR: Rheumatismus nodosus. Virchows Arch. f. pathol. Anat. u. Physiol. Bd. 232, S. 134. 1921. — GRUBER: Über die Pathologie der Periarteriitis nodosa. Zeitschr. f. Herz- u. Gefäßkrankh. 9. 1917 (Lit.). — v. HANN: Pathologisch-histologische und experimentelle Untersuchungen über Periarteriitis nodosa. Virchows Arch. f. pathol. Anat. u. Physiol. Bd. 227, H. 1. — HARRIES und FRIEDRICH: Zentralbl. f. Pathol. 1922. S. 213. — LEMKE: Arterienveränderungen bei Infektionskrankheiten. Virchows Arch. f. pathol. Anat. u. Physiol. Bd. 240 u. 243. 1923 (Lit.). — MEYER: Über die klinische Erkenntnis der Periarteriitis nodosa usw. Berlin. klin. Wochenschr. 1921. — NIEDNER: Dermatomyositis und infektiöse Muskelerkrankungen. Dtsch. med. Wochenschr. Bd. 46, H. 21. 1920. — RIDDER: Beitrag zur Kenntnis der Dermatomyositis acuta (Pseudotrichinosis). Berlin. klin. Wochenschr. 1919. Nr. 51. — SIMONSOHN, ALFRED: Dermatoneuromyositis chronica atrophicans. Arch. f. Dermatol. u. Syphilis. Bd. 108, S. 59—70. 1911.

Erythema exsudativum multiforme . . . . S. 377

GANS, O.: Die Histologie polymorpher exsudativer Dermatosen usw. Arch. f. Dermatol. u. Syphilis. Bd. 130. 1921. — HERXHEIMER, K. und K. SCHMIDT: Über Erythema exsudativum multiforme vegetans. Arch. f. Dermatol. u. Syphilis. Bd. 116. S. 202—206. 1913. — KREIBICH, K.: Histologie des Erythema multiforme. Arch. f. Dermatol. u. Syphilis. Bd. 58,

S. 125. 1901. — Lipschütz: Erythema bullosum vegetans. Arch. f. Dermatol. u. Syphilis. Bd. 123, S. 523. 1916. — Oppenheim: Erythema multiforme exsudativum chronicum recidivans. Wien. derm. Ges. 7. XI. 1918; Arch. f. Dermatol. u. Syphilis. Bd. 125, S. 669. 1919.

Purpuragruppe . . . . S. 379

Benestad: Fettembolie mit punktförmigen Blutungen in die Haut. Dtsch. Zeitschr. f. Chirurg. Bd. 112. — Fabry: Beitrag zur Krankheit der Purpura haemorrhagica nodularis. Arch. f. Dermatol. u. Syphilis. Bd. 43, S. 187. 1898 (Festschr. Pick). — Förster, Alfons: Über Morbus maculosus Werlhofii. Zeitschr. f. klin. Med. Bd. 92, H. 1/3, S. 170—186. 1921. — Gans: Zur Ätiologie der Purpuraerkrankungen; zugleich ein Nachweis für die lokale Allergie der Haut in der Umgebung der Impfpockenpustel. Dermatol. Wochenschr. Bd. 64, S. 49. — Landwehr: Purpura haemorrhagica fulminans mit Nekrosenbildung. Ausgang in Heilung. Münch. med. Wochenschr. 1909. Nr. 30. — Richter: Capilläre Blutungen. Beitr. z. pathol. Anat. u. z. allg. Pathol. B. 50. 1911. — Schürer, v. Wald-heim: Mitteilung über die Blutknötchenkrankheit, Purpura haemorrhagica papulosa et pustulosa. Wien. med. Wochenschr. 1918. H. 46. — Unna: Purpura senilis. Vers. dtsch. Naturf. u. Ärzte. Lübeck 1895; Arch. f. Dermatol. u. Syphilis. Bd. 33, S. 200. 1895. — Walthard: Purpurähnl. Exanthem im Verlaufe einer Adnexerkrankung. Zeitschr. f. Geburtsh. u. Gynäkol. Bd. 75, S. 358. 1913.

Purpura annularis teleangiectodes . . . . . S. 381

Brandweiner, A.: Purpura annularis teleangiectodes. Dermatol. Wochenschr. Bd. 43. — Weitere Mitteilungen über Purpura annularis teleangiectodes. Dermatol. Wochenschr. Bd. 43. 1906. 55. 1912 (Lit.). — Delbanco: Fall von Purpura annularis teleangiectodes (Majocchi). Ärztl. Verein Hamburg. Sitzg. 19. XI. 1912. — Mc Kee: Purpura annularis teleangiectodes. Verhandl. New York. dermatol. Ges. 28. X. 1913; Journ. of cut. diseas. incl. syphilis. Vol. 32. 1914. — Purpura annularis teleangiectodes. Journ. of cut. dis. incl. syph. Vol. 33. 1915. — Lindenheim, H.: Purpura annularis teleangiectodes. Arch. f. Dermatol. u. Syphilis. Bd. 113, S. 689—700. 1912 (Lit.). — Majocchi, Dominico: Purpura annularis teleangiectodes mit 4 Tafeln. Gewidmet F. J. Pick, publ. v. d. königl. Akad. d. Wissensch. in Bologna. — Majocchi: Neue klinische Beobachtungen und histopatho-logische Untersuchungen über die Purpura teleangiectodes Majocchi. Bull. et mém. de la soc. méd. des hôp. de Paris. 1913. H. 10. — Pasini: Über die Purpura annularis telean-giectodes (Majocchi). Giorn. ital. di dermatol. e sifilol. 1903. H. 1. — Popper: Purpura teleangiectodes annularis Majocchi. Verhandl. d. Wien. dermatol. Ges. 5. III. 1914; Arch. f. Dermatol. u. Syphilis. Bd. 119. 1914. — Radaeli, F.: Über einen Fall von Purpura annularis teleangiectodes. Giorn. ital. di dermatol. e sifilol. 1911. H. 3, p. 381. — Vignolo-Lutati: Purpura annularis teleangiectodes (Majocchi). Arch. f. Dermatol. u. Syphilis. Bd. 114, S. 303—324. 1913.

Hauterkrankungen durch Gonokokken . . . . S. 384

Arning, Ed. und H. Meyer-Delius: Beitrag zur Klinik der gonorrhoischen Hyper-keratosen. Arch. f. Dermatol. u. Syphilis. Bd. 108, S. 3—26. 1911. — Bärmann, G.: Über hyperkeratotische Exantheme bei schweren gonorrhoischen Allgemeinerkrankungen. Arch. f. Dermatol. u. Syphilis. Bd. 69, S. 363. 1904. — Bogrow: Über gonorrhoische Keratosen. Arch. f. Dermatol. u. Syphilis. Bd. 143. 1923 (Lit.). — Burnier: Les chancres blénorrhagiques. Ann. des maladies vénér. T. 14, 1919. — Buschke, A.: Hautkrankheiten bei Gonorrhöe aus Handb. d. Geschl. Wien-Leipzig 1910. — Über Exantheme bei Gonorrhöe. Arch. f. Dermatol. u. Syphilis. Bd. 48. 1899. — Über universell-symmetrische entzündliche Hyperkeratosen auf uro-septischer und arthritischer Basis. Arch. f. Dermatol. u. Syphilis. Bd. 113, S. 223—240. 1912. — Buschke, A. und M. J. Michael: Zur Kenntnis der hyper-keratotischen vesiculösen Exantheme bei Gonorrhöe. Arch. f. Dermatol. u. Syphilis. Bd. 120, S. 348—375. 1914 (Lit.). — Bussalai, L.: Sopra un caso d'ipercheratose blenorragica. Pathologica. Jg. 16. 1924. — Chauffard, A. und N. Fiessinger: Keratosis blenorrhagica. Icon. derm. Fasc. V. 1910. — Cronquist: Fall von Folliculitis gonor-rhoica. Arch. f. Dermatol. u. Syphilis. Bd. 80, S. 43. 1906. — Du Bois, Ch.: Kératoses blennorrhagiques on dermatites gonococciques? Acta dermato-venereol. 5. 1924. — HODARA: Un cas de gonococchémie et d'exanthème gonococcique généralisé. Ref. Zentralbl. f. Bakteriol., Parasitenk. u. Infektionskrankh., Abt. 1, Orig. Bd. 58, S. 609. — KLING-MÜLLER: Über Wucherungen bei Gonorrhöe. Dtsch. med. Wochenschr. 1910. — LÖHE: Über einen Fall von herpetiformem gonorrhoischem Exanthem. Dermatol. Zeitschr. 1908. S. 475. — MESCHTSCHERSKY: Ein Fall von multiplen gonorrhoischen Geschwüren bei einem Mann. Journ. russ. de mal. cut. 1910. Nr. 6, p. 336. — SIMPSON, F. J.: Keratodermia blennorhagica. Journ. of Americ. med. assoc. 1912. P. 607. — SOBOTKA, P.: Pustulös-hyperkeratotisches Exanthem bei gonorrhoischer Allgemeinerkrankung. Dermatol. Wochenschr. Bd. 56. 1913 (Lit.). — STÜMPKE, G.: Über gonorrhoische Granulationen. Münch. med. Wochenschr. 1914. S. 28. — WISCHER, H.: Zwei Fälle ungewöhnlicher Komplikationen bei Gonorrhöe (gonorrhoischer Hautabsceß — gonorrhoische Periostitis). Arch. f. Dermatol. u. Syphilis. Bd. 113. S. 1201—1214. 1912 (Lit.).

<h3 style="text-align:center">Hauterkrankungen durch Meningokokken . . . S. 388</h3>

BENDA, C.: Mikroskopische Befunde in der Haut bei petechialer Meningokokken-Meningitis. Berlin. klin. Wochenschr. 1916. Nr. 17, S. 449. — FRÄNKEL, EUGEN: Über petechiale Hauterkrankungen bei epidemischer Genickstarre. Beitr. z. pathol. Anat. u. z. allg. Pathol. Bd. 63, H. 1. — GRAETZ, M. K. und DEUSSING: Über septische Allgemeininfektion durch Meningokokken. Zeitschr. f. Hyg. u. Infektionskrankh. 87. 1918 (Lit.). — GRUBER, G. B.: Über das Exanthem im Verlaufe der Meningokokkenmeningitis (Genickstarre). Dtsch. Arch. f. klin. Med. Bd. 117, H. 3, S. 250—262. — PICK, L.: Histologie und histologisch-bakteriologische Befunde beim petechialen Exanthem der epidemischen Genickstarre. Dtsch. med. Wochenschr. 1916. Nr. 33, S. 994. — SCHERBER: Hauterscheinungen bei Meningitis cerebrospinalis usw. Dermatol. Zeitschr. Bd. 22, S. 511.

<h3 style="text-align:center">Hauterkrankungen durch Pneumokokken . . . S. 391</h3>

GERBOTH: Pneumokokken als Erreger von Hautgangrän. Diss. Leipzig 1911. — HIRSCH, FRITZ: Petechiales Exanthem bei Pneumokokkenerkrankungen. Med. Klinik. 1920. Nr. 7, S. 181.

<h3 style="text-align:center">Hauterkrankungen durch Friedländer-Bacillen . . S. 391</h3>

FRAENKEL, E.: Metastatische Hautaffektionen bei bakteriellen Allgemeinerkrankungen. Dermatol. Studien. 20. 1910 (UNNA-Festschr.). — REICHERT: Über zwei in ätiologischer Beziehung bemerkenswerte Obduktionsbefunde. Virchows Arch. f. pathol. Anat. u. Physiol. Bd. 231. 1921.

<h3 style="text-align:center">Rhinosklerom . . . . S. 392</h3>

ALAGNA: Beitrag zur Ätiologie und feineren Struktur des Rhinosklerom. Zentralbl. f. Bakteriol., Parasitenk. u. Infektionskrankh., Abt. 1, Orig. Bd. 85. 1921. — BABES: In KOLLE-WASSERMANN 3. (Lit.). — GOLZIEHER und NEUBER: Untersuchungen über das Rhinosklerom. Zentralbl. f. Bakteriol., Parasitenk. u. Infektionskrankh., Abt. 1, Orig. 51. — v. MARSCHALKO: Die Plasmazellen im Rhinosklerom. Arch. f. Dermatol. u. Syphilis. Bd. 53/54. 1900. — SCHRIDDE: Zur Histologie des Rhinosklerom. Arch. f. Dermatol. u. Syphilis. Bd. 73. 1905. — TÖPLITZ und KREUDER: Rhinoskleroma. Americ. journ. of the med. sciences. Vol. 130. 1905.

<h3 style="text-align:center">Granuloma venereum . . . . S. 397</h3>

FLU, P. C.: Die Ätiologie des Granuloma venereum. Arch. f. Schiffs- u. Tropenhyg. Beiheft zu Bd. 15, Nr. 9, S. 481. 1911 (Lit.). — HOFFMANN, W. H.: Das venerische Granulom. Münch. med. Wochenschr. 1920, Nr. 6. S. 159. — MARTINI: Über einen Fall von Granuloma venereum und seine Ursache. Arch. f. Schiffs- u. Tropenhyg. Bd. 17, H. 5. 1903.

<h3 style="text-align:center">Hauterkrankungen durch Milzbrandbacillen . . S. 398</h3>

HERRMANN, H.: Ein Fall von Hautmilzbrand usw. Arch. f. Dermatol u. Syphilis. Bd. 62, S. 263. 1902. — JACOBI, E.: 4 Fälle von Milzbrand beim Menschen. Habilitationsschrift. Berlin 1890 (Lit.). — LEWIN: Über den Milzbrand beim Menschen. Zentralbl. f. Bakteriol., Parasitenk. u. Infektionskrankh., Abt. 1, Orig. 16. 1894. — PALEN: Zur Histologie des Milzbrandkarbunkels. Inaug.-Diss. Tübingen 1887. — TREUTLEIN, A.: Über cutane Infektion mit Milzbrandbacillen. Zentralbl. f. allg. Pathol. u. pathol. Anat. 1903. S. 257.

Hauterkrankungen durch Influenzabacillen . . S. 401

LEICHTENTRITT und SCHOBER: Influenzabacillensepsis mit rezidivierendem Exanthem. Klin. Wochenschr. 1924. Nr. 23.

Hauterkrankungen durch Pestbacillen . . . S. 401

ALBRECHT und GHON: Über die Beulenpest in Bombay im Jahre 1897. Denkschr. d. math.-naturw. Klasse d. k. Akad. d. Wiss. Bd. 66. Wien: 1898. — CROWELL, B. C.: Pathologic anatomy of bubonic plague. (Pathol. Anat. d. Bubonenpest.) Philippine journ. of science. Abt. B. Vol. 10. 1915. — DÜRCK: Beitr. z. pathol. Anat. u. z. allg. Pathol. Suppl.-Bd. 1904 (Lit.). — TEISSIER, P., P. GASTINEL et J. REILLY: De quelques documents anatomiques concernant la peste bubonique etc. Journ. de physiol. et de pathol. gén. T. 21. 1913.

Hauterkrankungen durch Typhus- und Paratyphusbacillen S. 402

FISCHL: Hauterscheinungen bei Typhus abdominalis. Wien. med. Wochenschr. 1915. Nr. 34. — FRAENKEL, E.: Über Roseola typhosa. Zeitschr. f. Hygiene u. Infektionskrankh. 34. 1900. — Über Roseola paratyphosa. Zeitschr. f. Hygiene u. Infektionskrankh. 93, S. 372. 1921. Arch. f. Dermatol. u. Syphilis. Bd. 147, H. 3. — FRIEBOES: Über eigenartige meist scarlatiniforme Exantheme nach Typhus- und Choleraschutzimpfung. Münch. med. Wochenschr. 1916. Nr. 7. — LÖWENTHAL: Eigenartiges Ulcus der äußeren Haut bei Typhus abdominalis im Anschluß an Thrombophlebitis. Dtsch. Arch. f. klin. Med. Bd. 119, H. 9. — MALENCHINI e PIERACCINI: Ascessi da bacillo dell' Eberth svillupatesi nel cellulare sottocutaneo. Sperimentale. 53. p. 21. — NOBEL und ZILCZER: Paratyphus A-Fälle mit Exanthem. Dtsch. med. Wochenschr. 1918. Nr. 27. — PÖHLMANN, A.: Untersuchungen an Typhus- und Paratyphusroseolen. Arch. f. Dermatol. u. Syphilis. Bd. 131, S. 384—452 1921 (Lit.) u. 147, H. 3. — SCHÖPPLER: Toxisches Exanthem im Verlauf von Typhus abdominalis. Münch. med. Wochenschr. 1917. Nr. 29. — WILLIMCZIK, M.: Über Typhusabscesse. Berlin. klin. Wochenschr. 1915. Nr. 18, S. 459.

Hauterkrankungen durch den Bacillus pyocyaneus S. 405

FRAENKEL, EUGEN: Untersuchungen über die Menschenpathogenität des Bacillus pyocyaneus. Zeitschr. f. Hyg. u. Infektionskrankh. Bd. 72. 1912 u. Bd. 84, H. 3, S. 369. 1917 (Lit.). — HITSCHMANN und KREIBICH: Ätiologie des Ecthyma gangraenosum. Arch. f. Dermatol. u. Syphilis. Bd. 50. 1899. S. 81. — Ein weiterer Beitrag zur Ätiologie des Ecthyma gangraenosum. Wien. klin. Wochenschr. 1897. Nr. 50. — LEWANDOWSKY: Über einen Fall von ulceröser Hautaffektion beim Erwachsenen, verursacht durch den Bacillus pyocyaneus. Münch. med. Wochenschr. 1907. — WAITE, H. H.: Contribution to the study of Pyocyaneus-Infections etc. Journ. of infect. dis. Vol. 5. 1908. Chicago. — ZURHELLE, E.: Über eine pockenähnliche, pemphigoide Pyocyaneusinfektion bei einem Säugling. Dtsch. med. Wochenschr. Bd. 47, S. 1080. 1921. u. Dermatol. Zeitschr. 1921.

Hauterkrankungen durch den Streptobacillus ulcus molle . S. 409

BRUCK: Pathogenese des weichen Schankers. Arch. f. Dermatol. u. Syphilis. Bd. 129, S. 170. 1921. — KRZYSZTALOWICZ, FRANZ: Die Gestalt der Plasmome bei Ulcus molle und syphilitischer Initialsklerose. Unnas Dermatol. Studien (UNNA-Festschr. Bd. 1). Bd. 20, S. 154. — LENNHOFF, CARL: Über einen Fall von knotigen vereiternden hämatogenen Metastasen an den Unterschenkeln bei weichem Schanker. Arch. f. Dermatol. u. Syphilis. Orig-. Bd. 137, S. 80—86. 1921. — UNNA, P. G.: Eine verbesserte Darstellung des Streptobacillus des weichen Schankers. Dermatol. Wochenschr. Bd. 69, S. 683.

Ulcus vulvae acutum . . . . S. 411

HEIM, L.: Bemerkungen zu der Abhandlung von R. LIPSCHÜTZ über den DÖDERLEIN-
schen Scheidenbacillus. Med. Klinik. 1921. — LIPSCHÜTZ, B.: Über eine eigenartige Ge-
schwürsform des weiblichen Genitales (Ulcus vulvae acutum). Arch. f. Dermatol. u. Syphilis.
Bd. 114, S. 363—396. 1913. — LIPSCHÜTZ und BRÜNAUER: Das histologische Bild des Ulcus
vulvae acutum. Arch. f. Dermatol. u. Syphilis. Bd. 136, S. 48. 1921. — PLANNER und
REMENOVSKY: Beiträge zur Kenntnis der Ulcerationen am äußeren weiblichen Genitale.
Arch. f. Dermatol. u. Syphilis. Bd. 140. 1922. — SCHERBER, G.: Klinik und Bakteriologie
der pseudotuberkulösen Geschwüre s. Ulcus acutum vulvae. Arch. f. Dermatol. u. Syphilis.
Bd. 127, S. 359. 1919. — SYMMERS, DOUGLAS and ALBERT D. FROST: Granuloma inguinale
in the United States. Journ. of the Americ. med. assoc. Vol. 74, Nr. 19. 1920.

Hauterkrankungen durch Diphtheriebacillen . . S. 412

ADLER: Über Hautdiphtherien im Kindesalter. Wien. med. Wochenschr. 1904. —
BIBERSTEIN: Über Hautdiphtherie. Berlin. klin. Wochenschr. Jg. 58, S. 934. 1921. —
DEUTSCHLÄNDER: Über die diphtherische Erkrankung der Haut usw. Dtsch. Zeitschr. f.
Chirurg. Bd. 115. 1912 (Lit.). — FRANKENTHAL, L.: Bedeutung der Mischinfektion bei der
Wunddiphtherie. Zentralbl. f. Chirurg. Jg. 48, Nr. 22, S. 782—784. 1921. — KNOWLESG
und FRESCOLN: Ungewöhnlicher Typus der Hautdiphtherie. Journ. of the Americ. med.
assoc. 1914. — KREN, O.: Zur chronischen Diphtherie der Haut und Schleimhaut (KYRLE).
Arch. f. Dermatol. u. Syphilis. Bd. 126, S. 395. 1911. — v. MARSCHALKO: Über Haut-
diphtherie. Arch. f. Dermatol. u. Syphilis. Bd. 94, S. 379. 1909. — REINHARDT, A.: Zur
Kenntnis der Hautdiphtherie. Virchows Arch. f. pathol. Anat. u. Physiol. Bd. 205, S. 452.
1911 (Lit.). — SCHUCHT, ARTUR: Zur Kenntnis der diphtherischen Hautentzündungen,
besonders der durch echte Diphtheriebacillen hervorgerufenen. Arch. f. Dermatol. u. Sphilis.
Bd. 85, S. 105—120. 1907. — SOWADE, H.: Beitrag zur Kenntnis der Hautdiphtherie.
Arch. f. Dermatol. u. Syphilis. Bd. 113, S. 1039—1046. 1912. — TIÈCHE, M.: Ein Fall von
multiplen diphtherischen Ulcerationen der Haut nach Pemph. neonat. resp. infantum.
Korresp.-Blatt f. Schweiz. Ärzte. 1908. S. 488. — WINKLER, MAX: Über die Diphtherie
der Haut. Schweiz. med. Wochenschr. Jg. 51, Nr. 10, S. 374—376. 1921.

Hauterkrankungen durch Rotzbacillen . . . . S. 415

BERNSTEIN und CARLING: Über Rotz beim Menschen usw. Brit. journ. of dermatol.
1909. p. 319. — BOSELLINI: Fall von Malleus acutus. Arch. f. Dermatol. u. Syphilis. Bd. 74,
S. 41. 1905. — BUSCHKE: Über chronischen Rotz der menschlichen Haut usw. Arch. f.
Dermatol. u. Syphilis. Bd. 36, S. 323. 1896. — EHRICH: Zur Symptomatologie und Patho-
logie des Rotzes beim Menschen. Bruns' Beitr. z. klin. Chirurg. Bd. 17. 1896. — HERZOG, G.:
Ein neuer Fall von Malleus acutus. Münch. med. Wochenschr. 1919. Nr. 6, S. 157. —
JENKEL, A.: Beitrag zur Kenntnis der Rotzinfektion beim Menschen. Dtsch. Zeitschr. f.
Chirurg. Bd. 125. 1904 (Lit.). — KOCH, J.: Zur Diagnose des akuten Rotzes beim Menschen.
Arch. f. klin. Chirurg. Bd. 65, 1904. — LOW: Malleus acutus. A case of Glanders.
Icon. dermatol. 1912. — LUTZ: Chronischer Rotz beim Menschen. Festschr. f. JADASSOHN.
Korresp.-Blatt f. Schweiz. Ärzte. S. 1282. 1917. — STEIN, R. O.: Zur Kenntnis des chroni-
schen Rotzes der Haut und der Gelenke. Arch. f. Dermatol. u. Syphilis. Bd. 116, S. 804
bis 816. 1913. — VAN DER VALK, J. W. und H. J. M. SCHOO: Ein Fall von Malleus chronicus
beim Menschen. Arch. f. Dermatol. u. Syphilis. Bd. 118, S. 743—756. 1914. — WRIGTH:
The Histol. Lesions of acute glanders in Men etc. Journ. of exp. med. Vol. 1, p. 577.

Tuberkulose der Haut. Allgemeines . . . . . S. 418

BRUUSGAARD: Beiträge zu den tuberkulösen Hauteruptionen. Erythema exfoliat. uni-
versalis tuberculosa. Arch. f. Dermatol. u. Syphilis. Bd. 67, S. 227. 1903. — JADAS-
SOHN: Die Tuberkulose in MRACEKS Handbuch d. Hautkrankh. Wien: 1903. — KYRLE:
Über die tuberkuloiden Gewebsstrukturen der Haut. Arch. f. Dermatol. u. Syphilis. Bd. 125,
S. 481. 1919. — LEWANDOWSKY, F.: Die Tuberkulose der Haut in Enzyklopädie d. klin.
Med. Berlin: Julius Springer 1916. — Tuberkulose-Immunität und Tuberkulide. Arch.
f. Dermatol. u. Syphilis. Bd. 123. S. 1. 1916. — LIPSCHÜTZ, B.: Über ein eigenartiges, durch

den Typus gallinaceus hervorgerufenes Krankheitsbild der Tuberkulose, nebst Bemerkungen über den Nachweis und Bedeutung der einzelnen Typen des Tuberkelbacillus bei klinisch verschiedenartigen Formen der Hauttuberkulose. Arch. f. Dermatol. u. Syphilis Bd. 120, S. 387—443. 1914. — LUBARSCH: Beiträge zur Pathologie der Tuberkulose. Virchows Arch. f. pathol. Anat. u. Physiol. Bd. 213. 1913. — OPPENHEIM, M.: Lupoidähnliche Hauterkrankungen nach subcutanen Injektionen. Dermatol. Wochenschr. Bd. 57. 1913. S. 1289. — Beitrag zur Frage der Beeinflussung des elastischen Gewebes durch Tuberkulose. Wien. klin. Wochenschr. 1910. Nr. 6. — WICHMANN, P.: Zur Ätiologie des Lupuscarcinoms. Arch. f. Dermatol. u. Syphilis. Bd. 132, S. 474—482. 1921. — ZIELER, K.: Experimentelle und klinische Untersuchungen zur Frage der „toxischen" Tuberkulose der Haut. Arch. f. Dermatol. u. Syphilis. Bd. 102, S. 37—64. 1910. — Hauttuberkulose und Tuberkuloide in JESIONEKs Ergebn. III. 1914 (Lit.).

Tuberculosis cutis luposa . . . . S. 419

BENJAMIN: Lupus elephantiasticus. Diss. Bonn 1912. — MARTENSTEIN: Die rhinoskleromatoide Form des Lupus vulgaris nasi. Arch. f. Dermatol. u. Syphilis. Bd. 134. 1921. — PICK, WALTHER: Über die Einschlüsse im Lupusgewebe. Arch. f. Dermatol. u. Syphilis. Bd. 78, S. 185—198. 1908. — SCHNELLER: Über Lupus lymphangiomatosus. Frankfurt. Zeitschr. f. Pathol. Bd. 4, H. 2. — ZURHELLE: Über ein Granuloma pediculatum luposum. Dermatol. Wochenschr. Bd. 66, S. 346. 1918.

Tuberculosis cutis verrucosa . . . . . . S. 430

BOURGEOIS: Über disseminierte postexanthematische hämatogene Tuberculosis verrucosa cutis. Dermatol. Zeitschr. Bd. 21, H. 1, S. 1. — GHEZZI, C.: Zur Histologie und Bakteriologie des anatomischen Tuberkels. Giorn. ital. di dermatol. e sifilol. Vol. 4, p. 493. 1912 (Lit.). — SILBERSTEIN: Postexanthematische hämatogene Tuberculosis cutis verrucosa mit Pigmenthypertrophien. Arch. f. Dermatol. u. Syphilis. Bd. 123, S. 863. 1916.

Tuberculosis cutis colliquativa . . . . . . S. 437

ARZT und KUMER: Atypische Formen der colliquativen Hauttuberkulose. Arch. f. Dermatol. u. Syphilis. Bd. 136. 1921. — FRIEDMANN: Über „Brücken" und „Fibromatoide", in Skrofulodermnarben. Arch. f. Dermatol. u. Syphilis. Bd. 134. 1921. — KIENDL: Beitrag zur sichtbaren Lymphangitis tuberculosa. Dermatol. Wochenschr. Bd. 70. 1920. Nr. 4. — PHILIPPSON: Sopra la Tromboflebite tubercolosa cutanea etc. Giorn. ital. di dermatol. e sifilol. 1900. — REINES, S.: Framboesiforme, colliquative Kontiguitätstuberkulose der Haut. Arch. f. Dermatol. u. Syphilis. Bd. 86, S. 153. 1907.

Tuberculosis cutis ulcerosa . . . . S. 443

v. D. PORTEN: Tuberculosis cutis ulcerosa serpig. univers. Dermatol. Wochenschr. Bd. 67. 1918.

Tuberculosis cutis acuta miliaris generalis. . . . S. 445

BOSSELLINI, P.: Sopra un caso di tubercolosi rupiale. Giorn. ital. di dermatol. e sifilol. III. 1904. — HASLUND: Hämatogenes tuberkulöses Exanthem usw. Arch. f. Dermatol. u. Syphilis. Bd. 123, S. 349. 1916. — LEINER u. SPIELER: Über diss. Hauttuberkulose im Kindesalter. Erg. der inn. Med. u. Kinderheilk. Bd. 7. 1911.

Tuberculosis cutis lichenoides . . . . . . S. 447

LESSELIERS: Contribution à l'étude du lichen scrophulosorum. Ann. de dermatol. et de syphiligr. 1906, p. 897. — RIECKE: Lichen scrophulos. in MRACEKs Handbuch IV. 1906. — VIGNOLO-LUTATI: Lichen scroph. atyp. Ann. de dermatol. et de syphiligr. 1913. Nr. 4.

Tuberculosis cutis papulo-necrotica . . . . . S. 452

DARIER et WALTER: Tuberculides papulo-nécrotiques. Ann. de dermatol. et de syphiligr. 1905. — EHRMANN: Tuberkulide. Arch. f. Dermatol. u. Syphilis. Bd. 119, S. 83.

1914. — Was ist Chilblainlupus Hutchinson und was Lupus pernio Besnier-Tenneson. UNNA s Dermatol. Studien Bd. 21. 1910. — FEER, L.: Die kleinpapulösen Hauttuberkulide beim Kinde. Korresp.-Blatt f. Schweiz. Ärzte 1914, S. 1217. — FISCHL: Der Chilblainlupus etc. Arch. f. Dermatol. u. Syphilis. Bd. 136. 1921 (Lit.). — GOUGEROT et LAROCHE: Pathogénie des Tuberculides cutanées non folliculaires. Arch. de méd. exp. 21. 1909. — GROSS: Chilblainlupus (Hutchinson) etc. Dermatol. Wochenschr. 54. 1912. — HAUSER: Ungewöhnliche Tuberkulidformen. Arch. f. Dermatol. u. Syphilis. Bd. 128. S. 149. 1920. — HODARA, L.: Histologische Untersuchungen in 2 Fällen von papulo-nekrotischen Tuberkuliden. (Vergleich der histologischen Veränderungen bei Tuberkuliden und bei Parakeratosis variegata oder Parapsoriasis. Dermatol. Wochenschr. 55, S. 1516. 1912. — JADASSOHN: Tuberkulide. Arch. f. Dermatol. u. Syphilis. Bd. 119, S. 10. 1914. — JULIUSBERG, FRITZ: Über „Tuberkulide" und disseminierte Hauttuberkulosen. Mitt. a. d. Grenzgeb. d. Med. u. Chir. Bd. 13. 1904. — KAUFMANN-WOLF, MARIE: Ein durch Reizung entstandener Fall von Folliclis, der unter dem Bild des Lichen ruber planus auftrat. Arch. f. Dermatol. u. Syphilis. Bd. 120, S. 285—288. 1914. — KLINGMÜLLER, V.: Über Dermatitis nodularis necrotica. Arch. f. Dermatol. u. Syphilis. Bd. 110. 1911. — KREN, O.: Über ein pustulo-nekrotisches Exanthem bei Tuberkulösen. Arch. f. Dermatol. u. Syphilis. Bd. 99. S. 67. 1910. — LATEINER, M.: Über den histologischen Bau und die bacilläre Ätiologie des sog. papulösen Tuberkulids des Säuglings (HAMBURGER). Zeitschr. f. Kinderheilk. 1911. Bd. 1. S. 442. — OLIVER: A case of acne aguminata (CROCKER). Brit. journ. of dermatol. Vol. 26, p. 439. 1914. — PICK, H.: Zur Kenntnis der Acne teleangiect. KAPOSI (Acnitis Barthélemy). Arch. f. Dermatol. u. Syphilis. Bd. 7, S. 193. 1904. — RENSBURG: Hauttuberkulide. Jahrb. f. Kinderheilk. 59. 1904. — RUETE: Beiträge zur Frage der Tuberkulide und des Lupus erythematodes. Dermatol. Zeitschr. Bd. 23, H. 10. 1916. — SCHERBER, G.: Zur Klinik und Histologie der gruppierten, papulösen Tuberkulide. Arch. f. Dermatol. u. Syphilis. Bd. 126, S. 558. 1919. — TÖRÖK: Dermatitis nodularis necrotica. MRACEK I, S. 446. — v. VERESS: Acne cachecticorum. Dermatol. Wochenschr. Bd. 66, S. 191. 1918. — VOLK: Ätiologie und Pathogenese der Tuberkulide. Arch. f. Dermatol. u. Syphilis. Bd. 133, S. 1. 1921 (Lit.). — WERTHER: Dermatitis nodularis necrotica. Ikonographia dermatol. V.

Tuberculosis cutis luposa mil. diss. . . . . . S. 459

ARNDT: Über die Kombination von Lupus miliaris disseminatus faciei mit Acnitis usw. Verhandl. d. Berlin. dermatol. Ges.; Dermatol. Zeitschr. 18. 1911. — BRUUSGAARD: Über Lupus foll. diss. Arch. f. Dermatol. u. Syphilis. Bd. 110, S. 111. 1911. — FANTL, GUST: Lupus follicularis acutus unter dem Bilde eines Erythema nodosum. Dermatol. Wochenschr. Bd. 68, Nr. 15. 1919. — KUMER: Zur Kenntnis des Lupus mil. diss. Arch. f. Dermatol. u. Syphilis. Bd. 143. 1923. — LÖWENBERG, MAX: Über Lupus follicularis disseminatus faciei. Arch. f. Dermatol. u. Syphilis. Bd. 104, S. 261—284. 1910.

Tuberculosis cutis indurativa . . . . . . S. 463

ALEXANDER, A.: Über die Beziehungen zwischen dem Erythema induratum resp. dessen Atypien und den nicht tuberkulösen entzündlichen Fettgewebstumoren. Dermatol. Zeitschr. Bd. 27. 1919. — BOECK, C.: Weitere Beobachtungen über das multiple benigne Sarkoid der Haut. Arch. f. Dermatol. u. Syphilis. 1901. Festschr. KAPOSI. S. 153. — Nochmals „benignes Miliarlupoid". Arch. f. Dermatol. u. Syphilis. Bd. 121, S. 767. 1916. — BOSELLINI: Erythema induratum Bazin. Dermatol. Wochenschr. Bd. 60, S. 41. 1915. — BROCQ et PAUTRIER: L'angiolupoide. Ann. de derm. et syphiligr. 1913. S. 1. — BRUHNS und ALEXANDER: Zur Kenntnis des Lupus pernio und des BOECKschen Sarkoides. Arch. f. Dermatol. u. Syphil. Bd. 127, S. 833. 1919. — DALLA FAVERA: Über einen Fall von Erythema induratum (BAZIN). Giorn. ital. di dermatol. e sifilol. 1913. H. 1. — DARIER, J.: Die cutanen und subcutanen Sarkoide. Ihre Beziehungen zum Sarkom, zur Lymphodermie, zur Tuberkulose usw. Monatsh. f. prakt. Dermatol. Bd. 50. 1910. — 2 nouveaux cas de sarcoides multiples sous-cutanées. Ann. de derm. et syphiligr. 1904, p. 347. — GANS, OSCAR: Über Lupus pernio und seine Beziehungen zum Sarkoid BOECK. Dermatol. Zeitschr. Bd. 33, H. 1/2, S. 64—80. 1921. — HALLOPEAU et ECK: Contribution à l'étude des sarkoides de BOECK. Ann. de derm. et syphiligr. 1902. p. 985. — HARTTUNG und ALEXANDER: Weitere Beiträge zur Klinik und Histologie des „Erythème induré Bazin".

Arch. f. Dermatol. u. Syphilis. Bd. 71, S. 385. 1914. — KYRLE, J.: Über die tuberkuloiden Gewebsstrukturen der Haut. Arch. f. Dermatol. u. Syphilis. Bd. 125. 1919. — Die Anfangsstadien des BOECKschen Lupoids. Beitrag zur Frage der tuberkulösen Ätiologie dieser Dermatose. Arch. f. Dermatol. u. Syphilis, Orig.-Bd. 131, S. 33—68. 1921. — LANDOUZY: Erythème noueuse etc. Presse méd. 1913. — LEWANDOWSKY: Zur Kenntnis der BOECKschen Sarkoide. Arch. f. Dermatol. u. Syphilis Bd. 135, S. 287. 1921. — LUTZ, H.: Zur Kenntnis des BOECKschen Miliarlupoids. Arch. f. Dermatol u. Syphilis. Bd. 126, S. 947. 1919. — MOZZA, G.: Über das multiple benigne Sarkoid der Haut (BOECK). Arch. f. Dermatol. u. Syphilis. Bd. 91. 1908. — MUCHA, VIKTOR: Über atypische Formen des Erythema induratum (BAZIN) und seine Beziehungen zur Tuberkulose. Arch. f. Dermatol. u. Syphilis. Bd. 107, S. 61—94. 1911. — NOBL: Die Beziehungen des BAZINschen Erythems zum benignen Miliarlupoid. Dermatol. Zeitschr. Bd. 26. 1918. — PAUTRIER: Sarcoides et syphilis. Ann. de dermatol. et de syphiligr. 1914. p. 344. — SCHAUMANN, J.: Étude sur le lupus pernio et ses rapports avec les sarcoides et la tuberculose. Ann. de dermatol. et de syphiligr. Paris. Jan. 1917. — STOCKES, JOHN H.: Erythema nodosum and tuberculosis etc. Arch. of Derm. and syphiligr. Vol. 3. 1921. — THIBIERGE et BORD: Note sur deux cas de sarcoides souscutanées. Ann. de dermatol. et de syphiligr. 1907. p. 113. — THIBIERGE et RAVANT: Étude sur les lésions et la nature de l'érythème induré. Ann. de dermatol. et de syphiligr. Tome 10. 1899. — UNNA, P.: Ein typischer Fall von BOECKscher Krankheit, Dermatol. Wochenschr. Bd. 55, S. 1203. 1912. — WEINBERGER: BOECKsches Miliarlupoid und Tuberkulose. Münch. med. Wochenschr. 1916. Nr. 25. — WHITFIELD, A.: A fuhrter contribution to our kowledge of erythema induratum. Brit. journ. of dermatol. Juli 1905. p. 241.

Lepra . . . . S. 478

ARNING: Lepra und Syphilis, eine Parallele. Dtsch. Zeitschr. f. Nervenheilk. 1921. 68/69. — ASKANAZY: Die Rolle der Nerven im Lepraprozeß. Verhandl. d. dtsch. pathol. Ges. 15. 1912. — BABES: Untersuchungen über den Leprabacillus usw. Berlin 1898. — BRUUSGAARD: Beitrag zur Kenntnis der tuberkuloiden Lepra. Arch. f. Dermatol. u. Syphilis. Bd. 129. 1921. — CEDERCREUTZ: Leprastudien. Arch. f. Dermatol. u. Syphilis. 1920. Bd. 128. — CHUMA und GUYO: Eine histologische Untersuchung über das Leprom mittels Vitalfärbung. Virchows Arch. f. pathol. Anat. u. Physiol. Bd. 240. 1923. — DARIER: Recherches anat.-pathol. etc. de la lèpre. Ann. de dermatol. et de syphiligr. 1897. — FAVRE et SAVY: Histol.-pathol. du léprome etc. Arch. de méd. exp. 1913. 25. — HERXHEIMER: Die Lepra und ihre Parallelen zur Tuberkulose. Klin. Wochenschr. 1923. — HODARA: Histologische und bakterielle Untersuchungen. 2 Fälle von Neurcleprid usw. Dermatol. Wochenschr. 1911. 53. — JADASSOHN: Lepra: im Handb. d. pathog. Mikroorganismen v. KOLLE-WASSERMANN. V. 1913 (Lit.). — KEDROWSKI: Zur Histologie der Lepra. Arch. f. Dermatol. u. Syphilis. Bd. 120. 1914. — KYRLE: Beitrag zur Frage der Lepraüberimpfung auf Affen. Frankfurt. Zeitschr. f. Pathol. 1916. 19. — LIE: Über die Flecken der Lepra mac.-anaesth. Arch. f. Dermatol. u. Syphilis. Bd. 113. 1912. — MERIAN: 2 Fälle von Lepra mit tuberkuloiden Gewebsveränderungen. Dermatol. Wochenschr. 1912. 54. — UNNA: Materialsammlung für eine künftige Bearbeitung der Lepraätiologie. Hamburger med. Überseehefte. 1914. 3. — UNNA, P. JUN.: Fall von tuberkuloider Lepra. Dermatol. Wochenschr. 1914. 58.

Cholera . . . . S. 489

ARZT. L.: Über Exantheme bei Cholera asiatica. Wien. klin. Wochenschr. 1917. Nr. 29. — SOUCEK: Über das Exanthem bei Cholera asiatica. Wien. med. Wochenschr. 1916. Nr. 12.

Syphilis. . . . . S. 489

ALEXANDER: Livedo racemosa ohne nachweisbare Lues. Dermatol. Wochenschr. Bd. 67, Nr. 29. 1918. — Über Atrophia cutis maculosa luetica. Dermatol. Zeitschr. Bd. 23, S. 1. — ARNDT: Tertiäre lupoide Syphilis. Verhandl. d. Berlin. dermatol. Ges. 1909. — BURNIER et BLOCH: Infiltration scléro-gommeuse syphilitique à type de sarcoide hypodermique. Bull. de la soc. franç. de dermatol. et de syphiligr. 1921. — DENNIE: Journ. of cut. dis. incl. syph. 1915. 33. — EHRMANN: Syphilis in: Handb. d. Geschlechtskrankh. Wien und Leipzig: 1916. — FRIEBOES: Zwei Fälle von Phlebitis usw. Dermatol. Zeitschr. 20. —

GIOVANNINI: Über die histologischen Veränderungen der syphilitischen Alopecie usw. Monatsh. f. prakt. Dermatol. 1893. 16. — HERXHEIMER, G.: Zur Ätiologie und pathol. Anatomie der Syphilis. Erg. d. allg. Pathol. u. pathol. Anat. 11. 1907. — HOCHSINGER: Studien über hereditäre Syphilis. Leipzig und Wien: 1898. — HOFFMANN, E.: Die Ätiologie der Syphilis. Berlin: 1908 (Lit.). — Tuberkuloseähnliche Gewebsveränderungen bei Syphilis usw. Dtsch. med. Wochenschr. 1917. — JADASSOHN: Syphilidol. Beiträge. Arch. f. Dermatol. u. Syphilis. Bd. 86. 1907 (Lit.). — KISSMEYER: Cas de „sarkoide souscutanée (DARIER)“ a. base syph. Forhandl. ved. nordisk dermatol. forenings 1919. — KRZYSTALOWICZ: Die histologischen Merkmale der syphilitischen Exantheme usw. Monatsh. f. prakt. Dermatol. 1901. 33 (Lit.). — LAURENTIER: Contribution à l'étude cytol. du syph. Ann. de dermatol. et de syphiligr. 1923. 4. — LIPSCHÜTZ, B.: Untersuchungen über nicht venerische Gewebsveränderungen am äußeren Genitale des Weibes. III. Das Bild der Pseudosyphilis am äußeren Genitale des Weibes. Arch. f. Dermatol. u. Syphilis. Orig.-Bd. 131, S. 104—113. 1921. — PASSINI: Sopra un caso di eritema sifilitico emoragico. Giorn. ital. di dermatol. e sifilol. 1904. — PAUTRIER: Sarcoides et syph. Ann. de dermatol. et de syphiligr. 1914. — PIRILÄ: Zur Kenntnis der luetischen Primäraffekte. Jena: 1914. — SABRAZÈS et DUPÉRIÉ: Rhagades des lèvres et érythème papulo-érosif des nourissons etc. Arch. de méd. exp. 1910. 22. — THOMSEN: Studien über die kongenitale Syphilis usw. (dän.) Kopenhagen: 1915. — TIÈCHE: Untersuchungen über die Spirochäten usw. Arch. f. Dermatol. u. Syphilis. Bd. 101. 1912. — UNNA, P. JUN.: Zur Kenntnis der Pigmentsyphilis. Arch. f. Dermatol. u. Syphilis. Bd. 132. 1921. — URBACH: Über das Vorkommen von Fibrin in syphilitischen Prozessen. Arch. f. Dermatol. u. Syphilis. Bd. 134. 1921. — VOLK, RICHARD: Über Anetodermia cutis maculosa in luetico. Arch. f. Dermatol. u. Syphilis. Bd. 104, S. 9—46. 1910. — ZURHELLE: Über den Anteil der feinsten Bindegewebsfibrillen, der sog. Gitterfasern, am Aufbau syphilitischer u. a. Hautveränderungen. Dermatol. Zeitschr. 1922. 35.

BAERMANN, G.: Die spezifischen Veränderungen der Haut der Hände und Füße bei Framboesie usw. Arch. f. Schiffs- u. Tropenhyg. 1912. Bd. 15. Beiheft Nr. 6. — BREDA: Beitrag zum klinischen und bakteriellen Studium der brasilianischen Framboesie oder „Boubas“. Arch. f. Dermatol. u. Syphilis. Bd. 33, S. 3. 1895. — CASTELLANI: Framboesia tropica (Yaws, Pian, Bouba). Journ. of cutaneus diseases. 1908. — On the presence of Spirochaetae in two cases of parangi (Yaws). Brit. med. journ. 1905. — GOODMAN: Arch. of dermatol. a. syphilol. Chicago. 1920 (Lit.). — HALLENBERGER: Die Framboesia tropica in Kamerun. Ausführungen über die Histopathologie der geschwürigen frambösischen Spätformen und die Rhinopharyngitis mutilans und deren Abgrenzung gegen tertiäre Syphilis. Arch. f. Schiffs- u. Tropenhyg. Bd. 20, Beih. 3. 1916. — HENGGELER: Über einige Tropenkrankheiten der Haut. Monatsh. f. prakt. Dermatol. Bd. 40, S. 235. 1905 (Lit.). — JEANSELME: Le Pian dans l'Indo-Chine française. Gaz. hebdom. de méd. et de chirurg. 1901, p. 1411. — MAC LEOD, J. M. H.: Contribution to the histo-pathology of Yaws. Brit. med. journ. Sept. 1901. — MARSCHALL, H.: Yaws: A Histologic Study. Philippine journ. of science. II. 419. 1907. — SCHAMBERG und KLAUDER: Arch. of dermatol. a. syphilol. Chicago: 1921 (Lit.). — SIEBERT: Betrachtungen über histo-pathologische Untersuchungen bei Framboesia tropica. Arch. f. Schiffs- u. Tropenhyg. Bd. 12, Beih. 5. 1908. — VERRITI, G.: Histologische, bakterielle und experimentelle Untersuchungen bei 3 Fällen von Boubas brasiliana. Gazz. internaz. de Scienze med. 1911. H. 7.

KERSTEN: Über Ulcus tropicum in Deutsch-Neuguinea. Arch. f. Schiffs- u. Tropenhyg. Bd. 20, H. 12, S. 274. 1916. — KEYSSELITZ und MAYER: Über Ulcus tropicum. Arch. f. Schiffs- u. Tropenhyg. Bd. 13, Nr. 5. 1909.

COMBA: Osservaz. clin., istol. e batter. in 7 casi di Noma delle guantie. Sperimentale 1899. II. — HOFMANN: Untersuchungen über die Ätiologie der Noma. Bruns' Beitr. z.

klin. Chirurg. 1904. 44. — Kuhn: Beitrag zur Kenntnis der Noma. Zeitschr. f. Kinderheilk. Bd. 35, S. 79. 1923 (Lit.). — Matzenauer: Noma und Nosocomialgangrän. Arch. f. Dermatol. u. Syphilis. Bd. 60, S. 383. 1901. — Mikulicz und Kümmel: Krankheiten des Mundes. 4. Aufl. Jena: 1922. — Perthes: Arch. f. klin. Chirurg. 1898. 59. — Rona, S.: Zur Ätiologie und Pathogenese der Plaut-Vincentschen Angina, der Stomakake usw. und der Lungengangrän. Arch. f. Dermatol. u. Syphilis. Bd. 74. S. 171. — Trendelenburg: Nosokomialgangrän. Dermatol. Wochenschr. Bd. 60, S. 385 (Lit.). — Vincent: Récherches bact. sur l'Angine à bacilles fusiformes. Ann. de l'inst. Pasteur 1899. — Wheaver, H. and Tunnicliff: Noma. Journ. of infect. dis. 1. I. 1907.

Lupus erythematodes . . . . S. 534

Altmann: Zur Kenntnis der Boeckschen Erkrankung. Arch. f. Dermatol. u. Syphilis. Bd. 135. 1921. — Arndt, G.: Über den Nachweis von Tuberkelbacillen bei Lupus erythematodes acutus resp. subacutus. Berlin. klin. Wochenschr. 1910, Nr. 29, S. 1360. — Bauer-Jokl, M.: Zur Ätiologie des generalisierten Lupus erythematodes. Arch. f. Dermatol. u. Syphilis. Bd. 127. 1919 (Lit.). — Baum, G.: Zur Kasuistik des Lupus erythematodes. Arch. f. Dermatol. u. Syphilis. Bd. 88, S. 99—104. 1907. — Bloch, Br. und H. Fuchs: Über die Beziehungen des chronischen Lupus erythematodes zur Tuberkulose. Arch. f. Dermatol. u. Syphilis. Bd. 116, S. 742—803. 1913. — Delbanco, E.: Zur Klinik und Anatomie des Lupus erythematodes. Monatsh. f. prakt. Dermatol. Bd. 48. 1909. — Fonss: Verhältnis des Lupus erythematodes zur Tuberkulose. Arch. f. Dermatol. u. Syphilis. Bd. 129, S. 367. 1921. — Gans: Ulerythema acneiforme. Dermatol. Wochenschr. Bd. 58. 1914. — Gougerot: Pathogénie des tuberculides cutanées nonfoll. etc. Arch. de méd. expér. et d'anat.-pathol. 1909. Nr. 3. — Haslund: Über das Vorkommen von Lupus erythematosus auf dem Prolabium der Lippen und der Schleimhaut des Mundes. Dermatol. Zeitschr. Bd. 23, H. 12. 1916. — Hoffmann, C. A.: Lupoide Einlagerungen bei Lupus erythematodes. Arch. f. Dermatol. u. Syphilis. Bd. 113, S. 431—436. 1912. — Jadassohn: Lupus erythematodes in Mraceks Handbuch Bd. III. — Klingmüller: Lupus erythematodes. Arch. f. Dermatol. u. Syphilis. Bd. 130, S. 519. 1921. — Kyrle, J.: Über einen Fall von Lupus erythematodes in Gemeinschaft mit Lupus vulgaris. Beitrag zur Histologie des Lupus erythematodes. Arch. f. Dermatol. u. Syphilis. Bd. 94, S. 309. 1909. — Lewandowsky: Die Tuberkulose der Haut. Berlin: Julius Springer 1916. — Maki: Zur Histologie des Lupus erythematodes disseminatus. Japan. journ. of dermatol. a. urol. Vol. 13. 1913. — Mayr, Julius Karl: Zur Frage des Erythema perstans (Kaposi-Jadassohn). Arch. f. Dermatol. u. Syphilis. Orig.-Bd. 131, S. 198—203. 1921. — Neuwirth, E.: Zur Ätiologie des Lupus erythematodes. Arch. f. Dermatol. u. Syphilis. Bd. 136, H. 2, S. 226—230. 1921. — Reitmann und v. Zumbusch: Beitrag zur Pathologie des Lupus erythematodes acutus (disseminatus). Arch. f. Dermatol. u. Syphilis. 1910. Bd. 99. S. 147. — Schoonheid: Zur Histologie des Lupus erythematosus und der elastischen Fasern. Arch. f. Dermatol. u. Syphilis. Bd. 54, S. 163. 1900 (Lit.). — Verroti, G.: Über Lupus erythematosus diff. des ganzen Kopfes und der Hände. Arch. f. Dermatol. u. Syphilis. 1910. Bd. 103, S. 241.

Granuloma annulare . . . . S. 547

Arndt, G.: Zur Kenntnis des Granuloma annulare (Radcliffe-Crocker). Arch. f. Dermatol. u. Syphilis. Bd. 108, S. 229—260. 1911. — Brun, A.: Ein Beitrag zur Kenntnis des Granuloma annulare. Arch. f. Dermatol. u. Syphilis. Bd. 135. 1921. — Bunch: Fall von Erythema elevatum diutinum. Proc. of the roy. soc. of med. 18. X. 1917. — Bunch, J. L.: Granuloma annulare. Brit. journ. of dermatol. 1913. Juni. — Chipman, E.: Granuloma annulare. Brit. journ. of dermatol. 1911. — Define, G.: Granuloma annulare. Festschrift Barduzzi. Livorno Officina Arti grafiche 1911. — Favera: Beitrag zum Studium des sog. „Granuloma annulare" (R. Crocker). Éruption circinée chronique de la main (Dubreuilh). Dermatol. Zeitschr. 1909, S. 74. — Erythema elevatum diutinum und Granuloma annulare. Dermatol. Zeitschr. 1910. Nr. 8, S. 541. — Frühwald: Fall von Erythema elevatum. Dermatol. Wochenschr. Bd. 63, H. 42. 1916. — Grütz und Hornemann: Beitrag zur Klinik und Histologie des Granuloma annulare. Arch. f. Dermatol. u. Syphilis. Bd. 136, S. 1. 1921. — Hartzell: Granuloma annulare. Journ. of the Americ. med. assoc. 1914. p. 230. — Kenedy, J.: Über einen Fall von Granuloma annulare. Arch. f. Dermatol. u.

Syphilis. Bd. 140. 1922. — Little, G.: Granuloma annulare. Brit. journ. of dermatol. 1908. — Granuloma annulare. Derm. S. Proc. of the roy. soc. of London, 21. X. 1915. — Radcliffe - Crocker: Granuloma annulare. Brit. of journ. dermatol. 1902. — Stettler, Eduard: Beitrag zur Kenntnis des Granuloma annulare. Arch. f. Dermatol. u. Syphilis. Orig.-Bd. 132, S. 314—328. 1921. — Volk: Erythema elevatum et diutinum. Wien. Dermatol. Ges. Sitzg. 20. X. 1921; Zentralbl. f. Hautkrankh. Bd. 3, H. 6, S. 338.

Granuloma nitidum . . . . S. 551

Arndt: Beitrag zum Lichen nitidus. Dermatol. Zeitschr. 1909 (Lit.). — Dalla Favera: A proposito di due osservazione di Lichen nitidus. Giorn ital. di dermatol. e sifilol. 1910. — Kyrle und Mac Donagh: Beitrag zur Kenntnis des Lichen nitidus. Arch. f. Dermatol. u. Syphilis. Bd. 95. 1909. — Lewandowsky: Lichen nitidus. Arch. f. Dermatol. u. Syphilis. Bd. 123. 1916. — Tuberkulose der Haut. Berlin: 1916. — Pinkus: Über eine neue knötchenförmige Hauteruption: Lichen nitidus. Arch. f. Dermatol. u. Syphilis. Bd. 85. 1907. — Sutton: Lichen nitidus. Journ. of cut. dis. 28. 1910.

Granuloma teleangiectodes . . . . S. 553

Allenet: Botryomycose humaine. (Étude clinique et anatomo-pathologique). Thèse de Lyon 1908/09 (Lit.). — Beneke: Münch. med. Wochenschr. 1906. S. 553. — Bodin: Botryomycose du sillon rétro-auriculaire. Ann. de dermatol. et de syphiligr. 1908. p. 28. — Sur la botryomycose humaine. Ann. de dermatol. et de syphiligr. Tome 3. 1902. — Bosellini, O. L.: Sulla condetta botriomicosi umana. Arch. f. Dermatol. u. Syphilis. Bd. 110. 1911. S. 85. — Dalla Favera: Beiträge zur Kenntnis der sog. menschlichen Botryomykose. (Unna-Festschr. II). Dermatol. Studien 1910. Bd. 21. — Ferrarini: Sopra un caso di Granuloma peduncolatum. Clin. chirurg. 1913. Nr. 1. — Frédéric: Über die sog. menschliche Botryomykose. Dtsch. med. Wochenschr. 1904 (Lit.). — Hammerscmidt und Ludovici: „Botryomykose“. Arch. f. Dermatol. u. Syphilis. Bd. 130, S. 246. 1921. — Hartzell, M. B.: Granuloma pyogenicum. Journ. of cut. dis. incl. syph. Vol. 22, Nr. 1. — Heuck: Über „Granuloma pediculatum“ (sog. menschl. Botryomykose). Dermatol. Zeitschr. 1912, S. 221, 324, 404. — Jaquet und Bané: Benignes hypertrophisches Granulom (Pseudo-Botryomykose). Ann. de dermatol. et de syphiligr. 1909. p. 574. — Konjetzny: G. E.: Zur Pathologie und Ätiologie der sog. teleangiectatischen Granulome (Botryomykose). Münch. med. Wochenschr. 1912. 41. S. 2219—2221. — Keribich: Über Granulome. Arch. f. Dermatol. u. Syphilis. Bd. 94. 1909. — Krzystalowicz: Die Botryomykose. Monatsh. f. prakt. Dermatol. 1907. — Küttner, H.: Über teleangiektatische Granulome. Ein Beitrag zur Kenntnis der sog. Botryomykose. Bruns' Beitr. z. klin. Chirurg. 1905. 47 (Lit.). — Lenormant: Über die sog. Botryomykosis beim Menschen. Ann. de dermatol. et de syphiligr. 1910. H. 4, S. 161. — Reitmann, K.: Über das teleangiektatische Granulom Küttner. Arch. f. Dermatol. u. Syphilis. Bd. 91, S. 185. 1908. — Sabrazès et Laubie: Non spécifité de la Botryomykose. Arch. génér. de méd. 1899. — Schridde, H.: Das Granuloma teleangiectaticum europeum, eine Protozoenkrankheit. Dtsch. med. Wochenschr. 1912. Nr. 5. — Wite, Udo J.: Granuloma pyogenicum. Journ. of cut. dis. includ. syph. 1910. 28. p. 663.

Lymphogranulomatose . . . . S. 557

Arndt: Beiträge zur Kenntnis der Lymphogranulomatose der Haut. Virchows Arch. f. pathol. Anat. u. Physiol. Bd. 209. 1912. — Arzt: L.: Zur Kenntnis der Lymphogranulomatose. Verhandl. d. dtsch. pathol. Ges. 1923. Göttingen. — Beiträge zur Differenzierung der granulomatösen Hauterkrankungen. Acta dermato-venereol. Bd. 1, H. 3/4, S. 365 bis 388. 1921. — Bacher: Über Lymphogranulomatose mit Hauterscheinungen. Arch. f. Dermatol. u. Syphilis. Bd. 135. 1921 (Lit.). — Bloch: Erythema toxicum bull. und Hodgkinsche Krankheit. Arch. f. Dermatol. u. Syphilis. Bd. 87. 1907. — Dösseker: Zur Kenntnis der Haut-Lymphogranulomatose. Arch. f. Dermatol. u. Syphilis. Bd. 126. 1919 (Lit.). — Gross: Lymphogranulomatosis cutis. Beitr. z. pathol. Anat. u. z. allg. Pathol. 1906. 39. — Hirschfeld: Über Lymphogranulomatose der Haut. Zeitschr. f. Krebsforsch. 1917. 16. — Hoffmann, E.: Lymphogranulomatose usw. Dtsch. med. Wochenschr.

1915. 38. — KREIBICH: Über Hautveränderungen bei HODGKINscher Krankheit. Verhandl. d. dtsch. dermatol. Ges. 1908. — KREN: Lymphogranulomatosis cutis. Arch. f. Dermatol. u. Syphilis. Bd. 125. 1919 (Lit.) u. Bd. 130. 1921. — KUSUNOKI: Zur Ätiologie der Lymphomatosis granulom. Virchows Arch. f. pathol. Anat. u. Physiol. Bd. 215. 1914. — MARIANI: Klinische und pathol.-anat. Beiträge zum Studium der cutanen Leukämien usw. Arch. f. Dermatol. u. Syphilis. Bd. 120. 1914. — SACHS: Zur Pathologie d. general. exf. Erythrodermien. Arch. f. Dermatol. u. Syphilis. Bd. 118. 1913. — STEIGER: Zur Pathologie und Klinik der Lymphogranulomatose. Zeitschr. f. klin. Med. 1914. 79. — STERNBERG: Verhandl. d. dtsch. pathol. Ges. 1912. — WIRZ: Zur Kenntnis der Lymphogranulomatosa cutis. Arch. f. Dermatol. u. Syphilis. Bd. 132. 1921. — ZIEGLER, KURT: Die HODGKINsche Krankheit. Jena: G. Fischer 1911.

Granuloma fungoides . . . . S. 565

AUDRY: Dermatite pust. premyc. Ann. de dermatol. et de syphiligr. 1905. — BOSELLINI: Über Lymphodermien und Mycosis fungoides. Arch. f. Dermatol. u. Syphilis. Bd. 108. 1911. — DARIER: Contribution á l'étude des éruptions prémycosiques etc. UNNA Dermatol. Studien. Bd. 21. 1910. — FIOCCO: Ric. clin. anat.-patol. e sperimentali int. alle Mycosis fungoides. Padua 1902. — FOX: Mycosis fungoides in Psoriasis. Journ. of the Americ. med. assoc. 1913. — GALLOWAY and MACLEOD: Mycosis fungoides. Brit. journ. of dermatol. 1900. — GÖDEL: Mycosis fungoides. Arch. f. Dermatol. u. Syphilis. Bd. 130. 1921 (Lit.). — HALLOPEAU, GASTOU et RAILLIET: Mycosis fungoides bullosa. Bull. de la soc. franç. de dermatol. 1907. — HERXHEIMER und HÜBNER: 10 Fälle von Mycosis fungoides usw. Arch. f. Dermatol. u. Syphilis. Bd. 84. 1907. — JEANSELME et BLOCH: Forme verr. et hyperkerat. du Mycosis fungoides etc. Bull. de la soc. franç. de dermatol. Nr. 4. 1921. — KNOWLES: Mycosis fungoides. Journ. of cut. dis. incl. syph. 1915. 33. — KRZYSTALOWICZ: Ein Fall von Granuloma fungoides. Arch. f. Dermatol. u. Syphilis. Bd. 131. 1921. — KUZNITZKY: Lungenbefunde bei Mycosis fungoides. Arch. f. Dermatol. u. Syphilis. Bd. 123. 1916. — LEIBKIND: Beiträge zur Kasuistik und Histologie der Mycosis fungoides. Dermatol. Zentralbl. 1911. — LINDENHEIM: Über das erste Stadium der Mycosis fungoides. Dermatol. Zeitschrift 1916. 23. — LÖHE: Drüsenschwellung bei Mycosis fungoides. Arch. f. Dermatol. u. Syphilis. Bd. 131. 1921. (Lit.). — MAYR: Zur Klinik und Histologie der Mycosis fungoides d'emblée. Dermatol. Zeitschr. 1921. 33. — PALTAUF und v. ZUMBUSCH: Mycosis fungoides usw. Arch. f. Dermatol. u. Syphilis. Bd. 118. 1913. — PALTAUF und SCHERBER: Mycosis fungoides etc. Virchows Arch. f. pathol. Anat. u. Physiol. Bd. 222. 1916. — PAUTRIER: Mycosis fungoides etc. Ann. de dermatol. et de syphiligr. 1909. — PELAGATTI: Mycosis fungoides und Leukämie. Monatsh. f. prakt. Dermatol. 1904. 39. — POEHLMANN: Prämyk. Dermatitis. Münch. dermatol. Ges. 4. März 1921; Zentralbl. f. Haut- u. Geschlechtskrankh. 1. 1921. — RADAELI: Mycosis fungoides. Sperimentale. 1911. — RIECKE: 2 Fälle von Mycosis fungoides. Arch. f. Dermatol. u. Syphilis. Bd. 67. 1903. — SACHS: Prämykotisches Ekzem. Verhandl. d. Wien. med. Ges. 30. X. 1912. — SEQUEIRA: Mycosis fungoides. Brit. journ. of dermatol. 1914. — SPIETHOFF: Beitrag zur Gewebs- und Blutveränderung bei der Mycosis fungoides. Dermatol. Zeitschr. 1911. — TRYB: Beiträge zur Kenntnis der Mycosis fungoides. Arch. f. Dermatol. u. Syphilis. Bd. 114. 1913. — ULLMANN: Ein Fall von Mycosis fungoides. Monatsh. f. prakt. Dermatol. Bd. 39. 1904. — UNNA, P. G.: Granuloma fungoides. Virchows Arch. f. pathol. Anat. u. Physiol. Bd. 202. 1910. — VERROTI: Mycosis fungoides. Giorn. ital. di dermatol. e sifilol. 1913. — WEBER: Mycosis fungoides. Korresp.-Blatt f. Schweiz. Ärzte. 1916. — WISE und ROSEN: Mycosis fungoides. Journ. of cut. dis. incl. syph. 34. 1920. — v. ZUMBUSCH: Beiträge zur Pathologie und Therapie der Mycosis fungoides. Arch. f. Dermatol. u. Syphilis. Bd. 78. 1906. — ZURHELLE: Mycosis fungoides usw. Dermatol. Zeitschr. 1919. 27 (Lit.).

Leukosen . . . . S. 575

ARNDT: Zur Kenntnis der leukämischen und aleukämischen Lymphadenosen usw. Dermatol. Zeitschr. 1911. Erg.-H. (Lit.). — ARNING und HENSEL: Pseudoleukaemia cutis. Iconographia dermatol. III. — BERTACCINI: Contrib. allo studio d. manifest. cuta nella leucemia etc. Giorn. ital. di dermatol. e sifilol. 1921. 62. — BETTMANN: Die leukämischen Erkrankungen der Haut. Ergebn. d. Haut- u. Geschlechtskrankh. 1910. I. — BLANKENHORN and GOLDBLATT: Aleukemic leukemia etc. Journ. of the Americ. med. assoc. Vol. 76. 1921. — CAPELLI, J.: Contrib. allo studio delle linfodermie. Sperimentale 75. 1921. — FRAENKEL: Über die Beziehungen der Leukämie zu geschwulstbildenden Prozessen des hämatopoetischen Apparates. Virchows Arch. f. pathol. Anat. u. Physiol. Bd. 216. 1914. — GANS: Akute myeloische Leukämie usw. Beitr. z. pathol. Anat. u. z. allg. Pathol. Bd. 56. 1913. — HAMMACHER: Zur Kasuistik der Pseudoleukämie der Haut. Dermatol. Zeitschr. Bd. 22, H. 2. — HEINRICH: Ein Fall von Leucaemia cutis usw. Arch. f. Dermatol. Bd. 108. 1911. — HIRSCHFELD: Die generalisierte aleukämische Myelose usw. Zeitschr. f. klin. Med. 1914. 80. — JADASSOHN: Pseudoleukämie, Arch. f. Dermatol. u. Syphilis. Bd. 82, S. 297. — JORDAN: Ein Beitrag zur Frage der Pseudoleukämie der Haut. Monatsh. f. prakt. Dermatol. Bd. 48. — KREIBICH: Hautveränderungen in einem Falle von lymphatischer Leukämie. Arch. f. Dermatol. u. Syphilis. Bd. 122. 1915. — Über Hautveränderungen bei Pseudoleukämie und Leukosarkomatose. Arch. f. Dermatol. u. Syphilis. Bd. 89, S. 43 bis 64. 1908. — LEHNER: Fall von Pseudoleukämie mit Hautveränderungen. Arch. f. Dermatol. u. Syphilis. Bd. 136. 1921. — LINSER: Zur Frage der Hautveränderungen bei Pseudoleukämie, Arch. f. Dermatol. u. Syphilis. Bd. 80, S. 3. 1906. — MARIANI, GIUSEPPE: Klinischer und pathologisch-anatomischer Beitrag zum Studium der cutanen Leukämien. der fibro-epitheloiden Polylymphomatosen (HODGKINSche Krankheit) und der Mycosis fungoides. Arch. f. Dermatol. u. Syphilis. Bd. 120, S. 781—869. 1914. — MARTENSTEIN: Lymphatische Pseudoleukämie der Haut. Berlin. klin. Wochenschrift Jg. 58, Nr. 22, S. 581. 1921. — NAGELI: Blutkrankheiten und Blutdiagnostik. Leipzig 1912. — NANTA: Étude des lymphodermies et des myelodermies. Ann. de dermatol. et de syphiligr. 1912. — NICOLAU: Contribution à l'étude cl. et hist. ect. de la leuk. Ann. de dermatol. et de syphiligr. 1904. — PINKUS: Hautveränderungen bei lymphatischer Leukämie usw. Arch. f. Dermatol. u. Syphilis. Bd. 50. 1899. — POLLAND, R.: Zur Klinik der Hautveränderungen bei Pseudoleukämie und bei Mycosis fungoides. Dermatol. Zeitschr. Bd. 24, H. 6. 1917. — SAPHIER und SEYDERHELM: Über myeloide Hautinf. bei chronischer myeloider Leukämie. Münch. med. Wochenschr. 1920. Nr. 3. — SCHAUMANN: Manifestations cut. dans un cas de lymphadénie leuk. Ann. de dermatol. et de syphiligr. 1916. — SHAV and LOUGHLIN: A case of Leukocythaema cutis. Brit. journ. of dermatol. 1917. — TRYB: Über Leukämie der Haut. Dermatol. Wochenschr. Bd. 62. 1916 (Lit.). — WECHSELMANN: Über Erythrodermia exfoliativa universalis pseudoleucaemica. Arch. f. Dermatol. u. Syphilis. Bd. 87, S. 205. 1907. — WERTHER: Chronische lymphatische Leukämie mit generalisierter miliarer Lymphadenia cutis. Dermatol. Zeitschrift. 1914. 21. — v. ZUMBUSCH: Erythrodermia (pseudo)leucaemica (RIEHL). Arch. f. Dermatol. u. Syphilis. Bd. 124, S. 57. 1917. — ZURHELLE: Über Hauterscheinungen bei Erkrankungen des myeloischen Systems. Dermatol. Zeitschr. 1922. 37.

Berichtigungen.

Seite 27 Abbildung 5 Unterschrift, statt: Thrombose (rechts) lies: Thrombose (links).

  ,, 60   ,, 17   ,,   statt: rechts kegel-, links tulpenkelchartig lies: links kegel-, rechts tulpenkelchartig.

  ,, 138 Überschrift Xanthoma tuberosum multiplex ist zwischen 2. und 3. Zeile zu setzen.

  ,, 170 Zeile 7 v. o. statt: aus physikalischen lies: aus anderen physikalischen.

  ,, 211   ,, 4 ,, ,, Überschrift, statt δ) lies: d).

  ,, 271   ,, 4 ,, ,, statt: Ekzemperen lies: Ekzemporen.

  ,, 283   ,, 17 ,, ,, statt: Kernteilung lies: Zellteilung.

  ,, 309   ,, 14 v. u. statt: BERG lies: BROCQ.

  ,, 413 Abbildung 162 Unterschrift, statt: Hautkrankheiten lies: Infektionskrankheiten.

  ,, 544 Zeile 4 v. o.: setze die) an das Ende der Zeile.

Vorlesungen über Histo-Biologie der menschlichen Haut und ihrer Erkrankungen. Von Dr. Joseph Kyrle, a. o. Professor für Dermatologie und Syphilis an der Universität in Wien und Assistent an der Klinik für Syphilidologie und Dermatologie.

Erster Band: Mit 222 zum großen Teil farbigen Abbildungen. (354 S.) 1925.
45 Goldmark; gebunden 47.70 Goldmark

Aus dem Inhalt:

Erster Teil. Histo-Biologie der normalen Haut: Die Histo-Biologie der gesunden Haut und ihrer Anhänge. — Zweiter Teil. Pigment und Pigmentanomalien der Haut: Hyperpigmentation nach Sonnenbestrahlung. — Epheliden oder Sommersprossen. — Xeroderma pigmentosum. — Landmanns- oder Seemannshaut. — Pigmentnaevi — Akanthosis nigricans. — Chloasma gravidarum et uterinum. — Arsenmelanose. — Pellagra-Melanose. — Morbus-Addison. — Leucoderma syphiliticum und Vitiligo. — Dritter Teil. Atrophie der Haut: Greisenhaut. — Striae distensae. — Idiopathische Atrophie. — Sklerodermie. — White spot disease. — Alopecien. — Alopecia areata. — Vierter Teil. Hypertrophie der Haut: Juvenile oder flache Warzen. — Alterswarzen, Verrucae seniles. — Harte, auch vulgäre Warzen. — Verruca plantaris. — Condyloma acuminatum. — Molluscum contagiosum. — Psoriasis vulgaris. — Parapsoriasis. — Pityriasis rosea. — Lichen ruber planus und acuminatus. — Psorospermosis follicularis vegetans. — Hyperkeratosis follicularis et parafollicularis (in) cutem penetrans. — Öl- oder Vaselinhaut. — Acne vulgaris. — Follikel- oder Talgdrüsencysten. — Atherom. — Keratoma congenitum. — Ichthyosis follicularis — Keratosis pilaris. — Pigmentnaevi. — Talgdrüsen-Naevi. — Rhinophym. — Epithelioma adenoides cysticum Brooke. — Syringocystadenom oder Hydradenome eruptif. — Schweißdrüsennaevus. — Eruptives oder seniles Angiom. — Angiokeratoma Mibelli. — Hämangiome. — Hartes Fibrom. — Spontan- oder echtes Keloid. — Elephantiasis der Haut. — Rhinophyma. — Xanthomatöse Hautprozesse. — Urticaria pigmentosa oder xanthelasmoidea. Fünfter Teil. Pilzerkrankungen der Haut: Pityriasis versicolor und Erythrasma. — Dermatomykosen. — Oberflächliche Trichophytie. — Trichophytia profunda. — Scutulabildende Dermatomykosen. — Sporotrychosen und Blastomykosen. — Sechster Teil. Durch tierische Parasiten bedingte Erkrankungen der Haut: Scabies. — Trombidiasis. — Ixoden. — Cysticercus cellulosae. — Namenverzeichnis. — Sachverzeichnis.

Hautkrankheiten und Syphilis im Säuglings- und Kindesalter. Ein Atlas. Herausgegeben von Prof. Dr. H. Finkelstein in Berlin, Prof. Dr. E. Galewsky in Dresden, Privatdozent Dr. L. Halberstaedter in Berlin. Zweite, vermehrte und verbesserte Auflage. Mit 137 farbigen Abbildungen auf 64 Tafeln. Nach Moulagen von F. Kolbow, A. Tempelhoff, M. Landsberg und A. Kröner. (88 S.) 1924.

Gebunden 36 Goldmark

Die Hauterscheinungen der Pellagra. Von Dr. Ludwig Merk, a. o. Professor für Dermatologie und Syphilis an der Universität Innsbruck. Mit 7 Abbildungen im Text und 21 Tafeln. Aus den Erträgnissen des Legates Wedl subventioniert von der Akademie der Wissenschaften Wien. (112 S.) 1909. Deutsche, französische und englische Ausgabe.

16 Goldmark; gebunden 18 Goldmark

Lehrbuch der Haut- und Geschlechtskrankheiten. Von Dr. Edmund Lesser, Geh. Med.-Rat, o. Professor an der Universität und Direktor der Universitätsklinik und Poliklinik für Haut- und Geschlechtskrankheiten in Berlin. Vierzehnte Auflage, bearbeitet von Geh. Med.-Rat Professor Dr. J. Jadassohn in Breslau.

Erster Band: Geschlechtskrankheiten.

Zweiter Band: Hautkrankheiten.

Erscheint 1926.
In Vorbereitung.

Die Tuberkulose der Haut. Von Dr. med. F. Lewandowsky in Hamburg. Mit 115 zum Teil farbigen Textabbildungen und 12 farbigen Tafeln. (Aus: „Enzyklopädie der klinischen Medizin". Spezieller Teil.) (341 S.) 1916. 18 Goldmark

*

Handbuch der Haut- und Geschlechtskrankheiten. Herausgegeben gemeinsam mit G. Arndt-Berlin, B. Bloch-Zürich, A. Buschke-Berlin, E. Finger-Wien, E. Hoffmann-Bonn, C. Kreibich-Prag, F. Pinkus-Berlin, G. Riehl-Wien, L. v. Zumbusch-München von **J. Jadassohn**-Breslau. Schriftleitung: Dr. O. Sprinz-Berlin. In etwa 25 Bänden.   In Vorbereitung.

A. **Hautkrankheiten.** I. Anatomie und Physiologie. II. Allgemeine Ätiologie, Pathologie und Therapie. III. Spezielle Dermatologie.

B. **Geschlechtskrankheiten.** I. Syphilis. II. Ulcus molle. III. Andere Krankheiten der Urogenitalorgane. IV. Gonorrhoe. V. Soziologie, Statistik, Geschichte der venerischen Krankheiten.

Handbuch der Serodiagnose der Syphilis. Von Professor Dr. **C. Bruck**, Leiter der Dermatologischen Abteilung des Städtischen Krankenhauses Altona, Privatdozent Dr. **E. Jacobsthal**, Leiter der Serologischen Abteilung des Allgemeinen Krankenhauses Hamburg-St. Georg, Privatdozent Dr. **V. Kafka**, Leiter der Serologischen Abteilung der Psychiatrischen Universitätsklinik und Staatskrankenanstalt Hamburg-Friedrichsberg, und Oberarzt Dr. **J. Zeissler**, Leiter der Serologischen Abteilung des Städtischen Krankenhauses Altona. Herausgegeben von **Carl Bruck**. Zweite, neubearbeitete und vermehrte Auflage. Mit 46 zum Teil farbigen Abbildungen. (554 S.) 1924.   30 Goldmark; gebunden 32 Goldmark

Die Syphilis des Zentralnervensystems. Ihre Ursachen und Behandlung. Von Professor Dr. **Wilhelm Gennerich** in Kiel. Zweite, durchgesehene und ergänzte Auflage. Mit 7 Abbildungen. (303 S.) 1922.   9 Goldmark

Syphilis und Auge. Von Professor Dr. **Josef Igersheimer**, Oberarzt an der Universitätsaugenklinik zu Göttingen. Mit 150 zum Teil farbigen Abbildungen. (641 S.) 1919.   31 Goldmark

Rezepttaschenbuch für Dermatologen. Für die Praxis zusammengestellt von Professor Dr. **Carl Bruck**, Oberarzt der Dermatologischen Abteilung des Städtischen Krankenhauses Altona. Zweite, verbesserte und vermehrte Auflage. (165 S.) 1925.   6.60 Goldmark

Die Radium- und Mesothorium-Therapie der Hautkrankheiten. Ein Leitfaden von Professor Dr. **G. Riehl**, Vorstand der Universitätsklinik für Dermatologie und Syphilidologie in Wien, und Dr. **L. Kumer**, Assistent der Universitätsklinik für Dermatologie und Syphilidologie in Wien. Mit 63 Textabbildungen. (90 S.) 1924.   4.80 Goldmark

Röntgen-Hauttherapie. Ein Leitfaden für Ärzte und Studierende. Von Professor Dr. **L. Arzt** und Dr. **H. Fuhs** Assistenten der Klinik für Dermatologie und Syphilidologie in Wien (Vorstand: Professor Dr. G. Riehl). Mit 57 zum Teil farbigen Abbildungen. (162 S.) 1925.   9.60 Goldmark; gebunden 11 Goldmark

Kosmetik. Ein Leitfaden für praktische Ärzte. Von Sanitätsrat Dr. **Edmund Saalfeld** in Berlin. Sechste, verbesserte Auflage. Mit 20 Abbildungen. (140 S.) 1922.   4 Goldmark

Die Syphilis. Kurzes Lehrbuch der gesamten Syphilis mit besonderer Berücksichtigung der inneren Organe. Unter Mitarbeit von Fachgelehrten herausgegeben von **E. Meirowsky** in Köln und **Felix Pinkus** in Berlin. Mit einem Schlußwort von A. von Wassermann. Mit 79 zum Teil farbigen Abbildungen. („Fachbücher für Ärzte", herausgegeben von der Schriftleitung der „Klinischen Wochenschrift", Band IX.) (580 S.) 1923. Gebunden 27 Goldmark

Inhaltsübersicht:

Einleitung. Von Professor Dr. Felix Pinkus, Berlin, — Statistik der Syphilis. Von Dr. Hans Haustein, Berlin. — Syphilis der Haut. Von Professor Dr. Felix Pinkus, Berlin. — Syphilis der oberen Luftwege. (Nase, Mundrachenhöhle und Kehlkopf.) Von Sanitätsrat Dr. Anton Lieven, Aachen. — Syphilis der Brustorgane. Von Professor Dr. Albert Fränkel, Heidelberg. — Syphilis der Eingeweideorgane. Von Dr. Georg Hubert, Bad Nauheim-München. — Syphilis der Nieren und des männlichen Urogenitalsystems. Von Professor Dr. Hans Rubritius, Wien. — Syphilis des weiblichen Genitales. Von Professor Dr. Hans Thaler, Wien. — Syphilis der Knochen und Gelenke. Von Dr. Erwin Liek, Danzig. - Syphilis der Muskeln. Von Dr. Ludwig Kleeberg, Berlin. — Syphilis des Auges. Von Dr. Alfred Rosenberg, Assistenzarzt der Universitäts-Augenklinik, Berlin. Die Syphilis des Ohres. Von Dr. Otto Kühne, Berlin. — Die Syphilis des Nervensystems. Von Professor Dr. Gabriel Steiner, Heidelberg. — Die kongenitale Syphilis. Von Dr. Hans Davidsohn, Berlin. — Syphilis und innere Sekretion. Von Dr. Hans Beth, Wien. — Die mikrobiologische Diagnose der Syphilis. Von Privatdozent Dr. E. Jacobsthal, Hamburg-St. Georg. — Behandlung der Syphilis. Von Professor Dr. E. Meirowsky, Köln. — Die Heilung der Syphilis. Von Professor Dr. Felix Pinkus, Berlin. — Einige Geleitworte zur Heilung der Lues. Von Geh. Medizinalrat Professor Dr. A. Wassermann, Berlin.

Archiv für Dermatologie und Syphilis. Begründet von H. Auspitz

und **F. J. Pick.** Kongreßorgan der Deutschen Dermatologischen Gesellschaft. Unter Mitwirkung von zahlreichen Fachgelehrten und in Gemeinschaft mit: Arndt-Berlin, Arning-Hamburg, Bettmann-Heidelberg, Bloch-Zürich, Czerny-Berlin, Ehrmann-Wien, Finger-Wien, Herxheimer-Frankfurt a. M., Hoffmann-Bonn, Klingmüller-Kiel, Kreibich-Prag, v. Noorden-Frankfurt a. M., Riehl-Wien, Rille-Leipzig, Scholtz-Königsberg, Zieler-Würzburg, v. Zumbusch-München. Herausgegeben von **J. Jadassohn**-Breslau und **W. Pick**-Teplitz-Schönau. Erscheint nach Maßgabe des eingehenden Materials zwanglos in einzeln berechneten Heften, deren drei einen Band von 40—50 Druckbogen bilden.

Den Mitgliedern der Deutschen Dermatologischen Gesellschaft werden bei direktem Bezug vom Verlag Vorzugspreise eingeräumt.

Zentralblatt für Haut- und Geschlechtskrankheiten sowie deren Grenzgebiete. Kongreßorgan der Deutschen Dermatologischen

Gesellschaft. Organ der Deutschen Dermatologischen Gesellschaft in der Tschechoslowakischen Republik, Essener Dermatologischen Gesellschaft, Frankfurter Dermatologischen Vereinigung, Kölner Dermatologischen Gesellschaft, Magdeburger Dermatologen-Vereinigung, Münchener Dermatologischen Gesellschaft, Nordostdeutschen Dermatologischen Vereinigung, Schlesischen Dermatologischen Gesellschaft, Vereinigung Dresdener Dermatologen und Urologen, Wiener Dermatologischen Gesellschaft. Zugleich Referatenteil des Archivs für Dermatologie und Syphilis. Herausgegeben von **J. Jadassohn**-Breslau und **W. Pick**-Teplitz-Schönau. Schriftleitung: **O. Sprinz**-Berlin. Erscheint in Bänden von 63—64 Bogen Umfang (monatlich zwei Hefte).

Preis des Bandes ab Bd. 16 60 Goldmark

Den Mitgliedern der Deutschen Dermatologischen Gesellschaft und der weiter aufgeführten Gesellschaften werden bei direktem Bezug vom Verlag Vorzugspreise eingeräumt.

Jahresbericht über Haut- und Geschlechtskrankheiten sowie deren Grenzgebiete. Zugleich bibliographisches Jahresregister des Zentral-

blattes für Haut- und Geschlechtskrankheiten sowie deren Grenzgebiete. Herausgegeben von **Dr. O. Sprinz. Zweiter Band.** Bericht über das Jahr 1922. (547 S.) 1924. 42 Goldmark.

Dritter Band. Bericht über das Jahr 1923. (631 S.) 1925. 58 Goldmark

Früher erschien:

Bibliographie der Haut- und Geschlechtskrankheiten sowie deren Grenzgebiete für das Jahr 1921. (Jahresregister des Zentralblattes

für Haut- und Geschlechtskrankheiten sowie deren Grenzgebiete.) Herausgegeben von **Dr. O. Sprinz** (514 S.) 1923. 42 Goldmark

Den Mitgliedern der Deutschen Dermatologischen Gesellschaft werden bei direktem Bezug vom Verlag Vorzugspreise eingeräumt.

Psychogenese und Psychotherapie körperlicher Symptome.

Von R. Allers-Wien, J. Bauer-Wien, L. Braun-Wien, R. Heyer-München, Th. Hoepfner-Casel, A. Mayer-Tübingen, C. Pototzky-Berlin, P. Schilder-Wien, O. Schwarz-Wien, J. Strandberg-Stockholm. Herausgegeben von **Oswald Schwarz**, Privatdozent an der Universität Wien. Mit 10 Abbildungen im Text. (499 S.) 1925. 27 Goldmark; gebunden 28.50 Goldmark

Psyche und Hautkrankheiten. Von J. Strandberg.

I. **Einleitung.** Mehrfache endogene Determination vieler Hautkrankheiten. — Psychologische Korrelation von Nervensystem und Haut.

II. **Kongenitale Mißbildungen der Haut bei Psychopathien.**

III. **Psychogene Erscheinungen an der Haut.** Pathophysiologische Vorbemerkungen. Funktionelle Neurosen: Künstlich hervorgerufene oder simulierte Affektionen — Pruritus — Erythrophobie — Angioneurotische Phänomene — Veränderungen der Schweißsekretion — trophische Störungen, Pigmentanomalien.

IV. **Bemerkungen zur Therapie.**

Das Werk enthält ferner: O. Schwarz: Das Problem des Organismus. — P. Schilder: Das Leib-Seelenproblem vom Standpunkt der Philosophie und naturwissenschaftlichen Psychologie. — J. Bauer: Die individuelle Konstitution als Grundlage nervöser Störungen. — R. Allers: Begriff und Methodik der Deutung. — Th. Hoepfner: Grundriß der psychogenen Störungen der Sprache. — L. Braun: Psychogene Störungen der Herztätigkeit. — L. Braun: Über Asthma bronchiale und psychogene Atmungsstörungen. — G. R. Heyer: Psychogene Funktionsstörungen des Verdauungstraktes. — O. Schwarz: Psychogene Miktionsstörungen. — A. Mayer: Psychogene Störungen der weiblichen Sexualfunktion. — O. Schwarz: Psychogene Störungen der männlichen Sexualfunktion (psychogene Impotenz). — C. Pototzky: Psychogenese und Psychotherapie von Organsymptomen beim Kinde. — R. Allers: Grundformen der Psychotherapie.

Die Krebskrankheit. Ein Zyklus von Vorträgen.

Herausgegeben von der österreichischen Gesellschaft zur Erforschung und Bekämpfung der Krebskrankheiten. Mit 84, darunter 11 farbigen Abbildungen im Text. (356 S.)

Erscheint im Oktober 1925.

Enthält u. a. die Arbeiten:

Die präkanzerösen Stadien der Haut. Von Professor Dr. Josef Kyrle. Mit 6 farbigen Abbildungen.

Über Hautkarzinome. Von Professor Dr. Gustav Riehl.

Die Haut als Testobjekt.

Von Privatdozent **Dr. Adolf Fr. Hecht**, Wien. Mit 7, davon 6 farbigen Abbildungen. (82 S.) 1925. (Abhandlungen aus dem Gesamtgebiet der Medizin.)

6.30 Goldmark

Frühdiagnose und Frühtherapie der Syphilis.

Von Professor Dr. **Leopold Arzt**, Assistent der Universitätsklinik für Dermatologie und Syphilidologie in Wien. Mit zwei mehrfarbigen und einer einfarbigen Tafel. (90 S.) 1923. (Abhandlungen aus dem Gesamtgebiet der Medizin.)

3 Goldmark

Syphilis und innere Medizin.

I. Teil: Die Arthro-Lues tardiva und ihre Therapie. Von Hofrat Prof. Dr. **Hermann Schlesinger**, Vorstand der III. med. Abt. des Allgemeinen Krankenhauses in Wien. Mit 8 Abbildungen im Text. (165 S.) 1925.

9.60 Goldmark

Taschenbuch der pathologisch-histologischen Untersuchungsmethoden.

Von Dr. **H. Beitzke**, o. ö. Professor der Pathologischen Anatomie an der Universität Graz. Zweite, neubearbeitete und vermehrte Auflage. Mit einer Textabbildung. (82 S.) 1924.

2 Goldmark